5판

FUNDAMENTAL FOOD **MICROBIOLOGY**

식품미생물학

Bibek Ray · Arun Bhunia

역자 이진성 김근성 박신영 박현정
백춘석 이경태 이동환 이효정
조경주 최호윤 홍석일

(주)바이오사이언스출판
http://www.biobooks.co.kr

Authorized translation from the English language edition, entitled *Fundamental Food Microbiology, 5th edition* by *Bibek Ray, Arun Bhunia*, published by CRC Press, part of Taylor & Francis group LLC.

식품미생물학 5판

인 쇄: 2022년 3월 2일
발 행: 2022년 3월 10일

저 자: Bibek Ray & Arun Bhunia
역 자: 이진성 · 김근성 · 박신영 · 박현정 · 백춘석 · 이경태
이동환 · 이효정 · 조경주 · 최호윤 · 홍석일
발 행 인: 문정구
발 행 처: (주)바이오사이언스출판
본 사: (우)10860 경기도 파주시 탄현면 국화향길 10-56, 1동
서울사무소: (우)06569 서울특별시 서초구 도구로 115, 1층(방배동)
전 화: (02)581-4057~8 팩스: (02)581-4059
이 메 일: inquiry@biosciencepub.com
홈페이지: http://www.biobooks.co.kr
I S B N: 978-89-6824-124-6 (93570)
등록번호: 제22-3079호
값 23,000원

(주)바이오사이언스출판
http://www.biobooks.co.kr

5판

FUNDAMENTAL FOOD **MICROBIOLOGY**

식품미생물학

Bibek Ray · Arun Bhunia

역자 이진성 김근성 박신영 박현정
백춘석 이경태 이동환 이효정
조경주 최호윤 홍석일

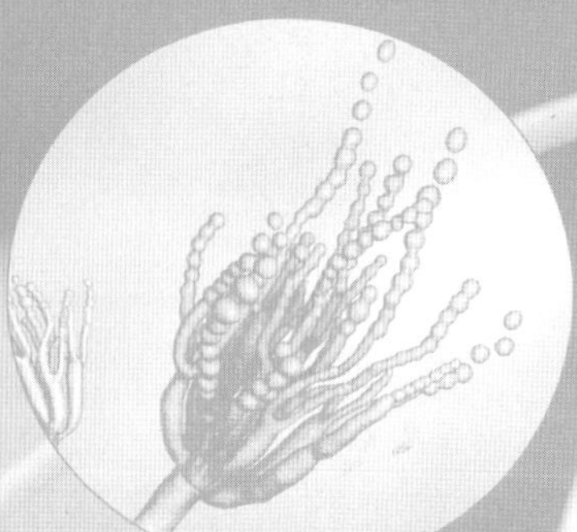

(주)바이오사이언스출판
http://www.biobooks.co.kr

차례

제18장 미생물 유래의 식품 성분 및 효소 ············ 239

제4부 미생물에 의한 식품부패 251

제19장 미생물에 의한 식품부패의 중요한 요인들 ············ 253

역자 소개

- **이진성** 교수(역자대표) 경기대학교 바이오융합학부
- **김근성** 교수 중앙대학교 식품공학과
- **박신영** 교수 경상대학교 해양식품생명의학과
- **박현정** 교수 경기대학교 융합생명과학부
- **백춘석** 대표 호미국
- **이경태** 연구관 농촌진흥청 국립축산과학원
- **이동환** 대표이사 크로마흐㈜
- **이효정** 교수 군산대학교 생물학과
- **조경주** 교수 경기대학교 바이오융합학부
- **최호윤** 대표 제노사이언스
- **홍석일** 대표이사 ㈜우림바이오

역자 서문

코로나19 팬더믹으로 인해 2년 여 동안 세상은 잠시 활력을 잃은 듯하지만 다양한 분야에서 체감할 정도로 그 전과 비교해 많은 변화들도 일어나고 있다. 과학기술 분야에서도 쉴 틈없이 수많은 이론과 기술개발이 진전되고 있으며 식품미생물학도 다양한 과학기술의 발전과 더불어 그 변화 속도가 급격하다.

이번 식품미생물학 5판도 이런 추세에 발맞춰 박테리오파아지를 이용한 병원체 제어, 세균의 정족수 감지, 플라즈마 기술을 이용한 최신의 미생물 제어 이론과 기술들이 추가되었고 형식면에서는 학습자로 하여금 제시된 개념들을 논리적으로 쉽게 이해할 수 있도록 체계화되었다.

모든 집필진은 식품미생물학 교재가 가져야 할 다양한 분야와 범위를 고르게 담고 있는 원저자의 집필 의도를 이해하면서 원서의 내용을 충실히 담는 데 최선을 다했다.

끝으로 바쁘신 중에도 식품미생물학 5판의 번역에 적극적으로 함께해 주신 집필자 여러분께 감사의 말씀을 전합니다. 아울러 이 책의 개정판 집필을 흔쾌히 제안해 주신 ㈜바이오사이언스출판 문정구 대표이사님, 편집과 교정 등, 후작업을 통해 멋진 책으로 거듭나게 해 주신 편집팀 여러분께도 진심으로 감사의 말씀을 올립니다.

2022년 2월

집필진 대표 이진성

5판 저자 서문

이제 식품 미생물학의 황금기가 시작되고 있다. 식품미생물학의 세 가지 영역인, 미생물의 유익성, 유해성, 병원성의 영역은 모두 놀라운 속도로 발전하며 확장되고 있으며, 이러한 새로운 발전을 따라 식품미생물학의 영역도 발전하고 있다. 이번 제5판에서는 이러한 발전된 내용들을 담으려고 노력하였다. 식품의 부패를 유발하는 미생물에 관한 내용은 주된 관심사로, 이는 증가하는 세계 인구를 먹여 살리기 위한 필요를 따라 미생물에 의한 식품부패를 줄임과 동시에 더욱 개선된 식품 보존 기술이 개발되어야 하기 때문이다. 이러한 목표를 이루기 위해서는 현재의 당면한 서로 다른 종류의 식품을 조절하는 효과적인 방법 개발의 문제를 잘 이해하는 것이 중요하다. 특히 현재 난제로 인식되는 개념을 사용하여 다양한 유형의 식품에 대한 효과적인 제어 방법을 개발하는 것은 매우 필요하다. 지난 10년 동안 식품유래 병원균 중 땅콩 버터, 생선 및 향신료에 존재하는 살모넬라균의 발견은 미생물과 다양한 식품과의 예상치 못한 연관성에 대한 이해를 넓히게 했다. 멜론과 셀러리의 레지오넬라균(*Listeria monocytogenes*) 및 새싹에서 발견된 대장균(O104:H4)에 의해 생산되는 것으로 알려진 시가 독소(Shiga-toxin)를 생산하는 새로운 균주의 발견 또한 그 예들이 될 수 있다. 수확 전의 식물과 육식동물의 병원체와의 연관성에 대해 더 잘 이해하고 문제를 해결하기 위해서는 식물 생물학자, 동물 과학자, 토양 화학자, 환경 과학자, 농업 및 생물학 엔지니어, 사회 과학자 및 미생물학자의 공동 연구를 통해 이루어질 수 있으며, 이를 통해 식품 안전 및 식품 품질 문제를 해결해야만 한다.

지난 10년 동안 우리는 박테리오파아지와 새로운 항균제를 사용하여 병원균과 식품의 부패를 유발하는 미생물을 제어하는 기술을 비롯하여 높은 정수압, 펄스 전기장, 저온 플라즈마, 적외선, X-선, 초음파 등과 같은 새로운 식품 처리 기술들과 같은 엄청난 발전을 이루어 왔다. 식용 동물, 토양, 식물 및 생식품이나 가공 식품에서의 미생물 생태학 분야는 복잡하고 다양한 환경에서 병원균의 행동을 이해하기 위해 더 많은 관심이 기울여지고 있다. 최종적으로 자연 미생물을 생물 방제 및 프로바이오틱스에 적용함으로 육류 및 가금류 생산시 병원체를 제어하거나 인간의 질병 제어를 위한 관심이 모아지고 있다. 이번 제5판에서는 미생물의 생물막 형성, 정족수 감지(quorum sensing), 장내 미생물총과 당뇨병을 포함한 만성 질환에서의 역할, 비만, 식품 보존에 식품 나노 기술 적용, 치료 및 진단을 위한 도구로서의 박테리오파아지 및 신종 병원체(*Cronobacter sakazaki*, *Clostridium difficile*, *Escherichia coli* O104:H4 및 Nipah 바이러스) 등과 같은 몇 가지 새로운 주제를 추가하였다. 제5판의 모든 장은 가능한 최신 학술논문을 기반으로 업데이트하여 수정 증보되었다.

본 저자는 이 책을 위해 몇 달 동안 늦은 시간까지 주말 및 휴일에도 일하는 동안 자료 수집과 함께 인내심을 갖고 도움을 준 아내 Banashri Bhunia에게 고마움을 전한다. 연구 관련 사진과 통찰력 있는 토론 및 미생물학에 대한 애정으로 도움을 준 동료 Bruce Applegate, 여러 미생물 사진을 제공해 준 박사후 연구원 Atul Singh, 그리고 학생들의 지속적인 지원이 있었기에 이 프로젝트를 수행할 수 있었음에 개인적으로 고마움을 전하다. 또한 식품 미생물학 분야의 최신 개발 내용으로 본 교제를 업데이트 할 수 있다는 신뢰를 보여준 Bibek Ray 교수에게 진심으로 감사드린다.

Fundamental Food Microbiology의 제4판이 스페인어와 한국어로 번역되었고 제3판은 중국어로 번역되었음을 전하게 되어 기쁘게 생각한다. 이러한 노력을 다해준 CRC 그룹에도 감사드린다. 우리는 제5판이 전 세계의 학생과 전문가들에게 신뢰할 수 있는 지식과 정보의 원천으로 계속해서 관심을 불러일으킬 수 있기를 진심으로 바란다.

4판 저자 서문

식품미생물학은 식품매개 식중독의 발생, 식품공급의 국가 간 오염의 위협, 그리고 젖산균의 건강에 유익한 효과에 대한 새로운 관심 등으로 인해 신속하게 성장하는 고도로 역동적인 연구분야이다. 그러므로 이 분야에서의 진보를 지속시키기 위해 새로운 출판이 필요하게 되었다. 이번 4판에서는 모든 챕터가 개정, 업데이트 되었고, 특히 식품매개 질병에 대한 내용이 추가되었다. 그림과 함께 쉽게 병원발생원에 대한 간략한 기전 설명이 몇 가지의 공통적인 식품매개 질병을 설명하기 위해 포함시켰다. 사실 다양한 검출 방법에 대한 간략한 내용을 포함한 3판에 바이오센서/나노기술을 기반으로 한 방법들을 포함시켜 업데이트 되었다. 이번 판에서는 보다 쉬운 이해를 위해 적당한 그림과 도해를 제공하고자 하였다. 전 판에서처럼 이 책은 대학생을 위한 기본서로 저술되었다. 하지만 주요 챕터의 업데이트를 통해 이 책은 식품미생물학 또는 식품안전의 여러 다른 전공에 종사하는 대학원생과 전문가들에게는 필수적인 참고도서로도 활용될 수 있을 것이다. 끝으로 저자는 이번 판을 위한 기술적, 학술적 자료를 수집하는 데 있어 박사후 학생들과 대학원생들에 감사의 말을 전한다.

3판 저자 서문

이번 3판에서는 대부분의 챕터에서 상당한 내용과 이들에 대한 논리적 편집이 추가되었다. 게다가 새로운 하나의 챕터가 추가되었다. 미생물적 스트레스를 위해 추가된 챕터는 식품미생물학에서 이들의 중요성과 스트레스하에서 세균의 다양한 명시를 포함시켜 저술되었다. 간략이 말하면, 이 책은 식품미생물학을 학습하는 대학생뿐만 아니라 식품관련 분야에서 직, 간접적으로 종사하는 전문가를 대상으로 출판되었다. 저자는 원고의 준비에 있어서 탁월한 편집과 특히 이번 판에 포함된 새로운 원고 자료의 수집에 대해 엘리자 스미스에게 감사의 말을 전하다.

2판 저자 서문

기초 식품미생물학의 첫 출판이 있은 지 3년이 지난 지금에 이번 2판에 관심을 보여준 CRC 출판사에게 무한한 감사를 표한다. 앞서 설명했듯이, 이 책은 식품미생물학을 학습하고자 하는 대학생을 위한 교재이다. 출판의 주된 목적은 약 500쪽에 걸친 많은 분량에서 기초와 응용 정보를 제공하기 위한 것이었다. 이번 2판에서는 원고를 조심스럽게 편집하였고 새로운 최신 정보를 포함시켰다. 앞선 판에서처럼, 2판도 식품미생물학 전공을 하는 대학생들뿐만 아니라 식품과학 분야의 대학원생, 식품 검사실, 연구소 및 대학 연구소에서 미생물과 관련하여 식품의 과학, 응용 및 규제와 연관된 사람들에게 가치 있는 참고 도서가 될 것이다. 게다가, 단기 과정 운영자, 식품 컨설턴트, 식품 산업체, 식품 규제 대행업체 및 식품과학 전문가들도 이 책을 통해서 식품미생물학적 측면과 관련된 문제를 이해하고 해결하는데 유용한 가치를 찾을 수 있을 것이다. 저자는 원고의 준비에 있어서 탁월한 편집을 도와준 뎁 로저스 양과 2판의 출간을 위해 새로운 원고를 포함해서 유용한 제안을 해준 식품미생물 전공 학생들에게 감사의 말을 전한다.

초판 서문

저자가 대학생으로서 식품미생물학을 처음으로 공부했던 시기와 현재 사이의 근본적인 차이는 계속되는 학습과 실습을 받아왔다는 것이다. 이런 변화에 대해 ASM 뉴스(59, 493, 1993)에 "총 세균 수와 대장균군 계수의 도전에서 식품미생물학의 새 시대에서의 식품안전(또한 식품생물학적 제조와 식품의 안전성)의 전략적 선언에 대한 분자생물학의 연계"를 출판한 네덜란드의 데이빗 모젤에게 감사의 말씀을 드린다. 이와 같은 변화는 특히 미국과 다른 개발도상국에서 식품산업에서 일어난 변화를 대처하는데 필수적이다. 이러한 변화에 대한 필수적인 지식, 기술과 실습은 이용가능하다. 이 책은 전통적인 접근에서부터 식품미생물학에 직, 간접적으로 관심을 가진 사람들의 수요의 대처까지 다양한 내용을 반영한다.

식품미생물학은 식품과학을 전공하는 대학생들에게 요구되는 필수적인 과정이다. 식품미생물학은 미생물학, 보건학, 영양학, 식품학 그리고 수의과학이라는 일부 다른 형태의 프로그램으로도 가르쳐왔다. 식품미생물학을 전공하는 사람들을 제외한 대다수의 식품과학자를 위해, 이들 식품미생물학 과정은 미생물 연구와 식품에 대한 미생물의 상호작용의 기초를 형성케 해준다. 후자의 그룹에게, 식품미생물학은 식품과 미생물의 상호작용에 대한 정보를 제공하는 유일한 과정일 것이다. 이 책은 식품생물학적 제조, 식품부패 및 식품매개 질병에 관련된 식품과 미생물의 상호작용을 주된 목적으로 한다. 그래서 다양한 프로그램과 실습하에서 가르치는 식품미생물학 과정의 교재로도 유용할 것이다. 게다가 대학 연구소, 연구기관, 연방, 주 그리고 지방정부 대행기관, 식품 산업체, 식품 컨설턴트 및 심지어 식품 로비스트를 포함하여 식품과 미생물에 직, 간접적으로 관련된 개인과 사람들에게는 가치 있는 참고서가 될 것이다.

이 책의 내용은 7개의 부로 나눠져 있다. 대학생을 가르치기 위한 강의 목적으로, 첫 6개의 부는 한 학기 정도의 분량으로 구성되었다. 7부(부록)은 식품안전 과정, 실험 과정 또는 고급 식품미생물학처럼 다른 여러 과정에서 강의할 수 있는 내용을 포함시켜 대학생들을 위한 고급정보로 이용될 수 있도록 하였다. 1부는 식품에서 중요한 미생물의 특성, 식품미생물학의 역사, 식품미생물의 급원 및 의의가 기술되어 있다. 2부는 식품에서 미생물의 증식과 물질대사 그리고 미생물의 아치사적 손상 및 세균 발아에 대한 의의를 다룬다. 3부에서는 종균 배양, 생물학적 제조, 생물학적 보존 및 프로바이오틱스를 포함한 다양한 미생물의 유용한 사용이 설명되어 있다. 4부에서는 미생물과 이들의 효소에 의한 식품의 부패 및 식품부패를 결정하기 위해 사용되는 방법에 대해 다룬다. 게다가 냉장된 식품에서 일부 새롭게 부상하는 부패 세균의 문제와 해법에 대해서도 설명되어 있다. 5부는 독소감염과 독성화 그리고 감염과 관련된 식품매개 병원체, 그리고 병원성 기생충과 조류 등 기회감염성 병원체로 여겨지는 미생물을 다룬다. 6부에서는 식품의 안전성과 안정성에 대한 바람직하지 않은 미생물을 제어하기 위해 사용되는 다양한 방법들을 학습하게 될 것이다. 식품보전의 한 챕터는 새로운 비열성을 그리고 다른 챕터에는 허들 개념을 포함시켰다.

각 챕터의 내용은 논리적으로, 체계적으로 그리고 간결한 순서로 편집되었다. 표, 그림 그리고 데이터는 한층 쉬운 이해를 위해 적소에 포함시켰다. 각 챕터의 말미에는 문제와 참고문헌 목록을 포함시켰다. 혼동을 줄이기 위해서 친숙하지 않은 미생물의 속명을 첫 세 개의 문자로 기재함으로써 미생물의 속을 구분하는 데 사용하였다.

저자는 원고의 편집에 있어서 탁월한 실행력을 보여준 뎁 로저스에게 감사를 드린다. 끝으로, 과거 20여 년에 걸쳐 식품미생물학 과정을 함께 했던 학생들에게도 감사의 말을 전한다. 이들의 제안은 이후의 출판에서 계속될 것이다.

저자 소개

바이벡 레이(Ph.D)는 와이오밍(라라미에) 대학교의 동물과학과에서 식품미생물학 교수이었다. 레이 교수는 인도의 캘커타 대학교와 마드라스 대학교에서 수의과학 전공으로 각각 이학사와 이학석사를 취득하였다. 그는 1970년에 미네소타 대학교에서 식품과학 전공으로 이학박사 학위를 취득하였고, 노스 캐롤라이나 주립대학교의 식품과학과, 그리고 나서 랄레이에 있는 쇼 대학교의 생물학과에 교수로 재직하였다. 그는 1981년에 와이오밍 대학교에 부임하였다. 그는 앞서 미생물의 아치사적 손상 영역에서의 연구활동 외에 식품의 정수압력 보존, 그람 양성 세균의 박테리오신 및 장관에 유익한 세균에 대한 연구등에 관련된 폭넓은 연구를 수행하였다. 그는 또한 비자연계열의 대학생들을 위한 "우리 식품의 안전"이라는 주제의 강의, 식품미생물, 식품발효 및 식품안전에 대한 다양한 강의를 하였다. 그는 *Pediococcus acidilactici* H로부터 박테리오신 페디오신 AcH의 기초 및 응용분야에 대한 폭넓은 연구를 수행하였다. 게다가 그의 그룹은 *Lactococcus*, *Leuconostic*, *Lactobacillus* 그리고 *Pediococcus* 뿐만 아니라 *Bacillus*와 *Staphylococcus* spp.로부터 생산된 박테리오신의 다양한 양상을 연구했다. 그는 국립과학재단, 미국보건협회 등 다양한 국가기관, 공공기관 및 산업체로부터 연구비를 수혜하였다. 은퇴하기 전에 그는 박테리오신, 초고도 정수압, 그리고 펄스필드 전기영동법과 미생물 세포의 파괴에 대한 아치사 손상 및 식품보전에서 포자와 이들의 응용에 대한 복합적인 연구를 수행했었다. 또한 레이 박사는 터키, 이스라엘, 인도, 인도네시아와 프랑스에 연구기관과 대학교의 협력연구 프로그램을 만들기도 하였다.

레이 교수는 100여 편의 연구논문, 총설, 교재, 프로시딩 및 식품미생물에 관한 대중기사를 출판하였다. 그는 또한 *Injuried index and Pathognic Bacteria*(1989)와 *Food Biopreservatives of Microbial Origin*(1992, 데스첼 박사 공저) 등 4개의 책을 출판하였다. 그는 미국 미생물학회, 식품기술연구의 회원이며 미국 미생물 학술원 정회원이다. 또한 그는 *Journal of Food Protection*, *Applied and Environmental Microbiology*, the *Indian Journal of Microbiology*의 편집위원으로 봉사하기도 하였다. 1994년, 레이 교수는 학술적 능력에 있어 우수한 평판으로 와이오밍 대학교 총장상을 수상하였다. 그는 2002년 10월에 와이오밍 대학교에서 은퇴하였다. 그는 건강, 교육을 개선하기 위한 센터 설립과 인도의 그가 태어나 마을에서 특권계급이 아닌 사람들의 경제적 상태를 개선하는데 관련된 일을 하고 있다.

아룬 부니아(Ph.D)는 퍼듀대학의 식품과학과에서 분자 식품미생물학 교수로 봉직하고 있다. 부니아 교수는 바이벡 교수의 지도하에 와이오밍 대학교에서 이학박사 학위를 취득하였다. 그는 인도에 위치한 웨스트 벵갈 대학교의 수산 및 동물과학과에서 수의학을 전공하였다. 그는 1994년에 아칸사스 대학교에서 박사후 연구를 수행하였고 그리고 나서 1995년에 알라바마 A&M 대학교에 조교수로 임용되었다. 1998년에 그는 퍼듀 대학교의 식품과학과로 옮겼다. 그는 식품매개 병원체와 독소의 병원성 기전을 다루는 미생물 식품매개 병원성과 감염에 대한 면역반응인 숙주와 기주 상호작용과 관련된 2개의 대학원 강좌를 담당한다. 식품 병원체를 위한 미생물적 기술은 면역분석과 유전적 그리고 바이오센서를 적용한 복합적 신속 방법을 가르치는 실험과정이다. 게다가 그는 대학원 수준의 세미나와 장내 미생물 저널 클럽을 공동 지도하였다. 주요 타깃 미생물은 *Listeria monocytogenes*, *Escherichia coli*, *Salmonella*와 *Bacillus cereus*이다. 그리고 그는 특히 *Listeria monocytogenes*에 대한 장관의 감염상과 같은 병원성 기전을 조사하기 위한 연구를 수행하였다. 그는 또한 식품매개 병원체를 위한 포유동물 세포 배양에 기초한 신속 확인법 개발에 관련한 연구를 수행하고 있다. 그의 연구는 미국 농무부, 국립과학재단 등으로부터 300만 달러 이상의 연구비를 지원받아 진행되고 있다.

최근까지 부니아 교수는 80여 편의 논문과 21편의 프로시딩, 2권의 책(*Foodborne Pathogens: Microbiology and Molecular Biology*, 2005; *The Science of Homeland Security*, 2006), 8개의 도서 챕터 및 국내외 학회와 학술대회에서 100여 편의 학술발표를 하였다. 그는 미국미생물학회, 미국진보과학협회 등의 회원이며 현재 *Journal of Food Protection*과 *Journal of Food*와 *Agriculture and Environment*의 편집위원으로 봉사하고 있다. 2005년, 그는 퍼듀 대학교로부터 우수 교수로 선정되었고 그의 연구팀은 "2006년 농업 팀상"을 수상하였다.

1 식품미생물의 소개

미생물은 세균, 바이러스, 효모 및 곰팡이, 조류와 원생동물을 포함하는 생물로서 사람의 육안으로는 볼 수 없는 현미경적 크기의 살아 있는 유기체이다. 오랫동안 세균은 원핵생물로, 곰팡이, 조류 그리고 원생동물은 진핵생물로서 분류되어 왔다. 바이러스는 규칙적인 세포구조를 가지고 있지 않아 별개로 분류한다. 1990년대에 이러한 분류체계가 바뀌었고 이에 대해 제2장에서 학습하게 될 것이다. 미생물은 사람, 동물, 식물 그리고 다른 창조물, 토양, 물, 대기를 포함하여 지구의 어디에서나 존재한다. 그리고 이들 미생물은 대기를 제외하고는 어디에서나 증식할 수 있다. 그리고 이들의 개체수는 지구에서 사는 어떠한 생물의 개체수보다 훨씬 많다. 미생물은 30억 년 이전부터 지구에서 서식한 최초의 생물이며 그리고 이후로는 다른 생물에 많은 유익하고 중요한 역할을 해오고 있다.

미생물 중에서 일부 진균, 효모, 박테리아 및 바이러스는 식품에 대해 바람직하거나 혹은 바람직하지 않은 역할을 한다. 제1부에서는 식품에서 미생물의 중요성, 식품과 관련된 우점적인 미생물, 이들이 존재 하는 식품의 급원, 및 정상적인 조건하에서 식품의 미생물학적 품질에 대해 학습하게 될 것이다.

제1장

식품미생물의 역사와 발전

1.1 서론

멸균식품을 제외한 모든 식품은 한 종 이상의 미생물을 포함한다. 식품 중의 어떤 미생물은 자연 발효식품의 생산과 같은 인간에게 바람직한 먹거리를 위한 역할을 수행하지만 또 다른 미생물은 식품의 부패나 식중독을 초래하기도 한다. 식품 중의 미생물의 역할을 연구하기 위해서는 해당 미생물을 순수 배양한 배양물로부터 미생물의 분리와 미생물의 형태학적, 생리학적, 생화학적 및 유전적 특성 혹은 특징을 이해하는 것이 중요하다. 이러한 학문을 위해 사용되는 가장 단순한 기술이 지난 300년 동안 개발·발전되어 왔으며 이 장에서는 이와 관련된 내용을 다루고자 한다.

1.2 미생물의 발견

미생물의 발견[1~3]은 현미경의 발명 및 발전과 계속 함께해 왔다. 1658년경에 아타나시우스 키르허(Athanasius Kircher)는 현미경의 사용에 의해 부패된 고기와 우유에서 살아 있는 벌레와 같은 생물을 관찰했다고 보고했다. 그가 사용한 현미경의 해상도는 매우 낮았기 때문에 이것이 세균임을 확정할 수는 없었다. 1664년 로버트 훅(Robert Hooke)은 곰팡이의 형태를 묘사했다. 안토니 반 레벤후크(Antony van Leeuwenhoek)는 해상도가 300배가 되지 않는 현미경으로 기타 종류의 미생물, 특히 세균을 관찰했다. 레벤후크는 타액, 빗물, 식초 및 기타 물질에서 세균을 관찰했다. 그는 또한 3개의 형태학적 그룹(타원형 또는 구형, 원통형 막대기형 또는 간형 및 나선형)과 몇몇 종의 세균들의 운동성을 기술하였다. 그는 이 미생물들을 극미동물로 명칭했으며 1676년과 1683년 사이에 새롭게 형성된 과학조직에 이를 보고했다. 런던의 왕립학회는 그의 관찰을 아주 흥미롭게 받아들였다. 그 당시 우수한 현미경이 쉽게 사용될 수 없었기 때문에 관심 있는 개인들과 과학자들은 다음 100년 동안 레벤후크의 관찰을 믿을 수밖에 없었다. 19세기에 오면서 산업혁명의 산물로 만들어진 좀 더 발전된 현미경은 좀 더 쉽게 활용되었기 때문에 미생물을 관찰하고 묘사할 수 있는 새로운 활기를 불어넣었다.

에렌베르크(Ehrenberg, 세균이란 용어를 처음으로 도입)는 1838년에 4개의 속명 내에 16개의 종명을 제안했으며 페르디난트 콘(Ferdinand Cohn)은 1875년에 세균의 예비분류체계를 발전시켰다. 또한 콘은 포자를 형성하는 세균을 최초로 발견했다. 세균처럼 초현미경적 생물의 존재가 19세기 중반에 그 존재가 인식되었을지라도 1940년대의 전자현미경이 개발되서야 비로소 관찰할 수 있게 되었다

1.3 미생물은 어디에서 기원하는가?

레벤후크의 발견 이후에 눈부신 활동은 없었지만 미세 동물로부터 관찰되는 서로 다른 사물이 존재하는 곳에 이르기까지 호기심 깊은 과학적인 사고가 일어났다.[1~3] 르네상스 시기부터 사회가 출현되기 시작되었으며 과학은 실험적인 철학으로써 그 유년 시기가 시작되었다. 무생물 사물체로부터 생명체에 이어지는 자연발생설 이론은 많은 학식 있는 엘리트 집단의 추종자들을 태동시켰다. 그리스 시대 이래로 사체나 썩은 고기에서 유출된 굼벵이의 출현은 자연발생설에 기인한다고 생각되어왔다. 그러나 1665년경 레디(Redi)는 썩은 고기와 생선 중의 굼벵이는 날아다니는 파리가 그 식품을 오염시켜 생겨났음을 보여줌으로써 자연발생설을 반증하였다. 자연발생설을 주장하는 사람들은 극소동물은 그들 스스로에 의해 재발생(생물속생설)되는 것이 아니라 자연발생(자연발생설)을 통해 서로 다르게 존재한다고 생각했다. 1749년 터브빌 니덤(Turbevill Needham)은 뚜껑 있는 용기 내에 보관된 끓인 고기와 육즙 중에서 단시간 내에 극소동물이 생겨났음을 보여주었다. 이는 자연발생설에 의해 극소동물이 생겨났음을 증명하기 위해 수행한 시험이었다. 1765년 라차로 스팔란차니(Lazzaro Spallanzani)는 니덤의 이론을 반박하기 위하여 플라스크 내에 있는 육즙을 끓이고 플라스크를 즉시 봉하여 미생물의 출현을 막았다.

이 시기는 앙투안(Antoine)과 그의 동료들이 생명체에게 산소가 필요함을 보여준 시기였다. 자연발생설을 믿는 사람들은 자연발생을 통해 생겨나는 극소동물을 위한 봉인된 플라스크 내에 충분한 생명력(산소)이 존재하지 않는 스팔란차니의 관찰을 부정했다. 훗날, 슐츠(Schulze)[(1830년)산을 통과한 공기 흐름에 의함], 데오도르 슈반(Theodore Schwann)[(1838년)뜨거운 시험관을 통과한 공기 흐름에 의함] 및 슈뢰더(Schröeder)[(1854년), 면을 통과한 공기흐름에 의함]는 공기가 존재할지라도 끓인 고기육즙에서 세균이 발생하지 않음을 보였다. 마침내 1861년에 루이스 파스퇴르(Louis Pasteur)는 육즙이 공기 중의 먼지입자에 의해 운반되는 박테리아에 오염되었을 때만 끓인 육즙에서 세균은 비로소 증식할 수 있음을 증명했다.[1,4] 그의 연구는 세균은 재발생(생물속생설)이 가능하고 생명은 자연발생에 근거하지 않음을 증명하였다. 1870년 존 틴들(John Tyndall)은 미생물의 증식을 불가능하게 위해서는 먼지가 없는 공기 중에 박스 속에서 보관해야 함을 보여주었다.

1.4 미생물은 어떤 역할을 하는가?

13세기 로저 베이컨(Roger Bacon)은 인간의 수많은 질병은 눈에 보이지 않는 생물개입에 의한 것임을 지적했다. 16세기 베로나의 자롤라모 프라카스토로(Girolamo Fracastoro)는 인간의 많은 질병은

작은 생명체에 의한 사람끼리 전이된다고 제안했다. 이 사실은 1658년 키르허에 의해 다시금 제안되었다. 1762년 비엔나의 폰 플렌치즈(von Plenciz)는 서로 다른 보이지 않는 생물은 서로 다른 질병을 유발한다고 제안했다. 슈반(1837년)과 헤르만 헬름홀츠(Hermann Helmholtz)(1843년)는 부패와 발효는 공기로부터 유출되는 생물의 존재와 관련 있음을 제안했다. 마침내 1875년 파스퇴르는 포도의 발효와 와인의 시큼함은 미생물에 의해 발생됨을 보였다. 또한 그는 고기와 우유의 부패는 미생물의 증식과 관련 있음을 증명했다. 나중에, 그는 인간, 소 및 양 질병을 일으키는 원인이 미생물과 관련 있음을 보였으며 미생물에 의한 광견병을 포함한 인간과 동물 질병에 대한 백신을 개발하였다. 1880년대와 1890년대 독일의 로베르트 코흐(Robert Koch)는 탄저병, 콜레라 및 결핵 등의 질병의 원인이 되는 세균을 순수 분리하였다. 그는 또한 특정 질병에 대한 원인체로서 특정 세균이 관련된다는 코흐 가설을 발전시켰다. 그의 동료들과 함께 그는 순수 배양물에서 세균의 분리와 시료 중의 미생물 수를 측정하기 위한 한천평판배지기술을 개발시켰다. 또한 페트리디쉬(Petri에 의해 고안됨), 좀 더 우수한 현미경 관찰을 위해 세균염색방법 및 실험재료의 멸균을 위한 스팀의 사용을 개발했다.[1,5]

인간과 동물, 토양비옥, 식물질병, 발효, 식품부패, 식중독 및 기타에 있어서 미생물의 중요성은 인식되어왔고 미생물학은 특정 분야로 발전되어 왔다. 이후 미생물학은 의학미생물학, 산업미생물학, 토양 미생물학, 식물미생물학 및 식품미생물학 등의 여러 개의 세부 분야로 나누어졌다.

1.5 식품미생물학의 발전(1900년 이전 시대)

우리 조상인 수렵인과 사냥인은 식품부패와 식중독을 인식하고 있었다. 식품부패와 식중독의 정확한 원인에 대해서는 알지 못했지만 식품을 안전하게 하고 저장하기 위해 얼음과 불을 사용하였다. B.C. 8000년경 농업과 축산이 초기 문명화를 통해 발전되면서 식품의 공급 측면에서 특히 농산물은 수확 시기에 풍부하게 되었다. 식품공급을 균일하게 하기 위해서는 식품보존의 중요성이 부각되기 시작되었다. B.C. 1000년에서 B.C. 8000년 사이 식품의 부패를 줄이기 위해 건조법, 조리법, 베이킹법, 훈연법, 염장법, 당장법(꿀), 저온 저장법(얼음), 공기 없는 저장(움저장법), 발효(과일, 곡물 및 우유), 절임법 및 향신료법 등과 같은 식품보존법이 사용되어왔다. 하지만 그 당시 사람들은 식품이 매개된 질병의 전파에 대하여 확실히 인식하지 못했다. 나중에 많은 종교에 의한 성서적 금기를 토대로 한 몇몇 식품 관련 질병들이 인식되었다. 식중독에 대한 대처 방안으로 사람들의 건강보호를 위해 질병에 걸린 고기의 섭취를 금하거나 썩은 고기를 먹는 조류과 죽은 동물의 섭취 금기, 그리고 불결한 사람에 의해 취급된 식품의 섭취 금기와 비정상적 식품의 섭취 금기와 같은 규정이 있었다. 발효는 식품보존을 위해 광범위하게 사용되어왔을 뿐만 아니라 우유, 고기, 생선, 달걀, 곡물 및 과채류 사용에 의한 다양한 종류의 발효식품을 생산하는 방법이었다.

1670년대 레벤후크가 도처에 존재하는 미생물(세균과 효모)의 발견 이후 어떤 사람들은 식품부패, 식품발효 및 식중독에 미생물의 잠재적 관련성이 있음을 주장했다. 식품 중 잠재적 역할에 대한 주요 생각과 과학적인 증명은 1870년대 파스퇴르에 의해 시작되어 이후 19세기가 끝나기 전 여러 과학자에 의해 전수되었다. 이러한 사실은 20세기 초기 식품미생물학의 정착을 위한 길을 닦은 것이다. 아래는 19세기 주요 발전을 정리한 것이다.[1,6,7]

식품발효

1822년 퍼슨(C.J. Person)은 식포를 생산하는 과정 중에 와인의 표면에서 발견된 현미경적 생물을 *Mycoderma mesentericum*로 명명하였다. 1868년 파스퇴르는 이 생물은 알코올을 아세트산으로 전환시킨다는 사실을 증명했고 *Mycoderma aceti*로 명명하였다. 1898년 마루티누스 베이제린크(Martinus Beijerinck)는 그 균을 *Acetobacter aceti*로 새롭게 명명하였다.

1837년 슈반은 당 발효에 관여하는 생물을 *Saccharomyces*(당 효모)로 명명하였다.

1838년 샤를 코그니아르-라투르(Charles Cogniard-Latour)는 효모의 증식이 알코올 발효와 매우 관련이 높다는 것을 제안했다.

1860년 파스퇴르는 유산발효와 알코올발효는 각각 특정 세균과 효모의 증식의 결과라는 사실을 보여주었다.

1883년 에밀 크리스티안 한센(Emil Christian Hansen)은 맥주를 발효시키기 위해 효모의 순수배양액을 사용했다.

식품부패

1804년 프랑크 니콜라스 아페르(Francosi Nicolas Appert)는 끓는 물을 이용해 열처리로 밀 봉한 유리병 식품을 보존하기 위한 방법을 개발하였다. 그는 자연발생설을 반박하기 위한 방법을 사용했던 스팔란차니(1765년)에 이어 이 방법을 신뢰했다.

1819년 피터 듀란드(Peter Durand)는 금속 통조림에 식품의 보존하는 통조림 보존법을 개발하였다. 찰스 미첼(Charles Mitchell)은 1839년에 금속 통조림의 라이닝(통조림 용기의 내면에 도료를 도포)을 소개하였다.

1870년 파스퇴르는 와인 속의 산패균을 살균하기 위해 62.7°C에서 와인을 열처리할 것을 권장했다. 속슬렛(F. Soxhlet)은 이 방법을 발전시켜 우유 속의 오염세균을 죽이기 위해 우유를 35분 동안 열처리했다. 나중에 이 방법은 수정·보완되어 병원성 영양세포의 살균과 부패균의 살균에 사용되었다.

1895년 해리 러셀(Harry Russell)은 통조림에서의 악취와 가스발생은 내열성균(포자)의 증식에 근거함을 증명했다.

식중독

1820년 저스틴 케르네르(Justin Kerner)는 혈액소시지가 식중독을 일으켰음을 설명했다. 혈액소시지를 섭취에 의한 치명적인 질병은 900년에도 인식되었다.

1849년 존 스노우(John Snow)는 하수에 오염된 음용수를 토해 내어 콜레라가 전염되었음을 제안했다.

1856년 윌리엄 버드(William Budd)는 대변에 오염된 물이 사람을 감염시켜 장티푸스 열병(typhoid fever)을 발생시켰으며 이런 문제를 극복하기 위해 염소처리된 물의 사용을 주장했다. 1800년에 드 모르보(G. de Morveau)와 크루생크(W. Cruikshank)는 공급되는 물의 소독제 처리를 주장했다.

1885년 데오도르 에셰리키아(Theodor Escherich)는 대변으로부터 *Bacteirum coli*(후에 *Escherichia coli*로 명명됨)를 분리했고 그 종은 신생아의 설사와 관련되어 있음을 제안했다.

1888년 가트너(A.A. Gartner)는 병 걸린 사람의 조직과 그 사람이 섭취한 고기로부터 *Bacteirum enteritidis*(후에 *Salmonella*로 명명됨)를 분리했다. 1896년 마리 폰 에르멘겜(Marie von Ermengem)은 *Salmonella enteritidis*(현재의 명명)에 오염된 소시지를 섭취한 사람은 심각한 질병이 생겼음을 증명했다.

1894년 데니스(J. Denys)는 병든 소로 조리된 고기를 먹은 사람의 사망이 화농성 포도상구균(*Staphylococcus*)과 관련 있음을 지적했다.

1894년 프랑스 과학자인 알렉산더 여신(Alexandre Yersin)은 처음에 간균이 전염병의 원인균이라고 보고했으며 이후 *Yersinia pestis*로 명명되었다. *Y. pestis*는 식품매개성 질병을 일으킬 수 있다. *Yer. enterocolitica* 및 *Yer. pseudotuberculosis*는 식품매개 병원체로 알려진 *Yersinia* 속의 주요 세균이다.

1895년 에르멘겜은 오염된 고기에서 *Bacillus botulinus*(*Clostridium botulinum*)를 분리했고 그 균이 보툴리즘을 야기함을 증명했다.

1981년 스탠리 프루시너(Stanley Prusiner)는 소 해면상 뇌병증 또는 "광우병"의 원인 인자인 프리온 특성을 확인했다.

미생물학적 기술

1854년 슈뢰더와 두체(Theodore von Dusch)는 가열된 배양물의 미생물 오염을 방지하기 위해 시험관과 플라스크를 면솜으로 입구를 막았다.

1876년 카 웨이거트(Car Weigert)는 액체 현탁액 중의 세균을 염색하기 위해 메틸렌블루(합성 염료)를 사용했다.

1877년 콘은 *Bacillus subtilis* 내생포자의 내열 특성을 증명했다.

1878년 조지프 리스터(Joseph Lister)는 연속희석법으로 맛이 신 우유로부터 순수 배양된 세균들 중에서 *Streptococcus*(현 *Lactococcus*) *lactis*를 분리했다.

1880년대 코흐와 그의 동료들은 미생물학의 주요 세부 분야에 사용되는 세균의 수를 세고 순수 분리하기 위한 고체배지(초기 젤라틴, 나중 한천), 페트리접시, 편모염색, 100°C 이상에서 배지의 스팀 살균 및 세포와 포자의 사진과 같은 중요 방법들을 소개했다.

1884년 한스 크리스티안(Hans Christian)은 세균세포의 그람염색을 개발했다.

1.6 식품미생물학: 현재 상황

20세기 초기에는 식품 중 미생물의 관련성과 중요성, 특히 병원성 미생물에 대한 연구가 지속되었다.

미생물의 분리와 명명을 위한 특별한 방법이 개발되었다. 오염을 감소시키기 위해 식품취급에 있어서 살균의 중요성이 인식되었다. 부패균과 병원성균을 파괴시키고 증식을 제어하기 위해 특별한 방법들이 연구되어왔다. 식품발효, 특히 낙농발효와 관련된 유익한 세균의 분리와 이 균들의 특성 연구가 진행되어왔다. 그러나 1950년대 이후 식품미생물은 새로운 분야로 부각되었다. 다양한 종류의 생리학적, 생화학적 및 생물학적 특성, 식품환경 중의 미생물의 상호작용, 그리고 미생물생리학, 생화학, 유전학 및 면연학 등의 기본 정보는 식품미생물학에서 신규한 개척분야로 시작되었다.[1,6~10] 이제 우리는 미생물 군집 분석, 전체 유전체(genome) 염기서열 해석 기술의 개발을 통해 복잡한 식품 환경에서 미생물 군집과 미생물 상호작용을 이해할 수 있는 식품미생물학의 최전선에 있다.

1.6.1 식품발효/프로바이오틱스

- 미생물 균주 간의 유전 전이에 의한 바람직한 대사 활성을 가진 균주의 개발
- 박테리오파아지 내성 유산균의 개발
- 바람직한 대사물의 생산을 위한 대사공학
- 면역단백질의 전달을 위한 유산균 사용할 수 있는 방법의 개발
- 주요 유산균과 박테리오파아지의 특성을 이해하기 위한 유전체 분석 및 해석기술
- 유익한 세균과 이들의 항균물질에 대한 식품의 생물학적 보존
- 프로바이오틱스의 중요한 특성의 이해와 산업적 활용이 가능한 균주의 개발
- 식품 공정에서 직접적으로 사용을 위한 종균 생산과 관련된 효과적인 방법
- 건강을 증진하고 질병을 조절하기 위한 생물공학적 프로바이오틱스 개발

1.6.2 식품부패

- 식품 가공과 식품보존에 있어서 새롭게 등장한 부패균의 명명과 제어
- 유통기한 연장을 위한 냉동 및 냉장 식품 중의 세균이 만들어낸 효소에 의한 부패
- 부패균의 대사물을 명명하고 식품의 잠재유통기한을 예측하기 위한 분자생물학적 방법(나노기술)의 개발
- 항미생물적 보존료에 대한 부패균의 저항성의 환경적 스트레스의 중요성
- 식품에서의 미생물 군집, 생태 및 쿼럼 센싱

1.6.3 식중독

- 오염된 식품에서 새로운 식품매개 병원성균의 검출 방법
- 식품 및 환경에서 병원성균의 신속한 검출을 위한 나노기술 및 생명공학을 포함한 분자생물학 기술의 적용
- 식품매개 병원성 바이러스의 효과적인 검출 및 제어 방법
- 동물성 식품에서 인간으로 프리온 질병의 잠재적 전파

- 병원체의 검출 및 파괴에 대한 환경적 스트레스의 중요성
- 식품 내 항생제 내성 병원체 증가와 관련된 요인
- 생물막 형성, 미생물 쿼럼 센싱, 식품 및 장비 표면에 대한 식품매개 병원체 부착
- 식품 유래 병원균의 병원성 기전
- 식품 또는 환경 관련 스트레스가 유전자 조절, 병원성, 생존에 미치는 영향 기술
- 식품매개 질병의 역학 연구를 위한 효과적인 방법: 전체 게놈 서열 및 분자 지문 기술을 포함하는 역학 연구를 위한 유전체 기반 접근
- 식품매개 병원균 방제를 위한 박테리오파아지 및 기타 천연 항균제의 적용
- 식품의 병원성 기생충 방제
- 곰팡이 및 진균독 검출 및 제어
- 어패류 독소 검출 및 제어
- 수확 전(농장에서) 및 수확 후 식품 생산에 있어서 식품매개 질병 제어 전략

1.6.4 기타

- 식품 생산, 가공 및 보존에 있어 중요 관리점(HACCP)의 위해성 분석 적용
- 새로운 식품 가공 기술
- 미가공 및 저열 가공 즉석 식품의 미생물학
- 농장에서 식탁까지 식품의 미생물 관리(종합 품질 관리)
- 2011년 식품안전현대화법 등 식품안전법규를 포함하는 농장에서 식품까지 미생물 제어(총체적 품질관리)

1.7 식품미생물학과 식품미생물학자

위의 논의에서 하나의 학문으로서 식품미생물학이 무엇을 제공해야 하는지는 명백하다. 1970년대 이전에 식품미생물학은 주로 식품의 미생물학적 품질관리와 관련된 응용과학으로 간주되었다. 그 이후로 식품 생산 및 가공, 유통 및 소매, 식품 소비 형태에 사용되는 기술로 크게 변화되었다. 이러한 변화는 단순히 응용 지식을 사용하여 더 이상 해결할 수 없는 새로운 문제를 해결했다. 현대 식품미생물학은 식품과 관련된 미생물의 다양한 문제를 이해하고 효과적으로 해결하기 위해 많은 기초 과학을 포함한다. 이 분야는 식품부패 및 식품매개 질병의 미생물학적 측면과 식품의 효과적인 제어 및 식품 가공뿐만 아니라 미생물 생태학, 생리학, 대사 및 유전학에 대한 기본 정보를 포함한다. 또한 부패 및 병원성 박테리아의 신속하고 효과적인 검출, 재조합 DNA 기술에 의한 바람직한 미생물 균주 개발, 더 나은 품질의 발효 식품 생산, 식품 및 식품 첨가물의 효소 가공에서 열안정성 효소 개발, 식품 및 장비 표면에서 박테리아를 제거하는 방법을 개발하고 식품의 부패 및 병원성 미생물을 효과적으로 제어하기 위한 여러 제어 방법과 기술들의 결합이 가능하다.

식품미생물학 과정(강의 및 실험 모두)을 이수한 학습자들은 다음 영역에 대한 지식을 습득해야

한다.

- 적절한 기술을 사용하여 식품 및 식품 성분의 미생물학적 품질 결정
- 부패 및 건강 위험과 관련된 미생물 유형 결정 및 출처 식별
- 새로운 병원체의 출현 또는 오래된 병원체의 재출현에 기여하는 요인의 이해
- 식품매개 미생물의 병인 발생에 대한 기본적인 기전의 이해
- 식품의 부패 및 병원성 미생물을 제어하기 위한 시정 절차 설계
- 식품 및 환경에서 병원체 및 부패 박테리아를 분리하고 식별하는 신속한 방법 학습
- 식품 가공에 적용된 새롭고 참신한 기술이 어떻게 특정한 미생물학적 문제를 가질 수 있는지 식별하고 문제를 극복하기 위한 방법 설계
- 식품 가공 시설의 부패 및 병원체 문제를 제어하기 위한 효과적인 위생 절차 설계
- 발효 식품을 생산하기 위해 바람직한 미생물을 효과적으로 사용
- 발효 식품 및 프로바이오틱스에 사용하기 위한 더 나은 종균 배양을 위한 방법 설계
- 식품 규정(주, 연방 및 국제)에 대한 이해
- 수입 식품의 미생물 문제에 관한 이해

효과적인 지식을 얻으려면 얻은 지식 외에도 식품미생물학 및 식품 과학, 식품 가공, 식품 생명 공학 및 생물 의학 과학과의 관계 등과 관련된 주제에 대해 다양한 그룹의 사람들과 의사소통을 할 수 있어야 한다. 상식이 뛰어난 사람은 문제를 감지하고 신속하게 수정할 수 있는 위치에 항상 있다.

1.8 결론

인류 문명은 수렵과 채집을 통해 식품의 생산뿐만 아니라 식량의 보존도 수용하면 시작되었다. 따라서 미생물의 존재가 발견되기 오래전에 우리의 초기 조상은 미생물이 식품부패와 건강에 미치는 중요성을 생각했다. 식품에서 미생물의 연관성과 중요성이 입증되면서 식품과 미생물의 상호작용과 관련된 기본 원리를 이해하려는 노력이 이루어졌다. 이러한 지식은 바람직하지 않은 미생물을 제어하고 바람직한 미생물을 효과적으로 사용하는 데 사용되었다. 현재의 연구는 분자 수준에서 미생물을 이해하는 방향으로 진행되고 있다. 식품미생물학자는 식품미생물학의 현대적인 발전과 식품에 중요한 미생물의 특성을 잘 이해하고 있어야 한다. 후자의 측면은 제2장에서 학습할 것이다.

학습문제

1. 미생물학과 식품미생물학의 발전에 있어서 다음 과학자의 주요 업적을 설명하시오: (a) Leeuwenhoek, (b) Spallanzani, (c) Pasteur, (d) Koch, (e) Hess, (f) Cohn, (g) Lister, (h) Soxhlet, (i) Gartner 및 (j) Appert.
2. 니덤의 실험은 미생물에 대한 자연발생설을 반박하는 데 실패했지만 파스퇴르는 그 이론(미생물의 자연발생설)을 반박하는 데 성공했다. 그 이유는 무엇이라 생각하는가?

3. 식품생물공학, 식품부패 및 식중독에서 현재 연구되는 각각의 주요 세 가지 분야는 무엇인가?
4. 1900년대 전후로 식품미생물의 중요성을 이해하는 데 있어 주요 차이점을 간단히 설명하시오.
5. 1900년 전에 식중독과 관련해 증명된 병원성 미생물을 설명하시오.
6. 식품미생물학 학생이 알아야 할 사항을 간략하게 설명하시오.

참고문헌

1. Beck, R., *A Chronology of Microbiology in Historical Context*, ASM Press, Washington, DC, 2000.
2. Brock, T.D., Ed., *Milestones in Microbiology: 1546 to 1940*, ASM Press, Washington, DC, 1999, p. 8.
3. Lengeler, J.W., Drews, G., and Schlegel, H.G., Eds., *Biology of the Prokaryotes*, Blackwell Science, Malden, 1999, p. 1.
4. Dubos, R., Pasteur's first steps toward biology. In *Pasteur and Modern Science*, Brock, T.D., Ed., ASM Press, Washington, DC, 2000.
5. Brock, T.D., *Robert Koch: A Life in Medicine and Bacteriology*, ASM Press, Washington, DC, 1998.
6. Toussaint-Samat, M., *History of Food*, Blackwell Science, Cambridge, MA, 1992 (translated by A. Bell).
7. Hartman, P.A., The evolution of food microbiology. In *Food Microbiology: Fundamentals and Frontiers*, 2nd ed., Doyle, M.P., Beauchat, L.R., and Montville, T.J., Eds., ASM Press, Washington, DC, 2001, p. 3.
8. Ray, B., The need for biopreservation. In *Food Biopreservatives of Microbial Origin*, Ray, B. and Daschell, M.A., Eds., CRC Press, Boca Raton, FL, 1992, p. 1.
9. Amalaradjou, M.A.R. and Bhunia, A.K., Modern approaches in probiotics research to control foodborne pathogens, *Adv. Food Nutr. Res.*, *67*, 185–239, 2012.
10. Davidson, P.M., Critzer, F.J., and Taylor, T.M., Naturally occurring antimicrobials for minimally processed foods, *Annu. Rev. Food Sci. Technol.*, *4*, 163–190, 2013.

제2장

주요 식품미생물의 특징

2.1 서론

식품 속 미생물의 분류는 세균, 효모, 곰팡이와 바이러스로 그 종류와 형태를 나뉜다. 비록 조류(algae)와 원생동물(protozoa)과 몇몇 선충과 같은 벌레도 식품에서 중요하지만, 이 장에서는 포함시키지 않았다. 보건 위생과 연관된 원생동물과 선충과 같은 벌레에 대해, 보건 위생뿐 아니라 비타민의 원료나 단세포 단백질과 같은 식품 가공과 연관된 몇몇 조류에 대해서는 제17장과 제28장에서 각각 논의할 것이다.

안전한 식품과 식품 첨가물을 생산하기 위해서 식중독과 식품부패의 원인이 되는 세균, 효모, 곰팡이와 바이러스에 대한 이해는 매우 중요하다. 효모를 제외한 많은 세균과 몇몇 곰팡이와 바이러스는 식중독 질환의 원인이 된다. 또한 식품에서 증식이 가능하기 때문에 대부분의 세균, 곰팡이와 효모는 식품부패의 원인이 될 수 있다. 어떤 종류의 세균과 곰팡이, 효모는 식품의 안전과 기준이 되기도 하고 발효식품 및 식품첨가물 제조를 위해 이용된다. 4개의 주요 미생물 분류 중에서 세균은 가장 많은 영역을 차지한다. 세균은 어느 곳이나 존재하며 효모와 곰팡이가 증식할 수 없는 조건에서도 쉽고 빠르게 증식할 수 있기 때문에, 식품부패와 식중독 질환에 대해서 중요하게 다루어지고 있다.

프리온 또는 단백질성 감염입자는 사람과 동물에서 해면체성 뇌병증(transmissible spongiform encephalopathies, TSEs)의 원인 물질로 밝혀졌다(제28장 참조). 그러나 이 단백질 감염입자가 어떻게 식품 유래 질환을 일으키는지에 대해서는 명확하지 않다.

이 장 초반부에는 미생물의 분류법과 명명법에 대해, 후반부에는 식품에서 주요 미생물의 중요한 특징에 대해 논의할 것이다.

2.2 미생물의 분류

계통발생적 진화론적 관계를 기초로 살아 있는 세포 생물체는 근본적으로 5개의 계(kingdom)로 나누어진다. 세균은 원핵생물(prokaryotes)에 속하며 곰팡이와 효모는 진핵세포인 fungi로 분류된다.[1] 1970년대에 원핵생물의 범위는 세포벽에 뮤린이나 펩티도글리칸을 가진 진정세균(Eubacteria)과 세포벽에 뮤린이 없는 고세균(Archaebacteria)으로 분류하다가 1990년대에 세균(Bacteria)과 고세균(Archaea)으로 각각 바뀌었다. 대부분의 극한미생물(extremophiles)을 포함하고 있는 고세균은 식품미생물학에서는 중요한 미생물은 아니며, 또한 바이러스는 이러한 분류 시스템에 포함되지 않는다.[2,3] **그림 2.1**은 세 가지 주요 분류(박테리아, 고세균 및 진생생물)를 계통수로 나타낸 것이다. 고세균은 대부분의 극한성 미생물을 포함하며 식품미생물학에 중요하지 않다. 진균과 기생충은 진핵생물에 포함되며 식품매개 질병 및/또는 부패의 원인이 된다. 바이러스는 이 분류 시스템에 포함되지 않는다.

효모와 곰팡이 그리고 세균의 분류를 위해는 각각의 순위에 따라서 계(kingdom), 문(divisions), 강(classes), 목(orders), 과(families), 속(genera; singular genus), 종(species)으로 나눈다. 기본적인 분류군은 종이며 속은 이 유사한 특징을 가진 종들에 의해서 형성된다. 진핵생물은 같은 속내 서로 다른 종(species) 사이에 서로 상호 교배가 가능하지만 원핵생물은 유전자 물질의 상호 교환이 빈번하게 이루어지지만 이러한 상호교배가 가능하지 않다. 이러한 유사한 속(genus)이 모여 과(families)를 형성하듯이 이와 같은 동일한 방법으로 계층적 시스템의 분류를 형성한다. 식품미생물학에서는 종, 속, 과 이상의 분류 순서는 좀처럼 사용되지 않는다. 세균에서의 종은 많은 일반적인 특징들을 가진 하나의 균주(strain) 묶음으로 간주된다. 균주는 단일 군락 또는 단일 세포의 후손으로 종 가운데 균주들 중 일정 유형을 가진 균주는 미지의 분리된 균의 특징을 비교할 때 비교 균주로써 이용된다. 그

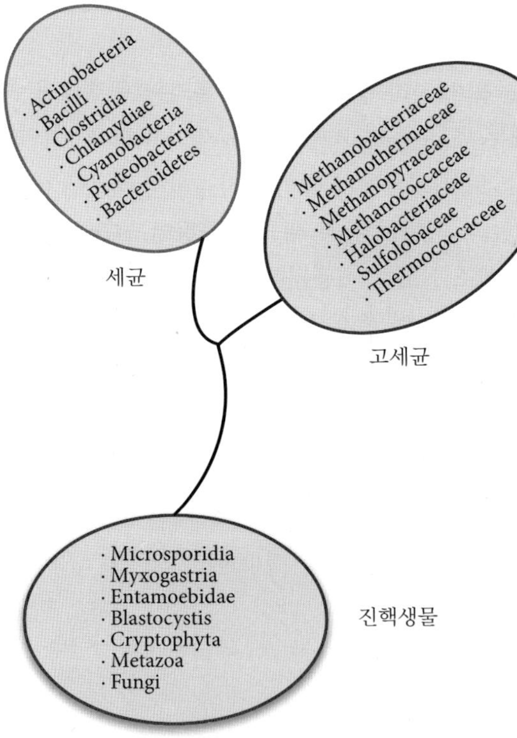

그림 2.1 세 가지 주요 생물 영역을 나타내는 계통수: 세균, 고세균 및 진핵생물. (P.B. et al., *Infect. Immun.*, *71*, 591–596, 2003을 기반으로 다시 작성됨). 미생물을 대표하는 분류는 각각의 계로 나열되었다.

러나 이러한 분류 시스템은 완벽한 유전체 분석으로 인해 앞으로 바뀌게 될 것이다.

분류학적 분류를 위해 세균과 효모, 곰팡이 가운데 연관성을 결정하기 위해 몇 가지 방법들이 이용되고 있다. 효모와 곰팡이의 분류를 위해 형태, 생식, 고분자의 생화학적 특징, 대사 특징들이 이용된다. 세균은 그 형태, 그람염색의 특징, 단백질 프로파일, 특정 단백질의 아미노산 서열, 염기조성(mol% G + C), 핵산(DNA와 RNA) 혼성화, 핵산 염기서열, 컴퓨터 기반 수리 분류학(computer-assisted numerical taxonomy) 등이 이를 위해 이용된다.[1~3] 단백질 프로파일, 아미노산 서열, 염기조성, DNA와 RNA 혼성화 그리고 핵산 염기서열은 직접 또는 간접적으로 생물체의 유전학적 구성과 연관되어 있으며 두 개의 서로 다른 생물체의 유전학적 정도를 비교하므로 좋은 정보를 제공하여 준다. mol% G + C 비율의 비교 시 두 개의 균주가 10% 또는 그 이상의 차이가 나면 이 균주들은 그 연관성이 적다고 할 수 있다. 유사하게 혼성화 실험에서 두 개의 균주의 DNA가 90%나 그 이상의 상동성을 가지면 이 균주들은 매우 연관성이 높다고 볼 수 있다. 핵산 염기서열 분석을 위해서 균주의 16S rRNA의 염기서열들을 비교 분석한다. 16S rRNA의 약 1,500개 염시서열이 대부분 보존적일 때 두 개의 연관된 균주는 높은 상동성을 가진다. 수량 분류학에서는 형태적, 생리적, 생화학적 많은 특징들을 비교 분석한다. 각각의 특징들을 동일한 계량적으로 수치화하여 분석하는데 동일한 종이라면 두 개의 균주의 계량적 수치가 90%나 그 이상이 나와야 한다.

바이러스들 간의 진화적 연관성은 거의 잘 알려져 있지 않다. 바이러스 분류 시스템은 매우 임의적으로 간염 바이러스(hepatitis viruses)와 같이 그들이 원인이 되는 병의 유형을 기반으로 분류하기도 하고 핵산의 함량(단일 또는 이중가닥의 RNA 또는 DNA), 형태적 특징 등을 기반으로 분류하기도 한다. 식품에서 바이러스의 두 개의 그룹이 중요한데, 종균 배양을 위한 세균과 식중독균과 연관되어 있는 박테리오파아지와 같은 세균성 바이러스와 식중독 질환과 연관되어 있는 인간 장내 병원 바이러스가 이에 해당한다. 박테리오파아지는 또한 전체 생산 공종 과정 중에서 또는 생산 공정의 앞선 동물성 식품에서 식품매개 병원체를 죽이기 위한 생물학적 방제제로 사용된다(제38장 참조). 박테리오파아지는 숙주 병원체와의 강력한 상호 작용 때문에 병원체에 대한 우아한 유용한 도구로도 사용된다(제42장 참조).

2.3 명명법

세균과 효모, 곰팡이에 관해 기본 분류학적 단위는 종으로써 명명된다. 이 명명법은 두 부분으로 구성 (binomial name)되어 있다. 앞부분은 속명이 뒷부분은 종명으로 구성된다. 두 부분 모두 라틴어로 이를 표기할 때 모두 이탤릭체로 쓰며 속명의 첫 글자는 대분자로 표기한다. 예를 들면, *Saccharomyces cerevisiae*와 *Penicillium roquefortli*, *Lactobacillus acidophilus*와 같이 표기한다. 몇몇 종들은 아주 작지만 그 특징적인 차이가 존재할 때 그에 따른 아종(subsp. 또는 ssp.)들로 나눌 수 있다. 이 때에는 *Lactococcus lactis* ssp. *lactis* 또는 *Lactococcus lactis* ssp. *cremoris*와 같이 3번째 종명 부분(trinomial epithet)이 추가된다. 몇 가지 예에서 아종 이하의 표기에서 특이한 균주의 특징의 차이를 표기도 한다. 예를 들면 항원변이에 대해서는 항원형(serovar)으로, 특정 대사산물 생산하는 하는 경우는 생태형(biovar)으로 특정 파아지 유형에 민감한 경우는 파아지형(phagovar)으로 표기하여 나타낸다. 이러한 표기는 분류학적으로는 중요하지 않지만 실질적으로 매우 유용하다. 예를 들면 *Lactococcus lactis* ssp. *lactis* biovar diacetilactis가 발효 유제품의 중요한 향기 성분인 diacteyl을 생산하는 *Lactococcus lactis* ssp. *lactis* 균주임을 알 수 있다. 각각의 종들은 *Pediococcus acidilactici* LB923과 *Listeria monocytogenes* ATCC 19116와 같이 알파벳과 숫자 또는 그 혼합으로 각각을 구별한다. 과(families) 분류에서 박테리아 이름은 예를 들면 장내세균과(Enterobacteriaceae)와 같이 복수로 표시하며 -aceae를 어미에 붙여서 사용한다. 속(genus)의 비슷한 종과 균주는 묶어서 *Lactobacillus* spp.와 같이 spp.로 표기하거나 속(genus)의 복수 형태로 표기한 다. 예를 들면 *Lactobacillus*에 대해 lactobacilli로 *Lactococcus*에 대해 lactococci로 *Leuconostoc*에 대해 leuconostocs로 *Salmonella*에 대해 salmonellae로 표기한다.

세균의 과학적 명명법은 국제세균명명규약(International Code of Nomenclature of Bacteria)에 따른다. 미생물학 협회의 국제 조합의 세균 분류학 국제 위원회는 각 명명을 인증하고 승인된 세균 명명 목록을 출판한다. 새로운 속이나 종의 명명 시 이를 사용하기 전에 국제 세균 분류학회지에 출판되어야 한다. 어떤 속이나 종의 명명의 변화 시에는 반드시 위원회에 승인을 받아야 한다.

한 개의 글 전문에 동일한 종의 이름을 계속 사용할 때에는 첫 번째에는 관례적으로 속과 종의 명을 사용하고 연속적으로 사용할 때에는 속명을 축약해서 쓴다. 세균 분류학 버지스 매뉴얼에서는 *Listeria monocytogenes*를 *L. monocytogenes*와 같이 단지 첫 번째 문자만으로 표기한다. 이러한 표기법은 미국의 대부분의 출판사에서 사용되지만, 이러한 표기는 *Lactobacillus lactis*, *Leuconostoc lactis*와 *Lactococcus lactis*를 모두 *L. lactis*로 표시하므로 혼동될 수 있다. 유럽 몇몇 저널에서는 하나 이상의 문자를 사용하여 *Lact. lactis*, *Lc. lactis*, *Leu. lactis*, *Lb. lactis*, *List*, *monocytogenes*와 같이 표기하기도 하지만 이와 같은 방법은 명확한 분류 체계를 반영한 것은 아니다. 이 책에서는 혼동을 줄이기 위해 세균 명명법에서 급속한 변화로 익숙하지 않지만 *Lis. monocytogenes*와 *Leu. lactis*와 같이 *Shigella*의 경우 *Shi. dysenterie*로 *Staphylococcus*의 경우 *Sta. aureus*와 같이 3개 문자로 표기 시에 이용하고 있다. 또한 드물지만 *Lactococcus lactis*를 *Lac. lactis*로 *Lactobacillus lactis*를 *Lab. lactis*로 표기하는 것과 같이 약간의 변형된 방법도 사용할 것이다. 최근 변형된 *Salmonella*에 대한 명명법에 대해서는 제26장을 참고해 보기 바란다.

바이러스는 앞서 언급했듯이 세균 명명법과 달리 특정한 분류학적 명명법이 없다. 바이러스는 T4 또는 T1 박테리오파아지(bacteriophages)와 같이 알파벳이나 숫자 또는 둘의 조합으로 구별하거나 hepatitis A와 같이 그 관련 질병의 형태로 구별하거나 여러 다른 방법으로 구별한다. 예를 들면 식중독 위장염을 유발하는 노로바이러스(Norwalk-like viruses)는 오하이오 노르웍(Norwalk)이라 불리는 도시에서 최초로 분리되어서 이를 근거로 명명되었다.

2.4 식품 중 미생물의 형태와 구조

2.4.1 효모와 곰팡이

효모와 곰팡이는 모두 진핵생물이지만 효모는 단세포 동물인 반면 곰팡이는 다세포 동물이다.[5,6] 진핵세포(20~100 μm)는 일반적으로 원핵세포(1~10 μm)보다 크다. 진핵세포는 단단한 세포벽을 가지고 있고 얇은 원핵세포막을 가진다. 진핵세포의 세포벽은 원핵세포와 달리 펩티도글리칸을 가지지 않고 탄수화물로 구성되어 있다. 또한 원핵세포막은 스테롤을 함유하고 있다. 원핵은 유동적이고 막 주위에 미토콘드리아와 액포와 같은 세포소기관을 가지고 있다. 리보솜은 80S 유형으로 소포체에 매달려 있다. DNA는 히스톤을 함유하고 있는 선형 염색체로 핵막에 둘러싸여 있다. 세포의 분열은 무성생식 시 유사분열(mitosis)로 유성생식 시 감수분열(meiosis)에 의해 이루어진다.

곰팡이는 비운동성, 사상형태로 가지상의 세포로 이루어져 있다(**그림 2.2**). 세포벽은 셀룰로오스와 키틴 또는 둘 모두로 구성되어 있다. 곰팡이는 균사라고 불리는 다수의 실 모양으로 구성되어 있다. 균사의 응집체는 균사체(mycelium)로 불리며 균사는 비격막(nonseptate)과 단일핵격막(septateuninucleate) 또는 다핵성 격막(septate-multinucleate)을 가진다. 균사는 비생식 또는 생식 상태에 있을 수 있으며 생식상태의 균사는 공기 중에 번식하고 분생자(conidia)나 분낭포자(sporangium)를 통해 외포자를 형성한다. 분류학적 분류를 위해 포자의 모양, 크기, 색을 이용한다.

효모는 자연에 넓게 분포한다. 효모세포는 크기가 5~30 × 2~10 μm으로 계란형, 구형, 긴 타형 형태를 가진다(그림 2.2).[4] 효모세포는 비운동성이고 그 세포벽은 글리칸류의 다당류, 단백질, 지질을 함유하고 있다. 세포벽은 흉터를 가지는데 이는 출아의 흔적이다. 세포막은 세포벽 바로 아래 있으며 원형질은 리보솜과 소포체를 함유한 잘 익은 과육 형태이다. 핵은 핵막에 의해서 잘 구분되어 있다.

2.4.2 세균

세균은 단세포로 대부분 0.5~1.0 × 2.0~10 μm의 크기를 가지며 구형(cocci), 막대형(bacilli), 곡선형(comma)의 세 가지 외형을 가진다(그림 2.2). 세균은 집락형태와 두 개 이상의 세포가 사슬형태나 4쌍(tetrads)으로 연합된 형태를 갖는다. 세균은 운동성 또는 비운동성이다. 영양 한천 배지에서 증식하는 세균은 원형 또는 불규칙한 가장자리, 돔형 또는 평평한 모양, 거칠거나 매끄러운 표면, 광택이 나거나 흐릿한 모양을 가진 집락을 형성한다(**그림 2.3**). 단단한 벽의 표면에 원형질은 둘러싸여 있고 그 벽 아래 막이 존재한다. 분자와 이온형태의 영양물질은 외부로부터 막을 통해 특정 메커니즘에 의해 운송된다. 또한 막은 에너지를 생산하는 성분을 함유하고 있다. 또한 세포막의 일부가 원형질에 함입되어 이루어진 관모양(mesosomes) 형태를 이루기도 한다. 세균 원형질은 비운동성이고 소기관을 함유하지 않으며 구분되는 막으로 둘러싸여 있다. 리보솜은 70S 형태로 원형질 내에 퍼져 있다. 구조적 DNA와 플라스미드 DNA인 유전자는 원형(circular)로 핵막에 둘러싸여 있지는 않으며, 또한 히스톤과 같은 염기 단백질을 함유하고 있지 않다. 유전자 이동과 유전자 재결합이 발생하는데 생식세포나 접합자 형성과는 관련이 없다. 세포분열은 이분법(binary fission)에 의해서 이루어진다. 원핵세포는 또한 특정한 작용을 위해 편모(flagella)와 캡슐, 표면층 단백질(surface layer proteins)과 섬모(pili)를 가진다. 또한 어떤 세균은 내생포자(세포당 한 개)를 형성하기도 한다.

그람염색 반응을 기반으로 세포는 그람양성이나 그람음성으로 나뉜다. 그람음성균은 외막과 중간막 사이에 복잡한 세포벽을 가진다(**그림 2.4**). 외막은 지질다당(lipopolysaccharides, LPS)과 지질단백질(lipoprotein, LP), 인지질로 구성되어 있다. 인지질은 안쪽의 소수성(fatty acids) 부분과 바깥쪽의 친수성(glycerol and phosphate) 부분인 이중층으로 배열된다. 인지질층에는 LPS와 LP 분자가 매

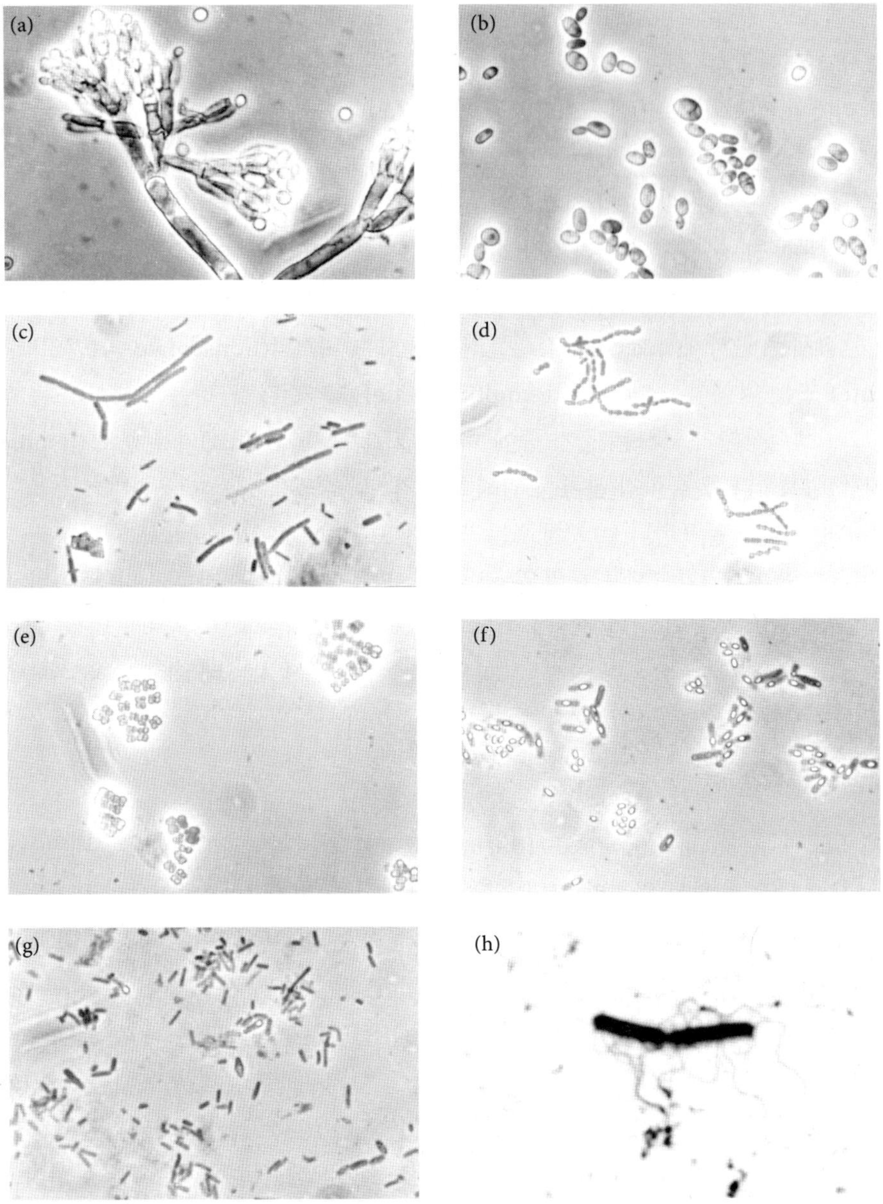

그림 2.2 미생물의 형태사진. (a) 곰팡이; 분생자 자루와 머리가 보이는 *Penicillium* sp.의 분생자 머리부분 (b) 효모; 출아 중인 *Saccharomyces cerevisiae* (c) 막대모양 세균; 단일 또는 사슬 모양의 *Bacillus* sp. (d) 구모양 세균; 사슬 모양의 *Streptococcus* sp. (e) 구모양 세균; 4쌍(tetrads) (f) 중심점이 있거나 없는 포자 형성 *Bacillus*균 (g) 드럼스틱 모양의 양끝 포자 형성 *Clostrium*균 (h) 다편모를 가진 운동성 막대모양 세균(*Clostridium* sp.)

입되어 있다. 외막은 물질의 제한된 이동과 경계로써 작용한다. 그람음성균은 외막의 경계 작용에 의해서 펩티도글리칸을 분해하는 라이소자임(lysozyme)과 같은 많은 효소와 sodium dodecyl sulfate (SDS)와 담즙산염(bile salts)과 같은 소수성 물질, 페니실린(penicillin)과 같은 항생제에 대해 저항성을 가진다. 지질다당(LPS) 분자는 항원성을 가진다. 외막 아래는 중간막이 있는데 이 중간막(peri-

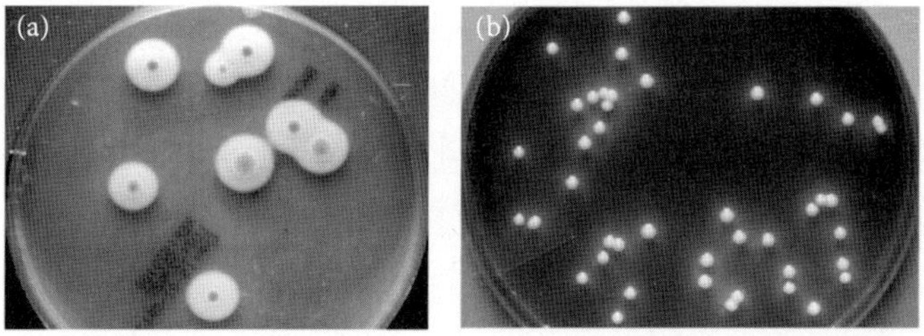

그림 2.3 (컬러 삽입을 보라.) 그람양성 (a) bioMérieux 및 그람음성 배지의 *Bacillus thuringiensis*에 의한 집락 형성 (b) 다른 집락을 나타내는 XLT-4(Xylose-Lysine-Tergitol-4) 한천 배지에서 *Klebsiella pneumoniae* 집락 형태.

plasmic materials)에는 아주 얇은 펩티도글리칸 또는 뮤코펩타이드로 구성되어 있고 다양한 단백질과 효소, 톡신 등을 함유하고 있다. 이 중간막 아래는 원행질과의 사이에 내막이 존재하고 내막은 다양한 많은 단백질이 함유된 인지 질층으로 구성되어 있다.

그람음성균은 두꺼운 구조물인 뮤코펩타이드의 펩티도글리칸과 두 개의 유형의 테이코익산(teichoic acid)으로 구성된 두꺼운 세포벽을 갖는다(그림 2.4). 펩티도글리칸은 *N*-아세틸 뮤라믹산(*N*-acetylmuramic acid, NAM)과 *N*-아세틸 글루코사민(*N*-acetyl glucosamine, NAG)이 짧은 펩타이드 사슬로 연결되어 구성된 폴리머이다. 표면층 단백질(surface layer protein, SLP)이라고 불리는 세포 표면에 층을 가지고 있다. 세포벽 테이코익 분자는 뮤코펩타이드 층을 연결하고 리포테이코익산

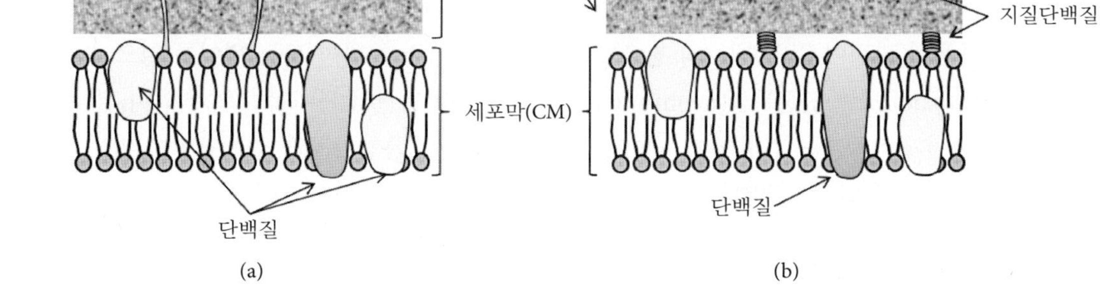

그림 2.4 세균세포 구조의 도식적 표현. (a) 그람양성균: CW: 펩타이드, 테이코산(또는 테이쿠론산)에 공유 결합된 두꺼운 뮤코펩타이드 중심층을 보여주는 세포벽; 리포테이코산(세포질 막에 고정됨); CM: 인지질, 당지질 및 포함된 단백질을 포함하는 지질 이중층이 있는 세포질 막. (b) 그람음성균: OM: 2가 양이온, 인지질 및 단백질에 의해 안정화된 지질다당류(LPS) 분자를 함유하는 외막; CW: 펩타이드 및 지단백질에 공유 결합된 얇은 뮤코펩타이드 층을 포함하는 중간 막; CM: 인지질 이중층과 단백질이 있는 세포질 막.

은 뮤코펩타이드와 원형질막을 연결한다. 테이코익산은 인산 부분에 의해서 음전하를 띠므로 세포 안팎의 양성 분자와 결합하거나 이동을 조절하기도 한다. 테이코익산은 항원성을 가지며 혈청학적으로 그람양성균을 식별하는 데 이용될 수 있다. 세포벽의 화학조성에서의 복잡성 때문에 그람양성균이 그람음성균보다 먼저 진화되었다고 보고 있다.

2.4.3 바이러스

바이러스는 비세포 물질로써 간주된다. 식품미생물학에서 중요한 박테리오파아지 같은 세균성 바이러스는 자연에 광범위하게 분포한다.[5] 이 바이러스는 핵산(DNA 또는 RNA)과 몇 가지 단백질로 구성되어 있다. 이 단백질은 핵산을 둘러싸는 머리와 꼬리 형태를 갖는다. 이 바이러스는 숙주세포에 접근을 위해 부속물과 표면 분자를 갖는다. 박테리오파아지는 그 자체로 숙주세포의 표면에 부착하고 바이러스의 핵산을 숙주세포 내로 주입한다. 연속적으로 많은 파아지가 숙주세포 내에서 증식되면 세포 용균에 따라 밖으로 방출된다. 이에 관해서는 제14장에서 살펴보게 될 것이다.

일부 병원성 바이러스는 인간에 대해 식중독 질환의 원인이 된다. 가장 중요한 식중독 관련 바이러스는 헤파티티스 A(hepatitis A)와 노로바이러스(Norwalk-like viruses)이다. 두 바이러스 모두 단일가닥 RNA 바이러스이나 헤파티티스 A는 30 nm의 지름의 작은 다면성 장 바이러스이다. 또한 RNA 가닥은 캡시드(capsid)라는 외피 단백질에 의해 덮여 있다. 바이러스성 질환들은 제28장과 제29장에서 배우게 될 것이다.

2.5 식품미생물의 중요성

2.5.1 주요 곰팡이속

곰팡이는 낮은 pH, 낮은 수분활성도(A_W), 높은 삼투압 조건과 같은 세균이 자랄 수 없는 조건에서 자라기 때문에 식품에서 중요하다. 식품에서 많은 유형의 곰팡이가 발견된다.[6,7] 주요한 부패 미생물로써 중요한데 많은 종이 미생물 독소를 생산하고 식중독을 일으킨다. 많은 균주는 또한 진균독을 생산하며 식품매개 식중독과 관련이 있다(제28장 참조). 어떤 미생물 독소는 발암 또는 변이를 일으키며 또한 간독성(hepatotoxic) 또는 신장독성(nephrotoxic)과 같이 특정 기관의 특이적 병의 원인이 된다. 식품에서 많은 곰팡이가 식품가공 과정에서 사용되고 있으며, 또한 식품첨가물과 효소 생산을 위해서 이용되고 있다. 식품에 사용되는 일반적인 주요 곰팡이는 다음과 같다(그림 9.1 참조).

1. *Aspergillus.* 광범위하게 분포하고 식품에서 중요한 종들이 많다. 격벽을 가지고 있으며 분생자에서 검은색 무성 포자를 생산한다. 많은 것들이 낮은 수분활성도에서도 증식할 수 있는 호건성(xerophilic)이고 곡식에서 자라 부패원인이 된다. 잼, 조리된 햄, 땅콩, 열매와 채소와 같은 식품의 부패와 연관이 있다. 이 중 몇몇은 미생물 독소를 생산한다. 대표적인 것이 아프라톡신(alfatoxin)을 생산하는 *Aspergillus flavus*의 예를 들 수 있다. 또한 많은 종들이 식품과 식품 첨가물 가공에 사용된다. *Asp. oryzae*는 사케 생산에서 알파 아밀라제(α-amylase)에 의

해 녹말을 분해하는 데 사용된다. *Asp. niger*는 설탕으로부터 구연산(citic acid)을 생산하는데 β-galactosidase와 같은 효소를 생산하는 데 이용된다.

2. *Alternaria*. 격벽을 가지고 있으며 분생자로부터 검은색 포자를 형성한다. 토마토의 부패와 유제품의 산패향기의 원인이 된다. 몇몇 종은 미생물 독소를 생산한다. 대표 종으로 *Alternaria citri*가 있다.
3. *Fusarium*. 감귤류와 감자, 곡식 등의 부패와 연관되어 있다. 목화솜과 같은 군락으로 증식하고 격벽을 가지고 있으며 낫 모양의 분생자를 형성한다. Fumonosins, zearalenone, tricothecenes과 dexoynivalenol(DON) 같은 미생물 독소를 생산한다. 대표적인 종으로 *Fusarium verticillioides, Fus. graminearum, Fus. proliferatum*이 있다.
4. *Geotrichum*. 격벽을 가지고 있으며 사각모양의 분절포자(arthrospores)를 형성한다. 이 곰팡이는 증식할 때 효모처럼 하얀 크림색 집락을 형성한다. 이들은 쉽게 장비에 안착하고 유제품에 빈번하게 자란다. 대표적인 종으로 *Geotrichum candidum*이 있다.
5. *Mucor*. 광범위하게 분포하며 격벽이 없는 균사를 가지며 포자낭포자(sporangiophore)를 형성한다. 하얀 집락을 형성하며 식품 발효와 다양한 효소 생산에 이용한다. 채소 부패의 원인이 되는 곰팡이 종류이다. 대표적인 종으로 *Mucor rouxii*가 있다.
6. *Penicillium*. 광범위하게 분포하며 많은 종들이 존재한다. 격벽이 있는 균사를 가지며 청록색, 털모양의 분생자 머리상의 분생포자를 형성한다(그림 2.2). *Penicillium roquefortii*와 *Pen. camembertii*가 치즈 생산에 이용되듯이 이 곰팡이의 많은 종들이 식품 제조에 이용된다. 과일과 채소의 곰팡이 부패의 주요 원인이 되는 곰팡이로 곡식, 빵과 고기의 부패에도 연관된다. Ochratoxin A와 같은 미생물 독소를 생산하기도 한다.
7. *Rhizopus*. 균사는 격벽이 없고 포자낭에 포자낭포자를 형성한다. 많은 과일과 채소의 부패의 원인이 된다. *Rhizopus stolonifer*는 이 속에 속하는 대표적인 검은 빵 곰팡이다.

2.5.2 주요 효모속

효모는 부패의 원인이 되므로 식품에서 매우 중요하다. 또한 많은 효모는 식품의 가공 과정에서 사용된다. 효모 중에는 식품 첨가물 생산에도 이용되는 것도 있다. 여기서 몇몇 중요한 속에 대해 간략히 설명하면 다음과 같다.[4]

1. *Saccharomyces*. 세포가 구형, 난형, 긴 타원모양을 가진다. 효모 중에서 매우 중요한 속으로 이종적인 그룹을 가진다(그림 2.2). *Saccharomyces cerevisiae* 변이주는 빵 발효와 알코올 발효에 매우 중요하게 이용된다. 또한 식품부패의 원인으로 이때 알코올과 이산화탄소를 생산한다.
2. *Pichia*. 세포가 원통형에 가까운 계란모양으로 맥주와 와인, 식염수에서 부패의 원인이 되는 얇은 막을 형성시킨다. 동양 식품의 발효에 사용되기도 한다. 대표적인 종으로 *Pichia membranaefaciens*가 있다.
3. *Rhodotorula*. 색소를 형성하는 효모로써 고기, 생선, 독일식 김치(sauerkraut)와 같은 식품의 변색의 원인이 될 수 있다. 대표적인 종으로 *Rhodotorula glutinis*가 있다.

4. *Torulopsis*. 세포는 난형에 가까운 구형으로 *Torulopsis versatilis*는 젖당을 발효할 수 있으므로 우유 부패의 원인이 된다. 또한 과일주스 농축액과 산성 식품들을 부패시킨다.
5. *Candida*. 매우 높은 산도, 고염류와 고당분 식품을 부패시키고 액상 위에 얇은 막을 형성한다. *Candida lipolyticum*과 같이 버터와 유제품에서 악취 발생의 원인이 된다.
6. *Zygosaccharomyces*. 소시지, 케첩, 피클, 머스터드, 마요네즈, 샐러드드레싱과 같은 높은 산성 식품의 부패의 원인이 된다. 특별히 *Zygosaccharomyces bailii*의 경우는 낮은 산도와 저염과 저당 식품부패의 원인이 된다.

2.5.3 식품유래 원생 기생충

원생기생충[8,9]은 진핵생물로 식수와 식품 유래 질병에 연관이 있다. 흔히 야생동물과 가축, 애완동물 또는 심지어 사람들이 이러한 기생충의 매개체와 오염원이 되기도 한다. 오염된 토양과 관개용수는 이러한 오염의 원인이 된다. 주요 원생기생충으로는 *Giardia*(*Gia. lamblia*)와 *Cryptosporidium*(*Cry. parvum*), *Cyclospora*(*Cyc. cayetanensis*), *Cystoisospora*(Cys. belli), *Toxoplasma*(*Tox. gondii*)이다. 일반적으로 이러한 원생 기생충은 완벽한 생활주기를 위해서 2개의 숙주생물이 필요하다. 이들은 일반적으로 2~4개의 종충(sporozoite)을 가진 감염된 접합자(infective oocyst)를 만든다. 숙주 안에서 무성생식과 유성생식을 통해서 증식한다. 이 기생충들은 주로 복통과 경련을 동반하지만 때때로 근육통, 감기와 두통을 동반하기도 하는 위장염의 원인이 된다.

2.5.4 주요 바이러스

바이러스는 다음의 몇 가지 이유로 인해 식품에서 중요하다.[5,10~12]

1. 바이러스는 장내 질환의 원인이 된다. 따라서 식품 속에 존재하면 식중독 질환의 원인될 수 있다. 헤파티티스 A와 노로바이러스(Norwalk-like viruses)는 식중독 질환의 주요 원인이 된다. 폴리오바이러스(poliovirus)와 아데노바이러스(adenovirus), 에코바이러스(echo virus)와 콕사키바이러스 같은 다른 장내 바이러스는 식중독 질환의 원인이 될 수 있다. 몇몇 국가에서는 소독과 위생 정도가 낮아서 이 바이러스가 식품에 오염되고 질환을 유발할 수 있다.
2. 박테리오파아지 같은 세균성 바이러스들은 적절한 희석에 따른 일련의 박테리오파아지에 대한 세포의 민감도를 기반으로 *Salmonella* serovars와 *Listeria monocytogenes*, *Staphylococcus aureus*와 같은 몇몇 병원균을 결정할 수 있다.
3. 박테리오파아지는 *Escherichia coli*나 *Lac. lactis*와 같은 특정 세균의 종이나 균주에서 형질 도입(transduction)이라는 과정을 통해 유전적 특성을 전달하는 데 이용될 수 있다.
4. 식품 생산 환경에서 살모넬라, *Listeria monocytogenes*, *Esc. coli* O157:H7와 같은 병원균을 제어하기 위한 항미생물제로서 박테리오파아지를 활용한다.
5. 마지막으로 박테리오파아지는 발효 실패의 원인될 수 있으므로 식품에서 매우 중요하다. 많은 식품 발효에서 종균 배양을 위해서 이용되는 젖산 박테리아는 다양한 박테리오파아지에 대해서 매우 민감하다. 이 박테리오파아지는 종균 배양을 위한 세균에 감염될 수 있고 세균을 죽일

수 있으므로 식품 발효의 실패의 원인이 된다. 젖산균 중 *Lactococcus*와 *Streptococcus*, *Leuconostoc*, *Lactobacillus* 속의 균주에서 박테리오파아지가 분리되고 있으나 *Pediococcus* 속의 박테리오파아지는 아직 알려진 것이 없다. 박테리오파아지 증식을 막기 위한 방법으로 유전학적 기술로 젖산균의 종균을 개선한 방법들에 대해서는 제14장을 참고하기 바란다.

2.5.5 주요 세균속

세균의 분류법은 급속하게 변화되고 있다.[1] 1984년에서 1988년 사이에 출판된 세균 분류학을 위한 버지스 매뉴얼(*Bergey's Manual of Systematic Bacteriology*)에서 다양한 특징의 차이를 근거로 420개 이상의 세균 속에 대해 33섹션으로 나누어서 분류하였다. 그 이후 *Lactococcus*(예전의 N-group 또는 dairy *Streptococcus*와 *Carnobacterium*(몇몇 종은 *Lactobacillus*에 포함)과 같은 많은 다른 속들이 출현하였다. 버지스 매뉴얼 9판(*Bergey's Manual of Determinative Bacteriology*, 1993)에서 560개 이상의 속에 대해 35개 그룹으로 나누어 분류하였다. 이 중에서 **표 2.1**의 48속의 목록은 식품부패와 건강 위험 요소와 식품가공에 대해 자주 연관 것들에 대해 정리한 것이다. 이러한 48속 이외의 식품에서 발견되는 다른 속의 균주들은 상대적으로 중요성이 높지 않다. 또한 이러한 속들의 균주명은 더 이상 검증되지 않았고 현재 버지스 매뉴얼에 포함되어 있지 않다. 여기서는 단지 버지스 매뉴얼에서 분류되고 승인된 속과 종에 대해서만 다룰 것이며 간략하게 이러한 속의 주요 특징과 식품에서의 중요성을 설명할 것이다. 이외에 대해서는 제25~29장에서는 병원균에 대해, 제11장과 제18장에서는 유용한 세균 또는 식품가공에 이용하는 세균에 대해 설명할 것이므로 이를 참고하기 바란다.

그람음성 호기성균

Acetobacter. 0.6 × 4 μm 크기의 타원모양의 막대 형태로 단일 또는 아주 짧은 사슬형태를 보이며 운동성이거나 비운동성인 호기성균이다. 에탄올을 초산(acetic acid)으로 산화시키는 중온균이다. 알코올 음료와 과일주스의 산패의 원인균이므로 식초(acetic acid) 생산에 이용된다. 식물과 알코올 발효하는 곳에서 광범위하게 분포한다. 중요한 종으로는 *Acetobacter aceti*가 있다.

Acinetobacter. 1 × 2 μm 크기의 막대 형태로 쌍으로 또는 작은 사슬 형태로 관찰된다. 극성 섬모를 가지고 있어 연축 운동성(twitching motility)을 가진다. 엄격한 호기성균으로 20°C~35°C 사이에서 증식한다. 토양과 흙, 하수에서 발견된다. 중요한 종으로는 *Acinetobacter calcoaceticus*가 있다.

Alcaligenes. 0.5 × 1 μm 크기의 막대 또는 구상간균 형태로 운동성을 갖는다. 물과 토양 또는 배설물에 존재한다. 중온균으로 단백질이 풍부한 식품의 부패의 원인이 된다. 중요한 종으로는 *Alcaligenes faecalis*가 있다.

Alteromonas. 현재 대부분의 *Alteromonas* 종은 해양에서 기원하기 때문에 해양에서 기원한 식품에 존재할 수 있다. *Pseudomonas*와는 달리 최적의 성장을 위해 100 mM NaCl이 필요하다. *Alteromonas putrefacience*(*Shewanella putrefaciens*로 재분류된 종)는 *Pseudomonas*와 유사한

표 2.1 식품 중 주요 세균의 속명

분류[a] (그룹[b])	특징 분석	과명	속명
2	그람음성, 호기성/미호기적, 운동성, 나선형/비브로이드	없음	*Campylobacter, Arcobacter, Helicobacter*[c]
4	그람음성, 호기적, 막대균과 구균	*Pseudomonaceae*	*Psudomonas, Xanthomonas*
		Acetobacteraceae	*Acetobacter, Gluconobacter*
		Nisseriaceae	*Acinetobacter, Morexella*
		없음	*Altermonas, Flavobacterium, Alcaligenes, Brucella, Psychrobacter*
5	그람음성, 통성혐기성, 막대균	*Enterobacteriaceae*	*Cit robacter, Escherichia, Enterobacter, Edwardsiella, Erwinia, Hafnia, Klebsiella, Morganella, Proteus, Salmonella, Shigella, Serratia, Yersinia*
		Vibrionaceae	*Vibrio, Aeromonas, Plesimonas*
9	Rickettsias	*Rickettsiaceae*	*Coxiella*
12(17)	그람양성, 구균	*Micrococcaceae*	*Micrococcus, Staphylococus*
		없음	*Streptococcus, Enterococcus, Lactococcus, Leuconostoc, Pediococcus, Sarcinia*
13(18)	그람양성, 내포자 형성막대균과 구균	없음	*Bacillus, Sporplactobacillus, Clostridium, (Desulfotomaculum*[d])
14(19)	그람양성, 비포자, 정형 간균	없음	*Lactobacillus, Carnobacterium, Brochothrix, Listeria*
15(20)	그람양성, 비포자, 비정형 간균	없음	*Corynebacterium, Brevibacterium, Propionibacterium, Bifidobacterim*

[a] *Bergey's Manual of Systematic Bacteriology*에서의 분류.

[b] *Bergey's Manual of Determinative Bacteriology*에서의 그룹. 단지 식품에서 중요한 세균을 포함한 이 분류 또는 그룹에 대해 이 표에서 정리하여 수록하였음.

[c] 이 그룹에 속하는 것은 식품유래의 병원성 종들을 포함하고 있음.

[d] *Desulfotomaculum*의 경우는 그람음성균임.

특성을 많이 가지고 있기 때문에 이전에는 *Pseudomonas putrefacience*로 명명되었었다. 생선 및 육류 부패에 중요한 균주이다.

Brucella. 0.5 × 1 μm 크기의 구상간균으로 대부분 단독으로 관찰되고 비운동성을 갖는다. 다양한 종들이 소와 돼지, 양 등의 동물의 병을 유발한다. 또한 사람에게 식중독병인 브루셀라병을

유발하는 병원균이다. *Brucella abortus*는 소의 낙태를 유발한다.

Campylobacter. *Campylobacter jejuni*와 *Cam. coli*의 두 개의 종은 식중독균으로 0.2 × 1 μm의 작은 미호기성(microaerophilic) 세균으로 나선 모양의 운동성으로 사람과 동물, 조류의 내장에서 발견된다. 중온균(mesophiles)이다.

Flavobacterium. 0.5 × 3 μm 크기의 평행한 양쪽 면을 가진 막대 형태로 비운동성이고 집락은 특유의 색깔을 갖는다. 몇몇 종은 저온생육균이고 우유, 고기, 기타 단백질 식품의 부패의 원인이 된다. 중요한 종으로는 *Flavobacterium aquatile*가 있다.

Gluconobacter. 이 그룹의 대부분의 특성들은 *Acetobacter*의 특성들과 유사하다. *Gluconobacter oxydans*는 파인애플, 사과, 배의 부패를 유발한다.

Morexella. 1 × 1.5 μm 크기의 아주 작은 막대 형태로 거의 구균 형태에 가깝다. 단일이거나 쌍으로 또는 작은 사슬형태로 관찰된다. 캡슐로 싸여져 있으며 연축 운동성을 가진다. 최적의 증식 온도는 30°C~35°C이다. 동물과 사람의 점막에서 발견된다. 중요한 종으로는 *Morexella lacunata*가 있다.

Pseudomonas. 0.5 × 5 μm 크기의 직선 또는 곡선모양을 가지는 호기성균으로 운동성이 있고 저온에서도 증식이 가능한 저온생육균(psychrotrophs)이다. 환경에 광범위하게 분포하고 있다. 이 속에는 아주 많은 종들이 속하며 식품에서 가장 중요한 종들은 *Pseudomonas fluorescens*와 *Pse. aeruginosa*, *Pse. putida*가 있다. 주요 부패균으로 식품 속 다양한 탄수화물과 단백질, 지질들을 쉽게 대사할 수 있다.

Psychrobacter. 이 속은 1986년에 만들어졌고 *Psychrobacter immobilis*라는 하나의 종만이 있다. 1 × 1.5 μm 크기의 구상간균으로 비운동성이다. 5°C나 그 이하에서 자랄 수 있으며 최적의 증식 온도는 20°C이고 35°C에서는 자랄 수 없다. 생선과 고기의 가금류 제품에서 발견된다.

Xanthomonas. 이 속 세균의 대부분의 특성은 *Pseudomonas*와 유사하다. 식물병원균으로 과일과 채소 부패의 원인이 될 수 있다. *Xanthomonas campestris*의 경우 식품 안정화제로써 사용되는 산탄 껌(xanthan gum)을 생산하는 데 이용된다.

그람음성 통성혐기성균

Aeromonas. 0.5 × 1.0 μm 크기의 작은 막대형으로 단독 또는 쌍으로 관찰된다. 운동성을 갖는 저온생육균이다. 바다 환경에서 발견되며 일반적으로 생선 또는 해산물의 병원균이다. *Aeromonas hydrophila*는 식중독 병원균의 가능성이 있다.

Citrobacter. 1 × 4 μm 크기의 직선 막대형으로 단독 또는 쌍으로 관찰되고 항상 운동성을 갖는다. 중온균으로 사람과 동물, 새의 장내 부위와 그 유사한 환경에서 발견된다. 청결과 위생의 지표균으로 대장균군에 포함된다. 중요한 종으로는 *Citrobacter freundii*가 있다.

Cronobacter. 예전에 *Enterobacter*로 알려진 세균으로 1 × 3 μm 크기의 직선막대형으로 운동을 갖는 중온균이다. 사람과 동물, 새의 장내 부분에서 발견되며 청결과 위생의 지표균으로 대장균군에 속한다. 중요한 종으로는 *Cronobacter sakazakii*가 있다.

Escherichia. 1 × 3 μm 크기의 직선막대형으로 운동이거나 비운동성인 중온균이다. 사람과 온

혈동물, 새의 장내 부위와 그 유사한 환경에서 발견된다. 많은 종이 비병원균이지만 몇몇 종은 사람과 동물에게 병원균으로 식중독 질환에 관련이 있다. 이론적으로는 비병원성균이지만 청결과 위생의 지표균으로써 대장균군과 분변 대장균군에 속한다. 중요한 종으로는 *E. coli*가 있다.

Enterobacter. 1 × 2 μm 크기의 직선막대형으로 운동을 갖는 중온균이다. 사람과 동물, 새의 장내 부분에서 발견되며 청결과 위생의 지표균으로 대장균군에 속한다. 중요한 종으로는 *Enterobacter aerogenes*가 있다.

Edwardsiella. 1 × 2 μm 크기의 작은 막대형으로 운동성을 갖는다. 냉온혈동물의 장내 부위와 신선한 물에서 발견된다. 인간에게 병원균이지만 식중독 질환과의 관련성은 나타나지 않았다.

Erwinia. 1 × 2 μm 크기의 작은 막대형으로 쌍이나 작은 사슬형태로 관찰된다. 운동성을 가지며 통성혐기성균으로 최적온도는 30°C이다. 많은 경우 식물병원균으로 식물유래 식품의 부패의 원인이 된다. 중요한 종으로는 *Erwinia amylovora*가 있다.

Hafnia. 1 × 2 μm 크기의 작은 막대형으로 운동성이 있는 중온균이다. 사람과 동물 새의 내장 부위와 그 유사한 환경에서 발견된다. 식품부패와 연관이 있으며 식품 독소발생의 중요한 원인이 된다. 중요한 종으로는 *Hafnia alvei*가 있다.

Klebsiella. 1 × 4 μm 크기의 중간 막대형으로 단독 또는 쌍으로 관찰된다. 운동성을 가지며 외부가 캡슐로 쌓인 중온균이다. 사람과 동물, 조류의 장내 부위와 흙과 물 그리고 곡류에서 발견되며 청결과 위생에 대한 지표균으로 대장균군에 포함된다. 중요한 종으로는 *Klebsiella pneumoniae*가 있다.

Morganella. 0.5 × 1 μm 크기의 작은 막대형으로 운동성을 갖는 중온균이다. 사람과 동물의 장내 부위에서 발견된다. 병원균이지만 식중독 질환을 유발하지는 않는 것으로 알려져 있다. 중요한 종으로는 *Morganella morganii*가 있다.

Plesiomonas. 0.5 × 1.0 μm 크기의 작은 막대형으로 운동성을 갖으며 생선과 바다동물에서 발견된다. *Plesiomonas shigelloides*는 식중독 병원균의 가능성이 있다

Proteus. 0.5 × 1.5 μm 크기의 직선막대형으로 높은 운동성을 가져서 평판배지 위에서 떼(swarm)를 형성한다. 낮은 온도에서 증식하는 것도 있으며 사람과 동물의 장내 부위와 그와 유사한 환경에서 발견된다. 많은 종이 식품부패와 연관이 있다. 중요한 종으로는 *Proteus vulgaris*가 있다.

Salmonella. 1 × 3 μm 크기의 중간막대형으로 운동성을 가지는 중온균이다. 2,500개 이상의 혈청형 변이(serovars)가 존재하며 혈청형 변이주 모두가 인간에 대해 병원균이다. 식중독 질병의 주요한 요인으로 작용한다. 중요한 종으로는 *Salmonella enterica* ssp. *enterica*가 있다. 이와 관련된 새로운 명명 시스템에 대해서는 제26장을 참고하기 바란다.

Shigella. 중간막대형으로 비운동성인 중온균이다. 사람과 영장류의 내장에서 발견되며 식중독 관련 질환과 관련이 있다. 중요한 종으로는 *Shigella dysenteriae*가 있다.

Serratia. 0.5 × 1.5 μm 크기의 작은 막대형으로 운동성을 가진다. 균락은 흰색, 분홍색 또는 빨간색을 띠며 냉장 온도에서도 증식하는 것도 있으며 이와 유사한 환경에서 발견된다. 식품부패

의 원인이 된다. 중요한 균으로는 *Serratia liquefaciens*가 있다.

Yersinia. 0.5 × 1 μm 크기의 작은 막대형으로 운동성 또는 비운동성을 갖는다. 1°C에서 증식할 수 있으며 동물의 내장 부위에서 존재한다. *Yersinia enterocolitica*는 식중독 질환 관련 전염병과 관련이 있다.

Vibrio. 0.5 × 1.0 μm 크기의 곡선 막대형으로 운동성을 갖는 중온균이다. 민물과 해수 환경에서 발견되며 증식을 위해서는 NaCl을 필요로 하는 것도 있다. *Vibrio cholerae, Vib. parahaemolyticus*와 *Vib. vulnificus*와 같은 종들은 식중독 질환에 관련된 병원균이고 *Vib. alginolyticus*와 같은 종들은 식품부패의 원인이 된다.

리케치아(Rickettsias)

Coxiella. 그람음성균이고 비운동성을 갖는 0.2 × 0.5 μm 크기의 아주 작은 세포로 숙주세포 상에서 증식한다. 상대적으로 높은 온도에서도 잘 견디나 저온 살균에 의해서는 사멸된다. *Coxiella burnetii*는 가축에 감염될 수 있고 특별히 저온 살균 처리하지 않은 우유를 마시는 경우 인간에게 큐 열병(Q fever)을 유발한다.

그람양성 구균

Enterococcus. 1 μm 크기의 구형 세포로 쌍이나 사슬 형태로 관찰되며 비운동성의 통성혐기성균이다. 몇몇 균주는 저온 살균(pasteurization) 처리에도 생존한다. 중온균으로 보통 사람, 동물과 새의 내장 부위와 그 환경에서 서식한다. 식가공 관련 장비 표면에서도 잘 서식한다. 위생과 청결의 지표균으로써도 이용된다. 식품부패에 중요한 균으로 대표적인 종으로는 *Enterococcus faecalis*가 있다.

Lactococcus. 0.5~1.0 μm 크기의 난형의 길쭉한 세포로 쌍 또는 짧은 사슬 형태로 관찰되는 비운동성의 통성혐기성균이다. 중온균이지만 10°C에서 증식할 수 있다. 젖산(lactic acid)을 생산하며 많은 생가공 식품 생산에 이용되는데, 특별히 유제품 발효에 이용된다. 중요한 종으로 *Lactococcus lactis* subsp. *lactis*와 *Lactococcus lactis* subsp. *cremoris*가 있다. 살균 처리하지 않은 우유와 식물에 존재하며 몇몇 종들은 그람양성균에 대해 상대적으로 넓은 범위의 작용하므로 식품 생보존제(biopreservatives)로 가능성이 있는 박테리오신(bacteriocins)을 생산한다.

Leuconostoc. 구형 또는 렌즈모양의 세포로 쌍 또는 사슬모양으로 관찰되는 비운동성을 갖는 통성혐기성균이다. 이형젖산 발효균(heterolactic fermentators)으로 중온균이지만 몇몇 종과 균주는 3°C나 그 이하에서 자랄 수 있다. 몇몇 종은 식품 발효에서 사용된다. 호저온성 균주들은 진공포장 냉장 식품의 부패와 연관이 있다. 식물과 고기 그리고 우유에서 발견된다. 중요한 종으로 *Leuconostoc mesenteroides* subsp. *mesenteroides, Leu. lactis, Leu. carnosum, Leu. mesenteroides* subsp. *dextranicum*은 설탕(sucrose)에서 자랄 때 덱스트란(dextran)을 생산한다. 몇몇 종들은 그람양성균에 대해 상대적으로 넓은 범위의 작용하므로 식품 생보존제(biopreservatives)로 가능성이 있는 박테리오신을 생산한다.

Micrococcus. 0.2~2 μm 크기의 구형 세포로 쌍, 4쌍(tetrads) 또는 군집 형태로 관찰 되는 호기성균이다. 몇몇 종들은 노란색의 집락을 형성하는 중온균으로 저온 살균에 대해 저항성을 갖는다. 작은 막대형으로 운동성을 가진다. 포유동물의 피부에서 발견되며 부패의 원인이 될 수 있다. 중요한 종으로 *Micrococcus luteus*가 있다.

Pediococcus. 1.0 μm 크기의 구형 세포로 4쌍(tetrads) 관찰되나 대부분 쌍으로 존재한다. 비운동성 으로 통성혐기성균이다. 동형젖산 발효균(homolactic fermentators)으로 중온균이지만 몇몇 균주들은 50°C에서 증식할 수 있어서 저온 열처리에도 생존할 수 있다. 몇몇 종들과 균주들은 식품 발효에 이용된다. 또한 알코올음료 부패에 원인이 되며 영양 물질과 식품 제품에서 발견된다. 중요한 종으로는 *Pediococcus acidilactici*와 *Ped. pentosaceus*가 있다. 이 종들은 그람양성균에 대해 상대적으로 넓은 범위의 작용하므로 식품 생보존제(biopreservatives)로 가능성이 있는 박테리오신을 생산한다.

Sarcina. 1~2 μm 크기의 커다란 구형 세포로 8개나 그 이상의 군집으로 관찰되며 비운동성이다. 탄수화물로부터 산과 가스를 발생시키는 통성혐기성균이다. 흙과 식물 제품과 동물 배설물에 존재하며 식물 기원의 식품부패에 관련이 있다. 중요한 종으로는 *Sarcina maxima*가 있다.

Staphylococcus. 0.5~1 μm 크기의 구형 세포로 단독, 쌍, 또는 군집 형태로 관찰되며 비운동성을 갖는 중온균이다. 통성혐기성균으로 10% NaCl에서 증식한다. *Staphylococcus aureus* 균주들은 식중독 질환과 깊은 연관이 있다. *Sta. carnosus*는 발효소시지 가공 시에 이용된 다. 주요 서식처는 사람, 동물과 새의 피부이다.

Streptococcus. 1 μm 크기의 구형 또는 난형 세포로 쌍이나 사슬 형태로 관찰되며 비운동성을 갖는다. 통성혐기성균이며 중온균이다. *Streptococcus pyogenes*는 병원균으로 식중독 질환을 유발한다. 인간의 호흡 기관에서 공생한다. *Str. thermophilus*는 유제품 발효 시 이용되며 미살균 우유에 존재할 수 있고 50°C에서 증식이 가능하다.

그람양성 내생포자형성 막대균

Bacillus. 막대형의 직선모양의 세포로 5~1 × 2~10 μm 크기로 작은, 중간 또는 큰 크기의 다양한 크기를 갖는다. 형태는 두껍거나 얇고 단독 또는 사슬 형태로 나타난다. 운동성을 갖거나 비운동성이며 중온균이거나 호저온생육균이다. 호기성균이며 통성혐기성균으로 모든 종들이 고온 저항성을 지닌 구형 또는 난형의 크고 작은 내생포자를 세포당 하나씩 형성한다. 이 속에 속한 많은 종들이 *Bacillus cereus*와 같이 식중독 질환의 원인이 되고 *Bac. coagulans*와 *Bac. stearothermophilus*와 같이 식품부패의 원인이 되므로 식품에서 중요하다. *Bac. subtilis*와 같은 종들과 균주들의 효소들은 식품의 생가공 과정에 이용된다. 토양, 먼지와 향신료와 같은 식물제품에 존재한다. 많은 종들과 균주들이 탄수화물, 단백질과 지질의 분해를 위해 세포외 효소를 생산한다.

Clostridium. 크기와 모양이 매우 다양한 막대형의 세포로 운동성을 갖거나 비운동성인 몇몇 균주들은 산소에 매우 민감한 혐기성균이다. 중온균 또는 호저온생육균으로 세포의 한쪽 끝에 난형 또는 구형의 내생포자를 형성한다. 몇몇 균주들은 포자형성이 약하나 형성된 포자는 열에

대한 저항성을 갖는다. 토양, 해양퇴적층, 하수처리장, 퇴적층과 동물과 식물기원 제품에서 발견된다. 병원균이며 *Clostridium botulinum*과 *Clo. perfringens*와 같이 식품에서 중요한 균이며, *Clo. tyrobutyricum*과 *Clo. saccharolyticum*, *Clo. laramie*와 같이 식품부패와 관련이 있다. 몇몇 종들은 식품 가공에 이용되는 탄수화물과 단백질의 분해를 위한 효소의 중요한 공급원으로 이용된다.

Sporolactobacillus. 1 × 4 μm 크기의 가는 중간 크기의 막대균으로 운동성을 갖는 미호기성 동형젖산 발효균이다. 대부분의 배지에서 포자 형성이 드물지만 내생포자를 형성한다. 그러나 형성된 포자는 *Bacillus* 포자보다 열에 대한 저항성이 약하다. 닭의 사료와 토양에서 발견되며 식품에서의 중요성은 명확하게 알려지진 않았다. 중요한 종으로는 *Sporolactobacillus inulinus*가 있다.

그람음성 내생포자형성 막대균

Desulfotomaculum. 식품에서 중요한 종으로는 *Delsufotomaculum nigrificans*가 있다. 막대형의 중간 크기의 세포로 운동성을 갖는 호열성 엄격한 혐기성균으로 황화수소(H_2S)를 생성한다. 내생포자는 난형으로 열에 저항성을 갖는다. 토양에서 발견되며 통조림 식품의 부패의 원인균이다.

그람양성 비포자생성 정형 막대균

Brochothrix. Lactobacilli 세포와 많은 특징들이 유사하다. 통성혐기성균으로 동형발효균으로 비운 동성이다. 고기에서 발견되며 냉장 진공 포장된 고기와 육가공품에서 증식할 수 있다. 중요한 종으로는 *Brochothrix thermosphacta*가 있다.

Carnobacterium. Lactobacilli 세포와 많은 특징들이 유사하다. 고기와 생선에서 발견되며 통성혐기 성균으로 이형발효균주이다. 비운동성으로 특히 육가공 식품에서 잘 증식한다. 냉장온도에서 견딜 수 있으며 몇몇 균주들은 박테리오신을 생산한다. 중요한 종으로는 *Carnobacterium piscicola*가 있다.

Listeria. 0.5 × 1 μm 크기의 짧은 막대균으로 단독 또는 짧은 사슬 형태로 관찰된다. 운동성을 가지는 통성혐기성균으로 1°C에서도 증식이 가능하다. 저온 살균에 의해서 세포는 사멸된다. 이 종들은 환경에 광범위하게 분포하고 다양한 식품에서 분리된다. *Listeria monocytogenes* 균주는 중요한 식중독 병원균이다.

Lactobacillus. 다양한 모양과 크기의 막대형의 세포이다. 몇몇 종들은 매우 긴 모양을 갖는 반면 구형막대형태(coccobacilli)로 단독 또는 작거나 큰 사슬모양으로 관찰된다. 통성혐기성균으로 대부분 비운동성이다. 중온균이나 몇몇 종들은 호저온생육균으로 동형 또는 이형젖산 발효균이다. 식물 자원과 우유, 고기와 배설물에서 발견된다. *Lactobacillus delbrueckii* subsp. *bulgaricus*와 *Lab. helveticus*, *Lab. plantarum*과 같은 종들은 식품의 생가공 과정에서 많이 사용되며 *Lab. acidophilus*와 *Lab. reuteri*, *Lab. casei* subsp. *casei*와 같은 종들은 항생제로써 이용되기도 한다. *Lab. sake*와 *Lab. curvatus*와 같은 종들은 냉장 저장되는 제품과 저온에서 증식할 수

있다. 몇몇 균주들은 넓은 범위로 작용할 수 있는 식품 생보존제(biopreservatives)로 가능성이 있는 박테리오신(bacteriocins)을 생산한다.

그람양성 비포자형성 비정형 막대균

Bifidobacterium. 다양한 형태의 막대균으로 단독 또는 사슬로 존재한다. V 또는 별모양 형태의 배열로 관찰되며 비운동성 중온균이며 혐기성균이다. 탄수화물을 젖산과 아세트산으로 대사한다. 사람, 동물과 새의 결장에서 발견된다. *Bifidobacterium bifidum*, *Bif. infantis*와 *Bif. adolescentis*와 같은 몇몇 종들은 항생제 생산에 이용된다.

Brevibacterium. 세포는 막대형에서 구형으로 변할 수 있다. 호기성으로 비운동성의 중온균이다. *Brevibacterium linens*와 *Bre. casei*의 두 종은 메탄에티올(methanethiol)과 같은 황화물질을 생산하므로 몇몇 치즈 품종에서 풍미 개발에 이용된다. 다른 단백질이 풍부하게 함유된 제품에서 부패의 원인이 된다. 다양한 치즈와 생우유에서 발견된다.

Corynebacterium. 약간의 곡선형태의 막대균으로 어떤 균주들은 균질하지 않은 형태로 관찰된다. 통성혐기성균으로 비운동성 중온균이다. 일반 환경, 식물과 동물에서 발견되며 일부 종들은 식품부패에 원인균이다. *Corynebacterium glutamicum*은 글루탐산 생산에 이용된다.

Propionibacterium. 0.5 × 2 μm 크기의 다형성 막대균으로 구형이나 두 개로 갈래진 형태 또는 가지 형태로 관찰된다. 단독 또는 짧은 사슬 형태로 존재하며 V와 Y 구성을 갖는다. 한자모양 배열 무리로 비운동성인 혐기성 중온균이다. 스위스 치즈에 *Propionibacterium freudenreichii*가 이용되듯이 유제품 프로피오니박테리아는 식품발효에서 사용된다. 프롤린(proline)과 프로피오닉산(propionic acid) 생산에 이용된다. 생우유, 스위스 치즈와 사일리지(silage)에서 발견된다.

새로운 속

핵산 상동성 연구를 기초로, 몇몇 새로운 속들이 기존 존재하는 속으로부터 새롭게 분류되었다. 그 중에서 식품미생물학에서 중요한 몇몇을 여기에 수록하였다. 이러한 속들의 특징에 대부분은 각각의 유래된 옛 속의 특징과 매우 유사하다. *Pediococcus*로부터 *Tetragenococcus*, N-group *Streptococcus*로부터 *Vagococcus*, *Leuconostoc*으로부터 *Weissella*와 *Oenococcus*, *Micrococcus*로부터 *Kocuria*, *Pseudomonas*로부터 *Shewanella*와 *Bacillus*로부터 *Alicyclobacillus*로 새롭게 분류된 예가 여기에 해당된다.

2.6 식품에서 중요한 세균 그룹들

식품에서 발견되는 미생물 중에서 세균은 중요한 그룹에서 주요하게 구성된다. 많은 다양한 종들은 식품에 존재할 뿐 아니라 식품 영양성분을 이용하여 빠른 증식이 가능하고 다양한 온도와 호기조건, pH와 수분활성도 조건하에서 증식할 수 있고, 또한 고온조건에서 포자 형성을 통해 생존하는 것처럼 악조건에서 쉽게 생존이 가능하다. 식품에서 중요한 세균은 편리하게 임의로 몇몇 특징에 유사성을 기초로 몇 개의 그룹으로 나뉜다. 이러한 나뉨은 분류학적 중요성을 가지진 않는다. 이러한 그룹 중의 몇몇과 그 중요성을 여기서 아래와 같이 분류하였다.

2.6.1 젖산균

이들 젖산균은 탄수화물로부터 상대적으로 많은 양의 젖산을 생산한다. 이 그룹에는 *Lactococcus*, *Leuconostoc*, *Pediococcus*, *Lactobacillus*와 *Streptococcus thermophilus*가 여기에 해당된다.

2.6.2 아세트산균

아세트산균은 아세트산을 생산한다. 예를 들면 *Acetobacter aceti*가 있다.

2.6.3 프로피오닉산균

피로피오닉산균은 프로피오닉산을 생산하고 유제품 발효에 이용된다. 이러한 그룹에는 *Propionibacterium freudenreichii*가 여기에 해당된다.

2.6.4 부틸산균

부틸산균은 부틸릭산을 상대적으로 다량 생산한다. *Clostridium butyricum*과 같은 *Clostridium* spp.은 이러한 그룹에 포함된다.

2.6.5 단백질 분해균

단백질 분해균은 세포외 단백질분해효소를 생산하므로 단백질을 분해할 수 있다. *Micrococcus*, *Staphylococcus*, *Bacillus*, *Clostridium*, *Pseudomonas*, *Alteromonas*, *Flavobacterium*, *Alcaligenes*와 몇몇 장내세균(*Enterobacteriaceae*)과 *Brevibacterium*이 여기에 해당된다.

2.6.6 지질 분해균

지질 분해균은 세포외 지질분해효소를 생산하므로 트리글리세리드(triglycerides)를 분해할 수 있다. *Micrococcus*, *Staphylococcus*, *Pseudomonas*, *Alteromonas*와 *Flavobacterium*이 여기에 해당된다.

2.6.7 탄수화물 분해균

탄수화물 분해균은 복잡한 탄수화물 분해할 수 있는 세균이다. *Bacillus*, *Clostridium*, *Aeromonas*, *Pseudomonas*와 *Enterobacter*가 여기에 해당된다.

2.6.8 호열성균

호열성균은 50°C와 그 이상에서 증식할 수 있다. *Bacillus*, *Clostridium*, *Pediococcus*, *Streptococcus*와 *Lactobacillus*가 여기에 해당된다.

2.6.9 저온 생육균

저온 생육균은 5°C 이하에 냉장 온도에서 증식할 수 있다. *Pseudomonas, Alteromonas, Alcaligenes, Flavobacterium, Serratia, Bacillus, Clostridium, Lactobacillus, Leuconostoc, Carnobacterium, Brochothrix, Listeria, Yersinia*와 *Aeromonas*가 여기에 해당된다.

2.6.10 내열성균

내열성균은 저온 열처리나 이 온도에서 생존할 수 있다. *Micrococcus, Enterococcus, Lactobacillus, Pediococcus, Bacillus*와 *Clostridium*의 포자가 여기에 해당된다.

2.6.11 내염성균

이 내염성균은 10% 이상의 염분의 고농도에서도 생존할 수 있다. *Bacillus, Micrococcus, Staphylococcus, Pediococcus, Vibrio*와 *Corynebacterium*이 여기에 해당된다.

2.6.12 내산성균

내산성균은 pH 4.0 이하에서도 생존이 가능하다. *Lactobacillus, Pediococcus, Lactococcus, Enterococcus*와 *Streptococcus*가 여기에 해당된다.

2.6.13 호염성균

호염성균은 다른 세균이 필요한 삼투압 환경보다 상대적으로 높은 삼투압 환경에서 증식이 가능하다. *Staphylococcus, Leuconostoc*과 *Lactobacillus*가 여기에 해당된다. 이 호염성균은 효모와 곰팡이보다 호염성이 적다.

2.6.14 가스 생성균

가스 생성균은 영양분 대사를 통해 CO_2, H_2, H_2S와 같은 가스를 생성한다. *Leuconostoc, Lactobacillus, Propionlbactenum, Escherichia, Enterobacter, Clostridium*과 *Desulfotomaculum*이 여기에 해당된다.

2.6.15 점액 생성균

점액 생성균은 다당류를 합성하므로 점액을 생성한다. *Xanthomonas, Leuconostoc, Alcaligenes, Enterobacter, Lactococcus*와 *Lactobacillus*가 여기에 해당된다.

2.6.16 포자형성균

포자형성균은 포자를 생성한다. *Bacillus, Clostridium*과 *Desulfotomaculum*이 여기에 해당된다. 이포

자형성균은 호기적 포자형성균, 혐기적 포자형성균과 황화물생성 포자형성균으로 나눌 수 있다.

2.6.17 호기성균

호기성균은 생육과 증식을 위해서 산소를 요구한다. *Pseudomonas*, *Bacillus*와 *Flavobacterium*이 여기에 해당된다.

2.6.18 혐기성균

혐기성균은 산소가 존재할 경우 자랄 수 없다. *Clostridium*이 여기에 해당된다.

2.6.19 통성혐기성균

통성혐기성균은 산소가 존재하거나 존재하지 않거나 모두 증식할 수 있다. *Lactobacillus*, *Pediococcus*, *Leuconostoc*, 장내병원성균(enteric pathogens)과 *Bacillus*, *Listeria*, *Salmonella*, *Serratia*와 대장균군의 몇몇 종들이 여기에 해당된다.

2.6.20 대장균군

Escherichia, *Enterobacter*, *Citrobacter*와 *Klebsiella*가 여기에 해당된다. 이 대장균군은 청결과 위생 지표균으로서 이용된다.

2.6.21 분변 대장균군

주로 *Escherichia coli*가 여기에 해당된다. 또한 청결과 위생 지표균으로서 이용된다.

2.6.22 장내병원균

병원성 *Salmonella*, *Shigella*, *Campylobacter*, *Yersinia*, *Escherichia*, *Vibrio*, hepatitis A와 위장 감염의 원인균이 여기에 해당된다.

식품에서 이러한 세균 그룹의 중요성 때문에 많은 실험방법들이 특정 속이나 종 대신 특정 그룹을 분석하는 데 개발되었다. 세균의 제어 방법은 때때로 특정 그룹의 성장을 파괴하거나 방지하도록 설계된다.

2.7 결론

이 장에서는 두 가지 측면에서 기술되었다. 새로운 분자생물학의 발전에 의한 세균 명명체계의 신속한 변화와 식품 중 중요미생물의 형태학적·생리학적 특징을 설명하였다. 학습자들은 이러한 내용을 반드시 숙지해야 한다. 제3장에서는 식품미생물의 기원에 대하여 설명하려고 한다.

학습문제

1. 세균의 분류법에서 사용하는 다섯 가지 방법을 서술하시오. 분류법에서 16S rRNA의 핵산 서열법은 왜 중요한 기술로써 이용되는가에 대해 설명하시오.
2. 세균 명명법에서 아래 용어를 예를 통해 체계적 방법으로 설명하시오. (a) 과(family), (b) 속(genus), (c) 종(species), (d) 아종(subspecies), and (e) 생태형(biovar). *Lactobacillus, Staphylococcus, Enterococcus, Leuconostoc, Listeria*와 *Salmonella*의 복수형을 쓰시오.
3. 식품에서 중요한 효모, 곰팡이 세균, 박테리오파아지의 형태학적인 차이를 설명하시오.
4. 그람양성균과 그람음성균의 세포벽 구조의 화학적 성질과 작용의 차이를 서술하시오. 그람염색이 미지의 세균을 분리하는 데 어떻게 도움이 될 수 있는지에 대해서 설명하시오.
5. 식품에서 가장 중요한 4종의 곰팡이와 두 종의 효모에 대해서 서술하시오.
6. 물과 식품 유래의 전염병에 상당한 연관이 있는 4종의 원생동물에 대해서 서술하시오.
7. 식품에서 박테리오파아지 중요성에 대해서 서술하시오. 프리온이 박테리오파아지 다른 점에 대해서 간략하게 설명하시오.
8. 아래 나오는 각각의 그룹에 대해 두 개의 속으로 나열하시오. (a) 그람음성 호기성 막대균(Gram-negative aerobic rods), (b) 그람음성 통성혐기성 막대균(Gram-negative facultative anaerobic rods), (c) 그람음성 구균(Gram-positive cocci), (d) 그람양성 내생포자형성 막대균 (Gram-positive endospore-forming rods)과 (e) 그람양성 비포자생성 막대균(Gram-positive nonsporulating rods).
9. 아래에 주어진 그룹과 주어진 세균 속 또는 종을 분류하기 위해 사용된 일반적인 특징에 대해서 간략하게 서술하고 각각에 대해 해당되는 속의 예를 드시오: (a) 젖산균(lactic acid bacteria), (b) 대장균군(coliforms), (c) 단백질 분해균(proteolytic bacteria), (d) 저온 생육균(psychrotrophic bacteria)과 (e) 장내병원균(enteric pathogens).

참고문헌

1. Krieg, W.B., Staley, J.T., Brown, D.R., Hedlund, B.P., Paster, B.J., Ward, N.L., Whitman, W.B. et al. *Bergey's Manual of Systematic Bacteriology, Vol 4, Second Edition*, 2011.
2. Gupta, R.S., Phylogeny of bacteria: Are we now close to understanding it?, *ASM News*, *68*, 284, 2002.
3. Eckburg, P.B., Lepp, P.W., and Relman, D.A., Archaea and their potential role in human disease, *Infect. Immun.*, *71*, 591–596, 2003.
4. Deak, T. and Beauchat, L.R., Identification of foodborne yeasts, *J. Food Prot.*, *50*, 243–264, 1987.
5. Rodriguez-Lazaro, D., Cook, N., Ruggeri, F.M., Sellwood, J., Nasser, A., Nascimento, M.S., van der Poel, W.H.M. et al. Virus hazards from food, water and other contaminated environments, *FEMS Microbiol. Rev.*, *36*, 786–814, 2012.
6. Murphy, P.A., Hendrich, S., Landgren, C., and Bryant, C.M., Food mycotoxins: An update, *J. Food Sci.*, *71*, R51–R65, 2006.
7. Cousin, M.A., Riley, R.T., and Pestka, J.J., Foodborne mycotoxins: Chemistry, biology, ecology, and toxicology. In *Foodborne Pathogens: Microbiology and Molecular Biology*; Fratamico, P., Bhunia, A.K., and Smith, J.L., Eds., Caister Academic Press, Norfolk, 2005, 163–226.
8. Dorny, P., Praet, N., Deckers, N., and Gabriel, S., Emerging food-borne parasites, *Vet. Parasitol.*, *163*, 196–206, 2009.

9. Conlan, J.V., Sripa, B., Attwood, S., and Newton, P.N., A review of parasitic zoonoses in a changing Southeast Asia, *Vet. Parasitol.*, *182*, 22–40, 2011.
10. Allison, G.E. and Klaenhammer, T.R., Phage resistance mechanisms in lactic acid bacteria, *Int Dairy J*, *8*, 207–226, 1998.
11. Hill, C., Bacteriophage and bacteriophage resistance in lactic acid bacteria, *FEMS Microbiol. Rev.*, *12*, 87–108, 1993.
12. Brovko, L.Y., Anany, H., and Griffiths, M.W., Bacteriophages for detection and control of bacterial pathogens in food and food-processing environment, *Adv. Food Nutr. Res.*, *67*, 241–288, 2012.

제3장

식품 내 미생물 오염의 원인

3.1 서론

건강한 식물(과일과 채소)과 동물(육류)의 내부 조직은 본래 미생물이 없다. 하지만 로푸드(raw food)와 가공식품(멸균 과정 제외)은 다양한 종류의 곰팡이, 효모, 세균, 바이러스가 그 안에 있다. 식품의 미생물 혼입은 자연적인 내부 오염원과 식품의 생산 시점부터 소비 시점까지 식품에 접촉한 외부 오염원을 통해 일어난다. 식물성 식품의 자연적인 내부 오염원으로는 과일, 채소, 견과류, 곡물, 향신료, 무나 양파와 같은 일부 덩이줄기의 손상된 조직과 모공이 있다. 동물성 식품의 자연적인 내부 오염원으로는 피부, 털, 깃털, 위장관, 비뇨생식기관, 호흡관, 젖소의 수유관이 있다. 자연적인 미생물총은 숙주와 생태학적 균형을 이루며 미생물총을 구성하는 미생물의 종류와 수는 숙주인 식물과 동물의 지리적 위치, 환경 조건, 종류에 따라 크게 바뀐다. 자연적인 미생물 오염원 외에 공기, 토양, 폐수, 물, 사료, 사람, 식품원료, 장비, 포장, 곤충과 같은 외부로부터 혼입되는 오염원을 통해 식품이 오염될 수 있다. 이같은 외부 오염원을 통해 식품으로 혼입되는 미생물의 종류와 그 수는 매우 다양하고 식품을 취급하는 위생 상태에 따라 다르다.

식품 내 미생물 오염 원인을 이해하는 것은 일부 미생물의 식품 접근 제어법 개발과 미생물 멸균을 위한 가공 방법 개발, 식품의 미생물 오염 정도 평가 방법의 개발, 식품원료의 미생물 기준과 위생 수준을 결정하는 데 중요하다(**그림 3.1**). 각 오염원을 통해 식품으로 혼입될 수 있는 주요 미생물 종류와 미생물의 수를 낮추는 방법에 대해 간략하게 다루고자 한다.

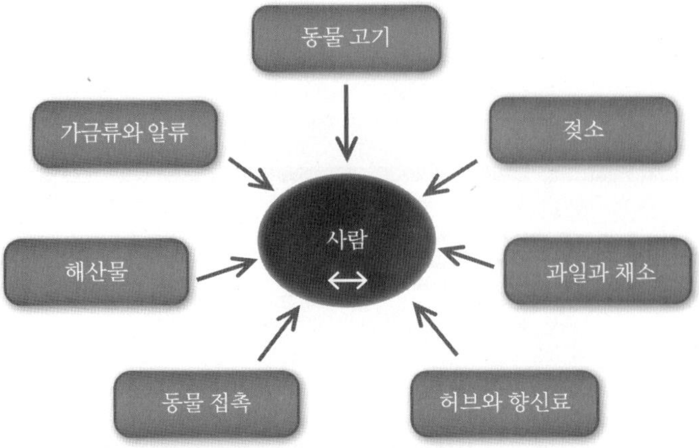

그림 3.1 식중독균에 의한 식품 오염 경로를 보여주는 계통도. ↔, 사람 간의 전달.

3.2 다양한 오염원의 주요 미생물

3.2.1 식물(과일 및 채소)

식물 내부 조직은 무 또는 양파와 같은 일부 다공성 채소와 양배추와 같은 잎이 무성한 채소를 제외하고는 본래 미생물이 없다.[1~3] 일부 식물은 미생물의 생존을 제한하기 위해 자연적으로 항균 대사 산물을 생산한다. 과일과 채소의 표면에 미생물이 존재하며 토양의 상태, 사용된 비료와 물의 종류, 공급되는 공기 상태에 따라 미생물의 종류와 수가 달라진다. 여기에서 발견되는 미생물로는 곰팡이, 효소, 유산균, 세균(genera *Pseudomonas*, *Alcaligenes*, *Micrococcus*, *Erwinia*, *Bacillus*, *Clostridium*, *Enterobacter*)이 있다. 하수처리되지 않은 물로 토양이 오염되면 *Salmonella*, *Escherichia coli*, *Campylobacter*, *Shigella*, *Cyclospora*, *Giardia*와 같은 장내병원균이 존재할 수 있다. 식물의 질병, 표면의 손상(수확 전, 중, 후), 수확과 세척 사이의 긴 소요 시간, 수확 후 또는 가공 전 장기 보관 및 운송 상태의 불량들은 미생물 종류뿐만 아니라 미생물의 수를 크게 증가시킬 수 있다. 가공 후 부적절한 보관 조건도 미생물의 수를 증가시킬 수 있다.

처리된 하수 또는 다른 유형의 비료를 사용하기, 수확 시 손상 줄이기, 흙과 오물을 좋은 수질로 신속 세척하기, 가공 전후에 저온에서 보관하기와 같은 방법을 사용하여 식물성 식품의 미생물 혼입과 미생물의 수를 줄일 수 있다.

3.2.2 동물, 조류, 어류, 패류

식용 동물과 조류는 소화기, 호흡기, 비뇨생식기, 피부, 털, 깃털, 유두관을 통해 다양한 종류의 토착 미생물을 퍼뜨린다. 특정 기관에서는 미생물의 수가 매우 많을 수 있다.[4~6] 예를 들어, 대장의 미생물의 수는 10^{12}/g에 달한다. 많은 동물과 조류들이 *Salmonella* serovars, pathogenic *Escherichia coli*, *Campylobacter jejuni*, *Yersinia enterocolitica*, *Listeria monocytogenes*와 같은 병원균을 어떠한 증상도 없이 함유할 수 있다. 알을 낳는 조류들은 별다른 증후 없이 *Salmonella* Enteritidis를 난소로 옮겨서 배란 과정의 난황을 오염시키는 것으로 의심받아왔다. 소의 유방염, 내장, 호흡기, 자궁 감염과 같은 질병의 증상들은 정상적인 미생물총의 상태를 변화시킬 수 있다. 마찬가지로, 좋지 않은 축사 환경으로 인해 피부, 털, 깃털, 유두 등에 배설물 오염의 발생과 오염된 물과 사료(예: 살모넬라 오염)의 공급들은 정상적인 미생물총을 변화시킬 수 있다. 게다가 운송과 환경 변화로 발생하는 축산 동물의 스트레스는 도살 전의 동물의 병원균 수를 늘려 식품매개 질병 증가에 기여할 수 있다.[6]

어류와 패류는 또한 비늘, 지느러미와 소화기관에 정상적인 미생물총을 가진다. 수질, 식습관, 질병은 정상적인 미생물의 종류와 수를 변화시킬 수 있다. *Vibrio parahaemolyticus*, *Vib. vulnificus*, *Vib. cholerae*들이 주요 병원균으로 알려져 있다. 동물성 식품(우유, 달걀, 육류, 수산물)들은 생산과 가공 과정에서 부패 및 병원성과 관련된 많은 미생물들이 혼입될 수 있다. 우유는 달걀 및 유두 표면의 배설물로 인해, 육류와 어류는 도축과 가공 과정에서 내장의 성분들로 인해 오염될 수 있다. 이런 특성으로, 배설물로 인한 동물성 식품의 오염은 장내병원균이 존재할 가능성이 있으므로 주의 깊게 살펴야 한다.

배설물로 인한 장내병원균 외에도, 식용 동물과 새에서 얻은 고기는 피부, 머리카락, 깃털로부터 *Staphylococcus aureus*, *Micrococcus* spp., *Propionibacterium* spp., *Campylobacter*와 같은 부패 및 병원성 미생물에 의해 오염될 수 있다.

이 같은 오염으로부터 식품 오염을 예방하려면, 좋은 축사, 과밀 방지, 오염되지 않는 사료와 물의 공급, 야생 동물과 새의 접근 방지 등을 포함하여 살아 있는 동물과 새에 대한 효과적인 사육이 필요하다. 또한 동물과 새의 병원균을 검사하여 보균동물을 골라내는 것은 식품에서 병원성 미생물의 발생을 줄이는 데 중요하다. 도축 과정에서 미생물의 종류와 수를 원하는 수준으로 유지하기 위해서는 도축된 고기를 좋은 수질로 철저하게 세척하며(가능하면 적합한 항균제 사용), 털 및 깃털을 제거하고, 다른 조직이 오염되지 않도록 소화기관과 비뇨기관, 호흡기관을 조심스럽게 제거하고, 전체 가공 동안에 오염된 부분이 있으면 제거하고 또한 적절한 위생 유지가 필요하다. 우유의 미생물 수준을 낮게 유지하기 위해서는 우유 생산 전에 유두를 세척해야 하며, 생산 후에 바로 우유를 냉각하고 가능한 빠르게 가공해야 한다. 또한 모든 단계에서 적절한 위생 상태를 유지해야 한다. 달걀의 경우 권장 절차를 따라 산란 후에 즉시 채취하여 세척하고 보관되어야 한다.

어류와 수산물은 오염되지 않은 권장된 물에서 수확되어야 하며 가공 과정에서 적절한 위생을 유지해야 한다. 미생물 오염과 생장을 막기 위해서는 적합하게 보관되어야 한다. 보관에 사용하는 얼음은 마실 수 있는 물로 만들어야 한다.

3.2.3 공기

미생물은 공기의 먼지와 수분 물방울에 존재한다. 먼지에서 자라는 것은 아니다. 환경에 따라 잠시 머무르는 가변적인 상태로 있다. 미생물의 수는 습도, 먼지 입자의 크기와 양, 온도와 공기의 속도, 건조에 대한 미생물의 내성에 좌우된다. 일반적으로, 먼지가 적고 높은 온도의 건조한 공기는 미생물이 많지 않다. *Bacillus* spp., *Clostridium* spp., 곰팡이와 일부 그람양성균(예: *Micrococcus* spp. *Sarcina* spp.), 효모는 대부분 공기 중에 존재할 수 있다. 주변에 가축과 가금류 양식 또는 하수처리장과 같은 병원균의 원인이 있다면 박테리오파아지를 포함한 바이러스와 병원성균이 공기를 통해 전염될 수 있다.

공기를 통한 식품의 미생물 오염은 잠재적 오염원 제거, 공기 필터를 통한 먼지 제어, UV 설치, 습도 수준 감소, 양압 사용을 통해 줄일 수 있다.

3.2.4 토양

토양은 농산물을 재배하고 동물과 새를 기르는 데 쓰이며 다양한 종류의 미생물이 토양에 존재한다. 미생물은 토양 1g에 10억 개가 있을 정도로 매우 잘 생장한다. 많은 종류의 곰팡이, 효모, 세균(예: *Enterobacter, Pseudomonas, Proteus, Micrococcus, Enterococcus, Bacillus, Clostridium*)이 토양을 통해 식품으로 혼입될 수 있다. 배설물로 오염된 토양은 식품의 장내병원균과 바이러스의 오염원이다. 어류와 수산물을 채집하는 장소의 퇴적물 또한 이같은 식품의 미생물 오염원(병원균 포함)이 될 수 있다. 다른 종류의 기생충 또한 토양을 통해 식품으로 혼입될 수 있다. 세척을 통한 토양(과 퇴적물)의 제거, 토양 오염 회피를 통해 식품 내 미생물을 줄일 수 있다.

3.2.5 하수 및 분뇨

하수는 특히 농작물의 비료로 사용될 때 다양한 장내병원균과 바이러스로 식품을 심각하게 오염시킬 수 있다. 처리되지 않은 하수와 거름을 비료로 사용하여 유기농법으로 키운 많은 수입 과일과 채소들, 유기농 식품들에 대해 이 같은 점을 기억해야 한다. 또한 병원성 기생충이 하수를 통해 식품으로 혼입될 수 있다.

하수로 인한 식품의 미생물 오염 발생을 줄이기 위해서는 하수를 비료로 사용하지 않는 것이 좋다. 만약 사용한다면, 병원균 사멸을 위한 효율적인 처리가 있어야 한다. 또한 수확 후에 효과적인 세척이 중요하다.

3.2.6 물

물은 "환경적 공공재"로 간주된다. 전체 식품 생산망에 필수적인 요소이다. 물은 또한 질병을 쉽게 퍼뜨릴 수 있다. 물은 식품의 제조, 가공, 특정 조건하에서 보관에 사용된다. 농작물의 관개, 식용 동물과 새의 마실 것, 생선과 수산물의 사육, 식품의 세척, 가공(예: 저온 살균, 통조림, 가열된 식품의 냉각), 식품 보관(예: 얼음 위의 생선), 장비의 세척과 위생, 가공 및 운송 시설 등에 물이 사용된다. 물은 또한 많은 가공 식품의 성분으로 사용된다. 따라서 물의 품질은 식품의 미생물 수준에 큰 영향을 미친다. 물을 통한 병원성균, 바이러스, 기생충에 의한 식품의 오염은 기록된다.

폐수는 농업 관개를 위해 재활용될 수 있다. 그러나 음료로 사용 가능한 염소 처리된 상수는 가공, 세척, 위생 및 식품의 원료로 사용되어야 한다. 상수가 대장균군과 병원균(주로 장내 미생물)이 없지만, *Pseudomonas, Alcaligenes, Flavobacterium*과 같은 식품의 부패를 일으킬 수 있는 다른 세균을 함유할 수 있다. 또한 병원성 및 부패 미생물이 부적절하게 처리된 물에 있을 가능성이 있다. 이 같은 문제를 극복하기 위해, 많은 식품 가공업자들은 상수보다 더 좋은 수질의 물을 식품원료로 사용한다.

3.2.7 사람

생산부터 소비까지 식품은 식품을 취급하는 다양한 사람들과 접촉한다. 농장에서 일하는 사람과 식품 가공하는 사람들뿐만 아니라 식당, 급식소, 소매점, 집에서 식품을 취급하는 사람들이 이에 속한다. 사람은 식품매개 질병을 일으킬 수 있는 식품, 특히 즉석식품에서 병원성 미생물을 옮기는 역할을 한다. 깨끗하게 씻지 않은 손, 청결과 개인 위생의 부족, 더러운 옷과 머리카락은 식품에서 미생물 오염의 중요한 오염원이 될 수 있다. 손과 얼굴의 찰과상, 감염, 잘 알려진 가벼운 질병(예: 독감, 인후염, 초기 단계의 A형 간염)이 있다면 이러한 상황을 더 크게 할 수 있다. 부패균에 더해, 때론 *Staphylococcus aureus*, *Salmonella* serovars, *Shigella* spp., pathogenic *Esc. coli*, norovirus, hepatitis A와 같은 병원균이 대변 구강 경로를 통해 식품에 혼입될 수 있다.

이러한 오염원을 줄이기 위해선 개인 위생에 관한 적절한 교육, 정기적인 건강 검진, 위생과 청결에 있어 효과적인 관리가 필요하다.

3.2.8 식품 원료

조리 또는 즉석식품에는 많은 원료와 첨가제가 다양하게 들어 있다. 이들 원료 중 대부분이 부패 및 병원성 미생물의 오염원이 될 수 있다. 일반적으로 다양한 향신료에 곰팡이, 세균 포자가 많이 들어 있다. 전분, 설탕, 밀가루에도 호열성균 포자가 존재할 수 있다. 말린 코코넛, 달걀, 견과류, 초콜릿에서 이러한 병원균이 분리되었고, 이들 원료 중 대다수가 식품매개 질병의 원인이다.

원료는 위생적인 조건에서 생산되어야 하며 항균 처리가 되어야 한다. 추가적으로, 식품에서 이러한 오염을 줄이기 위해선 적합한 미생물 처리 기준을 설정하는 것이 중요하다.

3.2.9 장비

식품의 수확, 운반, 도축, 가공, 보관을 위해 매우 다양한 장비가 사용된다. 공기, 미가공식품, 물, 사람으로부터 온 다양한 미생물이 장비로 옮겨지고 식품을 오염시킬 수 있다. 환경(수분, 영양소, 온도)과 시간에 따라 미생물은 생장할 수 있고 심지어 초기 개체 수가 적더라도 식품의 많은 부분을 오염시켜 개체 수가 크게 늘어날 수 있다. 또한 가공 장비가 계속 가동될 때 초기에 존재하던 미생물이 생장하고 그 결과 생산되는 제품의 지속적인 오염원이 될 수 있다. 일부 장비에선 작은 부품들과 접근할 수 없는 부위 및 특정 재료들은 효과적인 세척과 소독이 어려울 수 있다. 이 같은 것들이 식품의 병원균과 부패균의 원인이 될 수 있다. 도마, 칼, 숟가락 등 이같은 소형 도구는 깨끗하게 씻지 않아서 교차 오염의 오염원이 될 수 있다. 이들 장비로부터 *Salmonella*, *Listeria*, *Escherichia*, *Enterococcus*, *Micrococcus*, *Pseudomonas*, *Lactobacillus*, *Leuconostoc*, *Clostridium*, *Bacillus* spp. 및 효모, 곰팡이가 식품에 혼입될 수 있다(제21장 참조).

장비의 세척과 소독을 정기적으로 실시하는 것은 식품 내 미생물을 줄이는 데 중요하다. 공기, 물,

사람, 곤충으로부터 식품 오염을 줄이거나 막기 위한 방법을 개발하는 것 또한 중요하다. 최종적으로, 장비를 설계할 때 미생물 오염의 가능성과 문제점을 충분히 고려해야 한다.

3.2.10 기타

식품은 이 같은 오염원들 외에 포장 재료, 용기, 파리, 새, 해충, 설치류와 같은 것들을 통해서 미생물로 오염될 수 있다. 많은 종류의 포장 재료가 식품 포장에 사용된다. 이러한 포장 재료는 소비되는 동안에 때론 재가열 없이 소비될 때까지 방치되기 때문에 포장 재료에 대해 적절한 미생물 관리 기준이 필수적이다. 미생물 수준이 부적합한 제품을 사용하는 것은 식품의 품질을 저하시킬 수 있다. 식품 가공, 식품 준비, 보관시설 내의 파리, 해충, 조류, 설치류들이 병원성 미생물을 옮길 수 있어 주의를 기울여야 한다. 반려동물 또한 병원균을 가질 수 있으므로 이러한 반려동물로 식품을 오염시키지 않기 위해서는 적절한 관리가 있어야 한다.

3.3 결론

미생물은 내부와 외부 오염원을 통해 식품에 혼입된다. 미생물의 종류와 수는 식품 제조, 가공, 보관 동안에 어떤 식으로 관리하느냐에 따라 다르다. 가열가공식품의 병원균 재오염은 많은 식품매개 질병의 발병과 연관이 있다. 모든 단계에서 적절한 위생 상태는 식품에서 일반적으로 예상되는 미생물 수준을 줄이는 데 도움을 준다. 식품의 일반적 미생물 기준은 제4장에서 논의된다.

학습문제

1. 식품 내 미생물 오염원에 대한 이해가 식품미생물학자에게 어떤 식으로 도움이 될 수 있는지를 간단하게 설명하시오.
2. 식품매개 질병 병원균의 5가지 주된 오염원을 나열하고 미생물 발생을 식품에서 줄이기 위해 어떠한 조치를 해야 하는지 설명하시오.
3. 5만 명 이상의 소비자가 관여된 전국적인 규모의 아이스크림 판매에서 일어난 살모넬라 발생이 병원균이 포함된 날달걀 액과 가열처리된 아이스크림 혼합에 의한 오염과 연관이 있는 것으로 밝혀졌다. 혼합 전 두 제품은 다른 시간대에 동일한 트럭을 통해 운반되었다. 이같은 문제를 피할 수 있는 방법을 간단하게 설명하시오.
4. 5킬로그램의 칠면조 한 묶음을 주머니 안에서 약 74도의 내부 온도로 조리하고, 개봉해 자른 다음, 진공 포장하여 4도에서 보관하였다. 이 제품의 냉장 보관 기간은 50일로 예상된다. 그러나 40일 후 포장 내부에 가스가 차고 고기에선 그램당 10^7개의 세균이 발견되었다. 74도에서 죽는 *Leuconostoc carnosum*이 이 부패와 관련된 세균으로 보였다. 이 조리된 식품에서 발견된 부패균의 오염원은 무엇이 될 수 있나?
5. 제품 조리를 위해 74도의 내부 온도를 사용하는데 이는 리스테리아 병원균을 줄일 수 있는 충분히 높은 온도이다. 그런데 진공 포장된 냉장 핫도그 섭취로 리스테리아증이 빈번하게 일어

나고 있다. 어째서 이 조리된 식품에서 병원균 오염원으로 가능성이 있는 것이 무엇인지 설명하시오

6. 어린이가 식당에서 수박을 먹은 후 *Esc. coli* O157:H7에 감염되었다. 조사 결과 수박을 자를 때 사용했던 칼이 익히지 않은 소고기를 자를 때도 사용되었다는 것이 밝혀졌다. 고기를 자른 후 세척은 하였다. 이런 상황을 막기 위해 무엇을 해야 하는지 설명하시오.

참고문헌

1. Doyle, M.P. and Erickson, M.C., Opportunities for mitigating pathogen contamination during on-farm food production, *Int. J. Food Microbiol.*, *152*, 54–74, 2012.
2. Erickson, M.C., Microbial risks associated with cabbage, carrots, celery, onions, and deli salads made with these produce items, *Comp. Rev. Food Sci. Food Safety*, *9*, 602–619, 2010.
3. Olaimat, A.N. and Holley, R.A., Factors influencing the microbial safety of fresh produce: A review, *Food Microbiol.*, *32*, 1–19, 2012.
4. Sofos, J.N., Challenges to meat safety in the 21st century, *Meat Sci.*, *78*, 3–13, 2008.
5. Mor-Mur, M. and Yuste, J., Emerging bacterial pathogens in meat and poultry: An overview, *Food Bioprocess Technol.*, *3*, 24–35, 2010.
6. Rostagno, M.H., Can stress in farm animals increase food safety risk? *Foodborne Pathog. Dis.*, *6*, 767–776, 2009.

제4장

식품의 미생물학적 품질과 중요성

4.1 서론

자연에 많은 종류(과, 속, 균주)의 미생물이 존재하지만, 일반적 조건하에서는 식품에는 몇 가지 미생물만 존재한다. 로푸드(raw food)에 자연적으로 존재하는 미생물(생태학적 위치를 따름)과 생산 시점부터 소비 시점까지 식품이 노출되는 외부 오염원을 통해 혼입되는 미생물들이 여기에 해당한다. 식품에 처음부터 존재하는 특정 유형 미생물의 상대적인 수는 식품이 노출되는 내부와 외부의 환경에 달려 있다. 미생물이 식품에서 생장한다면 식품에서 최적의 생장 조건을 가진 미생물이 우점종이 된다. 이러한 양상에 대해서는 제6장에서 논의한다. 제4장의 목적은 다양한 식품 그룹에서 정상적인 조건에 존재하는 미생물 유형(및 가능하면 얼마나 있는지)을 이해하는 데 있다. 다양한 오염원으로 생긴 초기 오염의 미생물의 수와 검사를 하기 전까지 미생물의 생장에 기인한 식품의 미생물 수를 인식해야만 한다. 일반적으로 초기 오염과 검사 전까지의 오염을 구별하는 건 어렵다.

4.2 날고기 및 즉석 육류 제품

도축과 해체처리 후 동물과 조류의 사체에는 다양한 미생물이 있고, 피부, 털, 깃털, 위장관 등에 우선적으로 분포하다. 가축 사육장과 목초지의 환경(사료, 물, 토양, 거름), 도축 장비의 환경(장비, 공기, 물, 사람) 역시 미생물의 주요 서식지이다. 사체에는 평균적으로 1평방인치당 $10^{1\sim3}$의 세균이 있다. 장내 병원성 미생물, 즉 *Salmonella*, *Yersinia enterocolitica*, *Campylobacter jejuni*, *Escherichia coli*, *Clostridium perfringens*, *Staphylococcus aureus*가 동물, 새, 사람에 존재하나 보통은 낮은 수준으로 있다. 새의 사체는 동물 사체에 존재하는 여러 미생물과 비교하였을 때 배설물에서 유래한 살모넬라 오염이 더 높은 수준을 보인다.[1~3]

뼈를 깎아낸 후의 냉장 고기와 다진 고기엔 도축처리 시 사용되는 다양한 가공 장비와 인력, 공기, 물뿐만 아니라 사체로부터 유래한 미생물이 발견된다. 컨베이어, 그라인더, 슬라이서 및 세척이 어려운 여러 유사한 장비 일부는 미생물의 주요 오염원일 수 있다. 냉장육에는 장내 병원균을 비롯해서 *Micrococcus, Enterococcus, Staphylococcus, Bacillus, Clostridium, Lactobacillus*, coliforms 및 기타 장내세균과 중온균이 분포되어 있다. 하지만 이 같은 고기는 저온에서(−1°C~5°C) 보관하기 때문에 저온세균이 주로 문제를 일으킨다. 날고기의 우위 저온균으로 일부 lactobacilli, leuconostocs, *Brochothrix thermosphacta, Clo. laramie*, 일부 coliforms, *Serratia, Pseudomonas, Alteromonas, Achromobacter, Alcaligenes, Acinetobacter, Moraxella, Aeromonas, Proteus*가 있다. 저온성 병원균으로 *Listeria monocytogenes, Yer. enterocolitica*가 있다. 신선육의 미생물 수는 우점하는 세균에 따라 매우 다양하다. 다진 고기는 그램당 $10^{4\sim5}$ 미생물을 가지며 살모넬라균은 대략 25그램당 1개가 존재할 수 있다. 위에서 언급한 것처럼 살모넬라균의 존재 빈도는 적색육보다 닭고기에 더 많이 분포되어 있다. 이들 제품을 호기성 조건에서 보관하면 저온성 호기성균인 효모와 *Pseudomonas, Alteromonas, Proteus, Alcaligenes*와 같은 그람음성 간균이 빠르게 생장한다. 혐기성 포장하에 저온성 혐기성균과 조건 혐기성균이 우위를 점한다(예: *Lactobacillus, Leuconostoc, Brochothrix, Serratia*, coliforms, *Clostridium*). 고기의 pH(소고기는 대략 5.6으로 낮고, 새는 대략 6.0으로 높음), 높은 단백질 함량과 낮은 탄수화물 함량은 환경 요소와 함께 보관 동안 우위 미생물을 결정한다.

약 70도에서 열처리되고 호기성이나 혐기성 상태에서 포장되어 저온에서 저장된 염지육 또는 비염지육은 저열가공 처리된 적색육과 가금류 제품에 속한다. 크랑크소시지, 볼로냐소시지, 런천미트 및 햄과 같은 제품들이 적색육과 가금류 제품에 속한다. 특히 혐기성 상태에서 포장된 염지육은 50일 이상의 긴 유통기한을 가질 것으로 기대된다. 열처리 전 미생물 오염원으로 날고기, 제형에 사용되는 식품원료, 가공 장비, 공기 및 인력이 있다. 열 처리 즉 70도 이상의 내부 온도에서 *Micrococcus*; 일부 *Enterococcus*, 일부 *Lactobacillus, Bacillus*의 포자, *Clostridium* 및 일부 내열성균을 제외한 대부분의 미생물이 사멸하며 미생물 수는 그램당 $10^{1\sim2}$일 수 있다. 열처리 후에 일부 제품은 더 가공(캐이싱 또는 슬라이싱 제거)이 있어야 하는데 최종 포장 전에 장비, 인력, 공기와 물과 접하게 된다. 병원균을 포함한 다양한 종류의 세균, 효모, 곰팡이가 가공 공장의 환경에 따라 이런 제품들에 혼입될 수 있다. 비록 초기 세균 수가 일반적으로 그램당 10^2을 초과하지 않더라도 그 중 일부는 저온성 조건 혐기성균(*Lactobacillus, Leuconostoc*, 일부 coliforms, *Serratia, Listeria, Clostridium* spp.)일 수 있다. 진공 또는 변형공기포장을 통해 얻은 긴 보관 기간 동안 세균은 급격하게 증가하여 제품의 안전성과 유통기한에 안 좋은 영향을 끼칠 수 있으며 심지어 초기에 낮은 미생물 수치를 보였을지라도 그럴 수 있다. 이것은 보관 온도가 일정하게 유지되지 않고, 낮은 지방 함량, 높은 pH, 높은 수분 함량을 가진 제품의 변화에 의해 초래된다.

4.3 생우유와 저온 살균 우유

가장 많은 양의 생우유를 암소가 생산하지만 버팔로, 양, 염소 역시 생우유를 생산한다. 전지유, 탈지유, 저지방 및 향미유는 저온 살균 또는 판매용 우유에 속한다.[4,5] 규정에 따라 저온 살균 처리된 크림이 또한 여기에 속한다. 우유는 단백질과 탄수화물(유당)이 많이 함유되어 있으며 미생물은 이를 이용하여 생장할 수 있다. 생우유와 저온 살균 우유 둘 다 냉장 보관하나 많은 종류의 우위 세균을 가지고 있기 때문에 제한된 유통기한을 가진다.

소의 유방 내부, 동물 표피, 사료, 공기, 물 및 착유 및 보관에 사용되는 장비를 통해 미생물이 생우유에 혼입된다. 건강한 유방 내부에서 우위 미생물로는 *Micrococcus*, *Streptococcus*, *Corynebacterium*가 있다. 일반적으로, 생우유의 미생물은 ml당 10^3 미만이다. 암소가 유방염에 걸렸다면, *Streptococcusagalactiae*, *Sta. aureus*, coliforms, *Pseudomonas*가 비교적 높은 수치로 분비될 수 있다. 동물, 사료, 토양 및 물을 통한 오염은 lactic acid bacteria; coliforms; *Micrococcus*, *Staphylococcus*, *Enterococcus*, *Bacillus*, *Clostridium* 포자들; 그람음성 간균을 우위적으로 가지게 된다. *Salmonella*, *Mycobacterium bovis*, *Lis. monocytogenes*, *Yersinia enterocolitica*, *Brucella abortus*, *Coxiella burnetii*, Shiga toxigenic *Escherichia coli*(STEC), *Cam. Jejuni*와 같은 병원균은 이러한 오염원과 우유로부터 생길 수 있다. 장비 역시 그람양성 *Micrococcus*, *Enterococcus*와 *Pseudomonas*, *Alcaligenes*, *Flavobacterium*의 같은 그람음성 간균의 주요 오염원일 수 있다.

저온 살균 전의 냉장 보관(낙농장 및 가공 공장)하는 동안, 생우유에서 저온성 미생물만이 생장할 수 있다. 저온성 미생물에 *Pseudomonas*, *Flavobacterium*, *Alcaligenes*와 일부 대장균 *Bacillus* spp.가 포함된다. 저온성 미생물은 생우유의 합격 품질에 영향을 미친다(예: 풍미와 질감에 부정적 영향). 일부 저온성 미생물은 생우유의 제품 품질에 영향을 줄 수 있는 내열성 효소(단백질 분해 효소와 지방 분해 효소)를 만든다. 이는 저온 살균한 생우유의 제품 품질에도 영향을 줄 수 있다. 저온성 병원균(*Lis. monocytogenes*, *Yer. enterocolitica*)은 냉장 보관된 생우유에서 생장할 수 있다.

생우유와 저온 살균 우유의 미생물학적 품질은 많은 나라에서 규제 기관을 통해 관리된다.미국에서 판매용 우유로서 사용하기 위해선 표준평판법을 사용한 생우유의 미생물 수는 ml당 1~3 × 10^5이고 제품 제조에 사용되는 생우유의 미생물 수는 0.5~1 × 10^6이다. A 등급의 저온 살균 우유는 ml당 20,000 이하이고 대장균은 ml당 10 이하여야 한다.

저온 살균 우유에 존재하는 미생물은 생우유의 저온 살균에 살아남은 내열성 미생물로, 열처리 후, 포장 전에 혼입된다(예: 저온 살균 후 오염물). 저온 살균에 생존하는 내열성 미생물에 *Micrococcus*, 일부 *Enterococcus*(예: *Ent. faecalis*), *Streptococcus*, 일부 *Lactobacillus*(예: *Lab. viridescens*), *Bacillus*의 포자와 *Clostridium*이 있다. 열처리 후 오염물로 *Pseudomonas*, *Alcaligenes*, *Flavobacterium*과 같은 대장균군일 수 있다. 열에 약한 일부 병원균 또한 열처리가 된 저온 살균 우유에 혼입될 수 있다. 저온성 세균은 냉장 보관 동안 생장할 수 있다.

4.4 달걀껍질과 액상달걀

달걀껍질의 외부 표면은 배설물, 사료, 공기, 장비에서 온 미생물로 오염된다.[6,7] 달걀껍질에 10^7 세균이 분포하며 이는 미생물 오염 정도에 의존한다. 세척은 세균 수준을 크게 줄이도록 도와준다. 달걀껍질은 *Pseudomonas*, *Alcaligenes*, *Proteus*, *Citrobacter*, *Esc. coli*, *Enterobacter*, *Enterococcus*, *Micrococcus*, *Bacillus*와 같은 다양한 세균이 분포한다. 또한 배설물 오염으로 달걀껍질에 살모넬라균이 있을 수 있다. 달걀을 낳는 닭의 난소가 감염되었다면 노른자가 *Salmonella enterica* serovar Enteritidis의 오염원이 될 수 있다. 액상달걀은 세척된 달걀의 껍질뿐만 아니라 껍질을 깨는 장비, 물, 공기를 통해 오염될 수 있다. 저온 살균은 미생물의 수를 ml당 10^3으로 줄일 수 있다. 세균, 그 중에서 운동성이 있는 그람음성 간균은 달걀껍질이 젖어 있을 때 달걀껍질의 공기구멍을 통해 내부로 들어갈 수 있다. 달걀흰자에는 lysozyme, conalbumin(binds iron), avidin(binds biotin), alkaline pH(8.0~9.0)과 같은 다양한 항균 인자가 들어 있어 세균의 생장을 제어한다. 그러나 보관 온도가 세균 생장에 유리하면, 세균은 영양분이 많고 pH가 7.0인 노른자에서 생장할 수 있다. 액상 달걀에 있는 살모넬라균과 같은 병원성균과 그밖의 그람음성 간균을 제거하기 위해 저온 살균이 사용된다. 액상달걀에 존재하는 *Micrococcus*, *Enterococcus*, *Bacillus* 등의 내열성 세균은 저온 살균에도 생존한다.

4.5 어류와 패류

이 분류는 바닷물과 담수에서 수확하는 물고기와 갑각류(새우, 바닷가재, 게) 및 연체동물(굴, 대합, 가리비)이 포함된다.[8] 어패류는 천연 및 양식 환경에서 수확된다. 일반적으로, 어패류는 단백질과 비단백질 질소화합물이 풍부하며 지방 함량은 종류와 계절에 따라 달라진다. 연체동물을 제외하면 어패류의 탄수화물은 매우 적고 연체동물은 약 3%의 글리코겐을 가진다.

이들 제품의 미생물 분포는 물의 온도와 오염 수준에 따라 매우 달라진다. 세균, 바이러스, 기생충 및 원생동물, 연충류가 원재료에 존재할 수 있다. 어패류의 근육은 미생물이 없지만 비늘, 아가미, 창자엔 미생물이 분포되어 있다. 물고기와 갑각류는 그램당 $10^{3\sim8}$ 세포를 가질 수 있다. 먹이섭취 시 연체동물은 많은 양의 물을 여과하여 세균과 바이러스를 농축시킬 수 있다. 해양환경에서 수확하여 만들어진 제품은 halophilic vibrios 뿐만 아니라 *Pseudomonas*, *Alteromonas*, *Flavobacterium*, *Enterococcus*, *Micrococcus*, coliforms, 병원균으로 *Vib. parahaemolyticus*, *Vib. vulnificus*, *Shigella* spp., *Clo. botulinum* type E를 함유할 수 있다. 민물고기는 일반적으로 *Pseudomonas*, *Flavobacterium*, *Enterococcus*, *Micrococcus*, *Bacillus*, coliforms 가지고 있다. 사람과 동물의 배설물로 오염된 물에서 수확된 어패류는 *Salmonella*, *Shigella*, *Clo. perfringens*, *Vib. cholerae*, hepatitis A norovirus를 포함할 수 있다. 또한 어패류는 *Aeromonas hydrophila*, *Plesiomonas shigelloides*와 같은 기회병원균을 함유할 수 있다. 해산물의 수확, 특히 패류는 미국의 규제기관에서 관리한다. 대장균군의 개체 수가 많은 물의 수확은 금지된다. *Giardia* spp.와 같은 원생동물 nematodes, trematodes, cestodes 같은 기생충도 해산물과 관련이 있다(제28장 참조)

오염된 물에서 수확되었다면, 물고기와 갑각류에 있는 미생물은 빠르게 생장한다. 왜냐하면 어류와 갑각류의 조직이 높은 수분활성도와 pH를 지녀서 많은 양의 비단백질 질소 화합물을 이용할 수 있기 때문이다. 세균 대다수가 저온성이기 때문에 냉장 온도에서 생장할 수 있다. 병원균은 보관 동안 긴 시간 생존할 수 있다. 여러 제품 생산을 위한 후속 열처리 과정을 통해 미생물은 급격히 감소한다.

4.6 채소, 과일, 견과류

채소는 잎(예: 시금치, 상추, 고수), 줄기(예: 셀러리, 콩나물), 뿌리, 덩이줄기, 구근 및 꽃과 같은 먹을 수 있는 식물 성분을 함유한다. 일반적으로, 채소는 탄수화물 함량이 비교적 높으며 pH는 5.0~7.0이다. 이로 인해 다른 조건이 좋으면 다양한 종류의 세균, 효모, 곰팡이가 자랄 수 있다. 과일은 탄수화물 함량이 높고 pH는 유기산 때문에 4.5 이하이다. 일부 채소는 항균 에센셜 오일을 함유하고 있다. 견과류는 토양(땅콩) 또는 나무(피칸)에서 수확될 수 있고 보호 껍질과 낮은 수분활성도(0.7)를 가진다. 견과류는 더 많은 쓰임을 위해 넛미트(nutmeat)나 땅콩버터와 같은 제품으로 변환된다.

과일과 채소는 건강한 식품으로 간주되어 생으로 또는 최소한으로 가공하여 섭취된다. 그러나 최근에 이들 제품이 원인이거나 연관이 있는 발병이 늘어나고 있다.[9] 채소의 미생물은 토양, 물, 공기, 자연 또는 가축, 곤충, 새 또는 장비와 같은 다양한 오염원을 가지고 채소 종류에 따라 미생물이 다양하다. 잎이 많은 채소는 공기에서 유래한 더 많은 미생물을 가지고 있는 반면, 덩이줄기는 토양에서 유래한 더 많은 미생물을 가진다. 이같은 제품의 미생물 종류와 수는 환경 조건, 농사 및 수확 조건에 따라 매우 다양하다.일반적으로 채소의 미생물은 $10^{3\sim5}$ 또는 $10^{4\sim7}$이다. 우위 세균 중 일부는 lactic acid bacteria, *Corynebacterium*, *Enterobacter*, *Proteus*, *Pseudomonas*, *Micrococcus*, *Enterococcus*, spore formers이다. 우위 세균엔 *Alternaria*, *Fusarium*, *Aspergillus*와 같은 다양한 종류의 곰팡이가 있다. 특히 동물과 인간의 노폐물과 오염된 물이 토양 비옥화와 관개에 사용되었다면 채소는 장내 병원균을 함유할 수 있다. 채소는 *Lis. monocytogenes*, *Salmonella*, *Shigella*, pathogenic *Escherichia coli*(O157:H7, O104:H4), *Campylobacter*, *Clo. botulinum*, *Clo. perfringens*를 함유할 수 있다. 또한 병원성 원생동물과 기생충(*Cyclospora*, *Cystoisospora*, *Giardia*)을 가질 수 있다. 만약 채소가 손상되면, 식물 병원균(예: *Erwinia*)이 또 우위를 점할 수 있다. 많은 미생물이 원재료에 다양한 형태의 부패를 일으킬 수 있다. 식물 제품에서 생장한 병원균은 식품매개 질병(예: listeriosis, botulism)을 일으킬 수 있다. 채소(예: sauerkraut)의 천연 발효는 유산균의 역할이 중요하다. 채소와 채소 제품을 가공하는데 쓰이는 여러 방법은 미생물 수를 크게 감소시킨다.

과일은 탄수화물 함량이 높고 pH가 낮기 때문에 다양한 종류의 곰팡이, 효모, 유산균의 생장에 유리하다. 일반적으로 미생물은 공기, 토양, 곤충 및 수확 장비에서 유래한다. 미생물 수는 그램당 $10^{3\sim6}$이다. 적절하지 않은 방법으로 수확되거나 가공된 과일은 병원균이 생존하여 생장하고 그 결과 식품매개 질병을 일으킬 수 있다. 곰팡이, 효모, 박테리아는 다양한 종류의 부패를 일으킬 수 있다. 천연 식물상, 특히 과일의 효모는 알코올 발효에 중요할 수 있다.

땅콩과 각과류에 토양과 공기를 통해 미생물이 혼입될 수 있다. 가공 동안 공기, 장비, 물 또한 오염원이 될 수 있다. 견과류는 껍질로 보호되나 그 껍질이 파손되면 미생물 오염이 용이할 수 있다. 생견과류와 견과류 내용물은 *Bacillus*, *Clostridium* 포자, *Leuconostoc*, *Pseudomonas*, *Micrococcus*의 미생물이 우위로 분포하며 그램당 $10^{3\sim4}$을 함유한다. 낮은 수분활성도 때문에 견과류에서 세균이 생장하지 못한다. 하지만 식품원료로 사용될 때 이들 제품에서 미생물학적인 문제가 일어날 수 있다. 곰팡이는 견과류와 견과류 내용물에서 생장하여 미코톡신(*Aspergillus flavus*에 의해 만들어지는 아플라톡신처럼 톡신 생산 균주 유래)을 생산할 수 있다.

4.7 곡류, 전분 및 검질

곡물, 밀가루, 으깬 곡물, 아침식사용 시리얼, 파스터, 구운 제품, 건식 혼합물, 곡물(콩과 렌틸콩) 기반의 냉동 및 냉장 제품이 곡류 기반 식품이다. 곡물(옥수수, 쌀), 타피오카(식물유래), 감자, 덩이줄기 식물은 전분 기반 식품이다. 안정제, 젤라틴 형성제, 필름제로 사용되는 검질은 식물, 해조류, 미생물(예: tragacanth, pectin, xanthan, agar, carrageenan) 및 화합물(예: carboxymethyl cellulose)에서 얻는다. 검질은 아밀로오즈와 아밀로펙틴이 풍부하지만, 단순당(예: 곡류)과 단백질(예: 렌틸콩)을 함유할 수 있다. 미생물 오염원은 주로 토양, 공기, 곤충, 새, 장비이다.

비가공식품(곡물)은 높은 수준의 세균을 함유할 수 있다(호기성 평판 수로 그램당 10^4 미만, 대장균군 10^2 미만, 효모와 곰팡이 10^3 미만). 이들 제품에 독소를 생산하는 곰팡이로 인해 미코톡신 또한 함유될 수 있다. 가공식품 또한 다양한 종류의 효모, 곰팡이, 세균을 함유할 수 있다. 밀가루와 전분 기반 식품은 곡물 기반 식품처럼 높은 수준의 미생물이 있을 수 있다. 반면에, 가공처리된 제품(시리얼과 파스타)은 호기성 평판 수로 그램당 $10^{2\sim3}$ 미만 대장균군 $10^{1\sim2}$ 미만, 효모와 곰팡이 $10^{1\sim2}$을 함유한다. 이들 제품은 세균 포자와 저온성 세균이 있을 수 있다. 제품에 따라, 일부 병원균은 도우 같은 곳에서 자랄 수 있고 또는 원료로 사용될 때 부패 및 병원성 미생물, 미코톡신의 오염원이 될 수 있다. 검질은 효모, 곰팡이(및 미코톡신), 세균 포자, 유산균의 오염원일 수 있다.

4.8 통조림 식품

밀봉된 용기에 포장되고 열처리된 것이 통조림 식품에 속한다. pH가 4.6 이상의 제품은 상업적 살균도를 얻기 위해 열처리를 한다. 하지만 pH가 4.6 미만인 제품은 대략 100도의 열처리를 한다.

상업적 살균도를 얻기 위해 준비되고 가공된 통조림 식품은 thermophilic spoilage bacteria, namely *Bacillus stearothermophilus, Clo. thermosaccharolyticum, Desulfotomaculum nigrificans* 포자를 가질 수 있다. 이들 제품의 주된 오염원은 토양, 데친 물, 식품원료로 사용되는 설탕과 전분이다. 30도 이하로 저장된 통조림 식품은 호열성 포자가 발아하어 부패를 일으키지 않는다. 그러나 통조림 식품이 40도 이상의 온도로 잘못 보관된다면, 포자는 발아하고 세포가 생장하여 제품을 부패시킨다.

통조림 제품은 더 낮은 온도로 열처리(약 100도)되면, 부패(*Bac. coagulans, Bac. licheniformis, Clo. sporogenes, Clo. butyricum*) 및 병원성(*Bac. cereus, Clo. perfringens, Clo. botulinum*)을 포함한 중온성 세균 포자가 호열성 세균 포자와 함께 생존한다. 저산성 제품에서, 특히 토마토 제품은 *Bac. Coagulans* 포자가 발아하여 세포가 생장하여 부패를 일으킬 수 있다. 그 외 다른 포자형성균은 고산성 통조림 제품에서 발아하여 생장한다. *Sta. aureus* toxins이 원재료에 존재한다면, 통조림 제품의 열처리로 파괴되지 않는다. 그 결과 제품 섭취로 인한 식중독이 일어날 수 있다.

4.9 설탕과 과자류

정제 설탕은 사탕수수와 사탕무에서 얻는다. 설탕은 *Bac. stearothermophilus, Bac. coagulans, Clo. thermosaccharolyticum, Des. nigrificans*의 호열성 포자와 중온균(예: *Lactobacillus*와 *Leuconostoc*), 효모, 곰팡이를 함유한다.[10] 설탕이 식품에서 원료로 사용될 때, 포자는 살아남아 제품에 부패를 일으킬 수 있다. 오염되지 않은 정제 설탕은 병원균이 존재하지 않는다. 중온균은 액상 설탕에서 자랄 수 있다. 통조림 식품에 사용되거나 액상 설탕을 만드는 데 사용된 정제 설탕은 엄격한 미생물학적 기준

(포자에 관한)을 갖는다.

단맛이 나는 다양한 종류의 제품은 과자류에 속한다. 일반적으로, 이 같은 제품은 낮은 수분활성도(0.84 이하)를 가지고 일부 제품은 pH가 낮다. 과자류는 다양한 종류의 세균, 효모, 곰팡이가 있을 수 있으나 과자류의 미생물학적 기준으로 잘 규제된다. 과자류가 *Lactobacillus*, *Leuconostoc*, spores of *Bacillus* and *Clostridium*, 효모와 곰팡이를 함유한다 하더라도, 몇 가지 내삼투압성 효모와 곰팡이만 자랄 수 있다. 하지만 다른 식품에서 첨가제로 사용될 때, 과자류는 이들 미생물의 오염원이 될 수 있다. 즉석섭취 식품이 원료, 환경, 인력에서 유래한 병원균으로 오염되면, 식품매개 질병을 일으킬 수 있다.

4.10 청량음료, 과일 및 채소, 주스, 먹는 샘물

청량음료는 물, 감미료, 산미료, 향미료, 색소, 유화제, 보존제가 함유된 비알콜 음료이다. 일부 과일 주스는 청량음료 속하며 탄산 또는 비탄산일 수 있다. 또 pH는 2.5~4.0 사이이다. 100% 과일주스는 pH 4.0 이하이다. 토마토 같은 채소 주스는 pH 4.5 이상일 수 있다. 먹는 샘물은 천연수나 굴착우물에서 얻으며 오염방지를 위해 특정 조건에서 처리된다.

청량음료는 여러 종류의 미생물을 함유하나 곰팡이, 효모, 유산균, 아세트산균과 같은 내산성 미생물이 생장할 수 있다.[11] 약호기성인 일부 효모가 탄산음료에서 생장할 수 있다. 과일 주스에선 *Lactobacillus*, *Leuconostoc* 종들이 생장할 수 있다. 비탄산 음료에서 곰팡이(*Geotrichum*)와 *Acetobacter*, *Gluconobacter* spp.가 또한 생장할 수 있다. 이들 미생물 대부분은 가공 환경 및 가공 장비를 통해 혼입된다. 과일 주스에서 곰팡이, 효모, *Lactobacillus* spp.(*Lactobacillus fermentum*, *Lactobacillus plantarum*), *Leuconostoc* spp.(*Leu. mesenteroides*), acetic acid bacteria가 자랄 수 있다. *Alicyclobacillus* 유래의 내산성 포자균이 과일 주스 부패의 원인임을 최근에 인식하였다. 일부 병원균(예: 오렌지 주스와 사과 사이다 안의 내산성 *Salmonella*, *Esc. coli* O157:H7 strains)은 산성 제품에서 30일 이상의 오랜 기간 동안 살아남을 수 있다.[11] 채소 주스는 곰팡이, 효모. *Bac. coagulans*, *Clo. butyricum*, *Clo. pasteurianum*와 같은 유산균을 함유할 수 있다.

먹는 샘물은 세균 10~100, 대장균군 10 이상을 함유해서는 안 된다. 자생식물상은 주로 *Flavobacterium*, *Alcaligenes*, *Micrococcus*이다. 먹는 샘물은 외부 유래의 오염물질로 일부 *Pseudomonas*를 함유할 수 있다. 먹는 샘물은 열악한 위생 조건에서 생산된 것이 아니라면 병원균이 있어선 안 된다.

4.11 마요네즈와 샐러드 드레싱

기름, 물, 식초(약 0.25% 아세트산), 레몬주스, 설탕, 소금, 전분, 검질, 달걀, 향신료, 마요네즈, 샐러드 드레싱으로 구성된 W/O 에멀젼(water-in-oil emulsion) 제품의 pH는 3.5~4 사이이다. 산과 오일이 덜 들어가고 물이 많이 포함한 저칼로리, 신맛이 덜한 제품은 pH 4.5 이상이다.

미생물은 원료, 장비, 공기를 통해 제품에 혼입된다. 하지만 내산성 미생물을 제외하면, 대부분의 미생물은 실온에서 오랜 기간 보관할 때 대부분은 사멸한다.[12] 내산성 미생물 중에, 곰팡이(*Geo-*

trichum, *Aspergillus* spp.), 효모(*Saccharomyces* spp.), 락토바실러스 일부(*Lab. fructivorans*, *Lab. brevis*), 일부 *Bacillus* spp.(*Bac. subtilis*, *Bac. mesentericus*)가 분리되었다. 일반적으로, 이러한 미생물의 수는 그램당 10을 초과하지 않아야 한다. 병원균이 혼입되면(예: 달걀로 인한 *Salmonella*), 빠르게 사멸할 수 있다. 하지만 냉장 온도에서 보관하는 저칼로리 고 pH의 제품에선 더 오래 생존할 수 있다.

4.12 향신료와 조미료

향신료는 식물 제품(씨앗, 꽃, 잎, 나무껍질, 뿌리, 알뿌리)으로 전체로, 또는 갈아서, 또는 단독 또는 혼합하여 사용된다. 미국에서 사용되는 상위 12가지 향신료에 물을 뺀 양파/마늘, 겨자씨, 고추, 참깨, 흑후추, 파프리카, 계피, 쿠민씨, 흰후추, 오레가노, 양귀비씨, 생강 등이 있다. 그외 향신료로 올스파이스, 아니스, 바질, 월계수 잎, 정향, 회향씨, 세이지, 백리향, 울금 등이 있다. 향신료의 전형적인 수분 함량 범위는 8~12%이다.[13] 조미료는 다른 성분과 혼합된 향신료로 케첩, 머스터드 같은 소스와 유사하다. 조미료는 비교적 향과 색이 적게 사용된다.

일부 향신료는 항균 처리가 되지 않아 $10^{6\sim7}$의 높은 수준의 미생물을 함유할 수 있다. *Aspergillus*, *Fusarium*, *Alternaria*, *Penicillium*, *Rhizopus*, *Cladosporium*, *Trichoderma*와 같은 곰팡이 포자와 *Bacillus*, *Clostridium* spp.와 같은 세균 포자가 가장 중요한 미생물이다. 또한 micrococci, enterococci, 효모, *Salmonella enterica* serovars, *Staphylococcus aureus*, *Bacillus cereus*와 같은 여러 병원균이 발견된다. 처리되지 않은 향신료는 10^4 CFU/g 이상의 곰팡이가 있을 수 있고 미코톡신 또한 포함될 수 있다. 적게 사용될지라도, 향신료는 식품에서 부패와 병원균의 오염원이 될 수 있다. 정향, 올스파이스, 마늘과 같은 일부 향신료는 항균 특성을 갖는다.[13]

향신료는 여러 질환 발병에 기여한 병원균의 주요 오염원이 되었기 때문에 병원균 감소를 위해 다양한 가공 처리가 사용된다. 이러한 가공 처리에는 이온화(감마선 조사)와 음이온화(UV, 마이크로파, 적외선) 복사, 에틸렌옥사이드 가스 멸균이 포함된다.[14,15] 추가로 열처리와 고압 CO_2(초임계 CO_2) 사용이 제안되었다. 미국 향신료무역협회(ASTA)에 따라, 대략 40~85%의 향신료가 미국에서 에틸렌옥사이드 처리된다. 하지만 에틸렌옥사이드의 사용이 유럽과 호주에선 독성 우려로 사용되지 않는다. 에틸렌옥사이드 독성은 적정한 용량과 노출 시간으로 최소화가 가능하다. 추가로, 향신료 재배농가와 가공업자들은 농산물우수관리제도(Good Agricultural Practice, GAP)와 우수제조·관리기준(Good Manufacturing Practice, GMP)의 이용과 보관 환경 향상을 통해 곰팡이 생장과 부패의 위험을 최소화하려고 노력한다.

4.13 결론

식품 내의 일반적 미생물총은 식품 검사 전 오염물질 생장 및 다양한 오염원을 통해 혼입된다. 적절한 위생 조건에서 생산되고 보존된 식품은 더 적은 미생물을 함유할 수 있다. 정상적인 미생물 수에 대한 정보는 식품의 미생물학적 품질을 결정하고 또한 미생물학적 표준과 규격을 정하는 데 도움을 준다.

일부 병원균을 제외하고는 미생물의 존재가 식품의 품질을 낮추는 것은 아니다. 식품 내 미생물의 생장은 식품 품질에 명확한 변화를 가져온다. 이 부분은 제5장에서 논한다.

학습문제

1. 생고기에 있는 저온성 미생물을 나열하시오. 냉장 생고기에서 저온세균과 조건혐기성 세균의 중요성을 논하시오.
2. 저온열처리 육류가공품의 열처리 후 세균 오염의 오염원과 이 같은 제품의 품질에 대한 중요성을 논하시오.
3. (a) 생우유의 저온세균, (b) 저온 살균된 A 등급 생우유의 고내열성 세균, (c) 저온 살균된 A 등급 우유에 10개 이상의 대장균군 ml당의 중요성을 나열하고 논하시오.
4. 달걀껍질에 *Salmonella* Enteriditis 존재를 강조하고 살모넬라 오염의 중요성을 논하시오.
5. "위생이 엄격히 관리되지 않은 나라에서 수입된 수산물이 미국과 다른 선진국에서 상당히 많이 소비된다." 이 진술의 상황이 이들 수산물의 미생물학적 품질과 안전성에 어떠한 영향을 미치는지 설명하시오.
6. 많은 채소가 생으로 섭취된다. 소비자가 이런 채소에 가져야 하는 미생물학적 우려가 무엇인지를 논하시오.
7. 곰팡이는 생산과 가공 단계에서 시리얼과 땅콩, 향신료에서 생장할 수 있다. 소비자, 규제 기관, 식품 가공업자는 식품 내의 시리얼, 땅콩, 향신료의 사용에 대해 어떤 우려를 해야 하는가?
8. 청량음료, 과일 주스, 채소 주스, 먹는 샘물의 정상적인 미생물 품질을 논하시오.
9. "마요네즈와 같은 낮은 pH 제품은 식품매개 질병을 유발할 수 있습니다." 무슨 조건에서 이것이 가능한지를 설명하시오.
10. 적절히 가공된 통조림 식품에서 생존할 수 있는 미생물을 나열하고 이 제품 품질에 있어서 미생물의 중요성을 논하시오.
11. 일부 식품 원료는 일반적으로 가공된 식품의 준비에 소량이 사용된다. 가공 제품의 품질에 미생물학적 품질이 중요하게 간주된다. 이런 원료 두 가지를 적고, 왜 이들의 미생물학적 품질이 중요한지를 간단하게 논하시오.
12. 식품의 정상적인 미생물학적 품질을 아는 것의 중요성을 간단히 설명하시오.
13. 향신료의 미생물을 제어하기 위해 무슨 방법이 사용되는가?

참고문헌

1. Rostagno, M.H., Can stress in farm animals increase food safety risk?, *Foodborne Pathog. Dis.*, *6*, 767–776, 2009.
2. Nørrung, B., Andersen, J., and Buncic, S., Main concerns of pathogenic microorganisms in meat. In *Safety of Meat and Processed Meat*, Toldrá, F., Ed., Springer, New York, 2009, pp. 3–29.
3. Kalchayanand, N., Ray, B., and Field, R.A., Characteristics of psychrotrophic *Clostridium laramie* causing spoilage of vacuum-packaged refrigerated fresh and roasted beef, *J. Food Prot.*, *56*, 13–17, 1993.

4. Claeys, W.L., Cardoen, S., Daube, G., Block, J.D., Dewettinck, K., Dierick, K., Herman, L. et al., Raw or heated cow milk consumption: Review of risks and benefits, *Food Control, 31*, 251–262, 2013.
5. Oliver, S.P., Jayarao, B.M., and Almeida, R.A., Foodborne pathogens in milk and the dairy farm environment: Food safety and public health implications, *Foodborne Pathog. Dis.*, *2*, 115–129, 2005.
6. Musgrove, M.T., Northcutt, J.K., Jones, D.R., Cox, N.A., and Harrison, M.A., Enterobacteriaceae and related organisms isolated from shell eggs collected during commercial processing, *Poult. Sci.*, *87*, 1211–1218, 2008.
7. Mor-Mur, M. and Yuste, J., Emerging bacterial pathogens in meat and poultry: An overview, *Food Bioprocess Technol.*, *3*, 24–35, 2010.
8. Iwamoto, M., Ayers, T., Mahon, B.E., and Swerdlow, D.L., Epidemiology of seafood-associated infections in the United States, *Clin. Microbiol. Rev.*, *23*, 399–411, 2010.
9. Olaimat, A.N. and Holley, R.A., Factors influencing the microbial safety of fresh produce: A review, *Food Microbiol.*, *32*, 1–19, 2012.
10. Thompson, S., Microbiological spoilage of high-sugar products. In *Compendium of the Microbiological Spoilage of Foods and Beverages*, Sperber, W.H. and Doyle, M.P., Eds., Springer, New York, 2010, pp. 301–324.
11. Raybaudi-Massilia, R.M., Mosqueda-Melgar, J., Soliva-Fortuny, R., and Martín-Belloso, O., Control of pathogenic and spoilage microorganisms in fresh-cut fruits and fruit juices by traditional and alternative natural antimicrobials, *Comp. Rev. Food Sci. Food Safety*, *8*, 157–180, 2009.
12. Smittle, R.B., Microbiological safety of mayonnaise, salad dressings, and sauces produced in the United States: A review, *J. Food Prot.*, *63*, 1144–1153, 2000.
13. Pinkas, J.M., Battista, K., and Morille-Hinds, T., Microbiological spoilage of spices, nuts, cocoa, and coffee. In *Compendium of the Microbiological Spoilage of Foods and Beverages*, Sperber, W.H. and Doyle, M.P., Eds., 2009, pp. 325–350.
14. Ferrier, P., Irradiation as a quarantine treatment, *Food Policy*, *35*, 548–555, 2010.
15. Ranwala, N.K.D. and Rushing, J.W., Influence of treatments with heat, chlorine dioxide, or tthylene oxide on microbiological load and parthenolide content in feverfew leaves, *J. Herbs, Spices Med. Plants*, *15*, 227–240, 2009.
16. Stefanova, R., Vasilev, N., and Spassov, S., Irradiation of food, current legislation framework, and detection of irradiated foods, *Food Anal. Methods*, *3*, 225–252, 2010.

식품환경에서 미생물의 증식 반응

2

원재료 또는 가공된 식품(미멸균 또는 상업적 멸균)에 존재하는 미생물은 식품매개 질병, 식품부패 및 생물학적 가공과 관련하여 매우 중요하다. 이들은 일반적으로 식품 내 미생물(바이러스와 원생동물은 제외)의 증식을 통해 일어난다. 세균, 효모 및 곰팡이의 생장 또는 세포 증식은 식품의 내부적 및 외부적 환경의 영향을 받는다. 또한 미생물의 증식은 필요한 에너지와 세포물질 그리고 많은 부산물의 기질을 제공하는 일부 식품 성분의 물질대사를 통해서 촉진된다. 뿐만 아니라 실험배지에서의 미생물 증식은 식품의 미생물학적 품질을 위한 정성적·정량적 검사에 매우 중요하다. 2부에서, 미생물 증식의 특성과 미생물 증식에 영향을 미치는 중요한 요인들을 학습하게 될 것이다. 식품 가공 장비와 식품 접촉면으로의 미생물 부착과 생물막 형성은 미생물의 생존과 지속에 매우 중요한 전략이다. 스트레스 하에서 일어나는 세균세포의 변화와 일부 세균들에 의해서 만들어지는 포자의 생성 과정과 그 중요성도 학습할 것이다. 이와 같은 요인들을 이해하는 것은 식품에서의 미생물 제어(부패 및 건강위험요소), 촉진(생물학적 가공) 또는 검출하기 위한 방법을 설계하는 데 도움을 줄 것이다. 이 장에서는 다음과 같은 내용을 토의할 것이다.

제5장: 미생물 증식의 특징

제6장: 식품에서 미생물 증식에 영향을 미치는 인자들

제7장: 미생물 부착과 생물막 형성

제8장: 식품 성분의 미생물적 대사

제9장: 미생물의 포자와 발아

제10장: 식품 환경에서 미생물의 스트레스 반응

제5장

미생물 증식의 특징

5.1 서론

미생물은 식품과 같은 우호적인 환경에 노출되면 생장하고 증식한다. 미생물의 증식은 식품부패, 식중독 및 식품생물학적 가공과 관련되어 있다. 증식은 또한 식품부패, 식중독 및 식품생물학적 가공과 관련하여 미확인 미생물 균주를 순수 분리하는 데 중요하다. 뿐만 아니라 식품에서 미생물의 증식을 촉진하거나 제어하기 위한 방법을 개발하고 더 발전된 사용을 위해 유전적 구성을 제거하거나 개선시키기 위해 해당 균주의 형태학적, 생리학적, 생화학적 및 유전적 특성을 연구하는 데 중요하다.

5.2 미생물의 번식과 증식

5.2.1 이분법

세균, 효모 및 곰팡이의 영양세포의 수 또는 양의 증가는 미생물의 증식을 반영하기 위하여 일반적으로 사용된다. 세균은 횡이분법, 단순히 말해 이분법에 의해 증식한다. 이 과정은 DNA 복제와 분리, DNA와 DNA의 분할, 세포벽의 함입과 격막의 형성 및 세포분리와 같은 여러 단계를 포함한다. 이 과정에서 한 개의 세포는 무성적으로 2개의 세포로 나뉘며, 각 세포는 원래의 세포와 본질적으로 같은 복제품이다. 그러나 단일세포로부터 장시간 증식된 집단의 경우 소수의 변이세포가 포함될 수 있다. 세균에서는 공여세포에서 유전물질을 수여세포로 전이(예: 접합)함으로써 유성재조합의 형태가 발생한다. 그러나 이는 상대 짝짓기 유형의 두 세포(생식세포)의 수정을 통해 촉진되는 유성생식과는 매우 다르다.[1,2]

세균세포는 특정 표면적(surface area; *s*) 대 부피(volume; *v*) 비율(*s*/*v*)을 가진다. 새로 나누어진 세포는 더 높은 표면적 대 부피 비율(*s*/*v*)을 가지며, 이는 환경으로부터 영양소를 빠르게 운반하는 데 도움을 준다. 젊은 세포는 에너지와 세포 구성요소를 합성하기 위해 영양소를 우선적으로 사용하여 세포 크기를 크게 한다. 세포 크기가 커짐에 따라 *s*/*v* 비율이 감소하는데 이는 영양소의 세포 내외부

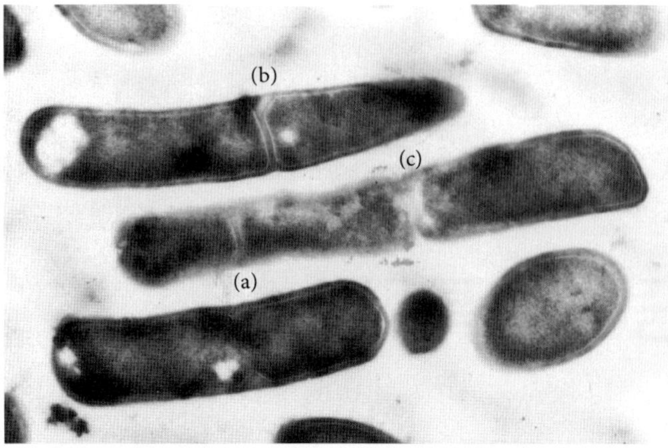

그림 5.1 투과전자현미경에 의한 *Lactobacillus* 세포의 얇은 단면 사진은 세포분열 동안 세포벽의 형성을 보임. (a) 초기 단계, (b) 후기 단계 및 (c) 세포의 부분 분리를 갖는 최종 단계.

로의 수송에 나쁜 영향을 끼친다. *s/v* 비율을 높이기 위해서 세포는 세포표면을 수축시키며 분열을 시작한 다음 횡벽을 형성하여 최종적으로 두 세포에 세포물질(특히 유전물질)을 동일하게 분리한다(**그림 5.1**). 세포분열은 세균 종과 세포의 배열에 따라 하나 이상의 면에서 발생한다. 분열 후 2개의 세포는 서로 분리된다. 일부 종에서 2개의 세포는 서로 붙어 있는 상태로 유지되고, 한 면에서 계속해서 분열한다(예: *Streptococcus*와 *Bacillus* spp. 내에서). 세포가 2개 이상의 면에서 분할된다면 세포는 서로 근접하게 있어서 덩어리를 형성한다(*Staphylococcus* spp. 내에서). *Pediococcus*와 같은 일부 종에서는 2개 이상의 면에서 세포분열이 발생하고 그 세포는 한동안 함께 머무르는 경향을 보여 4개 세포 배열(사련) 또는 8개 세포 배열(팔련)이 만들어진다.

효모와 곰팡이도 무성생식을 할 수 있다. 효모세포는 근원세포의 표면에 붙어 있는 매우 작은 크기의 봉우리(버드)를 만들면서 시작한다. 세포의 크기가 커지면 근원 효모세포의 표면에 증식하는 사슬형태로 버드가 나타난다. 효모세포 표면에는 여러 개의 버드가 형성될 수 있다. 버드가 성숙하면서 근원세포로부터 분리된다. 곰팡이는 균사의 끝부분에서의 세포분열 또는 신장에 의해 크기면에서 세포는 성장한다. 곰팡이는 특수한 구조에 다량의 무성포자를 형성한다. 또한 효모와 곰팡이는 둘 다 유성적으로 증식할 수 있다. 바이러스는 스스로 증식하지 못한다. 대신에 바이러스는 특정 숙주세포 표면에 붙어서 내부로 핵산을 주입시키고 바이러스 핵산을 복제한 후 바이러스 입자를 생산한다. 바이러스 입자는 숙주세포를 용해시킨 후 환경으로 배출된다. 식중독 바이러스는 식품에서 복제되어 수가 증가하지는 않는다. 특정 숙주 세균세포와 박테리오파아지가 식품에 존재하면 복제가 일어난다.

5.2.2 세대시간(더블링타임)

단일세포가 2개의 세포로 나뉘는 데 걸리는 시간을 세대시간이라 한다.[1] 그러나 실질적으로 세대시간은 전체 집단이 2배가 되는 시간을 말한다. 미생물종의 집단에서 모든 세포가 같은 시간과 같은 속도로 분열하는 것은 아니다. 다양한 조건에서 미생물종의 세대시간은 식품 보존방법 개발하는 데 유용한 정보를 제공한다. 일반적으로 증식의 최적조건하에서 세균, 효모 그리고 곰팡이 순서로 짧은 세대시간을 갖는다. 또한 최적조건에서 세균종과 균주에 따라 세대시간은 매우 다양하다; 최적 조건하에서 *Vibrio parahaemolyticus*와 같은 일부 종은 10~12분 정도의 짧은 세대시간을 갖는다. 일반적으로 미생물은 영양적으로 풍부한 세균배지보다 식품에서 더 긴 세대시간을 갖는다.

미생물집단의 세대시간은 주어진 기간 동안 집단의 차이를 수학적으로 계산할 수 있다. 미생물집단의 숫자는 매우 크기 때문에 로그함수($\log_{10}$)를 이용한 다음 공식을 사용하여 계산한다.

$$G = \frac{0.3t}{\log_{10} z - \log_{10} x}$$

G: 세대시간(단위는 분; 더블링타임으로 표현된 t_d는 일반적으로 시간 단위)
0.3: 상수($\log_{10}$ 2의 값으로 2배를 의미)
t: 지속시간(분)
$\log_{10} x$: 초기 CFU/mL 또는 세포수/mL
$\log_{10} z$: 최종 CFU/m: 또는 세포수/mL

예를 들면, 특정 증식환경하에서 세균종의 초기 세포수가 10^4세포/mL이고 120분 후에 10^4세포/mL로 증가한다면 이 세균의 세대시간은 아래와 같다.

$$G = \frac{0.3 \times 120}{6-4} = 18\text{분}$$

이 값은 같은 세균종이라도 증식조건 변화에 따라 달라질 수 있다.

5.2.3 특정 증식속도

미생물의 지수 성장 단계(지수기)에서의 증식속도는 세포수 측정, OD_{600} nm에서의 미생물 흡광도 측정, 세포질량(습시료 또는 건시료 중량) 측정 또는 세포 구성분(단백질, RNA 또는 DNA) 측정에 의해 수학적으로 결정된다. 시간 t_0에 미생물 수 N_0와 시간 t에 미생물수 N_t를 알고 있다면 미생물의 증식속도는 다음의 방정식에 의해 결정된다.

$$N_t = N_0 e^{\mu(t-t_0)}$$

μ: 시간당 특정 증식속도(예: h^{-1}). 다음의 방정식은 로그로 나타낸다.

$$\ln\frac{N_t}{N_0} = \mu(t-t_0)$$

$$\log N_t - \log N_0 = \frac{\mu}{2.3}(t-t_0)$$

$$\mu = \frac{2.3(\log N_t - \log N_0)}{t - t_0}$$

$\mu(h^{-1})$는 미생물의 형태, 종 및 증식환경에 따라 다르다. 곰팡이와 효모의 경우 일반적으로 약 0.2이

다. 최적 조건하에서 빠르게 증식하는 세균종은 약 2.5 이상의 $\mu(h^{-1})$를 가진다. 최적조건이 아닌 경우 $\mu(h^{-1})$는 0.2~0.22이다. 더블링타임(t_d)은 $t_d/h = 0.69/\mu$(0.69는 ln2의 값)에 의해 얻어진 μ 값으로부터 계산된다. 이런 방정식은 식품의 발효와 유통기한에 있어서 증식속도와 군집(또는 다른 구성분)의 수준을 예측하는 데 사용된다.

5.2.4 최적증식

저장온도, 산도(pH), 수분활성도(A_w), 산화환원전위(O-R) 및 영양소와 같은 식품의 많은 환경인자는 미생물의 증식속도에 영향을 미친다. 이와 관련된 미생물의 양상은 제6장에서 논의된다. 미생물 균주가 증식하는 동안 모든 다른 인자들을 일정하게 유지하고 인자 중의 하나(예: 온도)를 다양하게 한 후 증식속도를 측정한다면, 증식속도가 가장 빠르게 나타난(혹은 세대시간은 가장 짧게) 특정 온도를 구할 수 있다. 해당 온도를 주어진 조건하에서의 최적온도라고 한다. 최적 증식온도와 멀어질수록 증식속도는 느려질 것이고 결국에는 증식이 멈출 것이다. 최소증식이 일어나는 최적 증식조건의 양쪽 두 지점이 증식온도 범위이다. 미생물종의 세포가 증식범위를 넘은 인자(예: 온도)에 노출될 때 세포는 성장을 멈추며 상황에 따라 손상을 입거나 생존력을 잃어버리기도 한다. 특정 인자에 대한 미생물의 증식범위와 최적증식 조건은 식품에서의 증식억제, 감소 그리고 촉진을 위한 가치 있는 정보를 제공한다.

5.2.5 증식곡선

주어진 조건에서 미생물 집단의 증식속도와 증식특성은 세포현탁액의 세포수 계수, CFU 계수 또는 주어진 파장(300 nm 이상, 일반적으로 600 nm에서 측정)에서 분광 광도계에 의한 흡광도 측정에 의해 그래프로 나타낼 수 있다. 세포질량 또는 단백질, RNA나 DNA와 같은 특정 세포 구성분을 측정하여 증식속도를 구할 수 있다. 각각의 방법에는 장단점이 있다. 증식시간대별로 CFU 수치가 계산된다면 $\log_{10}$ CFU 대 시간(높은 세포수로 인해 $\log_{10}$ CFU로 사용)을 사용한 증식곡선이 만들어지고 이 곡선은 **그림 5.2**에 나타난다. 이 곡선은 시간대별로 세포의 상태를 나타내는 몇몇 양상을 보인다. 초기에는 미생물집단의 변동은 없다(유도기). 이 시기 동안 세포는 영양소를 흡수하여 세포의 크기가 커진다. 집단의 수는 변동이 없이 유지될지라도 세포크기의 변화로 인해 세포질량과 흡광도 모두 어느정도 증가를 보인다. 이 단계 후 세포수는 증가하기 시작하는데 처음에는 천천히 증가하다 이후 급격히 증가한다. 집단 내 세포들은 초기에는 대사속도가 다르고 일부 세포만이 증식하지만 이후 거의 모든 세포가 증식한다. 이 단계를 지수기 또는 대수기라 한다. 지수기 단계에서의 증식속도는 1차반응역학을 따르고 세대시간을 결정하는 데 사용된다. 이 단계 후 증식속도는 느려지고 마침내 정지기에 도달한다. 이 단계에서 영양소의 결핍과 노폐물의 축적 때문에 일부 세포는 사멸하고 일부 세포는 증식하면서 살아 있는 집단의 수는 안정적으로 유지된다. 그러나 현미경으로 세포수를 계수하거나 세포질량을 측정하게 되면 사멸세포가 손상되지 않을 수 있으므로 세포수와 세포질량 둘 다 증가할 수 있다. 정지기 이후, 미생물집단은 세포 증식속도보다 세포 사멸속도가 더 빠른 사멸단계에 진입한다. 환경 조건과 균주에 따라 장기간(심지어 몇 년이 되기도 함) 후에도 일부 세포는 여전히 생존할 수 있

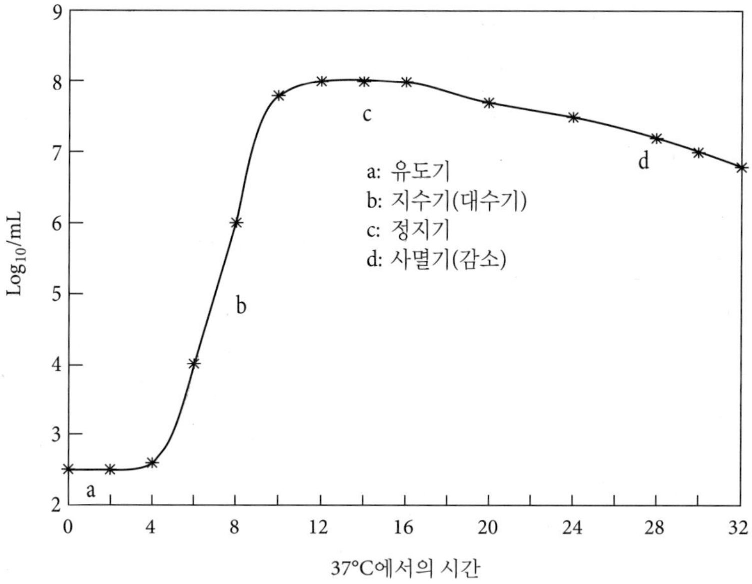

그림 5.2 액체배지에서 37°C에서 32시간 동안 배양한 *Pedicococcus acidilactici* H의 세포수 변화를 보여주는 증식곡선. 4시간의 유도기간 후 세포는 약 10시간까지는 지수적으로 증식하고 사멸기 전에 약 16시간까지 정지기에 머무른다.

다. 이런 정보는 식품의 미생물학적 표준을 결정하는 데 중요하다. 특히, 부패 및 병원성미생물을 제어하는 데 중요한 정보를 제공한다. 일부 환경인자들(예: 냉장)을 변경함으로써 일부 미생물종의 증식속도가 느려지지만, 오랜 시간이 지나면 미생물 개체수가 많아져 식품의 문제를 야기하기 때문에 유의해야 한다. 자가분해효소의 작용 때문에 사멸세포는 식품에서 용해되고, 세포효소를 방출시켜 식품성분에 영향을 준다.

5.3 식품 내 미생물 증식의 특징

5.3.1 혼합집단

일반적으로 식품에는 세균, 효모 및 곰팡이의 다양한 종과 균주가 혼합된 미생물집단을 보유한다.[3,4] 일부 종은 다른 종에 비하여 상당히 높은 수로 식품에 존재한다. 식품 내 혼합미생물 증식의 특징은 한 종의 한 균주로 이루어지는 순수배양과는 여러 면에서 다르다. 식품환경(내부적 환경)과 식품이 저장되는 환경(외부적 환경)에 따라 일부 종 또는 일부 균주는 최적 또는 최적에 가까운 증식조건에 마주하게 된다. 저장기간 동안 신속한 증식이 일어나기 때문에 다른 미생물의 수를 압도하여 우점하게 된다. 이것은 초기에 적은 수로 식품에 존재할지라도 일어날 수 있다. 이는 냉장온도와 같은 특수조건에서 장시간 저장된 식품에서 종종 발생된다. 저장 초기에 식품 내 미생물을 계수한다면 35°C에서 증식하는 미생물집단이 대다수이고 소수의 미생물만이 4°C(냉장온도)에서 증식할 수 있을 것이다. 냉장 저장된 몇 주 후에 식품 내 미생물을 계수한다면 4°C에 증식하는 미생물이 35°C에 증식하는 미생물의 수를 압도할 것이다. 다른 상황으로는, 혼합집단 미생물을 함유한 식품 내 두 균주가 처음에는 같은 수로 존재하여 식품의 특정 내부적·외부적 환경에서 이 두 균주 둘 다 최적의 증식을 보이지만 한 균주가 다른 균주에 비해 더 짧은 세대시간을 가질 수 있다. 일정 저장기간 후에 짧은 세대시간을 가진 균주가 우점세균이 된다. 많은 식중독균은 경쟁에 매우 취약하고 그들 중 일부 식중독균은 식품 내 존재하는 미생물보다 더 긴 세대시간을 갖기 때문에, 혼합배양환경에서의 증식이 매우 미약하다(예: *Listeria monocytogenes*). 일반적으로, 세균은 효모와 곰팡이에 비해 짧은 세대시간을 갖기 때문에 세균에 의한 식품부패가 더 많이 일어난다. 내부적 · 외부적 환경은 초기의 혼합집단 중 하나, 둘 또는 소수의 미생물이 우점세균이 되게 하고, 이들이 식품에서 특정 변화를 야기한다. 이런 양상은 식품의 미생물적 부패를 제어하고 생물학적 가공(또는 발효)된 식품을 생산하는 데 중요하다.[3,4]

5.3.2 증식의 순서

일반적으로 식품에 존재하는 다양한 미생물 유형 중에서 다른 종(균주)은 저장하는 동안 순차적으로 우세해질 수 있다.[3,4] 처음에는 어떤 환경에 놓였는지에 따라 하나 또는 2가지 유형이 최적으로 증식하고 종국에는 더 이상 신속하게 증식할 수 없는 환경을 만든다. 하지만 변화된 환경에서는 또 다른 혼합집단 유형이 더욱 빠르게 증식할 수 있다. 이러한 우점세균의 뒤바뀜은 식품의 저장 동안 여러 번에 걸쳐 발생한다. 순차적인 미생물의 증식은 특히 장시간 저장된 식품에서 관찰된다. 식품이 공기가 거의 없는 상태로 포장될 경우(예: 진공 포장된 다진 고기), 호기성 미생물은 초기에 증식하면서 산소를 이용하고 이후 혐기적 환경으로 변하여 혐기성 미생물(또는 통성혐기성)이 잘 자라게 된다. 사우어크라우트와 같은 일부 식품의 자연발효에서는 4개의 세균종이 순차적으로 증식하게 되는데, 한 세균종은 다른 세균에게 유리한 증식환경을 만든다. 최종 제품의 바람직한 특성은 4개의 세균종이 특정 순서로 모두 증식하는냐에 달려 있다. 이러한 상황에서 미생물의 존재를 확인하기 위해 저장 또는 발효의 각각의 단계에서의 미생물 유형을 결정하고 계수하는 것이 필요하다.[3,4]

5.3.3 연속된 증식 또는 이중 영양적 증식

식품 내 미생물은 2개 이상의 영양소를 대사시킬 수 있는데, 한 영양소는 미생물에 의해 다른 영양소보다 더 선호되며 이들은 한계농도로 존재한다. 이로 인해 미생물은 짧은 유도기간을 갖고 단계적인 증식을 보인다.[1] 세균균주는 처음에는 선호하는 영양소를 사용하면서 증식하고 짧은 유도 적응기간 후에는 다른 영양소를 사용하여 증식한다. 세균의 증식곡선은 유도기, 지수기 및 정지기를 갖는다. 그 예로 신선육에서 특정 균주(일부 유산균과 그람음성균)의 증식이 있다. 균주는 초기에 한계농도의 탄수화물을 사용하여 증식한 다음 비단백질성 질소화합물(아미노산과 같은 NPN)을 이용한다.

5.3.4 공생적 증식

2가지 이상의 미생물 유형을 함유한 식품에서 미생물은 공생적으로 증식한다.[3,4] 한 유형은 증식에는 필요하지만 그들 스스로 만들 수 없는 대사물질을 다른 유형의 미생물이 만들어 준다. 결과적으로 두 번째 종은 첫 번째 종이 더 빠른 증식을 촉진시킬 수 있는 영양소를 만든다. 이러한 현상은 요구르트와 같은 일부 발효식품의 생산에서 발견된다. *Streptococcus thermophilus*는 초기에는 세포외 단백질 분해효소로 우유단백질을 가수분해하여 *Lactobacillus delbrueckii* subsp. *bulgaricus*의 왕성한 증식을 위해 필요한 아미노산을 생산한다. 결과적으로 *Lactobacillus*는 *Streptococcus* 증식을 촉진시키는 포름산을 만든다. 두 미생물 모두 바람직한 제품을 만들기 위해 필요한 과정이다.[3,4]

5.3.5 상승적 증식

상승적 증식은 식품 내 2가지 이상의 미생물 유형이 공생적 증식을 하는 동안 관찰된다.[3,4] 상승적 증식에서 각각의 유형은 독립적으로 증식할 수 있고 일부 대사물질을 낮은 속도로 만들어낸다. 그러나 혼합집단에서 증식하게 되면 증식속도와 부산물 형성이 상당히 증가하게 된다. 그 증가량은 두 균을 개별적으로 증식시켜 생산된 양을 더한 것보다 많다. 예로 *Str. thermophilus*와 *Lab. delbrueckii* subsp. *bulgaricus*가 각기 독립적으로 우유에서 증식시키면 요구르트의 바람직한 향미 물질인 아세트알데하이드를 각각 8~10 ppm 씩 생산한다. 그러나 우유에서 이 두 균이 함께 증식하면 30 ppm 이상의 아세트알데하이드가 생산되므로 개별적으로 생산할 때보다 훨씬 많은 양이 만들어지는데 이는 우수한 요구르트 생산을 위해 필요하다. 바람직한 발효식품 제조를 위해 2개의 분리된 균주와 종을 사용하여 상승적 증식을 유도한다.[3,4]

5.3.6 길항적 증식

식품에 존재하는 2가지 이상의 미생물 유형은 서로의 증식에 악영향을 미치거나 한 미생물이 하나 이상의 유형의 증식을 방해할 수 있다. 한 미생물이 다른 미생물을 사멸시키기도 한다. 이러한 현상은 많은 세균종 또는 균주 사이와, 세균과 효모, 효모와 곰팡이 및 세균과 곰팡이 사이에서 발견된다. 이는 혼합집단에서 하나 이상의 균주에 의해 하나 이상의 항미생물 화합물을 생산하기 때문에 발생된다. 일부 그람양성균은 다른 그람양성균의 증식을 억압하거나 사멸시킬 수 있는 대사부산물, 박테리오신 또는 항균성 단백질을 생산한다. 이와 마찬가지로 효모는 세포벽분해효소를 생산하여 곰팡이의 증식을 제어한다. 일부 균주는 혼합집단에서 증식을 유리하게 만들기 위해서 특정한 성질이 개발되어왔다. 이런 현상은 식품 내 바람직하지 않은 부패성/병원성 미생물의 증식을 제어하고 이 미생물의 생명력 손실을 증가시키기 위해 사용된다.

5.4 결론

미생물 증식에 대한 연구는 식품부패, 식중독, 식품생물학적 가공 및 균주의 개발 그리고 식품에서의 검출기법 기작을 이해하는 데 중요한 기본정보를 제공한다. 미생물은 식품 내 혼합배양물에 존재하고 이들이 증식하는 동안 상호작용할 수 있다. 이들의 증식은 식품환경에 의해 영향을 받는데 이에 대하여 제6장에서 논의된다.

학습문제

1. 미생물의 증식 과정을 다이어그램으로 묘사하시오.
2. 세균의 증식과 관련된 세대시간을 정의하시오. 영양배지 중 세균집단의 순수 배양물을 35°C에서 배양하면 300분에 초기 2.5×10^2 균수에서 5×10^6/mL로 성장한다. 이 균주의 세대시간은?
3. 2번 문제의 데이터를 사용하여 세균집단의 특정 증식속도를 계산하시오.
4. 다진 소고기에 그람음성 저온성균 10^5 CFUs/g이 존재한다. 5°C에서의 이 미생물 집단의 특정 증식속도는 0.2이다. 집단이 10^7 CFUs/g으로 도달하는 데 걸리는 시간은 얼마인가? t_d값을 구하시오.
5. "식품 내 미생물은 혼합집단으로 존재한다." 이러한 상황은 순수 배양물의 연구결과를 식품에 적용하는 데 있어서 어떤 단점이 있는가?
6. 식품 내 미생물의 상승적 증식, 길항적 증식, 공생적 증식을 설명하시오. 이들의 장점과 단점은 무엇인가?
7. 식품에 한 균주가 사용할 수 있는 2개의 영양소를 함유하고 있다. 세균 균주가 2개의 영양소를 어떻게 사용하는지 설명하시오.
8. (a) CFU 계수, (b) 600 nm OD 측정 및 (c) 세포 질량에 의한 미생물 증식 측정에 있어서 장점과 단점을 한 가지씩 기술하시오.

참고문헌

1. Lengeler, J.W., Drews, G., and Schlegel, H.G., Eds., *Biology of the Prokaryotes*, Blackwell Science, New York, 1999, pp. 88, 541.
2. Tortora, G.J., Funke, B.R., and Case, C.L., *Microbiology: An Introduction*, 4th ed., Benjamin Cummings, Menlo Park, CA, p. 155, 1992.
3. Sinell, H.J., Interacting factors affecting mixed populations. In *Microbial Ecology of Foods*, Vol. 1, Silliker, J.H., Ed., Academic Press, New York, 1980, p. 215.
4. Ray, B. and Daeschel, M.A., Eds., *Food Biopreservatives of Microbial Origin*, CRC Press, Boca Raton, FL, 1992, pp. 81, 103, 137, 155, 177.

제6장

식품에서 미생물 증식에 영향을 미치는 인자들

6.1 서론

바이러스를 제외한 식품에서 증식하는 미생물은 식품 환경(내부적 환경)과 식품의 저장 환경(외부적 환경)에 의해서 영향을 받는다. 이러한 여러 인자들은 서로 연관되어 있기 때문에 한 인자가 증식에 미치는 영향을 독립적으로 연구하는 것은 불가능하다. 대신 다른 인자들은 그대로 유지한 상태에서 하나의 인자를 다른 수준에서 비교 분석할 수 있다. 이러한 인자의 영향에 대해 논의하고자 한다.

6.2 내부적 인자 또는 식품 환경(Food Environment)

식품의 내부적 인자(intrinsic factors)에는 영양소, 증식인자, 증식저해인자(또는 항생물질), 수분활성도, pH 및 산화환원전위 등이 포함된다. 각각의 인자들이 증식에 미치는 영향을 개별적으로 논의하고자 한다. 그러나 앞서 명시하였듯이 식품에서 이러한 인자들은 함께 존재하며 서로 조합되어 미생물 증식에 좋거나 나쁜 영향을 준다.

6.2.1 영양소와 증식

미생물의 증식은 세포 구성분과 에너지의 생산을 통해 이루어진다.[1] 이 과정에서 필요한 영양소는 미생물 세포가 직접 맞닿은 외부환경에서 유래되는데, 만일 식품에서 증식이 된다면 이는 식품으로부터 영양소 공급이 이루어지고 있는 것이다. 이러한 영양소는 탄수화물, 단백질, 지질, 무기성분과 비타민 등이 포함된다. 물은 영양소에 포함되지는 않지만 세포 성분과 에너지를 만들기 위해 필수적인 생화학반응의 매개체로 필수적이다. 모든 식품은 그 자체 또는 첨가된 5가지 주요 영양소를 함유하고 있고 각각의 성분은 식품에 따라 그 함량이 다양하다.[2] 일반적으로 육류는 단백질, 지질, 무기성분과 비타민이 풍부하나 탄수화물은 부족하다. 곡류에는 탄수화물은 풍부하지만 단백질과 무기성분 그리고 몇몇 비타민이 부족하다. 우유와 같은 많은 가공식품은 미생물 증식이 이루어질 수 있는 충분한 5가지 영양소를 모두 가지고 있다.

일반적으로 식품에 존재하는 미생물의 영양 요구성은 매우 다양한데, 세균이 가장 많이 필요하고, 효모와 곰팡이가 그 뒤를 따른다. 또한 전분과 셀룰로오즈와 같은 탄수화물, 우유의 카제인과 같은 단백질 및 지질을 이용할 수 있는 능력이 매우 다르다. 미생물은 특별한 세포외효소(exoenzyme)를 생산하여 세포 내로 이를 수송하기 전에 세포 외부에서 이 분자들을 단순한 성분으로 가수분해함으로써 이러한 분자를 사용할 수 있다. 곰팡이는 이러한 분해 능력이 가장 뛰어난 미생물이다. 이러한 곰팡이의 분해 능력은 이를 분해할 수 없어서 증식하지 못하는 다른 미생물과 함께 혼합집단으로 자랄 수 있는 기회를 제공한다. 미생물 세포가 사멸 및 용해됨에 따라 세포내 효소가 방출되는데 이로 인해 복잡한 식품 영양소가 간단한 형태로 분해되어 다른 미생물의 좋은 먹이가 된다.

식품 내 탄수화물

식품에서 탄수화물은 대부분 그 자체 또는 첨가됨으로써 존재하는데 화학적 특성에 따라 다음과 같이 분류할 수 있다.

단당류(Monosaccaharides)
- 6탄당(Hexoses): 포도당(glucose), 과당(fructose), 만노오스(mannose), 갈락토스(galactose)
- 5탄당(Pentoses): 자일로스(xylose), 아라비노스(arabinose), 리보오스(ribose), 리불로스(ribulose), 자일루로스(xylulose)

이당류(Disaccharides)
- 젖당(Lactose): 갈락토스 + 포도당
- 설탕(Sucrose): 과당 + 포도당
- 자당(Maltose): 포도당 + 포도당

올리고당류(Oliogosaccharides)
- 라피노스(Raffinose): 포도당 + 과당 + 갈락토스
- 스타치오스(Stachyose): 포도당 + 과당 + 갈락토스 + 갈락토스

다당류(Polysaccharides)
- 전분(Starch): 포도당이 기본단위
- 글리코겐(Glycogen): 포도당이 기본단위
- 셀룰로스(Cellulose): 포도당이 기본단위
- 이눌린(Inulin): 과당이 기본단위
- 헤미셀룰로스(Hemicellulose): 자일로스, 갈락토스, 만노오스가 기본단위
- 덱스트란(Dextrans): 알파-1,6 포도당 중합체(α-1,6 glucose polymer)
- 펙틴(Pectins)
- 검류와 점질물류(Gums and mucilages)

젖당은 우유에서만 발견되므로 우유와 유제품으로 만든 식품에 존재할 수 있다. 글리코겐은 동물의 조직 특히 간에서 발견된다. 5탄당과 대부분의 올리고당 그리고 다당류는 주로 식물에서 유래하는 식

품에서 많이 발견된다.

일반적으로 식품에서 발견되는 모든 미생물은 포도당을 대사할 수 있지만 다른 탄수화물 형태를 활용하는 능력은 매우 다양하다. 이는 몇몇 미생물은 다당류를 세포 외에서 분해할 수 없고, 세포 내로 분해된 특정 단당류나 이당류를 수송할 수 없기 때문이다. 곰팡이는 다당류를 이용하는 능력이 매우 뛰어나다.

식품 내 탄수화물은 미생물의 에너지 공급을 위해서 여러 대사 경로를 통해 대사된다. 몇몇 케토산(keto acid)의 아미노화(amination)에 의한 아미노산 생산과 같이 몇몇 대사산물들은 미생물의 세포 성분으로 합성하기 위해서 이용된다. 미생물은 가스 결함을 유발하는 이산화탄소(CO_2)와 같이 식품부패와 연관되거나 발효식품 내 젖산(lactic acid)과 같이 식품 가공과 연관된 대사 부산물을 생산한다. 또한 몇몇 미생물은 다른 세균에 대한 증식과 생존에 길항 작용 효과를 갖는 젖산, 아세트산(acetic acid), 프로피온산(propionic acid)과 부티릭산(butyric acid)과 같은 유기산을 대사 과정에서 생산한다. 이러한 대사경로에 대해서는 제8장과 제12장에서 논의하게 될 것이다. 미생물은 몇몇 단당류를 이용해서 덱스트란(dextrans), 캡슐 물질(capsular materials) 및 세포벽(또는 그람음성균의 외막) 같은 복잡한 탄수화물로 중합한다. 병원성균에서 나온 이러한 탄수화물 중 일부는 단백질과 결합해서 건강 위험 요인이 되는데, 그람음성균의 지질다당류는 내독소이고 패혈증을 유발한다. 일부는 점액 결함과 같은 식품부패의 원인이 되기도 하고 안정제로 사용되는 덱스트란(dextran)과 같이 식품 제조에 이용되기도 한다. 식품에서 분리된 미확인 미생물의 생화학적 동정을 위해 탄수화물과 아미노산 대사 프로파일은 실험실에서 광범위하게 사용된다.

식품 내 단백질

식품 내 주요 단백질 성분은 단순단백질, 복합단백질 및 펩타이드 그리고 아미노산, 우레아, 암모니아, 크레아틴닌(creatinine), 트리메틸아민(trimethylamin)과 같은 비단백질 질소 화합물(nonprotein nitrogenous [NPN] compound)로 나눌 수 있다. 단백질과 펩타이드는 15~18%의 질소가 함유된 여러 아미노산의 중합체이며, 탄수화물과 같은 다른 유기물이나 철과 같은 무기물 성분을 함유할 수도 함유하지 않을 수도 있다. 식품 내 단순단백질은 달걀 속 알부민(albumin), 우유 속 글로불린(globulin), 시리얼 속 글루테린(glutelin), 곡물 속 프로아민(prolamin) 및 근육 속 콜라겐(collagen) 성분인 알부민노이드(albuminoids)와 같은 아미노산 중합체이다. 이러한 단백질들의 용해도는 서로 매우 다른데, 이는 미생물이 특정 단백질을 이용할 수 있는지를 결정한다. 많은 미생물이 물에 쉽게 용해되는 알부민은 분해할 수 있으나 물에 잘 녹지 않는 콜라겐의 경우 아주 소수의 미생물만이 분해가 가능하다. 단순단백질에 비해 복합단백질을 가수분해하면 헤모글로빈(hemoglobin)과 미오글로빈(myoglobin)과 같은 금속단백질(metalloprotein)의 경우 금속 성분이, 카제인(casein)과 같은 인산단백질(phosphoprotein)의 경우는 인산이, 지질단백질(lipoprotein)의 경우는 지질이 생성된다. 단백질은 식물성보다 동물성 식품에서 더 많은 양으로 존재한다. 그러나 땅콩이나 콩과 같은 식물성 식품에서도 단백질이 풍부한 경우도 있다. 단백질은 식품 첨가제로써 식품에 첨가될 수 있다.

미생물의 식품단백질을 대사할 수 있는 능력은 서로 크게 다르다. 대부분은 아미노산과 작은 펩타이드 형태를 세포 내로 수송한다. 펩타이드는 수송된 후 세포 내부에서 아미노산으로 가수분해된다.

미생물은 또한 세포외 단백질분해효소와 펩타이드분해효소를 생산해서 큰 단백질과 펩타이드를 작은 펩타이드와 아미노산으로 분해하고 이를 세포 내로 수송한다. 수용성 단백질은 비수용성 단백질에 비해 가수분해 작용에 매우 민감하다. 식품단백질의 가수분해는 치즈의 풍미를 주는 것처럼 바람직할 수도 있지만, 고기의 육질 손실이나 이취 생성과 같이 바람직하지 않을 수도 있다. 미생물은 식품에서 발견되는 다양한 비단백질 질소(NPN) 화합물을 대사할 수 있다.

세포 내로 흡수된 아미노산은 다양한 대사경로를 거쳐 세포 구성분, 에너지 그리고 다양한 부산물을 만들어낸다. 이러한 많은 부산물들은 식품부패를 유발(암모니아, 황화수소)하고 건강위험의 원인(독소 및 생물학적 아민류)이 되기도 하지만 체더치즈의 좋은 향기 성분이 되는 황 성분이 되기도 한다. 특정 대사산물의 생산은 미생물의 동정에 이용되기도 하는데 예를 들면 *Escherichia coli*은 트립토판(tryptophan)을 대사하여 인돌(indole)을 만드는데 이를 이용해서 인돌을 만들지 못하는 *Enterobacter* spp.과 같은 다른 미생물과 구별할 수 있다.

식품 내 지질

식품 내 지질은 지방산, 글리세리드, 인지질, 왁스 및 스테롤과 같이 쉽게 유기용매에 의해서 추출되는 성분들로 구성되어 있다. 견과류나, 지방 종자, 올리브와 아보카도는 매우 높은 지질 함량을 가지고 있지만, 일반적으로 지질은 식물성 식품보다는 동물성 식품에 더 많다. 합성식품이나 가공식품의 지질 함량은 매우 다양하다. 콜레스테롤은 동물성 식품이나 동물성 식품첨가제가 첨가된 식품에 존재한다. 일반적으로 지질은 미생물의 에너지나 세포 구성분 합성을 위해 덜 선호되는 기질이다. 그러나 많은 미생물은 세포외 지질분해효소를 생산할 수 있어서 글리세리드를 지방산과 글리세롤로 분해할 수 있다. 분해된 지방산은 세포 내로 수송되어 에너지 생산을 위해 사용되고 글리세롤은 별도로 대사되어 이용된다. 일부 미생물은 불포화 지방산을 산화하여 서로 다른 알데하이드와 케톤을 생산하는 세포외 지질산화효소(lipid oxidase)를 생산한다. 일반적으로 곰팡이가 이러한 세포외 효소를 잘 생산하는 것으로 알려져 있지만 *Pseudomonas*, *Achromobacter*와 *Alcaligenes*와 같은 특정 세균들도 생산하는 것으로 알려져 있다. 사멸된 미생물의 분해로 방출되는 지질분해효소와 산화효소들이 이러한 대사에 이용될 수 있다. 많은 식품에서 이러한 분해효소들의 작용은 주로 부패와 악취 발생과 연관되어 있지만 이와 달리 곰팡이에 의해 잘 숙성된 치즈의 풍미에 연관되기도 한다. *Lactobacillus acidophilus* 균주와 같은 몇몇 유익한 장내 미생물들은 콜레스테롤을 대사할 수 있어서 우리 몸의 혈청 내 콜레스테롤 수준을 줄이는 데 도움을 주는 것으로 알려져 있다.

식품 내 미네랄과 비타민

미생물은 인, 칼슘, 마그네슘, 철, 황, 망간 및 칼륨과 같은 미량의 성분을 필요로 한다. 대부분의 식품은 이러한 성분들을 충분히 함유하고 있다. 많은 미생물은 비타민 B를 합성할 수 있고, 또한 식품에는 대부분의 비타민 B를 함유하고 있다.

일반적으로 대부분의 식품은 곰팡이, 효모와 세균(특히 그람음성균)의 증식을 위한 다양한 탄수화물, 단백질, 지질, 미네랄과 비타민이 함유되어 있다. 일부 식품에는 까다로운 *Lactobacillus* 종과 같은 몇몇 그람양성균의 빠른 증식을 위한 약간의 영양소가 제한된 경우가 있다. 이들의 증식을 위해서는,

몇몇 탄수화물, 필수아미노산 및 비타민 B를 식품에 넣어주어야 한다. 식품에서 영양소 제한을 통한 미생물의 증식 제어는 불가능하거나 실용적이지 않다.

6.2.2 식품에서 증식인자와 증식저해인자

식품은 미생물의 증식을 촉진하거나 증식을 저해하는 다양한 인자들을 가지고 있다.[3] 이 증식인자들의 정확한 성분은 알려져 있지만 몇몇 식품 안에 자연스럽게 존재한다. 예를 들면, 토마토 안에 증식인자들은 일부 *Lactobacillus* 종의 증식을 촉진한다. 이러한 인자들은 식품생물학적 가공 과정에서 가공 전 식품에 첨가되거나 증식이 까다로운 세균을 분리하기 위한 배지에 첨가될 수 있다.

식품에는 미생물 증식을 저해하는 천연 또는 첨가된 많은 화학성분을 함유하고 있다. 예를 들면, 이 천연 저해성분에는 달걀의 라이소자임(lysozyme), 우유의 응집소(agglutinin)와 마늘의 유게놀(eugenol)이 있다. 이 저해인자들은 각각의 작동 원리에 따라서 미생물의 증식을 막거나 저해하고 심지어 미생물을 사멸시킨다. 이에 관해서는 제38장에서 논의하게 될 것이다.

6.2.3 수분활성도와 성장

원리

수분활성도(Water activity, A_w)는 생물학적 작용을 위해서 물의 이용성을 측정한 것으로 이는 식품 내 유리형태(free form)의 수분과 연관되어 있다. 식품에 존재하는 수분은 유리형태로 존재하거나 결합된 상태로 존재하게 된다. 이 결합수(bound water)는 수용성 분자를 수화시키고, 용질을 용해시키는 데 사용되는 것으로 생물학적 작용을 위해서는 이용할 수 없다. 따라서 수분활성도에 포함되지 않는다. 식품의 수분활성도는 그 식품의 수증기압(P)에 대한 순수한 물의 수증기압(P_0)의 비율, 즉 P/P_0로 정의된다. 따라서 수분활성도는 0보다는 크고 1보다는 작은 범위 안의 값을 가진다. 정확하게 표현하자면 어떤 식품도 수분활성도가 0이거나 1일 수는 없기 때문에 >0에서 <1이다. 식품의 수분활성도는 그 식품의 평형상대습도(equilibrium relative humidity, ERH)의 수치를 100으로 나누어 결정할 수 있는데, 이는 평형상대습도는 백분율로 표현되기 때문이다.[4~7]

식품의 수분활성도

식품의 수분활성도 범위는 0.1에서 0.99이다, 시리얼, 크래커, 설탕, 소금, 분유와 같은 식품의 수분활성도는 0.10~0.20의 값을 가진다; 국수, 꿀, 초콜릿, 삶은 달걀과 같은 식품은 0.60 이하의 값을 가진다; 잼, 젤리, 건조과일, 파르메산 치즈, 견과류와 같은 식품은 0.60~0.85의 값을 가진다; 발효 소시지, 육포, 연유, 메이플 시럽과 같은 식품은 0.85~0.93의 값을 가진다; 무가당 연유, 토마토 페이스트, 빵, 과일주스, 염장 생선, 소시지, 가공치즈와 같은 제품은 0.93~0.98의 값을 가진다; 신선한 고기, 생선, 과일, 야채, 우유, 달걀과 같은 신선 식품은 0.98~0.99의 값을 가진다. 식품의 수분활성도는 수분을 제거(탈착)하여 감소시킬 수 있고, 수분의 흡착에 의해서 증가시킬 수 있으며, 이러한 두 매개 변수를 사용하여 식품에 대한 등온흡착곡선(sorption isotherm, **그림 6.1**)을 그릴 수 있다. 식품의 동일한 수

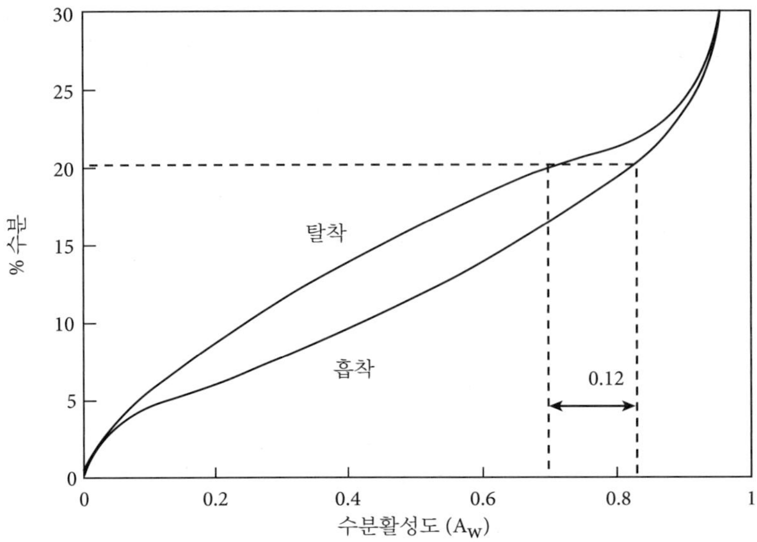

그림 6.1 수분의 등온흡착곡선(sorption isotherm)은 이력현상(hysterisis)을 보여준다. 동일한 수분 함량에서 흡착보다 탈착에 의한 수분활성도가 더 낮다.

분 함량에서 수분의 탈착은 흡착보다 낮은 수분활성도의 수치를 갖는다. 이것은 식품의 수분활성도를 줄여 미생물의 증식을 제어하는 데 매우 중요한 의미를 갖는다. 식품의 수분활성도는 용질, 이온, 수용성 콜로이드의 첨가 및 동결건조와 같은 방법으로 줄일 수 있다.[4~7]

수분활성도와 미생물 증식

식품의 유리수는 증식에 필수적이다. 이 유리수는 영양인자의 운송, 노폐물의 제거, 효소반응 수행, 세포물질의 합성과 단백질에서 아미노산으로 분해하는 것처럼 고분자를 단량체로 분해하는 것과 같은 다른 생화학반응의 참여를 위해서 필수적이다. 각 미생물은 증식을 위한 최적, 최대, 최소의 수분활성도가 존재한다. 일반적으로 미생물의 증식을 위해 최소의 수분활성도는 대부분의 곰팡이는 0.8, 호건성 곰팡이는 0.6 이하이다. 대부분의 효모는 0.85, 내삼투압성 효모는 0.6~0.7의 최소 수분활성도를 갖는다. 대부분의 그람양성균은 0.90, 그람음성균은 0.93이지만, 예외적으로 *Staphlococcus aureus*는 0.85를, 호염성 세균은 0.75의 최소 수분활성도를 갖는다. 포자생성 세균이 포자를 생성하고 포자를 발아시키고, 독소생성 미생물이 독소를 생성하기 위해 필요한 수분활성도는 일반적으로 증식을 위해 필요한 최소 수분활성도보다 높다. 또한 최적 조건의 증식에서 증식을 위한 최소 수분활성도는 최적 조건이 아닌 증식 조건에서의 수분활성도보다 낮다. 예를 들면, pH 6.8에서 세균의 증식을 위해 필요한 최소 수분활성도가 0.91이라면 pH 5.5에서 필요한 수분활성도는 0.95로 높아진다. 수분활성도가 미생물이 증식을 위해 필요한 최소 수준 이하로 줄어들게 되면 세포는 잠시 동안은 생존할 수 있다. 그러나 수분활성도가 매우 낮아지면 미생물 세포는 처음에는 급속하게, 그 이후에는 천천히 생명력을 잃어간다. 이를 이용하면 식품부패와 식중독균을 제어하고 식품생물학적 가공(예: 절인 햄 가공 시 소금을 첨가, 제35장)에 필요한 미생물을 증식시키고, 실험실에서 미생물의 검출(*Sta. aureus*,

Listeria monocytogenes 등을 계수하기 위해 배지에 소금 첨가)하는 데 이용할 수 있다.

6.2.4 pH와 증식

원리

pH는 일정계의 수소이온 농도, 수소이온 또는 양이온의 농도를 음의 로그인 $-\log [H^+]$으로 표현한 것이다. 그 범위는 0에서 14이며 7.0일 때 중성 pH이다. 어떤 산이 존재하는가에 따라서 일정계에서 수소이온 농도는 다를 수 있다. 염산 및 인산과 같은 몇몇 식품에서 사용될 수도 있는 강산은 수소이온이 완전히 해리될 수 있다. 이에 반해 아세트산이나 젖산과 같은 약산은 해리와 비해리 상태의 평행 상태를 유지한다.

$[HCl] \rightarrow [H^+] + [Cl^-]$, 0.1 NHCl의 pH는 1.1이다.

$CH_3COOH \rightarrow [H^+] + [CH_3COO^-]$, 0.1 NCH_3COOH의 pH는 2.9이다.

산도는 pH와 반비례한다. 산도가 높은 일정계는 낮은 pH를 가지며, 그 반대 역시 마찬가지다.[8,9]

식품의 pH

식품의 pH는 유형에 따라 매우 다양하다. pH를 바탕으로 식품은 높은 산성의 식품(pH가 4.6 미만)과 낮은 산성의 식품(pH가 4.6 이상)으로 나뉜다. 대부분의 과일, 과일주스, 발효식품과 샐러드드레싱은 매우 높은 산성(낮은 pH)의 식품인 반면, 대부분의 채소, 육류, 생선, 우유와 수프는 낮은 산성(높은 pH)의 식품이다. 예외적으로 토마토는 높은 산성(pH가 4.1~4.4)의 채소이다. 대부분의 낮은 산성의 식품은 7.0 미만의 pH 상한선을 가진다. pH 7.1의 조개나 pH 8.5의 달걀 알부민과 같은 소수의 식품만이 7.0을 초과한다. 이와 마찬가지로 높은 산성 식품의 하한선 pH는 3.0 이상이며, 예외적으로 레몬, 라임, 자몽과 같은 일부 감귤류와 크랜베리주스는 pH가 2.2만큼 낮다. 식품의 산은 과일처럼 자연적으로 존재할 수도 있고, 발효식품처럼 발효과정 동안 생성되거나 샐러드드레싱과 같이 가공 중에 첨가될 수 있다. 또한 우유나 육류와 같은 식품은 완충작용을 할 수 있기 때문에, 동일한 양의 산이 존재하는 채소와 비교했을 때 pH 감소가 나타나지 않는다.

pH와 미생물 증식

식품의 pH는 미생물의 증식과 생존에 중대한 영향을 미친다. 각 미생물은 증식에 대한 최적 pH와 그 범위를 갖는다. 일반적으로 곰팡이와 효모는 세균에 비해 낮은 pH에서 잘 증식할 수 있으며 그람음성균은 그람양성균에 비해 낮은 pH에 민감하다. 곰팡이 증식의 pH 범위는 1.5~9.0이고 효모의 경우는 2.0~8.5, 그람양성균은 4.0~8.5이고 그람음성균은 4.5~9.0이다. 종에 따라 증식을 위한 낮은 pH의 하한선은 매우 다르다. 예를 들면, *Pediococcus acidilactici*는 pH 3.8에서 증식할 수 있으며, *Sta. aureus*와 *Salmonella*는 4.5에서도 자랄 수 있으나 *Campylobacter*는 자랄 수 없다. 약산 대신에 강산으로 pH를 조정하게 되면 미생물의 증식의 낮은 pH 한계는 해리되지 않은 분자들로 인해 약간 높아질 수 있다. 항산성 *Salmonella*나 *Escherichia coli* O157:H7와 같이 같은 종에서도 균주에 따라 다른 낮은 pH 저항성을 가질 수 있다.

식품의 pH가 미생물 증식에 대한 하한선 이하로 떨어질 때, 미생물은 증식을 멈출 뿐 아니라 생존력도 잃게 되는데, 그 비율은 pH 감소 정도에 따라 달라진다. 이는 약산에서, 특히 해리상수(pK)가 더 높은 경우에 두드러지게 나타난다. 아세트산염(pK는 4.8)은 젖산염(pK는 3.8)에 비해 해리상수가 더 높은데, 이는 동일한 pH라도 아세트산염이 젖산염보다 해리되지 않은 분자들이 더 많은 것을 의미한다. 이 친유성적인 비해리 분자는 세포 내부로 침투한 후 세포질 안에서 해리되어 수소이온(H^+) 농도를 높인다. 이러한 이유로 세포 내부 pH는 감소하게 되어 이에 따라 세포 안과 밖의 수소이온 농도기울기가 파괴되고, 양성자동력과 세포의 에너지 생산능력이 소멸된다. 미생물 증식과 활성에 영향을 미치는 pH에 대한 정보는 산성식품과 같은 식품에서 불필요한 미생물의 증식을 방지하고(제36장), 김치 발효에서의 젖산균의 순차적 증식과 같이 몇몇 발효식품을 생산하고, pH 3.5의 배지에서 자라는 효모 및 곰팡이와 같은 미생물 선별에도 매우 중요하다.[8,9] 병원성균과 부패균에 의한 내산성의 획득은 낮은 pH 식품에서 증식 조절에 대해 많은 문제들을 내포하고 있다. 이에 관해서 제10장에서 논의할 것이다.

6.2.5 산화환원전위, 산소와 증식

원리

산화환원(O-R)전위는 한 물질은 산화되고 동시에 다른 물질은 환원되는 한 쌍의 반응에 의해서 만들어지는 전위의 차이로 측정된다. 이 과정에서 환원되어 있는 물질(반응에서 산화됨)은 전자를 잃고 산화되어 있는 물질(반응에서 환원됨)은 전자를 얻게 된다. 전자 주게(electron donor)는 산화되어 있는 물질을 환원시키므로 환원제라고 한다. 이와 마찬가지로 전자 받게(electron recipient)는 산화제로 불린다. 산화환원전위(Eh)는 전기적으로 밀리볼트(milivolts, mV) 단위로 측정되며, 산화범위에서는 +mV로 환원범위에서는 −mV로 표현된다. 생물계에서 물질의 산화와 환원반응은 에너지 생산의 근원적인 수단이 된다. 유리산소가 존재하는 경우 이 유리산소는 전자 수용체(electron acceptor)로서의 역할을 하며, NO_3와 SO_4와 같이 다른 물질과 결합된 상태로 산소가 존재한다면 그 물질이 전자 수용체로서 역할을 한다. 산소가 존재하지 않는 계라면 산소가 아닌 다른 물질이 산화반응을 위해 전자 수용체로서 역할을 하게 된다. 따라서 산소의 존재가 산화환원반응에 꼭 필요한 것은 아니다.[10]

식품의 산화환원전위

식품의 산화환원전위는 식품의 화학적 조성, 특이적 가공처리 과정 및 공기와 연관된 저장 상태에 의해서 영향을 받는다. 식물성 및 동물성 신선식품은 아스코르브산, 환원당과 단백질의 -SH 그룹 같은 환원된 물질이 존재하기 때문에 환원된 상태이다. 식품 내 세포호흡이 중단되면 산소는 식품 내부로 확산되고 산화환원전위는 변하게 된다. 가열과 같은 가공 과정은 환원물질을 증가 또는 감소시킬 수 있고 산화환원전위를 변화시킬 수 있다. 진공상태나 이산화탄소(CO_2) 또는 질소(N_2)와 같은 가스를 주입한 상태로 저장하는 식품에 비해 공기에 노출되어 저장된 식품은 높은 산화환원전위(+mV)를 가지게 된다. 산소는 가스 상태로 식품의 표면이나 내부에 존재할 수 있으며 식품에 용해된 상태로도 존재할 수 있다.

산화환원전위와 미생물 증식

산소의 존재 여부에 따른 미생물의 증식은 호기성, 혐기성, 통성혐기성 또는 미호기성으로 나뉜다. 유리산소는 호기적 호흡 과정에서 최종 전자 수용체로서의 역할을 하므로(제8장) 호기성균은 에너지 생산을 위해 유리산소가 필요하다. 통성혐기성균은 유리산소를 이용하거나 최종 전자 수용체로서 질산염(NO_3)이나 황산염(SO_4)과 같이 결합된 상태의 산소를 이용하여 혐기적 호흡을 통해 에너지를 생산한다. 만약 산소가 없다면 혐기적 발효를 통해 다른 물질을 전자 또는 수소 수용체로서 이용한다. 예를 들면 젖산염(lactate)을 생산하기 위해 피루브산염(pyruvate)을 이용해 $NADH_2$로부터 수소를 받는다. 혐기성 및 통성혐기성 미생물은 발효를 통해서만 전자를 전달할 수 있다. 많은 절대 혐기성균은 아주 적은 양의 유리산소가 있는 경우에도 증식할 수 없는데, 이는 유해산소에 의한 라디칼을 막을 수 있는 과산화물 불균등화효소(superoxide dismutase)와 같은 효소가 없기 때문이다. 티올(thiol)(예: 티올글리콜산염)과 같은 안정화제의 첨가는 이러한 라디칼에 대한 민감도를 극복할 수 있도록 도울 수 있다. 미호기성균은 적은 양의 산소에서 더욱 잘 자란다.

증식과 특정 대사반응에 의한 미생물의 에너지 생산은 식품의 산화환원전위에 따라 달라진다. 미생물의 산화환원전위 범위는 호기성균은 +500에서 +300 mV, 통성혐기성균은 +300에서 +100 mV이며 절대 혐기성균은 +100에서 −250 mV 또는 그 이하이다. 그러나 이러한 값은 식품에서 환원 조성물의 농도와 산소의 존재에 따라 매우 달라진다. 곰팡이, 효모 그리고 *Bacillus*, *Pseudomonas*, *Moraxella* 및 *Micrococcus* 속(genera)들은 호기성균에 해당한다. 젖산균(lactic acid bacteria) 및 *Enterobacteriaceae* 과(family)에 속하는 *Salmonella*, *Escherichia coli* 및 *Yersinia* 종들은 통성혐기성균에 해당한다. 가장 중요한 식품의 혐기성균은 *Clostridium*이다. 미호기성균에는 *Campylobacter* spp.가 있다. 산화환원전위의 범위는 각 그룹마다 엄격하지만 그 범위를 벗어나기도 한다. 대부분의 곰팡이는 엄격한 호기성균이지만, 일부는 덜 호기적인 환경에서 잘 견딘다. 이와 마찬가지로 효모는 근본적으로 호기성균이지만 몇몇 효모는 +300 mV 이하의 낮은 산화환원전위에서도 자랄 수 있다. 많은 *Clostridium*속 미생물은 +100 mV에서 증식하지만 −150 mV 나 그 이하에서도 증식할 수 있다.

식품에서 산소의 존재 여부와 산화환원전위에 따라 식품에서 특정 미생물 그룹의 증식 능력과 에너지와 대사산물 생산을 위한 특이적 대사경로가 결정된다. 이는 혐기적 조건하에서 *Clostridium*에 의한 식품의 미생물 부패와 *Penicillium*에 의한 호기적 조건에서 치즈 발효와 같은 발효 식품 생산에 매우 중요하다. 이러한 정보는 부패된 고기에서 발견되는 절대 혐기성균인 *Clostridium laramie*와 같은 관심있는 미생물을 분리하는 데 매우 중요한 정보를 준다.

6.3 외부적 인자

식품에서 미생물 증식에 중요한 외부적인 인자(extrinsic factors)에는 온도, 상대적 습도와 노출 가스 환경 등과 같은 식품이 저장되는 환경 조건이 포함된다. 식품 저장 시 상대습도와 가스 상태는 각각 식품의 수분활성과 산화환원전위에 영향을 준다. 본 장에서는 이 2가지 영향인자들이 미생물 증식에 미치는 영향에 대해서는 앞서 논의했으므로 식품의 저장 온도가 미생물 증식 미치는 영향에 대해서 논의하도록 할 것이다.

6.3.1 온도와 증식

원리

미생물의 증식은 효소반응을 통해서 이루어진다. 온도는 일정범위 내에서 10°C 올라갈 때마다 효소의 촉매율이 2배씩 오른다고 알려져 있다. 이와 마찬가지로 10°C 온도가 내려갈 때마다 효소반응률 역시 반으로 줄어든다. 이러한 관계는 증식 범위를 넘게 되면 변하게 된다. 온도는 효소반응에 영향을 미치기 때문에 식품에서 미생물 증식에 매우 중요한 역할을 한다.

식품과 온도

식품은 제조 시점부터 소비될 때까지 다양한 온도에 노출된다. 가공 조건에 따라 식품은 고기 굽기 시의 65°C에서부터 초고온 가공 과정 시의 100°C 이상에 이르는 높은 온도에 노출된다. 장기간 저장을 위해 식품은 냉장인 5°C에서 보관하거나 냉동인 −20°C 이하에서 보관하기도 한다. 비교적 안정한 식품은 10~35°C 정도의 실온 상태에서 보관하지만 즉석식품들은 보다 높은 온도인 50~60°C에서 수 시간 동안 보관되기도 한다. 또한 식품 발효에서 원하는 균주의 증식을 촉진하기 위해서 다양한 온도도 사용된다.[11]

미생물 증식과 생존력

식품에서 중요한 미생물은 증식 온도에 따라 3개의 그룹으로 나눌 수 있고, 각 그룹은 최적온도와 증식온도 범위를 가지고 있다. (1) 상대적으로 높은 온도에서 증식하는 호열성균(thermophiles)의 최적온도는 55°C이고 증식온도 범위는 45~70°C이다. (2) 실온에서 자라는 중온균(mesophiles)의 최적온도는 35°C이고 증식온도 범위는 10~45°C이다, (3) 낮은 온도에서 자라는 호냉성균(psychrophiles)의 최적온도는 15°C이고 최적온도 범위는 −5~20°C이다. 그러나 이러한 구분은 명확하지 않고 서로 중복되는 점이 있다.

냉장 온도에서의 미생물 증식과 저온 살균에서의 미생물 생존은 식품미생물학에서 매우 중요한 용어인데, 이는 냉장보관법과 저온 살균법이 식품의 저장과 가공에 있어서 매우 광범위하게 사용되고 있기 때문이다. 내냉성균(psychrotrophs)은 최적 증식 온도의 범위와 상관없이 냉장 보관 온도인 0~5°C에서 증식할 수 있다. 그들은 일반적으로 10~30°C에서 빠르게 증식한다. 곰팡이, 효모와 *Pseudomonas*, *Achromobacter*, *Yersinia*, *Serratia* 및 *Aeromonas* 속과 같은 많은 그람음성균과 *Leuconostoc*, *Lactobacillus*, *Bacillus*, *Clostridium* 및 *Listeria* 속과 같은 그람양성균이 이러한 내냉성균에 속한다 (제21장). 저온 살균법의 온도에서 생존할 수 있는 미생물은 항열성(thermodurics)으로 분류된다. *Micrococcus*, *Bacillus*, *Clostridium*, *Lactobacillus*, *Pediococcus* 및 *Enterococcus* 속에 속하는 종들이 여기에 포함된다. 또한 이 그룹은 세균 포자를 형성한다. 이들은 서로 다른 증식온도를 갖는데 많은 미생물이 고온뿐 아니라 냉장 온도에서도 증식할 수 있다.

증식을 위한 최고와 최저온도를 넘어서는 온도에 노출될 경우, 미생물은 최고온도보다 높은 온도에서는 급속하게 사멸하며 최저온도보다 낮은 온도에서는 상대적으로 천천히 사멸한다. 미생물 증식과 생존력에 미치는 온도의 영향은 식품의 부패를 줄이고 식중독균에 대한 안전성을 높이며 식품생물학적 가공에서 매우 중요하다. 실험실에서 식품으로부터 미생물의 분리와 계수하는 데에도 증식온도는 매우 중요하다.

6.3.2 정족수 감지와 세균 증식

내부적·외부적 요인은 식품의 세균 증식을 조절하지만, 최근까지 이러한 조건에 대한 세균 행동의 분자 기작에 대해서는 거의 알려지지 않았다. 세균의 정족수 감지(quorum sensing, QS)는 식품에서 변화되는 환경에 대한 세균의 반응에 중요한 역할을 하는 것으로 간주된다. 정족수 감지는 세균집단이 식품이나 숙주의 열악한 환경에 적응할 수 있는 전략을 개발하기 위한 세균세포 간 소통 시스템을 말한다.[12] 정족수 감지는 세포 밀도에 따라 달라진다. 즉, 세균이 특정 세포수에 도달하게 되었을 때 신호분자로서 자가유도물질(autoinducers, AIs)이라는 작은 확산 분자를 생산하게 되는데, 이 물질이 세포 간 소통을 가능하게 한다. 예를 들면, 영양 부족, 낮은 수분활성도, 높은 온도, 항생물질, 산이나 다른 미생물과 같은 스트레스가 많은 조건에서, 세균의 자가유도물질은 수용체에 결합하여 유전자 발현을 활성화하고, 열악한 환경에 대한 적응과 같은 행동이나 생물막 또는 포자형성과 같은 형태를 변화시킨다. 자가유도물질은 4가지 주요 그룹이 있다. (i) 자가유도물질-1, *N*-아실호모세린락톤(**그림 6.2**)은 그람음성균에 의해 생산되고 종내 소통에 사용된다. (ii) 자가유도물질-2, 그람양성균과 그람

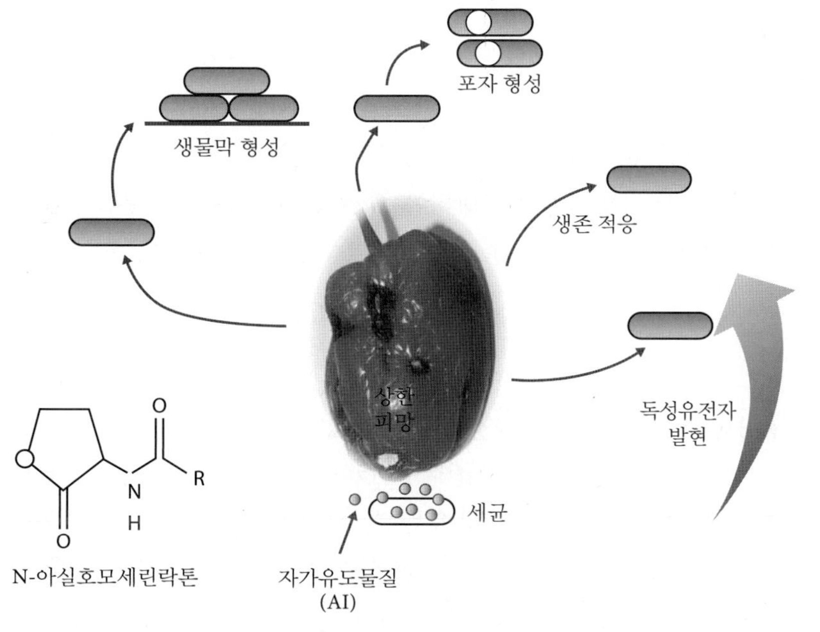

그림 6.2 (컬러 삽입을 보라.) 세균 정족수 감지 네트워크 및 식품에 대한 적응 전략. 세균은 ***N*-아실호모세린락톤과 같은 자가유도물질(AI)을 분비하여 변화하는 음식 환경에 대응할 수 있도록 다른 세균들과 소통한다.**

음성균 모두에 의해 생산되며 범용 신호 분자로 사용된다. (iii) 자가유도물질-3, 감염 동안 장 출혈성 *Escherichia coli*에 의해 사용되는 신호 전달 분자이다. (iv) 자가유도 펩타이드(AIPs), 그람양성균에 의해 생산되고 사용된다. 자가유도물질-1과 자가유도물질-2는 우유, 육류, 채소를 포함한 다양한 식품계에서 pseudomonads, *Enterobactericeae* 그리고 젖산균과 연관되어 있는 경우에 발견되었다.

정족수 감지는 식품 안전 및 식품 부패에 있어 핵심 규제 시스템으로 인식되었다. *Salmonella*, *Escherichia coli* O157:H7 및 *Staphylococcus aureus*와 같은 병원성균에서의 정족수 감지는 독성 유전자 발현에 관여하여 숙주에서 병원체의 생존율과 점유율을 촉진한다.[13] 정족수 감지는 또한 부패를 조절하는 기작이다.[12] 식품부패는 과도한 미생물 증식으로 인해 식품을 섭취할 수 없게 만든다(제19장). 동물성 식품은 단백질이 풍부하여 pseudomonads, *Enterobactericeae* 및 젖산균이 생산하는 단백질분해효소에 의해 분해되어 부패된다. 포도당, 젖산염 및 유리 아미노산과 같은 작은 분자는 동물성 식품에서 이러한 미생물의 증식을 조절한다. 과일과 채소의 부패는 효소적 갈변, 향미 및 질감 파괴를 초래하는 *Pseudomonadaceae* 및 *Enterobactericeae* 과에 속하는 세균의 펙틴분해효소에 따라 달라진다. 펙틴분해효소에는 펙틴분해효소, 펙테이트분해효소, 폴리갈락투로네이스 그리고 펙틴 메틸에스터레이스가 포함된다. 이러한 효소의 생산은 정족수 감지에 의해 조절된다. 따라서 정족수 감지를 억제하는 화학물질인 마늘 추출물 식물성 4-하이드록시신남산을 사용하여 식품의 세균 증식을 조절할 수 있다. 식품에서 병원성균 또는 부패균의 증식을 제어하는 또 다른 전략으로는 식품에 정족수 감지 화합물을 추가하여 식품에 이미 너무 많은 세균이 존재한다는 잘못된 인식을 만드는 것이다. 결과적으로 증식을 멈출 수 있다.[12]

6.4 결론

물리적·화학적 환경은 에너지 및 세포성분 합성과 연관된 대사 과정에 영향을 주어 미생물의 증식을 조절한다. 증식 범위를 넘어서는 요인들은 개별적으로 또는 복합적으로 미생물 증식을 조절하고 심지어 미생물 사멸에도 이용될 수 있다. 실제 증식은 식품에 존재하는 다양한 영양소의 대사를 통해서 이루어진다. 식품의 영양소가 세포 내부로 운반되어, 에너지, 세포 분자 및 부산물을 생산하기 위해 대사되는 과정은 제8장에서 간략하게 논의할 것이다.

학습문제

1. 식품에서 미생물의 증식을 위해 필요한 내부적·외부적 인자들을 열거하시오.
2. 미생물에 의해 대사되는 식품 내 주요 영양인자는 무엇인가? 식품에 존재하는 탄수화물의 주요 그룹을 나열하시오. 우유와 육류에 존재하는 탄수화물, 식물성 식품의 5탄당과 올리고당을 열거하시오.
3. 어떻게 세균이 탄수화물, 단백질과 지질의 거대 분자를 대사할 수 있는지 설명하시오. 또한 이러한 거대 분자의 대사에 있어서 곰팡이와 세균이 어떻게 다른지 설명하시오.
4. 식품에서 미생물의 증식을 저해하는 항미생물제의 중요성에 대해서 설명하시오.

5. 수분활성도(A_w)를 정의하고 식품에서 수분의 탈착과 흡착 과정에 대해 설명하시오. 또한 미생물의 증식에 대해 수분활성도의 중요성을 설명하시오. 증식을 위해 필요한 호염성, 내삼투압성과 호건성 미생물의 최소 수분활성도는 어떻게 다른지 설명하시오.
6. pH를 정의하고 식품에서 pH에 영향을 주는 인자들에 대해 설명하시오. 또한 미생물 증식에 대한 pH의 역할을 설명하시오. 어떻게 세균세포가 외부의 낮은 pH (5.0) 환경에서 세포 내부의 높은 pH (6.0)를 유지할 수 있는지에 대해서 설명하시오. 항산성균(aciduric bacterium)과 내산성균(acid-tolerant bacterium)의 예를 들어보시오.
7. 산화환원전위에 대해 정의하고 식품에서 미생물 증식에 어떻게 영향을 주는지 설명하시오. 서로 다른 산화환원전위와 산소이용성에 의해 달라지는 미생물 증식 능력에 따라 미생물을 어떻게 분류할 수 있는지 설명하시오.
8. 미생물의 증식과 생존 가능 온도에 따라 미생물을 어떻게 나눌 수 있는지에 대해 설명하시오. 식품의 가공과 냉동 저장에 관하여 내냉성(psychrotrophic) 미생물과 항열성(thermoduric) 미생물의 중요성에 대해서 설명하시오.
9. 정족수 감지란 무엇인지 설명하시오. 정족수 감지는 식품의 세균 증식에 어떤 영향을 주는지 설명하시오.

참고문헌

1. Lengeler, J.W., Drews, G., and Schlegel, H.G., *Biology of the Prokaryotes*, Blackwell Science, New York, 1999, pp. 80, 110.
2. Potter, N.N., *Food Science*, 2nd ed., AVI Publishing, Westport, CT, 1973, p. 36.
3. Conner, D.E., Naturally occurring compounds, in *Antimicrobials in Foods*, 2nd ed., Davidson, P.M., and Branen, A.L., Eds., Marcel Dekker, New York, 1993, p. 441.
4. Sperber, W.H., Influence of water activity of foodborne bacteria: A review, *J. Food Prot., 46*, 142, 1983.
5. Troller, J.A., Water relations to foodborne bacterial pathogens: An update, *J. Food Prot., 49*, 656, 1986.
6. Beuchat, L.R., Influence of water activity on growth, metabolic activities and survival of yeasts, *J. Food Prot., 46*, 135, 1983.
7. Christian, J.H.B., Reduced water activity, in *Microbial Ecology of Foods*, Vol. 1, Silliker, J.H., Ed., Academic Press, New York, 1980, p. 70.
8. Corlett, D.A., Jr. and Brown, M.H., pH and acidity, in *Microbial Ecology of Foods*, Vol. 1, Silliker, J.H., Ed., Academic Press, New York, 1980, p. 92.
9. Baird-Parker, A.C., Organic acids, in *Microbial Ecology of Foods*, Vol. 1, Silliker, J.H., Ed., Academic Press, New York, 1980, p. 126.
10. Brown, M.H. and Emberger, O., Oxidation reduction potential, in *Microbial Ecology of Foods*, Vol. 1, Silliker, J.H., Ed., Academic Press, New York, 1980, p. 112.
11. Olson, J.C., Jr. and Nottingham, P.M., Temperature, in *Microbial Ecology of Foods*, Vol. 1, Silliker, J.H., Ed., Academic Press, New York, 1980, p. 1.
12. Skandamis, P.N. and Nychas, G.-J.E., Quorum sensing in the context of food microbiology, *Appl. Environ. Microbiol., 78*, 5473–5482, 2012.
13. Antunes, L.C.M., Ferreira, R.B.R., Buckner, M.M.C., and Finlay, B.B., Quorum sensing in bacterial virulence, *Microbiology, 156*, 2271–2282, 2010.

제7장

미생물 부착과 생물막 형성

7.1 서론

미생물이 고체 표면과 접촉할 때 세균, 효모 및 곰팡이와 같은 미생물 세포의 일반적인 성향은 공간과 영양 공급을 위해 다른 미생물 세포와 효율적으로 경쟁하고 좋지 않은 환경 조건을 견디기 위해 표면에 부착하는 것이다. 고체 표면은 육류, 과일 등과 같은 생물학적 표면과 컨베이어 벨트, 저온 살균기, 개스킷(gaskets)처럼 식품과 접촉하는 표면, 바닥, 벽, 파이프, 배수구, 장비와 같은 비생물학적 표면으로 구성된다. 적합한 조건에서 대부분의 미생물이 고체 표면에 부착될 수 있는데, 이것은 세포 외부로 다당류를 배출하기 때문에 가능하다. 세포가 증식하면서 3차원의 비계(scaffold)를 형성하여 표면에 미생물 세포, 다가음이온성(polyanion) 체외분비물(extracellular polymeric substance, EPS), 세포 찌꺼기들을 함유하는 생물막(biofilms)이 형성된다. 체외분비물에는 다당류 글리코칼릭스(gylococalyx), 단백질, 인지질, 테이코산 및 핵산과 기타 고분자 물질이 함유되어 있다.[1] 상황에 따라 생물막을 형성하는 대신 세포가 얇은 실 모양의 핌브리아(fimbriae)라 불리는 엑소폴리사카라이드(exopolysaccharide)를 이용해 다른 세포에 부착하기도 한다. 생물막은 단일 종 또는 한 종이 우세한 형태의 혼합 종으로 구성된다.

고체 표면에 미생물이 부착하는 것은 식품의 전반적인 미생물학적 품질과 관련하여 몇 가지 중요한 의미가 있다. 고체 표면에 미생물이 부착하고 생물막이 형성되면 건조, 항미생물제나 살생물제, 자외선, 금속이온과 세척이나 청결 작업과 같은 물리적 제거로부터 보호받을 수 있다. 이러한 세포들은 살균제와 열에 한층 더 강한 내성을 갖는 것으로 보인다. 따라서 식용으로 사용할 죽은 동물, 생선, 육류, 썰어 놓은 과일 및 채소와 같은 식품 표면에 부착한 부패 미생물과 병원성 미생물은 세척 작업으로도 쉽게 제거되지 않으며, 이후 이들 세포가 증식하면서 식품의 안전성과 질을 떨어뜨리게 된다. 이와 마찬가지로 식품과 접촉하는 장비 표면에 부착한 미생물은 부착되지 않은 미생물에 효과적인 화학살균제나 열을 이용하여 쉽게 죽일 수가 없으므로 식품을 오염시키게 된다. 장비 사용 후 세척과 소독 작업을 지연시키면 이러한 문제가 많이 발생한다. 마지막으로 바닥, 벽, 호스 및 배수구와 같은 식품 가공 환경에서 미생물이 부착되고 생물막이 형성되면 이들 세포는 해당 환경에 정착하게 되고, 배양배지로부터 부착하지 않은 미생물을 대상으로 개발되고 설계된 방법으로는 효과적으로 제거하기가 어렵게 된다. 결과적으로 이러한 것들은 해당 환경에서 취급하는 식품에 부적합한 미생물의 지속적인 공급원이 될 수 있다.

최근 고형 식품, 장비 및 식품 환경에서 미생물 부착과 생물막 형성에 대한 개념과 중요성이 인식되고 있다.[1~4] 일부 제한적이기는 하지만 연구 결과를 보면 적합한 조건이 되면 식품에 중요한 미생물의 상당수가 생물막 형성이 가능하다는 것을 알 수 있다. 몇몇 *Pseudomonas* 종과 균주는 스테인리스강 표면에 부착할 수 있음이 확인되었고, 일부는 25°C에서 30분 또는 4°C에서 2시간 이내에 스테인리스강 표면에 부착됨을 알 수 있었다. *Listeria monocytogenes*는 접촉 후 20분 이내에 스테인리스강, 유리 그리고 고무 표면에 부착할 수 있는 것으로 나타났다. 가금류, 소고기, 돼지고기 및 양고기와 같은 육류에서도 일부 병원성 미생물과 부패 미생물이 부착되는 것으로 밝혀졌다. 육류 표면에 부착되는 것으로 확인된 미생물에는 *Listeria monocytogenes*, *Micrococcus* spp., *Staphylococcus* spp., *Clostridium* spp., *Bacillus* spp., *Lactobacillus* spp., *Brochothrix thermosphacta*, *Salmonella*, *Escherichia coli*, *Serratia* spp., *Campylobacter*, *Pseudomonas* spp.가 있다. 제한적인 결과이지만 이들을 통해 분명하게 알 수 있는 것은 고형 식품과 식품 접촉 표면에 미생물의 부착이 광범위하게 나타나고 있으므로 식품의 미생물학적 품질 관리에 있어서 이러한 부분을 중요하게 고려할 필요가 있다는 점이다.

7.2 부착 기작

미생물이 고체 표면에 부착되어 생물막을 형성하는 몇 가지 가능한 기작이 제시되었다.[2~4] 생물막의 생활주기는 여러 단계로 구성된다. (i) 부착, (ii) 미세 군집 및 세포 클러스터 형성, (iii) 성숙 그리고 (iiii) 분리 또는 분산(**그림 7.1**). 부착 초기는 두 단계로 진행된다. 첫 번째 단계는 가역 단계의 과정으로 자유롭게 떠다니던 세포는 약한 힘(정전기력 및 반 데르 발스의 힘)에 의해 표면에 고정된다. 두

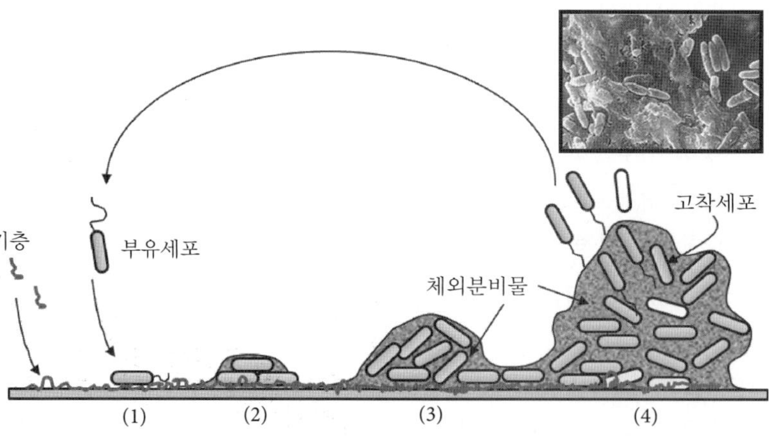

그림 7.1 (컬러 삽입을 보라.) 세균 생물막 생활주기의 모식도. (1) 부착, (2) 미세집락과 세포 클러스터 형성, (3) 성숙 및 (4) 분리 또는 분산의 단계를 나타냈다. 삽입: 체외분비물(EPS)로 성숙된 생물막을 보여주는 주사전자현미경 사진.

표 7.1 생물막에서 체외분비물(extracellular polymeric substance, EPS)의 역할

기능	생물막에서의 역할
접착	고체 표면에의 초기 부착과 집락화, 표면에 생물막의 장기간 부착
세포 집합	세포 간 연결, 높은 세포 밀도, 세포 간 소통
생물막 응집	수화 중합체 네트워크, 물리적 안정성, 3차원 구성, 생물막 구조 형성
수분 보존	수화된 미세환경 유지 및 건조에 대한 내성
보호 장벽	항미생물제, 항생제, 살생물제, 소독제에 대한 내성 및 감염동안 숙주에 대한 방어
유기 및 무기 화합물의 흡착	영양물질 및 독성 금속 이온의 축적
효소 활성	영양물질을 위한 세포외 거대 분자와 체외분비물의 분해
영양물질 근원	탄소, 질소 및 인을 포함하는 화합물의 근원
유전적 교환	생물막 세포 간 수평적유전자전이

출처: Flemming, H.-C. and Wingender, J., *Nat. Rev. Microbiol.*, 8, 623–633, 2010.

번째 단계에서 세포는 식품이나 장비의 표면에 분자의 외부 표면을 부착할 수 있게 해주는 체외분비물을 만드는데, 이 과정은 비가역적이다. 생물막의 부착된 세포를 고착세포(sessile cell)라고 한다. 부착하는 것 이외에도 체외분비물은 **표 7.1**에 요약된 것처럼 생물막에서 많은 역할을 한다. 다른 학자들은 부착, 통합, 그리고 집락 형성을 포함되는 세 단계의 과정을 주장하기도 한다. 20분 내에 발생할 수 있는 가역적 부착 단계에서 세포는 표면에 느슨하게 부착된다. 통합 단계에서 미생물은 얇은 실과 같은 핌브리아라고 부르는 엑소폴리사카라이드, 편모, 접착단백질, 그리고 캡슐을 만들어 자신을 접촉표면에 단단하게 부착시킨다. 세포는 근접한 상태로 증식하게 되고 정족수 감지를 통한 세포 간 소통과 상승적 미생물 협력체 형성을 통해 강한 상호작용을 나타낸다. *N*-아실호모세린락톤 자가유도물질-2와 같은 자가유도물질은 세포 간 소통을 돕고, 생존, 증식, 세포 밀도, 항미생물제에 대한 저항성 및 건조에 대한 내성을 위해 유전자 발현을 조절한다(제6장). 이 단계에서는 세척 작업으로도 세포를 제거할 수 없다. 비가역적 집락 형성 단계에서는, 체외분비물 또는 복합다당류가 장비 표면의 금속 이온에 결합할 수 있고 세포는 표면에 손상을 줄 수 있는 물질을 대사한다.[1~5] 미세집락이 지속적으로 성장함에 따라 세포는 축적되고 3차원적 비계의 성숙된 생물막이 형성된다. 이후 느슨해진 세포는 성숙된 생물막으로부터 벗어나 부유세포로 전환되어 다시 식품입자 또는 기질에 의해 만들어진 새로운 표면에 부착되어 생물막의 생활주기를 완성한다.

7.3 영향을 주는 요인

식품 가공 장비의 표면에 미생물이 부착되는 정도는 접촉 시간과 직접적인 관련이 있는 것이 밝혀졌다. 접촉 시간이 길어지면 더 많은 세포들이 표면에 부착되고, 세균집락의 크기가 커지며, 세포들 사이의 부착이 증가한다. 세포에 의한 핌브리아 형성은 성장에 필요한 최적온도와 최적 pH에서 한층 더 빠르게 진행된다. 제한된 연구 결과를 보면, *Psudomonas fragi*와 *Listeria monocytogenes*는 개별적으로 증식하는 것보다 함께 증식할 때 더 복잡한 생물막을 형성한다.[1~4]

육류와 죽은 동물 표면에 부착하는 부패 및 병원성균과 관련이 있는 요인에는 세균, 육류 그리고 외부적 요인인 3가지 그룹으로 나눌 수 있다.[1~4] 많은 그람양성균(*Clostridium, Micrococcus, Staphylococcus, Lactobacillus,* 및 *Brochothrix*)과 그람음성균(*Escherichia coli, Proteus, Pseudomonas, Serratia, Salmonella, Enterobacter, Shewanella,* 및 *Acinetobacter* spp.)은 닭고기, 돼지고기, 소고기, 그리고 양고기의 껍질과 고기 표면에 부착할 수 있다. 몇몇 연구를 보면, *Proteus*와 *Pseudomonas* spp.과 같은 일부 그람음성균은 *Lactobacillus, Staphylococcus*과 같은 일부 그람양성균보다 한층 더 빠르게, 그리고 많은 숫자로 부착되는 것을 알 수 있다. 그러나 차이점이 있는 연구 결과도 있는데, 일부 학자들은 종 또는 균주에 음전하가 많을수록 육류의 기름기 없는 부분의 표면에 부착되는 능력이 빨라지고 높아진다고 생각한다. 이와 마찬가지로 식용 동물, 조류의 유형과 미생물 종에 따른 부착에 대해서는 학자들마다 결과가 다르다. 지방조직보다는 일반적으로 기름기가 적은 조직에 미생물 부착이 많이 발생한다. 그러나 각기 다른 종류의 식용 동물과 조류의 껍질 그리고 근육에 그람양성균 및 그람음성균 모두가 부착한다는 데에는 이견이 없을 것이다. 외부적 요인으로는 육류 표면에 부착된 세포의 수가 접촉 시간 및 세포 농도와 직접적인 관련성이 있다. 최적 증식 온도에서, 세균종은 높은 부착 비율을 보인다. 죽은 동물에 전기적 자극을 가하면 부착이 용이할 수도 있지만 여기에 대해서는 의견이 엇갈리고 있다.[2~4]

병원체는 신선한 채소와 과일에 잘 부착하고 또한 청소와 세척에 대한 내성이 있기 때문에 농산물 관련 피해가 급증하고 있다. *Escherichia coli* O157:H7은 상추, 새싹 또는 시금치의 끝부분, 홈이 있는 부분, 또는 손상된 조직에 주로 부착한다. *Salmonella enterica* 또한 토마토, 멜론 또는 사과의 깨끗한 껍질이나 손상된 껍질에서 그리고 고수(cilantro) 잎의 손상된 부분에서도 발견된다.[6]

7.4 생물막 형성의 진단

고체 표면에서 생물막의 형성을 진단하기 위해 다양한 방법이 사용된다. 직접적인 미생물 배양법은 적셔진 면봉이나 스펀지를 사용하여 표면을 닦은 다음 희석된 시료를 한천배지에 도말한다. 병원성균의 유형을 알아보기 위해 선택 한천배지를 사용한다. 시료는 선택적 농화 배지에서 농축될 수 있고, 중합효소연쇄반응(PCR)은 미생물 동정에 사용된다. 접촉 도금은 한천배지에 표면을 직접 각인시켜 생물막의 미생물을 측정하는 방법 중 하나다. 하지만 시험 재료의 거친 표면, 오일(지질), 한천으로의 압력 그리고 접촉 시간은 그 결과에 영향을 미칠 수 있다.

간접적으로는, 살아 있는 미생물들은 모두 ATP를 가지고 있기 때문에 발광 분석을 통해 표면 시료의 ATP 수준을 모니터링하여 생물막 형성을 진단한다(제42장). 그러나 시료 표면에 남아 있던 음식물의 ATP로 인해 잘못된 결과를 초래할 수 있다. 광학현미경과 주사전자현미경과 같은 일반적인 현미경 기술을 사용하여 생물막 구조와 세포 미생물 군집의 조직을 조사할 수 있다(그림 7.1). 또한 레이저주사현미경(LSM), 자기공명영상(MRI) 및 주사전달현미경(STXM)과 같은 보다 정교한 도구도 생물막의 구조와 구성요소를 진단하는 데 사용된다.[7]

7.5 생물막의 제어 및 제거

식품 산업에서 생물막을 제어하고 제거하려면 물리적·화학적 및 생물학적 접근과 같이 다양한 전략이 필요하다.[8] 장비 표면에서 미생물의 생물막 형성과 고형 식품 표면으로의 부착은 액체 배양액으로부터 부착하지 않은 미생물을 죽이거나 사멸시키기 위해 고안된 몇몇 방법으로는 이들을 제거하거나 죽이는 데에 내성을 유발할 수 있다. 따라서 생물막이 형성되도록 방치하면 제거하기 어렵기 때문에 수정되고 새로운 방법을 적용해야 한다. 생물막은 형성 초기 단계에 제거해야 한다. 생물막 초기 단계에서 부유세포는 성숙한 고착세포보다 세척 및 위생처리에 더욱 민감하다. 식품 가공 작업에서는 세척, 행굼 및 살균을 수 시간마다 수행해야 한다. 살균을 방해하는 음식 찌꺼기를 제거하려면 세척은 필수적이다. 생물막의 제어 및 제거는 살균제의 노출시간, 온도 그리고 살균제 침투를 촉진하기 위한 물질분해와 같은 물리적 처리에 따라 달라진다.

글리코칼릭스를 분해하기 위해 효소 기반 세제와 같은 다양한 살균방법이 사용되고 있다. 효소 처리 이후에는 4가 암모늄 성분과 EDTA를 함께 처리하는 방법도 도움이 될 수 있다. 그러나 이것은 다른 화학살균제에 비해 가격이 높기 때문에 비용이 많이 들 수 있다. 염소와 과산화수소를 포함하는 일부 산화제들은 유용하며 광범위한 미생물에 대해 효과적이다. 니신, 페디오신, 루테린 등의 생물보존제로 사용되는 박테리오신은 낙농 가공 공장의 *Listeria monocytogenes*와 같은 미생물에 대해 효과적인 것으로 알려져 있다. 길항효과는 산성 환경에 의해 강화될 수 있다. 박테리오파아지는 세균을 감염시키는 바이러스이며, 자연적이고 매우 특이적인 것으로 알려져 있으며 세균 숙주에 비가역적으로 결합하여 세균을 감염시키고 용해시킨다. 생물막 분해효소를 발현하도록 설계된 박테리오파아지는 세균세포와 체외분비물 모두에 효과적이다. 퓨라논(Furanone), 아지트로마이신(Azithromycin), 마늘 추출물 및 4-NPO(4-nitro-pyridine-N-oxide)와 같은 정족수 감지 길항제의 사용은 생물막을 제어하는 흥미로운 접근 방식이다.[9] 또한 가공 장비들은 생물막의 형성을 방지하거나 생물막을 제어하고 제거할 수 있는 살균제가 닿아도 괜찮도록 설계되어야 한다.

고형 식품의 표면에 미생물이 부착되는 것을 줄이기 위해서는 적절한 관리 방법을 채택해야 한다. 적합한 방부제의 사용, 낮은 수분활성도, 낮은 pH, 낮은 보관 온도 등을 적절하게 조합하여 세균의 생물막 형성을 감소시킬 수 있다. 또한 과일과 채소의 병원체 부하를 줄이기 위해서는 살균제를 이용한 세척 작업이 필요하다(제31장). 뿐만 아니라 취급, 가공, 운반 또는 저장기간 동안에 과일과 채소가 손상되지 않도록 해서 병원체 집락이 형성되지 않도록 주의를 기울여야 한다.[6]

7.6 결론

미생물 부착 및 생물막의 형성은 제한된 영양소, 수분 및 산소와 같은 불리한 조건에서 식품 또는 식품 접촉 표면에서 미생물의 생존을 위한 중요한 전략이다. 생물막에서 정족수 감지는 체외분비물의 생산을 통해 세균세포 간 소통 및 지속성을 촉진하며 이는 영양소의 원료가 되고 표면에서 살균제과 물리적 제거에 저항하는 데 도움이 된다.

학습문제

1. 생물막이란 무엇인가? 생물막 형성에 도움이 되는 표면은 무엇인지 쓰시오.
2. 생물막은 어떤 성분으로 구성되는가?
3. 세균 생물막 진단에 어떤 방법이 사용되는가?
4. 생물막 형성 과정에서의 기작이나 단계를 묘사하시오.
5. 생물막 형성에 기여하는 요인을 나열하시오.
6. 생물막을 제어하고 제거하기 위해 식품 산업에서 사용되는 다양한 전략을 논의하시오.

참고문헌

1. Flemming, H.-C. and Wingender, J., The biofilm matrix, *Nat. Rev. Microbiol.*, *8*, 623–633, 2010.
2. Zottola, E.A., Microbial attachment and biofilm formation: A new problem for the food industry: Scientific status summary, *Food Technol., 48*(7), 107, 1994.
3. Mattila-Sandholm, T. and Wirtanen, G., Biofilm formation in the industry: A review, *Food Rev. Int., 8*, 573, 1992.
4. Notermans, S., Dormans, J.A.M.A., and Mead, G.C., Contribution of surface attachment to the establishment of microorganisms in food processing plants: A review, *Biofouling*, *5*, 1, 1991.
5. Chmielewski, R.A.N. and Frank, J.F., Biofilm formation and control in food processing facilities. *Comp. Rev. Food Sci. Food Safety*, *2*, 22, 2003.
6. Mandrell, R.E., Gorski, L., and Brandl, M.T., Attachment of microorganisms to fresh produce. In *Microbiology of Fruits and Vegetables*, Sapers, G.M., Gorny, J.R., and Yousef, A.E., Eds., CRC Press, Boca Raton, FL, 2006, p. 33.
7. Neu, T.R., Manz, B., Volke, F., Dynes, J.J., Hitchcock, A.P., and Lawrence, J.R., Advanced imaging techniques for assessment of structure, composition and function in biofilm systems, *FEMS Microbiol. Ecol.*, *72*, 1–21, 2010.
8. Di Ciccio, P., Conter, M., Zanardi, E., Ghidini, S., Vergara, A., Paludi, D., Festino, A.R., and Ianieri, A., *Listeria monocytogenes*: Biofilms in food processing, *Ital. J. Food Sci.*, *24*, 203–213, 2012.
9. Landini, P., Antoniani, D., Burgess, J.G., and Nijland, R., Molecular mechanisms of compounds affecting bacterial biofilm formation and dispersal, *Appl. Microbiol. Biotechnol.*, *86*, 813–823, 2010.

제8장

식품 성분의 미생물적 대사

8.1 서론

식품에서 세균의 증식은 대부분 세포의 세포막과 세포질에서 영양소나 식품 성분의 대사에 의해서 이루어진다(그람음성균에서는 주변세포질).[1] 환경으로부터 영양소를 운반하는 것은 세포막과 세포벽을 통하여 효소에 의해 분해된 거대 분자를 세포 내로 들여오고, 그 영양소를 분해하여 에너지 생산과 활성을 갖는 구조물을 만들고, 그 구조물로부터 세포 구성분을 합성(주로 거대 분자와 구조적·기능적 요소들)하고, 마지막으로 사용할 수 없는 부산물을 환경으로 방출하는 것으로 완성된다. 추가적으로 세포물질의 재활용, 세포 분화, 손상된 구조의 수선과 환경 스트레스에 대한 적응 또한 대사 과정을 통해서 매개된다. 이러한 양상은 식품미생물학에서 중요하고, 본 교재의 몇몇 부분에서 간략히 언급되었다: 제9장에서 포자형성, 제10장에서 반치사 손상 및 회복과 스트레스에 대한 적응, 제12장에서 식품미생물학에서 중요한 에너지의 생산과 분해 과정에 대하여 간략히 토론한다.

8.2 증식 과정에서 호흡과 발효

미생물은 식품에서 증식하는 동안 에너지와 세포물질을 합성한다. 에너지의 많은 부분은 세포 구성분을 합성하는 데 사용한다. 이것은 에너지 생성반응과 세포물질 합성에 관련된 반응을 연결함으로써 이루어진다. 에너지 생성반응은 산화의 특성을 가지는데, 미생물에서는 환원상태의 유기물로부터 대사경로를 따라 점차적으로 에너지가 유리되도록 구성된다. 그 후에 에너지는 흡열반응에서 직접 사용되거나 나중에 사용하기 위해 저장된다. 에너지는 생화학적 에너지로서의 자유에너지를 보존할 수 있는 에너지가 풍부한 중간산물인 인산 유도체(뉴클레오티드 3 인산염, 아실 인산염 및 무기 폴리인산염) 및 카르복실릭산 유도체(아세틸 조효소 A)로 저장된다. 이들 중 가장 중요한 것은 ADP(아데노신 2인산염)으로부터 산화적 인산화 또는 기질 수준 인산화를 통해 만들어지는 ATP(아데노신 3인산염)이다.

기질의 에너지가 방출되는 산화반응은 전자를 생산하는데($H_2 \rightarrow 2H^+ + 2e^-$), 생산된 전자는 산화제로 전달된다. 이 부분은 제6장의 산화환원전위 부분에서 간략히 설명된다. 식품에서의 기질은 주로 대사 가능한 탄수화물, 단백질 및 지질이다. 식품에서 중요한 미생물들은 종속영양체(이들은 이산화탄소보다 더 환원된 유기탄소원 및 물질을 필요로 함)와 화학유기영양체(이들은 에너지를 생성하기 위하여 전자 공여체로 유기화합물을 이용)이다. 최종 전자 수용체의 특성에 기반하여 에너지 생성 반응은 다양하게 구분된다: 전자 수용체로 산소 분자를 요구하는 호기성 호흡; 무기 화합물이 전자 수용체로 작동하는 혐기성 호흡; 그리고 전자 수용체로 유기화합물을 이용하는 발효작용.[1,2] 식품에서 중요한 다양한 미생물들에 의해 전자전달에 사용된 방법들은 다음의 체계에 의해 설명할 수 있다.

유기화합물 무기화합물(NO_3, SO_4)
1 ↑5 2 ↑6 3 4 기질 → (2H:NAD/FD) → 사이토크롬 → 사이토크롬 옥시다아제 → 산소 ↓7 과산화수소 또는 산소
호기성 미생물(*Bacillus* spp., *Pseudomonas*, 곰팡이 및 효모): 1, 2, 3, 4
혐기성 미생물
a. 사이토크롬 비의존성, 예를 들면 일부 *Clostridium* spp.: 1, 5
b. 사이토크롬 의존성, 예를 들면, *Desulfotomaculum* spp.: 세균: 1, 2, 6
통성혐기성 미생물
a. 사이토크롬 비의존성, 예를 들면 젖산균, 일부 효모
i. 호기성: 1, 7
ii. 혐기성: 1, 5
b. 사이토크롬 의존성, 예를 들면 *Enterobacteriaceae* 그룹
i. 호기성: 1, 2, 3, 4 또는 1, 7
ii. 혐기성: 1, 5 또는 1, 2, 6

미생물 세포가 세포 구성분을 합성하거나 환경으로 방출하는 많은 대사산물은 또한 에너지 생산 대사경로에서 기질로부터 생성된다. 이 대사산물의 성질은 기질의 특성, 환경에서의 산소 가용성(더 정확하게는 산화환원전위), 호기성 생활의 특성과 같은 미생물의 유형에 따라 다르다. 식품에서 미생물의 물질대사와 증식은 아래와 같은 이유로 중요하다. 풍미, 질감, 색 및 외관과 같은 식품의 품질이 손실되는 미생물 부패는 미생물의 증식과 물질대사에 직접적으로 관련이 있다. 식품에서 식중독 미생물에 의한 독소생성은 미생물의 증식에 의해 발생한다. 발효 식품에서 많은 미생물 대사산물은 식품의 질감, 풍미 및 그리고 긴 유통기한과 같은 장점을 가지게 한다. 미생물 대사산물은 또한 식품에서 가공(효소), 보존(박테리오신 및 산), 질감(덱스트란)과 풍미(디아세틸)를 위해서 이용된다.

식품 성분 중 탄수화물, 단백질 및 지질의 미생물 물질대사는 매우 중요하다. 이러한 대사경로에 대해서 본 장에서 설명한다. 식품은 그 종류에 따라 다양한 유형의 탄수화물, 단백질 및 지질을 포함한다. 이러한 것들은 이미 앞에서 설명하였다. 또한 식품은 유형과 공급원에 따라 3가지 영양소의 양도 매우 다르다. 일반적으로 식물성 식품은 탄수화물이 풍부하고, 일부(견과류, 콩류 등)는 단백질이 많으며, 오일시드 같은 경우는 지질이 풍부하다. 동물성 식품은 단백질과 지질이 풍부하지만, 일부(육류 및 생선)는 탄수화물이 적다. 우유나 내장(간), 연체동물(굴 등)은 단백질과 탄수화물이 풍부하다. 가공 또는 제조 식품은 미생물 증식에 필요한 충분한 양의 영양소가 있을 수 있다. 일반적으로 미생물은 물질대사의 에너지원으로 단백질과 지질보다는 탄수화물을 먼저 사용한다. 따라서 미생물은 물질대사가 가능한 탄수화물이 있는 식품에서는 탄수화물을 이용하여 증식하지만, 물질대사가 가능한 탄수화물이 적고 대사 가능한 단백질이 많은 식품에서는 탄수화물을 모두 사용한 이후에 단백질을 이용한다. 탄수화물과 단백질이 모두 많은 식품에서 미생물은 보통 탄수화물을 먼저 사용하여 산을 생산하고, 그 결과로 pH를 감소시킨다. 이후 미생물에 의한 단백질의 분해는 낮은 pH에 의해 방지되어 단백질이 분해되지 못하거나 단백질 보존 효과가 유발된다. 가공육 제품에 탄수화물을 첨가하여 이러한 이점을 얻을 수 있다.

8.3 식품 탄수화물의 물질대사

식품 내 탄수화물은 큰 그룹으로 단당류(4탄당, 5탄당 및 6탄당), 이당류, 올리고당 및 다당류를 포함하는 화합물로 구성된다. 탄수화물은 가장 선호되는 에너지원이지만, 미생물은 각각의 탄수화물에 대한 분해 능력이 크게 다르다.[1~5] 탄수화물은 세포 수준인 단당류, 이당류, 및 삼당류로 분해되어 세포 내로 유입되고 추가적으로 분해되기 전에 단당류로 가수분해된다. 다당류는 환경으로 분비된 미생물 효소(알파-아밀라아제)에 의해 세포 외부에서 단당류, 이당류로 분해되어 세포 내로 운반되고 물질대사가 진행된다.

8.4 다당류의 분해

곰팡이, 일부 *Bacillus* spp.와 *Clostridium* spp. 및 다른 몇몇 세균종은 세포외효소를 이용해 전분, 글리코겐, 셀룰로스, 펙틴 및 다른 다당류를 분해할 수 있다. 단당류와 이당류는 세포 내로 운반되고 대사된다. 과일과 채소에서 미생물에 의한 다당류의 분해는(특히 펙틴과 셀룰로스) 질감에 영향을 미치고 식품의 품질을 저하시킬 수 있다.

8.4.1 이당류의 분해

유당 및 설탕과 같은 식품의 이당류나 미생물에 의해 전분으로부터 분해된 자당은 특정 효소에 의해 세포 내에서 단당류로 가수분해된다. 젖당은 젖당분해효소에 의해 갈락토스와 포도당으로, 설탕은 수크레이즈에 의해 포도당과 과당으로, 자당은 말타아제에 의해 포도당으로 가수분해된다. 많은 미생물

종은 하나 이상의 이당류를 대사할 수 없다.[1~5]

8.4.2 단당류의 분해

단당류는 호기성, 혐기성 및 통성혐기성균에 의해 여러 경로를 통하여 분해(이화)되어 다양한 형태의 중간산물과 최종산물이 된다. 물질대사 경로는 일정계의 산화환원전위, 미생물 유형, 단당류의 양과 종류에 따라 다양하다 식품에서 중요한 모든 미생물은 포도당을 대사할 수 있지만, 과당, 갈락토스, 4탄당 및 5탄당을 이용하는 능력은 미생물마다 매우 다르다. 발효 가능한 단당류는 5가지 중요한 경로에 의해 대사되고, 많은 미생물종들은 1개 이상의 경로를 가지고 있는데, Embden-Meyerhoff-Pamas(EMP) 경로, 6탄당 일인산염(HMS) 경로, Entner-Doudroff(ED) 경로 그리고 2개의 포스포케토라아제(PK) 경로이다(펜토오스 포스포케토라아제와 6탄당 포스포케토라아제). 이러한 경로를 통해 생성된 피루브산은 발효작용, 혐기성 호흡 및 호기성 호흡을 통해 서로 다른 경로를 가지고 있는 각 미생물에 의해 대사된다.[1~5]

8.4.3 발효

단당류는 앞서 설명한 5가지 주요 경로를 통하여 혐기성 및 통성혐기성 미생물에 의해 발효된다.[1~3] 어떤 특정 미생물종과 그룹에서는 피루브산염의 물질대사를 위해서 몇몇 다른 경로를 사용한다. 일반적으로 최종 전자 수용체는 유기화합물이고, 에너지는 기질 수준에서 생산된다. 5가지 주요 경로 및 최종산물의 전반적인 반응은 **표 8.1**에 간단히(표 11.1) 기술하였다.[1~3] 물질대사 경로는 제12장에서 더 자세히 설명될 것이다.

표 8.1 미생물에 의한 탄수화물 물질대사의 최종산물

미생물 유형	발효 양식	중요한 최종 생산물
효모	알코올	에탄올, 이산화탄소
젖산 박테리아	a. 동형발효	젖산염
	b. 이형발효	젖산염, 아세트산염, 에탄올, 이산화탄소, 디아세틸, 아세토인
비피도박테리아	비피더스성(6탄당 케토레이트)	젖산염, 아세트산염
프로피온산 세균 (Propionibacteria)	피로피온산	프로피온산염, 아세트산염, 이산화탄소
Enterobacteriaceae	혼합산	젖산염, 아세트산염, 개미산, 이산화탄소, 수소, 숙신산
Bacillus, *Pseudomonas*	부탄에디올	젖산염, 아세트산염, 개미산, 2,3-부탄디올, 이산화탄소, 수소
Clostridium	부티릭산	낙산염, 아세트산염, 수소, 이산화탄소, 부탄올, 에탄올, 아세톤, 이소프로판올

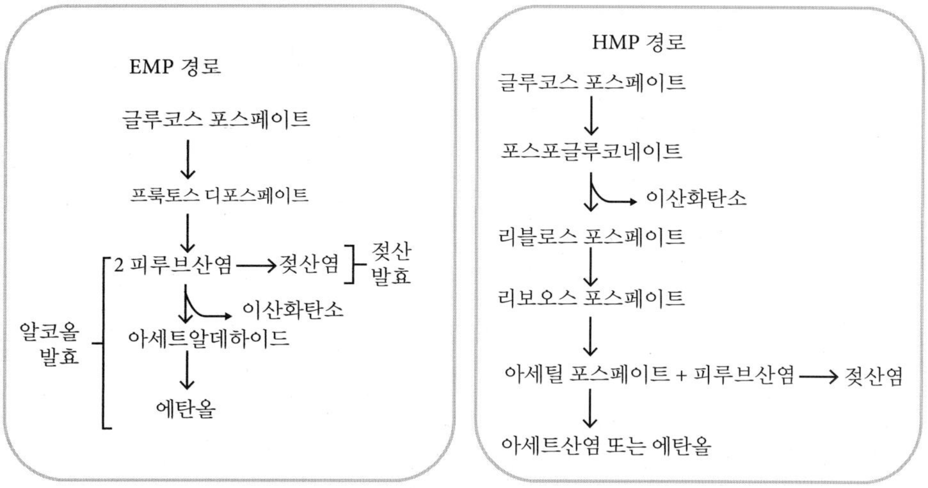

그림 8.1 **Embden-Meyerhoff-Pamas(EMP) 경로와 6탄당 일인산염(HMS) 경로.**

EMP 경로

EMP 경로는 동형발효 젖산균, *Enterococcus faecalis*, *Bacillus* spp. 및 효모(**그림 8.1**)에 의해 사용된다. 다른 6탄당 일이산염은 주로 과당 이인산염 전에 다른 단계의 EMP 경로로 들어간다.

HMP 경로

HMP 경로는 Warburg–Dickens–Horecker 경로(그림 8.1), 또는 펜토오스 주기라고도 불린다. 이형발효 젖산균, *Bacillus* spp. 및 *Pseudomonas* spp.에 의해 사용된다. 리보오스 포스페이트는 핵산에서 리보오스나 데옥시리보오스의 일부분을 합성하는 데 사용된다.

Entner-Doudroff(ED) 경로

ED 경로는 *Pseudomonas* spp.에 의해 사용된다.

글루코스 포스페이트 → 포스포글루코네이트 → 피루브산염 + 글리셀알데하이드 포스페이트
피루브산염 → 아세트알데하이드 → 에탄올
↓
이산화탄소

글리셀알데하이드 포스페이트 → 피루브산염 → 아세트알데하이드 → 에탄올
↓
이산화탄소

펜토오스 포스포케톨라아제 경로

이 경로는 *Escherichia coli*, *Enterobacter aerogenes*, *Bacillus* spp. 및 몇몇 젖산균에 의해 사용된다.

리보오스 포스페이트 → 자일루로스 포스페이트
→ 아세틸 포스페이트 + 피루브산염
→ 아세트산염 또는 에탄올 + 젖산염

6탄당 포스포케톨라아제 경로

이 경로는 비피더스 경로라고도 불리고 *Bifidobacterium* spp.에 의해 사용된다.

2 글루코스 포스페이트 → 아세틸 포스페이트 + 2 자일루로스 포스페이트
→ 3 아세트산염 + 2 피루브산염
→ 3 아세트산염 + 2 젖산염

기타 특정 경로

혼합산 발효

혼합산 발효는 *Enterobacteriaceae*의 특징이다. 단당류 발효에서 생성한 피루브산염은 다른 최종산물을 생성하기 위해서 이용될 수 있다.

피루브산염 → 젖산염
피루브산염 → 개미산 + 아세틸 ~ CoA
개미산 → 수소 + 이산화탄소
아세틸 ~ CoA → 아세트산염과 에탄올
피루브산염 → 숙신산염

프로피온산 발효

프로피온산 발효는 프로피온산 세균 및 *Clostridium* spp. 세균에 의해 수행된다.

젖산염 → 피루브산염 → 프로피오닐 ~ CoA → 프로피온산염(프로피온산 세균)
젖산염 → 아크릴일 ~ CoA → 프로피오닐 ~ CoA → 프로피오산염(*Clostridium* spp.).

부티릭산염, 부탄올 및 아세톤 발효

이 유형은 *Clostridium* spp.에 의해 수행된다.

프루브산염 → 수소 + 이산화탄소 + 아세틸 ~ CoA
아세틸 ~ CoA → 아세트산염, 부티릭산염, 부탄올, 그리고 아세톤
아세틸 ~ CoA는 다른 화합물을 생성하기 위하여 이용된다.

디에틸, 아세토인 및 부탄에디올 발효

이 유형은 *Enterobacteriaceae*과 몇몇 젖산균에 의해 실행된다.

2 피루브산염 → [피루브산염 + 아세트알데하이드 ~ TPP] → 알파 아세토락테이트
↓
이산화탄소

이산화탄소 $2H^+$ $2H^+$
↓ ↓ ↓
→ 디아세틸 → 아세토인 → 2,3-부탄에디올

8.4.4 혐기성 호흡

황산염을 환원시키는 *Desulfotomaculum nigrificans*는 일차적으로 EMP 경로를 통하여 포도당을 에너지원으로 이용하여 피루브산염을 생산한다. 이후 피루브산염을 탈카르복실화하여 아세트산염(또는 알코올)과 이산화탄소를 생성한다. 전자 수용체 역할을 하는 황산염은 환원되어 황화수소를 생성한다. 질산환원효소를 가지는 질산염환원세균(*Enterobacteriaceae*, *Bacillus* spp. 및 *Staphylococcus* spp.)은 EMP, HMS와 ED(혼합산 발효) 경로를 통하여 탄수화물을 대사시킨다. 이 경로를 통해 생성한 피루브산염은 효과적인 전자 공여체의 역할을 할 수 있고, 종에 따라 젖산염, 아세트산염, 에탄올, 개미산, 이산화탄소, 황, 부탄에디올, 아세토인 및 숙신산으로 전환될 수도 있다.

8.4.5 호기성 호흡

호기성 미생물(*Bacillus* spp, *Pseudomonas* spp., 곰팡이, 및 효모)과 많은 통성혐기성 미생물(*Enterobacteriaceae*, *Staphylococcus* spp.)은 호기성 조건에서 앞서 말한 하나 이상의 대표적인 경로를 이용하여 탄수화물에서 피루브산염을 생성하는 동안 최종 전자 수용체로 산소를 이용할 수 있다. 피루브산염과 또 다른 카르복실산은 산화적 탈카르복실화를 통하여 완전하게 산화되는 동안 이산화탄소, 물 그리고 대량의 ATP가 생성된다. 크렙스 회로, 트리카르복실릭산 회로, 또는 구연산 경로 또한 세포물질을 합성하기 위하여 이용되는 많은 중간산물을 생성한다. 피루브산염은 초기에 탈카르복실화되어 아세틸~CoA와 이산화탄소를 생성한다. 그 후에 아세틸~CoA는 옥살로아세테이트(4C 화합물)와 결합하여 구연산염(6C 화합물)을 생성한다. 구연산염은 5C 화합물과 이산화탄소, 그리고 4C 화합물과 이산화탄소로, 순서대로 물질대사가 진행된다. 이후 4C 숙신산은 여러 단계를 거쳐 대사된다. 이러한 반응 동안 환원된 화합물이 만들어지고 이 화합물은 2개의 수소이온과 2개의 전자를 생성하는 전자전달계로 들어가게 된다. 마지막으로 사이토크롬, 사이토크롬 옥시다아제(cyt.a)는 전자를 방출하여 산소에게 전달한다. 사이토크롬 옥시다아제가 산소 분자로 2개 전자쌍만 전달한다면, 최종산물은 물이 된다; 전자 한 쌍이 전달되면 산물은 과산화수소가 된다. 이것은 미생물 카탈라아제 또는 과산화효소에 의해 가수분해되어 물과 산소가 된다. 피루브산염 한 분자는 잠재적으로 15개의 ATP 분자를 생성할 수 있다.

8.4.6 중합체의 합성

설탕에서 증식하는 *Leuconostoc mesenteroides* 세포는 분자를 가수분해하고 에너지 생산을 위해서

과당을 대사시킨다. 포도당 분자는 포도당의 중합체인 덱스트란의 형태로 중합된다. 중합체는 또한 *Lactococcus lactis*, *Lactobacillus* 균주들, *Alcaligenes faecalis* 및 *Xanthomonas* spp.에 의해 탄수화물로부터 형성된다. 몇몇의 이 중합체는 식품 안정제로 유용하고 발효식품에서 점성을 주고, 일부 식품에서는 품질저하를 유발할 수 있다.

미생물에 의한 식품 탄수화물의 물질대사는 종종 부패와 연관되어 있다. 반면에 탄수화물의 발효는 식품생물학적 공정과 식품에 사용하기 위한 대사산물(젖산염과 디아세틸 등)에 유용하다. 몇몇 최종산물은 또한 미생물을 확인하기 위하여 이용된다; 예를 들면, *Enterobacter* spp.에 의한 2,3-부탄에디올 생산은 2,3-부탄에디올을 생산하지 않는 *Esc. coli*를 그들과 구분하게 돕는다(포키스 프로스카우어 반응). 서로 다른 다당류, 이당류 및 단당류를 대사시키는 미생물의 능력은 또한 미확인 미생물을 동정하는 데 이용된다.

8.5 식품 단백질의 물질대사

식품에 존재하는 단백질 화합물에는 단순단백질(예: 알부민, 글로불린, 제인, 케라틴 및 콜라겐), 복합단백질(예: 미오글로빈, 헤모글로빈, 및 카제인) 및 2개 이상 아미노산을 포함하는 펩타이드의 형태가 포함된다. 아미노산, 요소, 크레아티닌, 트리메틸아민, 그리고 기타 형태 등은 비단백질 질소(NPN) 그룹을 형성한다. 일반적으로 미생물은 아미노산과 작은 펩타이드(대략 8~10 아미노산)를 세포 내로 운반할 수 있다. 식품에 있는 단백질 그리고 큰 펩타이드는 미생물의 세포외 단백질 가수분해효소와 펩타이드 가수분해효소에 의해 아미노산과 작은 펩타이드로 가수분해된다. *Alcaligenes*, *Bacillus*, *Clostridium*, *Enterococcus*, *Enterobacter*, *Flavobacterium*, *Klebsiella*, *Lactococcus*, *Micrococcus*, *Pseudomonas* 및 *Serratia*의 종들은 세포외 단백질 가수분해효소와 펩타이드 가수분해효소를 생성할 수 있다. 작은 펩타이드는 세포 내로 운반되고 물질대사되기 전에 아미노산으로 전환된다.[1,4,5]

8.5.1 호기성 호흡(부패)

많은 호기성과 통성혐기성균은 아미노산을 산화하여 탄소, 질소 및 에너지원으로 사용한다. L-아미노산은 일반적으로 산화 탈아미노반응 또는 각각의 케토산을 생성하기 위하여 아미노기를 전달한다. 그 후 각기 다른 경로를 통해 이용된다. 몇몇 아미노산은 또한 많은 세균종에 의해 다른 경로에서 산화될 수 있다. 예를 들면, L-트레오닌을 아세트알데하이드와 글리신으로, L-트립토판을 안트라닐산으로, L-리진을 글루타릭산으로, L-발린을 케토이소발러레이트로, L-루이신을 케토이소카프레이트로, L-아르기닌을 시트룰린으로, L-히스티딘을 우로카닉산으로 전환한다.

8.5.2 발효(변패)

혐기성과 통성혐기성균에 의한 L-아미노산의 분해는 단일 또는 두 개의 아미노산을 쌍으로 사용하여 수행된다. 단일 아미노산 물질대사는 탈아미노반응(C-스켈레톤과 암모니아 생성), 탈카르복실화(아민과 이산화탄소 생성) 및 가수분해(C-스켈레톤, 이산화탄소, 암모니아, 및 수소를 생성)와 같이 서로 다른 형태로 진행된다. C-스켈레톤(지방산, 알파 케토산, 및 불포화산)은 에너지와 다른 대사산물을 공급하기 위하여 사용된다. 아미노산 쌍의 물질대사는 환원되어 있는 수소 수용체와 산화되어 있는 공여체로 적당한 쌍을 이루어 산화환원반응을 동시에 포함한다. 글리신, 프롤린 및 아르기닌은 환원되는 반면, 알라닌, 루이신, 발린은 산화될 수 있는데, 이러한 반응을 스틱랜드 반응(Stickland reaction)이라고 한다. 이 반응의 산물은 지방산, 암모니아 및 이산화탄소이다. **그림 8.2**는 한국의 단백성 발효수산식품의 예를 보여준다.

아미노산의 미생물 분해산물은 미생물 및 아미노산의 유형과 식품의 산화환원전위에 따라 매우 다르다. 몇몇 산물은 케토산, 지방산, 수소, 이산화탄소, 암모니아, 황화수소 및 아민이다. 몇몇 아미노산의 대사산물은 대부분 악취와 건강위험과 연관되기 때문에 식품에서 특히 중요하다. 이들 대사산물은 트립토판에서 인돌과 스카톨, 리신과 아르기닌에서 퓨트레신과 카다베린, 히스티딘에서 히스타민, 타이로신에서 티라민, 그리고 시스테인과 메티오닌에서 황화물(황화수소, 메르캅탄, 황화물)을 포함한다. 몇몇 황화합물과 종균배양 미생물의 단백질 가수분해효소와 펩타이드 가수분해효소(세포내, 세포외 모두)에 의한 단백질 분해 산물은 몇몇 치즈에 있는 바람직하거나, 바람직하지 않은 맛(쓴맛) 그리고 질감을 위해 중요하다. *Lactobacillus acidophilus*에 의한 트레오닌의 아세트알데하이드로의 분해는 요구르트에 있는 바람직한 맛을 만들기 위하여 이용된다. 트립토판으로부터 생산되는 인돌은 *Esc. coli*을 구별하는 데 이용한다. 또한 아미노산 물질대사 정보는 미확인 미생물의 동정에 이용된다. 추가적으로 식품에서 자라는 식품유래 병원성균에 의한 몇몇 단백질의 합성(동화)에 의해 독소 단백질을 생산할 수 있기 때문에 식품에서 단백질 화합물의 분해(이화)는 중요하다. 여기에는 *Staphylococcus aureus*의 내열성 독소, *Clostridium botulinum*의 열민감성 독소 그리고 식품유래 감염과 관련되었던 몇몇 세균에서 생산한 독소(시가독소와 같은)가 포함된다. L-리신과 같은 필수아미노산, 항균

그림 8.2 (컬러 삽입을 보라.) 한국의 전통 발효수산식품.

펩타이드(예: 니신과 페디오신) 그리고 효소(아밀라제와 단백질 가수분해효소와 같은)와 같은 것을 상대적으로 많이 합성할 수 있는 미생물의 기능은 식품에 유익한 목적으로 이용되었다.

8.6 식품 지질의 물질대사

식품에 있는 주요 지질은 모노-, 디-, 트리글리세리드; 포화 및 불포화지방산; 인지질; 스테롤; 글리세리드를 포함하는 왁스가 대표적인 지질이다. 미생물은 물질대사를 위해서 지질을 선호하지는 않는다. 소수성인 지질은 대량으로 존재할 때 분해하기가 매우 어렵다. 유화상태에서 지질은 미생물에 의해 물과 기름 사이에서 물질대사가 가능하다. 글리세리드는 세포외 효소인 지질분해효소에 의해서 글리세롤과 지방산으로 가수분해된다. 그 후에 지방산은 세포 내부로 운반되고, 베타 산화에 의해 대사되어 초기에 아세틸~CoA 단위를 만들어 추가로 활용될 수 있다. 지방산이 빠른 속도로 생성되는 경우에는 식품에 축적된다. 불포화지방산은 초기에 미생물 산화효소에 의하여 하이드로퍼옥사이드를 생성한 다음, 카르보닐 화합물(알데하이드와 케톤)로 산화될 수 있다.

Alcaligenes, *Enterobacter*, *Flavobacterium*, *Micrococcus*, *Pseudomonas*, *Serratia*, *Staphylococcus*, *Aspergillus*, *Geotrichum* 및 *Penicillium*과 같이 지질분해효소(가수분해효소)를 분비하는 미생물은 식품에서 중요하다. 산화효소는 주로 곰팡이에서 생산한다. 지질분해효소와 산화효소 모두 식품의 부패와 관련되어 있고, 특히 산화효소는 곰팡이를 이용한 치즈의 바람직한 맛을 위해 중요하다.

8.7 결론

식품에서 미생물의 증식은 이론적으로 대사 가능한 탄수화물, 단백질 및 지질과 같은 식품 영양소의 물질대사를 통해 이루어진다. 많은 물질대사 경로는 식품 환경에서 산화환원전위, 미생물의 유형, 영양소의 농도와 성질에 의해서 결정되고 사용될 수 있다. 많은 형태의 최종산물이 영양소의 물질대사 동안에 생산되는데, 영양소의 화학적 성질에 따라 발효식품의 생산, 식중독, 식품의 부패에 관련이 있게 된다. 몇몇은 또한 음식의 질감과 맛을 개량하기 위해서 이용된다. 물질대사의 최종산물은 또한 식품에서 미확인 미생물을 동정하기 위해 사용된다. 영양적·물리적 환경이 유지되는 한 미생물은 물질대사 과정을 통하여 세포물질과 에너지를 생산하고 분열한다. 그러나 환경의 변화는 어떤 종에서는 증식을 멈추고 내생포자로 분화되는 포자형성 주기를 촉진할 수 있다. 이러한 불리한 조건에서 생존 전략은 식품미생물학에서 중요하고 제9장에서 기술될 것이다.

학습문제

1. 미생물에 의하여 식품 영양소의 호기성 호흡, 혐기성 호흡 및 발효 사이의 중요한 차이점을 기술하시오.
2. 호기성 미생물, 혐기성 및 통성혐기성 미생물이 다른 수용체에 의해 전자를 전달하는 능력이 어떻게 다른지 기술하시오.

3. 통성 세균들이 다음 조건의 식품에서 혐기적으로 증식하고 있다: 하나는 탄수화물은 풍부하지만 단백질이 적고, 두 번째는 단백질은 풍부하지만 탄수화물이 적고, 세 번째는 둘 다 풍부하다. 또한 탄수화물과 단백질은 위의 3가지 식품에서 세균들에 의해서 물질대사가 이루어진다. 이러한 식품에서 탄수화물과 단백질을 미생물들은 어떻게 대사하는지 설명하시오.
4. 이당류와 다당류는 미생물에 의해 어떻게 물질대사가 수행되는가?
5. 식품에 있는 단당류를 물질대사로 변화시키는 미생물의 5가지 주요 경로를 나열하시오.
6. 부티릭산 발효에서 *Clostridium* spp. 세균과 혼합산 발효에서 *Esc. coli*과 *Enterobacter* spp.의 대사산물을 나열하시오.
7. 호기성과 혐기성 호흡에 의한 탄수화물의 미생물 물질대사의 중요성을 간단히 기술하시오.
8. 식품 단백질은 미생물에 의하여 어떻게 대사되는가? 식품에서 미생물이 증식하는 동안에 단백질 합성의 중요점은 무엇인가?
9. 식품의 호기성 호흡과 발효에서 미생물에 의한 아미노산 분해의 중요성과 차이점에 대하여 기술하시오.
10. 단백질 보존 효과는 무엇인가? 그리고 저탄수화물, 고단백질 식품 생산에서 어떻게 그것들을 유리하게 사용하였는가?
11. 식품으로부터 분리한 미확인 미생물의 실험실적 동정에 사용될 수 있는 3가지의 아미노산 물질대사를 나열하시오.
12. 식품에서 미생물에 의한 지질 대사의 중요성은 무엇인가?

참고문헌

1. Lengeler, J.W., Drews, G., and Schlegel, H.C., *Biology of the Prokaryotes*, Blackwell Science, New York, 1999, pp. 59, 110, 163.
2. Gottschalk, G., *Bacterial Metabolism*, 2nd ed., Academic Press, New York, 1986, pp. 13, 96, 141, 210.
3. Rose, A.H., *Chemical Microbiology*, Butterworths, London, 1965, pp. 79, 85, 94.
4. Sneath, P.H.A., Ed., *Bergey's Manual of Systemic Bacteriology*, Williams & Wilkins, Baltimore, 1986.
5. Gunsalus, I.C. and Stanier, R.Y., Eds., *The Bacteria*, Vol. II, Academic Press, New York, 1961, pp. 59, 151.

제9장

미생물의 포자와 발아

9.1 서론

미생물들은 식품에서 일반적으로 이분법(또는 곰팡이에서와 같은 신장)에 의해 분열한다. 추가적으로 곰팡이, 몇몇 효모, 그리고 일부 세균들은 포자를 형성할 수 있다. 세균에서의 포자형성은 열악한 환경에서 생존 방법으로 포자를 형성하는 반면, 곰팡이와 효모의 포자는 번식(증식)과 관련되어 있다. 곰팡이와 효모에서 포자형성은 유성 및 무성생식에 의하여 일어날 수 있고, 유성생식은 산업에서 사용되는 종들의 개선에 기초를 제공한다. 세균에서 포자형성은 분화를 통하여 만들어지고 열악한 환경에서 생존능력을 유지하는 방법을 제공한다. 포자 중 세균 포자는 식품에서 사용되는 가공과 보존처리에 대하여 내성이 강하기 때문에 식품에서 특히 중요하다. 세균 포자와 비교해서 곰팡이와 효모의 포자는 이러한 처리에 보다 약하다. 본 장에서 곰팡이, 효모, 그리고 세균의 포자형성에 대해서 여기서 간단히 서술한다.

9.2 곰팡이 포자

곰팡이의 포자는 무성 또는 유성에 의해 형성하며, 이를 기반으로 곰팡이를 각각 완전곰팡이 또는 불완전곰팡이로 분류한다.[1] 곰팡이는 많은 수의 무성포자를 형성하며 유형에 따라 분생자, 포자낭포자 그리고 분절홀씨를 형성할 수 있다. 분생자는 분생홀씨분사체가지라고 불리는 특별히 비옥한 균사에서 생성된다(**그림 9.1**). 식품에서 중요한 곰팡이 중 *Aspergillus*와 *Penicillium* 종은 분생자를 형성한다(제28장의 그림 28.1). 포자낭포자는 비옥한 균사 끝의 자루(포자낭)에서 형성된다. *Mucor*와 *Rhizopus*는 포자낭포자를 형성하는 곰팡이의 예이다. 균사의 분할에 의해 형성된 분절홀씨는 *Geotrichum*에 의해 생성된다. 적절한 환경에서 무성포자는 발아하여 균사를 형성하고, 성장을 재개하여 엽상체를 생성한다. 유성포자는 2개의 균사 끝으로부터 2개의 세포 또는 2개의 배우자의 조합으로 형성한다. 그러나 식품에서 중요한 곰팡이 중에 유성생식은 좀처럼 관찰되지 않는다. 몇몇 예는 *Mucor*와 *Neurospora*에서 보인다.

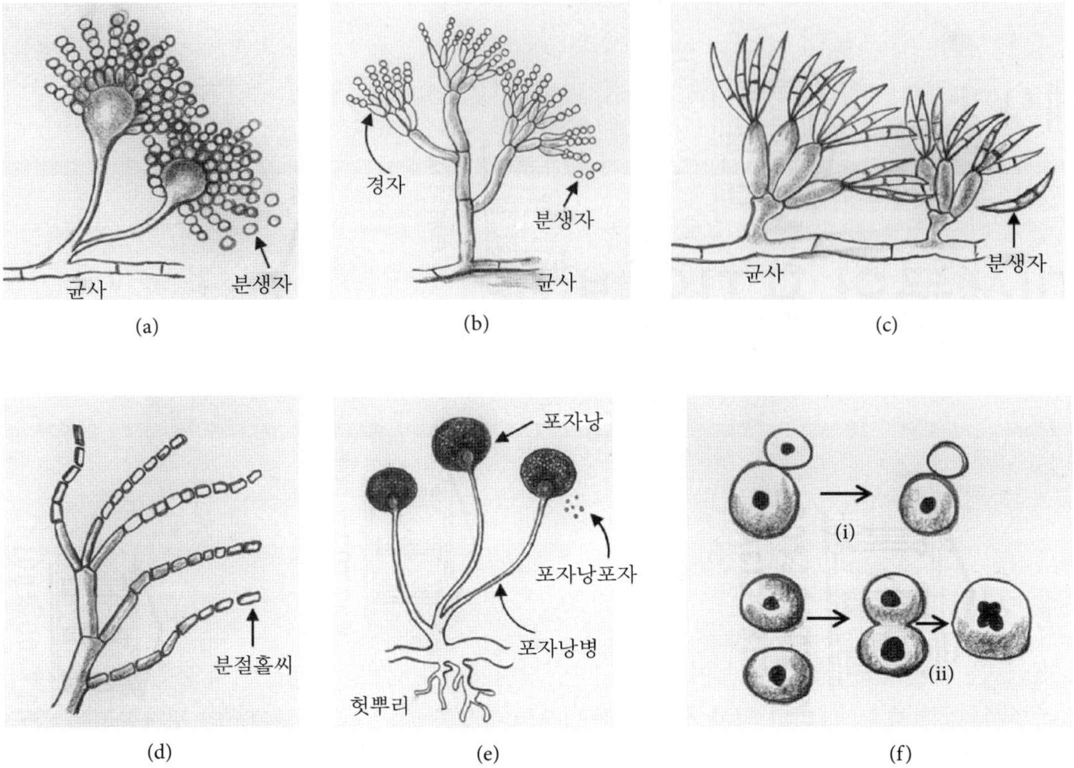

그림 9.1 곰팡이 및 효모 포자의 모식도. (a) *Aspergillus* sp., (b) *Penicillium* sp., (c) *Fusarium* sp., (d) *Geotrichum* sp.의 분절홀씨 (e) *Rhizopus* sp.의 포자낭포자를 포함하는 포자낭과 포자낭병, (f) (i) 모세포-딸세포 그리고 (ii) 2개의 분리된 세포의 접합에 의한 효모의 자낭포자 형성.

9.3 효모 포자

포자형성 능력을 기준으로 식품에서 중요한 효모는 2개의 그룹으로 나누어진다: 유성 자낭포자를 형성할 수 있는 *Ascomycetes*(진짜 효모)와 가짜 효모로 불리는 포자를 형성하지 못하는 효모가 여기에 속한다. 식품에서 중요한 효모로 자낭포자를 형성하는 예로는 *Saccharomyces*, *Kluyveromyces*, *Pichia*, 그리고 *Hansenula*다. *Candida*, *Torulopsis* 및 *Rhodotorula* 속의 종들은 포자를 형성하지 않는다. 자낭포자는 2개의 효모세포의 접합에 의해 형성되는데, 모체와 딸세포의 결합으로 인해서도 발생할 수 있다(그림 9.1). 자낭에서 발육된 포자의 수는 종에 따라 다양하며, 적절한 환경에서 각각의 포자는 효모세포로 발달한다.

9.4 세균 포자

포자를 형성하는 능력은 그람양성 *Bacillus*, *Alicyclobacillus*, *Clostridium*, *Sporolactobacillus*, *Sporosarcina*, 그리고 그람음성 *Desulfotomaculum*과 같은 일부 세균에 국한되어 이루어진다. 이들 중에서

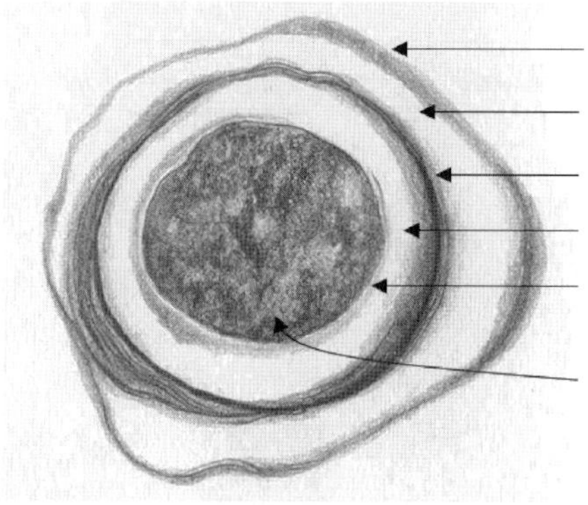

그림 9.2 ***Clostridium botulinum*****에서 세균 포자의 단면도.**

Bacillus, Alicyclobacillus, Clostridium 그리고 *Desulfotomaculum*은 식품의 부패와 식품유래 질병에 관련된 종들이기 때문에 상당히 관심을 가지고 있다.[2~4] 몇몇 *Bacillus*와 *Clostridium*들은 식품생물학적 가공에 중요한 효소를 생산하기 위하여 사용되고 있다.

곰팡이 및 효모 포자와 달리 세균은 세포 하나당 하나의 포자를 세포 안에 갖고 있는 내생포자를 형성한다. 포자가 형성되는 동안 및 세포 파괴에 의해 포자가 나올 때까지 포자는 끝부분, 중간 또는 중간 외의 부분에 위치하여 세포가 부풀어 오를 수 있다. 위상차 현미경에서 관찰하면 포자는 구형 또는 굴절이 있는 타원형으로 나타난다. 포자의 표면은 음전하를 띠고 소수성이다. 영양세포와 비교하여 포자는 물리적·화학적 항미생물적 처리에 저항력이 매우 강하기 때문에 많은 경우에 식품의 가공 및 보존에 사용된다. 이것은 세균 포자가 특정한 구조를 가지고 영양세포와는 확실히 다르기 때문이다. 포자는 내부에서 외부로 **그림 9.2**와 같은 구조를 가진다; DNA, RNA, 효소, 디피콜리닉산(DPN), 2가 양이온 및 아주 적은 물을 갖는 주요 세포질 내핵; 세포막의 전단계인 내막; 내막을 감싸고 영양세포 세포벽의 전 단계인 발아세포벽; 펩타이드와 글리칸으로 구성되어 있고 발아세포벽을 싸고 있는 외피와 포자의 외막; 포자에 저항성을 제공하는 단백질층으로 구성되어 있고 외막과 외피 바깥에 있는 포자의 껍질. 몇몇 종의 포자는 껍질의 바깥에 포자외막이라고 불리는 구조를 가질 수 있다. 발아하고 자라는 동안에 껍질은 가수분해되고, 외막과 껍질은 나오는 세포에 의해 제거된다.

포자는 물질대사적으로 비활동성 또는 휴면 상태이며, 수년간 휴면 상태로 존재할 수 있으며, 적절한 환경에서 영양세포(포자당 1개의 세포)로 나오는 것이 가능하다. 포자를 형성하지 않는 세균과 달리 포자형성균의 생활주기는 영양세포주기(이분법)와 포자주기를 갖는다(**그림 9.3**). 포자주기는 또한 세포가 포자를 형성하고 영양세포가 포자에서 나오는 몇몇 단계를 통해서 순차적으로 거친다. 이 단계는 유전적으로 조절되고 다른 환경 매개변수와 생화학적 사건에 의해 통제되며, 이에 대해 여기서 기술한다.

9.4.1 포자형성

포자형성균의 일반적인 영양세포주기에서 포자형성으로의 전환은 세포가 증식하는 환경 매개변수의

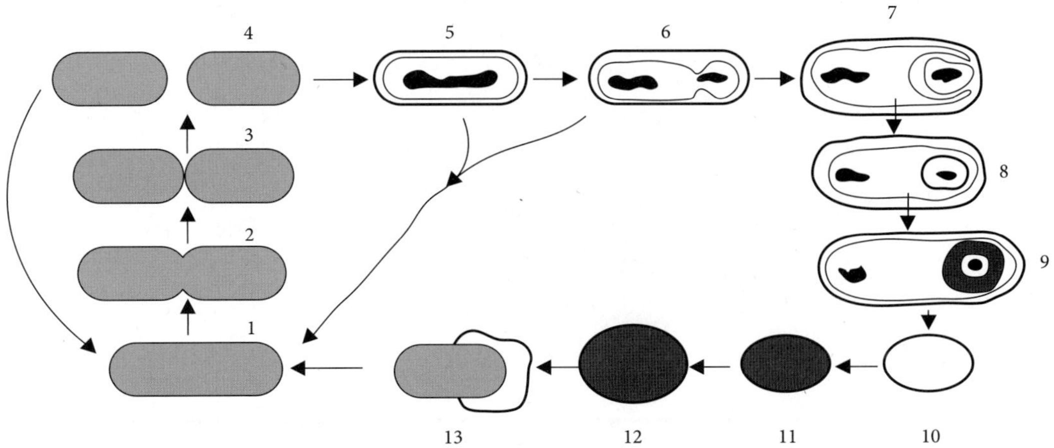

그림 9.3 세포주기의 개략도(1~4) 및 내생포자형성, 발아 그리고 포자형성균의 성장(5~13). 단계는 (5) 축 필라멘트 형성, (6) 사이막 형성, (7) 전포자형성, (8) 외피 형성, (9) 껍질 형성, (10) 부유 포자, (11) 활성화 및 발아, (12) 포자의 팽윤, (13) 세포의 성장. 단계 4에서 세포는 분열하거나(1~4) 또는 포자를 형성할 수 있다. 단계 5와 6에서 세포는 분열세포로 돌아갈 수 있다; 단계 7부터는 비가역적이다.

변화와 환경 내 높은 세포 수에 의해 시작된다. 환경요인에는 가용성 영양소(특히 탄소, 질소 및 인)의 감소를 포함하여 최적온도, 수분활성도 및 pH의 변화이다.[5] 세포분열주기에서 포자형성으로의 전환은 많은 유전자가 관여하여 유전적으로 조절된다. 세포는 DNA 복제가 끝날 때만 포자형성을 개시한다. 포자형성을 개시하는 화합물은 세포가 정상적인 세포분열을 하거나 포자형성을 시작하는 단계에 포함될 수 있다. 포자형성을 개시하는 화합물은 영양소의 고갈 또는 여러 열악한 조건이 생길 때 합성될 수 있다. 아데노신 비스트리포스페이트(Abt)는 탄소와 인이 고갈된 상태에서 포자형성자에 의해 합성되므로 포자형성을 촉발하는 화합물 중 하나이다.

포자형성은 대략 7단계로 구분될 수 있다.[2,3,6](그림 9.3):

1. DNA 복제의 종결, 축 필라멘트에 염색체 정렬, 메소좀 형성
2. 한쪽 끝 세포막의 함몰 및 격막 완성
3. 전포자 탐색
4. 발아세포벽과 외피의 형성, 칼슘이온 축적 및 DPN 합성
5. 포자 껍질의 침착
6. 포자의 성숙: 원형질막의 탈수, 내열성 및 굴절성 외관
7. 세포벽의 효소적 용해 및 포자의 방출
8. 이 과정은 단계 3 이전에 뒤집을 수 있다. 그러나 일단 과정이 단계 3에 들어가면, 세포는 포자형성에 전념한다.[2,3]

9.4.2 휴면 상태

포자는 열악한 조건에서 살아남기 위해서 형성된다. 이것은 극단적인 환경에서 그들의 저항력을 높이

고 휴면 상태(dormancy)로 대사활동을 감소시켜서 달성한다. 내핵의 탈수와 분자 운동의 감소는 휴면 상태에 기인한다.

적절한 환경에서 포자의 휴면 상태는 포자 활성, 발아, 성장과 관련된 일련의 생화학적 반응을 통하여 끝날 수 있다. 최고 휴면이라고 불리는 몇몇 포자는 발아의 단계를 거치기 전에 오랜 시간을 필요로 할 수도 있다. 이것은 일반적으로 *Bacillus*와 *Clostridium*의 세균에서 아주 흔하다. 최고 휴면은 포자 고유의 성질, 환경요인 및 포자손상의 결과물로 생각된다. 몇몇 포자는 엄격한 발아가 필요하고 다른 포자와 함께 발아하지 않는다. 손상을 입은 포자는 그들이 발아하고 증식할 수 있기 전에 손상을 회복해야 할 필요가 있다. 배지의 어떤 요소는 몇몇 포자의 발아를 방지할 수 있다. 식품에서 최고 휴면 포자는 문제를 일으킬 수 있다. 그들은 식품가공 동안에 기존의 실험 방법으로 음식에서 검출되지 않을지도 모른다. 그러나 저장하는 동안에 그들은 발아하고 증식하여 식품을 연속적으로 손상시키는 원인이 되거나, 또는 병원성균으로서 식품을 섭취하기에 안전하지 않게 만들 수 있다.[2,3]

9.4.3 활성화

발아하기 전 포자의 활성화는 포자 내 고분자의 재배열을 동반한다. 포자는 치명적인 열처리, 조사, 산화제 및 환원제와 함께 고압 처리, 극단적인 pH로의 노출, 고압 및 초음파 같은 다양한 방법으로 활성화될 수 있다. 이러한 처리는 고분자의 재배열을 위한 발아제에 대한 포자구조의 투과성을 증가시켜 발아 과정을 가속화한다. 이 과정은 환경이 적합하지 않을 경우에는 활성 후에도 발아하지 않고 되돌아갈 수 있다.[2,3]

9.4.4 발아

발아 중에 몇몇 구조적·기능적 변화가 일어난다. 일단 발아 과정이 시작되면, 휴면 단계는 되돌릴 수 없게 종결된다. 구조적 변화는 내핵의 수화, 칼슘이온과 DPN의 배출 그리고 저항성의 감소와 굴절반사의 손실을 포함한다. 기능적 변화로는 대사활성의 시작, 특정 단백질 분해효소 및 외피 분해효소의 활성 그리고 외피 분해산물의 방출을 포함한다. 일반적으로 발아는 대사적으로 분해되는 과정이다.

발아는 낮은 pH, 고온, 고압, 라이소자임, 영양소(아미노산, 탄수화물), 칼슘-DPN 및 기타 요인에 의해 개시(유발)될 수 있다. 이 과정은 D-알라닌, 에탄올, EDTA, NaCl(높은 농도), 질산 및 소르빈산염에 의해 억제될 수 있다.[2,3]

9.4.5 성장

성장은 포자의 발아기간과 영양세포의 증식 사이에 수선 과정과 생합성으로 구성된다. 이 단계 동안 수화와 영양소 흡수에 의한 포자의 팽창; 단백질, RNA 및 세포막과 세포벽을 위한 물질의 합성과 수선; 외피의 용해; 세포 신장; 그리고 DNA 복제가 일어난다. 적절한 영양소, pH 및 온도와 같은 요소는 그 과정을 촉진할 수 있다. 발아 단계의 종료와 함께 포자로부터 나온 영양세포는 이분법에 의한 증식인 영양세포주기로 들어간다.[2,3,6]

앞서 설명한 바와 같이 포자형성 과정은 열악한 환경에서 비가역적인 세포 분화 과정을 포함하고, 많은 유전자에 의해서 조절되고 발현된다. 많은 유전자의 기능은 포자형성 과정 동안 다른 구성성분의 형성을 차단하는 *Bacillus subtilis*(*spo* 돌연변이체) 돌연변이체를 통해 연구되었다. 이 기능적인 유전자의 발현은 특정한 시그마 인자(σ)를 암호화하는 유전자에 의해 조절된다. 적절한 환경에서의 발아와 성장은 또한 내생포자를 세포분열주기로 들어가게 하는 다른 유전자를 통해서 매개된다.[2]

9.5 식품에서 포자의 중요성

곰팡이와 세균에서 포자형성은 그들을 장시간 살아갈 수 있게 하고 종의 영속성을 위한 기초를 제공한다. 또한 그들이 환경에서 공기와 먼지에 의하여 쉽게 전파될 수 있음을 내포한다.[1,2] 이런 의미에서 식품은 다양한 오염원으로부터 포자에 의해 쉽게 오염될 수 있다. 적절한 식품 환경에서 포자는 발아하고, 증식하며, 바람직하지 않는(또는 바람직한) 효과를 가져온다. 곰팡이와 효모 포자는 상대적으로 열에 민감하고, 또한 혐기상태에서 식품을 저장하는 방법으로 억제될 수 있다.

많은 종류의 *Bacillus*, *Clostridium* 및 *Desulfotomaculum*은 식품부패와 음식물로 인한 질병과 연관된다. 포자는 내열성 때문에 식품 가공에서 특별히 중요한 관심거리이다. 특히 발아하지 않은 포자는 식품부패와 음식물로 인한 질병을 일으킬 수 없기 때문에 포자의 발아와 성장을 막거나 파괴하도록 식품을 가공하고 보존하는 데 주의를 기울여야 한다. 또 다른 가능성은 포자의 발아를 유도한 후에 항균처리로 파괴하는 것이다. 부패와 병원성 종의 최고 휴면 포자는 또 다른 문제를 제기한다. 최고 휴면 포자는 일반적으로 검출되지 않기 때문에, 모든 포자가 제거된다고 생각되는 잘못된 가공 조건을 채택할 수 있다. 그 후에 살아난 최고 휴면 포자는 발아하고 증식하여 식품을 부패시키거나 안전하지 않게 만드는 원인이 될 수 있다. 식품에서 모든 포자를 파괴하는 것은 불가능하기 때문에 식품의 포자 문제를 해결하기 위해 몇몇 특정 방법과 가공 및 보존 방법의 조합이 개발되었다.[1~3]

낮은 산성의 통조림 식품은 아주 높은 열처리로 모든 병원성균 및 대부분의 부패균(몇몇의 고온성 세균 제외)의 포자를 제거하여 상업적으로 무균을 달성하기 위하여 채택된다. 식품 형태에 따라 포자의 발아를 방지하기 위하여 아질산염(가공육), 낮은 pH(산성 제품), 낮은 수분활성도, 또는 높은 염분이 이용된다. 포자 파괴 잠재력을 알아보기 위해 높은 정수압(hydrostatic pressure)이 연구되고 있다. 곰팡이의 포자는 상대적으로 저압(<400 MPa)에서 파괴되지만, 많은 병원성 포자 및 부패균은 상업적으로 멸균을 유지하기 위하여 매우 높은 압력($\geq$700 MPa)과 온도($\geq$90°C)의 조합을 필요로 한다.[7] 많은 식품유래 세균의 포자가 저압 범위에서 발아하고 활성을 가질 수 있다는 것은 이미 오랫동안 알려져 왔다. 이러한 압력 처리 후에 수행하는 다른 압력주기, 열, 또는 항미생물 방부제 처리와 같은 다양한 항균 처리는 세포가 증식을 시작하기 전에 발아하고 성장하는 포자를 파괴하기 위하여 제공될 수 있다. 압력 범위, 가압 시간, 가압 온도, 압력의 지속시간 등과 같은 발아의 몇몇 매개변수의 영향은 현재도 연구되고 있다.[8] **표 9.1**은 그 연구 결과를 보여준다. 특정 주어진 조건에서 종에 따라 발아 유도가 다르다는 것을 확인할 수 있다. 연구 범위 안의 압력과 온도가 올라갈수록 일반적으로 발아를 증가시킨다. 중요한 종의 많은 균주들에 대한 연구는 식품에서 세균 포자를 조절하고 잠재적으로 처리를 결정하기 위한 의미 있는 자료를 제공할 것이다.

표 9.1 25°C와 50°C에서 정수압 압력에 의한 세균 내생포자의 발아 유도

세균종	5분간 압력 온도 (°C)	MPa[b]에서 발아유도율[a]		
		138	345	483
Bacillus cereus	25	99	99	99
ATCC 10876	50	99	99	99
Bacillus stearothermophilus	25	45	88	88
ATCC 12980	50	99	98	98
Clostridium sporogenes	25	0	0	4
PA 3679	50	40	50	82
Clostridium perfringens	25	17	21	29
ATCC 1027	50	12	40	44

[a] 포자 현탁액은 25°C 또는 50°C에서 5분 동안 압력을 가하고, 그 후에 1시간 동안 4°C에 저장하고, 출아한 포자를 파괴하기 위하여 15분 동안 75°C로 가열하였다. 출아유도는 살아나는 포자에서 압력을 가하지 않은 포자현탁액의 숫자를 뺀 값을 계산해서 결정하였다.

[b] MPa: MegaPascal (1 MPa = 145 psi).

9.6 결론

특정 효모, 곰팡이 및 세균에 의한 포자형성은 생존의 방법과 생명 과정의 지속 수단이다. 효모와 곰팡이에서 포자형성은 무성과 유성생식 과정으로 일어난다. 세균에서는 많은 유전자에 의해 조절되고 발현되고 분화되어 생긴다.

포자형성은 식품의 오염뿐만 아니라 환경에서 많은 종의 전파를 가능하게 한다. 식품에서 그들의 증식은 식품에 독소를 생산(효모 제외)하거나 부패시키는 경우처럼 바람직하지 않을 수 있고, 몇몇 식품의 가공에서는 바람직할 수도 있다. 포자(세균)의 발아 억제와 파괴는 다양한 방법으로 식품에서 그들의 증식을 조절하기 위하여 사용된다.

몇몇 세균은 물리적·화학적 또는 환경적 스트레스 조건에서 생존전략의 수단으로 유전적 조절 과정에 의해 포자를 형성한다. 많은 미생물 세포가 반치사 또는 부분최적 조건에 노출될 경우에 완전히 다른 특성을 보이는데 그 조절 기작은 최근까지도 제대로 이해되지 않았다. 이러한 조건에서는 많은 식품유래 세균이 관찰되고 식품미생물학과 중요하게 밀접한 관련을 갖는다. 이 부분에 대해서는 제10장에서 다룬다.

학습문제

1. 곰팡이, 효모 및 세균 포자의 차이점을 나열하시오.
2. 포자를 형성하는 식품유래 세균의 5가지 속을 나열하시오.
3. 세균 포자의 구조를 그리고 표시하고, 각 구조요소의 기능 또는 특성을 기술하시오.

4. 세균 포자형성과 영양세포로의 전환 사이의 단계를 나열하시오. 또한 각 단계에서 일어나는 중요한 현상을 나열하시오.
5. 세균에서 포자형성 그리고 포자 발아의 개시 기작을 기술하시오.
6. 식품에서 세균 포자의 중요성을 기술하시오.
7. 식품에서 세균 포자와 관련된 문제를 통제하기 위하여 사용하는 방법을 기술하시오.
8. 식품에서 세균 포자를 파괴하기 위하여 낮은 범위의 정수압을 다른 항균처리와 함께 어떻게 결합하는지 설명하시오.

참고문헌

1. Feofilova, E.P., Ivashechkin, A.A., Alekhin, A.I., and Sergeeva, Y.E., Fungal spores: Dormancy, germination, chemical composition, and role in biotechnology (review), *Appl. Biochem. Microbiol.*, *48*, 1–11, 2012.
2. Gould, G.W., Germination. In *The Bacterial Spores*, Gould, G.W., Ed., Academic Press, New York, 1969, p. 397.
3. Gombas, D.A., Bacterial sporulation and germination. In *Food Microbiology*, Vol. 1, Montville, T.J., Ed., CRC Press, Boca Raton, FL, 1985, p. 131.
4. Sneath, P.H.A., Endospore-forming Gram-positive rods and cocci. In *Bergey's Manual of Systematic Bacteriology*, Vol. 2, Sneath, P.H.A., Ed., Williams & Wilkins, Baltimore, 1986, p. 1104.
5. Baril, E., Coroller, L., Couvert, O., El Jabri, M., Leguerinel, I., Postollec, F., Mafart, P. et al., Sporulation boundaries and spore formation kinetics of *Bacillus* spp. as a function of temperature, pH and A_W, *Food Microbiol.*, *32*, 79–86, 2012.
6. Lengeler, J.W., Drews, G., and Schlegel, H.G., *Biology of the Prokaryotes*, Blackwell Science, New York, 1999, p. 586.
7. Farkas, D.F. and Hoover, D.G., High pressure processing: Kinetics of microbial inactivation for alternative food processing technologies. *J. Food Sci.*, *65*, 47, 2000.
8. Ray, B., High hydrostatic pressure: Microbial inactivation and food preservation. In *The Encyclopedia of Environmental Microbiology*, Britton, G., Ed., John Wiley & Sons, New York, 2002, p. 1552.

제 10 장

식품 환경에서 미생물의 스트레스 반응

10.1 서론

일반적으로 식중독 세균세포(및 기타 미생물)는 생산, 가공, 보존, 저장, 운송, 섭취 동안만이 아니라 권장된 절차에 의한 식품 성분과 식품의 미생물학적 품질 평가를 실행하는 동안에도 여러 물리적·화학적 환경에 노출되게 된다. 결과적으로 세균세포는 스트레스를 받아 여러 유형의 변형된 특징을 나타내게 된다. 스트레스 환경은 부분최적(suboptimal)의 증식범위를 갖게 하거나 증식범위를 넘게 만든다(**그림 10.1**). 스트레스의 수준과 성질에 따라 집단 내 세포는 동일 또는 여러 유형의 스트레스에 높은 수준의 저항성을 보이기도 하고, 가역적인 반치사 손상 또는 심지어 일부 권장된 세균배지와 배양방법에서 배양능력(증식력)을 잃어버리거나 영구적으로 생존력(또는 증식력)을 잃게 된다. 연구자들은 세균세포의 이런 변형된 상태를 위해 많은 용어들을 사용해왔는데, 그중 일부는 잘 정의되어 있지 않거나, 동일한 상태를 일컫거나, 심지어는 과학적으로 모순된다. 이는 관심있는 사람들에게 혼동을 일으키고 연구자들 사이에서 논란을 불러일으켰다. 현재, 미생물적 스트레스 분야를 연구하는 움직임이 일어나고 있다. 이는 다양한 수준의 스트레스와 스트레스 성질에 따른 세균세포의 반응을 이해하기 위하여 직접적인 기초연구를 실행하고 적합한 정의와 특정 용어를 위한 사회적 합의가 있는 과학적 의견을 발전시키기 위함이다.

지난 50년 동안 일부 물리적·화학적 스트레스에 노출된 세균세포의 변형된 특징을 묘사하기 위한 3가지의 광범위한 용어가 미생물학에 대두되어왔다. 반치사 손상(sublethal injury, 1960~1980년대)[1~3], 살아 있지만 배양이 안되는 상태(viable-but-nonculturable, VBNC 또는 VNC)(1980년대~1990년대)[4] 및 스트레스 적응(1900년대)[5]이다. 대부분의 출판물에서 각각의 양상은 분리된 독특한 현상으로 취급되어왔다. 본 장에서는 이 3가지에 대하여 별도로 설명한다. 이 3가지 모두가 관련되어 있으며, 서로 다른 수준의 스트레스에 노출된 후 세균의 반응 정도만 다를 수 있다.[6,7]

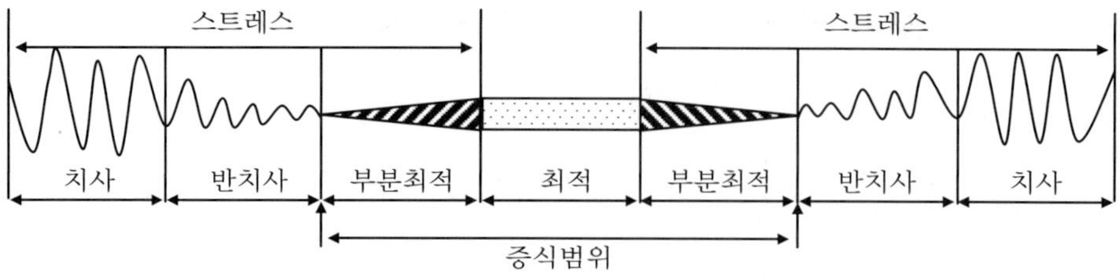

그림 10.1 식품을 가공하고 저장하는 동안 다양한 환경적 스트레스의 수준 또는 정도에 세균세포가 노출됨. 부분최적 증식조건에 노출된 세균세포는 스트레스 적응을 보여준다. 증식범위 이상에서의 세포는 일반적으로 반치사 또는 치사 스트레스를 받는다, 구체적 설명은 본문을 참조하시오.

10.2 스트레스 적응

10.2.1 정의과 관찰

스트레스 적응 또는 스트레스 반응은 세균집단이 부분최적의 물리적·화학적 증식환경에 단순히 노출되는 경우에는 해당 환경에 계속해서 노출되어도 저항성을 보이지만, 같은 유형이나 다른 유형의 더 열악한 환경에 노출된 미생물은 일반적으로 민감한 것으로 설명된다. 이런 현상은 차갑거나 따뜻한 온도, 낮은 수분활성도, 낮은 정수압, UV, 높은 염분, 박테리오신, 보존제, 세정제, 여러 염색제 및 항생제와 같은 다양한 부분최적 물리적·화학적 환경에 노출된 많은 병원성 및 부패균에서 관찰된다. 부분최적 환경에 노출된 세포가 좀 더 열악한 처리에 연이어 노출되는 경우, 이런 환경에 저항할 수 있게 하는 일부 세포학적 기작을 촉진시킨다.[5] 그러나 일단 그 세포가 제거되고 최적의 조건하에 여러 세대의 증식이 허용된다면 세포는 더 이상 저항성을 유지하지 않는다. 오히려 이 세포들은 원래의 상태로 되돌아간다. 스트레스 적응을 묘사하기 위한 여러 연구그룹에 의해 여러 혼동되고 애매모호한 용어가 사용되어왔다. 부분최적 pH에 대한 일부 용어를 다음에서 언급한다.

- 산 저항(Acid Resistance) 또는 산 적응(Acid Adaptation). 약산성환경(예: pH 5.0~5.8)에 장기간 노출된 세포는 pH≤2.5에서의 연이은 노출에 저항할 수 있게 된다.
- 산 저항 또는 산 저항 반응(Acid Tolerance Response, ATR). 약산성에 노출된 세포는 pH 2.4~4에서의 연이은 노출에서 생존할 수 있다.
- 산 쇼크 저항(Acid Shock Response, ASR). 약산성 pH에 대한 사전적응이 없었던 세포의 낮은 pH에 대한 반응.

식중독균의 스트레스 적응을 결정하기 위한 많은 연구가 시행되어왔다. pH 5.0에서 한 세대 또는 두 세대에 걸쳐 노출된 대장균은 pH 3~4(pH 2 이하는 아님)의 연이은 노출에도 잘 생존할 수 있다. 이와 마찬가지로 50°C에 노출된 대장균은 60°C(72°C 이상은 아님)에서도 잘 생존할 수 있다. 또한 산에 적응된 *Listeria monocytogenes*는 pH 3.5에 노출되었을 때 비교적 잘 생존한다. 산 적응 *Listeria monocytogenes*는 니신에 대한 내성을 가진다. 적응되지 않는 대조군과 비교 시 0.1% 과산화수소

(H_2O_2)에 노출된 *Lis. monocytogenes*는 0.5% 과산화수소, 5% 에탄올, 7% 염분, pH 5.0, 또는 45°C에 연이은 노출에 대해 교차저항을 가진다. 최근, 저산성 과일주스에 현탁된 *Lis. monocytogenes*, *Salmonella* 혈청형(serovars) 및 *Esc. coli* O157:H7의 내열성(D값 증가)이 보고되었다. 이 병원성균들은 처음에는 pH 5.0에 노출시킴으로써 처음에는 산 적응이 되었다. 이후 오렌지, 사과 또는 포도주스(pH 3.5~3.9)에 이 균들을 현탁하고 56°C에서 가열하면 대조군과 비교 시 산 적응균의 D값이 유의하게 증가하였다. *Lis. monocytogenes*의 경우, 대조군과 산 적응 세포의 D값은 오렌지주스에서는 각각 2.1과 3.8분, 사과주스에서는 각각 1.6과 5.0분, 포도주스에서는 각각 2.3과 4.6분이었다. 이러한 결과는 배양배지와 식품에서 발생할 수 있는 미생물의 스트레스 적응을 시사한다. 식품가공과 식품보존 방법에서, 정상세포(스트레스에 적응되지 않은 세포)를 이용한 연구 결과는 스트레스 적응 병원성균과 부패균을 사멸시키거나 저감시키는 데 효과적이지 않을 수 있음을 나타낸다. 이러한 문제를 극복하기 위해서 스트레스 적응세포의 저항성에 대한 기작을 이해하고 이들을 제어하는 방법을 개발하는 것이 필요하다.

10.2.2 스트레스 적응 기작[8~10]

세균세포는 세포질막 또는 내막의 지질 구성분의 변경을 통해 스트레스(예: 온도 스트레스)에 대처함으로써 유체상태를 유지할 수 있다는 것이 초기이론이었다. 낮거나 높은 증식온도에서 막 지질은 더 많은 저분자량과 불포화지방산으로 축적되어 있으나 최적 증식온도에서는 고분자량 포화지방산으로 축적되어 있다. 최근에는 세균세포의 스트레스 적응은 많은 종류의 쇼크 단백질 또는 스트레스 단백질의 합성을 통해 이루어진다고 보고되었다. 단백질의 일부는 특정 스트레스에 대한 특이적 반응을 보이는 반면, 기타 다른 단백질은 비특이적이며 하나 이상의 스트레스에 대항한다. 스트레스 단백질은 DNA와 많은 효소와 같이 스트레스에 의해 악영향을 받는 구조를 보호한다. 스트레스 단백질의 대량 합성은 스트레스 관련 유전자계의 발현을 통해 만들어진다. 스트레스 관련 유전자의 일부는 유도되어 발현되고, 일부 유전자는 스트레스에 노출되지 않은 경우 낮은 수준에서 발현된다. 일부 유전자계는 전반적으로 작용하기 때문에 하나의 스트레스에 의한 유전자 발현은 다른 관련 스트레스에 적응하도록 세포를 돕는다.

스트레스 관련 유전자의 발현은 특정 유전자에 의해 합성된 특정 폴리펩타이드 또는 시그마 인자(σ)에 의해 시작된다. 이들 중 σ^B 또는 σ^{37}(sig B 유전자에 의해 암호화됨)은 그람양성균에서 일반적인 스트레스에 대처하는 데 도움을 준다; σ^{32}(*rpoH* 유전자에 의해 암호화됨)와 σ^{24}(*rpoE* 유전자에 의해 암호화됨)는 그람음성균에서 열반응에 대처하는 데 도움을 준다; 그리고 σ^{38}(*rpoS* 유전자에 의해 암호화됨)은 그람음성균에서 일반적인 스트레스와 기아에 대처하는 데 도움을 준다. 열-쇼크 조건과 같은 특정 스트레스하에서 *rpoH*는 다량의 *rpoH* 또는 σ32 단백질 합성에 영향을 미친다(**그림 10.2**). 이러한 시그마 인자(레귤론이라 불림)는 중심 RNA 중합효소(4개의 소단위로 구성, $\alpha\alpha\beta\beta$)와 결합하여 완전한 RNA 중합효소(polymerase) 또는 전효소(holoenzyme)를 형성한다. 이러한 전효소는 열-충격 단백질 합성을 주도하는 열-충격 유전자족(gene family)의 프로모터와 결합한다. 이후 스트레스 세포의 열 손상에 민감한 구조적·기능적 단위(예: DNA와 단백질)를 보호하게 된다. 이러한

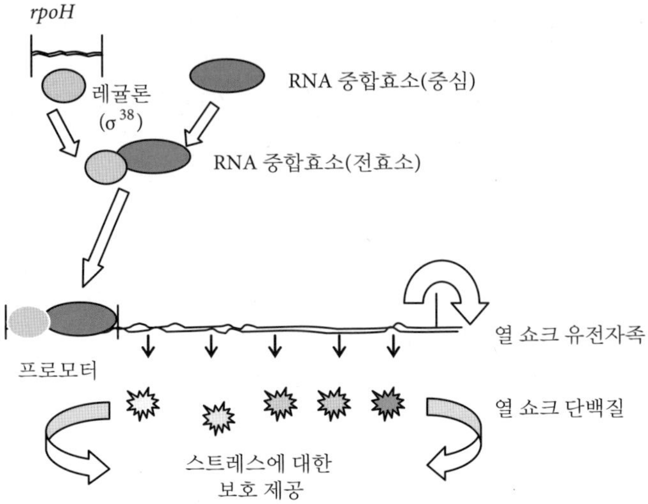

그림 10.2 시그마 인자와 함께 스트레스에 대응하는 세균세포의 기초적 운동역학.

작용은 다른 스트레스에 대해서도 세포를 보호하게 만든다. 여러 스트레스(저온, 열, 낮은 pH, UV)에 대한 보호적인 측면에서 식중독균의 여러 종에서 다양한 시그마 인자의 개입이 연구되어왔다.

10.2.3 식품 내 스트레스 적응 미생물의 중요성[11~13]

앞서 언급하였듯이, 농장에서 식탁에 이르기까지 식품과 식품 성분의 처리 동안 식중독균은 여러 부적절한 물리적·화학적 환경에 노출되게 된다. 이러한 상황은 유익한 균은 물론 병원성균 및 부패균이 정상세포와 다른 특성 만들게 할 수 있다. 이러한 상황은 다음 장에서 설명하는 것처럼 장점이자 단점이 될 수 있다.

저산성 식품 내 병원성균과 부패균의 생존

대부분의 식중독균과 부패균은 저산성에 민감하고 저장 중인 고산성식품(pH $\leq$ 4.5)에서 신속하게 사멸한다. 또한 저산성에서 정상세포는 낮은 농도의 항미생물처리(정수압, 저온 살균 온도, 또는 보존제)에 민감하다. 그러나 이 미생물들이 산에 적응하고 나면, 좀 더 낮은 pH와 최소수준의 기타 다른 처리에 상대적으로 저항하게 되어 생존하게 된다. 최근에 *Salmonella*, *Esc. coli* O157:H7 및 *Lis. monocytogenes*가 함유된 과일주스, 발효소시지 및 산성식품 섭취에 의한 식중독 발생이 저산성 낮은 열처리를 견디는 산 적응 병원성 균주로부터 기인한 것으로 고찰되었다.

이러한 문제를 해결하기 위해서는 중간 수준의 처리에 노출된 식품(표적 세포를 포함한 식품)의 섭취를 자제하는 것이 중요하다. 대신에 여러 가지 중간 수준의 처리를 동시에 사용하여 균주를 파괴할 수 있다(허들 개념, 제41장 참조).

위 pH에 생존하는 스트레스 적응 병원성균

식중독감염형(제26장 참조)과 관련된 대부분의 장내병원성균은 위(stomach)의 낮은 pH에 상당히 민감하여 사멸하게 된다. 이는 위장관 내 감염을 유발하기 위해서는 왜 높은 수준(≥10^6)의 많은 장내병원성균이 존재해야 하는지에 대한 설명이 될 수 있을 것이다. 섭취된 많은 세포는 위에서 사멸되지만 일부 살아남은 세포는 장관 내로 이동되어 감염을 유발한다. 그러나 식품 내 병원성균주가 스트레스에 적응하게 된다면 매우 낮은 수준의 병원성균이 섭취되어도 위에서 생존할 수 있고 장관 내에서 감염을 유발시킬 수 있다.[14] 즉석식품에서 스트레스 적응 병원성균의 존재를 제거하거나 줄이는 시도가 이루어져야 한다.

종균 배양과 프로바이오틱 세균의 생존력 증가[7]

상업적인 종균(starter) 배양물은 보통은 식품가공업자에 의해 높은 수준의 살아 있는 미생물을 사용할 목적으로 냉동되거나 냉동·건조되어 있다. 이러한 배양물의 생존력, 특히 냉동·건조된 배양물의 생존력은 일반적으로 낮다. 이와 마찬가지로 많은 프로바이오틱 세균은 위 pH와 저산성 식품(예: *Lactobacillus acidophilus*를 함유한 요구르트)에 민감하다 그러나 스트레스 단백질을 방출시키기 위해 배양물을 처음에 중간 수준의 스트레스에 노출시키면, 연이은 냉동, 냉동·건조 또는 저산성에 노출된 상태에서도 생존하게 된다. 유전공학기술은 또한 내냉단백질(cryoprotein) 및 스트레스 단백질을 생산하여 좀 더 나은 생존력을 보일 수 있는 새로운 균주를 개발하는 데 사용된다.

10.3 반치사 스트레스와 손상[1~3,6]

10.3.1 정의와 관찰

세균이 부적절한 물리적·화학적 환경(증식범위를 넘어선 환경이지만 치사범위는 아님)에 노출되면 반치사 손상(sublethal injury)을 겪게 되는데 이는 세포의 기능적·구조적 조직의 가역적 변화를 일으키게 된다. 1932년 란(Rahn)[15]은 반치사 스트레스에 노출된 미생물의 사멸이 너무 많이 진행되지 않았다면, 적절한 조건에서 다시 원래 상태로 돌아갈 수 있는 점진적인 과정이라고 제안했다. 1959년 스트레이크(Strake)와 스토크스(Stokes)[16]는 냉온도에 노출된 세균은 정상세포와는 다른 특징을 보임을 나타냈다; 세포는 일시적으로 증식할 능력을 잃어버리지만 적절한 환경에서 손상된 세포를 회복하고 증식을 시작한다. 이후 연구에서 효모 및 곰팡이 세포와 세균 포자는 반치사 스트레스에 노출 후 가역적인 손상을 초래함을 밝혀졌다. 스트레스는 뮤라미데이스(muramidase), 자가분해효소 아미다아제(autolysin amidase) 등과 같은 세포분열을 담당하는 유전물질의 발현감소에 의한 세포형태의 변화를 유발한다. 고온(45°C) 또는 5.5% 염분에 노출된 *Lis. monocytogenes*는 길어지거나 사슬모양으로 변형된다(**그림 10.3**).[17]

이러한 처리는 식품 내 미생물 검출 및 식품가공과 저장 중에 직접적으로 사용하는 방법들을 포함한다. 이러한 처리에는 낮은 열처리(예: 저온 살균), 저온(냉동, 냉장 또는 서늘하게 함), 낮은 수분활성도(염 또는 당과 같은 용질 첨가 또는 여러 유형의 건조), 조사(UV 또는 x-ray), 높은 정수압, 전기펄스, 저산성(유기산과 무기산), 보존제(소르빈산 또는 벤조산), 살균소독제(염소 또는 4급 암모늄화합물), 고온의 미생물배지(특히, 48°C 이상의 한천선택배지) 및 기타 선택계수 그리고 검출 방법이

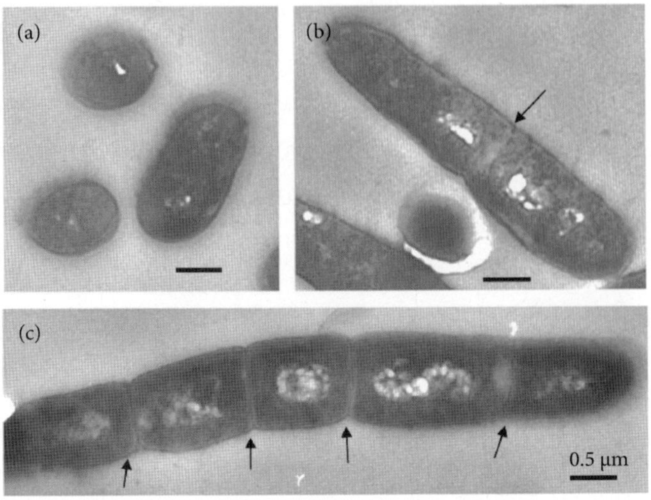

그림 10.3 스트레스에 노출된 *Lis. monocytogenes*의 변형된 형태를 보여주는 투과전자현미경 사진 (b) 고온(16시간 동안 45°C), (c) 5.5% 염분. (a) 대조군 세포로 정상적으로 보임. (사진 출처 Geng T., et al., *J. Appl. Microbiol*. 95(4), 762, 2003.)

있다. 식중독, 식품부패, 식품생물학적 가공 및 위생지표로서 중요한 많은 종류의 세균종과 포자, 곰팡이 및 효모에서 이러한 현상이 나타난다(**표 10.1**). 이 목록으로부터 아직까지 연구되지 않은 기타 미생물 역시 반치사 스트레스에 의해 손상을 입을 수 있다는 사실은 명백하다. 일반적으로, 그람음성균은 그람양성균보다 손상에 더 많이 민감하고 세균 포자는 특정 스트레스에 훨씬 더 많이 저항한다.

미생물의 손상과 손상세포의 증식은 세균세포와 포자 모두에서 연구되었다. 여기에 논의된 정보

표 10.1 반치사 손상이 발견된 식품 내 중요 미생물의 세포와 포자

그람양성 병원성균: *Sta. aureus*, *Clo. botulinum*, *Lis. monocytogenes*, *Clo. perfringens*, *Bac. cereus*
그람음성 병원성균: *Salmonella*, *Shigella* spp., enteropathogenic *Esc. coli*, *Esc. coli O157:H7*, *Vib. parahaemolyticus*, *Cam. jejuni*, *Yer. enterocolitica*, *Aer. hydrophila*
그람양성 부패균: *Clo. sporogenes*, *Clo. bifermentum*, *Bac. subtilis*, *Bac. stearothermophilus*, *Bac. megaterium*, *Bac. coagulans*
그람음성 부패균: *Pseudomonas* spp., *Serratia* spp.
식품생물학적 가공에 사용되는 그람양성균: *Lac. lactis*, *Lab. delbrueckii* subsp. *bulgaricus*, *Lab. acidophilus*
그람양성지표균: *Ent. faecalis*
그람음성지표균: *Esc. coli*, *Enterobacter aerogenes*, *Klebsiella* spp.
세균포자: *Clo. botulinum*, *Clo. perfringens*, *Clo. bifermentum*, *Clo. sporogenes*, *Bac. cereus*, *Bac. subtilis*, *Bac. stearothermophilus*, *Des. nigrificans*
효모와 곰팡이: *Sac. cerevisiae*, *Candida* spp., *Asp. flavus*

는 주로 세균세포와 포자의 손상을 다루고 있다.

10.3.2 세균의 반치사 손상 현상

반치사 스트레스에 따른 세균집단은 비손상(정상)세포, 가역적 손상세포(손상), 및 비가역적 세포(사멸) 3가지 생리학적 부분집단을 가진다. 이들의 상대적인 비율은 다양하며 종과 균주, 현탁배지의 성질, 스트레스의 특징과 지속기간 그리고 검출기법에 따라 다르다. 손상세포는 손상 정도에 따라 다양하며 정상적인 세포와는 다른 여러 특징을 가지고 있다. 표면활성화합물(담즙염, 디옥시콜레이트 또는 SDS), 염분, 일부 화학물질(LiCl, 셀레나이트, bismuthsulfite, 또는 tetrathionate), 가수분해효소, 항생제, 염색제(크리스탈 바이올렛 또는 Brilliant Green) 및 낮은 pH와 비해리산과 같은 화합물에 정상세포는 저항하지만 손상세포 중의 일부는 이런 화합물에 민감성을 보인다. 손상세포는 K^+, 펩타이드, 아미노산 및 RNA와 같은 세포물질을 잃는다. 나쁜 환경에 노출되거나 그 환경이 유지되면 손상세포는 점진적으로 사멸한다. 또한 손상이 회복되지 않는다면 손상세포는 증식하지 못한다. 비선택적이며 영양학적으로 적절히 균형된 배지에서 손상세포는 회복할 수 있게 된다. 이때 스트레스의 특징과 손상정도에 따라 1~6시간 정도 연장될 수 있다. 연장된 치료 단계 후에 세포는 다시금 정상적인 특징을 다시 가지게 되고 증식을 시작하게 된다. 적절한 비선택적 미생물 측정기술을 활용하여 집단 내 손상세포를 검출할 수 있다. **표 10.2**는 정상 *Esc. coli* 세포가 선택배지와 일반배지에서 거의 동일하게 잘 증식하고 있음을 보여주고 있다. 이는 세포가 배지의 표면활성물질인 데옥시콜레이트에 민감하지 않음을 보여준다. 냉동과 해동 후에 세포의 93.7%는 사멸하였다. 생존세포는 비선택적 TS 한천배지에서는 군락을 형성하지만(회복하고 증식함), 생존세포의 80.1%는 선택적 SD 한천배지에서는 군락을 형성시키지 못한다(세포의 손상으로 인한 데시옥시콜레이트에 대한 민감성 때문). 그러나 생존세포의 19.9%는 정상세포이거나 손상을 입지 않은 세포이고 이들은 TS 및 TSD 한천배지 모두에서 동일하게 잘 증식하고 더 이상 데시옥시콜레이트에 민감하지 않다. 많은 식품은 특정 스트레스로부터 발생하는 세포의 사멸과 손상을 모두 줄일 수 있다.

세균의 포자손상은 열, UV, 이온화방사선 조사, 정수압 처리 및 식품에서 중요한 일부 화학물질

표 10.2 *Esc. coli* **NCSM의 생존력 손실과 손상에 대한 냉동과 해동의 영향**

계수배지[a]	배지	CFU/ml		부분집단
		냉동 전	냉동 후	
TS 한천배지	비선택적	276×10^6	17.5×10^6	원래인구-사멸: $276 \times 10^6 - 17.5 \times 10^6$ (93.7%)
TSD 한천배지	선택	267×10^6	3.5×10^6	생존자 중 비상해세포: 3.5×10^6 (19.9%); 상해세포: $17.6 \times 10^6 - 3.5 \times 10^6$ (80.1%)

[a] 물 현탁액 중 *Esc. coli* 세포를 냉동(−20°C에서 16시간 동안) 전과 후 그리고 동시에 해동하여 TS(tryptic soy) 한천배지와 TSD(TS + 0.075% deoxycholate) 한천배지에 주입평판하여 37°C에서 24시간 배양하여 계수함.

(예: 치아염소산염, 과산화수소, 에틸렌옥사이드 및 질산염) 처리 후에 관찰된다. 손상을 입은 포자는 염분, 저산성, NO_2, 항생제, 산화환원전위, 대기가스, 및 배양온도에 민감성을 보인다. 이들 포자는 발아를 늦추고 증식의 유도기가 길어지며 일부 특정 영양소를 필요로 한다. 이러한 두드러진 특징은 포자가 노출된 스트레스의 특징에 따라 매우 다양하다.

10.3.3 손상의 장소와 특징

구조적·기능적 세포 구성분의 손상 장소는 손상세포의 변화된 생리적 특성을 통해 직접적으로 규명할 수 있다. 거의 모든 유형의 스트레스가 연구되었고, 일부 세포 구성분이 손상을 받았다고 밝혀졌다. 게다가 특정 세포 구성분은 특정 스트레스에 의해 손상을 받는다. 반치사 스트레스에 의해 손상된 것으로 알려진 구조적·기능적 구성분은 세포벽(혹은 외막), 세포막(혹은 내막), 리보솜 RNA(rRNA)와 DNA 그리고 일부 효소이다(그림 2.2). 세포벽과 세포질막의 손상은 냉동과 건조에 의한 손상에서 더욱 심각한 반면, rRNA의 손상은 반치사 가열에서 더욱 광범위하게 나타나고 DNA 손상은 세포로의 조사 후에 나타난다.

그람양성균과 그람음성균에 있어서 냉동과 건조는 세포 표면의 소수성을 변화시키고 조밀한 알갱이(pellet) 형성과 일부 파아지 흡착을 불가능하게 한다. 그람양성균의 표면층 단백질 또한 잃어버리게 된다. 반치사 스트레스를 입힌 그람음성균의 당지질(LPS)층은 형태적인 변형을 겪게 되고 손상세포에 쉽게 침투하여 사멸시키는 많은 화학물질(SDS, 담즙염, 항생제, 라이소자임 및 RNase)에 대한 장벽 특성을 잃게 된다. 세포의 당지질은 환경으로 잃는 것은 거의 없고 단지 형태학적 변형만 있게 된다. 당지질의 형태학적 변형은 당지질의 정상적인 안전성에 필요한 2가 양이온의 손실 때문이다. 그람양성균과 그람음성균의 손상세포에서 세포질막은 손상되지 않은 채 남아 있지만, 투과성 기능은 잃게 된다. 그런 세포는 염분에 민감하고 다른 세포물질도 잃어버리게 된다. 이러한 구조의 단백질 분자는 손상세포의 구조적 변형을 가져올 가능성이 높다. rRNA는 활성 RNase에 의해 광범위하게 분해된다. DNA는 단일가닥 및 이중가닥이 끊어질 수 있다. 일부 균주에서는 세포를 용해시키는 자가분해효소가 스트레스에 의해 활성화된다.

반치사 스트레스의 종류에 따라 세균 포자의 다양한 구조적·기능적 구성분에 손상을 입게 된다. 고열처리는 포자가 발아하기 전에 외피 용해에 필요한 용해효소를 손상시키며 투과적 기능을 가지고 있는 포자 막구조 또한 손상시킨다. 조사(UV와 감마)에 의한 손상은 주로 단일가닥 DNA가 깨지는 것이고 일부 화학물질(과산화수소, 항생제, 또는 염소)은 발아 체계의 용해효소를 손상시킨다. 열과 정수압의 병용처리는 외피를 손상시키나 감마조사는 외피와 DNA를 모두 손상시킨다. 강하지 않은 산 처리는 포자의 Ca^{2+} 제거에 의해 포자를 휴면 상태에 놓이게 하며 열에 민감하게 한다.

10.3.4 가역적 손상세포의 회복

손상된 세균세포의 가장 중요한 특징 중 하나는 적절한 환경에서 손상을 회복시킬 수 있는 능력이다. 회복의 과정과 회복률은 특정 방법으로 측정할 수 있다. 이 중 하나는 세포벽 또는 외막의 회복에 의해 표면활성물질에 대한 손상세포의 저항력 회복을 측정하는 것이다. 반치사 스트레스에 노출된 집단

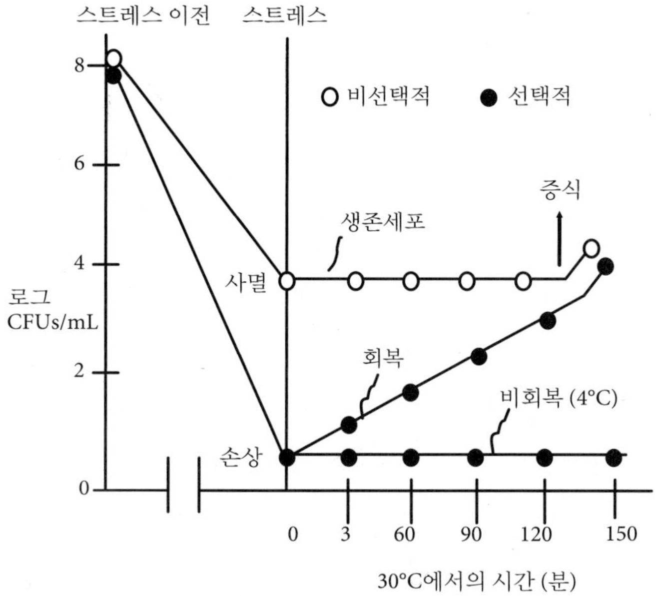

그림 10.4 손상세포의 이론적 회복곡선. 세포의 회복은 비선택적 회복배지에서의 배양 동안 선택적 한천배지에서의 계수가 증가함으로써 나타난다. 세포 증식은 선택적 한천배지와 비선택적 한천배지 모두에서의 동시 증가에 의해 나타난다.

을 회복시킬 수 있는 배지에 현탁시키고 동시에 비선택적 배지와 선택적 배지에 배양 후 CFU를 계수하는 것으로 회복률을 결정하게 한다(**그림 10.4**). 처음 손상세포의 생존균주는 선택배지에서 군락을 형성시키지 못하지만, 비선택적 배지에서는 군락을 형성시킨다. 그러나 이들이 회복되고 다시금 선택적 물질에 대한 저항성을 얻게 되면서 이들은 비선택적 및 선택적 배지 모두에서 군락을 형성시키나 선택적 배지에서 더 많이 계수된다. 손상세포의 손상의 정도는 다를 수 있는데, 이것은 적절한 배지에서 회복시간의 차이로 알 수 있다.

손상세포는 최적 pH와 온도에서 선택적 성분은 없고 필수영양소를 함유한 배지의 배양 동안 회복된다. 일반적으로 세포는 대사 가능한 탄소와 질소 및 기타 비타민이 풍부한 배지에서 잘 회복된다. 카탈라아제와 피루브산(세포에 의해 생산된 과산화수소 파괴)의 첨가는 회복을 향상시키고 회복된 세포의 수를 증가시킨다. 신속한 회복 과정 동안 많은 세포는 과산화수소를 생산하나 손상된 퍼옥시데이스 시스템 때문에 과산화수소를 가수분해하지는 못한다. 축적된 과산화수소는 세포사멸을 초래한다. 적절한 에너지원이 있는 단순배지 또한 손상정도가 낮은 일부세포의 외막(또는 세포벽)을 회복시킬 수 있다. 반치사 스트레스의 종류에 따라 완전한 회복은 25~37°C에서 1~6시간 내에 획득될 수 있다. 냉동과 건조에 의한 손상 속도는 매우 빠르고, 열에 의한 손상 속도는 느리다. 연구에 따르면 회복하는 동안 세포의 대사과정은 스트레스의 특징에 따라 다르고 이 대사 과정에 ATP, RNA, DNA 및 뮤코펩타이드의 합성이 개입된다고 보고하고 있다. 회복 과정 동안 거대 분자의 재구성도 중요한 부분이다. 세포벽(또는 외막)은 세포에 대한 많은 화학물질의 출입을 통제하는 능력을 얻게 된다; 세포막(또는 내막)은 효소와 함께 투과적 기능을 다시 얻는다; RNA와 DNA는 원래의 특징을 다시 갖게 된다. 마침내, 세포는 증식할 수 있는 능력을 얻게 된다. 회복 과정이 유전물질의 활성 또는 불활성과 관련이 있음을 증명하는 직·간접적 연구는 수행되지 않았다.

손상포자의 회복조건은 포자의 종류(호기성 또는 혐기성 종)에 따라 다양하다. 배지의 구성성분 역시 매우 중요하다; 우수한 탄소와 질소원의 첨가, 전분, 환원화합물(시스테인과 같은), 라이소자임, 그리고 2가 양이온과 같은 특정 화합물의 첨가가 필요하다. 시간, 온도, 및 가스 환경 역시 세균종에 따라 최적조건이 바뀌게 된다. 일반적으로, 낮은 온도보다는 열, 조사, 및 화학물질에 의해 손상된 포자의 회복이 좀 더 긴 시간을 요구한다.

10.3.5 효모와 곰팡이의 손상

효모와 곰팡이의 손상과 회복에 대한 연구는 매우 제한적이다. 냉동, 저열처리 및 조사가 *Saccharomyces, Kluyveromyces, Candida, Aspergillus, Penicillium* 및 *Rhizopus* spp.의 영양세포 손상을 야기한다고 보고되어왔다. 곰팡이의 포자는 조사에 의한 손상을 입는다고 밝혀졌다. 손상된 세포 및 포자의 주요 특징은 많은 선택적 환경에 대한 민감성 증가이다. 세포막은 손상과 관련된 주요 구조이다. 영양학적으로 우수하며 비선택적 배지에서의 회복은 증식 이전에 나타난다.

10.3.6 식품 내 반치사 손상 미생물의 중요성

식품의 가공, 저장 및 보존 그리고 설비의 위생에 사용되는 많은 물리적·화학적 처리는 미생물 세포와 포자의 반치사 손상을 유도할 수 있다. 따라서 식품과 식품 설비는 손상된 미생물을 보유하게 된다. 미생물적 손상은 식품미생물학에서 여러 가지 이유로 중요하다.

바람직하지 못한 미생물의 검출

손상된 미생물은 잠재적으로 증식이 가능하다. 그래서 손상된 병원성미생물은 식중독을 일으키고 손상된 부패미생물은 제품의 유통기한을 단축시킨다. 식품에 이런 미생물이 존재하면 검출하는 것이 매우 중요하다. 식품 내 많은 미생물의 검출을 위해 여러 선택적 액체와 고체배지가 사용된다(제42장). 손상된 미생물은 이런 배지에서 검출되지 않을 수 있다. 그 결과 규제 또는 허용 한도를 초과하는 살아 있지만 손상된 병원성 및 지표미생물 그리고 높은 수준의 부패미생물을 함유한 식품이 판매될 수 있다. 이런 식품은 미생물학적 규제와 조항을 충족시킬지라도 위험하며 짧은 유통기한을 갖는다. 이런 문제를 극복하기 위해 식품 내 주요 미생물의 선택적 검출을 수행하기 전에 짧은 회복 단계가 있어야만 한다. 이런 정보는 완제품의 바람직하지 못한 미생물을 적절하게 감소시키기 위한 가공인자들(열처리 온도와 시간 등)을 설계하는 데 중요하다.

식품의 유통기한 연장

손상세포는 많은 물리적·화학적 환경에 민감하다. 손상세포와 포자를 사멸시키기 위한 식품의 보존을 위해 이러한 환경(낮은 온도, 낮은 pH, 또는 낮은 열처리 식품을 위한 보존제)을 사용한다. 이러한 환경에서 손상된 세포와 포자는 회복이 불가능할 것이고, 증식하여 식품을 부패시킬 수 있는 잠재력은 감소될 것이다.

종균 배양물의 생존력 증가

식품의 생물학적 가공에서 종균 배양물은 냉동되어 농축되거나 동결건조 상태로 사용된다. 그러나 이런 상태는 세포를 사멸시킬 수도 있고 손상을 입힐 수도 있다. 세포사멸과 세포손상을 담당하는 기작에 대해 연구함으로써 세포사멸과 손상을 중단시키거나 줄일 수 있다. 이는 종균의 생존력 또는 바람직한 특성의 감소 없이 장시간 동안 저장할 수 있는 종균 농축물을 만드는 데 도움이 된다.

10.4 살아 있지만 배양이 안되는 세포[4,18]

10.4.1 정의와 용어

비우호적인 환경에서 세균집단의 일부 세포는 살아는 있지만 이들 세포가 이전의 소생조건에 처하게 되지 않는다면 많은 권장된 세균배지에서 증식할 수 없다. 이러한 현상에 대해 *Vibrio vulnificus, Vib. cholerae, Vib. parahaemolyticus, Aeromonas hydrophila, Salmonella* 혈청형, *Esc. coli* O157:H7, *Campylobacter jejuni, Enterococcus faecalis, Shigella dysenterie, Helicobacter pylori, Klebsiella pneumoniae, Listeria monocytogenes, Mycobacterium tuberculosis, Pseudomonas fluorescens* 및 기타세균들이 보고되어 왔다. 이러한 현상은 이들이 낮은 온도, 바닷물, 물, 타액, 인산염 완충액, 중금속, 영양소 결핍, 삼투압 스트레스, 식품 보존제, 및 산소 농도에 노출된 경우 일어난다. 많은 식중독 병원성미생물에서 이러한 현상이 관찰되었기 때문에, 식품에서 살아 있지만, 배양이 안되는 상태(Viable But Non-Culturable, VBNC 또는 VNC)로 존재하는 병원성미생물이 알려진 방법으로 검출할 수 없다는 우려가 제기되어왔다. 이런 세포는 우호적인 환경에서 소생되어 증식할 수 있으며, 식품 섭취 후 식중독을 야기한다.

최근, 연구자의 연구 방법으로 인해 세균세포의 VBNC 상태에 대한 의구심이 생겨났다. 게다가, VBNC 용어의 과학적 타당성, 특히 식품미생물학에서 여러 연구자들이 의문점을 제기하였다. 이런 현상과 관련된 일부 용어의 실행적인 정의를 아래에 설명하였다:

- **생존력**. 대사적으로 왕성하고 적절한 환경에서 증식할 수 있다. 세균학에서 이 용어는 배양력과 유사한 개념이다.
- **대사적으로 왕성함**. 적어도 일부 대사활동 수행이 가능하나 필수적으로 증식을 하는 것은 아니다.
- **비배양성**. 어떤 조건하에서도 증식하게 만들 수 없다.
- **사멸세포**. 적절한 환경에서 세포가 분열할 수 없다.
- **소생**. 한 환경에서 증식 불가능한 상태로부터 변형되어 대사적으로 왕성한 세포가 되어 또 다른 환경에서 증식할 수 있는 상태로 된다.

이러한 정의는 VBNC 용어와는 모순될 수 있다. 이 용어에 의하면 하나의 선택적 환경에서 증식이 불가능하지만 또 다른 환경에서는 증식이 가능함을 포함한다. 또한 이후 이들 세포는 선택적 환경에서 증식할 수 있다(반치사 손상세포와 일부 유사성 있음).

세균의 VBNC 현상을 연구하는 연구자들 사이의 현재의 논란으로 인해 생긴 그룹 간의 견해와 관점을 본 장에서 요약하였다.

10.4.2 지지자의 견해

VBNC 현상의 존재는 5°C의 인공적인 바닷물에 보관된 *Vib. vulnificus* 기아세포를 가지고 처음으로 탐구되었다. 이 균이 저장되어 있는 동안 아크리딘 오렌지로 염색한 후 현미경에 의한 총세포수(total microscopic cell count, TMC)를 측정하였다; 세포를 길어지게는 하지만 세포분열은 막는 억제자에 노출시키거나, 대사적으로 왕성한 세포에 의해 포마잔(형광 화합물)으로 대사되는 테트라졸륨염에 노출시킨 후 현미경으로 직접적인 살아 있는 세포계수(viable cell count; TVC)를 수행하였다; 그리고 선택배지에서의 계수도 측정한다. 이제 VBNC 세포는 SYTO-9과 프로피듐 아이다이드(또는 시판되는 LIVE/DEAD BacLight^{TM} 키트 사용) 염색과 현미경 분석을 사용하여 계수한다. **그림 10.5**는 이 연구의 결과를 보여준다.[19] 이 연구에서 TMC와 TVC의 차이는 사멸세포로 간주되며 TVC와 CFU의 차이는 VBNC 세포로 간주된다. 연구자들은 불리한 환경에서 집단에서의 VBNC 세포는 생존전략의 하나로 휴면 상태에 들어간다고 가정한다. 세균의 포자형성처럼 이는 유도가 가능하고 프로그램화된

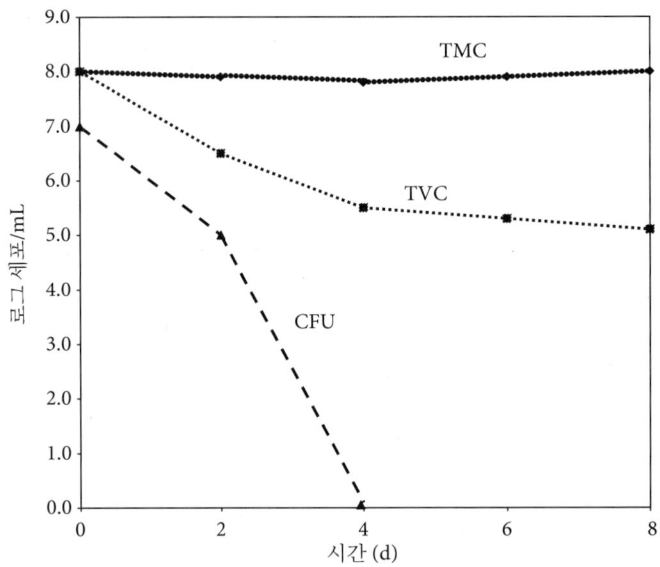

그림 10.5 5°C의 인공바닷물에서 세균세포 현탁액의 총세포수(total microscopic cell count, TMC), 현미경적으로 직접적인 살아 있는 세포계수(viable cell count, TVC) 및 CFU 계수. TMC와 TVC는 현미경 관찰에 의해 계수되고 CFU는 한천배지에서 계수된다. 본문을 참조하시오. (출처: Coldwell, R. R., *Zentralbl. Bakteriol.*, 279, 154, 1993.)

전략이며 세포 생활주기의 한 부분이다. 이 세포는 여전히 대사적으로는 왕성하나 증식은 하지 못한다. VBNC 상태에서 형성은 2단계로 발생한다는 제안이 있다. 초기 단계에서의 세포는 배양 능력을 잃어버리지만 세포무결성과 핵산구조는 유지한다. 점차적으로 세포는 무결성을 잃어버리게 되고 핵산 분해가 시작되면서 세포사멸을 초래한다.

배양배지로의 소생 유도인자 공급 또는 VBNC 유도인자 제거에 의해 세포의 증식은 촉진될 수 있다. 또한 열 충격, 난자 배아로의 접종, HeLa 세포로의 노출, 병원성균에 대한 동물 계대 그리고 기타 처리에 의한 세포의 증식(과 질병 발병의 회복)이 시작될 수 있다. 적절한 환경에서 다시금 소생한다면 정상집단의 세포처럼 이 세포는 신속하게 증식한다. 기타 간접적인 생리학적 연구는 VBNC 세포가 세포 부피를 증가시키고 내부의 K^+, 막전위, 막투과성 및 ATP 에너지를 감소시켰다고 제안한다. 구조적 DNA는 손상없이 유지되고 호흡활동이 유지되며 일부 유전자의 발현이 유지된다.

10.4.3 반대자의 견해

세균의 VBNC 현상에 관하여 일부 연구자들에 의해 여러 의문사항이 제기되었다. 그중 하나는 VBNC 상태는 생활주기에서 프로그램화된 생존전략이고, 포자형성 과정과 같이 불리한 환경에서 유도되는 생존전략이기 때문에, VBNC 상태는 유전적으로 결정된다는 지지자들의 가설에 대한 의문사항이다. 세균 포자형성의 유전적 기초는 잘 설명되어 있지만, 세균의 VBNC 상태가 프로그램화되어 있고 유전적 기초를 가진다는 사실을 직접적으로 증명할 만한 정보는 없다. 그 가설을 해결하기 위해서는 이러한 정보가 필요하다. VBNC 현상을 결정하기 위해 사용된 연구방법에 대해서도 또 다른 의문사항이 제기되었다. 직접적인 방법에서 집단의 VBNC 세포는 현미경학적으로 결정된 TVC와 한천평판계수로 결정되는 CFU의 차이로 결정된다. TVC 연구에 사용되는 생체염색과 광학적 방법은 과학계에서는 사멸세포와 생존세포를 구별하기 위한 효과적인 방법으로 받아들여지지 않는다. 간접적인 방법으로 사용된 세포 부피, 막투과성, 막전위는 VBNC 세포만을 사용한 것이 아니라 많은 수의 사멸세포, VBNC 세포 및 생존세포가 혼합된 총세균을 대신하여 사용되었다. 현재, 집단에서 이 3가지 세포 그룹을 분리할 수 있는 방법은 아직까지 없어서 VBNC 세포만의 세포변화에 대한 연구를 진행할 수 없다. 그러므로 이러한 간접적인 연구의 타당성은 의문의 여지가 있다. 최종적으로, VBNC 현상을 증명하기 위해 한 지지자 그룹에 의해 사용된 소생 방법의 타당성에 대한 의구심을 제시하였다. 적절한 환경에서 하루나 하루 이상 동안 스트레스 세포가 포함된 총 집단을 배양한 후에 CFU가 증가한 것은 VBNC 세포가 배양능력을 다시 획득했기 때문이라고 제안했다. 일부 연구자들은 CFU의 큰 증가(6 또는 그 이상의 로그주기)는 장기간 배양 동안 몇몇 살아 있는 세포의 증식에 기인한다고 제안했다. VBNC 세포를 결정하는 연구에서(그림 10.5) 소생기간 동안 TMC, TVC와 CFU를 동시에 결정한다면, 소생기간 동안에 이루어진 CFU의 증가가 몇몇 살아 있는 세포의 증식으로부터 기인한 것이 아니고 VBNC 세포가 배양 가능한 상태로 전환되어 증가된다는 사실을 증명할 수 있을 것이다. 이와 마찬가지로 VBNC 소생세포가 HeLa 세포와의 결합, 난자 배아로의 군락화, 장내감염 유발 등의 병원성이 부활되는 것은 원래 집단의 몇몇 살아 있는 세포의 증식으로 기인되었음을 제안한다.

10.4.4 현재의 견해

최근의 여러 연구 결과는 불리한 환경에서 장시간 노출된 세균세포에 대한 더 나은 통찰력을 제공하고 있다. 이러한 결과는 VBNC 세포는 실질적으로 살아 있으며 배양이 가능하나 적절한 배양조건에 노출되지 않는다면 소생이 불가능함을 보여주고 있다. 많은 기아세포 또는 스트레스 세포는 불균형한 대사경로를 거친다. 이러한 세포가 영양배지에 노출되면 이들은 대사를 시작하여 다량의 과산화물과 유리기를 생산한다. 그러나 대사 과정에 결함이 있기 때문에 이 세포들은 이런 물질을 해독할 수 없어서 사멸된다. 이런 사멸은 과산화물과 유리기의 생산을 줄이거나 이 물질들의 분해를 증가시킬 수 있는 배지에 노출시킴으로써 예방이 가능하거나 제어가 가능하다. 소생배지에 피루브산 또는 카탈라아제를 첨가하여 이런 세포를 신속하게 배양 가능한 상태로 변형할 수 있다. 이는 TMC의 변화없이 CFU의 즉각적인 증가를 측정함으로써 알아낼 수 있다. 세균의 반치사 손상과 관련하여 1970년대와 1980년대의 여러 연구에 따르면, 세균집단의 환경적 스트레스 후에 생존세포의 소생은 피루브산염 또는 카탈라아제가 첨가된 최소배지 또는 영양배지에서 배양함으로써 증가할 수 있다. 당시 연구에서는 소생배지, 특히 영양배지에서 세포는 과산화수소를 만든다고 제시되었다. 손상의 정도가 매우 큰 세포(그림 10.4)는 퍼옥시데이스 또는 카탈라아제 시스템에 결함이 있어서 과산화수소 분해를 하지 못한다; 피루브산염 또는 카탈라아제를 첨가하는 것은 과산화수소의 분해를 돕고 세포 사멸의 예방을 돕는다.

이런 유사한 관찰로부터 세균의 VBNC 현상과 반치사 손상세포는 많은 유사점을 가지고 있음을 알 수 있었다. 그 차이는 사용된 연구 방법과 결과의 해석에서 더 많이 나타난다.

10.4.5 VBNC 세포의 생리적 특징

VBNC 상태는 많은 병원성균의 생존전략으로 간주된다; 따라서 세균은 유전적·생리적 변화를 겪는다. 그 결과 VBNC 상태에서 세포의 모양과 생리에 몇 가지 눈에 띄는 변화가 있다: (1) 세균은 거대분자 합성량이 감소함에 따라 상당히 작아진다; (2) 세균은 VBNC 상태 동안 병원성을 잃지만, 소생 후 즉시 회복한다; (3) 세포는 항생제에 내성이 있다. 항생제는 주로 증식하는 세포에 효과적이며 VBNC 세포는 대사적을 덜 활동적이므로 항생제는 효과적이지 못하다.

10.4.6 식품 내 VBNC 미생물의 중요성

현재 권장되는 많은 세균학적 방법에 의해 배양할 수 없는 세균이 존재한다는 것은 논쟁의 여지가 없다. 이들은 식품 및 식품환경에 존재하고 잠재적으로 식중독과 식품부패를 야기한다. 식품미생물학자는 이를 인지하고 소생을 유발시켜야 하고 식품에서 이들의 존재를 효과적으로 동정하기 위한 검출법을 개발하여 부패로부터 식품 낭비를 줄이고 소비자의 건강을 보호해야 한다.

10.5 결론

세균세포는 환경적 스트레스의 정도에 따라 다르게 반응한다(**그림 10.6**). 최적 증식범위와는 거리가

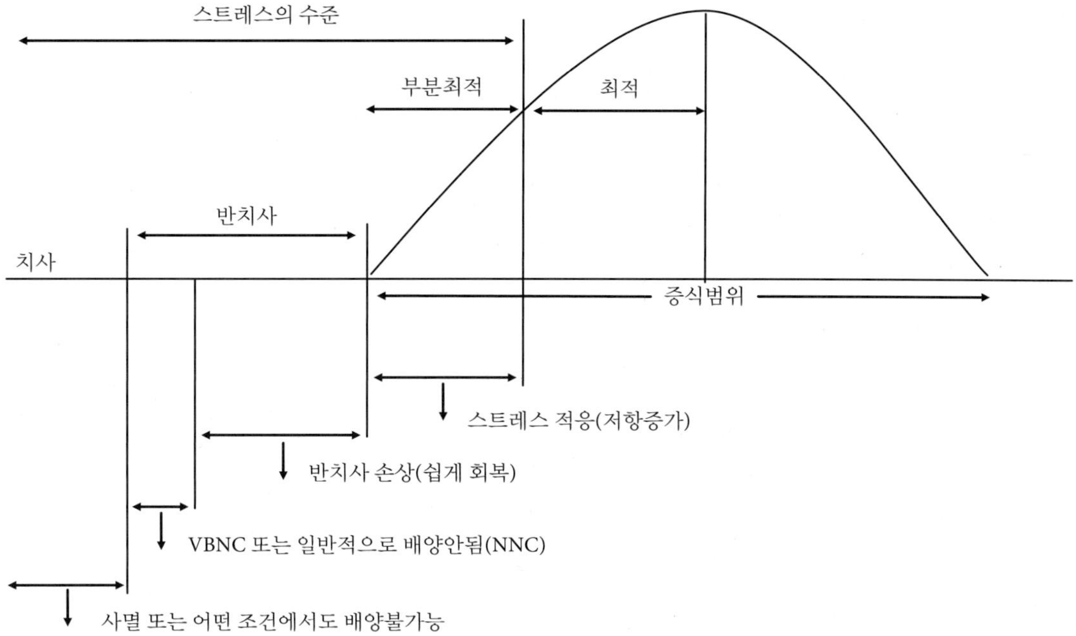

그림 10.6 최적 증식범위를 벗어난 물리적·화학적 환경에 노출되었을 때의 세균세포의 스트레스 반응의 도식화.

면 부분최적 증식범위에서 세포는 좀 더 높은 수준의 같은 스트레스와 다른 스트레스에 대한 저항성의 증가에 의해 나타나는 스트레스 적응을 가지게 된다. 증식범위를 벗어난 노출은 일부 다른 세균에 영향을 주지 않고 일부 세포의 구조적·기능적 구성분에 손상을 일으킨다. 세포의 손상 수준과 정도는 스트레스의 특징과 노출시간에 따라 다르고 스트레스하에서 스트레스 수준이 증가함에 따라 손상의 정도는 증가한다. 일부 세포는 손상을 비선택적 배지 또는 영양배지에서 신속하게 회복한다; 이러한 세포는 반치사 손상세포로 지정되고 이는 낮은 수준의 손상을 보인다. 높은 수준의 손상을 갖는 일부 다른 세포는 회복을 위한 좀 더 명확한 소생환경을 필요로 한다; 이러한 세포는 VBNC 세포를 포함한다(일반적으로 배양가능 세포 또는 NNC세포로 지정되지 않음). 마지막으로 일부 스트레스를 받은 세포는 소생조건에서 증식이 불가능하고 치사손상(또는 사멸) 세포로 지정된다.

식중독 병원성균과 부패균은 식품생산에 사용되는 여러 가공, 보존, 운송 및 저장에 의하여 스트레스에 적응되거나 반치사 세포가 되거나 VBNC(또는 NNC) 세포가 된다. 이러한 세포는 검출을 위해 사용되는 권장된 많은 방법들에 의해 오염된 식품으로부터 검출되지 않을 수 있다. 소비자의 건강을 보호하고 부패로 인한 식품 손실을 방지하기 위해 효과적인 식품 검출 방법을 개발하여 사용해야 한다.

학습문제

1. 식중독 세균세포의 스트레스 적응을 정의하고 식품을 취급하는 동안 스트레스를 받을 수 있는 6가지 유형의 환경을 열거하시오.

2. 세균세포가 부분최적 스트레스에 적응할 수 있는 가능한 기작을 기술하시오. 또한 하나의 스트레스에 노출된 세포가 여러 스트레스에 대한 보호를 어떻게 제공하는지 설명하시오.
3. 식품미생물학에서 세균의 스트레스 적응의 중요성을 열거하시오.
4. 세균의 반치사 손상과 현상을 설명하고 세균세포, 세균 포자 및 효모와 곰팡이에 반치사 손상을 가하는 식품취급 절차의 6가지 조건을 열거하시오.
5. 반치사 손상 세균세포의 6가지 변형된 특징(드러난 특징)을 열거하시오.
6. 반치사 손상을 보이고 세포 구성분의 변화의 특징을 나타내는 세포의 구조적·기능적 구성분을 2가지씩 열거하시오.
7. 반치사 손상을 회복하는 기작과 소생환경의 특징을 논의하시오.
8. *Salmonella* 세포 현탁액이 반치사 스트레스에 노출되었다. 스트레스 전과 후, 30°C에서 1시간 동안 비선택적 액체배지에서 회복된 후 세포현탁액의 계수된 데이터는 다음과 같다[CFU/mL; 비선택적 배지(NSA); 선택적 배지(SA)]:
   대조세포: 비선택적 배지: 3×10^7, 선택적 배지: 2.8×10^7
   스트레스세포: 비선택적 배지: 0.5×10^7, 선택적 배지: 6×10^5
   회복된 세포: 비선택적 배지: 0.5×10^7, 선택적 배지: 3×10^6

   사멸세포, 손상세포, 정상세포, 회복세포 및 회복되지 않은 세포의 %를 계산하시오.
9. 식품미생물학에서 반치사 손상의 중요성을 열거하고 어떻게 이런 현상이 문제해결과 유익한 목적을 위해 사용될 수 있는지 설명하시오.
10. 세포의 VBNC 현상을 정의하고 그 현상의 중요성을 설명하시오.
11. VBNC 현상에 대한 지지자들의 발견과 제안을 간략히 나열하시오.
12. VBNC 현상의 존재에 대한 반대자들의 의견을 나열하시오.
13. 최근의 일부 발견에 있어서 일명 VBNC라 불리는 이 현상과 관련된 제안들을 간단히 설명하시오.
14. 스트레스 적응, 반치사 손상 및 VBNC 상태가 스트레스의 다른 수준과 다른 정도하에서 다르게 드러내는 특징을 어떻게 정당화할 수 있을까?
15. 식품미생물학에서 다음 용어를 정의하거나 중요성을 설명하시오: 스트레스 단백질; 시그마 인자; 전효소(RNA 중합효소); LPS 층의 2가 양이온의 손실; 스트레스하에서의 구조적·기능적 구성분의 형태학적 변형; 포자 손상; VBNC 세포의 생존전략; 배양성과 비배양성.

참고문헌

1. Ray, B. *Injured Index and Pathogenic Bacteria*, CRC Press, Boca Raton, FL, 1989.
2. Andrew, M.H.E. and Russell, A.D., *The Revival of Injured Microbes*, Academic Press, Orlando, FL, 1984.
3. Hurst, A. and Nasim, A., *Repairable Lesions in Microorganisms*, Academic Press, Orlando, FL, 1984.
4. Colwell, R.R. and Grimes, D.J., *Nonculturable Microorganisms in the Environment*, ASM Press, Washington, DC, 1995.
5. Yousef, A.E. and Juneja, V.K., *Microbial Stress Adaptation and Food Safety*, CRC Press, Boca Raton, FL,

2003.
6. Wesche, A.M., Gurtler, J.B., Marks, B.P., and Ryser, E.T., Stress, sublethal injury, resuscitation, and virulence of bacterial foodborne pathogens, *J. Food Prot.*, *72*, 1121–1138, 2009.
7. Angelis, M. and Gobbetti, M., Stress responses of lactobacilli. In *Stress Responses of Lactic Acid Bacteria*, Tsakalidou, E. and Papadimitriou, K., Eds., Springer US, 2011, 219–249.
8. Aertsen, A. and Michiels, C.W., Stress and how bacteria cope with death and survival, *Crit. Rev. Microbiol.*, *30*, 263–273, 2004.
9. Shen, S. and Fang, F.C., Integrated stress responses in *Salmonella*, *Int. J. Food Microbiol.*, *152*, 75–81, 2012.
10. Battesti, A., Majdalani, N., and Gottesman, S., The RpoS-mediated general stress response in *Escherichia coli*, *Annu. Rev. Microbiol.*, *65*, 189–213, 2011.
11. Álvarez-Ordóñez, A., Prieto, M., Bernardo, A., Hill, C., and López, M., The acid tolerance response of *Salmonella* spp.: An adaptive strategy to survive in stressful environments prevailing in foods and the host, *Food Res. Int.*, *45*, 482–492, 2012.
12. Milillo, S.R., Friedly, E.C., Saldivar, J.C., Muthaiyan, A., O'Bryan, C., Crandall, P.G., Ricke, S.C. et al., A review of the ecology, genomics, and stress response of *Listeria innocua* and *Listeria monocytogenes*, *Crit. Rev. Food Sci. Nutr.*, *52*, 712–725, 2012.
13. Soni, K.A., Nannapaneni, R., and Tasara, T., The contribution of transcriptomic and proteomic analysis in elucidating stress adaptation responses of *Listeria monocytogenes*, *Foodborne Pathog. Dis.*, *8*, 843–852, 2011.
14. Louis, P. and O'Byrne, C.P., Life in the gut: Microbial responses to stress in the gastrointestinal tract, *Sci. Prog.*, *93*, 7–36, 2010.
15. Rahn, O., *Physiology of Bacteria*, P. Blackiston's Son, Philadelphia, PA, 1932.
16. Straka, R.P. and Stokes, J.L., Metabolic injury to bacteria at low temperatures, *J. Bacteriol.*, *78*, 181–185, 1959.
17. Geng, T., Kim, K.P., Gomez, R., Sherman, D.M., Bashir, R., Ladisch, M.R., and Bhunia, A.K., Expression of cellular antigens of *Listeria monocytogenes* that react with monoclonal antibodies C11E9 and EM-7G1 under acid-, salt- or temperature-induced stress environments, *J. Appl. Microbiol.*, *95*, 762–772, 2003.
18. Oliver, J.D., Recent findings on the viable but nonculturable state in pathogenic bacteria, *FEMS Microbiol. Rev.*, *34*, 415–425, 2010.
19. Colwell, R.R., Nonculturable but viable and potentially pathogenic, *Zentralbl. Bakteriol.*, *279*, 154–156, 1993.

3

식품미생물의 유용한 용도

식품에 존재하는 미생물의 주요 관심사는 원하지 않는 특성 때문이다. 대부분은 식품을 상하게 할 수 있으며, 일부는 식품매개 건강 위험과 관련이 있다. 그러나 식품 생산에 유익한 특성을 가지고 인간 위장관의 정상적인 건강을 유지하고 식품의 바람직하지 않은 부패 및 병원성 박테리아를 제어하는 다른 미생물이 있다. 바람직한 미생물의 유익한 속성은 다음 주제를 통해 이 섹션에서 간략하게 논의한다.

제11장

식품 발효에 쓰이는 미생물

11.1 서론

유익한 미생물은 여러 가지 방법으로 식품에 사용된다. 여기에는 활발하게 성장하는 미생물 세포, 성장하지 않는 미생물 세포, 미생물의 대사 부산물 및 세포 성분이 포함된다. 성장하는 미생물 세포의 사용 예는 박테리아에 의해 우유를 요거트로 전환하는 것이다. 일부 박테리아의 비성장 세포는 냉장된 원유 또는 생고기의 저장 수명을 늘리는 데 사용된다. 젖산, 아세트산, 일부 필수 아미노산 및 다양한 미생물에서 생성되는 박테리오신과 같은 많은 부산물이 많은 식품에 사용된다. 마지막으로 단일세포 단백질(SCP), 덱스트란, 셀룰로오스 및 여러 효소와 같은 미생물 세포 구성 요소는 다양한 목적으로 식품에 사용된다. 이러한 미생물 또는 그 부산물이나 세포 성분은 안전하고 식품 등급이어야 하며 규제기관의 승인을 받아야 한다. 미생물 세포가 음식과 함께 살아가는 방식으로 사용되는 경우(요거트에서와 같이), 미생물 세포와 그 대사산물이 소비자의 건강에 해로운 영향을 미치지 않는 것이 매우 중요하다. 부산물(예: 아미노산) 또는 세포 성분(예: 효소)이 식품에 사용되는 경우 이를 생성하는 미생물이 규제되고 승인되어야 하며 부산물 및 세포 성분이 안전해야 한다. 식품 등급 미생물이 유전자 변형인 경우, 특히 사용한 유전물질이 다른 생물에서 얻거나 합성된 경우 식품에서의 사용을 승인받아야 한다. 따라서 이러한 목적으로 사용되는 미생물은 몇 가지 상업 및 규제 기준을 충족해야 한다. 이 장에서는 식품 가공에 사용되는 일부 미생물(발효식품에서)의 특성에 대해 설명한다. 이러한 미생물의 대부분은 식품에 사용되는 여러 부산물과 세포 성분을 생성하는 데 사용된다.

11.2 발효식품의 미생물학

식품 발효는 원하는 미생물의 성장과 대사활동에 의해 원료가 발효식품으로 전환되는 과정을 포함한다. 미생물은 원료에 존재하는 일부 구성요소를 기질로 사용하여 에너지 및 세포 구성 요소를 생성하고 개체 수를 늘리며 환경에서 배설되는 사용 가능한 많은 부산물(최종 산물이라고도 함)을 생성한다. 원료의 미사용 성분과 미생물 부산물(때로는 미생물 세포)이 함께 발효식품을 구성한다. 원료는 우유, 육류, 생선, 야채, 과일, 곡물, 씨앗 및 콩이 될 수 있으며 개별적으로 또는 이를 조합하여 발효된다. 전 세계적으로 3,500가지 이상의 발효식품이 생산된다. 많은 민족 유형으로 소수 사람들에 의해 소규모 지역에서 생산되고 사용된다. 현재 소비되는 많은 발효식품은 수천 년 동안 인간에 의해 생산되고 소비되었다. 기원전 3,000년에서 기원전 5,000년까지 거슬러 올라가는 오래된 도시 문명 인더스 밸리, 메소포타미아, 이집트에서 우유, 과일, 시리얼 곡물 및 채소에서 발효식품을 생산하는 데 탁월한 기술을 개발했다. 이 과정은 새로운 식품을 생산할 뿐만 아니라 식물 및 동물 유래의 과잉 원료를 보존하는 데 도움이 되었다.[1]

고대 문명에 의해 개발된 이런 기본 원리는 오늘날에도 자연 발효로 알려진 과정을 통해 다양한 유형의 발효식품을 생산하는 데 사용된다. 이 방법에서는 원재료에 자연적으로 존재하는 원하는 미생물 집단 또는 이전 발효에서 얻은 바람직한 미생물을 포함하는 일부 제품(재사용 발효, Back Slopping)이 원료에 추가된다. 그런 다음 원하는 유형의 성장을 유도하기 위해 원료에 존재할 수 있는 원하지 않는 유형의 성장을 방지하거나 지연시키도록 발효 조건을 설정한다. 제어 또는 순수 배양 발효라고 하는 또 다른 유형의 발효에서는 식품 발효와 관련된 미생물이 먼저 식품에서 정제 및 확인된 다음, 실험실에서 유지한다. 특정 식품의 발효에 필요한 경우, 이 발효와 관련된 미생물 종은 실험실에서 대량으로 배양한 다음, 매우 많은 수의 원료에 첨가한다. 그리고 이러한 미생물이 원하는 제품을 생산하기 위해 우선적으로 성장하도록 발효 조건을 설정한다. 발효에 사용되는 일부 미생물의 특성은 여기서 설명한다. 이러한 미생물 종은 제어 발효에 사용될 때 종균 배양(starter culture)이라고 한다. 이러한 미생물 종의 대부분은 다른 관련 미생물과 함께 자연 발효되는 원재료에 존재하며, 그중 일부는 제품의 원하는 특성에 기여할 수 있다.

11.3 젖산균 종균 배양[2,3]

현재, 12속의 균종은 탄수화물로부터 비교적 많은 양의 젖산을 대사작용하는 능력이 있기 때문에 젖산균이라는 그룹에 포함되어 있다.[4,5] 이 속에는 *Lactococcus, Leuconostoc, Pediococcus, Streptococcus, Lactobacillus, Enterococcus, Aerococcus, Vagococcus, Tetragenococcus, Carnobacterium, Weissella, Oenococcus* 등이 포함되어 있다. 이 속의 대부분은 최근에 이전에 알려진 속으로부터 만들어졌고, 하나 또는 몇 종을 포함하고 있다. 예를 들어, *Lactococcus*와 *Enterococcus*는 이전에 각각 *Streptococcus* 그룹 N과 그룹 D로 분류되었다. *Vagococcus*는 *Lactococcus*로 분명하지 않았고, 이 세균이 운동성인 것은 배제하였다. *Weissella*와 *Oenococcus*는 *Leuconostoc*에서 독립되었다. *Tetragenococcus*는 이전에 *Pediococcus*(*Pediococcus halophilus*)에 포함된 단일종을 포함한다. *Carnobacterium*은 이전의 *Lactobacillus*속의 몇 종을 포함시켜 만들어졌으며, 필수 헤테로 발효이다. 그러나 처음 다섯 속, 즉 *Lactococcus, Leuconostoc, Pediococcus, Streptococcus* 그리고 *Lactobacillus*는 식품 발효에서 종균 배양에 사용했고 여기에 설명되어있다. *Tetragenococcus halophilus*와 *Oenococcus oeni*를 제외한 다른 종들은 식품사용에 대해 현재 확실하지 않다.

11.3.1 유산구균속(*Lactococcus*)

이 속은 여러 종을 포함하지만, 단지 하나의 종인 *Lactococcus lactic*만 널리 유제품 발효에 사용되어 왔다. 이에 3개의 아종(subspecies, ssp.)이 있다; *lactis*, *cremoris*, 그리고 *hordniae*가 있으며, 첫 번째와 두 번째만 유제품 발효에 사용된다. *Lac. lactis* ssp. *lactis* 생태형(biovar)과 *diacetylactis* 생태형도 유제품 발효에서 사용된다.

세포는 난형이며, 직경 0.5~1.0 μm, 쌍구균 또는 연쇄상으로 존재하며, 비운동성, 무포자이고, 통성혐기성이나 미호기성균이다(**그림 11.1**). 일반적으로, 그들은 20~30°C 사이에서 잘 자라지만, 6.5% NaCl이나 pH 9.6에서는 자랄 수 없다. 적합한 액체배지에 그들은 1%의 L(+)-lactic acid를 생산할 수 있고 pH 4.5로 감소한다. 아종인 *cremoris*는 40°C, 4% NaCl에서 성장할 수 없는 것으로 *lactis* 아종과 구분될 수 있고, 리보스(ribose)를 발효시키고, NH_3를 생성하기 위해 아르기닌을 가수분해한다. 생태형 diacetylactis는 다른 것들과 비교해서, CO_2와 citrate로부터 diacetyl을 대량 생산하고 있다. 그들은 일반적으로 유당과 카제인을 가수분해할 수 있다. 그들은 또한 galactose, sucrose 및 maltose

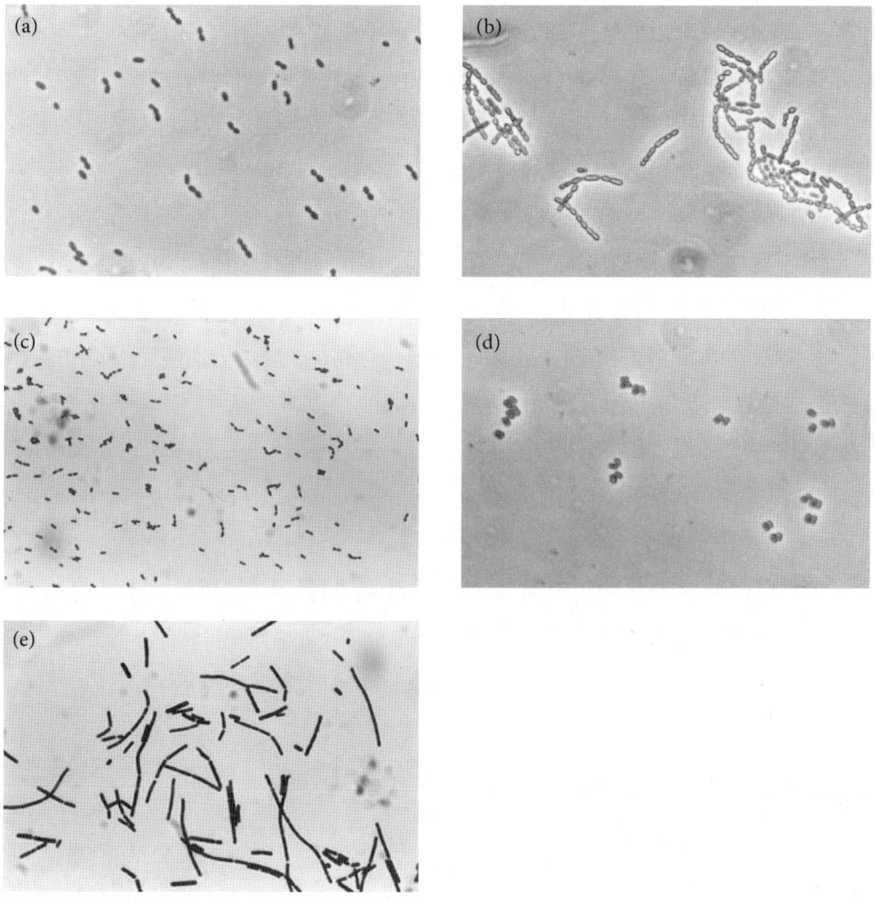

그림 11.1 젖산균 사진: (a) *Lactococcus lactis*, (b) *Streptococcus thermophilus*, (c) *Leuconostoc mesenteroides*, (d) *Pediococcus acidilactici*, (e) *Lactobacillus acidophilus*.

를 발효시킨다. 자연 서식지는 녹색 식물, 사일리지, 낙농 환경, 원유가 있다.

11.3.2 연쇄상구균(*Streptococcus*)

유제품 발효에는 단 하나의 종인 *Streptococcus thermophilus*만 사용되었다. *Str. salivarius* ssp. *thermophilus*로 명칭을 바꾸는 것이 제안되었지만, 바뀌지지 않았다. 그들은 유제품 발효에 사용된다. 그람양성 세포이자 구형 및 난형이며, 직경 0.7~0.9 μm이고 긴 연쇄상과 쌍구균으로 존재한다(그림 11.1). 세포는 37~40°C에서 잘 성장할 뿐만 아니라, 52°C에서도 성장할 수 있다. 그들은 통성혐기성균이며 glucose 액상배지(broth)에서 pH 4.0으로 줄이고 L(+)-lactic acid을 생성할 수 있다. 그들은 fructose, mannose, 그리고 lactose를 발효시킬 수 있지만, 일반적으로 galactose를 발효시키지 못한다. 세포는 30분 동안 60°C에서 살균해도 살아난다. 그들은 우유에서 발견되지만, 그들의 자연 서식지는 모른다.

11.3.3 류코노스톡속(*Leuconostoc*)

그람양성 세포는 구형 및 콩모양, 쌍구균 또는 연쇄상이며, 운동성은 없고 포자를 형성하지 않으며, 카탈라아제 음성이고 통성혐기성이다(그림 11.1). 20°C~30°C 사이에서 잘 자라고 1°C~37°C에서도 자란다. 글루코스는 D(−)-lactic acid, CO_2, 에탄올 또는 초산으로 발효되고, pH 4.5~5.0으로 감소된다. 우유에서 성장하지만, 응유로 굳어지지 않을 수 있다. 또한 아르기닌은 분해하지 않는다. 대부분은 sucrose에서 성장하는 동안 덴스트란(dextran)을 형성한다. 구연산염(citrate)은 디아세틸(diacetyl)과 CO_2를 생산하기 위해 사용된다. 일부 종은 60°C에서 30분 동안 살균해도 살아날 수 있다. *Leuconostoc*은 식물, 채소, 사일리지, 우유, 우유 제품, 원료 및 가공 육류에서 발견된다.

현재 다섯 종으로 알려져 있다: *Leuconostoc mesenteroides*, *Leu. paramesenteroides*, *Leu. lactis*, *Leu. carnosum*, 그리고 *Leu. gelidum*. *Leu. mesenteroides*은 3개 아종이 있다: subsp. *mesenteroides*, ssp. *dextranicum* 그리고 ssp. *cremoris*. *Leu. mesenteroides* ssp. *cremoris*와 *Leu. lactis*는 일부 유제품, 채소발효에 사용된다. 이 종의 대부분은 특히 *Leu. carnosum*과 *Leu. gelidum*이 냉장 진공 포장육 제품의 손상과 관련되어 있다.

*Leuconostoc*는 형태학상으로 이형적이고 불일치하며, 세균의 다양한 그룹에 유전적으로 포함될 수 있다. 최근에 두 개의 새로운 속은 *Weisella*와 *Oenococcus*로부터 만들어졌다. *Oen. oeni*는 와인과 관련된 서식지에서 발견되었고 와인의 말로락틱(malolactic) 발효에 사용된다.

11.3.4 페디오코쿠스속(*Pediococcus*)

이 속에 속하는 균은 구형이며 사분원체(tetrads)를 형성할 수 있으나, 쌍으로 존재할 수 있다. 단일세포나 연쇄상은 없다(그림 11.1). 그들은 그람양성, 비운동성, 무포자, 통성혐기성이며 25°C~40°C 사이에서 잘 번식하고, 일부 종은 50°C에서 성장한다. 글루코스를 L(+)- 또는 DL-lactic acid로 발효시키고, 어떤 종은 pH 3.6으로 감소시킨다. 종에 따라 그들은 sucrose, arabinose, ribose, 그리고

xylose를 발효시킬 수 있다. 특히 우유에서 유당은 일반적으로 발효시키지 못하고, 응고되지 않는다. 일부 균주는 특히 탄수화물원으로 유당을 포함하는 액체배지에서 약한 lactose 가수분해 능력을 가질 수 있다.

종에 따라 그들은 식물, 채소, 사일리지, 맥주, 우유 및 발효 채소, 고기 및 생선에서 발견된다. 이 속은 7~8종을 가지고 있으며, *Ped. pentosaceus*와 *Ped. acidilactici*는 채소, 고기, 시리얼, 그리고 그 밖의 유형의 발효식품에서 사용된다. 또한 2차배양와 같은 일부 치즈의 숙성과 풍미 형성에 관련되어 있다. 이 두 종은 구별하기가 어렵지만, maltose를 발효시켜 *Ped. acidilactici*와 *Ped. pentosaceus*를 비교하고, 50°C에서는 성장하지 않으며, 70°C에서 5분에 사멸된다. *Ped. halophilus*는 높은 소금 제품의 발효에 사용되고, *Tet. halophilus*로 분류되어 있다.

11.3.5 젖산간균(*Lactobacillus*)

*Lactobacillus*속은 그람양성의 이형(heterogenous) 집단이며, 간균, 보통은 비운동성, 무포자이고, 널리 형태, 성장, 대사 특성에서 다양한 통성혐기성에 포함된다(그림 11.1). 세포는 매우 짧은(거의 구균) 것에서 매우 긴 막대모양, 얇거나 적당한 두께의 막대, 보통 굽은 모양까지 다양하며, 단일 세포 또는 짧고 긴 체인 형태로 존재할 수 있다. 종에 따라 글루코스로 성장하는 동안, 그들은 젖산[L(+), D(−) 또는 DL]만 생산하거나 젖산, 에탄올, 초산, CO_2의 혼합물들을 생산한다. 일부는 디아세틸을 생산하고 있다. 대부분은 유당, 자당, 과당, 또는 갈락토오스를 이용하고, 일부는 오탄당(pentose)을 발효시킬 수 있다. 성장 온도는 1°C~50°C까지 달라질 수 있지만, 대부분의 식품의 제어 발효에서 종균은 25°C~40°C에서 사용되고 있다. 몇몇 종은 10°C~25°C의 낮은 온도에서 잘 자랄 수 있어서 일부 식품의 자연 발효에 관여한다. 종에 따라 탄수화물 대사에서 성장할 동안 pH는 3.5~5.0 사이에 감소될 수 있다.

그들은 광범위하게 분포되어 있으며 식물, 채소, 곡물, 종자, 원유 및 가공 우유와 유제품, 생육, 가공육, 그리고 발효 육제품, 발효 채소에서 찾을 수 있다; 일부는 인간, 동물, 가금류의 소화장관에서 발견된다. 그들 중 많은 균들이 식품의 변질과 관련되어 있다.

많은 종 중 일부는 제어 발효에 사용(유제품, 고기, 채소 및 시리얼)되고, 일부는 식품의 자연 발효와 관련된 것으로 알려져 있으며, 몇몇은 장 건강에 유익한 효과를 미치고, 일부는 다른 식품에 바람직하지 않은 영향을 미친다. 육탄당 및 오탄당의 대사 패턴을 바탕으로(제12장에서 설명), 세 그룹으로 나누어져 있다(**표 11.1**). 그룹 I에서는 주로 젖산을 생산하기 위해 육탄당(lactose와 sucrose와 같은 이당류)을 발효하고 오탄당(이러한 ribose, xylose, 또는 arabinose)은 발효하지 않는다. 그룹 II에서는 탄수화물과 이용가능한 양에 따라 주로 젖산, 또는 초산, 그리고 포름산, 에탄올, 그리고 CO_2의 혼합물을 생산한다. 그룹 III의 종은 젖산염(lactate), 초산염(acetate), 에탄올, 그리고 CO_2의 혼합물을 생산하기 위해 탄수화물을 발효한다.

*Lactobacillus delbrueckii*의 세 가지 아종은 치즈와 요거트 같은 유제품 발효에 사용된다. 그들은 45°C에서 잘 자라고, D(−) lactic acid를 대량 생산하기 위해 lactose를 발효한다. 이 아종에서 β-galactosidase는 구성요소이다. *Lab. acidophilus*와 *Lab. reuteri*는 유익한 장내 미생물(프로바이오

표 11.1 *Lactobacillus* 그룹의 분류

특징	Group I	Group II	Group III
이전의 명칭	Thermobacterium	Streptobacterium	Betabacterium
탄수화물 발효 패턴[a]	정상발효	선택적 이상발효	이상발효
탄수화물 발효의 최종산물	젖산	젖산이거나, 젖산, 초산, 에탄올, CO_2, 포름산	젖산, 초산, 에탄올, CO_2
Pentoses 발효	–	+	+
대표하는 균종	*Lab. delbrueckii* ssp. *delbrueckii*, *bulgaricus*, *lactis* *Lab. leichmannii* *Lab. acidophilus* *Lab. helveticus*	*Lab. casei* ssp. *casei*, *rhamnosus*, *pseudoplanatarum* *Lab. plantarum* *Lab. curvatus* *Lab. sake*	*Lab. fermentum* *Lab. divergens* *Lab. kefir* *Lab. confuses* *Lab. brevis* *Lab. sanfrancisco* *Lab. reuteri*

[a]동종발효균(homofermentatives, 주로 젖산을 생산)과 이종발효균(heterofermentatives, 젖산과 더불어 다량의 다른 산물 생산).

틱)로 소장에 존재한다. *Lab. acidophilus*는 발효 유제품을 생산하는 데 사용되며, 중 저온 살균 우유에 추가 또는 프로바이오틱스와 같은 소비 정제와 캡슐로 구성되어 있다. 그것은 유당을 대사시키고, 대량의 D(−)-lactic acid을 생산한다. 그러나 *Lab. acidophilus*에서 β-galactosidase는 일반적으로 유도된다. *Lab. helveticus*는 일부 치즈를 만들고 유당을 발효해서 젖산(DL)을 만들 때 사용한다. *Lab. casei* ssp. *casei*는 일부 발효 유제품에서 사용된다. 그것은 유당을 발효시켜 L(+)-lactic acid를 생산한다. 일부 균주는 프로바이오틱 박테리아로도 사용된다. *Lab. casei* ssp. *rhamnosus*(*Lab. rhamnosus*)의 균주는 현재 프로바이오틱 박테리아으로 사용된다. *Lab. johnsonii*의 일부 균주도 프로바이오틱스로 사용된다. *Lab. plantarum*은 채소와 고기 발효에 사용된다. 그것은 DL-lactic acid를 생산한다. *Lab. curvatus*와 *Lab. sake*는 낮은 온도(2°C~4°C)에서 성장할 수 있고 채소와 고기 제품을 발효할 수 있다. *Lab. sake*는 사케 와인을 발효하는 데 사용된다. *Lab. kefir*는 케피어와 전통 발효 산유(sour milk)의 발효에 중요하다. *Lab. sanfrancisco*는 샌프란시스코 사워도우 빵의 발효에 있는 다른 미생물과 관련되어 있다. *Lab. viridescens*, *Lab. curvatus*, 그리고 *Lab. sake*는 냉장 육제품의 변질과 연관되어 있다.

11.3.6 오에노코쿠스속(*Oenococcus*)

이전에는 *Leu. oeni*로 표기하던 *Oen. oeni*는 *Leuconostoc* spp.의 일반적인 특성을 지니고 있다. 그것은 포도주 양조장 환경에서 발견된다. 그것은 때때로 와인 말로라틱(malolactic) 발효를 촉진하는 데 사용된다.[6] 균들은 와인에서 말산염(malate)을 생산하고 젖산과 CO_2로 대사한다. 이 과정은 와인의 산도를 감소시킨다.

11.4 기타 다른 종균 배양

11.4.1 비피도박테리움속(*Bifidobacterium*)

이들은 일부 *Lactobacillus* 아종과 형태학상으로 유사하고, 이전엔 *Lactobacillus*속에 포함되었다. 세포는 그람양성, 다양한 형태와 크기의 막대모양, 단일세포 또는 다른 크기의 연쇄상으로 존재한다. 이들은 무포자, 비운동성과 혐기성이며, 어떤 것들은 CO_2가 있을 때 O_2를 견딜 수 있다. 이 종의 최적온도 범위는 37°C~41°C이며, 25°C~45°C의 온도 범위에서도 성장한다. 그들은 일반적으로 pH 8.0 위 또는 4.5 아래의 산도에서 성장하지 않는다. 또한 CO_2 생산 없이 2:3 몰비율로 젖산과 초산을 생산하기 위해 글루코스를 발효하고, 또한 유당, 갈락토스 및 일부 오탄당을 발효시킨다.

그들은 인간, 동물, 그리고 조류의 분변에서 분리되었고 소화 기관의 정상적인 장 건강에 유익한 것으로 간주된다. 생후 2~3일 안의 영아 배설물에 많이 존재하고, 보통 모유로 자란 아기에게 더 많이 존재한다. 그들은 보통 대장에서 발견된다.

이 속 대부분의 종은 인간과 동물의 분변으로부터 분리되었다. 이 중 일부는 *Bifidobacterium bifidum, Bif. animalis, Bif. longum, Bif. brevis, Bif. infantis*, 그리고 *Bif. adolescentis*가 포함되어 있다.[7] 많은 종의 유전체 서열이 이제 완성되었다. 이 속의 많은 종들이 박테리오신을 생산하고 장관에서 장내 군집이 형성되는 동안 병원체를 제어하는 데 중요한 역할을 하는 것으로 보인다. 사람에게 모두 분리되었지만, 일부 종은 성인보다 유아에 더 일반적이다. 이 종의 일부는 인간의 장 건강을 유지하고 회복시키기 위한 유제품에 더 많은 생균세포들을 공급하기 위해 추가된다.

11.4.2 프로피오니박테리움속(*Propionibacterium*)

이 속은 전통 또는 낙농 프로피온산균 그룹과 피부나 여드름 프로피온산균 그룹의 종을 포함한다. 여기서는 diary 그룹만 설명되어 있다.

세포는 그람양성, 1~1.5 μm 길이의 다형성 두꺼운 막대모양이며, 단일세포, 쌍간균 또는 다른 형상의 짧은 연쇄상으로 발생한다. 그들은 비운동성이며, 무포자, 혐기성(약간의 공기에 내성이 있는), 카탈라아제 양성이고, 대량의 프로피온산과 초산을 생산하기 위해 글루코스를 발효시킨다. 또한 그들은 종에 따라 유당, 수크로스, 과당, 갈락토스 그리고 일부 오탄당를 발효시킨다. 최적온도는 30°C~37°C이다. 일부 종은 색소를 형성한다. 그들은 원유(raw milk), 어떤 형태의 치즈, 유제품 및 사일리지에서 분리되었다.

현재 낙농 프로피오니박테리움의 4가지 종이 이 속에 포함되어 있다: *Propionibacterium freudenreichii, Pro. jensenii, Pro. thoenii, Pro. acidipropionici*. 네 개 모두는 스위스형 치즈의 자연 발효와 관련되어 있지만, *Pro. freudenreichii*는 제어 발효의 종균으로 사용되어왔다.

11.4.3 브레비박테리움속(*Brevibacterium*)

이 속에는 혼합된 호피형(coryniform) 박테리아 종을 포함하여, 그 중 일부는 치즈 생산 및 기타 산업 발효에 중요하게 활용되고 있다. *Brevibacterium linens*는 세포 밖으로 프로테아제를 분출하여 치즈 숙성에 사용된다. 세포는 운동성이 없고 그람양성이며 높은 염도와 넓은 pH 범위에서 자랄 수 있다.

11.4.4 아세토박터속(*Acetobacter*)

이 속의 종인 *Acetobacter aceti*는 알코올에서 아세트산을 생산하는 데 사용된다. 세포는 그람음성, 호기성, 간상체(0.5~1.5 μm)이다; 단일 세포, 쌍 또는 사슬로 발생; 그리고 운동성 또는 비운동성일 수 있다. 그들은 절대 호기성이며 카탈라아제 양성이며 에탄올을 아세트산으로, 젖산을 CO_2 및 H_2O로 산화시킨다. 25°C에서 30°C 사이에서 잘 자란다. 그들은 과일, 사케, 야자 와인, 사이다, 맥주, 사탕수수 주스, 차, 곰팡이 및 토양에서 자연적으로 발견된다. 일부 종은 다량의 셀룰로오스를 합성한다.

11.5 효모와 곰팡이(Yeasts and Molds)

많은 효모와 곰팡이가 식품에 중요하지만 대부분 식품의 부패와 곰팡이 독소 생성과 관련이 있다. 하지만 몇몇은 식품 생물가공 공정에 사용된다. 현재, 그들의 바람직한 특성을 개선하기 위해 유전적 개선이 이루어지고 있다. 여기서는 식품 발효에 사용되는 몇 가지에 대해 간략히 설명한다.

11.5.1 효모(Yeasts)

많은 유형의 효모 중에서 식품 및 알코올의 발효, 식품에 사용되는 효소의 생산, 단세포 단백질(SCP)의 생산 및 일부 식품에 바람직한 풍미를 부여하기 위한 첨가제와 관련된 것은 소수에 불과하다. 사용된 가장 중요한 속과 종은 *Saccharomyces cerevisiae*이다.[8] 이것은 빵을 발효시키고[9] 맥주, 포도주, 증류주 및 공업용 알코올을 생산하고, invertase(효소: 수크로스 → 글로코스+과당) 생성과 일부 음식(수프)의 맛을 내는 데 사용되고 있다. 그러나 바이오 연료로서의 바이오매스로부터의 에탄올 발효와 같은 특정 요구에 맞도록 많은 균주가 개발되었다.[10]

세포는 원형, 타원형 또는 길쭉하다. 그들은 다극성 출아 또는 자낭포자의 접합 및 형성에 의해 증식한다. 균주는 일반적으로 상면 발효효모와 하면 발효효모로 분류된다. 상면 발효효모는 20°C에서 매우 빠르게 성장하여 알코올과 CO_2를 생성한다. 또한 빠른 CO_2 생성으로 인해 표면에 떠 있는 덩어리를 형성한다. 대조적으로, 하면 발효효모는 10°C~15°C에서 더 잘 자라며 CO_2를 천천히 생성하고(또한 천천히 성장함) 덩어리지지 않아 바닥에 가라앉는다. 상면 발효효모와 하면 발효효모는 특정 발효 과정의 필요에 따라 사용된다.

*Candida utilis*는 SCP를 생산하는 데 사용되고 있다. 이것은 불완전 효모(불완전 진균, *Fungi imperfecti*)이며 (접합이 아닌) 출아에 의해 번식한다. 세포는 타원형 내지 길쭉한 모양이며 많은 수의

출아 세포와 함께 균사를 형성한다.

그들은 또한 식품부패에 관여한다. *Kluyveromyces marxianus*와 및 *Klu. marxianus* var. *lactis*는 유당을 가수분해할 수 있으며, 다른 효모 및 유산균과 함께 케피어와 같은 알코올성 유제품의 자연 발효와 관련이 있다. 그들은 또한 일부 유제품의 부패와 관련이 있다.[6] 현재, 이들은 유당을 가수분해하여 상업적으로 사용하기 위해 β-갈락토시다아제(락타아제)를 생산하는 데 사용된다. 이 효소는 현재 저유당 우유를 생산하는 데 사용된다.

11.5.2 곰팡이(Molds)

대부분의 곰팡이는 식품부패와 관련이 있으며 식품에서 자라는 동안 많은 곰팡이 독소(mycotoxin)를 형성하지만, 다른 어떤 종과 균주는 식품 가공과 식품에 사용할 첨가제와 효소를 생산하는 데 사용된다.[11]

일반적으로 곰팡이는 다세포의 사상균이다. 필라멘트(균사)는 격벽 또는 비격막일 수 있으며 핵을 가지고 있다. 그들은 균사 끝의 신장(영양생식)에 의해 또는 자실체(spore-bearing body) 상에 유성 또는 무성 포자를 형성함으로써 분열한다.

많은 속 중에서 *Aspergillus*와 *Penicillium*의 여러 종과 *Rhizopus*와 *Mucor*의 몇 종은 식품에서 유익한 목적으로 사용되어왔다. 이러한 목적으로 사용되는 균주는 곰팡이 독소를 생성하지 않아야 한다. 자연 발효의 경우 비진균독소 생성 균주를 식별하기는 어렵지만 제어 발효에 사용할 균주를 선택하는 데 중요한 고려 사항이 되어야 한다.

*Aspergillus oryzae*는 사케, 간장, 된장과 같은 여러 동양 식품의 발효에 사용된다. 또한 일부 식품 효소의 공급원으로 사용된다. *Asp. niger*는 자당(sucrose)에서 구연산(citric acid)과 글루콘산(gluconic acid)을 생산하는 데 사용된다. 또한 펙티나아제와 아밀라아제 효소의 공급원으로도 사용된다. *Rhizopus oryza*는 템페(tempe), 무르차(murcha), 추(chu), 누룩(nuruk)을 만드는 데 사용된다. *Penicillium roquefortii*는 로크포르(Roquefort), 고르곤졸라(Gorgonzola) 및 블루치즈의 숙성에 사용된다. 일부 균주는 신경독소인 로크포르틴(roquefortin)을 생성할 수 있다. 치즈에 사용할 균주를 선택하고 개발할 때 이러한 측면을 신중하게 고려해야 한다. *Pen. camembertii*는 카망베르 치즈에, *Pen. caseicolum*은 브리 치즈에 사용된다. 그들은 또한 포도당 산화효소를 생산하는 데 사용된다.

11.6 결론

식품 등급의 박테리아, 효모 및 곰팡이는 우유, 고기, 생선, 계란, 과일, 야채 등의 자연 또는 제어 발효를 통해 전 세계적으로 수천 가지의 발효 식품을 생산하기 위해 다양한 조합으로 사용된다. 제어 발효에서 종균 배양으로 사용되는 종 및 균주는 안전하고 규제될 뿐만 아니라 발효 식품에서 바람직한 특성을 생성할 수 있어야 한다. 이러한 특성은 식품에 존재하는 탄수화물, 단백질 및 지질의 대사 분해의 결과이다. 이들 중 일부는 제12장에서 간략하게 논의된다(또한 제8장 참조).

학습문제

1. 식품에서 유익한 미생물을 선택하는 데 사용되는 기준을 설명하시오.
2. 미생물이 식품에서 유익하게 사용되는 다양한 방법을 나열하시오.
3. 현재 유산균 그룹에 포함된 속을 나열하시오.
4. 현재 식품 발효에서 종균 배양으로 사용되는 속을 나열하시오.
5. 식품발효에 사용되는 *Lactococcus*와 *Streptococcus*에서 각각 1종(species)과 *Leuconostoc, Pediococcus, Bifidobacterium* 및 *Propionibacterium*에서 2종을 나열하시오.
6. *Lactobacillus*속의 종(기초)은 어떻게 그룹으로 나뉘는가? 각 그룹에서 두 종을 나열하시오.
7. 다음 용어는 언제 사용하는가? lactococci와 *Lactococcus*; streptococci와 *Streptococcus*; leuconostocs와 *Leuconostoc*; pediococci와 *Pediococcus*; lactobacilli와 *Lactobacillus*?
8. 현재 프로바이오틱 박테리아로 사용되는 세 가지 박테리아 종을 말하시오.
9. 다른 식품 및 음료의 효모 발효에는 한 종만 사용한다. 종의 이름을 지정하고 한 종이 많은 발효 과정에서 어떻게 효과적일 수 있는지 설명하시오. 하면 발효효모와 상면 발효효모의 특성에 대해 설명하시오. 현재 상업적으로 β-갈락토시다아제(락타아제)를 생산하는 데 사용되는 종을 말하시오.
10. 곰팡이는 식품에서 어떻게 다양한 방식으로 사용되는가? 두 종(species)의 이름을 지정하고 용도를 나열하시오. 식품 발효에 곰팡이 균주를 사용하는 동안 어떤 주의가 필요한가?

참고문헌

1. Ray, B. and Daeschel, M.A., *Biopreservatives of Microbial Origin*, CRC Press, Boca Raton, FL, 1992.
2. Fox, P.F., Bacteria, beneficial | lactic acid bacteria: An overview. In *Encyclopedia of Dairy Sciences* (Second Edition), John, W.F., Ed., Academic Press, San Diego, 2011, pp. 401–402.
3. Björkroth, J. and Koort, J., Lactic acid bacteria | taxonomy and biodiversity. In *Encyclopedia of Dairy Sciences* (Second Edition), John, W.F., Ed., Academic Press, San Diego, 2011, pp. 45–48.
4. Schroeter, J. and Klaenhammer, T., Genomics of lactic acid bacteria, *FEMS Microbiol. Lett.*, *292*, 1–6, 2009.
5. Weimer, B.C., Lactic acid bacteria | physiology and stress resistance. In *Encyclopedia of Dairy Sciences* (Second Edition), John, W.F., Ed., Academic Press, San Diego, 2011, pp. 56–66.
6. Toit, M., Engelbrecht, L., Lerm, E., and Krieger-Weber, S., *Lactobacillus*: The next generation of malolactic fermentation starter cultures: An overview, *Food Bioprocess. Technol.*, *4*, 876–906, 2011.
7. Turroni, F., van Sinderen, D., and Ventura, M., Genomics and ecological overview of the genus *Bifidobacterium*, *Int. J. Food Microbiol.*, *149*, 37–44, 2011.
8. Deak, T. and Beauchat, L.R., Identification of foodborne yeasts, *J. Food Prot.*, *50*, 243–264, 1987.
9. Chavan, R.S. and Chavan, S.R., Sourdough technology: A traditional way for wholesome foods: A review, *Comp. Rev. Food Sci. Food Safety*, *10*, 169–182, 2011.
10. Lin, Y. and Tanaka, S., Ethanol fermentation from biomass resources: Current state and prospects, *Appl. Microbiol. Biotechnol.*, *69*, 627–642, 2006.
11. Ghorai, S., Banik, S.P., Verma, D., Chowdhury, S., Mukherjee, S., and Khowala, S., Fungal biotechnology in food and feed processing, *Food Res. Int.*, *42*, 577–587, 2009.

제12장

유용 형질의 생화학

12.1 서론

유익한 미생물은 시재료(예: 우유나 육류와 같은 음식)에 존재하는 일부 성분을 대사하여 에너지와 세포 물질을 생성하고 증식한다. 이 과정에서 세포에 더 이상 필요하지 않은 일부 최종 산물이 생성되는데, 이러한 부산물은 환경으로 배출한다. 이러한 부산물 중 일부는 시재료의 나머지 구성 요소에 고유한 특성(대부분 질감 및 풍미)을 부여한다. 이들은 생물공정 처리가 되거나 발효된 제품이며 소비자가 선호하는 것이기도 하다. 발효 부산물 중 일부는 정제하여 식품 첨가물로 사용할 수도 있다. 일부 바람직한 미생물에 의한 이러한 부산물의 생성을 이 장에서 논하였다(제8장 참조).

이러한 미생물이 사용하는 대사 경로를 설명하기 전에 발효에 사용되는 식품(기질)의 성분을 검토하는 것이 도움이 될 것이다. 기질이 미생물 세포 내부에서 대사되기 전에 외부 환경에서 운반되어야 한다. 간단히 말해서, 이러한 기질의 수송에 관여하는 세포 요소를 인식하는 것도 도움이 될 것이다.

발효의 시재료에서 사용할 수 있는 중요한 기질에는 여러 탄수화물, 단백질 및 비단백질 질소(NPN) 화합물 및 지질이 포함된다. 식품에서 중요한 발효성 탄수화물은 전분, 글리코겐(육류), 유당(유제품), 자당, 말토스(전분 분해 산물, 엿당), 포도당, 과당, 5탄당(식물성 원료)이다. 단백질성 및 NPN 성분은 주로 큰 단백질(구조와 기능 면에서), 다양한 크기의 펩타이드 및 아미노산을 포함한다. 지질에는 트리글리세라이드, 인지질, 지방산 및 스테롤이 포함될 수 있다. 이러한 구성 요소를 외부에서 운반하고 세포 내부에서 대사하는 능력은 미생물에 따라 크게 다르다.

12.2 영양소 전달 기작

영양소 분자는 세포 경계인 세포벽과 세포막을 통과해야 한다. 그러나 대부분의 그람양성 유산균에서 주요 경계는 세포질막이다. 세포질막은 단백질 분자가 내장된 이중의 지질층으로 구성되며, 그 중 일

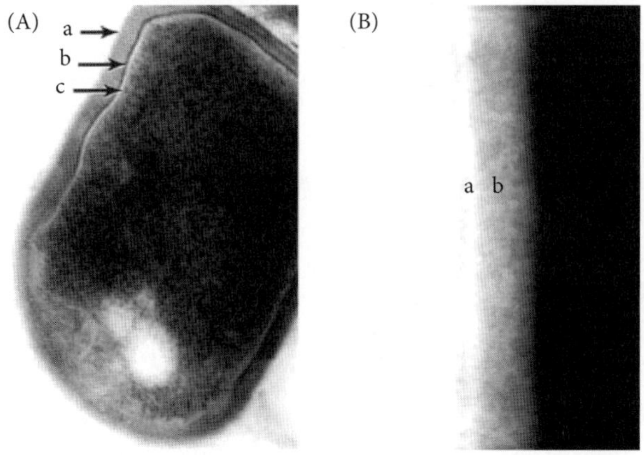

그림 12.1 (A) *Lactobacillus acidophilus* 세포의 투과전자현미경 사진. (a) 음이온성(teichoic, teichouronic, lipoteichoic acids) 다당류층, (b) 점액성 펩타이드(mucopeptide) 층, (c) 세포질막. (B) *Lactobacillus acidophilus*의 음성 염색 전자현미경 사진. (a) 표피층 단백질, (b) 세포벽. 세포질은 검은색으로 염색.

부 단백질은 세포질에서 세포벽까지 지질 이중층에 걸쳐 있다(**그림 12.1**; 그림 2.4). 그들 중 다수는 영양 분자를 외부에서 세포로 운반하는 데 관여하는 수송 단백질이다(또한 많은 부산물을 세포에서 주위 환경으로 배출).[1,2]

일반적으로 단당류와 이당류 같은 작은 분자, 아미노산 및 작은 펩타이드(최대 8~10개 아미노산)는 단일 또는 그룹으로 특정 수송 시스템에 의해 세포 내부로 거의 변하지 않고 수송된다. 지방산(글리세리드로부터 유리 또는 가수분해됨)은 지질 이중층을 통해 용해 및 확산될 수 있다. 대조적으로, 큰 탄수화물(전분과 같은 다당류), 큰 펩타이드 및 단백질(예: 카제인 및 알부민)은 세포 내부로 직접 수송될 수 없다. 세포가 세포벽 표면이나 세포 밖으로 특정 가수분해효소를 생산하여 내보낼 수 있는 경우, 큰 영양소는 작은 분자로 분해된 다음 적절한 수송 시스템에 의해 세포 내로 전달될 수 있다.[3]

단당류 및 이당류, 아미노산 및 작은 펩타이드는 1차 수송 시스템(예: ATP 결합 카세트 또는 ABC 수송체), 2차 수송 시스템[예: 양성자 구동력(proton motive force)를 이용하는 단일수송(uniport), 동향수송(symport), 대향수송(aniport) 시스템], 그리고 포스포에놀피루브산-인산전달효소(phosphoenolpyruvate-phosphotransferase, PEP-PTS) 시스템과 같은 다양한 능동수송 시스템에 의해 막을 통해 수송된다. 이런 수송 시스템은 분자 유형이나 유사한 분자 그룹(그룹 수송)에 대해 특이적으로 작용하며, 기질의 농도 구배에 대항하여 수송할 수 있으며, 이 수송 과정에는 에너지가 필요하다. PTS 설탕에 대한 PEP-PTS 시스템에서 에너지는 PEP에서 파생된다. 투과효소(permease) 시스템(설탕류, 아미노산 그리고 작은 펩타이드 투과효소)에서는 양성자 구동력으로부터 에너지가 파생된다.

12.3 탄수화물의 수송과 대사

식품 발효에 사용되는 유산균 및 기타 박테리아에서 이당류 및 단당류(6탄당 및 5탄당 모두) 분자는 PEP-PTS 및 투과효소 시스템에 의해 수송될 수 있다.[2~4] 같은 탄수화물에 대해 어떤 종에서는 PEP-

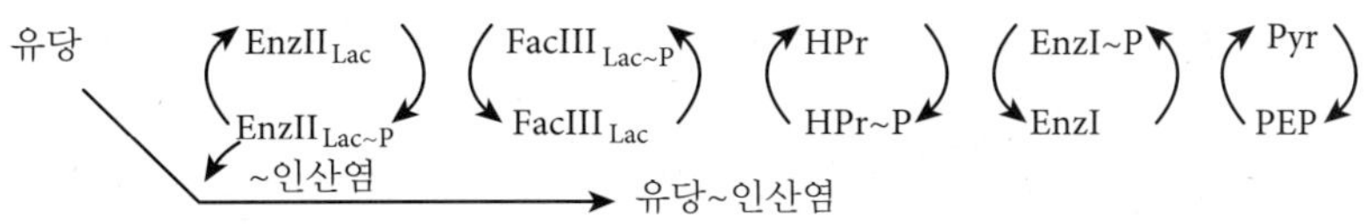

그림 12.2 유당 수송을 위한 PEP-PTS 시스템.

PTS에 의해 수송될 수도 있고 다른 종에서는 투과효소 시스템에 의해 수송될 수 있다. 마찬가지로, 어떤 탄수화물은 PEP-PTS 시스템에 의해서만 운반되는 반면, 어떤 다른 탄수화물은 투과효소 시스템에 의해만 운반된다.

12.3.1 *Lactococcus lactis*에서 유당 수송을 위한 PEP-PTS 시스템

PEP의 고에너지 인산염은 순차적으로 EnzI, HPr(세포질에 있고 유당에 대해 비특이적), $FacIII_{Lac}$ 및 $EnzII_{Lac}$(막에 있고 유당에 대해 특이적), 마지막으로 유당으로 전달된다. 외부 환경으로부터의 유당은 유당-인산(갈락토오스-6-인산-포도당) 형태로 세포질로 수송된다(**그림 12.2**).

12.3.2 *Lactobacillus acidophilus*에서 유당에 대한 투과효소 시스템

$$\text{유당} + [H^+]$$
$$\downarrow$$
$$\text{유당 특이투과효소} \rightarrow [\text{투과효소:유당:}H^+] \rightarrow \text{유당} + [H^+]$$

유당 한 분자는 유당 특이투과효소($Permease_{Lac}$, 유당 특이적인)와 함께 하나의 H^+를 운반한다. 일단 내부에 들어가면 투과효소 분자의 형태 변화가 일어나 세포질 내부에서 유당 분자와 H^+가 방출된다. 유당과 H^+의 방출은 투과효소를 원래의 형태로 변화시킨다. 유당은 유당(갈락토오스-포도당)으로 운반된다.

12.3.3 대사를 위해 세포 내부에서 이용 가능한 탄수화물

단당류 및 이당류는 투과효소 또는 PEP-PTS 시스템에 의해 외부 환경에서 세포 내부로 수송된다. 식품 발효에서는 일반적으로 여러 5탄당, 포도당, 과당, 자당, 말토스 및 유당이 이에 포함된다. 5탄당과 6탄당은 나중에 설명하는 여러 다른 경로에 의해 대사된다. 세 가지 이당류인 자당, 말토스, 유당은 각각 수크라제, 말타제, 유당분해효소(β-갈락토시다제)에 의해 세포 내부에서 각각 6탄당으로 가수분해된다. 유당-인산염(갈락토스-6-인산염-포도당)은 인산-6-갈랄토시다제에 의해 가수분해되어 추가 대사되기 전에 포도당과 갈락토스-6-인산염을 생성한다.

12.3.4 탄수화물의 동형젖산발효(Homolactic Fermentation)

6탄당으로 수송되거나 이당류에서 유래된 세포질의 6탄당은 주로 젖산을 생산하는 유산균의 동형

표 12.1 다른 부산물을 생산하는 초기배양균(starter-culture)에 의한 단당류 발효

속(Genus)	단당류	발효	경로[a]	주요 산물
Lactococcus	6탄당	동형젖산	EMP	젖산염
Streptococcus	6탄당	동형젖산	EMP	젖산염
Pediococcus	6탄당	동형젖산	EMP	젖산염
Leuconostoc	6탄당	이형젖산	HMS	젖산염, CO_2,아세트산염/에탄올(1:1:1)
	5탄당	이형젖산	PP	젖산염, 아세트산염/에탄올(1:1)
Lactobacillus				
Group I	6탄당	동형젖산	EMP	젖산염
Group II	6탄당	동형젖산	EMP	젖산염
	5탄당	이형젖산	PP	젖산염, 아세트산염/에탄올(1:1)
Group III	6탄당	이형젖산	HMS	젖산염, CO_2,아세트산염/에탄올(1:1:1)
	5탄당	이형젖산	PP	젖산염, 아세트산염/에탄올(1:1)
Bifidobacterium	6탄당	이형젖산	BP	젖산염, 아세트산염(1:1.5)

[a]EMP, Embden-Meyerhoff-Parnas; HMS, 6탄당 일인산염 회로(또는 인산글루콘산-인산케톨라아제); PP, 5탄당-인산염; BP, 비피더스(또는 과당 케톨라아제).

젖산 종에 의해 발효된다. 이론적으로 한 개의 6탄당 분자는 젖산 2개 분자를 만든다. 이러한 종에는 *Lactococcus, Streptococcus, Pediococcus*, Group I 및 Group II *Lactobacillus*속이 포함된다(**표 12.1**, 표 11.1 참조). 6탄당은 Embden-Meyerhoff-Parnas(EMP) 경로를 통해 대사된다(**그림 12.3**). 이들 종은 탄소 6개(6C) 6탄당을 가수분해하여 탄소 3개(3C)의 화합물 분자 2개를 만드는 과당 이인산 알돌라아제[fructose diphosphate(FDP) aldolase]를 가지고 있다. 그들은 또한 이형젖산발효 종들에 존재하는 HMS 경로의 핵심 효소인 인산케톨라아제(phosphoketolase)가 결여되어 있다.[2,5]

포도당을 기질로 하는 EMP 경로에서 포도당을 과당-1,6-이인산으로 전환하는 데 두 개의 ATP 분자가 사용된다(그림 12.3). 이런 분자들의 가수분해는 3C 화합물의 두 분자를 생성한다. 후속으로 탈수소화반응(NAD로부터 NADH + H^+ 생성), 인산화 및 2개의 ATP 분자 생성은 PEP의 생성으로 이어진다(PEP-PTS 설탕 수송에 사용될 수 있음). 기질 수준의 ATP 생성을 통해 PEP는 젖산 탈수소효소(lactate dehydrogenase)의 작용에 의해 젖산으로 전환되는 피루브산염(pyruvate)으로 전환된다. L(+)-, D(-)- 또는 DL-젖산을 생성하는 유산균 종의 능력은 젖산 탈수소효소(각각 L, D 또는 둘의 혼합물) 유형에 따라 결정된다. 전체 반응에서 6탄당 1개 분자로부터 2개 분자의 젖산과 ATP 생성한다. 젖산은 외부로 분비된다.

과당(과당 자체 또는 수크로스 가수분해로 유래), 갈락토오스(유당 가수분해로 생성) 및 갈락토오스-6-인산염(PEP-PTS 시스템에 의한 유당 수송에 따른 유당-인산 가수분해로 생성)과 같은 기타 6탄당들은 EMP 경로에서 대사되기 전에 다른 분자 전환이 이루어진다. 따라서 과당은 EMP 경로에 사

```
                ATP                                                       ATP
(1) 글루코스 -- ↓ --> (1) 글루코스-6-인산염  →  (1) 프룩토스-6-인산염 -- ↓ --> (1) 프룩토스-1, 6-이인산염
                ADP                                                       ADP

*
-----> (1) 이중수화아세톤 인산염 + (1) 글리세르알데히드-3-인산염 → (2) 글리세르알데히드-3-인산염

2NAD   2 인산염                        2ADP
        ↓
--↓-------------> (2) 1,3-디포스포글리세린산 --- ↓ --> (2) 3-디포스포글리세린산 → (2) 2-디포스포글리세린산
2NADH                                  2ATP

                      2ADP            ** 2NADH + 2H+
→(2) 포스포에놀피루빈산 --- ↓ --> (2) 피루빈산염 ------ ↓ ------> (2) 젖산염
                      2ATP               2NAD

     [1 글루코스 → 2 젖산 + 2 ATP]

* 플룩토스 이인산 알돌라이제, ** L, D 또는 DL-젖산염 탈수소효소
```

그림 12.3 EMP 경로를 통한 6탄당의 동형젖산발효.

용되기 전에 ATP에 의해 인산화되어 과당-6-인산염이 된다. 갈락토오스는 먼저 갈락토오스-1-인산염으로 전환된 다음 포도당-1-인산염으로, 마지막으로 르루아르(Leloir) 경로를 통해 포도당-6-인산염으로 전환된 다음 EMP 경로에 진입한다. 갈락토오스-6-인산염은 먼저 타가토스(tagatose)-6-인산염으로 전환된 다음 타가토스-1,6-이인산염으로 전환된 다음 EMP 경로에 들어가기 전에 타가토스 경로에 의해 이중수화아세톤 인산염(dihydroacetone phosphate)과 글리세르알데히드-3-인산염(glyceraldehyde-3-phosphate)으로 가수분해된다.

젖산은 발효음식 생산(예: 요거트, 치즈, 발효 소시지 및 채소)에 있어서 중요한 요인일 뿐 아니라, 여러 음식의 성분으로도 사용된다(예: 육가공 식품). 이러한 목적을 위해, L(+)-젖산은 조정 기관들에서 식품첨가제(근육에서 생성된 것과 같은)로서 승인되었으며 선호되고 있다. L(+)-젖산을 생성할 수 있는 젖산 박테리아의 상당한 양이(주로 *Lactobacillus* spp.) 상업적으로 이런 목적으로 사용된다. 현재, L과 D 체계를 모두 가지고 있어서 L(+)와 D(−)를 많은 양으로 생성하는 종들에서 D-젖산염 탈수소효소 체계를 비활성화시킨 균주를 개발하고자 하는 유전학적 연구가 진행되고 있다. L(+)-젖산을 생성하는 어떤 종에는(90% 이상) *Lactococcus lactis* ssp. *lactis*와 *cremoris*, *Streptococcus thermophilus*, *Lactobacillus amylovorus*, *Lab. amylophilus*, *Lab. casei* spp. *casei*, *Lab. casei* spp. *rhamnosus*, 그리고 *Lab. divergens*이다. *Pediococcus acidilactici*, *Ped. pentosaceus*, *Lab. delbrueckii* spp. *bulgaricus*와 *helvaticus*, *Lab. acidophilus*, *Lab. reuteri* 및 *Lab. plantarum*과 같은 식품발효에 사용되는 일반 종의 일부는 L(+)-젖산이 20~70%가 되도록 D(−)-와 L(+)-젖산의 혼합하여 생산한다.[2]

12.3.5 탄수화물의 이형젖산발효(Heterolactic Fermentation)

6탄당은 이형발효 젖산균에 의해서 대사되어 젖산, 이산화탄소, 초산 또는 에탄올의 혼합물을 생성한

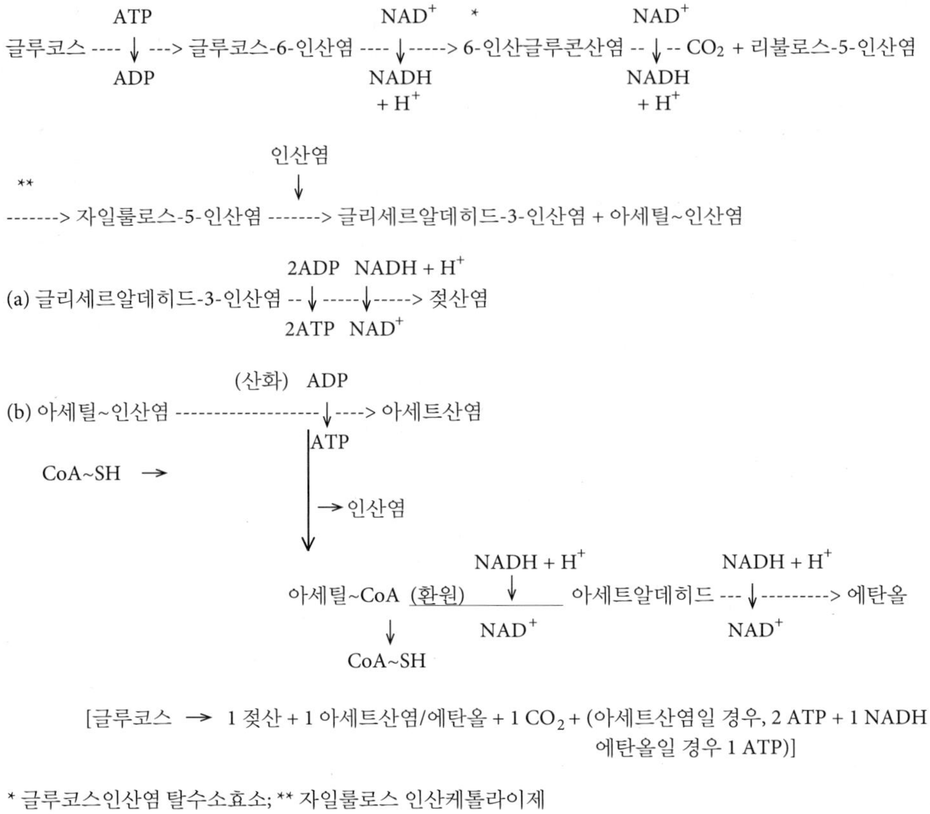

그림 12.4 HMS를 통한 6탄당의 이형젖산발효.

다(표 12.1). *Leuconostoc*와 *Lactobacillus*속의 Group III 종은 과당 이인산알돌라아제(EMP 경로의)가 없으나, 글루코스 인산 탈수소효소와 자이룰로스 인산케톨라아제 효소를 가지고 있어서, 인산글루콘산-인산케톨라아제 경로(혹은 6탄당 일인산 경로)를 통해 6탄당을 대사하여 에너지를 만든다.

이 경로는 비산화 단계에 따른 초기 산화 단계가 있다(**그림 12.4**). 산화 단계에서, 인산화가 되는 포도당은 포도당 인산 탈수소효소에 의해서 6-인산글루콘산염에 산화되고, 그리고 나서 탈카르보실화가 되어 하나의 이산화탄소 분자와 하나의 5탄당 분자인 리불로스-5-인산염이 만들어진다. 비산화 단계에서, 5탄당 분자는 가수분해를 통해 자이룰로스-5-인산염으로 전환되며 하나의 글리세르알데히드-3-인산염과 하나의 아세틸 인산 분자를 생성한다. 글리세르알데히드-3-인산염은 연속적으로 젖산으로 바뀐다. 아세틸 인산은 산화되어 아세트산으로 바뀌거나 환원되어 에탄올로 바뀐다(주위의 O-R 잠재력에 따라). 종에 따라서 에탄올, 아세트산, 또는 이들 모두를 생성하는 능력은 다르다. 최종 산물은 주위로 분비된다.

12.3.6 5탄당 대사작용

*Leuconostoc*와 *Lactobacillus* Group III 속의 종들은 인산케톨라아제 효소를 가지고 있어서 5탄당-인

산 경로에 의하여 다른 5탄당 설탕을 발효하여 ATP, 젖산 및 초산(아세트산)을 생산한다. *Lactobacillus*의 Group II 속의 종들은 주위에 5탄당이 존재할 때만 유도되어 생성된다. *Ped. pentosaceus, Ped. acidilactici*, 그리고 *Lac. lactis*는 어느 정도 5탄당을 대사할 수 있음에도 불구하고, 그 경로는 명확히 알려져 있지 않다.[2,6]

*Leuconostoc*과 *Lactobacillus*(Group II와 Group III)에 의해서 대사가 가능한 5탄당들은 몇 가지 다른 과정을 통해 처음 단계에서 자이룰로스-5-인산으로 전환된다. 그 다음, 자이룰로스-5-인산은 이형발효젖산균의 6탄당에 대한 비산화성 경로 부분에서 같은 방식에 의해 대사되어 젖산, 아세트산 또는 에탄올을 형성한다(그림 12.4). 이러한 과정을 통한 5탄당 대사작용에서는 이산화탄소가 만들어지지 않는다.

12.3.7 *Bifidobacterium*에 의한 6탄당 발효

Bifidobacterium 종은 과당-인산염 경로 또는 비피더스 경로에 의해 6탄당을 대사하여 젖산염과 아세트산염을 만든다. 두 개의 6탄당 분자에 대해서 이산화탄소 형성없이 두 개의 젖산염 분자와 세 개의 아세트산염 분자가 만들어진다(**그림 12.5**). 두 개의 포도당으로부터 형성된 두 개의 과당-6-인산염 분자에서 한 개의 분자는 한 개의 4탄당-4-인산염과 아세트산염으로 전환되는 한 개의 아세틸-인산염 분자가 생성된다. 또 다른 과당-6-인산염 분자는 4탄당-4-인산염과 결합하여 몇 가지 중간 단계를 통해 두 개의 5탄당 자이룰로스-5-인산염 분자를 만들어 낸다. 그리고 나서 자이룰로스-5-인산염은 이형발효의 비산화성 단계와 같은 방식으로(5탄당 발효에서도, 그림 12.4) 대사되어 젖산염과 아세트산염을 만든다.

2ATP
(2) 글루코스 --- ↓ ---> (2) 글루코스-6-인산염--------> (2) 프룩토스-6-인산염
2ADP

인산염
↓
(a) (1) 프룩토스-6-인산염 ----------> 에리트로스-4-인산염 + 아세틸 ~ 인산염

(b) (1) 프룩토스-6-인산염 + (1) 에리트로스-4-인산염 ------> (2) 자일롤로스-5-인산염

2 인산염
↓
-----------> (2) 글리세르알데히드-3-인산염 + (2) 아세틸~인산염

3ADP
(3) 아세틸~인산염 --- ↓ ---> (3) 아세트산염
3ATP

2ADP
(2) 글리세르알데히드-3-인산염 ------ ↓ -----> (2) 젖산염
2ATP

[2 글루코스 -----> 2 젖산염 + 3 아세트산염 + 3 ATP]

그림 12.5 ***Bifidobacterium*에 의한 6탄당 발효.**

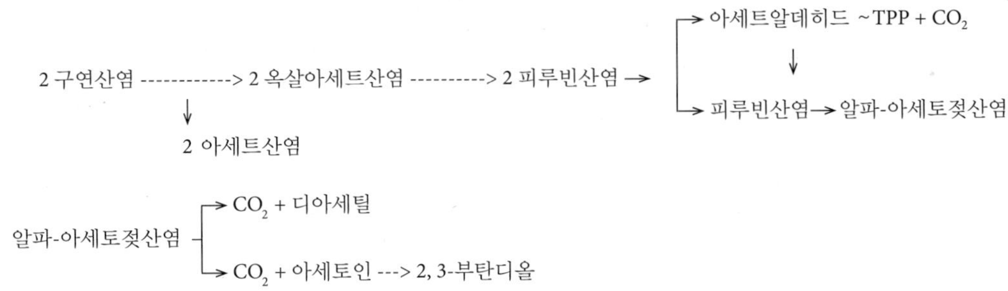

그림 12.6 구연산염으로부터 디아세틸 생성.

12.3.8 구연산염으로부터 디아세틸 생산

4탄당인 디아세틸은 그 기분 좋은 향기(버터향) 때문에 많은 발효 낙농식품에서 중요하다. 또한 버터향을 내기 위해 여러 식품에 별도로 사용되기도 한다. 많은 젖산균은 탄수화물 대사과정에서 생성된 피루빈산염(제8장)으로부터 적은 양의 디아세틸을 만들 수 있다. 하지만 *Lac. lactis* ssp. *lactis* biovar diacetylactis와 *Leuconostoc* 종들은 구연산염으로부터 상당한 양의 디아세틸 만들 수 있다(**그림 12.6**). 6개 탄소화합물인 구연산염은 구연산염-투과효소 시스템을 통해서 주변에서 세포 내부로 전달된다. 구연산염은 피루빈산염에서 아세틸알데히드~TPP(티아민 피로인산)으로 대사된다. 그리고 나서 이는 피루빈산염과 결합하여 알파-아세토젖산염을 형성하고 이는 이산화탄소를 만들면서 디아세틸로 전환된다. 환원 조건에서, 디아세틸은 아세토인으로 전환될 수 있으며, 그 향기를 잃게 된다. 디아세틸 생산 균주는 또한 보다 많은 디아세틸을 생산할 수 있도록 유전적으로 조작될 수 있다(대사공학).[2]

12.3.9 *Propionibacterium*에 의한 프로피온산 생산

낙농분야에서 종균 배양 중에 하나인 *Propionibacterium*에 의해 만들어지는 치즈의 향기(스위스 치즈처럼)는 프로피온산에 의한 것이다. *Propionibacterium*은 EMP 경로를 통해 6탄당으로부터 피루빈산염을 만들어내고, 피루빈산염은 프로피온산 제조에 사용된다(**그림 12.7**). 피루빈산염과 메틸말로닐~CoA는 프로피오닐~CoA와 옥살아세트산염을 만들어낸다. 프로피오닐~CoA는 그 다음 프로피온산염으로 전환된다. 옥살아세트산염은 숙시닐~CoA를 통해서 메틸말로닐~CoA를 생성하는 데 재활용

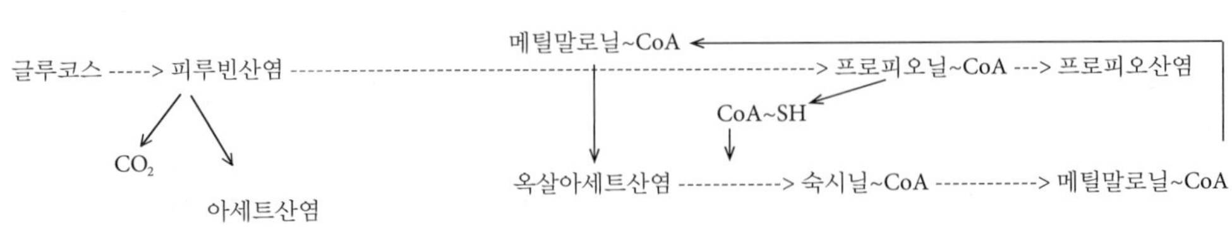

그림 12.7 ***Propionibacterium*****에서의 프로피온산 대사과정.**

된다. 또한 *Propionibacterium* 피루빈산염으로부터 아세트산염과 이산화탄소를 만들어낸다(이산화탄소에 의해 스위스 치즈 내부에 기공 형성).

12.4 단백질성 화합물과 아미노산의 전달과 대사

식품 발효에 사용하는 많은 유산균들은 아미노산과 작은 펩타이드(약 8~10 아미노산 길이) 전달에 있어서 능동수송(active transport) 시스템을 갖추고 있다.[7] 균 주변의 큰 펩타이드와 대사 가능한 단백질들은 이들 균주의 세포벽에 주로 위치한 프로테아제와 펩티다아제 효소에 의해 작은 펩타이드나 아미노산으로 가수분해되며, 그리고 나서 주로 그룹 능동수송 시스템에 의해 세포 내부로 전달된다. 세포 내부에서 펩타이드들은 아미노산으로 전환되고, 아미노산들은 다른 방식으로 대사되어 주위로 분비되는 여러 다른 최종산물을 만들어낸다. 이러한 반응에는 탈카르복실반응(히스티딘으로부터 히스타민을 만드는 것과 같이 생물학적으로 활성을 갖는 아민들을 생성하는), 탈아민반응, 산화환원반응, 그리고 혐기성 환원이 속한다. 발효 중에 유산균과 다른 관련 세균들에 의해 아미노산 대사작용으로 독특한 향기와 같은 다양한 산물이 만들어진다. 이러한 것들 중에 암모니아, 황화수소, 아민, 메르캅탄 및 이황화물이 속한다. 이들 대부분은 낮은 농도로도 발효 음식에서 불쾌한 냄새가 나게 한다. 초기 미생물의 단백질 분해효소에 의한 적절한 식품 단백질가수분해는 여러 발효식품(치즈와 같은)의 좋은 질감에 매우 중요하다. 빠른 단백질가수분해는 식품에서 쓴맛을 주는(체다치즈처럼) 특정 소수성 펩타이드가 생성되고 축적되게 할 수 있다.

12.5 지방 화합물의 전달과 대사

많은 종균(starter-culture)은 지방을 잘 대사하지 못한다. 하지만 곰팡이는 더 나은 지방 대사 시스템을 갖추고 있다. 중성지방인 트리글리세라이드와 인지질은 세포밖에서 균이 만들어낸 리파아제로 가수분해되어 지방산과 글리세롤, 글리세라이드(모노글리세라이드 또는 디글리세라이드)가 된다. 지방산은 막을 통해 확산으로 세포 안으로 들어와 대사가 된다. 어떤 지방산은 막과 결합하기도 한다. 글리세라이드 가수분해, 특히 부티르산(butyric acids)과 같은 작은 지방산을 포함하고 있는 경우엔 산물의 가수분해성 산패를 유발할 수 있다. 특히 곰팡이와 같은 미생물에 의한 불포화 지방산 산화는 원하든 원치 않든 여러 가지 향기 화합물을 만들어낸다.

12.6 결론

많은 안전하고 식품 등급의 미생물 종들은 발효 식품 및 식품첨가물을 생산하는 데 사용된다. 그들은 특정 경로를 통해 식품의 탄수화물, 단백질 및 지방을 대사하고 대사산물을 생성하여 발효식품 및 식품첨가물이 알맞은 특성을 갖도록 한다. 대사경로는 많은 효소에 의해 조절되며, 이들 효소들의 유전정보는 세포 내 염색체와 플라스미드의 유전자에 암호화되어 있다. 유전자의 특성과 유전암호가 젖산균에서 효소로 해독되는 기작은 제13장에서 다루고 있다.

학습문제

1. 두 가지 종의 효모 이름과 그들 각각의 발효식품과 식품첨가제에 사용되는 것에 대해 간단히 설명하시오.
2. 세 가지 곰팡이 종을 들고 식품생물공정에서의 특별한 사용에 대해 설명하시오
3. 종균 배양균의 대사대상이 되는 식품 성분 중에서 주요 탄수화물, 단백질성 및 비단백질성 질소원(NPN) 화합물, 그리고 지방의 목록을 열거하시오.
4. 어떻게 유산균이 우유에서 자라면서 유당을 전달할 수 있는지 논하시오.
5. 유산균 세포 내부로 전달되는 식품 탄수화물에는 어떤 형태들이 있는가? 베타 갈락토시다아제와 인산-베타 갈락토시다아제의 기능을 설명하시오.
6. 유산균에 의한 탄수화물의 동형 및 이형젖산발효를 정의하시오. 각 발효 그룹에서 젖산균의 세 가지 예시를 제시하시오.
7. 포도당이 기질로 사용될 때, 동형과 이형젖산발효의 최종산물(에너지 생성을 포함하여)을 나열하시오. 그리고 각 경로에 있어서 결정적인 역할을 하는 효소는 어떤 것들이 있는가?
8. 동형젖산발효인자로서 EMP 경로에 의하여 갈락토스, 갈락토스-6-인산, 및 과당은 어떻게 대사가 되는가? 포도당으로부터 L(+)-젖산을 생성하는 세 가지 세균 속에서 세 가지 종을 나열하시오.
9. 6탄당 대사의 비피더스 경로를 왜 과당-인산 경로라 부르는가? 그 최종산물들은 무엇인가?
10. 어떤 유산균이 구연산염을 세포 내 전달 및 대사되어 디아세틸을 생성하는가? 구연산염으로부터 디아세틸을 생성하는 두 개의 속에서 두 개의 종들을 열거하시오. 다른 유산균들은 탄수화물 대사로부터 어떻게 디아세틸을 생성할 수 있는가?
11. 피루빈산염은 젖산보다는 다른 산물을 만드는 데 사용될 수 있다. 이러한 산물들에 대해서 네 가지를 열거하고 이들과 관련된 반응을 제시하시오.
12. 종균 박테리아에 의한 식품 단백질과 지방의 전달 및 대사과정에 대해서 간단히 논하시오.

참고문헌

1. Fox, P.F., Bacteria, beneficial—Lactic acid bacteria: An overview. In *Encyclopedia of Dairy Sciences (Second Edition)*, John, W.F., Ed., Academic Press, San Diego, 2011, pp. 401–402.
2. Mayo, B., Aleksandrzak-Piekarczyk, T., Fernández, M., Kowalczyk, M., Álvarez-Martín, P., and Bardowski, J., Updates in the metabolism of lactic acid bacteria. In *Biotechnology of Lactic Acid Bacteria*, Mozzi, F., Raya, R.R., and Vignolo, G.M., Eds., Wiley-Blackwell, 2010, pp. 3–33.
3. Pedersen, M.B., Gaudu, P., Lechardeur, D., Petit, M.-A., and Gruss, A., Aerobic respiration metabolism in lactic acid bacteria and uses in biotechnology, *Annu. Rev. Food Sci. Technol.*, *3*, 37–58, 2012.
4. Kandler, O., Carbohydrate metabolism in lactic acid bacteria, *Antonie Van Leeuwenhoek J. Microbiol.*, *49*, 209–224, 1983.
5. Thompson, J., Lactic acid bacteria: Novel system for *in vivo* studies of sugar transport and metabolism of Gram-positive organisms, *Biochimie*, *70*, 325–336, 1988.
6. Vos, W., Metabolic engineering of sugar catabolism in lactic acid bacteria, *Antonie van Leeuwenhoek*, *70*, 223–242, 1996.
7. Thomas, T.D. and Pritchard, G.G., Proteolytic enzymes of dairy starter cultures, *FEMS Microbiol. Rev.*, *46*, 245–268, 1987.

제13장

유용 형질의 유전학

13.1 서론

1930년대 이후로, 낙농 식품의 종균의 여러 중요 특징(형질 또는 표현형)들이 불안정하다는 것을 인식하게 되었다. 예를 들어, 우유 속에서 자라는 동안 젖산을 발효하고 우유를 엉기게 만드는 *Lactococcus lactis*가 더 이상 젖산을 발효하지 못하고 상업적으로 쓸모없다는 것이 발견되었다. 단백질 가수분해 능력(치즈 생산에 필요), 구연산염을 활용하는 능력(디아세틸 생산), 박테리오파아지에 대한 저항력, 그리고 수크로스 가수분해와 같은 낙농과 비낙농 발효에 사용되는 종균의 상업적 주요 형질의 유실이 관찰되었다. 그러나 이런 중요한 표현형들의 불안정성과 관련한 특정 기작에 대해 이해하지 못했다. 1960년대 들어서, 유전학 기반으로 다른 미생물의 표현형에 대하여 풀어나가기 시작했다. 유사한 연구들이 낙농 종균 분야에 적용되면서 중요한 형질들의 불안정성에 대한 유전학적 기초가 드러났다. 그 당시, 몇몇 실험실에서만 유산균의 유전학 관련한 연구를 수행하였다(대표적으로, 미네소타 대학의 Larry McKay 박사 실험실). 1970년대 말부터 많은 실험실에서 이 분야에 뛰어들기 시작했으며, 현재 종균의 유전학 연구는 세계적으로 많은 실험실에서 주요 관심사로 다뤄지고 있다. 어떤 유산균에서의 상업적 중요 형질의 유전학 배경; 식품 발효에 보다 유용한 균을 개발하기 위해 한 세균에서 다른 세균으로 원하는 형질을 전달하는 방법; 대사공학과 유산균의 유전체 서열분석과 같은 유전학 분야에서의 진보에 관련하여 이번 장에서 간단히 논하게 된다.

13.2 종균의 플라스미드와 그와 관련된 형질들

다른 세균과 마찬가지로, 종균은 환형의 염색체 DNA와 환형의 플라스미드, 그리고 전이인자에 유전정보(유전암호)를 담고 있다. 염색체 DNA는 한 세포의 생체 필수적인 기능에 대한 유전암호를 담고 있다(유산균의 EMP 또는 HMS 경로의 중요 효소와 같은). 플라스미드 DNA와 전이인자들은 유전암호를 지닐 수 있음에도, 이들은 단지 보조적 생체 기능을 담당하는, 즉 세포가 생존하는 데 반드시 필수적이지 않은 특성을 담고 있다(큰 단백질에 대한 가수분해 능력과 같은). 그러나 한 유전암호를 갖는다는 것은 같은 환경에서 그 유전암호가 없는 다른 종에 대해서 경쟁적 이점을 부여한다. 1970년대 초반의 초창기 연구에서 여러 유산균에서의 많은 산업적 중요 표현형들이 플라스미드와 관련이 있다고 밝혀졌다. 그러고 나서 특정 기술이 가능해짐에 따라 많은 종균, 특히 *Lactococcus lactis*, 어떤 *Leuconostoc* spp., 그리고 어떤 *Lactobacillus* spp.에서 많은 플라스미드 관련 중요 표현형에 대한 유전적 기초가 연구되었다. 이러한 연구들은 많은 유전자들의 위치와 구조, 그리고 유전자 발현에 대한 제어 체계를 알아내기도 하였으며, 연구자들이 특정 표현형이 없는 세포에 유전자를 주입하여 우리가 원하는 새로운 종을 만들어 내는 것을 가능하게 하였다. 종균 플라스미드의 특징과 어떤 플라스미드 관련 형질에 대하여 여기서 논의한다.[1]

13.2.1 세균 플라스미드의 중요한 특징

- 플라스미드는 이중나선이며, 환형이고, 다양한 크기로의 자가 복제 DNA이다(< 1부터 >100 kb).
- 플라스미드는 모든 종에 존재하는 것도 아니고 한 종의 모든 품종에 존재하는 것도 아니다.
- 한 품종은 한 가지 이상의 크기도 다르고 포함한 유전암호도 다른 플라스미드를 가질 수 있다.
- 한 세포에 한 개 이상의 같은 플라스미드의 복제 수가 존재할 수 있다(복제 수; 세포가 가지고 있는 한 가지 복제의 염색체와 대비된다).
- 어떤 플라스미드는 제어 체계를 조작하여 복제 수가 줄어들거나 증가할 수 있다.
- 플라스미드들은 한 세포 내에서도 그 안정성이 다를 수 있다. 한 세포의 한 가지 플라스미드는 자발적으로 혹은 조작에 의해서 사라질 수 있다.
- 한 세포에 두 가지 형태의 플라스미드는 공존할 수 없어서 하나를 손실하게 된다.
- 플라스미드는 한 개의 세포(공여자)에서 다른 적합한 세포(수용자)로 자발적으로 혹은 조작에 의해서 전달될 수 있다.
- 플라스미드 전달은 가까이 관련된 품종(좁은 숙주 범위) 간에, 또는 다른 종 혹은 속으로부터의 멀리 관련된 품종(넓은 숙주 범위) 간에 발생할 수 있다.
- 어떤 플라스미드는 잠재적일 수 있다(즉 알려진 형질에 대한 유전암호를 갖고 있다는 것이 알려지지 않은 상태).
- 세균 플라스미드에 대한 분리, 정제, 분자량 결정 및 염기서열 결정과 관련된 기술들이 효과적으로 개발되어 있다.
- 다른 근원지(다른 원핵생물과 진핵생물들)로부터의 유전암호는 플라스미드에 삽입하여 관련 없는 세균에 전달하여 그 표현형을 발현하도록 할 수 있다.

13.2.2 작고(약 10 kb) 큰(10~150 kb 정도) 플라스미드의 특징

- 복제 수. 작은 플라스미드는 대개 많은 복제 수를 갖는다(세포당 10~40); 큰 플라스미드는 일반적으로 적은 복제 수를 지닌다(상당히 큰 플라스미드의 경우, 세포당 단지 한 개).

- **증폭.** 많은 작은 플라스미드는 많은 복제 수로 증폭이 가능하다; 특히 상당히 큰 플라스미드는, 증폭될 수 없다.
- **접합 전달.** 작은 플라스미드들은 비접합(하지만 접합 플라스미드와 함께 전달될 수 있다); 큰 플라스미드는 일반적으로 접합 전달을 한다.
- **안정성.** 작은 플라스미드는 보통 불안정하다; 큰 플라스미드는 안정하다.
- **유전암호.** 큰 플라스미드는 많은 표현형을 암호화할 수 있다; 작은 플라스미드는 단지 한 개 혹은 몇 개의 표현형을 암호화할 수 있다. 플라스미드는 오페론 체계를 가질 수도 있다.

13.2.3 종균의 플라스미드

- *Lactococcus.* 아종과 생태형 모두로부터의 많은 품종이 분석되었다. 대부분의 품종은 작고 큰 2~10 혹은 더 많은 형태의 플라스미드를 갖는다.
- *Streptococcus thermophilus.* 시험된 품종 간에, 몇몇 품종들은 단지 한 개에서 세 가지의 대체로 작고 그렇게 크지 않은 플라스미드를 갖고 있다.
- *Leuconostoc.* 많은 종과 품종들은 다른 크기의 1에서 10 그 이상의 형태로 플라스미드를 갖는다.
- *Pediococcus.* 제한된 연구에서 이 품종들은 플라스미드를 갖지 않거나 작거나 큰 두세 개의 플라스미드를 갖는다.
- *Lactobacillus.* 단지 제한된 수의 종과 품종만이 시험되었다. *Lactobacillus acidophilus*와 같은 어떤 종은 드물게 플라스미드를 갖는다. *Lactobacillus casei*와 같은 어떤 것은 보통 단지 몇 개만을 갖는다. *Lactobacillus plantarum*과 같은 종은 많은 수(2~7개)의 다양한 크기의 플라스미드를 갖는다.
- *Bifidobacterium.* 제한된 연구에서 2개에서 5개의 다른 형태의 플라스미드를 갖고 있는 것으로 밝혀졌다.
- *Propionibacterium.* 제한된 연구에서 어떤 종은 단지 몇 개의 플라스미드만을 갖는다고 밝혀졌다.

13.2.4 플라스미드에 할당한 표현형

플라스미드의 성질에 대한 이해와 많은 종균이 플라스미드를 지니고 있는 것이 밝혀짐에 따라서, 어떤 품종의 특정 플라스미드가 특정 표현형을 발현하는 데 필요한 유전암호를 가지고 있는지 또는 특정 표현형이 어떤 품종의 특정 플라스미드와 관련이 있는지를 결정하기 위한 연구가 수행되었다. *Lac. lactis* 품종 중에서 락토스발효 능력(Lac$^+$ 표현형)을 잃어버린 것은 락토스 가수분해에 필요한(또한 락토스 전송에 관련한) 유전자를 포함하고 있는 플라스미드가 소실되었기 때문으로 추측되었다. *Lac. lactis* 품종의 Lac$^+$ 표현형에 대한 플라스미드와의 관련 가능성은 다음의 과정에 따라서 연구되었다:

Lac$^+$ 품종이 자발적 혹은 화학적 제제(예: acriflavin) 처리, 물리적 제제(예: 높은 온도) 처리에 따

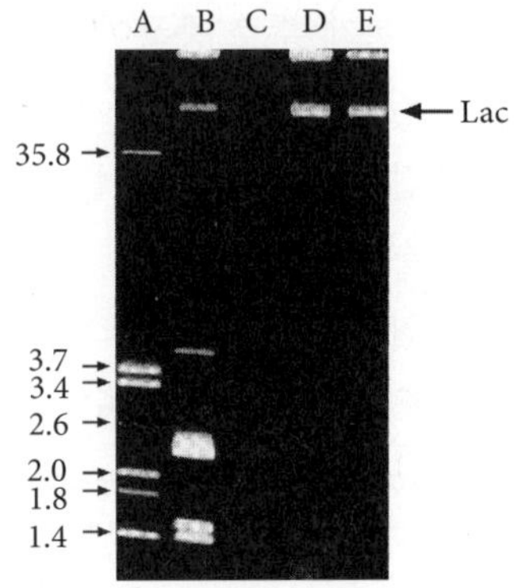

그림 13.1 *Lactococcus lactis* ssp. *lactis*의 플라스미드 프로파일. A는 다른 분자량의 플라스미드 크기 표준(Mda); B는 공여체의 lac-플라스미드(35.5 MDa 또는 53 kb; Lac^+ Sm^s); C는 플라스미드가 없는 수용체 균주(Lac^- Sm^r); D와 E는 lac-플라스미드(Lac^+ Sm^r)를 보이는 전이접합체.

라서 Lac^-(락토스를 가수분해 못함)가 될 수 있다.

플라스미드 프로파일 분석, 즉 분자량(kb)과 같은 플라스미드의 형태는 정상의 Lac^+ 품종에 있는 53 kb 플라스미드가 Lac^- 변종에서는 소실된 것을 보여주었다. 따라서 이런 플라스미드의 손실은 이 품종에 있어서 Lac^+ 표현형 손실과 관련된 것이었다.

53 kb 플라스미드가 실제로 Lac^+ 표현형을 암호하고 있다는 것을 보다 자세히 알아보기 위하여, 정상의 Lac^+ 품종을 접합 방식으로 플라스미드가 없는 Lac^- 품종과 교배를 하였고, 몇몇의 Lac^+ 전이접합체가 얻어졌다(이 부분은 이후 DNA 전달 기작에서 논의된다). 이러한 전이접합체를 분석한 결과, 모두에서 53 kb 플라스미드가 포함된 것을 발견하였다(**그림 13.1**). 경화제 처리에 따라서 전이접합체는 Lac^-로 전환되었으며 분석 결과 이런 변이체들은 53 kb 플라스미드를 더 이상 가지고 있지 않았다.

이런 일련의 실험을 통해 특정 *Lac. lactis* 품종에서 53 kb 플라스미드가 Lac^+ 표현형을 암호화하고 있다는 것이 결정되었다.

유사한 연구들이 종균의 다른 몇 가지 형질에 대하여 플라스미드와의 관련성을 결정하기 위하여 수행되었다.

13.2.5 종균의 플라스미드 관련 형질

특히 *Lactococcus lactis* 종과 같은 많은 종균에서 표현형과 플라스미드와의 연관성이 시험되어 왔다. 이들 세균에서 상업적으로 중요한 많은 형질들이 플라스미드에 암호화되어 있다는 것이 연구로 밝혀졌다. 다음은 이런 형질들이다:

- *Lac. lactis*

  Lac^+, 락토스 가수분해(또한 락토스 수송 형질)

  Pro^+, 단백질 분해활성

Cit$^+$, 구연산염 가수분해(또한 구연산염 수송 형질)
Bac$^+$, 몇 가지 박테리오신 생성[또한 그들 각자의 면역, 처리, 전위 형질들; 니신 같은 박테리오신은 전이인자(transposon)에 암호화되어 있다]
Phage^r, 특정 박테리오파아지에 대한 저항성
R/M 시스템, 제한(restriction)/변형(modification)
몇몇 항생제에 대한 저항성(카나마이신에 대한 저항성, Km^r 같은)
몇몇 탄수화물에 대한 대사작용(갈락토스 활용, Gal$^+$ 같은)
Muc$^+$, 무신(mucin) 생성

- *Str. thermophilus.* 확정적으로 알려지지 않은 어떤 형질과 연관된 플라스미드
- *Leuconostoc* 종. Bac$^+$, 다른 박테리오신(그들의 면역성) 생성
- *Pediococcus* 종.
  Suc$^+$, 수크로스 가수분해
  Bac$^+$, 다른 박테리오신을 생성(면역성과 전위성)
- *Lactobacillus* 종.
  Lac$^+$, 락토스 가수분해
  Mal$^+$, 말토스 가수분해
  Bac$^+$, 박테리오신을 생성(면역성)
  Muc$^+$, 무신을 생성할 수 있는 능력
  어떤 항생제에 대한 저항성(에리트로마이신과 같은, Em^r)
  R/M 시스템, 제한(restriction)/변형(modification)

한 종에서 같은 표현형은 다른 크기의 플라스미드에 암호화되어 있을 수 있다.

13.2.6 잠재(cryptic) 플라스미드

유산균의 많은 플라스미드들은 특정 표현형을 암호하고 있는 유전자들을 지니고 있다. 한 가지 예가 *Pediococcus acidilactici* H에 있는 pSMB74 플라스미드로 이는 박테리오신, 페디오신 AcH를 만드는 것과 관련된 유전자를 암호하고 있다. 하지만 유산균에는 어떤 특정 표현형에 관련되지 않은 플라스미드들이 있으며, 이들을 잠재 플라스미드라고 한다. 잠재 플라스미드 중 일부는 숙주 염색체에 끼어들어갈 수가 있으며, 어떤 것들은 다른 동형과 이형 숙주에서 복제가 가능하다. 이러한 이유로, 이들 중 어떤 것들은 클로닝, 유산균이나 다른 그람양성 및 음성균에서 유전자 발현을 위한 벡터를 제작하는 데 사용되어 왔다. pWVOl과 pSH71은 클로닝과 발현 벡터 계열을 개발하는 데 상당히 많이 사용되어 왔다.

13.2.7 플라스미드 복제

유산균의 플라스미드는 복제 개시인자(*repA*)와 복제 단백질을 암호화하는 유전자(*repB*)에서 높은 서

열 상동성을 지니고 있다. 크기에 따라 플라스미드는 시그마형 또는 세타형 기작의 복제를 한다. 시그마형 복제(또는 rolling circle)에서는 개시점(양성-개시 부위)에 복제개시인자가 결합함에 따라서 복제가 시작된다. 이는 한쪽 가닥의 단락이 일어나고 복제 개시인자가 단락(nicked) 가닥의 5′말단에 고정된다. 다른 가닥은 단락 부위로부터 복제되고, 단락 가닥을 대체하게 되어, 결국 시그마 형태가 만들어지는 것이다. 단일가닥은 연결되어(ligation), 단일가닥 환을 형성하고 이중 플라스미드가 된다. 단일가닥의 복제는 이후 이중가닥 플라스미드 형성 과정을 진행하게 된다. 이 과정은 일반적으로 상대적으로 불안정한 작은 플라스미드(약 12 kb)와 잠재 플라스미드에서 일어난다.

세타형 복제에서, 개시는 염기쌍의 분리에 따른 복제 개시점(염색체 안에)이 형성되면서 시작된다. 양쪽 가닥은 서로 역방향으로 복제되어, 결국에는 두 개의 플라스미드를 형성한다. 이들 플라스미드는 12 kb 이상이며, 제한된 숙주에서 안정적이고, 경제적으로 중요한 표현형을 암호화하고 있다.

13.2.8 플라스미드 맵핑과 염기서열 해독

시작 단계로는 한 균주의 세포들을 용해하여 플라스미드를 추출, 정제, 그리고 아가로스 겔 전기영동으로 분자량에 따른 분리를 한다. 원하는 플라스미드를 겔에서 정제하여 이를 맵핑과 염기서열 해독에 사용한다. 정제된 플라스미드는 일련의 제한효소(restriction endonuclease enzymes, RE)를 사용하여 단일 그리고 이중으로 절단을 하고 각 절단에 의해 생성된 단편의 수와 분자량을 결정한다. 이러한 결과들은 플라스미드의 제한효소 지도(RE map)를 만드는 데 사용된다. 그러고 나서 개별 단편들은 염기서열을 해독하여 플라스미드의 전체 염기서열을 알아내고 플라스미드의 전사해독틀(open reading frame)과 조절 영역을 알아낸다. 많은 연구에서, 특히 그 크기가 너무 클 경우, 한 가지 플라스미드의 완전한 염기서열이 결정되지 않는다. 표현형을 발현하는 유전자들의 위치를 알아내기 위하여, 다른 단편들을 적절한 벡터에 클로닝을 하여, 이를 숙주세포에 형질전환을 한 후, 숙주세포가 그 표현형을 발현하는지를 시험한다. 그러고 나서, 표현형을 발현하는 단편에 대해서는 해당 유전자와 조절 기작을 결정하기 위하여 염기서열 해독을 한다. 이러한 과정은 최근에는 먼저 그 유전자의 단백질을 추출하여 이에 대하여 5개 혹은 그 이상의 N-말단 아미노산을 해독하여 간소화되고 있다. 이러한 정보로부터, 뉴클레오티드 탐침자를 제작하고 PCR 기법에 의하여 플라스미드 내의 그 유전자들의 위치를 결정한다; 이는 적절한 몇 가지 실험법을 활용하여 유전자의 서열을 알아낼 수 있다.

13.3 종균에서 유전자 전달 방법

일단 세균의 어떤 표현형에 대한 유전적 배경이 이해가 되면, 그 세균세포에서 다른 세균으로 유전물질을 전달하는 방법을 개발하는 연구가 수행되었다. 유전물질의 교환은 자연적으로 세균 간에 이루어지지만 좀 더 느리게 일어나는 것으로 알려져 있다. 하지만 유전물질 도입 과정이 실험실 조건에서 개발될 수 있다면, 유전적 교환 과정은 신속히 처리될 뿐만 아니라 또한 원하는 균주를 개발할 수 있게 한다. 종균 박테리아에서, 이는 특정 발효 과정에서 많은 유용 표현형과 최소한의 불필요한 표현형을 지닌 균주 개발이 가능하게 될 것이다.[2]

1970년대 이래 초기에 *Lac. lactis* 아종으로 시작하여 이후 다른 유산균에서 수행된 연구 결과들은 여기서 논하는 몇몇 다른 기작에 의해 유전물질이 박테리아 세포 안으로 도입될 수 있다는 것을 드러냈다.

13.3.1 형질도입(Transduction)

이 과정은 형질도입 박테리오파아지가 하나의 세균세포(공여자)에서 다른 세포(수용자)에 DNA 전달을 매개하는 것이다. 세포에 감염을 일으키는 어떤 파아지(잠재성 박테리오파아지)의 DNA는 숙주 세균의 DNA에 끼어들어가서 휴면기로 들어갈 수 있다(제13장). 유도가 되면, 파아지 DNA는 세균 DNA로부터 분리가 되고 때때로 숙주의 유전자가 포함된 DNA의 일부분을 지니게 된다. 세균 DNA의 일부를 지닌 파아지가 어떤 세균에 감염이 되어 그 세균의 DNA에 파아지 DNA가 끼어들어가서, 그 유전자의 표현형을 수용자 세포에서 발현된다. 초기에 잠재성 파아지를 지닌 락토스-가수분해성 *Lac. lactis* 균주의 Lac^+ 표현형은 Lac^-의 *Lac. lactis* 균주에 도입되어 Lac^+ 형질도입체를 얻게 된다. 이 방법은 *Lac. lactis* 아종의 다른 균주에 Lac^+ 표현형과 몇 가지 다른 표현형(Pro^+와 같은)을 도입하는 데 성공적으로 사용되어 왔다. 연구를 통해서 세균으로부터 염색체와 플라스미드에 암호화된 유전자 모두가 형질도입될 수 있다는 것이 입증되었다. 형질도입은 *Str. thermophilus* 몇몇 균주와 *Lactobacillus* 종의 균주들에서 성공적으로 수행되고 있다.

종균주에서의 형질도입 과정은 유전자 지도 작성을 위한 DNA상의 유전자 위치를 결정하는 것과 그의 성질을 연구하는 데 중요하다. 잠재성 파아지는 자발적으로 유도될 수 있어 세포 용해를 일으킬 수 있다. 따라서 이는 상업적 발효에서는 그렇게 유용하지 않다. 또한 *Pediococcus* 종과 같이 박테리오파아지를 갖지 못하는 종에서는 적용할 수 없다.

13.3.2 접합(Conjugation)

이 과정은 공여 세균세포가 그 DNA의 일부분을 복제하여 수용세포에 전달하는 것이다. 두 세포는 물리적으로 접촉하여 이런 전달이 이루어진다. 전달된 DNA가 표현형과 관련되어 있다면 전이접합체도 그 표현형을 가지게 된다. DNA 전달이 이루어지려면 공여세포는 응집인자(응집을 통한 물리적 접촉을 위하여)와 유동인자(DNA가 공여자에서 수용자에게 전달되기 위하여)와 같은 몇 가지 다른 유전자를 지니고 있어야 한다. 공여자와 수용자 균주의 선택, DNA 전달을 위한 몇 가지 다른 방식에 따라 두 균주의 공여자와 수용자 비율이 2:1 혹은 10:1, 그러고 나서 적절한 방법을 통한 전이접합체 선발로 이 과정은 이루어져 있다.

이 기술은 몇몇 유산균에서 표현형과 관련된 플라스미드를 전달하는 데 성공적으로 사용되고 있다. Lac^+ 표현형과 관련된 플라스미드는 두 가지 *Lac. lactis* 종 간에 접합에 의해 전달된다. 전이 접합체는 Lac^+ 표현형과 특정 플라스미드를 지녔고, Lac^-의 표현형을 잃어버렸다. 그에 따라서 여러 *Lac. lactis* 아종과 균주들에서 다른 플라스미드에 위치한 Lac^+ 표현형은 접합을 통하여 같은 종의 Lac^- 균주에 전달되었다. 또한 *Lac. lactis* ssp. *lactis* 생태형 diacetilactis에서의 디아세틸 생성과 같은 다른 표현형 관련 플라스미드 관련 접합 전달에 대하여 다른 유산균에서 보고되었다.

이 방법은 앞서 플라스미드의 성질에 따라 나열된 것과 같이 몇 가지 제약을 가지고 있다. 이런 제약에는 플라스미드 크기, 수용 균주에서의 플라스미드의 불친화성과 불안정성, 숙주에서의 발현 무능력, 적절한 공여체와 수용체를 확보하는 데의 어려움, 어떤 경우에는 전이접합체에 대한 선발 어려움과 같은 것들이 있다. 하지만 넓은 숙주 영역의 플라스미드(예: 항생제 유전자를 암호화하고 있는 *Enterococcus* spp.의 플라스미드, pAMβ1)를 이용하여 같은 종의 유산균 사이에서, 같은 속의 다른 종들에서, 혹은 다른 속의 다른 종들 사이에서 접합에 의한 플라스미드 전달이 이루어지는 것이 밝혀졌다.

13.3.3 형질전환(Transformation)

이 방법은 공여세균의 DNA 추출과 정제, 그리고 수용세포와의 정제된 DNA의 혼합으로 이루어진 것이다. 표현형을 지니고 있는 어떤 DNA 조각들은 세포 장벽(세포벽과 세포막)을 통과하여 숙주 DNA에 일부분이 되어 새로이 표현형을 발현하도록 한다. 어떤 그람양성균(예: *Bacillus* spp.)에서, 이런 방법은 어떤 형질을 전달하는 데 효과적이었다. 유산균에서는 제한된 연구에서 이 기술이 효과적이지 않지만, 변형된 방법으로는 효과적인 것으로 나타났다. 첫 번째로는, *Lac. lactis* 세포에 리소자임 혹은 무타놀리신, 또는 이들을 모두 함께 처리하여 세포벽을 제거하고 높은 삼투압의 배지에서 원형질을 형성하도록 한다. 그 다음, 원형질을 폴리에틸렌 글리콜이 있는 상태에서 정제된 DNA(염색체, 플라스미드, 혹은 파아지 DNA)에 노출시킨다. 그 다음에 원형질이 세포벽을 재생할 수 있도록 성장 조건을 바꾼다. 형질전환체는 선발배지를 이용하여 검출한다. 이러한 방법을 통하여, Lac^{+} 표현형, Em^{r}(에리트로마이신 저항 표현형)과 파아지 DNA(형질도입)가 *Lac. lactis* 아종의 수용체 균주에 전달되었다. 성공률의 제약 때문에, 이 방법은 유산균에서는 널리 연구되지 않았다.

13.3.4 원형질 융합(Protoplast Fusion)

이 기술은 두 가지 다른 균주에 대하여 원형질체로 마련하여 이를 적절한 높은 삼투압 환경에서 이들이 서로 융합하도록 하는 것이다. 두 균주의 융합으로 유전물질의 재조합이 일어나도록 하는 것이다. 원형질체에서 세포벽 재생이 되도록 하고, 적절한 선발 기술을 이용하여 두 균주의 유전물질을 포함하는 재조합체를 확보할 수 있다. 이 기술로 Lac^{+}와 Em^{+} 표현형 모두를 갖는 *Lac. lactis* 아종의 재조합체를 성공적으로 만들 수 있었다. 하지만 낮은 성공률 때문에 이 기술은 유산균에서 많이 사용되지 않는다.

13.3.5 전기충격 형질전환(Electrotransformation)

이 방법은 높은 농도(10^{8}세포/200 ml)의 수용세포에 공여 균주의 정제된 DNA(1~2 μg)를 섞은 후, 백만분의 수초(microsecond) 동안 높은 전압의 전기장에 노출하는 것이다. 이는 세포 장벽(막)에 임시로 형성된 구멍을 통해서 정제된 DNA가 지나가도록 한다. 그 다음으로 세포가 손상 부위를 치유하고 새로운 표현형을 지니는 세포를 선발하게 된다.

이 방법은 많은 유산균에서 같은 종의 다른 균주의 플라스미드뿐만 아니라 다른 종, 속의 플라스미드를 도입하는 데 널리 사용되어 왔다. 추가적으로, 다양한 근원으로부터의 유전자를 클로닝한 백터가 여러 종의 유산균에 성공적으로 도입되었다. 이 방법은 유산균을 수용세포로 하여 DNA를 전달하는 데 가장 많이 사용된다.

13.3.6 접합 전이인자(Conjugative Transposons)

전이인자 또는 전이 가능 인자들은 한곳에서 다른 곳으로 움직일 수 있는 세균의 염색체 혹은 플라스미드의 DNA 조각이다. 이 때문에, 이들은 염색체와 플라스미드 DNA의 재배열을 유발하여 숙주의 표현형을 얻게 하거나 잃게 한다. 가장 단순한 전이인자는 삽입서열(insertion sequence, IS)이라고 알려져 있다. 각 IS 인자는 숙주 DNA상에서 전이에 필요한 전이효소를 암호화하는 유전자와 각 말단에 역방향으로 반복된 염기서열을 가지고 있다. IS 인자의 전이는 숙주 DNA상의 목적 부위에서 일어나며, 전이 후에는 숙주 DNA는 IS 인자의 어느 한쪽의 짧은 반복들을 지니게 된다. 보다 큰 전이인자들(Tn)은 그 중심부에는 항생제 저항 표현형을 암호화하는 유전자와 같은 각기 다른 유전자들과 IS인자의 각 말단의 서열을 가지고 있다. 전이인자는 접합을 하여 공여체에서 접합 플라스미드에서 사용된 방법과 같은 방식으로 전달될 수 있다. 이런 전달이 일어나면, 내재된 유전자들(혹은 그 안에 클로닝된 유전자들)에 의한 표현형이 수용 균주에서 전달되어 발현된다.

몇 가지 IS 인자와 Tn은 유산균의 어떤 균주들에서 동정되었다. *Lab. casei* S1은 두 개의 ORF와 양 말단의 역방향 반복서열을 가진 IS1을 가지고 있다. 이는 염색체상에 위치하고 있으며, 프로파아지에 삽입되면, 용원성 파아지는 병원성 파아지가 된다. 니신(nisin)을 생성하는 *Lac. lactis* ssp. *lactis* ATCC 11454는 접합 전이인자, Tn5276을 염색체에 가지고 있으며, 이는 약 70 kb 크기이며, 니신 A 생성(니신 오페론; *nis* operon)과 수크로스 활용에 필수적인 유전자들을 중심부에 가지고 있다. 이와 더불어, 항생제 저항성 마커들을 암호화하고 있는 몇 가지 *Streptococcus*와 *Enterococcus* 종으로부터, Tn916(테트라사이클린 저항성을 암호화)과 같은 몇몇 접합 전이인자들은 유산균의 다른 균주에 전달되었다. 그들은 또한 유산균에서 유전자 재조합 연구에도 사용되어 왔다. 게다가, 전이인자들(Tn916, Tnl545, Tn5)은 또한 식품매개 질병의 발병에 있어서 다양한 병원성 인자들을 연구하기 위하여 유전자 파괴에도 일반적으로 사용되고 있다.

13.4 유전자 클로닝

한 개의 유전자를 공여체에서 수용체로 전달하여 발현시키기 위한 일반적인 방법으로는 그 유전자를 적절한 플라스미드나 클로닝 벡터에 클로닝하여 수용세포에 넣는 것이다. 이러한 기술에 있어서 가장 간단한 작업은 유전자를 포함하고 있는 DNA 단편을 적절한 DNA 제한효소로 공여체의 DNA를 절단하여 확보한 다음, 그 혼합 단편들에서 분리해 내는 것이다. 한 개 혹은 여러 개의 유전자 마커(항생제 저항성이나 탄수화물 대사와 같은)와 될 수 있으면 같은 제한효소로 가수분해될 수 있는 부위를 지닌 적절한 플라스미드(클로닝 벡터)를 선택한다. 그 플라스미드는 이 효소로 절단되어 공여 DNA 단편과 섞은 후, 그 단편이 개방된 플라스미드에 배열되도록 놔둔다(**그림 13.2**). 그 다음으로 개방된 말단은 적절한 효소와 뉴클레오티드 염기들을 사용하여 봉합된다. 공여체의 유전자를 지니고 있는 이러한 플라스미드는 앞서 설명한 바와 같이 유산균에서는 전기충격법이 가장 효과적인 것과 같이 여

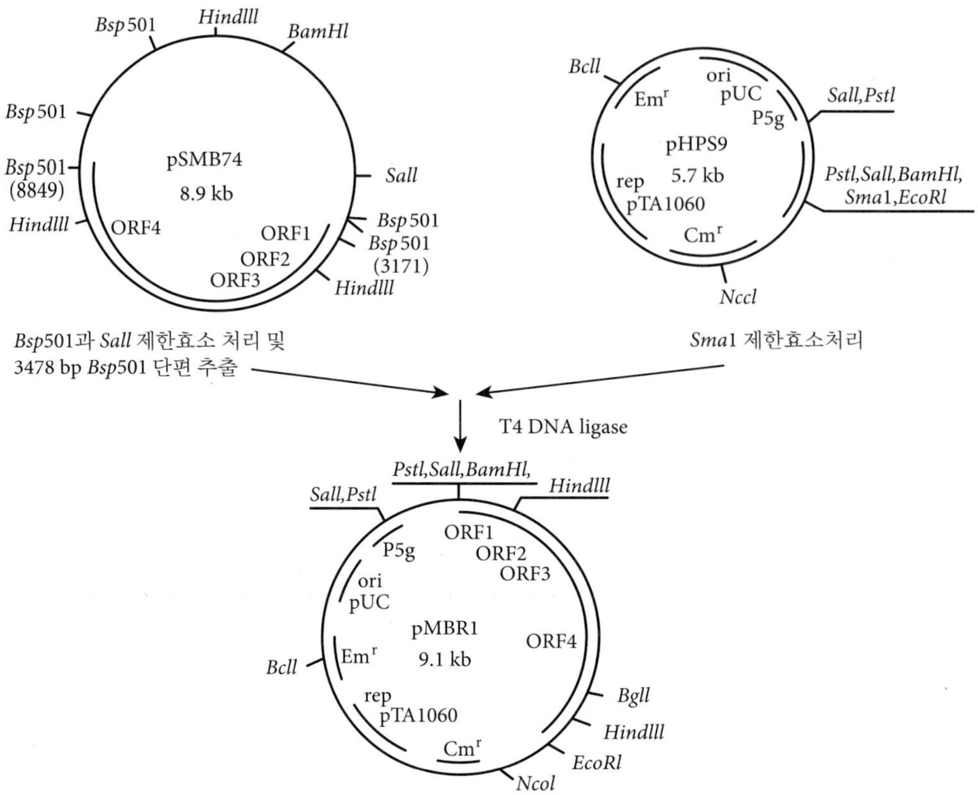

그림 13.2 재조합 플라스미드 구축. 4가지의 ORF를 지닌 3.5 kb 단편은 pSMB74을 *Bsp*501 제한효소로 절단하여 pHPS9의 *Sma*1 부위에 클로닝하여 최종적으로 9.1 kb pMBR1.0을 만든다.

러 방식으로 세균세포에 전달될 수 있다. 이 방법은 다른 자원에서 취한 유전자를 유산균에 전달하기 위하여 사용되고 있다.

13.4.1 클로닝 벡터

많은 벡터들은 복제 개시점, 높은 효율의 프로모터, 다중 클로닝 부위, 선발 마커, 유도 시스템과 같은 다른 자원들에서 원하는 특징을 지닌 뉴클레오티드 단편의 조합되어 만들어진 것이다. 벡터는 안정적이어야 하며, 숙주세포에서 복제가 가능해야 한다. 일반적으로, 세타 기작에 의해 복제하는 벡터들은 시그마 기작의 복제 벡터들보다 더 안정적이다. 여러 작은 벡터들은 pWV01에서 pGK12가 유래한 것과 같이 유산균의 작은 잠재 플라스미드에서 유래하여 제작되었다. 그들은 다른 유산균에 클로닝, 형질전환, 유전자 발현에 있어서 매우 효과적이다. 몇 가지 셔틀 벡터들은 이종의 공여체와 수용체 사이에서 전달되어 유전자가 발현될 수 있도록 제작되었다(예: 그림 13.2의 pHPS9). 식품 발효에 사용되는 유산균 균주를 개발하는 데 있어서 항생제 마커를 지닌 벡터를 사용하는 것에 제약이 있기 때문에, 니신 저항성, 수크로스 가수분해 및 오커(ochre) 억제자와 같은 몇 가지 식품 수준의 벡터가 제작되어 형질전환 세포를 선발할 수 있도록 하였다.

클로닝된 유전자들의 효과적인 발현을 위하여 벡터는 코딩 영역의 상위에 적절한 전사와 해독 시그널을 가지고 있어야 한다. 지속 및 유도 프로모터 모두 벡터에 포함되도록 하여, 클로닝된 유전자의 발현을 매우 강력하게 하도록 한다(예: 유도성 *lacA* 프로모터와 *hisA* 프로모터). 추가적으로, 분비 시그널 동정용 벡터들도 구축되어 있다. 이들을 사용해서 이종 단백질들의 분비뿐만 아니라 숙주세포의 세포벽에 부착하는 것을 촉진한다.[3,4]

13.4.2 대사공학

많은 유산균은 그 발효 과정에서 원재료에 있는 탄수화물, 단백질 및 지방들을 대사하기 때문에 발효식품 및 그의 유용 부산물을 생산하는 데 사용된다. 대부분의 균주에서, 발효식품 또는 유용한 부산물에 대한 원하는 특징을 생산하는 능력이 상당히 제한되어 있다. 또한 이들 천연 균주를 사용해서 새로운 식품 혹은 부산물을 만들어 낼 가능성은 상당히 낮다. 하지만 많은 유전자의 기능과 조절 체계를 이해함으로써 유산균에 대하여 대사 경로를 바꾸고, 어떤 경우에는 높은 수준의 부산물 생산이나 더 나은 산물을 생산하기 위하여 대사공학을 수행할 수 있게 되었다. 이러한 접근방식은 독특한 세균 균주를 생산할 수 있게 하며, 이 분야에 대하여 많은 연구가 수행되고 있다. 여기서 몇 가지 예를 들어 보도록 하겠다.[5~7]

*Lactococcus lactis*에 의한 혼합 산성 발효

Lac. lactis 균주는 EMP 경로를 통하여 발효 가능한 탄수화물을 대사하여 주로 젖산을 생성한다. 마지막 단계에서, 피루빈산염은 *ldh* 유전자에 의해 암호화된 젖산탈수소효소(lactate dehydrolase, LDH)에 의하여 젖산염으로 바뀌진다. 플라스미드 삽입으로 *ldh* 유전자가 불활성화되면, LDH-음성 균주는 피루빈산염을 아세트산염, 포름산염, 에탄올 및 아세토인을 생성하도록 경로를 바꾼다. LDH-음성 유산균에 에탄올 생성 세균으로부터 필요한 유전자들을 클로닝함으로써 에탄올 생성을 급격히 증가시킨다. 두 개의 LDH 효소를 지니고 있는 *Lab. plantarum* 균주에서 두 개의 *ldh* 유전자를 비활성함으로써 같은 결과를 얻을 수 있다.

L(+)-젖산 생산

EMP 경로를 통해서 많은 양의 젖산을 생성하는 *Lab. acidophilus, Lab. plantarum, Lab. fermentum, Lab rhamnosus, Ped. acidilactici*, 그리고 *Ped. pentosaceus*와 같은 유산균은 L- 그리고 D-젖산탈수소효소들을 모두 가지고 있기 때문에 피루빈산염으로부터 L(+)-과 D(−)-젖산 혼합물을 생성한다. L(+)-젖산은 몸에서 만들어지기 때문에 D(−)-젖산을 식품첨가제로서 더 선호하며 언급한 균주들은 식품 사용을 위한 상업용 젖산 생산을 위해서는 선호되지 않는다. 언급된 많은 종들은 발효 음식을 만드는 데 사용되기 때문에, 단지 L(+)-젖산만을 생성하는 이러한 종들의 균주들에 대한 연구가 수행되고 있다. 이 종들은 모두 LDH 효소를 암호화하고 있는 두 가지 유전자, *ldh* L과 *ldh* D를 가지고 있다. 언급된 종들의 몇몇 균주들은 D-LDH를 발현하는 *ldh* D 유전자를 불활성하여 단지 L(+)-젖산만 생성하도록 개발되었다.

*Lactococcus lactis*에 의한 디아세틸 생산

디아세틸은 기분좋은 버터향과 관련되어 있으며 많은 비유제품에 기호 특성을 부여하기 위하여 사용된다. 이는 *Lac. lactis* 종들의 생태형 diacetylactis를 포함한 몇 가지 유산균에서 정상적으로 생성된다. 다른 *Lac. lactis* 종들과 균주들은 일단은 매우 적은 양의 디아세틸을 생성한다. 하지만 대사공학은 *Lac. lactis*의 균주들이 디아세틸을 과대 생성하도록 개발할 수 있게 만들었다. 이런 균주를 개발하기 위하여 먼저 적절한 자원으로부터 *nox* 유전자(NADH 산화효소)를 *Lac. lactis*에서 니신-유도성 *nisA* 프로모터(NICE)의 조절을 받도록 클로닝한다. 적은 양의 니신이 있는 상황에서도 그 균주에서 *nox* 유전자가 과발현되도록 한다. 다음 단계는, 알파-아세토젖산염 탈카르복실화효소(ALDB, 알파-아세토젖산염을 아세토인으로 전환, 그림 12.5)를 암호화하는 유전자를 비활성화시킨다. 이러한 비활성화는 피루빈산염에서 생성된 알파-아세토젖산염이 축적되도록 한다. *nox* 유전자의 과발현과 ALDB의 비활성화로, 알파-아세토젖산염은 높은 수준으로 디아세틸로 전환된다.

탄수화물로부터 알라닌 생산

단백질의 아미노산은 일반적으로 유산균에서 성장과 합성에 사용되며 세포 안이나 환경에 축적되지 않는다. 하지만 대사공학에 의하여, 탄수화물과 암모니아 재료를 사용하여 높은 농도의 알라닌을 생성하는 *Lac. lactis*의 한 균주가 개발되었다. 적절한 자원으로부터 알라닌 탈수소효소 유전자는 NICE 체계의 조절하에서 클로닝되었다. 클론 벡터는 LDH-음성 균주에 도입되어 적은 양의 니신과 암모니아 보충제가 있는 상태에서 배양되면, 많은 양의 탄수화물이 L-알라닌으로 전환된다. L-알라닌은 단맛을 가지기 때문에, 이 균주는 다르지만 수긍할 만한 맛을 가진 발효산물을 생성하기 위하여 종균으로 사용될 수 있다.

마니톨과 다른 폴리톨 생산

당 알코올인 마니톨은 *Lac. lactis*와 *Lab. plantarum*과 같은 유산균의 몇몇 균주들에 의해 적은 양으로 생성된다. 과당-6-인산염(EMP 경로에서)이 마니톨-1-인산염으로 환원되고, 마니톨 인산염 탈수소효소(MPDH)에 의해 탈인산화됨으로써 마니톨이 만들어진다. 하지만 그것의 90%는 세포 내부에 남게 된다. 반면에 *Leuconostoc mesenteroides*는 효과적인 마니톨 전달 시스템(또한 많은 양의 마니톨을 생성한다)을 가지고 있기 때문에 주위 환경에 대부분의 마니톨을 분비한다. LDH-결여 *Lac. lactis* 균주에 의한 마니톨의 과도한 생성은 MPDH의 과도한 생성과 인산프룩토키나아제(phosphofructokinase)의 낮은 생성이 되도록 대사공학을 적용하여 달성되었다. *Leu. mesenteroides*로부터 마니톨 전달 시스템을 도입함으로써, 공학적으로 조작된 *Lac. lactis* 균주는 마니톨을 환경으로 배출할 수 있다. 유사한 기술을 이용하여, 많은 양의 솔비톨과 타가토스를 생성할 수 있는 *Lac. lactis* 균주가 개발되었다. 마니톨, 솔비톨, 그리고 타가토스(앞서 논의한 L-알라닌 포함)가 식품에서 저칼로리 당화제로서 사용될 수 있게 되었다.

엽산(Folic Acid)과 리보플라빈(Riboflavin) 생산

*Lac. lactis*와 *Str. thermophilus*와 같은 여러 유산균은 우유와 다른 발효 식품에서 자라면서 낮은 수준

의 엽산을 합성하지만 이들 대부분은 세포 안에 남겨진다. *Lac. lactis*에서 글루타닐삼인산염(glutanyltriphosphate, GTP)에서 사수화엽산(tetrahydrofolate)을 만드는 다중효소 생합성 경로가 발견되었다. 이러한 정보를 가지고, 그 경로에 관여하는 유전자들의 과발현을 하는 *Lac. lactis*의 균주를 개발하게 되었다. 초기에는 조작된 균주가 원래 균주보다 3배 이상의 엽산을 생성하여 대부분 주위에 분비하였다. 같은 방식으로, 보다 많은 양의 리보플라빈을 생성하는 *Lac. lactis* 균주도 제작되었다. 이런 방식은 발효 음식의 영양적 가치를 증가시킬 수 있다.

세포 용해에 의한 단백질 분해 촉진

치즈의 좋은 향은 숙성 과정에서 종균의 세포 내외의 단백질 분해효소에 의한 유단백질 분해 결과이다. 세포 내의 효소들은 천천히 방출되기 때문에 그 과정은 비교적 느리다. 대사공학을 포함하여, 치즈 숙성을 촉진과 관련한 방법들이 연구되고 있다. 대사공학적 방법에 따르면, 박테리오파아지의 용해 유전자들은 종균 세포를 용해하는 데 사용된다. *Lac. lactis*의 니신-유도 프로모터 조절이 되도록 리신(lysin)과 홀린(holin)을 암호화하는 파아지 유전자(세포 용해 유발)들을 클로닝하여 이러한 일을 달성한다. 니신이 있으면, 세포 용해가 일어나고, 단백질 분해효소와 펩티다아제를 방출하여, 치즈 숙성을 촉진하도록 한다.

13.4.3 단백질 표적이동(Targeting)

원핵생물과 진핵생물 모두로부터의 많은 이종 단백질들이 적절한 벡터에 유전자들이 클로닝되고 기존의 혹은 새로운 분비 시그널을 사용하여 유산균에서 높은 수준으로 발현되고 생성되고 있는지에 대한 증거가 있다. 그 산물들은 주위 환경으로 분비될 수 있으며, 세포벽과 막에 붙어 있거나 심지어 세포 내부에 남아 있을 수 있다. 그 가능성들은 많으며 많은 효소, 항균제, 방향제 및 의약품용(면역 단백질 백신)과 농업(살충제)에서 사용되는 중요 생활성 분자들이 포함된다. 많은 이종 단백질에 대한 유전자들이 달걀 리소자임(lysozyme), 소의 프로키모신(prochymosine), 알파-아밀라아제, 페디옥신(pediocin; 일종의 박테리오신), 루시퍼라아제, 인터류킨 2, 콜레라 독소 B, 파상풍(tetanus) 독소 C(*Clo. tetani*에서 생성) 및 Cry 1A 곤충 독소(*Bacillus thuringiensis*에서 생성)와 같은 이종 단백질에 대한 유전자들이 *Lac. lactis* 균주에 클로닝되었다. 많은 유전자들은 낮은 수준에서 높은 수준으로 발현되어지지만, 몇 가지는 검출 수준으로도 발현되지 않는다.[8~10]

인터류킨 발현

마우스의 인터류킨 2(*mIL2*) 발현 벡터, pL2MIL2는 pLET2N[락토코칼 T7 중합효소(lactococcal T7 polymerase) 기반 체계인 pLET2에서 원래 개발]에서 유래하여 만들어졌다. 성숙한 인터류킨 2 단백질을 코딩하고 있는 *mIL2* 유전자를 지닌 pL2MIL2 플라스미드는 락토코칼 usp 45 분비 선도 시그널과 융합되어 있다. 이 플라스미드는 *Lac. lactis* MG 1820에 형질전환되었다. 적절한 배지에 배양되어, 그 세포는 USP 45-mIL2 융합 단백질을 합성하고 성숙한 mIL2 단백질을 배지로 분비하였다. 정제된 mIL2 단백질은 생물학적으로 천연 mIL2와 같은 활성을 지녔다. 이와 같은 방식으로, 다른 설치류 인터류킨 단백질들(mIL-6와 mIL-10 단백질과 같은), 설치류 인터페론, 그리고 인간 인터류킨 단백질이 *Lac. lactis*에서 생산되고 있다.[11] 최근 연구에서 생물학적으로 활성을 지닌 mIL-10 인터류킨 단백질을 생성할 수 있는 *Lac. lactis*를 마우스에 매일 섭취하도록 하면 장염(enterocolitis)을 치료하고 예방한다는 것을 보여준다.

약물전달 시스템

많은 유산균은 인간, 식용 동물 및 조류의 위장에 존재하며 이중 일부는 숙주의 건강에 유용한 효과를 보인다(제16장). 오늘날, 인간의 장 질환과 관련된 병원균에 대한 항원을 적절한 유산균의 세포벽에 고정하려는 연구가 진행되고 있다(제16장 참조). 그리하여 살아 있는 세포가 항체 생성을 자극하게 되는 항원을 소화관을 통해 전달하는 약물전달자로서 사용될 수 있게 된다. 단백질을 고정하는 한 가지 방법은 *Lac. lactis* Prt P를 사용하는 것이며, 이 단백질은 정상적으로 카르복실-말단 도메인이 세포벽에 남게 되는 것이다. *Lac. lactis*의 세포벽에 *Staphylococcus aureus*의 단백질 A에 대하여 카르복실-말단 세포벽 부착 효과에 대하여 연구가 진행되고 있다. 유산균에 장내 병원균의 특정 독성 인자와 관련한 유전자를 복제하고 발현시켜서 위관장의 장 질환에 대항하고자 했다.[12]

이종 숙주에서의 페디오신(Pediocin) 생산

박테리오신의 일종인 페디오신 PA-1/AcH는 *Ped. acidilactici*의 많은 균주에서 생산된다. 그 분자는 먼저 아미노기 말단의 62-아미노산 프리페디오신(prepediocin)으로 단백질 해독이 되고 18-아미노산의 리더 펩타이드는 ABC 전달자 시스템을 통한 세포막 통과 과정에서 효소작용에 의해 제거된다(제17장). 그러고 나서 44-아미노산 페디오신은 배지에 방출된다. 이러한 것은 구조 유전자와 세 가지 다른 유전자의 오페론 시스템으로 배열된 플라스미드에 의한 것이며, 마지막 유전자에 의해 암호화된 단백질이 ABC 전달자로서 역할을 한다. 이 네 가지 유전자 모두를 포함한 DNA 단편은 몇몇 그람음성균 벡터에 클로닝되고, 그 숙주 균주는 일반적으로 낮은 농도로, 활성 페디오신 분자를 생산한다.

이와 다른 별도의 연구에서, 성숙 단백질의 페디오신에 대한 뉴클레오티드 단편(리더 조각이 없는)은 분비형 단백질인, 말토스-결합 단백질(MBP)에 융합하여 그람음성균 벡터에 클로닝되었다. 이러한 클로닝 벡터로 형질전환된 대장균은 Sec-의존성 전달 시스템에 의해서 키메라 MBP-페디오신을 배양액에 분비하였다. MBP-페디오신 분자는 훨씬 크기가 크지만 원래의 페디오신과 같은 항균 성질을 지니고 있었다. 페디오신 오페론은 적절한 벡터에 클로닝되고 *Lac. lactis*와 *Str. thermophilus*에 형질전환되어 페디오신을 생성하였다. 일반적으로, 생산성이 낮으며 항생제와 같은 선발 압력(항생제 저항성 유전자가 클로닝 벡터에서 선발 마커로 사용된다)이 없는 상태에서는 그 표현형이 숙주에서 불안정하다.[13]

13.4.4 단백질 공학(Engineering)

유산균의 단백질들에 대한 아미노산 서열을 바꾸어 그 단백질들의 물리적, 화학적, 그리고 생물학적 성질(구조 및 기능)에 대한 영향을 알아보는 실험들이 많이 진행되고 있다.

하이브리드 프리페디오신 생산

유산균의 프리페디오신 분자와 같이, 프리페디오신 분자는 18-아미노산 리더 조각이 아미노 말단에 있으며 44-아미노산 조각은 카르복실 말단에 있다. 단백질 해독 이후에, 리더 펩타이드는 ABC 전달자를 통해서 분자의 위치이동을 주도한다. 어떤 한 연구에서, 페디오신 구조 유전자의 프로모터와 리더 조각의 염기서열을 *Lac. lactis* 균주에서 박테리오신 락토코신(lactococcin) A 생성과 관련된 유사 조각으로 대체하였다. 구조 유전자를 같은 *Lac. lactis* 균주에 클로닝하여 다른 리더 펩타이드를 가진 프로페디오신을 생성하고 락토코신 A 전달 시스템을 이용해서 성숙한 페디오신을 생성하였다. 하지만 그 생산 수준이 매우 낮았고, 이는 높은 수준의 페디오신 생산에 있어서 리더 펩타이드와 특정 전달자의 중요한 역할을 시사한다(제17장).[13]

생명공학적 박테리오신

뉴클레오티드에 위치선택적(site-directed) PCR 돌연변이 유발뿐만 아니라 임의 돌연변이 유발로 박테리오신의 활성을 증진시킨다.[14] 이러한 전략은 성숙한 페디오신 조각에서도 사용되었다; 44개 아미노산에서 한 개 또는 두 개의 다른 아미노산을 갖는 많은 변이분자들이 동정되었다. 변이체들은 다른 수준의 활성을 갖고 있다: 어떤 것은 활성이 감지되지 않고, 대부분은 활성이 감소하였다. 이런 결과는 정상 수준의 활성을 위해 박테리오신의 특정 아미노산 서열이 중요하다는 것을 보여준다.[13] 생명공학적 박테리오신에서의 아미노산 치환은 수용성을 증진시켜주거나, 장관 내 단백질 분해효소에 저항성을 갖도록 하여 위장관에서 그들의 활성을 갖도록 해준다.[14]

13.5 유전체 지도작성(mapping) 및 염기서열 해독(sequencing)

생물학적 처리 식품, 식품 보존제 및 그 외 식품 첨가제, 효소, 기능성 식품의 생산, 장 건강 유지 그리고 약물전달 시스템 매개체로서 유산균의 중요성 때문에, 지난 20~30년 동안 유산균의 많은 종들에 대하여 상당한 연구가 수행되어 왔다. 분자 수준에서 그 특징을 이해하기 위하여, 지난 몇 년 동안 중요 유산균의 일부 균주들의 유전체(염색체)를 완전히 해독하려는 노력을 기울여 왔다. 새로운 기술과 필수 여건(장비, 컴퓨터 프로그램 등)에 의하여 상대적으로 짧은 시간에 정보를 생산하게 되었다. 또한 이러한 기술들은 유산균의 여러 파아지 및 프로파아지들의 유전체 서열도 밝혀지게 되었다. 이용 가능한 정보들에 대해서 여기에 간략히 정리하였다.

13.5.1 유산균

2011년 현재 35개 유산균의 완전한 유전체 염기서열이 완성되었고 100개가 더 진행 중에 있다.[9,15,16] 이러한 결과들은 각 유전체의 크기, 한 유전체가 가지고 있는 ORF의 개수 및 프로파아지의 빈도, IS 인자들, 한 유전체에서의 rRNA 오페론과 같은 상당히 중요한 정보를 제공하고 있다(**표 13.1**). 게다가, 아미노산, 비타민, 뉴클레오티드와 다당류의 생합성 경로, 박테리오신 합성, 당 전달 및 대사 시스템와 같은 다른 유전적 정보들도 이들 균주들에서는 알게 되었다. *Lac. lactis* IL 1403의 유전체가

표 13.1 유산균에서 밝혀진 유전체 염기서열의 몇 가지 특징들

속(Genus)	종(Species)	균주(Strains)	유전체 크기(bp)	%(GC)	ORF	프로파아지	IS인자 형태	rRNA 오페론	Ref Seq.	Gene Bank
Bifidobacterium	*longum*	NCC 2705	2,256,640	60	1727	some	5	4	NC_004307	AE014295
Lactococcus	*lactis*	IL 1403	2,365,589	35	2321	5	6	6	NC_002662	AE005176
	lactis ssp. cremoris	SK11	2,438,589		2384			6	NC_008527	CP000425
Lactobacillus	*acidophilus*	NCFM	1,993,564	34	1864				NC_006814	CP000033
	brevis	ATCC367	2,291,220	46	2185	1		5	NC_008497	CP000416
	casei	ATCC334	2,895,264	46	2751	2		5	NC_008526	CP000423
	delbrueckii ssp. *bulgaricus*	ATCC 11842	1,864,998	49	1562				NC_008054	CR954253
	delbrueckii ssp. *bulgaricus*	BAA365	1,856,951	49	1721	0		9	NC_008529	CP000412
	gasseri	ATCC 33323	1,894,360	35	1755	1		6	NC_008530	CP000413
	johnsonii	NCC 533	1,992,676	34	1821	0	6	6	NC_005362	AE017198
	plantarum	WCFS1	3,308,274	44	3009	2	2	5	NC_004567	AL935263
	sakei	23K	1,884,661	41	1879				NC_007576	CR936503
	salivarius ssp. *salivarius*	UCC118	1,827,111	32	1717				NC_007929	CP000233
Leuconostoc	*mesenteroides*	ATCC 8293	2,038,396	37	1970	1		4	NC_008531	CP000414
Oenococcus	*oeni*	PSU-1	1,780,517	37	1691	0		2	NC_008528	CP000411
Pediococcus	*pentosaceus*	ATCC 25745	1,832,387	37	1755			5	NC_008525	CP000422
Streptococcus	*thermophilus*	LMD-9	1,856,368	39	1710			6	NC_008532	CP000419
	thermophilus	LMG18311	1,796,846	39	1889				NC_006448	CP000023
	thermophilus	CNRZ1066	1,796,226	39	1915				NC_006449	CP000024

출처: Adapted from Klaenhammer, T. et al., *FEMS Microbiol Rev.*, 29, 393, 2005; Makarova K. et al., *Proc. Natl. Acad. Sci. USA*, *103*, 15611–15616, 2006.

최초로 완전장 유전체 서열이 완성되었다.[17] 유전체의 크기는 약 2.4 Mb이며 138개 후보 조절자, 5개 프로파아지, 6종류의 다른 IS 인자 및 6 rRNA 오페론과 더불어 2310개의 ORF를 가지고 있다. 이 유전체는 24개 아미노산, 엽산, 리보플라빈, 퓨린 및 피리미딘의 드노보 생합성(de novo biosynthesis) 경로, 완전한 PTS-당 전달 체계, 그리고 산소 호흡의 부분적인 요소들에 대한 염기서열 정보를 담고 있다. 유전체는 유체 구조를 띠고 있으며 점 돌연변이, DNA 재배열, 수평적 유전자 전달을 통해서 변할 수 있다. 유전체 구성은 그 종이 영양배지 조건에서 최적으로 자랄 수 있도록 진화압을 통해서 결정된 것이다.

유산균의 다른 종과 균주들의 유전체 서열도 활용 가능하므로, 다양한 속(genus)에서 그 종과 균주 간의 진화적 관련성을 결정하고, 유전자의 손실(loss), 위유전자(pseudogene) 존재 여부, 유전자의 기능과 필수 및 비필수 특성, 유전자 또는 오페론 시스템의 조절과 발현에 대한 비암호화 영역의 기능과 같은 유산균의 여러 중요한 특징들을 비교하고 이해할 수 있다. 그런 다음 이 정보들은 유전자 발현을 조절하고 새로운 발효산물과 중요한 부산물을 얻기 위한 새로운 균주를 개발하는 대사공학을 효과적으로 수행하는 데 활용할 수 있다.[18,19]

13.5.2 박테리오파아지

유산균(*Lactococcus*, *Lactobacillus*와 *Streptococcus*속)에서 몇몇 잠재성 및 전염성 박테리오파아지의 유전체가 완전히 해독되었다. 대부분은 20~55 kb 크기의 유전체를 가지고 있다. 그 정보는 많은 ORF와 조절 영역의 위치와 기능을 이해할 수 있도록 했다. 이들 중 일부는 파아지 DNA를 파아지 머리 부분에 넣는 역할을 하는 유전자이고, 숙주세포의 용균과 관련된 유전자들, 그리고 파아지의 용원 및 용균 순환을 조절하는 유전자들이다. 이러한 인자들에 대한 이해는 식품 발효에 사용하고, 발효 식품의 주요 특징을 증진(치즈 숙성 촉진)하며, 유산균에서의 유전자 전달과 발현을 증진하기 위하여 파아지 저항성 유산균을 개발하도록 하였다.[20] 파아지 저항성 종균 개발과 관련된 몇 가지 방법은 제14장에 소개하였다.

유산균의 유전체 분석으로 많은 프로파아지가 존재한다는 것이 밝혀지게 되었다. 이들은 숙주세포에게 대사적 부담을 주고 유도가 되면 숙주세포를 용해시키게 됨에도 불구하고, 세포들이 그들을 지니고 있다는 것이 놀랍다. 하지만 프로파아지를 지니고 있는 세포는 잠재성 파아지의 공격에 저항성을 가지므로 집단에서 우점하여 존재하게 된다. 더불어서, 프로파아지 유도 시스템에 발생한 돌연변이는 세포 용해 없이 저항성을 유지할 수 있게 된다. 이는 파아지 저항성 유산균 균주 개발을 선도할 수도 있다.[20]

13.5.3 *Lac*과 *Las* 유전자

다른 유산균에서 락토스를 젖산으로 대사하는 과정과 관련된 유전자들이 적어도 두 개의 오페론 시스템에 자리하고 있으며, *lac* 유전자군과 *las* 유전자군으로 구분된다. *Lac* 유전자군은 락토스가 두 개의 육탄당으로 가수분해되고 수송하는 것과 관련되어 있으며, 일부 육탄당의 대사 과정과도 관련되어 있는 반면에, *las*(젖산 합성; lactic acid synthesis) 유전자군은 젖산 생성에 관련되어 있다.[21,22]

Lac 유전자군은 종과 균주에 따라서 염색체 또는 플라스미드에 위치할 수 있다. 대부분의 *Lac. lactis* 균주에서, 이들은 플라스미드에 연관되어 있지만, *Lab. delbrueckii* ssp. *bulgaricus*와 *Lab. helveticus*에서는 염색체에 위치하고 있다. *Lac. lactis*에서는 유도성(inducible)을 가지는 반면(*Lab. acidophilus*에서도), 두 개의 *Lactobacillus* 종에서는 구성적(constitutive; 지속적 발현)이다. 제한적인 연구에서 *lac* 유전자군이 *Leu. lactis*에서는 플라스미드에 연관되어 있으며, *Str. thermophilus*에서는 염색체에 연관되어 있다는 것이 밝혀졌다.

Lac. lactis 균주에서, 락토스 발효는 일반적으로 락토스 인산염 형태로 PEP-PST 시스템에 의한 전송, 인산-베타-갈락토시다아제에 의한 글루코스와 갈락토스-6-인산염으로의 가수분해, 갈락토스-6-인산염에 대한 타가토스-6-인산염으로의 전환 및 EMP 경로에 진입하기 전에 두 개의 트리오스인산염으로의 전환이 포함된다(제12장 참조). 글루코스는 또한 EMP 경로에서 트리오스인산염으로 전환된다. 트리오스인산염은 최종적으로 젖산으로 전환된다. *Lab. delbrueckii* ssp. *bulgaricus*에서 락토스는 락토스 투과효소에 의해 전송되고(수소이온과 함께), 베타-갈락토시다아제에 의해서 글루코스와 갈락토스로 가수분해된다. 글루코스는 EMP 경로에 의해서 대사되는 반면, 갈락토스는 EMP 경로에 진입하기 전에 먼저 릘루아르 경로에 의해 대사되어 글루코스-1-인산염으로 대사된다. *Str. thermophilus* 에서는 락토스 투과효소에 의한 락토스 전송, 베타-갈락토시다아제에 의한 글루코스와 갈락토스로의 가수분해를 따라서 글루코스는 EMP 경로에 의해 대사된다; 대부분의 균주들에서 갈락토스는 주위 환경으로 분비된다.

*Lac. lactis*에서 플라스미드에 연관된 *lac* 유전자들의 특성과 각 유전자의 기능도 밝혀졌다. 총 8개의 유전자가 오페론 시스템으로 배열되어 있으며, 이는 *lacABCDFEGX*로 명명되었다. 이들 중 네 개의 유전자, *lacABCD*는 타가토스-6-인산염 경로에 있는 세 개의 효소를 암호화한다: *lacAB*는 글루코스-6-인산염을 타가토스-6-인산염으로 전환하는 데 관여하며, *lacC*는 타가토스-6-인산염을 타가토스-1,6-이인산염으로 전환하고, 이는 *lacD*에 의해서 글리세롤히드-3-인산염(glyceraldehyde-3-phosphate)과 이중수화아세톤 인산염(dihydroacteon phosphate)으로 전환된다. *lacFE* 유전자들은 PEP-PTS를 암호화하며 *lacG*는 락토스-6-인산염의 가수분해를 암호화한다. *lacX*의 기능은 알려지지 않았다. 오페론의 프로모터는 *lacA*의 상류에 위치하며 조절 유전자(*lacR*)는 프로모터에 바로 근접하여 위치한다. 이는 유동성인 *lac* 오페론의 발현을 조절하는 억제 단백질을 암호화한다. 다른 유산균에 있어서 *lac* 유전자들의 배열, 위치 및 조절에 관하여 아직 정확하게 밝혀지지 않았다.

Las 유전자들, 혹은 젖산 합성 유전자들은 *Lac. lactis*의 염색체상에서 동정되고 특징이 밝혀지게 되었다. 다섯 개의 유전자가 이 경로에 필요한 효소들을 암호화하고 있다: *pfk*, 인산프룩토키나아제[phosphofructokinase; *pyk*, 피루빈산염 키나아제(pyruvate kinase); *ldh*, L(+)-젖산염 탈수소효소(L(+)- lactate dehydrogenase); *tpi*, 트리오스인산염 아이소머라제(triosephosphate isomerase); 그리고 *gap*, 글리세르알데히드-3-인산염 탈수소효소(glyceraldehyde-3-phosphate dehydrogenase]. 세 개의 유전자, *las pfk*, *las pyk*, 그리고 *las ldh*는 오페론을 구성하며(*las* 오페론), *las pfk*의 상류에 프로모터가 위치하며 *las ldh*의 하류에 종결자가 위치한다. 유전자는 염색체상에서 분리되어 위치하며 각각은 하나의 모노시스트론(monocistronic) 유전자로서 발현된다.

다섯 개의 유전자는 그들의 코돈 사용에 있어서 매우 편중되어 있으며, 이는 이들 유전자가 *Lac.*

*lactis*에서 강하게 발현된다는 것을 입증하는 것이다. 몇몇 결과들에서 *las* 오페론의 세 개의 유전자가 젖산 생성 수준을 제한하는 유전적 조절 기작에 의해 발현된다는 것을 보여주었다.

13.6 결론

다양한 형태의 음식 발효, 다른 종류의 식품 첨가제 생산, 프로바이오틱스로서의 사용, 약물 전달자로서의 활용 분야에서의 유산균의 많은 균주들의 중요성은 이들의 유용 성질에 대한 분자 수준에서의 이해를 요구한다. 1970년대 초창기 시기 이후로 유산균의 유전학 분야의 연구 활동은 폭발적으로 증가되고 있다. 현재, 젖산균의 유전체 염기서열 정보 관련 연구는 환경에 따라 바뀌는 DNA의 유동성과 관련된 중요한 정보들을 생성하고 있다. 비교 유전체 분석은 그 정보를 한층 더하여 특정 용도를 위한 독특한 종균주를 디자인하기 위해 필요한 최소한의 유전정보와 유전암호의 배열을 결정할 수 있게 할 것이다. 종균 생산과 박테리오파아지와 관련된 문제들에 대해서 제14장에서 논의된다.

학습문제

1. 유산균의 플라스미드에 대한 중요한 특징을 논하시오.
2. 유산균에서 크고 작은 플라스미드들 간의 특징적인 차이를 논하시오.
3. 유산균과 관련된 플라스미드에 있어서 상업적으로 중요한 다섯 가지 표현형을 나열하고 플라스미드 안정성과 관련하여 그 중요성을 논하시오.
4. 유전자 전달에 있어서 다음의 방법들의 장점과 단점을 결정하여 나열하시오: 유산균에서 형질도입, 형질감염, 형질전환 및 원형질융합.
5. 유산균에서의 DNA 접합 전달과 관련된 과정을 기술하시오. 이 방법의 장점과 단점은 무엇인가?
6. 유산균에서의 DNA의 전기충격 형질전환과 관련된 기술들에 대하여 설명하시오. 유산균에서 다른 방법들에 비하여 이 방법의 장점에 대하여 논하시오.
7. 다음의 말들에 대하여 정의하며, 유산균에서의 그들의 중요성에 대하여 논하시오: 잠재성 플라스미드, 플라스미드 복제, 전기충격 형질전환, IS-인자, 전이인자.
8. "대사공학"에 대하여 정의하시오. 적절한 예를 들어서, 대사공학을 통하여 어떻게 유산균에서 디아세틸, L(+) 젖산, 엽산 등을 생산하지 못하는 균주에서 이들을 생산하도록 하는지를 설명하시오.
9. 유산균에서 (a) 단백질 표적이동과 (b) 단백질 공학 연구의 중요성과 관련하여 하나의 예를 설명하시오.
10. 유산균의 유전체 염기서열 정보가 어떻게 균주 개발에 활용되는지를 설명하시오.
11. 유산균의 파아지 유전체 서열로부터 개발될 수 있는 세 가지의 중요한 활용을 나열하시오.
12. (a) *lac* 유전자들과 (b) *las* 유전자들의 기능에 대하여 간략히 논하시오.

참고문헌

1. McKay, L.L., Functional properties of plasmids in lactic streptococci, *Antonie Van Leeuwenhoek J. Microbiol.*, *49*, 259–274, 1983.
2. Gasson, M.J., Progress and potential in the biotechnology of lactic acid bacteria, *FEMS Microbiol. Rev.*, *12*, 3–20, 1993.
3. Peterbauer, C., Maischberger, T., and Haltrich, D., Food-grade gene expression in lactic acid bacteria, *Biotechnol. J.*, *6*, 1147–1161, 2011.
4. Douglas, G., Goh, Y., and Klaenhammer, T., Integrative food grade expression system for lactic acid bacteria. In *Strain Engineering*, Williams, J.A., Ed., Humana Press, 2011, pp. 373–387.
5. Lee, S.Y., Mattanovich, D., and Villaverde, A., Systems metabolic engineering, industrial biotechnology and microbial cell factories, *Microb. Cell. Fact.*, *11*, 2012.
6. de Vos, W.M., Systems solutions by lactic acid bacteria: From paradigms to practice, *Microb. Cell Factories*, *10*, 2011.
7. Hugenholtz, J., The lactic acid bacterium as a cell factory for food ingredient production, *Int. Dairy J.*, *18*, 466–475, 2008.
8. Daniel, C., Roussel, Y., Kleerebezem, M., and Pot, B., Recombinant lactic acid bacteria as mucosal biotherapeutic agents, *Trends Biotechnol.*, *29*, 499–508, 2011.
9. Bron, P.A. and Kleerebezem, M., Engineering lactic acid bacteria for increased industrial functionality, *Bioengineered*, *2*, 80–87, 2011.
10. Villatoro-Hernández, J., Kuipers, O., Saucedo-Cárdenas, O., and Montes-de-Oca-Luna, R., Heterologous protein expression by *Lactococcus lactis*. In *Recombinant Gene Expression*, Lorence, A., Ed., Springer, New York, 2012, pp. 155–165.
11. Steidler, L. and Neirynck, S., *In situ* delivery of therapeutic proteins by recombinant *Lactococcus lactis*, *J. Microbiol.*, *41*, 63–72, 2003.
12. Amalaradjou, M.A.R. and Bhunia, A.K., Bioengineered probiotics, a strategic approach to control enteric infections, *Bioengineered*, *4*, 2013.
13. Ray, B. and Miller, K.W., Pediocins (*Pediococcus* species). Naidu, A.S., Ed., CRC Press, Boca Raton, FL, 2000.
14. Mills, S., Stanton, C., Hill, C., and Ross, R.P., New developments and applications of bacteriocins and peptides in foods, *Ann. Rev. Food Sci. Technol.*, *2*, 299–329, 2011.
15. Kant, R., Blom, J., Palva, A., Siezen, R.J., and de Vos, W.M., Comparative genomics of *Lactobacillus*, *Microb. Biotechnol.*, *4*, 323–332, 2011.
16. Bron, P., Bokhorst-van de Veen, H., Wels, M., and Kleerebezem, M., Engineering robust lactic acid bacteria. In *Stress Responses of Lactic Acid Bacteria*, Tsakalidou, E. and Papadimitriou, K., Eds., Springer US, 2011, 369–394.
17. Bolotin, A., Wincker, P., Mauger, S., Jaillon, O., Malarme, K., Weissenbach, J., Sorokin, A. et al. The complete genome sequence of the lactic acid bacterium *Lactococcus lactis* ssp *lactis* IL1403, *Genome Res.*, *11*, 731–753, 2001.
18. Mayo, B., van Sinderen, D., and Ventura, M., Genome analysis of food grade lactic acid-producing bacteria: From basics to applications, *Curr. Genomics*, *9*, 169–183, 2008.
19. Schroeter, J. and Klaenhammer, T., Genomics of lactic acid bacteria, *FEMS Microbiol. Lett.*, *292*, 1–6, 2009.
20. Barrangou, R. and Horvath, P., Lactic acid bacteria defenses against phages. In *Stress Responses of Lactic Acid Bacteria*, Tsakalidou, E. and Papadimitriou, K., Eds., Springer US, 2011, pp. 459–478.
21. Mayo, B., Aleksandrzak-Piekarczyk, T., Fernández, M., Kowalczyk, M., Álvarez-Martín, P., and Bardowski, J., Updates in the metabolism of lactic acid bacteria. In *Biotechnology of Lactic Acid Bacteria*, Mozzi, F., Raya, R.R., and Vignolo, G.M., Eds., Wiley-Blackwell, 2010, 3–33.
22. Davidson, B.E., Llanos, R.M., Cancilla, M.R., Redman, N.C., and Hillier, A.J., Current research on the genetics of lactic acid production in lactic acid bacteria, *Int. Dairy J.*, *5*, 763–784, 1995.
23. Klaenhammer, T.R., Barrangou, R., Buck, B.L., Azcarate-Peril, M.A., and Altermann, E., Genomic features of lactic acid bacteria effecting bioprocessing and health, *FEMS Microbiol. Rev.*, *29*, 393–409, 2005.
24. Makarova, K., Slesarev, A., Wolf, Y., Sorokin, A., Mirkin, B., Koonin, E., Mills, D. et al. Comparative genomics of the lactic acid bacteria, *Proc. Natl. Acad. Sci. USA*, *103*, 15611–15616, 2006.

제14장

종균 및 박테리오파아지

14.1 서론

"종균 배양(초기배양균, starter culture)"은 일반적인 용어이며 수년간 그 의미가 변화되어 왔다. 현재 그것은 잘 알려져 있으며 안정적인 대사 활성, 그리고 원하는 외관, 농도, 질감 및 풍미를 가지는 발효 식품을 생산하는 데 사용되는 다른 특성들을 가지는 식품 등급의 미생물로 선택된 균주(strain)를 의미한다. 일부 종균은 또한 프로바이오틱스(probiotics)와 같은, 그리고 약물투여를 위한 식품첨가물들을 생산하는 데 사용된다. 19세기가 끝날 무렵에, 그 용어는 버터, 치즈를 생산할 때, 발효를 시작하기 위해 신선한 크림이나 우유에 적은 양의 발효된 사워크림(sour cream) 또는 우유(스타터, starter)를 각각 접종하는 것을 의미했다.[1] 이 과정은 원료 그대로의 자연 발효를 통해 생산된 것들보다 더 좋은 제품을 제공하기 위해 만들어졌다. 이들 종균은 알려져 있지 않은 세균들의 혼합물이었다. 가공공장들은 매일 계대배양(모배양, mother culure)에 의해 좋은 종균을 유지하기 시작했고 이들로부터 제품 접종원을 생산했다. 그러나 연속적인 계대 동안 이들 종균의 세균학적 조작(bacteriological makeup)은 취급하는 동안 오염물질로부터 뿐만 아니라, 처음에 존재하는 것들 중 우점종(strain dominance)이 계속해서 변화되기 쉬웠다. 이는 일관된 품질의 제품을 생산하는 데 있어서, 그리고 초기 균주의 박테리오파아지(bacteriophage) 공격으로 인한 제품 실패에 대해서 어려움들을 소개했다. 일부 민간 기업들은 미국과 유럽에서 모두 치즈 제조에 대한 알 수 없는 세균 성분의 혼합 배양균을 공급하기 시작했다. 그 후, 개별 균종들이 정제되고 그들의 특성이 조사되었으며, 순수 균종을 가지는 종균들이 이들 영리회사에 의해 생산되었다. 처음에는 그러한 종균은 치즈를 생산하기 위해 개발되었다. 현재, 다양한 유형의 발효 유제품들, 발효 육류 제품들, 일부 발효 채소들, 발효 제빵 제품들을 위한, 그리고 알코올 발효 및 다른 목적[특히 유전자 변형 생물체, genetically modified organism (GMO)]을 위한 종균들이 상업적으로 이용되고 있다. 이 장에서는 역사, 현재 상태, 박테리오파아지 문제, 그리고 농축된 배양균(concentrated culture)의 생산에 대한 간단한 토론이 제시된다.

14.2 역사

종균의 초기 개발은 치즈 산업에서의 요구와 변화에 기인했다. 1950년대 이전에, 소규모의 생산자들은 현지 소비자들을 만족시키기 위한 제한된 양의 치즈를 생산하고 있었다. 공장은 매일 계대에 의해 모배양 병(bottle)을 유지하는 데 사용되었고 그것은 배양균 생산자나 또 다른 이웃 가공업자들로부터 받았다. 모배양에서 공장은 치즈를 가공하는 데 우유량의 1%~2% 수준의 요구를 충족하기 위한 접종량을 맞추기 위해 여러 계대를 통해 대량 배양균(bulk culture)을 만들기 위해 사용되었다. 이들 종균은 확인되지 않은 세균종들의 혼합물이었고, 일관성 있는 품질의 제품을 생산하는 것이 어려웠다. 또한 박테리오파아지 공격 때문에 종균 실패 문제도 있었다. 품질 문제를 해결하기 위해 단일 종균(혼합물로부터 분리된 원하는 균종)이 도입되었고 좋은 위생 시설과 새롭게 디자인된 가공 설비는 파아지 문제를 극복하기 위해 도입되었다.[1]

1950년대 이후, 대규모의 치즈 작업이 소규모의 생산자들을 대신하게 되었다. 그들은 일관된 품질의 제품을 필요로 했고 파아지 공격으로부터 너무 많은 종균배양 실패를 할 여유가 없었다. 종균 생산자들은 결과적으로 치즈 가공업자들이 모배양균과 대량 배양균을 생산하기 위해 그들을 이용하도록 단일 종균을 개발하고 이들을 건조된 형태로 제공했다. 파아지 문제를 해결하기 위해, 한 균종이 특정 파아지에 의해 사멸되면 또 다른 균주가 작용을 하는 다균주배양(multiple-strain culture)뿐만 아니라, 특정 파아지의 축적을 방지하기 위한 균종들의 교대(매일 다른 균종들을 사용하는 것과 같은) 방법들이 실행되었다. 나중에, 파아지 공격을 감소시킨 대량 배양균을 생산하기 위한 합성배지(defined media)가 도입되었다. 그때까지도, 대량 배양균의 일일 생산[일부 치즈 가공업자들은 1,000,000갤런(1갤런: 약 3.8리터)의 일일 산유량보다 많이 처리했고 10,000갤런의 벌크 배양균보다 많이 요구했다], 균주 교대(strain rotation)나 다균주배양(일부는 30균주나 그 이상을 유지하고 있었다)을 위해 대량의 정확한 균주들을 유지하는 것과 그들이 공존할 수 있게 하기 위해 적절한 배합으로 그들을 사용하는 것은 정확하고 큰 설비들, 전문 미생물학자, 그리고 작업을 위한 다수의 작업조를 요구했다. 이는 1960년대에 배양균 생산자에서 치즈 가공업자까지 드라이아이스와 함께 항공편에 의해 보낼 수 있고 대량 배양균을 생산하기 위해 직접적으로 사용될 수 있었던 동결 농축 배양균의 도입으로 인해 부분적으로 극복되었다. 이것은 대량 배양균을 생산하기 위한 여러 가지 유형의 파아지 저해 배지(phage inhibitory media, PIM)의 유용성과 더불어 치즈 가공업자들이 다수의 종균과 미생물 실험실을 유지하기 위해 필요한 비용과 노동력을 극복하는 데 도움을 주었다. 이러한 낙농 기반 배지(dairy-based media)는 우유에 칼슘을 킬레이트화하기 위해 높은 농도의 인산염을 포함하고 있어서 파아지가 세균세포에 흡착과 감염을 일으키기 위해 2가 양이온을 사용할 수 없게 만든다. 높은 pH를 유지하여 높은 세포 밀도를 얻기 위해 배지는 내부 또는 외부의 pH 제어 시스템을 가지고 있었다. 나중에, ml당 $10^{11\sim12}$ 세포들을 포함하고 있는 동결 농축된 배양균이 도입되었다; 그들은 치즈 가공업자가 대량 배양균을 생산할 필요가 없도록 치즈 배트(direct vat set, DVS)의 우유에 바로 접종할 수 있었다.

1970년대부터 발효 소시지, 일부 전통 발효 제품 및 발효 건강 제품들뿐만 아니라 여러 가지 유형의 발효 유제품, 특히 버터밀크(buttermilk)와 요거트(yogurt)의 인기는 대형의 상업적 가공업자들에 의한 제품생산을 자극했다. 그들의 요구를 충족시키기 위해, 원료에 직접 접종을 위한 다양한 유형의 동결 농축(freeze-drying) 배양균들이 개발되었다.

그런 노력들은 동결 건조로 농축된 배양균을 생산하기 위해 만들어져 왔다.[2] 건조된 배양균은 그들의 사용을 방해하는 뜻밖의 해동뿐만 아니라 드라이아이스로 동결 농축된 배양균의 이동에서 대량 배양균의 문제를 제거할 수 있다. 건조된 배양균은 또한 제품 제조에 직접 사용되거나 대량 종균을 생산하기 위해 사용될 수 있다. 그러나 많은 균종들은 건조 상태에서 잘 생존하지 않기 때문에 대규모의 상업적인 작업에서 건조된 배양균으로서의 사용이 제한되어 왔다. 그들은 소규모의 발효 식품 가공업자들에 의해 직접 사용되거나 원료에 접종하기 전에 대량 배양균을 생산하기 위해 사용되는 작은 포장에는 유용했다.

비교적 최근의 진보는 식품 가공업자의 특정 요구를 충족하기 위한 고객 맞춤 종균의 유용성이었다. 종균의 파아지 공격 억제 특성뿐만 아니라 일부 중요하고 원하는 형질에 대한 유전적 기초의 이해는 디자인된 배양균을 생산하도록 했다.

14.3 농축배양

제어된 식품 발효에서 종균이 원하는 속도로 발효가 진행되기 위해서는 원료에 대략 ml(g)당 $10^{6\sim7}$ 생균세포들 수준의 양으로 첨가된다. 전통적인 과정에서, 대략 ml당 $10^{8\sim9}$ 세포들을 가지는 벌크 배양균은 원료에 약 1% 수준으로 접종될 필요가 있다. 100,000갤런(378,541,178 ml) 또는 하루에 더 많은 우유를 사용하는 치즈 가공업자는 매일 1,000갤런(3,785,411.78 ml)이나 그 이상의 벌크 스타터를 요구한다. 이런 많은 양은 가공 시설에서 더 많은 취급을 필요로 하는 여러 중간 계대를 통해 모배양으로부터 생성되고 파아지들이 가공 환경에 더 많기 때문에 파아지의 도입이 가능하다(**그림 14.1**). 반면, 농축된 배양균의 생산에서 대부분의 취급은 세심히 관리된 환경 조건들 하에서 배양균 생산자들에 의해 행해지며 그렇게 함으로써 파아지 문제들을 최소화한다. 균종들은 높은 세포 밀도를 획득하기 위해 적절한 배지에서 자란다(일부 ml당 10^{10} 이상). 세포들은 원심분리에 의해 수거되고 대략 ml당 10^{12}세포들의 농도로 액체에 현탁된다. DVS 시스템에서 360 ml의 동결 농축된 배양균은 원하는 초기 생균 수의 농도(ml당 $10^{6\sim7}$ 세포들)를 얻기 위해 5,000갤런(18,927,058.9 ml)의 우유에 첨가될 수 있다. 현탁 배지(suspending medium)는 냉동과 해동 과정 동안 세포사멸과 손상을 줄이기 위해 저온보호제(cryoprotective agent)를 함유한다. 혼합된 세포는 드라이아이스-아세톤(−78°C)이나 액체질소(−196°C)를 사용하여 금속 용기에서 냉동하여 보관한다. 그들은 충분한 양의 드라이아이스를 스티로폼 박스에 넣어 바람직하게는 항공편으로 가공업자에게 전달된다. 가공업자는 −20°C 또는 그 이하의 온도에서 용기들을 저장하고 배양균 생산자에 의해 지정된 시간 이내에 그것을 사용한다. 사용 직전에, 용기는 45°C의 따뜻한 식수에 해동시키고 원료에 첨가한다. 이들 배양균의 사용 지침은 배양균 생산자들이 제공한다.[3]

동결 건조된 농축물을 생산하기 위해 얇은 막 또는 작은 물방울 상태로 된 액체 세포 농축물들은 드라이아이스-아세톤 또는 액체 질소에서 회전식 예비동결(shell freezing)한 후에 진공으로 건조한다. 건조된 재료들은 진공 비닐봉지에 포장하여 −20°C에서 또는 냉장 온도에서 저장된다. 그들은 주위 온도에서 또는 얼음 팩을 포함하는 상자에 넣어 가공업자들에게 빠르게 배달된다. 가공업자는

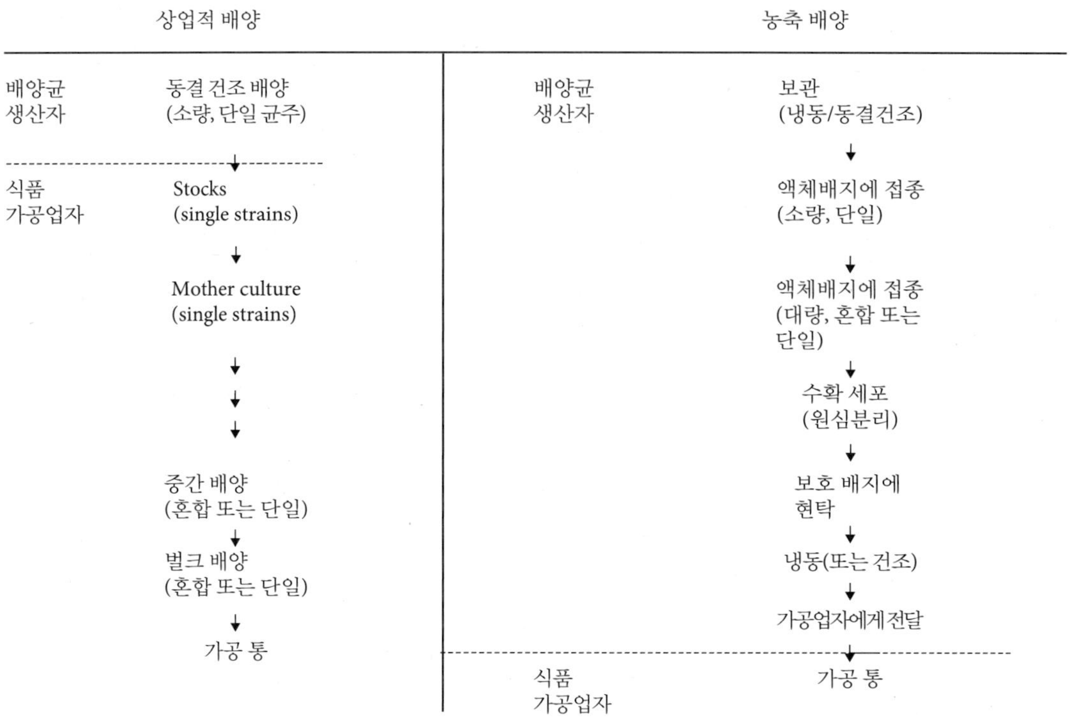

그림 14.1 상업적 배양과 농축 배양의 사용 및 생산 단계, 그리고 배양균 생산자와 식품 가공업자들에 의한 배양 처리에서의 변화.

−20°C에 또는 냉장고에 건조된 배양균을 저장하고 지정된 시간 내 그들을 사용한다. 사용 직전에, 건조된 배양균은 따뜻한 물(가급적이면 끓이거나 또는 냉각하거나 멸균)과 혼합하여 원료에 첨가한다.[3]

종균 준비의 비용을 줄이기 위해 현재 분무 건조, 진공 건조, 드럼 건조, 유동층 건조 및 공기 건조 방법과 같은 다른 건조 방법이 고려되고 있다.[2,4] 분무 건조는 종균액을 분무할 때 건조되면서 입자가 형성되는 원리이다. 젤라틴, 탈지유, 아라비아 고무 또는 전분과 같은 담체(carrier) 분자와 혼합된 액상 배양물을 노즐 또는 회전 분무기를 사용하여 분무하여 방울을 형성하고 챔버의 뜨거운 공기와 접촉하면서 건조 분말을 형성한다. 이러한 접근 방식의 주요 고려 사항은 원하는 기간 동안 종균의 생존 가능성이다.[2]

14.4 종균배양의 문제점

14.4.1 균주의 길항작용(Antagonism)

혼합 균주 배양에서 종균은 둘 또는 더 많은 균주들을 포함하며 주어진 조건하에서 다른 것들을 능가하는 하나의 우점종(dominance)이 배양제품을 빠르게 변화시킬 수 있다. 우점종은 최적의 생장 환경이나 억제 대사산물들(예: 박테리오신, 산, 과산화물)의 생산에서 발생할 수 있다. 이것은 제품의 품질에 영향을 미치며 파아지 공격을 통해 스타터 실패를 증가시킬 수 있다. 배양균 생산자들은 원하는 균주들 사이의 공존성(compatibility)을 시험하고 균주 길항작용(strain antagonism)을 피하기 위해 호환성 균주(compatible strain)만을 가지는 혼합 균주 배양균을 개발한다.

14.4.2 원하는 특성의 손실

플라스미드와 관련된 원하는 특성을 가진 균주는 저장, 전배양(subculture), 일부 생장 조건하에서 특성을 잃을 수 있다. 물리적, 화학적 스트레스와 장기간의 냉동 또한 특성의 손실이 발생할 수 있다. 유전학 연구는 이러한 특성들의 안정성에 대한 메커니즘을 이해하기 위해 실시되고 있다. 어떤 특성들에 대한 더 나은 안정성을 가지는 몇몇 균주가 개발되었으며 사용되고 있다. 앞으로 그런 더 많은 균주들을 사용할 수 있다.

14.4.3 세포 사멸과 손상

DVS 배양과 같이, 특히 직접 사용하기 위한 냉동, 동결 건조 농축 배양의 효과적인 사용은 두 가지 중요한 특성에 달려 있다: (1) 종균은 많은 수의 생균세포를 가지는 것이 필요하고 (2) 세포들은 그들이 매우 빠르게 증식을 시작할 수 있도록 짧은 유도기(lag phase)를 가져야 한다. 세포들은 생존, 생장 및 신진 대사를 줄일 수 있는 부적당한 물리적, 화학적 환경들 또는 스트레스에 노출될 수 있다.[5] 동결과 융해, 그리고 동결 건조 및 수화(rehydration)는 세포 손상, 즉 세포 사멸과 세포 손상을 일으키는 것으로 알려져 있다(제10장). 이것은 농축 배양이 발효 과정에서 초기 생균세포 농도(ml당 $10^{6\sim7}$ 세포들 또는 원재료의 g당 세포들)의 요구와 상대적으로 짧은 시간적 간격을 충족시키는 데 있어 실패하는 상황에 이를 수 있다. 배양균 생산자들은 현탁 용매에 동결방지제(cryoprotectant)를 사용하여 매우 낮은 온도에서 세포들을 빠르게 동결시킴으로써 세포 손상을 줄이는 데 성공했다. 세포 생존능력 손실의 원인 중 일부는 해동 및 재냉동, 사용하기 전 장시간의 해동, 소시지 발효에 사용되는 절임용 소금과 양념 혼합물과 같은 다른 성분들의 농축된 용액에 해동된 배양균 혼합 또는 건조된 배양균의 수화, 그리고 −20°C나 더 높은 온도에서의 장기간 저장이다. 이들의 대부분은 배양균을 취급하는 사람들의 지식 부족으로 인해 제품 가공 환경에서 발생한다. 농축된 배양균의 최상의 성능을 위해서는 배양균 생산자들로부터 관리가 엄격히 준수될 필요가 있다.

14.4.4 원재료의 저해제

우유는 젖소의 어떤 감염(mastitis, 유방염)을 치료하기 위해 처방한 항생제(antibiotics)나 착유장비에서 온 살균제(sanitizer)를 포함할 수 있다. 고기는 인산염 또는 아질산 등의 발효 소시지를 만들기 위해 사용되는 재료 및 장비의 살균제를 포함할 수 있다. 이러한 요소들은 종균들의 생장을 저해하거나 줄일 수 있다.

14.4.5 유산균의 박테리오파아지

식품 발효에서 종균배양 실패에 있어서 박테리오파아지(또는 파아지)의 역할은 오랫동안 인지되어 왔다. 식품 발효에서 파아지 문제를 극복하기 위해 사용된 몇몇 현재의 요령뿐만 아니라 종균 실패를 유발하는 파아지의 생활주기에 대한 짧은 논의를 여기에 제시한다.[6~8] 박테리오파아지는 식품안전을 개선하고(제38장 참조) 식품매개 병원균을 탐지하는 일종의 진단도구로서(제42장 참조) 식품매개 병원균을 제어하는 데에도 사용된다.

형태와 특성

박테리오파아지는 특히 식품 발효 환경에서 널리 분포되어 있는 세균에 대한 여과성 바이러스(filterable virus)들이다. 파아지는 단백질[머리, 꼬리, 꼬리 섬유, 수축집(contractile sheath)]과 선형 또는 원형이 될 수 있으며 크기가 대략 20~55 kb의 이중가닥 DNA를 포함하고 있다. 이중가닥 DNA 분자는 원형 또는 육각형[각각 장구형(prolate) 또는 등척성(isometric)]의 머리 내에 쌓여 있다.

젖산균의 박테리오파아지를 분류하기 위해 시대 별로 몇 가지 구조가 제안되어 있다. 현재 구조는 과(family), 그룹, 형태를 사용하여로 함께 분류하는 것이다. 3개 과, 즉 Myoviridae, Siphoviridae, Podoviridae는 3개의 그룹, A(수축꼬리를 가지는), B(비수축 긴 꼬리를 가지는), 그리고 C(비수축 짧은 꼬리를 가지는)에 속한다(**그림 14.2**). 그들은 3가지 형태, 즉 1형(작은 등척성 머리), 2형(작은 장구형 머리), 그리고 3형(큰 장구형 머리)으로도 구분된다. *Lactococcus lactis* ssp. *lactis*와 *Lactococcus lactis* ssp. *cremoris*는 많은 종류의 파아지를 가지는 것으로 보인다. 그들은 12가지 종으로 나뉘며, 이 중 3종은 Siphoviridae과에 속하며, 이들의 병원성 특성 때문에 중요하다. Siphoviridae과 중 3종은 936종(모두가 작은 장구형의 머리를 가지고 있고 병원성; sk1), c2종(모두가 장구형의 머리를 가지고 있는 병원성; c2), P335(병원성 파아지와 온화한 파아지, 작은 등척성 머리; TP901-1)이다. 유전체 서열 분석은 다른 과뿐만 아니라 같은 과의 종들도 상당히 다양하다는 것을 보여준다. 반면에 *Streptococcus thermophilus*(예: sfi 19, sfi 11)의 파아지들의 유전체 분석은 상당히 좋은 상동성을 보여준다. 여러 종의 *Lactobacillus*의 파아지들이 동정되었고 *Lactobacillus delbrueckii*(LL-H), *Lactobacillus plantarum*(phi-gle), *Lactobacillus johnsonii*(Lj 965), *Lactobacillus gasseri*(adh), 그리고 *Labactobacillus casei*(a2)과 같은 일부 종들과 균주들의 유전체 서열이 현재 밝혀져있다. *Leuconostoc*과 *Oeno-*

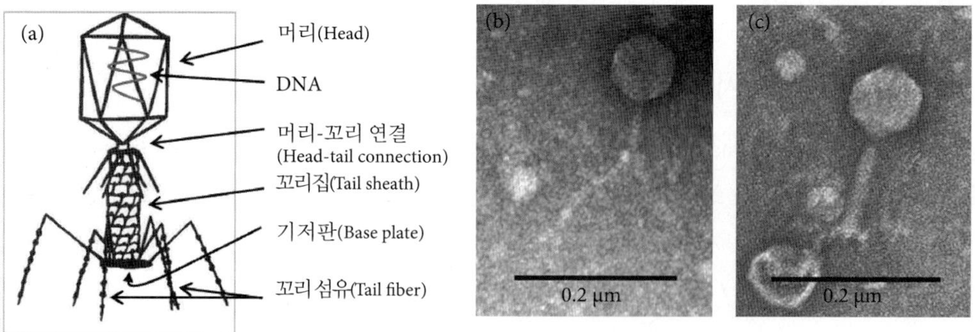

그림 14.2 박테리오파아지의 그림. (a) T4 파아지의 구조, (b) siphovirus(가는 꼬리)와 (c) myovirus(두꺼운 꼬리)의 투과전자현미경(TEM) 사진. (TEM 사진은 퍼듀대학교의 Paul Ebner 박사와 Yanying Pan이 제공한 것.)

*coccus*에서는 매우 적은 파아지들이 분리되었고, *Pediococcus*에서는 어떤 파아지도 분리되지 않았다.[9]

생활주기

파아지는 식품에서 그 자체로 증식할 수 없다. 대신, 세균세포(특정 숙주)의 표면에 꼬리를 부착하고 (흡착을 위해 Ca^{2+} 필요) 세균세포의 세포질 내부 안으로 DNA를 주입한다. 용균성(lytic) 파아지의 경우, 세균세포는 많은 파아지의 DNA와 파아지 단백질 복사체들을 생산한다. 생산된 파아지 DNA와 단백질은 조립을 통해 온전한 파아지가 만들어지고 세균은 용해되어 파아지(200개 정도)를 환경으로 방출한다(**그림 14.3**). 그들은 차례로 다른 세균세포를 공격한다. 이들이 용균성 파아지들이다. 그들의 생장주기(용균주기, lytic cycle)는 대략 20~30분 걸린다. 온화 파아지(temperate phages)라는 파아지는 비용균성이면서 그들의 DNA를 세포질 안으로 주입한 후 세균 DNA와 통합한다. 프로파아지(prophage)라고 불리는 파아지의 DNA는 세균세포의 DNA에 의해 운반되고(용원성 상태, lysogeny state), 세균세포가 증식하면 프로파아지 또한 세균 균주(용원성 균주) 안에서 파아지의 존재를 나타내지 않고 증식한다. 숙주세포가 프로파아지를 가지고 있는 한 같은 파아지의 공격에 영향을 받지 않는다. 최근 유전체 연구들은 숙주 균주의 DNA가 5개 이상의 유형의 프로파아지들을 가질 수 있다고 밝혔다.[9] 하지만 프로파아지는 UV와 같은 물리적 또는 미토마이신 C(mitomycin C)와 같은 화학적 물질에 의해 파아지 DNA를 세균 DNA로부터 분리시키고 용균주기를 재개할 수 있도록 유도될 수

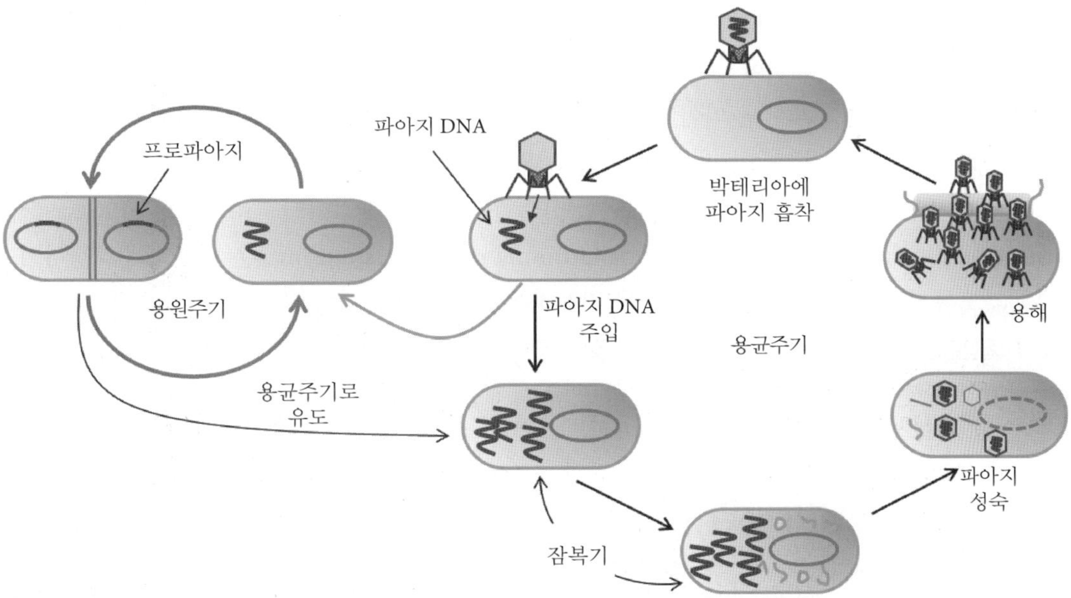

그림 14.3 (컬러 삽입을 보라.) 세균 안에서 박테리오파아지의 용균(lytic)주기와 용원(lysogenic)주기에 대한 모식도. 단계들은 박테리아 세포벽에 파아지가 흡착하는 것으로 시작; 박테리아 세포로 파아지 DNA 주입; 파아지 DNA와 단백질 합성이 특징인 파아지 성숙; 파아지 성숙과 숙수 세포의 용해. 용원주기는 온화 파아지를 포함하는 것으로 박테리아 세포 DNA에 파아지 DNA가 합쳐지고, 박테리아 세포 분열하는 동안 파아지 DNA 분열(프로파아지), 그리고 용균과정으로 활성화 및 유도로 파아지 DNA 유출.

있다(그림 14.3).

숙주 특이성

현재 식품 발효에 사용되는 *Lactococcus*, *Streptococcus*, *Leuconostoc*, *Lactobacillus*, *Oenococcus oenos*의 많은 종에서 박테리오파아지가 발견되어왔다. 파아지는 숙주 특이성(host specificity)이 있으며 하나의 특정 파아지가 하나의 특정 숙주(균주)가 있을 수 있고, 하나의 파아지가 여러 관련 균주가 있을 수 있다. 하나의 박테리아 균주는 또한 여러 다른 형태의 파아지의 숙주가 될 수 있다. 박테리아 균주는 파아지의 DNA를 가수분해하고 파괴할 수 있는 제한효소(restriction enzyme)를 가지고 있을 수 있다. 어떤 파아지는 용균성 또는 용원성일 수 있다. 모든 파아지들은 유산균 배양 중 세포 표면에 흡착하기 위해 칼슘이온(Ca^{2+})이 필요하다.

제어 방법

식품 발효에서 박테리오파아지 관련 종균 실패를 발견함에 따라, 종균배양 시 파아지 오염을 줄이기 위한 방법들이 개발되었다.[6~8] 이런 방법에는 대량 종균을 마련하고 제품 발효하는 동안 가공 시설에서 파아지가 늘어나지 않도록 하는 적절한 위생시설, 파아지-둔감 배지의 사용, 균주 회전, 종균 실패를 유발할 수 있는 수준으로 특정 파아지가 증가하지 못하도록 혼합 균주 사용 등을 포함한다. 그 다음에, 파아지-저항 종균 균종들이 개발되었다. 초기에, 감수성 박테리아 균주를 특정 용균성 파아지가 있는 상태에서 키워서 파아지로 죽지 않은 세포들을 선발하여 발효 과정에 사용했다. 최근 연구에서 유전학 기법으로 박테리아 균주를 하나 혹은 그 이상의 파아지에 둔감하게 만들 수 있다는 것을 보여주었다. 이러한 기술에는 파아지의 흡착을 억제하기 위해 종균 균주의 유전적 조성을 변형하는 것, 세포의 제한효소 시스템이 파아지 DNA를 파괴하도록 하는 것, 불현감염(abortive infection), 용해 전에 CRISPR/Cas라는 새로운 제한-변형 시스템을 포함한다.[8] 어떤 숙주의 CRISPR/Cas 시스템(clustered regularly interspaced short palindromic repeats/cas enzyme)은 파아지에 대항하여 저항성을 갖도록 숙주 안에서 파아지 DNA를 간섭하는 새로운 기작이다. 유전적 조작을 통한 이런 형질들의 조합으로 몇몇 파아지들에 저항성을 갖는 균주를 개발할 수 있다. 유산균과 박테리오파아지에 대한 현재의 유전체 연구는 파아지-저항성 종균 균주 개발을 이끌 것이다(제13장 참조).

14.5 효모와 곰팡이 배양

제빵 제품의 누룩반죽과 맥주, 와인, 증류주의 알코올 생산에 사용하는 특정 효모 배양 균주(예: *Saccharomyces cerevisiae*)가 개발되어왔다. 가공업자들뿐만 아니라 배양균 생산자들이 이들 효모들을 생산한다. 배양균 생산자들은 적절한 배지에서 효모를 키워서, 세포를 농축하고 냉동 또는 건조 형태로 공급한다.

일부 제품들의 종균으로 사용하는 곰팡이들도 배양균 생산자들에게 구할 수 있다. 사용하는 균주들은 곰팡이독소(mycotoxins)를 만들어서는 안 된다. 곰팡이는 포자를 형성할 때까지 액체 또는 고체

(빵) 배지의 표면에서 자란다. 포자들은 모아서 분말형태로 건조하고, 포장하여 가공업자들에게 공급한다.

14.7 결론

식품 발효와 관련된 미생물의 분리 및 동정은 특정 종과 균주를 순수 배양에 사용하여 제어된 발효가 되도록 도움을 주었다. 이들 종균들은 식품 가공 회사들이 직접 원재료의 발효를 개시하는 데 사용하도록 현재 상업적 배양균 생산자들에 의해 생산된다. 이것은 또한 특히 파아지 공격으로부터 배양 실패와 관련된 제품 손실을 줄이는 데도 도움이 되어왔다. 파아지 저항성 종균의 개발 또한 문제를 해결하는 데 도움이 되어왔다. 유산균과 그들의 박테리오파아지의 유전체 염기서열에 대한 현재 연구들은 식품 발효에 있어서 그들의 효율적인 사용을 위한 미래의 박테리아 균주 개발에 도움이 될 것이다. 식품 발효에서 종균의 사용은 제15장에서 설명된다.

학습문제

1. 종균을 정의하시오.
2. 1950년대 이래 종균배양 기술에 있어서 주요 발전들을 간단히 나열하시오.
3. 준비된 종균을 어떻게 농축하는가? 대량 종균배양을 만드는 것과 이 기술의 차이점은 무엇인가?
4. 대량 종균 제조를 위한 파아지 저항성 배지를 개발하는 데 사용하는 방법을 간단히 설명하시오.
5. 그들의 성능에 영향을 미칠 수 있는 종균의 문제점들을 나열하시오. 종균의 해동 및 재냉동 때문에 일어날 수 있는 장애는 무엇인가?
6. 용균파아지, 온화파아지, 프로파아지, 박테리오파아지의 용원성, 용균주기, 각각의 용어들을 정의하시오.
7. *Lactococcus*, *Streptococcus*, *Lactobacillus* 각각의 균주에 대한 박테리오파아지를 한 가지씩 드시오.
8. 어떻게 박테리오파아지들에 저항성을 가지는 종균들이 생산될 수 있는가?

참고문헌

1. Huggins, A.R., Progress in dairy starter culture technology, *Food Technol.*, *38*, 41–50, 1984.
2. Peighambardoust, S.H., Golshan Tafti, A., and Hesari, J., Application of spray drying for preservation of lactic acid starter cultures: A review, *Trends Food Sci. Technol.*, *22*, 215–224, 2011.
3. Gilliland, S.E., Concentrated starter cultures. In *Bacterial Starter Culture for Foods*, CRC Press, Boca Raton, FL, 1985.
4. Santivarangkna, C., Kulozik, U., and Foerst, P., Alternative drying processes for the industrial preservation of lactic acid starter cultures, *Biotechnol. Prog.*, *23*, 302–315, 2007.
5. Papadimitriou, K. and Kok, J., Future challenges in lactic acid bacteria stress physiology research. In

Stress Responses of Lactic Acid Bacteria, Tsakalidou, E. and Papadimitriou, K., Eds., Springer US, 2011, pp. 507–518.

6. Hill, C., Bacteriophage and bacteriophage resistance in lactic acid bacteria, *FEMS Microbiol. Rev.*, *12*, 87–108, 1993.
7. Allison, G.E. and Klaenhammer, T.R., Phage resistance mechanisms in lactic acid bacteria, *Int. Dairy J.*, *8*, 207–226, 1998.
8. Barrangou, R. and Horvath, P., Lactic acid bacteria defenses against phages. In *Stress Responses of Lactic Acid Bacteria*, Tsakalidou, E. and Papadimitriou, K., Eds., Springer US, 2011, pp. 459–478.
9. Desiere, F., Lucchini, S., Canchaya, C., Ventura, M., and Brussow, H., Comparative genomics of phages and prophages in lactic acid bacteria, *Antonie Van Leeuwenhoek Int. J. Gen. Mol. Microbiol.*, *82*, 73–91, 2002.

제15장

발효식품 생산의 미생물학

15.1 서론

문명의 여명기에 인간은 특정 상황에서 동식물로부터 얻은 날 음식들을 미래 소비를 위해 저장하면 다르지만 바람직한 산물로 변하면서 보다 길게 안정적으로 저장할 수 있다는 것을 우연히 인지하게 되었다. 이러한 발견은 그들이 당장 소비할 수 있는 것보다 많이 식량을 생산하여 저장이 필요하다는 것을 깨닫고 나서 가능했을 것이다. 이는 남은 산물을 보관할 바구니와 도기를 제작하고 농사와 축산을 배우는 시기였을 것이다. 이를 근거로 메소포타미아와 인더스 문명의 열대 지역에서 B.C. 7000~8000년에 발효식품이 생겼다고 추정된다. 그 후 다른 문명에서도 다양한 원료, 특히 짧은 수확기간 동안만 풍요롭게 섭취할 수 있는 제철 식품을 이용하여 발효식품을 생산했다. 발효 유제품, 과일과 곡물로 만든 알코올 음료, 누룩 빵은 중동과 인더스 계곡의 초기 문명과 나중에는 이집트, 그리스, 로마인들 사이에서 인기를 끌었다.[1]

현재 3,500개 이상의 발효식품이 전 세계적으로 소비되고 있다; 많은 발효식품은 민족적이며, 특정 지역의 어떤 집단의 요구에 부합하도록 소량으로 생산된다. 일부는 현재 상업적으로 생산하고 있고 단지 몇몇은 대형 상업적 생산자가 생산한다. 대형 생산자에 의한 생산은 증가 추세다.

현재에는 치즈, 빵, 피클, 알코올 음료 등 다양한 형태의 발효식품에 대한 소비에 관심이 모아지고 있다. 이런 관심의 증가 이유 중 하나는 소비자들이 자연적이고 건강한 음식에 관심이 많은데 발효식품이 이를 충족하는 것이라고 생각된다. 오랜 기간 많은 종류의 발효식품을 소비했지만 대부분 소량으로 생산하던 나라들에서도 일부 제품을 대량으로 상업적으로 생산하기 시작했다. 앞으로 전 세계적으로 많은 발효식품의 소비가 증가할 것으로 예상된다.[1]

15.2 일반적인 생산 방법

발효제품의 생산에는 두 가지 관련이 있지만 별개의 측면이 있는데, 하나는 제품의 발효 및 저장 기간 동안 미생물의 대사 활동의 중요성과 관련된 것이고, 다른 하나는 제품의 가공 및 저장 중에 사용되는 여러 변수와 관련된 것이다. 이 장에서는 미생물학적 관점에서 소개하겠다. 가공측면은 일반적으로 식품가공 과정에서 다루고 있으므로 간략하게 다룬다.

발효는 원재료나 식자재를 특정하고 바람직한 미생물의 성장 및 대사에 유리한 조건에 노출시키는 것을 수반한다. 원하는 미생물이 자라면서 일부 영양소를 활용하고 일부 최종 산물을 생산한다. 이러한 최종 산물은 원재료의 대사되지 않은 성분과 함께 바람직한 품질의 발효식품을 구성하고, 그 중 많은 부분이 대사의 최종 산물로 본다.

15.2.1 원(Raw)재료 또는 시(Starting)재료

발효 식품을 생산하기 위해 식물 및 동물 자원에서 대부분의 원재료를 얻는다. 여기에는 우유(소, 버팔로, 양, 염소 및 암말), 고기(소고기, 돼지고기, 양고기, 염소 및 가금류), 생선(다양한 유형), 계란(닭과 오리), 채소 및 채소 주스, 많은 과일 및 과일 주스, 시리얼 곡물, 괴경, 렌즈콩, 콩 및 씨앗이 포함된다. 일부는 조합하여 사용된다.

15.2.2 식품발효에 사용하는 미생물

매력적인 많은 종과 변종들의 세균, 효모 그리고 곰팡이들은 식품의 발효와 연관이 있다. 생산품에 따라 발효는 하나의 우세한 종과 변종에 의해 이루어진다. 그러나 대부분의 발효에서는, 몇몇의 세균종과 변종이 섞인 개체군이나 심지어 세균과 효모 혹은 세균과 곰팡이가 혼합된 개체군도 수반된다. 발효 과정에 믹스된 개체군이 수반될 때에는, 개체들이 서로 상반되면 안 되고; 오히려 그들은 차라리 상호 의존적이어야 한다. 바람직한 미생물의 최대 성장과 최적의 발효율은 영양, 배양 온도, 산화환원 잠재율 그리고 pH 같은 환경적 지표에 달려 있다. 발효과정에서, 만약 혼합된 개체군에 다른 종들이 다른 환경적 상태(예: 성장 온도)가 필요하다면, 모든 종들이 적절한 비율로 성장하도록 촉진시키기 위해 절충물이 만들어진다. 원료 혹은 원재료 그리고 특정 요구에 따라서 당질(고기 발효의 덱스트로스), 염분, 구연산염, 그리고 다른 영양들이 공급된다. 어떤 자연적 발효에서는, 몇몇의 종들은 생산품의 최종적으로 바람직한 형질을 위해 수반된다. 그러나 성장하는 동시에, 그들은 한 차례에 특정한 종이 발효 중 특정 단계에서 우위를 차지하는 결과와 함께 나타난다. 그러나 어느 식품의 발효에 수반된 종을 격리시키려고 최종 생산물을 분석하는 것은 적절한 답을 주지 않는다. 대신에, 샘플들은 다른 시간에서 지배적인 형태를 파악할 잠깐 사이에나 그것들의 모습의 순서를 알고 분석되어야 한다. 마지막으로, 몇몇 소수의 식물군(부차적 식물군)은 원초적인 요소와 최종생산물의 가장 낮은 단계에 존재할 수 있고, 일반적인 분석 동안에는 감지되지 않을 수도 있다. 그러나 그들은 특히 어떤 생산품의 특별한 향기 같은 바람직한 형질에 중요한 공헌을 할 수 있다.

15.2.3 발효 과정

식품은 원하는 미생물의 출처에 따라 세 가지의 다른 방법으로 발효될 수 있다: 자연 발효, 재사용 발효(back slopping), 제어 발효.

자연 발효

발효에 쓰이는 많은 원재료(주로 열처리 안 된)는 발효에 관여하고 적절한 미생물을 포함하고 있다. 배양 조건들은 바람직한 유형들의 빠른 성장과 대부분 원하지 않는 발효와 관련한 유형에 대해 느린 성장이나 성장저하에 설정한다. 자연 발효로 생산된 생산물은 관련된 미생물군의 대사의 결과물인 매력적인 향기를 가질 수 있다. 하지만 원재료의 자연적 미생물군이 항상 같을 수 없기 때문에 긴 기간 동안 지속적인 특성을 지닌 발효산물을 생산하는 것은 어렵다. 또한 원치 않는 미생물군의 성장과 병원균에 의한 식품매개 질병 때문에 발효산물 생산이 실패할 확률이 높다.

재사용 발효(Back Slopping)

이 방법은 성공적인 발효의 일부 산물을 시재료에 추가하고 이전 산물에서 유래한 미생물의 성장을 촉진하는 조건을 설정한다. 이것은 여전히 소량의 여러 전통 발효식품 생산에 여전히 사용된다. 미생물 형태의 변화로 인해 이 방법으로는 오랜 기간 제품의 특성을 유진하기 어렵다. 또한 생산 실패와 식품매개 질병 위험도가 높다.

제어 발효

시재료(열처리가 안 된)에는 높은 밀도(10^6 세포/ml 혹은 그 이상)의 순수한 단일, 혹은 혼합 균주 또는 종의 미생물 군집이 접종된다(종균 배양). 인큐베이션 조건은 종균배양의 성장에 최적 상태로 설정한다. 많은 양의 생산물들은 날마다 지속적이고 예측 가능한 특성을 갖고 생산된다. 일반적으로, 생산 실패확률이나 식품매개 질병 발병확률이 적다. 하지만 바람직한 부차적인 미생물군의 성장이 없을 수도 있다. 결과적으로 생산품은 섬세한 맛의 특징이 없을 수도 있다.

앞에서 지적했듯, 전 세계에 3,500가지가 넘는 발효음식이 존재한다. 서로 다른 방법들이 그것들을 몇몇의 주요 그룹으로 나누는 데 쓰여 왔다. 한 가지 그런 방법은 발효음식을 아홉 가지 그룹으로 나누었으며 그것은 **표 15.1**에 명시되어 있다.

각 그룹에서 조금씩 모아도 이 책의 영역을 벗어나기 때문에, 몇몇의 발효된 유제품, 고기 그리고 채소 생산품들의 미생물학적 기준들이 통제된 발효와 자연 발효에 수반된 수단을 이해하기 위해 여기에 간결하게 거론되어 있다. 더 많은 자세한 설명을 위해, 다른 음식군의 발효에 관한 책들을 참고할 수 있고, 몇몇은 이 장에 활용되었다.

15.3 발효 유제품

발효 유제품들의 2개의 그룹으로 널리 나뉜다: 발효유와 치즈. 발효유 제품들에서 우유의 모든 성분들은 박테리아에 부분적으로 대사되는 것을 제외하면 대부분 최종 산물에 남아 있다. 치즈에서는 우유 성분의 대부분이 유청(whey)에서 제거되고 나서 최종 산물이 만들어진다.

표 15.1 발효식품군과 예

식품군	예
낙농 제품	치즈, 요거트, 버터, 사워크림, 다히(dahi), 쿠미스(kumiss), 양젖우유, 유산균 우유
육류 제품	살라미, 페퍼로니, 초리조(chorizo), 튜링거, 소시지, 절인 고기, 남(nahm)
곡류 제품	빵, 팬케이크, 크래커, 피자, 눈, 이들리, 도사(dosa), 밥, 미소(miso)
과일, 채소 제품	절인 과일, 절인 채소, 올리브, 사우어크라프트, 김치, 에이카(인도향료)
콩류 제품	두부, 발효두유, 템피, 간장, 코지, 미조, 낫토, 파파돔
어류 제품	방공, 휘시소스, 절인 생선, 다라마, paak, mamoni, 이즈시
음료 제품	맥주, 와인, 증류주, 커피, 코코아, 차
녹말 제품	감자나 카사바, 고구마, 바나나, 플렌테인으로부터 만든 발효식품
기타 제품	발효된 달걀, 발효크림으로부터 난 버터, 식초, 레드팜오일, bongkrek, dage

출처: Adapted from Campbell-Platt, G., *Fermented Foods of the World*, Butterworths, Boston, 1987

15.3.1 우유 조성과 품질

바람직한 미생물의 성장과 발효된 유제품의 품질은 발효 과정에 사용된 우유의 구성과 품질에 영향을 받는다. 소의 우유는 거의 3.2%의 단백질, 4.8%의 유당, 3.9%의 지방, 0.9%의 미네랄, 그리고 소량의 비타민과 칼슘, 87.2%의 물로 구성되어 있다. 단백질 중에서 카제인 칼슘 같은 현탁콜로이드 카제인이 다른 두 개의 용해성 단백질인 알부민과 글로불린보다 높은 비율을 차지한다. 젖당은 주요 탄수화물이고 용해되어 있으며 지방질은 유화액에서 다른 크기의 방울 거품으로 분포한다. 미네랄은 용해되며 카제인과 콜로이드 형태로 존재한다. 수용성 비타민들은 수용액 상태로 존재하고 반면에 지용성 비타민들은 지방과 함께 존재한다. 고체 구성물(약 12.8%)들을 전체 고형물(total solids, TS)이라고 하고, 지방이 빠진 TS는 지방 제외 고형물(solid-not-fat, SNF; 약 8.9%)이라 한다. 유청은 주로 수용성 요소와 약간의 지방과 물을 포함한다.

원하는 미생물의 성장은 반대로 자연적으로 존재하거나 우유에 오염물질로써 들어갔었던 몇몇의 요소들에게 영향을 받는다. 자연 항균제들은 응집소이고 lactoperoxidase-isothiocynate 시스템이다. 응집소들은 종균 배양 세포들을 덩어리지게 유도할 수 있고 그것들의 성장과 신진대사를 늦출 수 있다. Lactoperoxidase-isothiocynate 시스템은 종균 배양을 억제할 수 있다. 둘 다 우유를 데울 때 파괴되므로 항균제는 원유를 사용할 때만 문제가 될 수 있다. 우유는 유방염 같은 몇몇의 감염을 처방할 때 쓰이거나 사료에 포함된 항생제를 함유할 수도 있다. 항생제가 있으면 종균 배양의 성장에 영향을 줄 수 있다. 어떤 우유는 저온 살균되기 전인 원유가 냉장보관되는 동안 열에 안정된 프로테아제와 *Pseudomonas*종 같은 저온 세균에 의해 만들어진 리파아제를 함유할 수 있다(제22장 참조). 이 효소들은 열처리된 후 안정적으로 남아 있고 상품 결함(치즈의 낮은 수율, 단백질 분해, 악취)의 원인이 된다. 우유가 발효에 쓰이기 전에, 이런 것들을 반드시 고려해야 한다.

15.3.2 발효 유제품

발효 유제품들의 많은 유형들이 세계 다른 지역에서 생산된다. 어떤 것들은 제어 발효를 통해 생산되고, 미생물의 유형들과 이들 각각의 기여도는 알려져 있다. 다른 많은 것들은, 자연 또는 재사용 발효에서 미생물의 프로파일과 이들의 기여도는 정확히 알려져 있지 않다. 여러 형태의 유산균과 어떤 효모들은 아래에 나열한 목록의 산물에서 미생물군에 우점하고 있는 것이 밝혀졌다.[3,4]

1. 버터밀크. *Leuconostoc cremoris*와 함께 혹은 이것 없이 *Lactococcus* 종과 만들어짐; 몇몇은 *Leuconostoc cremoris*(덴마크의 Ymer 같은)를 대신해 생물형 이중 아세틸화를 가질 수 있으나, 반면에 몇몇은 *Lactococcus* 종(노르웨이의 langfil) 또는 곰팡이(핀란드 villi의 *Geotrichum candidum*)의 끈끈한 변종을 가질 수 있다.
2. 요거트. *Streptococcus thermophilus*와 *Lactobacillus delbrueckii* subsp. *bulgaricus*로 만들어짐; 몇몇의 유형 또한 *Lab. acidophilus, casei, rhamnosus, Bifidobacterium* spp.가 추가될 수 있고; 몇몇 또한 *Lactococcus*종과 *Lab. plantarum*과 락토스-발효 효모(인도의 dahi)를 가질 수 있다.
3. *Lab. acidophilus*로부터 만들어진 acidophilus 우유
4. *Bifidobacterium* spp.으로부터 만들어진 비피더스 우유
5. *Lab. casei*으로부터 만들어진 야쿠르트(Yakult); *Bifidobacterium* spp.를 포함할 수 있음.
6. *Lab. kefir*로부터 만들어진 Kefir(*Leuconostoc, Lactobacillus, Lactococcus* spp. 중 효모의 몇몇 종들)
7. *Lab. delbrueckii* subsp로부터 만들어진 *Kumiss. bulgaricus*와 효모

이들 중에 배양된 버터밀크와 요거트는 여기서 논한다.

15.3.3 배양 버터밀크 발효의 미생물학

제어 발효 방식으로 종균 배양하여 부분적으로 탈지유로부터 만들어진다.

제품의 특성

버터밀크는 쾌적한 신맛(젖산으로부터)과 약간의 거품(CO_2로 인한)이 있는 높은 정도의 향(디아세틸로부터)이 있어야 한다. 이것은 하얀 색깔의 부드럽고 두꺼운 덩어리를 가지고 있어야 하고 쉽게 부울 수 있어야 한다.

가공 과정

1. 탈지우유 ≥9% SNF + 구연산염(0.2%)
2. 185°F(85°C)로 30분 동안 가열한다(세균세포와 바이러스를 죽인다).
3. 72°F(22°C)로 식히고 종균을 첨가하고, 50분 동안 휘젓는다(공기를 더함).
4. 12시간 동안 72°F(22°C)로 배양한다. pH 4.7, 산도 0.9%
5. 젤을 부수고 40°F(4.5°C)까지 식히고 간한다(포장).

종균(제어 발효)

Lactococcus lactis ssp. *lactis* 또는 *cremoris*는 산을 위해 그리고 *Leuconostoc mesenteroides* ssp. *cremoris*는 디아세틸과 이산화탄소 발생을 위해 사용된다. 이들은 직접 혼합 세트 냉동 농축물 형태로 사용될 수 있다. (*Lac. lactis* ssp. *lactis* 생태형 diacetylactis는 일반적으로 녹색화나 요거트의 맛에 결함을 유발하는 아세트알데히드를 너무 많이 생산할 수 있어서 쓰지 않는다.)

성장

72°F(22°C)에서 두 종이 균형 있게 성장할 수 있고, 산과 diacetyl, CO_2가 균형 있게 생산된다. 72°F 이상에서는, 더 많은 산과 낮은 풍미를 일으키는 *Lactococcus* 종의 성장이 촉진되고, 72°F 이하에서는 적은 산과 더 많은 풍미를 일으키는 *Leuconostoc*균의 성장이 촉진된다.

생화학

Lactococcus 아종의 P-β-갈락토시다제에 의해 락토스(PEP-PTS 시스템에 의한 수송)는 가수분해된다 (**그림 15.1**). 바람직한 풍미를 위해 디아세틸:아세트알데히드 비율이 >3:1에서 <4.5:1이어야 한다.

유전학

Loctococcus lactis 균주들은 락토스(Lac^+)를 수송하고 가수분해하고, 타가토오스 경로를 통해 P-갈락토스를 대사하고 를루아르 경로에 의해 갈락토스를 대사하며, 파아지에 저항력이 있고, 점액을 생성하지 않고, 단백질 가수분해 강도가 강하지 않아야 한다.

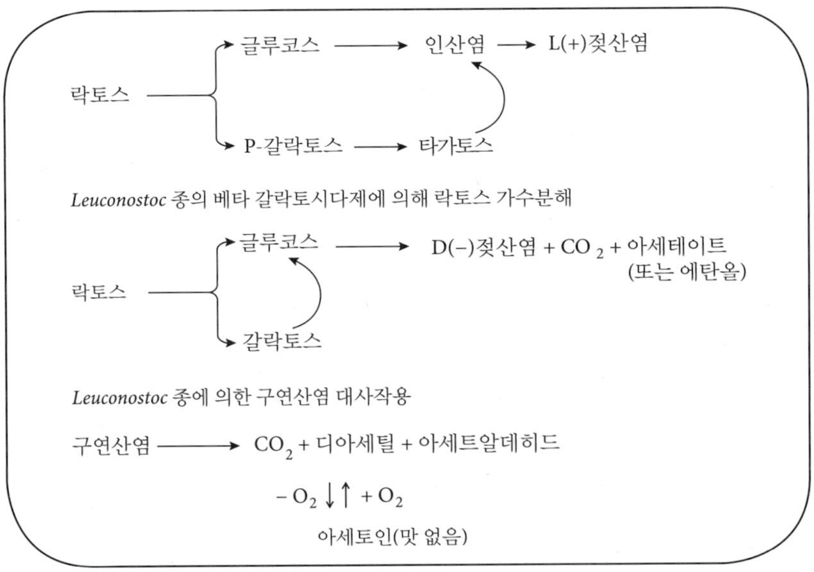

그림 15.1 버터밀크 발효 과정 중 락토스와 구연산염 대사작용.

Leuconostoc 종들은 더 많은 디아세틸과 더 적은 아세트알데히드를 생산하기 위해 구연산염을 사용할 수 있고 수송할 수 있으며, 젖당을 발효시킬 수 있고, 파아지에 저항력이 있고, 점액을 생성하지 않아야 한다.

균주들은 서로 억제하는 합성물(박테리오신 같은)을 생산하면 안 되지만, 바람직하지 않은 생물체를 향한 항균력은 가질 수 있다. 선택과 유전적 조작을 통해서, 균주들은 빠르게 성장하고, 바람직한 형질을 생산하고 어떤 파아지에 저항력이 있도록 개발되었다. *Lactococcus*와 *Leuconostoc* 균주들과 그들의 파아지의 유전체 서열에 대한 현재의 정보는 미래의 더 좋은 균주를 개발하는 데 도움이 될 것이다.

미생물학적 문제들

과다한 아세트알데히드 생산(특별히 생물형 *diacetyllactis*가 쓰인 경우) 때문에, green(요거트 풍미)이 발달할 수 있다. 끈적끈적한 질감은 점액(*Alcaligenes faecalis*)을 생성하는 세균로 인한 오염이나 종균 배양(어떤 *Lac. lactic* 균주)이 점액 형성자(exopolysaccharides)인 것을 암시한다. 효모취는 락토스 발효 효모로 인한 오염을 암시하고 치즈 냄새는 (저장하는 동안) 단백질 분해 저온발효생물(proteolytic psychrotrophs)로 인한 오염을 암시한다. 종균에 있는 오염물질의 프로테아제를 통한 단백질 가수분해 또한 쓴맛의 성장을 유발하고, 특별히 저장하는 동안에 유발한다(제20장 참조).

15.3.4 요거트 발효의 미생물학

특성

플레인 요거트는 종균 배양 세균이 우유(탈지유, 저지방이나 지방)를 응고시킨 반고체의 덩어리이다. 호두맛과 비슷한 뚜렷한 신맛을 가지고 있고 식감이 부드럽다. 아세트알데히드, 젖산, 디아세틸 그리고 아세데이트가 어우러진 영향으로 인해 맛이 만들어졌지만 풍미의 90%는 아세트알데히드 때문이다.

많은 종류의 요거트는 마트에서 구할 수 있다. 예를 들어 플레인 요거트, 과일 요거트, 향료가 첨가되고 색이 입혀진 요거트, 혼합 요거트, 단맛 요거트, 가열된 요거트, 얼린 요거트, 건조된 요거트, 낮은 락토스 요거트 그리고 탄산이 든 요거트가 있다.[3,5]

가공

요거트는 일반적으로 여러 단위 생산으로 발효되지만, 연속적인 방법 또한 계속 발전하고 있다. 저지방(2%) 플레인 요거트를 위한 단위 생산 공정은 다음과 같다:

1. 균질우유(12% TS) + 안정제(1%). 안정제는 훌륭한 젤 구조를 주기 위해 추가된다.
2. 185°F(85°C)에서 30분 동안 가열한 후, 110°F(43.3°C)로 냉각한다. 가열은 영양 미생물을 파괴하고 좋은 겔 형성을 위해 카제인을 약간 불안정하게 만드는 데 도움을 준다.
3. 종균 첨가하고 110°F(43.3°C)에서 pH 4.8, 산도는 약 0.9%가 되도록 약 6시간 가열한다. 종균은 직접 투여 방식(DVS, 냉동) 또는 대량 배양균(2%~3%)을 사용한다.

4. 특히 *Lactobacillus* 종과 같은 종균 성장과 산 생성을 느려지도록 약 30분 정도 신속하게 85°F (29.4°C)로 냉각하고, 저어주고 충전기계(filler machine)로 펌프하여 주입한다.
5. 용기에 포장하고, 강한 공기를 이용하여 40°F(4.4°C)로 냉각한다. 강제 공기를 이용한 최종 냉각은 종균 성장을 중지시키도록 급격히 온도를 떨어뜨리는 것이다.
6. 24시간 동안 유지; pH가 4.3으로 떨어진다.

종균(제어 발효)

냉동농축 또는 직접 투여 방식(DVS) 종균을 사용할 수 있다. 일반적으로, *Lab. delbrueckii* ssp. *bulgaricus*와 *Str. thermophilus*이 사용된다. 일부 가공하는 사람은 이 두 가지 종을 *Lab. acidophilus*, *Bifidobacterium* spp., *Lab. rhamnosus*, 또는 *Lab. casei*와 같은 다른 종들과 결합하기도 한다. 그러나 일반적으로, 그들은 두 요거트의 종균들은 성장에 잘 경쟁하지 않는다. 따라서 그들은 발효 후와 포장하기 전에 높은 수로 추가된다. 그들은 일반 요거트 종균과 함께 요거트에 존재할 때 잘 살아남지 않을 것이다.

좋은 제품을 위해, 두 가지 종균 종은 *Streptococcus*:*Lactobacillus* 비율이 1:1로 첨가되어야 하며, 최종 산물에서는 비율이 3:2를 초과해서는 안 된다. 하지만 *Lactobacillus* 세포들은 동결과 동결건조에 보다 더 민감하다. DVS 방식으로 냉동농축 종균을 사용할 때, 제대로 보존되지 않으면 생존균들이 원하는 비율로 존재하지 않을 수도 있다(제14장 참조)

성장

두 종의 균형 잡힌 성장을 위해 발효는 약 110°F(43.3°C)에서 수행된다. 이 온도에서 산과 풍미 화합물 모두 원하는 수준으로 생산된다. 온도가 110°F 이상 상승하는 경우, *Lactobacillus* 종이 우세하여 더 많은 산과 더 적은 풍미가 생성되고, 110°F 이하에서는 *Streptococcus* 종의 성장이 선호되어서 더 적은 산과 더 많은 풍미를 함유한 제품을 생산한다.

우유에서 함께 성장하는 동안 두 종은 공생 성장을 보여준다. 초기에, *Streptococcus* 종은 용존 산소 하에서 빠르게 성장하고 포름산과 CO_2를 생산한다. 혐기조건, 포름산, 그리고 CO_2는 좋은 엑소프로테아제(exoproteinase)와 펩티다제 시스템으로 우유에서 유단백질(세포 외부)로부터 펩타이드와 아미노산을 만들어내는 *Lactobacillus* 종의 성장을 자극한다. 글리신, 발린, 히스티딘, 류신 그리고 메티오닌과 같은 일부 아미노산은 단백질 분해효소가 부족한 *Streptococcus* 종의 성장을 위해 필요하다. *Streptococcus* 종은 성장이 느려지는 약 pH 5.5로 떨어질 때까지 우유에서 이런 아미노산을 얻고 빠르게 성장한다. 그러나 *Lactobacillus* 종의 성장은 온도가 85°F(29.4°C)로 낮아질 때까지 매우 빠른 속도로 계속되고 뒤따라서 pH가 4.8로 감소한다. 85°F에서 두 종은 모두 천천히 자라며, *Streptococcus* 종이 유리하다. 40°F(4.4°C)와 pH 4.3에서 두 종 모두 성장을 멈춘다.

두 종은 개별적으로 성장할 때와 비교해서 함께 성장할 때 성장 속도, 산 생산율, 그리고 아세트알데히드 형성 양에서 시너지 효과를 갖는다. 이 두 종은 우유에서 개별적으로 성장할 때에 8~10 ppm의 아세트알데히드를 생성하고, 함께 성장할 때 아세트알데히드의 생산량은 25 ppm 또는 그 이상의 바람직한 수준으로 증가한다.

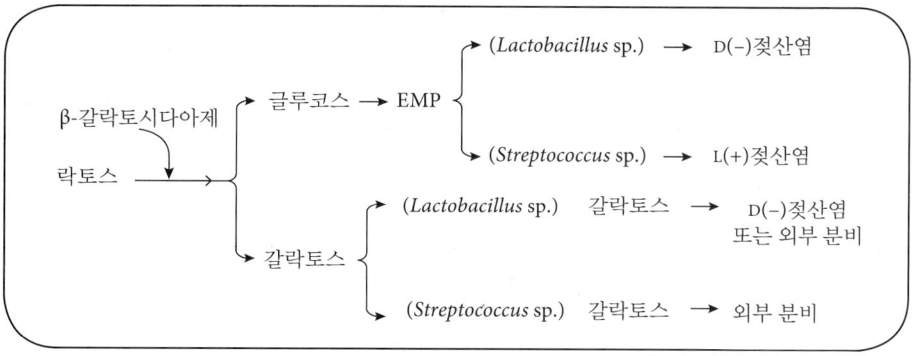

그림 15.2 요거트 발효 과정 중 락토스 대사과정.

생화학

젖당 대사

두 종 모두 항상 발현되는 β-갈락토시다아제 시스템을 가지고 있고, 락토스(투과효소계에 의해 운반됨)는 글루코스와 갈락토스로 분해된다(**그림 15.2**). 두 종 모두 동형발효성이고 EMP 경로로 글루코스에서 젖산염을 생산한다. *Lab. delbrueckii* ssp. *bulgaricus* 균주는 갈락토스를 대사하기 위해 르루아르 경로용 효소를 가지고 있지만, 활발하게 글루코스를 대사하는 동안에는 갈락토스는 잘 사용하지 않는다. 대부분의 *Str. thermophilus* 균주는 르루아르 경로(또는 매우 약한 계를 가지고)의 효소가 없어서 갈락토스를 대사하지 않는다. 그 결과, 갈락토스는 외부로 분비되어 요거트에 축적된다.

풍미 생성

요거트의 주요 풍미 화합물은 약간의 디아세틸(0.5 ppm)과 아세데이트와 함께 아세트알데히드(25 ppm)이다. 아세트알데히드는 다음 두 가지 방식으로 생성된다: *Streptococcus* 종에 의해 글루코스로부터 피루브산염을 거치는 과정과 *Lactobacillus* 종에 의한 트레오닌(유단백질 분해를 통해 공급 또는 생산) 유래(**그림 15.3**).

포름산염(Formate) 생성

포름산염(*Lactobacillus* 성장에 필요한)은 *Str. thermophilus*의 포름산분해효소의 작용에 의해 피루브

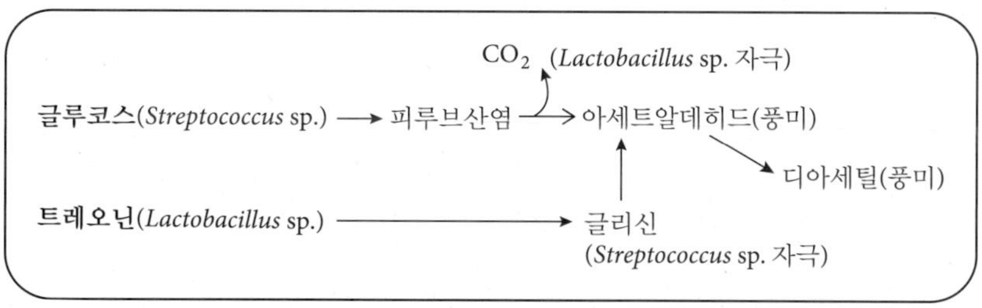

그림 15.3 요거트 발효 과정 중 디아세틸(풍미) 생성 과정.

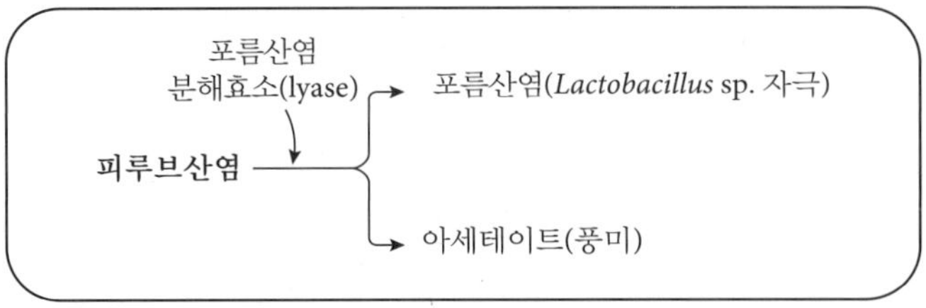

그림 15.4 요거트 발효 과정 중 피루브산에서 아세테이트(풍미) 생성.

산염으로부터 생성된다(**그림 15.4**).

점액(글리칸) 형성

*Str. thermophilus*의 일부 균주에서 β-갈락토시다아제는 글루코스를 중합해서 올리고당과 글리칸을 만들며, 이는 요거트에 점성 질감을 나타내게 한다.

단백질 분해

유단백질은 *Lactobacillus* 종이 생산한 단백질 분해효소나 펩티다제에 의해 작은 펩타이드(쓴맛 펩타이드)로 가수분해 되어 쓴맛을 내거나 풍미 화합물이 되도록 한다(**그림 15.5**)

유전학

- *Lac*$^+$ 표현형. 두 종 모두에서 이 형질(β-갈락토시다아제 및 투과효소)은 염색체로 연결된, 구성요소이며 매우 안정적이다. 일부 균주는 강력한 β-갈락토시다아제 활성을 가질 수 있다.
- *Gal*$^+$ 표현형. *Lab. delbrueckii* ssp. *bulgaricus*는 Gal$^+$이지만 *Str. thermophilus*는 일반적으로 Gal$^-$ 표현형이다. 좋은 Gal$^+$의 표현형을 갖는 균주는 제품에 갈락토스 축적을 줄이기 위해 개발될 수 있다.
- *Pro*$^+$ 표현형. *Lab. delbrueckii* ssp. *bulgaricus* 균주는 단백질 가수분해 능력에 차이가 있다. 바람직한 단백질 가수분해의 활성을 갖는 균주를 사용해야 한다. 너무 많은 단백질 가수분해는

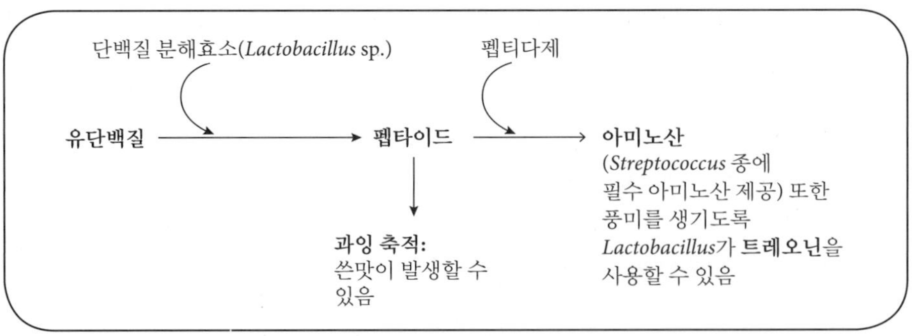

그림 15.5 요거트 발효 과정 중 유단백질 가수분해와 풍미 생성 과정.

나쁜 질감과 쓴맛을 증가시킬 수 있다.

- **파아지 저항.** 두 종 모두 파아지를 가지고 있다. 저항성 균주 등이 개발되고 사용되어야 한다.
- **공생과 시너지 관계.** 최고의 조합을 위한 균주 선택이 필요하다.
- **길항 효과.** 균주는 서로에 대한 억제 화합물(예를 들어 박테리오신)을 생산하지 말아야 한다.
- **결빙과 건조에 좋은 생존.** 농축 종균을 생산하기 위한 저항성 균주 개발을 위해 가능한 유전적 기초 연구가 필요하다.

각 종의 몇 가지 균주들의 완전한 유전체 서열은 지금 사용할 수 있으며,[6] 요거트 생산에 사용하기 위해 더 바람직한 균주를 개발하기 위해 미래에 도움이 될 것이다.

미생물의 문제들

플레인 요거트에서 풍미의 문제는 아세트알데히드의 농도와 연관될 수 있다. 낮은 농도는 가루맛(chalky)과 신맛을 제공하고, 너무 많은 아세트알데히드는 덜 익은 맛을 제공할 수 있다. 마찬가지로, 너무 많은 디아세틸은 버터향을 제공한다. 저장하는 동안 너무 많은 산 생산은 신맛을 야기한다. 저장 중 단백질 가수분해와 쓴맛 펩타이드의 축적은 쓴맛과 관련되어 있다. 종균에 의한 세포 밖 다당류 생산은 점성과 끈적이는 질감을 제공할 수 있다(일부 상황에서 바람직할 수 있다). 저장 중 효모의 성장은 특히 과일과 견과류를 포함하는 요거트에 과일 맛을 생성할 수 있다. 색깔이 있는, 맛을 첨가한, 그리고 혼합 요커트에서는 이러한 문제의 대부분은 감춰져 있다. 긴 저장 기간 동안, 곰팡이는 표면에 성장할 수 있다(제20장 참조).

15.3.5 치즈

치즈는 효소 렌닌(rennin)을 넣거나 넣지 않거나 유산균이 만들어낸 젖산에 의해 우유 안의 카제인이 엉김으로써 만들어지며, 이후 과정에서 엉긴 카제인을 모아서 숙성시킨다.[6] 이 과정은 아마도 기원전 7000년경에 중동에서 유산균에 의해 생산된 젖산(그리고 아마도 위 안의 렌닌)에 의해 송아지 위에 저장된 우유의 응고로부터 우연히 발견되었을 것이다. 현재, 다양한 종류의 치즈가 전 세계적으로 만들어지며, 이는 아마도 전체 생산한 우유의 20% 이상을 사용한다. 미국에서, 다양한 종류의 치즈의 총 생산량은 1982년에 44억 파운드(20억 kg)였고 1987년에는 53억 파운드(24억 kg)로 증가했다. 전 세계적으로 치즈 소비의 증가로 인해(단지 미국뿐만 아니라 다른 나라), 특히 유럽과 뉴질랜드와 같은 낙농국가들에서 치즈 생산량이 계속 증가할 것이다.

치즈 종류는 여러 가지 방법으로 분류되어 있다. 이용된 종균과 일부 중요한 이차 세균집단을 기반으로 한 여러 종류의 예가 여기 나열되어 있다.

신선 치즈

<u>소프트</u>

– 종균이 *Lac. lactis* ssp. *lactis*와 *cremoris*와 *Leuconostoc mesenteroides* ssp. *cremoris*인 코티지 치즈

– 종균이 *Str. thermophilus*와 *Lab. delbrueckii* ssp. *bulgaricus*인 모짜렐라 치즈

숙성 치즈

소프트

– 종균이 *Lac. lactis* ssp., *Penicillium* spp.이고 효모가 이차 세균집단인 브리 치즈

반경질 치즈

– 종균이 *Lac. lactis* ssp.와 *Leuconostoc* spp.인 고다 치즈; 낙농의 프로피오니박테리움속 균이 이차적인 세균집단일 수 있다.
– 종균이 *Lac. lactis* ssp., *Leuconostoc* spp.인 블루 치즈; 효모균류, 그리고 micrococci가 이차적인 세균집단이다.

경질 치즈

– 종균이 *Lac. lactis* ssp.인 체다 치즈; 일부 유산균 그리고 피데오코코시(그리고 아마도 enterococci)는 이차적인(또는 연합적인) 세균집단이다.
– 종균이 *Str. thermophilus*, *Lab. helveticus*, 그리고 낙농장 프로피오니박테리움 아종인 스위스 치즈; enterococci은 이차적인(연합적인) 세균집단이다.
– 오직 코티지, 체다, 스위스, 그리고 블루 치즈만이 신선치즈와 숙성치즈의 미생물학적 측면을 이해하기 위해 더욱 논의한다.

15.3.6 코티지 치즈의 미생물학[7]

특성

코티지 치즈는 저지방 또는 탈지 우유로 만들어지고 약 80%의 수분과 함께 부드러운 질감을 갖는다. 이 치즈는 신선하고 디아세틸(젖산과 약간의 아세트알데히드와 함께)로 인해 버터향을 갖는다.

가공(탈지유로부터)

1. 살균, 70°F(22.2°C)로 냉각, 종균 추가하고, pH 4.7에서 12시간 동안 배양한다.
2. 경질의 응유(curd)가 되면 정육면체로 자르고 125°F(51.7°C)에서 50분 또는 그 이상 조리한다.
3. 유청은 빼내고 마른 응유를 얻기 위해 더 제거되도록 저어준다.
4. 소금을 가하고 크림화하고, 방부제를 추가한다.
5. 포장하고 냉장한다.

종균(제어 발효)

DVS를 위해 냉동 농축을 사용할 수 있다. *Lac. lactis* ssp. *cremoris*와 *lactis*의 혼합된 균주는 주로 산

을 위해 사용된다. *Leu. mesenteroides* ssp. *cremoris*가 주로 디아세틸을 위해서, 초기에 첨가될 수 있다(이 경우 구연산염이 우유에 첨가됨). *Lac. lactis* ssp. *lactis* 생태형 diacetylactis이 디아세틸을 위해 쓰일 수 있지만, 응유입자가 부유하는 원인이 되는 너무 많은 CO_2를 형성하기 때문에 우유에는 접종하지 않는다. 대신에, 크림에서 분리되어서 성장하고 이것이 건조 응유를 크림화하는 데 이용된다.

성장, 생화학, 유전학

성장, 생화학 및 유전학(현재 균주개량 포함)은 버터밀크의 미생물학에서 서술된 것과 비슷하다('배양 버터밀크 발효 미생물학' 참조).

미생물의 문제점

- 느린 성장. Lac^+ 표현형이 약하거나 손실, 파아지 공격 또는 냉동 농축 안에서 더 적은 생존 세포, 이전에 서술된 이유에 의해 종균 균주 사이에 길항효과.
- 응유의 부상분리법. 향미생성 종균에 의한 너무 많은 CO_2 생산에 의해 야기된다.
- 가혹한 맛. 대사 불균형과 줄어든 환경으로부터 더 많은 아세트알데히드 생산과 더 적은 디아세틸 생산에 의해 야기된다.
- 낮은 생산. *Pseudomonas* spp.와 같은 저온발육생물(psychrotrophs)에 의해 냉장된 생유 안에서 생성된 열안정 단백질 분해효소에 의해 카제인의 부분적인 단백질 분해에 의해 야기된다.
- 향미 손실. 저장 동안 *Pseudomonas* spp. 같은 원하지 않는 세균의 성장뿐만 아니라 감소된 환경에서 디아세틸의 아세토인으로의 환원되어 발생한다.
- 부패. 높은 수분과 낮은 산 함유량 때문에 저온발육 세균(*Pseudomonas* spp.와 같은), 효모, 그리고 곰팡이에 의한 부패는 저장기간 동안에 생길 수 있다. 소르베이트(sorbates)와 같은 방부제는 냉장에서 보관 시 유통기한을 연장하는 데 사용될 수 있다(제19장 참조).

15.3.7 체다 치즈의 미생물학[7]

특성

체다 치즈는 전유(whole milk)로 만들어졌고, 39% 미만의 수분과 48% 지방을 포함하고, 일반적으로 오렌지-노랑 색깔로 되어 있고[추가된 색소(annatto)에 따라], 숙성되었다. 특징적인 향의 강도와 질감의 부드러움은 사용한 종균과 숙성 기간에 따라 다양하다. 전형적인 향은 숙성하지 않은 체다 치즈의 탄수화물, 단백질, 지방의 효소분해를 통해 숙성기간 동안 생성되는 향미성분들 사이의 섬세한 균형의 결과이다.

처리

1. 살균, 색소(안나토)와 종균를 첨가한다.
2. 산성이 0.2% 증가하도록 86°F(30°C)에서 배양한다. 레닛(rennet)을 추가한다.

3. 응고를 위해 배양하고(약 30분) 정육면체로 자른다.
4. 100°F(37.8°C)에서 조리하고, 유장을 빼내고 응유를 깔기 위해 체다링(cheddaring)을 한다.
5. 갈고, 소금 첨가하며, 틀에 넣어서, 유청을 배출하기 위해 16시간 동안 압축하고 제거한다.
6. 50°F(10°C)에서 5일간 건조하고, 왁스칠하며, 진공포장하여 40°F(4.4°C)에서 2~12개월 정도 숙성시킨다.

종균(제어 발효)

종균은 선발된 *Lac. lactis* ssp. *cremoris* 또는 *lactis*의 혼합 균주를 포함한다. *Leuconostoc*은 향미를 위해 첨가될 수 있다. 종균은 냉동 농축으로서 사용된다(종균 직접 투여방식, DVS).

성장

성장은 중온성(mesophilic)의 종균에 대해 86°F(30°C)에 배양하며 이른 성장을 시작하고, 60분에 0.2% 수준의 젖산을 생산한다. 이는 렌닌 효소 첨가로 빠르게 발생하는 카제인 응고를 위해 중요하다. 큐어링(염지)하는 동안, 종균 세포(또한 이차적인 세균집단)는 느리게 죽고 세포 내의 효소를 치즈 안으로 방출한다.

생화학

생화학 반응의 상당수는 초기 배양에서 숙성이 끝났을 때까지 가공 과정의 여러 다른 단계에서 발생하고 아직 적절하게 이해하지 못하고 있다. 일부를 여기서 설명한다.

초기에, 락토스 대사과정은 호기적 조건에서 디아세틸, 아세테이트, 에탄올 그리고 아세트알데히드뿐만 아니라, 특히 젖산을 생산한다. 렌닌 효소는 카제인을 불안정하게 낮은 산도와 낮은 온도에서 응고하는 파라카제인을 형성한다. 게다가, 세포 밖의 단백질 분해효소와 종균의 펩티다제는 유단백질을 대사하여 아미노산을 세포 안에 수송한다. 일반적으로 거의 모든 경우, 지방 분해는 미생물의 성장으로 인해 발생한다.

큐어링하는 동안에 응유 안의 락토스의 분해는 계속된다. 하지만 큰 변화는 단백질과 기타 질소화합물에서 일어난다. 렌닌 효소(응유에 담겨있는), 세포의 엑소프로테아제와 엔도프로테아제, 펩티다제에 활성으로 인해 다른 크기의 펩타이드와 아미노산이 방출된다. 아미노산의 분해로 황화수소, 메탄티올(methanethiol), 그리고 황화합물, 아민, 그리고 다른 산물들이 생성된다. 지질 또한 지방 분해로, C4~C8 지방산(유지방에 존재하는)을 포함하여 지방산을 방출한다. 기타 반응은 락톤류, 케톤류 그리고 티오에스테르(thioesters)를 생산한다. 반응 중 일부는 비효소적이다. 전형적인 체다 치즈의 풍미는 가공 과정과 큐어링하는 동안의 탄수화물, 단백질 및 지질 분해 산물 사이의 섬세한 균형의 결과이다. 이러한 구성요소의 농도는 큐어링 시간에 의해 변한다.

가열에서 살아남거나 가공 과정에서 나중에 우유와 응유에 침입한 일부 이차적인 세균집단은 체다 치즈의 풍미에 명확한 역할을 한다. 이들에는 enterococci, lactobacilli, pediococci, micrococci와 일부 그람음성 간균들이 포함된다. 그들은 아마도 정해진 종균 균주로만 만들어진 치즈에서 놓칠지 모르는 전형적인 강렬한 풍미를 담당할지도 모른다. 이들 세균집단의 일부는 빠르고 더 높은 농도로 몇몇 풍미 화합물(예, 휘발성 지방산과 H_2S)을 생산하는 것으로 알려져 있다.

유전학

이들 종들에 대해 앞서 설명한 바와 같이 표현형적 특성들이 고려되어야 한다. 초기 단계에서 빠르게 젖산을 생산할 수 있는 Lac^+ 균주를 선호한다. 또한 약한 단백질 분해효소(Pro^+)를 지닌 균주는 그들이 빠르게 단백질을 가수분해할 수 없어 산물에 펩타이드를 축적하여 쓴맛을 나타나게 하지 않기 때문에 바람직하다. 혼합 종균에서, 그들은 길항 효과를 가져서는 안 된다. 또한 균주들은 많은 파아지들에 내성을 가져야 한다.

미생물의 문제

체다 치즈에서 쓴맛은, 특히 오래된 생산품에서, 약 1,000~1,200 Da의 분자량이고 대부분 소수성 아미노산인 쓴맛 펩타이드가 축적된 결과이다. 단백질을 빠르게 가수분해하는 종균(빠른 종균)은 느린 종균보다 쓴맛 펩타이드를 생산하는 경향이 있다. 그들의 효소는 단백질을 빠르게 가수분해하고, 많은 양의 펩타이드를 방출하여 펩티다제에 의해 더 작은 펩타이드와 아미노산으로 가수분해되면서 펩타이드 축적이 발생한다. 소수성으로 인해 쓴맛 펩타이드들은 일반적으로 느리게 가수분해되어, 축적되게 마련이다. 느리게 치즈를 펩티다제로 처리하는 방식의 단백질 분해를 위해 늦은 종균을 사용하는 것이 쓴맛을 줄이는 데 효과적이다(제20장 참조).

표면이나 치즈 내부 공기 주머니 안의 곰팡이 성장은 치즈 포장재를 제거한 후에 발생할 수 있다. 포자는 일반적으로 원재료에 존재하거나 가공 과정이나 봉합하기 전에 유입된 것이다. 그들이 균체 형태학으로 곰팡이 독소 생산자인지 아닌지를 결정하는 것은 불가능하다. 오랜 성장의 치즈를 소비하지 않는 것이 좋다.

가열 이후에 우유에 오염된 *Staphylococcus aureus*은 체다 치즈의 가공 과정에서 자랄 수 있으며 장독소(enterotoxins)를 생산한다. 큐어링하는 동안에 세포가 죽은 후에도 치즈 안에 독소가 남는다. 식중독은 이런 치즈를 소비하면 발생할 수 있다(심지어 준비과정에서 가열을 했더라도).

생물학적 아민(히스티딘에서 히스타민과 티로신에서 티라민)은 특히 오랜 기간 숙성한 치즈에서 일부 아미노산의 탈카르복실화 반응(종균의 탈카르복실 효소에 의해)으로 형성된다. 이런 치즈를 섭취하면 알러지 반응이 일어날 수 있다. 이차 세균집단은 이런 아민 형성에 있어서 중요한 역할을 할 것이다.

15.3.8 스위스 치즈의 미생물학[7]

특성

스위스 치즈는 부분적으로 탈지유(젖소의)로 만들어졌고 산과 렌닌으로 응고한다; 그것은 단단하고 약 41%의 수분과 43% 지방을 포함한다. 치즈는 균일하게 중간 크기의 눈으로 분배되어 있다(구멍).

프롤린 때문에 달콤한 맛을 가지고 있고, 견과 향이 난다.

가공 과정

1. 살균하고, 종균 첨가하고, 산도가 0.2%로 증가하도록 90°F(32.2°C)로 배양한다.
2. 렌닌을 첨가하고, 단단한 응고가 되도록 배양하고, 1/8인치 정육면체로 자르고, 125°F(51.7°C)에서 1시간 동안 조리한다.
3. 유청 제거하고, 응유를 16시간 동안 압축하고, 사각형 덩어리를 자르며, 소금물에서 55°F(12.8°C)로 1~3일 노출시킨다.
4. 표면을 건조시키고, 진공 포장하며, 55°F(12.8°C)에서 7일 동안 숙성시키고, 1~4주 동안 75°F(23.9°C)로 이동시킨다.
5. 37°F(2.8°C)를 3~9달 동안 보관한다.

종균(제어 발효)

산을 생성하는 주요한 종균으로서 *Str. thermophilus*와 *Lab. helveticus*가 있고, 이차적으로 치즈공 형성, 맛, 풍미를 위한 것으로 *Propionibacterium* sp.이 있다.

성장

주요 종균들은 발효, 요리 그리고 가공하는 동안 자란다. *Str. thermophilus*의 성장이 선호된다. Propionibacteria는 75°F(23.9°C)에서 보관하는 동안 잘 성장한다. 큐어링 중 어떤 종균들도 성장하지 않는다. 세포들은 서서히 사멸하고 세포 내 효소를 방출한다.

생화학

락토스는 유산균과 EMP 경로의 대사에 의한 β-갈락토시다아제에 의해 분해된다. *Str. thermophilus*는 L(+)-젖산을 생성하고 *Lab. helveticus*는 D(−)-젖산을 생성한다. 일부 아세테이트도 형성한다. 젖산염의 대량 생산은 propionibacteria가 성장하기 위해서 매우 중요한다. 75°F(23.9°C)에서 저장 동안 propionibacteria는 젖산염(젖산염 탈수소효소에 의한)을 프로피온산, 아세트산염 그리고 CO_2로 전환될 수 있는 피루브산염으로 전환한다. 치즈공 형성은 CO_2의 생산으로부터 발생하고 눈의 크기와 분포는 CO_2 생산의 속도에 따라 달라진다. 단백질은 렌닌, 세포 내 단백질 분해효소 그리고 종균 특히 propionibacteria의 펩티다제에 의해 견과류 향기와 단맛을 주는 작은 펩타이드와 아미노산으로 분해된다. 큐어링 동안의 지방분해는 거의 없다.

유전학

유산균과 그들의 파아지에 대한 저항력에 의해 락토스로부터 대량으로 빠른 젖산염 생산은 중요한 고려사항이다(일부 *Lab. helveticus* 종은 높은 가공온도에서 활성화되는 온화한 파아지를 가짐으로 인해 종균 실패 유발). *Propionibacterium* 균주는 바람직한 수와 크기의 치즈공 형성을 위한 적절한 양의 CO_2를 생산해야 한다(중간크기 눈의 균일한 분포가 선호된다).

미생물 문제

원유에 존재하거나 오염물질로 들어가는 *Clostridium tyrobutyricum*의 포자는 산이 적은 치즈에서 발아, 성장 그리고 부패취와 가스를 생성한다. 니신(nisin)은 이러한 문제를 제어하기 위해 생물학적 보존제로서 사용된다(제20장).

15.3.9 블루치즈의 미생물학[7]

특성

블루치즈는 알맞게 단단하고(반경질, 46%의 수분, 50%의 지방) 전유를 사용해서 곰팡이에 의해 숙성된 치즈다. 이 치즈는 잘 부서지고, 얼룩덜룩한 푸른색이며 자극적인 지질 분해성 맛을 가진다.

가공 과정

1. 균질화하고, 저온 살균하고 종균을 첨가한 후 산도를 0.2%까지 상승시키기 위해서 90°F(32.2°C)에서 배양한다.
2. 렌닌을 첨가하고 딱딱해질 때까지 배양한 후 잘라서 100°F(37.8°C)에서 조리하고 유청을 빼낸다.
3. 응유를 테 안에 모은 다음 16시간 동안 물을 빼고 소금물에서 7일 동안 절인다.
4. 공기가 안에 들어가도록 친다. 곰팡이 포자를 첨가한 다음 50°F(10°C)에서 4주 동안 높은 습도로 저장한다.
5. 큐어링(염지)하기 위해서 40°F(4.4°C)에서 3달 동안 저장한다.

종균과 성장(제어된 발효)

Lac. lactis ssp. *cremoris*나 *lactis* 그리고 *Leu. cremoris*나 *lactis*는 주요한 종균이다. *Pen. roquefortii*의 포자는 이차적인 종균으로서 역할을 한다. 젖산종균은 젖당이 큐어링될 때까지 자란다. 그들은 락토스로부터 젖산, 디아세틸, 아세테이트, CO_2 그리고 아세트알데히드를 생산한다. 곰팡이 포자는 50°F(10°C)의 높은 습도에서 보관 중에 빨리 발아하며 균사를 생산하고, 얼룩덜룩한 초록색 외관을 제공하기 위해 내부에 확산된다. 곰팡이 포자의 성장은 큐어링 동안 계속 유지된다. 치즈 속의 구멍 구조는 CO_2를 제거하는 데 도움을 주며 공기의 공급으로 곰팡이의 성장에 도움을 준다.

생화학, 유전학, 그리고 문제

Lactococcus 종은 락토스로부터 주로 젖산을 생산하며 이에 비해 *Leuconostoc* 종은 젖산, 디아세틸, CO_2, 그리고 아세테이트를 생산한다. 단백질 가수분해는 젖산종균에 의해 대부분 제한된다. 곰팡이는 세포 밖의 지방 분해효소와 단백질 분해효소를 생산하여 큐어링 동안에 지방 분해와 단백질 분해

를 일으킨다. 지방산은 메틸케톤과 D-lactone을 생산하기 위해 산화와 환원된다. 이것들은 휘발성 지방산과 함께 블루 치즈의 자극적인 맛에 기여한다.

사용된 유산균 종균들의 원하는 유전자형들은 앞서 설명되었다. 곰팡이의 백색변이주가 분리되었고 푸른색의 얼룩 없이 이 치즈를 만들었다. 마이코톡신들을 만드는 *Pen. roquefortii* 균주들이 동정되었다. 마이코톡신을 만들지 않는 균주들이 선택되어야 한다. 긴 시간 동안 숙성은 약간의 아미노산으로부터 생물학적으로 반응성이 있는 아민이 형성되도록 할 수 있다(예: 히스티틴으로부터 히스타민).

15.3.10 가속화된 치즈 숙성[8]

경질 및 반경질 치즈의 큐어링 과정 중에 우유 구성요소는 효소(종균과 이차 세균집단 유래) 및 보조 식물로부터) 및 비효소 반응을 통해 분해된다. 이것은 이들 치즈의 매력적인 풍미를 형성하는 필요하다. 하지만 긴 저장기간 때문에, 그것이 확실히 경제적인 것은 아니다. 따라서 숙성 과정을 빠르게 하는 방법이 연구되고 있다. 이 방법의 몇 가지를 간단히 소개한다.

고온에서의 큐어링

효소(또한 비효소) 반응은 온도가 올라갈 때 증가하기 때문에, 치즈를 가공하기 위해서 5°C~6°C(40°F)보다 높은 온도에서 염지하도록 연구가 진행되었다. 13°C~16°C(55°F~61°F)에서 숙성하는 몇몇의 치즈는 큐어링 시간이 50% 또는 그 이상으로 감소하였다. 하지만 더 높은 온도에서는 부패 미생물의 성장이 일부 치즈에서 문제가 되며, 식중독균의 성장에 대한 우려가 있다.

효소의 첨가

종균의 세포내 효소가 큐어링에서 중요한 역할을 하면서, 종균배양 세균들의 세포 용해액들로부터 얻어진 효소는 큐어링 효과를 증가시키기 위해 더해졌다. 체다 치즈에서, 큐어링 기간은 대체로 감소되었지만, 그 결과로 쓴맛이 생겼다.

슬러리 방법

체다 치즈 슬러리는 40% 고체 치즈와 물을 혼합하여 마련한다(보통 60% 대신에). 슬러리는 30°C에서 4~5일 동안 교반하면서 배양된다. 이 방법은 풍미를 크게 향상시키고 그 생산물은 치즈를 만드는 과정에 사용될 수 있다. 이 방법은 균일한 제품을 생산하기 위한 효소 반응을 적절히 제어하는 것이 불가능하며 부패 및 병원성균의 성장 가능성이 있다는 주된 약점이 있다.

새로운 방법

최근 몇 년간, 세포내 효소 방출에 의한 숙성을 촉진하기 위해 적당한 박테리오신(유산균의)을 치즈에 첨가하고 종균 세포를 용해하기 위해 치즈를 높은 수압에 노출하는 연구를 진행하고 있다.

15.4 발효 육제품

15.4.1 유형

발효 육제품은 먼저 고기, 지방, 소금, 설탕, 경화제(curing agent) 그리고 향신료를 혼합해서 만들어진다; 혼합물을 케이스에 채워 넣고 이들을 자연적으로 발효시키거나 선정한 종균(혼합 과정에서)을 넣어 발효시킨다.[3] 발효 동안 종균에 의해 생산된 산과 경화제는 고기에 존재할 수 있는 병원성 및 부패균의 성장을 제어하는 데 도움을 준다. 유형에 따라서 발효된 제품들은 수분활성도(A_W)를 줄이기 위하여 말리거나 제품의 안전성과 저장 수명을 늘리기 위해 훈연하거나 가열할 수도 있다.

고기의 발효는 아마도 지중해 국가들에서 유래되어 나중에 유럽 국가들과 북미 지역으로 전파되었을 것이다. 미국에서 마른 소시지도 생산하지만 반건조 소시지가 가장 인기가 있다. 발효에 따라서 반건조 소시지는 먹기 전에 가열(또는 훈연하거나)한다. 요리에 따라 건조한 소시지 제품은 수분활성도를 줄이기 위해서 건조시킨 것이다. 미국에서 지금까지도 자연 발효에 의해서 꽤 많은 양의 발효소시지가 생산되고, 특히 소규모 가공업자들에 의해서 생산된다. 하지만 현재는 더 많은 가공업자들은 선택된 종균을 사용하고 발효를 제어한다. 상업적인 종균은 고기 혼합물에 바로 첨가할 수 있도록 냉동이나 동결 건조된 농축물 상태로 이용가능하다.

건조나 반건조 소시지는 페퍼로니, 제노아 살라미, 단단한 살라미, 여름 소시지, 쇠고기 스틱, 쇠고기 로그, 튜링거(thuringer) 소시지, 세르블라(cervelat), 이탈리아 살라미와 같은 많은 유형들을 포함한다. 대부분 쇠고기와 돼지고기를 이용해서 만들지만 최근 몇 년간 닭과 칠면조 고기를 이용해서 만들기도 한다. 반건조 소시지의 미생물학에 대해 여기서 설명하기로 한다.

15.4.2 반건조 소시지의 미생물학

특성

반건조 소시지는 여름 소시지, 튜링거 소시지, 반건조 살라미를 포함한다. 반건조 소시지는 평균 30%의 지방, 20% 단백질, 3% 무기질(소금), 47%의 수분으로 이루어져 있다. 반건조 소시지는 젖산, 아세테이트, 디아세틸, 단백질 가수분해와 지방 가수분해로 얻어진 분해산물의 결합된 효과로 특징적인 맛과 함께 톡쏘는 맛을 가진다. 향신료의 사용 또한 맛에 기여한다. 아질산염(nitrite)을 포함하는 반건조 소시지는 핑크색을 띠고 아질산염을 포함하지 않는 제품은 회색빛을 띤다.

가공 과정

1. 고기, 염류, 글루코스, 경화제(cure), 향신료, 그리고 종균을 고루 혼합한다.
2. 케이스에 채워 넣고, 80%~90%의 상대습도에서 85°F~110°F(29.4°C~43.3°C) 온도로 발효시킨다.
3. 산도(pH)가 약 5.2~4.6로 떨어질 때까지 배양하고, 내부온도 140°F(60°C)에서 조리하고 50°F까지 식힌다.
4. 40°F~50°F(4.4°C~10°C)에서 3~4일 동안 저장하고, 진공포장 후, 바로 판매된다.

5. 경화제는 최종농도가 약 100 ppm이 되는 아질산염을 포함한다. 발효는 훈연실에서 진행할 수 있다. 발효시간은 보통 8~12시간이며, 그 동안에 pH는 원하는 수준으로 떨어진다.

종균(제한 또는 자연 발효)

제어 발효에서, 냉동 또는 건조된 농축물이 $10^{6\sim7}$ 세포/g이 되도록 혼합하여 바로 사용된다. 종균은 손상된 세포가 죽을 수 있기 때문에 소금, 경화제, 향신료와 함께 혼합해서는 안 된다. 대신에, 종균은 해동시켜서 즉시 고기에 넣어야 한다. 발효온도와 원하는 제품의 최종 pH에 따라 종균은 다양하다. 높은 온도와 낮은 pH에서 *Pediococcus acidilactici*가 선호되고, 낮은 온도와 높은 pH에서는 *Lab. plantarum*이 선호된다. *Ped. pentosaceus* 종은 두 가지 조건 모두에서 사용할 수 있다. 몇몇 종균은 *Pediococcus*와 *Lactobacillus*를 가질 수 있다. 추가적으로 선택된 *Micrococcus* spp.이나 *Sta. carnosus*는 원하는 소시지 색상에 미치는 유익한 효과를 위해 이차 세균집단으로서 추가된다.

자연 발효 소시지에서는 원료에 존재하는 *Lab. sake*, *Lab. curvatus*, *Leuconostoc* spp.가 중요한 종균이며, 특히 발효할 때는 낮은 온도에서 며칠 동안 두고 최종 pH는 5.0 이하로 도달하지 않도록 한다.

성장

사용하는 생육이 부패 및 병원성균을 포함할 수 있기 때문에 종균 배양은 빠르게 자라서 초기 pH 5.7에서 약 5.3까지 줄이기 위한 많은 양의 산을 생성하여 빨리 안 좋은 균의 성장을 멈추도록 하는 것이 매우 중요하다. 이것은 많은 양의 활성 종균 세포들을 첨가함으로써 얻을 수 있으며, 혼합하기 위해서 덱스트로스를 첨가하고, 사용한 종균에 적합한 발효온도 설정한다. *Ped. acidilactici*, *Ped. pentosaceus*, *Lab. plantarum*의 최적 생육온도는 각각 40°C, 35°C, 30°C(104°F, 95°F, 86°F)이다. *Micrococcus* spp.과 *Sta. carnosus*는 32.2°C(90°F)에서 잘 자란다. 60°C(140°F)에서 요리할 경우 *Lab. plantarum*과 *Ped. pentosaceus*는 아마도 사멸할 것이지만, *Ped. acidilactici*, *Micrococcus*, 또는 *Sta. carnosus*는 사멸하지 않을 것이다. 하지만 낮은 pH와 낮은 수분활성도(A_W)는 최종 제품에서 그들의 성장을 저해한다.

생화학

두 pediococci는 동형젖산발효균이며 글루코스를 대사하여 주로 젖산(DL 형태)을 생성하며, 소량의 아세테이트와 디아세틸을 생성한다. *Lab. plantarum*은 이형젖산발효균이며 글루코스를 대사하여 기본적으로 젖산(DL)을 생성하지만, 상당량의 아세테이트, 에탄올, 디아세틸 또한 생산할 수 있다. 모든 3가지 종에서의 균주들은 H_2O_2를 생성하여 발효하는 동안 미오글로빈을 산화시켜서 제품을 탈색시킬 수 있다. *Micrococcus* spp.이나 *Sta. carnosus*은 H_2O_2를 파괴할 수 있는 카탈레이스(catalase)를 가지고 있다. *Micrococcus* spp.이나 *Sta. carnosus* 그리고 일부 *Lab. plantarum* 균주는 또한 아질산염을 질산염으로 줄일 수 있다. 질산염이 아질산염 대신에 경화 과정에 사용되는 경우, 이 세균들은 아질산염을 생산하고 제품이 보기 좋은 핑크빛을 띠도록 한다. 만약 제품이 오랜 기간 동안 염지되거나 저장되었다면, 종균의 용해된 세포내 효소의 일부가 단백질 가수분해와 지방 가수분해를 일으켜서 생물학적 활성아민(히스타민 같은)을 생산할 수 있다.

유전학

발효 온도에서 급속한 산 생성 유산균 균주와 H_2O_2 비생산자들이 요구된다. 균주 선택은 또한 바이오제닉 아민들을 생성하지 않는 균주를 선택할 수 있다. 박테리오신을 생산하는 종은 병원성 및 부패균을 제어하는 데 사용할 수 있다. 설탕을 가수분해할 수 없는 *Ped. acidilactici*(Suc^-)는 고기 혼합물에 글루코스와 설탕을 함께 보충하여 단맛과 신맛을 내는 제품을 생산하는 데 사용할 수 있다. 세포밖 다당류 생성 균주는 제품의 질감을 향상시킬 수 있다.

미생물의 문제점

느린 산의 생성은 만약 사용한 종균이 대사적으로 활성이 없거나 생존 세포의 수가 너무 적거나 혼합물에서 낮은 글루코스와 높은 소금과 같은 다른 요소들 때문에 심각한 문제가 될 수 있다. 신맛이나 무미(no flavor)는 만약 *Ped. acidilactici*와 같은 종균이 너무 빠르게 성장하거나 pH가 4.5 이하로 떨어질 경우 일어날 수 있다. 가스 발생은 발효 과정과 진공포장으로 저장하는 과정에서 *Leuconostoc* spp.의 성장 때문에 일어날 수 있다. *Leuconostoc* spp.는 일반적으로 생육에 존재한다. 만약 산 생성이 발효 동안에 느리게 일어난다면 고기 속 병원균이 성장할 수 있다. 산 저항성 병원균은 최종제품에 생존할 수 있으며 건강상 위해를 일으킬 수 있다. 장기간 보관이나 염지 동안 바이오제닉 아민이 형성될 수 있다. 또한 마이코톡신 생성 곰팡이는 염지 동안에 제품 표면에서 자랄 수 있다(제20장 참조).

15.5 발효 채소제품

거의 모든 채소들은 많은 유형의 유산균을 지니고 있기 때문에 자연적인 가공 과정을 통해 발효될 수 있다. 세계적으로, 많은 종류의 채소들이 대부분 작은 부피로 발효된다. 하지만 일부는 상업적으로 생산된다. 채소 발효작용은 인간 문명의 초기에서 비롯하였으며, 그리고 아직도 많은 문화들에 의하여 널리 사용되고 있다. 몇 개의 발효된 제품과 현재 발효에 사용되는 채소들에는 독일 김치(sauerkraut)와 김치(배추로 만든)[9,10], 올리브, 오이, 당근, 셀러리, 콩, 완두콩, 옥수수, 오크라, 토마토, 꽃양배추, 고추, 양파, 시트론, 비트, 순무, 무, 근대, 브루쉘 콩나물(Brussels sprouts) 그리고 이들의 혼합물이 있다. **그림 15.6**에서는 한국의 전통 발효 채소 제품들을 모아놓은 것을 보여준다. 대부분은 자연 발효로 만들어진다. 하지만 오이와 같은 일부는 제어 발효로 한정된 수량으로 생산된다. 자연 발효에 의해 생산되는 독일김치를 예로서 여기서 설명한다.

15.5.1 독일 김치(Sauerkraut)의 미생물[3]

특성

독일김치는 자른 양배추를 발효하여 생산된 것이다. 독일김치는 깨끗한 산취와 신맛이 난다.

그림 15.6 (컬러 삽입을 보라.) 한국의 전통적인 발효 채소 식품. (a) 더덕뿌리, (b) 매실, (c) 감, (d) 무, (e) 오이, (f) 마늘.

가공 과정

1. 양배추를 깨끗이 씻고, 손질한 다음 잘게 일정한 크기고 자른다.
2. 공기가 빠지도록 용기 눌러 담은 뒤 층층이 소금을 넣는다(2.25%).
3. 공기를 없애기 위해 뚜껑을 덮은 다음 18°C(65°F)에서 2달 동안 발효시킨다.

양배추를 잘게 자름으로써 양배추의 당분(3%~6%)이 빠져나오도록 한다. 단단히 눌러 담은 것은 혐기상태를 만들고, 따라서 호기성균의 성장을 막는다. 소금은 어떤 유산균의 성장을 촉진하며, 몇몇의 불필요한 세균의 성장과 단백질 가수분해효소의 작용을 막는다. 공기의 제거와 몇몇 호기성균의 성장을 막기 위해 뚜껑을 덮는다. 18°C(65°F)에서 저장은 몇몇 불필요한 세균(통성혐기성균과 호기성균)의 빠른 성장을 막을 수 있으며 유산균의 성장을 돕는다. 양배추의 자연적인 억제제가 불필요한 그람음성균과 그람양성균의 성장을 막는다.

종균(자연적인)과 성장

원재료에는 많은 수의 원치 않는 생물들이 있으며, 소수의 유산균도 있다(<1%). 유산균 중에 대부분은 *Lactococcus* 아종과 *Leuconostoc* 아종이며, 소수로는 *Lactobacillus* 아종과 *Pediococcus* 아종이 있다. 발효 과정 중에, 이들 유산균들은 순차적으로 성장하게 된다. 염농도 2.25%, 많은 양의 발효성 당(수크로스, 육탄당, 오탄당), 산소의 부재, 그리고 낮은 발효 온도에서 *Leuconostoc* 아종, 주로 *Leu. mesenteroides*는 성장이 촉진된다. 젖산으로 산도가 약 1%에 이르렀을 때, *Leu. mesenteroides*의 성장은 속도가 낮아진다. 그러고 나서 *Ped. pentosaceus*가 이어 받아서 산도를 1.8%까지 증가시킨다. 마지

막으로 *Lab. plantarum*가 성장을 개시하고 산 농도를 2% 수준으로 이끈다.

생화학

Leuconostoc 아종은 원재료의 수크로스, 육탄당, 그리고 일부 오탄당을 대사하여 젖산염, 아세테이트, 에탄올, CO_2, 그리고 디아세틸을 생성한다. *Lab. brevis*(*Leuconostoc* 아종과 같이 절대 이형발효균)는 수크로스, 육탄당, 오탄당을 발효하여 *Leuconostoc* 아종과 비슷한 산물을 만든다. *Ped. pentosaceus*는 육탄당을 대사하여 주로 젖산을 생성하고, 일부 오탄당을 대사하여 젖산, 아세테이트, 에탄올을 생성한다. *Lab. plantarum* 또한 수크로스, 육탄당, 오탄당으로부터 *Ped. pentosaceus*에 의해 생성된 것과 유사한 산물을 만들어 낸다. *Leuconostoc* 아종은 D(−)-젖산염을 생성하는 반면, 다른 3가지 종은 DL-젖산염을 생성한다.

독일김치의 독특한 풍미는 적절한 양으로 젖산염, 아세테이트, 에탄올, CO_2 그리고 디아세틸의 결합 효과의 결과이다.

유전학

만약 미래에 제어 발효용으로 종균이 개발된다면, 중요한 특성으로는 빠른 산 생성, 훌륭한 풍미, 낮은 CO_2 발생(가스 결함 줄이기), 특히 병원균에 대항하는 항균물질 생산능력 등이 중요한 특성이 될 것이다.

미생물의 문제점

독일 김치의 이취(off-flavor), 부드러운 질감, 변색은 공기가 완전히 제거되지 않았을 때 곰팡이와 효모가 성장했기 때문이다. 독일 김치의 불쾌한 질감은 *Leuconostoc* 아종이 수크로스 존재 하에서 과도하게 성장한 결과일 수 있다. 그들은 과장을 대사하지만 글루코스로부터 덱스트란을 합성한다(제20장 참조).

15.6 결론

식품 발효는 시재료로서 다양한 형태의 식품들에서 특정한 종균을 사용하는 것이다. 시재료는 우유, 고기, 생선, 과일, 채소, 곡물, 씨앗 그리고 그 밖의 것들이 있다. 이 시재료들은 개별적이거나 조합하여 사용된다. 현재 추세는 자연 발효를 대신하여 제어 발효를 사용하는 것이다. 제어 발효의 약점은 균주의 개량으로 극복하고 있다. 유전체 정보는 미래에 균주 개량에 도움이 될 것이다.

학습문제

1. 발효 식품을 생산하는 데 사용되는 여러 가지 방법들의 장점을 정의하고 논의하시오.
2. 발효 유제품을 생산하기 위해 우유를 선택하는 동안 고려해야 할 요인들에 대해 간략히 논하

시오.

3. 버터밀크의 특성을 나열하고 이들 특성에 따른 특정 종균을 선택하는 방법을 설명하시오.
4. 요거트 생산에 사용하는 종균들의 공생 성장을 설명하시오. 이들 균주들에서 어떤 유전적 개량이 중요할 것인가?
5. 가장 상업적인 요거트는 *Lab. acidophilus*와 *Bifidobacterium*을 포함한다. 하지만 그것들은 발효가 완료된 후에 요거트에 첨가된다. 그 이유를 간단히 논하시오.
6. 크림형태의 코티지 치즈에서, 발효 과정에서 젖산 종균을 사용하는 대신에 젖산 종균이 만들어낸 디아세틸로 숙성된 크림을 종종 사용한다. 그 이유를 논하시오.
7. 체다 치즈의 전형적인 맛의 생화학적인 기초를 논하시오. 쓴맛을 형성하는 기초는 무엇인가? 어떻게 종균의 유전적 개량으로 쓴맛을 줄일 수 있겠는가?
8. 스위스 치즈의 원하는 특성 개발하는 데 있어 종균의 역할을 논하시오.
9. 블루치즈 생산에서 곰팡이의 역할을 설명하시오. 곰팡이 균주를 선택하는 데 있어서 무엇을 주의해야 하는가?
10. 치즈 숙성을 촉진하는 데 사용되는 방법들을 논하시오.
11. 반건조 소시지의 제어 발효에 사용되는 주요 종균 및 이차 세균집단을 나열하고 그들의 특정 역할을 논하시오.
12. 독일 김치(sauerkraut)의 자연 발효 과정에서 유산균의 순차적인 성장에 대해 설명하시오.

참고문헌

1. Ray, B., History of food preservation. In *Food Biopreservatives of Microbial Origin*, Ray, B. and Daeschel, M.A., Eds., CRC Press, Boca Raton, FL, 1992, pp. 2–22.
2. Campbell-Plat, G., *Fermented Foods of the World*, Butterworths, London, 1987, p. xi.
3. Wood, B.J.B., Ed., *Microbiology of Fermented Foods*, 2nd ed., Vols. 1 & 2, Blackie & Academic Professionals, New York, 1998.
4. Kurman, J.A., Rasie, J., and Kroger, M., *Encyclopedia of Fermented Fresh Milk Products*, Van Nostrand Reinhold, New York, 1992, p. 1.
5. Tamime, A.Y. and Robinson, R.K., *Yoghurt Science and Technology*, 2nd ed., CRC Press, Boca Raton, 1999, pp. 306, 389, 432.
6. Kant, R., Blom, J., Palva, A., Siezen, R.J., and de Vos, W.M., Comparative genomics of Lactobacillus, *Microb. Biotechnol.*, *4*, 323–332, 2011.
7. Fox, P.F., Ed., *Cheese: Chemistry, Physics and Biochemistry*, 2nd ed., Vols. 1 and 2, Aspen Publishers, Gaithersberg, MD, 1998.
8. El Soda, M.A., The role of lactic acid bacteria in accelerated cheese ripening, *FEMS Microbiol. Rev.*, 12, 239, 1983.
9. Jung, J.Y., Lee, S.H., Kim, J.M., Park, M.S., Bae, J.-W., Hahn, Y., Jeon, C.O. et al. Metagenomic analysis of kimchi, a traditional korean fermented food, *Appl. Environ. Microbiol.*, *77*, 2264–2274, 2011.
10. Shin, D.-H., Kwon, D.-Y., Kim, Y.-S., and Jeong, D.-Y., *Science and Technology of Korean Gochujang*, Public Health Education, Seoul, South Korea, 2012.

제16장

장내세균과 프로바이오틱스

16.1 서론

식품 발효를 발견한 이래, 우리 조상들은 이 가공 과정이 더 나은 유통기한과 원하는 품질뿐만 아니라 특히 어떤 장 질병과 대적할 수 있는 일부 건강상의 이익까지 주는 제품을 생산한다는 것으로 인식했다. 발효 식품의 건강상의 이익에 대한 믿음은 문명에 걸쳐 계속해서 오늘날까지 많은 소비자들과 연구자들 사이에서 관심으로 남아 있다. 초기 신념과 현재 관심 사이에는 차이점들이 있다: 초기 신념은 아마도 과학적 근거를 알고 하지 않고 관련 효과(소비하면서 얻은 혜택)에서 도출된 반면, 현재 관심은 발효 식품, 인간 위장관(gastrointestinal tract, GI) 중의 미생물 생태계, 인간 건강에서 발효식품과 위장관에서의 일부 세균들의 역할에 대한 미생물학 및 생화학의 이해에 근거한다. 그러나 연구자들은 그들의 의견에서 나누어진다. 일부는 소비자가 발효식품, 특히 발효 유제품(dairy product)들을 소비함으로써 가질 수 있는 다양한 건강상의 이익들을 주장하지만 다른 사람들은 특히 "만병통치약(cure-all)"이라고 하는 주장들이 그 분야에서 거의 과학적인 근거 없이 지나치게 열성적인 개인들에 의해 만들어진 것이라고 하며 그들의 특성들을 의심하고 있다.

서양 국가들에서는 생명의 연장에 발효 우유(요거트)의 유익한 역할이 1907년 메치니코프(Metchnikoff)에 의해 처음 주장되었다. 그는 요거트의 균과 대사산물들이 위장관 내에서 식품으로부터 생산된 해로운 생산물들을 중화시켜 인간 건강에 대해 방어력을 제공한다고 주장했다. 그러나 나중의 연구들은 논란이 많은 결과들을 내놓았다.

최근, 특히 1970년대 이래 많은 선진국에서 소비자들이 특별히 식품의 건강상의 이익에 관심을 가지게 되었다. 혹독하게 가공되고 보존되지도 않은 식품이 아니라 자연 그대로의 식품에 대한 관심이 증가했고 발효 식품이 천연이고 건강에 좋다고 여겼다. 발효 식품에 대한 소비자의 관심과 수요는 이전에 아주 작은 시장을 가지고 있던 많은 제품들의 대량 생산 증가를 가져왔고 많은 전통 제품들이 수익을 올렸다. 게다가, 일부 균종의 건강에 좋다는 점에 대한 소비자의 관심이 이들 균종의 살아 있는 세포를 포함하는 새로운 제품들의 생산하도록 자극했다. 이들 제품은 일반적으로 프로바이오틱스

(probiotics)로 지정되었다. 이 용어는 잠시 동안 막연히 사용되어 왔지만, 현재는 고유의 일반 영양 이상의 건강상의 이익에 영향을 미치는 특정 수로 섭취하는 살아 있는 미생물들을 포함하는 제품으로 정의된다.[1]

이런 경향은 특히 발효 식품들이 오랜 기간 동안 소비되어 왔던 선진국에서 뿐만 아니라 많은 개발도상국에서도 계속될 것이다. 그러나 프로바이오틱스의 건강상의 이익에 대한 현재의 논란을 해결하는 것이 중요할 것이고, 그것은 오직 현재의 문제를 이해하고 잘 설계된 실험을 수행하여, 과학적으로 결과를 분석함으로써 가능할 수 있다. 이 장에서 장내 미생물의 생태에 대한 우리 지식의 현재 상태, 위장관의 유익한 미생물, 발효 유제품의 유익한 효과, 그리고 일부 논란의 가능한 근거들을 간략히 제시한다.

16.2 인간의 위장관의 미생물학[2]

인간의 위장관은 우리 인체의 전체 세포 수보다 많은 10^{14} 이상의 미생물들을 포함하고 있으며, 상호주의로 공존하고 있다(**그림 16.1**). 그들은 신진대사적으로 다양하고 활동적이다; 그래서 그들은 우리의 삶의 질(well being)에 꽤 커다란 영향을 미치는 것 같다. 인간의 위장관은 약 1,000종의 세균들이 존재하지만 단지 30~40종이 개체군의 95%을 구성하고 있다.[1,2] 일반적으로 위 안의 미생물 세포들은 $<10^2$ cfu/g 수준이며, 소장 중 십이지장은 $10^{1\sim3}$ cfu/g, 공장은 $10^{3\sim4}$ cfu/g, 회장은 $10^{7\sim9}$ cfu/g 정도의 수준이고, 대장(맹장, 결장, 직장) 안에는 $10^{10\sim12}$/g 수준으로 존재한다. 호기성 미생물은 위장관의 위쪽에 존재하는 반면, 혐기성 박테리아는 위장관의 낮은 부분에 존재한다. 소장 내 가장 우점하는 형태는 *Lactobacillus*와 *Enterococcus*의 몇몇 종이며, 대장의 우점종은 여러 속의 Enterobacteriaceae의 여러 속과 *Bacteroides, Fusobacterium, Clostridium, Eubacterium, Enterococcus, Peptostreptococcus, Ruminococcus, Propionibacterium, Bifidobacterium, Lactobacillus*의 여러 다른 종이다.

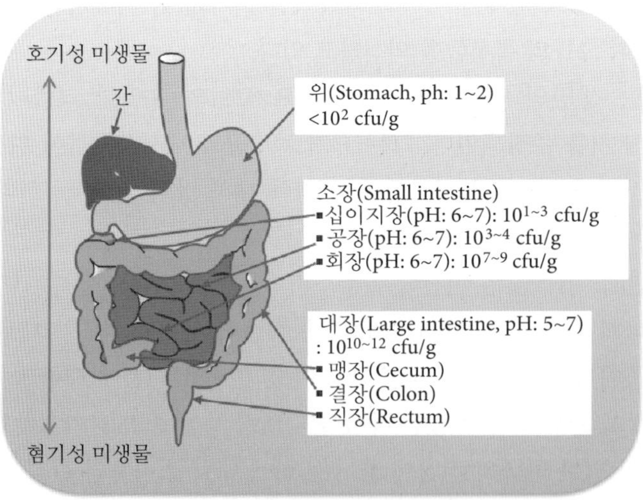

그림 16.1 위장관의 부위별 미생물 수.

자궁 내 태아의 장에는 미생물이 없다. 출생 시, 그것은 어미의 질(vaginal)과 분변(fecal)의 미생물군으로부터 접종된다. 그 다음, 온갖 다양한 미생물들이 환경으로부터 유아의 소화 기관으로 들어간다. 이들로부터 위장관의 정상 미생물군이 자리를 잡게 된다. 처음 이틀 동안 모유로 키운 아기(breast-fed baby)와 분유를 먹여 키운 아기(formula-fed baby)들의 대변 모두에서 대장균(*Escherichi coli*)과 *Enterococcus*가 많이 보인다. 그 이후로는, 모유로 자란 아기에서는 *Bifidobacterium* 종이 많이 보이고, 대장균과 *Enterococcus*는 낮은 수준으로 보인다. 반면에 분유로 자란 아기는 대장균과 *Enterococcus*가 *Clostridium*과 *Bacteroides*와 함께 우점하게 되며, *Bifidobacterium*은 거의 보이지 않는다. 이런 상황은 설사를 일으킬 수 있다. 모유로 자란 아기가 다른 음식들을 먹었을 때, 대장균, *Enterococcus, Bacteroides, Clostridium*, 그리고 다른 종들이 증가하지만, *Bifidobacterium*은 여전히 높은 수준으로 남아 있다. 모유 수유가 완전히 중지되면, 일부 대장균, *Enterococcus, Clostridium*, 그리고 다른 종들과 마찬가지로 *Bacteroides, Bifidobacterium*, 그리고 *Lactobacillus* 종이 우점한다. 생후 2년까지 다양한 미생물군이 위장관의 특정 생태적 적소에 자리를 잡으며 그 미생물군은 성인의 위장관과 닮게 된다.

장의 미생물군은 토착형(토착종, autochthonous)과 단기 체류형(외래종, allochthonous)으로 구분된다. 많은 토착종은 장관세포에 부착할 수 있으며, 그에 따라 특정 부분에서 유지하도록 한다. 토착형은 영구 거주자인 반면, 단기 체류형은 토착형이 어떤 타고나거나 환경적인 요소(항생제 섭취와 같은)에 의해 제거된 자리를 거쳐 지나가거나 임시적으로 집락을 형성한다.

토착 미생물군 중 공장과 회장에서는 여러 종의 *Lactobacillus*, 대장에서는 *Bifidobacterium*이 숙주의 위장관 건강에 유익한 효과를 가지는 것으로 생각된다. 인간의 장과 장 내용물로부터 *Lactobacillus acidophilus, Lactobacillus fermentum, Lactobacillus rhamonosus, Lactobacillus reuteri, Lactobacillus casei, Lactobacillus lactis, Lactobacillus leichmannii, Lactobacillus plantarum, Bifidobacterium bifidus, Bif. longum, Bif. adolescentis, Bif. infantis*, 그리고 다른 것들이 분리되어 왔다. 그러나 나이, 식습관, 건강 조건은 종과 그들의 수준에 크게 영향을 끼친다. 장의 *Lactobacillus* 종의 일부가 단기 체류형이라는 어떤 믿음이 있다. 초창기에는, *Lactobacillus acidophilus, Lactobacillus reuteri*, 그리고 일부 *Bifidobacterium*이 주요 토착종이라고 여겼다. 현재는 *Lactobacillus casei, Lactobacillus rhamnosus*와 같은 여러 다른 *Lactobacillus* 종이 유익하다고 테스트되었다. 분변(그리고 대장의 내용물)에 많은 수의 토착 *Lactobacillus* 종의 존재하는 것은 아마도 소장으로부터 일정하게 떨어져 나온 결과일 것이다.

16.3 장내 미생물군, 건강, 그리고 만성 질병

최근 몇 년 동안 뇌 발달, 심리적 웰빙, 전염병, 염증성 장 질환 및 비만과 당뇨병과 같은 만성 대사 장애에서 장내 미생물군의 역할을 이해하는 데 엄청난 관심이 생겼다.[2] 미국 국립보건원(National Institute of Health, NIH)[3]이 수행한 인간 마이크로바이옴 프로젝트에 따르면 신체의 여러 부분(피부, 내장 및 질)의 미생물 군집은 건강한 개인 간에 크게 다르다. 또한 변이는 식이, 숙주 유전, 인종 및 민족성, 환경에 기인할 수도 있다. 그러나 메타유전체(metagenomic) 데이터는 미생물 군집 구조의 다양성에도 불구하고 미생물 대사 경로의 안정성을 지적했다.[3] 생애 초기에 장내 미생물 군집의 다양한 군집화는 균형 잡힌 면역 반응을 촉진하고 알레르기 질환, 비만 및 당뇨병을 예방한다.[4] 비만 숙주에서 미생물 군집은 높은 비율의 Firmicutes/Bacteriodetes로 구성되며[5], 이 우세한 문은 복합 탄수화물의 가수분해를 강화하여 에너지를 생성하고 영양소 흡착을 증가시키는 역할을 한다. 장내 미생물총은 또한 인슐린 저항성, 트리글리세리드 흡수 증가, 만성 저등급 염증의 원인이 되며 당뇨병 발병 경향을 보여준다.[6] 특정 식단으로 장기간 섭취하는 것도 미생물 군집 구조를 변경할 수 있다. 고지방과 저섬유로 구성된 식단은 *Bacteriodes*를 증가시키는 경향이 있는 반면, 고섬유 및 저지방 식단은 *Prevotella* 집단을 증가시킨다.[7] 과학자들은 장내 미생물의 건강한 군집을 유지하는 것이 비만과 당뇨병과 같은 만성 대사 장애, 그리고 세균성 질병을 예방하는 데 필수적이라고 믿는다.

16.4 유익균의 중요한 특성

여기서 *Lactobacillus acidophilus*, *Lactobacillus reuteri* 및 *Bifidobacterium* 종의 일부 관련 특성에 대해 간략히 논하고자 한다. 세 가지 모두 동물과 가금류뿐만 아니라 인간의 위장관에서 발견된다. 그들은 그람양성 간균이며 혐기성 조건에서 자란다. *Lab. acidophilus*는 필수 동형젖산(homolactic) 발효균주이다; *Lactobacillus reuteri*는 이형젖산(heterolactic) 발효균주이고 젖산, 에탄올, CO_2를 생산한다; 그리고 *Bifidobacterium* 종은 젖산과 초산(acetic acid)을(2:3 비율로) 생산한다. 그들은 주어진 조건에서 많은 다른 세균보다 위산에 덜 민감하고, 담즙, 라이소자임, 그리고 위장관(소장)에 존재하는 췌장효소에 높은 저항성을 갖고 있다. 두 *Lactobacillus* 종은 공장에서 특히 먼 부분에 낮은 수로 존재하지만, 회장에서는 비교적 높은 수로 존재하는 반면, *Bifidobacterium* 종은 결장(장골 근처)의 중심부 쪽에 존재한다. 세 균주 모두 그들 각각의 적소에 군락을 형성할 수 있지만 *Lactobacillus acidophilus*에 대한 연구라고 밝혀졌다. 다른 연구들은 *Lactobacillus acidophilus* 균주에 의해 장 상피세포(epithelial cell)에 부착하는 능력이 종 특이적일 수 있고, 특정 균주는 특정 종에게만 부착할 수 있으며 아마 실험실 조건에서 연장된 배양시간 동안 그 특성들이 없어질 수도 있다는 것을 보여줬다.

정상적인 조건에서 이들 세 가지 종이 원하지 않는 미생물군의 성장률을 조절함으로써 위장관의 미생물군의 생태 균형을 유지하는 데 도움을 줄 수 있다고 생각된다. 이 효과는 비교적 많은 양의 젖산과 초산을 대사작용하는 그들의 능력을 통해 생성된다. 또한 그들은 특정 억제 물질을 생산할 수 있고 여러 가지 물질들이 알려져 있다. *Lactobacillus acidophilus*의 많은 균주들은 박테리오신을 생산한다고 알려져 있지만 그들은 밀접한 관계가 있는 그람양성균들에 매우 효과적이다. 또한 위장관의 단백질 가수분해효소에 대한 박테리오신의 감수성 때문에 위장관에서 원하지 않는 그람양성균을 제어하는 데 있어서 실제 역할은 논란의 여지가 있다. 또한 일부 균주들은 또한 잘 특성화되지 않았지만 그람양성과 그람음성균 양쪽에 모두 항균 효과를 가진다고 알려준 화합물들을 생산한다. 일부 *Lactobacillus reuteri* 균주는 글리세롤에서 생장하는 동안 그람양성과 그람음성균 모두를 억제하는 루테린(reuterine)을 생산한다. 몇몇 *Bifidobacterium* 종에 의해 생산되는 항균 대사산물 또한 보고되었다. *Lactobacillus acidophilus*의 일부 균주들은 정상의 담즙산보다 더 억제력이 좋은 화합물들을 생산하기 위해 담즙산을 분해할 수 있다. 일부 *Lactobacillus* 균주는 또한 과산화수소(H_2O_2)를 생산할 수 있지만 위장관의 혐기성 조건에서는 아마도 아닌 것 같다. 이러한 유익균의 산(루테린 같은) 이외의 특정 항균 화합물을 동정하는 것은 장 건강을 유지하는 그들의 역할을 이해하는 데 도움이 될 것이다.

여러 연구들은 이러한 세균의 유익한 효과가 그들이 장에서 상대적으로 높은 수(장 내용물 g당 $10^{6\sim7}$ 이상)로 존재하는 경우 생성된다고 밝혔다. 동물성 식품이 풍부한 식단과 대조적으로 식물성 식품이 풍부한 식단이 그들이 더 높은 수로 존재하도록 해 주는 것 같다. 항생제 섭취, 정신적 스트레스, 굶주림, 부적절한 식습관, 알코올 남용, 그리고 질병과 위장관의 수술과 같은 어떤 숙주 안의 많은 다른 조건들은 위장관 안의 세균 수를 줄일 수 있다. 결과적으로 이것은 원하지 않는 토착 또는 단기 체류 세균이 높은 수준으로 생장하게 할 수 있고 설사, 고창증 그리고 장내 병원균에 의한 감염을 포함하여 장 장애를 일으킬 수 있다.

16.5 프로바이오틱스의 유익한 효과

"프로바이오틱스"라는 단어는 "생명을 위한"이라는 의미의 그리스어에서 파생되었다. 프로바이오틱스는 적절한 양을 투여했을 때 숙주에게 건강상의 이점을 주는 살아 있는 미생물로 정의된다. 지난 40여 년 동안 연구는 유익한 세균의 살아 있는 세포의 소비에서 특정한 건강상의 이익을 밝히기 위해 실시되어 왔다. 살아 있는 세포는 세 가지 주요 자원 형태로 소비되어 왔다: (1) *Lactobacillus delbrueckii* ssp. *bulgaricus*와 *Streptococcus thermophilus*의 살아 있는 세포를 함유하며 *Lactobacillus acidophilus*와 다른 종들을 첨가한 요거트, 그리고 *Lactobacillus acidophilus*를 함유하고 있는 저온 살균 우유와 같은 발효 유제품; (2) *Lactobacillus acidophilus*, *Lactobacillus reuteri*, *Lactobacillus casei*, *Bifidobacterium* 종들과 같은 하나, 둘, 또는 더 많은 유형의 유익한 장내세균들의 살아 있는 세포들을 함유하고 있는 음료와 식품 보조제; (3) 그리고 알약, 캡슐, 과립 그리고 동결건조 향주머니 형태로 단일 또는 복합 배양 유래의 살아 있는 세포들이 담긴 의약품. 예를 들어 VSL #3은 상용 제품으로 4종의 *Lactobacillus*(*casei*, *plantarum*, *acidophilus*, *delbrueckii* subsp. *bulgaricus*), 3종의 *Bifidobacterium*(*longum*, *breve*, *infantis*) 및 1개의 *Streptococcus salivarius* 아종의 *thermophilus* 균주로 구성된다. 여러 종 또는 균주로 구성된 프로바이오틱스 제제는 시너지 효과로 인해 기능적으로 우수하며, 단일 배양의 프로바이오틱스에서는 불가능했던 한 배양이 실패하면 다른 배양이 이를 보완할 수 있다. 이러한 살아 있는 세포를 섭취함으로써 얻을 수 있는 유익한 효과는 장내 병원균을 방어하고, 일부 식품 영양소의 대사를 돕는 효소(유당을 가수분해하는 락타아제 같은)를 공급하고, 장의 일부 유해한 식품 성분 및 대사산물을 해독하고, 장의 면역 체계를 자극하고, 장 연동 활동을 개선하며, 종양 형성(결장직장암)을 줄이고, 궤양성 대장염(ulcerative colitis, UC) 및 염증성 장 질환(inflammatory bowel disease, IBD)과 같은 만성 질환을 개선하는 것이다. 여기서는 이점 중 일부를 간략하게 설명한다(**그림 16.2**). 그 밖에도 상업적으로 어떤 과학적 근거 없이 주장하는 많은 다른 이점들에 대해서는 논의하지 않는다.

16.5.1 유당 가수분해

유전적 장애 때문에 유당 불내증을 가진 사람들은 소장에서 유당 분해효소(락타아제, 베타-갈락토시다제)를 생산할 수 없다. 그들이 우유를 섭취했을 때, 유당 분자는 소장에서 가수분해되거나 흡수되지

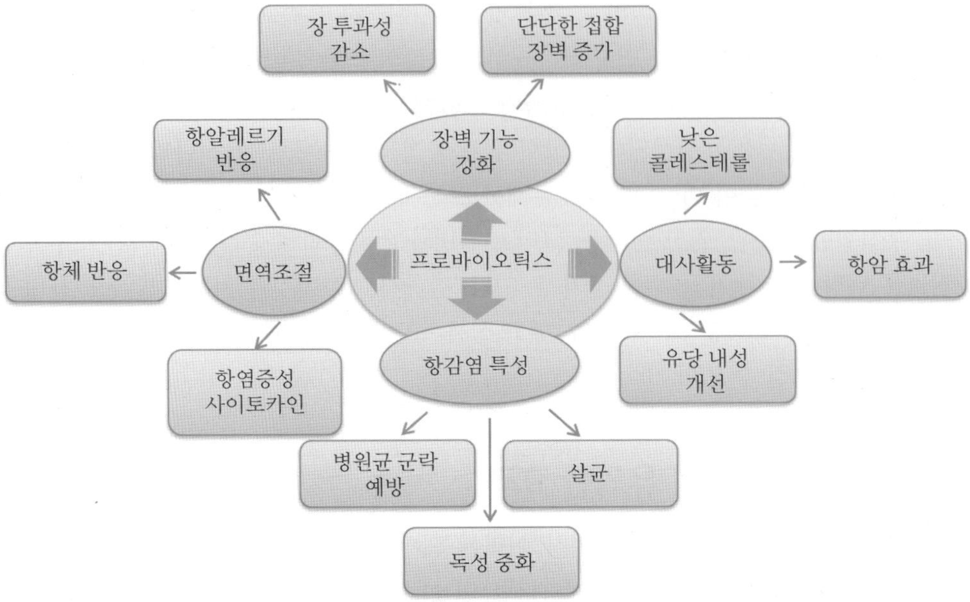

그림 16.2 프로바이오틱스 기능 요약 도식.

않지만 결장을 통과한다. 그들은 다양한 세균들의 유당 분해효소에 의해 결장에서 포도당과 갈락토오스로 분해된 후 산과 가스를 생성하기 위해 대사되어서 체액 축적, 설사, 그리고 고창을 일으킨다. 요거트, acidophilus 우유, *Lactobacillus*, 특히 신선한 우유의 *Lactobacillus acidophilus*의 살아 있는 세포 및 의약품은 유당을 섭취하지 못하는 사람들의 증상을 줄인다. 이런 이점은 소장에 필요한 락타아제를 제공하는 유익한 세균의 능력에 따라 결정된다. 그러나 *Lactobacillus delbrueckii* ssp. *bulgaricus*와 *Streptococcus thermophilus*는 위의 산도에서 잘 생존하지 못하고 정상적인 장내세균이 아니기 때문에, 정상의 요거트 섭취의 이점은 우유과 비교했을 때 죽은 세포들로부터 락타아제를 제공한 요거트에서 유당의 양이 감소했기 때문이라고 여겨진다. 대조적으로 장내세균, 특히 일부 *Lactobacillus* 종은 적절한 조건에서, 소장에 집락을 형성한 후 락타아제를 제공할 수 있다. 하지만 다양한 연구들은 원하는 이점을 모호하게도 증명하지 못했는데, 이는 아마도 연구 방법의 차이, 베타-갈락토시다제가 결여된 균주의 사용, 숙주 특이성이 없는 균주의 사용, 장 유형이 아니거나 장에 부착할 수 없는 종의 사용, 낮은 생균세포를 사용하고, 미생물학과 위장병학에 대한 전문성이 결여되었기 때문일 것이다.

16.5.2 혈청 콜레스테롤 수준 감소

발효 유제품(알려지지 않은 미생물을 일부 포함하는)의 섭취와 살아 있는 장내 유익균의 높은 수치는 인간의 혈청 콜레스테롤의 낮은 수준과 관련되어 있다. 이것은 두 가지의 가능성 있는 요인의 결과라고 생각된다. 한 가지는 식이 콜레스테롤을 대사시키는 일부 장 유산균(lactobacilli)의 능력이고, 그것 때문에 혈액에 흡수되는 양을 줄인다. 다른 가능성은 일부 유산균이 담즙산염(bile salt)을 분해하고 간에서의 재흡수를 방지할 수 있다는 것이다. 결국 간은 담즙산염을 합성하기 위해 혈청 콜레스테롤을 더 많이 사용해서 간접적으로 혈청의 콜레스테롤 수준을 줄이도록 한다. 그러나 다른 연구자들에 의한 여러 연구의 결과는 항상 이 가설이 맞는 것은 아니다. 다시 말해서 이것은 콜레스테롤을 대사하지 않거나 담즙산을 분해하는 균주의 사용, 그리고 이전에 설명했던 다른 이유들과 같은 실험 설계의 차이 때문일 수 있다.

16.5.3 대장암 감소

결장에서 원하지 않는 세균의 대부분은 식품에 존재하거나 원하지 않는 세균의 대사작용을 통해 생성되는 발암 전구물질을 활성화하는 효소를 가지고 있어서 결국 대장암을 일으키는 활성 발암물질로 전환시킨다. 유익한 장내세균, *Lactobacillus*와 *Bifidobacterium* 종은 결장에서 원하지 않는 세균의 생장을 제어하는 그들의 능력으로 이들 효소의 생산을 줄일 수 있다. 또한 유익한 세균은 장 연동운동을 증가시킴으로써 대변 물질의 정기적 제거를 돕는다. 결국, 이것은 결장에서 발암물질과 효소의 농도를 감소시키고 대장암의 발생을 줄인다. 여러 연구는 유익한 세균의 살아 있는 세포를 많은 수로 경구 소비하는 것이 베타-글루쿠로니다제, 아조환원효소, 그리고 원하지 않는 결장 세균의 질소환원효소와 같은 효소의 배변 내 농도를 감소시키는 것으로 나타났다. 그러나 이들 효소의 감소와 유익한 장내세균의 소비에서 대장암 감소 사이의 관계는 연구되지 않았고, 따라서 대장암을 제어하는 이러한 세균의 기여는 명확하게 알려지지 않았다. 동물 연구들에서 암 발생 전 병변으로 추정되는 비정상 낭종 형성이 유익한 위장관 세균, 특히 비피도박테리아의 살아 있는 세포들의 소비에 의해 감소된다는 것을 보여주었다. 다시 말해서 결과들은 일관성이 없으며 이전에 열거된 요인들 때문일 수도 있다.

16.5.4 장 감염의 예방 및 통제

특정 조건에서 앞서 지적한 바와 같이 장내 유익균 수를 줄일 수 있다. 장의 바람직하지 않은 박테리아와 환경으로부터의 일부 일시적 병원체(장내 병원성 박테리아 및 바이러스 등)는 감염, IBD 및 UC를 포함한 장 장애를 유발할 수 있다. 감염은 장내 병원균의 침입 및 성장으로 인해 발생한다. 일정 기간 동안 유익한 장내세균의 많은 수의 살아 있는 세포를 섭취하면 이러한 문제를 줄이는 것으로 보고되었다. 경구 항생제 치료를 받는 영유아와 성인 모두 장에서 바람직한 박테리아의 손실과 바람직하지 않은 병원성 박테리아 및 바이러스의 증가로 인해 설사가 발생할 수 있다. 유익한 박테리아가 대량으로 섭취되면 장에 정착하여 항균 화합물(산, 박테리오신, 루테린 등)을 생성하여 차례로 병원체를 제어한다고 제안되었다. 유익한 종에 의한 담즙의 분해는 또한 담즙염보다 항균성이 강한 화합물을 생성한다. 이것은 또한 바람직하지 않은 장내세균의 성장을 제어하는 메커니즘으로 제안된다. 프로바이오틱 박테리아는 또한 특정 면역글로불린을 증가시키고 장 투과성을 감소시키며 장내 미생물을 정상화한다. 많은 연구에서 결과가 항상 긍정적인 것은 아니다. 이것은 다시 특정 형질이 없는 균주의 사용을 포함하여 이전에 설명한 대로 연구 방법의 변화의 결과일 수 있다. 프로바이오틱스는 rotavirus, Norovirus, *Campylobacter*, *Salmonella*, *Vibrio*, *Escherichia coli* O157:H7 및 항생제 관련 *Clostridium difficile*을 포함한 장내 바이러스 및 세균 감염을 통제하는 것으로 보고되었다.[8]

16.5.5 면역반응 조절

한정된 연구에서 장의 미생물이 장의 방어 장벽에 영향을 주고 체계적이고 국지적인 면역반응에 도움을 준다는 것을 보여주었다. 이것은 소화관에서 림프 조직이 발달하는 동안, 어린 나이에 더 효과적이다. 어린 나이에 위장관의 생물상의 정상적인 확립은 소화관에서 염증성 반응과 관련된 항원의 경구투여에 대한 면역력을 발달시키는 데 도움을 준다. 프로바이오틱 장내 미생물군의 경구투여 또한 원하지 않는 소화관 미생물상에 의해 일어나는 일부 면역반응을 극복할 수 있도록 도움을 준다. 이런 유익한 효과는 아마 장 투과성을 변화시키고 소화관 미생물학을 바꾸고 장의 면역 장벽 기능을 개선시키며 장 염증성 반응을 완화시킴으로써 생성될 것이다. 프로바이오틱 박테리아 세포벽 구성 요소, 특히 펩티도글리칸 분자는 면역 조절 기능을 담당하는 것으로 여겨진다. 프로바이오틱스의 특정 면역 조절 기능에는 세포 및 체액 면역 반응의 활성화가 포함된다. 세포 면역반응은 혈류에서 병원성 박테리아를 제거하기 위해 식세포를 활성화하는 사이토카인을 생성하는 T 헬퍼 세포의 활성화 및 면연반응을 유도하는 사이토카인 TNF-α, IL-6, IL-12 및 IL-1를 생성하는 대식세포의 활성화를 포함한다. 체액 반응에는 병원체의 부착을 방지하기 위한 점막 분비 IgA 및 로타바이러스 유발 설사와 같이 바이러스 감염을 제거하기 위한 항바이러스 IgG 생성 증가가 포함한다.

16.5.6 알레르기 질병 감소

출생 후 시작되어 2세 이상까지 지속되는 정상적인 장내세균총의 확립은 몇 가지 특정 면역반응에 대항하는 노년기 역조절 능력 발달에 중요할 수 있다. 위장관의 정상 세균총은 음식, 물, 공기 및 기타 환경적 공급원을 통해 신체에 들어간다. 지나치게 위생적인 환경에서 영아를 양육하고 반멸균 가공 식품을 먹이는 것은 위장관에 정상적인 미생물군의 형성을 방해할 수 있다. 이로 인해 유아의 면역체계가 많은 식품 항원에 대한 염증 반응을 일으킬 수 있다. 유익한 장내세균을 함유한 프로바이오틱스는 항염증성 사이토카인 생성을 자극하고 민감한 개인의 알레르기 반응을 감소시켜 이러한 반응을 억제하는 효과를 가질 수 있다. 많은 연구에 따르면 아토피 질환(알레르기)이 있는 영아는 유산균, 비피더스균 및 *Bacteriodes*의 수가 더 적다. 그러나 어린이들의 장내 미생물총과 아토피 질환 사이의 강력한 관계를 확립하기 위해서는 더 많은 실험적 증거가 필요하다.[4]

16.6 생명공학 프로바이오틱스

프로바이오틱스의 항균 효과는 일반적이고 중복되며 때로는 효과가 불만족스럽다. 따라서 프로바이오틱스는 일반적으로 관심 병원체로부터 외래 단백질을 발현하도록 조작되어 표적 병원체가 숙주 세포와 상호작용하는 것을 배제하는 경쟁 환경을 조성한다.[9,10] 이 개념은 지난 10년 동안 스탠퍼드대학의 과학자들이 *Lactobacillus jensenii*에서 HIV-1 표면 단백질 수용체(Gp120)를 발현시킨 것으로부터 시작했다.[11] Gp120을 발현하는 이 재조합 *Lactobacillus*는 숙주 T 세포 마커 CD4와 상호작용하여 숙주의 생식기에서 세포와의 직접적인 바이러스 상호작용을 방지할 수 있었다. 장내 감염을 퇴치하는 프로바이오틱에서 독소 수용체 모방 시스템을 개발하기 위해 유사한 접근 방식이 사용되었다. 숙주 세포의 올리고당과 같은 독소 수용체는 프로바이오틱 박테리아에서 그리고 감염 중에 발현되었다. 프로바이오틱 표면에 발현된 수용체에 강하게 결합된 박테리아 독소는 독성 효과를 방지하고 숙주를 보호한다. 이 접근법은 동물 모델에서 장내 병원균인 *Escherichia coli, Vibrio cholera, Clostridium difficile* 및 *Clo. perfringens*에 의한 감염을 제어할 수 있었다. *Helicobacter pylori* 감염도 프로바이오틱 박테리아에서 숙주 위세포의 유착 인자인 유레이스(urease)를 발현시켜 *Hel. pylori* 군집형성을 배제할 경쟁 환경을 만들어서 감소시켰다. 유사하게, 프로바이오틱스에 *Listeria* 부착 단백질을 발현시켜서 *Listeria monocytogenes*의 감염을 감소시킬 수 있었다. *Esc. coli*의 가는털항원(fimbrial antigen)을 발현시킨 프로바이오틱은 또한 이들 병원체에 대한 방어력을 제공했다.

16.7 전염성이 있는 병원체에 대한 백신 운반체로서 프로바이오틱스

많은 프로바이오틱스의 자연 서식지는 장이다. 따라서 그들은 점막 표면에 백신 제제를 전달하기 위한 이상적인 수단이다.[12,13] 프로바이오틱스가 다양한 항원을 전달하도록 설계했다. 최초의 재조합 프로바이오틱 경구 백신은 파상풍으로부터 숙주를 보호하기 위해 *Lactococcus lactis*에서 파상풍 독소 항원을 발현하는 것으로 개발되었다. *Lactococcus lactis* 균주는 위장관의 상피세포 내부에 면역 자극 분자를 전달하기 위해 *Lis. monocytogenes*의 인바신(invasin) 단백질 인터날린 A(Internalin A)를 갖도록 조작되었다. 로타바이러스 스파이크 단백질 VP8을 발현하는 재조합 *Lactobacillus lactis*는 점막 IgA 및 항-VP8 항체를 유도하고 로타바이러스 공격에 대해 100% 방어력을 제공했다. 프로바이오틱스에서 살모넬라 편모의 발현은 살모넬라증에 대항하는 보호 면역반응을 발달시켰다. 또한 유산균은 *Streptococcus pneumoniae, Helicobacter pylori,* 외독소발생 *Esc. coli, Bacillus anthracis, Bordetella pertussis, Borrelia burgdorferi,* HIV, 댕기바이러스, *Giardia lamblia* 등을 예방하기 위한 백신 운반체로 사용되었다.[12] 또한 프로바이오틱 균주는 장 염증을 억제하고 세포 보호를 제공하기 위해 사이토카인 및 기타 항염증 분자를 발현하도록 조작되었다.

16.8 고려해야 할 몇 가지 측면

발효식품과 장내 유익균에 대한 건강상의 이점 이론은 논란의 여지가 있다. 연관 효과, 즉 섭취로 인한 일부 이점은 부인할 수 없지만 많은 연구에서 그 이점을 의심의 여지없이 입증하지 못했다. 앞서 제시한 바와 같이 연구 방법의 차이가 결과의 차이를 초래하는 한 가지 원인이 될 수 있다. 이러한 연구를 설계할 때 몇 가지 측면을 인식해야 한다(**표 16.1**). 인간의 반응에는 분명히 차이가 있지만 박테리아 반응에도 차이가 있다. 박테리아 균주를 선택할 때 다음 고려 사항이 중요하다.

16.8.1 균주 변이

유익한 균주는 부착 능력과 특이성이 다르다(**그림 16.3**). 접착성 균주는 아마도 비부착성 균주보다 선호되어야 한다. 또한 인간에게 부착한 균주는 다른 종에 부착된 균주보다 선호되어야 한다. 선택된 균주는 강한 부착성을 가져야 한다. 실험실 조건에서 장기간 유지 관리하는 동안 접착 특성이 손실될 수

표 16.1 이상적인 프로바이오틱 기준

• 정확한 분류학적 식별
• 표적 종의 정상 정착
• 비병원성
• 일반적으로 안전한 것으로 인정됨(GRAS)
• 담즙, 염산, 췌장액에 대한 내성
• 위의 산성 조건과 장의 알칼리성 조건 모두에서 생존할 수 있는 능력
• 장에 정착하지 않더라도 장에 지속되는 능력
• 병원체의 부착을 방지하기 위해 상피에 부착
• 면역자극 작용
• 표적 부위에서 높은 세포 생존력 및 대사 활성 유지
• 가공, 보관, 배송 중 원하는 특성의 안정성
• 유전적 안정성

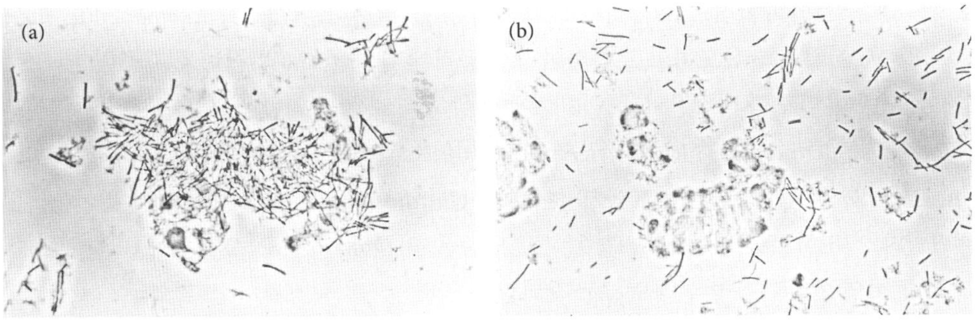

그림 16.3 (컬러 삽입을 보라.) (a) 송아지 장 상피세포들과 연관된 *Lactobacillus acidophilus* 부착 균주의 세포들. (b) *Lactobacillus acidophilus*의 비부착 균주의 세포들은 균일하게 분포되어 있고 같은 근원으로부터 상피세포에 부착을 보여주지 않는다.

있다. 균주의 출처와 정체를 알지 못한 채 많은 연구가 진행되었다. 연구를 위한 균주를 선택할 때 다음 요소를 고려해야 한다.

16.8.2 위산, 담즙 및 판크레아틴에 대한 민감성

위장관에 존재하는 산(낮은 위 pH), 담즙 및 판크레아틴에 대한 균주의 생존력은 매우 다양하다. 이러한 효과는 음식으로 위의 산도를 낮추거나, 산성 환경에 내성이 있는 것으로 입증된 균주를 사용하거나, 보호용 캡슐 형태로 전달함으로써 감소될 수 있다.

16.8.3 세포의 생존과 손상

냉동, 건조 및 낮은 pH, 높은 염분 및 많은 화학 물질에 노출되면 유익한 박테리아의 세포가 죽을 수 있다. 많은 생존균들은 장에 있는 위산과 담즙산염 및 리소자임에 의해 부상을 입거나 죽을 수 있다. 연구에서 최대 생존력을 유지하는 조건에서 섭식 전에 16~18시간 동안 성장하고 유지한 세포를 사용하는 것이 더 나을 수 있다.

16.8.4 복용량 수준 및 기간

효과를 얻으려면 일정 기간(약 14일) 동안 스트레스를 받지 않는 많은 수의 살아 있는 세포(하루 10^9개)를 섭취하는 것이 좋다. 많은 부분이 스트레스를 받아서 낮은 수준의 생존 세포가 있는 제제를 사용하면 예상한 결과를 얻을 수 없다. 현재 시판되고 있는 많은 제품에는 유익한 효과를 생성하는 데 필요한 수준의 생존 세포가 없다(**표 16.2**). 일부 제품에는 부적절한 위생 관행과 관련된 박테리아도 있다.

16.8.5 유도된 락타아제 특성

*Lactobacillus acidophilus*에서 락타아제는 유도된 효소다. 락타아제 효과를 연구하기 위해, 균주들은 유당 함유 배지에서 키워야 한다. 상업적 제제에서 균주는 포도당에서 키워져서, 섭취할 락타아제가

표 16.2 상업적 프로바이오틱 제품들에서 *Lactobacillus acidophilus*의 생균 수(CFU)

제품 유형	주장	CFU/g[a] 실제	이익[b]
건강제품(건조)			
H1	명확하지 않음	1.5×10^3 c	아님
H2	1×10^8	1.6×10^3 c	아님
H3	4×10^8	7.3×10^2 c	아님
H4	명확하지 않음	2.5×10^6 c	아님
제약품(건조)			
P1	명확하지 않음	4.8×10^6	아마도
P2	명확하지 않음	1.3×10^8	맞음
P3	5×10^9	3.2×10^9	맞음
P4	2×10^7	2.2×10^3	아님

[a] 각 제품 유형들에 대한 개별 집단으로부터 3개의 시료들은 0.15% 황소의 담즙이 첨가된 MRS 고체배지에서 CFU/ml이 측정되었다. 평균 결과들이 제공되었다.

[b] 이점이 입증된 기록을 가지는 균주는 예상된 결과를 위해 $10^{8\sim9}$(생균세포/일)로 소비될 필요가 있다. 오직 그 근거에서만, P2와 P3의 소비(균주들이 유익한 유형이라고 제공된)는 이점을 생성하는 것으로 예상될 수 있다.

[c] 시료들은 (제품들과 다른) 대장균군, 유당 음성 그람음성 간균, 바실러스종, 그리고 구균을 포함한다. 이것은 이들 제품의 생산이 비위생적으로 실행된다고 제안한다.

없을 수 있다.

16.8.6 항균 물질

많은 연구에서 유익한 장내세균 균주들이 많은 그람양성 및 그람음성균에 대항해 활성이 있는 대사물질을 생산한다고 보고하고 있다. 이들 중 일부는 몇몇 박테리오신, 유기산 및 루테린과 같은 것으로 동정되었다. 다른 물질은 항균 효과를 위해 정제된 형태로 확인 및 검사해야 한다.

16.8.7 진정한 종과 균주

많은 프로바이오틱 식품 생산자들이 사용하는 많은 종과 균주들은 원래 출처에 대한 적절한 신원이나 정보가 없다. 또한 이전에 *Lactobacillus acidophilus*로 간주되었던 많은 종들이 다른 종으로 밝혀졌으며 많은 종들이 장에서 유래하지 않았다. 연구를 위한 균주를 선택하기 전에 권장되는 방법에 의한 테스트를 통해 사용 중인 균주가 예상되는 균주인지 확인해야 한다.

16.8.8 연구 분야의 전문성

미생물학, 위장병학, 면역학, 종양학 및 관련 분야의 연구에 대한 이해 부족은 잘못된 실험 설계 및 데이터 해석을 초래할 수 있다. 또한 음식물 섭취 실험에서 인간과 동물의 반응 차이는 거의 가치가 없는 데이터를 생성할 수 있다. 이러한 연구는 재현 가능한 결과를 생성할 것으로 예상되지 않는다.

이러한 요인을 고려하여 수행된 연구는 박테리아의 다양성을 줄이는 데 도움이 될 것이다. 이것은 차례로 다른 연구의 결과를 비교하고 이러한 박테리아의 건강상의 이점이 실제인지 상상인지를 결정하는 데 도움이 될 것이다.

16.9 개발 현황

다양한 유형의 프로바이오틱 제품들은 현재 시장에서 구할 수 있으며, 그들의 소비는 특히 일부 유럽 및 동남 아시아 국가들에서 인기를 얻고 있다. 건강상 이익에 대한 긴 목록이 제조업자들에 의해 주장되었음에도 불구하고, 대부분은 잘 설계된 과학적 연구에 의해 진짜임이 증명되지 않았다. 게다가, 이전에 언급된 것처럼, 많은 제품들이 가능한 이익 효과를 위해 연구되어 온 종과 균주를 사용하지 않고 이점을 생성하기 위해 요구되는 높은 생균세포 수도 가지지 않는다(표 16.2). 그 결과, 이러한 제품의 유익한 효과에 대한 의심이 남아 있다.

16.9.1 식별 기준

프로바이오틱 박테리아에 대한 과학적 기반을 개발하기 위한 공동의 노력이 있어 왔다. 이 분야의 과학자들의 공동 노력을 통해 유익한 프로바이오틱 박테리아, 특히 *Lactobacillus* 속의 박테리아에 대한 식별 표준이 설정되었다. 여기에는 (1) 위장관 상피세포에 부착하는 능력, (2) 위장관 상피세포에

표 16.3 사람과 동물에 사용하는 프로바이오틱스

Lactobacillus	*Bifidobacteriam*	기타
Lactobacillus (LA-5)	*Bif. adolescentis*	*Escherichia coli* Nissle 1917
Lab. acidophilus	*Bif. animalis* ssp. *lactis*	*Enterococcus faecalis*
Lab. casei	*Bif. animalis*	*Enterococcus faecium*
Lab. gasseri	*Bif. bifidum*	*Lactococcus lactis*
Lab. johnsonii	*Bif. breve*	*Streptococcus thermophilus*
Lab. helveticus	*Bif. infantis*	*Propionibacteria*
Lab. paracasei	*Bif. longum*	*Bacillus cereus* Toyoi spores
Lab. reuteri		*Saccharomyces cerevisiae* (Boulardii)
Lab. plantarum		
Lab. lactis		
Lab. fermentum		

출처: de Vrese, M. and Schrezenmeir, J., *Adv. Biochem. Eng. Biotechnol.*, *111*, 1–66, 2008.

대한 장내 병원균의 부착을 방지하는 능력, (3) 정상적인 미생물 균형을 방해하지 않으면서 위장관에서 지속 및 증식하는 능력, (4) 항균 대사물질과 (5) 응집체를 생산하고, (6) 위장관의 정상 미생물군을 형성하고, (7) 숙주에게 안전해야 하는 것이 있다. 과학적 연구 데이터에 대한 신중한 평가에 따르면, 5가지 유산균 균주가 프로바이오틱스로 사용하기에 효과적인 것으로 간주된다: (1) *Lactobacillus acidophilus* NCFM, (2) *Lactobacillus casei* Shirota, (3) *Lactobacillus casei* CRL431, (4) *Lactobacillus rhamonosus* GG, 그리고 (5) *Lactobacillus reuteri* MM53. 지난 몇 년 동안 *Lactobacillus* 및 *Bifidobacterium*의 여러 다른 종 또는 균주가 목록에 포함되었다(**표 16.3**).

16.9.2 프로바이오틱스로 사용되는 미생물[14]

여러 미생물들이 그들의 유익한 특성에 관해 연구되었으며 그 목록은 계속해서 증가하고 있다. 하지만 이는 유효한 과학적 연구에 의해 뒷받침되지 않았으며 소비자들 사이에 불신을 야기시키고 있다. 현재의 논쟁을 극복하기 위해, 미래 연구는 (1) 균주의 계통 발생 확인, (2) 인간을 대상으로 한 건강상의 이점 연구 수행, (3) 균주가 이점을 생성하는 정확한 기전 설명, (4) 생존 가능한 세포의 용량 수준 및 유효 기간 찾기, (5) 위장관 상피세포에 부착하는 균주의 능력 결정, (6) 정상적인 위장관 미생물총에 대한 프로바이오틱 균주의 영향 연구, (7) 프로바이오틱 균주의 적절하고 효과적인 전달 시스템을 결정하는 방향으로 향해야 할 것이다. 일반적으로 사용되는 프로바이오틱스 목록이다(표 16.3).

일부 박테리아 종과 균주가 위장관의 건강과 아마도 인간의 전반적인 건강에 유익한 영향을 미친다는 것은 의심의 여지가 없다. 그러나 그들은 유효한 과학적 연구를 통해 확인되어야 한다. 소수의 무분별한 사용, 상상에 기반한 주장, 비양식적인 방법으로 인해 불신이 생기게 되었다. 균주가 유익하다고 주장하기 전에 연구 요구 사항 관련한 상태 기록에 대한 지침뿐만 아니라 프로바오이틱스 균주의 식별 기준을 정의하기 위한 현재의 공동 과학연구에 대한 움직임은 프로바이오틱 박테리아의 유익한 특성을 둘러싼 신화를 제거하는 올바른 단계이다.

16.9.3 프로바이오틱스의 안전성

Bacillus subtilis, *Lactobacillus rhamonosus* 및 *Saccharomyces cerevisiae*(Boulardii)와 같은 특정 프로바이오틱스 균주가 기저 질환이 있는 사람에게 감염(균혈증, 심내막염 및 패혈성 쇼크)을 유발한다는 몇몇 보고가 있다.[15,16] 유산균, 특히 식품 발효 및 프로바이오틱스로 사용되는 유산균은 식품 등급으로 간주되며 국제적으로 GRAS(일반적으로 안전한 것으로 간주됨) 상태를 받았다. 이와 관련하여 건강 위험에 대한 이러한 박테리아의 관련성은 그들의 안전성에 대한 의문도 커졌다. 이 의심에 대한 가장 좋은 대답은 16세기 독일 과학자 파라켈수스(Paracelsus)의 격언이다. “모든 물질은 독입니다. 올바른 복용량은 독과 치료제를 구별합니다.” 고대 문명부터 사람들은 건강에 큰 위험을 초래하지 않고 음식을 통해 이러한 많은 박테리아의 살아 있는 세포를 섭취해 왔으며 제거되지 않고 우리의 먹이사슬에 남아 있다. 다음과 같은 세 가지 가능한 감염 원인이 있다.

1. 균주의 진정한 정체는 알려져 있지 않다. 현재 특히 프로바이오틱스로 사용되는 많은 균주는 종 수준(특히 유전학 기술)으로 정확하게 확인되지 않았거나, 인간에 대한 유익한 특성에 대해 테스트되지 않았거나, 출처가 확인되지 않았다. 비위생적인 조건에서 생산된 제품으로 병원균에 오염될 수 있다.
2. 이점에 대한 과도한 불안으로 개인이 제품을 대량으로 섭취할 수 있다. 개인이 면역저하 상태이고 기저 질환이 있는 경우 많은 양을 투여하면 기회 감염이 발생할 수 있다.
3. 감염에서 분리된 많은 균주가 현대 유전 기술에 의해 속 및 종 수준으로 정확하게 확인되지 않았다. 생화학적 발효 패턴만으로는 분리균의 속과 종을 식별하기 어려운 경우가 많다.

심지어 모든 남용에도 불구하고 유익한 박테리아의 건강 위험 발생률은 매우 낮다. 질병 치료에 항생제를 사용하는 것과 같은 다른 이로운 제제를 고려하면 건강 위험 발생률이 훨씬 높다. 이를 고려할 때 진정한 식품 등급 유산균은 안전하다고 가정하는 것이 타당하다.

외래 유전자를 운반하는 생물공학적 프로바이오틱스는 또한 안전성에 대한 몇 가지 우려가 제기되며, 가장 중요한 것은 병원체의 부착 및 침입 유전자를 운반하는 프로바이오틱스의 장기간 섭취의 결과이다. 또한 면역이 억제된 개인이 건강한 사람과 다르게 반응하는지 여부도 알려져 있지 않다. 프로바이오틱스를 사용할 때 가장 중요하게 고려해야 할 사항은 “이점이 부작용을 능가하는가?”이다. 그럼에도 불구하고 프로바이오틱스를 사용하기 전에 안전성이나 장기적인 건강에의 영향을 고려하여 프로바이오틱스를 선별하는 것이 필수적이다.[16] 세계보건기구(WHO)의 식량농업기구(FAO)[17]가 개발한 가이드라인을 따라야 한다: (i) 속, 종 및 균주 수준에서 프로바이오틱스 식별; (ii) 시험관 내 및/또는 동물 시험을 사용한 기능적 특성; (iii) 시험관내 세포 배양 및 동물 모델을 사용한 안전성 평가; (iv) 인간 시험에서의 효능 평가(이중 맹검 연구); 및 (v) 특정 조건에서 특정 치료와 비교한 인간의 유효성 평가. 추가적으로 프로바이오틱스는 속, 종 및 균주를 특정하고 저장 수명이 끝날 때의 박테리아 수, 보관 상태, 제조사 연락처 등이 표식되어야 한다.[8]

16.9.4 프로바이오틱스, 프리바이오틱스 및 신바이오틱스[14]

프로바이오틱스(Probiotics)

"프로바이오틱스"라는 용어는 처음에는 특별한 정의 없이 사용되었다. 1989년 풀러(Fuller)[1]는 이 용어를 인간, 동물 및 조류가 고유한 일반 영양과 별도로 건강 상의 이점을 발휘하도록 섭취하는 살아있는 미생물을 포함하는 제품으로 정의했다. 이 설명에는 미생물 세포가 살아 있어야 하고 많은 수(일반적으로 하루에 10^9개 세포)를 섭취해야 하는 것과 같은 몇 가지 요구 사항이 포함되어 있었다. 그러나 어떤 미생물(장 또는 기타)을 얼마나 오랫동안(예방으로 매일 또는 2주 이상 치료로) 사용해야 하는지는 포함하지 않았다. 그것은 소비가 평판이 좋고 독립적인 연구 그룹의 과학적 임상 연구와 동료 심사 저널에 발표된 결과(단순히 누군가의 주장이 아님)에 의해 판단되는 건강상의 이점을 제공해야 함을 나타낸다. 또한 건강상의 이점이 생성되는 메커니즘을 설명해야 한다고 명시하지 않는다. 앞에서 논의한 바와 같이 상태 요약에는 이러한 측면이 구체적으로 포함되어 있다.

최근 몇 년 동안 여러 연구에서 죽은 세포나 유익한 박테리아의 세포 구성 요소(예: 면역 조절)가 포함된 제품을 섭취함으로써 특정 건강상의 이점을 얻을 수 있음이 밝혀졌다. 이들도 프로바이오틱스를 구성하는지 여부는 앞으로 결정해야 한다. 새로운 미생물을 프로바이오틱 또는 새로운 프로바이오틱 기능성 식품으로 간주하기 위해서는 다음과 같은 특성을 알아야 한다: (1) 공급원 또는 기원, (2) pH 및 담즙염에 대한 내성, (3) 부착 및 군집화, (4) 병원체에 대한 경쟁적 배제, (5) 면역 조절, (6) 안전성, (7) 식품 가공 조건에 대한 안정성, (8) 관능 평가, (9) 소비자 수용, (10) 인체 임상 시험을 통한 효능 평가.[18]

프리바이오틱스(Prebiotics)

프로바이오틱 박테리아의 유익한 효과는 위장관에 얼마나 많은 수로 존재하느냐에 달려 있다. 이것은 많은 수의 프로바이오틱 박테리아의 생존 세포를 섭취하거나 프리바이오틱스라고 하는 적절한 영양소를 공급하여 바람직한 장내 박테리아의 빠른 성장을 자극함으로써 달성할 수 있다.[19] 유익한 장내 박테리아 중 *Lactobacillus* 종은 소장에서 우세한 반면, *Bifidobacterium* 종은 대장(결장)에서 우세하다. 소장의 박테리아와 결장에서 발견되는 많은 박테리아에 의해 대사되지 않는 하나 이상의 선택적인 탄소 및 에너지원을 공급하여 결장에서 *Bifidobacterium*의 성장을 자극하는 접근법이 취해졌다. 이것은 *Bifidobacterium*에 선택적 성장 이점을 제공하고 높은 수에 도달할 수 있도록 한다. 프리바이오틱스는 대장에 있는 하나 또는 제한된 수의 박테리아의 성장이나 활동, 또는 둘 다를 선택적으로 자극하여 숙주의 건강을 개선함으로써 숙주에 유익한 영향을 미치는 소화 불가능한 식품 성분으로 정의된다. 프리바이오틱스로서 중요성을 갖게 된 일부 영양소는 락툴로스, 락티톨, 프럭토올리고당, 갈락토올리고당, 자일로올리고당, 락토수크로스, 피로덱스트린 및 이눌린이 있다. 그들의 실제 효과는 현재 연구되고 있다.

신바이오틱스(Synbiotics)

"신바이오틱스"라는 용어는 "프로바이오틱스"와 "프리바이오틱스"라는 용어를 모두 포함하기 위해 만들어졌다. 프로바이오틱스와 프리바이오틱스를 따로 사용하는 대신, 이 둘을 모두 포함하는 제품, 즉 많은 수의 유익한 장내세균과 이에 대한 영양 보충제를 통해 장내에서 빠르게 증식하고 건강상의 이점을 보다 효과적으로 생산할 수 있을 것으로 추정된다. 이것은 그들의 실제 효과를 결정하기 위해 연구되어야 한다.

16.9.5 바이오제닉(Biogenics)[20]

발효 유제품의 섭취로 인한 건강상의 이점은 발효에 사용되는 유산균과 이에 의한 우유 영양소 대사의 부산물에 기인한다. 후자의 측면은 *Lactococcus lactis, Str. thermophilus* 및 *Lactobacillus delbrueckii* ssp. *bulgaricus*와 같이 장내 박테리아가 아니면서 발효에 사용한 발효식품의 건강상의 이점을 설명하는 데 중요해졌다. 이러한 제품은 최근 "바이오제닉스"라고 불리며 식품 영양소의 미생물 대사 활동을 통해 파생된 건강상의 이점이 있는 식품 성분을 포함한다. 그러한 그룹 중 하나는 버터밀크의 *Lac. lactis* 및 요거트의 *Lactobacillus delbrueckii* ssp. *bulgaricus*와 같은 일부 유산균의 엑소프로테이나제에 의해 생성되는 펩타이드다. 이렇게 생성되고 발효유에 존재하는 일부 펩타이드는 고혈압 환자의 혈압을 낮출 수 있다. 이 부분은 현재 연구 중이다.

16.9.6 프로바이오틱 박테리아의 유전체 서열[21,22]

유전체 염기서열에 대해 연구되고 있는 박테리아 종 및 균주는 현재 프로바이오틱 박테리아로 사용되는 여러 *Lactobacillus, Bifidobacterium, Streptococcus* 및 *Pediococcus* 종을 포함한다. 여기에는 *Lactobcillus-acidophilus, johnsonii, casei, gasseri* 및 *rhamnosus; bulgaricus, plantarum, helveticus, lactis, Bif. longum, breve, linens;* 그리고 *Streptococcus thermophilus*가 포함된다. 완전한 유전체 서열은 접착 특성, 담즙 저항성, 박테리오신 생산, 탄수화물 대사 및 스트레스 반응을 포함하여 위장관 유익한 박테리아의 유전적 및 기능적 다양성을 비교하는데 사용된다. 이 정보는 장내 미생물과 장 세포, 식품 성분, 미생물 대사산물 및 프로바이오틱 박테리아의 유익한 작용 메커니즘 간의 신호 전달 과정을 더 잘 이해하는 데 사용할 수 있다. 마지막으로, 그들은 특정 유익한 효과를 위해 더 바람직한 장내 세균 또는 특정 균주를 설계하는 데 도움이 될 것이다.

16.10 결론

발효식품과 일부 유산균이 장내 미생물의 생태계 정상화에 도움이 된다고 여겨져 왔지만 결과의 차이로 인해 의심의 여지는 있다. 이것은 경험이 풍부한 연구 그룹의 잘 설계된 연구에 의해 테스트되지 않은 박테리아를 부적절하게 사용한 결과이다. 현재는 속설을 현실로 바꾸기 위해 장내 유익균의 식별 기준이 제시되고 있다. 미래에 유전체 염기서열 정보는 식품, 장계, 미생물 종과 균주의 상호작용을 더 잘 이해하고 효과적으로 사용하는 데 도움이 될 것이다.

학습문제

1. 출생에서 2세까지 인간의 위장관의 순차적인 확립에 대해 논하시오. 모유와 분유로 자란 아기 사이에 우점 미생물군은 어떻게 다른가?
2. 다음 예들의 용어들에 대해 논하시오: 인간 위장관의 토착형 세균, 단기 체류형 세균, 유익한 세균, 원하지 않는 세균.
3. 위장관에 존재하는 유익한 세균의 중요한 특성들을 열거하시오. 그들은 어디에 존재하는가? 그들이 생산하는 항균 물질들은 무엇인가?
4. 인간의 위장관에 유익한 세균의 존재에 불리하게 영향을 미칠 수 있는 요소를 열거하시오.
5. 유당 불내증(lactose intolerance)은 무엇인가? 일부 발효 낙농 제품이나 유익한 장 세균의 살아 있는 세포를 섭취하여 이 문제점을 극복할 수 있는지에 대한 가능한 메커니즘을 설명하시오.
6. 유익한 장내세균 또는 일부 발효 식품들이 혈청 콜레스테롤 수준을 어떻게 줄일 수 있는가?
7. "유익한 위장관 세균은 대장암과 장 질병 감소에 효과가 있을 수 있다." 이 제안의 근거는 무엇인가?
8. 실험 데이터는 발효 식품과 유익한 장내세균의 살아 있는 세포의 소비에서 건강상의 이익을 항상 잘 설명하지는 못한다. 이것은 사용된 실험 방법에서 현격한 차이 때문일 수 있다. 당신이 그런 연구를 수행하려고 계획한다면 고려해야 실험 요인들은 무엇인가?
9. 생물공학적 프로바이오틱스와 관련된 장점과 단점에 대해 논하시오.
10. 어떻게 유산균이 백신 운반체로 어떻게 사용되며 그러한 접근 방식의 잠재적 이점은 무엇인지 설명하시오.

참고문헌

1. Fuller, R., Probiotics in man and animals, *J. Appl. Bacteriol.*, *66*, 365–378, 1989.
2. Sekirov, I., Russell, S.L., Antunes, L.C.M., and Finlay, B.B., Gut microbiota in health and disease, *Physiol. Rev.*, *90*, 859–904, 2010.
3. Huttenhower, C., Gevers, D., Knight, R., Abubucker, S., Badger, J.H., Chinwalla, A.T. et al., Human Microbiome Project, Structure, function and diversity of the healthy human microbiome, *Nature*, *486*, 207–214, 2012.
4. Ly, N.P., Litonjua, A., Gold, D.R., and Celedon, J.C., Gut microbiota, probiotics, and vitamin D: Interrelated exposures influencing allergy, asthma, and obesity?, *J. Allergy Clin. Immunol.*, *127*, 1087–1094, 2011.
5. Turnbaugh, P.J., Ley, R.E., Mahowald, M.A., Magrini, V., Mardis, E.R., and Gordon, J.I., An obesity-associated gut microbiome with increased capacity for energy harvest, *Nature*, *444*, 1027–131, 2006.
6. Musso, G., Gambino, R., and Cassader, M., Interactions between gut microbiota and host metabolism predisposing to obesity and diabetes, *Ann. Rev. Med.*, *62*, 361–380, 2011.
7. Wu, G.D., Chen, J., Hoffmann, C., Bittinger, K., Chen, Y.-Y., Keilbaugh, S.A., Lewis, J.D. et al., Linking long-term dietary patterns with gut microbial enterotypes, *Science*, *333*, 105–108, 2011.
8. Amalaradjou, M.A.R. and Bhunia, A.K., Modern approaches in probiotics research to control food-borne pathogens, *Adv. Food Nutr. Res.*, *67*, 185–239, 2012.
9. Amalaradjou, M.A.R. and Bhunia, A.K., Bioengineered probiotics, a strategic approach to control enteric infections, *Bioengineered*, *4*, 2013.

10. Paton, A.W., Morona, R., and Paton, J.C., Designer probiotics for prevention of enteric infections, *Nat. Rev. Microbiol.*, *4*, 193–200, 2006.
11. Chang, T.L.Y., Chang, C.-H., Simpson, D.A., Xu, Q., Martin, P.K., Lagenaur, L.A., Lee, P.P. et al., Inhibition of HIV infectivity by a natural human isolate of *Lactobacillus jensenii* engineered to express functional two-domain CD4, *Proc. Nat. Acad. Sci. USA*, *100*, 11672–11677, 2003.
12. Tarahomjoo, S., Development of vaccine delivery vehicles based on lactic acid bacteria, *Mol. Biotechnol.*, *51*, 183–199, 2012.
13. Wells, J.M. and Mercenier, A., Mucosal delivery of therapeutic and prophylactic molecules using lactic acid bacteria, *Nat. Rev. Microbiol.*, *6*, 349–362, 2008.
14. de Vrese, M. and Schrezenmeir, J., Probiotics, prebiotics, and synbiotics, *Adv. Biochem. Eng. Biotechnol.*, *111*, 1–66, 2008.
15. Boyle, R.J., Robins-Browne, R.M., and Tang, M.L., Probiotic use in clinical practice: What are the risks?, *Am. J. Clin. Nutr.*, *83*, 1256–1264, 2006.
16. Sanders, M.E., Akkermans, L.M.A., Haller, D., Hammerman, C., Heimbach, J., Hormannsperger, G., Vaughan, E. et al., Safety assessment of probiotics for human use, *Gut Microbes*, *1*, 164–185, 2010.
17. Collado, M.C., Isolauri, E., Salminen, S., and Sanz, Y., The impact of probiotic on gut health, *Curr. Drug Metab.*, *10*, 68–78, 2009.
18. Ross, R.P., Desmond, C., Fitzgerald, G.F., and Stanton, C., Overcoming the technological hurdles in the development of probiotic foods, *J. Appl. Microbiol.*, *98*, 1410–1417, 2005.
19. Macfarlane, S., Macfarlane, G.T., and Cummings, J.H., Review article: Prebiotics in the gastrointestinal tract, *Aliment. Pharmacol. Thera.*, *24*, 701–714, 2006.
20. Stanton, C., Ross, R.P., Fitzgerald, G.F., and Van Sinderen, D., Fermented functional foods based on probiotics and their biogenic metabolites, *Curr. Opin. Biotechnol.*, *16*, 198–203, 2005.
21. Schroeter, J. and Klaenhammer, T., Genomics of lactic acid bacteria, *FEMS Microbiol. Lett.*, *292*, 1–6, 2009.
22. O'Sullivan, O., O'Callaghan, J., Sangrador-Vegas, A., McAuliffe, O., Slattery, L., Kaleta, P., Beresford, T. et al., Comparative genomics of lactic acid bacteria reveals a niche-specific gene set, *BMC Microbiol.*, *9*, 2009.

제17장

미생물, 박테리오신 및 나노기술을 이용한 식품 보존제

17.1 서론

식품 발효 초기에도, 우리 조상들은 발효 식품이 섬세하고 상쾌한 맛을 가지고 있을 뿐만 아니라 더 긴 유통기한을 가지고 있으며 식중독 발생으로부터 발병의 기회를 줄일 수 있다는 것을 알았다. 발효는 그들에게 원재료보다 발효된 형태로 더 오래 일부 식품들을 보존하도록 도움을 주었고 이는 발효 식품이 고온지역에 위치한 초기 문명들에 인기가 좋은 중요한 이유가 될 수 있었다. 발효 식품의 안전성과 안정성에 대한 지식은 세기를 통해 전달되어 왔고 우리에게 그들의 과학적인 기초를 이해하도록 도움을 주었다.

식품 발효와 관련된 식품등급의 세균은 항균성을 가지는 여러 유형의 대사산물들을 생산할 수 있다고 현재 알려져 있으며 그 중 일부는 **표 17.1**에 열거되어 있다. 현재 확인되지 않은 것들이 더 많이 있을 것이다. 현재 그들의 안정성과 안전성을 증가시키기 위해 발효되지 않은 식품에 이런 항균제를 사용하는 것에 관심이 증가되고 있다. 젖산염과 아세테이트(식초)과 같이 이런 항균제의 일부는 오랜 동안 많은 식품들에 사용되어 온 반면, 아질산염(nitrite), 아황산염(sulfite), 파라벤(paraben), 이초산염(diacetate), 포름산에틸(ethylformate)과 같은 것들은 현재 일부 사용된 비식품 보존제 대신에 잠재적인 식품 보존제(biopreservative)로서 많은 관심을 불러일으켰다. 식품 보존제로서 그들의 효과는 이 장에서 논의된다. 또한 현재 몇몇 효모들은 과일과 채소에 곰팡이 생장을 억제하는 것으로 알려져 있다. 이런 측면 또한 간단히 논의된다.

17.2 보존제로서 유산균(LAB)의 살아 있는 세포

이 과정은 식품을 5°C 이하 냉장 보관하는 동안 부패와 병원성균을 제거하기 위해 중온성(mesophilic)의 *Lactococcus lactis*, 일부 *Lactobacillus* 종 그리고 *Pediococcus* 종을 많은 수로 생균형태로 첨가하는 것과 관련 있다.[1] 중온성 유산균의 존재에서 저온(psychrotrophic) 부패 및 병원성 세균의 생장

표 17.1 식품등급 박테리아의 항균 화합물

대사산물	효과
유기산: 젖산, 초산, 프로피온산	세균과 곰팜이에 저항
알데히드, 케톤, 알코올: 아세트알데히드, 디아세틸, 에탄올	세균에 저항
과산화수소	세균, 곰팡이, 파아지에 저항
루테린	세균과 곰팜이에 저항
박테리오신	정상적으로, 그람양성균에 저항

이 제어된다고 보고되었다. 약간 더 높은 온도(~10°C~12°C)에서 일부 부패 및 병원성균의 생장 또한 감소된다. 연구는 *Clostridium botulinum*, *Salmonella enterica* 혈청형(serovars), *Staphylococcus aureus*에 대항하여 신선한 고기, 해산물, 액란(liquid egg), 그리고 베이컨 같은 일부 가공 육류 제품에 유산균을 첨가함으로써 실시되었다. 냉장 원유, 고기, 달걀, 해산물에 *Lactobacillus*, *Lactococcus*, *Leuconostoc* 종의 세포들은 *Pseudomonas* 종들과 같은 저온 부패균의 생장을 제어하기 위해 첨가되었다. 일부 연구에서 저온발육생물(psychrotroph)의 생장은 냉장 보관 4~10일 동안 90% 또는 그 이상까지 저해되었다. 냉장 원유에서 유산균 세포 첨가 또한 치즈의 수율을 증가시키고 코티지 치즈의 유통기한을 연장시켰다.

유산균은 식품부패와 진균독 생성을 일으키는 진균(곰팡이)을 억제하는 데에도 적합하다. 아플라톡신, 푸모노신(fumonosins), 오크라톡신(ochratoxin), 파툴린(patulin), 트리코테센(tricothecenes), 제랄레논(zearalenone)과 같은 진균독은 다양한 식품에서 2차 대사산물로 생성되며 발암성, 기형 유발성, 면역독성, 신경독성, 간독성 및 신장독성을 가진다. 따라서 유산균을 사용하여 이러한 미생물을 제어하는 것은 천연 "녹색 보존제"로 간주된다.[2] 곰팡이가 자라는 동안 생성된 효소는 식품 구조를 파괴하여 식품을 부패시키고 식품을 섭취하기에 적합하지 않게 만든다. *Lactobacillus*(*amylovorus*, *casei*, *delbrueckii*, *paracasei*, *plantarum*, *rhamnosus*, and *sanfranciscencis*)와 *Pediococcus acidilactici*의 여러 종은 빵, 우유, 옥수수, 코티지 치즈, 페퍼로니, 살라미 소시지, 요구르트 및 사일리지에 사용하도록 권장되고 있다.[2]

LAB의 억제성은 유기산, 카르복실산, 지방산, 에탄올, 이산화탄소, 박테리오신, 과산화수소와 같은 세포 내 항균 화합물이 대사되지 않는 유산균 세포로부터 방출되기 때문이다. 원유에서 lactoperoxidase-thiocyanate 시스템과 함께 과산화수소의 항균 역할은 나중에 논의된다.

17.3 식품 보존제로서 유기산, 디아세틸, 과산화수소, 루테린

17.3.1 유기산

제12장에서 젖산, 초산 및 프로피온산을 생산하는 종균의 능력을 논했다. 상업적으로 젖산은 L(+)-젖산염(또는 DL-젖산염)을 생성할 수 있는 일부 *Lactobacillus* 종들에 의해 생성되며 *Acetobacter aceti*

에 의해 초산, 낙농의 *Propionibacterium* 종들에 의해 프로피온산이 생성된다. 그들은 일반적으로 안전하다고 간주되는 물질(GRAS)의 목록에 있고 많은 식품들에 맛과 유통기한을 향상시키는 첨가제, 원하지 않는 미생물에 대한 안전예방책으로서 사용된다. 이들 산 및 염은 식품에 1%~2% 수준으로 사용된다(제36장 참조).[3,4]

초산, 아세테이트 및 식초(5%~40% 초산이며 특유의 향기를 주는 많은 다른 화합물을 포함하는)는 그람양성 및 그람음성균, 효모, 곰팡이의 생장을 억제하고 생존력을 감소시키기 위해 다양한 식품에 사용된다. 초산은 일반적으로 0.2%에서 정균 효과(bacteriostatic)가 있지만 0.3% 이상에서는 살균(bactericidal)을 하고 그람음성균에 대해 더 효과적이다. 하지만 이 효과는 pH에 의존하고 살균 효과는 낮은 pH(4.5 이하)에서 더 확연하다. 그것은 항균제로서 샐러드 드레싱과 마요네즈에 첨가된다. 그것은 가축 도체 세척제로서 사용이 허가되어 있다.

프로피온산과 그 염은 진균 증식 억제제로서 식품에 사용되지만 그들은 또한 그람양성 및 그람음성균의 생장을 제어하고 생존 능력을 감소시키는 효과가 있다. 그람음성균은 pH 5.0, 그리고 그 아래, 심지어 0.1%~0.2%의 산성 수준에서 더 민감한 것 같다. 프로피온산은 치즈, 버터 및 베이커리 제품에서 곰팡이를 제어하는 데 사용되고 시럽, 사과 소스, 일부 신선한 과일에 세균과 효모의 생장을 방지하기 위해 사용된다.

젖산과 그 염은 특히 pH 5.0 이상으로 사용될 때 그들의 항균 효과보다는 풍미 향상을 위해 식품에 더 사용된다. 그러나 최근 연구에서 그들이 심지어 pH 5.0에서 또는 그 이상에서 1%~2% 수준으로 식품에 사용되었을 때 확실한 항균 효과가 있는 것으로 나타났다. 그람양성 및 그람음성균의 생장이 감소되었고 이것은 증가된 정균작용을 나타냈다. pH 5.0 이하에서 젖산은 특히 그람음성 세균에 대해 살균 효과를 가질 수 있다. 그것은 식품 환경에서 어떠한 진균 증식 억제 효과를 가지지 않을 수도 있다. 그것은 많은 가공 육류 제품에 사용되며, 또한 사체 세척제로서 권장되어 왔다.

이들 세 가지 산의 항균 효과는 그들의 비해리성 분자를 만들기 때문이라고 간주된다. 해리상수(pKa)는 초산 4.8, 프로피온산 4.9, 그리고 젖산 3.8이다. 따라서 대부분의 식품 pH(5.0 그리고 이상)에서 세 가지 산의 비해리성 비율은 꽤 낮을 수 있고 가장 낮은 것은 젖산이다. 젖산의 더 낮은 항균 효과는 아마도 낮은 해리상수 때문일 것이다. 비해리성 분자의 항균작용은 막을 통한 그들의 유입에 따라 세포질에 있는 분자의 해리에 의해 생성된다. 해리에 따라 방출된 수소이온(H^+)은 초기에 막관통 수소이온 구배(transmembrane proton gradient)를 감소시키고 수소이온 구동력(proton motive force)을 중화시키고 나서 내부 pH를 낮추어 단백질 변성 및 생존능력 손실을 일으킨다. 하지만 다른 연구들은 이러한 약산(weak acid)이 비해리성 분자들과 해리성 이온의 결합 효과를 통해 항균작용을 생성한다는 것을 제안했다. 산은 또한 세포들에 치명적인 손상을 유도할 수 있고 그들의 생존능력 손실 가능성을 증가시킬 수 있다. 해리된 이온들뿐만 아니라 비해리성 분자들은 세포 손상을 유도할 수 있다.[3,4]

Salmonella Typhimurium의 일부 균주들, *Escherichia coli* O157:H7과 같은 여러 병원성 박테리아 균주들이 산 환경에 의해 유도되는 일부 단백질을 과다 생성하는 그들의 능력 때문에 낮은 pH에 비교적 저항성을 가지는 것으로 밝혀졌다. 이들 단백질은 또한 스트레스 단백질이라고 불리고 세포가 더 낮은 내부 pH를 견딜 수 있게 한다(제10장 참조). 미생물을 제어하기 위해 1%~2% 수준으로 신선

하게 산성화된 식품에서 그런 균주들의 존재는 문제를 제기할 수도 있다.

17.3.2 디아세틸

디아세틸(diacetyl)은 특히 구연산염(citrate)의 대사를 통해 대량으로 여러 종의 유산균들에 의해 생성된다(제12장 참조).[5] 몇몇 연구는 많은 그람양성과 그람음성균에 대한 항균성을 밝혔다. 그람음성균은 pH 5.0 또는 그 이하에서 특히 민감하다. 디아세틸은 약 0.1%~0.25%에서 효과적이다. 최근 연구들은 열과 결합했을 때 디아세틸 혼자 사용하는 경우보다 더 살균작용이 있는 것으로 나타났다. 디아세틸은 강렬한 향을 가지고 있어서 그것의 사용은 맛이 예상되는 일부 낙농 기반 제품에 대해서는 아마도 제한적인 것 같다. 또한 매우 휘발성이라서 긴 저장 수명을 가지는 것으로 예상되는 식품에서는 효과가 손실될 수 있으며 감소된 조건에서는 아세토인(acetoin)으로 변환되고 항균 효과가 감소될 수 있다. 이것은 진공 포장 제품에 사용할 때 어려움을 제기할 것이다. 항균작용은 아마도 몇 가지 중요한 효소를 비활성화하여 생성되는 것 같다. 디카르보닐 그룹(dicarbonyl group, -CO-CO-)은 효소의 아르기닌(arginine)과 반응하고 그들의 촉매 자리를 변형시킨다.[5]

17.3.3 과산화수소

일부 유산균들은 호기적 생장 조건에서 과산화수소를 생성하며 세포 내의 과산화수소 분해효소, 가성 과산화수소 분해효소(pseudocatalase), 또는 과산화효소(peroxidase)의 결여 때문에 그들은 항균작용으로부터 그들 자신을 보호하기 위해 환경으로 방출한다. 일부 균주는 적절한 생장 조건에서 정균작용(6~8 μg/ml)을 유도하기에 충분한 과산화수소를 생성할 수 있지만 드물게 살균작용(30~40 μg/ml)을 유도하기에 적당한 과산화수소를 생성할 수도 있다.[6] 그것은 강력한 산화제이며, 세균, 곰팡이 및 바이러스(또한 박테리오파아지)에 대해 항균성을 가질 수 있다. 혐기적(anaerobic) 조건에서는 매우 적은 과산화수소가 이들 균주에 의해 생성되는 것으로 예상된다. 냉장 원유에서 자라지 않는 중온성 유산균 세포들을 첨가하여 생성되는 항균작용은 원유에서 젖과산화효소-티오시안산염(lactoperoxidase-thiocyanate) 시스템을 활성화시키기 위한 세균의 과산화수소 능력 때문인 것으로 생각된다.[7] 원유는 젖과산화효소와 티오시안산염(SCN^-)을 포함하고 있다. 과산화수소의 존재에서 젖과산화효소는 하이포티오시안산염(hypothiocyanate) 음이온($OSCN^-$)을 생성하고 우유 pH에서 하이포티오시안산염산(HOSCN)과 균형이 이뤄질 수 있다. 하이포티오시안산염 음이온 및 하이포티오시안산염산은 모두 강력한 산화제이며 특히 민감한 그람음성균의 막단백질과 같은 단백질의 싸이올(-SH) 그룹을 산화시킬 수 있다. 이 시스템은 저온 살균(pasteurization)에 의해 불활성화된다.

과산화수소는 부패 및 병원성균을 제어하기 위해 냉장 원유와 액란(약 25 ppm)에 허용된다. 저온 살균 전에, 과산화수소 분해효소(0.1~0.5 g/1000파운드 또는 455 kg)는 잔류 과산화수소를 제거하기 위해 첨가된다. 그것의 항균작용은 강력한 산화성과 세포구성 성분들, 특히 막을 손상시키는 능력에 기인한다. 그것의 산화성 때문에, 가공 육류의 변색과 같은 식품 품질에 원하지 않은 효과를 생성할 수 있어서 식품 보존에 제한적으로 사용된다. 그러나 일부 식품 가공 및 장비 위생에서의 응용이 연구되고 있다.

17.3.4 루테린

인간과 동물의 위장관에서 발견된 *Lactobacillus reuteri*의 일부 균주는 그람양성(*Listeria monocytogenes, Staphylococcus aureus*)과 그람음성균(*Salmonella enterica* 혈청형 Choleraesuis, *Yersinia enterocolitica, Aeromonas hydrophila* 그리고 *Campylobacter jejuni*)에 대한 항균성이 있는 작은 분자, 루테린(reuterine, 베타-하이드록시프로피온알데히드; β-hydroxypropionaldehyde; $CHO-CH_2-CH_2OH$)을 생산한다.[6,8] 그것은 리보뉴클레오티드 환원효소와 같은 몇 가지 중요한 효소들을 불활성화시킴으로써 항균작용을 생성한다. 루테린은 넓은 pH 영역에 걸쳐 활성을 지니며 식품 안에 있는 다양한 단백질분해 및 지방분해 효소들에 대해 저항성을 갖는다. 하지만 루테린은 글리세롤이 식품 보존에 그것의 사용을 제한하는 환경에 공급될 때만 균주들에 의해서 생성되며, 이 때문에 식품 보존제로 사용하는데 한계가 있다. 제한된 연구에서 글리세롤이 첨가되고 루테린 생성 *Lactobacillus reuteri*를 접종한 식품이 원하지 않는 세균의 성장을 효과적으로 제어했다. 특정 식품에 루테린의 첨가 또한 원하지 않는 세균의 생장을 효과적으로 제어했다.[6]

17.4 식품 보존제로서 유산균의 박테리오신

박테리오신이라는 용어는 현재 그람양성과 그람음성 그룹에서 많은 박테리아 균주들에 의해 생성되는 생물작용 펩타이드(bioactive peptide) 그룹에 적용하는 데 사용된다. 많은 종의 유산균과 일부 프로피온산 세균에 의해 생성되는 박테리오신은 식품에서 중요하고 다양한 그람음성균과 스트레스 조건 하에서 보통 다양한 그람양성 부패 및 병원성균에 대한 그들의 살균 효과 때문에 식품미생물학에서 특별한 관심사 중의 하나이다. 화학적으로 박테리오신 펩타이드는 리보솜에서 합성되며, 양이온(cationic)이며, 양친매성(amphipathic)이고, α 나선(α-helical) 또는 베타판(β-sheet) 구조를 가지며 또는 두 가지 모두, 그리고 싸이오에터(thioether), 이황화다리(disulfide bridge), 또는 자유 싸이올 그룹(free thiol group)을 가질 수 있다. 긴 축을 따라 극성과 비극성이 면을 갖는 양친매성의 알파 나선형 구조는 박테리오신이 수용층과 지질층 모두와 상호작용하도록 하여, 박테리오신이 감수성 박테리아 세포의 막 표면에 결합하여 기능적으로 불안정하게 만들어 세포 사멸을 이끌도록 한다. 이것은 나중에 논의된다.[9]

17.4.1 박테리오신 생성 균주

유산균의 다양한 속과 종에서 많은 박테리오신 생성 균주들이 분리되었다. 일부 종은 *Lactobacillus lactis, Streptococcus thermophilus, Lactobacillus acidophilus, Lactobacillus plantarum, Lactobacillus sake, Lactobacillus curvatus, Leuconostoc mesenteroides, Leuconostoc carnosum, Leuconostoc gelidium, Pediococcus acidilactici, Pediococcus pentosaceus, Pediococcus parvulus, Tetragenococcus halophilus, Carnobacterium piscicola, Enterococcus faecalis, Enterococcus faecium*, 그리고 *Bifidobacterium bifidum*을 포함한다. 이는 유산균 중 박테리오신 생성 균주들이 현재 식품 환경에서 매우 일반적인 것으로 보인다. 박테리오신 생산균과 다른 유형의 항균 화합물을 생산하는 것을 포함하는

비생산균 사이의 차이를 구별하는 적절한 절차와 경험은 자연 환경으로부터 박테리오신 생산 균주를 성공적으로 분리할 뿐만 아니라 균주 수집에 있어서도 이미 존재하는 균주를 확인하는 것이 중요하다. 자연 환경에서의 분리에 있어서 고려해야 할 몇 가지 중요한 요소는 낮은 pH의 배지에서 배양하는 것과 같이 관련 미생물들에 대해 생산균 세포들의 수를 늘리고, 그람양성, 가급적이면 유산균 그룹으로부터, 그리고 하나의 균주보다 더 많은 지표의 민감성 균주를 선택하고, 대조구로서 알려져 있는 생산 균주를 사용하고, 박테리오신 생산균와 다른 항균 화합물의 생산균에 의해 생성된 고체 배지 상에서 콜로니 주위의 생장 저해환(유기산에 대해 불투명환 형성과 반대로 박테리오신에 대해 투명환)을 인지하는 것이다.[9]

유산균의 박테리오신은 민감한 세포에 대해 살균작용이 있으며 사멸은 낮은 농도에서 매우 빠르게 발생한다. 일반적으로, 그람양성균들이 민감하고 스펙트럼(spectrum) 또는 범위가 매우 다양하다. 그람음성균 세포가 정상적으로 유산균의 박테리오신에 저항성을 가질지라도, 그들은 물리적, 화학적 스트레스에 의해 세포 표면의 지질다당류(lipopolysaccharide) 구조의 손상에 따라 민감해지게 된다. 많은 박테리오신은 소수의 관련 종과 균주에 대해 살균작용이 있지만 몇몇은 다른 종과 속의 여러 균주에 대해 효과적이다. 유산균 박테리오신의 일부 다른 일반적인 특징은 다음과 같이 그룹화될 수 있다:[9~12]

- 생산 균주는 자신의 박테리오신에 대해 면역성을 가지고 있지만 다른 박테리오신에 대해서는 민감하거나 저항성을 가질 수 있다(예: *Pediococcus acidilactici*가 생성하는 페디오신 AcH는 자신의 페디오신 AcH에 대해 면역성이 있지만 니신 A에 대해 민감하고 사카신 A에 저항성을 나타낸다).
- 균주는 하나 이상의 박테리오신을 생산할 수 있다(예: *Lactococcus lactis* 균주는 락토콕신 A, B, M을 생산한다); 같은 종의 많은 균주들은 같거나 다른 박테리오신들을 생산할 수 있다(예: 페디오신 AcH은 많은 *Pediococcus acidilactici* 균주에 의해 생산되지만 사카신 A와 사카신 P는 *Lactobacillus sake*의 다양한 균주들에 의해 생산된다).
- 다른 종과 속의 균주들은 같은 박테리오신들을 생산할 수 있다(예: 페이오신 AcH은 *Ped. acidilactici, Ped. pentosaceus, Ped. parvulus, Lactobacillus plantarum, Bacillus coagulans*에 의해 생성된다).
- 다른 아종의 균주들은 서로 다른 박테리오신을 생산할 수 있다(예: 다른 *Lactococcus lactis* ssp. *lactis*는 니신 A와 락티신 481을 생산한다).
- 어떤 속의 다른 종들은 서로 다른 박테리오신을 생산할 수 있다(예: 엔테로콕신 EFS2와 엔테로신 900은 *Enterococcus faecalis* 및 *Enterococcus faecium*에 의해 각각 생산된다).
- 같은 박테리오신의 자연적인 변종들은 다양한 균주들과 종들에 의해 생산될 수 있다(예: *Lactococcus lactis* 균주들의 니신 A와 Z; *Pediococcus acidilactici*와 *Bacillus coagulans*의 페디오신 AcH와 코아굴린).
- 그들의 아미노산 서열들이 결정되기 전에 다양하게 명명되었던 많은 박테리오신들은 동일할 수도 있다(예: *Pediococcus acidilactici* 균주의 페디오신 AcH와 페디오신 PA).[9,10]

17.4.2 박테리오신의 특성[10~16]

많은 수의 유산균 박테리오신의 분리가 대부분 문헌에 보고되어 왔음에도 불구하고 대부분의 아미노산 서열들이 결정되지 않았다. 현재, 아미노산 서열 연구들은 초반에 다르게 명명된 일부 박테리오신들이 같은 아미노산 서열을 갖는다는 것을 보여주었다. 일부 예를 들면 페디오신 AcH과 페디오신 PA-1, 쿠르바신 A와 사카신 A, 사카신 P와 바바리신 A이다. 일반적으로, 그들은 60개 이하의 아미노산으로 구성되어 있지만 그들의 살균작용 효과는 아미노산 분자 수와 관련이 없다. 그들은 양이온이며, 양전하는 낮은 pH에서 더 높다. 그들의 소수성 성질(hydrophobic nature) 때문에, 분자들이 특히 액체 상태와 높은 농도로 저장될 때 응집되는 경향이 있다. 살균작용 특성은 낮은 pH에서 더 높고 고온에서 비교적 안정하며 유기용매에 의해 영향을 받지 않는다. 높은 농도의 음이온은 경쟁적 배제에 의해 일부 양이온 박테리오신의 살균 효과를 줄일 수 있다. 다른 단백질 분해효소들은 이들 펩타이드를 가수분해할 수 있고 활성의 손실로 이어진다. 그들은 냉동 및 냉장 보관에서 매우 안정하지만, 메티오닌을 지닌 박테리오신은 메티오닌 설폭사이드(methionine sulfoxide)로 산화되어, 그 효력을 줄일 수 있다(예: 페디오신 AcH). 특히 이황화결합을 가지는 단량체는 결합교환(bond exchange)에 의해 이량체(dimer)와 삼량체(trimer)를 형성할 수 있지만 살균효과는 유지할 수 있다.

유산균 박테리오신은 해독 과정을 통해 매우 적은 구조변화를 겪기 때문에 리보솜에 의해 합성된 펩타이드로 특성화된다. 일반적으로, 해독된 분자는 N-말단 선도 펩타이드와 C-말단 프로박테리오신(C-terminal probacteriocin)을 포함하는 프리박테리오신(prebacteriocin)으로 지정된다. 선도 펩타이드가 막결합 ABC 수송체(ATP-binding cassette transporter)를 통해 세포질 바깥쪽으로 분자들을 운반하는 동안 제거된다; 엔도펩티다제(endopeptidase)로서 작용하는 ABC 수송체는 선도 펩타이드를 절단한다. 많은 박테리오신들이 하나의 펩타이드 사슬을 가지고 있지만, 일부는 두 개의 펩타이드 사슬을 가지고 있다. 선도 펩타이드의 기능은 ABC 수송체를 통해 분자 수송을 지시하는 것이다. 박테리오신 분자들이 환경에 방출되기만 하면 pH에 따라 그들은 세포 표면의 음이온 분자들과 결합한 채로 남아 있든지 아니면 환경으로 방출된다. 최근 연구들은 일부 박테리오신이 sec-의존 분비 시스템(sec-dependent secretory system)에 의해 수송될 수 있는 반면, 몇몇은 선도 서열을 가지고 있지 않다고 밝혔다.

박테리오신 분자들은 분자 구조에 근거하여 여러 그룹으로 세분화된다. 넓게는 란티오닌 고리(lanthionine ring)를 포함하는 클래스 I과 란티오닌을 가지고 있지 않은 클래스 II로 분류된다(**표 17.2**). 란티오닌 고리는 세포질에서 프리박테리오신의 해독 후, L-세린(serine)을 탈수소알라닌(dehydroalanine)으로, L-트레오닌(threonine)을 탈수소부티린(dehydrobutyrine)으로의 효소적 탈수작용에 의해 ABC 수송체를 통한 수송 및 티오에테르 고리의 형성 전에 형성된다(표 17.2, **그림 17.1**). 란티바이오틱스(lantibiotics)로서 지정되어 있는 이들 박테리오신들은 하나 이상의 티오에테르 고리(thioether ring)를 포함할 수 있다. 일반적으로, 살균 효과는 더 많은 티오에테르 고리를 포함하고 있는 란티바이오틱스에서 더 높다. 란티오닌이 없는 박테리오신들은 현재 다섯 하위 그룹을 포함하는 클래스 II로 그룹화되어 있다(표 17.2). 하위 그룹인 시스티바이오틱스(cystibiotics)는 현재 14개의 박테리오신이 있으며 산화된 환경(세포질 외부; 표 17.2)에서 하나 또는 두 개의 이황화 고리를 형성하는 2개 또는 4개의 시스테인을 가지고 있다. 2개의 이황화 고리를 가지는 시스티바이오틱스는 하나

표 17.2 유산균 박테리오신의 분류

그룹	구조적 근거	박테리오신 예	생성 균주
클래스 I: (란티오닌을 포함하는)	5개의 티오에테르 고리	니신 A	*Lactococcus lactis* ATCC 11454
란티바이오틱스	3개의 티오에테르 고리	락티신 481	*Lactococcus lactis* CNRZ481
	2개의 티오에테르 고리	락토신 S	*Lactobacillus sake* L45
클래스 II: (란티오닌이 없는)			
<10 kDa			
IIa: 시스티바이오틱스 (페디오신 같은)	2개의 이황화결합을 가지는 4개의 시스테인	페디오신 AcH	*Pediococcus acidilactici* H
	1개의 이황화결합을 가지는 2개의 시스테인	루코신 A	*Leuconostoc gelidum* UAL 187
IIb: 2개의 펩타이드[a]	2개의 개별 펩타이드	플란타리신 S	*Lactobacillus plantarum* LCP 010
II: 비하위 그룹	일부는 티올 그룹을 포함 (1개 또는 이상)	카르노박테리오신 A	*Carnobacterium piscicola* LV17A
II: 선도 펩타이드 없는[b]	프로박테리오신으로서 번역됨	엔테로신 L50	*Enterococcus faecium* L51
II: sec-의존성[c]	선도 펩타이드가 sec 분비 시스템을 인식	엔테로신 P31	*Enterococcus faecium* P13
클래스 III: 거대분자[d] (>30 kDa)	열에 불안정	헬베티신 J	*Lactobacillus helveticus* J

[a] 모든 다른 박테리오신은 하나의 펩타이드를 가진다.
[b] 모든 다른 박테리오신은 선도 펩타이드를 가진다.
[c] 모든 다른 박테리오신은 특정 ABC 수송체에 의해 수송된다.
[d] 모든 다른 박테리오신은 열에 안정하다.

의 이황화 고리를 가지고 있는 것보다 더 큰 살균효과가 있다(그림 17.1). 2개의 펩타이드(서로 아미노산 서열의 일부 유사점을 가지고 있는)를 가지고 있는 박테리오신은 완전한 살균작용 활성을 위해 두 개 펩타이드 모두를 필요로 한다. 그러나 각 펩타이드는 더 낮은 살균효과를 가진다. 클래스 II의 “비하위 그룹”의 박테리오신들은 어떠한 공통 특성을 가지고 있지 않다; 하지만 몇몇은 자유 티올 그룹을 가질 수 있다(그림 17.1). 이전에 설명한 것과 매우 다른 몇몇의 박테리오신들은 N-말단 지역에 어떤 선도 펩타이드 없이 프로박테리오신(주요 부분만)으로 해독된다. 마지막으로, 유산균의 여러 박테리오신은 다른 박테리오신의 ABC 수송체와 반대로 sec-의존 분비 메커니즘에 의해 분비된다고 밝혀졌다.

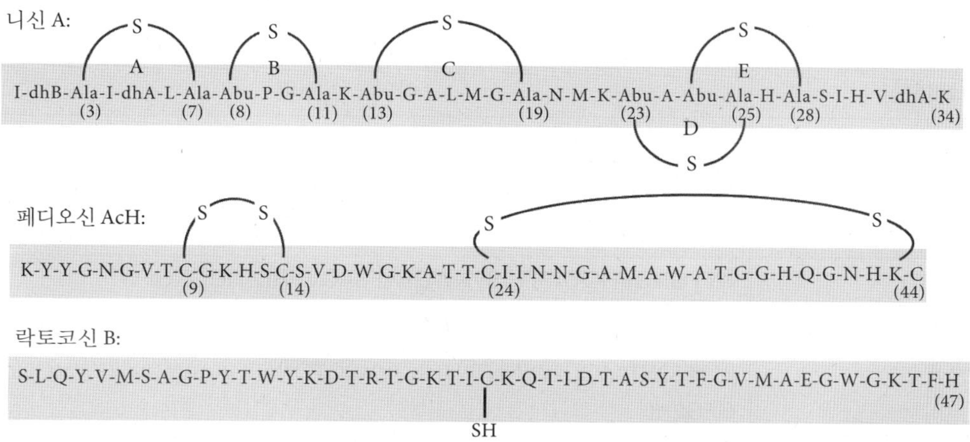

그림 17.1 세 가지 박테리오신의 서열. 니신의 서열에서는 A, B, C, D, E로 표시된 티오에테르 고리들, 그리고 다른 유산균의 박테리오신에서는 이황화결합들과 티올 그룹들을 보여준다. Abu, Aminobutyrate; dhA, dehydroalanine; dhB, didehydrobutyrine.

그룹 I과 그룹 II 박테리오신들 중에서 선도 펩타이드의 아미노산 서열을 비교에서 매우 적은 유사성을 나타냈다(**표 17.3**). 이것은 그룹 I 박테리오신들로 더 입증되어 있다. 하지만 일부 그룹 II의 박테리오신들은 선도 펩타이드(−1과 −2의 위치)의 C-말단 끝에 −G−G−를 가진다. 2개의 글리신(glycine)은 ABC 수송체의 엔도펩티다제 활성으로 프리박테리오신 분자로부터 선도 펩타이드를 제거하기 위한 인식 자리이다. 선도 펩타이드는 막에 있는 ABC 수송체 쪽으로 프리박테리오신 분자를 나아가도록 하기 때문에 그것은 선도 펩타이드의 특정 아미노산 서열이 환경으로 프로박테리오신의 가장 효율적인 수송(선도 펩타이드가 없는 프리박테리오신)을 위해 특정 ABC 수송체 시스템을 인식하는 것이 가능하다; 다른 박테리오신과 선도 펩타이드의 교환은 매우 효과적으로 기능하지 않을 수 있다. 란티바이오틱스의 프로박테리오신들(또는 박테리오신들)의 아미노산 서열은 매우 적은 유사성을 가진다(**표 17.4**). 대조적으로, 시스바이오틱스 하위 그룹의 박테리오신들은 여러 서열 상동성을 가진다.

표 17.3 유산균 박테리오신의 선도 펩타이드의 아미노산 서열

박테리오신	아미노산 서열
니신 A (23)	MSTKDFNLDLVSVSKKDSGASPR
락티신 481 (24)	MKEQNSFLLQEVTESELDLILGA
페디오신 AcH (18)	MKKIEKLTEKEMANIIGG
루코신 A (24)	MMNMKPTESYEQLDNSALEQVVGG
사카신 P (18)	MEKFIELSLKEVTAITGG
락토콕신 A (21)	MKNQLNFNIVSDEELSEANGG

주석: 괄호 안의 숫자들은 아미노산 수이다. 카르복시 말단(오른쪽)의 마지막 아미노산은 1로서 표기된다. 클래스 II 박테리오신은 −1과 −2의 위치에 GG를 가진다.

표 17.4 유산균 선별된 프로박테리오신들의 아미노산 서열

프로박테리오신	아미노산 서열
니신 A (34)	ITSISLCTPGCKTGALMGCNMKTATCHCSIHVSK
락티신 481 (27)	KGGSGVIHTISHECNMNSWQFVFTCCS
페디오신 AcH/PA-1 (44)	KY**YGNGV**TCGKHSCSVDWGKATTCIINNGAMAWATGGHQGNHKC
루코신 A (37)	KY**YGNGV**HCTKSGCSVNWGEAFSAGVHRLANGGNGFW
사카신 P (43)	KY**YGNGV**HCGKHSCTVDWGTAIGNIGNNAAANWATGGNAGWNK
락토콕신 A (55)	KLTFIQSTAAGDLYYNNTNTHKYVYQQTQNAFGAAANTIVNGWMGGAAG GFGLHH
비피도신 B (37)	KY**YGNGV**TCGLHDDCRVDRGKATCGIINNGGMWGDIG
카르노박테리오신 B2 (48)	VN**YGNGV**SCSKTKCSVNWGQAFQERYTAGINSFVSGVASGAGSIGRRP
바바리신 MN (42)	TKY**YGNGV**YCNSKKCWVDWGQAAGGIGQTVVXGWLGGAIPGK
플란타리신 423 (37)	KY**YGNGV**TCGKHSCSVNWGQAFSCSVSHLANFGHGKC

주석: 괄호 안의 숫자들은 아미노산 수이다. 왼쪽에서 처음 N-말단 아미노산은 +1로 표기된다. 시스티바이오틱스에서 Y G N G V와 시스테인들은 굵은 글씨로 나타냈다.

가장 중요한 것은 분자들의 N-말단 절반에 있는 -YGNGV- 서열인데 이것은 분자들의 살균 특성에 중요한 역할을 하는 것으로 알려져 있다. 또한 적어도 2개의 시스테인(cysteine)은 보통 2개의 이황화 결합을 형성하는 +9과 +14 위치에 있으며 살균작용 효과를 위해 중요하다. 여러 시스티바이오틱스(예: 페디오신 AcH나 PA-1, 엔테로신 A)에서 분자의 C-말단의 절반에 2개 이상의 시스테인 분자들이 있다(페디오신 AcH나 PA-1에 +24와 +44 위치에서); C-말단에서 여분의 이황화결합의 존재는 분자들을 N-말단 지역에서 하나의 이황화결합을 가지는 것보다 더 강력한 살균력을 갖도록 만든다(예: 루코신 A). 일반적으로, 박테리오신의 아미노산 서열은 분자에 알파나선 그리고 베타판 도메인의 형성을 결정하고 이것은 살균 효과를 위해 중요하다.

17.4.3 유전학과 유전자 구성

제한된 사용 가능한 정보는 유산균 프리박테리오신 분자를 암호화하는 구조 유전자가 생산 균주들의 플라스미드(예: 페디오신 ACH 또는 PA-1), 유전체(예: 사카신 P)에서, 또는 유전체 결합 트랜스포존(genome integrated transposon; 예: 니신 A)에 암호화될 수 있다는 것을 밝혔다. 플라스미드에 암호화된 박테리오신(plasmid-encoded bacteriocin)들과 함께 여러 변종들이 관찰된다: 단일 플라스미드는 오직 하나의 박테리오신(예: 페디오신 AcH나 PA-1)을 암호화하거나 하나 이상의 박테리오신(예: 락토콕신 A, B, M)을 암호화한다; 같은 박테리오신은 같은 종(예: *Lactococcus lactis*의 3개의 별도 균주의 락토콕신 A)이나 다른 종(예: *Pediococcus acidilactici*, *Pediococcus pentosaceus*, *Pediococcus parvulus*, *Lactobacillus plantarum*의 페디오신 AcH)에서 다른 크기의 플라스미드들이 암호화될 수 있다; 또는 하나 이상의 박테리오신을 생성하는 균주는 다른 플라스미드(예: 카르노박테리오신 A와 카

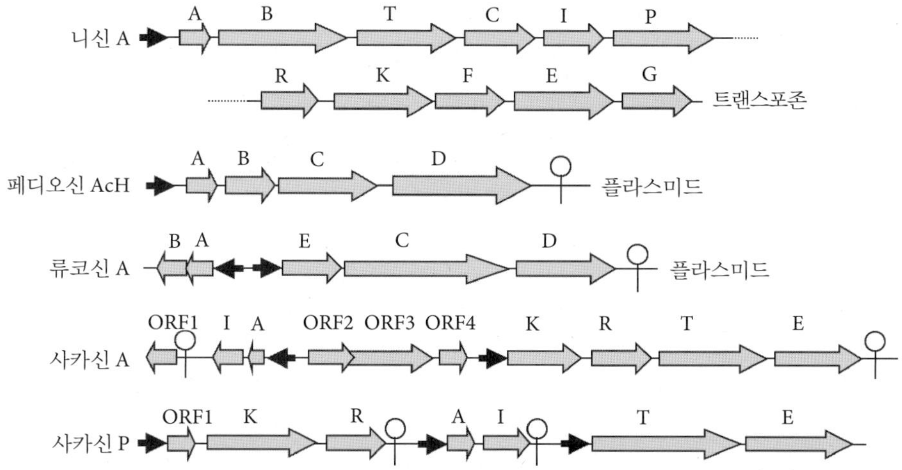

그림 17.2 여러 가지 잘 특성화된 박테리오신 유전자 클러스터의 구성. 구조 유전자는 음영 화살표로 나타냈고, 프로모터는 검은색 화살표 머리로, rho-독립 종결자는 막대 사탕 기호로 나타냈다. 알려지지 않은 기능 유전자는 ORF로 표기했다.

르노박테리오신 B1, B2는 *Carnobacterium piscicola* 균주의 2개의 플라스미드에 암호화된다)에 암호화될 수 있다.

박테리오신을 암호화하는 구조 유전자에 더하여 DNA(플라스미드나 유전체) 또한 그것의 생산과 관련된 여러 다른 유전자들을 암호화한다(**그림 17.2**). 그들 중 일부는 매우 간단한(예: 페디오신 AcH) 반면 다른 것들은 매우 복잡할(예: 니신 A) 수 있다. 유산균의 박테리오신 생산과 관련한 유전자의 구조에 많은 다른 차이점들이 있다. 유전자는 단일 오페론(예: 페디오신 AcH와 니신 A) 또는 하나 이상의 오페론(사카신 P)에 존재할 수 있고, 모든 유전자는 같은 방향(예: 사카신 P) 또는 반대 방향(예: 루코신 A)으로 배열된다. 일부에서, 한 개나 그 이상의 유전자들이 중첩될 수 있다(예: 니신 A, 루코신 A). 페디오신 AcH나 PA-1 생성을 위해 관찰된 것과 같은 가장 간단한 형태의 유전자 구성은 오페론을 구성하고 있고 프로모터가 상부 쪽에 위치되어 있으며 4개의 단백질을 암호화하는 4개의 유전자를 가진다: 프리페디오신을 위한 *papA* 또는 *pedA*; 면역 단백질을 위한 *papB* 또는 *pedB*(PapB나 PedB는 페디오신에 대항한 면역성을 준다); 헬퍼(helper) 단백질을 위한 *papC* 또는 *pedC*(PapC나 PedC는 페디오신의 효율적인 수송을 위해 필요하다); 그리고 *papD* 또는 *pedD*(ABC 수송체 단백질을 위한 PapD 또는 PedD). 거의 유사한 유전자 발현이 2개의 프로모터(promoter)를 가지지만 루코신 A 생성에 참여한다. 니신 A 생성에서 유전적 발현은 상당히 다르다. 11개의 유전자, *nisABTCIP-RKFEG*는 프로모터가 상부에 위치하고 프리니신(prenisin)을 암호화하는 *nisA*를 가지는 오페론에 존재한다(그림 17.2). 다른 유전자들로부터 다른 단백질의 기능들은 다음과 같다: NisB와 NisC는 탈수소알라닌, 탈수소부티린, 티오에테르 고리의 형성을 위한 세린과 트레오닌의 가수분해에 관여한다; NisT는 니신의 수송에 관여하는 ABC 수송체이다; NisI는 니신에 생산자 세포의 면역력을 책임진다; NisP는 NisT에 의해 그것의 수송에 따라 프리니신으로부터 선도 펩타이드를 제거한다; NisR와 NisK

는 조절 단백질(regulatory protein)이고 nis-오페론의 전사를 조절한다; 그리고 NisE, NisF, NisG는 숙주의 니신에 대항하여 생산자 세포들에 부수적인 보호를 제공한다. 조절 단백질의 유사한 유전자들은 사카신 P와 같은 다른 박테리오신 오페론에서 발견된다.

전사, 해독, 구조 변형(modification) 및 분비를 포함하는 박테리오신의 생합성은 조화로운 방식으로 일어난다. 페디오신 AcH 또는 PA-1 그리고 유사한 박테리오신들에서 아마 단일 전령 RNA (mRNA)는 모두 4개의 유전자를 위해 생성되며 그리고 나서 4개의 별도 단백질로 해독된다(그림 17.2). 62개 아미노산의 프리페디오신(prepediocin)이 세포질에서 해독되자마자 선도 펩타이드는 Pap나 PedD(ABC 수송체) 그리고 C(헬퍼)의 도움으로 세포 밖으로 분자를 수송하도록 이끈다. 수송하는 동안 단백질 D의 촉매 자리는 프리페디오신의 −1과 −2의 위치에서 -G-G-를 인식하고 선도 펩타이드(18개 아미노산)를 제거한다; 수송체는 그리고 나서 환경에 44개 아미노산의 페디오신을 분비한다. 산화된 환경에서 4개의 시스테인 분자는, 하나는 +9와 +14 위치에서, 그리고 또 다른 것은 +24와 +44 위치에서 2개의 이황화결합을 형성한다. 생산세포에서 면역 단백질 Pap나 PedB의 위치와 메커니즘은 알려져 있지 않다. 니신 A의 생산에서, 처음에 단백질 NisR과 NisK는 아마 단일 mRNA를 생산하기 위해 묶음 형태로 전사를 유도하고 나서 11개의 별도 단백질로 번역된다. NisB는 세린과 트레오닌을 탈수하여 그들 각자의 탈수소아미노산을 만들고 NisB과 함께 NisC는 탈수소아미노산이 분자 내의 시스테인 잔기와 티오에테르 고리를 형성할 수 있게 한다. 변형된 분자는 그런 다음 NisT에 의해 막을 통해 전위되고 NisP는 14개 아미노산의 선도 펩타이드를 제거하여 34개 아미노산의 니신을 세포 밖으로 방출한다. NisE, NisF, 그리고 NisG는 니신에 대항하여 생산세포의 추가적인 보호 기능을 제공한다.

17.4.4 작용 방식[10~17]

유산균의 박테리오신들은 매우 빠르게 민감한 세균세포를 죽이며 낮은 농도에서 매우 강력하다 [*Listeria monocytogenes*에 대한 페디오신 AcH의 최소저해농도(minimum inhibitory concentration, MIC)는 ~0.01 μg/ml]. 그들의 항균작용은 다음과 같이 요약될 수 있다:

1. 그들은 민감한 그람양성균(예: 니신과 페디오신은 루코신이나 사카신보다 더 광범위한 스펙트럼을 가진다)에 대한 항균 활성 스펙트럼에 있어서 매우 다양하다.
2. 민감한 균주에 대한 그들의 상대역가(MIC)는 매우 다양하다(예: 페디오신은 *Listeria monocytogenes*에 대해 루코신보다 더 강력하다).
3. 박테리오신의 살균 효율은 세제(detergent)의 존재에서, 산성 pH 및 더 높은 온도에서, 그리고 기하급수적으로 생장하는 세포에 대항하여 증가한다.
4. 가장 민감한 균주의 개체군에서도 박테리오신에 저항성을 가지는 변형 세포들이 있지만 이들 특성은 안정적이지 않으며 박테리오신이 없기 때문에 그들은 다시 민감해지게 된다.
5. 하나의 박테리오신에 저항성을 가지는 민감한 균주는 두 번째 박테리오신에 민감할 수 있다.
6. 물리적 또는 화학적 스트레스에 의해 손상된 그람음성 및 저항성 그람양성균은 박테리오신에 민감해지게 된다.

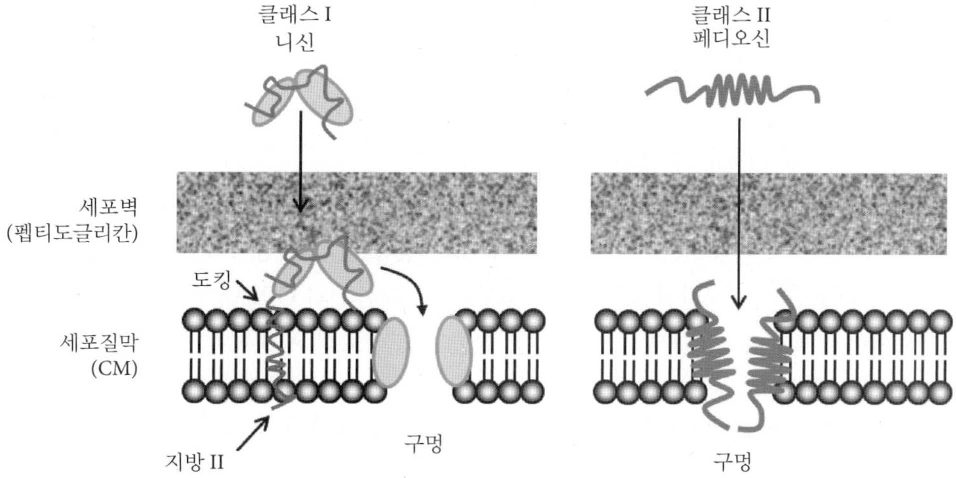

그림 17.3 박테리아 세포에서 클래스 I(니신)과 클래스 II(페디오신)의 작용 방식. (도식화된 주제는 Cotter, P.D. et al., *Nat. Rev. Microbiol.*, *3*, 777–788, 2005에 기초하여 재구성했음.)

7. 민감한 세균의 세균성 포자들은 박테리오신에 저항성이 있지만 발아와 성장에 따라 민감해지게 된다.

민감한 세균세포에 대한 박테리오신의 살균 효과는 주로 세포질막 기능의 불안정화에 의해 생성된다(**그림 17.3**). 일반적으로 박테리오신 분자들이 처음에 막 표면에 흡수되어 일시적인 구멍(pore)을 형성하여 막 쪽으로 pH 구배와 마찬가지로 수소이온 구동력의 손실로 이어진다고 현재 받아들여진다. 이것은 작은 영양소 분자의 누출을 일으킬 뿐만 아니라 영양소의 수송과 ATP의 합성에 영향을 주는 막의 투과성을 바꾼다. 이들 변화는 결국 세포 생존력을 잃게 만들 수 있다. 게다가, 일부 박테리오신은 민감한 세포의 용해를 일으킬 수 있다. 이들 변화에 의한 정확한 메커니즘은 박테리오신들과 약간 차이가 있으며 두 가지 예로서 니신 A과 페디오신 AcH 또는 PA-1을 사용함으로써 여기에 설명된다. 니신의 경우, 여러 분자가 처음에 세포벽의 지질 II에 결합(도킹)한다(그림 17.3). 이는 이후 분자들이 막과 접촉하도록 도움을 주고 구멍 형성으로 이어진다. 니신에 의한 구멍 형성은 막의 내, 외부 사이의 전압 차이를 필요로 한다. 따라서 니신은 목적 집단의 휴지세포(resting cell)와 반대로 생장세포에 대해 더 강력하다. 대조적으로, 페디오신의 작용은 막 전압 차이에 의존하지 않으며 그래서 생장과 휴지세포, 모두에 대해 효과적이다. 페디오신은 또한 목적 세포의 세포질막에 구멍을 형성한다. 분자들이 막과 접촉하게 되면 그들의 임의의 형태가 정확한 구조로 변한다. 그리고 나서 여러 분자는 하나의 묶음으로 조립하고 막에 있는 구멍 형성으로 이어진다.

17.4.5 생명공학 조작 박테리오신[14,18]

식품 보존제로 사용되는 박테리오신은 항균 활성 스펙트럼이 좁고 용해도와 안정성이 낮고 장내 효소에 대한 내성 때문에 때때로 제한적이다. 아미노산 잔기의 돌연변이 또는 치환과 같은 생명공학을 통한 박테리오신의 변형은 박테리오신 기능을 개선하기 위해 시도되었다. 예를 들어, 니신의 고리 A에 있는 아미노산의 돌연변이(그림 17.1)는 항균 스펙트럼을 향상시켰다. 마찬가지로, 니신 생산 균주의 부위 지정 돌연변이 유발(site-directed mutagenesis)은 *Listeria monocytogenes* 및 *Staphylococcus aureus*에 대한 항균 활성을 증가시켰다. 니신 Z의 용해도는 위치 27의 아스파라긴과 위치 31의 히스티딘을 라이신 잔기로 치환함으로써 개선되었다. 키모트립신(chymotrypsin)에 대한 *Escherichia coli*에 의해 생성된 마이크로신(microcin) J25의 민감도는 항균 활성에 영향을 미치지 않으면서 12번 위치의 글리신을 티로신으로 치환함으로써 달성되었다. 사카신 P의 C-말단에 이황화 다리를 도입하면 항균 스펙트럼이 넓어졌다. 페디오신의 C-말단 절반과 엔테로신 A의 N-말단 절반으로 구성된 키메라 박테리오신은 유제품 부패 박테리아인 *Leuconostoc lactis*에 대해 향상된 항균 활성을 보였다. 식품 보존 중 항균 스펙트럼과 안정성을 향상시키기 위해 생명공학을 통해 바람직한 박테리오신을 개발하기 위해서는 지속적인 노력이 필요하다.

17.4.6 생산과 정제

유산균에서 박테리오신의 생산은 세포 질량(cell mass)에 직접적으로 관련되어 있다. 일반적으로 더 많은 박테리오신 분자들을 생산하는 데 있어 매개변수는 더 많은 세포 질량이다. 매개변수는 영양 구성, 초기 및 말기의 pH와 배지의 O-R 퍼텐셜, 배양 온도 및 시간을 포함한다. 유사한 조건에서 생장하는 균종의 종과 균주는 박테리오신 생산의 양에 있어 크게 다르다. 일반적으로, 니신 A 또는 페디오신 AcH의 생산은 루코신 또는 사카신 A보다 훨씬 높다. 영양적으로 풍부한 배지는 많은 박테리오신 생산에 항상 좋으며 제어된 말기 pH 하에서 발효조에서 균주들의 생장은 더 많은 박테리오신을 생산한다. 예를 들어, 니신 A 생산은 pH 6.0에서 훨씬 더 높지만, 페디오신 AcH 생산은 더 낮은 말기 pH 3.6에서 훨씬 더 높다. 높은 수율의 박테리오신을 얻기 위해 알려지지 않은 균주에 대한 생장과 박테리오신 생성의 최적 한도를 결정하는 것이 중요하다.

생산 균주에 의한 분비 후에 박테리오신 분자들은 환경의 pH에 의존하여 세포 표면에 흡수되든지 아니면 배지에 자유롭게 남아 있다. 더 많은 분자들은 pH 1.5~2.0에서 환경에 자유롭게 남아 있는 반면, pH 6.0~7.0에서 그들은 세포 표면에 결합한 채로 남아 있다. 생산 균주의 세포 표면에 이런 pH 의존 흡착-탈착 박테리오신에 근거하여 많은 양의 박테리오신 분자들을 정제하기 위해 보다 효율적이고 쉬운 방법이 개발되어 왔다. 두 번째 방법은 황산암모늄(ammonium sulfate)에 의한 분자들의 침전 후 단계적인 겔 여과(gel filtration) 방식이다. 이것은 매우 순도 높은 정제 방식이지만 양이 적다.

17.4.7 응용[8~11,15,18]

식품등급 유산균의 박테리오신들은 안전한 식품 보존제로 여겨졌고 민감한 그람양성 식품부패균 및 식중독균을 죽이는 데 사용하기 위한 잠재력을 지닌다. 박테리오신 중에서 니신만이 일부 식품에 대한 규제 승인을 받았다. 1969년 FAO/WHO 식품 첨가물 합동 전문가 위원회는 니신의 사용을 승인하고 식품 첨가물 번호 234를 부여했다. 미국 FDA는 니신 GRAS 상태를 부여하고 니신을 2.94 mg/day에서 인간이 섭취하기에 안전하다고 보고하였고 조리된 육류 및 가금류 제품(FDA GRAS 고시

표 17.5 냉장 진공 포장 가공육에서 식품 부패와 식중독 박테리아의 생존력과 성장 감소

제품[a]	테스트 세균	처리	4°C 저장 후 Log_{10} CFU/g		
			1일	2~4주	6주
핫도그	*Leuconostoc mesenteroides*	대조구	3.5	4.8	6.6
		처리구	1.0	<1.0[b]	<1.0
	Lactobacillus viridescens	대조구	2.7	6.8	7.8
		처리구	<1.0	<1.0	<1.0
	Listeria monocytogenes	대조구	3.4	NT	5.4
		처리구	<1.0	<1.0	<1.0
소고기 구이	*Listeria monocytogenes*	대조구	3.5	5.4	6.9
		처리구	<1.0	<1.0	<1.0
	Salmonella Typhimurium	대조구	2.7	2.5	1.7
		처리구	2.3	1.8	<1.0
	Escherichia coli O157:H7	대조구	3.2	3.0	2.5
		처리구	1.4	<1.0	<1.0
칠면조 소시지	*Leuconostoc mesenteroides*	대조구	3.8	4.1	4.3
		처리구	3.4	1.8	1.5
햄	*Listeria monocytogenes*	대조구	2.9	3.2	5.4
		처리구	<1.0	<1.0	1.8

[a] 가공 제품들은 진공포장되었고 시험균주 세포들과 박테리오신 혼합물(1% 젖산과 5,000 활성 units/g에 페디오신 + 니신 = 1:1)을 접종했다. 제품은 4°C에서 저장되었고 적절한 고체배지에서 생존균을 측정했다.

[b] 두 시료는 각 시험에 사용되었고 평균 결과들이 표시되었다. 집락형성이 없다는 것을 의미하는 <1.0은 제품의 0.4 g에 상응하는 것으로부터 얻어졌다.

번호 GRN 000065)에서는 5.5 mg 니신/kg의 사용을 승인했다. 손상된 그람음성균을 포함할 수 있는 식품에서 박테리오신을 사용하여 효과적으로 죽일 수도 있다. 2개 이상의 적절한 조합(예: 니신과 페디오신을 함께)은 최소 열처리 식품에 사용할 때 더 효과적이다. **표 17.5**는 냉장 보관 중 가공육 제품의 병원성 및 부패 박테리아에 대한 니신 및 페디오신 함유 제제의 효과를 보여준다. 결과는 박테리오신 제제가 4°C에서 6주간의 보관 기간 동안 그람양성 부패(*Leu. mesenteroides*) 및 병원성(*Lis. monocytogenes*) 박테리아뿐만 아니라 그람음성 병원체(*Salmonella* 및 *Esc. coli* O15:H7)를 효과적으로 감소시켰음을 보여준다. 산, 염분, 향신료 추출물, 고압 또는 기타 박테리오신과 같은 다른 항균제와 조합하여 식품에서 그람양성 및 그람음성 식품매개 병원체를 제어하는 데 있어 상승 효과가 있는지에 대해 박테리오신이 조사되었다(**표 17.6**). 유산균의 박테리오신을 보존제로 효과적으로 사용할 수 있는 식품이 많이 있다(표 17.5).

박테리오신은 현재 항생제 대용으로 치료 용도로 평가되고 있으며 몇 가지 유망한 결과를 보여주고 있다.[14,15] 박테리오신 생성 프로바이오틱스의 사용은 위장관에 군집을 형성하고 병원체를 비활성

표 17.6 병원체 불활성화를 위해 다른 장애물과 함께 사용되는 박테리오신

박테리오신	항균제	목적 병원균
다이버지신(Divergicin)	키토산	*Listeria monocytogenes*
엔테로신(Enterocin)	NaCl(6 또는 7%)	*Staphylococcus aureus*
엔테로신	아질산염(nitrite) 150 ppm	*Bacillus cereus*
엔테로신	젖산 나트륨	*Bacillus cereus*
엔테로신	트리폴리 인산소다	*Escherichia coli* O157:H7
엔테로신	향신료 추출물	*Listeria monocytogenes*
락티신(Lacticin)	구연산나트륨 또는 젖산나트륨	*Clostridium perfringens*
락티신	압력(250 MPa)	*Listeria innocua*
니신(Nisin)	젖산나트륨	*Listeria monocytogenes*, *Salmonella*
니신	EDTA	*Escherichia coli* *Salmonella* *Listeria monocytogenes*
니신	향신료 추출물	*Listeria monocytogenes* *Escherichia coli* O157:H7 *Salmonella enterica*
니신	페디오신	*Bacillus spores*
니신	락토퍼록시다제	*Listeria monocytogenes*
니신	쿠르바타신(Curvatacin)	*Listeria monocytogenes*
니신	라이소자임	*Staphylococcus aureus*
니신	압력 (500 MPa)	*Escherichia coli* *Listeria innocua* *Salmonella*
니신	락토퍼록시다제	*Listeria monocytogenes*
니신	쿠르바타신	*Listeria monocytogenes*
니신	라이소자임	*Staphylococcus aureus*
니신	고압(500 MPa)	*Escherichia coli* *Listeria innocua* *Salmonella*
니신	고강도 펄스 전기장 (800~1200 μs)	*Staphylococcus aureus*
니신	디아세틸(2.5 mM/L)	*Cronobacter sakazakii*
페디오신(Pediocin)	고압(345~400 MPa)	*Listeria monocytogenes* *Salmonella enterica*
페디오신	젖산나트륨 또는 소르빈산 칼륨 또는 피틴산(phytic acid) 또는 구연산	*Listeria monocytogenes*

출처: Mills, S. 등, *Ann. Rev. Food Sci. Technol.*, *2*, 299–329, 2011에서 인용 및 편집.

화하기 위해 박테리오신을 분비하는 능력을 위한 예방책으로서 바람직하다. 그러나 치료 용도의 경우 정제된 박테리오신은 일부 박테리오신이 생체 내 환경에서 불안정하기 때문에 혼합 결과를 나타냈다. 예를 들어, 정제된 페디오신을 실험 동물에게 먹이는 것은 장내 항상성을 유지하는 역할을 하는 장내 마이크로바이옴의 구성에 영향을 미치지 않은 반면, 니신은 마이크로바이옴 구성에 영향을 미쳤다. 정제된 페디오신을 위장에 투여하는 것은 마우스 모델에서 *Listeria monocytogenes* 감염을 줄이는 데 효과적이었다. 마찬가지로, 피시콜린(piscicolin)의 정맥 주사도 *Listeria monocytogenes* 수를 감소시켰으나, 장기간 보호는 관찰되지 않았다. 따라서 박테리오신을 사용하기 전에 그 유효성과 안전성에 대한 추가적인 연구가 철저히 이루어져야 한다. 마지막으로, 식품 보존제 및 치료제로 사용되기 전에 규제 기관의 승인이 필요하다.

17.5 박테리오신의 캡슐화 및 전달[19~23]

일반적으로 박테리오신은 미생물 효소, pH 이동(중성 또는 알칼리성 pH로), 염분 및 기타 식품 성분을 포함한 식품 환경에 매우 취약하다. 따라서 제품의 유통 기한이 만료되기 전에 적어도 일정 기간 동안 식품 내 박테리오신의 활성을 보존하는 기술 개발이 필수적이다. 과학자들은 다양한 식품에 박테리오신을 포함하여 항균성 펩타이드를 효과적으로 전달하기 위해 수많은 전략을 사용했다. 예를 들어, 박테리오신은 일정 기간 동안 활성 및 제어 방출을 유지하기 위해 거대 구조 또는 나노 구조에 캡슐화했다. 이러한 전략의 주요 이점은 다량의 항균제 투여, 식품 시스템으로의 균일한 분산, 미생물에 대한 접근성, 더 작은 크기로 인해 증가된 상호작용 및 미생물 부착, 식품 환경으로부터의 보호 및 활성 분자의 제어 방출을 포함한다. 일부 선택된 캡슐화 방법은 아래에 간략하게 논의한다.

17.6 식품 포장[20]

합성 고분자는 포장재로 널리 사용되며, 최근에는 높은 투습도, 환경 문제, 활성 성분을 포함할 수 있는 가능성 때문에 바이오폴리머가 사용되고 있다. 생체 고분자는 탄수화물, 단백질, 지질 및 복합 재료를 포함한 천연 재료로 만들어진다. 나노 기술의 발전은 또한 활성 포장과 같이 기능이 향상된 포장 재료를 개발하는 데 도움이 되었다. 활성 포장은 포장 재료와 식품의 직접적인 상호작용으로 인해 내부 환경을 변화할 수 있도록 하는 능력으로 인해 산업 트렌드가 되었다. 이를 통해 외관이 신선하고 유통기한이 연장된 고품질 제품을 생산할 수 있다. 식품 표면의 미생물을 제어하기 위해 포장 재료(생체 활성 포장)에 니신과 같은 항균 화합물을 통합하면 안전성이 향상되고 유통 기한이 연장될 수 있다. 활성 포장의 또 다른 중요한 특성은 활성 화합물을 장기간 제어하거나 느리게 방출하도록 제작할 수 있다는 것이다. 이것은 박테리아 성장 속도를 늦추어 인간이 섭취하기에 안전하도록 만든다.

17.7 리포솜[19]

리포솜은 수용액상 매체를 포함하는 인지질 이중층으로 구성된 소포이다. 그들은 20 nm에서 1 μm까지 다양한 크기를 가진 다중층 또는 단일층 소포로 만들어진다. 인지질(포스파티딜 콜린 또는 포스

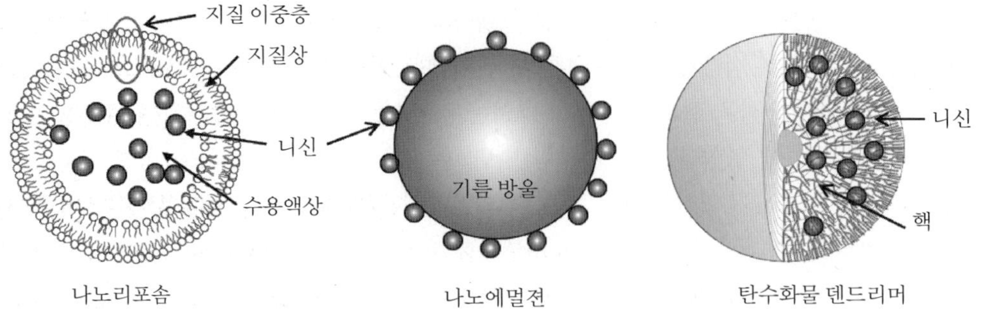

그림 17.4 (컬러 삽입을 보라.) 박테리오신(니신) 전달에 사용되는 나노구조 개략도. 탄수화물 덴드리머 구조는 Dr. Yuan Yao(퍼듀대학)가 제공했다. (Bi, L. 등, *J. Control. Release*, *150*, 150–156, 2011.)

파티딜 글리세롤)의 극성 머리 부분은 수용액상에 노출되고 소수성 탄화수소 꼬리는 서로 마주하게 되어 소포를 형성한다(**그림 17.4**). 리포솜은 친유성 및 친수성 기능 성분을 모두 캡슐화할 수 있으며 식품 산업에서 비타민, 효소, 항산화제, 기능식품 및 향료의 전달 수단으로 널리 사용된다. 리포솜은 니신 및 페디오신과 같은 박테리오신을 캡슐화하는 데 사용되었다. 니신이 식품 보존제로 승인된 유일한 박테리오신이기 때문에 대부분의 연구에서 니신을 캡슐화에 사용했다. 니신이 정전기적 상호작용을 통해 인지질과 상호작용하는 박막 수화법에 의해 니신을 리포솜으로 캡슐화한다.

17.8 나노캡슐[21~23]

나노캡슐화는 식품 보존 및 제약 응용을 위한 박테리오신을 포함하여 항균 펩타이드의 전달을 위한 매력적인 전략이 되고 있다. 나노 구조는 일반적으로 1 nm~100 nm 범위에 속한다. 그러나 기능적 분자 통합 후 크기가 증가할 수 있다(<500 nm). 나노구조의 광학적 특성, 촉매적 특성, 숙주 조직 및 음식과의 상호작용과 같은 물리화학적 특성은 커다란 물질과 크게 다르다. 식품 적용을 위한 항균제의 캡슐화 및 전달을 위해 나노리포좀, 나노에멀젼, 지질 나노소포, 나노섬유, 탄수화물 덴드리머 및 자가 조립 펩타이드와 같은 여러 나노 캡슐화 전략이 개발되었다(그림 17.4). 또한 은, 아연 및 금을 사용하는 나노 구조는 다른 응용 분야에서 항균 펩타이드를 운반하는 데 사용되었다. 나노에멀젼은 표면에 니신, 라이소자임 등을 전달하는 데 사용되었다. 그것은 물방울의 형태로 준비되는 기름과 물과 같은 두 개의 섞이지 않는 액체로 구성된다. 유사하게, 지질을 이용하여 고체 지질 나노입자(solid lipid nanoparticle, SLN~140 nm)를 생성하고, 20일 동안 니신 활성을 유지할 수 있었다. 탄수화물 나노입자(60~90 nm)는 옥수수의 식물성 글리코겐을 사용하여 제조되었으며, 이는 니신을 운반하는 덴드리머 구조를 생성하도록 화학적으로 변형되었다. 니신 투여 덴드리머는 40일 동안 니신의 활성을 유지했고 모델 식품 시스템에서 *Listeria monocytogenes*를 효과적으로 비활성화했다.[23] 나노섬유는 *N,N*-디메틸포름아미드에 용해된 다중젖산염(D,L-lactide) 및 폴리에틸렌 옥사이드로 만들어지며 여러 박테리오신의 전달에 사용된다.

17.9 나노기술의 안전 문제[20,24]

대량의 재료와 비교하여 변할 수 있는 공학적으로 조작된 나노재료(engineered nanomaterial, ENM)의 물리화학적 특성에는 광학 특성, 촉매 활성, 표면 특성, 기계적 강도, 안정성 증가, 반응성 변경, 개선된 기능 및 흡착 가능성이 있다. 따라서 장기 및 조직에 대한 인체 전신의 생체 이용률이 증가할 가능성이 있다. 또한 용해도 및 생물 지속성은 다른 문제이다. 식품에 나노기술을 적용하는 것은 불확실성과 미지, 독성학적 데이터의 부족에 초점을 맞추었다. 식품 응용(캡슐화)에 사용되는 많은 생체 재료가 GRAS 목록에 있지만 이러한 분자의 화학적 또는 물리적 변형은 물리화학적 특성이 변할 수 있다. 따라서 식품을 사용하기 전에 안전 측면을 철저히 검사해야 한다. 최근 유럽 과학자들은 체계적인 단계별 접근 방식을 사용하여 식품에서 ENM의 안전성을 평가하기 위한 상세한 지침을 개발했다. 이것은 5가지 주요 단계로 나뉜다.[24] (1) ENM에 주어지는 대량 재료의 특성화; (2) ENM의 물리화학적 성질의 특성화; (3) 집중적인 독성 평가가 필요한 ENM의 식별; (4) 독성학적 평가(흡착, 조직 및 기관으로의 분포, 대사 및 배설, 세포 상호작용, 즉, 세포독성, 염증, 산화 스트레스 및 유전독성); 및 (5) 의도한 식품 매트릭스에 사용된 ENM의 안전성 평가.

17.10 보존제로서의 효모 대사산물

Saccharomyces cerevisiae 균주를 포함한 특정 효모는 제한된 항균 특성을 가진 여러 단백질을 생산한다.[25] 이러한 단백질(킬러 독소 또는 자이모신으로 지정)은 유전자 조작을 통해 특히 진균에 대해 더 넓은 항균 스펙트럼을 갖도록 변경될 수 있다. 그러나 현재 이 분야에서 수행되고 있는 연구는 거의 없다. 과일과 채소의 표면에 일반적으로 존재하는 여러 효모 분리물은 곰팡이에 의한 농산물의 부패를 방지하는 것으로 보고되었다. 억제 화합물 중 일부는 작은 단백질이고 다른 일부는 효소이다. 이러한 분리 효모의 세포는 곰팡이 균사체에 단단히 부착되어 곰팡이의 세포벽을 분해하고 죽이는 β-글루코나아제를 생성하는 것으로 밝혀졌다. 이러한 효모의 대부분은 일반적으로 날것으로 먹는 과일 및 채소에 존재하기 때문에 병원성으로 간주되지 않으므로 과일 및 채소의 보존을 향상시키기 위해 살균제 대신 사용할 수 있다.[26]

17.11 결론

식품 등급의 박테리아와 효모는 유기산, 디아세틸, H_2O_2, 루테린, 박테리오신 및 효소와 같은 다양한 항균 화합물을 생산하며, 이는 식품부패 및 식품매개 질병과 관련된 미생물에 대해 정균, 살균, 진균 살균 작용을 한다. 그들은 항균 작용 방식이 다르다. 안전한 미생물이기 때문에 식품 보존제로 사용할 수 있다. 일부는 현재 제한된 방식으로 사용되지만 다른 것들이 식품에 사용되려면 규제 기관의 승인이 필요하다.

학습문제

1. 다양한 종균에 의해 생성되는 항균 화합물을 열거하시오.
2. 종균에 의해 생성되는 유기산의 항균작용 기작을 논하시오. pH 6.0에서, 왜 프로피온산과 초산이 젖산보다 더 항균성이 있는가? 식품 보존에 이들 산을 사용하는 장점들을 열거하시오.
3. 디아세틸의 항균작용 기작과 왜 식품 보존제로서 제한적으로 사용되는지를 설명하시오.
4. 어떤 조건 하에서 일부 유산균이 식품 시스템에서 다른 미생물들을 억제하기 위해 충분한 양의 과산화수소를 발생할 수 있는가? 식품에 과산화수소를 사용하는데 있어 몇 가지 단점은 무엇인가?
5. *Pseudomonas* 종과 같은 저온세균을 억제하기 위해 원유에 소량의 과산화수소를 사용하는 데 있어 이점을 논하시오. 이 우유를 저온 살균하기 전에 수행되어야 할 필요가 있는 것은 무엇인가?
6. 유산균의 박테리오신을 정의하고 그들의 4가지 일반적인 특성을 열거하시오.
7. 박테리오신들은 어떻게 그룹화되는가? 각 그룹의 한 가지 예를 들어보시오.
8. 박테리오신의 구조와 관련된 프리펩타이드, 프로펩타이드, 선도펩타이드, 티오에테르 고리, 이황화결합, 티올 그룹에 대한 용어를 정의하시오.
9. 시스티바이오틱스의 아미노산 서열에서 살균 성질과 관련하여 두 가지 중요한 유사성을 열거하시오.
10. 유산균의 플라스미드-암호화된 박테리오신들의 3가지 특징을 열거하시오.
11. 유산균의 박테리오신 생성과 관련된 유전자 구조에 있어 차이점들을 간단히 열거하시오.
12. 예로서 페디오신 AcH 또는 니신 A 중 하나를 사용하여 활성 분자의 생성에 있어 유전자들의 기능을 간단히 설명하시오.
13. 유산균 중 생산 균주의 박테리오신 생성이 향상될 수 있는 방법을 간단히 논하시오.
14. 식품 보존제로서 유산균 박테리오신들의 5가지 잠재적인 응용들을 열거하시오.
15. (a) 박테리오신의 잠재적인 치료 용도와 (b) 식품을 보존하기 위한 효모의 항균 특성들의 이용을 간단히 설명하시오.
16. 박테리오신의 기능을 향상시키기 위해 어떤 전략이 사용되는가? 예를 들어 보시오.
17. 나노캡슐화 기술을 정의하시오. 박테리오신 전달에 나노캡슐화를 사용하면 어떤 이점이 있는가?

참고문헌

1. Ray, B., Cells of lactic acid bacteria as food biopreservatives. In *Food Biopreservatives of Microbial Origin*, Ray, B. and Daeschel, M.A., Eds., CRC Press, Boca Raton, FL, 1992, p. 81.
2. Pawlowska, A.M., Zannini, E., Coffey, A., and Arendt, E.K., "Green preservatives": Combating fungi in the food and feed industry by applying antifungal lactic acid bacteria, *Adv. Food Nutr. Res.*, *66*, 217–238, 2012.
3. Ray, B. and Sandine, W.E., Acetic, propionic and lactic acids of starter culture bacteria as biopreservatives. In *Food Biopreservatives of Microbial Origin*, Ray, B. and Daeschel, M.A., Eds., CRC Press, Boca

Raton, FL, 1992, p. 103.
4. Baird-Parker, A.C., Organic acids. In *Microbial Ecology of Foods*, Vol. 1, Silliker, J.H., Ed., Academic Press, New York, 1980, p. 126.
5. Ray, B., Diacetyl of lactic acid bacteria as a food biopreservative. In *Food Biopreservatives of Microbial Origin*, Ray, B. and Daeschel, M.A., Eds., CRC Press, Boca Raton, FL, 1992, p. 137.
6. Daeschel, M.A. and Penner, M.H., Hydrogen peroxide, lactoperoxide systems, and reuterine. In *Food Biopreservatives of Microbial Origin*, Ray, B. and Daeschel, M.A., Eds., CRC Press, Boca Raton, FL, 1992, p. 155.
7. Seifu, E., Buys, E.M., and Donkin, E.F., Significance of the lactoperoxidase system in the dairy industry and its potential applications: A review, *Trends Food Sci. Technol.*, *16*, 137–154, 2005.
8. Juneja, V.K., Dwivedi, H.P., and Yan, X., Novel natural food antimicrobials, *Annu. Rev. Food Sci. Technol.*, *3*, 381–403, 2012.
9. Ray, B., Bacteriocins of starter culture bacteria as food biopreservatives. In *Food Biopreservatives of Microbial Origin*, Ray, B. and Daeschel, M.A., Eds., CRC Press, Boca Raton, FL, 1992, p. 177.
10. Ray, B., Miller, K.W., and Jain, M.K., Bacteriocins of lactic acid bacteria: Current perspectives, *India J. Microbiol.*, *41*, 1, 2001.
11. Jack, R., Tagg, J., and Ray, B., Bacteriocins of Gram-positive bacteria, *Microbiol. Rev.*, *59*, 2, 171, 1995.
12. Cotter, P.D., Hill, C., and Ross, R.P., Bacteriocins: Developing innate immunity for food, *Nat. Rev. Microbiol.*, *3*, 777–788, 2005.
13. Nissen-Meyer, J., Oppegård, C., Rogne, P., Haugen, H., and Kristiansen, P., Structure and mode-of-action of the two-peptide (Class-IIb) bacteriocins, *Probiotics Antimicrob. Prot.*, *2*, 52–60, 2010.
14. Lohans, C.T. and Vederas, J.C., Development of class IIa bacteriocins as therapeutic agents, *Int. J. Microbiol.*, Article ID 386410, 2012.
15. Balciunas, E.M., Castillo Martinez, F.A., Todorov, S.D., Franco, B.D.G.d.M., Converti, A., and Oliveira, R.P.d.S., Novel biotechnological applications of bacteriocins: A review, *Food Control*, *32*, 134–142, 2013.
16. Klaenhammer, T.R., Genetics of bacteriocins produced by lactic acid bacteria, *FEMS Microbiol. Rev.*, *12*, 39–85, 1993.
17. Drider, D., Fimland, G., Hechard, Y., McMullen, L.M., and Prevost, H., The continuing story of class IIa bacteriocins, *Microbiol. Mol. Biol. Rev.*, *70*, 564, 2006.
18. Mills, S., Stanton, C., Hill, C., and Ross, R.P., New developments and applications of bacteriocins and peptides in foods, *Ann. Rev. Food Sci. Technol.*, *2*, 299–329, 2011.
19. da Silva Malheiros, P., Daroit, D.J., and Brandelli, A., Food applications of liposome-encapsulated antimicrobial peptides, *Trends Food Sci. Technol.*, *21*, 284–292, 2010.
20. Imran, M., Revol-Junelles, A.-M., Martyn, A., Tehrany, E.A., Jacquot, M., Linder, M., and Desobry, S., Active food packaging evolution: Transformation from micro- to nanotechnology, *50*, 799–821, 2010.
21. Brandelli, A., Nanostructures as promising tools for delivery of antimicrobial peptides, *Mini Rev. Med. Chem.*, *12*, 731–741, 2012.
22. Weiss, J., Gaysinsky, S., Davidson, M., and McClements, J., Nanostructured encapsulation systems: Food antimicrobials. In *Global Issues in Food Science and Technology*, B.-C. Gustavo, M. Alan, L. David, S. Walter, B. Ken, and Paul, C., Eds., Academic Press, San Diego, 2009, 425–479.
23. Bi, L., Yang, L., Narsimhan, G., Bhunia, A.K., and Yao, Y., Designing carbohydrate nanoparticles for prolonged efficacy of antimicrobial peptide, *J. Control. Release*, *150*, 150–156, 2011.
24. Cockburn, A., Bradford, R., Buck, N., Constable, A., Edwards, G., Haber, B., Wildemann, T. et al., Approaches to the safety assessment of engineered nanomaterials (ENM) in food, *Food Chem. Toxicol.*, *50*, 2224–2242, 2012.
25. Bakalinsky, A.T., Metabolites of yeasts as biopreservatives. In *Food Biopreservatives of Microbial Origin*, Ray, B. and Daeschel, M.A., Eds., CRC Press, Boca Raton, FL, 1992, p. 347.
26. Wilson, C.L., Wisniewski, M.E., Biles, C.L., McLaughlin, R., Chalutz, E., and Dorby, S., Biological control of post-harvest diseases of fruits and vegetables: Alternatives to synthetic fungicides, *Crop Prot.*, *10*, 172, 1991.

제18장

미생물 유래의 식품 성분 및 효소

18.1 서론

많은 미생물의 대사산물은 영양 가치, 향미, 색 및 질감을 개선하기 위해 식품 첨가제로 사용될 수 있다. 이 중 일부는 단백질, 필수 아미노산, 비타민, 아로마 화합물, 화학조미료, 염 펩타이드, 감미료, 색, 안정제 및 유기산이 포함되어 있다. 이들은 식품 성분으로 사용되기 때문에 발효식품을 만드는 데 사용하는 미생물로부터 유래될 뿐만 아니라, 식품에 사용하기 전에 규제 승인을 받은 다른 여러 미생물 종(또한 조류)에 의해 생산될 수 있다. 세균, 효모, 곰팡이뿐만 아니라 식물 및 포유류의 여러 효소들은 현재 식품 가공처리와 식품 성분으로 사용되고 있다. 몇 가지 예로서, 치즈의 풍미 향상 및 고과당 콘시럽, 과일 및 채소즙 추출물을 생산한다.

DNA 재조합 기술(생명공학)은 적절한 DNA 운반체(vector)에 경제적인 특정 첨가제 및 효소를 생산하는 미생물 숙주의 특성을 표현하고 일반적으로 성장하기 어려운 식물 및 동물에서 분리한 유전자와 합성유전자를 식별하는 가능성을 열었으며, 이것은 DNA 재조합 기술에 포함된다.[1] 부가적으로 대사공학은 세균에 의해 대량으로 생산될 수 있는 새로운 식품첨가물을 생산하는 데 사용하고 있다. 미생물의 대사산물은 식품첨가물 및 식품가공 중 정화되며, GRAS에 등재되어 있어 안전하게 제공된다.[2] 이러한 유전자 조작을 수반하는 양상은 제13장에서 설명한다. 여기서는 일부 첨가제 및 효소 생산과 활용의 미생물학을 논하도록 한다.

18.2 미생물 단백질과 식품 첨가물

18.2.1 단세포 단백질(Single-Cell Proteins, SCPs)[3]

곰팡이, 효모, 박테리아 및 조류는 단백질이 풍부하며 이들 단백질의 소화율은 65%~96%이다. 일반적으로 효모의 단백질은 높은 소화율뿐만 아니라 생물학적 가치가 있다. 상업적 생산에는 효모가 선호된다. 일반적으로 사용되는 효모들로는 *Candida*, *Saccharomyces* 및 *Torulopsis*다. 특히 *Methylophilus* 속의 박테리아 종들이 사용된다.

식품으로서 미생물 단백질 사용은 동물성 단백질보다 몇 가지 이점이 있다. 특히 동물성 단백질은 개발도상국에서 미래에 성장하는 인구를 공급하기에 충분하지 않을 수 있다. 또한 미생물 단백질은 실험실 조건 하에 생산할 수 있다. 따라서 토지 부족과 자연재해(가뭄이나 홍수)를 극복할 수 있다. 미생물들은 많은 농업 및 산업 폐기물에서 생성할 수 있다. 이들은 폐기물 처리를 완화하는 데 도움이 될 뿐만 아니라, 생산 비용을 줄일 수 있다. 미생물 단백질은 좋은 비타민 B군, 카로틴, 그리고 탄수화물의 좋은 자원이다.

인간의 식품에 미생물의 단백질을 사용하면 몇 가지 단점이 있다. 단점으로는 메티오닌과 같은 일부 필수 아미노산의 결핍이다. 하지만 미생물 단백질에 필요한 만큼의 필수 아미노산을 보충하여 해결할 수 있다. 다른 문제로는 미생물 유래 단백질이 인간의 체내에서 요산으로 대사되는 고농도의 핵산(RNA 및 DNA 6%~8%)을 포함하고 있다는 것이다. 높은 혈청의 산성 농도는 신장결석과 통풍을 유발한다. 하지만 유전자 조작을 통해 미생물 단백질 내의 핵산 농도를 줄일 수 있다.

현재 인간의 식품에 미생물 단백질 사용이 제한적임에도 불구하고, 가축 사료의 단백질원으로 사용되고 있다. 가축 사료로서 미생물 단백질 사용이 증가하면 자동적으로 인간의 식품으로 사용될 수 있는 곡류(옥수수 및 밀)의 사용이 줄어들 것이다.[3]

18.2.2 아미노산

대부분의 시리얼 곡물의 단백질에는 하나 이상의 필수 아미노산, 특히 메티오닌, 라이신 및 트립토판이 결핍되어 있다. 생물학적 가치를 향상시키기 위해 시리얼에는 필수 아미노산이 보충된다. 식물성 단백질에 필수 아미노산을 보충하면 동물성 단백질을 섭취하지 않거나(채식을 하는 사람들) 동물성 단백질이 충분하지 않은 사람들(일부 개발도상국에서 특히 어린이에게 중요함)의 단백질 품질을 개선할 수 있다고 제안되었다. 이러한 수요를 충족하고 영양 보충제로 사용하기 위해 많은 양의 필수 아미노산이 생산되고 있다. 현재는 경제적인 이유로 주로 동물성 단백질을 가수분해한 후 정제하여 생산하고 있다.

최근에는 환경에서 많은 양의 라이신을 생산하고 배출하는 유산균의 일부 박테리아 균주가 분리되었다. 필수 아미노산의 경제적인 생산을 위해서는 다른 아미노산의 고생산 균주를 분리하고 유전 및 대사 공학을 통해 이러한 아미노산을 대량으로 생산할 균주를 개발하는 것이 중요할 수 있다.

18.2.3 건강기능식품(Nutriceuticals)과 비타민

많은 비타민이 식품에 첨가되고 또한 많은 사람들이 보충제로 정기적으로 사용하고 있다. 따라서 비타민, 특히 일부 비타민 B와 비타민 C, D, E에 대한 큰 시장이 있다. 이들 중 일부는 식물 공급원에서 얻고, 일부는 합성되며, 일부는 미생물에 의해 생산되고 있다.[4] 비타민 C는 이제 치즈 유청에 사용하는 효모에 의해 생산된다. 미생물은 또한 비타민 D의 공급원이었다. 많은 미생물이 비타민 B를 생산할 수 있다.

미생물에 의한 비타민 생산을 개선하기 위해 유전자 클로닝 기술을 사용하는 가능성은 이제 그다지 실용적이지 않거나 경제적이지 않을 수 있다. 비타민은 다중효소 시스템을 통해 생산되며 필요한 유전자를 복제하는 것이 불가능할 수 있다. 최근에는 대사 공학을 통해 유산균 균주가 개발되어 유제품 발효 시 다량의 엽산과 일부 시아노코발라민(B_{12})을 발효 제품에 생성하여 제품의 영양가를 높인다. 또한 만니톨, 소르비톨, 타가토스와 같은 저칼로리 감미료를 생산하는 유산균 균주가 개발되었다.[3]

18.2.4 풍미 화합물과 풍미 증진제

풍미 화합물과 증진제는 식품의 바람직한 향과 맛에 간접적으로 연관되는 것들을 포함한다.[5~7] 많은 미생물은 디아세틸(*Leuconostoc*의 버터향), 아세트알데히드(*Lactobacillus acidophilus*의 요거트 풍미), 일부 질소 및 황 함유 화합물(*Lactococcus lactis*의 날카로운 치즈 풍미), 프로피온산(낙농 *Propionibacterium*의 견과류 풍미), 피라진(*Bacillus subtilis* 및 *Lac. lactis*의 균주에 의한 구운 견과류 풍미) 및 테르펜(일부 효모 및 곰팡이에 의한 과일향 또는 꽃향)와 같은 다양한 유형의 풍미 화합물을 생성한다. 식물성 원료의 일부 천연 향료는 제한된 양만 사용할 수 있고 추출 과정이 매우 정교하기 때문에 매우 비싸다. 생명공학을 사용하여 적절한 미생물에 의해 경제적으로 생산할 수 있다. 천연 바닐라향(지금은 식물에서 얻음)이 미생물에 의해 생성된다면 비용을 10분의 1 이하로 줄일 수 있다. 천연 과일향은 과일에서 추출되며, 이는 비용이 많이 들 뿐만 아니라 많은 양의 과일이 낭비된다. 재조합 DNA 기술을 통해 미생물에 의한 이러한 풍미의 많은 생산 가능성이 연구되고 있다.

몇 가지 풍미 증진제는 현재 식품의 기본 풍미를 강화하는 데 사용되고 있다. 글루타민산 나트륨(MSG, 고기 맛 향상)은 *Corynebacterium glutamicum* 및 *Micrococcus glutamicus*와 같은 여러 박테리아 종에 의해 생성된다. 또한 일인산 이노신 및 일인산 구아노신과 같은 5′ 뉴클레오타이드는 수프와 같은 음식에서 더 큰 점도와 식감을 제공한다. 그들은 *Bac. subtilis*에서 생산할 수 있다.

리실글리신과 같은 몇몇 작은 펩타이드는 강한 짠맛을 가지고 있다. 그들은 미생물에 의한 재조합 DNA 기술로 생산할 수 있으며 NaCl을 대체하는 데 사용할 수 있다. 식물에서 유래한 모넬린 및 타우마틴과 같은 달콤한 펩타이드도 유전자 복제를 통해 미생물에 의해 생산될 수 있다. 현재 디펩타이드 감미료 아스파탐은 합성으로 생산되고 있지만 미생물에 의해 생산하는 방법이 개발되었다. 대사공학에 의해 디아세틸(버터향), 아세트알데히드(요구르트향), α-케토글루타레이트(치즈향 생성) 및 기타 화합물을 대량으로 생성할 수 있는 유산균 균주가 개발되었다.[3]

18.2.5 색깔

많은 박테리아, 효모 및 곰팡이는 다양한 색상 안료를 생성한다. 이들 중 일부, 특히 현재 인간이 섭취하고 있는 것으로부터의 사용 가능성이 연구되고 있다.[8] 일반적인 발효 식품 등급 안료에는 *Monascus* sp.[9](곰팡이) 유래의 노란, 빨간, 오렌지 색소와 *Xanthophyllomyces dendrorhous*(효모)에서 추출한 아스타잔틴(핑크-빨간), *Penicillium oxalicum*(곰팡이)에서 추출한 선분홍(arpink red), *Ashbya gossypii*(곰팡이)에서 추출한 리보플라빈, *Blakeslea trispora*(곰팡이)에서 추출한 β-카로틴 등이 있다.

분홍-적색 색소인 아스타잔틴은 연어, 송어, 랍스터, 게에 붉은색을 부여한다. *Monascus* sp.가 생산하는 또 다른 붉은 색소는 동양에서 오랫동안 적포도주를 만드는 데 사용되었다. 안료 생산은 다단계 반응을 포함할 수 있기 때문에 미생물에 의해 일부 과일 색상을 생산하는 재조합 DNA 기술은 경제적이지 않을 수 있다. 하지만 이들은 식물 세포 배양 기술로 생산할 수 있다.

18.2.6 외부 다당류

다양한 다당류가 식품 시스템에서 안정제 및 질감제(texturizer)로 사용된다. 대부분이 식물 기원이지만 일부는 미생물 공급원에서 얻는다.[10,11] *Streptococcus thermophilus, Lab. rhamnosus, Lab. helveticus, Lab. casei, Lac. lactis*와 같은 많은 유산균의 균주들은 포도당, 갈락토스, 람노스, 만노스 및 기타 탄수화물 단위를 포함하는 다양한 유형의 외부 다당류(exopolysaccharides, EPS)를 생산한다. 이러한 균주 중 다수는 현재 저지방-고수분 치즈(모짜렐라 치즈)의 수분을 유지하기 위해 더 나은 일관성과 질감(요거트 및 버터밀크)을 가진 발효 유제품을 생산하는 데 사용된다. 미생물에 의해 생성되는 EPS의 몇 가지 예로는 크산탄, 젤란, 알지네이트, 셀룰로스, 덱스트란, 커드란, 숙시노글리칸, 레반, 갈락토폴, 푸코폴 등이 있다.[12] *Leuconostoc mesenteroides*가 수크로스에서 자라면서 만들어내는 EPS인 덱스트란은 아이스크림과 과자들의 안정제로 사용된다. *Xanthomonas campestris*에 의해 생산되는 크산탄 검도 안정제로 사용된다. *Xanthomonas* 종에 유당 가수분해 유전자를 도입하면 유청에서 성장하면서 안정제를 경제적으로 생산할 수 있다.

18.2.7 유기산

젖산(유산균에 의한), 프로피온산(프로피온산균에 의한) 및 아세트산(초산균에 의한)과 이들의 식품에서의 여러 다른 사용에 관해서는 제12, 17, 41장에서 논의된다. 몇몇 다른 유기산과 그들의 염은 맛(향과 질감)을 개선하고 품질을 유지하기 위해 식품에 사용된다. 효모에 의한 아스코르브산 생산과 비타민 보충제로서의 사용에 대해서도 논의했다. 아스코르브산은 또한 색을 유지하기 위해(산화에 의한 색 손실을 방지하기 위해) 환원제로 일부 식품에서 사용된다. 또한 항균 작용도 한다. 구연산은 맛과 질감을 개선하고(음료에서) 색을 안정시키기 위해(과일에서) 많은 식품에 사용된다. 그것은 또한 약간의 항균성을 가지고 있다. 구연산은 *Aspergillus niger* 곰팡이에 의해 생성된다.

18.2.8 보존제

젖산균, 그들에 의해 생성된 여러 유기산과 박테리오신은 식품의 부패와 병원성균을 제어하는 데 사용된다. 이 부분은 제17장에 설명되어 있다.

18.3 식품가공용 미생물 효소

많은 효소가 식품 첨가물로 식품 가공에 사용된다.[13] 생산되는 총 효소의 약 80%가 달러 기준으로 식품 산업에서 사용된다. 미생물 대신 특정 효소를 사용하면 몇 가지 장점이 있다. 특정 기질은 단일 단계 반응을 통해 효소에 의해 특정 산물로 전환될 수 있다. 따라서 동일한 기질에서 살아 있는 세포에 의한 다른 대사산물의 생산을 피할 수 있다. 또한 정제된 효소를 사용하여 반응 단계를 보다 쉽게 제어 및 강화할 수 있다. 마지막으로 재조합 DNA 기술을 사용하여 효소의 효율성을 향상시킬 수 있으며 고정화하여 재활용할 수도 있다. 효소 사용의 주요 단점은 기질이 여러 단계(예: 포도당에서 젖산으로)를 통해 생성물로 전환되는 경우 효율적이고 경제적인 생산을 위해 미생물 세포를 사용해야 한다는 것이다.

18.3.1 활용 효소들

다섯 가지 종류의 효소 중 세 가지가 주로 식품 가공에 사용된다: Hydrolases(가수분해효소, C–C, C–O, C–N 등의 결합을 가수분해), isomerases(이성질화효소, 이성질체화 및 라세미화) 그리고 oxidoreductases(산화환원효소, 산화 또는 수소화). 이들 중 일부는 **표 18.1**에 나열되어 있으며 여기에서 그 용도에 대해 설명한다.

알파 아밀라아제, 글루코아밀라아제, 포도당 이성질화효소

이 세 가지 효소는 함께 전분에서 고과당 옥수수 시럽을 생산하는 데 사용된다. 알파 아밀라아제(α-Amylase)는 α-1 위치의 전분을 무작위로 가수분해하여 올리고당(예: 덱스트린과 같이 6탄당 단

표 18.1 일부 식품가공용 미생물 효소들

효소	분류[a]	소스	기질	기능/사용
α-Amylase	H	세균, 곰팡이	전분	덱스트린 생산; 양조 및 제빵
Catalase	OR	곰팡이	H_2O_2	과산화수소 제거; 우유, 액란
Cellulase	H	곰팡이	셀룰로스	셀룰로스 분해; 에탄올 생성, 주스 추출
Glucoamyase	H	곰팡이	덱스트린	덱스트린을 포도당으로
D-Glucose isomerase	I	세균	포도당	포도당에서 과당으로; 고과당 옥수수 시럽
D-Glucose oxidase	OR	곰팡이	D-포도당, 산소	액란과 주스의 풍미 및 색
Hemicellulase	H	세균, 곰팡이	헤미셀룰로스	주스의 청징화
Invertase	H	효모	설탕	전화당 생산
Lactase	H	곰팡이, 효모	유당	포도당 또는 갈락토스; 저유당 우유
Lipases	H	세균, 곰팡이	지질	치즈 숙성
Pectinase	H	곰팡이	펙틴	와인, 과일 주스, 주스 추출의 청징화
Proteinases	H	세균, 곰팡이	단백질	고기 연화, 치즈 제조 및 숙성

[a] H, 가수분해효소(hydrolases); I, 이성질화효소(isomerases); OR, 산화환원효소(oxidoreductases)

위 3개 이상 포함)을 생성한다. 글루코아밀라아제(glucoamylase)는 덱스트린을 포도당 단위로 가수분해한 다음 포도당 이성질화효소(glucose Isomerase)에 의해 과당으로 전환된다.

알파 아밀라아제는 또한 부패(수분 손실로 인한 전분 결정화)를 늦추기 위한 용도로 빵을 만드는 데도 사용된다. 알파 아밀라아제에 의한 전분의 부분 가수분해는 수분 손실을 줄이고 빵의 저장 수명을 연장하는 데 도움을 준다.

카탈라아제

원유와 액란은 저온 살균 전에 과산화수소(H_2O_2)에 의해 보존된다. 그러나 제품의 열처리 전에 카탈라아제(catalase)를 첨가하여 가수분해하는 데 과산화수소가 필요하다.

셀룰라아제, 헤미셀룰라아제, 펙틴분해효소(Cellulase, Hemicellulase, Pectinase)

각각의 기질을 분해하는 활성에 의해 감귤주스 추출물에서의 이 세 가지 효소의 사용은 주스의 수율을 증대시켰다. 보통 불용성인 다당류들은 주스의 흐름을 방해한다. 또한 주스의 점성을 증가시켜 주스의 농축 과정에서 문제를 일으킨다. 또한 주스를 흐리게 한다. 이 세 가지 가수분해효소를 사용하면 이러한 문제를 줄일 수 있다.

인베르타제

인베르타제(invertase)는 수크로스를 슈거(포도당과 과당의 혼합물)로 분해하여 단맛을 증가시킬 때 사용한다. 초콜릿 가공에도 사용된다.

유당 분해효소

유당은 유청에 많이 함유되어 있다. 유당은 유청으로부터 농축하고 포도당과 갈락토스를 생산하기 위해 유당 분해효소(lactase)를 처리한다. 그리고 나서 알코올을 생산하는 데 사용한다.

지방분해효소

지방분해효소(lipases)는 사상균(filamentous fungi)에 의해 생성되며 상업적으로 중요한 지방 분해효소 생성 균류에는 *Rhizopus* sp., *Aspergillus* sp., *Penicillium* sp., *Geotrichum* sp., *Mucor* sp., 그리고 *Rhizomucor* sp.가 있다.[14] 지방분해효소는 몇몇의 프로테아제와 함께 치즈의 풍미를 유지시키는 데 사용한다.

단백질분해효소

여러 다른 단백질분해효소(proteases)는 많은 식품가공에 사용된다. 이 효소들은 고기를 숙성시키고, 어육 단백질을 추출하거나 분리하고 치즈(응유효소, rennet)를 만들 시, 카제인을 분해하고, 치즈의 풍미를 향상시키며(숙성), 쓴맛 펩타이드들을 줄이는 데 사용된다.

18.3.2 재조합 DNA 기술에 의한 효소 생산

현재 식품 가공에 사용되는 효소는 박테리아, 효모, 곰팡이, 식물 및 포유류 등에서 얻는다. 그들은 규제 기관의 승인을 받고 그 출처는 GRAS 목록에 포함되어 있다(**표 18.2**).[13] 식물 및 동물에서 효소를 얻는 데에는 몇 가지 단점이 있다. 이러한 효소의 공급은 제한될 수 있고 따라서 비용이 많이 든다. 또한 곰팡이는 박테리아나 효모보다 천천히 자라며 일부 균주는 진균독을 생성할 수 있다. 현재 비박테리아 공급원(효모 포함해서 이들은 유전자 시스템이 박테리아보다 복잡하기 때문에)에서 얻은 효소를 박테리아에서 생산할 수 있다면 더 편리하고 비용면에서 효율적일 것이다. 이것은 이론적으로 재조합 DNA 기술을 통해 달성할 수 있다.[15] 그러나 그렇게 하려면 박테리아 숙주 균주가 GRAS 목록에 없는 경우 규제 기관의 승인을 받아야 한다는 점을 인식해야 한다. 또한 소스가 현재 GRAS 목록에 없는 경우 해당 소스에 대한 규제 승인이 필요하다.

DNA 재조합 기술은 빠른 속도로 향상되어 가고 있다. 간단히 말해서 특정 mRNA를 분리하고(기질에서 성장하면서) mRNA를 사용하여 역전사 효소를 사용하여 cDNA를 합성한다. cDNA(이중 가닥)는 적합한 플라스미드 벡터에 클로닝된 다음 적합한 박테리아 균주(예: *Esc. coli*)의 세포 내로 형질전환에 의해 도입된다. 그런 다음 형질전환체를 검사하여 효소 생산의 발현 및 효율성을 결정한다. 이 방법은 박테리아에 의해 (송아지의) 레닌과 (곰팡이의) 셀룰라아제를 생산하는 데 성공적으로 사용되었다. 이렇게 생산된 레닌은 치즈를 만드는 데 사용된다. 효모는 *Esc. coli*가 재조합 단백질을 생

표 18.2 FDA 승인을 받았거나 심사 중인 재조합 미생물 유래 효소 목록

미생물	효소
Aspergillus niger	인분해효소(phytase, 피타아제), 키모신(chymosin, 단백질분해효소), 지방분해효소(lipase)
Aspergillus oryzae	에스테르 지방분해효소(esterase-lipase), 아스파르틱 단백질분해효소(aspartic proteinase), 포도당 산화효소(glucose oxidase), 리그린분해효소(laccase), 펙틴 분해효소(pectin esterase), 인지질분해효소 A1(phospholipase A1)
Bacillus licheniformis	알파 아밀라아제, 풀루란나아제(pullulanase)
Bacillus subtilis	알파 아세토락트산, 탈탄산효소(decarboxylase), 알파 아밀라아제, 말토스생성(maltogenic) 아밀라아제, 풀루란나아제
Escherichia coli K-12	키모신
Fusarium venenatum	자일라나아제(xylanase)
Kluyveromyces marxianus var. *lactis*	키모신
Pseudomonas fluorescence Biovar 1	알파 아밀라아제
Trichoderma reesei	펙틴 라이아제(pectin lyase)

출처: Olempska-Beer, Z.S. 등, *Regulatory Toxicol. Pharmacol.*, *45*, 144–158, 2006에서 인용.

산하지 못할 경우에 사용된다. 효모 발현 시스템의 장점은 여러 가지가 있다. 주로 고밀도 성장, 안정적인 생산, 비용 효율성으로 인해 수율이 높고 단백질 접힘을 도와 활성 분자의 발현을 허용할 수 있다.[15]

18.3.3 고정화 효소

효소는 생체 촉매이며 재활용할 수 있다. 효소는 액체 또는 고체 식품의 기질에 첨가될 때 한 번만 사용된다. 대조적으로, 효소 분자가 고체 표면에 부착되면(고정화), 효소는 특정 기질에 반복적으로 노출될 수 있다.[16] 주요 이점은 특히 효소가 매우 고가인 경우 효소를 경제적으로 사용할 수 있다는 것이다.

효소는 여러 물리적, 화학적 또는 기계적 수단에 의해 고정될 수 있다. 기술은 네 가지 주요 범주로 나눌 수 있다(**그림 18.1**).

고형 지지체에 대한 흡착성

이 기술은 효소 분자에 대한 지지체의 친화성에 따른 것이다. 이 기술은 효소 용액을 지지체(이온교환 수지와 같은)에 흘려주고 붙지 않는 분자는 세척하는 방법으로 이루어졌다. 결합력이 매우 약해서 분자는 탈착되어 제거될 수 있다.

공유결합

효소 분자들이 (구멍이 있는 세라믹과 같은) 고체 표면에 화학 물질에 의해 공유결합하는 것이다. 효소 분자들은 기질 분자에 접근하기가 쉽다. 효소 분자들은 보다 안정적이다.

포집형(Entrapping)

효소 분자들이 촉매 부위에 기질 분자가 접촉할 수 있도록 열려진 상태로 폴리머 겔(예: 알지네이트)

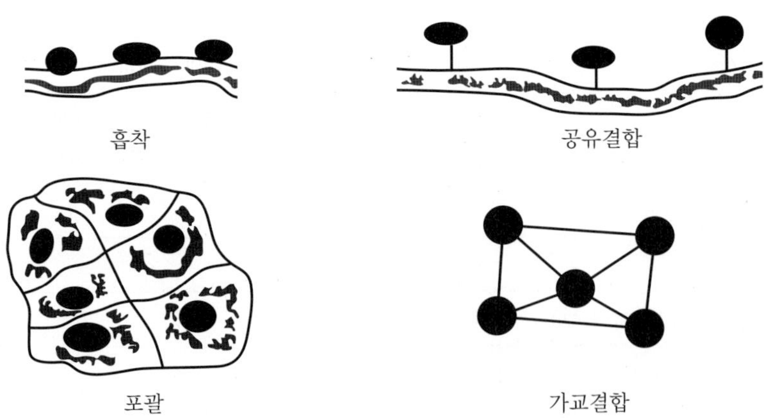

그림 18.1 효소 고정화의 4가지 방법에 대한 모식도.

에 의해 에워싸여진 것이다. 효소는 중합반응 전에 단량체에 추가된다.

가교결합

가교결합(crosslinking)은 효소 분자 사이에 화학적 연결을 만들어 불용성인 큰 응집체를 형성하도록 하는 것이다. 이것은 매우 안정적인 시스템이다.

효소 고정화에는 몇 가지 단점이 있다. 고정화는 효소의 활성을 감소시킬 수 있다. 기질 분자는 고정된 효소에 자유롭게 접근할 수 없다. 이 방법은 기질 분자가 큰 경우 적용되지 않을 수 있다. 알파 아밀라아제는 기질인 전분 분자가 상당히 크기 때문에 고정화를 위한 좋은 후보가 아니다. 그러나 포도당 이성질화효소는 기질이 작은 포도당 분자이기 때문에 고정될 수 있다. 지지 물질은 제거하기 어려운 미생물로 오염될 수 있으며 식품 오염의 원인이 될 수 있다. 지지체로 사용되는 재료는 안전하지 않고 규제 기관의 승인을 받아야 하는 물질로 만들어지지 않아야 한다. 현재 사용되는 고정화 효소 중 일부는 포도당 이성질화효소, β-갈락토시다제 및 아미노아실라제(aminoacylase)이다.

미생물 세포도 앞서 나열한 방법으로 고정화할 수도 있으며 일부 식품 성분 및 음료의 생산에서 기술이 연구되고 있다. 예를 들면 *Asp. niger*(구연산 및 글루콘산), *Saccharomyces cerevisiae*(알코올 음료) 그리고 *Lactobacillus* 종(젖산)이 있다.

18.3.4 내열성 효소

"내열성 효소"라는 용어는 일반적으로 60°C 이상의 반응을 촉매할 수 있는 효소에 사용한다. 공정에서 내열성 효소를 사용하면 몇 가지 이점이 있다. 효소 반응 속도는 온도가 10°C 상승할 때마다 2배가 된다. 따라서 생산 속도를 높이거나 사용되는 효소의 양을 줄일 수 있다. 고온에서 효소를 장기간 사용하면(효소 고정의 경우와 같이) 미생물 증식 및 오염 문제를 줄일 수 있다.

고온에서 효소는 3차원 구조의 풀어짐으로 인해 변성된다. 효소의 3차원 구조의 안정성은 이온 전하, 수소 결합 및 아미노산 간의 소수성 상호 작용에 의해 영향을 받는다. 따라서 효소에서 아미노산의 선형 서열은 3차원 구조와 안정성에 큰 영향을 미친다. 연구에 따르면 효소 표면(3차원 구조에서)의 이온 결합과 수소 결합이 모두 증가하고 내부 소수성이 증가하면 효소의 내열성이 증가한다는 것이 밝혀졌다. 예를 들어, *Neurospora* 종의 열불안정성 균주의 효소 티로시나제(tyrosinase)는 60°C에서 4분 만에 변성되지만 동일한 종의 열안정성 균주에서는 60°C에서 70분 만에 변성된다. 아미노산 서열을 분석한 결과, 96번 위치에서 티로시나아제는 열안정성 균주에서는 아스파긴(비전하성)을 갖지만 열안정성 균주에서는 아스파라긴산(전하성)을 갖는 것으로 나타났다. 따라서 외부 이온 전하(표면의)는 이 효소의 열안정성을 증가시킨다.

화학적 및 재조합 DNA 기술과 같은 여러 방법을 사용하여 효소의 열안정성을 높일 수 있다.[17] 재조합 DNA 기술은 두 가지 방법으로 사용할 수 있다. 효소가 GRAS 목록에 없는 미생물에 열안정성 형태로 존재하는 경우 유전자를 적절한 벡터에 복제할 수 있으며, 이를 GRAS 목록에 포함된 미생물에 도입하여 발현 및 경제적 생산을 검사할 수 있다. 다른 방법은 더 복잡하며 표면(또는 내부)의 아미노산을 인식하기 위해 효소의 아미노산 서열과 3차원 구조(컴퓨터 모델링을 통해)를 결정해야 한다. 다음 단계는 이온 또는 수소 결합을 증가시키기 위해 표면의 하나 이상의 아미노산을 변경하는 것이다. 이것은 특정 아미노산에 대한 cDNA 염기서열의 부위-특이적 돌연변이유발에 의해 달성될 수 있다. 합성된 DNA는 벡터에 통합될 수 있고 효소의 발현 및 내열성에 대한 테스트를 위해 원하는 미생물 균주에 도입될 수 있다.

GRAS 목록에 있는 미생물에서 얻은 몇 가지 내열성 효소가 현재 사용되고 있다. 앞으로 다양한 방법으로 생산하고 식품으로 활용하는 사례가 늘어날 것으로 예상된다.

18.3.5 식품 폐기물에 처리에 쓰이는 효소들

식품 산업은 다량의 고체 및 액체 폐기물을 발생시킨다. 폐기물 처리 방법은 다양한 물리적, 화학적 및 일부 생물학적 방법을 사용한다. 생물학적 방법에는 혐기성 소화 및 SCP(단세포 단백질) 생산이 포함된다.[18] 폐기물 처리에 대한 규제 제한이 증가함에 따라 효과적이고 경제적인 대체 방법이 연구되고 있다. 효소를 사용하여 폐기물을 줄이고 폐기물을 부가가치 제품으로 전환하는 가능성이 개발되고 있다. 낮은 비용으로 특정 효소를 사용할 수 있다는 점은 폐기물 처리에 사용하는 주요 동기가 된다.

음식물쓰레기 처리에 사용되는 효소로는 다당류(셀룰라아제, 펙티나아제, 헤미셀룰라아제, 키티나아제, 아밀라아제), 락타아제, 프로테나아제 등이 있다. 셀룰라아제와 펙티나아제로 과일을 처리하면 주스 생산량이 증가하고 주스에서 고형물 분리가 향상된다. 고형물은 동물 사료로 사용할 수 있다. 키티나제는 조개 껍질과 SCP를 생산하는 데 사용되는 제품을 단위체로 분해하는 데(depolymerization) 사용된다. 아밀라아제는 효모에 의한 알코올 생산에 사용되는 포도당 시럽을 생산하기 위해 전분 함유 폐수를 처리하는 데 사용된다. 유청의 유당은 락타아제(β-갈락토시다아제)로 처리되어 포도당과 갈락토스를 생성하며, 이 효소는 효모에 의한 알코올 생산 또는 제빵 효모 생산에 사용된다. 프로테아제는 생선 및 육류 가공 작업에서 나오는 폐수를 처리하는 데 사용한다. 이러한 제품 중 일부는 생선 식품으로 사용된다. 최근 식품가공폐기물은 미생물의 증식과 발효로 인해 메탄가스, 에탄올, 수소가스 등의 대체에너지원이 되고 있다.[19]

미래에는 재조합 DNA 기술을 통한 더 우수하고 저렴한 효소의 개발로 음식물쓰레기 처리에 활용이 증가할 것이다.

18.4 결론

이 장에서 논의된 물질들은 식품의 영양 및 소비 품질을 개선하기 위한 첨가제로서 식품에 사용되는 식품 등급 및 규제 기관 승인 미생물에 의해 생산된 일부 세포 구성 요소, 대사 최종 산물 및 효소들로 간략하게 요약한다. 이들 박테리아에 대한 유전공학 및 대사 공학의 최근 발전은 많은 독특한 제품을 생산할 수 있는 균주를 개발하는 데 도움이 되었다. 유전체 서열과 이들 균주의 유전자 기능에 대한 지식이 증가함에 따라, 다른 독특한 제품을 생산하기 위해 많은 새로운 균주가 개발될 것이다. 이 분야의 미래 잠재력은 매우 높다.

학습문제

1. 미생물의 단백질들을 인간의 식품에 사용할 때 어떠한 이점과 해로운 점이 있는지 서술하시오.
2. 다음 각각에 대해, 식품에 사용되는 미생물 유래 물질 한 가지씩 나열하시오: 아미노산, 풍미 화합물, 풍미 증진제, 색, 다당류(안정제), 건강기능식품.
3. 간단히 젖산균이 어떻게 대량의 diacetyl과 acetaldehyde를 생산하는지 서술하시오(제12장 참조).
4. L(+)-젖산, 초산 및 구연산을 생산하는 미생물의 학명을 서술하시오.
5. 식품가공에서 미생물의 효소와 세포를 사용할 때 어떠한 이점과 해로운 점이 있는지 서술하시오.
6. 미생물 유래 5가지 효소를 나열하고 이들의 식품산업에서의 활용에 대해 논하시오.
7. 식품 성분 생산에 사용되는 고정화 효소에 대한 이로운 점과 3가지 고정화 방법에 대해 서술하시오.
8. 식품 성분(혹은 식품) 생산에 있어 내열성 효소 사용에 대한 이점은 무엇이며, 어떻게 DNA 재조합 기술이 내열성 효소 생산에 도움이 되는 것인가?
9. 미생물의 효소가 식품 폐기물 처리에 어떻게 도움이 되는지 논하시오.
10. "식품 수준의 미생물로부터 여러 가지 형태의 식품첨가제를 생산하는 것에 대한 잠재력은 매우 높다." 그 가능성에 대해 설명하시오(이 섹션의 다른 장의 내용을 활용하시오).

참고문헌

1. Dionisio, A.P., Molina, G., de Carvalho, D.S., dos Santos, R., Bicas, J.L., and Pastore, G.M., Natural flavourings from biotechnology for foods and beverages. In *Natural Food Additives, Ingredients and Flavourings*, Baines, D. and Seal, R., Eds., 2012, pp. 231–259.
2. Mayo, B., Aleksandrzak-Piekarczyk, T., Fernández, M., Kowalczyk, M., Álvarez-Martín, P., and Bardowski, J., Updates in the metabolism of lactic acid bacteria. In *Biotechnology of Lactic Acid Bacteria*, Mozzi, F., Raya, R.R., and Vignolo, G.M., Eds., Wiley-Blackwell, 2010, pp. 3–33.
3. Anupama and Ravindra, P., Value-added food: Single cell protein, *Biotechnol. Adv.*, *18*, 459–479, 2000.
4. Hugenholtz, J. and Smid, E.J., Nutraceutical production with food-grade microorganisms, *Curr. Opin. Biotechnol.*, *13*, 497–507, 2002.
5. McFeeters, R.F., Fermentation microorganisms and flavor changes in fermented foods, *J. Food Sci.*, *69*, FMS35–FMS37, 2004.
6. Longo, M.A. and Sanroman, M.A., Production of food aroma compounds: Microbial and enzymatic methodologies, *Food Technol. Biotechnol.*, *44*, 335–353, 2006.
7. Gosset, G., Production of aromatic compounds in bacteria, *Curr. Opin. Biotechnol.*, *20*, 651–658, 2009.
8. Dufosse, L., Microbial production of food grade pigments, *Food Technol. Biotechnol.*, *44*, 313–321, 2006.
9. Mukherjee, G. and Singh, S.K., Purification and characterization of a new red pigment from Monascus purpureus in submerged fermentation, *Process Biochem.*, *46*, 188–192, 2011.
10. Kleerebezem, M. and Hugenholtz, J., Metabolic pathway engineering in lactic acid bacteria, *Curr. Opin. Biotechnol.*, *14*, 232–237, 2003.
11. Salazar, N., Prieto, A., Leal, J.A., Mayo, B., Bada-Gancedo, J.C., de los Reyes-Gavilán, C.G., and Ruas-Madiedo, P., Production of exopolysaccharides by *Lactobacillus* and *Bifidobacterium* strains of human origin, and metabolic activity of the producing bacteria in milk, *J. Dairy Sci.*, *92*, 4158–4168, 2009.
12. Freitas, F., Alves, V.D., and Reis, M.A.M., Advances in bacterial exopolysaccharides: From production to biotechnological applications, *Trends Biotechnol.*, *29*, 388–398, 2011.

13. Olempska-Beer, Z.S., Merker, R.I., Ditto, M.D., and DiNovi, M.J., Food-processing enzymes from recombinant microorganisms: A review, *Regulatory Toxicol. Pharmacol.*, *45*, 144–158, 2006.
14. Treichel, H., Oliveira, D., Mazutti, M., Luccio, M., and Oliveira, J.V., A review on microbial lipases production, *Food Bioprocess. Technol.*, *3*, 182–196, 2010.
15. Demain, A.L. and Vaishnav, P., Production of recombinant proteins by microbes and higher organisms, *Biotechnol. Adv.*, *27*, 297–306, 2009.
16. Sheldon, R.A., Enzyme immobilization: The quest for optimum performance, *Adv. Synthesis Catalysis*, *349*, 1289–1307, 2007.
17. Heinzelman, P., Snow, C.D., Wu, I., Nguyen, C., Villalobos, A., Govindarajan, S., Arnold, F.H. et al., A family of thermostable fungal cellulases created by structure-guided recombination, *Proc. Nat. Acad. Sci. USA*, *106*, 5610–5615, 2009.
18. Singhania, R.R., Patel, A.K., Soccol, C.R., and Pandey, A., Recent advances in solid-state fermentation, *Biochem. Eng. J.*, *44*, 13–18, 2009.
19. Digman, B. and Kim, D.-S., Review: Alternative energy from food processing wastes, *Environ. Prog.*, *27*, 524–537, 2008.

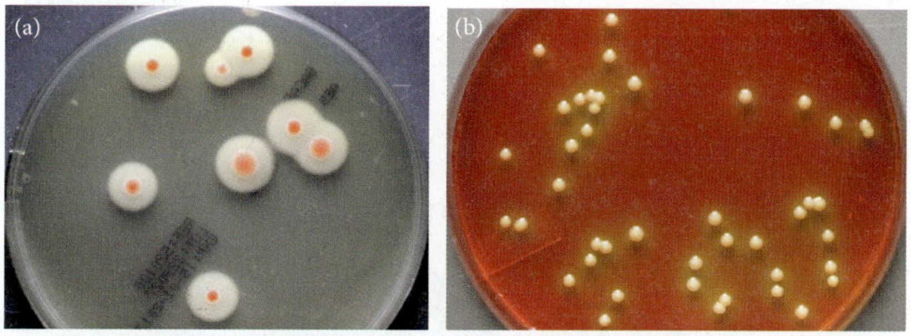

그림 2.3 그람양성 (a) bioMérieux 및 그람음성 배지의 *Bacillus thuringiensis*에 의한 집락 형성 (b) 다른 집락을 나타내는 XLT-4(Xylose-Lysine-Tergitol-4) 한천 배지에서 *Klebsiella pneumoniae* 집락 형태.

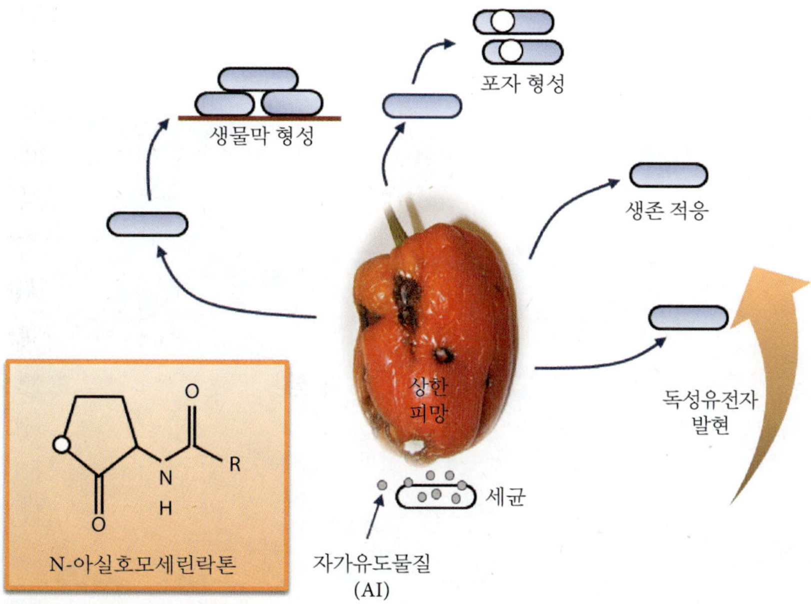

그림 6.2 세균 정족수 감지 네트워크 및 식품에 대한 적응 전략. 세균은 *N*-아실호모세린락톤과 같은 자가유도물질(AI)을 분비하여 변화하는 음식 환경에 대응할 수 있도록 다른 세균들과 소통한다.

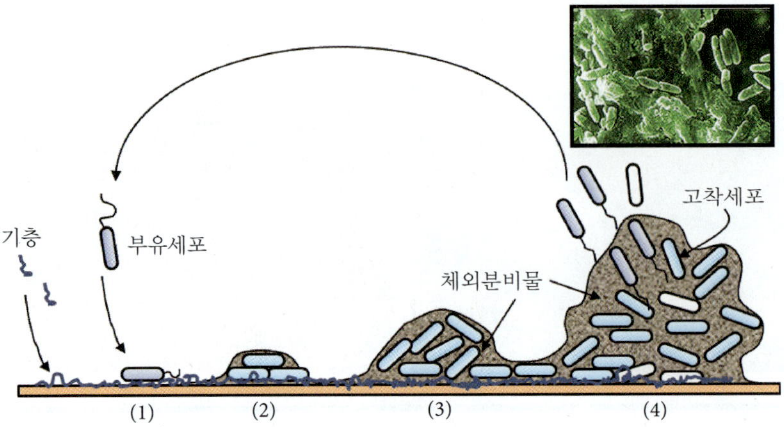

그림 7.1 세균 생물막 생활주기의 모식도. (1) 부착, (2) 미세집락과 세포 클러스터 형성, (3) 성숙 및 (4) 분리 또는 분산의 단계를 나타냈다. 삽입: 체외분비물(EPS)로 성숙된 생물막을 보여주는 주사전자현미경 사진.

그림 8.2 한국의 전통 발효수산식품.

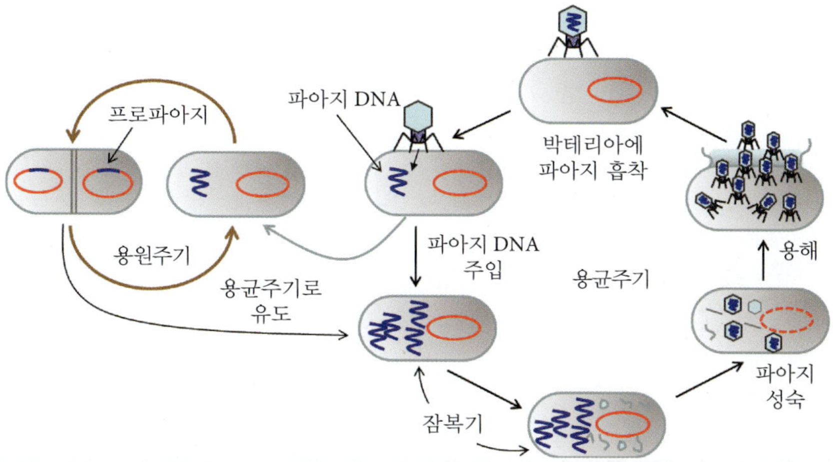

그림 14.3 세균 안에서 박테리오파아지의 용균(lytic)주기와 용원(lysogenic)주기에 대한 모식도. 단계들은 박테리아 세포벽에 파아지가 흡착하는 것으로 시작; 박테리아 세포로 파아지 DNA 주입; 파아지 DNA와 단백질 합성이 특징인 파아지 성숙; 파아지 성숙과 숙수 세포의 용해. 용원주기는 온화 파아지를 포함하는 것으로 박테리아 세포 DNA에 파아지 DNA가 합쳐지고, 박테리아 세포 분열하는 동안 파아지 DNA 분열(프로파아지), 그리고 용균과정으로 활성화 및 유도로 파아지 DNA 유출.

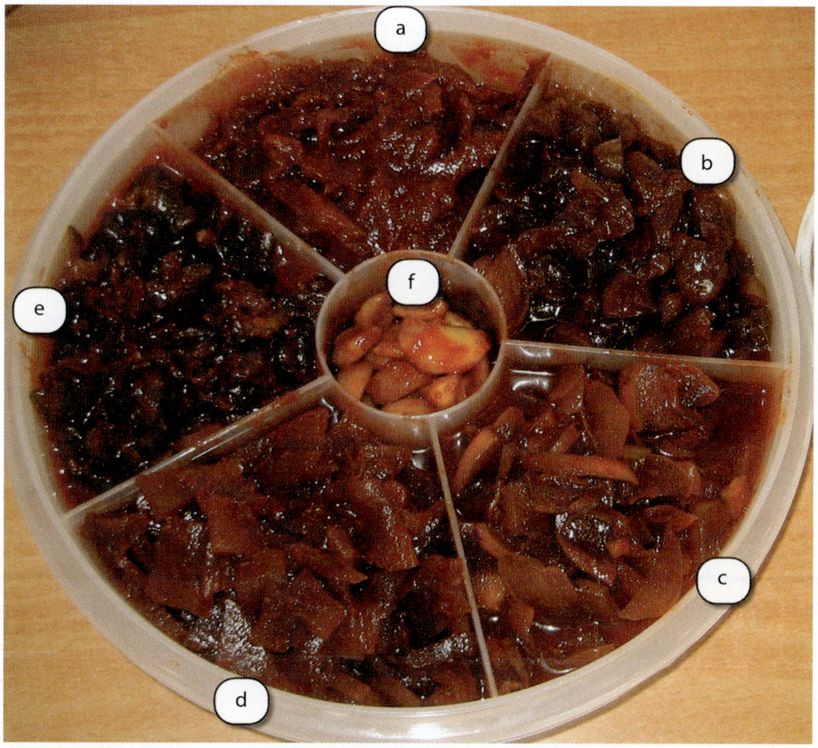

그림 15.6 한국의 전통적인 발효 채소 식품. (a) 더덕뿌리, (b) 매실, (c) 감, (d) 무, (e) 오이, (f) 마늘.

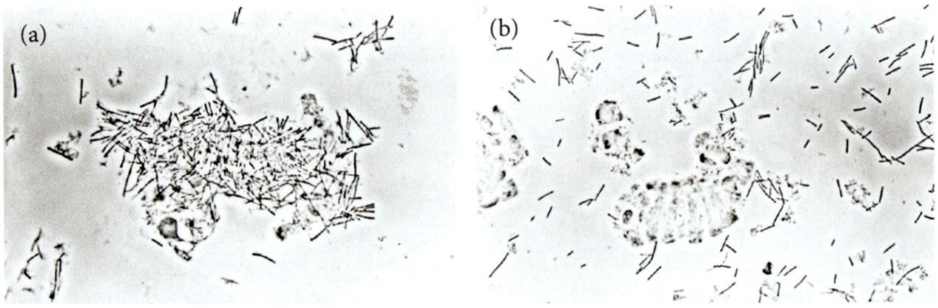

그림 16.3 (a) 송아지 장 상피세포들과 연관된 *Lactobacillus acidophilus* 부착 균주의 세포들. (b) *Lactobacillus acidophilus*의 비부착 균주의 세포들은 균일하게 분포되어 있고 같은 근원으로부터 상피세포에 부착을 보여주지 않는다.

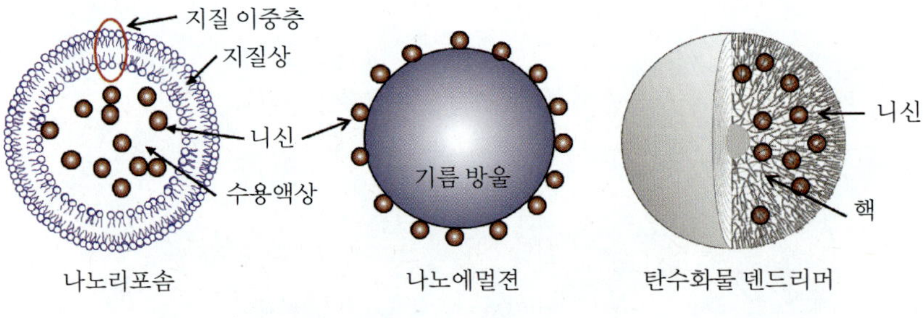

그림 17.4 박테리오신(니신) 전달에 사용되는 나노구조 개략도. 탄수화물 덴드리머 구조는 Dr. Yuan Yao(퍼듀대학)가 제공했다. (Bi, L. 등, *J. Control. Release*, *150*, 150–156, 2011.)

그림 20.1 곰팡이(*Mucor* 종들)에 의한 토마토 부패.

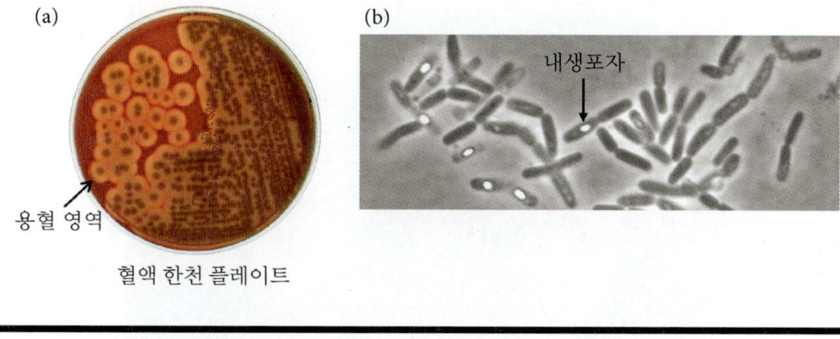

그림 27.2 (a) 용혈 영역을 보여주는 혈액 한천 플레이트의 *Bacillus cereus* 군집, (b) 내생포자를 나타내는 세포의 현미경 사진.

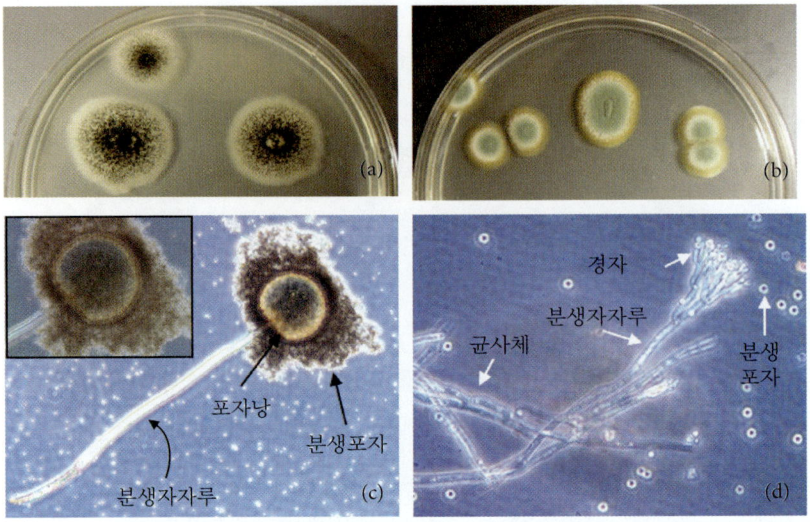

그림 28.1 곰팡이 사진. 패널 (a) 및 (b) 한천 플레이트에서 *Aspergillus niger* 및 *Penicillium citrinum*의 생장을 보여준다. 패널 (c) 및 (d)는 *Aspergillus niger*(c) 및 *Penicillium citrinum*(d)의 광학현미경 사진이다(배율 400배).

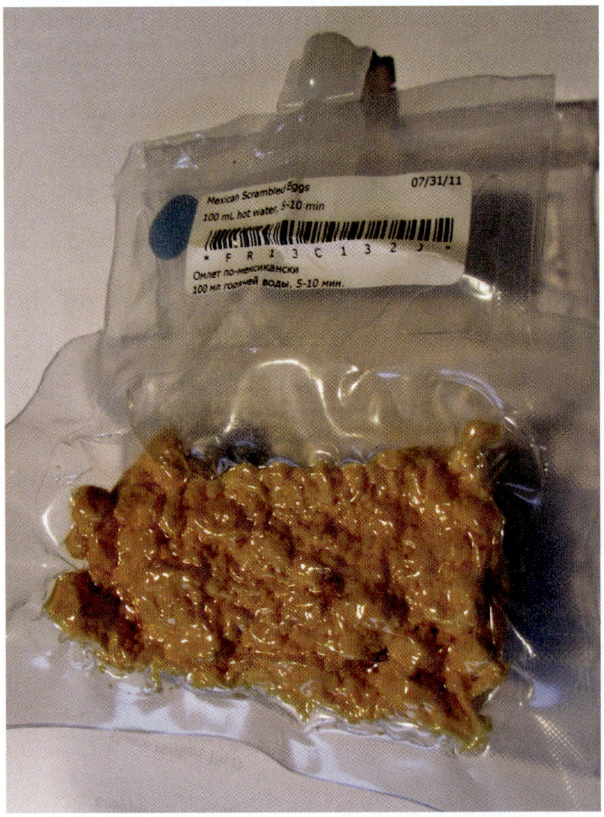

그림 35.1 우주비행사를 위한 동결건조 스크램블드에그. (NASA 제공, Johnson 우주센터, 휴스턴, 텍사스.)

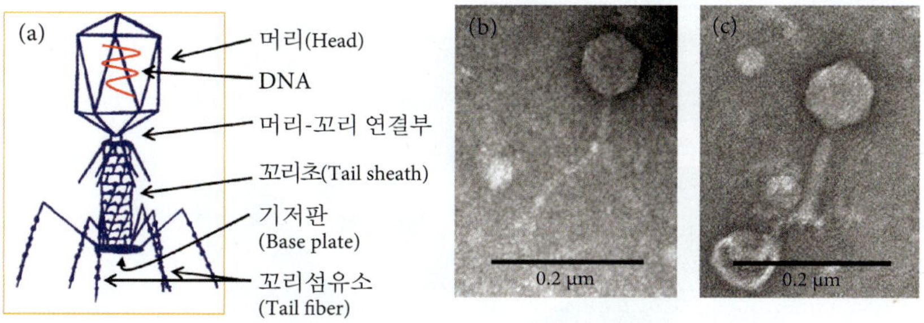

그림 38.1 (a) 전형적인 꼬리 박테리오파아지, T4 개략도 및 특별한 대장균의 투과전자현미경 사진(TEM)의 개략도, (b) 시포바이러스(얇은 꼬리), (c) 마이오바이러스(두꺼운 꼬리). (투과전자현미경 사진은 퍼듀대학의 Dr. Paul Ebner 와 Yanying Pan 에 의해 제공됨.)

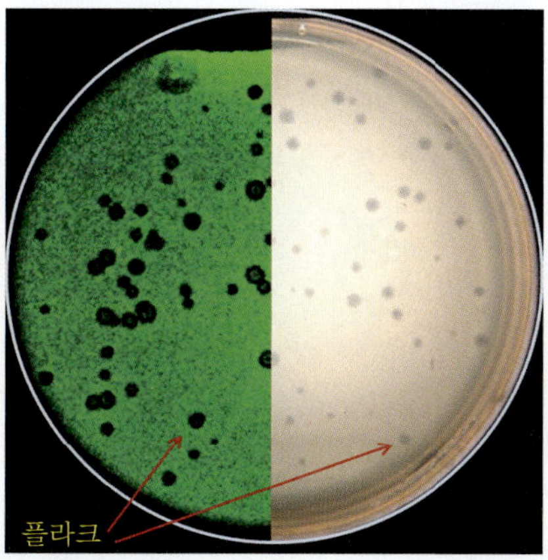

그림 38.2 숙주 세균의 용해를 일으키는 박테리오파아지 매개를 결정하기 위한 플라크 형성 단위(plaque-forming unit, PFU) 분석. S1 용해 파아지에 의해 생물발광 *Pseudomonas fluorescence* 잔디의 용해를 보여주는 플라크. 플레이트의 왼쪽 절반은 생물 발광성 *Pseudomonas* 잔디를 보여주는 광자 계수 카메라로 찍은 것이고 오른쪽 절반은 세포의 명확한 용해를 보여주는 자연광으로 찍은 것이다. (퍼듀대학의 Dr. Bruce Applegate 와 Philip Myer에 의해 사진 제공됨.)

그림 39.1 (컬러 삽입을 보라.) 방사능 식품의 표식. 국제 식품 규격, 식품 안전에 관한 국제위원회는 방사능 식품의 포장에 녹색을 넣은 로고를 개발했다. 미국의 방사능 식품은 단어 "방사선으로 처리" 또는 "방사선에 의해 처리됨"과 함께 이 로고로 표시된다.

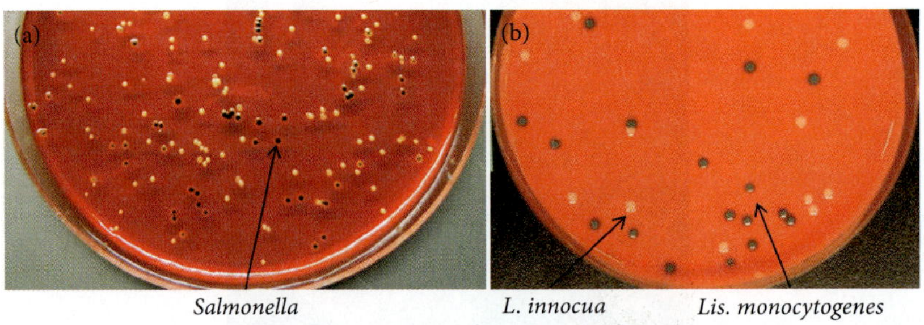

그림 42.1 (컬러 삽입을 보라.) (a) 생닭에서 XLD 배지를 이용하여 *Salmonella*를 분리. 전형적인 살모넬라 군락은 가운데 흑점을 지닌 핑크색 군락으로 나타난다. (b) RAPID′L. mono 배지에서 *Lis. monocytogenes*(병원체)과 *Lis. innocua*(비병원균체)의 분리.

4

미생물에 의한 식품부패

식품은 수용가능한 품질을 잃었을 때 부패되었다고 간주된다. 식품의 수용가능한 품질을 판단하는 데 고려되는 요인에는 색상, 질감, 향미(향기와 맛), 형태, 이상이 없는 것들이 포함된다. 식품에서 이러한 하나 이상의 특성의 손실은 부패 때문인 것으로 여겨진다.

식품부패는 경제적 손실뿐만 아니라 소비 가능한 식품의 손실도 초래한다. 미국과 필요 이상으로 더 많은 식품을 생산하는 일부 국가에서는 특정 수준까지의 식품부패를 심각한 것으로 고려하지 않는다. 하지만 식품생산이 효율적이지 못한 많은 국가에서, 식품부패는 식품의 이용성에 부정적인 영향을 미칠 수 있다. 세계 인구의 증가로 식품생산의 증산뿐만 아니라 일부 국가에서 특정한 생산품의 식품부패가 25% 이상이 되고 있는 상황에서 이들 식품부패를 감소시키기 위한 심각한 고려가 필요한 상황이다. 유엔 식량 농업기구와 세계보건기구는 매년 사람이 소비할 목적으로 생산되는 식량의 3분의 1이 낭비되는 것으로 추산하고 있다.

식품의 수용가능한 품질은 미생물의 증식과 바람직하지 않은 물리, 화학적 활성 및 설치류와 곤충의 만연에 의해 소실될 수 있다. 물리적인 부패의 예는 신선한 채소의 탈수(시듦)이다. 화학적 부패는 지방의 산화, pectinase와 proteinase에 의한 과일과 채소의 황변 그리고 일부 채소와 생선의 자가분해가 포함된다. 미생물에 의한 부패는 식품에서의 미생물 증식의 결과 또는 식품에 존재하는 일부 미생물의 효소의 활성 때문에 초래된다. 이 절에서는 미생물 증식과 미생물의 효소에 기인한 식품부패를 다음의 주제를 통해서 학습하게 될 것이다.

제19장

미생물에 의한 식품부패의 중요한 요인들

19.1 서론

미생물에 의한 식품의 부패는 식품에서 미생물의 증식 혹은 미생물이 효소들을 세포 밖으로 배출되거나 혹은 세포 안에 잔류(이 경우는 세포가 용해된 다음)하는 효소들을 생성하여 식품환경으로 방출한 결과로서 발생한다. 다른 식품종류들의 부패와 관련된 일부 감지가 가능한 변수들은 식품의 색상, 냄새 그리고 조직감 변화; 점액질 형성; 가스(혹은 거품)의 축적; 그리고 액체의 축적(침출물, 퍼지) 등이 있다. 미생물 증식에 의한 부패는 살아 있는 미생물 세포가 없는 상태에서 단지 미생물이 생성한 세포외 혹은 세포내 효소에 의하여 야기되는 부패보다 훨씬 빠르게 진행된다. 식품의 초기 생산(식물성 식품의 수확과 식용 동물의 도살)에서부터 최종적인 소비에 이르기까지의 과정에서 미생물 수와 증식을 감소시키는 방법들을 포함하여 식품의 식용 가능한 품질을 보존시키는 데에는 여러 가지 다른 방법들이 이용된다. 그러나 미생물들이 증식하여 식품부패를 야기하며, 이때 몇몇 식품들에 대하여는 그러한 부패가 상대적으로 높게 발생될 수 있다. 식품부패의 원인을 인식하고 부패를 효과적으로 억제하기 위한 수단을 개발하기 위하여 미생물에 의하여 야기되는 식품부패와 관련된 요소들을 이해하는 것이 중요하다.

19.2 부패의 발생 순서

일반적으로 미생물에 의한 식품부패가 일어나기 위해서는 몇 가지 이벤트들이 순차적인 단계를 거쳐서 발생해야 한다. 미생물들이 한 가지 또는 그 이상의 여러 가지 출처로부터 식품 안으로 침투해야 한다; 식품의 환경(pH, 수분활성도, 산화환원 전위, 영양성분, 억제인자)이 한 가지 또는 그 이상의 여러 가지 오염되어 있는 미생물들이 증식할 수 있도록 적절해야만 된다; 한 가지 또는 그 이상의 여러 가지 미생물 종류들이 증식할 수 있는 특정 온도에서 저장(혹은 방치)되어야 한다; 그리고 마지막으로 증식하고 있는 미생물 종류들이 식품 내에서 감지될 수 있을 정도의 변화를 야기하는 데 필요한 높은 균수까지 도달할 수 있을 만큼의 충분한 시간 동안 그 성장 조건에서 식품을 저장해야만 한다. 열처리된 식품에서, 부패와 관련된 미생물들은 특정한 열처리 과정(내열성 미생물들) 동안 살아남았거나 혹은 열처리 후(열처리 후 오염물질로서) 그 식품 내에 유입된다. 살아 있는 미생물 세포들이 없는 상태에서 미생물이 생성한 효소들에 의하여 식품이 부패되는 현상은 열처리 전에 그 식품의 미생물들에 의해 생성된 열에 안정한 효소로 인해 발생할 수 있다. 게다가, 그 효소들의 촉매 활동이 감지될 정도의 변화를 야기할 수 있을 만큼의 충분한 기간 동안 어떤 특정한 온도에서 그 식품이 보관될 필요가 있다.

19.3 미생물의 중요성

19.3.1 미생물 종류

가공되지 않은 대부분의 가공식품에는 일반적으로 증식하여 부패를 유발할 수 있는 다양한 종류의 곰팡이, 효모, 그리고 세균을 포함하고 있다. (바이러스와 기생충은 식품에서 증식하지 않는다.) 증식이 부패에 있어서 하나의 중요한 구성요소이기 때문에, 세균(더 짧은 세대시간 때문에), 다음으로는 효모, 그 다음으로는 곰팡이가 식품의 빠른 부패를 유발하기에 좋은 요건을 가지고 있다. 그러나 빵, 하드치즈, 발효건조 소시지, 산성 과일과 채소 등과 같이 세균이나 효모가 잘 증식할 수 없거나 상대적으로 더 오랜 기간 동안 저장된 식품에서는 곰팡이의 증식에 의해 부패가 더 잘 발생한다. 최근 이용되고 있는 식품의 진공포장 기술은 곰팡이 혹은 일부 효모에 의한 식품의 부패를 크게 혹은 어느 정도 감소시켰지만, 혐기성 및 통성혐기성균에 의한 부패를 감소시키는 데에는 큰 효과가 없었다. 그러므로 이 세 가지 미생물 그룹 중 가공식품에서 부패, 특히 빠른 속도의 부패를 가장 잘 일어나게 하는 미생물은 세균이며, 그 다음으로는 효모와 곰팡이가 뒤를 잇는다.[1~5]

19.3.2 미생물의 개체수

점액질의 형성 또는 가스와 액체의 축적을 동반한 식품의 색, 냄새 그리고 조직감에 있어서 감지할 수 있을 정도의 변화를 유발시키기 위해서는 미생물(주로 세균과 효모를 가리킴)이 증식하여 일정수준에 도달하여야 하는데, 보통 이를 가리켜 “부패감지수준”이라고 한다. 비록 그것(부패감지수준)은 식품과 미생물의 종류에 따라서 다양하지만 세균과 효모는 일반적으로 어떤 식품에서 일반적으로 존재하는 세포수 수준에서부터 증식하여 세포의 수가 약 10^7세포/g, /ml, 혹은 /cm^2까지 도달되어야만 “부패감지수준”에 도달한다. 부패와 미생물 종류별로 가지고 있는 자연적인 특성에 따라서 부패감지수준은 $10^{6\sim8}$세포/g, /ml, 혹은 /cm^2의 범위 내에 있을 수 있다. 황화수소, 일부 아민, 그리고 과산화수소 형성과 관련된 부패는 적은 미생물 수로도 감지될 수 있지만 젖산의 형성과 관련된 부패는 보다 많은 미생물 수에서만 감지가 가능하다. 미생물 세포들의 축적과 관련된 점액 형성은, 일반적으로 식품에서 세포의 수가 10^8세포/g, /ml, 혹은 /cm^2 이상이 되어야 감지가 된다. 상대적으로 보다 더 많은 초기 부패균(혹은 효모) 수를 가지고 있으며 그러한 미생물이 빠르게 증식하기에 적합한 저장 조건(짧은 세대시간) 하에 있는 식품이 더 긴 세대시간을 가진 미생물들의 적은 초기균 수를 가지고 있

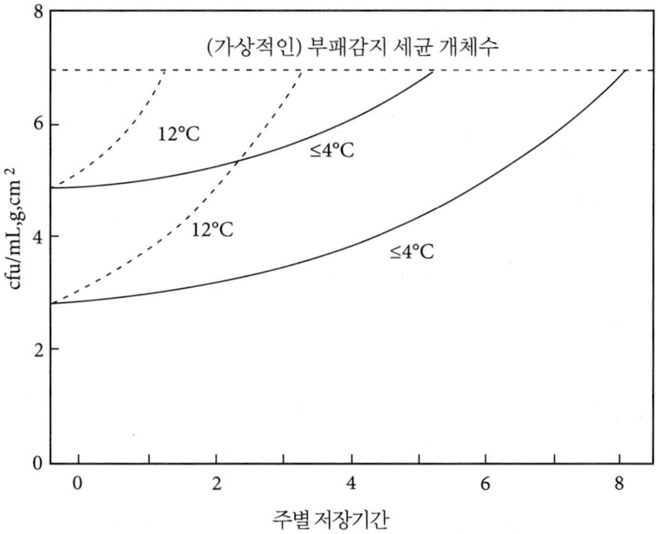

그림 19.1 냉장식품의 저장기간에 대한 초기 세균 개체수와 저장온도의 영향을 나타내는 예시 그래프.

는 식품보다 부패가 더 빨리 일어날 것이다. 가상적인 예시에서 보는 바와 같이(**그림 19.1**), 높은 초기 미생물 수(약 5 × 10^5/g)로 오염된 식품을 12°C에 저장했을 때 7일 이내에 부패감지수준에 도달하였으나 낮은 초기 미생물 수(약 5 × 10^2/g)로 오염된 식품을 12°C에 저장했을 때에는 20일에 도달하였다. 그러나 낮은 초기 미생물 수로 오염된 제품이 4°C에서 저장되었을 때(세대시간을 증가시키기 위하여)에는, 부패균이 증식하여 부패감지수준에 도달하기 위하여 55일이 걸렸다. 식품의 미생물에 의한 부패를 감소시키기 위해서는 초기 미생물 수를 적게 하고 저장기간 동안 부패미생물의 세대시간을 길게 조절하는 것이 필요하다. 단지 10^7세포/g, /ml, 혹은 /cm^2 정도의 세포(예: 초기에 대량 오염으로 인하여)가 증식하지 않는 상태로 식품 내에 단순하게 존재한다고 하여 어떤 식품이 그의 섭취 가능한 품질을 즉시 손실하지는 않을 것이라는 것을 인식해야 한다; 그러나 이러한 식품은 오염된 미생물이 증식하면서 매우 빠르게 부패가 진행될 것이다. 생물학적으로 가공된 식품들은 일반적으로 매우 높은 숫자의 미생물들을 함유하고 있다($10^{8\sim9}$세포/g 혹은 /ml). 그러나 정상적인 조건에서는, 그 미생물들은 바람직한 미생물 종류이며 그 발효식품들은 부패된 것으로 간주되지 않는다. *Alcaligenes*와 *Pseudomonas* 종들에 의하여 코티지 치즈에서 점액질이 형성되거나 이취가 발생하는 것과 같이, 이러한 식품들의 부패는 바람직하지 않은 세균이 증식함으로써 발생될 수 있다. 이러한 제품에서는 바람직하지 않은 세균이나 효모의 개체수를 측정하기 위하여 특정 미생물에게 선택적인 방법들이 사용되어야만 한다.[2,3,5]

19.3.3 중요한 지배적인 미생물

식품의 미생물학적 프로파일은 실험실배지에서 증식하고 있는 순수 배양된 미생물의 프로파일과는 매우 다르다. 부패되지 않은 비살균된 식품에는 일반적으로 다른 속의 세균, 효모, 그리고 곰팡이(바이러스 포함)와 같은 다양한 종류의 미생물, 혹은 같은 속에 속해 있는 하나 이상의 종들, 혹은 심지어 같은 종에 속해 있는 하나 이상의 균주들을 함유하고 있다. 각각 미생물 종류별 개체수 수준은 크게 다를 수 있다(제20장). 그러나 위에서 언급한 그 동일한 식품이 부패되었을 때, 그 부패된 식품은 대개 주도적으로 증식하고 있는 하나 혹은 두 종류의 미생물을 함유하고 있는 것으로 발견되며, 그 주도적인 미생물 종류들은 그 식품이 부패되지 않거나 신선한 상태이었을 때에는 애초에 가장 높은 균수들로 존재하지 않았을 수도 있다. 어떤 특정한 식품에서 초기부터 존재하면서 증식이 가능한 서로 다른 종들 중에서, 그 저장 조건하에서 가장 짧은 세대시간을 가진 미생물만이 빠르게 일정 개체수에 도달하여 부패를 야기한다. 선행연구 결과에 의하면, 어떤 소고기 검체(pH 6.0)가 초기에 약 10^3 세포/g의 미생물 개체수를 보유하고 있었으며, 이들은 1%의 *Pseudomonas*속, 11%의 *Acinetobacter*와 *Morexella*, 13%의 *Brochothrix thermosphacta*, 그리고 75%의 기타(*Micrococcus*, *Staphylococcus*, *Enterobacteriaceae*, 젖산균 등) 미생물들로 구성되어 있었다. 호기적 상태에서 12일 동안 2°C에서 식품을 저장한 후, 검체내 미생물 개체수는 6×10^7세포/g으로 증가하였으며, 그 중 *Pseudomonas* 종들이 99%, 그리고 나머지 다른 미생물들이 1%를 각각 차지하였다. 초기에 존재하던 세균종들의 대부분이 그 고기의 그와 같은 저장조건에서 증식할 수 있었지만, 그 중에서 *Pseudomonas* 종들이 가장 짧은 세대시간을 가지고 있었다. 그 결과로서, 초기에는 *Pseudomonas* 종들의 개체수가 1%에 불과하였으나 12일 후에는 그들이 지배적이 된 것이다(99%). 만약 동일한 고기 검체를 2°C에서 혐기적 조건(진공포장과 같은)으로 저장하여 미생물 개체수가 10^7/g에까지 도달하였다면, 확률적으로 가장 높은 가능성 측면에서 그들이 가장 잘 증식할 수 있는 이점 때문에 지배적인 주요한 세균들은 통성혐기성균들인 *Lactobacillus* 혹은 *Leuconostoc*, 혹은 두 가지 속 모두가 되었을 것이다.[1]

이와 관련하여, 비록 미생물이 증식하기에 최적화된 조건하에서도, 어떤 미생물종의 세대시간이 미생물 배지에서보다는 식품에서 훨씬 길다는 사실을 인식하는 것이 중요하다. 또한 같은 저장 조건하에서, 여러 개체가 섞여 있는 미생물 혼합 집단의 증식패턴은 미생물 배지에서 증식할 때와 비교하여 식품에서 증식할 때 크게 다를 수 있다. 이러한 현상 때문에, 어떤 식품으로부터 확보된 여러 종류들이 혼합된 초기 미생물 혼합 집단들을, 동일한 조건하에서 증식시키더라도, 액체배지 내에서와 원래 그 식품 내에서 증식시킨 후에 얻어지는 지배적인 주요한 미생물 종류들이 서로 다를 수 있다. 비록 미생물을 액체배지에서 증식시키는 것이 편리하고, 적절하게 설계하면, 중요한 초기단계의 정보를 제공할 수 있을지라도, 특정한 식품들을 사용하여 연구를 하는 것이 항상 더 좋다.

19.4 식품부패곰팡이

많은 곰팡이 종들이 수분활성도 수준(0.7~0.8)이 매우 낮은 고체식품에서 주로 자라면서 식품부패를 야기한다. 이들 곰팡이는 pH 3~8의 넓은 pH 범위에서 자란다. 가장 흔한 부패 종들은 *Mucor*, *Rhizopus*, *Botrytis*, *Penicillium*, 그리고 *Aspergillus*에 속한다. *Penicillium* 그리고 *Aspergillus*와 같은, 이러한 부패 곰팡이들의 일부는 (독성이 있는) 곰팡이독을 생성한다. 과일류와 채소류에서 특히 곰팡이 부패가 쉽게 발생한다. 실례로서, *Botrytis* 종은 산딸기, 포도, 딸기, 키위, 배, 복숭아, 자두, 앵두와 같은 과일류와 당근, 상추, 완두콩, 콩과 같은 채소류에 부패를 야기하는 것으로 알려져 있고, 반면에 *Mucor*와 *Rhizopus* 종은 사과, 딸기 등에 영향을 미친다.[6]

19.5 식품부패효모

효모는 일반적으로, 메이플시럽, 발효식품(피클, 사우어크라우트), 그리고 알코올음료와 같이, 당 혹은 염 함량이 높은 식품에서 부패를 야기한다. 게다가, 이러한 효모는 또한 낮은 pH를 갖는 과일류와 주스류에서 그리고 육고기와 치즈의 표면에서 자란다. 주요한 부패효모는 *Saccharomyces* 종, *Zygosaccharomyces*, *Candida*, 그리고 *Dekkera/Brettanomyces*가 있다.[7]

19.6 몇몇 중요한 식품부패균

이론상으로, 식품에서 증식하여 높은 수준(부패감지수준)으로까지 도달할 수 있는 미생물(식품 발효에 이용되는 미생물들과 병원성 미생물들을 포함)은 식품을 부패시키는 원인이 될 수 있다. 그러나 실제로는, 단지 몇 가지 속에 속하는 세균종들만이 대부분 식품의 부패와 더 밀접하게 관련되어 왔다. 이것은 세균의 특성, 식품의 특성, 그리고 저장 조건들에 의하여 영향을 받는다(제2장). 식품에서 지배적인 주요한 부패균들을 결정짓는 데 기여하는 이러한 요인 중의 몇몇이 미치는 영향이 간단하게 기술되었다.[2,3] 여기에 병원체는 포함되어 있지 않다.

19.6.1 저온세균

앞서 언급한 바와 같이, 저온세균은 5°C 혹은 그 이하의 온도에서 증식이 가능한 세균종들로 구성되어 있으나, 10~25°C까지, 심지어 그보다 더 높은 온도에서조차도 매우 빠르게 증식한다.[5] 많은 식품은 얼음(냉각)과 냉장상태에서 저장되며 그리고 몇몇 식품은 장기간의 저장기간(50일 혹은 그 이상)을 가질 것으로 예상된다. 식품을 가공하여 소비하는 과정에서 식품은 10°C 혹은 그 이상의 온도에서 부적절하게 방치될 수 있다. 저온세균(또한 저온성의 많은 효모와 곰팡이들)은 이러한 식품 내에서 부패를 야기할 수 있다. 만약 그 식품이 호기적 조건에서 저장된다면 저온성 호기성 세균들이 지배적인 주요한 부패균들이 될 것이다. 만약 식품들이 혐기적 조건에 저장된다면(또한 준비된 식품의 내부에서는) 혐기성 또는 통성혐기성균들이 지배적인 주요한 세균들이 될 것이다. 만약 식품이 저온처리된 후 낮은 온도에서 저장되는 동안 열처리 후 오염에 노출되지 않는다면 저온성 내열성 세균들이 부패를 야기시킬 수 있다.

몇몇 중요한 저온성 호기성 부패균

몇 가지 중요한 저온성 호기성 부패균들에는 *Pseudomonas fluorescens*, *Pseudomonas fragi*, 그 외의 *Pseudomonas* 종들, *Acinetobacter*, *Moraxella*와 *Flavobacterium*이 포함된다. (몇몇 곰팡이와 효모들이 이 그룹에 포함된다.)

몇몇 중요한 저온성 통성혐기성 부패균

몇 가지 중요한 저온성 통성혐기성 부패균에는, *Bro. thermosphacta*, *Lactobacillus viridescens*, *Lactobacillus sake*, *Lactobacillus curvatus*, 종명이 미확인된 *Lactobacillus* 종들, *Leuconostoc carnosum*,

Leuconostoc gelidum, *Leuconostoc mesenteroides*, 종명이 미확인된 *Leuconostoc* 종들, *Enterococcus* 종들, *Alcaligenes* 종들, *Enterobacter* 종들, *Serratia liquifaciens*, 몇몇 *Hafnia*와 *Proteus* 종들, 그리고 *Shewanella*(예전에는 *Alteromonas*) *putrefaciens*(그리고 몇몇 미호기성 효모) 등이 포함된다.

몇몇 중요한 내열성 저온세균

몇 가지 중요한 내열성 저온세균에는, *Bacillus coagulans*와 *Bacillus megaterium*의 포자들, 몇몇 *L. viridescens* 균주들, 그리고 *Clostridium laramie*, *Clostridium estertheticum*, *Clostridium algidicarnis*, *Clostridium putrefaciens*와 종명이 미확인된 *Clostridium* 종들 등의 포자들과 같은, 혐기성균들이 포함된다. 이 포자들은 낮은 온도 열처리에서 살아남아 생존이 가능하다. 발아하고 영양세포 상태가 된 후, 이 세포들은 낮은 온도에서 증식한다.

식품이 5°C 이상의 온도에서 부적절하게 방치되는 경우(예: 운송 또는 상점에서 진열되어 있는 동안과 같은 경우), 몇몇 진정한 호냉성 세균(증식온도 범위가 15°C~45°C, 최적 증식온도가 25°C~40°C)이 또한 증식할 수 있다. 그러나 10°C~15°C까지 온도에서는 저온세균들이 일반적으로 이러한 중온균들보다 매우 더 빠르게 증식할 것이다.

19.6.2 호열성 세균

정의에 의하면, 이 그룹에 속하는 세균들은 40°C~90°C 사이에서 증식하며, 최적 증식온도는 55°C~65°C이다. 몇몇 고온열처리 과정을 통하여 가공된 식품은 긴 시간 동안(델리조제식품 판매점, 패스트푸드점, 그리고 식당에서) 50°C~60°C 사이에서 따뜻하게 보관된다. 따뜻한 온도에서 발아하고 증식하여 부패를 야기하는, 몇몇 호열성 세균인 *Bacillus*와 *Clostridium* 속의 포자들은 이러한 열처리된 식품 내에 존재할 수 있다. 게다가, 낮은 열처리 과정(저온 살균과 같은)에서 살아남은 몇몇 내열성 영양세포 상태의 세균들 또는 열처리 후의 오염으로 인하여 식품 내로 유입된 호열성 균들이, 특히 온도가 50°C에 근접하면, 이러한 따뜻한 식품 내에서 또한 증식할 수 있다. 이들은 *Bacillus*와 *Clostridium* 종들뿐만 아니라 *Pediococcus acidilactici*와 *Streptococcus thermophiles*와 같은 몇몇 젖산균도 포함한다. 그 세균들은 또한 저온(몇몇 가공된 육류들의 경우에는 60°C~65°C)으로 조리되거나 혹은 긴 시간 동안 따뜻하게 보관된 식품 내에서 살아남아 생존이 가능하며 부패를 야기시킬 수 있다.

19.6.3 내산성 세균

pH 4.6 또는 그 이하의 식품에서 비교적 빠르게 증식할 수 있는 세균들은 일반적으로 내산성(혹은 호산성)으로 간주된다. 내산성 세균은 일반적으로 과일주스, 피클, 살사, 샐러드 드레싱, 마요네즈, 그리고 발효 소시지와 같은 산성 식품들의 부패와 관련되어 있다. 이형발효성 젖산균(*Lactobacillus fructivorans*, *Lactobacillus fermentum* 그리고 *L. mesenteroides* 등과 같은)과 동형발효성 젖산균(*Lactobacillus plantarum*과 *P. acidilactici* 등과 같은)은 이러한 식품의 부패와 관련되어 왔다. (효모와 곰팡이들은 내산성이며, 그러므로 그들 또한 그와 같은 산성 식품들의 부패와 관련되어 있다.)

19.7 식품들의 중요성

19.7.1 식품 종류

식품은 미생물에 의해 그들 자신이 부패되는 정도가 크게 다르다. 이러한 현상은 주로 그 식품들의 내부인자(수분활성도, pH, 산화환원 전위, 영양성분 함량, 항균물질, 그리고 보호구조물)의 차이에 의하여 기인된다. 낮은 수분활성도(0.90 정도) 또는 낮은 pH(5.3 정도)를 가지고 있는 식품은 수분활성도가 0.98 정도 또는 pH가 6.4 정도의 식품보다는 세균에 의한 부패에 덜 민감하다. 그러나 곰팡이 및 효모는 두 조건에서 모두 동등하게 잘 증식할 것이다. 미생물 증식에 미치는 내적인 변수들의 각각 하나하나의 영향은 제6장에서 기술되었다. 부패 민감도에 기초하여, 식품들은 상하기 쉬운 식품(며칠 이내에 빠르게 부패), 어느 정도 상하기 쉬운 식품(몇 주 또는 몇 개월 등의 상대적으로 긴 저장기간 보유), 그리고 잘 상하지 않는 식품(수개월 또는 몇 년 등의 매우 긴 저장기간 보유)으로 분류하여 그룹 지을 수 있다. 내적인 변수뿐만 아니라, 외적인 변수(저장 조건들) 또한 많은 식품의 미생물에 의한 부패의 용이성을 결정하는 데 있어서 중요한 역할을 한다.[3~5]

19.7.2 식품 영양성분

식품에서 미생물의 증식은 몇몇 식품 탄수화물, 단백질과 비단백질 질소(NPN) 화합물, 그리고 지방의 대사와 관련되어 있다. 미생물로 야기되는 부패에 대한 식품 내에 존재하는 탄수화물(다당류, 삼당류, 이당류, 단당류, 그리고 당알코올), 단백질 화합물(단백질, 펩타이드), NPN 화합물(아미노산, 요소, 크레아틴, 트리메틸아민 옥사이드), 그리고 지방(트리글리세라이드, 인지질, 지방산, 스테롤) 등의 영향을 여기에서 간단히 논의하도록 하겠다. 이러한 화합물 중에서 몇 가지 화합물의 미생물에 의한 대사경로는 제8장과 12장에서도 이미 설명되었다. "미생물은 다른 식품 영양성분을 대사하는 데 있어서 그들의 능력(셀룰로오스와 락토오스를 탄소원으로 활용하고, 카제인을 질소원으로 활용하며, 그리고 올레산의 산화를 활용할 수 있는 능력 혹은 무능력과 같은)이 매우 다양하다는 사실은 이전의 논의 과정에서 명확하게 밝혀졌다. 이와 유사하게, 동일한 영양성분(기질)이 다른 미생물에 의하여 다른 대사경로를 통하여 활용되어서 다른 최종산물(예: 동형젖산균과 이형젖산균에 의하여 대사되는 포도당)을 생성할 수 있다. 동일한 영양성분(기질)이 호기성과 혐기성 대사(각각 호흡과 발효)를 거쳐서 분해되어 각기 다른 최종산물을 생성할 수 있다. 그러므로 포도당으로부터 이산화탄소와 물을 생성하기 위하여 *Micrococcus* 종들에 의하여 호기적으로 이화작용을 통하여 대사가 이루어지고, 그리고 주로 젖산을 생성하기 위하여 락토바실러스 *L. acidophilus*에 의하여 혐기적으로 이화작용을 통하여 대사가 이루어진다. *Saccharomyces cerevisiae*는 호기적 대사에 의하여 포도당을 이산화탄소와 물로 분해시키지만, 혐기적 대사에 의하여는 포도당을 에탄올과 이산화탄소로 분해시킨다. 특정 조건하에서는, 몇몇 미생물은 또한 최종산물로서, *L. mesenteroides*가 자당을 대사하여 생성된 덱스트란(포도당의 중합체)과 같은, 고분자 화합물을 합성(동화작용)할 수 있다. 몇몇 미생물은 또한 식품 내의 거대분자 영양성분들(중합체들)을 작게 분해할 수 있는 세포 외부로 분비되는 효소들을 분비할 수 있다(몇몇 곰팡이에 의하여 생성되는 아밀라아제에 의하여 전분이 분해되는 것과 같이). 마지막으로, 몇몇

표 19.1 식품 영양성분이 미생물 대사에 의하여 분해되어 생성된 몇몇 최종산물

식품 영양성분	최종산물
탄수화합물	이산화탄소, 수소, 과산화수소, 젖산, 아세트산, 포름산, 호박산, 부티르산, 이소부티르산염, 이소벨레르산, 에탄올, 프로파놀, 부탄올, 이소부탄올, 디아세틸, 아세토인, 부탄디올, 덱스트란, 레반류
단백질 및 NPN 화합물	이산화탄소, 수소, 암모니아, 황화수소, 아민, 케토-산, 메르캅탄류, 유기 이황화합물, 푸트레신, 카다베린, 스카톨
지방	지방산, 글리세롤, 과수소산화물, 카르보닐 화합물(알데히드, 케톤류), 질소함유 알칼리류

미생물은 식품에서 증식하면서 색소를 합성할 수도 있다(*Micrococcus luteus*가 노란색 색소를 생성하는 것과 같이).

그러므로 어떤 식품에서 미생물이 증식하는 동안 식품 영양성분의 대사는 몇 가지 측면에서 식품의 합격품질을 부정적으로 변화시킬 수 있다. 이러한 변화에는 냄새(휘발성 최종산물들의 생성으로 기인된), 색깔(색소의 생산 또는 육류 미오글로빈의 산화와 같은 천연 색소 화합물의 산화), 조직감(채소에 있는 펙티나아제에 의한 펙틴의 분해, 단백질 가수분해효소에 의한 육류에서 조직의 연화 혹은 우유의 걸쭉해지는 현상), 가스의 축적(이산화탄소, 수소, 그리고 황화수소의 생산으로 인하여), 점액물질의 형성(텍스트란이나 다른 종류의 액소폴리사카라이드 생성 또는 전면 증식함에 의하여 초래된 매우 많은 미생물 세포들로 기인된) 그리고 액체의 축적(퍼지 축적; 수화작용에 관여된 물을 지탱하고 있는 구조물들의 분해로 인하여 신선한 육류와 가공된 육류에서 발생하는) 등이 있다. 이러한 변화 중 몇몇은 또한 식품의 pH에 대하여 미생물 대사산물의 영향으로부터 발생한다. 식품의 pH 저하를 일으키는, 미생물에 의한 유기산 생성은 식품의 수분 보유능력을 감소시킬 수 있다(저지방, 높은 pH로 가공된 육제품에서 몇몇 젖산균들의 증식과 같은). 이와 유사하게, 어떤 식품에서 미생물에 의한 염기성 화합물의 생성은 식품의 pH를 알칼리화시키고 또한 그 합격품질을 감소시킬 수 있다(저열처리에 의하여 가공된 육제품에서 아미노산의 탈탄산반응에 의한 아민 생성, pH의 알칼리성으로의 변화, 그리고 몇몇 가공된 육류에서 나타나는 밝은 갈색에서 분홍으로의 제품색깔 변화와 같은 경우; 제21장).

표 19.1에는 식품 영양성분이 미생물의 대사작용에 의하여 분해되어 생성된 식품부패와 관련된 최종산물 중의 일부가 나열되어 있다. 이러한 최종산물은 대사의 특성에 따라서 다양하다(예: 호기성 호흡, 혐기성 호흡, 또는 발효; 제8장과 12장). 이러한 다양한 대사산물이 미생물에 의한 식품부패와 관련된 변화들을 초래할 수 있다는 것은 분명하다(냄새가 바뀌거나, 가스를 생성하거나, 혹은 점액물질을 형성하는 등).[1~5]

19.7.3 식품 영양성분의 활용

대부분의 모든 식품은 미생물이 증식하는데 이용이 가능한 탄수화물, 단백질과 NPN 화합물, 그리고 지방을 어느 함량씩은 함유하고 있다. 그러나 식품에 존재하는 어떤 특정한 영양성분의 특성과 함량, 식품에서 증식하는 미생물의 종류, 그리고 대사방식(호흡이나 발효)에 있어서의 차이점들로 인하여 식품부패의 특성들이 크게 달라진다. 일반적으로 에너지를 생성하기 위하여, 미생물은 먼저 대사가능한 단당류, 이당류, 그리고 분자량이 큰 탄수화물들을 이용하고, 그 다음으로는 NPN, 소형 펩타이드, 그리고 분자량이 큰 단백질 화합물; 그리고 마지막으로 지방을 각각 달리 선호하여서 이용한다. 그러나 다시 한 번 강조하면, 대사의 특징들은 어떤 특정한 종이 어떤 특정한 탄수화물을 이용할 수 있는지(예: 유당을 이용할 수 있는 능력 여부)와 그리고 그 탄수화물의 농도(제한된 농도 혹은 높은 농도)에 의하여 결정된다. 또한 어떤 성분이든지, 작은 분자들이 큰 분자들(고분자들)보다 먼저 우선적으로 이용된다.

만약 어떤 식품이 오염된 미생물에 의하여 발효될 수 있는 탄수화물을 함유하고 있다면, 보통 그것부터 먼저 우선적으로 대사가 될 것이다. 만약 대사가 가능한 탄수화물이 충분한 양으로 존재한다면 대사 경로는 미생물이 빠르게 증식하는 동안 변화되지 않고 남아 있다. 그러나 만약 그 탄수화물이 제한된 농도로 존재한다면, 그 탄수화물이 모두 사용된 다음에는 미생물은 보통 NPN, 소분자의 펩타이드, 그리고 다른 단백질 화합물을 사용하기 시작한다. 예를 들면, 대사가 가능한 탄수화물(과당, 포도당, 자당)을 상대적으로 높은 함량으로 함유하고 있는 과일주스에서 증식하고 있는 효모들은 이산화탄소와 물(호기적으로) 또는 알코올과 이산화탄소(혐기적으로)를 생산할 것이다. 그러나 제한된 양의 포도당을 함유하고 있는 신선한 고기에서 호기적으로 증식하고 있는 *P. fluorescens*는 포도당을 먼저 우선적으로 대사에 이용하고 그 다음에는 유리 아미노산과 다른 NPN 화합물을 대사하여 이용하기 시작할 것이다. 만약 이 세균이 오랜 시간 동안 증식할 수 있도록 한다면, 이 세균은 고기 단백질을 분해할 수 있는 세포외 단백질 분해효소들을 생성하여 다음 단계의 대사반응에 이용될 수 있는 작은 분자량의 펩타이드와 아미노산을 생성할 것이다. 시간이 지남에 따라서, 세균은 심지어 육류 지방을 분해할 수 있는 리파아제를 생산하고, 그로 인하여 생성된 일부 지방산을 이용할 수 있을 것이다. 대량의 탄수화물(유당)과 단백질이 함유된 식품(우유와 같은)에서는 유당대사를 하는 미생물이 유당을 우선적으로 이용하여 산 또는 산과 가스를 생성할 것이나(*Lactococcus lactis*는 젖산을 생산하고 *Leuconostoc* 종들은 산과 가스를 생성할 것이다), 유당을 이용할 수 없는 미생물은 증식하기 위하여 NPN과 단백질 화합물을 이용할 것이다(*Pseudomonas* 종). 이러한 세균들의 부패 패턴은 매우 다르게 될 것이다.

보통 정상적으로 식품에 존재하고 있는 바와 같이, 하나의 혼합된 미생물 집단에서는, 그들이 이용하여 대사할 수 있는 탄수화물들의 이용가능성과 양은 부패의 패턴에 크게 영향을 미친다. 신선한 육류는 포도당 함량이 낮기 때문에 미생물에 의한 NPN과 단백질 화합물들의 분해로 인한 부패에 민감하다. 그러나 만약에 대사가 가능한 탄수화물(포도당, 자당, 혹은 유당과 같은)이 육류에 첨가되면 탄수화물 대사가 지배적으로 일어나게 될 것이다. 만약 젖산균이 자연적인 미생물 균총으로서 존재하고 증식환경이 그들에 적합하다면, 그들은 충분한 산을 생성하여 NPN과 단백질 화합물을 우선적으로 대사에 이용하는 많은 정상적인 미생물균총(예: 그람음성 저온세균들)의 증식을 못하게 막을 것이다. 이러한 현상을 보통 '단백질절약효과'(단백질이 대사되지 않음)라고 일컫는다. 많은 가공 육제품들을 배합하여 제조할 때, 쉽게 대사될 수 있는 간단한 탄수화물들(보통 포도당을 사용)이 이러한 단백질절약효과를 발생시키기 위하여 이용된다.[1,2]

19.7.4 순차적인 미생물 증식

어떤 식품의 내적인 그리고 외적인 요인들 또는 환경들이, 식품에 정상적으로 존재하는 혼합된 미생물종들 중에서, 어느 미생물종들이 빠르게 증식하여 부패를 야기할 만큼 지배적으로 증식하게 될지를 결정한다. 그러나 지배적인 주요한 종류의 미생물이 증식함에 따라서 그들은 대사산물을 생성하고 식품환경을 변화시킨다. 그러한 변화된 환경에서, 초기에는 존재하였지만 경쟁을 할 수 없었던, 몇몇 다른 종들이 빠르게 증식할 수 있는 더 유리한 위치에 있을 수 있고, 그리고 제3의 미생물 종류가 빠르게 증식할 수 있는 상태로 식품의 환경을 다시 한번 변화시킬 수 있다. 만약 충분한 시간이 주어진다면, 지배적인 주요한 미생물 종류들과 어떤 식품의 부패 특성이 변화될 수 있다. 어떤 우유 검체 내에서 *Lactococcus* 종, 내산성 유당-비분해 *Bacillus* 종, 그리고 그람음성간균(*Pseudomonas* 종들과 같은)의 순차적인 연속적인 증식은 하나의 가상적인 예시로서 이용될 수 있다. 초기에는, 락토코커스종(유당을 대사할 수 있는)들이 그들이 증식하기에 적합한 조건하에서 빠르게 증식하면 원래 6.5였던 pH를 5.0으로 감소시켜서 그 식품 내 존재하고 있던 많은 다른 미생물종들의 증식 속도를 감소시킨다. pH가 5.0 이하로 떨어지면서, *Lactococcus* 종들의 세대시간은 더 길어진다. 그러나 *Bacillus* 종들은 내산성이기 때문에 이때부터 증식을 시작하여, 단백질을 대사하고, pH(5.8 정도까지)를 증가시킨다. 그러한 높은 pH에서, 초기부터 존재하던 *Pseudomonas* 종들은 이때부터 NPN과 단백질 화합물을 대사분해하여 증식하고 그리고 염기성 대사산물(아민, 암모니아)들을 생성하여 pH를 더욱더 증가시킬 수 있다. 이러한 방식으로, 식품을 아주 긴 시간 동안 저장한다면, 어떤 식품에서는 지배적인 주요한 부패 미생물과 부패와 관련된 대사산물(예: 부패의 특성)이 변화할 수 있다.[3]

19.8 결론

식품에서 미생물이 높은 수준으로까지 증식하면 식품의 품질에 있어서 감지할 수 있는 변화들을 야기하는데, 이러한 현상을 일반적으로 부패라고 명명한다. 부패의 특성들은 미생물의 종류와 대사되는 식품 성분의 차이점들에 따라서 제각기 다르다. 식품부패의 다양한 양상이 이번 장에서 논의되었다. 제20장에서는, 특정한 식품 그룹별 부패, 관련된 지배적인 주요한 미생물, 그리고 부패의 특성 등이 논의될 것이다.

학습문제

1. 어떤 식품이 미생물에 의하여 부패되었다고 언제 간주되는지를 기술하시오. 한 팩의 런치미트(고기와 곡류를 갈아서 섞어 만든 통조림 식품)를 2주 내지 3주 동안 냉장고에 넣어두고 그 사실을 잊어 버렸었다. 그 런치미트 팩을 열었을 때, 약간 시큼한 냄새가 나는 것을 느꼈다. 친구들에게 냄새를 맡아 보라고 했는데 그들은 별다른 이상한 냄새는 나지 않았다고 하였다. 이러한 차이에 대한 이유로는 무엇이 될 수 있는가?
2. 2 L들이 소프트 드링크 1병을 개봉했다가 냉장고에 넣어 둔 후, 그 사실을 잊어 버렸었다. 2주 후에, 액체 표면에 약간의 곰팡이들이 자라고 있는 것을 발견하였다. 이러한 부패를 초래한 일

련의 이벤트들을 순서대로 기술하시오.

3. 식품부패에서의 미생물 종류와 개체수의 중요성에 대하여 논의하시오.
4. 어떤 식품은 보통 최초에 그 식품에 존재하고 있던 많은 종류의 미생물 중에서 몇몇 한정된 (보통 1가지 또는 2가지) 종류의 미생물에 의하여 부패된다. 어떻게 하여 이러한 우세종의 지배적인 현상이 구축되는지에 대한 이유를 기술하시오.
5. 현재로서는, 저온세균이 가장 중요한 부패균임이 틀림없다. 이 사실과 관련하여 받아들여질 수 있는 이유들을 제안하시오.
6. 저온세균들이 어떻게 하여 임의적으로 그룹으로 나뉘어질 수 있는가? 각 그룹에 속하는 2가지 세균종을 예로 드시오. 또한 내열성, 호열성, 그리고 내산성 부패균들을 각각 2개씩 예를 드시오.
7. 호기적 호흡, 혐기적 호흡, 그리고 발효에 대하여 정의하시오. 식품 영양성분들로부터 유래되는 (a) 냄새와 그리고 (b) 가스형성과 관련된 대사물질 4가지씩을 각각에 대하여 나열하시오.
8. 미생물들에 의하여 우선적으로 선호되는 영양성분 대사 기작의 중요성을 논의하고 육류와 우유를 예로 사용하여, 이러한 현상으로부터 야기되는 식품부패의 특성을 논의하시오.

참고문헌

1. Gill, C.O., The control of microbial spoilage in fresh meat. In *Advances in Meat Research: Meat and Poultry Microbiology*, Vol. 2, Pearson, A.M. and Dutson, T.R., Eds., AVI Publishing, Westport, CN, 1986, p. 49.
2. Kraft, A.A., Health hazard vs. food spoilage. In *Psychrotrophic Bacteria in Foods*, CRC Press, Boca Raton, FL, 1992, p. 113.
3. Sinell, H.J., Interacting factors affecting mixed populations. In *Microbial Ecology of Foods*, Vol. 1, Silliker, J.H., Ed., Academic Press, New York, 1980, p. 215.
4. Ray, B., Foods and microorganisms of concern. In *Food Biopreservatives of Microbial Origin*, Ray, B. and Daeschel, M.A., Eds., CRC Press, Boca Raton, FL, 1992, p. 25.
5. Gram, L., Ravn, L., Rasch, M., Bruhn, J.B., Christensen, A.B., and Givskov, M., Food spoilage: Interactions between food spoilage bacteria, *Int. J. Food Microbiol.*, 78, 79, 2002.
6. Moss, M.O., Fungi, quality and safety issues in fresh fruits and vegetables, *J. Appl. Microbiol.*, *104*, 1239–1243, 2008.
7. Stratford, M., Food and beverage spoilage yeasts. In *Yeasts in Food and Beverages*; Querol, A. and Fleet, G., Eds., Springer, Berlin Heidelberg, 2006, pp. 335–379.

제20장

특정 식품 종류의 부패

20.1 서론

다른 식품군별로 일반적으로 존재할 것으로 예상되는 주된 미생물 종류들은 제2장과 4장에서 언급되었다. 초기에는, 적절한 위생 환경 하에서 가공된 식품은 일반적으로 부패를 일으키는 수준보다 매우 낮은 수준의 미생물을 포함하고 있다. 그 후, 그 식품 내 초기에 존재하는 일부 미생물 종이 증식하면서 부패를 야기하는 수준까지 증식할 수 있다. 이때 어떤 종의 미생물이 상대적으로 빨리 증식하여 주된 부패 미생물로 될 수 있는지는 많은 요인들에 의하여 결정된다. 미생물 종류 이외에, 식품 종류와 식품 환경(내적, 외적인 요인들)이 식품 내 주된 부패 미생물군을 결정짓는 데 중요한 역할을 한다. 이러한 양상들은 제4장과 6장에서 이미 논의되었다. 이 장에서는 다른 식품군별로 부패와 연관된 주요 미생물들을 기술하고자 한다. 하나의 식품군에 속한 식품들은 영양성분함량과 환경면에서 유사성을 가지고 있으므로, 일반적으로 유사한 미생물 종류들이 부패와 연관되어 있다. 이 장에서는 병원균은 포함되어 있지 않다.

20.2 신선 육류 제품과 즉석섭취 육류 제품

20.2.1 신선 육류

식용가축이나 가금류로부터 유래된 신선한 육고기는 효모나 곰팡이뿐만 아니라 다양한 종류의 잠재적 부패균들인 *Pseudonomas, Acinetobacter, Moraxella, Shewanella, Alcaligenes, Aeromonas, Escherichia, Enterobacter, Serratia, Hafnia, Proteus, Brochothrix, Micrococcus, Enterococcus, Lactobacillus, Leuconostoc, Carnobacterium*, 그리고 *Clostridium* 종을 보유하고 있다.[1~3] 육류 내 주된 부패 미생물군은 이용 가능한 영양성분, 이용 가능한 산소, 저장 온도, pH, 저장 시간, 주어진 환경 내에 존재하는 미생물의 증식 속도에 의하여 결정된다. 사후강직 상태의 육류는 비단백 질소(NPN) 화합물(약 13 mg/g 아미노산과 크레틴), 펩타이드 그리고 단백질이 풍부하나, 낮은 농도의 탄수화물(약 1.3 mg/g

글리코겐, 포도당, glucose-6-phosphate), 약 pH 5.5, 그리고 0.97보다 높은 수분활성도를 갖고 있다. 어둡고-단단하며-건조한(DFD) 육류는 탄수화물이 거의 없고 pH가 6 또는 그 이상이다.

냉장설비를 사용할 수 없는 경우를 제외하고는 미생물로 인한 부패를 지연시키기 위하여 신선한 육류는 냉장온도에서 저장된다. 이 때문에 저온세균은 가공되지 않은 육류 부패의 가장 주된 유형이다. 낮은 온도에서의 호기적 저장은 저온 호기성균과 통성혐기성균의 성장에 알맞다. 소매용 작은 토막의 육류에서는 빠른 증식 속도를 갖는 *Pseudomonas* 종이 처음에는 포도당을 사용하고 그 후 아미노산을 사용하면서 빠르게 증식한다; 아미노산의 분해 대사작용은 악취를 풍기는 황화메틸, 에스테르, 산의 생성을 수반한다. 높은 pH 또는 낮은 포도당 함량을 갖거나 두 가지를 모두 포함하는 육류에서는 포도당 대신 아미노산을 우선적으로 대사시키는 *Acinetobacter*와 *Morexella*가 빠르게 증식하면서 불쾌한 냄새를 생성할 수 있다. 이런 절대호기성균에 의한 이취를 동반하는 부패는 균수가 약 $10^{7\sim8}$세포/cm^2 정도에서 발생되며 점액질은 균수가 약 $10^{8\sim9}$세포/cm^2 정도 되었을 때 발생된다. 적색의 산화된 미오글로빈은 산화가 더욱 진행되면 회색이나 갈색의 메트미오글로빈으로 전환된다. DFD 육류는 더욱 빠르게 부패된다. 왜냐하면 탄수화물이 없기 때문에 세균이 즉시 아미노산을 최대한 이용하기 때문이다.

CO_2와 O_2의 혼합 기체와 같이 MA(modified atmosphere) 상태 하에서 냉장된 육류는, 특히 pH 6.0 또는 더 높은 상태에서(DFD 육류), 통성혐기성균인 *Brochothrix thermosphacta*의 증식에 적합하다. 이 균들은 포도당을 아세트산과 아세토인으로, 루신과 발린을 이소발레릭산과 이소부티릭산으로 분해 대사시키며, 이취(치즈냄새)를 생성한다. 혐기적 조건 하에서 이 균들은 포도당을 분해 대사시키어 적은 양의 젖산(부패 원인으로 간주되지 않음)을 생성한다.

저온성 통성혐기성균과 혐기성균은 진공포장된 육류 내에서 증식되어 다양한 종류의 부패를 일으킬 수 있다. *Lactobacillus curvatus*와 *Lactobacillus sake*는 포도당을 젖산으로, 아미노산인 루신과 발린을 이소발레릭산과 이소부티릭산으로 대사시킨다. 이런 휘발성의 지방산들은 $10^{7\sim8}$세포/cm^2보다 많은 개체군 수준에서 육류에 치즈냄새를 부여한다. 이러한 부패는 포장을 개봉 후 냄새가 사라지기 때문에 매우 바람직하지 않다고 간주되지는 않는다. 그러나 그들이 시스테인을 분해 대사하여 H_2S 가스를 생성할 때, 육제품들은 불쾌한 냄새와 색을 갖게 된다. 이형 발효성의 *Leuconostoc carnosum*과 *Leuconostoc gelidum*은 CO_2와 젖산을 생성하고 이것들은 포장 내 가스와 액체의 축적을 야기한다. 호기적 환경과 혐기적 환경에서 모두 자랄 수 있는 *Shewanella putrefacience*는 아미노산(특히 시스테인)을 분해 대사하여 많은 양의 메틸황 화합물과 H_2S를 생성한다. 그것들은 불쾌한 냄새 이외에도 육류의 정상적인 색깔에 좋지 않은 영향을 준다. H_2S는 미오글로빈을 메트미오글로빈의 형태로 산화시키며, 결과적으로 녹색변색을 일으킨다. 통성혐기성균인 *Enterobacter*, *Serratia*, *Proteus* 그리고 *Hafnia* 종은 육류 내에서 증식하는 동안 아미노산을 분해 대사하여 아민, 암모니아, 메틸황 화합물, 메르캅탄을 생성하고, 결과적으로 부패를 야기한다. 몇몇 균주는 또한 육류의 녹색화를 야기할 수 있는 적은 양의 H_2S를 생성한다. 아민과 암모니아의 생성으로 인하여, 육류의 pH는 보통 알칼리로 변화되며, 육류는 분홍색 또는 적색을 띨 수 있다. 저온세균인 *Clostridium laramie*와 같은 *Clostridium* 종은 육류의 단백질 분해와 조직의 파괴, 포장 내 액체의 축적, H_2S로 인해 생성되는 불쾌한 냄새 등과 관련된 부패를 야기하는 것으로 알려져 왔다. 육류의 색깔은 초기에는 비정상적으로 적색을 띠다가 녹색(H_2S로 인한 미오글로빈의 산화 때문에)으로 바뀐다. 몇몇 *Clostridium* 종과 아마 *Enterococcus*는 'bone sour'나 'bone taint' 이라 불리는 뼈근처 깊은 부분의 우둔살과 햄의 부패를 야기할 수 있다.

세분된 육류는 소분된 육류보다 표면적이 넓기 때문에 더 빠르게 부패된다. 호기적 저장환경 하에서 호기적 세균(주로 *Pseudomonas* 종)의 증식은 냄새, 조직감, 색깔, 그리고 끈적거림 면에서 변화를 야기한다. 내부는 초기에는 미호기성(트랩된 공기에서 나온 산소가 용해되었기 때문에) 상태이며 나중에 혐기성 상태로 변화하여 통성혐기성균이 주로 증식한다. 진공포장된 제품에서는, 초기 단계에서 젖산균이 주로 증식한다. 포장 내에서 이형 발효성 젖산균은 가스의 축적을 야기할 수 있다. 몇몇 젖산균은 또한 아미노산을 이용하여 증식한다. 포도당이 모두 소비되면, 그람음성의 통성혐기성균들이 증식하며 아미노산을 분해하여 부패 취를 생성한다.

신선한 육류의 부패를 감소시키기 위해서는, 초기균 수를 감소시켜야 한다. 그리고 낮은 온도 (0°C~−1°C 정도)에서 보관하고, MA(변형기체) 포장과 진공포장을 이용해야 한다. 초기 미생물 수를 감소시키거나 그람음성간균의 증식 속도를 낮추기 위하여 몇 가지 다른 방법들이 사용되거나 시험되고 있다. 이런 방법들에는 적은 양의 유기산을 첨가하여 고기의 pH(pH 5.0보다 약간 높음)를 낮추거나, 육류 표면을 건조(수분활성도를 감소하기 위하여)하거나, 더 낮은 온도에서의 저장을 포함하는, 이전에 사용되었던 방법들을 병행처리하는 기술들이 있다.

20.2.2 즉석섭취 육류 제품

이 그룹은 고온공정에서 가공된 그리고 저온공정에서 가공된 비염장 그리고 염장 육제품들이다. 고온공정에서 가공된 염장 그리고 비염장 육류는 상업적 무균상태로 만들기 위하여 열처리된다. 그로 인해 이들 제품은 적정온도에서 저장되면 발아하지 않는 몇몇 내열성포자만 잔류되어 갖게 된다. 이런 양상들은 통조림 제품 내 미생물의 증식과 관련되어 이미 설명되었다(제4장과 33장).

로스트같이, 저온공정에서 가공된 비염장 육류는 내부온도가 140°F~160°F(60°C~71°C) 정도로 열처리된다. 일반적으로 육류의 표면(그리고 대부분의 미생물들)은 육류의 크기(10파운드 [4.6 kg]보다 큰)에 따라서 최종온도에서 1시간 혹은 그 이상 노출된다. 이러한 조건 하에서는 단지 *Bacillus*와 *Clostridium* 종의 포자와 몇몇의 극내열성 비포자 형성 영양세포종(제품 내 *Lactobacillus viridescens*, 몇몇 *Enterococcus*, *Micrococcus*)만이 살아남을 수 있다. 그러나 이 제품들은, 포장 내에서 요리되고 부분으로 잘려서 나누어지지 않았을 때도, 최종 진공포장과 냉장보관 전에 개봉되어서 취급된다.[1,3] 그러므로 장비, 개인, 물, 공기로부터 많은 미생물 종류들이 열처리 후 오염물질로서 이들 제품에 혼입될 수 있다. 어떤 경우에는, 열처리 후 첨가되는 양념이나 다른 재료가 이 제품들의 미생물 오염의 원인이 될 수 있다. 몇몇 제품들은 진공포장 전 얇게 썰게 되는데, 이러한 현상이 장비나 환경으로부터 이 제품들의 표면이 오염될 수 있는 기회를 증가시킨다. 저온 통성혐기성균과 혐기성균이 지금까지 이런 제품들의 부패에 연관되어왔다. 진공포장된 구운 소고기, 구운 칠면조고기, 구운 닭고기 내에서, 이형 발효성 세균인 *Lactobacillus* 종, *Leuconostoc* 종은 열처리 후 오염물질로서, 향미, 색깔, 조직감의 변화를 거의 야기하지 않으며 포장 내에 많은 양의 가스(CO_2)와 액체(산 생성 때문)의 축적을 동반하는 부패에 관련되어왔다. 저온세균인 *Clostridium* 종에 의하여 진공포장된 구운 소고기 내에,

이취 그리고 갈색에서 분홍색 혹은 적색(4주 후)의 색깔 변화와 함께, 가스 생성과 배출물 축적이 검출되어왔다. 부패된 얇게 썰은 구운 소고기에서는, 구운 소고기의 갈색이 분홍색(1주 내)으로 변하고 또한 구운 소고기는 부패 냄새(6주 후)가 났다. *Proteus* 종과 *Hafnia* 종이 이런 제품들의 부패와 연관이 있다(제21장).

저온공정에서 가공된 염장 육류는 소, 돼지, 가금류로 만들어진 프랭크, 볼로나, 햄, 런천미트와 같은 다양한 제품을 포함한다. 육류는 색, 조직감, 향미, 유통기한, 그리고 안전성을 향상시키기 위하여 다양한 종류의 첨가제와 혼합된다. 이러한 첨가제에는 아질산염, 소금, 덱스트로즈, 인산염, 솔베이트, 에리소르빈산염, 탈지분유, 콩 단백, 카라기난, 그리고 여러 종류의 향신료 등이 있다. 몇 가지 저지방 제품들은 보통 30% 이상의 지방(몇몇 프랭크들)을 갖고 있는 제품들과 비교하여 매우 낮은 지방(2% 이하)을 함유하고 있다. 몇몇 제품들, 특히 저지방 제품은 인산염과 다른 재료들의 첨가와 높은 수분 함량 때문에 6.8 정도까지의 높은 pH 값(pH 6.0 이하인 다른 제품과 비교하여)을 갖는다. 그들은 내부온도 150°F~160°F(65°C~71°C)로 요리된다. 이 제품들의 크기에 따라서 표면은 중앙지점보다 더 긴 시간 동안 최종온도에 노출될 수 있다. 이 제품들은 분쇄 육류나 다진 육류로 만들어지기 때문에, 미생물들이 제품 전체에 분산된다(굽거나 혹은 소매용으로 절단된 육류의 경우는 미생물이 주로 표면에 존재하나, 다진 고기를 사용하여 미리 성형된 구운 육류나 스테이크 등은 미생물이 이들 제품 전체에 분산된다). 그러므로 요리 과정 중 살아남은 내열성 세균들은 제품 전체에 존재한다. 요리 이후에 이 제품들은 진공상태로 재포장되거나 또는 CO_2나 $CO_2 + N_2$를 이용한 MA(변형기체) 포장 전, 혹은 비포장상태로 판매되기 전에 광범위하게 취급된다. 가열처리 후 사용되는 가공 단계들(얇게 썰기, 토막 썰기와 박피)에 따라서 이 제품들은 장비, 개인, 공기 그리고 물로부터 유래되는 미생물들로 오염될 수 있다. 몇몇 미생물들은 가공환경 중에, 특히 위생처리하기 어려운 공간(또는 dead spot)에서, 스스로 자생하기도 한다. 프랭크와 같은 제품들에서는 미생물들이 표면에만 주로 오염된다. 그러나 얇게 썰어진 제품들에서는 절단 이후에 그 제품에 전체적으로 분산된다.

진공포장되거나 가스포장된 제품들은 저장 중 저온세균인 *Lactobacillus* 종(동형발효 젖산균인 *L. sake*, *L. curvatus*와 이형발효 젖산균인 *L. viridescens*)과 그리고 *Leuconostoc* 종(*L. carnosum*, *L. gelidum*, 그리고 *Leuconostoc mesenteroides*)에 의해 부패될 수 있다. 진공포장된 제품들 내에서 미생물의 증식으로 인하여 포장이 헐거워지게 된다. 세균의 종류에 따라서, 이 제품들은 탁한 외관과 많은 양의 가스(CO_2)와 액체, 그리고 자당(또는 꿀)을 포함한 제품 내에서는 *Leuconostoc* 종에 의하여 세균세포와 덱스트란 생성에 의하여 점액질 형성, 그리고 약간의 산취를 보인다. 몇몇 제품에서는 *Serratia* 종(*Serratia liquefaciens*)의 증식이 아미노산의 분해를 야기시키고, 이와 같은 현상이 암모니아성 냄새(기저귀 냄새)를 야기한다. 저지방의 진공포장된 칠면조 롤(부분 또는 얇게 썰어진)은 아마 몇몇 젖산균의 증식으로 인하여 약 5주 후 분홍색을 띤다. 호기적 환경에서의 저장(비포장 또는 투과성 필름으로 싸여진)될 때에 몇몇 *Lactobacillus* 종은 빠르게 H_2O_2를 생성하고, 그것은 니트로소헤모크롬(니트로소미오글로빈을 가열하여 생성된)을 갈색의 메트미오글로빈이나 혹은 산화된 폴피린으로 산화시킬 수 있으며, 이들 중의 몇몇은 녹색을 띠게 된다. 냉장된 런천미트에는 *Enterococcus casseliflavus*의 증식으로 인한 형광성의 갈색 또는 노란색의 점들이 생길 수 있다(제21장). 포장에 발견할 수 없는 손상 때문일지라도 발생할 수 있는 공기의 누수로 인하여 효모와 곰팡이가 내부에서 자랄 수 있다.

탄수화물이 없는 조리된 비포장 제품들은 그람음성의 단백질 분해능 세균의 증식과 그로 인한 단백질 분해로 부패가 시작될 수 있다. 오랜 시간 동안 이 제품들이 저장되었다면 효모와 곰팡이가 또한 자랄 수 있고, 그로 인하여 이취, 변색, 끈적거림이 발생한다. H_2O_2 생성 젖산균의 증식으로 인하여 그 제품들은 녹색 또는 회색의 변색이 일어날 수 있다.

20.3 달걀과 난제품

20.3.1 보통 달걀(통달걀)

달걀 껍질과 내막 내 구멍은, 특히 저장 중 구멍의 크기가 증가하였을 때, 세균과 곰팡이 균사의 침입을 막지 못한다. 수분의 존재는 운동성 있는 세균의 침입을 높인다. 알부민(흰자)과 노른자는 약 0.5~1.0%의 탄수화물을 가지고 있고 단백질 함량이 높으나 비단백질소 함량은 낮다. 저장하는 동안에 pH는 알칼리성(pH 9~10)으로 전환된다. 게다가 달걀 속에 존재하는 리소자임(세균세포벽 무코펩타이드의 용해를 일으킴), 콘알부민(철과 킬레이트 화합물을 형성함), 항비타민 단백질(아비딘은 리보플라빈과 결합함), 그리고 단백질 가수분해효소 억제제는 미생물 증식을 저해한다. 통달걀의 가장 주된 부패는 *Pseudomonas*, *Proteus*, *Alcaligenes*, *Aeromonas* 그리고 대장균군이 포함된 몇몇 속들을 포함하는 그람음성의 운동성이 있는 간균에 의하여 야기된다. 여러 다른 종류의 부패는 부패(rot)로 명명된다. 몇 가지 예 중에는 *Pseudomonas fluorescens*의 증식 때문에 알부민이 녹색화된 녹색 부패, *Proteus vulgaris*에 의한 H_2S 생성 때문에 노른자가 탁하게 변색이 된 흑색 부패, 그리고 적색 색소의 생성에 의하여 야기되는 *Serratia mercescens*에 의한 적색 부패 등이 있다. 어떤 경우에는, 특히 달걀이 기름으로 덮여 있을 때, *Penicillium*, *Alternaria*, *Mucor* 속으로 인한 곰팡이가 달걀 내부에서 증식할 수 있고, 곰팡이에 의한 여러 종류의 부패가 나타날 수 있다.[1]

20.3.2 난제품

달걀 전체, 노른자 또는 흰자로 이루어진 액상달걀은 일반적으로 미생물의 증식을 막기 위하여 저온 살균되거나 냉동 혹은 두 가지의 처리가 모두 이루어진다. 이러한 액상제품을 저온 살균하기 전에 깨뜨린 후 실온에서 보관한다면, 부패균이 자라면서 이취(썩은 냄새), 산미, 어취(트리메틸아민의 형성 때문에)를 야기할 수 있다. 저온 살균된 달걀에 보존료를 첨가하지 않는다면 저온 살균된 달걀은 냉장온도에서 저장기간이 제한적이다. 저온 살균된 제품 내 주된 세균은 저온 살균에서 살아남은 몇몇 그람양성균이지만, 저온성 그람음성균이 열처리 후 이들 제품에 혼입되어 부패가 야기된다. 건조란은 낮은 수분활성도 때문에 미생물에 의한 부패에 민감하지 않다.

20.4 생선, 갑각류 그리고 연체동물

20.4.1 생선

민물과 바닷물에서 잡은 생선은 자가용해 효소 작용, 불포화지방산의 산화, 그리고 미생물 증식을 통하여 부패에 민감하다. 생선을 잡은 뒤 내장을 제거하지 않으면 자가용해효소(단백질 가수분해효소)에 의해 단백질 가수분해가 주로 일어난다. 또한 지방이 많은 생선에는 불포화지방산의 산화가 잘 일어난다. 미생물에 의한 부패는 미생물의 종류, 미생물의 양, 생선의 서식 환경, 생선의 종류, 수확 방법, 수확 후 처리에 의하여 결정된다. 이러한 양상들은 제4장에서 이미 논의되었다. 생선 조직에는 높은 수준의 NPN 화합물들(유리 아미노산들, 트리메틸아민 옥사이드, 그리고 크레아티닌), 펩타이드, 단백질이 있으나 탄수화물은 거의 없다; pH는 일반적으로 6.0 이상이다. 그람음성 호기성 간균인 *Pseudomonas* 종, *Acinetobacter*, *Moraxella*, 그리고 *Flavobacterium*과 통성혐기성 간균인 *Shewanella*, *Alcaligenes*, *Vibrio* 그리고 대장균군은 주요 부패균들이다. 그러나 냉장과 그보다 약간 더 높은 온도에서 호기적 상태에서 저장될 때에 비교적 짧은 세대 시간 때문에 저온세균인 *Pseudomonas* 종에 의한 부패가 우세하다. 진공이나 CO_2 내에서 저장된 생선에서는 젖산균(*Enterococcus* 포함)이 우세할 수 있다.[4]

그람음성간균은 초기에는 NPN 화합물들을 부패(산화)시킴으로써 대사하고, 뒤이어 NH_3, 트리메틸아민($N:CH_3$; 트리메틸아민 산화물의 환원으로 인해 생성됨), 히스타민(히스티딘으로부터 생성; 고등어 중독의 원인), 푸트레신, 카다베린, 인돌, H_2S, 메르캅탄, 디메틸설파이드(특히 *S. putrefacience*에 의해), 그리고 휘발성 지방산(아세트산, 이소부티릭산, 그리고 이소발레릭산)과 같은 여러 종류의 휘발성 화합물들을 생성하는 부패가 일어난다. 또한 단백질 분해능 세균종은 부패균들이 더 대사할 수 있도록 어육단백질을 가수분해하여 펩타이드와 아미노산을 제공할 수 있는 세포 외로 분비되는 단백질 가수분해효소들을 생성한다. 휘발성 화합물들은 여러 종류의 이취, 즉 오래된 쾌쾌한 냄새, 생선 비린내(트리메틸아민 때문에), 그리고 부패 취를 생성한다. 또한 미생물의 증식은 점액질 생성, 아가미와 눈(통생선인 경우)의 변색, 그리고 근육 조직의 손실(단백질분해로 인한 연화현상)과 연관이 있다.

진공 또는 CO_2 포장으로 저장된 생선에서는 호기성 부패균들의 증식이 억제된다. 그러나 젖산균을 포함한 혐기성 그리고 통성혐기성균들은 자랄 수 있다. 냉장 하에서는, 부패균의 느린 증식으로 인하여 제품들은 상대적으로 비교적 긴 유통기한을 갖는다. 염장생선, 특히 약하게 염장된 생선은, *Vibrio*(낮은 온도에서)와 *Micrococcus*(높은 온도에서) 같은 호염성 세균에 의한 부패에 민감하다. 낮은 수분활성도를 갖는 훈제된 생선은 대부분 세균들의 증식을 억제한다. 그러나 곰팡이는 표면에서 성장할 수 있다. 다진 생선 육고기, 수리미, 그리고 생선 조직으로 만들어진 해산물 유사 식품은 과다한 가공 때문에 일반적으로 높은 초기균 수준(약 $10^{5\sim6}$/g)을 갖고 있다. 오염된 세균의 종류는 생선 내에 존재하는 종류와 가공 과정 중에 혼입된 세균 종류들을 포함한다. 신선한 생선과 같은 이러한 제품들은 빠르게 냉동시키거나 혹은 해동 후 바로 사용하지 않으면 그람음성간균에 의하여 빠르게 부패될 수 있다. 통조림 생선(참치, 연어, 그리고 정어리)은 그와 같은 상업적 살균 제품으로 생산되기 위하여 열처리가 된다. 그 제품들은 적절한 보존과 저장 상태에서 저장되지 않으면 호열성 포자형성균들에 의해 부패될 수 있다.[1,4]

20.4.2 갑각류

새우의 미생물에 의한 부패는 게와 가재보다 더 보편화되어 있다. 게와 가재는 가공될 때까지 살아 있는 데 반하여 새우는 수확하는 동안에 죽는다. 갑각류의 살고기에는 NPN 화합물들(아미노산, 특히 알지닌, 트리메틸아민 옥사이드)이 풍부하고, 약 0.5% 글리코겐을 함유하며, 6.0 이상의 pH를 갖는다. 주된 미생물상들은 *Pseudomonas*와 몇몇의 그람음성간균들이다. 다른 필요한 요인들이 충족된다면 이들 부패의 특징은 신선한 생선에서 일어나는 것과 상당히 유사하다. 새우의 미생물에 의한 부패는(부패로 인한) NPN 화합물들의 휘발성 대사산물의 생성, 점액질 생성, 그리고 조직감(연화현상)과 색깔의 손실 때문에 일어나는 냄새의 변화가 특징이다. 새우를 가공하여 빠르게 냉동시킨다면 이와 같은 부패는 최소화될 수 있다. 가재는 가공 후 냉동되거나 살아 있는 상태로 판매되기 때문에 일반적으로 부패 조건에 노출되지 않는다. 게, 가재, 그리고 새우는 또한 유통기한을 연장하기 위하여 조리된다. 그러나 그것들은 이후에 가열 후 오염을 야기하는 상태에 노출되고 그 후에 낮은 온도(냉장 또는 냉동)에서 저장된다. 꽃게는 압력 하에서 찐 후 고기를 발라내어 신선한 게살로써 판매된다. 유통기한(그리고 안전성)을 늘리기 위하여 게살은 또한 고온가공(85°C에서 1분)되어 냉장온도에서 저장된다. 그것들은 냉장조건 하에서 생존한 세균의 증식과 가열 후 오염원들 때문에 제한된 유통기한을 갖는다.

20.4.3 연체동물

생선, 갑각류들과 비교하여, 굴, 조개, 가리비 고기는 더 낮은 NPN 화합물들과 더 높은 탄수화물(글리코겐 3.5~5.5%), 그리고 일반적으로 6.0 이상의 pH를 갖는다. 그리고 연체동물들은 가공(껍데기 분리) 전까지 산 채로 유지한다; 그러므로 미생물에 의한 부패는 가공 후에만 발생한다. 연체동물 내 존재하는 미생물상은 대개 *Pseudomonas*와 몇몇의 다른 그람음성간균들이다. 냉장 저장기간 동안 미생물들은 NPN 화합물과 탄수화물을 대사시킨다. 탄수화물은 젖산균(*Lactobacillus* 종), 장구균, 그리고 대장균군에 의하여 유기산으로 대사될 수 있고 그로 인하여 pH가 감소된다. 특히 냉장온도에서, 주로 *Pseudomonas*와 *Vibrio*에 의하여 질소화합물의 분해는 NH_3, 아민, 휘발성 지방산의 생성을 초래한다.

20.5 우유와 유제품

20.5.1 원유

원유에는 병원성 및 부패 미생물들을 포함하여, 다양한 출처로부터 오염된 많은 종류의 미생물들이 존재한다.[5] 우유의 평균 성분 조성은 단백질 3.2%, 탄수화물 4.8%, 지방 3.9% 그리고 무기질 0.9%이다. 우유에는 카제인과 락트알부민 이외에도 좋은 질소원(만약 필요 시 약간의 탄소원)을 제공할 수 있는, 유리 아미노산을 가지고 있다. 주요 탄수화물이 락토오즈(유당)이므로, 락토오즈-가수분해 효소들(phospho-β-galactosidase 또는 β-galactosidase)을 보유하고 있는 미생물들은 락토오즈를 대사시킬 수 없는 미생물들보다 유리하다. 유지방은 미생물이 생산하는 리파아제에 의하여 작은 분자의 휘발성 지방산(부티르산, 카프르산, 카프로산)으로 가수분해될 수 있다.

원유의 미생물에 의한 부패는 락토오즈, 단백질유래 화합물, 지방산(불포화)의 대사와 트리글리세라이드의 가수분해로 인하여 잠재적으로 일어날 수 있다. 원유를 짠 후 즉시 냉장시켜 수일간 보관하면, *Pseudomonas, Alcaligenes, Flavobacterium* 종과 몇몇의 대장균군과 같은 그람음성 저온성 간균들에 의하여 부패가 주로 일어나게 된다. 락토오즈 음성인(락토오즈를 발효 못하는) *Psedomonas*와 그와 관련된 종들은 우유의 정상적인 냄새를 쓰고, 과일향이 나거나, 혹은 불결한 냄새로 바꿀 수 있는 단백질유래 화합물들을 대사시킨다. 이들 미생물은 또한 중요한 결과를 초래하는 열에 안정한 내열성 리파아제(지방산 패취를 생성하는)와 내열성 프로테이나아제를 생성한다; 이러한 현상은 제22장에서 논의되었다. 락토오즈 양성 대장균군의 증식(혼합산 발효에 의하여)은 젖산, 아세트산, 포름산, CO_2, H_2를 생성하고 우유의 응고 분리, 거품, 산패를 야기한다. 몇몇 *Alcaligenes* 종(*Alcaligenes faecalis*)과 대장균군은 또한 점성이 있는 엑소폴리사카라이드 생성에 의하여 점질화(끈적끈적함)를 야기할 수 있다. 그러나 원유가 바로 냉장되지 않는다면 *Lactococcus, Lactobacillus, Enterococcus, Micrococcus, Bacillus, Clostridium* 종 그리고 대장균군과 함께 *Pseudomonas, Proteus*, 그리고 *Bacillus*와 *Clostridium*과 같은 포자형성세균들 등과 같은 중온성균의 증식이 주로 발생한다.[6] 그러나 *Lactococcus* 종과 *Lactobacillus* 종과 같은 락토오즈 가수분해 보유종들은 일반적으로 주로 증식하여 pH를 상당히 낮출 수 있는 충분한 양의 산을 생성하고 다른 미생물들의 증식을 방지하거나 감소시킨다. 이와 같은 경우에는, 우유의 응고 분리와 신 향미가 주된 부패 형태이다. 다른 미생물들이 또한 증식한다면, 가스형성, 단백질 가수분해, 지방 가수분해가 분명하게 이루어진다. 정상적인 조건 하에서는 효모와 곰팡이의 증식은 일반적으로 발생하지 않는다.

20.5.2 저온 살균 우유

원유는 액상유로써 소비를 위해 판매되기 전에 저온 살균된다. 내열성 세균들(*Microoccus, Enterococcus*, 몇몇 *Lactobacillus, Streptococcus, Corynebacterium* 그리고 *Bacillus*와 *Clostridium*의 포자)은 공정 중에 살아남는다. 게다가 대장균군, *Pseudomonas, Alcaligenes, Flavobacterium* 그리고 그와 유사한 미생물들은 저온 살균 후 오염원으로서 혼입될 수 있다. 냉장 저장 하에서 저온 살균된 우유는 주로 이러한 저온세균 오염원들의 증식으로 인하여 제한된 유통기한을 갖는다. 저온 살균된 우유의 부패 패턴은 원유 부패에서 다루어졌던 것과 동일하다. 미생물의 균수가 10^6세포/ml 이상 도달되면 그 미생물들의 증식으로 인한 풍미 결함이 발견될 수 있다. 특히 저온 살균 후 오염원의 수준이 낮을 때, 저온 살균 냉장 처리된 우유의 부패는 *Bacillus cereus*와 같은 저온성 *Bacillus* 종의 증식과 연관이 있다. 저온 살균 공정에서 살아남은 저온성 *Bacillus* 종의 포자들은 발아하고 증식하여 bitty(얼기설기 엮은)로 불리는 결함을 야기한다. 그 미생물들은 지방구 피막의 인지질을 가수분해하는 효소인 레시티나아제를 생성하여 그 효소는 지방구의 응고를 야기하여 용기 표면에 달라붙게 만든다. 저온성 바실러스(*Bacillus*) 종과 다른 미생물 종에 의한 레닌과 유사한 효소의 생성은 산 응고 분리를 위하여 요구되는 것보다 높은 pH에서 우유의 'sweet curdling'(달콤한 응고 분리 현상)을 야기할 수 있다.[7]

초고온 처리된(UHT) 우유(150°C에서 몇 초간 살균)는 기본적으로 상업적 살균 처리된 상품이며 생존이 가능한 약간의 호열성 세균의 포자만을 포함할 수 있다. UHT 처리된 우유는 상온저장에서 부패에 민감하지 않지만 높은 온도에 노출되면 부패될 수 있다(통조림 식품들에서 관찰된 바와 같이

40°C 혹은 그보다 높은 온도).

20.5.3 농축 액상 제품

무가당 연유, 연유, 가당연유는 저장 기간 동안 제한적으로나마 미생물에 의한 부패에 민감한 농축된 유제품의 주요 종류들이다. 이러한 모든 제품은 비포자 형성 미생물의 영양세포들뿐만 아니라 곰팡이와 몇몇 세균의 포자들까지 사멸시킬 수 있을 만큼의 충분한 열처리를 한다.

무가당 연유는 우유 지방 7.5% 그리고 총고형분 25%를 함유하고 있는 농축된 우유이다. 이것은 밀봉된 캔에 포장되어 상업적 멸균상태가 되도록 가열된다. 적절한 가공 조건 하에서는 오직 부패균들의 호열성 포자들만이 살아남을 수 있고 높은 저장온도(43°C 또는 그 이상)에 노출시키면 포자의 발아를 유발하여 증식할 수 있다. 이와 같은 상태 하에서 *Bacillus coagulans* 같은 *Bacillus* 종은 우유의 응고(박편, 덩어리, 혹은 단단한 응고)를 야기할 수 있다.

연유는 일반적으로 지방 10~12% 그리고 총고형분 36%를 함유하고 있는 농축된 우유이다. 연유는 처음에는 저온 살균 온도와 비슷한 낮은 온도에서 저온 처리가 되고 그 다음에 부분적인 진공상태(약 50°C)에서 증발 농축된다. 그로 인해 연유는 이후에 자라서 부패를 야기할 수 있는 내열성 미생물들을 가지고 있을 수 있다. 다른 미생물들도 또한 농축 공정 동안 그 제품 내로 혼입될 수 있다. 이 제품은 냉장온도에서조차도 저온 살균 처리된 우유에서와 같이 제한된 유통기한을 갖는다.

가당연유는 지방 약 8.5%, 총고형분 28%, 그리고 자당 42%를 포함하고 있다. 가당연유는 처음에는 높은 온도(80°C~100°C)까지 열처리가 되고 그 후 진공상태 하에서 약 60°C에서 농축되어 용기에 포장된다. 낮은 수분활성도 때문에 가당연유는 가스 생성을 야기하는 호삼투압성 효모(*Torula* 종)의 증식으로 인한 부패에 민감하다. 용기 내에 충분한 헤드 스페이스와 산소가 있다면 표면에 곰팡이(예: *Penicillium*과 *Aspergillus*)가 자랄 수 있다.

20.5.4 버터

버터는 우유지방 80%를 포함하고 소금이 첨가되거나 첨가되지 않을 수 있다. 버터의 미생물학적인 품질은 크림의 품질과 가공 과정 동안에 사용된 위생 상태에 따라서 결정된다. 표면에서 세균(*Pseudomonas* 종), 효모(*Candida* 종), 곰팡이(*Geotrichum candidum*)의 증식은 풍미 결함(부패, 산패, 혹은 생선 비린내)과 표면 변색을 일으킨다. 소금이 첨가되지 않은 버터에서는 대장균군, *Enterococcus*, 그리고 *Pseudomonas*가 수분층(우유로부터 유래된 영양성분 함유)에서 우선적으로 알맞게 증식할 수 있고 풍미 결함을 일으킨다.

20.6 채소류와 과실류

20.6.1 채소류

신선한 채소류는 토양, 물, 공기, 그리고 다른 환경적인 출처로부터 오염된 미생물을 포함하고 있고, 그리고 몇몇 식물 병원균을 포함할 수 있다. 토마토를 제외한 채소류에는 꽤 높은 탄수화물 함량(5%

그림 20.1 **(컬러 삽입을 보라.) 곰팡이(*Mucor* 종들)에 의한 토마토 부패.**

혹은 그 이상)과 낮은 단백질 함량(약 1~2%)을 가지고 있고, 또한 높은 pH를 갖고 있다. 미생물들은 손상되거나 잘려진 채소류에서 더 빠르게 증식한다. 저장 기간 동안에 공기의 존재, 높은 습도, 그리고 높은 온도 상태는 부패 기회를 증가시킨다. 가장 흔한 부패는 다양한 종류의 곰팡이들, 즉 *Penicillium, Phytopthora, Alternaria, Botrytis,* 그리고 *Aspergillus* 속에 속한 몇몇 곰팡이들에 의하여 야기된다(**그림 20.1**). 세균속들 중에서는 *Pseudomonas, Erwinia, Bacillus,* 그리고 *Clostridium*에 속한 종들이 주요 원인이다.[8]

미생물에 의한 채소류 부패는 흔히 외관의 변화를 동반하는 흑색 부패, 회색 부패, 홍색 부패, 연화성 부패, 과병부 부패와 같은 "부패(rot)"이라는 용어를 사용하여 일반적으로 기술된다. 이와 같은 색깔의 변화 이외에 미생물에 의한 부패는 이취와 조직감의 손실을 야기한다. 오랜 기간 동안(3~4주) 냉장 저장되고 온도 남용이 이루어질 수 있는 즉석섭취용 절단된 샐러드, 얇게 썰린 채소류와 과일류에서 더 분명하게 이와 같은 현상이 나타난다.

냉장, 진공 또는 MA(변형된 기체) 포장, 냉동, 건조, 열처리, 그리고 화학적 보존료가 채소류의 미생물에 의한 부패를 감소시키기 위하여 사용된다. 통조림 채소류, 채소주스, 그리고 발효 채소류의 부패는 이 장에서 향후에 논의될 것이다.

20.6.2 과실류

신선한 과실류는 높은 탄수화물 함량(일반적으로 10% 혹은 그 이상), 매우 낮은 단백질 함량(1.0% 이하)과 4.5 혹은 그보다 낮은 pH를 가지고 있다. 그로 인해 과실류, 과실류 상품의 미생물에 의한 부패는 곰팡이, 효모, 그리고 내산성 세균들(젖산균, *Acetobacter, Gluconobacter*)에 국한된다. 신선한 채소류와 같이, 신선한 과실류는 *Penicillium, Aspergillus, Alternaria, Botrytis, Rhizopus* 속, 그리고 다른 속 등의 여러 종류의 곰팡이들로 인한 부패에 민감하다.[9] 외관의 변화에 따라서 곰팡이 부패는 흑색 부패, 회색 부패, 연화성 부패, 갈색 부패, 그리고 다른 부패 등으로 나누어진다. *Saccharomyces*, *Candida*, *Torulopsis*, 그리고 *Hansenula* 속에 속한 효모들은 사과, 딸기, 감귤류, 그리고 대추와 같은 몇몇 과일의 부패와 연관이 있다.[10] 장과류와 무화과의 산패와 관련된 세균에 의한 부패는 젖산균과 아세트산균의 증식 때문에 발생되어 왔다.

부패를 감소시키기 위하여 과실류와 과실류 상품들은 냉장, 냉동, 건조, 수분활성도 감소, 그리고 열처리에 의하여 보존된다. 과실주스, 잼, 그리고 포도주의 부패는 나중에 논의된다.

20.7 청량음료, 과일주스와 프리저브, 그리고 채소주스

탄산 혹은 무탄산 청량음료, 과일주스, 그리고 프리저브되고 또한 농축된 과일주스와 음료는 낮은 pH 상품들(pH 2.5~4.0)이다. 주스와 음료 내 탄수화물(자당, 포도당, 과당)의 함량은 5~15%이나, 농축액과 프리저브 제품들 내에는 40~60%가 탄수화물이다. 높은 당 함량은 이들 제품의 A_w(수분활성도)를 감소시키며, 농축액류와 프리저브류 내의 수분활성도는 약 0.9 정도가 될 수 있다. 탄산음료는 또한 낮은 O-R(산화환원) 전위를 갖는다.

이런 제품들 내에 존재할 수 있는 미생물 중에서 단지 내산성 곰팡이, 효모, 세균(*Lactobacillus*, *Leuconostoc*, 그리고 *Acetobacter*)만이 적절한 보존 방법이 사용되지 않을 때 부패를 야기할 수 있다.[11] 탄산음료 내에서는 *Torulopsis*, *Candida*, *Pichia*, *Hansenula*, 그리고 *Saccharomyces* 속에 속한 몇몇 효모종이 증식하여 제품들을 탁하게 만들 수 있다. 몇몇의 *Lactobacillus*와 *Leuconostoc* 종은 또한 증식하여 혼탁함을 야기할 수 있고, *Leuconostoc*은 이 제품들의 끈적함(덱스트란의 생성으로 인해)을 야기할 수 있다. 비탄산 음료는 효모, *Lactobacillus*, 그리고 *Leuconostoc* 종에 의하여 위와 유사하게 부패될 수 있다. 게다가, 용존 산소가 음료 내에 충분히 존재하면 곰팡이(*Penicillium*, *Aspergillus*, *Mucor*, 그리고 *Fusarium*)와 *Acetobacter*가 자랄 수 있다; 후자는 아세트산을 생성하여 식초와 같은 향미를 낸다. 과일주스는 곰팡이, 효모, *Lactobacillus*, *Leuconostoc*, 그리고 *Acetobacter* 종에 의한 부패에 민감하다. 그러나 특정 종류의 주스는 한 가지 혹은 다른 종류의 미생물에 의한 부패에 민감할 수도 있다. 곰팡이와 *Acetobacter*는 충분한 용존 산소를 사용할 수 있다면 증식할 수 있다. 효모는 이 제품들의 산화(CO_2와 H_2O 생성)와 발효(알코올과 CO_2 생성)를 모두 야기할 수 있다. *Acetobacter*는 알코올을 이용하여 아세트산을 생성할 수 있다. 이형 발효성 *Lactobacillus fermentum*과 *L. mesenteroides*는 탄수화물을 젖산염, 에탄올, 아세트산염, CO_2, 디아세틸, 그리고 아세토인으로 발효시킬 수 있다. 게다가, *L. mesenteroides*와 몇몇의 *Lactobacillus plantarum* 균주들은 덱스트란과 다른 엑소폴리사카라이드를 생성함으로써 점액질을 생성할 수 있다. 과일음료 내에서 *Lactobacillus*와 *Leuconostoc* 종들은 또한 구연산과 말산(첨가물들)을 젖산과 아세트산으로 전환시키고 신맛(담백미)을 감소시킬 수 있다. 농축된 과일음료와 과일프리저브는 낮은 수분활성도(0.9)를 갖기 때문에 호삼투압성 효모만이 자랄 수 있다; 곰팡이 또한 산소를 사용할 수 있을 때 증식할 수 있다. 새로운 종류의 세균종인 *Alicyclobacillus*(예: *Alicyclobacillus acidoterrestris*)는 최근에 낮은 pH 과일과 채소주스의 부패를 야기할 수 있다고 알려졌다.

이러한 잠재적인 부패 미생물의 증식을 방지하기 위하여 몇 가지 부수적인 보존 방법들이 이 제품들을 위하여 사용되며, 그 보존 방법들은 열처리, 냉동, 냉장, 그리고 특정한 화학 보존료의 첨가 등을 포함한다.

토마토주스는 약 pH 4.3을 갖는다. 토마토주스는 일반적으로 비포자 형성 영양세포 미생물들을 사멸시키기 위하여 고온처리한다. 그러나 세균 포자들은 살아남을 수 있다. 토마토주스의 무가스 산 생성 부패는 *Bac. coagulans*의 발아와 증식 때문이라고 알려져 있다. 대부분 다른 채소주스들은 pH 5.0~5.8을 가지며, 그리고 많은 채소주스들은 젖산균을 위한 증식 요소들을 가지고 있다. 이러한 제품들은 많은 종류의 미생물의 증식 때문에 부패에 민감하다. 효과적인 보존 방법들이 그들 미생물의 증식을 억제하기 위하여 사용된다.

20.8 시리얼과 그 제품들

미생물에 의한 부패에 민감한 이러한 제품들의 몇 가지는 높은 수분함량의 곡물, 발아 또는 싹이 튼 씨앗과 곡물, 냉장된 밀가루 반죽, 빵, 연한 파스타, 그리고 패스트리 등을 포함한다.[1]

20.8.1 곡류와 씨앗

곡물과 씨앗은 일반적으로 10~12%의 수분함량을 가지며, 이는 수분활성도를 0.6 이하로 낮추고 미생물 증식을 저해한다. 곡물의 경우, 수확, 가공, 그리고 저장 기간 동안, 수분활성도가 0.6 이상으로 증가한다면 몇몇 곰팡이는 증식할 수 있다. *Aspergillus*, *Penicillium*, 그리고 *Rhizopus* 속에 속하는 저장 곰팡이의 몇몇 종들은 높은 수분함량을 갖는 곡물의 부패를 야기할 수 있다. 많은 종류의 편두, 콩, 씨앗(알팔파)은 발아되어 즉석섭취 제품으로 사용된다. 저장 기간 동안 그람양성과 그람음성균, 효모, 곰팡이들이 증식하여 이취를 생성할 수 있다.

20.8.2 냉장 밀가루 반죽

냉장된 밀가루 반죽(비스킷, 롤 빵, 피자를 위한)은 *Lactobacillus*와 *Leuconostoc* 종에 속하는 저온성 이형젖산 세균종들의 증식으로 인한 부패(가스 형성)에 민감하다. 특히 저장온도가 10°C 또는 그 이상으로 증가할 때 빠른 CO_2의 생성은 용기를 부풀게 할 수 있다.

20.8.3 빵류

빵의 수분활성도는 보통 세균의 증식을 방지할 정도로 충분히 낮다(0.75~0.9). 그러나 특히 저장 기간 동안에 녹말 결정화 때문에 수분이 방출되면 몇몇 곰팡이(빵 곰팡이들: *Rhizopus stolonifer*)는 증식할 수 있다. 굽는 과정에서 곰팡이들은 사멸된다; 그러나 굽는 과정 후에 공기나 장비로부터 포자가 혼입될 수 있다. 빵이 냉동될 때에 빵은 포장 내에서 얼음결정을 형성할 수 있다. 해동 후 어떤 부분들은 효모와 세균이 증식하여 부패(신맛, 이취)를 야기할 수 있을 만큼 충분한 양의 수분을 흡수할 수 있다. 끈적끈적함으로 명명되고 과일향기가 나면서 부드럽고 실처럼 늘어나는 갈색 덩어리를 형성하는 특징이 있는 빵 부패의 특정한 유형은 몇몇 *Bacillus subtilis*의 뮤코이드 변종의 증식에 의하여 야기된다. 밀가루 또는 장비로부터 혼입된 포자들은 굽는 과정에서 살아남아 발아되어 1~2일 이내에 빵 내부에서 증식한다. 그것들은 또한 세포 밖으로 분비되는 아밀라아제와 프로테아제를 생성하여 빵 구조를 파괴한다. 빵 속의 높은 수분함량, 완만한 냉각, 그리고 pH 5.0 이상은 끈적끈적함을 촉진시킨다.

20.8.4 파스타류

파스타는 부적절한 제조 과정 때문에 건조 전에 미생물에 의해 부패될 수 있다. 건조 파스타는 미생물의 증식에 적합하지 않다. 그러나 연한 파스타는 세균, 효모, 곰팡이에 의하여 부패될 수 있다. 혐기적 포장과 냉장저장은 곰팡이의 증식을 방지하고 효모와 저온혐기성균과 통성혐기성균의 증식을 지연시킬 수 있다. 그것들의 증식을 방지하기 위하여 적합한 보존료가 사용될 수 있다.

20.8.5 패스트리류

패스트리는 케이크와 커스터드, 크림, 그리고 소스로 가득 찬 구운 껍질을 포함한다. 그것들은 당의(icing), 견과, 토핑, 그리고 크림과 같이 구운 후 첨가되는 재료에 동반되는 미생물들에 의하여 부패될 수 있다. 대부분 제품들은 낮은 수분활성도 때문에 단지 곰팡이만 자랄 수 있다. 그러나 충진제로서 사용되는 몇 가지 재료들은 높은 수분활성도를 가질 수 있기 때문에 세균 증식이 가능하다.

20.9 액상 감미료와 제과류

액상 감미료는 꿀, 당 시럽, 메이플 시럽, 옥수수 시럽, 그리고 당액이 포함된다. 제과 제품류에는 안쪽이 부드러운 퐁당, 크림 과자, 젤리, 초콜릿, 그리고 터키 사탕이 포함된다. 대부분 이런 제품들은 0.8 혹은 그 이하의 수분활성도를 가지며 보통 세균에 의한 부패에 민감하지 않다. 호기적 조건 하에서 호건성 곰팡이는 눈에 보일 정도로 명백한 부패를 야기할 수 있다. 그러나 *Zygosaccharomyces* (*Zygosaccharomyces rouxii*), *Saccharomyces*(*Saccharomyces cerevisiae*), *Torulopsis*(*Torulopsis holmii*), 그리고 *Candida*(*Candida valida*) 속으로 인한 호삼투압성 효모는 이러한 제품들을 발효시킬 수 있다. 약간 높은 수분활성도를 갖는(메이플 시럽과 같이) 몇 가지의 이런 제품들 내에서 효모의 증식을 방지하기 위하여 화학적 보존료들이 첨가된다.

20.10 마요네즈, 샐러드 드래싱, 그리고 조미료

이런 제품들은 보통 몇몇 곰팡이, 효모, *Bacillus*와 *Clostridium*의 포자들, *Lactobacillus*와 그와 관련된 종과 같은 내산성 세균들을 포함하고 있다. 낮은 pH 때문에 산에 민감한 세균은 오래 살 수 없다. 65% 혹은 그 이상의 식용유, 아세트산 약 0.5%를 함유한 마요네즈는 수분활성도 약 0.92와 pH 3.6~4.0을 갖는다. 샐러드 드레싱은 일반적으로 식용유 30% 혹은 그 이상, 아세트산 0.9~1.2%, 수분활성도 0.92, pH 3.2~3.9를 포함하고 있다. 미생물의 증식을 억제하는 주요 요인들은 해리되지 않은 아세트산, 낮은 pH, 비교적 낮은 수분활성도 등이다. 그러나 몇몇 내산성 미생물들은 자라서 부패를 야기할 수 있다. 곰팡이는 단지 공기에 노출된 표면에서만 증식할 수 있다. 또한 몇몇 미호기성 그리고 통성혐기성 효모와 이형젖산균인 *Lactobacillus* 종(특히 수분활성도 0.92에서 자랄 수 있는 종들)은 증식하여 CO_2를 생성할 수 있다. *Lactobacillus fructivorans*는 이 제품들 내에 존재하는 자당을 가수분해하고 가스(CO_2)를 생성하며, 특히 자당으로부터 방출된 과당의 빠른 대사로 인하여 가스가 생성된다. 또한 *Saccharomyces bailii* 균주는 이런 제품들의 가스 부패(CO_2와 알코올)와 연관이 있다. *L. fructivorans* 세포들은 보통 증식 후 빠르게 사멸하며 이 세포는 특정 방법들을 사용하지 않는 한 분리하기 어렵다. 이로 인하여 이 제품들의 부패를 야기하는 미생물들과 관련하여 잘못된 추정을 초래할 수 있다.

기름과 아세트산이 훨씬 더 낮은 농도로 첨가된 저칼로리 샐러드 드레싱은 높은 pH와 수분활성도 값을 갖는다. 많은 미생물들은 이러한 제품들 내에서 증식할 수 있다. 그것들의 유통기한(안전성)을 연장하기 위하여 냉장 저장이 권해진다.

효모, *Lactobacillus* 종, *Leuconostoc* 종은 또한 케첩, 살사, 소스, 그리고 가공된 겨자의 가스를 동반하는 부패를 야기할 수 있다. 몇몇 *Bacillus* 종 또한 겨자 제조물들 사이에서 가스를 동반하는 부패에 연관되어 있다. 부패 미생물들의 증식을 억제하기 위하여 부수적인 보존 방법들, 특히 화학적 보존료가 사용된다.[12,13]

20.11 발효 식품들

바람직한 미생물들이 육류, 생선, 우유, 채소류, 과일류, 곡류와 다른 식품 소재(제15장) 등을 이용하여 여러 종류의 발효된 식품들과 음료들을 생산하기 위하여 직접 또는 간접적으로 이용된다. 바람직한 미생물들이 매우 많은 숫자들로 존재하며 그리고 이들 제품은 높은 수준의 유기산 또는 알코올을 포함한다. 게다가 이 제품들은 낮은 pH를 가지고 있고 이 제품들 중 어떤 제품은 낮은 수분활성도(예: 건조 살라미)를 가지고 있다. 일반적으로 이런 제품들은 더 장시간의 유통기한을 갖고 있다. 그러나 어떤 조건 하에서는 그 제품들은 미생물에 의한 부패에 민감하다. 이러한 양상은 간단하게 논의된다.[1]

20.11.1 발효 육류 제품들

발효된 육류 제품들은 보통 pH 4.5~5.0과 수분활성도 0.73~0.93(제15장)을 갖는다. 발효하는 동안 동형 발효성 젖산균의 산 생성이 지연되면 바람직하지 않은 세균들이 증식할 수 있다. 그러한 조건에서는 *Clostridium*, *Bacillus*와 다른 중온 세균들이 부패를 야기한다고 보고되었다. pH 5.0 이하, 수분활성도 0.92 혹은 그 이상 그리고 진공포장된 제품들은 이형발효성 젖산균인 *Leuconostoc*과 *Lactobacillus* 종에 의하여 부패될 수 있으며, 그로 인하여 포장 내 가스와 액체가 축적되고 크림같이 하얀 세균세포들이 증식하는 현상이 발생할 수 있다. 그 제품들이 진공포장되지 않고 낮은 수분활성도(0.72~0.90)를 갖는다면, 효모와 곰팡이가 표면에서 증식하여 점액질 형성, 변색, 그리고 제품에 바람직하지 않은 향미를 생성할 수 있다.

20.11.2 발효 유제품들

발효 버터밀크, 요거트, 그리고 치즈는 일반적으로 특정 종균 배양 세균으로 우유를 접종함으로써 일반적으로 널리 생산되는 많은 종류의 발효 유제품들 중의 일부이다(제15장). 이 제품들은 그들의 산도, 수분활성도, 그리고 저장 안정성에 있어서 각각 다르다. 버터밀크는 일반적으로 약 0.8% 젖산과 pH 4.8을 갖는다. 효모는 증식하여 가스를 생성함으로써 부패를 야기할 수 있다. 몇몇의 종균 배양 세균 균주들은 끈적한 조직감(몇몇 제품들에서는 적합함)을 부여하는 엑소폴리사카라이드를 생성할 수 있다.

플레인 요거트는 일반적으로 pH 4.5 또는 더 낮은 pH(약 1% 젖산을 함유)를 가지고 있으며 바람직하지 않은 세균에 의하여 부패되지 않는다. 그러나 이 제품은 종균 배양으로서 사용되는 몇몇의 *Lactobacillus delbrueckii* spp. *bulgaricus*에 의하여 쓴맛을 지닌 펩타이드가 생성되기 때문에 쓴 풍미를 낼 수 있다. 저장 기간 동안, 이 종균 세균들은 불쾌하면서 톡 쏘는 듯한 신맛을 유발하는 젖산을 지속적으로 생성할 수 있다. 이들 종균 세균은 엑소폴리사카라이드를 생산하여 이 제품에서 끈적임을 야기할 수 있다. 효모는 산성 환경(특히 과일 요거트 내에서) 내에서 증식하여 이스트 향과 과일향의 이취뿐만 아니라 CO_2를 생성할 수 있다. 혼합된 요거트 내에서는 많은 이러한 변화들이 첨가된 원료 성분들 때문에 발견되지 않는다. 몇몇의 곰팡이종들은 요거트가 오랜 기간 동안 저장되면 표면에서 증식할 수 있다.

미생물에 의한 치즈 부패는 수분활성도와 pH에 의하여 크게 영향을 받는다. 높은 수분함량과 낮은 산도를 갖고 있는 숙성되지 않은 코티지 치즈는 그람음성균들, 대부분의 저온성 간균들, 효모와 곰팡이 등에 의한 부패에 민감하다. *Alcaligenes*와 *Pseudomonas* 종은 점액질의 조직감, 불결한 부패취를 야기하면서 빈번하게 관련된다. 몇몇의 숙성되지 않은 민족 전통적인 치즈(멕시칸 스타일과 같이)는 진공포장되고 냉장온도에서 약 30일 또는 그 이상의 유통 기간 동안 저장된다(제21장). 그 치즈들은 가끔 이형발효성 *Leuconostoc* 종에 의하여 부패되어 포장 내에 가스(CO_2)와 액체가 축적되는 것이 특징이다. 높은 pH, 낮은 염, 그리고 비교적 높은 수분활성도(고우다, 에멘탈러, 프로볼로네 같은)를 갖는 몇몇 치즈 내에서 가스가 차는 것은 몇몇 *Clostridium*(예: *Clostridium tyrobutyricum*)의 증식에 의하여 발생한다. 그 포자들은 우유의 저온 살균 과정에서 살아남아 혐기적 조건에서 발아하고 증식하여 젖산염의 대사로부터 CO_2, H_2, 그리고 낙산염을 생성한다. 체다 치즈와 같이 경질 숙성 치즈는 숙성 과정 동안 쓴맛을 내는 펩타이드가 빠르게 생성되기 때문에 쓴맛을 가질 수 있다. 스타터로서 사용되는 빠르게 산을 생성하는 *Lactococcus lactis* 균주들은 일반적으로 이러한 결점과 관련이 있다. 속성으로 숙성된 치즈는 또한 탈탄산효소에 의하여 각각의 기질 아미노산의 탈탄산 반응에 의하여 생성된 많은 양의 생물학적으로 활성이 있는 아민(예: 히스타민과 티라민)을 가질 수 있다. 탈탄소효소는 몇몇 스타터 균주들 또는 이 치즈들의 2차적 미생물상(*Enterococcus*, 몇몇 대장균군 등) 내에 존재할 수 있다. 숙성 과정 동안에 아미노산의 탈탄산 반응과 그리고 이러한 아민들의 축적을 야기하는 효소들이 세포가 용해되면서 방출된다. 경질 그리고 반경질 치즈는 일반적으로 표면에서 증식하는 곰팡이에 의한 부패에 민감하고 이 제품들 내에서 불결한 색과 풍미상의 결점을 일으킨다. 혐기적 포장은 이런 문제를 크게 감소시킨다.

20.11.3 발효 채소와 과일 제품류

많은 종류의 채소류들이 발효되고, 이들 중 오이와 사우어크라우트가 다량으로 생산된다. 약 15%의 소금을 함유하는 염장 피클 내에서는 특히 산도가 충분하지 않으면, 효모와 호염성 세균이 증식할 수 있다. 낮은 소금 농도(5% 이하)를 함유하고 있는 딜 피클은 특히 발효와 관련된 바람직한 세균들이 적절하게 증식하지 않으면, 효모, 이형발효성 젖산균, 대장균군 등에 의한 CO_2 생성으로 인하여 팽창되는 결점을 가질 수 있다. *Candida*, *Torulopsis*, 그리고 *Saccharomyces* 종들은 흔히 원인이 되는 효모들이다. 설탕과 식초로 저장된 새콤달콤한 피클들은 특히 산 농도가 충분하지 않을 때 효모와 젖산균의 증식으로 인하여 부패가 일어날 수 있다. 사우어크라우트에서는 양배추의 발효 기간 동안 공기가 제거되지 않으면 효모와 곰팡이의 증식에 의한 부패가 일어날 수 있다(제15장). 젖산균이 빠르게 그리고 적절한 순서로 증식하지 못하면 낮은 양의 산 생성으로 이어질 수 있다. 이러한 조건 하에서, 대장균군과 다른 그람음성균들은 증식하여 바람직하지 않은 풍미, 조직감, 그리고 색깔 결함들을 일으킬 수 있다. 올리브는 오랜 시간 동안 발효되고 많은 종류의 부패에 민감하다. 가장 흔한 문제는 이형발효성 젖산균, 대장균군, 그리고 효모에 의한 CO_2 생성 때문에 가스가 차는 것(팽창)이다. 조직의 연화가 효모(*Rhodotorula* 종)의 펙티나아제에 의하여 일어날 수 있다.

20.11.4 발효 음료류

포도주는 호기적 조건 하에서 피막형성 효모와 아세트산 세균(*Acetobacter*와 *Gluconobacter*)의 증식을 도울 수 있다. 피막형성 효모는 알코올과 유기산을 산화시키고 표면 피막을 형성하는 반면, 아세트산 세균은 알코올을 아세트산과 CO_2로 산화시킨다. 혐기적 조건 하에서 몇몇 젖산균(예: *Lactobacillus*, *Leuconostoc*, 그리고 *Pediococcus* 종)은 포도주 내에서 증식할 수 있다. 몇몇 이형발효성 *Lactobacillus* 종들은 포도당과 과당을 발효시키고 포도주의 산도를 증가시키어 'tourne spoilage'(*Lactobacillus brevis*, *Lactobacillus buchneri*에 의해)라고 불리는 결함을 일으킨다. 그들은 또한 탁하고 자극적이고 톡 쏘는 냄새를 생성할 수 있다. 몇몇 *Leuconostoc* 종들은 끈적거림과 혼탁을 야기할 수 있다. *Oenococcus oenos*는 말산을 젖산과 CO_2로 변환시키고 포도주의 산도를 감소시킬 수 있다. 때때로 말로락틱 발효는 포도주의 신맛을 감소시키기 위하여 유리하게 사용된다.

맥주 부패는 몇몇 젖산균과 효모에 의하여 일어날 수 있다. *Pediococcus* 종이 증식하여 산도와 혼탁함의 증가를 야기한다. 또한 몇몇 *Lactobacillus* 종들은 증식하여 혼탁을 야기할 수 있다. 공기가 존재함으로써, *Acetobacter*와 *Gluconobacter*는 혼탁함과 끈적거림을 생성할 뿐만 아니라 맥주가 신맛을 내도록 할 수 있다. 야생효모들(발효에 사용되는 효모와 다른 효모들)은 맥주 내에 증식하여 이취를 유발할 수 있다.[14]

20.12 통조림 식품류

통조림 식품들은 존재하는 미생물들을 사멸시키기 위하여 열처리가 되고, 그리고 이때 열처리 정도는 주로 식품의 pH에 따라서 결정된다(제4장). 높은 pH(pH 4.6과 그 이상; 또한 저산성으로도 명명) 식품들은 가장 열 저항성이 강한 병원성균인 *Clostridium botulinum*의 포자를 파괴하여 그 식품 내에 어떠한 병원균도 존재하지 않도록 하기 위하여 열처리된다.[1,15] 그러나 *C. botulinum*의 포자보다 더 큰 열 저항을 갖는 몇몇의 부패균의 포자들은 살아남을 수 있다. 그러므로 이러한 제품들은 상업적으로 살균된 (어떠한 살아 있는 생물체도 없는 상태의 살균 대신) 식품들이라고 불린다. *C. botulinum* 포자를 파괴하기 위하여 고안된 열처리에서 살아남은 포자들은 호열성 포자들이며 43°C 또는 그 이상에서 발아할 수 있다. 그러나 한 번 발아되면 몇몇은 30°C 정도로 낮은 온도에서도 왕성하게 증식할 수 있다. pH가 4.6 이하의 낮은 pH 또는 고산성 식품으로 불리는 다른 식품 종류들은 모든 영양세포들과 몇몇 포자들을 사멸시키기 위하여 열처리된다. 비록 낮은 pH는 포자가 발아하고 난 뒤 *C. botulinum*의 포자 발아와 그 이후의 증식을 저해할지라도 몇몇의 내산성 호열성 부패균들의 포자는 이 제품들이 발아를 유도하는 높은 온도에서 짧은 시간 동안이라도 저장되었을 때 발아하여 증식할 수 있다(**그림 20.2**). 내열성 중온 부패균들(병원성 포함하여)의 몇몇 포자들은 또한 이런 제품들 내에서 열처리 과정에서 살아남을 수 있지만, 그 세균들은 낮은 pH에 의하여 발아가 저해된다.

통조림 식품의 부패는 비미생물학적(화학적 그리고 효소적 반응들)과 미생물학적인 이유들에 의하여 발생한다. 화학적 반응으로 인한 수소(수소 팽창)와 CO_2의 생성, 갈변, 캔의 부식, 그리고 효소적 반응으로 인한 액상화, 겔화, 변색은 비미생물학적 부패의 몇몇 예들이다. 미생물에 의한 부패에는 다음과 같은 세 가지 주요 원인에 의하여 발생한다: (1) 호열성 포자형성균들이 발아하여 증식할 수 있는 열처리 후 부적절한 서냉이나 부적절한 높은 온도에서의 저장; (2) 중온성 미생물들(영양 세포와 포자)의 생존과 증식을 초래할 수 있는 부적절한 열처리; 그리고 (3) 열처리 후 외부로부터 미생물이 오염된 후 증식할 수 있을 정도의 통조림 통(미세할 수도 있는)에 누출.

그림 20.2 포자형성 내산성 호열성 부패균들이 증식함에 따라서 가스가 생성되었음을 나타내는 윗부분이 툭 튀어져 나온 토마토 페이스트 통조림.

20.12.1 호열성 포자형성균들

호열성 포자형성균들은 통조림 통이 43°C 또는 그 이상에서 단지 짧은 기간 동안이라도 부적절하게 노출되었을 때 저산성(높은 pH) 식품(옥수수, 콩, 완두콩과 같은)의 경우에 다음과 같은 세 가지 유형의 부패를 야기할 수 있다.

무가스 산생성 부패

통성혐기성인 *Bac. stearothermophilus*의 발아와 증식으로 인하여 통조림 제품들은 팽창되지 않지만 산성이 된다. 발아는 높은 온도(43°C와 그 이상)에서 일어나지만 증식은 더 낮은 온도(30°C와 그 이상)에서 일어날 수 있다. 이 세균은 탄수화물을 발효하여 가스를 생성하지 않으며 산을 생성하는 한편 또한 약간의 이취와 혼탁함을 야기한다.

호열성 혐기성미생물(TA) 부패

이 부패는 혐기성의 *Clostridium thermosaccharolyticum*의 증식에 의해 야기되며, 많은 양의 H_2와 CO_2 가스의 생성과 함께 통조림의 팽창을 야기하고 또한 시큼하고 저급한 냄새를 유발한다. 호열성 범위(43°C와 그 이상) 내에서 발아 후 이 세균세포들은 더 낮은 온도(30°C와 그 이상)에서 증식할 수 있다.

황화물 악취 유발 부패

이 부패는 그람음성 혐기성 포자형성균인 *Desulfotomaculum nigrificans*에 의하여 야기된다. 이 부패는 용기 팽창을 유발하지 않으나 이 세균에 의하여 생성된 H_2S 때문에 썩은 달걀 냄새와 함께 내용물이 검게 변색되는 현상이 대표적인 특징이다. 황 함유 아미노산으로부터 생성된 H_2S는 통조림 내용물 액체에 용해되고 철과 반응하여 검은 색의 유화철을 형성한다. 발아와 증식이 모두 호열성 범위(43°C와 그 이상)에서 일어난다.

20.12.2 불충분한 열처리로 인한 부패

불충분한 열처리는 주로 대부분의 *Clostridium* 종들과 몇몇 *Bacillus* 종들의 포자들이 살아남는 결과를 초래한다. 가공 후 그들은 발아하여 부패를 야기할 수 있을 만큼 증식할 수 있다. 가장 중요한 관심사는 *C. botulinum*의 증식과 독소 생성이다.

부패는 탄수화물 또는 단백질의 분해로 인하여 일어난다. *Clostridium butyricum*과 *Clostridium pasteurianum* 등의 몇몇 *Clostridium* 종들은 탄수화물을 발효하여 통조림 팽창을 야기하는 휘발성 산, H_2, CO_2 가스를 생성한다. *Clostridium sporogenes*와 *Clostridium putrefacience*(또한 단백질을 가수분해하는 *Clo. botulinum*) 등의 단백질 가수분해 종들은 단백질을 대사 분해하여 CO_2, H_2(통조림 팽창을 야기하는)뿐만 아니라 악취가 나는 H_2S, 메르캅탄, 인돌, 스카톨, 그리고 암모니아를 생성한다.

부적절한 열처리에서 살아남은 호기성 *Bacillus* 종들의 포자는 통조림에서 증식하지 않는다. 그러

11. Lima Tribst, A.A., de Souza Sant'Ana, A., and de Massaguer, P.R., Review: Microbiological quality and safety of fruit juices: Past, present and future perspectives, *Crit. Rev. Microbiol.*, *35*, 310–339, 2009.
12. Smittle, R.B., Microbiological safety of mayonnaise, salad dressings, and sauces produced in the United States: A review, *J. Food Prot.*, *63*, 1144–1153, 2000.
13. Sperber, W.H., Microbiological spoilage of acidified specialty products. In *Compendium of the Microbiological Spoilage of Foods and Beverages*, Sperber, W.H. and Doyle, M.P., Eds., Springer, New York, 2010, pp. 285–299.
14. Suzuki, K., Asano, S., Iijima, K., and Kitamoto, K., Sake and beer spoilage lactic acid bacteria: A review, *J. Institute Brewing*, *114*, 209–223, 2008.
15. Evancho, G., Tortorelli, S., and Scott, V., Microbiological spoilage of canned foods. In *Compendium of the Microbiological Spoilage of Foods and Beverages*, Sperber, W.H. and Doyle, M.P., Eds., Springer, New York, 2010, pp. 185–221.

제21장

냉장 식품 안에서의 새로운 부패균

21.1 냉장 식품에서 증식하는 미생물(내냉성균)

식품미생물학에서 호냉성균(psychrophile) 또는 내냉성균(psychrotroph)이라는 용어는 식품에 −1°C부터 7°C 사이 낮은 온도에서 냉각하거나 냉장해도 자랄 수 있는 미생물을 일컫는다. 최근 가정용 냉장고는 4.4°C의 온도를 유지하고, 반면에 상업용 냉장고는 식품 보관 및 유통기한을 유지하기 위하여 더 낮거나 높은 온도를 유지하고 있다. 쉽게 썩기 쉬운 식품들은 얼음에 냉장 또는 냉동한다. 내냉성균은 이런 조건에서도 자라는 것을 제한받지 않고 식품들에서 증식할 수 있다.[1,2]

두 용어의 정의에 대한 혼란은 특히 식품미생물학에서의 중요성과 관련이 있다. 호냉성균 또는 내냉성균이라는 용어는 특히 −5°C 이하 22°C 온도 사이에서 증식하며, 최적의 증식온도는 12°C~15°C에서 자라는 미생물을 포함한다. 이 미생물들은 냉장 및 냉동 식품에서 증식할 수 있다. 하지만 내냉성균의 정의는 분명하지 않았다. 원래 이 용어는1960년에는 자신의 최적 또는 증식온도의 범위에 관계없이 0°C~5°C에서 증식하는 미생물을 포함하는 것으로 도입되었다. 더 정확히 말하면 내냉성균은 25°C~30°C에서 최적에 증식하였고 35°C 이상에서는 자라지 않을 수 있다. 그래서 내냉성균은 중온균(mesophile)의 하위그룹(중온균의 증식온도: 최적 30°C~40°C 및 범위 5°C~45°C)에 속하지만 호냉성균의 하위그룹은 아니다. 이 그룹은 그람양성과 그람음성 호기성, 혐기성과 통성혐기성, 운동성과 비운동성, 포자형성균과 비포자형성균, 그리고 구균과 막대 모양의 세균뿐만 아니라 많은 효모 및 곰팡이도 포함되어 있다. 1976년 이후에 국제 유제품 재단은 증식온도의 최적 범위에 관계없이 7°C에서 증식하는 미생물을 내냉성균으로 규정하였다. 그러나 이것은 7°C 이하에서 증식할 수 있는 능력을 가진 중온균의 하위그룹에 포함시킨 것이지, 낮은 온도에서 증식 가능한 호냉성균과 중온균의 하위그룹 두 가지 중 어디에 포함되어 있는지의 여부 척도는 아니다. 더욱이 최근에는 내냉성균 용어는 4.4°C 또는 그 이하에서 증식할 수 있는 중온균의 하위그룹에 포함시킨다(냉장온도 ≤4.4°C).[1,2]

여러 연구에서 몇몇 중온성 병원균(예: *Yersinia enterocolitica, Listeria monocytogenes*)과 부패성 세균(예: *Leuconostoc* spp., 몇몇 *Lactobacillus* spp., *Serratia* spp.)이 0°C~1°C에 진공포장 제품에서

증식할 수 있다는 것을 밝혀냈다. 호냉성균 *Clostridium* spp.에 의해 진공포장된 고기의 변질은 증식 범위가 −2°C~20°C 사이인 것으로 보고되었다. 중온균의 하위그룹에 "내냉부패균"과 두 번째 그룹인 "호냉부패균"에 대한 지정에 혼란을 생성하지 않고, 관련된 사람들의 식품생산, 규정, 위생, 학술 및 연구활동에 이해할 수 있는 의사 소통하는 것이 중요하다. 쉽게 이해해서, 아마 냉장 또는 냉동 보관온도(≤ 4.4°C) 식품 안에서 증식할 수 있는 미생물에 대한 용어로 "내냉성균"을 사용하는 것은 비과학적인 사용이 아닐 수도 있다. 이것은 낮은 온도에서 증식할 수 있는 중온균의 하위그룹과 호냉성균을 모두 포함하고 있다. 두 그룹은 부패와 식중독에 중요하고, 이를 검출하고 제어하는 데 사용되는 방법은 두 그룹을 구분하지 않아도 되며, 하나의 전문용어로 혼용할 수 있다. 동일한 원칙은 "내열성"은 저온 살균(또는 저온 열처리)하여도 생존하는 미생물에 대한 식품미생물학 용어로 사용되었으며, 내열성균(thermophile), 중온균(mesophile) 및 호냉성균(psychrophile, *Clostridium laramie*)을 포함할 수 있다. 이 책에서는 내냉성균 용어를 호냉성균 또는 중온균에 관계없이 냉장온도에서 저장된 식품에서 증식할 수 있는 미생물을 포함하는 데 사용된다.[1,2]

21.2 냉장 식품의 대중성

냉장 식품에 대한 수요는 냉장시스템을 식품가공, 유통업체 및 소비자를 위해 경제적으로 사용할 수 있어서 여러 나라에서 크게 증가했다.[3,4] 세 가지 주요 원인이 증가에 기여한 것으로 보인다. 첫 번째는 편리한 식품의 필요성과 소비자의 욕구이다. 맞벌이부부, 홀부모, 독신, 노인 및 집에서 멀리 사는 대학생의 증가 등 사회 경제적 패턴의 변화가 편리한 식품에 대한 수요를 만들었다. 두 번째는 짜게 처리하거나 보존하는 식품뿐만 아니라 높은 지방, 콜레스테롤 및 나트륨 포함하고 있는 식품은 건강한 생활을 위해서 도움이 되지 않는다는 인식과 신념의 증가에 있다. 건강에 민감한 소비자는 무공해와 신선한 음식에 관심이 있다. 이 두 가지 요인은 고품질(레스토랑 품질), 편리성(예: 집에서 준비할 수 있는 최소 시간)과 경제적으로 저렴한 점이 건강 식품시장을 창출하고 있다. 마지막으로 이러한 음식들의 경제적 생산에 필요한 기술과 후속 처리는 아직까지는 선진국에서 구할 수 있으며 소비하고 있다. 그 결과로서 새로운 세대의 냉장과 냉동 식품, 저온 조리 식품(sous vide foods)들은 바로 먹을 수 있고, 데워서 먹거나, 전자레인지에 돌려서 먹는 서로 다른 유형의 냉장 식품들을 상업적으로 생산하고 있다. 새로운 세대의 식품의 대부분은 거의 또는 전혀 방부제를 포함하고 있지 않으며, 진공포장 또는 MA(modified atmosphere, 100% CO_2 또는 산소가 있거나 또는 없는 CO_2와 질소 혼합물) 포장하고 열처리가 없거나 낮은 열처리를 해준다. 이런 식품들은 20~60일 이상의 유통기한을 유지한다. 냉장 처리하지 않은 진공 또는 MA 포장된 가공식품은 공기를 포함한 저장 상태의 동일 음식보다 훨씬 긴 유통기한을 유지한다. 저온 조리 식품들은 진공포장된 신선한 식품들로(예: 채소, 고기 또는 생선) 낮은 열에서 조리하거나 냉장고나 얼음 위에 저장한다. 이 식품들은 밥상에 차려지거나 식사하기 전에 포장 상태로 예열하여도 3주 유통기한을 유지하는 것으로 예상하고 있다. 공기 포장 및 CA(controlled atmosphere; 공기 중의 산소와 탄산가스의 비율을 거꾸로 하여 행하는 냉장법) 포장된 신선하고 바로 먹을 수 있는 절단된 과일과 채소는 냉장 또는 더 높은 온도에서 2주 유통기한을 가진다.

소비자들은 자신의 더 좋은 맛, 질감, 품질 및 편의성 때문에 냉장 식품을 선호한다. 또한 이러한 식품들은 냉동, 통조림 또는 말린 음식 및 패스트푸드에 비해 상대적으로 신선한 영양 및 무공해에 가까운 것으로 인식된다. 냉장 또는 냉동 식품들의 인기는 유행이 아니라 앞으로 계속해서 수요가 증가할 것으로 식품전문가들은 확신하고 있다.[3,4]

21.3 미생물학적인 문제점

진공 또는 MA 포장된 냉장(≤5°C) 식품들은 대부분의 중온성과 내열성 미생물들의 호기성 증식을 저해시킨다. 그러나 만일 제품에 용해되거나 흡착된 산소와 수정된 공기에 포함된 산소를 포함하고 있을 경우 호기성(aerobic)과 미호기성(microaerophilic) 미생물은 냉장온도에서 산소를 이용하면서 오랫동안 증식할 수 있다. 만일 포장 재료에 대기 산소가 상대적으로 투과할 수 있을 경우 마찬가지의 가능성이 존재한다.[5]

이상적인 조건(산소가 없고, 5°C 이하의 냉장상태) 하에서 열처리하지 않은 진공포장된 식품들에 일반적으로 잠복된 혐기성 및 통성혐기성 부패균과 병원성균은 냉장 저장 상태에서 증식할 수 있다. 열 가공 제품은 보통 제품에 따라 지정된 시간에 60°C~74°C(140°F~170°F) 사이에 낮은 열처리를 한다. 이 온도에서 병원균, 부패균 포자 및 일부 내열성 세균의 세포가 생존할 수 있다. 이러한 생존 세균 중 일부는 혐기성과 통성혐기성으로 냉장온도에서 증식할 수 있다. 그러나 열 가공 제품의 대부분은 진공 또는 MA 방식으로 마지막 재포장하기 전에 광범위하게 열처리를 한다. 열처리 후에 오염 물질로 인하여 이 기간에 저장되는 동안에 제품에 병원균 및 부패균이 증식할 수 있다. 따라서 진공 또는 MA 제품은 냉장온도에서 진공 또는 MA 포장에서 증식할 수 있는 병원균 및 부패균을 포함할 가능성이 있다. 이 제품은 최대 100일까지 유통기한이 길 것으로 기대하지만 내냉성 혐기성 및 통성혐기성균이 매우 낮은 개체(≤10^1/g)만으로도 식품의 부패를 일으키는 수준에 증식하여 도달할 수가 있어서 안전하지 않다. 진공 또는 MA 제품은 종종 소매점에서 전시하거나 운송 동안에 소비자의 가정에서 온도가 지켜지지 않는다. 제품온도는 잘못된 시간과 온도에서 장시간 보관에 따른 온도 차이가 10°C~15°C 사이까지 달라질 수 있다. 제품의 유통기한과 안전은 가혹한 온도 5°C 이하에서는 내냉성균뿐만 아니라 일부 중온균(혐기성 및 통성혐기성)의 가속 증식 속도를 획기적으로 줄일 수 있으며 증식을 억지할 수 있다. 불과 12°C~15°C에서 4~6시간 정도로도 유통기한은 8~10일 줄어들 수 있다.

저온 살균 냉장 식품의 소비에 따라 식중독 사고를 일으키는 기록이 있어서(예: 바로 먹을 수 있는 가공 육류 제품의 *Lis. monocytogenes*) 제품의 안전에 관해 규제 기관들 사이에서 관심을 가지고 있다. 또한 식품 가공 과정에서 높은 빈도에 제품의 부패를 발생시킨다. 이러한 식품의 미생물 문제를 극복하기 위하여 NFPA(National Food Processors Association)에서는 몇 가지 지침을 권장하고 있다. 이러한 지침(제33장)은 우수한 품질의 원료를 선택하고, 좋은 위생 절차를 설치하며, 식품의 생산과 소비(현장에서 식탁) 사이의 모든 단계에서 위해요소 중점관리 기준(Hazard Analysis Critical Control Point, HACCP)을 통합하고, 최종 단계에서 최소화 열처리 후 오염 제품을 제거하거나 가장 높은 허용 열처리를 적용하는 것이다. 냉장 및 진공 또는 MA 포장에 여러 장벽이나 난관에 대한 권고 사항은 제41장에 포함하고 있다. 이들 중 일부는 pH와 수분활성도를 줄이기 위해 제품의 공식 표시를 통합할 수 있다. 또한 허용 및 적합 방부제(예: 제17장 생물학적 보존제를 참조)는 미생물의 생존과 증식을 방지하기 위하여 포함할 수 있다. 이렇게 처리한 고기와 같은 일부 패키지 제품은 정수압 가공 처리(제40장)를 해줄 수도 있다.

식품 프로세스의 대부분은 이러한 권장 사항 중 하나 이상의 매우 좋은 위생 시설을 가지고 있다. 이것은 제품의 초기 미생물 집단을 많이 줄일 수 있다. 그러나 식중독 같은 부패 사고는 진공 또는 MA 포장된 냉장 제품에서는 드물지 않으며, 때로는 일부 프로세스의 부패는 가공하지 않거나 낮은 열처리한 제품에 모두 전염병 비율이 증가한다. 이러한 부패한 제품으로부터 분리해낸 세균의 대부분은 이전에 주요 관심이 아니었던 새로운 종 또는 종으로서 인정하고 있다. 이 중 일부는 *Clo. laramie*, *Clo. estertheticum*, *Clo. algidicarnis*, *Carnobacterium* spp., *Leuconostoc carnosum*, *Leu. gelidum*, *Lactobacillus sake*, *Lab. curvatus*, 비정형 또는 식별할 수 없는 *lactobacilli*와 *leuconostocs*, *Brochothrix thermosphacta*, *Enterococcus* spp., *Serratia liquifaciens*, *Hafnia* spp., *Proteus* spp., 그리고 일부 다른 장내세균(*Enterobacteriaceae*)이 있다. *Clostridium* spp.균, 내열성(일부 *lactobacilli*와 *enterococci*)을 갖는 포자를 제외하고, 다른 세포는 가공 제품에 해준 저온 살균 열처리에 민감하다. 그래서 제품 표면에는 열처리 후 일부 병원체 같은 오염 물질이 열처리한 제품 안에 있다. 이러한 세균 종들은 진공 또는 MA 포장된 냉장 식품의 부패에 주요 원인이 되고, 대부분은 기존의 종들과는 새롭거나 아니면 변형이 있다고 과학자들은 추측하고 믿고 있다. 아마도 이는 환경에 존재하는 작은 식물군으로 추측하고 있다. 세 가지 이유는 대부분의 부패균에 도움이 될 수 있다. 첫 번째는 낮은 온도에서 효율적인 진공(또는 MA에서 성분) 포장 및 산소 차단 시스템, 그리고 일부 육류 제품의 높은 산도 pH(저지방, 고인산염) 및 긴 저장 시간 등 식품의 환경 변화가 될 수 있는 것은 이전에 음식 부패와 관련된 기존의 세균의 증식을 제어하지만 이러한 기존과는 다른 새로운 차원의 세균에는 효율적이지 않을 수 있다. 이러한 것들은 식품부패 이전에 부패와 관련된 전통적인 세균의 증식을 제어하지만 이러한 비전통적인 세균에 대해서는 충분하지 않다. 두 번째 이유는 오랜 수명을 가진 안전한 식품을 생산하기 위하여, 식품 생산자는 "슈퍼 위생(super sanitation)"을 사용하는데 이것은 부패 전에 부패와 관련된 전통적인 미생물들을 효과적으로 제거할 수 있으나, 동시에 소수의 식물군이 환경에 자리잡는 것을 가능하게 함으로써 제품의 오염을 유발할 수 있다. 마지막으로, 생산자들은 많은 양의 제품 생산을 위한 고효율적인 장비의 도입을 추진하지만 이것은 효율적인 청소와 위생을 고려해야 하는 미생물학자들에게는 악몽이 될 수도 있다. 그 결과, 죽은 장소에 있는 미생물을 함유한 장비는 위생에 영향을 받지 않고 남아서, 제품에 미생물을 접종시키는 근원으로서의 역할을 하게 된다. 여기에서 사용된 예제 중 일부는 이러한 가정이 옳음을 보여줄 것이다.[5]

21.4 진공포장된 냉장 식품의 부패 발생 정도

21.4.1 *Clostridium* 종에 의한 가공되지 않은 신선한 소고기의 부패

진공포장된 냉장 상태의 가공하지 않은 소고기에 대한 대량의 부패가 최근에 인지되었다.[5~9] 부패는

4°C(39.2°F)에서 2주 이내에 대량의 H_2S-냄새 가스와 퍼지(액체)의 대량 축적과 질감의 상실(부드러움)과 10~12주 이내에 고기의 색(체리색)이 녹색으로 변하는 것(**그림 21.1a**)으로 특징지을 수 있다. 플래이팅에 의한 미생물의 측정은 퍼지에서 10^8/ml의 루코노스톡(leuconostocs) 집락 형성 단위(colony-formation unit, CFU)에 의해 나타낸다. 하지만 위상차 현미경을 통한 소량의 퍼지 조사결과는 중에서 대, 두꺼운 운동성 막대균들, 큰 터미널 포자(드럼스틱 모양, drumstick-shaped)를 포함한 세포들뿐만 아니라 일부 루코노스톡 유사 세포(leuconostoc-like cell)(lenticular, small chain)를 나타냈다. 막대모양과 렌즈모양의 세포들은 그람양성이었다. 막대모양의 세균은 *Clostridium* 종으로 의심되었으나, *Clostridium* spp.를 배양할 수 있는 고체 및 액체 배지에서 배양하는 데 실패하였다. 그 후에, 그 세균은 80°C(176°F)에서 10분 가열된 퍼지(포자를 포함한 포장된 지 12주 후에 부패된

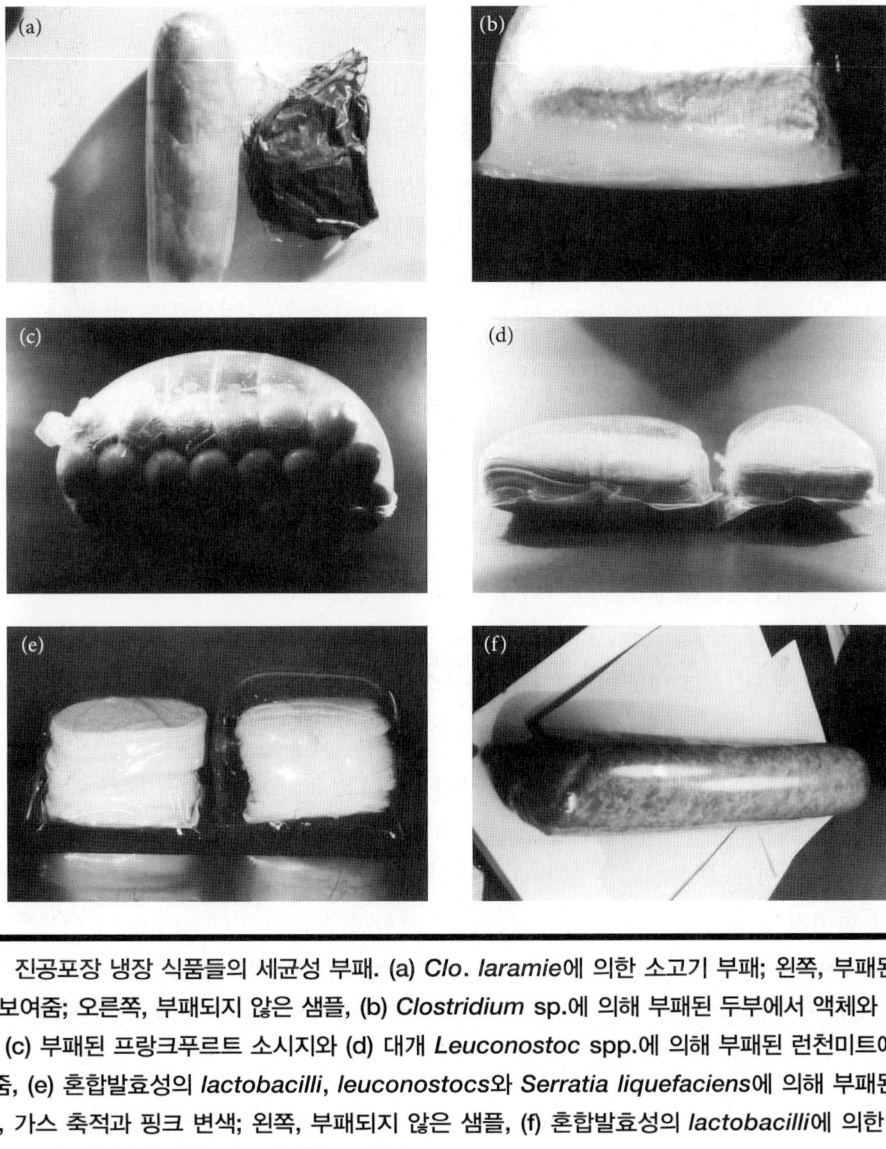

그림 21.1 진공포장 냉장 식품들의 세균성 부패. (a) *Clo. laramie*에 의한 소고기 부패; 왼쪽, 부패된 샘플의 가스 축적을 보여줌; 오른쪽, 부패되지 않은 샘플, (b) *Clostridium* sp.에 의해 부패된 두부에서 액체와 가스의 축적을 보여줌. (c) 부패된 프랑크푸르트 소시지와 (d) 대개 *Leuconostoc* spp.에 의해 부패된 런천미트에서 가스 축적을 보여줌, (e) 혼합발효성의 *lactobacilli*, *leuconostocs*와 *Serratia liquefaciens*에 의해 부패된 터키롤 조각; 오른쪽, 가스 축적과 핑크 변색; 왼쪽, 부패되지 않은 샘플, (f) 혼합발효성의 *lactobacilli*에 의한 원통형으로 포장된 간 소고기의 부패에 의한 가스 축적을 보여줌.

고기)로부터 분리하였으며, 15°C의 혐기성 조건에서 배양되었다. 생화학적인 연구를 통하여 그것은 새로운 종으로 판명되었으며, 그것은 *Clo. laramie* NK1(ATCC 51254)으로 명명되었다. 이 세포들은 산소에 굉장히 민감하였으며, 증식온도는 −2°C~22°C로 12°C~15°C(53.6°F~59°F)의 혐기성 환경에서 최적으로 증식하였다. 이 종은 2°C(35.6°F)에서 포자를 형성하고 싹을 트게 할 수 있다.

가공되지 않은 소고기를 이 포자들과 함께 접종하여 진공포장 및 냉장 저장한 샘플은 이 포자에 의해 부패가 발생하는 것과 유사한 결과를 보였으며, 퍼지는 *Clostridium* 세포들을 가지고 있었다. 제한적인 공장 내 샘플링이 도축지역으로부터 진공포장을 위한 기본적인 절단이 이루어지는 컨베이어 시스템들에서 이루어졌다(특별한 문제가 발생한 공장에서). 25개의 샘플들 중에서 3개가 *Clo. laramie*에 대하여 양성반응을 보였고, 이 세 가지 샘플 모두 진공포장 지역에서 컨베이어 시스템으로부터 유래하였다. 이 공장에서 사용되고 있는 컨베이어 시스템은 작은 링크들과 구성되어 있었다. 일반적으로, 고기의 미생물학적 품질은 매우 우수하였다(~10^3/g 총 호기성균 수, aerobic plate count, APC). 이것은 미생물이 적게 오염되게 특별하게 설계된 위생은 아주 훌륭하였으나, 특히 접근할 수 없는 연결부위(dead spot)와 컨베이어 시스템에 연결된 유사한 장소에서 포자들을 죽이지 못하기 때문에 발생한 것으로 의심되었다. 따라서 합성가공 육류들은 연관된 세균이 적기 때문에 거의 경쟁이 없는 상태로 끊임없이 포자들(과 세포들)과 접종, 발아 또는 증식(또는 두 가지 모두)을 통하여 큰 규모의 부패를 유발하게 된다(저온발육 *Leuconostoc* spp.와 함께). 미국에서 유사한 문제를 가지고 있었던 소고기 가공업체들의 부패된 고기 샘플들에 대한 후속 연구들은 이러한 발생빈도가 독립적이지 않으며, 적어도 한 계통 이상의 *Clo. laramie*가 부패에 연관되어 있는 것으로 드러났다.[5~8]

유럽의 진공포장된 냉장 소고기의 유사한 부패도 역시 유사한 *Clostridium* sp.과 *Clo. estertheticum*로 명명된 포자에 의해 야기되었음이 보고되었다. 이 종들은 역시 고체배지를 통해서는 배양할 수 없었으며, 현미경학적으로 처음 판명되었다.[7] 진공포장된 고기 부패에 관련된 다른 클로스트리디움 종들은 *Clo. algidicarnis*, *Clo. algidixylanolyticum*, *Clo. frigidicarnis*, 그리고 *Clo. Gasigenes*를 포함한다.[9] 최근 몇 년 사이에, *Clostridium* spp.에 의한 진공포장된 냉장가공되지 않은 소고기의 부패가 캐나다, 브라질과 뉴질랜드에서 보고되었다.

21.4.2 *Clostridium* 종에 의한 구운 소고기의 부패

Clostridium spp.는 상업적으로 생산되어 진공포장된 냉장 구운 소고기의 서로 독립적인 대량 부패 건들을 이용하여 분리하였다. 그 고기들(각각 10~12파운드[4.5~5.5 kg])은 160°F(71°C)(내부 온도) 이하에서 구워져 진공포장되어 냉장되었다. 연구실에서 샘플들을 받았을 때, 그것들은 많은 양의 가스와 퍼지를 가지고 있었으나, 향신료를 고기에 사용되었기 때문에 오직 강하고 매운 향만 나타났다. 퍼지의 위상차 현미경 검사를 통하여 터미널 포자들을 포함한 운동성의 *Clostridium* 세포들이 다수 확인되었다. 특별한 한천배지를 통하여 이 세균의 군집을 분리하지는 못하였으나, 많은 수의 *leuconostoc* 군집(~10^8/ml)을 얻을 수 있었다. *Clostridium* spp.를 분리하기 위하여 포자를 함유한 퍼지를 가열하고 배양하였다. 순수 배양액을 덜 익은 소고기에 접종하고 진공포장 및 냉장한 샘플은 2~3주 이내에 황화수소(H_2S) 가스의 생성, 밝은 갈색에서 핑크색으로 고기색의 변화와 핑크에서 붉은색으로 퍼지의 축적을 보였다. 퍼지의 위상차 현미경 조사 결과 *Clostridium* 세포들과 포자들의 존재를 확인하였

다. 이렇게 분리된 균주들 중 일부는 부패된 조리되지 않은 소고기로부터 동정된 *Clo. laramie*와 비교하였을 때, 생화학 및 생리적인 패턴들이 다른 것처럼 보였다('*Clostridium* spp.에 의한 가공되지 않은 신선한 소고기의 부패'에 관한 절 참조).[5,7]

21.4.3 *Clostridium algidicarnis*에 의한 돼지 갈비의 부패

이 새로운 종은 4°C에서 보관하고 요리되어 진공포장된 돼지고기 제품들의 부패와 연관되어 있다.[10] 이것은 불쾌한 부패 악취를 생산하게 된다.

21.4.4 *Clostridium* 종에 의한 두부의 부패

냉장된 상태로 보관되는 동안 진공포장된 두유 응고 제품(두부)은 용기에서 가스와 액체의 축적과 이취를 보였다(**그림 21.1b**).[8] 액체의 현미경 관찰 결과는 많은 수의 운동성 막대형 균들과 터미널 포자들의 존재를 보여주었다. 이 균주는 순수한 형태로 분리되었고, *Clo. laramie* NK 1의 특성들과는 다른 생화학적 및 생리학적인 특징들이 발견되었는데 그 이유는 이것들이 혐기성 조건 하의 한천배지에서 증식할 수 있기 때문이었다. 하지만 이것은 호저온성이고, 25°C 또는 그 이상의 온도에서는 자라지 않는다.

21.4.5 *Leuconostoc* 종에 의한 신선하고 부드러운 치즈의 부패

젖산(lactic acid)과 레닛(rennet; 우유를 치즈로 만들 때 사용되는 응고 효소)과 함께 응고된 저온 살균 우유(pasteurized milk)와 모여진 응유(curd) 의해 만들어지고 진공포장된 스페인 스타일의 소프트 치즈는 냉장온도에서 30일 이내에 포장 내에서 가스의 형성과 액체의 축적을 보였다(기대되는 유통기한은 50일 이상이다).[8] 응유의 질감은 부드러웠고 가스가 많이 차 있었다. 액체를 위상차 현미경으로 조사한 결과는 *leuconostoc* 같은 세포들의 짧은 체인들로 관찰되었다. pH 5.0 플레이트 배지에서 미생물 수의 측정 결과는 제품당 $10^{8\sim9}$ CFUs/g 이었다. 군집들로부터 동정된 세포들은 그람양성, 혼합 발효성과 생화학적으로 *Leuconostoc* spp.로 분류된 것이었다. 이 세균은 아마 우유의 저온 살균 후 제품의 광범위한 처리를 하는 동안 제품에서 얻게 된다. 심지어 그것들은 처음에 낮은 수준에서 존재하는 경우에도 긴 저장기간 동안 증식할 수 있으며, 가스를 형성하고, 결함을 생성할 수 있다. 어떤 온도의 오용은 부패를 가속화한다.

21.4.6 *Leuconostoc* 종에 의한 저온 처리된 고기 제품들의 부패

상업적인 공정에서 진공포장된 냉장 고기 제품의 다양한 부패 형태가 지역 슈퍼마켓들에서 수집되었다. 이러한 제품들은 햄 스테이크, 다진 햄, 얇게 다진 햄, 제조한 칠면조 햄, 얇고 요리된 런친미트, 몇몇 종류의 프랑크프루트 소시지(소고기, 치킨 및 칠면조), 소시지, 요리되고 구운 폴란드 소시지, 핫링크 소시지로 재구성되었다. 일반적인 증상들은 대량의 가스와 혼탁한 퍼지의 축적이었다(**그림 21.1c,d**).[5~8] 이 제품들은 어떠한 유쾌하지 못한 냄새를 가지고 있지 않았다. pH는 5.0~6.0의 범위였다. 일부는 저지방 제품들이었다. 퍼지의 위상차 현미경 결과 대개 leuconostoc-like 세포들의 존재를 보였다. 퍼지의 군집 미생물 개체수 측정 결과 ca. $10^{8\sim9}$/ml의 젖산균 수(lactic acid bacteria)를 나타냈으나, 일반 세균 수 측정은 매우 낮았다. *Bro. thermosphacta*는 존재할 때 10^3/ml 이하였다. 생화학적 검사들은 대부분의 젖산균이 *Leu. carnosum*과 *Leu. mesenteroides*로 나타났으며, 많은 균들이 박테리오신(bacteriocin)을 만들어낼 수 있었다. 이것은 다른 그람양성 박테리오신 민감성 세균들의 증식을 억제함으로써 박테리오신 생성 leuconostocs가 우선적으로 자라게 되고, CO_2와 산을 생성하는 것으로 의심되며, 포장의 총 팽창과 퍼지의 분출에 책임이 있었다. 대부분의 경우, leuconostocs는 진공포장 전에 처리하는 과정 동안에 장치 및 기타 출처 등에서 사후 가열 오염원으로서 제품에 오염되었다.[11]

21.4.7 칠면조 롤에서 암모니아 악취

저지방(2%), 높은 pH(6.5)로 진공포장된 칠면조 가슴살 롤은 제품을 열었을 때, 가스와 액체의 축적과 함께 강한 암모니아 악취(기저귀 냄새) 현상을 보여줬다.[8] 위상차 현미경 하에서 액체의 검사 결과는 leuconostocs-like 세포들뿐만 아니라 운동성의 단일 또는 작은 체인 막대형 또는 어떤 종류의 lactobacilli-like 세포들임을 나타내었다. 분리와 그람염색을 통하여 leuconostocs-와 lactobacilli-like 세포들은 그람양성이었고, 운동성 막대들은 그람음성임을 나타내었다. 액체의 APC와 젖산균 측정 결과는 ca. 10^8/ml이었다. 생화학적 분석 결과는 그람음성균은 *Ser. liquifaciens*이었으며, 그람양성균은 *Leu. mesenteroides*와 *Lab. sake*였다. 이러한 우세한 세균 종류들은 진공포장 전 열처리 과정 후에 제품에 오염된 것으로 의심되었다. *Leuconostoc* sp.는 이산화탄소 가스와 산을 생산하였고, *Lab. sake* 역시 산을 생성하였으나 정상 발효성 세균이기 때문에 가스를 생성하지는 않았다. 그러나 pH는 이 저지방 제품에 사용되는 고인산염(phosphate) 내용물 때문에 떨어지지 않았다. 그 후, *Serratia* sp.가 자랐고 아미노산이 검출되었으며, 더욱이 암모니아가 방출되었다. 이 제품들은 또한 약한 핑크색을 가졌는데, 이것은 메트미오글로빈(metmyoblobin)의 부분적인 감소 때문일 것이다('양념하고 다지고 모양을 낸 로스트비프의 핑크 변색'에 대한 절과 '칠면조 롤 조각의 가스팽창과 핑크 탈색'에 대한 절 참조).

21.4.8 런천미트의 노란색 변색

잘게 다진 햄으로부터 준비된 진공포장 조리된 런천미트는 4.4°C에서 3~4주 내로 보관 시 노란색의 변색된 부분이 발생되었다.[12] 미생물학적 분석 결과는 71.1°C에서 20분간 생존할 수 있는 많은 수의 *Enterococcus faecium* ssp. *casseliflavus*의 존재가 발견되었다. 따라서 이 종은 조리 중에 살아남았을 것이다. 노란색 변색은 세균종에 의한 카로티노이드(carotenoid) 물질의 생성 때문인 것으로 의심되었다.

21.4.9 칠면조 런천미트의 회색 변색

주로 검은 고기로 만든 칠면조 런천미트 조작들은 냉장온도에서 호기성 보관상태 동안에 2~3일 이내로 회색 반점이나 부분이 발달되었다.[8] 원인이 되는 세균이 분리되었고, *Lactobacillus* 종의 H_2O_2-생산 계통으로 확인되었다. 이 세균 계통의 증식은 호기성 조건 하에서 젖산(lactate)을 이용하여 H_2O_2를 생산하는 것으로 의심되었다(lactate + O_2 → pyruvate + H_2O_2, L형 젖산 산화효소에 의하여 촉매된 반응). H_2O_2는 그 후에 미오글로빈(myoglobin)을 산화시켜서 흰 회색 색깔을 생성하게 된다. H_2O_2-생성 계통은 일부 lactobacilli의 내열성처럼 열처리 후 오염원 또는 저온 열처리에서 살아남을 수 있다. 진공 보관 하에서, 이 계통은 변색을 유발시키는 H_2O_2를 생성하지 않는다.

21.4.10 양념하고 다지고 모양을 낸 로스트비프(Roast Beef)의 핑크 변색

1~2주 동안 냉장 보관 중 진공포장된 다지고 모양을 낸(chopped and formed) 저지방의 구운 소고기 조각들에서 전반적으로 정상적인 갈색에서 핑크에서 붉은색의 부분이 발생되었다.[8] 처음에는, 신선한 제품은 pH 5.8~6.0과 약한 냄새를 가졌었다. 냉장온도에서 4~5주 이내에 이 조각들은 강한 비린내에서 부패한 냄새로 발전하였다. 황화수소는 검출되지 않았고, 6.0 정도로 pH 역시 변화하지 않았다. 고기의 색깔은 검붉은색의 퍼지와 함께 짙은 핑크색에서 붉은색으로 변하였으나, 아주 소량의 가스 축적만을 나타내었다. 미생물학적 미생물 개체수는 APC의 대략 9×10^9/ml 퍼지와 젖산균(leuconostocs 또는 lactobacilli)의 1×10^9/ml 퍼지를 나타내었다. 위상차 현미경 상에서 퍼지의 조사 결과는 leuconostocs-와 lactobacilli-like 세포들뿐만 아니라 운동성 막대형의 균들도 관찰되었다. 자일로오스-리신 철 한천배지(xylose-lysine iron agar plates)에 도말한 것은 그람음성 막대형로 군락들의 3가지 타입의 분리에 사용되었으며, 이 균주들은 생화화적으로 *Hafnia alvei*, *Proteus vulgaris*와 *Ser. liquifaciens*로 동정되었다. 구운 소고기에 세 가지 균주를 접종하고 진공포장하여 냉장온도에서 보관한 것은 세 가지 그람음성균 모두 퍼지의 붉은색과 함께 구이의 갈색 색깔을 핑크나 붉은색(덜 익은 소고기 구이처럼)으로 변화시킬 수 있었으나, *Pro. vulgaris*는 고기 색깔을 체리레드(cherry red)로 변색시켰다. *Ser. liquifaciens*가 접종된 포장 제품 역시 약간의 가스가 생성되었다. 이 세 가지 그람음성균들 모두 소량의 H_2S를 생성하였다. 추출물의 흡수 스펙트럼(absorption spectra) 분석 결과는 색깔의 변화가 메트미오글로빈(metmyoblobin)의 부분적인 환원 때문에 발생하는 것으로 확인되었다.

이러한 샘플들로부터 동정된 젖산균(lactic acid bacteria)뿐만 아니라 그람음성 종 모두는 열 민감성의 저온 발육성과 조건적 호기성(facultative aerobic)이었다. 그것들은 확실히 생산설비에서 위생상태가 좋지 않음을 나타내는 가열 후 오염원(postheat contaminats)으로서 제품에 유입되었다. 전에 언급되었다. 다른 제품들과는 반대로 이 제품에서 가스의 대량 발생이 없는 것은 매우 적은 대사가능 탄수화물(metabolizable carbohydrate)의 존재 때문이라고 할 수 있었다. 아미노산의 측정 동안에 pH가 변화하지 않고(~ pH 6.0) 그대로 남아 있는 이유는 물에 결합하는 공식에서 고용량의 인산염의 사용하기 때문이라 할 수 있다.

21.4.11 칠면조 롤 조각의 가스 팽창과 핑크 탈색

저지방 칠면조롤 조각(초기 pH 6.5)은 변형된 공기에 의해 포장이 되며(진공을 만든 후, 소량에 30% CO_2와 70% N_2의 혼합가스를 주입함), 그렇게 되면 포장이 약간 헐거워진 채로 남게 되었다. 제품들은 냉장온도에서 8주의 유통기간을 가질 수 있는 것으로 기대되었다. 5주 후에, 많은 포장들은 보통의 흰 회색의 가슴살 고기로부터 가스를 동반한 총 팽창, 소량 또는 보통 양의 퍼지와 핑크빛 붉은색의 탈색이 발생되었다(**그림 21.1e**).[8] 색의 강도는 가장자리보다는 조각의 내부에서 강하였다. 가스는 악취를 풍겼으나(젖은 양말 같은), 황화수소는 검출되지 않았다. 포장지를 연 바로 직후, 고기조각의 색깔은 정상으로 변화되었다. 고기조각을 다시 진공포장한 것은 8~12시간에 색이 핑크빛 붉은색(pinkish red)으로 변화되었다. 정상적인 색깔의 고기조각에 아스코르빈산(ascorbic acid)의 첨가는 빠르게 유사한 핑크빛 붉은색을 보여주었다(1~2시간 이내). 위상차 현미경 하에서 액체의 검사 결과는 leuconostocs-와 lactobacilli-like 세포들뿐만 아니라 운동성 막대기 균주들을 나타내었다. 군락 미생물 수 측정(colony enumeration)은 젖산균 약 $10^{7\sim8}$/g과 *Enterobacteriaceae* 약 10^6/g의 존재를 나타내었다. 젖산균은 *Leu. carnosum*(혼합발효성의, heterofermentative)과 *Lab. curvatus*(정상 발효성의, homofermentative)가 우세한 반면에, *Enterobacteriaceae*는 *Ser. liquifaciens*이었다. 접종 연구들은 *Ser. liquifaciens*가 악취를 생성시키는 데 중요한 것임을 나타내었다. 핑크색은 환원된 메트미오글로빈(reduced metmyoglobin)의 형성에 기인한 것이었다. 그러나 이것이 어떻게 형성되는 명확하지 않다. 이것은 보관 중에 열처리 후 오염원으로서 제품에 들어간 저온 발육의 그람양성과 그람음성균이 증식하였고, 제품들의 O-R 퍼텐셜(산화환원 퍼텐셜, O-R potential)을 낮춘 것으로 보였다. 이것은 가역적인 산화환원 상태로부터 메트미오글로빈과 흰 회색으로부터 색깔을 변화시켰다. 공기 중에서(산소), 메트미오글로빈은 핑크색으로부터 흰 회색으로의 변화를 환원상태에서 산화상태로 반전되었다. 추출물들의 분광 광도계를 이용한 흡광도 연구 결과 역시 핑크색이 페트미오글로빈의 환원형태에 의해 생긴다는 결론을 뒷받침해주었다. 이 배합에서 *Leu. carnosum*에 의해 사용된 글루코오스의 대사로부터 다량의 가스가 생성되었다. 왜냐하면 제품은 상당히 많은 양의 인산염을 가지고 있었기 때문에, 젖산균의 증식 속에서도 pH가 변하지 않았고, 더욱이 포장지 안에 소량은 퍼지만이 존재하였다.

생산 시설의 조사 결과는 조리된 제품들이 포장 기계 사이의 절단기로부터 컨베이어에 들어가면서 오염되었다. 그러나 초기 오염 정도는 매우 낮았다(<10/g). 보관 과정 동안 많은 수에 도달하게 되었다. 창고로부터 상점으로 물건이 배송되는 동안에 화물차에서 상품온도가 6~8시간 동안 50°F~55°F(10°C~12°C)보다 높을 수 있었음을 가공업자들에 의해 밝혀졌다. 더욱이, 이것은 역시 유통기한의 저하를 야기하는 저온 발육균들이 빠르게 증식시키는 결과를 가져올 수 있었다.

21.4.12 갈은 고기 포장의 가스성 팽만

진공포장되고 냉장 저장된(**그림 21.1f**) 저지방 갈은 소고기 포장에서는 며칠 내 가스의 대량 축적이 발견된다. 초기 저장 1주일 이내에 가스나 고기에서 황화수소는 아닌 약간의 이취가 발생하고; 고기의 pH는 5.6이었고, 미생물 분석은 저온성 젖산균(psychrotrophic lactic acid bacteria)으로 주로 *Leu. mesenteroides*와 생화학 및 생리적 반응 패턴에서 결정되는 두 가지 비정형 *Lactobacillus* spp.이며 1~4 × 10^7/g에 많은 수치가 나타났다. 일반 세균 수 측정은 1 × 10^5/g 미만이고 그람음성은 10^3/g 미만이다. 가장 대다수는 *Lactobacillus* sp.로 혼합 발효성(heterofermentative)이며, 비정형 형태를 가지고 있으며, API 시스템에 의해 생화학 프로필을 보면 알려진 종의 것과 일치하지 않는다. 냉장온도에서 6주 정도 고기를 저장하면 저온성 젖산균의 수가 1.5 × 10^8/g(APC~2.7 × 10^7/g), pH는 6.2로 증가하고, 가스는 경미한 황화수소를 가지며, 고기는 강한 부패한 냄새를 낸다. 초기 가스 형성은 혼합 발효성을 가진 저온성 젖산균에 의해 고기의 탄수화물의 물질대사에 의한 결과라고 의심하고 있다. 확장 저장하는 동안에 젖산균뿐만 아니라 특히 다른 그람음성균은 유황이 함유된 아미노산을 동화시키면서 악취를 발생시킨다.

21.4.13 신선한 냉장 닭고기 제품의 달걀 냄새

껍질 없고 뼈 없는 절단된 닭 가슴살 고기는 1.2% 소금(salt)과 1.8% 젖산나트륨(sodium lactate) 등 다양한 재료를 포함한 혼합물에 절인하고 진공포장하여 30°F(−1.1°C)에 저장한다. 제품의 pH는 6.0~6.2이었다. 제품은 28일의 저장 기간 예상하였으나, 7일 이내에 부드러운 달걀 냄새를 만들어내고 강도가 증가하였다.

4일과 24일 전에 진공포장된 샘플을 얼음팩 용기에 담아서 24시간 동안 분석하였다. 중복 샘플로 각 미생물 그룹을 조사하고 테스트하였다. 4일 전에 용기는 가스나 분비물 축적되지 않았지만 24일짜리 샘플이 있는 용기는 약간 느슨해졌다. 개방 후에 신선한 샘플은 닭 냄새를 가지고 있지만, 오래된 샘플은 달걀 냄새가 났고, 아세테이트 검출 테스트 결과 황화수소의 존재에 양성반응을 보였다. 제품의 두 그룹의 pH는 6.0이었다. 세균 그룹들을 한천 고체배지에서 일반 세균 수 측정은 35°C에서 2일 동안, 저온성 수치는 10°C 에서 7일 동안 조사하였고, 젖산균은 pH 5.0을 적용한 MRS 한천 안에서 35°C에서 2일 동안하였고, 대장균은 보라색 빨간색 담즙 한천(violet red bile agar) 안에서 35°C에서 1일 동안 그리고 장내세균은 보라색 빨간색 담즙 포도당 한천 액체배지(violet red bile glucose agar media)에서 35°C에서 2일 동안 계수치를 내었다. 적당히 희석하여 분주한 것을 각각 희석을 중복하여 부어 도말하였다.

결과 **표 21.1**은 4일된 제품에 다섯 세균 집단의 수준이 절단된 고기 제품에서 예상외로 높지 않

표 21.1 저장하는 동안 냉장 닭고기 제품에 여러 세균 그룹 CFUs/g의 변화

세균그룹	CFUs/g[a]	
	신선(4일)[b]	오래된(24일)
일반 세균 수 측정	5.9×10^4	5.8×10^5
젖산균	4.9×10^4	3.5×10^4
호냉성균(저온세균)	7.0×10^4	4.5×10^5
대장균군	4.0×10^3	7.0×10^2
장내세균	5.6×10^3	1.5×10^2

[a] 두 샘플의 평균.
[b] 신선한 샘플은 6×10^2 정도에 변형을 가지고 있지만 오래된 샘플은 그렇지 않다.

게 나타났다. 일반 세균 수 측정에 대한 실험실에서 테스트해본 하루 지난 제품에서 얻은 것과 비슷한 수준을 얻었다. 30°F(−1.1°C)에서 24일 후에, 일반 세균 수 측정 수와 호냉성균의 수치가 모두 증가하지만 일반적으로 부패 감지 레벨이 10^7/g 미만으로 존재하였다. 그러나 대장균군 및 장내세균의 수준은 저장 기간 동안 감소했다. 흥미롭게도 신선한 샘플은 6 × 10^2/g 정도에 변형을 가지고 있지만 24일 된 샘플은 어떤 희석률도 가지고 있지 않다. 이것은 *Proteus* sp. 포함하여 장내세균의 세포들이 1.8% 젖산염, 1.2% 소금 및 30°F(−1.1°C)의 결합작용에 의해 저장 중에 사멸한 것으로 추측하고 있다. 세포내외의 단백질 분해효소는 달걀 냄새와 관련된 황화수소를 소량 생산하기 위해 단백질과 유황이 함유된 아미노산을 파괴할 수 있다. 이러한 문제를 극복하기 위한 중요한 목적은 장내세균의 수준뿐만 아니라 그람음성균의 수준을 유지하고 낮추는 것이다.

21.4.14 냉동 닭고기 제품의 악취

껍질 없고 뼈 없는 절단된 닭 넓적다리 고기를 3% 젖산나트륨 및 1.8% 소금을 포함한 다른 재료 혼합물에 절인하였다. pH 6.3인 제품을 진공포장해서 −20°C에서 냉동했다. 유통기한이 90일 이상 될 것으로 예상한 제품은 바로 사용하기 전에 고객이 해동시켰다. 저장 동안에 해동할 때, 제품에 저장기간과 강도를 증가시키면 이취가 난다.

25일과 100일 동안 저장한 것은 절인하거나 절인하지 않은 냉동 샘플로 구성된 진공포장 고기 샘플은 냉장상태의 신선한 닭고기 제품의 달걀냄새에 대한 섹션에서 설명되어 있는 방법으로 여러 가지 세균 집단의 수준의 계수치가 확인되었다. 절인한 제품을 포장한 것은 느슨해지고, 100일 저장한 제품의 해동한 고기는 이취를 가지고 있다. **표 21.2**의 결과는 절인하지 않은 제품은 네 개의 세균 집단이 낮은 수준임을 밝히고 있다. 반면에 25일간 저장한 제품은 네 가지 집단의 높은 수준을 가지고 있다. 100일간 저장된 제품은 네 개의 세균 집단 모두 두 배에서 세 배까지 지수곡선으로 떨어졌다.

그것은 절이지 않은 제품에 절인 제품이 포함되는 과정에서 오염된 것으로 의심된다. 이들 중 대부분은 그람음성으로 호냉성균, 대장균군, 장내세균이었다. 높은 젖산과 소금의 존재하에 냉동 저장 중에는 대부분은 사멸한다. 일부 효소들은 −20°C에서는 촉매작용이 느리게 일어나며, 경미한 단백질 분해와 지방 분해를 야기시키고, 고기를 해동한 후에는 구별할 수 있는 냄새와 맛을 만들어 낸다

표 21.2 저장 기간 동안에 냉동 닭고기 제품에 여러 세균 집단의 CFU/g 변화

고기 유형	−20°C에서 저장일수	CFU/g[a]			
		일반 세균 수 측정	호냉성균	대장균군	장내세균
처리하지 않은 것	7	1 × 10^4	3 × 10^4	5 × 10^1	2.8 × 10^3
처리한 것	25	1 × 10^7	1.9 × 10^7	1.1 × 10^4	1 × 10^5
처리한 것	100	4 × 10^4	3.2 × 10^4	1.4 × 10^2	1.1 × 10^2

[a] 2개 이상의 샘플의 평균.

(제22장). 이 문제를 극복하기 위해서 가공하고 제품을 동결하기 전에 좋은 위생 실천과 적절한 온도 제어를 채택하는 것이 중요하다.

21.4.15 진공포장된 훈제 연어 제품에서의 가스와 점액 발생

가공업자는 진공포장된 냉장 훈제 연어 핫도그와 델리 유형의 제품의 부패는 서로 다른 유형으로 보고하고 있다. 핫도그 포장에서는 대량의 가스와 매우 두껍고 질척거리며 노란색을 띠면서 약간 흰 퍼지를 가진다. 델리 유형 제품 포장은 가스는 거의 없지만, 대량의 탁한 색의 퍼지를 가지고 있다. 조사한 결과 가스 안에는 황화수소는 없었고, 샘플의 두 유형 모두 퍼지의 pH는 4.8 정도로 나타났다. 퍼지의 위상차 현미경으로 보면 핫도그에는 작은 사슬 안에 렌즈모양의 구균이 존재하지만 델리 샘플에는 다른 사이즈의 간균이 관찰된다. 퍼지의 미생물 수치는 10^{10}/ml보다 많은 젖산균 CFU가 존재하는 것으로 나타난다. 화학적 분석으로 핫도그에 많이 분포하는 구균과 렌즈모양은 *Leu. mesenteroides* ssp. *dextranicum*이고, 델리형 제품에 많이 분포하는 막대모양의 *Lab. sake*로 밝혀졌다. 두 세균을 분리해서 71°C에서 5분간이면 사멸하였지만(제품의 내부 온도는 72°C로 처리했음) 4°C에서는 증식할 수 있었다.

그것은 열처리 후에 제품 포장 안에 젖산균 계통이 오염 물질로 존재한 것으로 추측할 수 있다. 냉장 보관 온도에서 증식할 수 있는 호냉성 통성혐기성균 계통은 재료로 포도당과 상당히 높은 농도에 갈색당 모두 가지고 있다. 혼합발효성인 *Leuconostoc* 종은 가스와 (당에서) 덱스트란을 생산한다. 용기 안에 퍼지를 생산하기 위하여 결합된 물 손실의 원인으로 원래 제품의 pH가 5.6에서 4.8로 감소한다. 권고 사항은 배합에 당을 대체하는 것과 4°C 아래의 저장 온도를 유지하며 열처리 후 오염부하를 줄이고 온도의 오용을 줄이기 위해서 적절한 위생을 해야 한다.

21.5 결론

이 장의 예제는 제품이 부패균의 다른 유형으로 오염이 어떠한지 열처리 후 오염되는 방법 등을 설명하고 있다. 대량의 제품을 만들기 위해 복잡한 기계와 낮은 초기 미생물의 유입에 대한 욕망은 아마도 시설을 설립하고 제품을 오염시킬 수 있는 세균을 골라낼 수 있는 좋은 위생시설을 갖추는 것이다. 호저온성과 비혐기성 또는 통성혐기성의 경쟁과 초기에 낮은 수준에 오염이라도 세균이 증식하고, 오래 보관하는 동안에 부패를 야기 시키고 높은 수준까지 도달할 수 있다. 효과적인 방부제를 사용하지 않거나 저장하는 동안에 부적절한 온도 때문에 제품에 부패는 가속화되고 더 빠르게 증식할 수 있다. 어떤 환경에서는 시설의 열악한 위생으로 그람음성균이 관찰되기도 한다. **표 21.3**은 진공포장된 냉장 가공 식품의 주된 부패균의 일반적인 특성을 요약한 것이다. 그것은 가공한 제품을 60~100일 또는 그 이상 오랜 시간 동안 냉장 또는 냉장온도에서 저장했기 때문이며, 오염된 미생물의 일부 효소가 생존한 세포가 없더라도 부패를 일으킬 수 있다고 인지하는 것은 중요하다. 이 부분은 제22장에 설명되어 있다.

표 21.3 진공포장된 냉장 식품의 일부 대표적인 세균의 부패 특성

부패 특성[a]	세포 형태[b]	대표적인 세균[c]
대량의 가스와 퍼지는 악취가 적지 않으며, 퍼지 pH ≤ 5.5	렌즈모양에 구균, 작은 사슬, 그람양성균	*Leuconostoc* spp.
적은 가스와 퍼지 pH ≤ 5, 황화수소는 없으면 악취가 별로 나지 않는다.	막대, 사슬의 일부, 비활동성, 그람양성균	정상 발효성 *Lactobacillus* spp.
대형 가스와 적은 퍼지 pH ≤ 6, 황화수소 +/−, 악취	막대, 사슬의 일부, 비활동성, 그람양성균	혼합발효성 *Lactobacillus* spp.
적은 가스와 퍼지 pH ≥ 7.5, 암모니아 냄새	작은 막대, 운동성, 그람음성균	*Serratia* spp.
적은 가스와 퍼지 pH ≥ 8.0, 아주 불쾌한 냄새	작은 막대, 운동성, 그람음성균	*Hafnia*, 다른 장내세균
대량의 가스와 퍼지 pH ≥ 7.5, 황화수소 냄새	크기가 다른 얇은 막대, 운동성, 일부 끝에 포자들을 가지고 있고, 그람양성균	호냉성균 *Clostridium* spp.

[a] 일반적으로 제품의 부패 초기 단계에서 발견되는 몇 가지 특징이 있다. 그러나 샘플은 특히 초기 단계에서 하나 이상의 유형에 의해 부패될 수 있으며, 혼합된 특성을 나타나기도 한다.

[b] 형태는 위상차 현미경으로 퍼지 한 방울을 조사하였다. 반복하여 확실한 양성의 식별을 적은 시간으로 만들 수 있었다.

[c] *Clostridium* spp.균의 포자를 제외하고, 나머지는 낮은 열처리(pasteurization)에 민감하다. 열처리한 제품에 존재하는 것은 대부분 열처리 후에 오염과 제품 표면에서 발생한다.

학습문제

1. 호냉성과 내냉성 미생물의 정의를 내리시오. 내냉성균이 식품을 부패에 중요한 이유에 대하여 논하시오.
2. 최근에 냉장 식품이 인기가 있는 이유를 간단히 설명하시오.
3. 냉장 식품의 미생물 문제들의 원인은 무엇인가?
4. 여섯 세균의 속(genera)에 목록과 현재 새로운 부패균으로 지정되어 종(species)을 나열하시오.
5. 최근 가공업자는 새로운 진공포장으로 낮은 열처리 후에 저지방 육류 제품을 생산하고 있는데 4.4°C에서 60일의 유통기한을 가질 것으로 예상한다. 제품의 10% 정도가 30~40일 이내에 부패가 일어나는 것을 발견했다. 특성은 산성과 치즈 냄새를 가지고 있는 가스와 탁한 퍼지가 축적되어 있다. 그는 원인을 확인하고 문제를 해결하는 데 도움을 요청하기 위해 단계적인 방식으로 어떻게 문제(사건의 원인, 근원, 순서 등)를 이해하고, 해결하기 위해서 진행해야 계획을 간략히 설명하시오.
6. 목록에 있는 음식에 병원균 문제에 대한 이 장에서 현재까지 이해를 가지고 제3장에서 질문

3~6번을 답하시오. 각각의 경우에 문제가 되는 것을 나열하고, 각각의 제품의 오염 경로를 제시하시오.

참고문헌

1. Kraft, A.A., *Psychrotrophic Bacteria in Foods, Disease and Spoilage*, CRC Press, Boca Raton, FL, 1992, p. 3.
2. Olson, J.C., Jr. and Nottingham, P.M., Temperature. In *Microbial Ecology of Foods*, Vol. 1, Silliker, J.H., Ed., Academic Press, New York, 1980, p. 1.
3. Ray, B., The need for food biopreservation. In *Food Biopreservatives of Microbial Origin*, Ray, B. and Daeschel, M.A., Eds., CRC Press, Boca Raton, FL, 1992, p. 1.
4. Ray, B., Foods and microorganisms of concern. In *Food Biopreservatives of Microbial Origin*, Ray, B. and Daeschel, M.A., Eds., CRC Press, Boca Raton, FL, 1992, p. 25.
5. Ray, B., Kalchayanand, N., and Field, R.A., Meat spoilage bacteria: Are we prepared to control them?, *Natl. Provision*, *206*, 2, 22, 1992.
6. Kalchayanand, N., Ray, B., and Field, R.A., Characteristics of psychrotrophic *Clostridium laramie* causing spoilage of vacuum-packaged refrigerated fresh and roasted beef, *J. Food Prot.*, *56*, 13, 1993.
7. Collins, M.D., Rodrigues, U.M., Dainty, R.H., Edwards, R.A., and Roberts, T.A., Taxonomic studies on a psychrophilic *Clostridium* from vacuum-packaged beef: Description of *Clostridium estertheticum* sp. nov, *FEMS Microbiol. Lett.*, *96*, 235, 1992.
8. Ray, B., Kalchayanand, N., Means, W., and Field, R.A., Spoilage of vacuum-packaged refrigerated fresh and roasted beef by *Clostridium laramie* is real. So are other spoilage bacteria in processed meat products, *Meat Poult.*, *40*, 7, 12, 1995.
9. Adam, K.H., Flint, S.H., and Brightwell, G., Psychrophilic and psychrotrophic clostridia: Sporulation and germination processes and their role in the spoilage of chilled, vacuum-packaged beef, lamb and venison, *Int. J. Food Sci. Technol.*, *45*, 1539–1544, 2010.
10. Lawson, P., Dainty, R.H., Kristiansen, N., Berg, J., and Collins, M.D., Characterization of a psychrotrophic *Clostridium* causing spoilage in vacuum-packed cooked pork: Description of *Clostridium algidicarnis* sp. nov, *Lett. Appl. Microbiol.*, *19*, 153, 1994.
11. Yang, R. and Ray, B., Prevalence and biological control of bacteriocin-producing psychrotrophic leuconostocs associated with spoilage of vacuum-packaged meats, *J. Food Prot.*, *57*, 209, 1994.
12. Whiteley, A.M. and D'Souza, M.D., A yellow discoloration of cooked cured meat products: Isolation and characterization of the causative organism, *J. Food Prot.*, *52*, 392, 1989.

제22장

미생물 효소에 의한 식품부패

22.1 서론

부패균에 의한 음식 영양소, 주로 탄수화물, 질소화합물 및 지방의 대사는 음식의 질을 떨어뜨리는 대사물질일 뿐만 아니라 부패균의 수를 늘리게 한다. 음식은 변화가 감지되고 세균의 수가 약 $10^{7\sim9}$/ml, /g, 또는 /cm^2에 이를 때 부패되었다고 간주된다. 이런 변화는 수많은 미생물 효소들의 촉매작용에 의해 유발된다. 대부분의 미생물 효소들은 세포내 효소이고 영양소들을 몇몇의 이동 기전을 통해 세포 내로 영양소들을 이동시키는 작용을 한다. 세균세포는 수많은 효소들을 가지고 있는데 대부분이 세포내 효소이고 일부 세포외 효소이다. 세포내 효소들은 음식의 작은 영양 분자들을 세포 내로 옮기는 대사에 관련되어 있다. 많은 세포내 효소들은 세포 안의 endonucleases, mucopeptidase, lipases, proteinases와 같은 큰 분자에 작용한다. 합성 후에 세포외 효소는 세포 표면에 붙어 있거나 음식물 쪽으로 배출된다. 많은 후자그룹은 세포 속으로 운반되기 전 큰 영양 분자(예: 다당류, 단백질, 지질)에서 작은 영양 분자로 가수분해할 수 있다(제8장과 12장 참조).

대부분의 식품은 어느 정도의 저분자 대사당질(monosaccharides, disaccharides와 그들의 유도체, 즉 포도당-6-인산염), 질소화합물(small peptides, amino acids, nucleosides, nucleotides, urea, creatinine, trimethylamine oxide), 유리지방산, 일부 유기산(lactic, citric, malic acids)을 가지고 있다. 많은 부패미생물들, 특히 부패균은 식품을 $10^{7\sim9}$/g, ml, 또는 /cm^2로 이르게 하도록 저분자 식품화합물을 이용할 수 있고 식품부패를 감지할 수 있을 만큼 야기할 수 있다. 따라서 외부효소에 의한 거대분자의 가수분해에는 외부영양공급은 식품부패 시작에 필요하지 않다. 사실 *Pseudomonas* spp.와 *Bacillus* spp.에 대한 연구들에서 보면 저분자 질소화합물에서, extracellular proteinases 합성이 억제되는 것으로 나타난다. 작은 분자들이 공급되어 사용될 때 기전은 extracellular proteinase가 합성되고 분비됨으로써 다시 시작된다. 단백질은 음식물의 큰 분자를 작은 펩타이드나 아미노산으로 가수분해해서 세포 내로의 이동과 내인성 대사가 되도록 하는데 이는 결국 부패가 더 진행됨을 의미한다. 일반적으로 저분자 영양대사로의 미생물 식품부패는 미생물 생육 초기 단계에서 발생한다. 세포외 효소에 의한 거대분자로의 파쇄로 기인한 부패는 일련의 과정으로 이후에 발생한다.

미생물 세포는 정상적으로 죽거나 비열처리로 죽일 수 있지만 세포내 혹은 세포외 효소는 비활성화되거나 파괴되지 않고 미생물의 성장 혹은 생존세포의 부재에도 식품부패를 야기할 수 있다. 얼렸다가 녹이거나 건조시켰다가 다시 수분을 주거나 변형 공기포장, 진공포장, 냉동, 높은 수압, 전기펄스필드, 높은 강도의 빛, 일부 방부제에 노출된 식품 속 미생물 세포들은 죽거나 세포내 효소들을 방출하면서 자기분해 과정을 겪게 된다. 만일 한 개 혹은 그 이상의 세포내 및 세포외 효소가 촉매작용이 잘 일어날 수 있는 상태에서 이러한 식품이 오랜 기간 저장된다면 부패가 일어날 수 있다. 저온과 수분활성도가 낮은 저장상태에서 잘 숙성된 치즈(부패가 아닌)는 우유영양소들의 파쇄에 관련된 세균성 세포내 효소가 죽음으로써 부패가 야기되는 것이 아니라 바람직한 생산품 특성을 부여하는 좋은 예이다. 대부분의 식품들에서 미생물 효소는 미생물의 성장이 없는 관계로 초기 미생물의 수가 일반적으로 낮고 부패된다. 그러나 만일 생산품이 초기에 강한 미생물 부하(성장 부재 속에서)로 오염된다면 그리고 미생물은 죽이지만 효소를 불활성화시키지는 못하는 비열처리로 한다면 미생물 효소에 의한 식품의 부패는 발생할 수 있다(제21장). 식품의 열적인 처리에서 몇몇의 열에 안정적인 미생물 효소는 그 생산 미생물이 후에도 활성을 유지한다. 적정한 상태에 식품을 저장하는 동안에도 이들 효소는 식품영양소를 파괴하고 부패를 야기시킬 수 있다. 열에 안정한 효소들, 일부 세포외부의 단백질 가수분해효소, 지방질 가수분해효소, 품에서 발견되는 저온세균의 phospholipase들은 열처리된 유제품을 부패시킨다.[1~3]

22.2 저온세균의 내열성 효소들의 특징

상업적인 처리로 생산한 저온 처리된 생유는 대개 냉장온도(<7°C)에서 1,2주 동안 저장된다. 생유에서 발견되는 저온세균은 물, 장비 외부환경 등에서 오는데 저장하는 동안 증식한다. 초기 수, 세균의 종, 계통, 저장시간과 온도, 온도의 초과 정도에 따라 저온세균 개체군이 세포외부의 내열성 효소가 충분히 생산될 수 있는 수준에 이를 수 있다. 내열성 효소들은 부패하지 않은 생유를 고온처리로 생산한 유제품을 부패하도록 야기시킨다. 저온처리나 극고의 온도처리(UHT)와 같은 열은 저온세균은 죽이지만 내열성 효소들은 불활성화시키지는 못한다.

생유에서 열에 안정한 단백질 분해효소, 지방 분해효소, 어느 정도까지는 몇몇의 저온발육하는 그람음성균 등이 제품의 부패 정도를 알 수 있어 경제적으로 중요하게 간주된다.[4,5] *Pseudomonas*(*Pseudomonas fluorescens*, *Pse. fragi*), *Aeromonas*, *Flavobacterium*, *Shewanella*(*Alteromonas*), *Serratia*, 그리고 *Acinetobacter* 속에서 온 종들은 내열성 extracellular proteinases를 생산하고, *Pseudomonas*, *Alcaligenes*, *Shewanella*, *Acinetobacter*, 그리고 *Serratia*는 내열성 lipases를 생산한다. *Pseudomonas* spp.는 또한 내열성 phospholipase를 생산한다. 이러한 속에서 나온 많은 종들은 일반적으로 원유, 고기, 물고기, 다른 식품에 존재한다. 냉장 보관하는 동안 저온발육생물은 식품 속에서 자랄 수 있고 열에 강한 효소들을 생산할 수 있다.[6,7]

이들 세균 특히 *Pseudomonas* spp.는 우유 속에서 내열성 proteinases와 lipases 생산과 이들 효

소의 특징이 잘 연구되어왔다. 결과는 다른 종과 계통은 분자량과 활성이 다르게 나타나는 단백질 분해효소와 지방 분해효소를 생산한다는 것을 보여준다. 따라서 *Pseudomonas*에서 생산된 높은 활성을 띠는 단백질 분해효소와 지방 분해효소는 우유 1리터당 $10^{5\sim6}$세포로 강력하게 단백질 가수분해와 지방 분해를 일으킨다. 그러나 다른 계통에서 비슷한 변화를 일으키기 위해서는 리터당 10^9세포 정도가 필요하다. 그 효소는 냉장 보관된(1°C~7°C) 생유에서 단백질과 지방을 충분한 양으로 감지될 수 있도록 가수분해되는데 3~7일 정도 걸린다. 단백질 분해효소의 촉매활성은 pH 6.0과 7.0에서 가장 높게 나타나고, 활성범위는 5와 9 사이이다. 파스퇴르 우유(63°C에서 30분 혹은 71°C에서 15초 살균처리)는 6~36%까지 활성이 낮아지고 121°C에서 10분의 열처리에도 단백질 분해효소의 일부 활성은 남아 있다. UHT 처리(140°C~150°C에서 1~5초)는 일부 계통, *Pseudomonas* 계통, 또 다른 psychrotroph에서 생산된 단백질 분해효소를 완전히 비활성화시키지는 못한다. UHT 처리 우유는 따라서 저장하는 동안 남아 있는 단백질 분해효소의 활성으로 인해 부패될 수 있다. 지방 분해효소는 단지 부분적으로 파스퇴르 처리나 90°C에서 2분 정도의 열처리로 불활성화된다. 지방 분해효소는 일반적으로 UHT 처리로 불활성화된다. *Pseudomonas* 계통의 지방 분해효소는 100°C에서 10분 열처리 후에도 충분한 활성이 남는다.

저온세균의 내열성 단백질 분해효소는 기질 특이성과 기질 분해력이 다르다. *Pseudomonas* spp.의 단백질 분해효소는 우선적으로 다른 기전에 의해 우유의 카제인을 분해한다. 일부 종과 계통에서 단백질 분해효소는 초기에 카제인을 분해한다. 반면에 다른 종이나 계통에서 온 단백질 분해효소는 초기에 κ-casein을 분해한다. 시간이 지남에 따라 그들은 다른 카제인 부분을 분해한다. *Flavobacterium*, *Aeromonas*, *Serratia*와 같은 psychrotrophic 종이나 계통의 단백질 분해효소는 초기에 β-, κ-casein 분해에 대해 차이들이 보이지만 모든 계통에서 마지막에 α-casein은 분해된다.

저온세균의 지방 분해효소는 지방 쪽에서도 차이가 있다. *Pse. fragi* 계통에서 온 지방 분해효소는 특정하게 triglyceride의 1번 3번 위치에 지방산을 가수분해하는 반면, 두 번째 계통의 다른 지방 분해효소는 1번 위치에 있는 것만을 가수분해한다. 유사한 특이성들이 *Pse. fluorescens*의 세포외부의 지방 분해효소에서 관찰된다. 저온세균의 일부 지방 분해효소는 동등하게 세 개의 지방산 모두를 가수분해한다.

Psychrotrophic 그람음성균에서 생산되는 phospholipase에는 *Pseudomonas* spp.에서 온 phospholipase C가 있는데 이것은 비교적 열에 안정성을 갖는다. 파스퇴르 처리법으로는 파괴되지 않는다. *Pse. fluorescens*의 phospholipase C는 다른 phospholipid보다 phosphatidylethanolamine에 대해서 보다 활동성을 띤다.

22.3 내열성 미생물 효소에 의한 식품부패

원유 속 저온세균의 내열성 세포외 효소의 존재는 원유로 만들어지는 유제품의 변질을 야기시킬 수 있다. 게다가 이 유제품을 내용물로 해서 만들어지는 다른 생산품까지도 이 내열성 효소들로 인해 품질이 저하될 수 있다. 몇 가지 예로 여기서 이들 효소의 잠재된 부패력을 살펴보겠다.[8,9]

22.3.1 파스퇴르 우유

저온세균의 내열성 단백질 분해효소와 지방 분해효소는 파스퇴르 처리에 불활성화되지 않고, 카제인을 분해시키고 우유의 지방을 분해시켜 맛을 떨어뜨린다. 그러나 정상적으로 짧은 기간 냉장고 저장 시 이러한 맛의 변화는 감지되지 않을 수 있다. 또 파스퇴르 처리 후 저온세균에 오염된 우유는 저장하는 동안 세균이 증가하고 우유가 오랜 기간 저장되고, 온도가 제대로 지켜지지 않을 때 부패될 수 있다. 이러한 일련의 일들은 부패 시 세균의 성장과 내열성 효소의 역할을 구별하는 것은 어렵다.

22.3.2 초고온(UHT) 처리 유제품

140°C~150°C에서 1~5초까지 고온 처리된 우유들은 20°C, 3달 동안이 유통기한인 멸균제품으로 여겨진다. 20°C에서 저장하는 동안 이들 제품의 변질은 내열성 단백질 분해효소의 작용으로 쓴맛이 형성되고, 침전물과 겔이 생성된다. 내열성 지방 분해효소로 인해 산패취도 생긴다. 일반적으로 단백질 분해효소로 인한 이들 변화가 지방 분해효소 작용보다 더 우세하다. 하지만 내열성 지방 분해효소가 있음으로 해서 지방의 가수분해가 감지될 수 있다. Phospholipase는 지방입자 막에 있는 phospholipid를 분해하고 지방 분해효소의 지방에 대한 감수성을 높이는 것으로 추측되고 있다.[7,9]

내열성 단백질 분해효소에 의한 고온처리 우유의 부패시간은 원유에 *Pseudomonas* 종과 관련된 계통들의 성장과 수에 관련되어 있다. 통제 연구에서는 *Pse. fluorescens* 계통과 8×10^5에서 5×10^7 세포/ml로 접종한 고온처리 우유를 준비한다. 20°C에서 5×10^7세포/ml 접종한 것은 10일에서 14일 후 겔이 되고, 8×10^6세포/ml 접종한 것은 8~10일 걸린다. 8×10^5세포/ml 접종한 것은 20일이 되어도 겔이 되지 않지만 침전은 생긴다. 단백질 분해효소에 의해 많이 분해된 카제인을 함유한 원유는 열처리 후에도 불안정하다. 따라서 이 원유는 고온처리된 생산품으로 사용될 수 없다.

22.3.3 치즈

원유에 저온세균의 세포외부 단백질 분해효소에 의한 단백질 분해 활성은 치즈의 생산성을 낮추고, 유청(젖 성분에서 단백질과 지방 성분을 빼고 남은 맑은 액체)에서 질소 화합물이 높아지도록 한다고 보고되어 있다. 카제인의 가수분해에 따라 치즈의 수율 감소는 5%까지 높아진다. 손실은 직접적으로 원유의 저장시간과 저온세균 수와 관련되어 있다. 게다가 내열성 단백질 분해효소는 치즈의 단백질 가수분해를 증가시키고(특히 고다 치즈와 같은 부드러운 치즈) 맛의 질을 낮추고, 체다 치즈의 질감 문제를 일으킨다. 지방 분해효소는 또한 치즈의 이취(식품성분의 화학적 변화 등으로 인해 생긴 냄새)의 증가와 관련되어 있다.

22.3.4 배양된 유제품

열처리 전에 저온세균이 상당히 자란 우유로 만들어진 버터우유와 요구르트는 일반적으로 저장하는 동안(약 10°C) 조직이 나빠지고 급격히 이취가 생긴다. 이러한 결함들은 내열성 단백질 분해효소 때문에 발생한다.

22.3.5 크림과 버터

크림과 버터는 단백질 분해효소보다는 내열성 지방 분해효소에 의해 부패되기 쉽다. 저온세균 세포외성 지방 분해효소는 크림 상태에서 효소 농도를 증가시키면서 우유의 크림 상태를 우선적으로 분할한다. 지방 분해효소는 크림에서 이취를 증가시키는 데 기여한다. 지방이 분해되고 있는 크림은 과도하게 거품이 생기고, 버터가 되는 과정에서 부글거리는 데 시간이 많이 걸린다. 이런 크림으로 만들어진 버터는 좀 더 빨리 산패되기 쉽다.

남아 있는 내열성 지방 분해효소에 의해 오염된 버터는 심지어 −10°C에 저장된 상태에서도 빠르게 지방이 가수분해된다. Long-chain fatty acid 존재 여부와 상관없이 우선적으로 short-chain fatty acids(C4~C8)를 방출하는 지방 분해효소는 버터에서 가장 많은 이취는 발생시킨다.

22.3.6 밀크파우더

원유나 파스퇴르 우유에 있는 내열성 단백질 분해효소나 지방 분해효소의 활성은 밀크파우더를 만드는 과정에서 변성되지 않는다. 낮은 수분활성도(low A_w)는 이들 효소가 건조된 우유에서 단백질과 지방들이 변성되는 것을 억제한다. 가루우유나 탈지우유, 유청 등은 많은 양의 단백질과 지방을 함유하고 있고 긴 유통기한을 가진 다양한 식품들에 재료로 사용된다. 빵 제품, 아이스크림, 디저트, 식육가공품, 초콜릿, 치즈제품, 농축된 유제품들은 제조 중에 분유를 사용한다. 저장하는 동안 이들 제품은 내열성 단백질 분해효소나 지방 분해효소의 작용으로 이취나 조직이 손실될 수 있다.

22.4 낮은 온도에서 미생물 효소에 의한 식품부패

제한된 연구들은 세균의 세포외부 단백질 분해효소들이 직접적으로 물고기나 고기에서 변패취의 발생과 관련이 없는 것으로 나타났다. 질소화합물의 변성과 관련이 있는 초기 변패취는 비단백질 질소화합물의 세균성 신진대사로 발생한다. 하지만 한 번 생산된 세균의 세포외부 단백질 분해효소는 단백질 조직에 작용해서 조직을 손실(예: 점액의 형성)시킨다. 아마도 이것은 비단백질성 질소 화합물이 다 사용되고 단백질 분해효소가 약 10^8/g 또는 /cm^2로 발생될 때 생긴다. 세균성 단백질 분해효소에 의한 단백질 가수분해는 상당히 높은 부패적 변화를 가져오는 경향이 있다. *Pse. fragi*의 일부 단백질 분해효소는 옥시미오글로빈을 감소시키고 고기 색을 탈색시키는 것으로 알려져 있다. 아마도 미오글로빈에서 폴리펩타이드 사슬의 글로빈 부분을 가수분해시키는 것 같다. 이는 heme group의 반응성을 바꿔서 고기의 변색을 가져온다. 근육의 지방은 또한 세균성 지방 분해효소에 의해 가수분해될 수 있는데 이는 고기와 물고기의 맛을 떨어뜨린다. 하지만 지방은 고기의 지방 분해효소나 자동 산화에 의해 부패되기 때문에 세균성 지방 분해효소의 역할은 미미하다.

날고기와 날생선에서 맛과 조직 손상과 관련된 세균성 단백질 분해효소와 지방 분해효소의 열에 대한 안정성은 알려져 있지 않다. 하지만 이 효소들은 동일한 저온세균에 의해 나온다. 이름하여 *Pseudomonas*, *Aeromonas*와 유사 종들인데 이들은 세포외부의 내열성 효소들을 생산하는 것으로 알려져 있다.[8,9] 이들 효소의 일부는 열에 안정한 것으로 추정된다. 이들 효소가 잠재적으로 낮은 온도처리(파스퇴르)된 육가공품의 부패를 일으킬 수 있는가를 결정하는 것으로 중요할 것이다. 이 육가공품은 유통기간이 100일 정도로 기대되는 상품이다.

최근 몇 년 동안 −1°C~0°C에 28일 동안 냉장하거나, −20°C에서 90일까지 냉동한 일부 특별한 닭 육가공품은 유통기한 전에 분명하게 맛이 손실된다고 보고되어 왔다. 신선하게 준비된 생산품과 저장하는 동안 맛이 변한 생산품에 대한 미생물학적 분석을 보면 낮은 온도에서 미생물 효소가 맛의 손실에 관련되어 활성을 띤다고 보인다. 이 효소는 생산품에 존재하는 미생물에 의해 생산되는 세포외부의 효소이다. 이것은 오랜 저장 기간 동안 식품의 구성요소에 작용해서 상당한 양의 맛 구성요소를 생산한다. 낮은 온도에서 미생물 세포는 또한 죽고, 용해되어 세포외부의 효소들을 방출한다. 이들 효소의 일부가 오랜 저장 기간 동안 낮은 온도에서 손실을 가져오도록 작용할 수 있다. 앞으로 장래에 오래 보관이 가능한 고부가가치 특수제품들이 상업적으로 생산될 것이다. 또한 이런 제품의 손실을 이해하고 극복하는 이유를 찾는 것이 중요해질 것이다. 이런 문제는 제21장에서 실질적인 예로 다루었다.

22.5 결론

세포 밖으로 분비되거나 세포들이 용해되면서 내부에서 방출되는 미생물의 효소는 세포들이 죽거나 성장이 없을 때조차도 특별한 식품들의 부패를 야기시킨다. 이들 효소 중 일부는 물리 화학적 처리된 식품에서도 남아서 식품 저장 시에 작용할 수 있다. 냉장식품들에 대한 우리들의 선호도가 증가함에 따라 또 식품들을 오래 보관하게 됨으로써 이들 효소와 관련된 문제들이 증가할 것이다. 식품 유통기한에서 살아 있는 균들과 이들 효소의 존재를 예측해내는 것이 필요하다. 제23장에서는 현재 유통기한을 정하는 데 사용되는 일부 방법들과 새로운 접근 방법에 대해 논의하겠다.

학습문제

1. 식품부패에서 부패균의 세포내 효소의 역할을 묘사하시오.
2. 식품부패에서 부패균의 세포외 효소의 역할을 묘사하시오.
3. 저온발육생물인 그람음성균에 내열성 효소들의 특징과 생산에 대해 짧게 논의하시오. 내열성 단백질 분해효소와 지방 분해효소를 생산해 내는 균의 속을 세 개 적으시오.
4. 멸균 우유, 고다 치즈, 체다 치즈, 크림들에 있는 내열성 미생물 효소와 관련된 문제들에 대해 짧게 묘사하시오.
5. *Pse. flourescens*가 5 × 10^6세포/ml로 자란 원유로 만든 크림이나 탈지분유의 부패 문제가능성을 설명하시오.
6. 부패균의 내열성 효소가 저온처리하고 진공포장해서 냉장 보관하는 유통기한이 15주인 육가공품을 부패하도록 할 가능성이 무엇인가?
7. 요즘 많은 식품들이 냉장보관되거나 냉동보관된다. 미생물 성장 없이 미생물 효소 때문에 이들 음식에서 생기는 부패 문제들에 대해 논하시오.

참고문헌

1. Cousin, M.A., Presence and activity of psychrotrophic microorganisms in milk and dairy products: A review, *J. Food Prot.*, *45*, 172–207, 1982.
2. Ghaly, A.E., Dave, D., Budge, S., and Brooks, M.S., Fish spoilage mechanisms and preservation techniques: Review, *Am. J. Appl. Sci.*, *7*, 859–877, 2010.
3. Singh, J.R., Saxena, S., and Gupta, R., Microbial pectinolytic enzymes: A review, *Process Biochem.*, *40*, 2931–2944, 2005.
4. Barbano, D.M., Ma, Y., and Santos, M.V., Influence of raw milk quality on fluid milk shelf life, *J. Dairy Sci.*, *89, Supplement*, E15–E19, 2006.
5. Teh, K.H., Flint, S., Palmer, J., Lindsay, D., Andrewes, P., and Bremer, P., Thermo-resistant enzyme-producing bacteria isolated from the internal surfaces of raw milk tankers, *Int. Dairy J.*, *21*, 742–747, 2011.
6. Raats, D., Offek, M., Minz, D., and Halpern, M., Molecular analysis of bacterial communities in raw cow milk and the impact of refrigeration on its structure and dynamics, *Food Microbiol.*, *28*, 465–471, 2011.
7. Nörnberg, M.F.B.L., Friedrich, R.S.C., Weiss, R.D.N., Tondo, E.C., and Brandelli, A., Proteolytic activity among psychrotrophic bacteria isolated from refrigerated raw milk, *Int. J. Dairy Technol.*, *63*, 41–46, 2010.
8. Gram, L., Ravn, L., Rasch, M., Bruhn, J.B., Christensen, A.B., and Givskov, M., Food spoilage: Interactions between food spoilage bacteria, *Int. J. Food Microbiol.*, *78*, 79, 2002.
9. Ledenbach, L. and Marshall, R., Microbiological spoilage of dairy products. In *Compendium of the Microbiological Spoilage of Foods and Beverages*, Sperber, W.H. and Doyle, M.P., Eds., Springer, New York, 2010, pp. 41–67.

제23장

미생물에 의한 식품부패지수

23.1 서론

미생물은 식품부패를 두 가지 경로로 일으킨다. 첫째는 좀 더 중요한 한 가지인데 살아 있는 세포에 의해 식품 구성 성분이 활동적인 대사작용과 성장을 통해서이다. 두 번째는 살아 있는 세포가 없어도 세포 내외 효소들에 의해 이루어지는 것이다. 이들은 식품 구성 성분에 작용해서 기능적인 질을 변화시켜 부패를 유도한다. 미생물적 부패에 의한 식품 저하는 생산자, 생산가공자, 소비자에게 경제적으로 중요함을 가진다. 세계 인구가 증가함에 따라 미생물(그리고 비미생물) 부패에 의한 식품손실은 배고픈 사람들의 입에 더 적은 음식이 간다는 걸 의미한다. 세계인구가 2011년에는 약 70억 명이었으며, 그리고 세계인구가 2025년에는 80억 명 그리고 2050년에는 91억 명에 도달할 것으로 예상된다. 세계의 기아와 싸우기 위해서는 식량 생산을 증가시키는 것뿐만 아니라 부패를 최소화해서 충분한 식량이 소비되도록 하는 노력이 선행되어야 한다.[1] 많은 보존 방법이 미생물 부패를 줄이기 위해 창안되어 왔고 제6부에서 다루었다. 어떤 보존 방법에서는 날것이나 부분적으로만 가공된(반보존, 신선, 비멸균) 식품들은 미생물적 부패가 되기 쉽다. 유통기한이 긴 식품에서도 이러한 증거들이 더 있다. 날음식이나 부분적으로 처리된 음식이 미생물 부패가 되는 것을 줄이기 위해서는 두 가지가 중요하다. 한 가지는 음식이 얼마나 오래 정상적으로 사용되는 상태로 저장되는가를 예측하는 것이다. 즉 정상적인 취급과 저장에서 기대되는 유통기한이 얼마인가이다. 다른 하나는 부패와 관련해서 일정기간 저장된 식품의 현재 상태를 결정하는 것이다. 이러한 정보는 식품이 분명하게 부패되어 사용할 수 없게 되기 전에 잘 이용하도록 하는 데 필요하다.

많은 기준들이 유통기한을 예측할 뿐만 아니라 미생물의 식품부패 단계를 추정하는 데 지표로서 그들의 효율성이 평가되어 왔다. 이들 기준 혹은 지표들은 감각적으로, 미생물학적으로, 화학적으로(특정한 미생물학적 대사산물들) 분류될 수 있다. 관능검사들(예: 색상, 냄새, 맛, 질감 및 일반적인 모양의 변화)은 비록 쉽고 빠르게 수행되지만 이것만으로 지표로 사용하면 몇 가지 문제점들을 갖는다. 질감과 맛의 변화들은 일반적으로 어느 정도 부패가 진행된 상태에서 나타난다. 냄새의 변화들은 많은 제품에 사용되는 향신료들에 의해 가려질 수 있다. 휘발성 물질대사에서 온 냄새의 변화들은 밀폐된 동일한 생산품과 비교했을 때 공기에 노출된 생산품에서 구별할 수 없을지도 모른다. 공기에 노출된 고기에서처럼 색상의 변화들은 미생물 성장과는 관련이 없을 수도 있다. 최종적으로 개인에 따라 관능 기준의 인식이 크게 다르다. 그렇지만 관능 기준은 미생물학적, 화학적 혹은 둘 다에 유리하게 사용될 수 있다.

많은 연구자들에 의한 연구들은 생산품의 유통기한이나 부패 정도를 예측하는 데에는 미생물학적인 시험이나 화학적인 시험 하나만으로는 효과적이지 않다고 분명하게 밝혀져 왔다. 식품의 미생물 부패에 요인들은 생산품의 종류, 그것의 구성, 처리 방법, 처리되는 과정에서의 오염, 포장의 특성, 저장 온도와 시간, 온도의 남용 등이 포함된다. 이들 요인은 생산품에 따라 다르기 때문에 생산품에 따라 혹은 비슷한 생산품을 기준으로 지표를 선택하는 것이 합리적이다. 생산품이나 몇 가지 유사한 생산품 종류에 관련된 미생물적 혹은 화학적 지표를 선택하는 데 고려되어야 하는 요인들은 다음과 같다:

1. 좋은 신선한 상품에서는 낮은 숫자(미생물) 혹은 부재(화학적) 상태로 있는 것이다.
2. 정상적인 저장상태(온도, 시간, 포장)에서도 높은 수준의 양(미생물적 혹은 화학적)으로 증가한다.
3. 정상적인 저장상태에서 부패가 일어날 때, 이는 우세하게 작용하는 물질(미생물적 혹은 화학적)이 있다.
4. 이것은 빠르게 확인될 수 있다(미생물적 혹은 화학적).
5. 유통기한과 부패 정도를 예측하는데(미생물적 혹은 화학적) 확실하게 이용될 수 있다.
6. 부분적 생산품에 부패를 보는 관능 기준과 함께(미생물적 혹은 화학적) 이는 좋은 관계를 갖는다.

다른 미생물 그룹들과 그들의 대사산물(화학물질)은 식품부패의 지표로 그 적합성이 평가되어 왔다. 식품부패에서 세균은 가장 우세한 미생물 그룹으로 일부 세균과 그 대사산물들이 지표로써 효과적이라고 짧게 다루었다. 게다가 생산품의 유통기한을 예측하는 데 있어서 미생물적 내열성 효소들 시험의 효율성도 논의하였다.

23.2 미생물학적 기준들

23.2.1 콜로니 생성 단위(CFUs)의 계산

이전의 논의에서 부패 미생물들의 초기수준과 형태들은 생산품에 따라 혹은 좀 더 정확하게 생산품의 내외부 환경에 따라 그리고 근원에 따라 다르다고 했다. 그 식품의 부패 표지자로서 식품(식품그룹)의 부패에 압도적으로 관련된 미생물들을 선택하는 것이 합리적이다. 예를 들어, 호기성 저장상태로 냉장 보관된 간고기는 보통 그람음성 저온성 호기성 간상체에 의해 부패되는데, 이는 *Pseudomonas* spp.로 중요하다. 저온성 그람음성 간상체의 개체군의 양은 이 상품 부패(동일한 조건에서 저장된 날고기들)에 있어서 가장 적절한 지표자다. 상품의 유통기한을 예측하고 저장 시 부패 정도를 계산하는 데도 마찬가지다. 총일반 세균 수 측정(total aerobic plate count, TAPC)은 중온성 집단을 측정한다. APC는 이 상품에 대한 좋은 지표자가 아니다. 많은 중온균은 저온 발육 온도에서는 증식하지 않는다. 반대로 일부 저온세균은 고기에서 APC로 헤아리는데 사용하지만 35°C에서 이틀 동안 있어도 증식하지 않는다. 하지만 TAPC(또한 유제품용 표준 평판법 혹은 SPC)는 식품미생물학에서 특별한 중요성을 갖는다. 신선식품에서 제품 저장 전과 제품의 처리와 취급에서 위생적 절차가 유효한지를 말해준다. 파스퇴르 처리된 우유나 치킨 샐러드와 같은 식품에서의 높은 TAPC나 SPC는 안전성과 안전에서 의심을 나타낸다. 따라서 식품의 형태나 저장상태를 기본으로 식품의 적절한 부패지표 그룹의 양을 확인하는데 TAPC나 SPC를 포함하는 것이 적절한 방법이다.

다른 음식들(음식형태)에 부패지표들로 사용될 수 있는 특별한 미생물 그룹 중 일부는 여기 적어 놓았다. 상세한 절차는 이 책 제42장에서 찾을 수 있다.

1. 공기 중에 냉장 보관된(신선한) 날고기. 저온성 호기성 균 특히 그람음성 호기성 미생물 수 측정 CFUs/g나 /cm^{2}이다. 자료는 한천배지나 지표자에 따라 도말 방법에 따라(붓는 것인지, 표면인지), 배양온도(10°C~25°C)에 따라 2~7일까지 사용 가능하다.
2. 혐기 조건으로 포장(진공포장)되어 냉장 보관된(신선한) 날고기. 저온성 젖산균(젖산을 넣은 pH 5.0의 적정한 한천배지에 도말된)뿐만 아니라, 저온성 Enterobacteriaceae(violet red bile glucose 한천배지 내의), 그리고 혹은 그람음성균에 대한 그람당 집락 생성 단위(CFUs/g) 또는 평방 센티미터당 균수를 측정(/cm^2). 배양 온도에 따라, 자료는 2~7일까지 사용이 가능하다. 젖산균은 이산화탄소 배양기에서 배양되어야 한다. 그 산물은 특정 방법(강한 혐기조건)으로 *Clo. laramie*와 같은 저온성 *Clostridium* spp.를 검출하기 위하여 시험될 수도 있다.
3. 냉장 보관된 저온 처리 진공포장육. 저온성 젖산균(젖산을 넣은 pH 5.0로 맞춘 적절한 한천배지에 도말한)뿐만 아니라, 저온성 Enterobacteriaceae(violet red bile glucose 한천배지), 그람음성균에 대한 그람당 집락 생성 단위(CFUs/g) 또는 평방 센티미터당 균수를 측정(/cm^2). 배양 온도에 따라, 자료는 2~7일까지 사용이 가능하다. 젖산균은 이산화탄소 배양기에서 배양되어야 한다. 그 산물은 특정 방법(강한 혐기조건)으로 *Clo. laramie*와 같은 저온성 *Clostridium* spp.를 검출하기 위하여 시험될 수도 있다.
4. 원유. SPC, 저온성 그람음성균, 내열성균.
5. 파스테르 우유. SPC, 저온세균(그람음성, 그람양성).
6. 버터. 지질 분해성 미생물.
7. 고다 치즈. 저온성, 특히 그람음성균.
8. 수산물(날것). 저온성 그람음성균.
9. 기호음료. 내산균, 효모, 곰팡이류.
10. 샐러드드레싱 및 마요네즈. *Lactobacillus* spp.(특히 *Lactobacillus fructivorans*) 그리고 효모.

미생물 수 측정법의 주요 약점은 지표 미생물군이 유효한 CFUs로 자라는 동안 며칠이 걸린다는 점이다. 이 문제를 극복하기 위해 바로 음식물 속에 개연성이 있는 미생물을 나타내는 방법을 고안하는 것이다. 그러한 방법 중의 하나가 음식 속에 lipopolysaccharides(LPS)가 있느냐를 결정하는 것이다.

LPS는 특이하게 그람음성균에서 발견된다. 따라서 LPS 농도(적절한 표준곡선)를 측정함으로써 음식 속에 그람음성균의 양을 계산할 수 있다. 그렇지만 이러한 방법은 그람양성균에 의한 부패를 확인하는 방법으로 적당하지 않다. 몇 가지 다른 방법은 ATP(ATP 농도는 살아 있는 세포들이 많으면 농도가 증가한다), 임피던스 혹은 전도성(전기 전도성은 세포 숫자가 늘면 감소한다), 염색되는 감소시간(높은 집단 수는 감소가 빨라진다)을 측정하는 것이다. 각 방법에서 적절한 표준곡선이 세균량을 결정하는 데 사용된다. 그러나 각 방법은 이점과 약점을 지닌다. 또한 모든 방법들이 모든 식품 체계에 해당되는 것은 아니다(제42장).

23.2.2 위상차 현미경 관찰법

작고 사용하기 쉬운 위상차 현미경 관찰법은 빠르게 식품 속에 있는 미생물 종류(형태학, 운동성, 포자, 세포 배열)를 확인하는 데 유효하다. 그러나 개체균이 위상차 현미경에서 관찰되기 전에 높은 양($\sim 10^{5\sim6}$/ml)으로 증가해야 한다. 또한 식품 입자들이 확인하는 데 방해할 수 있다. 시행해 보니 우세한 미생물 종류에 대해 초기 생각을 얻는데 매우 신속하고 쉬운 방법이다(제21장). 또한 적절한 계수 장치에 의해(예: Petroff Hauser counter) 세균들을 빠르게 바로 열거할 수 있다. 그 결과는 몇 가지 방법으로 이해될 수 있다. 만일 부패 감지 단계와 같은 원하는 수준이 설정되었을 경우(명세 단계), 그 단계(바람직한)보다는 낮게, 그 단계에 매우 근접해서(즉시 사용되어야 한다) 혹은 그 단계보다는 높게(버려야 하는)라는 것이 설명될 수 있다. 비액상 식품에서 알려진 식품량은 일대일로 희석해서 잘 섞어서 정지시킨다. 상층액 한두 방울을 보거나 수를 헤아리기 위해서 현미경 슬라이드 혹은 카운터 위에 놓을 수 있다.

23.3 화학적 기준

미생물(특히 세균)이 식품들 속에서 자람에 따라 많은 형태의 부패의 특징들을 나타내는 대사성 산물을 만들어 낸다. 방법이 매우 낮은 농도에서 특별한 대사산물을 측정할 수 있을 만큼 충분히 민감하고 완전한 부패 단계 전 길게 발전되어 왔다면, 그때 그 결과들은 식품부패 단계를 결정하는 데 사용될 수 있다. 방법들이 H_2S 산물, 비색적 혹은 적정법에 의한 NH_3 산물, 휘발성 환원물질의 산물, CO_2 산물, 디아세틸과 아세토인 산물, 인돌 산물 등을 포함한 미생물 대사산물들을 측정하기 위해서 지금까지 연구되었다. 하지만 다른 대사산물들은 다른 종과 계통에서 생산되고 그 결과는 일관적이지 않다. 이 방법으로는 다른 형태의 산물에 사용될 수 없다.

미생물 성장에 기인한, 특히 고기와 고기생산품에서의 식품의 산도 변화는 식품의 부패 상태를 결정하는 데 사용될 수 있다. 정상적인 고기에서(pH가 약 5.5) 부패균에 의한 아미노산 물질대사는 NH_3, (히스타민, 카다베린, 푸트레신과 같은) 아민들, 그리고 다른 염기성 화합물들을 만든다.[2] 이는 산도가 염기성 쪽(pH 8.0)만큼 높은 쪽으로 이동한다. 반대로 일부 균에 의한 당질 대사는(있거나 더해지는) 산을 생성하고 산도를 산성 쪽으로 낮아진다. 따라서 저장된 고기 생산품의 산도 측정은 부패균의 형태와 부패 상태를 암시한다(표 21.3 참조). 산도가 증가함에 따라 단백질들이 더 가수분해되고 물 함유량(WHC)이 증가하고 압력이 증가할 때 이 고기는 extract-release volume(ERV)이 감소한다. 반대로 산도가 산성 쪽으로 이동했을 때는 WHC는 감소하고 ERV는 증가한다. 하지만 저지방 처리된 육류 공산품은 높은 인산염을 생성하고 일반적으로 pH 7.0에 가깝다(WHC는 높은). 인산염의 완충작용은 아미노산이나 당질에 대한 미생물 물질대사로 인해 산도가 산성이나 염기성 쪽으로 각각 이동하는 것을 허용하지 않을 수 있다. 이들 공산품에서는 산도 측정(혹은 WHC이거나 ERV 측정)이 부패상태를 알려주는 좋은 지표들이 아닐 수도 있다.

연구된 미생물적, 화학적 기준들이 신선한 상품이 저장되는 동안 부패상태나 예상되는 유통기한을 나타내 주는 좋은 지표에 필요한 요인들을 모두 충족하지는 않는다. 미생물 부패에 의한 식품 손실을 감소시키는 데 적절한 지표들을 개발하기 위해서 좀 더 많은 강조가 주어질 필요가 있다. 장래에 유사한 특징을 지닌 세균 그룹의 특이한 대사산물의 변화를 알려주는 데 효과적인 바이오센서(제42장)가 개발될 수 있다. 이는 식품 그룹에서 중요 부패균으로 생각될 수 있다.[3] Sensor*fresh*Q^{TM}, LibraNose, 그리고 FreshSense 등과 같이, 상업적으로 이용 가능한 전자코(EN) 바이오센서들이 고기를 포함해 신선식품에 대한 미생물 부패를 감시하는 용도로 사용되고 있다. 이 장치는 미생물 대사로 나온 휘발성 H_2S, NH_3, CO_2, 디아세틸, 아세토인과 같은 산물들을 감지한다.

23.4 부패미생물 검출에 사용되는 분자생물학적 방법들

식료품에 있는 미생물들이나 미생물 집단을 검출하고 동정할 때에 전통적인 방법에 내재되어 있는 단점들을 극복하기 위하여 현대적인 분자생물학적 기술들이 응용되기 시작하였다. 가공되지 않은 고기, 가금류고기, 혹은 육제품 등과 같은, 식료품들에서 발생하는 부패는 여러 종류의 미생물들과 관련되어 있기 때문에, 분자생물학적 방법들을 사용하여 미생물 집단을 분석한다. 임의 증폭 다형성 DNA(RAPD)-PCR, 실시간 PCR, 펄스장 겔 전기영동(PFGE), rep-PCR, 다좌위 서열 구분법(MLST), 그리고 whole genome sequencing과 같은, 방법들이 다양한 육제품들에 사용되어져 왔다[4] (제42장 참조).

23.5 내열성 효소들 분석

23.5.1 우유 속 열에 안정한 단백질 분해효소

일부 저온세균의 단백질 분해효소들은 예를 들어 *Pseudomonas fluorescens* strain B52는 원유에 1 ng/ml 있을 때조차도 일반적인 저장 시 UHT-고온 처리된 우유의 질을 낮출 수 있다.[5,6] 이 때문에 낙농 제품의 유통기한을 정하는 데 사용되는 민감한 분석 방법이 중요하다. 자외선 흡광도, Folin-Ciocalteu 시약 반응, gel diffusion assay 등과 같은 초기 방법들은 아마도 이러한 목적에 충분히 민감하지 않다. Trinitrobenzene sulfonic acid(TNBS)와 플루오레사민(fluorescamine) 시약들을 사용하는 방법과 같이 몇 가지 새로운 방법들은 매우 민감하고, 우유에서 단백질 분해효소를 분석 시험되고 있다. TNBS 방법에서 그 용액은 유리 아미노산 그룹과 반응하고, 실험 조건에서는 색이 변한다.

이 색은 단백질 가수분해 때문에 유리 아미노산 존재의 양을 결정하는데 색의 변화를 측정함으로써 계산할 수 있다. 플루오레사민(fluorescamine)은 pH 9.0에서 아미노산과 반응하여 형광 화합물을 만든다. 단백질 가수분해를 결정하는데 있어 형광성을 측정함으로써 이와 같이 계산할 수 있다. 다른 방법으로는 enzyme-linked immunosorbant assay(ELISA)나 발광효소 불활성화 분석과 같이 극히 민감한 방법이 있고 안정적으로 사용되기 전에 더 발전될 필요가 있다.

23.5.2 우유에서 내열성 지방 분해효소

우유 속에는 자연적으로 지방 분해효소가 있기 때문에 저온세균에 의해 생산되는 지방 분해효소를 측정하는 것은 좀 어렵다. 그러나 우유를 열처리하면 극복된다. 이는 우유 속에 있는 지방 분해효소는 파괴하고 균에 의해 생산되는 효소는 파괴하지 못하기 때문이다. 가수분해 효소에 의해 우유 속 지방이 가수분해될 때에 생성되는 유리 지방산(FFAs)의 방출을 측정하는 방법은 지방 분해효소의 가수분해력을 결정하는 방법이다. 우유는 자연적으로 유리 지방산을 가지고 있기 때문에 정확하지 않을 수 있다. 발색 그리고 형광 물질의 esterase는 지방 분해효소와 반응하여 색을 발하거나 형광물질을 생성하는데 이를 이용한 방법들은 발전되어 왔지만 한계를 가지고 있다. 최근에 빠르고 민감한 sandwich ELISA 방법이 *Pseudomonas* spp.의 지방 분해효소를 결정하는 데 시험되었다. 항체는 *Pse. fluorescens* 계통에 대해서 생성되고 또 많은 *Pseudomonas* spp. 계통들로부터 나오는 지방 분해효소와 반응하는 horseradish peroxidases와 연관되어 있다. 이 기술의 확실성과 민감성이 연구되고 있다.

23.6 결론

식품부패는 경제적 손실뿐만 아니라 식품의 이용가치를 떨어트린다. 특히 개발도상국가와 같이 식품 부족이 일어나거나 인구가 많은 곳에서 그렇다. 두 가지를 줄이기 위해서는 특히나 가공식품의 소비가 늘어나고 있기 때문에 효율적인 기술이 식품의 저장력을 예견하는 데 필요하다. 현재 이용되고 있는 방법들은 한계점을 가지고 있고 효율적이지 않다. 현재 연구되고 있는 새로운 방법들이 장래에는 더 효과적일 것이다. 이들 방법 중의 하나는 바이오센서를 개발하는 것이다. 이는 매우 낮은 농도로 있는 중요한 세균 대사성 물질을 확인할 수 있을 것이다. 또 다른 방법은 PCR에 의한 방법으로 신속히 세균의 양을 결정할 수 있다. 그러나 이 기술은 죽은 세포나 산 세포의 차이를 나타낼 수 없다. 식료품의 미생물학적 품질을 평가하기 위하여 사용되는 최근의 접근 방법은 미생물 집단을 분석할 수 있는 분자생물학적 typing 방법을 사용하는 것을 포함한다. 현재 젖산균의 경우와 마찬가지로, 장래에 중요 부패균의 유전자 서열을 이용할 수 있게 된다면 특별한 바이오센서나 PCR 기술들이 초기 단계에서 식품부패 잠재력을 측정하는 데 더 발전될 수 있다.

학습문제

1. 식품부패 지표자를 선택하는 데 있어 고려되는 요인들을 나열하시오.
2. 적절한 식품부패 지표는 부패에 의한 식품 손실을 막기 위해 나타나는데 두 가지 부패적인 면

을 적으시오. 왜 다른 지표들이 다른 식품 그룹에서 선택될 필요가 있는지 설명하시오.

3. 다음에서 적절한 미생물 부패 지표를 제시하고 해명하시오. (a) tray에 포장된 날 소시지; (b) 진공포장된, 저지방, 냉장된 칠면조 소시지; (c) 공기 중에 노출되어 얼음에서 보관한 살을 발라낸 물고기; (d) 상온에서 보관된 병에 담긴 살사; (e) 바로 먹을 수 있는 아기당근, 즉석 샐러드, 15°C에서 저장하고 공기 중에 봉지에 포장된 씨앗의 발아 새싹; (f) 15°C에서 공기 중에 포장된 잘린 용기에 담긴 과일들(제20장 참조).
4. 공기에 노출된 냉장상태로 보관된 신선한 고기의 부패를 찾기 위해 사용될 수 있는 네 가지 화학적 방법을 나열하시오.
5. 부패 지표로서 어떻게 pH 변화가 되는지 설명하시오. 어떻게 WHC와 ERV가 관련되는가?
6. 기반 나노 기술이 식품의 미생물 부패 잠재력을 탐지하는 데 장래에 무엇을 약속하는가?

참고문헌

1. Davies, S., Fighting food poverty, *Eng. Technol.*, *7*, 48–49, 2012.
2. Bulushi, I.A., Poole, S., Deeth, H.C., and Dykes, G.A., Biogenic amines in fish: Roles in intoxication, spoilage, and nitrosamine formation: A review, *Crit. Rev. Food Sci. Nutr.*, *49*, 369–377, 2009.
3. Kivirand, K. and Rinken, T., Biosensors for biogenic amines: The present state of art: minireview, *Anal. Lett.*, *44*, 2821–2833, 2011.
4. Doulgeraki, A.I., Ercolini, D., Villani, F., and Nychas, G.-J.E., Spoilage microbiota associated to the storage of raw meat in different conditions, *Int. J. Food Microbiol.*, *157*, 130–141, 2012.
5. Ledenbach, L. and Marshall, R., Microbiological spoilage of dairy products. In *Compendium of the Microbiological Spoilage of Foods and Beverages*, Sperber, W.H. and Doyle, M.P., Eds., Springer, New York, 2010, 41–67.
6. Teh, K.H., Flint, S., Palmer, J., Lindsay, D., Andrewes, P., and Bremer, P., Thermo-resistant enzyme-producing bacteria isolated from the internal surfaces of raw milk tankers, *Int. Dairy J.*, *21*, 742–747, 2011.

5 미생물에 의한 식품매개 질병

독극물이나 화학 독성 물질 이외의 요인으로 오염된 식품 섭취로 인한 인간의 질병은 식품매개 질병에서 병원균의 역할을 이해하기 훨씬 이전에 인식되었다. 잘 조리된 음식을 섭취하는 것과 따뜻한 음식을 제공하는 것, 부패한 음식을 먹지 않는 것과 같은 고대 문명의 식습관에 대한 지침은 아마도 미생물의 식품매개 질병의 위험으로부터 적어도 부분적으로 사람들을 보호하기 위한 방책이었다. 중세시대에 유럽에서 독소를 생성하는 곰팡이가 퍼진 곡물의 섭취로 인한 대량의 식중독사고가 있었다는 기록이 있다. 인간의 질병에서 동물성 식품의 가능한 역할에 대한 우려로 인해 신선한 육류 취급을 위한 적절한 위생 방법이 도입되었다. 하지만 파스퇴르가 식품에서 미생물의 역할을 발견하기 전까지는 식품매개 질병에 대한 미생물의 관여가 이해되지 않았다. 이는 식품매개 질병을 유발하는 식품에서 적절한 기술을 통해 병원균을 찾고 분리하는 데 도움이 되었다. 살모넬라증과 포도상구균 중독의 높은 발생에 원인인 살모넬라(*Salmonella*)와 황색포도상구균(*Staphylococcus aureus*)과 높은 치사율을 보이는 보툴리누스중독증의 원인균인 보툴리누스균(*Clostridium botulinum*)이 20세기 전에 식품매개 질병에 연루된 식품으로부터 분리되었다(제1장). 그 후, 다른 많은 병원성균(bacteria), 독소 생성 곰팡이, 기생충 및 병원성 바이러스가 인간 식중독의 원인 인자로 인식되었다. 몇 가지 새로운 병원성균과 바이러스의 관련은 비교적 최근에야 인식되었다. 심지어 현재에도 식품매개 질병에서 많은 세균과 바이러스의 정확한 역할은 잘 알려져 있지 않으며, 그중 일부는 기회감염성 병원균(opportunistic pathogen)으로 지정되어 있다. 미생물의 검출을 위한 효과적인 기술의 개발과 이들 미생물의 특성에 대한 우리의 지식과 함께, 식품의 생산, 가공, 마케팅 및 소비의 변화는 우리가 식품매개 질병에서 일부 “새로운 병원균 또는 부상하는 병원균”의 역할을 확인하는 데 도움을 준다. 역사는 항상 새로운 병원균이 존재하고 있음을 제안하기 때문에 기존 병원균을 제어하는 방법을 개발함으로써 새로운 병원균에 대해 경계해야 한다. 더욱이 최근 몇 년 동안 글로벌 정치적 불안정은 경제를 파괴하고 사람들에게

해를 끼치기 위해 식품에 병원성 미생물이나 독소를 의도적으로 투여함으로써 식품 생물 테러에 대한 우려를 불러일으켰다. 이번 절에서는 식품매개 질병과 공통적으로 관련된 미생물에 대한 개요를 제시한다. 식품매개 병원균으로 인한 질병은 임의로 세 그룹으로 나눠져 왔으나 구분의 기초가 항상 명확한 것은 아니다. 또한 식품매개 질병을 유발할 수 있는 일부 기생충과 어패류 독소도 포함된다. 식품생산에 있어 위생품질을 확립하기 위해서는 새로운 식품매개 병원균의 양상과 지표세균이 중요하다. 이번 절에서 논의될 주제는 다음과 같다.

제24장

식품매개 질병의 주요 요소

24.1 서론

이 주제의 목적은 식품매개 질병의 원인, 식품매개 질병에서 미생물과 기타 다른 원인물질들의 역할, 식품매개 질병이 보다 더 쉽게 발생할 수 있도록 영향을 미치는 요인들의 중요성을 인식하는 것이다. 이러한 정보는 식품매개 질병과 관련된 전염병학을 이해할 뿐만 아니라 이를 통제하는 수단을 개발하는 데도 도움이 될 것이다. **표 24.1**에 요약된 바와 같이 식품매개 병원균이나 독소는 설사 및 구토와 같은 위장 장애뿐만 아니라 낙태, 사산, 중추 신경계 장애, 수막염, 뇌염, 관절염 및 알레르기 질환과 같은 여러 전신 및 만성 질환을 유발한다. 식품매개 질병의 원인은 크게 세 가지 그룹으로 나눌 수 있다:[1,2]

1. 살아 있는 병원성 미생물 또는 그들이 생성한 독소들을 함유하고 있는 식품이나 물을 섭취하였을 경우.
2. 병원성 기생충, 조류 독소와 그들이 생성하는 독소를 포함하는 어패류를 식품으로 섭취하였을 경우.
3. 살아 있는 병원균 또는 그들이 생성하는 독소 이외의 다른 이유에 의한 경우.

그룹 3과 관련된 몇 가지 요인은 다음과 같다.

1. 많은 식품 내에 자연적으로 존재하는 독소의 섭취. 여기에는 특정 버섯, 일부 과일 및 채소, 일부 해산물이 포함된다.
2. 일부 식품에서 형성되는 독소. 예를 들면 세균 단백질 분해효소에 의한 단백질 분해의 결과로 일부 생선, 치즈 및 발효 육류 제품에서 생성되는 일부 생물학적 아민(예: 히스타민)이 있다.
3. 중금속 및 일부 살충제와 같이 오염된 음식과 물에 존재하는 독성 화학 물질.
4. 식품의 일부 정상 성분에 대한 알레르기. 몇몇 사람들은 글루텐에 알레르기가 있어서 글루텐이 함유된 식품을 섭취한 후 소화 장애(셀리악병)를 유발한다.

표 24.1 식품매개 병원균에 의한 질병

질병 또는 임상증상	관련 병원균, 독소
구토, 설사, 이질	포도상구균, 바실러스, 크로노박터, 살모넬라, 시겔라(이질균), 비브리오, 노로바이러스, 로타바이러스, 엔트아메바; 크립토스포리듐; 원포자충; 편모충; 시스토이소스포라; 촌충
관절염(반응성 관절염, 라이터 증후군, 류마티스 관절염)	캄필로박터, 살모넬라, 이질균, 예르시니아
출혈성 요독 증후군(HUS), 신장질환	시가독소생성대장균(STEC), 이질균
간염 및 황달	A형 간염 바이러스, E형간염 바이러스
길랑-바레 증후군(GBS)	캄필로박터
CNS / 수막염 / 뇌염	리스테리아, 광우병(BSE)
유산, 사산, 신생아 감염	리스테리아, 톡소플라스마
마비	보툴리누스균, 어패류 독소, 캄필로박터
악성종양 및 자가면역질환	진균독소(곰팡이독소)
알러지 반응	어패류 독소

5. 정상적인 식품 성분을 대사할 수 없는 유전적 무능력. 몇몇 사람들의 경우 유당을 가수분해하는 효소인 락타아제를 생성할 수 없기 때문에 소장에서 유당을 가수분해할 수 없으므로 소화장애(유당불내증)를 초래한다.
6. 칼슘 결핍으로 인해 야기되는 구루병과 같은 영양 장애.
7. 과식 또는 기타 다른 이유로 인한 소화 불량.

24.2 전염병학적 양상

24.2.1 식품매개 질병의 조사

일반적으로 지역, 주 및 국가 수준의 다양한 규제기관들은 보고된 식품매개 질병의 원인을 조사할 책임이 있다(부록 B 참조). 미국에서 식품매개 질병에 대한 조사에 참여하는 규제기관에는 각 지역 보건부서; 주 보건, 식품 및 농업부서; 연방 식품의약국(FDA); 미국 농무부(USDA); 질병통제예방센터(CDC); 및 기타 여러 다른 기관들이 있다. 최초에 환자가 식품매개 질병을 앓고 있다고 의심하는 의사가 지역 또는 주 보건 공무원에게 발병을 통보한다. 이들 기관은, 예비조사를 수행하여 그 원인이 식품으로부터 기인된 것으로 밝혀지면, 이 사건을 관련된 연방기관들에 보고하고, 그 후 이 기관들은 역학조사를 수행한다. 주 및 연방 수준에서의 역학조사는 의심되는 식품들, 환경 검체들, 그리고 환자들로부터 확보된 물질들을 대상으로 하여 병원균들, 미생물 그리고 비미생물 독소들, 그리고 화학물질들에 대한 시험 조사를 포함한다. 이러한 시험 조사들의 결과는 어떤 매개물질(예: 병원균, 독소, 기생충, 화학물질들)이 그 질병과 관련되어 있는지에 대한 직접적인 증거를 제공한다. 의심되는 검체들을 시험분석하는 것 이외에, 동일한 공급원으로부터 확보된 동일한 식품을 섭취한 사람 중 아프거나 그렇지 않은 모든 사람들에 대하여 인터뷰를 실시하여 가장 의심되는 식품들의 이 질병과의 간접적인 연관성을 확립한다. 조지아주, 애틀란타에 있는 CDC에 의하여 관련된 모든 정보들이 수집, 기록되고, 보고된다(현재 동향에 대한 절 참조).

24.2.2 식품매개 질병 발생

미국에서 연방 규제기관은 2명 이상의 사람들이 동일한 공급원의 동일한 음식을 섭취하여 동일한 증상을 나타내며 발병하고, 동일한 공급원으로부터 준비된 동일한 식품이 역학조사 결과에 의하여 직간접적으로 그 질병의 원인으로 파악되었을 때, 그 사건을 식품매개 질병으로 규정한다. 그러나 보툴리누스 중독의 경우에는 치사율이 높기 때문에 한 사람만 병에 걸려도 발병으로 간주된다. 화학물질에 의한 중독의 경우에도, 단 한명의 환자가 발생해도 발병으로 간주된다.

24.2.3 식품매개 질병 발생률

대부분의 선진국에서 식품매개 질병 발생률은 많은 개발도상국의 발생률보다 낮다. 낮은 발생률의 주된 이유는 식품의 생산 및 취급에 필요한 규정의 이행, 양호한 위생 및 위생실행, 남용을 줄이기 위해 필요한 설비의 가용성 때문이다. 2007년부터 2010년까지 미국에서는 18,460명의 사람을 포함하여 매년 평균 915건의 식품매개 질병의 발생이 보고되었다(**표 24.2**). 그러나 발병의 33%와 관련된 원인 인자는 알려져 있지 않다. 이는 보고된 사건일지라도 직접적 증거를 통해 일부만 확인할 수 있음을 보여준다. 선진국에서도 전체 발병률의 극히 일부만이 보고된 것으로 추정된다. 많은 경우에, 의심환자가 의사의 진료를 받지 않거나, 설령 의사로부터 진료를 받더라도 그 사건이 관련된 규제기관들에 보고되지 않을 수 있다; 따라서 식품매개 질병의 실제 발생 원인은 알려지지 않은 채로 남아 있다(**그림 24.1**의 CDC 그림 참조). 세계 보건기구(WHO)는 2005년 전 세계적으로 140만 명이 오염된

표 24.2 미국내 식품매개 질병의 발병(2007~2010)

매개체	2007		2008		2009		2010	
	발병	사례	발병	사례	발병	사례	발병	사례
세균성	320	7115	265	8643	229	6279	251	6848
바이러스성	324	8087	359	9233	198	3984	299	5841
화학물질 및 독소	49	210	36	258	22	124	21	85
기생충	5	65	6	106	1	8	1	5
알 수 없는 병인성 매개체	363	5122	350	4262	212	3013	263	2441
합계	1097	21,244	1034	23,152	675	13,759	852	15,685

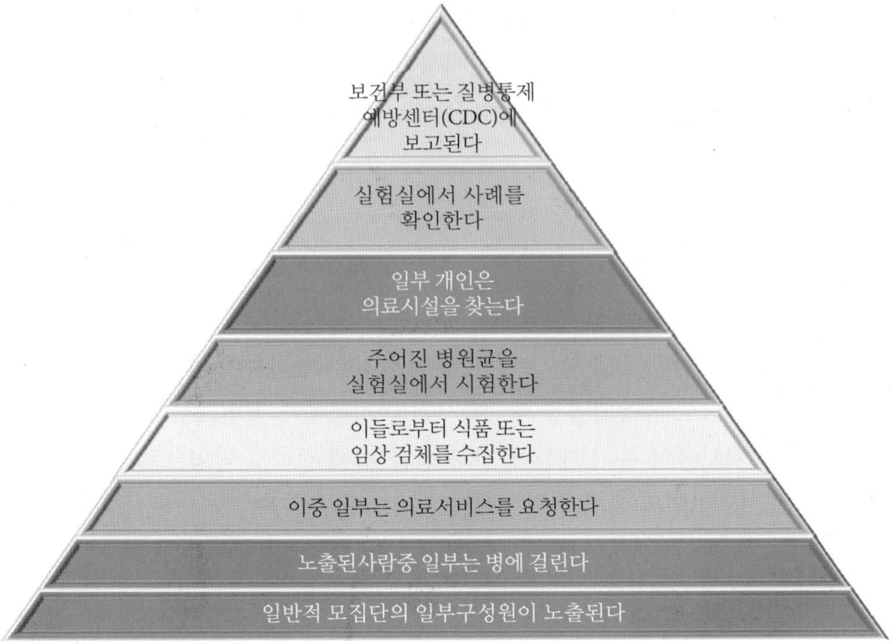

그림 24.1 식품매개 질병의 발병사례 감시단계(질병통제예방본부, 질병피라미드의 푸드넷 감시단계 http://www.cdc.gov/FoodNet/surveillance_pages/burden_pyramid.htm에서 발췌).

물과 식품으로 인한 설사로 사망했다고 추정했다.[2] 2012년에 식품매개 질병으로 인한 전 세계 사망률은 인구 10만 명당 0.26~15.65명으로 추산되었다. 미국에서는 식품매개 병원균이 4,800만 건의 질병, 128,000건의 입원, 3000명의 사망을 초래하는 것으로 추정되었다. 그중 940만 건은 세균, 바이러스 및 기생충 근원의 31개의 알려진 병원균에 의해 발생한다. 바이러스는 550만 건(59%), 세균은 360만 건(39%), 기생충은 200만 건(2%)을 차지했다. 발병의 원인 병원균 중 대부분은 노로바이러스(58%)가 차지했고 비장티푸스 살모넬라(11%), 클로스트리디움 페르프린젠스(10%), 캄필로박터(9%) 등이 그 뒤를 이었다.[1,4] 지금도 병원성 미생물로 인한 식품매개 질병은 다른 모든 질병을 합친 것보다 훨씬 많다. 최근 몇 년 동안, 미생물이 근원인 식품매개 질병은 미국 소비자와 규제 기관 사이에서 식품 안전 문제 중 가장 큰 문제가 되었다. 이러한 추세는 대부분의 다른 선진국 및 개발도상국에서도 아마 사실일 것이다.

24.2.4 식품매개 질병의 비용

식품매개 질병은 치명적일 뿐만 아니라 생존자들에게 고통, 불편함 및 쇠약을 유발할 수 있다. 의료적 치료, 사망, 소송, 임금 및 생산성 손실, 사업 손실, 제품 회수 및 소각, 발병 조사 등과 같은 다양한 요인으로 인한 경제적 손실이 매우 클 수 있다. 미국에서 식품매개 질병으로 인해 발생하는 연간 비용은 780억 달러 이상으로 추정된다. 2010년 발병 데이터에 따르면 캄필로박터, 대장균(O157:H7 및 시가 독소 생성 대장균), 리스테리아균, 비장티푸스살모넬라, 톡소플라스마원충 및 노로바이러스를 포함하는 6가지 주요 병원균과 관련된 비용은 약 150억 달러로 추정된다.[5]

24.2.5 주요 병인 매체들

앞에서 언급한 바와 같이, 위장 장애는 병원성 미생물과 그 독소(병원성 조류 및 기생충 및 그 독소, 자연적 또는 오염 물질로서의 독성 화학물질)가 포함된 식품과 물의 섭취, 그리고 다른 요인에 의해 발생할 수 있다. 그 중 가장 많은 발병 건수, 총 발병 환자 수 및 사망 건수는 병원성균과 그들이 생성하는 독소에 의해 발생한다. 표 24.2에 제시된 데이터에 따르면 2007년부터 2010년까지 수집된 데이터를 기반으로 미국에서 매년 평균 915건의 발병이 발생하며 대부분의 발병은 세균 및 바이러스 병원균에 의해 발생했다. 세균성 병원균 중 비장티푸스 살모넬라 엔테리카는 대부분의 식품매개 세균성 질병(연간 102만 건)의 원인이 되며, 그 다음 원인으로는 클로스트리듐 페르프린젠스, 캄필로박터, 황색 포도상구균, 시가독소생성대장균(STEC), 이질균, 에르시니아 엔테로콜리티카 등이 있다(**표 24.3**). 바이러스성 병원균 중 노로바이러스는 매년 540만 건의 식품매개 질병을 일으키는 원인이 되며 사포바이러스, 로타바이러스, A형 간염바이러스가 그 뒤를 따르고 있다. 식품매개 질병을 일으키는 상위

표 24.3 미국내 연간 추정되는 식품매개 질병 및 관련 사망 사례

병원균	사례	입원	사망	사망률 %
세균(Bacteria)				
바실러스 세레우스(*Bacillus cereus*)	63,400	20	0	0
부르셀라균(*Brucella* spp.)	839	55	1	0.3
캄필로박터균(*Campylobacter* spp.)	845,024	8463	76	5.5
클로스트리듐 페르프린젠스 (*Clostridium perfringens*)	965,958	438	26	0.4
보툴리누스균(*Clostridium botulinum*)	55	42	9	0.2
시가독소생성대장균(STEC), O157	63,153	2138	20	2.9
시가독소생성대장균(STEC), 비O157	122,752	271	20	
장독성 대장균(Enterotoxigenic *Esc. coli*, ETEC)	17,894	12	0	0
리스테리아균(*Listeria monocytogenes*)	1591	1455	255	27.6
살모넬라균(비장티푸스성) (*Salmonella* spp. [nontyphoidal])	1,027,561	19,336	378	30.6
세균성이질균(*Shigella* spp.)	131,254	1456	10	0.8
황색 포도상구균(*Staphylococcus aureus*)	241,148	1064	6	0.1
A군 연쇄상구균(*Streptococcus* Group A.)	11,217	1	0	0
장염비브리오균(*Vibrio parahaemolyticus*)	34,664	100	4	
다른 비브리오균(Other *Vibrio*)	17,564	83	8	1.7
콜레라균(*Vibrio cholerae*)	84	2	0	0
비브리오 패혈증균(*Vibrio vulnificus*)	96	93	36	1.0

(뒷장에 계속)

표 24.3 미국내 연간 추정되는 식품매개 질병 및 관련 사망 사례 (계속)

병원균	사례	입원	사망	사망률 %
에르시니아 엔테로콜리티카(*Yersinia enterocolitica*)	97,656	533	29	0.1
기생충(Parasites)				
장내편모충(*Giardia intestinali*)	78,840	225	2	0.1
톡소플라스마원충(*Toxoplasma gondii*)	86,686	4428	327	20.7
작은와포자충(*Cryptosporidium parvum*)	57,616	210	4	0.4
북미 원포자충(*Cyclospora cayetanensis*)	11,407	11	0	0
선모충(*Trichinella spiralis*)	156	6	0	0
바이러스(Viruses)				
노로바이러스(Norovirus)	5461	14,663	149	6.9
로타바이러스(Rota virus)	15,443	348	0	0
아스트로바이러스(Astrovirus)	15,443	87	0	0
A형 간염바이러스(Hepatitis A)	1566	99	7	0.2
사포바이러스(Sapovirus)	15,443	87	0	0
확인된 합계	9,388,074	55,962	1350	
미확인 합계	38,392,704	127,839	1686	
총계	47,780,778	183,801	3036	

출처: Scallan, E. 외, *Emerg. Infect. Dis.*, *17*, 7–15, 2011.

3개 기생충은 톡소플라스마원충, 장내편모충, 작은 와포자충이다(표 24.3). 병원성균에 의한 높은 발생률에는 여러 가지 요인이 관련될 수 있다. 많은 병원성균들이 동물과 식물 유래의 가공되지 않은 식품 원료들에서 발견된다. 많은 병원성균들이 식품환경에 존재하고, 다양한 식품들 내에서 매우 효과적으로 증식하며 다양한 식품들의 가공을 위한 조건에서 사멸되지 않는다.

24.2.6 미생물에 의한 식품매개 질병의 유형

인간의 식품매개 질병은 살아 있는 병원성 세균세포들(또는 유아 보툴리누스 중독의 경우 포자)로 오염된 음식과 물 또는 독소생성 세균와 곰팡이에 의해 생성된 독소가 포함된 식품을 섭취함으로써 발생한다. 질병의 형태에 따라 중독, 감염 및 독성 감염의 세 그룹으로 임의로 나눌 수 있다(**표 24.4**).

중독

중독은 세균이나 곰팡이가 어떤 식품 내에서 증식 하면서 생성한 세균 혹은 곰팡이 독소를 섭취한 결과로서 질병이 발생하는 경우를 일컫는다. 이 경우에는 오염된 식품에 활성형태로 독소가 존재해야 한다. 미생물들이 어떤 식품에서 증식하여 독소를 생성한 후에는 '중독'에 의한 질병이 발생하기 위하

표 24.4 미생물에 의한 식품매개 질병과 원인 병원균들

질병의 유형	원인 미생물	미생물 그룹	주요 증상 유형
중독(Intoxication)			
포도상구균중독	황색포도상구균	세균, Gm+[a]	구토, 설사
보툴리누스중독	보툴리누스균	세균, Gm+	신경계
곰팡이독소	곰팡이독소생성 곰팡이균 (예: *Aspergillus flavus*)	곰팡이	발암성, 간독성
감염(Infection)			
살모넬라식중독	2000개 이상의 *Salmonella enterica* serovars (*Sal*. Typhi, Paratyphi 제외)	세균, Gm–[a]	설사
캄필로박터 식중독	*C. jejuni*와 *C. coli* strains	세균, Gm–	설사
여시니아증	*Yersinia enterocolitica*의 병원성 균주	세균, Gm–	설사
장출혈성 대장균 대장염(EHEC)	대장균 O157:H7, 대장균 O26:H11	세균, Gm–	출혈성 설사, 용혈성 요독증후군
장병원성 대장균 대장염(EPEC)	대장균 O111:H12	세균, Gm–	출혈성 설사
세균성이질	4개의 이질균종 (예: *Shi. dysenterae*)	세균, Gm–	유혈성 점액설사
장염비브리오균에 의한 위장염	장염비브리오의 병원성 균주	세균, Gm–	설사,간염
비브리오 패혈증균 감염	비브리오 패혈증균	세균, Gm–	설사,간염
브루셀라병	*Brucella abortus*	세균, Gm–	위와 위 이외
리스테리아감염증	리스테리아균	세균, Gm+	열, 뇌막염, 낙태, 설사(드물게)
바이러스 감염	병원성 장내 바이러스 (예: A형 간염 바이러스)	바이러스	열, 설사, 간염
광우병	해면상 뇌질환(BSE) (예: 프리온)	단백질	신경계
독소 감염(Toxico-Infection)			
클로스트리듐 페르프린젠스 위장염	클로스트리듐 페르프린젠스 *Clostridium perfringens*	세균, Gm+	설사, 구토
바실러스 세레우스 위장염	바실러스 세레우스 *Bacillus cereus*	세균, Gm+	구토, 설사

(뒷장에 계속)

표 24.4 미생물에 의한 식품매개 질병과 원인 병원균들 (계속)

질병의 유형	원인 미생물	미생물 그룹	주요 증상 유형
대장균 위장염	장관 병원성 대장균(ETEC) O15:H11	세균, Gm−	여행자설사
콜레라	비브리오 콜레라균	세균, Gm−	설사
기회 감염성 병원균에 의한 위장염			
아에로모나스 하이드로필라 위장염	*Aeromonas hydrophila*	세균, Gm−	설사
프레시오모나스 시겔로이데스 위장염	*Plesiomonas shigelloides*	세균, Gm−	설사

[a] Gm+, Gm−: 각각 그람양성과 그람음성.

여 그 식품을 섭취하는 동안 미생물세포들이 살아 있을 필요는 없다. 포도상구균 식품중독이 대표적인 하나의 예이다.

감염

감염은 장관병원성균 혹은 바이러스로 오염된 식품과 물을 섭취한 결과로서 질병이 발생하는 경우를 일컫는다. 이 경우에는 장관병원성균과 바이러스의 세포는 음식이나 물을 섭취하는 동안 그 안에 살아 있어야 한다. 생존 세포는 비록 적은 수로 존재하더라도 소화관에서 정착하고 증식하여 질병을 유발할 가능성이 있다. 감염의 대표적인 예로는 살모넬라증과 A형 간염바이러스 감염이 있다.

독소 감염

독소 감염은 오염된 식품과 물을 통하여 몇몇 병원성균의 생존 세포들을 다수 섭취한 결과로서 질병이 발생하는 경우를 일컫는다. 이 경우에는 일반적으로 해당 세균세포는 포자를 형성, 군집화하거나 또는 사멸하면서 독소를 방출하여 증상을 유발한다. *Clo. perfringens* 위장염이 대표적인 예이다.

식품매개 질병과 관련된 병원성 미생물 이외에도, 특히 취약한 개체에서 위장염을 유발할 수 있는 일반적으로 비병원성으로 간주되는 일부 세균종과 균주가 있다. 그들은 기회감염성 병원균(opportunistic pathogens)이라 일컫는다. 그들은 일반적으로 오염된 식품을 통해 섭취될 때 살아 있어야 하고 많이 존재해야 한다.

24.2.7 세균 및 바이러스 유래 식품매개 질병과 관련된 주요 식품 종류

특정한 조건 및 환경에서 제조된 특정 식품 종류 또는 식품은 다른 것들보다 식품매개 질병과 더 자주 연관되어 왔다. 이러한 현상에 대한 몇 가지 요인들로서는 가공하지 않은 원재료 내에 어떤 병원균이 더 높은 빈도로 존재하여 완제품들을 오염시킬 수 있는 기회가 더 높은 경우, 어떤 병원균이 어떤 특정한 식품 종류에서 유리하게 더 잘 증식할 수 있는 능력을 가진 경우, 어떤 특정한 환경에서 품질관리 면에서 실패할 기회가 더 많은 경우, 그리고 식품취급자들이 완제품들을 오염시킬 가능성이 더 높은 경우 등이다. 이러한 측면 중 일부는 **표 24.5**에 제시된 식품매개 질병의 발생 데이터에서 설명 할 수 있다. 동물성 식품(고기, 생선, 계란 및 유제품), 신선한 과일 및 채소, 견과류 및 향신료는 최

표 24.5 2000년에서 2012년 발병과 연관된 식품과 병원균

연도	관련된 식품	장소	병원균	질병 건수	사망자 수
2012	참치	미국	살모넬라 바릴릴	258	–
2011	상추	미국	대장균 O157:H7	60	–
2011	딸기	미국	대장균 O157:H7	15	1
2011	멜론	미국	리스테리아균	146	31
2011	새싹	유럽(독일)	대장균 O104:H4	3911	48
2011	파파야	미국	살모넬라	106	–
2011	알팔파 새싹	미국	살모넬라	140	–
2010	샐러리	미국	리스테리아균	10	5
2010	상추	미국	대장균 O145	26	
2010	계란	미국	살모넬라 엔테리티디스 장염균	1939	–
2009~2010	흑후추와 레드후추	미국	살모넬라 몬테비디오	272	
2009	알팔파 새싹	미국	살모넬라	235	
2009	냉동 라즈베리	핀란드	노로바이러스	200	
2009	땅콩버터	미국	살모넬라 티피뮤리움 (쥐장티푸스균)	714	9
2008	멕시코고추-할라피뇨	미국	살모넬라 세인트폴	1017	2
2007	닭고기와 칠면조 팟파이	미국	살모넬라	401	–
2007	땅콩버터	미국	살모넬라	425	–
2007	냉동 소고기 패티	미국	대장균 O157:H7	40	–
2008	소고기 다짐육	미국	대장균 O157:H7	45	–
2007	우유 또는 유제품	미국	리스테리아균	5	3
2006	파	미국	대장균 O157:H7	67	–
2006	시금치	미국	대장균 O157:H7	199	3
2002	햄버거	미국	대장균 O157:H7	18	–

(뒷장에 계속)

표 24.5 2000년에서 2012년 발병과 연관된 식품과 병원균 (계속)

연도	관련된 식품	장소	병원균	질병 건수	사망자 수
2002	가공된 닭고기	미국	리스테리아균	46	7
2000	콩나물, 숙주나물등과 같은 발아종자	미국	살모넬라	23	–
2000	낙농식품	미국	대장균 O157:H7	56	–
2000	육가공 칠면조	미국	리스테리아균	30	4 사망, 3 유산
2000	홈메이드 멕시코스타일 치즈	미국	리스테리아균	12	5 유산

근 몇 년 동안 발병의 주요 원인이다. 그러나 최근 몇 년 동안 발생하는 일반적인 경향은 상추, 새싹, 멜론 등을 포함하는 신선한 농산물과 관련된 경우가 더 많다. 이러한 감염의 대부분과 관련된 주요 병원균은 살모넬라, 대장균, 리스테리아와 노로바이러스이다.[6~8] 살모넬라 혈청형은 많은 식용동물들이 보균자들로서 소화관 내에 살모넬라를 보유하고 있으며 그로 인해 고기, 계란, 그리고 유제품과 환경을 오염시킬 수 있기 때문에 발병의 많은 부분에 연관되어 있다. 땅콩과 땅콩버터, 향신료도 살모넬라균에 의한 발병과 관련되어 있는데 이는 아마도 조류나 환경원의 오염으로 인한 것일 수 있다. 가공된 생선, 특히 훈제된 생선에는 많은 수의 리스테리아균이 발견된다. 최근 몇 년 동안 어류 소비가 증가하고 수산물로 인한 식품매개 질병의 발생도 증가했다. 마찬가지로 과일과 채소는 동물들의 처리되지 않은 분뇨나 비료, 관개용수 및 토양에 있는 대장균, 리스테리아균과 살모넬라에 의해 오염될 수 있다. 그에 반해서, 과도하게 취급된 샐러드는 사람으로부터 유래된 몇몇 병원균으로 오염될 수 있다. 멕시코 음식에서 *C. perfringens*와 중국식 밥이나 파스타에서 *B. cereus*의 높은 발생빈도는 특정한 전통 민족음식들을 준비하는 과정에서 사용된 방법들에 기인되었을 가능성이 높다. 볼로냐나 핫도그처럼 바로 먹을 수 있도록 가공된 점심과 살균되지 않은 우유로 만든 멕시코 스타일의 부드러운 치즈는 리스테리아균의 발생률이 높다. 그러나 여러 가지 식품과 미확인된 식품 범주들 두 가지 모두에서 살모넬라가 높은 빈도로 발생하였다는 사실로부터 우리는 위에서 결정되지 못한 식품들 중 많은 식품이 아마 동물유래 식품이었다고 추측할 수 있다.

24.2.8 세균과 바이러스 유래의 확인된 식품매개 질병 발생과 관련된 식품 소비의 주요 장소

식품소비 장소와 식품매개 질병 발생수 간의 관계 분석 결과에 따르면 최소한 미국에서는, 식품 단체급식 시설에서 제공되는 식품과 관련하여 가장 많은 숫자의 사건들이 발생했다는 사실이 밝혀졌다(**표 24.6**). 여기에는 패스트푸드 식당, 일반식당, 카페테리아 및 학교가 포함된다. 이러한 현상에는 몇 가지 요인이 관련될 수 있다.[9] 제공되는 총 식사 수는 매우 높다. 또한 식품의 상당 부분이 매우 짧은 시

표 24.6 미국에서 1983년부터 1987년까지 병원성균과 바이러스로부터 발생된 확인된 식품매개 질병 사고와 관련된 주요한 식품소비 시설

시설	발병수	%
가정	149	24.8
식품 급식시설[a]	225	37.5
소풍[b]	45	7.5
가공공장[c]	N/A	N/A
미확인 장소[d]	181	30.2
총계	600	100

[a] 패스트푸드 식당, 일반 식당, 셀프서비스식당 그리고 학교 급식을 포함.
[b] 가족소풍, 교회소풍, 그리고 캠프를 포함.
[c] 이용 불가능한 정보.
[d] 정확히 확인이 안 된 장소.

간 내에 제공된다. 게다가 식품 취급에 관여하는 인원수가 매우 많아 그들 중 많은 사람들이 안전한 식품 취급에 대한 교육을 받지 않았을 수도 있다.

이로 인해 오염 가능성이 커지고 적절한 위생규칙을 준수하지 못할 수 있다. 식품의 부적절한 냉각, 교차오염 및 애완동물로부터의 식품오염 등이 가정에서 제공되는 음식물로 인한 식품매개 질병의 원인이 될 수 있다. 음식의 잘못된 취급, 부적당한 보관 온도, 음식 준비 후 섭취하기까지의 긴 시간 간격, 부적절한 위생은 소풍장소에서 발생과 관련이 있을 수 있다. 발병의 30%에서는 정확한 발생 장소를 확인할 수 없었다. 그러나 이용 가능한 정보를 종합해보면, 그들 중의 많은 사건들이 아마 식품 단체 급식시설에서 제공된 식품과 관련이 있었을 가능성이 매우 높다. 비록 표에는 나열되지 않았으나, 대규모 상업용 가공회사들로부터 제조된 식품들과 관련된 식품매개 질병 사건들의 상대적인 빈도수는 낮다. 그러한 현상은 일반적으로 그들이 양호한 품질관리, 위생시설, 그리고 병원균들에 대한 그들 제품의 시험조사 등을 수행하기 때문이다. 그러나 대형 가공시설에서 어떤 병원균에 의하여 식품이 오염될 때에는 넓은 지역에 걸쳐서 다수의 사람들이 영향을 받는다.[9]

24.2.9 병원성균 및 바이러스에 의해 발생된 식품매개 질병과 관련된 주요 요인

섭취하기 전에 식품은 다양한 환경과 조건에 노출된다. 그와 같은 다양한 환경들과 조건들이 식품에 존재하는 어떤 병원균이 초기 단계에서 생존할 것인지, 혹은 사멸될 것인지, 재오염이 발생할 수 있을 것인지, 혹은 어떤 병원균이 높은 숫자에 도달할 정도로 증식하여 질병을 야기할 것인지 등을 결정한다. 미국에서 1983년과 1987년 사이에 발생한 식품매개 질병 데이터에 따르면 발병의 가장 주된 원인은 식품의 부적절한 보관(냉장) 온도였으며, 이는 발병원인의 34.6%에 달했다. 이와 같은 부적절한 저장 온도는 병원균(세균)이 증식하여 섭취 후 질병을 유발하는 수준에 도달했다. 기타 중요한 요인은 개인위생 불량으로 인한 식품 오염(20.5% 발생), 지정된 온도보다 낮은 온도에서 조리 후 병원균 생존(16.7%), 병원균들로 이미 오염된 기구와 식품의 교차 오염(15.3%), 가공되지 않은 천연식품과 같은 불안전한 출처의 식품(5.5%) 등이 있다. 이 다섯 가지 요인이 합쳐져 병원성균과 바이러스로 인한 발병의 92.6%를 차지했다.[9]

24.2.10 병원성균 및 바이러스로 인한 식품매개 질병 발생 횟수에 대한 월별 영향(1년중)

일반적으로 병원성균 및 바이러스 기원의 식품매개 질병은 여름철에 더 많이 발생한다. 1983년과 1987년 사이에 집계된 데이터에 따르면 미국에서 발병의 약 66%가 5월에서 9월 사이에 발생했으며 8월에 가장 많이 발생했다.[9] 11월과 4월 사이에 발생률은 약 34%로 감소했다. 산업적 가공 과정에서 식품이 상온에 노출되며 이는 여름이나 겨울에 크게 변하지 않을 수 있다. 그러나 원료와 가공품 모두 운송, 소매점, 식품 단체급식시설 및 가정에서 진열하는 동안 외부 온도에 장시간 노출될 수 있다. 또한 여름에는 피크닉과 야외 식사가 더 자주 발생한다. 여름철의 높은 온도는 오염된 병원균의 빠른 증식을 촉진하여 초기에 균수가 적었더라도 비교적 짧은 기간 내에 높은 균수 수준에 도달할 수 있다. 겨울철에는 성장률이 급격히 감소할 수 있다. 2월 중에는 낮은 발병률이 보고된 바 있다.

24.2.11 병원성균 및 바이러스 유래 식품매개 질병에 대한 지역의 영향

일반적으로 식품매개 질병 발생빈도는 개발도상국보다 선진국에서 더 낮다고 언급한 바 있다. 몇 가지 사회 경제적 이유와 기후 조건이 이러한 차이에서 중요한 역할을 한다. 그러나 발병빈도는 선진국과 개발도상국 모두 지역마다 크게 다를 수 있다. 미국에서는 일부 주에서 다른 주보다 식품매개 질병의 발생이 더 자주 기록되었다. 더 많은 인구 수, 더 많은 수의 산업시설, 그리고 따뜻한 기후를 가지고 있는 주에서 더 많은 사건들이 발생한다. 이러한 그룹에 속하는 주들은 뉴욕, 워싱턴, 캘리포니아, 하와이, 그리고 펜실베이니아 등이 있다. 더 향상된 감시 체계들뿐만 아니라, 대규모 민족전통적인 인구, 좀 더 빈번한 사람들의 이주와 여행 등과 같은, 몇몇 다른 요인들도 또한 높은 발생빈도 비율의 원인이 될 수 있다. 이와 대조적으로, 더 낮은 인구 수들을 가지고 있는 주에서는 매우 적은 사건들이 발생하였다. 전 세계에서 수입된 식품도 미국에서 식품매개 질병 발생의 원인이 되었다. 2013년 CDC는 2005년부터 2010년까지 수집된 데이터를 기반으로 15개국에서 수입된 식품이 미국에서 2,348건의 질병과 관련된 39건의 발병을 일으켰다고 보고했다(제29장 참조).[10]

24.2.12 식품매개 질병 증상에 있어서 사람 요인들

한 그룹의 사람들이 병원균의 살아 있는 세포나 그들이 생성하는 독성 물질로 오염된 음식을 섭취한다고 해서 모든 구성원이 질병 증상을 나타내지는 않는다.[9] 또한 증상이 발생한 사람들 중에도 모든 사람이 동일한 증상이나 동일한 강도의 증상을 나타내지 않을 수 있다. 이것은 아마도 개개인간 저항성의 차이 때문일 것이다. 오염된 식품 섭취로 인한 증상 발생과 관련된 요인 중 하나는 오염 물질에 대한 개인의 민감성이다. 일반적으로 영유아와 노인, 병자, 임산부 및 면역 결핍 환자(예: AIDS 환자)는 일반 성인 및 건강한 사람보다 더 취약하다. 이러한 경우에 증상이 나타날 가능성은 오염된 음식의 섭취량과 직접적인 관련이 있다. 이것은 병원균의 생존 가능한 세포의 수 또는 개인이 섭취한 독소의 양과 관련이 있다. 음식을 통해 섭취되는 병원균 또는 독소의 독성은 질병의 발병과 증상의 심각성을 결정한다. 혈청형 대장균 O157:H7, O104:H4와 같은 매우 독성이 강한 병원균의 경우 적게는 10개의 살아 있는 세포를 섭취하여도 영아에서 질병을 야기할 수 있다. 대조적으로, *Y. enterocolitica*와 같은 일부 병원균의 경우 증상이 나타나기 위해서는 100만 개 이상의 살아 있는 세포를 섭취해야 한다.

24.2.13 병원균의 성장으로 인한 식품의 합격 품질

병원성 바이러스와 원생동물 기생충은 성장을 위해 살아 있는 숙주 세포들이 필요하다; 따라서 조리된 식품에서는 증식할 수 없으며 식품의 품질에 영향을 미치지 않는다. 병원성균은 많은 식품에서 증식할 수 있다. 주변 환경이 적합할 때 초기 단계에 존재하는 단 몇 개의 살아 있는 세포들도 g 또는 ml당 수백만 개의 세포들로 높은 수준에 도달할 수 있다. 그러나 *Sta. aureus*와 같은 일부 병원균은 높은 수준까지 증식하더라도 식품의 색, 식감 및 냄새를 변화시키지 않을 수 있다. 그래서 사람들은 의심없이 이 음식을 섭취할 수 있으며 그로 인해 식품매개 질병의 증상을 유발할 수 있다.

24.2.14 식품매개 질병을 야기하는 일련의 사건

식품매개 질병이 발생하려면 여러 사건이 순서대로 발생해야 한다(**그림 24.2**).[9] 이러한 순서를 이해하면 식품매개 질병의 원인(전염원 및 수단)을 조사하는 데 도움이 된다. 또한 식품매개 질병을 막기 위해 그 순서가 어떻게 깨질 수 있는지 인식하는 데 도움이 된다. 처음에는 병원균의 근원이 있어야 한다. 다음으로 그 병원균은 식품을 오염시켜야 한다. 병원성 바이러스 또는 기생충으로 오염된 음식을 섭취하면 바이러스 또는 기생충 감염이 발생할 수 있다. 세균성 병원균(및 독성 유발 곰팡이)의 경

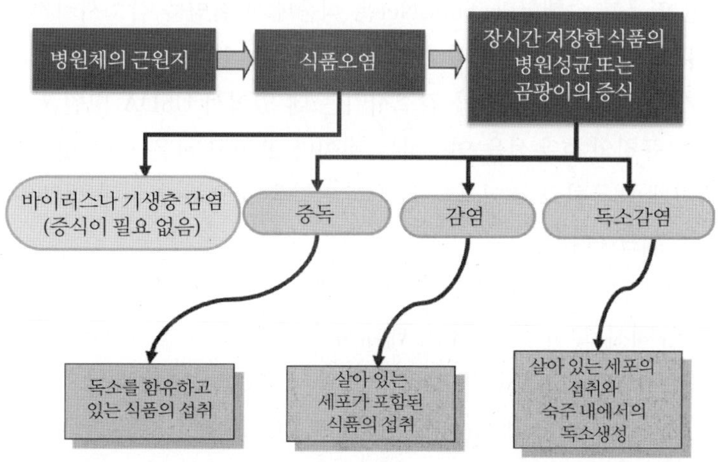

그림 24.2 세균과 바이러스에 의해 식품매개 질병을 유발하기 위한 일련의 사건.

우 오염된 식품은 그들의 증식을 도와야 하며 병원균이 증식할 수 있도록 적절한 온도에서 일정 시간 동안 노출되어야 한다. 그러나 일부 강력한 병원균(예: 대장균 O157:H7)의 경우 식품매개 감염을 유발하기 위해 증식이 필요하지 않을 수 있다. 중독의 경우 증식은 충분한 독소를 생성하기 위해 충분한 수준까지 증식이 이루어져야 하고 그래서 그 오염된 식품을 섭취하였을 때 개인은 관련 증상을 나타내게 된다. 세균 감염의 경우, 위의 산도에서 살아남고 소화관에 정착하여 질병을 유발하려면 병원균의 살아 있는 세포들이 충분한 수로 섭취되어야 하고 그 숫자는 병원균마다 매우 다양하다. 독성 감염의 경우, 살아 있는 세포는 매우 많은 수(*Clo. perfringens*와 같이 소화관에서 증식할 수 없는 세포의 경우) 또는 합리적인 수(*Vibrio cholerae*와 같이 소화관에서 증식 할 수 있는 세포의 경우)로 섭취되어야 한다. 소화관에서 독소가 방출되어 증상을 유발할 수 있다.

24.3 현재 동향

1988년부터 1992년까지 미국에서 발생된 식품매개 질병에 대한 요약 보고서가 1997년에 발표되었다. 현재 FoodNet을 통해 규제 기관의 식품매개 질병 감시 네트워크가 구축되었으며, 이것이 사용 가능한 식품매개 질병의 발병보고서를 비교적 빠르게 확보할 수 있게 해준다. 또한 과학적 접근을 기반으로한 CDC(2011)의 최근 기사에는 현재 알려진 각 식품매개 병원균에 대하여 예상되는 식품매개 질병이 나열되어 있다(**표 24.3**).[11]

24.3.1 FoodNet

CDC는 USDA의 식품안전검사국(FSIS), 연방식품의약국(FDA) 및 8개의 EIP(Emerging Infections Program) 사이트와 함께 미국의 식품매개 질병을 줄이기 위한 노력의 일환으로 FoodNet 프로그램을 개발했다. FoodNet의 주요 목표는 (1) 식품매개 질병의 빈도와 강도; (2) 특정 음식을 섭취하였을 때 발생하는 일반적인 식품매개 질병의 발생비율; (3) 새로운 세균, 기생충 및 바이러스성 식품매개 병원균들의 유행 정도 등을 결정하는 것이다. 그러한 정보를 얻기 위해 FoodNet은 적극적인 감시 및 관련된 전염병학적인 연구를 수행한다. FoodNet은 식품매개 질병을 감소시키기 위해 국가 식품안전성 계획에 의하여 시작된 관련 프로그램의 효과를 결정할 수 있다. 한 가지 예는 매년 미국에서 발생하는 주요한 식품매개 질병들의 사례 수를 감소시키는 데 있어서 USDA 병원균 감소 및 위해요소 중점관리 기준(HACCP)규칙의 효용성을 연구하는 것이다. FoodNet은 신종 및 최근에 출현하는 식품매개 병원균에 신속하게 대응하고 소비자의 식품과 건강을 보호하기 위해 새로운 예방 및 관리 전략을 평가하는 감시 네트워크이다.[12]

FoodNet은 1996년 CDC, USDA-FSIS, 그리고 FDA를 캘리포니아, 콜로라도, 코네티컷, 조지아, 메릴랜드, 미네소타, 뉴멕시코, 뉴욕, 오리건, 테네시주의 주 및 지방 보건부와 직접적으로 연결하여 설립되었다. 2009년 현재까지 FoodNet은 4400만 명에서 4700만 명을 대상으로 하여 소위 *Campylobacter*, *Salmonella*, *Shigella*, 시가독소생성대장균(STEC) O157:H7, STEC non-O157(2005년부터 시작), *Lis. monocytogenes*, *Yer. enterocolitica*, *Vibrio* spp., *Cryptosporidium* 및 *Cyclospora*(마지막 두 개는 1997년부터 포함됨)의 10가지 병원균에 대한 확진 사례에 대해 인구에 기반을 둔 능동적 감시

표 24.7 2000년부터 2009년까지 미국에서 발생한 9가지 식품매개 질병의 발생 비율[12]

병원균	인구 100,000명당 비율									
	2000	2001	2002	2003	2004	2005	2006	2007	2008	2009
세균(세균)										
캄필로박터균	15.7	13.8	13.37	12.6	12.9	12.72	12.71	12.79	12.68	13.02
리스테리아균	0.3	0.3	0.27	3.3	2.7	0.3	0.31	0.27	0.29	0.34
살모넬라	14.4	15.1	16.10	14.5	14.7	14.55	14.81	14.92	16.20	15.19
세균성이질균(시겔라)	7.9	6.4	10.34	7.3	5.1	4.67	6.09	6.26	6.59	3.99
STEC O157	2.1	1.6	1.73	1.1	0.9	1.06	1.31	1.20	1.12	0.99
STEC non-O157	NR	NR	NR	NR	NR	0.33	0.46	0.57	0.45	0.57
비브리오균	0.2	0.2	0.27	3.0	2.8	0.27	0.34	0.24	0.29	0.35
예르시니아 엔테로콜리티카	0.4	0.4	0.44	4.0	3.9	0.36	0.35	0.36	0.96	0.32
기생충										
크립토스포리디움	1.5	1.5	1.42	10.9	13.2	2.95	1.91	2.67	2.25	2.86
사이클로스포라	0.1	0.1	0.11	0.3	0.3	0.15	0.09	0.03	0.04	0.07

STEC, 시가독소생성대장균; NR, 기록되지 않음.

를 실시했다.

2000년에서 2009년 사이의 조사 결과는 **표 24.7**에 요약되어 있다. 10년 동안 여러 병원균의 발병률이 증가추세를 보인 반면 몇몇 병원균의 발병률은 감소하였다. 예르시니아 발병률은 53%, 시겔라는 55%, 리스테리아는 26% 캄필로박터는 30%, STEC 0157:H7 41%. 살모넬라는 10% 감소했다. *Sal.* Typhimurium의 발생률은 51%, Agona 48%, Heidelberg 33%, Thompson 33%로 감소한 반면, 다른 혈청형의 발병률은 증가했다: Newport 64%, Oranienburg 39%, Enteritidis 32%, Javiana 120%. 비브리오 종의 발병률은 85% 증가한 반면 크립토스포라디움 발병률은 변하지 않았다.[12]

24.3.2 추산된 식품매개 질병

오랫동안 미국 내에서 발생하는 실제 식품매개 질병 사례 수와 매년 보고되는 사례 수에 대한 의견에 차이가 있었다. 매년 보고된 평균 약 2만 건의 사례가 너무 적은 것으로 생각되었다. 사실적인 수치는 5백만에서 2천 5백만 범위의 어느 수치가 될 것으로 추산되었으며, 8천만 건 이상이라고 생각하는 사람들도 있었다.

최근에 CDC의 한 연구팀은 확인되거나 확인되지 않은 원인으로 인한 식품매개성 질병의 예상 수에 대한 보고서를 발표했다.[1] 그들은 여러 감시 시스템(예: FoodNet) 및 기타 관련된 소스에서 수집한 정보를 취합하여 분석했다. 이 보고서에 따르면, 확인되거나 확인되지 않은 식품매개 질병의 총수는 미국에서 128,000명의 입원과 3,000명의 사망 건수를 포함하여 연간 4,800만 건으로 추산되었다. 이 중 확인된 병원균은 약 940만 건의 질병, 56,000건의 입원 및 1,351명의 사망 건수를 차지한다(표 24.3). 이 중 비장티푸스 살모넬라가 이들 사망원인의 28%를 차지했으며 *Toxoplasma gondii*(24%), *Listeria monocytogenes*(19%), 노로바이러스(11%)가 그 뒤를 이었다.

그 보고서는 서로 다른 감시 프로그램을 통해 일부 병원균에 의한 발병과 관련된 정확한 질병 건수를 이용할 수 있었다고 기술했다. 그러나 특히 *Bac. cereus*, *Clo. perfringens* 및 *Sta. aureus* 등과 같은 병원균들에 대하여 산발적으로 발생되는 질병에 대한 데이터는 그러한 프로그램을 통해 정확하게 확보될 수 없었다. 이러한 병원균의 경우 산발적이고 동시 다발적인 발병률을 통해 전체 질병 건수를 얻기 위해 발병과 관련된 사례에 10을 곱하였다. 살모넬라 및 시겔라의 경우와 같이 산발적으로 발병된 질병 건수와 동시 다발적으로 발생된 질병 건수가 모두 확보되어 포함된 데이터를 참조하여 이러한 곱하는 수를 결정하여 사용하게 되었다.

이 보고서에 언급된 다른 중요한 측면은 현재의 감시 프로그램에도 불구하고 식품매개 질병은 과소 보고된다는 점이다(**그림 24.1**). 음식을 통해 전염되는 많은 병원균들은 물을 통해 전염 될 수도 있으며 사람과 사람 사이에서도 전염될 수 있다. 따라서 식품매개에 의한 전파라는 구실을 모호하게 만든다. 또한 현재 식품매개 질병 중 일부는 아직 확인되지 않았거나 새로운 병원균에 의해 발생한다(제29장 참조).[1]

24.4 결론

이 장에 제시된 자료는 산발적이든 혹은 동시다발적이든 식품매개 질병이 다른 다양한 병원성 미생물들에 의해 유발될 수 있으며 그 중 일부는 다른 미생물들보다 더 널리 퍼져 만연해 있음을 보여준다. 또한 주요 요인(병원성균 및 바이러스)과 관련된 다양한 매개 변수도 설명되었다. 마지막으로 식품매개 질병이 발생하는 데 필요한 일련의 사건이 논의되었다. 이 정보는 다음 장에 나오는 자료를 이해하는 데 도움이 될 것이다.

학습문제

1. 식품매개 질병 발생과 관련된 요인을 나열하시오.
2. 발병, 보고된 사례 및 확인된 발병을 정의하거나 설명하시오.
3. 지난 2년 동안 적어도 한 번이라도 소화기 질환을 경험했던 사람의 수를 파악하기 위하여 25명의 친구 및 친척을 대상으로 조사하시오. 이 조사 자료를 가지고 미국에서 식품매개 질병에 걸릴 수 있는 사람의 수를 대략적으로 계산하시오. 20,000에 가까운가? 5백만? 2천 5백만? 혹은 8천만?
4. 위 조사에서 식품매개 질병과 관련된 가장 일반적인 식품 유형(동물, 식물)을 추정하시오.
5. 질문 4의 조사자료에서 한 사건을 선택하여 관련 증상들, 섭취 후 증상 발생시간, 예상되는 병

제25장

식중독

25.1 서론

식중독 또는 미생물 기원의 식품독성은 황색 포도상구균(*Staphylococcus aureus*), 바실러스 세레우스(*Bacillus cereus*), 클로스트리듐 보툴리늄(*Clostridium botulinum*)과 같은 세균으로부터 미리 형성된 독소와 곰팡이로부터의 진균 독소를 포함하는 식품을 섭취할 때 발생한다. 곰팡이와 진균독은 28장에서 논의될 것이다. 바실러스 세레우스는 열에 안정한 독소를 형성하고 중독을 일으킬 수 있지만, 이 부분은 독성 감염과 함께 논의될 것이다. 또한 이 장에서는 질병의 상대적 중요성, 질병과 관련된 미생물의 특성, 주요 식품의 종류 , 독소의 특성, 질병 및 증상, 예방책, 실제 식중독 발병에 관한 일부 사례분석 등을 논의할 것이다. 식중독의 몇 가지 일반적인 특징은 다음과 같다.

1. 독소는 식품에서 증식하는 병원균에 의해 생성된다.
2. 독소는 열에 불안정하거나 안정할 수 있다.
3. 식중독에는 활성 독소가 포함된 식품 섭취가 필수적이다(살아 있는 포자를 섭취해야 발생하는 유아 보툴리누스 중독 또는 숨겨진 보툴리누스 중독 제외).
4. 식중독 증상은 일반적으로 섭취 후 30분 이내에 신속하게 발생한다.
5. 식중독의 증상은 섭취한 독소의 유형에 따라 다르다. 장독소는 위장관 증상을 일으키고 신경독소는 신경학적 증상을 나타낸다.
6. 발열 증상은 발생하지 않는다.

25.2 포도상구균 중독

25.2.1 중요성

황색 포도상구균의 독소에 의해 발생하는 포도상구균성 위장염 또는 포도상구균 식중독은 전 세계적으로 가장 빈번하게 발생하는 식품매개 질병 중 하나로 간주된다.[1] 이 균은 미국에서는 적어도 1980년대 이전에는 대부분의 식중독 발병과 관련 있었지만 최근에 포도상구균 식중독의 발생이 감소하고 있는 추세이다. CDC는 1972년부터 1976년까지 포도상구균 식중독이 식품매개 질병 발생의 21.4%를 차지하고, 전체 식중독 발병의 29.7%에 영향을 미쳤다고 보고했다. 대조적으로, 1983년부터 1987년 사이에는 5.2% 정도가 포도상구균 식중독으로 나타났으며 전체 식중독 발병의 5.8%에 영향을 미쳤으나 사망자는 전혀 없는 것으로 나타났다. 이러한 감소는 아마도 식품을 저장하기 위해 냉장 온도를 더 잘 사용하고 포도상구균의 오염과 증식을 제어할 수 있는 위생 관행을 개선했기 때문일 것이다. 그럼에도 불구하고 포도상구균성 위장염의 발생 건수와 사례 수는 다른 여러 미생물 유래의 식품매개 질병의 발생보다 훨씬 높다. 2011년에 CDC는 포도상구균은 미국에서 연간 6명이 사망하는 약 240건의 발병 사례에 영향을 미쳤다고 보고했다.[2] 유럽 식품 안전청(EFSA)은 2009년에 포도상구균에 의해 293건의 발병이 발생했으며 *Bacillus*, *Clostridium* 및 *Staphylococcus*에 의해 생성되는 세균성 독소는 식중독 발생에서 네 번째로 가장 흔한 원인 인자라고 보고했다.

25.2.2 포도상구균(*Staphylococcus aureus*)의 특성[1,3]

포도상구균

포도상구균은 그람양성 구균으로 일반적으로 단독 또는 포도송이와 같은 형태를 띠며(**그림 25.1**) 운동성이 없으며, 비캡슐성, 비포자성의 특징을 갖는다. 이 균은 카로티노이드 색소를 생성하여 황금색 집락을 형성하므로 황금을 의미하는 아우레우스라는 이름이 붙었다. 포도상구균은 가장 일반적으로 선택배지인 Baird-Parker(BP)를 사용하여 배양함으로써 식품에서 분리되며, 이때 BP배지는 토끼 혈장 섬유소원(BP-RPF)으로 보완될 수 있다.

증식

대부분의 균주는 마니톨(mannitol)을 발효하고 응집효소(coagulase), 써모뉴클레이즈(thermonuclease)

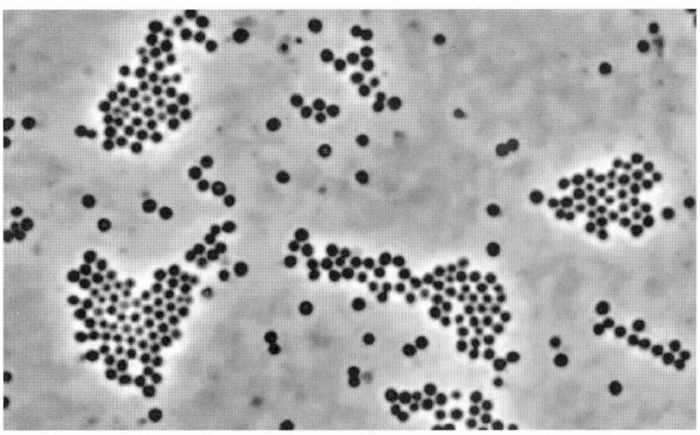

그림 25.1 포도상구균 세포의 위상차 현미경 사진(1000배).

및 용혈소(hemolysin)를 생성하지만 박테리오파아지에 대한 민감도는 차이가 있다. 포도상구균은 66°C에서 12분 정도면 사멸되고, 72°C에서는 15초 만에 사멸된다. 포도상구균은 통성혐기성균이지만 호기성 조건에서 빠르게 증식이 가능하다. 이 균은 탄수화물을 발효시킬 수 있으며 또한 세포외 단백질분해효소(extracellular proteolytic enzymes)에 의해 단백질 가수분해(proteolysis)를 일으킬 수 있다. 포도상구균은 증식 온도 범위가 7°C~48°C이고 20°C와 37°C 사이에서 상당히 빠른 증식을 하는 중온성균이다. 이 균의 또 다른 중요한 증식 특징으로는 상대적으로 낮은 수분활성도(0.86), 낮은 pH(4.8), 고염도 및 15% 이상의 높은 당분 그리고 질소가스 존재하에서도 증식할 수 있다는 것이다. 그러나 이들 균의 증식은 두 개 또는 그 이상의 매개변수의 결합으로 인해 감소될 수 있다. 여러 가지 불리한 환경조건에서의 증식능력 때문에 포도상구균은 다양한 식품에서 서식할 수 있다. 일반적으로 이 균은 식품에서 발견되는 다른 많은 미생물과 함께 존재하는 경우 낮은 생존 경쟁력을 가진다. 그러나 불리한 환경에서 증식할 수 있는 포도상구균의 증식능력은 증식하는 데 좋지 않은 많은 식품에서의 증식에 유리한 특징이다.

서식처

장내독소 생성 포도상구균은 일반적으로 포도상구균성 식중독과 관련이 있다. 여러 다른 포도상구균 속 세균들이 장내독소 생산자로 알려져 있지만 이들 포도상구균 식중독에 대한 관련성은 아직 완전하게 알려져 있지 않다. 많은 다른 포도상구균 속 세균과 마찬가지로 포도상구균은 건강한 사람, 동물 및 조류의 코, 기도, 피부 및 머리카락(깃털)에 존재한다. 포도상구균은 사람, 동물 그리고 조류의 피부의 베인 상처와 농양(종기, 옹종)의 상처, 사람의 손에 베인 상처와 얼굴에 발진된 여드름과 같은 감염에 존재할 수 있다. 식품 오염은 일반적으로 이러한 오염원에서 발생한다.

25.2.3 독소와 독소 생성

포도상구균들 중에서 장내독소 생성 균주는 A, B, C1, C2, C3, D 및 E에서 V까지 21가지 장내독소를 생성하며 이들은 SEA, SEB 등으로도 표기된다. 이들 독소는 분자량이 26~30 kDa로 혈청학적으로 구별되고 열에 안정한 단백질들로써 독성에 있어서 매우 다른 특성을 갖는다. 독소는 수용성이며 단백질분해효소에 내성이 있을 수 있다. 장내독소 생산을 암호화하는 유전자는 프로파아지, 플라스미드, 병원성 군도, 장내독소 유전자 클러스터(*egc*) 및 포도상구균 카세트 염색체(SCC)에 존재한다. 독소는 주로 단백질이 풍부한 식품을 상온에 장기간 방치하면 생성되며 열 안정성은 매우 다양하다. 일반적으로 포도상구균의 독소는 60°C의 열에서 16시간 정도 견딜 수 있다. SEB는 SEA보다 열에 대한 안정성이 더 높아 생물테러의 잠재적 무기로 고려되고 있다. 식품을 가공하거나 조리하는 데 사용되는 정상적인 온도와 시간은 독소의 잠재능력을 파괴하지 못한다. SEA에 의한 발병은 보다 높은 빈도를 차지하는데 그 이유 중 하나가 이들 독소의 높은 잠재능력 때문이다.

하나의 균주에 의한 독소 생성률은 이 세균의 증식률 및 세포의 농도와 직접적으로 관련이 있다. 최적의 증식은 약 37°C~40°C에서 발생한다. 최적의 증식조건 하에서 독소는 일반적으로 4시간 이내에 g 또는 ml의 식품당 수백만 마리 이상으로 증식하는 개체군에서 검출될 수 있다. 독소 생성의 가장 낮은 환경변수는 10°C, pH 5.0 또는 수분활성도 0.86이다. 그러나 이들 두 개 이상의 변수를 조합함으로써 가장 낮은 환경변수의 범위를 보다 더 불리하게 만들어서 독소 생성을 억제시킬 수 있다.

25.2.4 질병 및 증상

포도상구균의 독소는 장내독소이며 위장염을 유발한다. 건강한 성인은 g 또는 ml당 10^6~10^7개 세포에서 생성되는 100~200 ng 독소가 포함된 식품을 약 30 g(ml) 정도 섭취해야 한다. 물론 영유아와 노인 그리고 병약자는 이것보다 적은 양을 섭취해야 한다. 섭취 후 그 독소는 위장의 미주신경을 자극하고 심한 구토를 유발한다(**그림 25.2**). 증상은 30분에서 8시간의 범위에서 2~4시간 이내에 나타나며 이는 섭취된 독소의 잠재능력과 양, 개인의 저항성과 직접으로 관련이 있다. 이 질병은 약 1~2일까지 지속되며 드물게는 사망에까지 이른다. 미국에서는 매년 6명 정도 사망하는 것으로 보고된다.

독소에 의한 자율신경계 자극으로부터 나타나는 일차적인 증상은 타액분비, 메스꺼움 및 구토, 복부경련, 설사이며, 일부 이차적인 증상은 발한, 오한, 두통 및 탈수이다. 그러나 이들 증상과 그 심각성은 발병하는 개인마다 다르게 나타난다.

25.2.5 관련 식품

대부분의 식품이 포도상구균 식중독 발생과 관련이 있다. 일반적으로 세균은 식품에서 증식하며 품질에 부정적인 영향을 주지 않고 독소를 생성한다. 대부분의 고단백 식품들, 광범위하게 취급되는 식품들, 세균의 증식에 약한 식품들과 적절치 않은 온도에 보관된 식품들은 포도상구균 장염과 관련이 있다. 햄, 콘비프, 살라미, 베이컨, 바비큐 고기, 샐러드, 크림을 함유하는 제빵제품, 커스터드(푸딩류), 샐러드드레싱, 소스 및 치즈를 포함한 여러 식품들이 이들 장염의 발생과 관련성이 높다. **표 25.1**은 1973년에서 1987년 사이에 미국에서 포도상구균 식중독과 관련된 여러 식품들의 상대적인 발생빈도를 나타낸다. 돼지고기, 제빵제품, 소고기, 칠면조, 닭고기 및 계란은 높은 발병률과 관련이 있다. 고

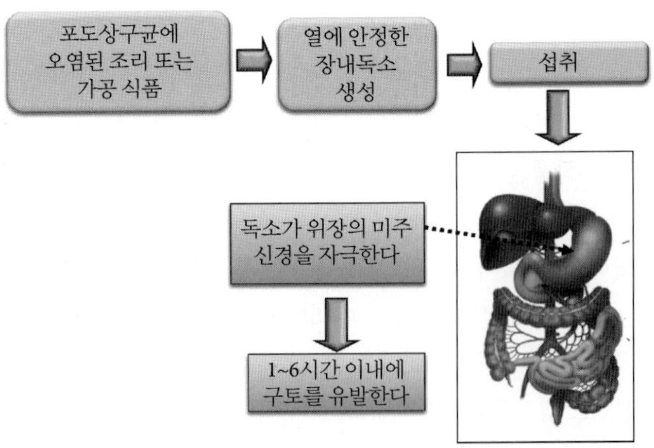

그림 25.2 포도상구균의 장내독소가 병원성 식중독을 일으키는 기전.

표 25.1 미국에서 1973년에서 1987년 사이에 발생한 포도상구균 식중독 발병에 관련된 식품 종류

식품종류	% 발병률[a]	식품종류	% 발병률[a]
돼지고기	16.2	생선	1.3
제빵제품	7.1	유제품	1.7
소고기	6.0	과일과 야채	1.1
칠면조	5.5	전통식품	1.1
닭고기	3.8	기타	37.2[b]
계란	2.5	확인되지 않은 것	6.5

[a] 전체 367건의 식중독 발생 건수에 대한 백분율.

[b] "기타 다른 식품"의 범주에 포함된 식품은 알려져 있지 않다. 하지만 샐러드, 많은 발병과 관련되어 있다. 1983년~1987년 사이에 발생한 포도상구균 식중독의 총 발병 건수 중에서 13% 정도가 샐러드와 관련되어 있다.

온의 접촉기회와 잦은 손 접촉 때문에 샐러드 형태의 여러 식품들도 포도상구균 식중독에 상당히 높게 관련되어 있는 것으로 나타났다. 미국에서 1983년부터 1987년까지 샐러드는 포도상구균 식중독 발생의 원인이 되는 전체 식품의 13% 정도로 나타났으며 이는 표에서 "기타" 범주에 포함되어 있다. 1983년부터 1987년까지 이러한 포도상구균 식중독 발병의 세 가지 주요 원인은 부적절한 보관 온도(51.6%), 열악한 개인위생(23.4%) 및 오염된 장비(17.2%)이다. 식품을 준비하거나 제공되는 측면에서 포도상구균 식중독의 주요 발병원은 식품 서비스(24.7%), 가정(14.9%) 및 소풍(8.5%)인 것으로 나타났다. 또한 5월과 10월 사이(63.8%)에 발병 빈도가 가장 높았으며 그 중 8월에 가장 높은 빈도(21.3%)를 기록했다. 수입 식품의 경우를 보면 한 국가에서 수출되는 원료 식품 또는 가공식품이 포도상구균 독소를 함유할 수도 있으며 다른 여러 나라에 식중독을 유발시킬 수도 있다. 일례로 1989년에 미국에서 중국의 한 공장에서 가공된 장내독소가 함유된 버섯 통조림을 사용하여 조리된 음식을 통해서 포도상구균성 위장염이 최소 6건 발생하였다. 포도상구균은 아마도 통조림으로 포장되기 전에 증식하고 통조림 가공 후에는 열에 안정한 장내독소로 남아 이로 인해 식중독을 유발했을 것이다.

25.2.6 질병의 예방(감소)

많은 식품제조 종사자 간에 그리고 다양한 식품 환경 속에서 원료 식품재료로부터 정상적인 포도상구균의 발생은 세균이 없는 비멸균 식품의 생산을 불가능하게 만든다. 그래서 세균이 없는 식품을 경제적으로 생산하는 것은 거의 불가능하며 따라서 무관용 원칙이 질병 예방에 중요하게 된다. 많은 식품들이 포도상구균을 가지고 있다는 것과 식품에 미리 형성된 독소가 다량 포함되어 있지 않는 한 g(ml)당 100~500의 세포수를 포함하는 식품의 소비가 바로 질병을 동반하지 않을지라도 질병을 유발할 수 있는 모든 가능성이 있음을 인식할 필요가 있다. 식품원료 및 재료의 품질에 대한 적합한 선택, 식품환경의 위생과 식품제조 종사자 간 적절한 개인위생은 포도상구균 식중독의 발생을 줄이기 위한 주요 목표가 될 것이다.[3~5] 호흡기 질환, 급성 여드름, 피부 발진, 종기 또는 손에 상처가 있는 사람이 식품을 다뤄서는 안 된다. 가능하면 식품들은 이들 포도상구균의 사멸을 보증하기 위해 반드시 열처리가 되어야만 하고 열처리 이후에는 식품이 재오염되지 않도록 해야 한다. 가공된 식품과 즉석 식품을 반드시 5°C 이하에서 신속히 냉장시키는 것이 가장 중요하다. 적절한 보관은 세균의 증식을 지연시키거나 사멸시키는 데 중요하다. 한 시간 이내에 식품의 표면이 아닌 내부가 냉장온도에 도달하도록 주의해야 한다. 식품은 고온에 노출되지 않도록 해야 하며 섭취 전에 증식온도에서 오랜 시간 동안 보관, 저장되어서는 안 된다. 일단 열에 안정한 독소가 형성되면 식품을 섭취하기 전에 가열을 하더라도 안전이 보장되지 않는다는 사실을 인식해야 한다.

25.2.7 식별 방법

포도상구균 식중독에 연관된 식품을 조사하기 위해, 식품 또는 구토 시료를 이용하여 장관독소성 포도상구균 및 독소의 존재 여부를 분석한다(제42장). 한 종류 이상의 선택적 감별배지에서의 정량 분석은 살아 있는 포도상구균의 수를 결정하는 것으로 이후 장내독소 생성을 위한 용혈반응, 응집효소 반응, 써모뉴클레이즈 반응, 장내독소 생성을 위한 순수 배양능력과 같은 몇 가지의 생화학적 시험이 식중독 발생의 잠재적 원인을 관련 짓기 위해 수행된다.

식품이나 구토 시료에서 장내독소를 추출하고 이들이 발병과 어떤 관련성이 있는지를 분석하기 위해 생물학적, 또는 혈청학적 검사가 진행된다. 생물학적 방법에서는 고양이, 원숭이 또는 개와 같은 동물에게 장내독소 제제를 경구로 투여하거나 복강내 또는 정맥주사한다. 실험동물의 구토증상은 포도상구균 장내독소의 존재를 나타내는 양성지표이다.

혈청학적 방법은 분리한 장내독소를 분석하기 위한 몇 가지의 면역학적 방법 중 하나이다. 이러한 검사는 매우 민감할 뿐만 아니라 식중독 사례와 관련된 장내독소 유형을 식별할 수 있다.

25.2.8 발병 분석

1986년 12월 6일 미국 와이오밍주 리버튼에서 저녁 식사(집에서 준비된 음식)에 참석한 101명 중 52명에게 영향을 미친 식품매개 질병 발병이 보고되었다. 이 중 49명은 즉각적인 의료적 치료가 필요했다. 증상은 식사 후 1~7시간 이내에 발생했으며 메스꺼움(100%), 구토(98%), 설사(90%), 복부 경련(83%), 탈진(62%), 오한(52%) 발한(35%), 혈압과 온도 저하(21%) 등이 나타났다. 규제 당국이 36시간 후 조사를 위해 왔을 때, 의사들은 식품표본이나 환자의 구토 시료를 확보할 수 없었다. 그러나 환자들 중 한 명에서 얻은 동결된 구토 시료를 확보할 수 있었고 이를 분석한 결과, 응집효소에 양성인 포도상구균이 g당 12~19 $\times$ 10^6 정도 존재하는 것으로 나타났다. 도살된 칠면조의 잔량에서 얻은 고기에는 응집효소 양성 포도상구균이 g당 1 $\times$ 10^6개가 들어 있었다. 조사에 따르면 조리된 칠면조의 뼈를 깎고 취급한 사람이 안면 발진(여드름 모양)을 앓고 있었던 것으로 나타났다. 그리고 전체 세 마리의 칠면조 고기가 제공되기 전 약 4시간 동안 부적절한 스팀으로 조리되었던 것으로 조사되었다.

이것은 포도상구균 식중독 발병의 전형적인 사례로, 여러 가지 준비 단계가 포함된 식품을 먹은 사람들의 절반 이상에서 많은 전형적인 증상이 동반되며 일부는 30분 이내에 발생한다. 비록 저녁식사로 제공된 음식 시료나 의사의 참관 아래에 채취된 환자의 구토 시료가 이용하기 어렵다고 하더라도 환자에게서 채취한 구토 시료의 분석은 응집효소 양성 포도상구균이 상당수가 존재하며 남아 있는 칠면조에서 다량의 포도상구균이 존재하고 있음이 확인되었다. 따라서 증상과 간접적인 증거를 통해 포도상구균 식중독 발생으로 결론지을 수 있다.

발병의 순서는 다음과 같을 가능성이 가장 높다: 식품 취급자의 안면 피부 발진이 아마도 병원균의 주요 원인일 가능성이 가장 높다. 이 병원균은 조리된 칠면조의 뼈를 제거하는 동안 조리자의 손을 통해 전염되었다. 포도상구균은 적절한 환경의 칠면조 고기에서 증식할 수 있다. 손님에게 제공되기 전의 칠면조 고기는 장시간 동안 부적절한 온도에 있게 되고 그러한 조건에서 병원균은 급속도록 증식하게 된다. 하지만 칠면조 고기의 품질은 크게 저하된 상태는 아니다. 이 단계는 식중독 증상을 발현하기 위해 칠면조 속의 독소가 충분히 존재하는 상태이다.

25.3 보툴리누스균(*Clostridium botulinum*)에 의한 보툴리누스 중독[5,6]

25.3.1 중요성

식품매개 보툴리누스 식중독은 보툴리누스균(*Clostridium botulinum*)의 잠재적 보툴리눔 독소가 포함된 식품을 섭취한 후 발생한다. 이들은 신경독이며 일부 위장염 증상과 함께 신경학적 증상을 일으킨다. 즉각적인 치료를 하지 않으면 매우 치명적이다. 유아 보툴리누스 식중독은 유아가 발아하고 증식하는 보툴리누스균 포자를 섭취함으로써 발생하고 이들이 위장관에서 독소를 생성하고 특정 증상을 유발한다.

미국에서 연간 평균 발병 건수는 약 15~16건이다. 1973년부터 1983년까지 총 231건이 발생했다. 이는 전체 발생 건수 중 4% 미만(124,994건 중 4984건)을 대상으로 보고된 전체 식중독의 약 8%(2841건 중 231건)에 해당한다. 하지만 전체 식중독 질환자 중에서 247명(1000건당 2명)이 사망한 것에 견주어 볼 때 의학적 치료가 충분히 가능한 나라임에도 불구하고 보툴리누스 식중독은 같은 기간 중에 47명이나 사망했다(1000건당 9.5명). 현재 미국에서 보툴리누스 중독으로 인해 약 55건이 발생하고 매년 9명이 사망하는 것으로 추정된다.[2] 대부분의 발병은 가정에서 조리된 음식으로 인해 발생한다. 민족 음식 준비는 많은 경우에 관련되어 있다.

25.3.2 특성

보툴리누스균

보툴리누스균(*Clo. botulinum*) 세포는 그람양성 간균이며 단일 세포 또는 작은 사슬 모양의 형태를 가진다. 대부분은 운동성이 있고 절대 혐기성이며 단일 말단 포자(single terminal spores)를 형성한다. 세포는 낮은 pH(<4.6), 낮은 수분활성도(0.93) 및 적당히 높은 염도(5.5%)에 민감하다. 아질산염(250 ppm)이 있는 경우 포자는 발아하지 않는다. 포자는 내열성이 매우 높지만(115°C에서 사멸) 세포는 적당한 열에 의해 사멸된다(저온 살균). 이 세균의 독소는 증식하는 과정에서 생성된다. 여러 균주들은 단백질 가수분해 활성을 가지고 있거나 단백질 가수분해 활성이 없다.

증식

보툴리누스균 균주는 생성된 독소의 형태를 기초로 해서 A, B, C, D, E, F, G의 7가지 유형으로 나뉜다. 이 중 인체 감염에 대한 혈청형 G의 관여가 아직 밝혀지지 않은 반면에 A, B, E, F는 인체 식품매개 중독과 관련이 있다. A형 균주는 단백질 가수분해성이고, E형은 비단백질 가수분해성이지만 B형 및 F형 균주는 단백질 가수분해성 또는 비단백질 가수분해성일 수 있다. 단백질 가수분해성 균주는 10°C~48°C 사이에서 증식할 수 있으며 최적온도는 35°C이다. 비단백질 가수분해성 균주는 3.3°C~45°C 범위에서 증식하지만 30°C가 최적 증식온도이다. 최적의 증식은 최적의 독소 생성을 촉진한다. 증식에는 혐기성 조건이 필요하다. 세균의 증식 전 포자 발아와 이상 생장은 세균 증식에 호의적인 조건이 된다. 마찬가지로 세포 성장을 방해하는 조건은 포자 발아에 부정적인 영향을 미친다. 앞서 언급했듯이 pH 4.6, 0.93의 수분활성도 또는 5.5% NaCl은 세포 성장을 방해할 수 있다. 하지만 더 낮은 온도와 함께 2개 이상의 지표를 사용하면 위 지표에 대한 낮은 증식한계를 크게 감소시킬 수 있다.[4]

서식처

보툴리누스균의 포자는 토양, 하수, 진흙, 습지 퇴적물, 호수 및 연안해역, 식물 및 동물과 어류의 장관 등에 널리 분포되어 있다. 과일과 채소는 토양 속의 포자에 의해 오염될 수 있으며 어류는 물과 퇴적물에 의해 오염될 수 있고 여러 가지 다양한 식품들은 위에 기술한 근원들에 의해 오염될 수 있다. A형과 B형 포자는 토양, 하수 및 동물의 배설물에서 더 많이 발견되는 반면, E형 포자는 일반적으로 해양 환경에서 많이 발견된다. A형 포자는 미국 서부에서 주로 발견되고 B형 포자는 주로 미국 동부와 세계 여러 나라에서 발견된다.

25.3.3 독소와 독소 생산

보툴리누스 신경독소(BoNT)는 150 kDa의 단백질 독소로 보툴리누스균에 의해 생성된다. 이 독소는 두 개의 서브유닛으로 구성된 A-B형 독소로 A 서브유닛은 50 kDa이고 B는 100 kDa이다. 이들 독소는 비활성인 좀 더 큰 유도체 독소로부터 생성된다. 세균 또는 위에서 분비되는 단백질분해효소(protease)에 의해 비활성 독소는 활성형태로 전환된다. 비단백질 가수분해 균주에 의해 생성된 BoNT는 숙주 소화기관의 트립신과 같은 단백질 가수분해효소에 의해 활성화되는 반면, 단백질 가수분해 균주의 BoNT는 세균의 단백질 가수분해효소에 의해 활성화된다. 일반적으로 사람에게 식중독을 일으키는 데 관련된 독소(A, B, E 및 F형)는 상당히 잠재적이어서 단지 소량의 독소만으로도 증상을 유발하고 죽음에 이르게 한다. 섭취 후 독소 분자는 장의 상부에서 장벽을 통해 흡수되고 혈액을 통해 말초신경으로 이동된다. 독소의 B 서브유닛은 신경세포의 수용체(당 단백질을 함유하는 시알산)에 결합하여 신경세포 내부로의 서브유닛 A의 침입을 촉진한다. A 서브유닛은 엔도펩티데이즈 활성을 가지고 있어서 신경자극의 흐름을 간섭하는 신경근 접합부의 신경전달물질인 아세틸콜린의 방출을 제어하는 단백질인 시냅토브레빈(synaptobrevin)을 절단한다(**그림 25.3**). 결과적으로 모든 불수의근의 비가역적 이완성 마비가 나타난다. 이 독소는 매우 천천히 신체로 이동한다. 열에 불안정한 이 독소에 의해서 오염된 식품은 90°C에서 15분 또는 5분 동안 끓이는 것과 같이 높고 균일한 열에서 파괴할

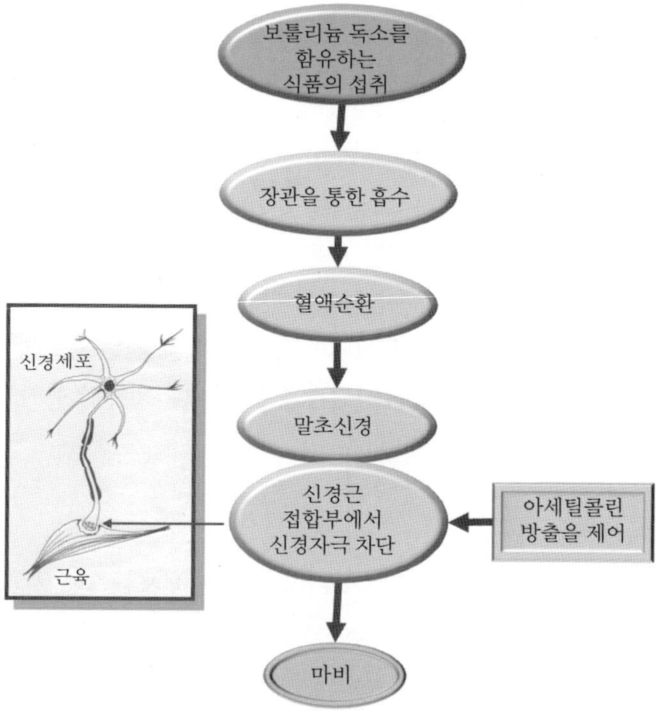

그림 25.3 식품매개 보툴리누스 식중독이 발병하기까지의 순서.

수 있다. 5~7 mrad의 방사선도 독소를 파괴할 수 있다.

독소 생산을 위해서는 세포증식이 필요하다. 최적의 증식온도에서 독소가 대량으로 생성된다. 하지만 지수기는 하나의 균주가 식품을 오염시키기에 충분한 양의 독소의 생산을 가능하게 하며 이들의 섭취는 질병을 유발하고 사망에 이르게까지 한다.

25.3.4 질병 및 증상

보툴리누스 식중독에는 식품매개 보툴리누스 식중독, 유아 보툴리누스 식중독, 잠재적 보툴리누스 식중독, 상처 보툴리누스 식중독 및 부주의성 보툴리누스 식중독 등 5가지 유형이 있다.

식품매개 보툴리누스 식중독

식품매개 보툴리누스 식중독은 식품에서 형성된 BoNT의 섭취로 인해 발생한다(그림 25.3). 이 독소는 장에서 흡수되어 말초 신경으로 전이된 후 신경신호의 전달을 막는다. 하지만 초기 단계인 12~36 시간에서, 일반적으로 2시간 이내에 일부 장관성 장애(구역질, 구토, 설사 및 변비)가 나타나기도 한다. 특히 섭취한 보툴리누스 독소의 양이 많은 경우 단시간 내에 신경학적 증상이 나타난다. 이 독소는 매우 강력한 독소이기 때문에 아주 적은 양(1 ng/kg 체중)만으로도 심각한 증상을 유발할 수 있으며 사망에 이를 수도 있다. 일반적으로 신경학적 증상은 몽롱함 또는 복시, 삼킴과 호흡 및 말하기가 어렵고 입이 마르며, 횡격막, 폐 및 심장으로 퍼지는 다른 여러 불수의근의 마비이다. 일반적으로 사망은 호흡 부전으로 인해 발생한다.

유아 보툴리누스 식중독

유아가 꿀과 같은 식품과 환경을 통해 보툴리누스균 포자를 섭취하면 장내에서 발아하여 유아 보툴리누스 식중독을 유발하는 독소를 생성한다. 일반적으로 이 보툴리누스 포자는 생후 1년 이상의 유아에서 동일한 질병을 유발시키지 않는다. 이것은 보툴리누스균(*Clo. botulinum*) 증식과 포자 발아를 방해하는 장내세균 집단들이 유익한 역할을 하기 때문이다. A형과 B형 모두 유아 보툴리누스 식중독 사례에서 확인되었다. 유아 보툴리누스 식중독의 증상은 무기력증, 빠는 능력과 목 가눔 능력의 감퇴, 반사 능력의 손실 및 변비 등이다. 꿀, 옥수수 시럽과 같은 식품과 먼지가 유아 보툴리누스 식중독을 유발하는 보툴리누스균 포자의 주요 제공원이다.

잠재적 보툴리누스 식중독

유아 보툴리누스 식중독의 성인 변종이라고도 알려진 잠재적 보툴리누스 식중독은 감염성 장질환(IBD) 또는 기타 위장 이상과 같은 만성 위장 장애를 앓고 있는 성인에게 나타난다. "잠재적 또는 숨겨진"으로 불리는 이 질병은 독소의 제공원이 불명확하며 이 질병과 관련된 식품은 아직 알려져 있지 않다. 보툴리누스균(*Clo. bonilinum*)은 거의 항상 분변에서 발견되며 이것은 이 질병을 진단하는 데 도움을 준다.[5] 보툴리누스균(*Clo. botulinum*) 외에 *Clo. baratii*가 이 질병과 관련이 있다.

상처 보툴리누스 식중독

상처 보툴리누스 식중독은 전쟁터에서 총상을 입거나 우연히 베인 상처에 포자가 묻은 먼지가 박히면서 발아하여 독소를 생성한다.

부주의성 보툴리누스 식중독

부주의성 보툴리누스 식중독에서 BoNT를 이용한 치료(근긴장 이상, 만성 근육 긴장 장애 치료) 또는 화장품으로써의 사용(주름제거)은 이러한 유형의 보툴리누스 식중독을 유발할 수 있다.

독소는 항원성이 있다. 따라서 항독소를 사용할 수 있다. 사용된 독소의 양이 상당히 적으면 증상이 시작된 직후에 BoNT A, B, E에 대한 3가 항독소를 투여하여 이 질병을 치료할 수 있다. 항독소는 결합되지 않은 독소를 중화시킨다. 회복된 환자는 신경세포의 손상으로 인해 영구적인 신경 장애로 고통받을 수 있다. 그러나 일부 진행된 경우, 특히 진단이 지연되면 항독소 투여가 충분한 치료효과를 볼 수 없다. 충분한 치료시설이 많은 미국에서도 전체 식품유래 식중독에 의한 사망자들 중의 약 19%가 부주의성 보툴리누스 식중독에 의해서 사망하였다.

25.3.5 관련 식품[7,8]

식품매개 보툴리누스 식중독의 발생은 식품이 적절하지 못한 보관 상태(온도 및 시간)에 있을 때 이들 보툴리누스균이 이상 증식하고 이들 포자의 발아능력이 좋아지는 상태에서 식품의 가공 중에 생

표 25.2 미국에서 1973년~1987년 사이에 발생한 보툴리누스 식중독 발병에 관련된 식품의 종류

식품 종류	건수	발병률(%)
소고기 스튜	2	0.9
닭고기	1	0.4
유제품	1	0.4
생선	35	15.2
과일과 채소	99	42.9
멕시코 음식	3	1.3
버섯류	5	2.2
음료(비유제품)	5	2.2
돼지고기	1	0.4
칠면조	1	0.4
기타[a]	40	17.3
확인되지 않은 것	38	16.4

[a] 확인되지 않았지만 아마도 여러 종류의 식품을 포함할 수 있으며, 그중 많은 종류가 "유행" 범주에 속해 있으며 한 종류의 식품이 다수의 식중독 발병에 관여하지는 않았다.

존한 포자에 오염된 식품과 밀접한 관련성이 있다. **표 25.2**에 제시된 결과는 가장 많은 수의 발병이 과일 및 채소와 관련되어 있음을 보여준다. 이들은 주로 산도가 낮은 채소(예: 녹두, 옥수수, 시금치, 아스파라거스, 고추, 당근, 버섯)와 과일(예: 무화과 및 복숭아)이다. 다음으로 발생률이 높은 식품은 생선이며 특히 발효된 것, 부적절하게 조리되고 훈제된 생선 및 생선알이다. E형은 주로 생선과 밀접한 관련이 있는 반면 A형과 B형은 채소와 관련이 있다. 발병의 주요 원인은 오염된 식품을 이용해 부적절하게 가정에서 제조된 통조림이었다. 1983년에서 1987년 사이에 미국에서 발생한 231건의 보툴리누스 중독 중 56건이 가정에서 발생했다. 1990년에서 2000년 사이 발병한 160건의 식품매개 보툴리누스 중독 사건에서 263건의 사례가 발생했으며, 이 중 103건(39%)과 58건의 발병이 알래스카에서 발생했다. A형 독소는 전체 사례의 51%를 유발한 반면, E형 독소는 알래스카 사례의 90%에 관련되었다. 가정에서 만든 채소 통조림이 전체 사례의 44%에 해당되었다.[9] 육류, 가금류 및 유제품에서 보툴리누스 식중독의 발병은 매우 낮다. 이것은 이들 식품이 가열 조리되는 식품이며 조리 후 바로 섭취하는 식품이기 때문으로 여겨진다. 양파 볶음, 구운 감자, 가정에서 만든 죽순 통조림과 같은 예상 밖의 식품에서 여러 번의 발병이 기록되었지만, 많은 사례에서처럼 따뜻한 온도에서 장시간 노출된 식품이 발병의 주요 원인이었다. 고춧가루, 양념, 소스와 같은 일부 조미료도 발병과 관련이 있다.

육류, 낮은 산도 및 고단백 채소에서 단백질 가수분해성 균주의 증식은 일반적으로 유해한 냄새와 가스를 생성한다. 하지만 저단백 채소에서는 이러한 특성이 분명하게 나타나지 않는다. 비단백질 가수분해성 균주의 증식은 육류, 생선 및 기타 고단백 식품에서 자랄 때에도 부패와 관련된 특성을 생성하지 않는다. 독소가 열에 불안정하기 때문에 의심되는 식품을 균일하게 가열(90°C에서 15분 또는 5분 동안 끓임)하면 독소를 파괴하고 이론적으로 식품을 안전하게 만들 수 있다. 그러나 소량의 독소만으로도 질병을 일으킬 수 있으므로 의심되는 식품은 피하는 것이 좋다.

25.3.6 보툴리누스 중독 예방[6]

가장 단순하고 중요한 예방법은 저산도의 식품을 가정에서 통조림으로 만들 때 적절한 온도와 시간을 사용하는 것이다. 제품생산 공정에서는 13D를 적용한다(제33장). 가정에서 만든 통조림을 가압하는 이용 가능한 방법이 있지만 다음과 같은 방법을 엄격히 따라야 한다. 설명된 대로 고온에서 일부 식품(예: 생선)을 적절하고 균일하게 조리해야 한다.[6] (1) 포자가 생존하는 온도에서 조리된 음식은 3°C 이하의 저온에서 보관해야 한다; (2) 냉장 온도(4°C~5°C)에서는 이산화질소(NO_2), 낮은 pH, 낮은 수분활성도, 염처리 등 일부 추가 처리를 하지 않는 한 보관을 연장해서는 안 된다(10일 규칙); (3) 저온 저장(비단백질 가수분해성 보툴리누스균에 대해 6D 공정을 제공하도록 설계)과 함께 90°C에서 10분 동안 열처리 또는 동등한 치사율(예: 80°C에서 129분, 85°C에서 36분)의 열처리; (4) 냉장보관과 함께 식품 전반에 걸쳐 pH 5.0 이하 유지; (5) 냉장보관과 함께 식품 전반에 걸쳐 염도 3.5% 이상 유지; (6) 냉장보관과 함께 식품 전반에 걸쳐 수분활성도는 0.97 이하 유지; (7) 냉장보관과 함께 보툴리누스균에 의한 증식과 독소 생성을 지속적으로 방지하기 위해 열처리 및 기타 방부제의 조합. 의심되는 식품은 섭취 전에 적절하게 가열해야 하지만 아예 섭취하지 않는 것이 좋다. 높고 균일한 열처리를 하지 않고 의심되는 식품을 소량이라도 섭취하는 것은 매우 위험할 수 있다.

25.3.7 식별 방법

의심되는 식품에서, 보툴리누스균의 존재는 선택적 한천배지 및 혐기성 배양법을 이용한 계수법에 의해 결정될 수 있으며, 생화학적 및 독성학적 검사가 뒤따른다. 식품에 있는 독소의 존재는 더 자주 검사된다. 이것은 쥐에게 식품 추출물을 복강 내로 주입하는 것을 포함한다. 특징적인 신경학적 증상이 발현된 후 92시간 이내에 사망하면 독소가 있음을 시사한다. 유기체나 독소에 대한 검사에 참여한 사람들은 시료를 다루기 전에 그들 스스로 면역이 필요하다.

25.3.8 식품매개 보툴리누스 식중독 사례 분석

1992년 5월 4일, 뉴저지에서 이집트 출신의 한 남성이 현기증, 안면 처짐, 구강 건조, 쇠약 및 호흡 곤란을 겪었다. 이틀 안에 두 명의 가족 구성원이 비슷한 증상을 보였다. 환자들은 보툴리누스 식중독으로 진단되었고 3가(A, B, E) 보툴리누스 항독소로 치료되었다. 독소의 근원은 내장을 제거하지 않고 소금에 절인 생선으로 만든 이집트 전통의 식품조리 방법 때문인 것으로 조사되었다. 5월 3일, 가족은 외부에서 식품을 구해 조리하지 않고 섭취하였다.

사건의 순서는 아마도 다음과 같이 요약할 수 있다. 생선의 내장에는 육수 또는 물 침전물로부터 옮겨온 보툴리누스균(*Clo. botulinum*) E형의 포자가 있었다. 내장을 제거하지 않은 생선이 소금으로 절여졌는데 이때의 소금농도가 포자의 발아, 세균의 증식 및 독소생산을 억제할 정도로 높지 않았다. 이 생선은 조리하지 않고 각기 다른 양으로 가족들이 섭취하였고 각기 다른 시간에서 증상이 나타났다. 내장을 제거하고, 권장되는 소금농도로 생선을 절이고, 섭취 전에 가열했었다면 발병을 막을 수 있었을 것이다.

25.4 결론

식품 및 식품성분에서 성장하면서 독소를 생성하는 식품매개 병원성 미생물은 인간에게 식품매개 식중독에 관여한다. 이들 독소는 단백질 또는 작은 유기 분자이며 열에 불안정하거나 열에 안정성을 가질 수 있다. 병원균에 따라 독소는 단지 장관 증상이나 신경학적 증상 또는 암을 유발할 수 있다. 식품매개 중독의 발생은 적절한 위생 시설을 사용하고 가공 및 연속된 취급 과정에서 식품을 보존함으로써 감소시킬 수 있다.

학습문제

1. 식품유래 식중독의 5가지 특성을 나열하시오.
2. 식품에서 증식과 독소 생산에 유리한 포도상구균 균주의 몇 가지 성장 특성을 설명하시오. 포도상구균 식중독 발병률이 가장 높은 식품들 중에서 2가지의 식품과 이들 식품이 식중독 발생의 원인이 되는 이유에 대해 설명하시오.
3. 포도상구균의 장내독소의 특성을 설명하고 이들에 의해 장관증식이 나타나는 기전을 설명하시오.
4. 포도상구균 식중독의 증상을 나열하고 이 질병이 미생물 기원의 식중독 질병과 어떻게 다른지 논하시오.
5. 교사로부터 또는 인터넷을 통해 확인한 포도상구균 식중독 발병 사례로부터 그 발병의 사건 순서를 결정하시오. 발병을 피하기 취해야할 예방법은 무엇인가?
6. 식품매개 보툴리누스 식중독이 유아 보툴리누스 식중독과 어떻게 다른지 설명하시오.
7. 식중독에 관련된 *C. botulinum*의 유형을 나열하고 단백질 함량이 높은 식품과 단백질 함량이 낮은 식품에서 증식하면서 발생할 수 있는 변화를 설명하시오.
8. 인간의 식품매개 보툴리누스 식중독과 관련된 독소를 나열하고 독소가 신경학적 증상을 일으키는 기전에 대해 설명하시오.
9. 몇 개의 환경요소들의 조합이 어떻게 식품에서 *C. botulinum*의 증식을 조절하는 데 이용될 수 있는지 기술하시오.
10. 미국에서 빈번하게 보툴리누스 식중독과 관련된 두 가지 식품군을 나열하고 보툴리누스 식중독 발병률을 줄일 수 있는 네 가지 방법을 제안하시오.

참고문헌

1. Schelin, J., Wallin-Carlquist, N., Thorup Cohn, M., Lindqvist, R., and Barker, G.C., The formation of *Staphylococcus aureus* enterotoxin in food environments and advances in risk assessment, *Virulence*, *2*, 580–592, 2011.
2. Scallan, E., Hoekstra, R.M., Angulo, F.J., Tauxe, R.V., Widdowson, M.A., Roy, S.L., Griffin, P.M. et al., Foodborne illness acquired in the United States: Major pathogens, *Emerg. Infect. Dis.*, *17*, 7–15, 2011.
3. Cretenet, M., Even, S., and Loir, Y., Unveiling *Staphylococcus aureus* enterotoxin production in dairy products: A review of recent advances to face new challenges, *Dairy Sci. Technol.*, *91*, 127–150, 2011.
4. Bhunia, A.K., Detection of significant bacterial pathogens and toxins of interest in homeland security. In *The Science of Homeland Security*, Amass, S.F., Bhunia, A.K., Chaturvedi, A.R., Dolk, D.R., Peeta, S., and Atallah, M.J., Eds., Purdue University Press, West Lafayette, IN, 2006, pp. 109–149.
5. Shukla, H.D. and Sharma, S.K., *Clostridium botulinum*: A bug with beauty and weapon, *Crit. Rev. Microbiol.*, *31*, 11–18, 2005.
6. Peck, M.W., Stringer, S.C., and Carter, A.T., *Clostridium botulinum* in the post-genomic era, *Food Microbiol.*, *28*, 183–191, 2011.
7. Peck, M.W., *Clostridium botulinum* and the safety of minimally heated, chilled foods: An emerging issue?, *J. Appl. Microbiol.*, *101*, 556–570, 2006.
8. Silva, F.V.M. and Gibbs, P.A., Non-proteolytic *Clostridium botulinum* spores in low-acid cold-distributed foods and design of pasteurization processes, *Trends Food Sci. Technol.*, *21*, 95–105, 2010.
9. Sobel, J., Tucker, N., Sulka, A., McLaughlin, J., and Maslanka, S., Foodborne botulism in the United States, 1990–2000, *Emerg. Infect. Dis.*, *10*, 1606–1611, 2004.

제26장

식품매개 세균 감염

26.1 서론

식품매개 감염은 병원성 장세균과 바이러스에 오염된 물 섭취로 인해 발생한다. 많은 병원균들이 이 그룹에 포함되어 있다. 바이러스는 제28장에서 논의한다. 그러나 많은 수가 다른 것들보다 더 빈번하게 포함되며, 그것들은 이 장에서 논의된다. 토론에는 그것들의 상대적 중요성, 특성, 식품 연관성, 독소, 질병 증상, 그리고 예방법이 포함된다. 일부의 경우 진단 방법과 사례 기록도 포함된다. 식품매개 감염의 몇 가지 특성은 다음과 같다.

1. 세균과 바이러스 같은 장내 병원균의 살아 있는 세포는 식품을 통해 섭취해야 한다.
2. 장 환경에서 살아남은 세포는 점액막을 통해 침투하여 장의 상피세포에 자리를 잡고 증식하며 독소와 다른 전염성 인자를 생성한다.
3. 감염을 유발하는 양의 수준은 매우 다양하다. 이론적으로, 하나의 살아 있는 세포는 그 질병을 유발할 수 있는 잠재력을 가지고 있다. 전문가들은 약 10개의 세포[대장균(*Escherichia coli*) O157:H7과 같은 극도로 치명적인 종과 변종의 경우]에서 약 10^5개 이상의 세포(*Yersinia enterocolitica*와 같은 덜 치명적인 종과 변종의 경우)가 질병을 위해 필요할 수 있다고 측정한다.
4. 증상은 일반적으로 24시간 후에 나타나는데, 병원균에 따라서는 장과 비장 모두 발생할 수 있다.
5. 장내 증상은 국소적이며 장내 감염과 독소의 영향으로 나타난다. 증상으로는 복통, 설사(때로는 출혈을 동반하는), 메스꺼움, 구토, 열이 있다. 병원균의 예로는 살모넬라(*Salmonella*), 이질균(*Shigella*), 장 병원성 대장균(EPEC), 장염 비브리오균(*Vibrio parahaemolyticus*), 캄필로박터균(*Campylobacter jejuni*), 예르시니아 엔테로콜리티카(*Yer. enterocolitica*) 등이 있다.
6. 병원균이나 그 독소가 장을 통과하여 다른 내부 기관과 조직에 침입하거나 영향을 줄 때 비장염증상(장염증상과 함께)이 나타난다. 증상은 영향을 받는 기관과 조직의 종류에 따라 다르지만 열을 동반한다. 병원균의 예로는 리스테리아균(*Listeria monocytogenes*), 장출혈성 대장균

(EHEC), 비브리오 패혈증균(*Vib. vulnificus*), A형 간염바이러스(Hepatitis A)가 있다.

26.2 살모넬라 엔테리카(*Salmonella enterica*)

26.2.1 중요성

1940년대 이전에는 *Salmonella* typhi와 *Salmonella* paratyphi는 살모넬라에 의해 인간에게 발병되는 전 세계적인 식품매개 및 수인성 질병의 주요 원인으로 간주되었다. 그러나 우유의 저온 살균과 상수도의 염소화로 적어도 선진국에서는 식품과 물을 통한 장티푸스와 파라티푸스 열병 확산이 크게 감소되었다. 식품과 환경표본에서 다른 살모넬라균을 추출, 식별하는 효과적인 기술이 개발되면서 다른 살모넬라균에 의해 유발되는 식품매개 살모넬라증의 전 세계적인 발병률이 상당히 높은 것으로 나타났다. 1950년대부터 식품매개 살모넬라증은 발병 건수(산발적 및 발병)와 사례 건수 모두에서 병원성균과 바이러스에 의한 모든 식품매개 질병의 주요 원인으로 인식되어 왔다. 현재 이들의 서식지, 식품의 전염 방식, 증식 특성, 생장 매개 변수에 대한 과학적 정보를 사용할 수 있고, 식품의 오염을 통제하는 방법이 개발되었지만, 식품매개 살모넬라증은 여전히 식품매개 세균성 질병의 주요 원인이며 미국 및 기타 선진국에서 식품에 의한 질병 중 두 번째 주요 원인(노로바이러스가 첫 번째)이다. 살모넬라균은 미국에서 매년 120만 건의 질병을 일으키는 것으로 추정되며 23,000건의 입원과 450건의 사망이 발생한다. 이것은 매우 난해하다. 통제 조치는 적어도 미국에서는 *Clostridium perfringens, Bacillus cereus, Yer. enterocolitica, Vib. parahaemolyticus*, 그리고 아마도 *Staphylococcus aureus*와 같은 여러 다른 식품매개 병원균에 대해 효과가 있는 것으로 보인다. 심지어 포도상구균(*Staphylococcus aureus*) 및 리스테리아균(*Lis. monocytogenes*)에 의한 발병은 1990년대 이후 감소한 것으로 보인다. 이것이 살모넬라에 대해 효과가 없는 이유는 다소 놀랍다. 1969년에서 1976년 사이에 미국에서 보고된 식품매개 살모넬라증 발병 건수는 연간 평균 약 37건이었다. 대조적으로 1983년에서 1987년까지의 발병 건수는 연간 평균 68건이 넘었다. 2009년에는 살모넬라가 113건, 2010년에는 121건이 발생했다. 발병률은 감소하지 않았을 뿐만 아니라 높은 비율로 계속 증가하고 있다. 이러한 증가의 정확한 원인을 지적하기는 어렵다. 아마도 이것은 혈청형의 많은 수가 식용 동물, 조류, 애완 동물, 곤충, 사람, 그리고 식품에서 생장할 수 있는 능력들이 운반 상태에서 높은 빈도수로 나타난다는 것과 연관될 수 있거나, 혹은 식용 동물과 조류가 키우고, 처리하고 판매하는 방법일 수도 있거나, 규제 기관의 더 나은 감시 시스템의 결과 일 수도 있고, 우리의 생활 방식과 식습관이 이러한 병원균에 우위를 제공할 수도 있다.

Tauxe[1]은 미국에서 현재의 살모넬라증(식품매개 살모넬라증 포함)의 증가는 다음 4가지 요인과 관련이 있을 수 있다고 지적했다; 항균저항성 살모넬라 추출수 증가, 살모넬라에 대해 극도로 취약한 면역 결핍 환자의 증가, 감염된 난자를 가지는 산란계의 증가로 인한 달걀과 관련된 *Salmonella enterica* 오염의 증가, 그리고 오염이 발생할 경우 매우 광범위하게 확산될 수 있는 중앙 집중식 시설에서의 식품 생산. 살모넬라증의 증가와 관련하여 이러한 요인의 중요성을 이해하고 발병률을 제어하기 위한 정확한 방법들이 개발되어야 할 필요가 있다.

살모넬라균에는 약 2600개의 혈청형(체세포, 편모 및 피막항원 유형 기준)이 있으며 일부는 인간에서 살모넬라증을 유발할 수 있다. 배설물-구강 직접 전파와 함께 오염된 식품과 물은 살모넬라증을 유발할 수 있다. 최근에는 이들 혈청형을 별도의 종으로 간주하는 대신 몇몇 종으로 그룹화하기 위해 더 나은 명명법이 개발되었다.[2]

26.2.2 현재 명명법 체계

살모넬라(*Salmonella*)의 혈청형은 DNA에서 높은 관련성을 갖는 것으로 밝혀졌다. 이를 바탕으로 살모넬라 속은 살모넬라 엔테리카(*Salmonella enterica*) 1종과 애리조나 균군(*Arizona* group)에 속하는 2종을 포함한 아종 6종을 가지고 있다는 것이 제안되었다(**표 26.1**). 이전에 사용된 특정한 별칭(예: *Salmonella typhimurium*의 *typhimurium*)은 혈청형 명칭으로 간주되어야 하며 현재 혈청형의 균주는 숫자, 문자 및 조합으로 구분할 수 있다. 공식적인 출판물에는 종 및 아종의 전체 이름을 제공하는 것이 좋다(예: *Salmonella enterica* subsp. *enterica*). 그런 다음 혈청형 이름을 사용할 수 있다[예: 혈청형 장티푸스균(ser. Typhimurium), 이탤릭체가 아니어야 한다]. 현재 허용되는 형식은 *Salmonella enterica* ser. Typhimurium이다.[2]

이 본문에서 이전 방법은 대부분의 혈청형(예: *Sal. typhimurium*)에 대체되었다. 살모넬라의 식품매개 질병의 빈번한 발생과 관련된 두 가지 혈청형, *Sal. enterica* ser. Typhimurium 및 *Sal. enterica* ser. Enteritidis는 아종 1에 속한다. 살모넬라는 특정한 파아지 유형(PT)에 대한 민감도에 기초하여 다시 군집화되고 PT4, PT8, PT13, PT13a, PT23, DT104(최종 유형) 등으로 지정된다.

살모넬라증(*Salmonellosis*)의 우위적 혈청형

여섯 개의 아종 중 *Salmonella enterica* subsp. *enterica*는 식품매개 살모넬라증과 빈번하게 관련된 대부분의 혈청형을 포함하고 있다. 그러나 2,000개 이상의 혈청형 중 두 형인 혈청형 Typhimurium

표 26.1 살모넬라속의 아종 6종

1. *Salmonella enterica* 속[a] *enterica*
2. *Salmonella enterica* 속 *salamae*
3a. *Salmonella enterica* 속 *arizonae*
3b. *Salmonella enterica* 속 *diarizonae*
4. *Salmonella enterica* 속 *houtenae*
5. *Salmonella enterica* 속 *bongori*

[a] 이 아종 체계와 Kauffman의 아속 체계 사이의 관계는 다음과 같다. 아종 1은 아속 I에 해당하고 아종 2는 아속 II에 해당하며 아종 3a와 3b는 아속 III에 해당하며 애리조나 힌샤와이(*Arizona hinshawii*), 아종 4는 아속 IV에 해당하며 아종 5는 아속 II 및 IV에서 나온 6개의 비정형 혈청형을 구성한다.

과 혈청형 Enteritidis가 전 세계적으로 더 높은 발생빈도에 관여한다. 식용 동물과 애완 동물을 포함한 많은 동물은 운반체 상태로 혈청형 장티푸스균(serotype Typhimurium)의 잠복처인데 반하여, 혈청형 장염균(serotype Enteritidis)은 가금류, 특히 닭의 난소를 감염시킬 수 있으며 계란을 통해 전염될 수 있다.[3] 혈청형 Enteritidis의 증가수는 2000년과 2005년 사이에 수집된 세척 닭 사체에서도 분리되었고, 우위적인 파아지 유형은 PT13 및 PT8이다. 미국의 CDC는 최근 발병과 관련된 *Salmonella enterica* serotype의 상위 20개 혈청형을 확인했다(**표 26.2**).

표 26.2 최근 몇 년 동안 대부분의 발병 원인이 되는 상위 20개 *Salmonella enterica* 혈청형[a](2009년)

순위	혈청형	백분율(%)
1	Enteritidis	17.5
2	Typhimurium	15.0
3	Newport	9.3
4	Javiana	4.9
5	Heidelberg	3.5
6	Montevideo	3.1
7	I 4,[5],12:i:-	2.4
8	Oranienburg	2.2
9	Saintpaul	2.1
10	Muenchen	2.0
11	Braenderup	1.8
12	Infantis	1.6
13	Thompson	1.2
14	Mississippi	1.1
15	Paratyphi B	1.1
16	Typhi	1.1
17	Agona	1.0
18	Schwarzengrund	0.9
19	Bareilly	0.7
20	Hadar	0.7
	기타	27.2
	합계	100

[a] 국가적인 살모넬라 감시(National *Salmonella* Surveillance)의 개요는 http://www.cdc.gov/nationalsurveillance/PDFs/NationalSalmSurveillOverview_508.pdf.에서 온라인으로 제공된다.

식용 동물과 조류의 사료에 항생제 사용이 증가하기 때문에 *Sal. enterica* 혈청형 사이에서 다중 약물 내성(MDR) 균주가 증가된다. 우려를 만드는 한 가지는 다중 약물 내성 *Sal. typhimurium*의 최종 파아지형(DT) 104이라는 것이다. 이 균주는 암피실린(ampicillin), 클로람페니콜(chloramphenicol), 스트렙토마이신(streptomycin), 스펙티노마이신(spectinomycin), 설폰아미드(sulfonamides), 플로르페니콜(florfenicol) 및 테트라사이클린(tetracycline)을 포함한 여러 항생제에 대해 내성이 있다. DT104는 또한 날리딕산(nalidixic acid)과 시프로플록사신(ciprofloxacin)에 내성이 있는 것으로 보고되었다. 게다가 8~9개의 항생제에 내성이 있는 신종 균주인 DT204도 또한 관심사이다. 항생제 내성은 특히 항생제 선택 압력하에서 다양한 유전적 재조합 방법에 의해 균주 또는 혈청형 간에 전이될 수 있다고 의심된다. DT104의 다중 약물 내성은 항생제 내성 유전자를 암호화하는 43 kb의 살모넬라 게놈 아일랜드 1(SGI1)의 염색체 통합 결과이다.

지난 10년 동안, *Sal. enterica* ser. Enteritidis로부터의 식품매개 살모넬라증은 크게 증가했으며, 현재로선 그에 따른 발생 빈도가 *Sal. enterica* ser. Typhimurium에 의한 발생 빈도만큼 높다. 균주들 중, 혈청형 Enteritidis PT4와 다른 여러 종류는 높은 빈도의 살모넬라증에 관여한다. 그 이유는 가금류 사육 방식과 가금류 소비 증가 때문일 수 있다.

26.2.3 특성

살모넬라 세포는 그람음성, 비포자성, 통성혐기성 운동성이 있는 간성체이다. 그들은 포도당을 포함하는 배지에서 증식하면서 가스를 형성한다. 일반적으로 그들은 덜시톨(dulcitol)을 발효하지만 유당(lactose)은 발효하지 않는다; 구연산염을 탄소원으로 활용하고, 황화수소, 라이신과 오르니틴에서 카르복시기를 제거하고, 인돌을 생성하지 않으며. 우레아제에 대해 음성이다. 그들은 35°C에서 37°C 사이의 최적 증식온도를 가진 중온성 세균이지만 일반적으로 증식범위는 5°C~46°C이다. 저온 살균 온도에 의해 사멸되고 낮은 pH(4.5 이하)에 민감하며 수분활성도(A_w) 0.94에서, 특히 pH 5.5 이하일 경우 증식하지 않는다. 세포는 냉동 및 건조 상태에서 오랫동안 생존한다. 그들은 합격품질에 영향을 미치지 않고 많은 식품에서 증식할 수 있다. 최근 몇 년 동안 땅콩, 아몬드, 땅콩 버터, 향신료 및 밀가루를 포함한 저 수분 식품과 관련된 살모넬라 발생은 그들이 0.2 이하의 낮은 수분활성도에서 장기간(1000일 이상) 생존할 수 있음을 나타낸다.[4]

26.2.4 서식처

살모넬라균는 가축과 야생 동물, 조류, 애완 동물(거북이와 개구리 포함) 및 곤충의 위장관에 자연적으로 서식한다. 동물과 조류의 경우 살모넬라증을 유발한 다음 보균자 상태로 지속된다. 인간은 또한 감염 후 보균자가 될 수 있으며 오랫동안 배설물을 통해 병원균을 발산할 수 있다. 또한 배설물로 오염된 토양, 물 및 하수로부터 추출되기도 한다.

26.2.5 질병과 증상[5,6]

인간 살모넬라증은 *Sal. enterica* ser. Typhi와 *Sal. enterica* ser. Paratyphi에 의해 각각 유발되는 장티

푸스 및 파라티푸스 열과 다르다. 다른 동물과 조류에 대해 일부 특이적인 살모넬라 혈청형이 있지만, 모두 살모넬라증을 유발할 수 있는 잠재적인 인간의 병원균으로 간주된다. 식품매개 살모넬라증은 주로 설사와 복부 경련에 의해 나타나는 위장 장애가 특징이다. 감염을 시작하려면 $10^{2\sim3}$개 이상의 세포를 섭취해야 한다. 그러나 적은 수의 세포를 섭취하면 질병을 유발할 수 있는 일부 악성 균주가 있다. 위의 산도에 민감한 균주는 일반적으로 장에서 군집을 형성하고 질병을 유발하기 위해 더 많은 세포가 필요하다. 반대로, 내산성 균주는 질병을 유발하는 데 더 적은 수의 세포가 필요할 수 있다. 만약 병원균이 우유, 치즈 등과 같은 위의 산도를 중화시키는 음식과 함께 섭취된다면 감염치는 감소한다. 질병의 진행은 또한 숙주의 생리적 상태에 따라 달라진다. 높은 위액 pH(산도)를 가진 고령자들은 살모넬라증에 취약하다.

섭취 후, 병원균은 소장과 대장에서 군집을 형성하며, 대부분의 병리학적 병변은 소장이 아닌 대장에서 발견되는 것으로 보고되고 있다. 생물체들은 핌브리아(선모) 또는 다른 접착 인자를 사용하여 점막 세포에 부착되고 그 후에 활발하게 점막 세포를 침입한다(**그림 26.1**). 세균은 또한 소장의 국소 림프 조직인 파이어판(Peyer's Patch)의 M세포를 통해서도 들어갈 수 있다. 살모넬라균은 상피세포와 대식세포, 호중구 내부에서 증식하여 결국 세포들을 용해시킨다. 그 결과 감염 부위에 염증과 심한 부종이 발생하고 점막 손상으로 이어진다. 호중구(neutrophils) 및 활성화된 대식세포(macrophages)와 같은 염증 세포는 점막 세포에서 순환 아데노신 일인산(cAMP) 수준을 증가시키는 프로스타글란딘(prostaglandins)을 방출하여 나트륨(Na^+)의 흡수와 염소이온(Cl^-)의 방출을 억제한다. 전해질 불균형은 체액 손실을 촉진하여 설사를 유발한다. 살모넬라에 의해 생성된 내열성 세포 독성 요소는 또한 염증과 조직 손상을 유발하여 체액과 전해질의 손실을 초래하는 것으로 생각된다. 장내독소의 생성은 병원균의 증식속도와 직접적으로 관련이 있다.

증상은 8~42시간 내에, 일반적으로 24~36시간 내에 나타난다. 증상은 약 2~3일 동안 지속되지만

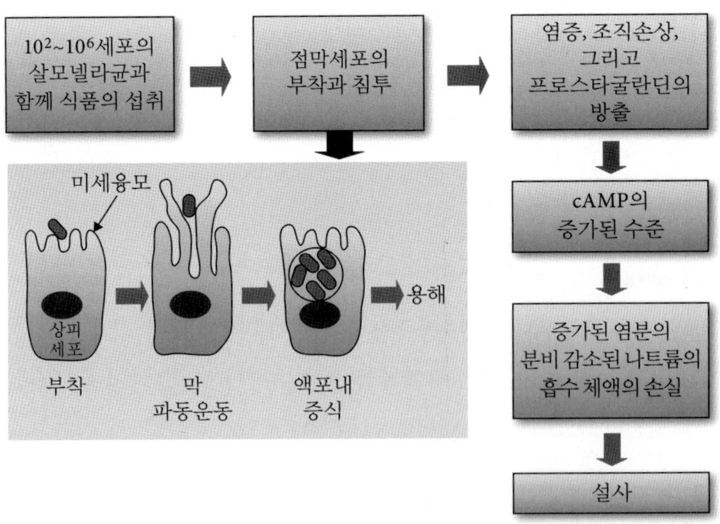

그림 26.1 살모넬라 발병과 관련된 단계를 보여주는 개략도.

특정 개인의 경우 오랜 시간 동안 지속될 수 있다. 그 개인은 회복 후 몇 달 동안 보균자 상태로 남아 있다.

동일한 오염된 식품을 섭취한 모든 개인이 증상을 나타내거나 증상이 발생한 사람들이 같은 강도의 모든 증상을 가지는 것은 아니다. 그것은 개인의 건강 상태와 자연적인 저항력에 따라 다르다. 일반적인 증상은 복부 경련, 설사, 메스꺼움, 구토, 오한, 발열 및 탈진이다. 특히 병자, 유아 및 노인에게는 치명적일 수 있다.

26.2.6 관련 식품

동물성 식품은 많은 수의 발병과 관련이 있다. 여기에는 쇠고기, 닭고기, 칠면조, 돼지고기, 계란, 우유 및 그것들로 만든 제품들이 포함된다. 또한 다양한 유형의 식품이 산발적인 사례와 발병 모두에 관련되어 있다(**표 26.2**). 이러한 식품은 운반자(동물, 조류 및 사람)의 배설물로 직간접적으로 오염되고, 날 것으로 먹거나 부적절하게 조리하거나 적절한 열처리 후 오염된다. 가정과 식품 서비스에서의 교차 오염은 가열된 식품이 살모넬라로 오염되는 주요 장소이다. 살모넬라는 또한 칸델로프 멜론, 토마토, 견과류와 같은 식물성 식품(오수를 비료로 사용하거나 오염된 물로 제품을 세척한 결과)과 물고기와 같은 해산물(오염된 물에서 수확된)에서 검출되었다. 최근 조사에 따르면 토양과 관개용수는 신선한 농산물에서 살모넬라 오염의 주요 원인이다.[7]

약 2,600종의 살모넬라균 혈청형이 있지만, 그 중 극소수만이 빈번하게 식품매개 질환과 관련이 있다. 이것은 혈청형의 지리적 분포뿐만 아니라 혈청형 또는 변종의 병원성의 결과일 수 있다. 미국에서 *Sal. enterica* ser. Typhimurium은 식품매개 살모넬라증(전체 사례의 20% 이상)의 주요 원인으로 알려져 있다. 그러나 1980년대 이후, *Sal. enterica* ser. Enteritidis에서 비롯된 식품매개 살모넬라증은 증가되었고 이것은 주로 오염된 달걀의 껍질에서 일어났고, 최근 몇 년 동안 *Sal. enterica* ser. Typhimurium와 동일한 사례수가 포함되어 있다. *Sal. enterica* ser. Enteritidis의 우위에 대한 정확한 원인은 아직 명확하게 이해되지 않았다. 식용동물과 조류를 사육하고 동물성 식품의 가공에 사용되는 방법이 중요한 역할을 할 것이라 의심된다.

26.2.7 예방과 제어

소비하기 전에 열처리된 동물성 생식품에는 살모넬라균이 있을 수 있다. 그러나 미국(및 다른 선진국)에서는 규제 요건에 따라 검사되었던 부분(표본)에서 살모넬라균을 포함한 열처리된 식품들과 간편 조리 식품이 불량으로 간주되고 판매되어서는 안 된다. 많은 식품 가공 공장들은 제품에서 살모넬라균의 존재를 통제하기 위해 사내 살모넬라균(및 기타 여러 병원균) 감시 프로그램을 보유하고 있다. 규제 기관은 또한 식품의 살모넬라균 오염을 관리하기 위해 가정의 소비자와 식품 서비스 장소의 식품 취급자를 교육하는 프로그램을 가지고 있다. 여기에는 식품의 적절한 조리(71.7°C에서 15초 동안과 같은 최소한의 살균 온도 및 시간 또는 동등한 처리법))와 즉각적인 냉각(3°C~4°C까지 또는 2시간 동안 사용하지 않을 경우 동결); 도마, 장비, 도구 및 손을 통해 생식품과 함께 간편 조리식품의 교차 오염 방지, 적절한 위생 및 개인 위생 사용, 아플 때 식품을 취급하지 않는 것, 그리고 오랫동안 냉장된 식품들을 적절하게 재가열하는 방법들이 포함되어 있다.

26.2.8 식별 방법

이 방법은 영양 배지에 식품 표본을 사전 농축한 다음, 선택적 농축, 선택적-차별적 한천 배지에 선조접종(streaking), 생화학적 및 혈청학적 확인을 포함한다(42장 참조). 특정 면역학적 특성과 핵산의 뉴클레오티드 염기서열에 기반한 몇 가지 빠른 방법이 개발되었다.

26.2.9 사례연구

1989년 7월, 뉴욕의 한 가정집에서 열린 베이비 샤워 파티에 참석한 24명 중 21명이 파티 후 6~57시간 이내에 심한 설사, 구토, 발열, 경련을 동반한 위장염을 앓았다.[8] 20명의 사람들이 의학적인 도움을 필요로 했고, 그 중 18명은 임신 38주에 한 명과 함께 병원에 입원했다; 그녀는 질환에 걸린 상태에서 출산하였고 아기는 패혈증이 생겼다. *Sal. enterica* ser. Enteritidis는 21명(직장 면봉)과 유아로부터 검출되었다. 참석자 21명이 병에 걸렸지만 건강한 상태로 남아 있던 3명은 날달걀 1개와 리코타 치즈, 익힌 토마토, 미트소스를 함께 팬에 섞고 하룻밤 동안 냉장 보관된 집에서 만든 구운 지티 파스타 요리를 먹지 않았다. 음식을 내놓기 전에, 음식 준비는 350°F(176.7°C)에서 30분 동안 구워졌다. 몇몇 참석자들은 지티 파스타의 중앙부분이 차가웠다고 언급했다. *Sal. enterica* ser. Enteritidis는 남은 구운 지티 파스타와 상자 안의 사용하지 않은 달걀에서 검출되었다. 또한 *Sal. enterica* ser. Enteritidis는 달걀을 공급하는 가금류 농장의 산란용 닭에서 검출되었다.

가금류 농장은 조류를 검사하고 규제요건에 따라 병원균을 운반하는 조류들을 도살했어야 했다. 그러나 가정에서는 발병을 피하기 위해 요리를 준비할 때 적절한 방법을 취했어야 했다. 24인분 이상 음식에 달걀 한 개만 사용되었기 때문에 *Sal. enterica* ser. Enteritidis는 처음에는 식품에 소수로 존재했을 것이고, 냉장 전이나 냉동 중에 증식했을 가능성이 높다. 또한 만약 굽기 전에 장시간 동안 냉장고에서 이 요리를 꺼내 놓았다면 살모넬라균 세포는 증식할 수 있었을 것이다. 구워지는 30분 동안 내용물이 완전하고 고르게 가열되지 않았고(중앙이 차가웠으므로), 그래서 일부 *Sal. enterica* ser. Enteritidis 세포는 생존하였으며, 섭취했을 때, 살모넬라증을 유발했다. 음식은 높고 균일한 온도에 도달하기 위해 식품을 더 긴시간 동안 혼합한 후 얇게 준비해서 즉시 구워낸 다음 신속하게 냉장 보관할 수 있었을 것이다. 그것은 이러한 살모넬라증 발병을 예방하기 위해 음식을 내놓기 전에 높고 균일한 온도로 재가열할 수도 있다.

26.3 리스테리아 모노사이토제니스(*Listeria monocytogenes*)

26.3.1 중요성

인간의 리스테리아증(listeriosis) 증상은 오랫동안 인식되어 왔다. 그러나 동물과 식물에서 유래한 많은 식품과 오염된 식품의 섭취로 인해 야기되는 질병에서 *Listeria monocytogenes*의 존재는 1980년대에 인식되었다. 인간 리스테리아증은 일부에 의해 기회 감염성의 희귀한 질병으로 간주되었다. 정상적인 건강을 가진 개인은 증상을 나타내지 않거나 매우 경미한 장용성 질환을 보일 수 있다. 다만 태아 · 신생아 · 영유아 · 노약자 · 임산부 · 암(화학요법 받는), 신장질환, 심장질환, 에이즈등 면역결핍자에게 매우 치명적(30%~40%)이다. 장기이식을 받고 면역억제제로 치료받는 개인도 리스레리아증에 걸리기 쉽다. 게다가, 냉장 온도에서 많은 식품에서 증식할 수 있는 그것의 능력은 유기체가 냉장 식품을 저장하는 동안 낮은 초기 수준에서 감염 선량 수준까지 도달하도록 도우며, 이것은 원래 병원균을 가지고 있던 것과 가열 후 오염된 것을 포함한다. 상당히 오랫동안 저장되어 있는 많은 유형의 간편 조리 식품의 소비 증가는, 이러한 많은 식품들이 적절한 재가열이나 전자레인지 가열을 하지 않고 소비된다는 사실 때문에, 이 병원균이 질병을 유발할 수 있도록 우위를 내어준 것이다. 이러한 간편 조리식품의 생산에 사용되는 많은 기술적 개발은 낮은 수준의 병원균으로 식품을 오염시킬 수 있는 단계를 가지고 있을 수 있으며, 그런 다음 소비 전에 후속 냉장 보관하는 중에 더 높은 수준에 도달할 수 있다. 단기간이라도 온도를 오용하면 증식 속도를 가속화할 수 있다.

위의 조건들 중 많은 것들이 *Lis. monocytogenes*가 많은 국가에서 새롭게 부상하는 식품매개 병원균이 될 수 있는 이점을 주었다는 것은 매우 명백하다. 그러나 리스테리아증에 주로 관여하는 식품의 종류와 이 병원균으로 간편 조리식품을 오염시킬 수 있는 식품 처리 단계, 질병에 가장 취약한 특수 집단에 대한 이해는 규제 기관이 식품에 의한 리스테리아증 환자의 수를 줄이는 절차를 개발하는데 도움이 되었다. 이러한 것들은 오염된 간편 조리식품이 소비자에게 도달하지 않도록 하기 위해 식품의 처리 단계 변화 및 식품의 검사를 통해서, 그리고 취약한 소비자 그룹에게 식품 선택, 식습관 및 식품 준비의 위생관행에 대해 교육함으로써 달성되었다. 그 결과, 선진국에서는 리스테리아증 사례수가 감소되었다. 1991년 이후 미국에서는 인간 리스테리아증 사례수가 1986년 연간 2,000명에서 1991년 연간 약 1,000명으로 감소했다. 현재, 연간 255명의 사망자와 16%의 사망률로 추산되는 1,600건의 사례가 보고되고 있다. 이 병원균에 대한 감염 선량은 개인마다 다르며, 면역이 억제된 사람이 가장 취약하다. 이 병원균은 전염성이 높기 때문에 감염 선량을 확립하기 위한 자원자 급식 실험에 대한 연구는 없다. 역학적 자료에 기초하여, 면역 저하 숙주에서 100~1,000개의 세포 범위에 있는 것으로 추정되며, 높은 치사율 때문에 미국 정부는 간편 조리제품에서 이 병원균에 대한 무관용 정책을 수립했다. 캐나다와 일부 유럽 국가에서의 허용 수준은 간편 조리제품 25 g당 100개의 세포이다. 건강한 사람에게는 질병이 덜 심각하고 열성 위장염으로 나타나며, 이러한 질병을 유발하기 위해서는 10^8~10^{10}개의 세포의 선량이 필요하다.

26.3.2 분류

Listeria 속은 *Lis. monocytogenes*, *Lis. ivanovii*, *Lis. seeligeri*, *Lis. innocua*, *Lis. welshimeri*, 그리고 *Lis. grayi* 를 포함한 6개 종을 포함하고 있다. 2010년부터 리스테리아속에 3종("*Lis. marthii*", "*Lis. rocourtiae*", "*Lis. weihenstephanensis*")이 추가되었다. *Lis. monocytogenes*는 인간과 동물에게 병원성 물질로 간주되며, *Lis. ivanovii*는 주로 반추동물(소,양)에게만 병원성 물질로 알려져 있다. 그러나 최근 발병으로 인해 인간에게도 질병의 원인이 되었다. 이 속의 나머지 종은 비병원성으로 간주된다.

표 26.3 유전적 지문 및 병원성 잠재력(병인학 자료)에 기초한 *Lis. monocytogenes*의 분류

군집	발병	병원성 잠재력	우세적 혈청형
종족 I	전염병 클론과 대부분 발병의 원인	높다	1/2b, 3b, 4b, 4d, 4e
종족 II	산발적 리스테리아증 사례들	중간	1/2a, 3a, 1/2c, 3c
종족 III	드물게 인간 질병 유발	낮다	4a, 4c

*Lis. monocytogenes*는 13개의 혈청군으로 이루어져 있다: 1/2a, 1/2b, 1/2c, 3a, 3b, 3c, 4a, 4b, 4c, 4d, 4e, 4ab, 그리고 7이다. 1/2a와 1/2b가 유럽에서 식품매개 인간 리스테리아증에서 검출된 주요 혈청군인 반면, 캐나다와 미국에서는 4b가 우세했다. *Lis. monocytogenes*는 다시 그들의 유전적 지문 형식과 병원성 잠재성을 기반으로 세 개의 구별되는 종족(I, II, III)으로 분류된다. 종족 I은 주로 전염병 클론을 포함하고 있으며 대부분의 발병의 원인이 되고, 종족 II는 산발적인 인간 질병을 담당하는 클론을 포함하고 있으며, 종족 III은 인간 질병을 거의 유발하지 않지만 동물 리스테리아증을 일으킬 수 있는 클론을 포함하고 있다. 종족 III는 다시 IIIA와 IIIB로 세분화되며, IIIA는 람노오스-양성(rhamnose-positive), IIB는 람노오스-음성(rhamnose-negative)이다. 위에서 언급한 13개의 혈청군 세 가지 종족 중 하나에 해당되며 **표 26.3**에 요약되어 있다

26.3.3 특성

*Lis. monocytogenes*는 그람-양성, 저온 발육성, 통성혐기성, 비포자성, 운동성이 있는 작은 간성체균이다. 그것은 주모성 편모의 존재에 의해 촉진되는 특징적인 텀블링 운동성을 보여준다. 운동성은 온도에 따라 달라지며, 편모 발현이 최대일 때 20°C~30°C에서 높은 운동성을 나타낸다. 편모는 항원성이 높기 때문에 리스테리아 종의 검출을 위한 면역 분석법에 사용하기 위한 항체 생산에 사용된다. 신선한 배양에서 세포는 짧은 사슬을 형성할 수 있지만, 높은 염도(>10%) 또는 온도(>45°C)와 같은 스트레스 조건하에서 세포는 길게 보이거나 긴 사슬로 존재할 수 있다. 이것은 용혈성이며, 양이나 말의 혈액 한천평판배지에서 β-용혈소를 생성한다. CAMP(Cristie, Atkinson, Munch, Peterson) 검사에서 베타-세포용해소(β-lysin) 양성 *Sta. aureus*가 있는 경우, 혈액 한천평판배지에 있는 두 배양물의 교차점에서 특징적인 큰 용혈 영역을 생성하며, 이 특성은 *Sta. aureus*와 함께 그러한 용혈 영역을 생성하지 못하는 용혈성 *Lis. ibanovii*에서 *Lis. monocytogenes*의 차별화된 식별을 가능하게 한다. 이와는 대조적으로, *Lis. ivanovii*는 *Rhodococcus equii*로 선조 접종했을 때 교차점에서 양성 CAMP검사(용혈 영역)를 나타낸다.

*Lis. monocytogenes*는 저온발육생물이고, 1°C와 44°C 사이에서 생장하며, 30°C~37°C에서 최적의 생장을 보인다. 그것은 7°C~10°C에서는 비교적 빠르게 증식한다. 그것은 람노오스(rhamnose)를 발효시키지만 자일로스는 발효시키지 않으며, 가스를 생성하지 않고 포도당을 발효시킨다. 이것은 많은 식품들과 환경에서 생장할 수 있다. 또한 세포는 동결, 건조, 고염(>10%) 및 pH 5.0 이상에도 상대적으로 내성을 가진다. *Lis. monocytogenes*는 또한 내산성이고 이는 위산에서 생존하기 위해 필수

적이다. 내산성은 글루탐산염 탈탄산효소(glutamate decarboxylase GAD) 체계의 존재에 의한 결과이다. 저온 살균 온도(71.7°C에서 15초간 또는 62.8°C에서 30분간)에 민감하지만 백혈구 세포 안에 있는 경우, 세포를 사멸하기 위해서는 15초 동안 76.4°C~77.8°C 온도가 필요하다.

26.3.4 서식처

*Lis. monocytogenes*는 주로 부생균(saprophyte)[9]이며 토양, 하수, 물, 그리고 죽은 식물과 같은 많은 환경 표본들로부터 추출된다. 그것은 가축과 조류의 장 내용물에서도 추출된다. 인간은 또한 아무런 증상 없이 장에 있는 유기체들을 운반할 수 있다. 보균자로서 인간은 담낭에 유기체를 가둬둘 수 있다. 익히지 않은 고기, 우유, 달걀, 해산물, 생선뿐만 아니라 잎이 무성한 야채와 덩이줄기 식물(특히 감자와 무)의 대다수는 *Lis. monocytogenes*를 포함하고 있는 것으로 밝혀졌다. 저온 살균 우유나 유제품 등 열가공 식품과 간편 조리가 가능한 육류제품에도 이 유기체가 들어 있는 것으로 나타났다. *Lis. monocytogenes*는 식품 가공 및 저장 영역의 여러 장소에서 높은 빈도로 추출되며 RTE 제품의 후처리 오염을 담당한다.[10,11]

26.3.5 독성 요인

*Lis. monocytogenes*는 발병에 필수적인 많은 수의 독성 인자(**표 26.4**)를 가지고 있다.[12,13] 독성 유전자는 주로 병원성 유전자군(pathogenecity island, PAI)이라고 불리는 염색체의 9.0 kb 영역에 위치

표 26.4 ***Lis. monocytogenes*의 주요 독성 단백질들**

독성 인자	크기	기능
단백질 조절 인자(PrfA)	27 kDa	독성 단백질 발현의 조절
인터날린(inlA)	80 kDa	임신 중 장 상피세포와 태반으로 침투의 원인
인터날린B(inlB)	70 kDa	간세포와 간에 침투하는 감염 단계
독성 침투 단백질(Vip)	96 kDa	상피세포에 침입
리스테리아 접착 단백질(LAP)	104 kDa	장 상피세포에 대한 부착
리스테리아 접착 단백질(LapB)	170 kDa	상피세포의 부착 및 침입
자가분해 아미다아제	102 kDa	숙주세포에 부착
리스테오리신(LLO)	58~60 kDa	적혈구의 용해를 담당하는 용혈구. 또한 세포 내부의 액포에서 세균의 배출을 돕는다
액틴 중합 단백질(ActA)	90 kDa	세포질 내부의 세균 이동을 위한 액틴 말단의 핵분열
담즙산염 가수분해 효소(BSH)	36 kDa	소화관에서 생존
인지질분해효소C(Phospholipase C, PLC)	29~33 kDa	액포막의 용해
금속단백질 분해효소(Metalloprotease)	29 kDa	PLC 합성을 돕는다

해 있다. 이러한 유전자의 대부분은 단백질 조절 인자(PrfA)와 시그마 B의 두 가지 조절 인자에 의해 조절된다. 탄소원, 온도, 염분, 담즙염, 산성 및 혐기성 환경은 독성 유전자의 발현을 차등적으로 조절하여 숙주의 감염 정도에 영향을 미친다.

26.3.6 질병과 증상

*Lis. monocytogenes*는 두 가지 유형의 질병을 유발한다: (1) 열성 위장염과 (2) 침습성 전신 질병.[12,13]

열성 위장염(Febrile Gastroenteritis)

위장염의 정확한 기작은 알려져 있지 않지만, 역학 연구에 따르면 이 유형은 대부분 건강한 사람과 연관되어 있으며, 감염 선량은 10^8~10^{10} 세포 범위 내에 있다. 대부분의 경우 증상은 섭취 후 1~7일 이내에 나타나며 미열, 복부 경련 및 설사를 동반한 가벼운 독감과 같은 증상이 나타난다. 증상은 며칠 안에 가라앉지만, 그 사람은 한동안 배설물에 *Lis. monocytogenes* 균을 배출한다.

침습성 전신 질환(Invasive Systemic Disease)[13~15]

이러한 형태의 질병은 면역학적으로 장애가 있는 인구 집단과 관련이 있다. 이러한 집단에는 임산부, 태아, 유아, 질병에 대한 면역력이 떨어진 노인, 암을 치료하기 위해 스테로이드, 화학요법제 등 특수 약물을 복용하는 사람들이 포함된다. 이 사람들의 감염 선량은 약 100~1,000개의 세포로 간주된다. 섭취 후, 세균은 손상없이 위를 통과하여 소장에 도달한다. 글루탐산 탈탄산효소(GAD)는 위산에서 세균의 생존을 돕고, 담즙산염 가수분해효소(BSH)는 담즙산염의 항균 작용으로부터 *Lis. monocytogenes*를 보호한다. 세균은 국소 림프조직이며 M세포가 식균 작용을 하는 페이에르판(Peyer's patch)을 통해 빠르게 장을 통과하고, 기저막(lamina propria)으로 세균이 전이된 후 혈액 순환계로 이동하게 된다. *Lis. monocytogenes*는 또한 상피장벽을 활발하게 통과할 수 있다(**그림 26.2**). 먼저 세균은 리스테리아 접착 단백질(Listeria adhesion protein, LAP), 파이브로넥틴 결합 단백질(fibronectin binding protein, Fbp), 그리고 아미다아제(amidase)와 같은 접착 단백질을 이용해 상피세포에 결합한 뒤 인터날린A(inlA), 인터날린B(inlB), 리스테리아 접착 단백질(LapB), 독성 침투 단백질(Vip)을 이용해 상피세포에 침입한다. 일단 안에 들어가면 세균이 액포 안에 갇히게 되고, 리스테오리신 O(LLO)와 인지질분해효소 C(phospholipase C, PLC)의 도움을 받아 구멍을 형성해 즉시 빠져나간다. *Lis. monocytogenes*은 세포질 내에서 증식한 다음 액틴 중합 단백질(ActA)과 인지질분해효소 C(phospholipase C, PLC)의 도움으로 혜성과 같은 액틴 꼬리를 형성함으로써 세포에서 세포로 이동한다.

*Lis. monocytogenes*은 또한 혈류 내 대식세포 안에서 생존하며 수용 후 12~24시간 이내에 간, 비장 및 림프절로 이동된다. 지속적인 감염은 세균이 중추신경계를 감염시킬 수 있게 한다. 그것은 혈액뇌장벽을 통과하여 뇌수막과 뇌간에 염증을 일으킨다. 임산부의 경우 태반장벽을 통과해 태아를 감염시킬 수 있으며 유산와 사산도 뒤따른다. 침습성 질환의 잠복기는 증상이 나타나기 2~3주 전이다. 증상은 발열과 두통, 뇌수막염, 뇌염, 심장내막염, 간농양 등을 일으키는 균혈증(패혈증)이 포함되어 있

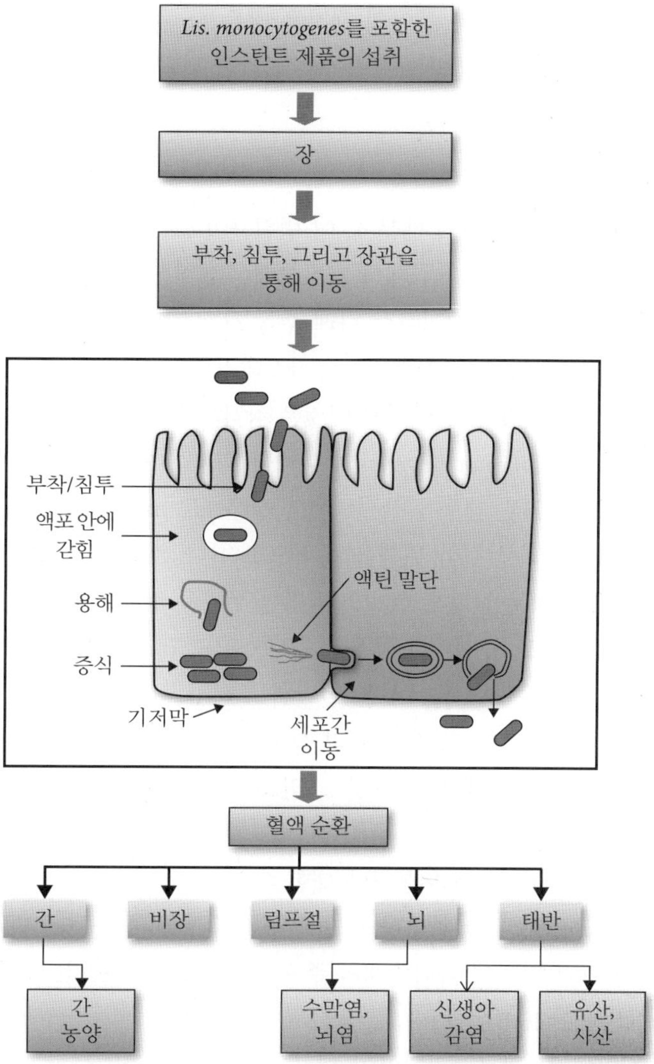

그림 26.2 *Listeria monocytogenes* **발병 기전 및 조직 분포.**

다. 태아, 감염된 신생아, 면역결핍 환자의 사망률은 매우 높다.

26.3.7 관련 식품

인간의 식품매개 리스테리아증은 주로 산발적으로 발생하지만, 오염된 양배추 샐러드(코울슬로), 저온 살균 우유, 원유 및 유제품, 부드러운 치즈(멕시코식, 브리, 리더크란츠), 고기 파이, 칠면조 소시지, 냉육, 부적절하게 조리된 닭고기, 훈제 홍합 등의 섭취로 인해 발병했다고 보고되었다. 샐러리와 멜론을 포함한 과일과 채소는 최근 미국에서 치명적인 발병과 관련되어 있다. 산발적인 리스테리아증은 또한 집에서나 혹은 정육점 판매대에서 이러한 식품들의 섭취에서라고 기록되었다. 온열 처리된 식품은 적절하게 가열되지 않았거나 가열 후 오염되었다. 동식물 기원의 많은 날 식품이 *Lis. monocytogenes*의 잠복처이므로 날 식품 섭취 또는 재오염된 열처리 식품은 리스테리아증의 원인이 되었다. 장

기간 냉장 보관 및 먹기 전의 온도 오용 동안의 생장은 많은 사례에 관련되어 있다. 리스테리아증과 질병으로 인한 사망으로 가장 많이 고통받는 사람들은 민감한 집단이었다.

26.3.8 예방과 제어

*Lis. monocytogenes*이 어디에나 존재하기 때문에, 이 병원균이 없는 식품을 먹는 것은 불가능하다. 그러나 상업 생산 시설의 강력한 리스테리아 제어 프로그램은 많은 국가의 규제 기관과 산업체에 의해 도입되었다. 이것은 1991년 이후 리스테리아증 사례 수를 크게 감소시키는 데 도움을 주었다. 그러나 최근 몇 년 동안 제품 회수뿐만 아니라 산발적으로 리스테리아증이 발병하는 사례가 증가하고 있다. 1999년에는 총 24건의 회수가 있었다. 미국에서 이것은 각각의 구역에서 조리된 간편 조리 가능한 육류와 가금류 제품의 25 g에 *Lis. monocytogenes*의 부재를 포함하며 양성의 다수는 오염된 것으로 간주되어 폐기된다. 그런 다음 오염된 제품을 생산하는 공장은 *Lis. monocytogenes*이 없는 제품이 생산될 때까지 철저한 검사를 거치고 적절한 위생을 목적으로 한다(위해요소 중점관리 기준; 부록 C 참조). 현행 규제 절차의 실효성 때문에 향후 현재의 엄격한 무관용 정책이 다소 완화될 가능성도 있다.

가공 시설의 통제 조치 외에도 규제 기관들은 식품매개 리스테리아증을 줄이기 위해 소비자 교육을 포함했다. 이것은 동물에서 유래한 날음식을 철저히 조리하는 것, 먹기 전에 생채소와 과일을 깨끗이 씻는 것, 채소, 조리된 식품, 그리고 간편 조리 식품으로부터 조리되지 않은 고기를 분리하는 것, 원유 또는 원유로 만든 식품을 섭취하지 않는 것, 그리고 익히지 않은 식품을 취급한 후에 손, 칼, 도마 등을 세척하는 것을 포함한다.

2003년 미국 식품의약국(FDA)은 고위험군에 대한 더 나은 지침과 경고를 제공하기 위해 여러 식품에 있는 *Lis. monocytogenes*에 대한 위험성 평가 연구를 수행했다. 그들은 많은 수의 간편 조리 식품을 분석하고 잠재적인 관련 위험에 따라 5개의 주요 그룹으로 분류했다: 매우 높음, 높음, 중간 위험, 낮음, 매우 낮은 식품군(**표 26.5**).

또한 고위험군의 개인에게는 특별 권고안이 제공되었다[16]: 부드러운 치즈(멕시코식, 페타, 브리,

표 26.5 리스테리아 관련 위험이 있는 식품군

위험 범주	식품
매우 높음	델리 고기와 프랑크푸르트 소시지(가열하지 않은)
높음	고지방 함유 유제품, 저온 살균된 우유, 파테 및 육류 스프레드, 부드러운 숙성되지 않은 치즈, 훈제 해산물, 살균되지 않은 우유
중간	조리된 RTE 갑각류, 델리 샐러드, 건조/반건조로 발효 소시지, 신선하고 부드러운 치즈, 과일, 적당히 부드러운 치즈, 부드러운 숙성치즈, 채소, 재가열한 프랑크푸르트 소시지
낮음	보존처리된 생선, 생 해산물
매우 낮음	발효 유제품, 경질 치즈, 아이스크림 및 냉동 유제품, 가공 치즈

카망베르, 블루빈, 크림, 코티지 치즈)를 피하기; 먹기 전에 냉장된 모든 식품과 간편 조리 식품을 재가열하기(증기가 날 때까지); 임산부, 노약자, 면역력이 저하된 사람들은 조제식품을 피해야 한다.

26.3.9 검출 방법

가장 일반적으로 사용되는 방법은 권장되는 배지에서 농축 및 강화 단계 특정한 선택적-차별적 한천배지 접시에 선조 접종하는 것을 포함한다. 그 후 의심되는 군집들은 생화학적 및 혈청학적 프로필에 대해 검사를 받는다. 면역학적 특성과 핵산 염기서열을 기반으로 몇 가지 빠른 방법이 개발되었다(제42장 참조).

26.3.10 사례연구

1988년 12월 오클라호마에서 한 암환자가 전자레인지 가열한 칠면조 소시지를 섭취한 후 패혈성 리스테리아증이 발생하였다.[17] *Lis. monocytogenes* 혈청형 1/2a는 환자에서도 냉장고 안의 개봉된 포장에 남은 소시지에서는 높은 수로, 그리고 같은 냉장고에 있는 다른 음식에서도 추출되었다. 동일한 상표의 칠면조 소시지의 미개봉 밀봉 포장에서 동일한 혈청형이 낮은 수로 추출되어, 오염된 칠면조 소시지가 식품매개 리스테리아증의 원인이라는 규제 기관의 결정을 용이하게 했다. 4개월 후 규제기관의 조사 결과, 이 브랜드의 소시지를 가공하는 공장에서는 가공 환경에서 *Lis. monocytogenes*과 동일한 혈청형(기타 다른 혈청형)을 갖고 있었으며 가열된 소시지는 포장을 벗긴 후 재포장 전 컨베이어 벨트에서 재오염된 것으로 드러났다(제29장 참조).

이 발병률은 식품매개 인간 리스테리아증의 몇 가지 중요한 측면을 보여준다. (1) 리스테리아증을 앓고 있는 사람은 면역 저하되어 있다; (2) 즉시 섭취할 수 있는 소시지는 병원성 혈청형의 근원이었다; (3) 개인이 사용하는 방법인 전자레인지 가열은 병원균을 죽이지 못했다; (4) 병원균이 소시지를 냉장 보관하는 동안 생장했다; (5) 동일한 냉장고에 있는 다른 여러 식품도 교차 오염되었다; (6) 병원성 변종은 4개월이 지난 후에도 가공 환경에 (다른 혈청형과 함께) 존재했다; (7) 포장 전에 오염된 장비에서의 가열에 따른 소시지의 재오염이 발생했다.

이러한 리스테리아증 발병을 제어하기 위해 가공 공장의 적절한 위생이 일차적인 요구 사항이 될 것이다. 소비자 입장에서는 발병은 먹기 전에 제품을 적절히 가열하는 것의 중요성을 나타낸다(특히 고위험 개체에 의한 냉장 즉석식품의교차 오염을 방지).

26.4 병원성 대장균(Pathogenic *Escherichia coli*)

26.4.1 중요성

1885년 테오도르 에스케릭(Theodor Escheric)에 의해 발견된 이후, 대장균(*Escherichia coli*)은 무해하고, 그람음성, 운동성 있는, 비포자성, 막대 모양, 통성혐기성균으로 간주되었고, 인간과 온혈동물과 새의 장내 관에 정상적으로 서식한다. 일반적으로 매우 높은 수준(대장 내용물의 그램당 수백만 개)으로 존재하기 때문에 오랫동안 배설물 오염 가능성과 식품과 물에 장내 병원균의 존재를 나타내는

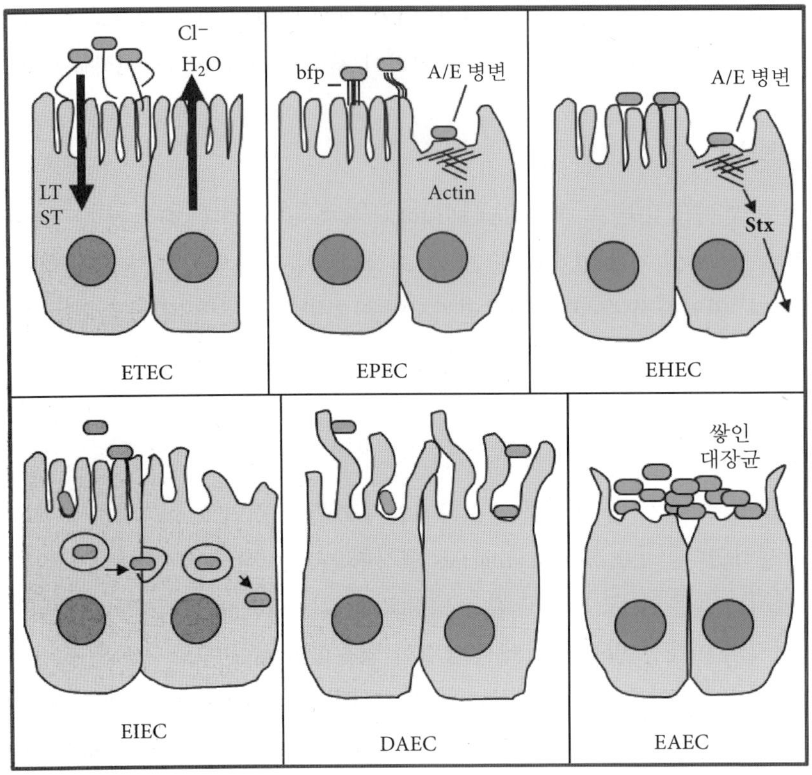

그림 26.3 장독소성 대장균(ETEC), 장 병원성 대장균(EPEC), 장 출혈성 대장균(EHEC), 장 침습성 대장균(EIEC), 확산 부착 대장균(DAEC), 그리고 장 집합성 대장균(EAEC)에 의한 장 융모 상피세포에 일어나는 대장균에 유도되는 세포 손상의 기작. LT, 열 불안정성 독소; HT, 열 안정성 독소; bfp, 번들 형성 필리; A/E 병변, 액틴 축척을 보여주는 부착/소멸 병변; Stx, 시가 독소.

지표 유기체로 사용되어 왔다(제30장 참조). 1940년대 중반 이후 특정 대장균 종이 특히 영유아에게 설사를 유발한다는 증거가 누적되어 그것들은 장 병원성 대장균(EPEC)으로 지정되었다. 그러나 현재 증거는 대장균의 병원성 종이 하나 이상의 유형임을 보여준다. 그들은 독소를 생성하고 상피세포에 달라붙거나 침입하는 능력에 따라 6개의 그룹으로 나뉜다. 이들은 장독소성 대장균(ETEC), 장 병원성 대장균(EPEC), 장 침습성 대장균(EIEC), 장 출혈성 대장균(EHEC), 장 집합성 대장균(EAEC), 확산-부착 대장균(DAEC)이다. 감염의 기작과 이러한 기작에 의해 생성된 증상은 다소 구별되지만 일부 중복되는 특성을 나타낼 수 있다(**그림 26.3**).

장독소성 대장균(Enterotoxigenic *Escherichia coli*, ETEC)[18,19]

이러한 균주는 여행객들 사이에서 설사의 주요 원인[또한 "여행자 설사" 또는 몬테수마의 복수(Montezumas Revenge") 또는 인도 설사(Delhi Belly)라고 알려진]일 뿐만 아니라 열악한 위생 시설을 가진 많은 개발도상국에서 유아 설사의 주요 원인이기도 하다. 5세 미만의 아동의 ETEC와 관련된 사망자는 300,000~500,000명으로 추정된다. 질병의 존재는 병원균이 필리 또는 전이증식인자항원(CFA)을 이용하여 장내 상피세포에 부착되어 군집을 형성하고, 열후에 열에 불안정한(LT) 또는 열에 안정한(ST) 독소를 생산하는 병원균의 능력 때문이다.[18] LT 독소는 장내세포의 GM1 강글리오시드(ganglioside) 수용체에 결합하며, 이것은 점막층에 조직학적 변화를 일으키지는 않는다. 장에서 염증이 거의 또는 전혀 관찰되지 않는다. 독소는 세포 내 cAMP 수준을 유도하여 낭포성 섬유증 막 관통 수용체(cystic fibrosis transmembrane receptor, CFTR) 염화물 채널을 활성화하여 막 투과성 증가, 전해질 불균형(Na^+, K^+) 및 심한 체액 손실 (물성 설사)을 유발한다(그림 26.3).

그 증상은 가벼운 형태의 콜레라와 같은 위장염이다. 과도한 체액 손실과 탈수로 인해 아동에게 치명적이다. 또한 다른 징후와 증상으로는 두통, 발열, 메스꺼움, 구토 등이 있다. 병원균은 인간 보균자에 의해 직간접적으로 전파된다. 식품과 물 모두 인간의 발병과 산발적인 사례에 관련이 있다. 1983년 O27:H7 혈청형으로 오염된 수입 브리 치즈는 미국을 포함한 여러 나라에서 발병을 유발했다. 개인이 증상을 나타내려면 많은 수의 세포(10^8~10^9)를 섭취해야 한다.

장 병원성 대장균(Enteropathogenic *Escherichia coli*, EPEC)[20,21]

이 균주들은 전 세계적으로 특히 열악한 위생 시설을 가진 장소에서 유아 설사에 있어 중요하다. 비정형 EPEC(aEPEC)은 선진국과 개발도상국 모두에서 일반적인 EPEC(tEPEC)보다 더 많이 발생한다. 그들은 인간 보균자를 통해 직접적으로 또는 간접적으로 전이된다. 여러 혈청형(O111:H12; O55:H6)은 여러 국가에서 수인성 및 식품매개 질병 발병과 관련이 있다. 이 병원균은 독소를 전혀 생성하지 않지만, 번들-형성 필리(bundle-forming pili, bfp)와 부착-소멸 인자(attachment-effacement factor, EAF) 또는 인티민(Intimin)이라 불리는 독성 인자의 도움으로 상피세포들에 밀접하게 부착된다. *Esc. coli* 부착-소멸(*eaeA*) 유전자는 친밀한 부착을 담당하는 인티민을 암호화하여 상피층에 흡수성 융모를 파괴하는 부착 제거 병변이라고 하는 심각한 병변을 일으켜 흡수 장애와 설사를 유발한다(**그림 26.3**). *eaeA* 유전자는 LEE(장세포 소멸위치) 병원성 섬에 있다. 3시간 안에 나타날 수 있는 증상을 나타내려면 많은 수의 세포(10^6~10^9)를 섭취해야 한다. 주요 증상은 위장염, 대량의 장 액성 설사, 구토, 그리고 미열이다.

이러한 4개의 소집단에 대한 명확한 차이점이 없을지라도, EIEC과 EHEC 균주는 모두가 식품매개 감염과 관련된 장내 병원균에 부합되는 것 같다. 따라서 이러한 두 군집은 이 장에서 설명될 것이다. EPEC과 ETEC 군집은 모두 독소 동시 감염(toxicoinfection)을 논의하는 장에서 설명될 것이다(제27장).

장 침습성 대장균(Enteroinvasive *Escherichia coli*, EIEC)[22]

이 균주는 세균성 이질과 같은 이질을 유발한다고 알려져 있다. 그들은 먼저 상피세포에 결합하고, 침입하여 장내에서 감염을 확산하기 위해 세포간의 이동을 한다(**그림 26.3**). 세포 손상은 *Shigella*에 의해 유발되는 세균성 이질과 유사한 혈성 점액성 설사를 일으킨다. 인간 보균자는 직간접적으로 그 질병을 전파시킨다. 개인이 증상을 나타내려면 10^6개의 세포를 섭취해야 한다. 1971년 초부터 미국에서 발병한 것은 혈청형 O124:H17로 오염된 수입된 카망베르 치즈의 섭취로 인한다고 인지되었다. 병원균은 상피세포로의 침입을 담당하는 독성 인자를 생성하고 병원균이 세포에서 세포로 이동하고 결장

에 감염을 일으킬 수 있게 한다. 침입 유전자는 140-MDa 플라스미드로 암호화되어 있다.[23]

질병과 증상

질병과 증상은 세균성 이질(shigellosis)과 유사하다. 병원균(약 10^6개 세포)을 섭취하고 잠복기 후에 증상이 복부 경련, 심한 설사, 두통, 오한 및 발열로 나타난다. 많은 병원균이 대변으로 배설된다. 그 증상은 7~12일 동안 지속될 수 있지만 사람은 보균자로 남아 오랫동안 배설물로 병원균을 발산할 수 있다.[23]

관련 식품

오직 인간만이 병원균의 숙주로 알려져 있으며, 식품은 배설물 오염으로 인해 직간접적으로 오염될 수 있다. 이 병원균에 오염된 식품의 섭취로 인한 발병이 기록되어 있다. 미국에서 수입 치즈 섭취로 인한 1971년의 발병은 정수여과 시스템의 오작동으로 인한 가공 공장 장비의 오염으로 추적되었다. 1983년, 유람선에서의 또 다른 발병은 보균자인 식품 취급업자에 의해 오염된 감자 샐러드와 관련이 있었다.

예방

병원균은 살균 온도에 민감하다. 따라서 질병을 다스리기 위해서는 적절한 열처리, 간편 조리식품에 대한 가열 후 오염의 제거, 그리고 준비 직후 식품의 냉장 보관 등이 필요하다. 또한 식품 가공 및 취급의 모든 단계에서 적절한 위생이 중요한 요소가 될 것이다. 마지막으로, 보균자로 의심받는 사람들은 식품, 특히 간편 조리 식품을 취급해서는 안 된다.

장 집합성 대장균(Enteroaggregative *Escherichia coli*, EAEC)

EEAC는 아동과 성인에게 설사를 유발하며, 이러한 증상이 14일 이상 지속되며 개발도상국에서 널리 퍼져 있다. 아동의 설사는 ETEC와 유사하고 경미하지만 심각한 점막 손상을 일으킨다. 감염 중 세균이 장 세포에 벽돌처럼 쌓인 특징적인 응집체를 형성하고 점막 손상을 일으키도록 집적 접착성 핌브리아(aggregative adherence fimbriae, AAF)를 나타낸다. 또한 그것은 EAST(장내 응집성 열 안정 독소)와 구멍을 형성하는 용혈소(hemolysin), 이 두 가지 유형의 독소를 생성한다. 일반적으로 EAEC는 시가독소를 생성하지 않지만 2011년에 새로운 EAEC 혈청형(O104:H4)이 등장하여 Stx를 발현하고 EHEC와 유사한 질병을 유발했으며(아래 참조) 53명의 사망자와 함께 3,842명의 사람에게 영향을 미친 새싹 섭취로 인해 독일에서 가장 큰 발병률을 보였다(제29장 참조).

장 출혈성 대장균(Enterohemorrhagic *Escherichia coli*, EHEC), 시가독소생성대장균(Shiga-Toxigenic *Escherichia coli*, STEC)[24]

이 그룹의 균주(주요 혈청군은 O157:H7)는 비교적 최근(1982년)에 인간에서 심한 출혈성 설사(출혈성 대장염)와 출혈성 요독 증후군(HUS)의 원인으로 인식되었다. EHEC의 다른 혈청군은 O157:NM

이며 O55, O26, O113 및 O117이 속하는 것과 같이 덜 일반적인 혈청형이다. 이러한 병원균의 주요 특징 중 하나는 HUS를 담당하는 중요한 독성 인자인 시가독소(Stx)의 생성이다. 모든 EHEC는 시가독소를 생성하기 때문에 시가독소생성대장균(STEC) 또는 Vero 세포(아프리카 녹색원숭이 신장 세포주)에 대한 세포독성 효과로 인해 발생한 VTEC(Verooxigenic *Esc. coli*)으로도 알려져 있다. 시가독소 생성은 주요 독성 인자로 간주되어 왔기 때문에 최근에는 시가독소 생성 능력에 따라 유기체를 분류하는 데 중점을 두고 있다. 따라서 STEC라고도 한다. 2011년에 미국 농무부는 O26, O45, O103, O111, O121, O145 및 O157을 포함한 7개의 주요 STEC 혈청형을 불순물로 식별했으며, 이 혈청형에 오염된 육류는 식용으로 판매할 수 없다. 동물들, 특히 젖소와 육우는 매개체로 생각되었다. 10~100개 정도의 세포를 섭취하면 특히 민감한 사람들에게 질병을 일으킬 수 있다

26.4.2 EHEC/STEC[25]로 인한 위장염

특성

장출혈성 대장염과 관련된 주요 혈청형은 대장균 O157:H7이다. 다른 대장균과는 대조적으로, 일반적으로 소르비톨(sorbitol)을 발효하지 않고 글루쿠로니다아제(glucuronidase) 활성을 가진다. 다른 대장균과 마찬가지로 30°C~42°C에서 빠르게 증식하고 44°C~45°C에서 잘 자라지 않으며 10°C 이하에서는 증식하지 못한다. pH 4.5 이하에 내성이 있는 균주가 확인되었다. 그 유기체는 살균 온도와 시간에 의해 파괴되고 64.3°C에서 9.6초 안에 사멸된다. 그 세포들은 −20°C의 식품에서 잘 생존한다.

독소

대장균 O157:H7은 베로톡신(VT) 또는 시가유사 독소(Stx)를 생성한다. 시가독소는 Stx1과 Stx2 두 가지로 구별된다. 단일 STEC는 Stx1만, Stx2만 또는 둘 모두를 생성할 수 있다. Stx2는 Stx1보다 더 강력하며, 병인의 원인이 되는 것으로 생각된다. Stx는 장 및 신장 세포와 백혈구에 위치한 특정 당지질 수용체인 글로보트라이아오실세라마이드(globotriaosylceramide, Gb3)와 결합한다. 이 독소는 베로 세포에서의 세포독성 효과 때문에 베로톡신이라고 불린다. 그런 다음 이 독소는 단백질 합성을 차단하여 세포사멸을 초래한다. 또한 EHEC는 *eaeA* 유전자에 의해 암호화된 인티민(Intimin)이라는 장에서 부착(attachment)/소멸(effacement)(A/E) 병변의 원인이 되는 친밀 부착성 인자를 생성한다. EHEC는 또한 60-MDa 플라스미드로 암호화된 장 용혈소(enterohemolysin)와 인티민의 숙주 세포 수용체 역할을 하는 전위 인티민 수용체(TIR)를 생성한다.

질병과 증상

오염된 식품이나 물을 섭취할 때, 세균은 먼저 상피세포에 달라붙어 장내에 군집을 형성한다. 인티민 단백질은 특정한 A/E 병변을 생산하는 미세융모(microvili) 위에 받침대 유사 구조를 형성하는데 친밀 부착성 인자를 촉진시킨다. 이것은 흡수성 빌리를 파괴하여 흡수 장애를 유발하고, 병변은 EPEC-

매개성 구조를 닮는다(**그림 26.3**). 그런 다음 세균은 대장 상피세포를 손상시키는 독소(Stx)를 생성해 출혈성 대장염을 유발한다. 독소(Stx1 또는 Stx2)도 혈류로 흡수되어 장, 신장, 뇌의 작은 혈관을 손상시키고 신장세뇨관도 손상시킨다. 이는 용혈성 요독증후군(hemolytic-uremic syndrome, HUS)과 혈전성 혈소판감소성 자반병(thrombotic thrombocytopenic purpura, TTP)을 유발한다. 증상은 섭취 후 3~9일 사이에 발생하며 일반적으로 4~10일 동안 지속된다. 대장염 증상은 급작스런 복부 경련, 물 같은 설사[예중 35%~75%는 혈변(bloody diarrhea)으로 변함], 구토 등의 증상을 보인다. 열은 관련 증상일 수도 있고 아닐 수도 있다. 대장의 내벽이 손상되면 출혈이 발생한다. 독소는 또한 적혈구 파괴와 신장의 작은 혈관의 응고를 유발하여 신장이 손상되고 간혹 신부전을 일으켜 HUS를 유발한다. 그것은 특히 아동에게 치명적일 수 있다. TTP는 뇌의 혈전에 의해 야기되고, 이로 인해 발작, 혼수상태, 그리고 종종 사망에 이르기도 한다.

관련 식품

병원균은 일반적으로 동물의 장, 특히 소에서 증상을 일으키지 않고 존재한다.[26,27] Stx를 생산하는 대장균은 또한 닭, 염소, 양, 돼지, 개, 고양이, 그리고 바다 갈매기의 배설물에서 검출되었다. 동물성 식품들, 특히 갈은 소고기는 미국, 유럽, 그리고 캐나다에서 많은 발병들과 관련되어 있다. 관개 용수와 토양은 STEC 전파의 주요 위험 요소이다. 육우 작업은 관개수를 오염시킬 수 있으며 처리되지 않은 분뇨는 농산물을 직접 오염시킬 수 있다. 2006년에는 여러 주에서 발생한 대규모 발병이 시금치와 관련이 있었고 오염원은 인근 육우 사업에서 기인했다. 감염된 사람들은 샐러드 또는 부적절하게 조리되고 오염된 햄버거에 있는 시금치와 양상추를 섭취한 것으로 밝혀졌다. 그 이후로 수많은 신선한 농산물 관련 발병이 STEC와 관련이 있다.[28] 1993년 발병으로 500명 이상이 영향을 받아 4명이 사망했으며 워싱턴, 네바다, 오리건 및 캘리포니아의 패스트푸드 체인점에서 제공하는 햄버거 소비가 관련되었다. *Esc. coil* O157:H7에 오염된 햄버거는 병원균을 죽이지 못하는 온도에서 조리되었다. 갈은 쇠고기 외에도 생우유, 마요네즈, 사과 사이다, 일부 과일, 익히지 않은 소시지, 발효된 단단한 살라미 소시지, 새싹 및 샐러드와 같은 다른 식품들이 관련되어 있다. 조사 결과 대장균 O157:H7은 갈은 소고기, 돼지고기, 가금류, 양고기 및 생우유와 같은 동물성 식품의 다양한 유형에서 낮은 비율로 존재한다는 것이 밝혀졌다. 그 유기체는 젖소뿐만 아니라 송아지와 닭에서 낮은 빈도로 추출되었다.

예방

간편 조리식품에서 대장균 O157:H7의 존재를 제어하기 위해 적절한 위생, 적절한 온도에서 조리 또는 가열, 적절한 냉장, 그리고 교차 오염의 예방을 실행해야 한다. 미국 식품안전검사국(Food Safety Inspection Service, FSIS)은 이러한 병원균들로 인한 식품매개 질환들을 제어하기 위한 다음과 같은 지침서를 제공한다; 살균된 우유만 사용하기; 부패하기 쉬운 식품들을 신속하게 냉장하거나 또는 냉동하기; 절대로 상온에서 식품을 해동하거나, 냉장식품을 상온에서 2시간 이상 보관하지 않기; 생고기와 고기 패티를 만지고 난 후 따뜻한 비눗물로 손, 조리기구, 그리고 작업 공간의 세척하기; 중앙부가 회색 또는 갈색이 될 때까지 고기 또는 패티를 조리하기; 그리고 적절한 개인 위생을 통해 배설물과 구강 오염 방지하기. 신선한 농산물이 STEC를 포함한 많은 식품매개 병원균의 주요 원인이 되고 있기 때문에 액체(차아 염소산염 용액, 과산화수소) 또는 기체(오존, 이산화 염소 가스) 살균제를 사용하여 농산물 표면의 오염을 제거하기 위한 노력이 이루어지고 있다.

26.5 시겔라 종(*Shigella* Species)[22]

26.5.1 중요성

시겔라속은 4종으로 이루어져 있다: *Shi. dysenteriae*, *Shi. flexneri*, *Shi. boydii*, 그리고 *Shi. Sonnei*을 포함하고, 각 종들은 여러 혈청형들을 가진다. *Shi. dysenteriae*은 활발하지만 치명적인 전염병 발병의 원인이 되고, *Shi. flexneri*와 *Shi. sonnei*는 풍토병을 유발하며, *Shi. boydii*는 희귀질환을 유발한다. 오직 인간과 몇몇 영장류만이 그들의 숙주가 된다. 이 유기체들은 배설물-구강 경로를 통해 직접적으로 전이되거나, 배설물에 오염된 식품과 물을 통해 간접적으로 전이된다. 대부분의 선진국에서 식수를 통한 전이는 감소했지만, 개발도상국에서 오염된 식수는 세균성 이질(shigellosis or bacillary dysentery)의 주요 원인이다. 이 질병은 특히 아시아, 멕시코, 남미 등 일부 지역에서 만연해 있다. 위생 상태가 좋지 않은 곳에서 더 빈번하게 발생한다. 미국에서 세균성 이질은 이주 노동자, 인디언 보호구역, 열악한 도시 시설, 그리고 보육원에서 더 많이 발생한다. 5세 미만의 아동은 더 많이 영향을 받는다. 개발도상국에서는 세균성 이질을 앓고 있는 아동들의 사망률이 높다. 1950년대 이전 미국에서는 *Shi. dysenteriae*가 우세한 종이었다. 현재에는 *Shi. sonnei*가 우세종이다. 1983~1987년 사이 미국에서, 9,971명에 영향을 끼치고, 2건의 사망을 포함한 44건의 발병이 있었다. 1987년에 일어난 한 발병에서, 수천 명의 사람들이 *Shi. sonnei*에 의한 식품의 오염을 야기한 열악한 위생 조건 아래서 준비된 상업적 식사들을 섭취함으로 그로 인해 영향을 받았다. CDC는 미국에서 *Shigella* spp.에 의해 매년 10명이 사망하는 약 13만 건의 사례가 발생하고 있다고 추정했다.[29] 일반적으로 식품 서비스 시설은 더 많은 발병과 관련이 있으며 열악한 개인위생이 주요 원인이 되었다. 이 질병은 늦은 봄에서 초가을까지 더 많이 발생한다.

특성

이 종의 세포는 그람음성, 비운동성, 통성혐기성 간성체이다. 그들은 일반적으로 카탈라아제(과산화수소분해효소) 양성, 옥시다아제(산화효소) 및 유당 음성이다. 그들은 보통 가스를 형성하지 않고 당을 발효시킨다. DNA 상동성에 기초하여, *Shigella*와 *Escherichia* 모두 하나의 속에 포함될 수 있으며, 많은 생화학적 유사성 때문에 두 속 사이의 분리가 명확하지 않다. 시겔라종은 대장균의 병원성 변종일 수 있다는 제안이 있다. 이들은 시겔라 O 항원과 함께 시가독소를 생산하는 대장균에 가깝다.

균주는 7°C~46°C 사이에서 증식하고 최적의 증식온도는 37°C이다. 그 세포들은 생각만큼 약하지 않다. 그들은 냉장, 냉동, 5%의 염화나트륨, pH 4.5와 같은 서로 다른 물리적, 화학적 스트레스 아래에서 며칠 동안 생존한다. 그들은 저온 살균에 의해 사멸된다. 이 균주는 생장 온도 범위에 저장될 때 많은 종류의 식품에서 증식할 수 있다.

서식처

인간과 몇몇 영장류의 장은 알려진 유일한 서식처이다. 인간은 장에서 유기체를 운반하고 아무런 증상 없이 배설물로 발산할 수 있다. 세균성 이질에서 회복된 후, 개인은 몇 달 동안 보균자로 남을 수 있다.

독소

이 균주는 시겔라 세포가 소장과 대장의 상피 점막을 침범할 수 있도록 하는 플라스미드로 암호화된 침습적 특성을 지니고 있는 것으로 알려져 있다. 일단 상피세포에 흡수되면, 그들은 장내독소를 생산하는 성질을 가진 외독소(exotoxin)를 생산한다. 그 독소는 시가독소(Stx)로 지정된다. 침습적 특성은 37°C에서 발현되지만 30°C에서는 발현되지 않는다. 30°C에서 성장하는 시겔라 세포는 장 상피세포를 침범하기 전에 37°C에서 몇 시간의 컨디셔닝이 필요하다. 섭취된 시겔라세포는 상피세포를 죽이고 나서 새로운 세포를 공격하여 궤양과 병변을 유발한다.

질병과 증상

감염 선량은 성인의 경우 약 10개의 세포로 매우 낮다. 세균은 오염된 식품이나 음료의 섭취 후 위와 소장을 거쳐 대장에 도달한다. 이 질병은 장 점막에 국한적이고 대장의 상피세포를 침투한다. 시겔라는 또한 페이에르판(Peyer's patch)의 M 세포에 의해 흡수되어 침투를 용이하게 한다. 세균은 IpaA, IpaB, IpaC, IpaD, IcsA 등과 같은 독성 단백질을 다량 생성하여 세균이 숙주 상피세포를 침범하고 액틴 중합반응을 시작하여 세포간 이동을 가능하게 하며 예정세포사를 유도하게 한다(**그림 26.4**). 시

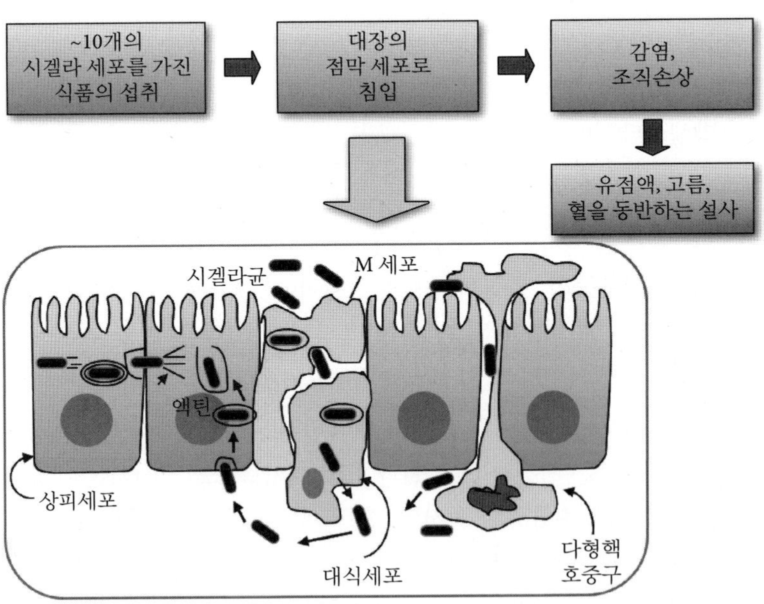

그림 26.4 장 상피세포 안으로 세균의 침투와 운동을 보여주는 세균성 이질 발병.

겔라가 생산하는 LPS(리포다당류체)는 대식세포를 활성화시켜 염증을 유발하는 사이토카인(IL-1)을 생성하기도 한다. 증상은 12시간에서 7일 이내에 나타나지만 보통 1일에서 3일 사이에 나타난다. 경증 감염의 경우 증상이 5~6일간 지속되지만 심하면 2~3주 정도 증상이 지속될 수 있다. 어떤 사람들은 증상이 나타나지 않을 수도 있다. 감염자는 증상이 멈춘 후에도 오랫동안 병원균을 발산한다. 증상은 상피 점막 침습과 장내 독소 둘 다의 결과이며 복통, 종종 혈액, 점액과 고름이 섞인 설사, 발열, 오한, 두통 등이 있다. 일반적으로, 아동은 성인보다 질병에 더 취약하다.

관련 식품

Shigella 세포는 질병을 앓고 있는 사람, 보균자, 또는 아직 증상이 나타나진 않았지만 배설물에 병원균을 발산하는 사람들에서 직접 또는 간접적으로 배설물 오염을 통해서만 식품에 존재한다. 직접적 오염은 열악한 개인적 위생으로 인해 일어난다. 간접적 오염은 이후 가열 처리가 되지 않은 식품을 세척하기 위해 배설물에 오염된 물을 사용하여 발생한다. 또한 간편 조리식품의 교차 오염은 발병에 포함될 수 있다. 자주 세균성 이질에 관련되는 식품들은 너무 많은 처리 과정이 있는 것과 간편 조리 식품들이다.

많은 선진국에서, 가장 빈번하게 관련되는 식품은 상위권에 위치한 감자샐러드와 함께 다양한 유형의 샐러드들(감자, 참치, 새우, 그리고 닭)이다. 샐러드에 사용하는 채소들 같이 다지고, 깍둑썰기하고, 또는 잘라진 식품은 또한 발병에 관련되어 있다. 하수로 오염된 물에서 수확하고 날것으로 먹는 조개는 세균성 이질과 관련이 있다. 많은 식품들이 그들의 생장을 지원한다. 감염 선량이 매우 낮으므로, 식품 내의 증식은 아마도 질병에 대한 중요한 요인이 아닐 수도 있다.

예방

식품매개 세균성 이질은, 적어도 선진국에서는, 배설물로 병원균을 뿌리고 열악한 개인 위생을 갖는 식품 취급자들에 의해 식품의 오염으로 유발된다. 그러한 개인들에 의한 간편 조리식품의 오염을 예방하기 위해서는 그들이 그러한 식품을 취급하는 것을 금지할 필요가 있다. 특별히 만약 그 개인이 보균자라면, 이것은 불가능한 경우가 많다. 좋은 개인 위생의 중요성과 소화 장애가 있다고 의심될 경우 음식을 다루지 말아야 할 필요성에 대해 식품 취급자들의 적절한 교육이 중요하다. 간편 조리식품의 교차 오염을 예방하기 위한 엄격한 위생 기준의 사용, 샐러드에 사용되는 채소들을 씻기 위해 적절하게 염소 처리된 물의 사용, 그리고 식품의 냉장은 식품매개 세균성 이질을 감소시키는 데 필요하다. 개발도상국 아동의 세균성 이질을 제어하기 위한 예방 접종이 제안되었다[30]

26.6 캄필로박터 종(*Campylobacter* Species)[31]

26.6.1 중요성

Campylobacter 속은 16개의 종과 6개의 아종을 포함하고, 이들의 다수는 인간 위장염을 유발한다. 그러나 *Cam. jejuni*와 *Cam. coli*는 전 세계 많은 국가에서 인간 설사 질환의 가장 흔한 원인균으로 간

주된다. 많은 국가에서, 캄필로박터증의 사례 수는 아마도 살모넬라증과 세균성 이질(시겔라증)의 사례를 합친 수를 훨씬 초과한다. 캐나다, 영국, 그리고 스코틀랜드 등지에서 역학 자료를 통해 이를 확인하였다. 의심되는 표본에서 *Campylobacter* spp.의 추출하려면 특정한 방법이 필요하다. 이 방법을 개발하고 이를 통합하여 의심되는 식품매개 병원균을 분리한 후 *Cam. jejuni*는 많은 식품매개 질환들에서 주요 원인으로 확인되었다. 1979년도 발병의 원인으로 처음 인지된 이후로, *Cam. jejuni*는 1979~1987년 사이 미국에서 53건의 식중독 발생과 관련되어 일어난 1,547명에게 영향을 미치고, 2명이 사망했다. 2009년과 2010년에 *Campylobacter* spp.는 미국에서 각각 13건과 21건이 발병하여 600건의 질병이 발생했다.[32] 현재 *Campylobacter*는 미국에서 연간 76건의 사망과 함께 약 845,000건의 사례를 일으키는 것으로 추정된다.[29] 캄필로박터증에 가장 자주 연루되는 식품들은 원유와 부적절하게 조리된 닭고기이다. 여러 캄필로박터종들이 식품매개 캄필로박터증에 관련되어 있을지라도, *Cam. jejuni*는 대부분의 발병에서 추출되었다; 여기서 *Cam. jejuni*에 대해서 설명된다.

26.6.2 특성

*Cam. jejuni*는 그람음성, 운동성, 비포자성, 간균이다. 세포들은 작고, 파괴되기 쉬우며, 나선형으로 구부러져 있다. 그 균주들은 미호기성(microaerophilic)이며, 카탈라아제와 옥시다아제 양성이다. 그리고 증식을 위해 대략 5%의 산소, 8%의 이산화탄소, 그리고 87%의 질소와 같은 미호기성 환경을 필요로 한다. 증식온도는 32°C~45°C 사이이며, 최적 증식온도는 약 42°C이다. 그들은 탄수화물에 비해 아미노산에서 더 잘 자란다. 일반적으로 천천히 증식하고, 다른 세균과 같이 증식하는 동안에는 좋은 경쟁자가 아니다. 일반적으로 많은 식품들에서 잘 증식하지 못한다. 그들은 산소(공기 중), 염화나트륨(2.5% 이상), 낮은 pH(pH 5.0 이하), 온도(30°C 미만), 가열(저온 살균), 그리고 건조를 포함한 많은 환경 매개변수에 민감하다. 그러나 냉장 조건 아래에서 그리고 냉동상태에서 수개월 동안 잘 생존한다.

26.6.3 서식처

*Cam. jejuni*는 장내 유기체이다. 그것은 동물과 조류의 배설물에서 높은 빈도로 추출되었다. 인간 보균자는 또한 배설물에 유기체를 발산하는 것으로 밝혀졌다. 가금류의 배설물은 일부 경우에서 g당 10^6세포 이상을 포함하고 있다는 것이 밝혀졌다. 물, 하수, 채소, 그리고 동물성 식품들은 배설물을 통해 배출되는 *Cam. jejuni*에 쉽게 오염된다.

26.6.4 병원성 인자와 독소들[33]

*Cam. jejuni*의 발병은 상피세포들에 부착되고 침투하는 능력에 달려 있다(**그림 26.5**). 편모, 핌브리아(주름 모양의 돌기) 및 기타 접착 단백질(PEB1과 CadF)은 접착 인자 역할을 한다. *Cam. jejuni*는 장질환 증상의 원인이 되는 세포독성 팽창성 독소(cytolethal distending toxins, CDT), 용혈소 및 인지질 분해효소(phospholipase)를 생산한다. 그 독소는 콜레라 독소와 교차 반응하며, 독소 생산 특성은

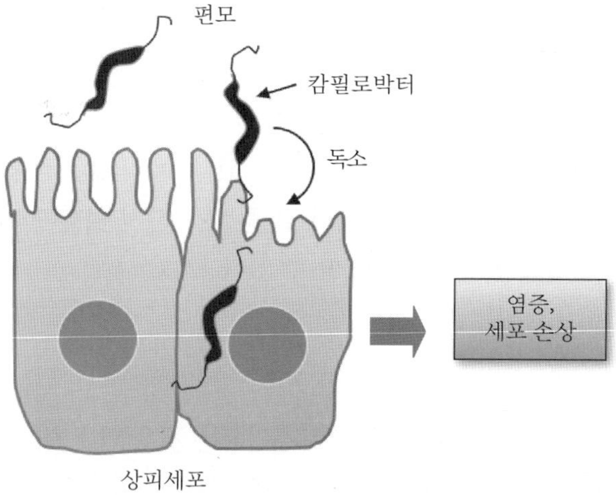

그림 26.5 *Cam. jejuni*의 발병: 캄필로박터 세포들은 침투할 수 있고, 세포내 손상을 유발하기 위해 독소를 생성한다.

플라스미드와 연결되어 있다. 또한 그 균주들은 세포가 인간의 소장 및 대장, 모두의 상피세포에 침투하고 정착하게 할 수 있는 침습적 인자를 생성한다.

26.6.5 질병과 증상[33]

캄필로박터증의 감염 선량은 약 500개 세포로 상당히 낮다. 섭취 후에, 운동성 세균은 점액층에 도달한다. 주화성(chemotaxis)과 철분에 대한 요구사항은 세균을 그들이 군집화할 상피 표면에 도달하게 유도한다. 독소 생성은 세포 손상(사망), 염증 및 체액 손실을 일으켜 2~5일 내에 나타나는 설사를 유발한다. 증상은 일반적으로 2~3일 동안 지속되지만, 2주 이상 지속될 수 있다(**그림 26.5**). 눈에 띄는 증상이 없는 사람들은 오랜 시간 동안 배설물로 세포들을 발산할 수 있다. 주요 증상은 장내경련(복부경련), 심한 설사, 메스꺼움 및 구토를 포함한다. 다른 증상들은 발열, 두통, 오한 등이 있다. 일부 사례에서는, 혈을 동반한 설사(혈리)가 보고되었다. 개인은 짧은 시간 후에 증상이 재발할 수 있다.

인간의 캄필로박터증의 결과는 쇠약하게 하는 전신마비인 길랭-바레 증후군(Guillain-Barre syndrome)이라 불리는 만성 질환을 야기한다. 만성 감염은 신경 기능 장애를 유발하는 신경세포와 반응하는 캄필로박터 항원에 대한 항체 생성을 촉진한다. 캄필로박터증의 또 다른 결과는 또한 라이터 증후군(Reiter's syndrome)이라 알려진 관절염(arthritis)이다.

26.6.6 관련 식품

그 유기체가 동물, 조류 및 환경에 높은 빈도로 존재하기 때문에, 식물 및 동물성 공급원의 많은 식품은 *Cam. jejuni*에 오염될 수 있다. 식품들은 동물과 감염된 사람들의 배설물로 직접적으로 오염되거나, 또는 하수 및 오염된 물에 의해 간접적으로 오염될 수 있다. *Cam. jejuni*는 생고기(소고기, 양고기, 돼지고기, 닭고기, 그리고 칠면조), 우유, 달걀, 채소들, 버섯들, 그리고 조개에서 아주 높은 빈도로 추출되었다. 열처리된 식품에서 그들의 존재는 열처리 후 교차오염 또는 부적절한 가열과 관련이 있다. 동물 배설물을 비료로 사용하면 채소들을 오염시킨다는 것이 발견되었다. 캄필로박터증의 발병은 원유, 부적절하게 조리된 닭, 유제품, 빵집 제품들, 칠면조 제품들, 중국 음식, 달걀 등의 섭취로 인해 발생한다. 원유와 닭고기의 섭취는 많은 발병들과 관련되어 있다. 유기체는 식품에 존재하는 다른 미생물들에 비해 약한 경쟁자이고, 일반적으로 식품에서 잘 증식을 하지 못할지라도, 오염된 식품에서 충분한 세포가 생존하여 질병에 필요한 선량을 제공할 수 있다.

26.6.7 예방

생식품들, 특히 동물성 식품들에 *Cam. jejuni*의 침투를 제어하는 것은 다소 어렵다. 그러나 적절한 위생은 생산, 가공 및 향후에 취급과정에서 생식품에서 그것의 수를 줄이기 위해 사용될 수 있다. 동물성 식품에서 캄필로박터증을 제어하기 위해서는 동물성 날 식품의 섭취 방지, 가능하면 식품의 열처리, 그리고 가열 후 오염을 예방하는 것이 중요하다. 채소의 오염은 동물 배설물을 비료로 사용하지 않는 것과 채소(특히 바로 먹을 수 있는 종류들) 세척을 위해 오염된 물을 사용하지 않음으로써 관리될 수 있다. 인간의 오염은 좋은 개인 위생을 확립하고, 아픈 사람이 식품, 특히 간편 조리식품들을 취급하지 못하도록 함으로써 감소될 수 있다.

26.8 예르시니아 엔테로콜리티카(*Yersinia enterocolitica*)[34]

26.8.1 중요성

예르시니아 속은 현재 17종을 포함하고 있으며, 인간에게 병원성이 있는 종은 *Yersinia enterocolitica*, *Yer. pseudotuberculosis*와 *Yer. pestis* 단 3종이다. 이 유기체와 질병에 대한 가장 중요한 측면은 *Yer. enterocolitica*는 저온생물(psychrotroph)이며 0°C에서 성장할 수 있으며 그 증상에는 맹장염처럼 보이는 발열과 함께 날카로운 복통이 있다. *Yer. pseudotuberculosis*는 동물(돼지, 고양이, 조류, 비버)과 조류에서 매우 흔하며 식품에서 분리되었으며 식품매개 질환과의 관련이 확인되었다. *Yer. pestis*는 또한 이 속의 병원성 종이지만 설치류와 그 벼룩에 의해 전염된 인간에게 전염병을 유발한다. *Yer. pestis*에 의한 식중독 발병은 드물지만 낙타 고기 섭취와 관련이 있으며 심각한 위장염을 유발할 수 있다.[35] 오로지 *Yer. enterocolitica*에 대해서, 그리고 이 균과 식품매개 질환과의 관련성은 여기서 논의된다.

식품매개 예르시니아증은 1976년 미국에서 *Yer. enterocolitica*에 오염된 초콜릿 우유 섭취로 인해 많은 학교 아이들 사이에서 발병한 후 처음 확인되었다. 다른 많은 국가들에서는, 식품매개 예르시니아증은 더 이전에 기록되었다. 덴마크에서는 예르시니아증(yersiniosis)은 위장염의 가장 일반적인 형태 중 하나이다. 미국에서 처음 발병 이후, *Yer. enterocolitica*는 새로운 식품매개 병원균으로 지정되었다. 1970년에 처음 발병한 이래 1980년대 초반까지 여러 가지 다른 발병들이 기록되었다. 1982년에 3건의 발병이 기록되었는데, 하나는 오염된 샘물로 포장된 오염된 두부의 섭취로 인해서이고, 다른 두 개는 오염된 살균 우유의 섭취로 인해서였다. 그러나 예르시니아증은 미국에서 아직 식품매개 감염의 빈번한 원인이 아니다. 1982~1987년 사이에는 아무런 발병도 보고되지 않았지만, 1988년에 한 건이 보고되었다. 그러나 최근 자료에 따르면 미국에서 매년 *Yer. enterocolitica* 감염으로 인해 98,000건의 인간 질병이 발생했고, 그 중 90%는 식품매개 질병이다.

26.8.2 특성

*Yer. enterocolitica*는 그람음성 짧은 간균(coccobacilli)으로, 포자를 형성하지 않고 37°C 이하에서 운동성이 있으며 통성혐기성균이다. 그 균주는 0°C~44°C 사이에서 증식하고, 최적 증식온도는 25°C~29°C이다. 우유와 생고기에서는 1°C에서 증식은 하지만, 증식 속도는 더 느리다. 세포는 5% NaCl 및 pH 4.6 이상에서 증식할 수 있다. 세포는 저온 살균에 민감하다. 1A, 1B, 2, 3, 4 및 5로 지정된 6개의 주요 생물형이 있으며, 생물형 1A를 제외하고 모든 생물형은 병원성이며 독성 플라스미드 인 pVY를 가지고 있다. 생물형 1A의 특정 균주는 위장염과 여러 번의 발병을 유발하는 것으로 보고되었다.[36] 주요 병원성 혈청형은 O:1,2,3; O:2,3; O:3; O:8; O:9; O:4,32; O:5,27; O:13a,13b; O:18; O:20; 그리고 O:21이다.

26.8.3 서식처

*Yer. enterocolitica*는 식용 동물(돼지, 소, 양, 염소) 및 조류, 애완 동물(개와 고양이), 야생 동물(설치류, 산토끼, 너구리, 여우)과 인간의 장의 정상적인 거주균이다. 돼지는 주요한 저장소로서 역할을 하고, 돼지고기 제품은 인간 감염의 주요 원인으로 여겨지고 있다. 인간 보균자는 아무런 질병 증상을 보이지 않는다. 이러한 원인으로 인해 다양한 유형의 식품이 오염될 수 있다.

26.8.4 독성 요소

모든 균주가 예르시니아증을 유발할 수 있는 것은 아니다. 환경에서 추출된 대부분의 균주는 비병원성이다. 병원성 균주는 돼지에서 우세하다. 병원성 및 비병원성 균주 모두 열에 안정한 장독소(Yst)를 생성한다; 따라서 독소 생성은 예르시니아증을 유발하는데 균주의 능력과 직접적인 관련이 없다. 그러나 독소 생성은 온도에 따라 달라지며 25°C에서 성장할 때 독소를 생성하지만 4°C에서는 생성되지 않는다. 병원성 균주는 염색체(Invasin, AiL, Yst) 및 장 상피세포와 림프절에 부착, 침습, 항식세포작용, 군집화에 필요한 YadA(Yersinia 부착 단백질)과 YopH, YopB, YopD, YopE 등과 같은 Yersinia 외막 단백질에 대한 독성 유전자를 암호화하는 70-kb 독성 플라스미드(pVY)에 암호화된 여러 독성 인자를 전달한다. 오로지 군체 형성이 된 후에, 예르시니아 장독소는 장에서 체액 분비를 유발한다. 병원성 균주는 혈청학적 특성에 따라 다양하다. 미국에서 예르시니아증에 관련된 가장 일반적인 혈청형은 O:8형이다.

26.8.5 질병과 증상[34,37]

예르시니아증에 대한 원인으로 간주되는 식품들은 일반적으로 냉장을 통해 순환된다. 따라서 세균은 감염을 시작하기 전에 인간 숙주(37°C)에 적응해야 한다. 일반적으로 이 질병에는 고용량(10^4세포 이상)이 필요하다. 일단 섭취되면, 세균은 먼저 부착 인자 YadA를 사용하여 소장에 부착되고 군집화되며 Peyer의 패치에 있는 M 세포에 흡수된다. 흡수된 세균은 그 후 기저층에 있는 M 세포에서 방출되고, 인바신 단백질(Invasin protein)과 YadA를 이용하여 상피세포에 침투한다. 세균은 대식세포 안에서 살아남아 국부 림프절, 간, 비장으로 퍼진다. 장에서 장 독소 Yst는 체액 분비를 촉진하여 설사를 유발한다. 어린아이들은 식품매개 예르시니아증에 더 취약하다. 증상은 맹장염과 같이 하복부의 심각한 복통, 설사, 메스꺼움, 구토, 그리고 발열이다. *Yersinia*는 장간막 림프절에서 증식하여 림프절염으로 이어져 맹장염으로 이어질 수 있다. 증상은 일반적으로 오염된 식품의 섭취 후 24~30시간 안에 나타나고, 2~3일간 지속된다. 그 질병은 드물게 치명적일 수 있다. 감염의 심각성는 패혈증, 폐렴, 수막염, 심장 내막염 등과 같이 면역력이 약한 숙주에서 두드러진다. 예르시니아증의 장기 후유증은 반응성 관절염과 결절성 홍반으로 나타난다.

26.8.6 관련 식품[38,39]

Yer. enterocolitica 균주는 환경에서 발견되기 때문에, 많은 식품들은 그 유기체를 수용할 수 있다. 그러나 돼지 고기 제품은 이 유기체의 가장 일반적인 공급원이다. 그것은 원유, 가공된 유제품, 날것 및 부적절하게 조리된 육류, 돼지곱창, 신선한 채소 및 부적절하게 염소 처리된 물에서 추출되었다. 예르시니아증에 관련된 식품들은 원유와 저온 살균 우유, 아이스크림, 그리고 부적절하게 조리된 육류가 포함한다. 세포는 열에 민감하기 때문에, 적절하게 살균하거나 가열한 식품은 열처리 후 재오염으로 인해 이 병원균을 가질 수 있다. 식품은 또한 인간 보균자 또는 애완동물에서 오염될 수 있다. 세포가 냉장 온도에서 자랄 수 있기 때문에 냉장 식품을 장기간 보관할 때 초기 부하가 낮더라도 높은 수준에 도달할 수 있다.

26.8.7 예방

그 균주는 저온발육생물들이기 때문에 냉장으로 그들의 증식을 제어할 수 없다. 예르시니아증의 발생을 통제하기 위해서는 취급 및 가공의 모든 단계에서 좋은 위생과 적절한 열처리가 중요하다. 원유나 저온에서 조리된 육류의 섭취는 피해야 한다.

26.9 비브리오종(*Vibrio* Species)

비브리오 속은 30종으로 구성되어 있으며, 다음 4개의 종이 식품매개 질환에 연관되어 있다: *Vibrio cholerae*(O1 및 비O1 외 혈청군), *Vib. mimicus*, *Vib. parahaemolyticus*, 그리고 *Vib. vulnificus*, *Vib. parahaemolyticus*가 이 장에서 설명되고, *Vib. cholerae*와 *Vib. mimicus*는 독성 감염 부분에 포함된다(제27장). 종들 간 차별성에 대한 분명한 기준이 없을지라도, *Vib. cholerae*와 *Vib. mimicus* 둘 다에 의해 영향을 받은 개인들에서 발열의 부재는 *Vib. parahaemolyticus*와 *Vib. vulni-ficus* 감염과 두 종을 분리하는 데 사용한다.

26.9.1 장염 비브리오균(*Vibrio parahaemolyticus*)[40,41]

중요성

*Vib. parahaemolyticus*에 의해 일어나는 위장염은 일본에서 매우 흔하며, 전체 세균성 식품매개 질병의 40%~70%를 차지한다. 높은 발병률은 굴과 같은 생 해산물의 소비와 직접적인 관련이 있다. 미국에서는 1971년 열처리 후 병원균에 오염된 찐 게의 섭취와 관련된 대규모 발병에서 식품매개 감염에 대한 연관성이 처음으로 인식되었다. 1970년대에 여러 다른 대규모 발병이 확인되었다. 그러나 1980년대에는 발병의 수와 발병당 사례 수가 크게 감소되었다. 1980년~1987년 사이에 총 75명과 관련된 12건의 발병이 있었으며 사망자는 없었다. 2009년~2010년 사이에 33건의 질병과 관련된 4건의 발병이 있었다.[32] CDC는 미국에서 매년 약 35,000명의 사람들이 *Vib. Parahaemolyticus*에 감염되고 그중 86%는 식품매개에 의한 것으로 추정했다.[29] *Vib. parahaemolyticus* 혈청형 O3:K6은 전 세계적으로 발생하며 다른 혈청형인 O4:K68 및 O1:KUT는 식중독과 관련이 점점 증가되었다.

특성

세포는 그람음성이고, 비포자성이며, 직선 또는 곡선 간균으로 운동성이 있다. 그들은 일반적으로 과산화수소 분해효소(catalase)와 산화효소(oxidase) 양성이다. *Vib. parahaemolyticus* 세포는 단일 극성 편모세포 또는 측면 편모에 존재로 인해 생긴 유주자의 도움을 받는다. 균주들은 가스를 생성하지 않으며 포도당(glucose)이 함유된 배지에서 증식하지만, 젖당(lactose)와 수크로스(sucrose)를 발효시킬 수는 없다. 그들은 5°C~42°C의 온도 범위 안에서 증식할 수 있고, 최적의 온도는 30°C~37°C이다. 이 세포는 호염성균으로 3%~5% 염화나트륨의 존재하에서 빠르게 증식하지만, 10% 염분에는 민감하다. 최적 증식 조건에서, 세포는 대략 15분 안에 증식할 수 있다. 증식은 pH 5.0 또는 그 아래에서 제한적이다. 세포는 건조, 가열(살균), 그리고 냉장 및 냉동에 매우 민감하다.

서식처

Vib. parahaemolyticus 균주는 전 세계의 연안 해역에 분포되어 있는 호염성 세균이다. 그들은 하구에 형성된 환경에서 발견되고, 하계 동안 가장 높은 숫자로 존재하는 계절적 변이를 보여준다. 동계 동안 그들은 플랑크톤의 키틴질 물질 위 하구 바닥에서 남아 있다.

독성요소와 독소 생성

모든 종류의 *Vib. parahaemolyticus*가 병원성이 있는 것은 아니다. 식품매개 병원성 균주는 열안정성 직접적 용혈소(thermostable direct haemolysin, TDH), TDH 관련 용혈소(TRH), 사이드로포어(vibrioferin) 및 제3형 분비 시스템(T3SS)과 같은 많은 독성 인자를 생성한다. 게다가, 캡슐(K 항원)과 바이오필름 생산은 발병을 돕는다. TDH(23-kDa hemolysin)는 가장 중요한 독소로 간주된다. TDH 생산자는 와가쓰마 한천(Wagatsuma agar)에서 재배하면 용혈을 유발할 수 있기 때문에 가나가와현상 양성(Kanagawa phenomenon-positive) KP^+로 지정된다. KP^+균주는 병원성이 있는 반면,

KP^- 균주는 일반적으로 비병원성이다. 천연 자원(하구 물, 플랑크톤, 조개류, 물고기)으로부터 분리된 대부분의 균주는 가나가와 음성이다. 그러나 일부 가나가와 음성 균주도 식중독 발생과 관련이 있다. 모든 병원성 균주는 세포 배양에서 인간의 태아 장세포에 부착하는 것으로 밝혀졌다. 독소 생산 속도와 그 수준은 환경의 세포 성장, 세포 농도, 환경의 pH와 직결된다. 가열한다고 해서 (식품에서) 형성되는 독소가 파괴되는 것은 아니다.

질병과 증상[42]

세포는 위의 낮은 pH에 민감하다. 일반적으로 개인은 증상이 발생하기 위해 가나가와 양성 균주의 $10^{5\sim7}$개 세포를 섭취해야 한다. 그러나 중탄산염과 식품의 섭취로 인한 pH의 증가는 감염 선량을 감소시킬 수 있다. 일단 *Vib. parahaemolyticus*는 장에 도달하여 다가 부착 분자(MAM)를 사용하여 상피세포를 부착/군집화한다. 사이드로포어를 사용한 철분 획득은 세균의 생존과 성장에도 중요하다. 세균은 용혈소(TDH 및 TRH)를 분비하고 상피세포에 구멍을 형성한다. 상대적으로 큰 구멍 크기는 물과 이온 모두 막을 통해 흐르도록 한다. 증상은 살아 있는 세포의 섭취 후 10~24시간 안에 나타나며, 2~3일간 지속된다. 증상들은 메스꺼움, 구토, 복부 경련, 묽은 설사, 두통, 발열, 오한 등이 있다. 때로는 혈성 설사를 유발할 수 있다. 이 질병은 일반적으로 치명적이지 않다. 그러나 혈액 내 유기체의 전신 확산은 패혈증을 유발하여 장기 부전, 쇼크 및 사망을 초래할 수 있다.

관련 식품

Vib. parahaemolyticus 균주는 특히 여름철에 하구 환경에서 수확된 다양한 유형의 해산물에서 많은 수로 추출되었다. 산발적인 위장염 발병 사례는 생선(고등어, 정어리, 대구), 굴, 게, 새우, 조개, 문어, 바닷가재 등 날것과 부적절하게 조리되거나 식후 오염된 해산물을 섭취하는 것과 관련이 있다. 냉장되지 않은 날것과 조리된 해산물에서 *Vib. parahaemolyticus*는 특히 20°C~30°C에서 빠르게 성장할 수 있다. 온도가 남용된 해산물의 경우 세포는 낮은 초기 개체군에서도 매우 빠르게 감염 선량 수준에 도달할 수 있다. 미국에서 많은 발병은 부적절한 조리와 조리된 후 적합하지 않은 온도에서 보관된 해산물의 교차 오염의 결과로 확인되었다.

예방

*Vib. parahaemolyticus*로 인한 위장염을 제어할 때 몇 가지 요인을 고려해야 한다. 하구에서 수확한 해산물은 *Vib. parahaemolyticus*를 함유하고 있다고 가정해야 하며, 일부 균주는 병원성일 수 있다. 냉장되지 않은 날것, 부적절하게 가열하거나 또는 후열로 오염된 해산물의 경우 세포가 빠르게 증식할 수 있다. 일단 병원성 균주가 감염숫자로 증식하게 되면 열처리를 해도 독소를 파괴할 수 없다. 이러한 이해를 바탕으로 관리 방법에는 다음과 같은 사항이 포함되어야 한다: 날 해산물의 섭취 금지, 해산물의 적절한 열처리, 가열 식품의 교차 오염을 방지하기 위한 적절한 위생, 원료와 가열된 제품의 적절한 냉장, 그리고 적절한 기간 내에 식품을 소비하는 것. 짧은 기간 동안이라도 해산물 온도 남용은 피해야 한다. 만성 간 질환자는 *Vib. parahaemolyticus*감염을 예방하기 위해 생굴의 섭취를 피해야 한다.

26.9.2 비브리오 패혈증균(*Vibrio vulnificus*)[43]

*Vib. vulnificus*는 종종 심각한 패혈증의 원인이 되고 감염을 일으킬 수 있다. 전 세계적으로 연안 해역의 하구 환경에서 발견되는 그람음성, 젖당 양성, 살리신 양성, 호염성 세균이다. 이것은 혈류를 침범하는 능력 때문에 매우 치명적인 병원균으로 간주된다. *Vib. vulnificus*는 오염된 해산물 섭취로 인한 패혈증과 상처 감염으로 인한 진행성 봉와직염 및 조직 괴사와 관련이 있다. 대부분의 경우 생굴이나 조개에 오염된 해산물을 섭취한 후, 세포가 장벽을 통과하여 20~40시간 내에 1차 패혈증을 생성한다. *Vib. vulnificus*는 위산, 협막다당류(capsular polysaccharide), 지질다당류(lipopolysaccharide), 세포독소(cytotoxins), 선모(pili), 편모(flagellum)등 여러 가지 독성 인자를 생성하는데, 이 인자는 세균이 혈류로 들어가 패혈증을 일으킬 수 있도록 한다. 증상은 가끔 구토 및 설사와 함께 오한, 발열, 그리고 탈진이다. 급성 패혈증은 빠르게 발병하는데, 이는 많은 경우에 치명적일 수 있다. 간질환과 위질환, 면역결핍증 환자의 경우 감염률 및 치사이 매우 높다(40%~60%). 이 유기체는 수영 중이거나 해산물을 다루는 동안(특히 어부) 피부에 생긴 상처, 피부 손상, 구멍이 있는 사람에게 심각한 상처 감염을 일으킬 수 있다. 심한 경우 조직 괴사 및 2차 패혈증이 발생할 수 있으므로 외과적 괴사조직 제거 또는 절단이 필요할 수 있다. 상처 감염의 치사율은 20%~30%이며 기저 질환과 관련이 있다. 제어 조치에는 *Vib. parahaolyticus*에 대해 논의된 방법이 포함되어야 한다. 취약한 사람들은 굴과 같은 생 해산물의 섭취를 피해야 한다.

26.9.3 브루셀라증(Brucellosis)[44]

인간 브루셀라증(Brucellosis)은 *Brucella abortus, Bru. suis, Bru. melitensis*라 불리는 브루셀라균종이 일으킨 동물성 감염이다. 그것들은 그람음성, 비운동성, 비포자성, 동물과 사람에게 병원성이 있는 호기성 작은 간균이다. 감염된 동물에서, 유기체는 임신한 동물의 자궁과 수유중인 암컷의 유선에 위치해 있다. 따라서 병원균은 우유로 배설될 수 있다. 동물과 함께 일하는 사람들은 브루셀라균종에 감염될 수 있다. 또한 육류 작업을 하는 사람들도 감염될 수 있다. 원유 및 원유로 만들어진 일부 제품(일부 수입 치즈 등)의 소비는 식품매개 브루셀라증에 관련되어 있다. 그 세포는 우유와 유제품에서 오랫동안 생존한다. 우유와 유제품의 저온 살균은 브루셀라 세포를 사멸한다. 인체감염에 대한 감염선량은 10~100세포이다. 인간에게 나타나는 브루셀라증 증상은 불규칙한 체온 상승과 하강에 따른 파상열, 과도한 땀, 몸살, 관절통, 오한, 쇠약이 있다. 증상은 오염된 식품을 섭취한 후 3~21일 후에 나타난다. 1983년~1987년에 미국에서 수입 치즈 소비로 인해 38명이 사망한 2건의 발병이 발생했다. CDC는 미국에서 매년 약 839건의 브루셀라증 사례를 발생하고, 그 중 50%는 식품매개로 인한 것이라 추정한다. 식품매개 브루셀라병 통제 조치로는 우유의 저온 살균, 저온 살균 우유로 유제품 제조, 저온 살균 제품의 재오염을 방지하기 위한 적절한 위생 등이 포함된다.

26.9.4 연쇄상구균 감염(Streptococcal Infection)

그룹A의 *Streptococcus pyogenes*는 병원균이며, 유선염을 가진 수유 동물로부터 분리되었다. 그람양성 구균이며 인후염, 발열, 오한 및 쇠약의 증상이 있는 인간 인두염과 관련이 있다. 어떤 경우에는 메스꺼움, 구토 및 설사가 나타날 수 있다. 일부 균주는 성홍열을 유발할 수 있다.[45] 오염된 원유와 원유로 만든 유제품, 다른 종류의 샐러드(감염된 식품 취급자에 의해 오염됨)를 섭취한 것으로부터 식품매개 감염이 기록되어 있다. 미국에서는 1983년~1987년에 7건의 발병으로 1,019명이 감염되었다. 1983년 한 번의 발병으로 553명의 사람들이 오염된 감자 샐러드를 먹고 영향을 받았다. 2011년 보고서에 따르면, 그룹 A 연쇄상구균은 미국에서 매년 약 11,200건의 질병을 유발한다.[29] 그룹 A 연쇄상구균(streptococci)외에도, 일부 다른 연쇄상구균이 식품매개 감염과 관련이 있다. 통제 조치에는 유제품의 저온 살균과 원유 및 원유로 만든 제품의 소비를 피하는 것이 포함된다. 연쇄상구균 감염으로 고통받고 있거나 보균자인 사람들은 샐러드와 같은 간편 조리식품을 다루지 말아야 한다. 모든 처리단계의 적절한 위생과 적절한 냉장은 발병률을 줄이는 데 도움이 될 것이다.

26.9.5 Q열(Q fever)

인간의 Q열은 고유한 세균인(rickettsia) *Coxiella burnetii*에 의해 발생한다. 동물은 아무런 증상 없이 이 유기체를 가지고 있다. 동물, 원유 및 육류를 취급하는 사람들은 리케치아에 감염되어 Q열 증상이 나타날 수 있다. 발열, 권태감, 거식증, 근육통, 두통 등의 증상을 보인다. 증상은 감염 후 2~4주 후에 나타나며 약 2주 동안 지속된다. 식품매개 감염은 날것 또는 부적절하게 살균된 우유 및 유제품의 섭취로 인해 발생한다. *Coxiella burnetii*는 많은 병원성균보다 열에 더 강하다. 이로 인해 현재 우유의 저온 살균 온도와 시간은 *Cox. burnetii*의 사멸이 가능한 145°F(62.8°C)에서 30분 또는 160°F (71.1°C)에서 15초로 설정되었다. 최근(2011년), 미국 미시간에서 원유 소비로 인해 *Cox. burnetii*에 5명이 감염되는 사례가 발생했다.[46]

26.10 결론

식품매개 감염은 여러 장내 병원성균에 의해 발생한다. 생존 가능한 세포는 GI 환경에서 생존하고 장내 감염을 일으켜 장 증상과 발열을 유발한다. 몇몇은 또한 신체 내부의 장기를 감염시키고 특정 질병을 일으킬 수 있다. 이 그룹의 여러 병원균은 또한 높은 사망률을 일으킬 수 있다. 그들 모두는 저온에 민감하고 저온 살균에 의해 사멸한다. 적절한 위생, 열처리 및 냉장보관은 발생률을 줄일 수 있다. 그러나 일부는 1°C에서도 증식할 수 있다. 이러한 문제를 극복하기 위해 식품은 장기간 냉장하지 말아야 하며 냉장된 식품은 섭취 전에 균일하게 재가열해야 한다.

학습문제

1. 식품매개 미생물 감염의 몇 가지 특성을 나열하시오. 장 감염과 비 장 감염을 정의하고 각 그룹에 있는 세 개의 병원균의 예를 제시하시오.
2. 식품매개 감염, 중독 및 독성 감염의 증상은 어떻게 다른가?
3. 선진국에서 식품에 의한 살모넬라증이 현재 증가하고 있는 이유에 대해 설명하시오.

4. 살모넬라 혈청형 분류법에 사용된 현재 방식을 간략히 설명하시오.
5. 미국에서 식품매개 살모넬라증을 통제하기 위한 규제 요건과 제안을 설명하시오.
6. 최근 식품매개 살모넬라증 발병의 역학 자료(강사가 제공하거나, 인터넷에서 얻는)에서 발병의 원인을 분석하고, 이것을 예방하기 위해 구현할 수 있는 방법들을 제안하시오.
7. 식품매개 리스테리아증은 식품매개 살모네랄증과 어떻게 다른가?
8. 살균된 간편 조리식품들이 어떻게 *Lis. monocytogenes*에 오염될 수 있는가? 간편 조리 냉장 식품에서 이러한 오염이 미치는 영향은 무엇인가?
9. 식품매개 리스테리아증에 가장 취약한 사람을 나열하시오.
10. "1991년 이후로 식품매개 리스테리아증 사례가 감소되었다." 미국에서의 이 감소율에 어떤 것이 도움이 되었는가?
11. 비병원성 및 병원성 대장균을 정의하시오. 병원성 변종들은 어떻게 군집화되었는가? 그들의 독소의 특성은 무엇인가?
12. 사람의 식품매개 EHEC(장 출혈성 대장균)의 병원성을 설명하시오.
13. 1993년 여러 주에 걸친 식품매개 발병에서, EHEC은 피해자, 부적절하게 요리된 햄버거 패티, 그리고 햄버거 원료에서 추출되었다. 많은 양의 갈은 소고기(몇 천 파운드)는 이 병원균에 오염되었다고 의심되었다. 일부 식품미생물학자는 믿었다. 다량의 제품이 병원균에 오염되었을 때, 가공 공정 단계가 직접적으로 제품을 오염시켰을 높은 가능성이 있다(차례적으로 적은 양의 오염된 원료 또는 환경에서 이전에 오염되었을 수 있는). 이 생각과 함께, 발병에서 다량의 햄버거 패티에 EHEC 오염이 관련되었을 수 있다는 시나리오를 작성하시오.
14. 식품매개 살모넬라증과 세균성 이질(시겔라증) 사이에 두 가지 유사점 및 차이점을 나열하시오. 시가 독소를 정의하시오.
15. 세균성 이질 발병의 관련 식품과 질병을 제어하기 위한 예방책들을 설명하시오. 식용 동물은 왜 세균성 이질의 근원이 될 수 없는가?
16. "캄필로박터증은 많은 국가에서 주요 식품매개 질환으로 대두되고 있다." 이 진술을 설명하시오.
17. 캄필로박터증에 관련된 원인이 되는 병원균에 대한 관련 식품과 예방책을 설명하시오.
18. 캄필로박터증의 일반적인 후유증은 무엇인가?
19. 식품매개 예르시니아증에 관련된 원인 병원균의 두 가지 중요한 특성을 설명하시오.
20. 예르시니아증의 증상을 나열하고, 얼마나 자주 오진되는지 나타내시오.
21. 식품매개 예르시니아증을 감소하기 위한 제어 방법들을 설명하시오.
22. 인간의 병원균으로 간주되는 비브리오 종을 나열하고, 어떤 종류의 질병이 *Vib. vulnificus*와 관련이 있는가?
23. 식품이 어떻게 *Vib. parahaemolyticus*에 의한 위장염의 매개체가 될 수 있는지 설명하시오.
24. 사람의 *Vib. vulnificus*의 병원성을 설명하시오.
25. *Bru. abortus*, 병원성 *Straptococcus*, 그리고 *Cox. Burnetii*에 의해 유발되는 식품매개 감염들을 간략하게 설명하시오.

참고문헌

1. Tauxe, R.V., Salmonella: A postmodern pathogen, *J. Food Prot.*, *54*, 563–568, 1991.
2. CDC, *National Salmonella Surveillance Overview,* Atlanta, GA, US Department of Health and Human Services, CDC, 2011.
3. Foley, S.L., Nayak, R., Hanning, I.B., Johnson, T.J., Han, J., and Ricke, S.C., Population dynamics of *Salmonella enterica* serotypes in commercial egg and poultry production, *Appl. Environ. Microbiol.*, *77*, 4273–4279, 2011.
4. Podolak, R., Enache, E., Stone, W., Black, D.G., and Elliott, P.H., Sources and risk factors for contamination, survival, persistence, and heat resistance of *Salmonella* in low-moisture foods, *J. Food Prot.*, *73*, 1919–1936, 2010.
5. Ruby, T., McLaughlin, L., Gopinath, S., and Monack, D., Salmonella's long-term relationship with its host, *FEMS Microbiol. Rev.*, *36*, 600–615, 2012.
6. Velge, P., Wiedemann, A., Rosselin, M., Abed, N., Boumart, Z., Chausse, A.M., Virlogeux-Payant, I. et al., Multiplicity of *Salmonella* entry mechanisms, a new paradigm for *Salmonella* pathogenesis, *MicrobiologyOpen*, *1*, 243–258, 2012.
7. Park, S., Szonyi, B., Gautam, R., Nightingale, K., Anciso, J., and Ivanek, R., Risk factors for microbial contamination in fruits and vegetables at the preharvest level: A systematic review, *J. Food Prot.*, *75*, 2055–2081, 2012.
8. Steinert, L., Virgil, D., Bellemore, E., Williamson, B., Dinda, E., Harris, D., Hutcheson, R.H. et al., Update: *Salmonella* Enteritidis infections and Grade A shell eggs—United States, 1989, *Morb. Mortal. Weekly Report*, *38*, 877–880, 1990.
9. Freitag, N.E., Port, G.C., and Miner, M.D., *Listeria monocytogenes* from saprophyte to intracellular pathogen, *Nat. Rev. Microbiol.*, *7*, 623–628, 2009.
10. Milillo, S.R., Friedly, E.C., Saldivar, J.C., Muthaiyan, A., O'Bryan, C., Crandall, P.G., Ricke, S.C. et al., A review of the ecology, genomics, and stress response of *Listeria innocua* and *Listeria monocytogenes*, *Crit. Rev. Food Sci. Nutr.*, *52*, 712–725, 2012.
11. Carpentier, B. and Cerf, O., Review—Persistence of *Listeria monocytogenes* in food industry equipment and premises, *Int. J. Food Microbiol.*, *145*, 1–8, 2011.
12. Paoli, G.C., Bhunia, A.K., and Bayles, D.O., *Listeria monocytogenes*. In *Foodborne Pathogens: Microbiology and Molecular Biology*, Fratamico, P., Bhunia, A.K., and Smith, J.L., Eds., Caister Academic Press, Norfolk, UK, 2005, pp. 395–325.
13. Camejo, A., Carvalho, F., Reis, O., Leitao, E., Sousa, S., and Cabanes, D., The arsenal of virulence factors deployed by *Listeria monocytogenes* to promote its cell infection cycle, *Virulence*, *2*, 379–394, 2011.
14. Pizarro-Cerdá, J., Kühbacher, A., and Cossart, P., Entry of *Listeria monocytogenes* in mammalian epithelial cells: An updated view, *Cold Spring Harb Perspect. Med.*, *2*, 2012.
15. Sleator, R.D., Watson, D., Hill, C., and Gahan, C.G.M., The interaction between *Listeria monocytogenes* and the host gastrointestinal tract, *Microbiology*, *155*, 2463–2475, 2009.
16. Pouillot, R., Hoelzer, K., Jackson, K.A., Henao, O.L., and Silk, B.J., Relative risk of listeriosis in foodborne diseases active surveillance network (FoodNet) sites according to age, pregnancy, and ethnicity, *Clin. Infect. Dis.*, *54*, S405–S410, 2012.
17. Wenger, J.D., Swaminathan, B., Hayes, P.S., Green, S.S., Pratt, M., Pinner, R.W., Broome, C.V. et al., *Listeria monocytogenes* contamination of turkey franks: Evaluation of a production facility, *J. Food Prot.*, *53*, 1015–1019, 1990.
18. Fleckenstein, J.M., Hardwidge, P.R., Munson, G.P., Rasko, D.A., Sommerfelt, H., and Steinsland, H., Molecular mechanisms of enterotoxigenic *Escherichia coli* infection, *Microbes Infect.*, *12*, 89–98, 2010.
19. Isidean, S.D., Riddle, M.S., Savarino, S.J., and Porter, C.K., A systematic review of ETEC epidemiology focusing on colonization factor and toxin expression, *Vaccine*, *29*, 6167–6178, 2011.
20. Ochoa, T.J. and Contreras, C.A., Enteropathogenic *Escherichia coli* infection in children, *Curr. Opin. Infect. Dis.*, *24*, 478–483, 2011.
21. Hernandes, R.T., Elias, W.P., Vieira, M.A.M., and Gomes, T.A.T., An overview of atypical enteropathogenic *Escherichia coli*, *FEMS Microbiol. Lett.*, *297*, 137–149, 2009.
22. Beld, M.J.C. and Reubsaet, F.A.G., Differentiation between *Shigella*, enteroinvasive *Escherichia coli* (EIEC) and noninvasive *Escherichia coli*, *Eur. J. Clin. Microbiol. Infect. Dis.*, *31*, 899–904, 2012.
23. Nataro, J.P. and Kaper, J.B., Diarrheagenic *Escherichia coli*, *Clin Microbiol Rev*, *11*, 142–201, 1998.

24. Bettelheim, K.A. and Goldwater, P.N., Shigatoxigenic *Escherichia coli* in Australia: A review, *Rev. Med. Microbiol.*, *24*, 22–30, 2013.
25. Bolton, D.J., Verocytotoxigenic (Shiga toxin-producing) *Escherichia coli*: Virulence factors and pathogenicity in the farm to fork paradigm, *Foodborne Pathog. Dis.*, *8*, 357–365, 2011.
26. Ferens, W.A. and Hovde, C.J., *Escherichia coli* O157:H7: Animal reservoir and sources of human infection, *Foodborne Pathog. Dis.*, *8*, 465–487, 2011.
27. Farrokh, C., Jordan, K., Auvray, F., Glass, K., Oppegaard, H., Raynaud, S., Cerf, O. et al., Review of Shiga-toxin-producing *Escherichia coli* (STEC) and their significance in dairy production, *Int. J. Food Microbiol.*, 2013.
28. Olaimat, A.N. and Holley, R.A., Factors influencing the microbial safety of fresh produce: A review, *Food Microbiol.*, *32*, 1–19, 2012.
29. Scallan, E., Hoekstra, R.M., Angulo, F.J., Tauxe, R.V., Widdowson, M.A., Roy, S.L., Griffin, P.M. et al., Foodborne illness acquired in the United States: Major pathogens, *Emerg. Infect. Dis.*, *17*, 7–15, 2011.
30. Camacho, A.I., Irache, J.M., and Gamazo, C., Recent progress towards development of a *Shigella* vaccine, *Expert Rev. Vaccines*, *12*, 43–55, 2012.
31. Silva, J., Leite, D., Fernandes, M., Mena, C., Gibbs, P.A., and Teixeira, P., *Campylobacter* spp. as a foodborne pathogen: A review, *Front. Microbiol.*, *2*, 2011.
32. Gould, L.H., Mungai, E.A., Johnson, S.D., Richardson, L.C., Williams, I.T., Griffin, P.M., Hall, A.J. et al., Surveillance for foodborne disease outbreaks: United States, 2009–2010, *Morb. Mortal. Weekly Report*, *62*, 41–47, 2013.
33. Young, K.T., Davis, L.M., and DiRita, V.J., *Campylobacter jejuni*: Molecular biology and pathogenesis, *Nat. Rev. Microbiol.*, *5*, 665–679, 2007.
34. Drummond, N., Murphy, B.P., Ringwood, T., Prentice, M.B., Buckley, J.F., and Fanning, S., *Yersinia enterocolitica*: A brief review of the issues relating to the zoonotic pathogen, public health challenges, and the pork production chain, *Foodborne Pathog. Dis.*, *9*, 179–189, 2012.
35. Leslie, T., Whitehouse, C.A., Yingst, S., Baldwin, C., Kakar, F., Mofleh, J., Kakar, R. et al., Outbreak of gastroenteritis caused by *Yersinia pestis* in Afghanistan, *Epidemiol. Infect.*, *139*, 728–735, 2011.
36. Bhagat, N. and Virdi, J.S., The enigma of *Yersinia enterocolitica* biovar 1A, *Crit. Rev. Microbiol.*, *37*, 25–39, 2011.
37. Sabina, Y., Rahman, A., Ray, R.C., and Montet, D., *Yersinia enterocolitica*: Mode of transmission, molecular insights of virulence, and pathogenesis of infection, *J. Pathog.*, 2011.
38. Bari, M.L., Hossain, M.A., Isshiki, K., and Ukuku, D., Behavior of *Yersinia enterocolitica* in foods, *J. Pathog.*, 2011.
39. Fukushima, H., Shimizu, S., and Inatsu, Y., *Yersinia enterocolitica* and *Yersinia pseudotuberculosis* detection in foods, *J. Pathog.*, Article ID 735308, 2011.
40. Bisha, B., Simonson, J., Janes, M., Bauman, K., and Goodridge, L.D., A review of the current status of cultural and rapid detection of *Vibrio parahaemolyticus*, *Int. J. Food Sci. Technol.*, *47*, 885–899, 2012.
41. Levin, R.E., *Vibrio parahaemolyticus*, a notably lethal human pathogen derived from seafood: A review of its pathogenicity, characteristics, subspecies characterization, and molecular methods of detection, *Food Biotechnol.*, *20*, 93–128, 2006.
42. Broberg, C.A., Calder, T.J., and Orth, K., *Vibrio parahaemolyticus* cell biology and pathogenicity determinants, *Microb. Infect.*, *13*, 992–1001, 2011.
43. Horseman, M.A. and Surani, S., A comprehensive review of *Vibrio vulnificus*: An important cause of severe sepsis and skin and soft-tissue infection, *Int. J. Infect. Dis.*, *15*, e157–e166, 2011.
44. Godfroid, J., Scholz, H.C., Barbier, T., Nicolas, C., Wattiau, P., Fretin, D., Letesson, J.J. et al., Brucellosis at the animal/ecosystem/human interface at the beginning of the 21st century, *Prev. Vet. Med.*, *102*, 118–131, 2011.
45. Wong, S.S.Y. and Yuen, K.-Y., *Streptococcus pyogenes* and re-emergence of scarlet fever as a public health problem, *Emerg. Microbes Infect.*, *1*, e2, 2012.
46. Signs, K.A., Stobierski, M.G., and Gandhi, T.N., Q Fever cluster among raw milk drinkers, Michigan, 2011, *Clin. Infect. Dis.*, *55*, 1387–1389, 2012.

제27장

식품매개 독성 감염

27.1 서론

식품매개 및 수인성 위장염과 관련된 여러 병원균의 발병과 질병 증상은 제25장과 26장에 설명된 병원균에 의해 발생하는 고전적인 식중독이나 식품매개 감염과는 다소 다르다. 차이점이 항상 명확하지는 않지만, 이 장에서는 *Clostridium perfringens, Bacillus cereus, Vibrio cholerae* 및 장내독성 대장균에 의한 위장염을 독성 감염으로 설명한다. 처음 두 개는 그람양성 포자균이고 마지막 두 개는 그람음성의 작은 간균이다. 각 병원균에 대해 중요성, 특성, 독소의 특성, 식품 연관성 및 관리방안이 논의된다. 일부의 경우 발생 감지 방법 및 분석도 포함된다. 다음은 식품매개 독성 감염의 몇 가지 특성이다.

1. 포자균인 경우, 많은 수의 살아 있는 영양세포(vegetative cell)를 섭취하는 것이 일반적으로 필요하다.
2. 포자균의 영양세포는 소화관에서 증식하지 않고 포자를 형성하며 독소를 배출한다.
3. 그람음성균의 경우, 살아 있는 세포를 적당한 수로 섭취할 수 있다.
4. 그람음성 세포는 소화관에서 빠르게 증식한다.
5. 대부분의 세포는 또한 죽거나 독소를 배출한다.
6. 두 그룹의 독소는 위장염 증상을 일으킨다.

27.2 클로스트리듐 페르프린젠스(*Clostridium perfringens*)[1]

27.2.1 중요성

*Clostridium perfringens*는 괴사성 장염, 동물과 인간의 괴저, 인간의 식중독 또는 위장염을 포함하여 인간, 동물 및 조류에서 다양한 질병을 유발한다. *Clo. perfringens*에 의한 위장염에는 몇 가지 특정한

특성이 있다. 대부분의 발병에는 많은 사례가 관련되어 있다. 미국에서는 1960년대와 1970년대에 전체 식중독 발생의 7% 이상과 전체 발생사례 수의 10% 이상이 관련되었다. 1980년대에 발병률은 전체 발병의 약 3%로 감소하여 전체 사례의 약 5%에 영향을 미쳤다. 발병은 일반적으로 미리 가열하여 준비한 후 몇 시간 동안 따뜻하게 유지한 일부 식품에서 발생했다. 대부분의 경우 이러한 상황은 카페테리아, 레스토랑, 학교 및 연회(연회 질병)에서 짧은 시간 내에 많은 사람들에게 음식을 제공하는 것과 관련이 있다. 1983년~1987년에 24건의 발병 중 12건이 그러한 기관과 관련이 있었으며 집에서 준비된 음식에서는 한 건의 발병만 발생했다. 1993년~1997년에 2,772건의 사례와 함께 57건의 발병이 있었다. 2009년과 2010년, 미국에서 *Clo. perfringens*와 관련된 총 57건의 발병 사례가 발생했으며, 3,000명 이상의 사람들에게 영향을 미쳤다.[2] 현재 이 병원균은 미국에서 연간 26명의 사망과 함께 약 96만 건의 사례를 유발하는 것으로 추정된다.[3] 그 질병이 경미한 증상을 일으키기 때문에 많은 사건이 보고되지 않았을 가능성이 높다. 따라서 보고된 사례는 실제 숫자의 일부일 수 있으며 연간 추정치는 248,520건이다.

27.2.2 특성

세포는 그람양성이고 운동성이 있는 간균이며 포자를 형성한다. 세포는 크기가 다양하며 작은 사슬 모양을 형성할 수 있다. *Clo. perfringens*는 혐기성이지만 약간의 공기(산소)를 견딜 수 있다. 영양세포는 저온 처리(저온 살균)에 민감하지만 포자는 내열성이 매우 뛰어나고 일부는 끓여도 몇 시간 동안 생존할 수 있다. 세포는 D-사이클로세린(D-cycloserine)에 저항성이 있다. 적절한 기질이 있으면 성장하는 중에 황화수소(H_2S)가 형성된다. 세포는 증식을 위해 여러 아미노산이 필요하다. 따라서 많은 단백질 식품에서 매우 효과적으로 성장할 수 있다. 영양세포의 성장 온도와 포자의 발아 및 성장 온도는 10°C~52°C이다. 최적의 증식온도는 약 45°C이다. 최적의 조건에서 세포 증식은 약 9분 안에 매우 빠르게 진행될 수 있다. 세포는 pH < 5.0, NaCl 농도>5%, 수분활성도 < 0.93 및 500 ppm 아질산염에서 잘 성장하지 못한다.

27.2.3 서식처

포자와 영양세포는 토양; 먼지; 동물, 조류 및 인간의 장 내용물, 그리고 조류에서 발견된다. 많은 식품들, 특히 날 식품들은 이런 원천에서 오염된다.

27.2.4 독소와 독소 생성

*Clo. perfringens*는 4가지 유형의 세포외 독소(알파, 베타, 입실론 그리고 이오타)의 생산에 기반하여 다섯 가지 종류(A, B, C, D 및 E)가 있다. A형 종은 식품매개성 독소 동시감염에 주로 포함되어 있다. *Clo. perfringens* 장내독소(CPE)는 식품매개성 질환과 연관되어 있는 a34-kDa 단백질이며, 열 불안정성 단백질이다. 장내독소 생성은 플라스미드 또는 염색체에 위치한 *cpe* 유전자에 의해 암호화된다. CPE는 장에서 포자형성 중에 세포에 의해 생성되어 분비되는 세포내 단백질이다. 식중독 미생물의 독소와 달리, 장내독소는 포자형성 중에 소화관에서 생성된다. 장내독소 생산을 위한 환경매개변수는

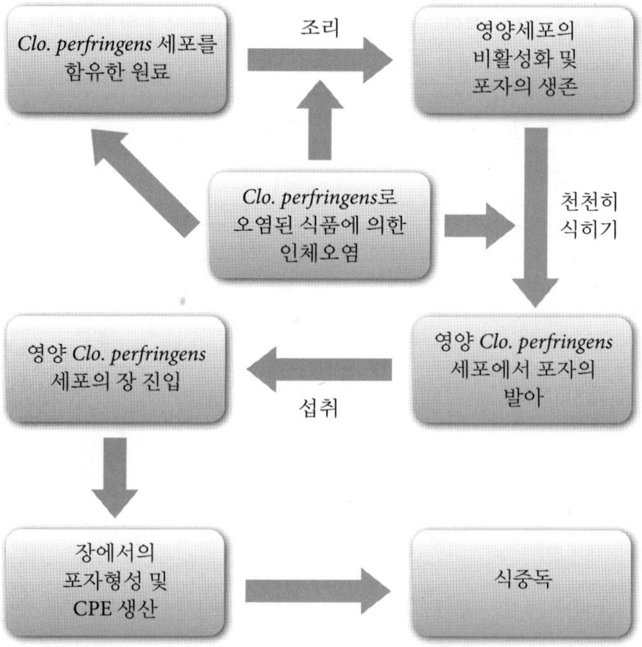

그림 27.1 ***Clostridium perfringens*** **오염, 장 독소 생성(CPE) 및 식중독으로 이어지는 연속적인 사건. (Lindström, M. et al., *Food Microbiol.*, 28, 192–198, 2011에서 조정 및 수정.)**

포자형성 환경과 직접적인 관련이 있다. **그림 27.1**은 장내독소(CPE) 생산과 클로스트리듐 식중독을 유발하는 연속적 인적 사건을 보여준다. 장에서뿐만 아니라, 일부 식품에서도 특정 수준만큼의 포자형성과 장내독소 생성이 발생할 수 있다는 보고가 있다.

27.2.5 질병과 증상[4,5]

장 내강에서 장내독소가 생성되면 장 상피세포의 밀착 접합부에 있는 클라우딘 단백질(claudin protein, 수용체)에 결합하여 막에 삽입된 후 독소가 흠집을 내고 이것이 막 투과성을 변화시켜 결과적으로 수분, 나트륨(Na^+) 및 염소(Cl^-) 등이 손실된다. 장내독소는 위장염만을 유발한다. CPE는 또한 상피세포 사멸을 유발하고 미세융모 손상, 상피탈락 및 괴사를 유발하여 체액 및 전해질 손실을 더 유발한다. 증상은 식품을 통해 많은 수($\geq 5 \times 10^5$/g)의 살아 있는 세포를 섭취 한 후 8~24시간에 나타난다. 주요 증상은 설사와 복통이다. 메스꺼움, 구토 및 발열도 발생할 수 있지만 덜 일반적이다. 드물기는 하지만 매우 젊거나, 노인과 병든 사람들 사이에서 사망자가 발생할 수 있다. 증상은 일반적으로 24시간 이내에 사라진다. 이것은 경미한 질병으로 간주되며 거의 보고되지 않는다.

27.2.6 관련 식품

가장 일반적으로 동물과 조류의 생고기는 소화관 내용물의 포자와 세포로 오염되는 반면 채소와 향신료는 일반적으로 토양과 먼지에서 그것들을 얻는다. 이 세균은 생장을 위해 일부 아미노산 필요조

표 27.1 미국에서 1973~1987년 사이의 *Clo. perfringens* 발병에 관여한 식품 유형

식품 유형	발병 수[a]	%
소고기	51	26.3
멕시코 음식	23	11.9
칠면조	19	9.8
닭고기	9	4.6
돼지고기	8	4.1
물고기	3	1.6
갑각류	2	1.0
채소류	1	0.5
기타	46	23.8
알 수 없음	28	14.4

[a] 전체 사례 수는 12,234건이다.

건이 있기 때문에 육류 및 육류 함유 식품은 세포 증식에 좋은 환경을 제공해준다. 일반적으로 발병의 원인으로 간주되는 음식에는 고기 스튜(쇠고기 및 가금류), 구이, 고기 파이, 캐서롤, 그레이비, 소스, 콩 요리 및 일부 멕시코 음식(타코 및 엔칠라다)이 포함된다. **표 27.1**은 1973~1987년에 미국에서 발병된 190건의 *Clo. perfringens* 위장염에 관련된 식품 유형의 목록이다. 목록화된 식품 중에 단백질이 풍부한 식품들은 높은 비율을 차지한다. 이러한 발병에서 가장 중요한 세 가지 요인은 부적절한 보관 온도, 부적절한 조리 및 오염된 장비이다. 가장 중요한 원인은 미리 많은 양의 음식을 조리하여 천천히 식힌 다음 오랜 시간 동안 보관하고 재가열하지 않고 자주 제공하는 것이다. 요리는 영양세포를 죽이지만 포자는 살아남는다. 대량의 식품은 혐기성 환경을 제공하고, 천천히 식히는 것은 포자가 발아하고 성장할 수 있는 온도를 제공할 뿐만 아니라 식사를 하기 전에 높은 수준에 도달하도록 세포가 빠르게 증식할 수 있게 해준다. 식품은 수용 품질의 손실을 나타내지 않을 수 있다.

27.2.7 예방[6]

식품에 *Clo. perfringens* 포자와 세포가 존재하는 것은 드문 일이 아니다. 식사 전에 생존세포가 높은 숫자로 존재하지 않는 한, 위장염을 일으킬 수 없다; 따라서 목표는 세포 수를 낮게 유지하는 것이다. 이는 식품 준비 및 취급의 모든 단계에서 적절한 위생 상태를 사용함으로써 달성할 수 있다. 식품은 세포와 포자를 최대한 많이 사멸시키도록 권장된 최고 온도로 조리되어야 한다. 식품은 냉장 온도에서 빠르고 균일하게(가급적으로 1시간 이내) 냉각되어야 한다. 깊은 용기와 대조적으로 얕은 용기는 급속 냉각(10°C 또는 50°F 이하)을 용이하게 한다. 식품을 장기간 보관할 경우 빠르고 균일하게 재가열(영양세포를 죽이기 위해)하고 제공되는 동안 뜨거운 상태(60°C 이상, 140°C 이상)로 유지하는 것이 중요하다.

27.2.8 식별 방법

식별 방법에는 선택적 한천배지와 혐기성 조건에서 배양을 통해 *Clo. perfringens*에 대한 배설물 표본과 원인이 되는 식품의 조사를 포함한다.

27.2.9 발병 분석

1989년 3월 직원 420명 중 300명이 전날 기업 오찬에 참석한 후 병에 걸렸다. 인터뷰에 응한 113명 중 설사, 복부 경련, 메스꺼움이 보고되었다. 증상은 오찬 후 2~18시간 사이(평균 9.5시간)에 시작되었으며 질병은 약 12시간 동안 지속되었다. 대변 표본에는 많은 수의 *Clo. perfringens*가 포함되어 있었다. 메뉴는 닭고기, 구운 소고기, 그레이비, 라자냐, 혼합 채소로 구성되었다. 인터뷰에 따르면 구운 소고기를 먹은 사람들 중 98%가 아프기 시작했다는 것이 밝혀졌다. 따라서 그것은 가능한 원인으로 지목되었다. 취사시설을 조사한 결과 위생 및 냉장 시설이 불량한 것으로 나타났다. 각각 약 8.6 kg (19 lb)의 구운 소고기를 오찬 날짜 3일 전에 조리하여 냉장고에 보관했다. 남은 구운 소고기를 조사한 결과 2×10^6 cells/g 이상의 *Clo. perfringens*가 존재하는 것으로 나타났다.

불충분한 위생 조건에서 미리 준비하고 부적절한 온도에서 저장하고 더 이상 가열하지 않고 제공되었던 구운 고기가 이번 *Clo. perfringens* 위장염 발병에 관련되어 있었다. 가장 가능성이 높은 사건의 순서는 다음과 같다. 생소고기(또는 주방 시설)가 세균(대부분 포자)의 근원이 되었다. 큰 크기의 고기를 구워도 포자를 사멸하지 못했다. 그 후 3일 동안 부적절한 냉장 상태에서 보관하는 동안 대형 구이의 온도가 10°C 이하로 떨어지는데 오랜 시간이 걸렸다. 따라서 포자가 발아하고 단백질이 풍부한 식품에서 세포가 빠르게 증식하여 온도가 10°C 미만에 도달하기 전에 높은 성장치에 도달했다. 구이가 제공되었을 때 그 부분은 *Clo. perfringens* 세포의 수가 많았다. 구이를 섭취한 후 세포는 포자를 형성하여 장 독소를 방출하고 2~18시간 내에 위장염 증상을 일으키며 약 12시간 동안 지속되었다. 이 발병은 적절한 위생, 적절한 조리, 적절하고 신속한 냉장(10°C 이하), 그리고 제공하기 전에 구이를 60°C 이상으로 데우는 것으로 피할 수 있었을 것이다.

27.3 바실러스 세레우스균(*Bacillus cereus*)[7]

27.3.1 중요성

바실러스 종은 자연과 음식에 널리 분포한다. *Bacillus* 속은 현재 최소 56개 속과 545종으로 구성되어 있다.[8] *Bacillus cereus* 그룹(*Bac. cereus, Bac. anthracis, Bac. mycoides, Bac. thuringiensis, Bac. pseudomycoides, Bac. weihenstephanensis* 및 *Bac. medusa*) 및 여러 다른 장독소 생산 *Bacillus*는 공중 보건에 중요하다.[9] *Bac. anthracis*는 인간과 동물에게 치명적인 탄저병을 일으킨다. 인간의 경우 이 질병

은 피부 계통, 호흡기 또는 위장 계통에 나타날 수 있다. *Bac. cereus*에 의한 식품매개 위장염 발병은 일부 유럽 국가에서 상대적으로 높다. 대조적으로 *Bac. cereus*가 1969년에 위장염 요인의 원인이 되는 것으로 인지되었던 미국에서의 발병률은 상당히 낮다. 1973~1987년 사이에 1,123건의 사례를 포함하는 58건의 발병이 보고되었다. 발병률과 발병당 사례 수는 모두 낮았으며 사망자는 보고되지 않았다. 2009년과 2010년에 총 25건의 발병이 보고되어 미국에서 427건의 사례가 발생했다.[2] CDC는 현재 매년 약 63,000명의 미국인이 *Bac. cereus* 식중독에 걸리는 것으로 추정한다.[3] 그러나 증상이 심하지 않고 약 12시간 동안만 지속되기 때문에 많은 사례가 보고되지 않을 수 있다.

27.3.2 특성

세포는 그람양성, 운동성 있는 간균이며 세포 중간에 내생포자를 형성한다(**그림 27.2**). 세포는 저온 살균에 민감하다. 포자는 대부분의 조리 과정에서 사용되는 고열 처리에서 생존할 수 있다. *Bac. cereus*는 호기성이지만 어느 정도의 혐기성 환경에서도 자랄 수 있다. 세포는 4°C~50°C의 온도 범위에서 증식할 수 있으며 최적의 증식온도는 약 35°C~40°C이다. 증식의 다른 매개 변수는 pH 4.9~9.3, 수분활성도 0.95 이상, NaCl 농도 10% 미만이다. *Bac. cereus* 그룹의 대부분의 *Bacillus* spp.은 *Bac. antracis*를 제외하고 운동성이 있다. 그들은 한천 플레이트에 큰 군집을 형성한다.

27.3.3 서식처

*Bac. cereus*의 포자와 세포는 토양과 먼지 속에서 흔하며 원료 및 완제품을 포함한 많은 식품에서 소량으로 쉽게 분리될 수 있다. 건강한 성인 인간의 10%의 장내 기관들은 정상적인 조건에서 *Bac. cereus*를 가지고 있다.

27.3.4 독소와 독소 생성

*Bac. cereus*는 구토형 독소, 설사유발 독소, 세포 독소 K, 장내독소 FM 및 장내독소 T를 포함한 여러 다양한 독소를 생성한다. 이 중에서 구토 및 설사 유발 독소는 가장 중요한 것으로 생각되며 특정 유

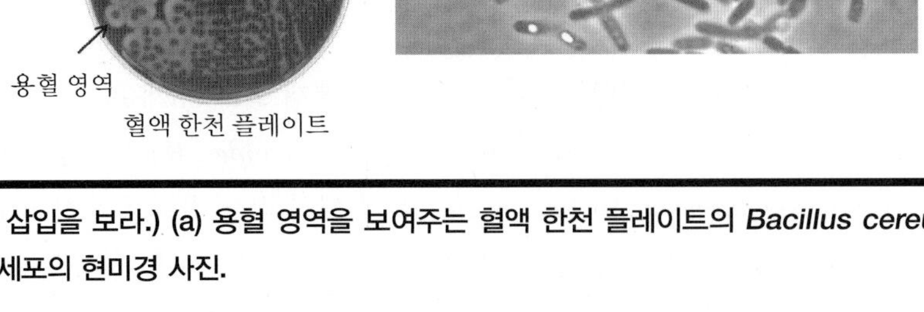

그림 27.2 (컬러 삽입을 보라.) (a) 용혈 영역을 보여주는 혈액 한천 플레이트의 *Bacillus cereus* 군집, (b) 내생포자를 나타내는 세포의 현미경 사진.

형의 증상과 관련이 있다. 구토형 독소는 구토를 유발한다. 그것은 고리형 펩타이드(cyclic peptide)로 구성되어 있으며 분자량은 약 1.2 kDa이며 또한 세레우리드(cereulide)라고도 한다. 열에 매우 안정적이며 pH 2~11의 범위에서 활성화된다. 설사형 독소는 38~43 kDa의 분자량을 가지며 열에 불안정한 독소이다. 설사형 독소는 용혈성 B 및 L 복합체(HBL) 및/또는 비용혈성 장내독소(NHE)로 구성되어 있다. 또한 장내독소(Enterotoxin) T, 장내독소 FM, 세포독소(Cytotoxin) K, 용혈소(hemolysins) 및 인지질분해효소(phospholipase)는 *Bac. cereus*에 의해 생성된다.[10] 독소는 기하급수적이고, 고정적인 단계에서 또는 세균세포가 용해될 때 장에서 생성된다. 이들은 장에서 발생하지만 식품에서도 발생할 수 있다. 따라서 이 사례는 포도상구균 식중독과 마찬가지로 식중독으로 간주될 수 있다.

27.3.5 질병과 증상[7]

일반적으로 위장염을 일으키려면 많은 수의 세포(10^6~10^8/g)를 섭취해야 한다. 위에서 언급했듯이 두 가지 종류의 장내독소는 두 가지 유형의 증상을 나타낸다. 구토형 독소는 세레우리드라고도 하며 포도상구균 식중독과 유사한 심한 구토를 유발한다. 독소는 위장의 5-HT_3 수용체에 결합하여 미주신경을 자극하여 구토를 일으킨다. 설사형 독소의 작용 방식은 잘 알려져 있지 않지만, cAMP 시스템을 자극하여 설사를 유도한다. 그 결과 나트륨(Na^+), 염소(Cl^-) 및 물(H_2O)이 상피세포에서 손실되어 전해질 불균형이 발생한다. 설사 형태의 증상은 살아 있는 세포가 포함된 식품을 섭취한 후 6~12시간 후에 나타난다. 증상으로는 복통, 묽은 설사, 아마도 메스꺼움이 있지만 구토나 발열은 없다. 회복은 보통 24시간 이내에 이루어진다. 이러한 증상은 여러 측면에서 *Clo. perfringens*에 의해 생성된 증상과 유사하다.

구토형에서 증상은 독소와 살아 있는 세포가 포함된 식품을 섭취한 후 1~5시간 후에 발생한다. 독소가 열에 안정하기 때문에 일단 세포에 독소가 형성되면 많은 세포가 포함된 식품을 먹기 전에 가열해도 여전히 질병을 유발할 수 있다. 증상은 메스꺼움과 구토이며, 복통과 설사가 나타날 수도 있다. 증상은 약 24시간 동안 지속되며 자가 제한적이다. 어떤 측면에서 증상은 포도상구균 위장염과 유사하다.

27.3.6 관련 식품

많은 종류의 식품은 적은 수의 세포와 *Bac. cereus* 포자를 포함할 수 있다. 이러한 식품의 섭취는 질병을 유발하지 않는다. 그러나 이러한 식품이 포자 발아와 세포 증식을 촉진하기 위해 남용될 경우, 살아 있는 세포의 개체군은 질병에 필요한 높은 수준에 도달할 수 있다. 설사 발병에서 채소, 샐러드, 육류, 푸딩, 캐서롤, 소스 및 수프를 포함한 다양한 식품이 관련되어 있으며, 대부분은 그 식품의 부적절한 냉각 때문이다. 그러나 구토 형태의 발병은 대부분 쌀, 파스타 및 때로는 다른 전분 식품과 관련이 있다. **표 27.2**는 1973~1987년 사이에 미국에서 발병한 *Bac. cereus* 위장염과 관련된 식품 목록을 보여준다. 많은 식품이 나열되어 있지만 가장 많은 식품은 중국 식당에서 판매하는 볶음밥이었다(중국 쌀 증후군). 조사 결과 쌀을 끓여서 준비한 후 상온에서 장시간 보관하는 것으로 밝혀졌다. 살아남은(또는 오염된) 포자가 발아하고, 세포는 식사가 제공되기 전에 높은 수준으로 증식된다.

표 27.2 미국에서 1973~1987년 사이에 발병한 *Bac. cereus* 위장염과 관련된 식품 유형들

식품 유형	발병 수	%
중국음식	24	41.5
멕시코 음식	5	8.6
소고기	3	5.2
닭고기	1	1.7
칠면조	1	1.7
채소	3	5.2
물고기	1	1.7
갑각류	2	3.4
아이스크림	1	1.7
기타	8	13.8
알 수 없음	9	15.5

27.3.7 예방

Bac. cereus 위장염과 관련된 주요 기여 요인은 상대적으로 중요한 순서대로 부적절한 보관 온도, 오염된 장비, 부적절한 조리 및 열악한 개인 위생이다. 압력 조리를 제외하고 일반적으로 식품 준비에 사용되는 열처리는 *Bac. cereus* 포자를 파괴하지 않을 수 있다. 가장 중요한 관리 방법은 포자가 발아하지 않고 세포가 자라지 않는 온도에서 음식을 보관하는 것이다. 이는 식품을 약 4°C~5°C로 균일하고 신속하게 식히거나 60°C 이상으로 유지함으로써 달성할 수 있다. 빠른 냉각을 위해서 두께가 5~6 cm(2~3인치)를 넘지 않는 얕은 용기에 음식을 보관하는 것이 가장 좋다. *Bac. cereus* 세포는 충분한 시간이 주어지면 냉장 온도(≥4°C)에서 증식하고 독소를 생성할 수 있기 때문에 식품은 장기간 저온에서 보관해서는 안 된다. 이것은 미리 음식을 준비하는 것은 피해야 하는 것을 의미한다. 세포는 교차오염을 통해 식품에 들어갈 수 있으므로 식품을 취급하는 동안 적절한 위생 조치를 취해야 한다. 마지막으로, 생존 세포가 증상에 필요하기 때문에 의심되는 음식을 75°C 이상으로 균일하게 재가열한 후 제공해야 한다. 그러나 가열은 구토 증상과 관련된 열에 안정적인 독소를 파괴하지 못할 수 있다.

27.3.8 식별 방법

*Bac. cereus*는 Penol Red Mannitol agar(PRM), Mannitol-Egg Yolk-Polymyxin agar(MYP), *B. cereus* base agar(BCA), *B. cereus* chromogenic agar media(BACARA)와 같이 선택제로써 마니톨(mannitol), 달걀 노른자(egg yolk), 폴리믹신 B(polymyxin B)를 포함한 한천 배지 표면에 열거되어

그 수를 셀 수 있다. 세포의 레시티나아제(lecithinase)에 의해 형성되는 침전물에 둘러싸인 콜로니들은 *Bac. cereus*의 존재를 나타내는 것이다. *Bac. cereus*는 용혈성이며 혈액 한천 배지에 용혈 영역을 생성한다(그림 27.2). *Bac. cereus* 독소는 포유류 세포를 이용한 효소면역측정법(ELISA)과 세포독성 분석법에 의해 빠르게 검출될 수 있다.[11] 독소 유전자를 표적화하는 PCR을 사용하는 분자적 방법도 *Bac. cereus* 검출에 사용된다.

27.4 콜레라균(*Vibrio cholerae*)

27.4.1 중요성

Vibrio 종은 비브리오과(*Vibrionaceae*)에 속하며 일반적으로 해수, 어류, 바다 플랑크톤, 산호초 및 키틴질 바다 동물을 포함한 수생 환경에서 발견된다. 그들은 또한 해양 동물의 신체 표면과 위장관에서 발견될 수 있다. *Vibrio* 속은 50종 이상을 포함한다. 콜레라균(*Vibrio cholerae*)은 콜레라라는 질병을 유발하는데, 이는 전염성이 없는 질병이지만 사망률이 높은 대규모 전염병을 일으킬 수 있다. 19세기에 미국에서는 유행성 콜레라 사례와 추출된 콜레라 사례가 모두 보고되었다. 1911년 이후에 이 질병은 근절된 것으로 여겨졌다. 20세기에 발생한 대부분의 발병은 아시아 국가에서 기록되었다. 그러나 1973년 텍사스에서 콜레라 사례가 기록되었다. 1973~1987년 사이에 12명이 사망한 916건의 6사례를 포함한 6건의 발병이 기록되었으며, 대부분 미국 해안 지역에서 발생했다. 오염된 해산물(조리된 게, 어류 및 생굴)이 이러한 사례에 관련되었다. 1991년과 1992년에 페루에서 시작된 대규모 콜레라 전염병이 많은 남미 국가로 퍼져 약 640,000명이 영향을 받았으며 5,600명이 사망했다. 이것은 또한 미국에 입국하기 전에 오염된 음식을 먹거나 오염된 밀봉식품을 가져온 이들 국가의 여행자들에 의해 미국으로 전파되었다. O1균주 외에도 *Vib. cholerae* non-O1균주는 미국 및 다른 국가에서 발생한 콜레라 사례(non-O1 위장염으로도 지정됨)에도 관련되어 있다. 이전에는 비-O1(non-O1)균주는 대규모 전염병을 일으킬 수 없다고 생각되었지만 1992년에는 비-O1 혈청형과 비-O139가 방글라데시와 인도에서 대규모 전염병에 관여했다. 2011년에 CDC는 미국에서 매년 84명이 식품매개 콜레라에 감염되었고 사망자는 없었다고 보고했다.[3]

27.4.2 특성

*Vib. cholerae*는 다른 비브리오와 마찬가지로 그람음성의 운동성이 있는 구부러진 간균이며 종종 단일 극성 편모를 가지고 있다. 이 종에는 많은 혈청군이 있다. O1 및 O139의 균주는 유행성 콜레라와 관련이 있다. 비-O1(non-O1)/비-O139(non-O139)는 독성을 거의 유발하지 않으며 발병에 거의 관여하지 않는다. O1 혈청형은 더 나아가 생물형과 혈청형으로 특징지어진다.[12] 현재 전 세계적으로 콜레라 전염병과 관련된 유형은 엘 토르(El Tor) 생물형이다. O1 혈청형은 다시 이나바(Inaba), 오가와(Ogawa) 및 히코이마(Hikojima)로 분류되어 있다. O139군은 캡슐형태로 이동되는 반면 O1 혈청형은 캡슐을 가지고 있지 않다. 비-O1 혈청형은 O1 항원에 대해 준비된 항체와 응집하지 않는다. 또한 O1 혈청형과 유사한 비-O1 혈청형은 푸라졸리돈(furazolidone; 가금 기생충 예방약)과 함께 트리메

토프림-설파메톡사졸(trimethoprim-sulfamethoxazole; 말라리아제)에 민감하지 않다. 두 유형 모두 열에 민감하며 조리시 사용되는 온도에 의해 사멸된다. 부적절한 가열(낮은 온도에서 짧은 시간 동안)은 식품에 존재하는 모든 세포를 사멸할 수 없다. 최적의 증식 온도는 30°C~37°C이다. 증식 속도는 상온에서도 상당히 빠르다. 오염된 살아 있는 게, 굴 또는 생선에서는 세포가 증식하지 않는다. 그러나 조리된 해산물의 경우 25°C~35°C에서 빠르게 증식할 수 있다. 알칼리성 식품은 빠른 증식을 촉진한다. 세포의 생존율은 5°C~10°C에서 조리된 식품에서 더 좋다.

27.4.3 서식처

콜레라는 인간의 질병이다. 그 질병은 그 질병으로 고통받는 환자의 배설물로 오염된 식품과 물을 통한 비브리오 콜레라 세포들의 전염성이 있는 감염 선량 섭취의 결과이다. 만성 보균자는 드물며 대규모 전염병에서는 중요하지 않을 수 있다. 해양 환경은 장기적인 저수지 역할을 할 수 있다. 두 혈청형, 특히 비-O1형은 미국 걸프 연안주(플로리다, 루이지애나 및 텍사스), 체서피크만 및 캘리포니아 해안을 따라 흐르는 물에서 분리되었다. 이 지역에서 수확된 해산물(게, 굴, 어류)은 오염을 옮길 수 있으며 감염량을 제공할 수 있다. 오염된 물도 질병의 원인이 될 수 있다.

27.4.4 독소와 독소 생성[12]

병원성 균주(O1 및 O139 혈청형)에는 질병의 주요 임상 증상을 담당하는 콜레라 독소(CT)를 암호화하는 유전자를 운반하는 콜레라 독소 프로파아지(CTXΦ)가 있다. 콜레라 독소(CT)는 85 kDa의 세포 독성 단백질로 열에 불안정하며 A-B 독소라고도 한다. B 서브유닛은 숙주 장 세포의 특정 세포 수용체(GM1)에 결합하고 독소가 내재화되고 아데닐레이트 사이클라제(adenylate cyclase)를 자극하여 세포내 cAMP 수준을 상승시키고 과도한 분비성 설사로 인해 수분과 전해질의 큰 손실을 초래한다. 장 내벽에는 염화물, 칼륨 및 중탄산염과 함께 대량의 물이 분비된다. 또한 세균은 또한 장에서 결식작용을 돕는 독소 공조절 모상 구조물(TCP)과 키틴 결합 단백질이라고하는 선모(pili)를 생성한다. 비-O1 및 O139 혈청형은 세포 독소와 용혈소를 생성하지만 발병을 유발하는 경우는 드물다. 충분한 수의 *Vib. cholerae* 세포의 섭취 후, 세포는 소장에 군집을 형성하고 빠르게 증식하여 독소를 생성한다. 세포가 죽고 용해되면 독소가 장으로 배출된다.

27.4.5 질병과 증상

*Vib. cholerae*는 전염성이 없다. 사람은 질병에 걸리기 위해 오염된 식품이나 물을 통해 많은 수의 살아 있는 세포를 섭취해야 한다. 배설물-구강 감염도 가능하다. 콜레라의 감염 선량은 1인당 약 10^6개의 살아 있는 세포지만 연령과 건강상태에 따라 다르다. 방글라데시에서 발생한 질병의 감염 선량은 10^2~10^3이다. 잠복기는 1~5일이지만 일반적으로 2일이다. 섭취 후 세균은 장에 도달하여 TCP의 도움으로 상피세포 내벽에 균체를 형성한다. 그런 다음 세균이 세포독소(CT)를 생성하고 독소가 아데닐레이트 사이클라제를 활성화하여 체액 손실을 초래한다. 독소는 세포 손상이나 눈에 보이는 병리학

표 27.3 미국에서 일부 콜레라 발생과 연관된 오염된 식품

식품유형	걸프 연안(1973~1992)		남미국가들(1991~1992)	
	발병	사례	발병	사례
생굴	4	4	2[a]	3
게[b]	4	32	4	14
생선 및 새우[c]	1	2	2	77
조리된 쌀	1	16	—	—
해산물[c]	—	—	2	3

[a] 하나의 사건에서 생조개가 섭취되었다.
[b] 부적절하게 조리된 게였다.
[c] 일부는 날것이었다.

적 병변을 일으키지 않는다. 비-O1/O139형에 의한 설사는 콜레라보다 경미하며 미국에서 가장 흔한 질병이다. 증상은 갑작스런 심한 물설사와 구토를 동반한다. 수분 손실은 탈수를 초래한다. 심한 경우 다른 증상으로는 고통스러운 근육 경련과 정신 상태가 흐려진다. 감염된 많은 사람들은 증상이 없거나 경증에서 중등도의 설사를 할 수 있다. 치료는 전해질과 함께 체액을 빠르게 교체하고 적절한 항생제 투여로 이루어진다. 설사 외에도 비-O1 독소는 연조직 감염과 패혈증을 유발할 수 있다.

27.4.6 관련 식품

만약 환자의 배설물에 직접적으로 또는 이미 이전에 오염된 물로 오염되었다면 식품은 *Vib. cholerae*의 원천이 될 수 있다. 질병을 앓고 있는 사람이 식품을 취급하는 것도 개인 위생이 좋지 않아 식품을 오염시킬 수 있다. 또한 원인균의 자연 저수지에서 유래된 식품이 오염되어 콜레라를 퍼뜨릴 수 있다. 자연 저수지에는 해양 및 염분이 섞인 물 환경이 포함된다. 미국 연안주의 물, 굴, 게 및 새우 표본을 검사한 결과 O1 및 비-O1 혈청형이 모두 존재하는 것으로 나타났다. **표 27.3**에는 질병과 관련된 오염된 식품의 유형이 나열되어 있다. 걸프 해안 발병사건에서는 생 해산물(굴과 새우)과 부분적으로 조리된 게(*Vib. cholerae* 세포를 사멸하기에는 충분하지 않음)의 섭취가 주로 관련되어 있다. 이러한 식품들은 아마도 그것들이 수확된 곳의 물에서 채취한 *Vib. cholerae*로 오염되었을 것이다. 날것으로 먹거나 부적절하게 조리한 해산물도 남미 국가에서 발생한 사건의 원인이었다. 이 식품에는 수확하거나 수확 후 오염된 경우 *Vib. cholerae*가 있었다. 이러한 자료의 가장 중요한 측면 중 하나는 한 국가의 식품이 다른 국가의 질병에 어떻게 관련될 수 있는지 인식하는 것이다.

27.4.7 예방

적절한 위생 조치를 취함으로써 질병의 확산을 예방하거나 줄일 수 있다. 여기에는 제대로 처리된 도시 용수 제공, 끓이거나 화학처리를 통한 다른 물의 정화, 적절한 하수처리가 포함된다. 감염된 사람은 체액 교체와 함께 회복을 강화하기 위해 항생제로 치료할 수 있다. 노출되지 않은 사람들은 질병으로부터 보호하기 위해 예방 접종을 할 수 있다. 해산물은 오염된 물이나 *Vib. cholerae* 잠복처로 발견된 물에서 수확해서는 안 된다. 마지막으로 해산물은 날것으로 먹어서는 안 된다. 의심되는 식품의 열처리 시간과 온도는 병원균을 죽이기에 충분해야 한다. 이것의 예는 오염된 게를 약 8분 동안 삶았을 때 *Vib. cholerae*의 생존이다. 균을 사멸하기 위해서는 10분의 끓는 시간이 필요할 것이다.

27.4.8 식별 방법

표본에서 *Vib. cholerae*의 추출은 알칼리성 펩톤수(alkaline peptone water)를 초기에 사전 농축한 다음 선택적 한천 배지 접시(예: 티오황산염 구연산염 담즙산염 수크로즈 한천-thiosulfate citrate bile salt sucrose agar)에 선조 접종함으로써 얻을 수 있다. 그 독소는 면역 분석법 또는 생물학적 분석법에 의해 검출된다(제42장). 독소 유전자는 중합효소 연쇄반응(PCR)로 확인할 수 있다.[14]

27.4.9 발병 분석

1991년 3월 31일과 4월 3일 사이에 8명의 사람들이 에콰도르에서 운반된 게살을 먹은 후 묽은 설사를 하기 시작했다. 이 중 5명은 구토를 했고 3명은 심한 다리 경련을 경험했다. 게살 섭취 후 1~6일 후에 증상이 나타났다. 일부 환자의 대변 표본에서 *Vib. cholerae* O1형, 생물형 엘 토르(El Tor), 혈청형 이나바(Inaba; 에콰도르를 포함한 남미 국가의 콜레라 유행성 전염병과 관련된 동일한 혈청형)가 검출되었다. 분석에 사용할 수 있는 게살 표본이 없었다.

조사에 따르면 게는 에콰도르의 수산 시장에서 구입한 다음 삶아서 껍질을 벗기고 호일에 싸서 3월 30일에 비닐 봉투에 넣어 냉장하지 않은 상태로 미국으로 운송된 것으로 밝혀졌다. 이 고기는 사저로 배달되어 하룻밤 냉장보관하고 3월 31일과 4 월 1일에 샐러드로 제공되었다.

일어날 수 있는 일련의 사건들은 다음과 같다. 오염된 물에서 수확된 살아 있는 게는 *Vib. cholerae*로 오염되었고 조리만으로 모든 세포를 죽일 수는 없었다. 살아 있는 세포는 냉장되지 않은 온도에서 게살에서 증식하여 질병을 유발하는 데 필요한 높은 개체 수에 도달했다. 다른 가능성으로는 경미하거나 무증상 형태의 질병을 앓고 있는 한 명 이상의 사람들이 껍질을 까는 동안 게살의 가열 후 오염 가능성과 또는 사용된 장비나 물의 오염으로 인한 것이다. 게살 섭취가 질병을 유발했다. 오염된 물에서 게의 수확 방지, 게 조리의 적절한 시간 및 온도, 게살 준비시 적절한 위생, 채집 후 게살 냉장, 샐러드 준비전 열처리: 이러한 단계 중 하나 이상을 사용하여 이 문제를 방지할 수 있다. (참고: 규제 기관의 사전 허가 없이 다른 국가에서 미국으로 식품을 반입하는 것은 불법이다.)

27.5 장독소성 대장균(ETEC)[15,16]

27.5.1 중요성

독성 감염과 잘 연관되는 하나의 병원균인 *Esc. coli* 하위 그룹은 장독소성 대장균(ETEC) 유형에 속한다. 오염된 음식과 물을 통해 다량 섭취하면 설사병을 유발한다. 증상은 콜레라와 비슷하다. 많은 개발도상국에서 발생률이 높으며 위생 불량과 직접적인 관련이 있다.

27.5.2 특성

두 하위 그룹의 많은 혈청형이 인간 위장염에 관여한다. 그들은 그람음성의 작은 곡선형 간균이며, 비포자성이고 운동성(비운동성 균주가 존재할 수 있음)이 있다. 이 균주는 통성혐기성균이며 단순 하고 복합적인 배지와 많은 식품에서 모두 효과적으로 증식할 수 있다. 증식은 10°C~50°C 사이에서 발생하며 최적의 증식온도는 30°C~37°C이다. 일부 균주는 10°C 이하에서 증식할 수도 있다. 빠른 성장은 최적의 조건하에서 발생한다. 증식 제한 요인은 낮은 pH(5.0 미만) 및 낮은 수분활성도(0.93 미만)이다. 세포는 저온 살균과 같은 저열 처리에 민감하다.

27.5.3 서식처

장독소성 대장균(ETEC) 하위 그룹의 모든 균주는 증상을 일으키지 않고 인간의 소장에서 형성될 수 있다. 보균자는 배설물로 유기체를 흘릴 수 있으며 식품과 물을 직간접적으로 오염시킬 수 있다. 가축을 포함한 많은 동물은 또한 다른 혈청형의 잠복처가 될 수 있으며 토양, 물 및 식품을 오염시킬 수 있다. 동물에서 일부 혈청형은 질병 증상을 나타내지 않을 수 있다.

27.5.4 독소와 독소 생성

ETEC 하위 그룹의 균주는 두 가지 유형의 장독소를 생성한다. 하나는 열 불안정성(LT)이고 다른 하나는 열 안정성(ST)이다. 균주는 LT 또는 ST 또는 둘 다를 생성할 수 있다. LT 독소는 *Vib. Cholerae*가 생산하는 콜레라 독소(CT)와 유사한 항원성 단백질이다(**그림 26.3**). LT에는 항원과 관련되어 구별되는 두 개의 혈청군, LT-I(86 kDa) 및 LT-II가 있다. LT는 소장의 상피세포에 의한 체액 분비를 유도한다. ST는 열에 안정적인 2 kDa 펩타이드이며 비항원성이다. 그것은 또한 장 세포에 의한 체액 분비를 증가시키지만 다른 작용 방식을 통해서도 증가시킨다. LT 및 ST 장독소 외에도 ETEC 혈청형은 세포가 균체를 형성하고, 증식 및 감염을 시작할 수 있도록 하는 추가 인자를 생성할 수 있다. ETEC에서 장독소의 유전적 결정 인자는 플라스미드로 연결되어 있으며 다른 대장균 균주로 옮겨질 수 있다.

ETEC 균주에 의한 장독소 생산은 배지 구성, 배양 수명 및 증식 중 배양의 변화에 영향을 받는다. 최적의 증식은 pH 8.5의 영양적으로 풍부한 배지에서 이루어진다. 배지에 공기를 통하게 하면 좋은 독소 생성을 촉진한다. 독소는 일반적으로 35°C에서 24시간 이내에 생장하는 배양물에서 검출된다. 그러나 독소는 25°C~40°C에서 세포증식에 의해 생성될 수 있다.

27.5.5 질병과 증상

ETEC 균주는 치명적이지 않은 설사 질환인 여행자 설사의 원인으로 간주된다. 증상이 24~72시간 내에 발생하려면 성인이 생물체의 살아 있는 세포를 높은 수준($10^{6\sim9}$개 세포)으로 섭취해야 한다. 증상으로는 경증에서 중증까지 24~30시간 동안 지속되는 설사가 있다. 심한 경우에는 탈수, 탈진, 쇼크를 동반한 설사를 유발할 수 있다. 모든 개인이 증상을 보이는 것은 아니다. 증상이 있는 사람은 회복 후 배설물에서 유기체를 흘릴 수 있다.

27.5.6 관련 식품

육류 제품, 생선, 우유 및 유제품, 채소, 구운 제품 및 물을 포함한 많은 유형의 식품이 많은 국가에서 대장균 기원의 위장염과 관련이 있다. 부적절한 보관 온도 및 불충분한 열처리와 함께 이러한 식품(및 물)이 배설물로 직간접적으로 오염되는 것이 이러한 발병과 관련되었다.

27.5.7 예방

병원성 대장균에 의한 인간의 위장염 예방에 가장 중요한 요인은 배설물에 의해 직간접적으로 식품과 물의 오염을 예방하는 것이다. 이것은 상수도의 효과적인 위생 시설을 개발하고 하수를 처리 및 처방함으로써 달성할 수 있다. 또 다른 요인은 병원균을 흘린 사람들의 열악한 개인 위생으로 인한 식품오염을 방지하는 것이다. 마지막으로, 만약 병원균이 식품에 매우 적은 수로 존재하더라도 식품의 온도 오용은 질병 증상에 필요한 높은 수준의 세포 증식을 촉진할 수 있음을 인식해야 한다. 따라서 식품은 냉장 보관하거나 재가열 후에 가급적이면 빨리 먹어야 한다.

27.5.8 식별 방법

사용된 검출 방법에는 표본(식품, 물 및 배설물)의 선택적 농축, 선택적 한천 배지에서 병원균 추출, 의심되는 추출물의 생화학적 형질화가 포함된다(제42장). 독소를 검출하기 위한 확인 검사에는 하나 이상의 혈청학적 검사(ELISA, 효소면역측정법)가 포함된다. 독소를 검출하는 다른 방법으로는 어린 쥐의 결찰 회장 고리에다 검사 물질을 주입하거나, 독소(LT) 또는 두 가지 독소에다 Y-1 부신세포를 노출시키는 것을 포함한다.

27.6 결론

이 그룹의 식품매개 병원균에는 몇 가지 그람양성 포자균과 그람음성의 간균이 포함된다. 포자균의 세포는 오염된 식품을 통해 섭취될 때 위장(GI)관에서 포자를 형성하고 독소를 배출한다. 대조적으로, 그람음성 간균은 섭취 후 위장관에서 빠르게 증식하고 사멸되고 독소를 배출한다. 그 증상들은 주로 장내에서 독소와 관련이 있다. 그들은 일반적으로 질병을 일으키는데 매우 많은 수가 필요하다. 적절한 위생 및 냉장보관은 발생률을 줄이는 데 사용될 수 있다.

학습문제

1. (a) 식중독 및 (b) 식품 감염에서 오는 식품매개 독성 감염을 구별하는 다섯 가지 중요한 요인

을 나열하고 설명하시오.

2. *Clo. perfringens* 위장염의 중요한 특성을 나열하시오(증상, 의심되는 식품 및 독소 생성).
3. 식품매개 *Clo. perfringens* 위장염을 예방하기 위해 채택할 수 있는 방법을 설명하시오.
4. *Bac. cereus* 위장염과 관련된 두 가지 유형의 독소의 차이점은 무엇인가? 이 질병을 일으키는 일련의 사건은 무엇인가?
5. 식품매개 질환으로서 콜레라의 중요성에 대해 설명하시오. 콜레라와 관련된 다양한 혈청형을 나열하시오.
6. 1970년대 이후 미국에서의 콜레라 발병과 관련된 요인과 식품에 대해 설명하시오.
7. 콜레라 독소에 의한 질병 생성 기작을 설명하시오.
8. 식품매개 대장균 위장염을 예방하기 위해 시행되어야 하는 방법을 설명하시오.
9. *Clo. perfringens, Bac. cereus, Vib. cholerae* O1 및 non-O1 및 ETEC에 의한 식품매개 독성 감염과 관련된 독소의 특성을 설명하시오.
10. 다음과 같은 식품매개 질병과 관련된 용어를 설명하시오: 연회 질병, 중국산 쌀 질병, 해산물 질병, 여행자 설사, 유아 설사.
11. 콜레라 또는 ETEC의 발생사건에서 (강사가 제공하거나 인터넷에서 얻을 수 있음) 질병을 일으킨 일련의 사건에 대해 설명하시오. 발병을 예방하기 위해 어떻게 해야 하는가?
12. 많은 개발도상국에서 여행자 설사와 같은 식품매개 위장염의 높은 발병률과 관련될 수 있는 네 가지 요인을 나열하시오.

참고문헌

1. Lindström, M., Heikinheimo, A., Lahti, P., and Korkeala, H., Novel insights into the epidemiology of *Clostridium perfringens* type A food poisoning, *Food Microbiol.*, *28*, 192–198, 2011.
2. Gould, L.H., Mungai, E.A., Johnson, S.D., Richardson, L.C., Williams, I.T., Griffin, P.M., Hall, A.J. et al., Surveillance for foodborne disease outbreaks: United States, 2009–2010, *Morb. Mortal. Weekly Report*, *62*, 41–47, 2013.
3. Scallan, E., Hoekstra, R.M., Angulo, F.J., Tauxe, R.V., Widdowson, M.A., Roy, S.L., Griffin, P.M. et al., Foodborne illness acquired in the United States: Major pathogens, *Emerg. Infect. Dis.*, *17*, 7–15, 2011.
4. Uzal, F.A. and McClane, B.A., Animal models to study the pathogenesis of enterotoxigenic *Clostridium perfringens* infections, *Microb. Infect.*, *14*, 1009–1016, 2012.
5. Songer, J.G., Clostridia as agents of zoonotic disease, *Vet. Microbiol.*, *140*, 399–404, 2010.
6. García, S. and Heredia, N., *Clostridium perfringens*: A dynamic foodborne pathogen, *Food Bioprocess Technol*, *4*, 624–630, 2011.
7. Bottone, E.J., *Bacillus cereus*, a volatile human pathogen, *Clin. Microbiol. Rev.*, *23*, 382–398, 2010.
8. Logan, N.A., *Bacillus* and relatives in foodborne illness, *J. Appl. Microbiol.*, *112*, 417–429, 2012.
9. Oh, M.-H., Ham, J.-S., and Cox, J.M., Diversity and toxigenicity among members of the *Bacillus cereus* group, *Int. J. Food Microbiol.*, *152*, 1–8, 2012.
10. Gray, K.M., Banada, P.P., O'Neal, E., and Bhunia, A.K., Rapid Ped-2E9 cell-based cytotoxicity analysis and genotyping of *Bacillus* species, *J. Clin. Microbiol.*, *43*, 5865–5872, 2005.
11. Banerjee, P. and Bhunia, A.K., Mammalian cell-based biosensors for pathogens and toxins, *Trends Biotechnol.*, *27*, 179–188, 2009.
12. Safa, A., Nair, G.B., and Kong, R.Y.C., Evolution of new variants of *Vibrio cholerae* O1, *Trends Microbiol.*, *18*, 46–54, 2010.

13. Huff, K., Aroonnual, A., Littlejohn, A.E.F., Rajwa, B., Bae, E., Banada, P.P., Bhunia, A.K. et al., Light-scattering sensor for real-time identification of *Vibrio parahaemolyticus*, *Vibrio vulnificus* and *Vibrio cholerae* colonies on solid agar plate, *Microb. Biotechnol.*, *5*, 607–620, 2012.
14. Cariani, A., Piano, A., Consolandi, C., Severgnini, M., Castiglioni, B., Caredda, G., Tinti, F. et al., Detection and characterization of pathogenic vibrios in shellfish by a Ligation Detection Reaction-Universal Array approach, *Int. J. Food Microbiol.*, *153*, 474–482, 2012.
15. Isidean, S.D., Riddle, M.S., Savarino, S.J., and Porter, C.K., A systematic review of ETEC epidemiology focusing on colonization factor and toxin expression, *Vaccine*, *29*, 6167–6178, 2011.
16. Fleckenstein, J.M., Hardwidge, P.R., Munson, G.P., Rasko, D.A., Sommerfelt, H., and Steinsland, H., Molecular mechanisms of enterotoxigenic *Escherichia coli* infection, *Microbes Infect.*, *12*, 89–98, 2010.

제28장

기회 감염성 병원균, 곰팡이 및 곰팡이 독소, 바이러스, 기생충 그리고 어패류 독소

28.1 서론

제25~27장에서 논의된 식품매개 세균성 병원균 외에도 다른 여러 종의 세균이 식품매개 질병을 일으킬 가능성이 있는 것으로 의심된다. 일반적으로 이들 세균은 인간에게 병원성을 일으키지 않지만 이 종의 일부 균주는 독소를 생성하는 것으로 알려져 있다. 따라서 이러한 세균종 및 균주로 오염된 식품을 섭취하면 질병을 유발할 수 있으며 특히 특정 상황, 예를 들어 극도로 많은 양을 섭취하거나 섭취하는 연령이 아주 어리거나 섭취하는 사람의 건강상태가 정상이 아니거나 면역학적 문제가 있는 경우에는 질병 발생률이 높아질 수 있다. 따라서 이러한 세균종과 균주는 기회 감염성 병원균으로 중요하게 다뤄져야 한다. 이 장에서는 이들 중 일부 종의 특성, 식품과의 연관성 및 질병유발 잠재성에 대해 간략하게 설명할 것이다. 이밖에 곰팡이와 곰팡이 독소(mycotoxin), 장바이러스(enteroviruse), 프리온 단백질(광우병; 소해면상뇌증, BSE의 원인), 기생충, 어패류 독소로 의한 질병에 대해 논의된다.

28.2 기회 감염성 병원균(Opportunistic Bacterial Pathogens)

28.2.1 아에로모나스 하이드로필라(*Aeromonas hydrophila*)[1]

특성

이 속에는 *Aeromonas hydrophila*, *Aer. caviae*, *Aer. veronii* biovar sobria, *Aer. popoffii* 등을 포함한 24종이 포함된다. 그들은 그람음성의 운동성이 있는 간균이다. 이 균주는 해수와 담수 환경 모두에서 발견되며 어류에 병원성이 있다. 그들은 또한 인간과 동물의 장에서도 발견된다. 인간은 야생 동물, 애완 동물, 환경, 물 및 식품에서 *Aeromonas*를 얻을 수 있다. 그들의 증식온도는 3°C~42°C 사이이며 최적의 증식온도는 15°C~20°C이다; 몇몇 균주는 1°C에서 자랄 수 있다. 그들은 통성혐기성 생물이지만 호기성 환경에서 증식이 더 잘 되기도 한다. 저온 살균은 효과적으로 세포를 사멸한다. pH(4.5 미만), NaCl(4% 이상) 및 저온(3°C 미만)과 같은 요인은 증식을 감소시킬 수 있다.

관련 식품

일반적으로 *Aer. hydrophila*는 서식지의 특성 때문에 많은 식품, 특히 동물성 식품에서 주로 발견된다. 우유, 어류, 해산물, 붉은 육류 및 가금류에서 분리될 수 있다. 일부 식품에서는 그램당(또는 ml당) 10^5세포 수준으로 발생한다. 균주는 식품의 부패와 관련이 있다. 저온세균의 특성상 냉장 온도의 식품에서 자랄 수 있으며 초기에 세균 수가 적더라도 저장 중에 시간이 지남에 따라 높은 수준의 세균수에 도달할 수 있다. 식품에서 높은 수준의 세균 수는 열처리, 열처리 후 오염 방지 및 낮은 pH 및 낮은 수분활성도와 같은 성장 제한 매개 변수 중 하나 이상을 사용하여 조절할 수 있다.

질병유발의 잠재성

Aeromonad는 양서류, 어류 및 파충류에 병원성을 가진다. 뱀과 도마뱀의 궤양성 구내염, 개구리의 "붉은 다리" 질환, 송아지의 패혈성 관절염, 개의 패혈증을 유발한다. 일부 *Aeromonas* 균주는 특히 많은 수의 세균을 섭취하거나 건강이 좋지 못한 인간에게 위장염(설사)을 유발하는 것으로 의심된다. 설사는 최대 14일까지 지속될 수 있다. 아에로모나스 감염과 관련된 다른 증상으로는 이질, 궤양성 대장염, 용혈성 빈혈 및 신장 기능 장애가 있다. 몇 가지 독성 인자(cytotoxic enterotoxins, hemolysins, adhesins, siderophores)와 효소(protease, DNase, RNase, lecithinase, chitinase, gelatinase)가 발병 원인일 수 있다. *Aer. hydrophila*에 의한 식품매개 질병에 대한 확정된 사례가 보고되고 있지 않지만 이들 세균에 의해 오염된 식품과 음용수의 섭취로 인한 몇 건의 장염 발생 사례에 대한 보고가 있다. 대부분의 *Aer. hydrophila*, 특히 식품에서 분리되는 균주들은 세포독소와 용혈소를 생산하는 것으로 밝혀졌다. 하지만 이러한 독소가 인간의 위장염을 유발할 수 있는지 여부는 확실하지 않다.

28.2.2 프레시오모나스 시겔로이데스(*Plesiomonas shigelloides*)[2]

특성

*Plesiomonas shigelloides*는 통성혐기성이며 운동성을 가진 비포자성 및 그람음성의 간균이다. 이 종은 *Aeromonas* spp.과 유사한 많은 특성을 가지고 있으며 과거에는 *Aer. shigelloides*로 분류되었다. 이 종은 인간과 온혈동물과 냉혈동물의 장관에서 분리된다. 담수와 기수, 물에서 수확한 어류와 굴에서 발견된다. 대부분의 균주는 8°C~45°C에서 증식하며 최적의 증식온도는 25°C~35°C이다. 세포는 저온 살균에 의해 사멸이 가능하다. 이들 세균의 증식을 줄이기 위해 낮은 온도(10°C 미만), 낮은 pH(4.5 미만) 및 NaCl(5% 이상)의 둘 이상의 조합이 사용될 수 있다.

관련 식품

Ple. shigelloides 균주는 어패류와 같은 수생 기원의 식품에서 분리된다. 그들은 따뜻한 계절과 진흙이

많이 존재하는 서식환경에서 채집된 굴에서 더 높은 빈도와 수준으로 존재한다. 또한 분변오염에 의해 동물, 조류 및 식물 기원의 생식품에 존재할 수 있다. 열처리된 식품에서 그 존재는 부적절한 가열 또는 후열 오염 또는 둘 다를 나타낸다. 최적의 증식 조건에서 대부분의 식품에서 빠르게 증식할 수 있다. 3°C~4°C 이하 온도의 냉장 보관된 식품에서는 장기간 보관해도 증식하지 않을 것으로 예상된다. 낮은 pH(4.5), 낮은 수분활성도(0.95) 및 염도(5%)의 식품은 이들의 증식을 저해한다.

질병유발의 잠재성

Ple. shigelloides 균주는 오염된 식수와 관련된 많은 인간 위장염 발병과 관련이 있다. 대부분의 경우, 이들 세균은 감염된 사람의 소변과 분변 모두에서 분리된다. 전형적인 증상은 설사, 메스꺼움, 복통이며 많은 사람들은 또한 구토, 발열 및 오한이 있을 수 있다. 잠복기는 24~50시간이고 증상은 1~9일까지 지속된다. 해산물, 굴, 게, 어류 섭취로 인한 여러 가지 위장염 사례는 *Ple. shigelloides*의 결과로 의심된다. 어떤 경우에, 이 세균은 환자의 분변과 식품 모두에서 분리되기도 하였다. 이 경우에 문제된 식품은 부적절하게 조리 또는 저장된 식품 또는 생식품이었다.

*Ple. shigelloides*가 사람의 식품매개 위장염에 직접적인 관련성이 있다는 것을 확인하는 것은 어려운 일이다. *Ple. shigelloides*는 감염이 안된 사람과 위장염을 앓고 있는 환자의 분변 모두에서 분리되었다. 따라서 이러한 균주는 젊은 사람, 노인 및 환자와 같이 병의 저항성이 약한 사람을 감염시키기 때문에 기회 감염성 병원균으로 간주된다. 위장염 외에도 여러 균주가 균혈증 및 패혈증과 관련이 있다. 일부 연구에서 *Ple. shigelloides* 균주는 콜레라와 유사한 장독소와 열에 안정하고 열에 불안정한 장독소를 생성하여 설사를 유발할 수 있다.

28.2.3 비대장균 대장균군(Non-*Escherichia coli* coliforms)

대장균군에는 *Escherichia*, *Klebsiella*, *Enterobacter* 및 *Citrobacter* 속의 종이 포함되며, 모두 *Enterobacteriaceae* 계통(**표 30.1** 참조)에 속하므로 몇 가지 공통된 특징을 공유한다. 이전에 대장균 균주(비병원성 및 병원성)는 주로 인간과 온혈 동물 및 조류의 장관에 서식하는 것으로 생각되었으며, 나머지 3개 속의 대부분의 종은 주로 비장관성 기원이라고 생각하였다. 그러나 다른 연구에서 *Klebsiella*, *Enterobacter* 및 *Citrobacter*(모두 비대장균 대장균군이라고 함)의 종과 균주는 인간의 장에 집락을 형성하고 강력한 장내독소를 생성할 수 있다는 것을 보여주었다. 여러 급성 및 만성 설사 사례에서 이들 세균이 분변과 장관에서 분리되었다. *Enterobacter cloacae*, *Klebsiella pneumonia* 및 *Citrobacter* spp.의 일부 분리균주에서 장관독소 생성 대장균의 열에 불안정하거나 열에 안정한 독소와 유사한 장내독소를 생성하는 것으로 확인되었다. 장관독소 생산 대장균의 특성은 이들이 갖고 있는 플라스미드와 연관되어 있다. 병원성 대장균 균주의 것들과 유사한 내독소를 생산하기 위한 비대장균 대장균군의 능력은 아마도 이들의 표현형을 암호화하는 플라스미드의 수평적 유전자 전달에 기인한 것으로 여겨진다.

비대장균 대장균군은 일반적으로 가열 후 오염으로 인해 일부 저온 살균 식품뿐만 아니라 원료 식품에 존재한다. 성장 매개 변수가 제한적이지 않다면 그들은 많은 식품에서 증식할 수 있다. 일부 균주는 냉장 온도에서도 증식할 수 있다. 보관 중 온도 남용은 식품에서 이들의 급속한 증식을 촉진할 수도 있다. 식품에서 이들 세균 존재의 중요성은 재평가될 필요가 있다. 장내독소를 생산하는 식품 분리균주의 능력은 시험 프로토콜에 포함될 수 있다.

28.2.4 독소 생성 저온세균[3~5]

많은 *Bacillus* 종의 세포와 포자는 열처리하지 않은 식품에 존재할 수 있다. 또한 대부분의 열처리된 식품에는 이들 세균의 포자를 포함할 수 있다. 냉장된 식품에서 저온세균인 바실루스 세균들은 발아가 가능하고 증식할 수 있으며 영양세포들은 복제할 수 있다. 시간이 지남에 따라 이들 세균들은 많은 수로 존재할 수 있다.

몇몇 *Bacillus* spp.의 증식으로 인해 저온 살균 우유와 같은 일부 냉장 식품의 부패가 확인되었다. 식품에서 분리된 저온성 *Bacillus* spp.는 *Bacillus cereus, Bac. mycoides, Bac. circulans, Bac. lentus, Bac. polymyxa* 및 *Bac. pumilus*를 포함한다.만일 ≤6°C에서 증식한다면 이들 분리균주는 저온세균으로 간주된다. 이들 세균의 대부분 분리균주들은 내독소를 생산한다. 하지만 장염을 유발하는 이들 독소의 능력은 조사되지 않았다. 점점 더 많은 저온 처리된 식품들이 장기간 냉장온도에서 저장이 가능하기 때문에 장독소와 관련된 추가적인 연구의 필요성이 고려된다.

여러 *Bac. licheniformis* 균주와 같은 일부 중온성 *Bacillus* 종은 독성을 유발하며 특히 저장된 식품에서 또는 ≥10°C의 남용된 온도에서 식품매개 질병을 유발할 가능성이 있는 것으로 의심된다.

28.3 바이러스와 프리온에 인한 질병[6]

28.3.1 중요성[7]

장내 바이러스는 미국과 대부분의 다른 국가에서 대부분의 식품매개 질병의 원인이 된다. 이러한 바이러스에는 노로바이러스, A형 간염바이러스, 아스트로바이러스, 로타바이러스 및 사포바이러스가 포함된다. 2000년부터 2008년까지 CDC가 수집한 자료에 따르면 식품매개 바이러스가 매년 약 550만 건의 원인이 되는 반면 세균성 식품매개 질병은 미국에서 약 360만 건의 질병을 유발한다. 식품매개 병원균 중 대부분(58%)의 질병은 노로바이러스에 의해 발생하고 비 장티푸스 살모넬라(11%), 클로 스트리듐 퍼프린젠스(10%), 캄필로박터(9%) 순이다. 그러나 세균성 병원균과 달리 바이러스는 오염된 식품에서 발견되고 회복하기가 어렵다. 일부 바이러스의 경우 식품에서 분리하는 적절한 방법이 개발되지 않았고 일부 다른 바이러스의 경우 식품에서 이를 검출하는 방법을 개발하기 위한 연구가 거의 수행되지 않았다. 또한 세균과 달리 인간 장내 바이러스는 식품 시스템에서 증식하지 않으며 일부는 장바이러스는 다양한 식품 저장 및 보존 조건에서 빠르게 소멸될 수 있다. 따라서 장내 바이러스에 의한 오염 여부를 정기적으로 검사하는 식품은 거의 없다. 장내 바이러스를 연구하기 위해 포유류 세포 배양법이 사용된다. 바이러스에 따라 대부분의 바이러스에 대한 세포 배양 시스템이 존재하는 반면 현재 노로바이러스에 적합한 세포 배양이 있다.

식품매개 바이러스 감염은 장내병원성 인간 바이러스에서만 발생할 수 있다. 1940년대 이전에는 원유를 통해 전염된 소아마비 바이러스가 식품매개 바이러스 감염과 관련된 유일한 바이러스로 간주되었다. 최근 몇 년 동안 A형 간염바이러스(HAV), 노로바이러스(NoV), 사포바이러스, 로타바이러스 및 E형 간염바이러스(HEV)는 식품매개 감염과 관련이 있다. 그중 A형 간염과 노로바이러스가 더 우세하며 아래에 설명되어 있다.

28.3.2 관련 식품

감염된 사람의 배설물로 직접(식품 취급자로부터) 또는 간접적으로(하수 및 오염된 물을 통해) 오염된 식품은 A형 간염 및 노로바이러스 발병의 주요 원인이다. 감염된 식품 취급자는 증상이 없더라도 바로 먹을 준비가 된 식품을 배설물로 오염시킬 수 있다. 야채(샐러드)는 오염된 물로 오염될 수 있다. 하수로 오염된 물에서 채취한 어패류(굴, 조개, 홍합, 새조개)는 먹기 전에 날것으로 먹거나 부적절하게 가열된 두 종류의 바이러스의 많은 발생에 관련이 있다. 이 바이러스는 조개류에서 오랫동안 생존할 수 있다. 조개류의 소화관에서 발생하는 바이러스를 자가 세척하기 위해 소독된 식염수로 채워진 탱크에서 정화하거나 또는 바다의 오염되지 않은 물에 다시 보관하는 것은 A형 간염 또는 NoV에 매우 효과적이지 않을 수 있다. 미국에서 식품매개 바이러스 질병 발생의 주요 원인은 개인 위생의 불량과 조제 식품, 카페테리아 및 레스토랑에서 제공되는 음식과 함께 사용되는 오염된 장비로 인한 간편조리 식품의 오염이다.

28.3.3 예방

식품매개 바이러스 감염의 두 가지 주요 예방 방법은 오염된 식품에서 바이러스를 죽이는 것과 오염을 통제하기 위해 좋은 위생과 개인 위생 습관을 채택하는 것이다. 저온 살균과 같은 적절한 열처리는 바이러스를 사멸하기에 충분하다. 조개류를 열기 위해 살짝 찌는 것은 효과적인 열처리 절차가 아닐 수 있다. 현재 조개류를 여는 데 사용되는 정수압 가공법도 사용되는 압력이 300 MPa 이상이면 바이러스를 파괴할 수 있다. 앞에서 언급했듯이 정화 및 릴레이가 효과적이지 않을 수 있다. 차아염소산염과 같은 산화제를 사용하는 위생은 오염된 장비 또는 식품 가공에 사용되는 물에서 바이러스를 죽일 수 있다. 좋은 개인 위생과 의심되는 사람이 간편조리 식품을 취급하지 못하게 하는 것도 바이러스성 식품매개 감염을 통제하는 데 중요하다. A형 간염 예방접종을 할 수 있으며 이를 통해 질병을 통제할 수 있다.

28.3.4 식별 방법[6]

장내 바이러스는 식품에서 증식하지 않고 일반적으로 식품에 비교적 적은 수로 존재하기 때문에 오염된 식품에서 바이러스를 검출하는 데 어려움이 있다. 처음에 바이러스는 의심되는 식품에서 집중된다. A형 간염바이러스의 식별을 위해 특정 세포 배양 절차와 면역학적 방법이 개발되었다. 역전사 중합효소 연쇄반응(RT-PCR) 핵산 증폭법은 A형 간염과 NoV 모두 검출에 효과적이며 일반적으로 사용된다. 이러한 방법중 하나는 바이러스 RNA는 바이러스 RNA 내부 표준 대조군을 사용하여 RT-

PCR에 의해 A형 간염 또는 노로바이러스 특이적 프라이머로 증폭된다. 이 방법을 통해 의심되는 식품 표본(예: 햄, 칠면조, 구운 소고기)에서 총 $10^{2\sim3}$개의 바이러스가 검출되었다. 효소 면역 분석법(EIA)도 바이러스 캡시드 단백질에 대한 항체를 이용하여 사용되며 현재 유전자 염기서열이 식별을 위해 사용된다.

28.3.5 노로바이러스(*Norovirus*)[8~10]

노로바이러스(NoV) 감염은 구토와 설사를 자가 제한하는 것이 특징이며 일 년 내내 발생하지만 겨울철에 절정에 이른다. 이 바이러스는 원래 1968년 미국 오하이오주 노워크에서 발생한 학교 아동의 발병으로부터 분리되었으며, 1972년까지 "Norwalk 바이러스"라고 명명한 Albert Z. Kapikian 박사에 의해 확인되지 않았다. 현재는 노로바이러스라고 한다. 노로바이러스는 미국에서 매년 약 2,100만 건의 질병을 유발한다. 이것은 정이십면체 대칭구조를 가진 외피가 없는 바이러스이며 매우 작다(27~38 nm). 단일 가닥 RNA 바이러스이며 *Caliciviridae* 과에 속한다. 노로바이러스는 5개의 유전자 그룹(GI-GV)으로 분류되었으며 유전자 그룹 GI, GII 및 GIV는 인간을 감염시키는 것으로 알려져 있다. 세포 배양에서 NoV를 배양하는 방법은 아직 성공적이지 않다. 따라서 다양한 대리 바이러스인 뮤린 노로바이러스(MNV) 및 고양이 칼시바이러스(FCV)가 NoV를 연구하는 모델로 사용된다.

노로바이러스 전염은 주로 접촉이나 에어로졸화된 토사물, 물 및 배설물이나 토사물로 오염된 식품을 통해 사람에서 사람으로 전염된다. 발병은 일반적으로 병원, 유람선, 호텔, 식당, 요양원, 어린이집, 교도소, 군부대 및 스포츠 경기장과 같이 많은 사람들이 밀접하게 접촉하는 환경에서 발생한다. 상추, 토마토, 멜론, 파, 딸기를 포함한 신선한 농산물, 산딸기, 후추, 신선하게 자른 과일 및 샐러드, 식품 취급자, 가공업자 및 관개 용수도 노로바이러스 전파에 관여한다. 굴, 조개, 홍합과 같은 조개류도 식품매개 노로바이러스의 원인이다. 노로바이러스의 감염 선량은 약 10개의 바이러스 입자로 매우 낮다. NoV는 장내 융모를 덮고 있는 성숙한 장내세포를 감염시켜 막대한 세포 손상과 흡수 장애를 일으켜 설사를 유발한다. 위장관 증상에는 폭발성 발사체 구토, 메스꺼움, 경련, 설사, 오한, 두통, 탈수 및 고열이 포함된다. 성인은 어린이보다 노로바이러스에 더 취약하며 잠복기는 24~48시간이다. 증상은 섭취 후 12~24시간 이내에 나타나며 1~2일 동안 지속된다. 이 질병은 자가 제한적이며 바이러스는 감염된 사람의 대변(1천억 바이러스 입자/대변 g당)에서 장기간 배설된다. NoV는 염소 농도와 냉동상태에서 60°C(140°F)까지의 온도 증가에서 상대적으로 안정적이다.

28.3.6 A형 간염바이러스(Hepatitis A Virus)[6,11]

A형 간염은 외피가 없는 단일 가닥 RNA 바이러스이며 *Picornaviridae*과 및 *Hepatovirus* 속에 속한다. HAV 바이러스는 지름이 27~32 nm이고 정이십면체 대칭이다. 포유류 세포 배양에서 자라지만 오랜 적응 기간이 필요하다. 매년 전 세계적으로 140만 명이 HAV 감염으로 고통받고 있다. 바이러스는 적어도 한 달 동안 환경에서 안정적으로 유지되며 염소와 같은 가열 및 소독제에 내성이 있을 수 있다.

그것은 장에서 기원하기 때문에 HAV는 인간의 대변에서 매우 많은 수로 배설된다. HAV는 또한 살아 있는 인간 세포가 증식해야 하기 때문에 오염된 식품을 포함하여 인체 외부에서 증식하지 않는다. HAV 전파는 오염된 식품, 물, 식품 취급자 또는 감염된 사람과의 직접 접촉을 통해 발생한다. 바이러스의 감염 선량은 약 10~100개의 바이러스 입자로 매우 낮다. 오염된 식품(또는 기타 공급원)을 통해 HAV를 섭취한 후 개인은 증상을 보일 수도 있고 그렇지 않을 수도 있다. 바이러스는 빠르게 간으로 이동하여 간세포를 침범한다. 감염된 개인에서 증상은 약 4주 후에 발생하며, 2~7주 범위에서 나타난다. 초기 단계의 일반적인 증상은 열, 불쾌감, 메스꺼움, 구토, 복부 불편감 및 후기 단계에서 황달로 이어지는 간의 염증을 포함한다. 황달 환자의 경우 대변은 옅은 색이고 소변은 어두워진다. 식욕 부진, 구토, 불쾌감, 열은 간염 환자에게서 나타나며 바이러스 입자는 대변에서 대량으로 배출된다 (g당 10^9개 입자). 증상은 1~2주 이상 지속될 수 있다. 바이러스는 일반적으로 잠복기의 마지막 절반 동안 대변을 통해 배출된다. 이 질병의 심각성은 나이와 밀접한 관련이 있다. 어린아이들은 무증상 형태의 질병을 보이는 반면, 청년과 성인은 증상이 있는 질병형태를 보인다.

28.3.7 소 해면상 뇌병증(BSE)[12]

전염성 해면상 뇌병증(TSE)은 소 해면상 뇌병증(BSE) 또는 광우병, 양의 스크래피, 크로이츠펠트-야콥(CJD) 또는 변형 CJD(vCJD) 및 인간의 쿠루로도 알려져 있다. 1950년대 초, 파푸아뉴기니의 동부 고지대에서 쿠루는 감염된 친척의 뇌 조직에 대한 식인 풍습의 결과로 인간에게 퍼졌다. 이 질병은 해면체 모양의 퇴행성 뇌가 특징이며, 희생자들은 급속한 신체적, 정신적 이상으로 고통받고 마비, 혼수 및 사망에 이르렀다. 잠복기는 약 2~10년이다. 소에서 질병이 발견된 1990년대 초에 주요 관심사가 되었고 뇌 조직 소실로 인해 소에서 비정상적인 행동이 발생하여 광우병이라고 불렸다. 오염된 쇠고기 소비와 직접적인 관련이 있는 인간 사례는 없지만, 1990년대 후반과 2000년대 초반 캐나다와 미국에서 유기체를 발견하면서 선진국들 사이에서 엄청난 경제적 영향을 미치는 주요 쇠고기 금수 조치를 야기시켰다.

뇌, 림프절 또는 뉴런이 있는 감염된 쇠고기 제품을 섭취하면 잠재적으로 인간에게 이 질병을 일으킬 수 있다. 소가 양 찌꺼기나 소 또는 젖소로 구성된 육골분 사료(MBM)에서 이것을 얻을 가능성이 있다는 것이 알려졌다. 1997년 FDA는 전염을 방지하기 위해 반추 동물에게 먹이를 줄 때 포유류 조직에서 추출한 단백질의 사용을 금지했다.

BSE의 감염인자는 바이러스가 아니라 대부분의 치료에 저항성이 있고 주로 뇌와 뉴런을 포함한 중추신경계에서 발견되는 프리온 단백질(PrP)이라고 하는 단백질성 전염성 입자이다. 단량체 형태의 단백질은 22~36 kDa이고 비정상 또는 감염 분자는 400 kDa 이상의 분자량을 가진 고분자 집합체이다. 프리온 단백질은 단백질 분해효소에 내성이 있으며 신경세포에 축적되어 공포(해면 모양), 세포 사멸 및 뇌 기능 파괴를 유발한다.

정신과적 증상으로는 우울증, 금단증, 불안, 편집증적 망상, 두경부 통증, 진행성 치매 등이 있다. 평균 고통 기간은 약 14개월이다. 말기 단계에서 환자는 침대에 묶이게 되고 운동성 음소거(사람이 움직일 수 없거나 소리를 낼 수 없는 상태)가 된다. 살아 있는 동물을 검사할 수 있는 진단 검사는 없다. 해면 모양과 면역 분석(Western blot 또는 ELISA)에 대한 뇌 조직의 사후 분석은 도축 후 소에서

BSE를 감지하는 데 사용된다.

프리온은 열과 특정 화학 물질에 매우 강하다. 160°C에서 24시간, 360°C에서 1시간 동안 열처리에 견딜 수 있으며 121°C에서 1시간 동안 고압살균을 견딜 수 있다. 프리온은 또한 0.5% 차아염소산나트륨에 1시간, 3% 과산화수소에 1시간 그리고 에탄올과 같은 화학적 처리에도 저항성이 있다. 단 132°C에서 1.5시간 동안 고압살균하고 1 M 수산화나트륨으로 20°C에서 1시간 또는 차아염소산나트륨(2% 염화물)으로 1시간 동안 20°C에서 처리하면 완전 불활성화가 가능하다. 예방 전략에는 (i) 다른 동물에서 추출한 동물 단백질로 육우의 사료 공급 중단 및 (ii) 감염된 소의 식별 및 폐기가 포함된다. 현재 유럽 연합과 미국은 이러한 관행을 금지하고 있다.

28.4 곰팡이 및 곰팡이 독소[13,14]

28.4.1 중요성

감염성 곰팡이는 백선, 무좀 등과 같은 질병을 일으킬 수 있으며 이를 진균(mycose)이라고 한다. 곰팡이 포자를 흡입하면 인간의 알레르기 질환을 유발할 수 있다. 그러나 많은 종류의 곰팡이는 적절한 환경(식품 포함)에서 자라면서 인간, 동물 및 조류에 독성이 있는 대사산물을 생성하며 이는 진균독(곰팡이독, mycotoxin)으로 분류된다. 마이코톡신을 함유한 식품의 섭취는 마이코톡신을 유발한다. 2차 대사산물은 단백질이나 장독소가 아니다. 대부분은 발암 물질이며 섭취시 간암종(간암)과 같은 신체의 다른 조직에 암을 유발할 수 있다. 일부는 세포 신호 전달 경로와 프로그램된 세포 사멸을 조절하여 장기(간, 신장)의 독성을 유발한다. 인간의 진균중독 발병률은 최근 몇 년 동안 많은 나라에서, 적어도 선진국에서는 기록되지 않았다. 이는 많은 식품에서 이들의 존재가 중요하게 규제되고 평가되기 때문이다. 최근 몇 년 동안 일부 개발도상국에서 진균중독 발병률이 기록되었다. 과거에 인간에서 잘 알려진 진균 독성 발병 사례로는 14~16세기 유럽에서 *Claviceps purpurea*에 감염된 호밀로 만든 빵 섭취로 인한 맥각 중독(ergotism), 17세기 일본에서 몇몇 페니실륨(*Penicillium*) 종의 독성 균주에 의헤 감염된 쌀의 섭취에 따른 황벼병, 20세기 초 러시아의 푸사리움(*Fusarium*) 종의 독소성 균주에 감염된 곡물 섭취로 인한 식중독성 무백혈구증(alimentary toxic aleukia) 등이 있다. 최근 몇 년 동안 동물과 조류에서 여러 건의 발병이 보고되었는데, 1960년대에 영국에서 *Aspergillus flavus*가 증식하고 독소 아플라톡신(aflatoxin)을 생성한 땅콩 가루를 먹인 후 간 괴사로 인해 수천 마리의 칠면조가 죽었다고 한다.

28.4.2 특성

유기체

많은 속의 독성을 유발하는 종과 곰팡이가 곰팡이 독소를 생성하는 것으로 알려져 있다. 여러 종과 속의 일부 독성 균주와 이들이 생성하는 독소에는 아플라톡신(aflatoxin)을 생성하는 *Asp. flavus* 및 *Asp. parasiticus*; 스테리그마토시스틴(sterigmatocystin)을 생성하는 *Asp. nidulans* 및 *Asp. virsicolor*;

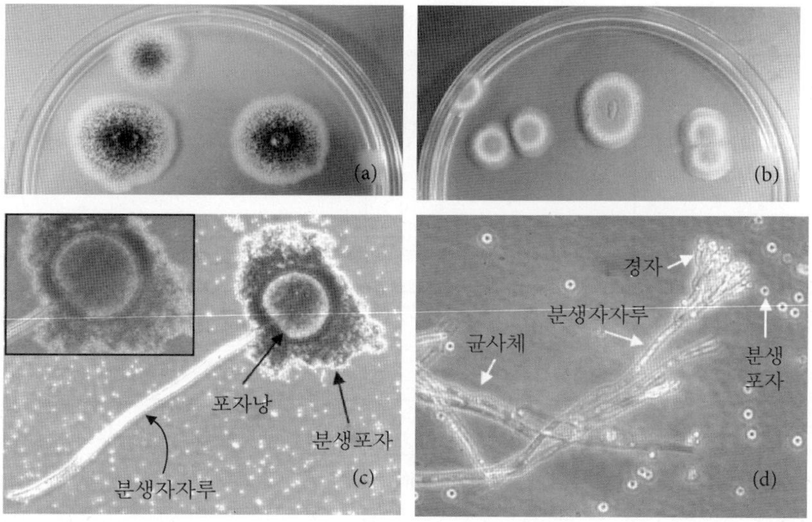

그림 28.1 (컬러 삽입을 보라.) 곰팡이 사진. 패널 (a) 및 (b) 한천 플레이트에서 *Aspergillus niger* 및 *Penicillium citrinum*의 생장을 보여준다. 패널 (c) 및 (d)는 *Aspergillus niger*(c) 및 *Penicillium citrinum*(d)의 광학 현미경 사진이다(배율 400배).

푸모니신(fumonosin)을 생성하는 *Fusarium verticilioides*; 디옥시니발레놀(deoxynivalenol) DON을 생성하는 *Fus. graminearum*; 제랄레논(Zearalenone)을 생성하는 *Fusarium* 종; 오크라톡신(ochratoxin)을 생성하는*Penicillium viridicatum*; 파툴린(patulin)을 생성하는 *Pen. patulum*; 로퀘포르틴(roquefortin)을 생성하는 *Pen. roqueforti*; 맥각 알칼로이드(ergot alkaloids)를 생성하는 *Claviceps purpurea*가 포함된다. 독성을 유발하는 균주는 형태학적 특성만으로는 비독성 균주와 구별할 수 없다(**그림 28.1**). 적절한 조건에서 균주를 배양하고 재료에 곰팡이 독소의 유무를 검사하는 것이 필요하며 이는 식품 생산에 사용되는 다양한 속의 곰팡이 균주에 특히 중요하다.

생장과 곰팡이 독소(mycotoxion)의 생성

일반적으로 곰팡이는 습하고 따뜻한 환경에서 가장 잘 자란다. 그들은 호기성이므로 성장을 위해 공기가 필요하다. 매우 낮은 수분활성도(0.65), 낮은 온도(냉동 온도) 및 낮은(pH 3.5)에서 천천히 성장할 수 있다. 이러한 조건은 종종 많은 식품의 저장 수명 연장하는 데 사용된다. 진공포장과 같은 다른 방법을 사용하지 않는 한 그들은 이러한 식품에서 자랄 수 있으며 만약 독성이 있는 경우라면 식품에서 독소를 생성할 수 있다. 다양한 곰팡이와 독소 생성에 필요한 최적의 온도와 수분활성도는 **표 28.1**에 요약되어 있다.

서식처

포자는 토양, 먼지 및 환경에 존재한다. 많은 식품은 특히 열처리 전에 생존 가능한 포자 또는 균사체를 가질 수 있다.

표 28.1 곰팡이 성장과 곰팡이 독소 생성

곰팡이	곰팡이독소	최적온도(°C)	최적의 수분활성도(A_W)
Aspergillus flavus, Asp. parasiticus	아플라톡신	33	0.99
Aspergillus ochracius	오크라톡신	30	0.98
Penicillium verucosum	오크라톡신	25	0.90~0.98
Aspergillus carbonarius	오크라톡신	15~20	0.85~0.90
Fusarium verticilloides	푸모니신	10~30	0.93
Fusarium verticilloides	디옥시니발레놀-DON	11	0.90
Fusarium graminearum	제랄레논	25~30	0.98
Penicillium expansum	파툴린	0~25	0.95~0.99

출처: Murphy, P.A. et al., *J. Food Sci.*, *71*, R51–R65, 2006.

28.4.3 독소와 독소 생성

곰팡이 독소(mycotoxion)에는 다양한 독성 종 및 곰팡이 균주에 의해 생성되는 많은 독소가 포함된다. 많은 독소들이 아직 확인되지 않았다. 그들 독소 중 일부 독소는 앞에서 나열되었다. 하나 이상의 화학적 유형이 있다(**그림 28.2**). 그 예로는 아플라톡신으로, B1, B2, G1 및 G2, M1의 두 가지 주요 유형을 가지고 있으며 각각은 여러 하위 유형을 가진다. 아플라톡신(aflatoxin) B1은 가장 강력한 것으로 간주된다.

마이코톡신은 2차 대사산물로, 독성 곰팡이 균주에 의해 생성된다. 일반적으로 독소 생성은 곰팡이 균주의 성장률과 직접적으로 관련이 있다. 곰팡이 생장에 적합한 미생물 배지에서 *Aspergillus flavus* 균주는 33°C(91.4°F), pH 5.0 및 수분활성도 0.99에서 최적의 아플라톡신 농도를 생성할 수 있다.

28.4.4 관련 식품

독성을 유발하는 곰팡이 균주의 성장과 특정 마이코톡신의 존재는 많은 식품에서 발견되었다. 여기에는 옥수수, 밀, 보리, 호밀, 쌀, 콩, 완두콩, 땅콩, 빵, 치즈, 건조 소시지, 향신료, 사과 사이다, 곡물, 카사바 반죽, 목화씨, 스파게티가 포함된다. 마이코톡신으로 오염된 식품을 섭취하면 인간에게 진균중독증(mycotoxicosis)을 유발할 수 있다. 곰팡이가 많은 제품(곰팡이가 있는 사일리지 포함)을 동물과 조류에게 먹이면 곰팡이 독소로 오염된 동물성 식품(우유, 달걀)을 생산할 수도 있다. 많은 곰팡이 독소는 정상적인 식품 준비에 사용되는 열에 저항력이 있다. 따라서 가열에 의한 제거는 식품에서 그것들을 제거하는 수단으로 사용되지 않는다. 미국의 규제 기관은 땅콩버터(<20 ppb)와 우유(<2 ppb)에서 아플라톡신 제한을 설정했다.

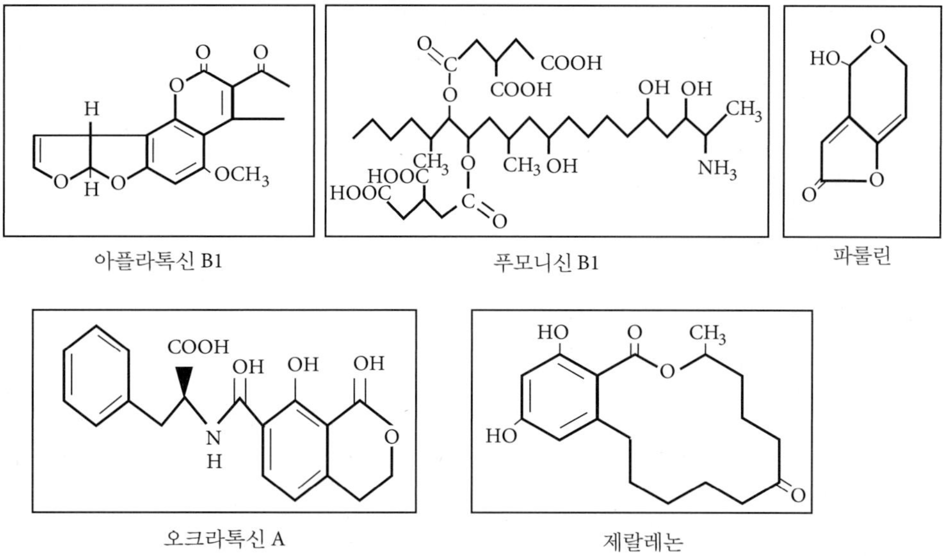

그림 28.2 선택된 곰팡이 독소의 화학적 구조.

28.4.5 진균중독증(mycotoxicosis)의 증상과 예방[15]

마이코톡신은 고용량으로 섭취하면 급성에서 만성 질환을 유발하며 돌연변이 유발, 발암성 및 기형을 유발한다. 증상은 피부 자극, 구토, 면역억제, 선천적 결함, 암, 간암, 간독성, 간 출혈, 신장손상(신독성), 신경독성, 뇌 및 폐출혈, 사망 등 다양하다. 인간의 진균중독증을 예방하기 위해 독성을 유발하는 곰팡이 균주(또는 필요한 경우 모든 곰팡이)로 인한 식품 오염을 줄여야 한다. 이것은 비교적 달성하기 어렵지만 적절한 포장을 사용하여 발생률을 줄일 수 있다. 가능한 경우 열처리는 곰팡이와 포자를 사멸함으로써 부하를 줄일 수 있다. 식품(및 사료)에서의 증가를 방지하는 것은 인간 진균중독증의 발생을 줄이는 데 있어 중요한 고려 사항이 되어야 한다. 이는 혐기성 포장을 사용하고, 가능한 경우 수분활성도를 0.6 이하로 줄이고, 동결하고, 곰팡이 성장에 대한 특정 방부제를 사용하여 달성할 수 있다. 곰팡이가 자란 제품은 섭취해서는 안 된다. 곰팡이가 자란 식품은 다듬는 것이 일반적인 관행이지만 나머지 부분에 진균 독소가 없는지 확신할 수 없다. 상업적인 기업에서 식품 또는 식품 성분에서 일부 마이코톡신(아플라톡신) 제거가 연구되었다. 일반적으로 용매 추출 방법이 사용되었다. 마지막으로, 아플라톡신과 같은 마이코톡신을 비활성화시키기 위해 적절한 화학 물질로 일부 식품이나 식품 성분을 처리하는 것도 연구되었다. 일부 화학 물질(예: 암모니아, 과산화수소 및 차아염소산나트륨)은 아플라톡신을 비활성화하는 것으로 확인되었다.

28.4.6 식별 방법[16,17]

곰팡이 독소, 특히 음식에서 아플라톡신을 검출하기 위해 여러 가지 방법이 연구되었다. 여기에는 의심되는 식품 표본의 용매 추출, 추출물의 박층 크로마토그래프, 고압 액체 크로마토그래피(HPLC), 자외선 또는 형광등 아래에서 시각화하는 것이 포함된다. 특정 유형의 곰팡이 독소를 식별하기 위해

질량 스펙트럼 방법에 의한 화학적 테스트 및 분석이 사용된다. 최근에는 식품에서 진균 독소를 신속하고 민감하게 검출하기 위해 면역 분석법과 면역 센서가 사용된다(제42장 참조).

28.5 생물생성 아민

다양한 유형의 아민은 단백질이 풍부한 식품에서 미생물의 특정 아미노산 탈탄산효소에 의한 아미노산의 탈탄산화에 의해 형성될 수 있다. 이러한 아민 중 일부는 생물학적으로 활성이 있으며 상당한 양을 섭취하면 질병을 유발한다. 생물생성 아민의 예로는 히스타민(L-히스티딘에서 생성됨), 퓨트레신, 카다베린(라이신 탈탄산효소에 의한 라이신 분해) 및 티라민(L-티로신에서 생성됨)이 있다. 식품에서 발견되는 많은 세균은 활성이 매우 높은 히스티딘 또는 티로신 탈탄산효소를 생성할 수 있으며, 프리 L-히스티딘과 L-티로신이 존재하는 경우 각각 히스타민과 티라민으로 전환할 수 있다. 일부 식품부패균과 심지어 여러 유산균은 매우 활동적인 히스티딘과 티로신 탈탄산효소를 가질 수 있다. 생물생성 아민 독소와 관련된 단백질이 풍부한 식품에는 오랫동안 숙성된 치즈, 곰팡이로 숙성한 치즈, 장기간 보관된 발효 소시지, 다양한 종류의 생선이 포함된다. 스콤브리오드(scombriod) 중독이라고도 불리는 어류 기원의 히스타민 중독은 어패류 독소에 대한 설명 다음에 더 자세히 논의될 것이다.

28.6 어패류와 관련된 독소[18~21]

어패류는 해양, 기수 및 담수 환경의 해로운 조류 종에서 비롯된 다양한 독소 소비의 결과로 식중독의 원인이 된다. 어류는 독성 조류를 먹이면 독소가 축적되고, 어패류의 섭취 증가로 많은 식중독 사례가 발생했다. 독소는 설사 및 신경독성의 두 가지 유형이 있으며, 일반적으로 마비성 패류 중독(PSP), 설사성 패류 중독(DSP), 신경독성 패류 중독(NSP), 시가테라 어류 중독(CFP), 아자스피라시드 패류 중독(AZP) 및 기억상실성 패류 중독(ASP)으로 분류된다(**표 28.2**). 또한 어류 단백질의 세균 분해로 인해 발생하는 스콤브로이드 독소도 심각한 알레르기 반응을 일으키는 것으로 알려졌다.

28.6.1 스콤브로이드 중독(Scombroid Poisoning)

히스타민 어류 중독으로도 알려진 스콤브로이드 중독은 알레르기와 유사한 식중독 형태이며 처음에는 스콤브로이드 그룹(참치, 고등어 및 가다랑어)의 부패한 생선을 섭취할 때 발생하는 것으로 인식되었다. 그러나 현재는 마히 마히, 블루 피쉬, 방어, 앰버잭, 청어, 정어리, 멸치와 같은 다른 종류의 부패한 생선의 섭취로 인해 질병이 발생할 수 있음이 인식되고 있다. 이 물고기의 대부분은 조직에 높은 수준의 유리 L-히스티딘을 가지고 있다. 또한 물고기들이 성장하는 동안 생성된 자가분해성 단백질분해효소와 세균성 단백질 분해효소에 의한 근육 분해는 히스타민을 방출한다. 물고기에서 자라는 세균에 의해 생성된 히스티딘 탈탄산효소는 L-히스티딘을 히스타민으로 촉매한다. 어류의 히스타민 생산과 관련된 가장 중요한 세균종은 *Morganella morganii* 이다. *Klebsiella pneumoniae*, *Proteus* spp., *Enterobacter aerogenes*, *Hafnia alvei* 및 *Vibrio alginolyticus*와 같은 여러 다른 종에서도 히스타민이

표 28.2 식중독과 관련된 어패류 독소

독소의 유형	관련된 독소 (미생물 근원)	어패류 근원	증상	증상 시작 시간
스콤브로이드 (Scombroid)	히스타민(다중 세균종)	참치, 만새기, 가다랑어, 새치, 블루피쉬, 와후, 고등어, 연어	심한 두통, 어지럼증, 메스꺼움,구토, 알러지반응: 피부 홍조, 두드러기, 천명	1분~1시간
시가테라 어류 중독(CFP)	시가독소 (조류: *Gambierdiscus toxicus*)	산호초 어류: 잿방어, 도미, 그루퍼, 노랑촉수속 어류, 창꼬치, 농어, 쥐돔, 울루아, 파피오	복통, 설사, 구토, 감각 이상(따끔거림, 타는 듯한, 무감각), 냉온감각반전, 쇠약, 근육통	30분~4시간
복어중독(PFP)	테트로도 톡신	바다개복치, 고슴도치 물고기, 복어	감각 이상, 두통, 구토, 발한, 호흡기 마비, 순환 허탈, 사망	10분~45분
마비성 패류 중독(PSP)	삭시톡신 (조류: *Alexandrium catenella*)	홍합, 조개, 굴	구토, 설사, 안면 감각 이상, 사망에 이르는 호흡기 마비	5분~30분
신경독성 패류 중독(NSP)	브레베톡신(조류: *Karenia brevis*)	홍합, 조개	설사, 구토, 복통 근육통, 감각이상, 운동실조	30분~3시간
기억상실성 패류 중독(ASP)	도모이산(신경독소) (조류: *Pseudonitzschia pungens*)	홍합, 조개, 게, 멸치	구토, 설사, 두통, 근유간대경련, 단기 기억상실, 착란, 방향 감각상실, 발작, 혼수, 편마비	15분~ 35시간 이상
설사성 패류 중독(DSP)	오카다익산, 다이노피시스톡신 펙테노톡신, 예소톡신(조류: *Dinophysis fortii*)	홍합, 조개, 가리비	설사, 메스꺼움, 구토, 복통	30분~6시간
아자스피라시드 패류 중독(AZP)	아자스피라시드-1 (조류: *Azadinium spinosum*)	홍합	설사, 메스꺼움, 구토, 복통	30분~6시간
시아노톡신	노듈라린, 실린드로스퍼몹신(남세균 대발생)	가재	간독성, 위장염	

출처: Adapted and summarized from Kalaitzis, J.A. et al., *Toxicon*, *56*, 244–258, 2010; Tsabouri, S. et al., *Ped. Allergy Immunol.*, *23*, 608–615, 2012.

발견된다. 발효된 생선제품에서 여러 *Lactobacillus* spp.이 히스타민 생성에 관련이 있다.

히스타민 중독의 증상에는 위장염성 메스꺼움, 구토, 복부 경련 및 설사, 신경학적으로는 저림, 홍조, 두근거림, 두통, 작열감 및 가려움, 피부에는 두드러기, 발진을 그리고 저혈압 증상이 포함된다. 일반적으로 물고기의 높은 수준의 히스타민은 이러한 증상을 나타내기 위해 필수적이다. FDA 위해 활성 수준은 현재 어류에서 50 ppm으로 설정되어 있다. 20 ppm의 히스타민 수준은 제품의 온도 남용을 나타낸다. 히스타민 농도와 개인의 민감성에 따라 일반적으로 1시간 이내에 증상이 매우 빠르게 발생할 수 있다. 히스타민 중독은 치명적이지 않다. 그러나 개인에 따라 심각한 알러지 반응을 일으킬 수 있다.

어류의 히스타민 중독은 전 세계적인 문제이다. 발생 빈도는 아마도 어류의 인기와 수확부터 소비까지 보존에 사용되는 방법과 직접적인 관련이 있다. 미국에서는 1973년~1987년에 1216명에게 영향을 미치는 202건의 사건이 발생했다. 1983년~1987년에 83건의 사건이 발생함에 따라 발생 빈도가 증가하는 것처럼 보였다. 83건 중에서 81건이 물고기에 관련되었다. 62.6%는 생선을 제공하는 식당에서 발생하였고, 26.5%는 가정에서 발생했다. 가장 중요한 요소는 물고기의 부적절한 보관 온도(생선 부패 원인)였다. 계절적 변화는 명백하지 않지만 아마도 미국에서 일 년 내내 생선을 섭취하는 것이 주요 이유가 아닐까 추정된다.

어류 소비가 증가함에 따라 히스타민 중독의 발생률이 증가할 것으로 예상된다. 가장 중요한 관리 방법은 제한된 시간 동안 1°C 미만에서 냉동 또는 냉장하여 생선을 저장하는 것이다. 또한 히스타민 생성 세균에 의한 오염을 줄이기 위한 적절한 위생이 중요하다. 물고기를 잡은 직후 세척하면 근육 조직의 자가 분해 효과를 줄일 수 있다. 히스타민은 열에 안정적이다. 즉 일단 히스타민이 형성되면 어떠한 조리법으로도 그것을 비활성화할 수 없다. 따라서 생선이 상했다는 의심이 든다면 히스타민 중독을 피하는 가장 좋은 방법은 그것을 먹지 않는 것이다. 항히스타민제는 히스타민 중독을 완화하는 데 사용된다.

28.6.2 시가테라 어류 중독(CFP)

암초, 특히 진흙에 붙어 있는 것을 먹이로 섭취하는 생선(바다농어, 농어류, 도미)들은 *Gambierdiscus toxicus*와 같은 독소 조류를 함께 섭취하게 되면서 근육세포에 이들 독소가 축적될 수 있다. 간, 내장 및 알은 근육 조직보다 더 많은 독소를 축적한다. 이 물고기를 섭취하면 몇 시간 내에 위장 및 신경 증상이 나타나는 질병이 발생한다. 위장 증상은 메스꺼움, 구토, 경련 및 설사이며 짧은 시간 동안 지속된다. 신경학적 증상으로는 입술과 혀의 따끔거림과 무감각, 구강 건조, 오한, 발한, 시야흐림, 마비 등이 있다. 이 질병은 심각한 조건에서 치명적일 수 있다.

시가독소로 인한 식품매개 질병은 많은 국가, 특히 암초에 서식하는 물고기가 소비되는 곳에서 발생한다. 전 세계적으로 매년 25,000명이 시가테라 독소의 영향을 받는다. 미국에서는 1973년~1987년 사이에 사망자 없이 1,052명에게 영향을 미치는 234건의 확인된 사건이 있었다. 232건은 안전하지 않은 곳에서 수확한 어류를 섭취한 사례이다. 1983년~1987년까지 87건의 사건 중 가정에서 69건이 발생했으며 4건은 식품 서비스 시설에서 발생했다.

시가독소를 검출하기 위해 면역 분석법과 액체 크로마토 그래피 방법이 사용되었으므로 섭취가능

전에 물고기의 이 독소의 존재 여부를 감시한다. 이 질병의 발생은 암초 주위에 서식하는 큰 생선, 특히 이들 생선의 내장의 섭취를 피함으로써 감소시킬 수 있다.

28.6.3 마비성 패류 중독(PSP)

Alexandrium catenella 및 관련 독성 조류 종을 먹는 가리비, 조개 및 홍합은 조직에 삭시톡신으로 알려진 열에 안정한 독소를 축적한다. 이 조개류를 섭취하면 마비성 중독이 발생한다. 일반적인 신경학적 증상으로는 입술과 손가락 끝의 따끔거림과 무감각, 졸림, 조정력 감소, 알아듣기 어려운 말투와 목의 건조함 등이 있다. 극단적인 경우 호흡 부전과 사망이 발생할 수 있다. 증상은 1시간 내에 나타나고 며칠 내에 가라앉는다.

마비성 패류 중독의 발생은 산발적이며 수온(약 8°C), 염도, 지표수, 영양분의 존재 등에 의해 영향을 받는 독성 조류의 과도한 증식에 따라 달라진다. 얕은 물에서 서식하는 어패류는 더 많은 독성을 축적하는 경향이 있다. 미국에서는 마비성 패류 중독 발병률이 매우 낮다. 1973년~1987년까지 160명에게 영향을 미치는 사건은 21건에 불과했다. 1983년~1987년에 단 두 건의 사건만 보고되었다. 이것은 독소를 함유한 어패류를 모니터링하고 수확을 위해 오염된 어패류층을 폐쇄했기 때문에 가능했다.

28.6.4 신경독성 패류 중독(NSP)

신경독성 패류 중독은 와편모충류(dinoflagellate) *Karenia brevis*에 의해 생성된 브레베톡신(brevetoxin)에 의해 발생한다. 조류의 성장은 적조를 일으키고, 조류를 먹이로 하는 조개류의 근육에 독소가 축적된다. 이러한 패류의 섭취는 마비성 패류 중독에 대해 설명된 바와 같이 신경학적 증상을 일으키지만 덜 심각하다. 증상은 매우 빨리 나타나고 (30분에서 3시간) 일반적으로 몇 시간 안에 가라앉는다. 효과적인 모니터링 시스템으로 인해 미국에서는 발병률이 매우 낮다. 때때로 위성은 적조를 포함하여 해양의 색을 모니터링하는 데 사용된다. *Karenia brevis* 대발생은 멕시코만에서 반복되는 문제이다.

28.6.5 설사성 패류 중독(DSP)

설사성 패류 중독은 *Dinophysis*와 *Prorocentrum*의 와편모충류 종에 의해 생성되는 오카다산(okadaic acid)과 다이노피시스톡신(dinophysistoxin)의 두 가지 유형의 독소와 관련이 있다. 일본과 네덜란드에서는 독성 조류인 *Dinophysis fortii* 또는 기타 종을 먹는 가리비, 홍합 및 조개의 섭취로 인한 위장 장애가 보고되었다. 위장 장애에는 설사, 메스꺼움, 구토 및 복통이 포함된다. 증상의 지속 기간은 짧다. 독소는 열에 안정적이므로 조리를 해도 제거되지 않는다. 대부분의 독소를 축적하는 패류의 소화기관을 제거하여 질병의 발병률을 줄일 수 있다.

28.6.6 아자스피라시드 패류 중독(AZP)

아자스피라시드 패류 중독은 Azaspiracid 독소를 축적하는 홍합 섭취와 관련이 있다. 이 독소는 와편모충류 *Azadinium spinosum*에 의해 생성된다. 증상은 설사성 패류 중독(DSP)과 유사하며 설사, 메스꺼움, 구토 및 복통으로 나타난다.

28.6.7 기억상실성 패류 중독(ASP)

기억상실성 패류 중독(ASP)은 홍합, 조개, 게, 멸치 섭취로 인해 발생한다. 신경독은 조류인 *Pseudonitzschia pungens*에 의해 생성되는 도모이산(domoic acid)이다. 신경학적 및 위장관 증상으로는 구토, 설사, 두통, 방향 감각 상실, 발작, 혼수, 편마비(뇌졸중 환자와 유사한 사지 및 손가락의 자발적 움직임 부족) 등이 있다. 또한 ASP 독성과 관련된 단기 기억 상실 및 착란이 있다.

28.6.8 복어 중독(PFP)

복어중독은 복어, 바다 개복치 및 고슴도치 물고기의 섭취와 관련이 있다. 관련된 독소는 뉴런의 나트륨 채널을 차단하는 신경독인 테트로도톡신이며, 따끔거림, 작열감, 무감각, 두통, 구토, 발한, 호흡기 마비, 순환 허탈 및 사망 등의 증상이 있다. 증상은 10~45분 후에 나타난다. 복어 중독은 아시아 국가에서 가장 만연하며 일본에서 매년 약 50명이 사망한다. 싱가포르와 방글라데시에서도 반복되는 사례가 보고되었다.

28.7 기생충(Parasites)[22~24]

이 그룹에는 인간의 질병을 유발하는 것으로 알려져 있고 식품 연관성이 확인되거나 의심되는 여러 장관 및 조직에 기생하는 기생충(회충, 편형동물 및 촌충)과 원생동물이 포함된다. 그들은 위장관에 머무르고 위장관 증상을 일으킬 수 있다. 일부는 신체 조직을 침투하여 특이적인 문제를 일으킨다. 이러한 유기체와 이들이 생성하는 질병 중 몇가지에 대해 아래에서 간략하게 학습할 것이다.

28.7.1 선모충(*Trichinella spiralis*)[25]

선모충(*Trichinella spiralis*)은 회충이며 돼지에서 높은 빈도로 나타날 수 있으며 인간과 동물에서 선모충증(trichinosis 또는 trichinellosis)을 유발한다. *Trichinella* 속에 속하는 8개의 종은 전 세계적으로 동물성 병원균으로 인정받고 있다. 그것은 또한 야생 동물들 사이에서 꽤 자주 발견된다. 사람은 감염된 동물의 날고기 또는 불충분하게 조리된 고기를 섭취하여 감염된다. 감염된 고기에는 피낭유충이 포함되어 있다. 고기가 섭취되면 낭종이 위장관에서 용해되어 유충이 방출되어 위장관 상피를 감염시킨다. 여기서 기생충은 짝짓기를 하고 유충을 림프계에 침착시킨다. 림프 순환을 통해 유충은 다른 신체 조직을 감염시킨다. 미국에서는 1973년~1987년에 843명을 감염시킨 128건의 선모충증이 기록되었다. 많은 종류의 식품이 관련되었지만 가장 높은 발병률(55건)은 돼지고기였다. 거의 모든 사건은 부적절한 조리의 결과였다.

선모충증의 증상은 섭취 후 2~28일내에 나타난다. 초기 증상은 메스꺼움, 구토, 설사, 열, 눈의 부기, 근육통 및 호흡 곤란이 뒤 따른다. 극단적인 감염의 경우 독혈증과 사망이 발생할 수 있다.

예방법은 쓰레기를 먹이로 하는 돼지를 사육하지 않고 고기를 140°F(60°C) 이상의 고온에서 철저히 조리하는 것이다. 전자레인지 조리는 모든 유충을 죽이는 데 효과적이지 않을 수 있다. −20°C (가정용 냉동고)에서 20일 동안 고기를 냉동하거나 액체 질소에서 몇 초 동안 냉동하면 기생충을 사멸할 수 있다. 방사선 조사는 일반적으로 육류에서 *Trichinella*를 비활성화시키는 데 효과적이다.

28.7.2 고래회충(*Anisakis simplex*)

선충 *Anisakis simplex*는 많은 물고기, 특히 해양 기원의 기생충이다. 고래회충증(anisakiasis)이라고 하는 인간 감염은 감염된 날 생선 섭취로 인해 발생한다. 부적절하게 조리, 소금에 절인 생선 또는 훈제 생선도 일부 관련이 있다. 증상은 며칠 후에 나타나며 일반적으로 인후 및 소화관의 염증을 포함한다. 고래회충증은 날 생선을 섭취하는 국가에서 두드러진다. 적절한 조리, 염장 또는 −20°C에서 3일 동안 냉동하는 것이 예방을 위한 하나의 방편이 될 수 있다.

28.7.3 촌충 종(*Taenia* Species)

촌충증(taeniasis)은 돼지고기의 *Taenia solium*과 소고기의 *Taenia saginata*에 의해 발생하는 촌충 질병이다. 이 질병은 유충(촌충증) 또는 성체 촌충(낭미충증)에 오염된 날고기 또는 부적절하게 조리된 육류 섭취로 인해 발생한다. 증상은 몇 주 내에 나타나며 소화 장애와 심한 복통이 있다. 장기, 특히 중요한 장기가 유충에 감염되면 그 결과가 심각할 수 있다.

28.7.4 톡소포자충(*Toxoplasma gondii*)[26]

동물성 감염 톡소플라스마증(toxoplasmosis)은 덜 익힌 생고기와 톡소플라스마 곤디의 접합자낭으로 감염된 원유를 섭취하여 인간에게 전염되는 조직성 원생동물에 의한 질병이다(**그림 28.3**). *Toxoplasma gondii*는 1908년에 처음 보고되었으며 그 수명주기는 1970년까지 발견되지 않았다. 고양이 배설물로 오염된 음용수는 전 세계적으로 발생하는 발병 사례의 원인으로 여겨졌다. 애완 고양이와 접촉한 후 씻지 않은 손, 오염된 물로 씻은 과일과 채소, 덜 익힌 고기(돼지고기, 양고기)를 먹는 것은 이 기생충의 잠재적 원인으로 간주된다. 고양이는 1차 숙주로 알려져 있다. 고양이는 감염된 먹이를 먹음으로써 감염된다. 고양이의 낭종은 소화관에서 용해되어 증식한다. 그런 다음 근육 조직, 조직 낭종(bradyzoites)에 국한된다. 식품이 특히 고양이의 배설물로 오염되면 접합자낭이 인간에게 전파되어 골격근, 심근, 뇌 및 눈에 국한될 수 있다. 그것은 많은 사람들에게 문제를 일으키지 않는다. 그러나 저항력이 낮거나 면역력이 약한 개인의 경우 증상은 일반적으로 독감과 유사하며 발열과 두통, 관절통 및 근육통을 동반한다. 면역력이 약한 사람들에게 치명적인 변형을 일으키고 생명을 위협할 수 있다. 임신 초기의 톡소플라스마 감염은 자연유산으로 이어질 수 있다. 톡소플라스마 감염은 태아에게 심각한 신경학적 또는 안구 질환을 일으킬 수 있다. 예방 조치에는 최소 내부 온도 70°C로 고기를 조리하거나 −20°C에서 냉동하는 것이다.

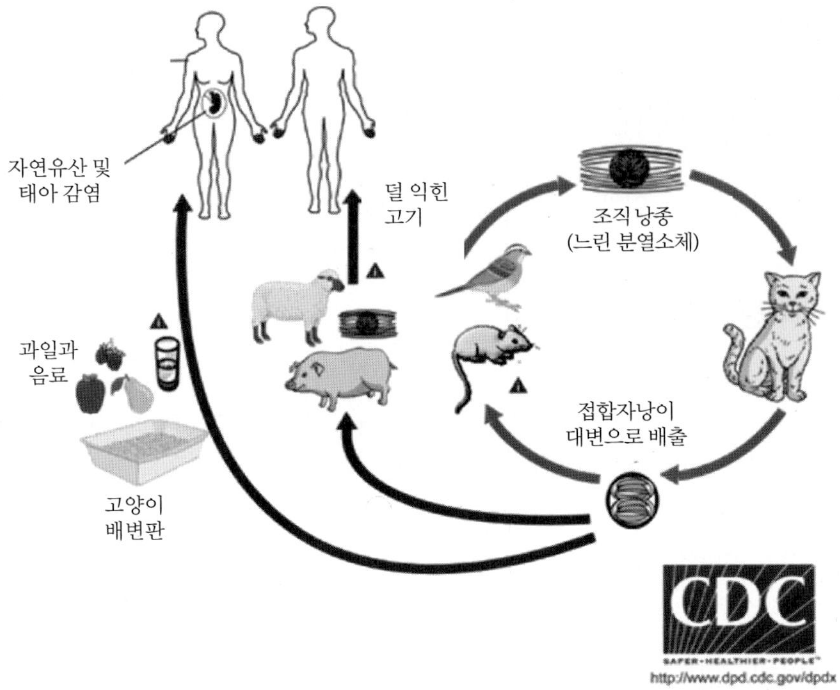

그림 28.3 톡소포자충(*Toxoplasma gondii*)의 수명주기. (CDC에서 적용, http://www.dpd.cdc.gov/dpdx/HTML/Toxoplasmosis.htm.)

28.7.5 람블편모충(*Giardia lamblia*)

편모충증(giardiasis)은 장의 원생동물인 *Giardia lamblia*에 의해 발생한다. 편모충증은 세계 여러 지역에서 식품매개성 및 수인성 질병으로 간주되어 왔다. 미국에서는 1973년~1987년에 131명을 감염시킨 5건의 사건이 확인되었다. 위생 시설이 불충분하고 물 공급이 부적절한 나라에서 발병률이 훨씬 높다. 오염된 생야채, 샐러드나 샌드위치와 같은 음식, 원인 물질이 함유된 물에 오염된 음식, 그리고 열악한 개인 위생이 질병의 주요 원인으로 여겨진다. 감염 선량은 10~100 낭종이며 잠복기는 1~2주이다. 주요 증상은 급성 또는 만성 설사와 복통이다. 접합자낭과 낭종은 감염된 사람의 분변으로 배설된다. 비버와 같은 야생 동물은 원생동물을 운반하여 물을 오염시킬 수 있다. *Giardia*는 상수도에 적용되는 염소 처리에 내성이 있다. 개선된 위생 상태와 개인위생은 편모충증의 발병률을 감소시키는 데 중요하다.

28.7.6 작은와포자충(*Cryptosporidium parvum*)

*Cryptosporidium parvum*은 장내 원생동물이며 접합자낭으로 오염된 식품과 물을 섭취하여 인간에게 크립토스포리디움증(cryptosporidiosis)을 유발한다. 또한 가축 및 야생 동물의 위장관에 존재할 수 있으며 식품과 물을 오염시킬 수 있다. 감염 선량은 약10개의 접합자낭으로 매우 낮은 것으로 생각되며 잠복기는 2~10일이다. 인간 감염의 주요 증상은 설사, 복통, 발열, 근육통, 탈수, 그리고 AIDS

환자와 같은 일부 쇠약해진 사람의 경우 사망할 수 있다. 크립토스포리디움은 미국 위스콘신주 밀워키에서 가장 큰 수인성 발병을 일으켰으며 1993년에는 403,000건이 발생했다. 그 이후 미국에서는 사과 사이다, 치킨 샐러드, 대파에 의해서 4건의 발병이 있었다. 이 식품은 원생동물에 감염된 사람들에 의해 접합자낭으로 오염되었는데 이는 그들은 개인위생이 좋지 않았기 때문이다. 이것은 인간의 수인성 원생동물 질병의 중요한 원인이다. 접합자낭은 일반적으로 물을 처리하는 데 사용되는 소독제에 내성이 있다.

28.7.7 원포자충(*Cyclospora cayetanensis*)

*Cyclospora cayetanensis*는 코시디안(coccidian) 장내 원생동물이며 미국에서 새롭게 떠오르는 식품매개 병원균으로 간주된다. 그러나 원생동물의 병원성은 다른 많은 나라에서 오랫동안 인식되어 왔다. 인간과 일부 영장류는 유일한 자연적인 숙주이다. 접합자낭으로 오염된 식품과 물의 섭취와 그에 따른 감염은 질병을 유발한다. 감염 선량은 알려져 있지 않지만 잠복기는 일반적으로 1주일이다. 이 질병은 보통 2주 동안 지속된다. 주요 증상은 묽은 설사, 경련, 메스꺼움, 구토, 발열 및 피로이다. 1995년 이후 미국에서는 오염된 라즈베리, 양상추, 바질 섭취로 인해 80건의 발병이 보고되었다. 1990년대 후반 과테말라의 오염된 라즈베리에 의한 식중독이 미국의 20개 주에서 널리 퍼졌고 2004년에는 과테말라 기원의 백설콩이 미국에서 식중독 사고를 유발하였다.

28.8 결론

일반적으로 비병원성으로 간주되는 몇몇 세균종은 민감한 개인에게 장내 식품매개 질병을 일으킬 수 있다. 감수성이 예민한 사람들의 증가와 함께, 미래에는 더 많은 식품매개 질병의 사례가 발생할 수 있다. 생선회와 같은 해산물 섭취의 증가는 어패류 독소의 식품매개 질병의 증가의 주요 원인으로 여겨져 왔다. 마찬가지로, 생야채와 과일의 소비 증가는 다른 기생충에 의해 야기되는 식품매개 질병의 증가와 관련이 있다. 적절한 음식, 위생, 처리 및 보존 방법의 선택은 식품에서 이들의 발생을 줄이기 위해 사용될 수 있다.

학습문제

1. 기회 감염성 병원균을 정의하시오. 어떻게 *Aer. hydrophila*가 기회 감염성 병원균으로 간주될 수 있는지 간략시 설명하시오.
2. *Ple. shigelloides*에 의한 식품매개성 위장염 유발 가능성에 대해 간략하게 설명하시오.
3. 인간의 식품매개 위장염과 관련될 수 있는 3종의 비대장균군 세균을 나열하시오. 위장염의 원인균으로 규정하기 위한 증거에 대해 설명하시오.
4. 식품매개 위장염의 원인체인 저온성 *Bacillus* spp.의 중요성에 대해 논하시오. 냉장고에 장기간 보관된 저온 살균 우유의 섭취가 저온성 바실러스 종에 의한 위장염과 관련이 있는 이유는 무엇인가?

5. 식품매개 질병 발생과 관련된 장 바이러스를 나열하시오. 바이러스성 기원의 식품매개 질병이 항상 발견되지 않는 이유는 무엇인가?
6. 식품이 A형 간염바이러스에 어떻게 오염되어 있으며 발생률을 줄이기 위해 어떤 통제 조치를 취해야 하는가?
7. 바이러스성 식품매개 질병의 발생을 감지하기 위해 어떤 방법이 사용되는가?
8. 광우병의 원인은 무엇이며 이 단백질은 정상 단백질과 어떻게 다른가?
9. BSE에 대한 예방 전략을 설명하시오.
10. 일부 숙성된 치즈, 오래된 발효 소시지 및 생선 섭취로 인한 히스타민 중독에서 미생물의 역할에 대해 논의하시오. 스콤브로이드 중독과 관련될 수 있는 중요한 미생물 종의 이름을 지정하고 예방 방법을 제안하시오.
11. 집에서 제공되는 음식에 시가테라 중독이 더 많이 발생하는 이유는 무엇인가? 어떻게 이 중독의 발생을 예방할 수 있는지 그 방법에 대해 논의하시오.
12. 패류 중독의 유형을 나열하십시오. 그들의 주요 증상은 무엇인가?
13. 인간의 선모충증의 주요 원인을 나열하시오. 발생률을 어떻게 줄일 수 있는가?
14. 인간의 식품매개 고래회충증, 촌충증 및 톡소플라스마증의 원인을 논의하고 그 발병률을 어떻게 줄일 수 있는지 설명하시오.
15. 인간의 식품을 통해 전염되는 4가지 원생동물 질병을 나열하시오. 인간에서 식품 기원의 장 원생동물 질병의 중요성에 대해 토론하시오. 어떤 식품이 이러한 질병과 더 자주 연관되며 어떻게 줄일 수 있는가?
16. 곰팡이 독소, *Penicillium* 종의 mycotoxin 생산 균주, aflatoxin 및 곰팡이의 증식 특성을 설명하시오.
17. 진균독으로 직간접적으로 오염될 수 있는 5가지 식품을 나열하시오. 다른 국가에서 미국으로 수입되는 식품 및 식품 성분에 대한 진균독 문제에 대해 논의하시오.

참고문헌

1. Janda, J.M. and Abbott, S.L., The genus aeromonas: Taxonomy, pathogenicity, and infection, *Clin. Microbiol. Rev.*, *23*, 35–73, 2010.
2. Levin, R.E., Plesiomonas shigelloides: An aquatic food borne pathogen: A review of its characteristics, pathogenicity, ecology, and molecular detection, *Food Biotechnol.*, *22*, 189–202, 2008.
3. Dufrenne, J., Bijwaard, M., te Giffel, M., Beumer, R., and Notermans, S., Characteristics of some psychrotrophic *Bacillus cereus* isolates, *Int. J. Food Microbiol.*, *27*, 175–183, 1995.
4. Schoeni, J.L. and Wong, A.C.L., *Bacillus cereus* food poisoning and its toxins, *J. Food Prot.*, *68*, 636–648, 2005.
5. From, C., Pukall, R., Schumann, P., Hormazabal, V., and Granum, P.E., Toxin-producing ability among *Bacillus* spp. outside the *Bacillus cereus* group, *Appl. Environ. Microbiol.*, *71*, 1178–1183, 2005.
6. Rodriguez-Lazaro, D., Cook, N., Ruggeri, F.M., Sellwood, J., Nasser, A., Nascimento, M.S., van der Poel, W.H.M. et al. Virus hazards from food, water and other contaminated environments, *FEMS Microbiol. Rev.*, *36*, 786–814, 2012.
7. Scallan, E., Hoekstra, R.M., Angulo, F.J., Tauxe, R.V., Widdowson, M.A., Roy, S.L., Griffin, P.M. et al. Foodborne illness acquired in the United States: Major pathogens, *Emerg. Infect. Dis.*, *17*,

7–15, 2011.
8. Patel, M.M., Hall, A.J., Vinjé, J., and Parashar, U.D., Noroviruses: A comprehensive review, *J. Clin. Virol.*, *44*, 1–8, 2009.
9. CDC, Updated norovirus outbreak management and disease prevention guidelines, *Morb. Mortal. Wkly. Rep.*, *60*, 1–18, 2011.
10. Li, J., Predmore, A., Divers, E., and Lou, F., New interventions against human Norovirus: Progress, opportunities, and challenges. In *Annual Review of Food Science and Technology*, Doyle, M.P. and Klaenhammer, T.R., Eds., 2012, pp. 331–352.
11. Nainan, O.V., Xia, G., Vaughan, G., and Margolis, H.S., Diagnosis of Hepatitis A virus infection: A molecular approach, *Clin. Microbiol. Rev.*, *19*, 63–79, 2006.
12. Dormont, D., Prions, BSE and food, *Int. J. Food Microbiol.*, *78*, 181–189, 2002.
13. Cousin, M.A., Riley, R.T., and Pestka, J.J., Foodborne mycotoxins: Chemistry, biology, ecology, and toxicology. In *Foodborne Pathogens: Microbiology and Molecular Biology*, Fratamico, P., Bhunia, A.K., and Smith, J.L., Eds., Caister Academic Press, Norfolk, 2005, pp. 163–226.
14. Murphy, P.A., Hendrich, S., Landgren, C., and Bryant, C.M., Food mycotoxins: An update, *J. Food Sci.*, *71*, R51–R65, 2006.
15. Jard, G., Liboz, T., Mathieu, F., Guyonvarc'h, A., and Lebrihi, A., Review of mycotoxin reduction in food and feed: From prevention in the field to detoxification by adsorption or transformation, *Food Additives & Contaminants: Part A*, *28*, 1590–1609, 2011.
16. Urusov, A.E., Zherdev, A.V., and Dzantiev, B.B., Immunochemical methods of mycotoxin analysis (review), *Appl. Biochem. Microbiol.*, *46*, 253–266, 2010.
17. Shephard, G., Berthiller, F., Burdaspal, P., Crews, C., Jonker, M., Krska, R., Whitaker, T. et al. Developments in mycotoxin analysis: An update for 2010–2011, *World Mycotoxin J.*, *5*, 3–30, 2012.
18. Taylor, S.L., Marine toxins of microbial origin, *Food Technol.*, *42*, 94–98, 1988.
19. Hungerford, J.M., Scombroid poisoning: A review, *Toxicon.*, *56*, 231–243, 2010.
20. Wang, D.-Z., Neurotoxins from marine dinoflagellates: A brief review, *Marine Drugs*, *6*, 349–371, 2008.
21. Kalaitzis, J.A., Chau, R., Kohli, G.S., Murray, S.A., and Neilan, B.A., Biosynthesis of toxic naturally occurring seafood contaminants, *Toxicon*, *56*, 244–258, 2010.
22. Dorny, P., Praet, N., Deckers, N., and Gabriel, S., Emerging food-borne parasites, *Vet. Parasitol.*, *163*, 196–206, 2009.
23. Conlan, J.V., Sripa, B., Attwood, S., and Newton, P.N., A review of parasitic zoonoses in a changing Southeast Asia, *Vet. Parasitol.*, *182*, 22–40, 2011.
24. Ortega, Y., Foodborne and waterborne protozoan parasites. In *Foodborne Pathogen: Microbiology and Molecular Biology*, Fratamico, P.M., Bhunia, A.K., and Smith, J.L., Eds., Caister Academic Press, Norfolk, UK, 2005.
25. Gottstein, B., Pozio, E., and Noeckler, K., Epidemiology, diagnosis, treatment, and control of *Trichinellosis*, *Clin. Microbiol. Rev.*, *22*, 127–145, 2009.
26. Elmore, S.A., Jones, J.L., Conrad, P.A., Patton, S., Lindsay, D.S., and Dubey, J.P., *Toxoplasma gondii*: Epidemiology, feline clinical aspects, and prevention, *Trends Parasitol.*, *26*, 190–196, 2010.
27. Tsabouri, S., Triga, M., Makris, M., Kalogeromitros, D., Church, M.K., and Priftis, K.N., Fish and shellfish allergy in children: Review of a persistent food allergy, *Ped. Allergy Immunol.*, *23*, 608–615, 2012.

제29장

신규 및 신흥 식품매개 병원균

29.1 서론

과거에 식품매개 병원균으로 알려진 세균 및 바이러스 목록과 식품매개 병원균으로 확인된 바이러스 목록을 비교해 보면 현재 상당히 놀라운 사실을 나타낸다. 과거에 식품매개 병원균으로 간주되지 않았거나 알려지지 않았던 많은 것들이 나중에 식품매개 질병에 연루되었다. 이러한 병원균은 인식 후 일반적으로 신규 또는 신흥 식중독 병원균으로 지정되어 있다. **표 29.1**은 미국에서 지난 30년 동안 새로운 식품매개 병원균으로 인정된 병원균 목록을 보여준다. 1959년 이전에는 4종의 세균이 식품매개 병원균으로 간주되었다: 황색 포도상구균; Typhi 및 Paratyphi를 포함하는 *Salmonella enterica* serovars; *Clostridium botulinum* A형 및 B형; 및 *Shigella* spp. 1960년대에 *Vibrio cholerae* non-O1 및 *Clo. botulinum* E형이 A형 간염바이러스와 함께 세균 목록에 추가되었다. 1971년~1980년, *Vibrio parahaemolyticus*, 장 병원성 대장균(O124:H17), *Yersinia enterocolitica*, *Vib. cholerae* O1, *Campylobacter jejuni* 및 *Vib. vulnificus*는 식품매개 질병 발생 또는 산발성 사례에서 확인되었다. 유아 보툴리눔 식중독과 *Clo. botulinum*의 식품 연관성은 또한 인식되었다. 1980년대와 1990년대에 *Listeria monocytogenes*, 장 출혈성 대장균 O157:H7, 장독소 생성 대장균 O27:H20, 노로바이러스, *Campylobacter*, *Cryptosporidium* 및 *Cyclospora*가 새로운 병원균이 되었다. *Salmonella enterica* ser. 상대적으로 낮은 빈도로 식품매개 발병에 일찍 관여했던 Enteritidis는 식품매개 살모넬라증의 주요 원인이 되었다. 최근 몇 년 동안 *Clostridium difficile*, *Cronobacter sakazaki*, *Helicobacter pylori*, *Mycobacterium paratuberculosis*, 식품매개 수인성 질환에서 몇 가지 장내 바이러스 등 여러 병원균의 가능한 역할이 의심되고 있다. 시간이 지남에 따라 새로운 식품매개 병원균의 갑작스런 출현과 관련된 유사한 상황이 다른 국가에서도 존재한다.

그것들은 정말 "새로운" 식품매개 병원균인가? 만약 병원균이 처음으로 사람에게 전염되는 매개체로 음식을 사용하고 특정 질병을 유발한다면 아마도 새로운 것이 아닐 것이다. 오히려 이전에 식품매개 질병을 일으켰을 가능성이 있지만 확인되지 않았음을 인식하는 것이 적절하다. 여러 상황의 변

표 29.1 확인된 식품매개 질병과 관련되어 있는 새로운 병원성균과 바이러스

1959년 이전	1959~1970	1971~1980	1981~1990	1991~2013
Sta. aureus	*Clo. perfringens* (1959)[a]	*Vib. parahaemolyticus* (1971)	대장균 O157:H7 (1982)	대장균 O104:H4 (2011)
살모넬라 장혈청형 (장티푸스 및 파라티푸스 포함)	*Bac. cereus* (1959)	Enteropathogenic 대장균 (O124:H17; 1971)	*Lis. monocytogenes* (1983)	니파 바이러스 (1998)
Clo. botulinum (유형 A, B)	*Vib. Cholera* (non-O1;1965)	대장균 O27:H20 (1983)	*Cam. coli*	
시겔라종	*Clo. botulinum* (유아 보튤리늄; 1976) *Clo. botulinum* (E형;1960년대 중반)	*Vib. vulnificus* (1976)	바이러스(1982)	
	A형 간염(1962)	*Yer. enterocolitica* (1976)	*Salmonella* Enteritidis[b]	
		Vib. cholera (O1;1978)	*Cronobacter sakazaki* (1988)	
		Cam. jejuni (1979)		

[a] 식품매개 발병에서 확인된 첫해.
[b] 달걀 기원 살모넬라증의 주요 원인으로 인식.

화로 인해 식품매개 질병에 직접 관여하는 것으로 의심되고 나중에 처음으로 확인되었을 것이다. 이 절에서는 새로운 식품매개 병원균의 발견으로 이어진 여러 상황의 변화에 대해 논의한다.

표 29.1의 정보에 대한 비판적 분석은 다음과 같은 세 가지 중요한 관찰을 보여준다. (1) 과거 또는 현재 확인되지 않은 병원균은 미래에 식품매개 병원균으로 나타날 수 있다. (2) 현재 몇 가지 산발적 식품매개 질병이나 발병에 관여하고 있는 병원균은 향후 식품매개 발병의 주요 원인이 될 수 있다(예: *Salmonella* Enteritidis). (3) 반대로, 과거 또는 현재 식품매개 질병의 주요 원인으로 간주되는 병원균은 미래에 더 적은 발병률과 연관될 수 있다(예: 미국에서는 1976년에 26건의 포도상 구균 식품중독 발병이 있었고 930명에게 영향을 미쳤으나, 1987년에는 단 한 건의 발병이 있었고 100건이 발생했다). 이러한 변화의 이유는 식량 소비 패턴의 변화, 식품 가공 및 소매 기술의 현대적 혁신, 농업 및 축산 관행의 변화, 기후 변화, 무역 장벽의 변화에 의해 많은 나라로부터 식품 수입 증가, 국제 여행의 증가, 노인 및 면역 약자 수의 증가, 병원균 및 식품 검사에 대한 규정에 대한 더 나은 지식 수준 등 여러 요인에 기인 할 수 있다. 여기에서 일부 요인에 대해 설명할 것이다.

29.2 관련 요인[1]

식중독 병원균의 출현 또는 재발에 몇 가지 요인이 기인할 수 있으며,이 현상을 설명하기 위해 융합 모델이 제안되었다.[2] 근본적으로 융합 모델은 인간, 병원균, 가축 및 야생 동물, 환경 간의 복잡한 상호 작용을 고려한다. 그 중 일부는 **표 29.2**에 요약되어 있다.

29.2.1 병원균에 대한 더 나은 지식

섭취시 식품매개 질병을 유발할 수 있는 미생물, 화학적 또는 물리적 인자는 200개가 넘는다. 미국 질병통제예방센터(CDC)는 식품매개 물질이 미국에서 매년 4,800만 명, 128,000건의 입원, 3,000명의 사망에 영향을 미치는 것으로 추산하며, 그 중 940만 건은 알려진 31개의 병원균에 기인한 반면, 3,840만 명의 기병성 인자는 90%가 알려져 있지 않은 것으로 보고 있다.[3] 일반적으로 원인 인자 중 세균 및 바이러스 병원균이 식품매개 질병의 주요 원인이다. 원인을 알 수 없는 이들 중 다수는 세균, 바이러스, 기생 또는 버섯 및 해양 생물 독소, 금속 및 기타 무기 독소와 같은 기타 기원 또는 진단 검사가 개발되지 않은 신종 병원균으로 간주된다. 보고된 발병에서, 식품 및 환경 표본과 환자의 표본을 사용할 수 있을 때 가장 가능성이 높거나 가장 흔한 병원균이 있는지 검사한다. 따라서 많은 사건에서 일반적으로 그 당시 식품매개 병원균으로 간주되지 않는 병원균에 대해 표본을 검사하지 않는다. 이것은 일반적으로 보고된 산발성 사례 또는 소규모 발병 상황이다. 대규모 발병 또는 유사한 유형의 발병이 빈번하게 발생하거나 사고로 인해 사망 또는 심각한 결과가 발생하는 경우, 일반적으로 표본은 일반적인 식품매개 병원균과 함께 다른 의심되는 병원균에 대해도 검사된다. 새로운 식품매개

표 29.2 식품매개 질병 발생 및 재발에 관여하는 요인

● 더 저렴한 식품을 생산하기 위한 집약적인 농업 관행: 가까운 곳에 많은 수의 동물과 새가 있는 농업 관행은 질병의 출현과 확산을 돕는다.
● 가축, 야생 동물, 그 제품 및 야생 동물 서식지 침입으로 인한 인간의 상호작용 증가
● 환경적 공통점인 물의 오염은 농장, 지역, 주 및 국가에 병원균을 퍼뜨릴 수 있다.
● 기후 변화와 온도 상승은 새로운 매개체를 가져오고 적응력과 스트레스 반응을 높여 병원균을 출현시키는 데 도움이 된다.
● 급속한 인구 증가와 손상된 면역 체계를 가진 고령화 인구
● 과일 및 채소, 민족 식품 및 육류의 전 세계적인 수입 및 수출 증가
● 식습관의 변화와 날것 또는 가볍게 조리된 식품의 섭취 및 야생 동물 고기와 같은 이국적인 음식에 대한 수요
● 더 많은 육류 및 생선 제품에 대해 경제적으로 풍요로워지고 있는 국가에서 고단백 식단에 대한 수요 증가

출처: Newell, D.G. et al., *Int. J. Food Microbiol.*, 139, S3–S15, 2010에서 적용; Springer Science+Business Media에서 허가: *Microbial Food Safety: An Introduction*, 2012, 3–12, Oyarzabal, O.A. and Backert, S., Eds.

병원균의 대부분은 이런 방식으로 발견되었다. 미국에서 식품매개 발생에서 *Yer. enterocolitica, Cam. jejuni, Lis. monocytogenes, Cronobacter sakazaki* 및 대장균 O157:H7은 이런 방법으로 확인되었다. 앞으로 다른 병원체도 같은 방식으로 "새로운" 병원균으로 인식될 것이다. 이것은 아마도 *Aeromonas hydrophila, Edwardsiella* spp., *Plesiomonas shigelloides* 및 기타 기회 감염성 병원균과 같은 여러 병원균뿐만 아니라 *Helicobacter pylori, Mycobacterium paratuberculosis, Clostridium difficile* 및 여러 장내 바이러스에 해당되며, 식품매개 병원균이지만 아직 직접 확인되지는 않았다.

정기적으로 검사하는 것 이외의 새로운 병원균에 대해 사용 가능한 식품 표본을 검사하는 주요 이유 중 하나는 현재 많은 병원균의 특성에 대한 확장된 지식 때문이다. 생리적, 생화학적, 면역학적, 유전적 특성뿐만 아니라 병원성, 서식지 및 질병 전파 방식과 관련하여 다양한 병원체에 대한 많은 정보를 사용할 수 있다. 여러 병원균의 전체 유전자 서열에 대한 최근 지식과 분자 생물학 기술의 발전은 이러한 연구에 크게 도움이 되었다. 이 정보는 표본에서 식품매개 병원균을 분리하고 식별하는 새롭고 효과적이며 구체적인 방법을 개발하는 데 도움이 되었다. 많은 식별 기술은 대부분은 구체적이고 신속하며 심지어 관련된 세균의 많은 수 존재를 밝히는 데 덜 관여한다. 이는 일상적으로 검사하는 병원균과 의심되는 병원균을 포함하여 많은 병원균에 대해 비교적 짧은 시간 내에 많은 수의 시료를 경제적이고 효과적으로 검사하는 데 도움이 된다. 상업적 방법에서 생산된 즉시 사용할 수 있는 키트를 사용할 수 있어 이러한 접근 방식이 발전했다. 2011년 새싹 섭취로 인해 독일과 유럽의 다른 국가에서 가장 큰 발병 중 하나를 일으킨 장응집성 대장균(EAEC) O104:H4의 새로운 균주와 유사하게 향후 몇 년 내에 더 많은 신규 또는 신종 병원균이 우려되는 병원균 목록에 추가될 것으로 예상된다(아래 참조).

29.2.2 규제 조치의 개선

최근 몇 년 동안 적어도 대부분의 선진국에서 지역, 주 및 연방 규제 기관은 식품매개 발생을 보고하고 병인학 원인을 식별하기 위한 신속한 조치를 취하는데 매우 적극적이다. 미국에서 보고된 발병 건수는 1960년대에 연간 평균 240건에서 1980년대에는 평균 530건으로 증가했다. 2009년에는 675건, 2010년에는 852건이 발생했다. 노로바이러스가 목록의 1위를 차지하여 42%를 차지했으며 살모넬라가 2009년과 2010년에 30%의 발병률로 2위를 차지했다.[4] 이러한 증가는 대부분 보고 증가의 결과이다. 새로운 식품매개 병원균이 확인되면 식품에서의 발생 빈도, 식품에서의 전염 방식, 생산에서 소비까지 다양한 단계에서 가공, 저장 및 취급 조건하에 식품에서의 증식과 생존이 결정된다. 이 정보를 사용할 수 있게 되면 규제 기관은 소비할 준비가 된 식품에서 그 존재를 방지하거나 줄이는 효과적인 방법을 개발한다. 이는 식품의 가공, 취급 및 저장 과정에서 적절한 위생 방법을 개발함으로써 달성된다. 일부 병원균의 경우 생식 또는 살아 있는 동물에서 그 존재(예: 대장균 O157:H7)를 줄이는 방법이 연구되고 있다. 마지막으로 규제 기관은 소비자(특히 가정)와 식품 취급자(특히 식품 서비스 시설)에게 교차 오염 및 부적절한 조리 또는 식품 냉각으로 인해 발생하는 오염(조리되지 않은 닭고기 또는 계란에서부터 살모넬라균과 같은)을 줄일 수 있는 방법을 교육하기 위해 노력하고 있다. 새롭게 부상할 병원균을 포함하여 병원균에 의한 식품매개 질병의 발생을 줄이기 위해서는 공공교육에 더 많은 관심을 기울여야 할 것이다. 가정과 식품 서비스 시설에서 제공되는 식품은 원인을 알 수 없는 식품을 포함하여 식품매개 질병 발병의 빈도가 높기 때문에 이 두 곳에서 식품을 취급하는 사람들은 발병을 예방 또는 감소시킬 수 있는 방법을 알고 있어야 한다.

규제 기관의 노력은 아마도 2011년에 보고된 식품매개 질병과 사망률이 감소한 미국의 여러 병원균에 대해 성과를 올리고 있을 것이다. 최근 자료에 따르면 식품매개 인자가 4,800만 명의 사람들에게 영향을 미치고, 128,000명의 입원 및 3,000명의 사망자가 발생하는데 이는 1999년 추정치보다 훨씬 낮은 수치이다.[5] 안전 노력을 더욱 향상시키기 위해 식품안전현대화법(FSMA)이 2011년에 제정되었다.[6] 이 법의 주요 강조 사항에는 (i) 예방 관리 계획, (ii) 필수 생산물 안전 기준: 과학을 기반으로 한 식품안전 접근방식, (iii) 고위험 제품에 대한 의무 검사, (iv) 제품 추적, (v) 성능 표준, (vi) 제3자 인증, (vii) 고위험 식품에 대한 인증, (viii) 검사 기관 증가, (ix) 표본이 식품과 관련된 병원균 오염 및 사망에 대한 증거를 보여줄 때 의무적인 회수 권한 및 (x) 문제가 되는 식품 생산자의 등록 정지가 포함된다.

FoodNet을 구축하고 미국 규제 기관에 의한 소비자 및 식품 취급자에 대한 적절한 교육을 통해 식품매개 질병 발병률을 확인하려는 현재의 노력은 현재 알려진 병원균 및 미래의 새로운 병원균에 의한 식품매개 질병 발생률을 줄이는 데 중요한 요소가 될 것이다. 다른 선진국 및 개발도상국에서도 식품매개 병원균과 관련된 문제를 극복하기 위해 유사한 노력을 기울여야 한다.

29.2.3 생활 방식과 식습관의 변화

이 범주에는 새로운 식품매개 병원균의 출현에 기여한 몇 가지 요인이 포함될 수 있다. 가장 중요한 요소 중 하나는 여행, 특히 국제 여행의 증가이다. 외국에 도착하거나 귀국하는 사람은 새로운 식품매개 병원균을 이전에 인식되지 않은 국가로 가져올 수 있다. 여행자 설사와 관련된 대장균 및 *Vib. cholerae* non-O1(새로운 혈청 형)은 아마도 이런 방식으로 미국에 도입되었을 것이다.

또 다른 중요한 요소는 식습관의 변화이다. 미국에서는 해산물 소비가 증가하고 일부는 날것으로 먹으면서 항상 식품매개 병원균으로 인식되지 않았던 *Vib. parahaemolyticus*, *Vib. vulnificus*, *Vib. cholerae* 와 A형 간염에 의한 식품매개 질병 발병이 증가했다. 마찬가지로, 냉장 온도에서 유통 기한이 길고 보존제가 적은 저열 가공 식품에 대한 소비자의 선호는 저온발육생물 병원균(예: *Lis. monocytogenes* 및 *Yer. enterocolitica*)이 중요한 식품매개 병원균이 될 가능성을 높였다. 원유 소비, 저온 살균되지 않은 우유로 만든 부드러운 치즈, 덜 익힌 햄버거와 같은 몇 가지 식품 선호도는 *Cam. jejuni*, *Lis. monocytogenes* 및 대장균 O157:H7에게 올바른 결과를 제공했다. 유사하게, 일부 수입 식품, 특히 간편 조리식품 유형, 민족적 식품 및 원숭이, 코끼리, 고릴라, 악어, 개미핥기, 박쥐 등과 같은 야생 동물로 구성된 부시 고기와 같은 이국적인 고기에 대한 선호도는 새로운 병원체를 도입할 수 있다.[7] 2005년부터 2010년까지 CDC가 수집한 자료에 따르면 15개국에서 수입한 식품이 39건의 발병 원인으로 미국에서 2,348건의 질병이 발생했다.

식품 소비 패턴의 변화가 식품매개 질병의 프로파일을 변화시킬 수 있는 방법은 최소한으로 가공된 간편 조리식품의 소비 증가로 인한 식품매개 질병의 증가가 가장 좋은 예가 된다. 정보자원주식회사(Information Resource, Inc.)의 설문 조사에 따르면 미국 소비자의 우선순위는 계속해서 편의 식품이다. 자료는 다음과 같은 음식 선호도를 보여준다: 즉석식, 77%; 온열식품, 76%; 이동 중 섭취를 위한 포장 제품, 65%; 도구가 필요없는 제품 64%. 이외에도 더 많은 자연 식품에 대한 선호는 최소한으로 가공된 식품의 많은 다양한 생산품의 생산을 장려했다. 이들 중 상당수는 신선하거나 저온 처리되어 냉장 온도에서 3~10주 이상의 유통기한을 가질 것으로 예상된다. 제21장은 최소한으로 가공된 식품의 부패와 관련된 많은 저온세균의 예를 보여준다. 이러한 부패균의 대부분은 가열 후 오염 물질로 제품에 접근하며 일반적으로 적은 수이다. 장기간 보관하는 동안에는 증식하여 부패 감지 수준에 도달한다. 그들 중 다수는 새로운 부패균 또는 이전에 부패균으로 의심되지 않은 세균이다. 최소 가공식품에 병원균이 존재하는 경우에도 유사한 상황이 발생할 수 있다. 이러한 제품의 저장 온도 범위는 4°C~15°C 이상이다(전시중). 저온발육생물성 및 많은 중온성 병원균은 저장하는 동안 증식할 수 있으며 매우 낮은 오염 수준(예: 약 1/25g)에서 잠재적 위험 수준에 도달할 수 있다.

1990년 이후로 바로 먹을 수 있는 생야채(샐러드)와 과일(과일 주스)의 소비가 증가했다. 놀랍게도 이러한 기원에서 발생하는 식품매개 질병 발생률이 증가했다(**표 29.3**). 1990년대 이전에는 이러한 채소와 과일의 대부분이 다양한 유형의 식품매개 질병과 관련이 있는 것으로 간주되지 않았으며, 그 중 상당수는 신종 병원균에 의해 유발된 것으로 생각된다. 이 농산물은 많은 국가에서 생산된다. 국제 무역과 관련된 복잡성으로 인해 생산원을 결정하는 것이 종종 어렵다. 오염의 주요 원인은 현장 위생 부족, 세척을 위한 낮은 품질의 물 사용, 더러운 트럭을 이용한 운송, 농산물 취급시 위생 부족이다. 관리에 대한 연구에 따르면 많은 병원균이 생존할 수 있을 뿐만 아니라 냉장 및 주변 온도에서 신선한 야채와 과일 및 과일 주스에서도 자랄 수 있다는 것을 보여주었고 많은 병원균이 새롭게 등장한 유형이다(**표 29.4**).

표 29.3 미국내 최근 몇 년 동안 일부 식품매개 질병들과 관련된 신선한 생산물

채소	병원균	과일	병원균
새싹	살모넬라, 대장균 O157:H7, O104:H4	캔털루프 멜론	살모넬라 *Lis. monocytogenes*
양상추	대장균 O157:H7, 시겔라종, A형 간염바이러스	수박	살모넬라 노로바이러스
양배추	*Lis. monocytogenes*	딸기	A형 간염바이러스, *Cyclospora*
샐러리	노로바이러스, *Lis. monocytogenes*	산딸기	A형 간염바이러스, *Cyclospora*
당근	장독소원성대장균	사과사이다	대장균O157:H7, 살모넬라, *Cryptosporidium*
토마토	살모넬라, A형 간염바이러스	오렌지주스	살모넬라
쪽파	시겔라종, A형 간염바이러스	코코넛밀크(냉동)	*Vib. cholerae* O1
시금치	대장균 O157:H7		
깍지완두	*Cyclospora*		

표 29.4 채소와 과일제품에서 증식 가능성이 있는 병원균

병원균	제품(온도)
시겔라	양상추, 멜론, 양배추(20°C~22°C)
살모넬라	토마토, 멜론, 새싹(20°C~23°C)
대장균 O157:H7	멜론, 사이다, 양상추, 오이(8°C~25°C)
Yer. enterocolitica	다른 제품들(4°C)
Lis. monocytogenes	다른 제품들(4°C)
Bac. cereus[a]	채소 퓌레(브로콜리, 완두, 당근 및 감자; 10°C)
Cam. jejuni	멜론
Enterovirus[b]	다른 제품들(4°C~23°C)

출처: Sagoo, S.K. et al., *J. Food Prot.*, *66*, 403–409, 2003에 남아 있는 정보.

[a] Dr. S.R. Tatini (University of Minnesota, St. Paul) 제공.
[b] 존속하는 균들.

동물성 식품, 특히 저열 가공 육류 제품의 최소 가공 식품은 식품매개 질병 발생과 관련이 있다. 대부분의 제품이 냉장되어 있기 때문에 주된 병원체는 Lis. monocytogenes로 밝혀졌다(**표 29.5**). 이 들 제품은 열처리(살균 또는 더 높은 온도)를 했기 때문에 병원균, 즉 *Lis. monocytogenes*, *Salmonella* 및 대장균 O157:H7은 생고기 및 기타 재료에서 나올 수 없다. 그들은 모든 가능성에서 가열 후 오염 물질이다. 모든 제품은 대부분의 경우 가열 후 재포장전에 광범위하게 처리된다. 병원균은 그 시간 동

표 29.5 최소한으로 가공된(조리된) 동물성 식품에서 추출된 병원균들

생산품	병원균
구운 소고기, 콘드비프	*Lis. monocytogenes*, 살모넬라
햄 및 런천미트	*Lis. monocytogenes*, 살모넬라
분쇄된 제품: 핫도그, 비엔나 소시지, 브라트부어스트, 살라미, 볼로냐, 소시지	*Lis. monocytogenes*, 살모넬라
육포	*Lis. monocytogenes*, 살모넬라, 대장균 O157:H7
가금류 제품: 완전체, 튀겨진 부분; 너겟; 슬라이스 등	*Lis. monocytogenes*, 살모넬라
고기 샐러드: 다른 유형	*Lis. monocytogenes*, 살모넬라
완전히 조리된 고기패티	대장균 O157:H7
건조 및 반건조 소시지: 페퍼로니, 살라미, 여름소시지 등	*Lis. monocytogenes*, 살모넬라 대장균 O157:H7, 포도상구균 장독소
치즈: 부드럽고, 푸른 반점이 있는, 숙성된 곰팡이	*Lis. monocytogenes*,

안 제품이 접촉한 기원에서 제품을 오염시킨다. 오염된 제품을 섭취하면 병원균에 의해 식품매개 질병이 발병할 수 있으며, 그 중 상당수는 새로운 신흥 질병이다.

29.2.4 새로운 식품 가공 기술

경제적 이유 때문에 식품 가공 업체의 목표 중 하나는 중앙 집중식 공장에서 더 빠른 속도로 대량으로 제품을 생산하는 것이다. 대용량의 식품을 취급하는 것은 단점이 있다. 병원균에 의한 제품의 우발적 오염은 넓은 지역에 거주하는 많은 사람들에게 식품매개 질병을 유발할 수 있다. 발병이 이전에 인식되지 않았던(또는 산발적인 발병에서 인식된) 병원균에 기인한 것이라면 그 병원균이 추출되고 식별될 가능성이 훨씬 높다. 가공업자가 생산한 초콜릿 우유의 소비로 인해 220명에게 영향을 미친 발병은 관례대로 검사되는 것들과 함께 다른 가능성이 있는 용의자에 대해 검사를 했고, 새로운 식품매개 병원체로 *Yer. enterocolitica*를 식별했다.

더 빠른 생산을 위해, 특히 식품매개 병원균과 관련하여 가능한 미생물학적 문제를 사전에 고려하지 않고 장비를 설계할 수 있다. *Lis. monocytogenes*로 오염된 핫도그 섭취로 인한 리스테리아증의 발병은 그 한 예이다. *Lis. monocytogenes* 균주는 바로 먹을 수 있는 핫도그 및 기타 가공육 제품을 포함하여 다양한 유형의 식품에서 추출되었다. 역학조사에서는 인간의 산발성 리스테리아증이 핫도그를 포함한 *Lis. monocytogenes*로 오염된 식품 섭취로 인해 발생할 수 있다고 의심했다. 1989년, 미국에서 처음으로 인간 리스테리아증 사례가 인스턴트 핫도그를 먹는 것과 관련이 있었다. *Lis. monocytogenes*의 동일한 혈청형(1/2a)이 핫도그를 먹은 사람, 개봉된 포장의 나머지 냉장 핫도그, 동일한 가공 시설에서 생산된 개봉하지 않은 소매 포장의 핫도그에서 추출되었다. 그 후 규제 기관은 가공 시설의 제품, 라인 표본 및 환경 표본을 검사하여 *Lis. monocytogenes* 오염의 출처를 확인했다(**표 29.6**). 35일 동안 생산된 7개보다 많은 곳에서 나온 7개 소매 표본중 6개는 *Lis. monocytogenes* 1/2a 혈청형을 보유했다. 제품의 다른 단계에서 수집된 라인 표본들 중에, *Lis. monocytogenes* 1/2a는 껍질을 벗긴 후와 포장을 하기 전 제품에서 매우 높은 빈도로 발견되었다. [껍질을 벗긴 후에 제품은 포장 단계로 가기 전에 컨베이어 벨트(물건을 운반하는 장비)를 통해 이동하였다.] 검사된 환경 표본(면봉)에서, 같은 혈청형이 냉장고 바닥에서 추출되었지만, 더 중요한 것은 가열 처리되는 제품이 껍질을 벗긴 후에 접촉하는 컨베이어 벨트에서 추출되었다는 것이다. 자료 분석 결과 필러에 부착된 컨베이어 벨트가 제품 오염의 주요 원인으로 의심되었다. 이러한 가공 공장에서 사용되는 다공성 컨베이어 벨트는 청소하기가 어렵다(제22장 참조). 컨베이어 벨트를 설계할 때 미생물학적 문제가 발생할 가능성을 고려해야 한다. 다공성 벨트가 없거나 많은 수의 작은 접합부분(예: 작은 링크)이 없는 컨베이어를 사용하면 미생물 문제를 효율적으로 소독하고 제어하는 데 도움이 될 수 있다.[8]

29.3 기타 요인들

29.3.1 유전적 변화

몇 가지 다른 요인이 식품매개 질병 발병에서 새로운 병원체의 출현에 기여했을 수 있다.[9] 이들 중 일

표 29.6 가공 공장의 환경 샘플 제품에서 *Listeria monocytogenes* 혈청형 1/2a 분리[8]

검사된 표본	양성 수/표본 수
포장 된 제품[a]: 소매	21/42
제품 제조 중 라인 샘플	
재료의 가공단계	0/8
조리 후	1/12
냉각 후	0/13
필링 후와 포장 전	15/21
환경표본(면봉으로 채취한 표본)	
조리실	0/3
냉장고 바닥	1/1
냉장고 선반과 구성요소	0/2
필러영역	0/3
컨베이어 벨트	1/1
다른 장비	0/6

[a] 제품은 내부 온도 75°C에서 2~3시간 동안 조리되었다. *Listeria monocytogenes*는 모든 단계가 적절하게 수행되었다면 생존하지 못할 것으로 예상된다. 가열 및 필링후 및 포장전에 오염이 발생했다.

부는 추측성으로 남아 있는 반면 다른 요인은 확인되었다. 병원성 대장균 균주에 의한 식품매개 위장염 증가의 가능한 원인 중 하나는 소화관에서 군집을 형성하고 독소 생성을 위해 암호화하는 플라스미드를 그들 사이에 전달하는 병원성 장내세균(Enterobacteriaceae)의 능력이다. 환경 내에서 병원성 균주에서 비병원성 균주로의 이러한 플라스미드 전달은 새로운 변종 균주가 장에서 군집을 형성하고 질병을 유발할 수 있게 하며, 식품은 병원균이 섭취될 수 있는 매개체가 될 수 있다. 시가독소(Stx)와 같은 박테리오파아지 암호화 독성 인자는 시가독소생성 대장균에서 다른 대장균으로 전이될 수 있다. 예를 들어, 2011년 독일에서 일어난 대장균 O104:H4로 인한 발병은 박테리오파아지 암호화 시가독소 유전자를 획득하고 매우 독성이 강한 균주가 된 장 응집성 대장균에 의한 발병이었다(아래 대장균 O104:H4 설명 참조).

29.3.2 항생제 내성[10]

치료 및 성장 촉진 목적으로 동물에 제한되지 않은 항생제의 사용이 항생제 내성 병원체가 민감한 미생물과 경쟁하고 환경에 정착할 수 있는 더 나은 기회를 제공했다는 우려가 있다. 경쟁이 없으면 이러한 병원균이 우세할 수 있으며 식품 오염을 통해 새로운 식품매개 병원균으로 나타날 수 있다. 이러한 가정은 식품 가공 및 취급에 사용되는 일부 위생 관행에 반하는 것이다. 일부 관행은 전통적으로 식품에 존재하는 것으로 의심되는 병원성 및 부패성 세균의 문제를 극복하기 위해 고안되었다. 이러한 우세한 세균을 제거하면 경쟁이 없을 때 경미하거나 경쟁이 좋지 않은 세균이 중요해져 결과적으로 문제를 일으킬 수 있다. 2011년 하이델베르크에서 갈은 칠면조 고기로 인해 살모넬라가 발병하여 136명이 병에 걸렸다. 이 유기체는 몇 가지 일반적인 항생제에 내성이 있다. 따라서 환자의 치료 실패로 인해 입원이 증가하는 결과를 야기했다.

29.3.3 스트레스 적응

최근 몇 년 동안 오렌지, 사과 주스, 발효 소시지와 같은 여러 낮은 pH 식품의 섭취는 대장균 O157:H7, 살모넬라 및 *Lis. monocytogenes*로 인한 식품매개 질병과 관련이 있다. 이러한 병원균은 일반적으로 낮은 pH(pH $\leq$ 4.5)에 민감하며 냉장 온도에서 보관하는 동안 빠르게 사멸할 것으로 예상된다. 연구에 따르면 이러한 식품에서 분리된 병원균은 내산성 변종이므로 pH가 낮은 제품에서도 잘 생존할 수 있다는 것을 보여준다(제10장 참조). 스트레스 반응은 병원균이 많은 가공 조건을 통해 식품에서 생존하고 식품을 잠재적으로 위험하게 만들 수 있다.

29.3.4 농업관행

또한 현재의 식용 동물과 조류를 기르고 사육하는 방법이 일부 병원균이 동물과 조류에서 보균자로 자리 잡을 수 있는 더 나은 기회를 제공했을 수 있다는 추측도 있다. 이러한 공급원의 식품은 이러한 병원균에 오염될 가능성이 더 크다. 도태된 젖소로 만들어진 햄버거 고기, 시금치, 새싹에서의 대장균 O157:H7의 발생 및 계란과 닭에서 *Salmonella* Enteritidis의 높은 발생률은 부분적으로 지금 키우는 방식의 결과일 수 있다. 2006년에 3명의 사망자와 약 200건의 사례가 포함되는 대장균 O157:H7의 발병은 시금치 섭취와 관련이 있다. 관개 용수는 가축 분뇨로 오염되었을 가능성이 높은 원천으로 추측되어 그러한 발병을 예방하기 위해 농업 관행을 개선해야 한다는 요구를 나타낸다. 현대 농업 관행은 2011년 캔털루프 멜론에서 발생한 *Lis. monocytogenes*에 대한 책임이 있을 수 있으며 이로 인해 139건 사례, 29건의 사망, 1건의 유산이 발생했다. 2010년에 알에서 *Salmonella* Enteritidis 발병으로 1,900건의 사례가 발생했다.

29.3.5 고령화 및 면역 저하 인구

마지막으로 면역력이 약한 사람들은 낮은 용량에서도 병원균에 오염된 식품을 섭취하면 쉽게 아플 수 있다. 예를 들어, *Lis. monocytogenes*는 면역력이 약한 사람, 신생아, 노인 및 임산부에게 치명적이거나 심각한 감염을 일으킬 수 있다. 정상적인 저항력을 가진 사람들은 같은 식품에 대해 아무런 문제가 없다. 이것은 기회 감염성 병원균의 경우 특히 그렇다. *Aer. hydrophila* 및 *Ple. shigelloides*와 같은 일부 균운 현재 가능한 식품매개 병원균으로 간접적으로 관련되어 있다. 미래에는 면역력이 낮은 사람들이 기회 감염성 병원균에 오염된 식품을 섭취하여 병에 걸릴 수 있으며, 이는 새로운 식품매개 병원균이 될 것이다.

29.4 우려되는 다른 신흥 식품매개 병원체들

Cronobacter sakazakii(이전의 *Enterobacter sakazakii*), E형 간염바이러스, 시가독소 및 비시가 독소를 생성하는 대장균, *Helicobacter pylori*, *Aeromonas*종(제29장), 선충류 *Gnathostoma*, 광우병(bovine spongiform encephalopathy)(제29장) 및 니파 바이러스와 같은 많은 병원체는[9,11] 미래에 광범위한 문제를 일으킬 수 있다. 그 중 일부는 간략하게 설명된다.

29.4.1 *Cronobacter sakazaki*[12~14]

Cronobacter sakazakii(이전의 *Enterobacter sakazakii*)는 주로 영아를 감염시키는 새로운 기회 감염성 병원균으로 간주되지만 이제는 성인의 질병 유발과 관련이 있다. *Cro. sakazaki*는 그람음성균으로 통성혐기성, 비포자성이며 운동성이 있는 막대 모양의 세균이며 장내세균과(Enterobacteriaceae)에 속한다. 6종의 *Cronobacter*가 확인되었다. *Cro. sakazaki*는 TSA(tryptic soy agar)배지에 노란색 색소 집락을 생성하며 최적온도는 37°C~43°C이며 6°C~45°C의 온도 범위에서 증식할 수 있다. 일반적으로 이러한 유기체는 내열성이며 삼투압에 잘 적응할 수 있다. 수분활성도 범위가 0.30~0.83인 유아용 시리얼에서 최대 12개월 동안 생존할 수 있다. *Cronobacter*는 유아용 조제 분유(PIF)와 관련된 수많은 발병과 관련이 있다. *Cronobacter* spp.은 또한 쌀, 빵, 우유, 치즈, 건조식품, 향신료, 차, 육류, 물, 야채 등을 포함하는 다양한 식품에서 추출되었다. 이러한 유기체는 유아용 조제 분유 생산 시설 및 축산 시설을 포함한 식품 공장에서도 발견된다.

*Cro. sakazaki*의 발병은 완전히 이해되지 않았다; 그러나 세균은 위장관에서 혈액으로 이동하여 많은 수로 증식한 다음 혈액뇌관문을 통과하여 뇌척수액에 도달하는 것으로 알려져 있다. 영아에서는 균혈증, 괴사성 장염, 신생아 수막염 및 수막뇌염을 유발한다. 영아의 사망률은 50%~80%이다. 최근에는 성인, 특히 면역력이 약한 성인과 노인이 이 감염에 취약하여 폐렴, 패혈증, 족부 궤양, 상처 감염 및 골수염의 임상 증상을 보이는 것으로 나타났다. 이 병원균의 추출을 위해 미국 식품의약국(FDA) 및 국제표준화기구(ISO) 방법은 TSA 또는 선택배지(chromogenic media)에 접종하기 전에 사전 농축 및/또는 선택적 농축을 포함한다. 노란색 색소 집락은 생화학 검사와 PCR 방법으로 추가로 확인된다. 유아용 조제분유 생산 중 엄격한 위생 관행, 공정 환경 모니터링, 원자재 및 최종 제품 테스트를 포함하는 다양한 제어 전략이 제안되었다. 70°C 이상의 물로 유아용 제조분유를 재수화(rehydration)하는 것을 포함하는 열처리를 통해 수를 4로그까지 줄일 수 있다. 또한 식품에서 *Cronobacter* spp.의 비활성화를 위한 조사, 박테리오파아지, 박테리오신 및 식물 페놀릭이 제안되었다.

29.4.2 *Clostridium difficile*[15,16]

*Clostridium difficile*은 그람양성, 막대 모양의 포자 형성 편성혐기성균이다. 전통적으로 병원에서 획득한 병원균으로 간주되며 항생제관련 설사(AAD)의 원인이 된다. John Bartlett과 그의 동료들이 1978년에 처음 보고했다. 2003년부터 *Clo. difficile*(CDI) 사례가 극적으로 증가했으며 북미와 유럽 모두에서 수많은 사망자가 발생했다. 2007년 미국에서는 3,875명이 사망했다고 보고되었다. *Clo.*

*difficile*은 인간과 동물의 장을 식민지화하며 돼지, 송아지, 가금류, 말, 당나귀, 개, 고양이, 물개, 뱀, 토끼 및 타조와 같은 많은 가축 및 야생 동물에서 추출되었다. 이 유기체는 주로 같은 고기(돼지고기, 소고기, 가금류)에서 3%~12% 이상의 유병률로 분리되었다. 또한 생야채(오이, 양파, 무, 당근, 버섯, 바로 먹을 수 있는 샐러드)와 우유에서 덜 자주 분리되었다. 이 유기체의 흔한 특성(포자 형성으로 인한), 토양의 배설물 오염, 식품 가공 및 포장 환경에서의 존재는 식품 오염의 원인으로 생각된다. *Clo. difficile*은 식육용 동물과 육류에서 이 유기체를 일상적으로 분리하는 것은 식품매개 병원균으로서의 관여에 대한 강력한 증거를 제공한다.

*Clo. difficile*은 독소 A와 독소 B의 두 가지 독소를 생성한다. 독소 A는 장내독소로 설사를 유발하고 독소 B는 세포 독성을 유발하고 점막을 손상시킨다. 임상 증상으로는 가벼운 자가 제한성 설사, 위경련, 생명을 위협하는 거짓막대장염, 거대 결장 및 장 천공에 대한 복통이 있다. 독소 및 PCR 방법에 특화된 효소 면역 분석은 진단 및 검출 도구로 사용된다. 식품표본검사의 경우, 항생제, 세폭시틴(cefoxitin) 및 사이클로세린(cycloserine) 또는 목살락탐(moxalactam) 및 노르플록사신(norfloxacin)이 보충된 적절한 농축 배지와 고체 한천 배지를 사용하는 배양 방법이 병원균 분리에 사용된다.

29.4.3 대장균(*Escherichia coli*) O104:H4[17]

시가독소를 생성하는 대장균(STEC) 혈청형 O104:H4는 이집트에서 수입한 호로파 콩나물 섭취로 인해 2011년 독일, 프랑스 및 기타 국가에서 가장 큰 발병을 일으켰다. 총 3,842건의 사례가 보고되었으며, 이중 2,987명이 위장염(혈액성 설사)으로 18명이 사망했으며 855명이 용혈성 요독증후군(HUS)으로 심한 신장 손상과 35명이 사망했다. 이러한 증상은 시가독소(Stx)를 생산하는 장 출혈성 대장균(EHEC)의 특징이며 원형 혈청형은 대장균 O157:H7이다(제26장 참조). 그러나 혈청형 O104:H4는 장 집합성 대장균(EAEC)에 속하며 부착에 필요한 집적 접착성 핌브리아(aggregative compliance fimbriae, AAF)를 나타내지만 이 그룹의 대부분의 혈청형은 시가독소를 생성하지 않는다. 분리된 O104:H4는 이번 발병에서 발견되었으며 박테리오파아지에 의해 시가독소 유전자를 획득하고 새로 진화된 장 집합성 대장균(EAEC)으로 간주되는 시가독소 생성 장 집합성 대장균(EAEC)이다. 또한, 이 세균은 파아지(프로파아지 상태)와 플라스미드(pAA)에서 암호화된 여러 독성 유전자를 포함하고 있다. 이 세균의 전체 유전자 서열은 장 출혈성 대장균(EHEC)과 장 집합성 대장균 모두에서 공통적인 군집화 인자 및 독성 유전자를 포함하여 매우 독성이 강한 병원체를 생성한다는 것을 추가로 밝혀냈다. 이 대장균 O104:H4의 병인은 장 상피세포의 부착, 군집화 및 손상이 증가한 결과 시가독소가 혈액 순환과 신장으로 전파된 결과인 것으로 생각된다. 이것은 왜 많은 수의 용혈성 요독증후군(HUS) 환자가 이 발병과 관련이 있는지 설명할 수 있다. 이 유행성 O104:H4 균주는 항생제 카바페넴에 민감하여 치료에 권장되었지만 모든 페니실린 및 세팔로스포린 항생제에는 내성이 있었다.

29.4.4 E형 간염바이러스(Hepatitis E Virus)[18]

RNA 바이러스인 E형 간염바이러스(HEV)는 가벼운 황달을 보이는 급성 바이러스성 간염의 원인이 된다. HEV 감염에 가장 취약한 고위험군에는 만성 간 질환자, 임산부 및 어린 아이들이 포함된다. HEV는 *Hepeviridae*과에 속하며 네 가지 유전자형이 있다. 유전자형 1과 2는 인간 감염과 관련이 있고 유전자형 3과 4는 인간, 돼지, 조류 및 기타 종과 관련이 있다. 이 질병의 잠복기는 약 60일이다. 주로 수인성 바이러스이며 아시아, 라틴 아메리카 및 아프리카의 개발도상국에서 여러 차례 발생했다. 여행자는 전염병 지역에서 세계의 다른 지역으로 바이러스를 옮길 수 있다. 미국을 포함한 선진국에서 산발적인 발병이 보고되었다. 수인성 바이러스이지만 최근 일본에서 사슴 고기와 날것 또는 덜 익힌 돼지 간 섭취와 관련이 있는 몇 건의 발병이 있었다. 현재는 동물성 질병으로 간주된다. 또한 HEV는 캐나다, 한국, 일본, 스페인, 네덜란드, 뉴질랜드 및 미국의 돼지에서 일상적으로 추출되며, 덜 익힌 돼지 고기 섭취로 HEV가 발생할 가능성이 있음을 시사한다.

29.4.5 니파 바이러스(Nipah Virus)[19,20]

첫 번째 니파 바이러스(NiV) 발병은 1998년~1999년 말레이시아에서 보고되었으며 39%의 사망률로 276명에게 영향을 미쳤으며 감염은 아픈 돼지를 통해 전염되었다. NiV는 호흡기에서 많은 수로 증폭되어 농장 노동자의 감염 확산을 촉진했다. NiV는 RNA 바이러스이며 파라믹소바이러스과(*Paramyxoviridae*)계열에 속하는 헤니파바이러스(*Henipavirus*)속에 속한다. 원래 말레이시아의 Sungai Nipah Village에서 환자로부터 추출되었으며 과일 박쥐는 자연의 저장소 역할을 한다. 과일박쥐와 돼지, 인간의 상호 작용으로 말레이시아에서 발병이 증가했다. 박쥐는 타액이나 소변을 통해 과일로 바이러스를 전염시키고, 박쥐 서식지 근처에 있는 양돈장은 유기체를 획득하고 질병의 동물 감염 전파를 돕는다(**그림 29.1**). 먹이를 찾는 가축은 바이러스가 가득한 과일을 부분적으로 먹으며 인간에게

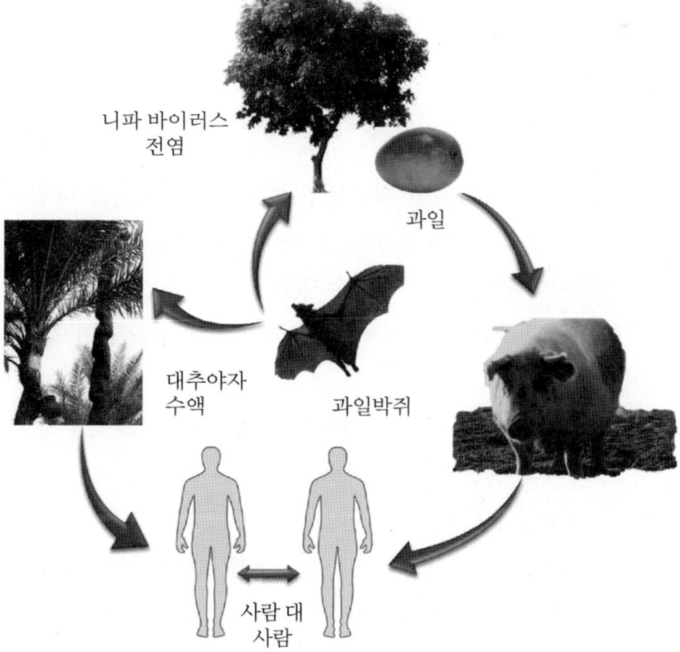

그림 29.1 니파 바이러스 전염(Nipah virus transmission) 경로.

질병을 전파할 수 있다. NiV는 또한 과일박쥐가 밤에 수액을 먹을 때 대추야자나무의 수액을 통해 전염되며, 이로 인해 방글라데시와 인도 일부 지역에서 수많은 전염병과 산발적인 발병이 발생했다. 대추야자나무 수액(주스)은 당밀을 만드는 데 사용된다. 바이러스는 수액에서 잘 생존하고 가열되지 않은 수액은 바이러스를 인간에게 전염시킨다. 개인간 전송도 발생한다. 캄보디아와 태국에서도 니파 바이러스 발생이 보고되었다. 이 바이러스는 고열과 뇌염을 일으키고 급성 호흡기 감염을 일으킬 수도 있다.

사망률이 매우 높다(75%). 감염된 돼지의 도살은 말레이시아에서 NiV 사례를 줄이는 데 도움이 되었다. 처리되지 않은 수액을 피하는 것도 바이러스 감염을 예방하는 데 도움이 된다. 인간 혈청의 항체 역가에 대한 혈청학적 검사와 역전사효소 PCR 분석은 인간 소변, 뇌척수액 및 경구 면봉으로 채취한 검체에서 진단 및 검출에 사용되었다.

29.5 결론

소위 새로운 병원체 중 상당수가 오랫동안 식품을 오염시켜 왔기 때문에 새로운 식중독 병원균의 지정은 부적절할 수 있다. 어떤 이유에서든, 식품에서의 그들의 존재는 조사되지 않았다. 소비자의 몇 가지 사회 경제적 패턴과 생활 방식은 이러한 병원균이 식중독 발생에 관여할 가능성을 높였다. 과학적 이해와 발전은 이러한 기회를 인식하는 데 도움이 되었다. 앞으로 더 많은 병원체, 특히 바이러스가 이 “새로운” 그룹에 포함될 것이며 식품은 그것들에 대해 검사를 받아야 한다. 신선한 농산물과 과일에서의 발병에 대한 우려는 이러한 제품이 최소한으로 처리되고 원생 동물 기생충을 포함한 병원균의 출현 기회를 더 많이 제공하기 때문에 더 많은 주의가 필요하다.

학습문제

1. 새로운 식품매개 병원체를 정의하시오.
2. 지난 10년 동안 미국에서 부상되었던 새로운 식품매개 병원체들을 나열하시오.
3. 새로운 식품매개 병원체들을 식별하는 데 도와줄 수 있는 가능한 요소들을 나열하시오.
4. 새로운 식품매개 병원체의 출현에 관여될 수 있는 요소들을 설명하시오.
5. 새로운 식품매개 병원체의 출현에 있어 어떻게 해외 여행이 요인이 될 수 있는지 설명하시오. 하나의 예를 들어 보시오.
6. 기회를 높이거나 또는 새로운 식품매개 병원체를 식별하는 데 어떻게 새로운 기술이 요인이 되는지 설명하시오. 하나의 예를 들어 보시오.
7. 하나의 국가에서 식품매개 질병의 주요 원인으로 인지되던 일부 병원체들이 왜 다른 국가에서는 같은 경우로 발견되지 않는가? 적절한 예와 함께 설명하시오.
8. “오늘날의 일부 기회감염성 병원체들은 아마도 내일의 새로운 식품매개 병원체로 확인될 수 있다.” 예와 함께 이 서술을 정당화하시오.
9. 니파 바이러스가 사람에게 어떻게 전염되는지 설명하시오.

10. *Cro. sakazaki*의 주요 원인이 무엇이며, 이 질병과 관련된 전형적인 증상은 무엇인가?
11. 독성이 강한 대장균 O104:H4 혈청형을 만든 유전적 특성은 무엇인가?

참고문헌

1. Newell, D.G., Koopmans, M., Verhoef, L., Duizer, E., Aidara-Kane, A., Sprong, H., Kruse, H. et al., Food-borne diseases: The challenges of 20 years ago still persist while new ones continue to emerge, *Int. J. Food Microbiol.*, *139, Supplement*, S3–S15, 2010.
2. Choffnes, E.R., Relman, D.A., Olsen, L.A., Hutton, R., and Mack, A. *Improving food safety through a one health approach*, Institute of Medicine, Washington, DC, 2012.
3. Scallan, E., Griffin, P.M., Angulo, F.J., Tauxe, R.V., and Hoekstra, R.M., Foodborne illness acquired in the United States: Unspecified agents, *Emerg. Infect. Dis.*, *17*, 16–22, 2011.
4. Gould, L.H., Mungai, E.A., Johnson, S.D., Richardson, L.C., Williams, I.T., Griffin, P.M., Hall, A.J. et al., Surveillance for foodborne disease outbreaks: United States, 2009–2010, *Morb. Mortal. Weekly Report*, *62*, 41–47, 2013.
5. Scallan, E., Hoekstra, R.M., Angulo, F.J., Tauxe, R.V., Widdowson, M.A., Roy, S.L., Griffin, P.M. et al., Foodborne illness acquired in the United States: Major pathogens, *Emerg. Infect. Dis.*, *17*, 7–15, 2011.
6. Taylor, M.R., Will the Food Safety Modernization Act help prevent outbreaks of foodborne illness?, *New England J. Med.*, *365*, e18, 2011.
7. Muehlenbein, M.P., Human-wildlife contact and emerging infectious diseases. In *Human-Environment Interactions: Current and Future Directions*, Brondızio, E.S. and Moran, E.F., Eds., Springer Science and Business Media, Dordrecht, Germany, 2013.
8. Wenger, J.D., Swaminathan, B., Hayes, P.S., Green, S.S., Pratt, M., Pinner, R.W., Broome, C.V. et al., *Listeria monocytogenes* contamination of turkey franks: Evaluation of a production facility, *J. Food Prot.*, *53*, 1015–1019, 1990.
9. Oyarzabal, O.A., Emerging and reemerging foodborne pathogens. In *Microbial food safety: An introduction.*, Oyarzabal, O.A. and Backert, S., Eds., Springer Science + Business Media, LLC, 2012, pp. 3–12.
10. Phillips, I., Casewell, M., Cox, T., De Groot, B., Friis, C., Jones, R., Waddell, J. et al., Does the use of antibiotics in food animals pose a risk to human health? A critical review of published data, *J. Antimicrob. Chemother.*, *53*, 28–52, 2004.
11. Smith, J.L. and Fratamico, P., Look what's coming down the road: Potential foodborne pathogens. In *Foodborne Pathogens: Microbiology and Molecular Biology*, Fratamico, P., Bhunia, A.K., and Smith, J.L., Eds., Caister Academic Press, Norfolk, 2005, pp. 427–445.
12. Healy, B., Cooney, S., O'Brien, S., Iversen, C., Whyte, P., Nally, J., Fanning, S. et al., *Cronobacter* (*Enterobacter sakazakii*): An opportunistic foodborne pathogen, *Foodborne Pathog. Dis.*, *7*, 339–350, 2010.
13. Chenu, J.W. and Cox, J.M., *Cronobacter* ('*Enterobacter sakazakii*'): Current status and future prospects, *Lett. Appl. Microbiol.*, *49*, 153–159, 2009.
14. Iversen, C., Mullane, N., McCardell, B., Tall, B.D., Lehner, A., Fanning, S., Joosten, H. et al., *Cronobacter gen. nov.*, a new genus to accommodate the biogroups of *Enterobacter sakazakii*, and proposal of *Cronobacter sakazakii gen. nov.*, comb. nov., *Cronobacter malonaticus* sp. nov., *Cronobacter turicensis sp. nov.*, *Cronobacter muytjensii sp. nov.*, *Cronobacter dublinensis sp. nov.*, *Cronobacter* genomospecies 1, and of three subspecies, *Cronobacter dublinensis* subsp. *dublinensis* subsp. nov., *Cronobacter dublinensis* subsp. *lausannensis* subsp. nov. and *Cronobacter dublinensis* subsp. *lactaridi* subsp. nov., *Int. J. Syst. Evol. Microbiol.*, *58*, 1442–1447, 2008.
15. Cecil, J., *Clostridium difficile*: Changing epidemiology, treatment and infection prevention measures, *Curr. Infect. Dis. Rep.*, *14*, 612–619, 2012.
16. Rupnik, M. and Songer, J.G., *Clostridium difficile*: Its potential as a source of foodborne disease, *Adv. Food Nutr. Res.*, *60*, 53–66, 2010.
17. Muniesa, M., Hammerl, J.A., Hertwig, S., Appel, B., and Brüssow, H., Shiga toxin-producing *Escherichia coli* O104:H4: A new challenge for microbiology, *Appl. Environ. Microbiol.*, *78*, 4065–4073, 2012.
18. Meng, X.J., Hepatitis E virus: Animal reservoirs and zoonotic risk, *Vet. Microbiol.*, *140*, 256–265,

2010.
19. Lo, M.K., Lowe, L., Hummel, K.B., Sazzad, H.M.S., Gurley, E.S., Hossain, M.J., Rota, P.A. et al., Characterization of Nipah virus from outbreaks in Bangladesh, 2008–2010, *Emerg. Infect. Dis.*, *18*, 248–255, 2012.
20. Luby, S.P., Gurley, E.S., and Hossain, M.J., Transmission of human infection with Nipah virus, *Clin. Infect. Dis.*, *49*, 1743–1748, 2009.
21. Sagoo, S.K., Little, C.L., Ward, L., Gillespie, I.A., and Mitchell, R.T., Microbiological study of ready-to-eat salad vegetables from retail establishments uncovers a national outbreak of salmonellosis, *J. Food Prot.*, *66*, 403–409, 2003.

제30장

세균성 병원균의 지표생물

30.1 서론

식품매개 질환과 연관된 모든 병원성 미생물은 *Staphylococcus aureus*, *Bacillus cereus*, *Clostridium botulinum*(유아 보툴리눔의 사례 제외), *Clo. perfringens*, 그리고 독성 발생 곰팡이균(toxicogenic mold)은 제외하고는 장내 병원균으로 간주된다. 이는 이들 병원균이 사람, 식용 동물 및 조류의 위장관에서 생존하고 증식하며 군체를 형성할 수 있다는 것을 뜻한다. 이 같은 배설물 오염원을 통해 직간접적으로 오염된 식품들은 이론적으로는 이러한 병원균을 하나 이상 포함할 수 있고, 그 결과 소비자에게 잠재적인 위험이 될 수 있다. 규제 사항들을 시행하고 소비자 안전을 보장하기 위해 식품에 *Salmonella serovars*와 *E. coli* O157:H7와 같은 일부 장내 병원균이 없는지 또는 *Yersinia enterocolitica*와 *Vibrio parahaemolyticus*와 같은 일부 다른 장내 병원균이 낮은 수준으로 존재하는지를 알 필요가 있다. 식품에서 병원균을 추출하고 확인하는 데 사용하는 일련의 절차들은 비교적 긴 시간이 걸리며, 비용이 많이 든다. 분자생물학 기술이 관련된 새로운 검사법 중 일부는 초기에 높은 투자 비용과 매우 숙련된 테크니션을 요구한다. 현대화된 사회에서, 대규모 상거래, 여러 국가로부터 원재료 조달, 다양한 제품들의 가공, 창고 보관, 넓은 지역에 걸친 유통, 소매 마케팅화된 부분에서 모든 병원균에 대해 각 집단에서 제품 표본의 필요한 수를 검사하는 것 또는 심지어 특정 생산품에서 존재가 의심되는 것을 검사하는 것은 실용적이거나 경제적이지 않다. 대신, 일반적으로 병원균보다 높은 빈도로 존재하지만, 보통 비병원성으로 간주되는 장내 배설물 오염원인 세균 그룹 또는 종들에 대해서 식품 표본들을 검사한다. 장내 미생물의 존재는 식품이 배설물로 직간접적으로 오염되었다는 것을 나타내며, 식품에 장내 병원균이 존재할 수 있는 것을 가리킨다. 이러한 세균 그룹 또는 종들을 장내 병원균의 지표생물로 부른다. *Sta. aureus*, *Clo. botulinum*, *Clo. perfringens*, 그리고 *Bac. cereus* 등이 인간과 식용 동물의 대변에 존재할 수 있지만 이들 미생물은 독성 발생 곰팡이균과 함께 전형적인 장내 병원균으로 간주되지 않는다. 식품에서 이들 병원균의 존재는 일반적인 배설물 오염이 원인으로 간주되지 않기 때문에, 장내 병원균의 지표생물로는 그리 효과적이지 않다. 이들 미생물과 독소의 유무를 결정하기 위해, 특정한 방법이 검출과 동정을 위해 권장된다. 중온성 균을 확인하는 것으로 알려진 호기성평판계수법(total aerobic plate count, TAPC) 또는 표준평판계수법(standard plate count, SPC)은 병원균의 가능성을 확인하는 지표가 아니다. 대신, 이 방법들은 식품의 미생물학적 품질의 지표로 쓰이고 즉석식품, 저온 살균 우유, 향신료와 같은 식품의 취급(가공과 보관)에 사용되는 위생 수준을 측정하는 지표로 쓰인다.

30.2 이상적인 지표생물에 대한 기준

미생물 지표생물 분석으로 생물체 지수와 생물체 지표생물, 두 가지 방식이 사용된다.[1,2] 생물체 지수는 병원체의 존재를 예측할 수 있는 생물체, 생물체 그룹 또는 이들의 대사 부산물을 이용한다. 그러나 이 시스템은 병원체의 존재를 나타내는 데 있어 생물체 지표생물만큼 효과적이지 않다. 장내 식품매개 병원균의 지표생물로 세균 그룹 또는 종들이 몇 가지 기준으로 제시되었다.[1~3] 그 중 일부를 간단한 설명과 함께 나열하였다.

1. 지표생물은 식품에 존재할 수 있는 다양한 종류의 미생물에서 이들을 식별할 수 있도록 일반적이고 식별 가능한 생화학적 및 그 밖의 특성을 가진 단일 종 또는 일부 종들을 포함해야만 한다.
2. 지표생물은 장내 유래 미생물로 장내 병원균과 같은 서식지를 공유해야 하며, 병원균이 있는 곳에 언제 어디서든 존재해야 한다.
3. 지표생물은 비병원성 미생물이어야 한다. 그래서 실험실에서 지표생물을 취급할 때 병원균의 취급에 필요한 안전 조치가 필요하지 않다.
4. 지표생물은 식품이 분변으로 오염되었을 때 지표생물이 손쉽게 검출(계수 또는 분리)될 수 있도록 장내 병원균보다 훨씬 더 많이 분변에 존재해야 한다.
5. 지표생물은 단기간 내에 쉽고, 경제적으로 검출(계수 또는 분리)되고, 식별되어야 한다. 그래야 가공 후 제품을 신속하게 유통할 수 있으며 한 배치(batch)에서 여러 표본이 검사될 수 있다.
6. 지표생물은 신속한 식별을 위해 하나 이상의 새로 개발된 분자생물학 기법을 사용하여 검출되어야 한다.
7. 지표생물은 관련된 미생물들이 많이 존재하여도 검출(계수 또는 분리)되어야 한다. 이것은 지표생물을 제외한 관련 미생물의 생장을 억제하는 화합물의 이용을 통해 가능하다.
8. 지표생물은 장내 병원균과 동일한 식품에서 생장하고 동일한 생존율을 가져야 한다. 이는 식품에서 병원균보다 느리게 생장하거나, 일찍 사멸해서는 안 되기 때문이다. 만약 병원균보다 빠르게 사멸한다면, 이론적으로 식품을 보관하는 동안 지표생물은 존재하지 않지만, 병원균은 여전히 존재할 수 있다.
9. 지표생물은 물리적, 화학적 스트레스에 노출되었을 때 병원균들보다 더 심한 치사에 가까운 손상을 입지 않아야 한다. 지표생물이 치사에 가까운 스트레스에 더 민감하다면, 계수에 사용되는 선택적 방법에 의해 지표생물이 검출되지 않을 것이고, 식품에서 병원균이 높은 수준으

로 존재하더라도 지표생물이 아마도 없거나 또는 허용 가능한 수치의 낮은 수준으로 보일 수 있다.

10. 지표생물은 식품에 병원균들이 존재할 때 병원균보다 더 존재해야 한다. 반대로 장내 병원균이 존재하지 않을 때는 지표생물이 없어야 한다. 이러한 상관관계가 없다면, 식품에서 병원균이 존재할 가능성을 나타내는 지표생물의 중요성이 크게 감소한다.
11. 식품에서 지표생물의 존재 수준과 장내 병원균이 존재할 가능성 사이에 직접적인 연관이 있어야 한다. 이 같은 사실은 소비를 위한 식품의 승인 또는 거부에 대해서 지표생물 한도에 대한 규제 기준 또는 사양을 수립하는 데 도움이 된다. 이러한 기준의 경우, 식품에서 지표생물의 높은 수치가 초기 오염이 높은 수준(병원체의 존재 가능성 증가)에서 왔는지 또는 매우 낮은 초기 오염을 통해 지표생물이 생장하였는지(이 경우 지표생물이 높은 수치로 존재할지라도 병원균이 존재하지 않을 수 있음)를 인식하는 것이 매우 중요하다.

어떤 세균 그룹 또는 종들도 지표생물의 이상적이 모든 기준을 충족시킬 수는 없다. 일부 세균 그룹 또는 종이 이러한 기준의 많은 부분을 충족한다. 일부 중요하고 허용되는 지표 세균 그룹과 종(장내 병원균)의 특성, 장점 및 단점을 여기에서 설명한다.[1~3]

30.3 대장균 그룹(Coliform Group)

30.3.1 대장균군(Coliforms)

대장균 그룹에 속하는 대장균군, 분변 대장균군(fecal coliforms), 대장균(*Esc. coli*)을 설명한다. 이들 모두가 정확히 분리되지 않는다. 분변 대장균군(대부분 대장균)과 대장균 모두 대장균군에 속하기 때문이다. 상황에 따라 식품, 물, 환경 표본에서 셋 중 하나 이상을 검사한다.

생물체 및 오염원

"대장균군(coliform)" 용어는 분류학적 가치가 없으며, 오히려 여러 속, 즉 *Escherichia*, *Enterobacter*, *Klebsiella*, *Citrobacter*, 그리고 아마도 *Aeromonas*과 *Serratia*에서 온 종들의 그룹을 나타낸다. 그것들을 같이 그룹화하는 주된 이유는 많은 공통적인 특성 때문이다. 모두 그람음성이고, 비포자형성 간균이다. 대부분 운동성을 가지고, 표면 활성화 인자들에 대해 저항하는 조건 혐기성의 특성을 가지며 32°C 또는 35°C에서 48시간 안에 산과 가스를 생산하기 위해 젖당(lactose)을 발효시킨다. 어떤 종은 높은 온도 (44.5°C)에서 자라는 반면, 다른 종은 4°C~5°C에서 자란다. pH 4.0인 식품과 $A_W \leq 0.92$인 식품을 제외하고 모두 성장할 수 있다. 이들 모두는 낮은 열처리에 민감하며 저온 살균에 의해 사멸된다.

인간, 온혈 동물 및 조류의 배설물에 존재할 수 있다. 일부는 환경과 오염된 식품에서 존재할 수 있다. 그래서 일부 *Klebsiella* spp.과 *Enterobacter* spp.들이 토양에서 발견되며 여기서 증식하여 미생물 수가 높은 수준에 도달할 수 있다. 어떤 것들은 물과 식물에서 발견된다.[1,4~6]

식품에서 발생과 중요성

대장균군은 동식물에서 유래한 많은 로푸드(raw food)와 원료(food ingredient)에 존재할 것으로 간주된다. 일부 식물성 식품에서는, 토양 오염 때문에 매우 많은 수가 존재한다. 대장균군은 식품에서 생장할 수 있고, 일부는 냉장 보관에도 생장이 가능하기 때문에, 초기에 낮은 수준이었다가 보관 동안에 높은 수준에 도달할 수 있다. 일부 대장균군은 분변이 아닌 것에서 유래하고 여러 식품에서 생장할 수 있는 능력을 지녀 분변 오염의 지표생물로서의 대장균군의 특이성을 줄인다. 반대로 열처리된(저온 살균) 제품에서, 이 같은 대장균군의 존재는 부적절한 위생에서 오는 가열 이후 처리 오염으로 간주된다. 열처리된 식품에서 대장균군이 적은 숫자라도 발견되면 주의 깊게 관찰해야 한다. 그래서 열처리된 식품에서 대장균군의 특이성은 분변 오염보다 부적절한 위생에 대한 지표생물로서 더 적합한 것으로 간주된다. 식품 표본의 대장균군 수를 정하기 위해 여러 선택적 배지의 사용이 권장된다. 선택 배지의 종류에 따라 대장균군의 회복 능력이 매우 다르다(제42장). 이는 젖당 발효와 가스 생산을 1~2일 안에 가능하게 하는 대장균군 대다수가 지닌 능력에 기인한다. 스트레스와 손상으로 죽기 직전 세포는 선택 배지에서 회복력이 상당히 감소된다. 플레이트(plate)에 붓기 위해 녹인 한천배지의 높은 온도, 식품의 높은 산성도, 그리고 식품의 리소자임(달걀 기반 제품들)들과 같은 여러 다른 요인은 스트레스 받은 세포들의 수 측정이 더 감소될 수 있다. 손상된 대장균군을 회복시키기 위한 변형된 검출 방법이 개발되었다(제10장과 제42장 참조). 일부 단점에도, 대장균군은 가장 유용하고 가장 광범위하게 사용되는 지표생물일 것이다.[1,4~7]

30.3.2 분변 대장균군(Fecal Coliforms)

생물체 및 오염원

분변 대장균군 세균은 세균 그룹을 이루며 분변오염물질로서의 특이성이 대장균군보다 훨씬 높은 대장균군들을 포함한다. 이 그룹은 일부 *Klebsiella*과 *Enterobacter* spp.과 함께 대부분의 대장균(*E. coli*)을 포함한다. 비분변 대장균군은 젖당이 포함된 선택배지에서 높은 온도(44.5°C ± 0.2°C 또는 45.0°C ± 0.2°C)로 24시간 배양에 의해 제거된다. 가스 발생이 동반된 젖당 발효는 추정시험 양성으로 간주된다.

식품에서 발생과 중요성

일부 분변 대장균군은 동물 유래 로푸드에 존재한다. 오염된 토양과 물에서 자란 식물로 만든 식품에서 분변 대장균군이 존재할 수 있다. 미생물의 많은 수는 낮은 초기 수준에서 오염 또는 생장 중 어느 하나에 기인해서 생길 수 있으며 부적절한 보관 온도가 원인일 수 있다. 열처리된(저온 살균) 식품에서 이들 분변 대장균군의 존재는 열처리 후의 부적절한 위생 때문일 수 있다.

열처리해야 하는 로푸드에서 이들 미생물의 존재는 심지어 매우 많이 존재하더라도(~10^3/g 또는 /ml) 심각한 것으로 간주되지 않는다. 이것보다 더 많이 존재한다면, 오염, 부적절한 위생, 장내 병원균의 가능성이 중요하게 고려된다. 정확한 조치의 필요성이 중요해진다. 반면에 가열 제품과 즉석섭취제품(심지어 생으로도 포함)에서 특히 일정 수준 이상 이들 미생물이 존재하는 것은 장내 병원균 존재와 분변 오염의 가능성을 조심스럽게 보여준다. 식품은 이들 미생물의 수에 기초하여 수락되거나 거부될 수 있다. 이 그룹은 해양 유래(조개류) 식품과 물과 폐수의 지표생물로서 광범위하게 사용된다.[1,7]

30.4 대장균(*Escherichia coli*)

생물체 및 오염원

대장균군 또는 분변 대장균군과 대조적으로, 대장균은 분류학적 기준이 있다.[1] 대장균은 대장균군과 분변 대장균군 그룹의 *Escherichia* spp.만 포함한다. 대장균은 대장균 그룹에 대해 설명된 일반적 특성과 일치한다. 생화학적으로, 대장균은 트립톤(tryptone)에서 인돌(indole) 생성, 산 생성에 기인되는 메틸 레드의 감소(적변, red coloration), 포게스-프로스카우어 반응(Voges-Proskauer reaction; 글루코스에서 아세틸메틸 카르비놀의 생성), 그리고 C-소스(임빅, IMViC) 반응 양식으로 구연산염 활용(citrate utilization)에 의해 다른 대장균군과 차별화된다. 대장균 유형 1과 유형 2는 각각 + + − −와 − + − −의 임빅(IMViC) 반응 패턴을 만들어낸다. 또한 대장균 유형 2의 − + − − 반응 패턴은 트립톤(혹은 펩톤)에서 인돌의 느린 혹은 낮은 생산의 결과일 수 있다. 대장균 그룹 또는 분변 대장균 그룹에 대한 식품 표본을 검사한 후에 얻어지는 추출물에 임빅 검사(IMViC test)가 수행된다. 하지만 지금은 대장균 유형을 구별하는 이들 반응 패턴이 적절한지에 대한 우려가 있다.

초기에는 대장균 유형들은 비병원성이고, 일반적으로 사람, 동물 및 조류의 위장관에 높은 숫자로 발생할 수 있다는 것을 고려하여 배설물 오염과 식품의 장내 병원균의 존재 가능성의 지표생물로 사용되었다. 그러나 지금은 대장균의 일부 변종과 종이 병원성(예: *E.coli* O157:H7)이 있다는 것이 알려졌다. 앞서 언급한 어떠한 방법들도 비병원성 대장균 종에서 병원성이 있는 것을 구별할 수가 없다. 이것은 오로지 다른 병원성 대장균 종들을 식별하기 위해 고안된 특정 검사를 통해서만 달성할 수 있다. 이번 논의는 지표생물로서 대장균의 가치를 강조한다.[1] 병원성 대장균의 의미와 중요성은 이전에 논의되었다(제26장과 제27장).

식품에서 발생과 중요성

대장균은 사람, 온혈 동물 및 조류의 장관 아랫부분에 존재한다. 로푸드에 존재하는 대장균은 직접적 또는 간접적인 배설물 오염의 지표로 간주된다. 직접적인 배설물 오염은 동물 유래 로푸드의 가공 처리 동안 식품취급자의 개인 위생 불량으로 일어난다. 간접적 오염은 하수와 오염된 물을 통해 일어날 수 있다. 열처리된(저온 살균) 식품에서 대장균의 존재는 아주 큰 문제로 간주된다. 배설물 오염과 장내 병원균의 존재 가능성의 지표생물로서의 대장균의 가치는 대장균군과 분변 대장균 그룹보다 훨씬 크다. 그러나 검사(임빅, IMViC)를 완료하기 위한 시간은 비교적으로 길다(대략 5일 정도). 일부 직접적인 평판법들은 짧은 시간 안에 대장균의 지표를 나타내기 위해 개발되었다. 대장균은 지표생물로서 몇 가지 단점이 있다. 대장균은 일부 장내 병원균보다 건조, 냉동 및 낮은 pH 제품에서 더 빠른 속도로 죽을 수 있으며, 일부 장내 병원균은 대장균이 죽을 수 있는 저온(0°C~2°C)에서 생장할 수 있다. 게다가, 대장균은 일부 장내 병원균보다 높은 수준의 치사 스트레스에 의해 손상당할 수 있고, 균체 회복 단계가 포함되지 않으면 권장되는 선택 배지에 의한 검출이 효과적이지 않을 수 있다.

30.4.1 장내세균 그룹(*Enterobacteriaceae* Group)

대장균군, 분변 대장균군 및 대장균을 검출하기 위해 권장되는 방법은 젖당 발효를 통해 가스와 산을 발생시키는 세균의 능력에 기초한다. 반대로, 대부분의 *Salmonella* serovars와 같은 일부 장내 병원균은 젖당을 발효하지 않는다. 그래서 식품에서 대장균군 및 분변 대장균군을 계수하는 대신, *Enterobacteriaceae*[1]과의 모든 속과 종들의 계수가 요구된다. 이 과는 대장균군뿐 아니라 또한 장내 병원균들인 많은 속과 종들이 포함되어 있기 때문에, 전체 그룹의 계수는 위생 수준, 배설물 오염의 가능성, 그리고 장내 병원균의 존재 가능성에 대한 더 나은 지표생물이 될 수 있다(**표 30.1**). 유럽 국가들에서 이러한 개념은 어느 정도 사용되었다. 이 방법은 젖당 대신 글루코스를 포함한 선택적-차별 한천배지에서 집락 형성 단위(colony-forming units)에 의한 생물체의 계수를 포함한다. 이 개념은 장내세균의 많은 종이 분변에서 유래되지 않기 때문에 비판받고 있다.[1]

많은 종이 식물을 포함하는 환경에서 자연적으로 발견되고, 선택 배지에서 글루코스 발효로 인한 전형적인 집락을 형성하는 것들은 모두 이 과(family)에 속하지 않기 때문이다. 그러나 열처리된 식품(모두 저온 살균에 민감한 것들)과 즉석섭취식품에서 많은 수로 존재하는 대장균은 공중 보건상 중요성을 가져야 한다.

30.4.2 장내구균 그룹(*Enterococcus* Group)

특성 및 서식지

Enterococcus 속은 비교적 새로우며, 이전에 분변 연쇄상구균(fecal streptococci)과 다른 연쇄상구균으로 그룹화되었던 많은 종을 포함한다.[7~10] 그람양성, 비포자 형성, 비운동성 구균 또는 구상 간균, 과산화수소분해효소(카탈라아제) 음성 및 조건혐기성 세균이다. 10~45°C 사이에서 생장이 가능하며, 어떤 종은 50°C에서 생장할 수 있다. 일부는 생장을 위해 비타민 B와 아미노산을 필요로 한다. 일부는 저온 살균 온도에서 생존할 수 있다. 일반적으로, 냉장, 냉동, 건조, 낮은 pH, 염화나트륨, 그리고 수분에 대해 대부분의 대장균군보다 더 내성을 가진다. 장내구균은 인간, 온혈 및 냉혈 동물, 조류, 그리고 곤충의 장에서 발견된다. 일부는 특정 종에 있을 수 있고, 그 외는 인간, 온혈동물, 그리고 새들에 존재할 수 있다. 현재 알려진 종들 중에서 *Enterococcus faecalis*, *Ent. faecium*, *Ent. durans*, *Ent. gallinarum*, *Ent. avium*, 그리고 *Ent. hirae*를 포함하는 여러 종은 인간과 식용동물, 그리고 조류의 장에서 발견된다. 많은 종이 초목, 가공 장비 및 가공 환경에서 발견된다. 일단 군집을 형성하면, 장비와 환경에서 생장을 계속할 수 있고, 완전히 제거하기가 어렵다. 하수와 물, 특히 오염된 물과 진흙에서도 발견된다. 아마도 물에서는 생장하지 않지만, 많은 대장균군보다는 더 오래 생존이 가능하다. 장내구균은 대부분의 식품에서 생장할 수 있다.

표 30.1 장내세균의 속, 서식지 및 식품매개 질병 관련성

속[a]	주 서식지	식품매개 질환의 연관성[b]
Escherichia	사람과 온혈 동물, 그리고 조류의 창자 아랫부분	단 병원성 종들만
Shigella	사람과 영장류의 창자	모든 종들
Salmonella	사람, 동물, 조류 및 곤충의 창자	모두 병원성으로 간주된다
Citrobacter	사람, 동물, 조류의 창자; 또한 토양, 물, 그리고 하수	기회 감염성일 수 있다
Klebsiella	사람, 동물, 조류의 창자; 또한 토양, 물, 그리고 곡물	기회 감염성일 수 있다
Enterobacter	사람, 동물, 조류의 창자; 자연, 대부분 식물에 넓게 분포	기회 감염성일 수 있다
Erwinia	대부분의 식물	연관성 없음
Serratia	토양, 물, 식물, 그리고 설치류	기회 감염성일 수 있다
Hafnia	사람, 동물, 조류의 창자; 또한 토양, 물, 그리고 하수	연관성 없음
Edwardsiella	냉혈 동물 및 물	연관성 없음
Proteus	사람, 동물, 조류의 창자; 또한 토양 및 오염된 물	기회 감염성일 수 있다
Providencia	사람과 동물의 창자	기회 감염성일 수 있다
Morganella	사람, 동물, 그리고 파충류의 창자	기회 감염성일 수 있다
Yersinia	사람과 동물의 창자; 또한 환경	일부 종들 또는 변종이 병원성이다
Obesumbacterium	맥주공장 오염물질	연관성 없음
Xenorhabdus	선충류	연관성 없음
Kluyvera	토양, 하수, 그리고 물	기회 감염성일 수 있다
Rahnella	신선한 물	연관성 없음
Tatumella	사람 호흡관	연관성 없음

[a] 일부는 배설물이 아니다.

[b] 표시된 속의 병원성 종들과 변종들은 식품매개 및 물에 기인하는 질환과 함께 확인되었다. 기회 감염성으로 표시된 일부 속들의 일부 종들과 변종들은 식품매개 병원체들로 의심되고 있다.

식품에서 발생과 중요성

장내구균은 배설물 오염을 통해서 또는 물, 초목, 또는 장비와 가공 환경, 그리고 배설물 유래가 아닌 알지 못하는 방법을 통해서 식품에 들어갈 수 있다. 이런 점에서 배설물 오염과 식품의 장내 병원균의 존재 가능성에 대한 지표생물로서 장내구균이 가치가 있는지 의문이다. 또한 저온 살균 온도에서 생존하는 일부 종의 능력은 지표생물로서의 가치를 감소시킨다. 다른 한편으로는 건조, 냉동, 냉장, 낮은 pH 식품 및 물에서 장내구균의 생존력은 장내구균을 지표생물로서 유리하게 만든다. 현재, 특히 열처리된(저온 살균) 식품에서 장내구균이 많이 존재하는 것은 원재료(raw material)에 장내구균이 많이 존재할 가능성과 가공 장비 및 환경의 부적절한 위생을 의미하는 것으로 사용될 수 있다. 그것은 조개류 바닥에 있는 물의 위생 품질을 결정하는 데 사용되어 왔으며, 조개류에 대해서 대장균군보다 지표생물로 더 나은 것으로 간주된다. 일부 종은 또한 아마도 기회 감염성 병원균과 같이 식품매개 위장염과 관련되어 있다.[8~11]

30.5 기타 지표 생물체[2]

1. *Staphylococcus aureus*는 식품 서비스 업소, 발효육, 유제품(발효 실패) 등 출처의 식품에서 사람의 취급 정도를 나타내는 데 사용된다.
2. *Listeria* 종은 즉석 섭취 식품 냉장 제품에 대해 식품 생산 시설의 위생 프로그램이 효과적인지를 나타내기 위해 사용된다.
3. *Salmonella enterica*는 날고기와 가금류에서 장내세균 관리 정도를 나타내는 데 사용된다.
4. Coliphages는 물과 조개류에서 장내 바이러스 관리 효과를 나타내는 데 사용된다.
5. Thermophilic bacilli(*Anoxybacillus flavithermus*, *Geobacillus* spp.)는 유제품 가공 동안 위생 불량을 나타내는 데 사용된다. 또한 우유에서 이러한 지표생물의 생장은 제품 결함 및 풍미 저하를 일으킬 수 있다.[12]

30.6 결론

식품미생물학에서 지표생물로서 세균의 개념은 저온 살균 식품(예: 우유)의 위생 품질을 측정하기 위해 도입되었다. 목적은 식품에서 장내 병원균(예: 살모넬라)의 존재 가능성을 나타내는 것이었다. 시간이 지남에 따라 여러 세균 그룹의 적합성이 고려되었고, 이러한 측면은 이 장에서 설명되었다. 적합한 지표생물의 선택과 그 수준은 식품 종류 및 원료, 가공 및 즉석섭취식품에 따라 달라진다.

학습문제

1. 식품에서 장내 병원균에 대한 지표생물의 사용 필요성을 설명하시오.
2. 장내 병원균의 지표생물로 선택되는데 고려해야 하는 여섯 가지 기준을 간략한 설명과 함께 나열하시오.
3. 어떤 식품매개 병원균들이 일반적으로 장내 병원균으로 간주되나? 식품에서 장내 병원균의 존재 가능성을 판단하기 위해서는 무엇을 해야 하나?
4. 대장균군과 분변 대장균군 사이에 유사점과 차이점은 무엇인가? 로푸드(raw food), 저온 살균된 식품 및 즉석섭취식품에서 높은 숫자($\geq 10^4$/g 또는 /ml)와 낮은 숫자($\leq 10^1$/g 또는 /ml)의 의미는 무엇인가?
5. 왜 분변 대장균군이 대장균군들보다 장내 병원균의 더 나은 지표생물로 간주되는 이유는 무엇인가?

6. 식품에서 장내 병원균의 지표생물로 대장균을 사용할 때 장점과 단점은 무엇인가? "지표생물은 장내 병원균이 식품에 존재할 때 존재해야만 한다." 이 문구는 왜 대장균이 지표생물로 유효하지 않을 수 있다고 여기게 하나?
7. 대장균군, 분변 대장균군, 그리고 대장균이 장내 병원균의 지표생물로서 의문을 들게 하는 조건들을 나열하시오.
8. 지표생물로서 장내구균과를 사용하는 이유는 무엇인가? 장내 병원균의 지표생물로 이 그룹을 사용할 때 단점은 무엇인가?
9. 장내 병원균의 지표생물로 대장균군보다 더 유리하게 만드는 연쇄상구균의 일부 특징을 나열하시오. 지표생물로서 연쇄상구균 사용의 단점은 무엇인가?
10. 강에서 굴을 수확하는 물 바닥은 지표생물 세균의 수준이 높아서 폐쇄되는 경우가 많다. 물 표본, 진흙 그리고 굴에서 위생 지표생물로 분변 대장균군과 연쇄상구균의 사용에 있어 장점과 단점을 설명하시오.

참고문헌

1. Hitchins, A.D., Hartman, P.A., and Todd, E.C.D., Coliforms: *Escherichia coli* and its toxins. In *Compendium of Methods for the Microbiological Examination of Foods*, 3rd ed., Vanderzant, C. and Splittstoesser, D.F., Eds., American Public Health Association, Washington, DC, 1992, p. 325.
2. Buchanan, R.L. and Oni, R., Use of microbiological indicators for assessing hygiene controls for the manufacture of powdered infant formula, *J. Food Prot., 75*, 989–997, 2012.
3. Foegeding, P.M. and Ray, B., Repair and detection of injured microorganisms. In *Compendium of Methods for the Microbiological Examination of Food*, 3rd ed., Vanderzant, C. and Splittstoesser, D.F., Eds., American Public Health Association, Washington, DC, 1992, p. 121.
4. Splittstoesser, D.F., Indicator organisms of frozen blanched vegetables, *Food Technol., 37*, 6, 105, 1983.
5. Tompkin, R.B., Indicator organisms in meat and poultry products, *Food Technol., 37,* 6, 107, 1983.
6. Reinbold, G.W., Indicator organisms in dairy products, *Food Technol., 37*, 6, 111, 1983.
7. Matches, J.R. and Abeyta, C., Indicator organisms in fish and shellfish, *Food Technol., 37*, 6, 114, 1983.
8. Hartman, P.A., Deibel, R.H., and Sieverding, L.M., *Enterococci*. In *Compendium of Methods for the Microbiological Examination of Foods*, 3rd ed., Vanderzant, C. and Splittstoesser, D.F., Eds., American Public Health Association, Washington, DC, 1992, p. 523.
9. Schleifer, K.H. and Kilpper-Bälz, R., Molecular and chemotoxonomic approaches to the classification of streptococci, enterococci and lactococci: A review, *Syst. Appl. Microbiol., 10*, 1, 1987.
10. Hackney, C.R., Ray, B., and Speck, M., Repair detection procedure for enumeration of fecal coliforms and enterococci from seafoods and marine environments, *Appl. Environ. Microbiol., 37*, 947, 1979.
11. Hartman, P.A., Reinbold, G.W., and Saraswat, D.S., Indicator organisms: A review. II. The role of enterococci in food poisoning, *J. Milk Food Technol., 28*, 344, 1966.
12. Burgess, S.A., Lindsay, D., and Flint, S.H., Thermophilic bacilli and their importance in dairy processing, *Int. J. Food Microbiol., 144*, 215–225, 2010.

식품미생물의 제어

6

앞장에서 제시된 재료를 이용하여 일부 미생물에 의해 생물학적으로 제조된 식품이 생산이 바람직하다는 것은 명백할지라도 많은 미생물들이 식품부패와 식품매개 질병을 유발시키기 때문에 식품생산에는 바람직하지 않다. 생물학적으로 제조된 식품의 효율적인 생산을 위해서 바람직한 미생물의 생존력을 증가시키고 증식을 촉진시키기 위한 것들이 주요 목적이 된다.

대조적으로 부패와 병원성 미생물에 대한 목적으로는 식품으로부터 미생물을 완전하게 제거하거나 미생물의 수를 최소화기 위한 것이다. 개별적인 또는 조합을 통한 몇 가지의 방법들이 (1) 미생물의 식품으로의 접근을 제어하는데, (2) 식품에 존재하는 미생물을 제거하는데, (3) 식품에 존재하는 포자의 발아와 미생물의 증식을 감소시키거나 예방하는데 그리고 (4) 식품에 존재하는 미생물 세포와 포자를 사멸시키는 목적을 성취하기 위해 이용된다.

미생물 증식을 지지하는 각각의 요소에 대한 범위와 최적 미생물 증식을 위한 필요한 내적 그리고 외적 요소들의 영향이 제6장에서 학습하였다. 식품에서 미생물을 사멸시키거나 증식을 조절하기 위해서 사용되는 일부 요소들은 포자의 발아를 감소시키고 증식을 지원하는 이들 요소의 범위뿐만 아니라 손상과 치사도 유도할 수 있다(제10장). 이러한 제어 방법의 일부를 본장에서 설명한다.

사용된 방법에 관계없이 제어 방법이 더 중요하다는 것을 인식하는 것이 중요하다. 즉 식품에 더 적은 수의 미생물 세포가 있고 대수기 상태의 미생물을 제어할 수 있는 제어법 사용이 중요하다. 또한 포자는 생식세포보다 더 저항성을 가지며 그람음성균은 많은 제어 방법에서 일반적으로 그람양성균보다 더 높은 민감성을 갖는다. 세균, 효모, 진균, 파아지 그리고 바이러스는 이들을 제어하기 위해서 사용되는 방법에 대한 민감성에서 차이가 있다. 또한 같은 종의 균주와 다른 종들은 이들을 제어하는 방법에서 민감도에 차이를 갖는다.

이 절에서 식품미생물의 제어 또는 보존 방법에 대해 학습하게 될 것이다.

제31장: 식품내 미생물 침투 관리: 청결, 위생 및 소독

제32장: 물리적 제거에 의한 조절

제33장: 열에 의한 조절(열처리 공정)

제34장: 저온에 의한 조절

제35장: 수분활성의 저하와 건조에 의한 조절

제36장: 낮은 pH와 유기산에 의한 조절

제37장: 공기환경의 조정에 의한 조절(또는 감소된 산화환원 전위)

제38장: 항미생물 보존제와 박테리오파아지에 의한 제어

제39장: 조사에 의한 제어

제40장: 새로운 가공기술에 의한 제어

제41장: 혼합 방법에 의한 제어(허들 개념)

제31장

식품내 미생물 침투 관리: 청결, 위생 및 소독

31.1 서론

음식으로 사용되는 식물들과 동물들의 내부 조직들은 기본적으로 깨끗하다. 그러나 식품부패와 식품매개 질병들을 유발할 수 있는 많은 종류의 미생물들은 다른 경로를 통해 음식들에 들어간다. 이것은 제3장에서 논의된 바 있다. 이런 경로들을 통해 음식으로 들어가는 미생물들의 침투를 예방하는 것은 불가능하다. 그러나 초기 미생물 수를 감소시키고 미생물의 의한 부패와 건강 위험을 최소화하기 위해 음식으로 들어가는 그들의 침투를 관리하는 것은 가능하다. 이것은 규제적 기관들이 무엇을 옹호하며, 위생 시설을 통해 이루어지는 식품 가공업자들의 노력에 있다.

언제 그리고 어떻게 위생 시설이 음식을 다루는 공장들에 소개되었는지는 정확히 알 수 없다. 그러나 지난 19세기와 20세기 초기 동안 음식 소비와 생산 양식들에서의 그 일련의 변화들과 음식 부패 및 음식매개 질병들의 과학적 기본에 대한 이해들은 아마도 식품 위생 시설을 진보시키는 데 도움이 되었을 것이다. 상업적 진화의 결과는 도시들과 그 주변지역들의 인구율을 증가시켰고, 그것은 편의성을 위한 가공된 식품들과 안정적인 공급을 필요로 했다. 이용할 수 있는 가공 공법들에 의해 생산된 식품들은 안전하지 않았다. 식품부패 및 식품매개 질병들과 관련된 미생물들의 대한 지식에 발맞춰 부패와 식품 안정성을 보장하기 위한 식품 가공 기법들이 연구되었다. 이런 시간 동안 미생물들은 다양한 경로를 통해 음식으로 들어갈 수 있으나, 식품 가공 시 적절한 청결과 위생을 통해 그 수준을 낮추고, 미생물 수준이 낮은 식품을 보다 효과적으로 가공 및 보존하여 안정성과 안전을 확보할 수 있다는 것을 인식했다. 따라서 위생시설은 식품 가공 공장들의 필수적인 부분이 되었다.

최근 몇 년간 선진국과 개발도상국 모두에서 그 어느 때보다 많은 식품이 가공되고 있다. 또한 특히 미국과 같은 일부 국가에서는 많은 중앙 처리 시설에서 식품을 대량으로 생산하고 있다. 이러한 중앙 집중식 공장들에서는 원재료와 완제품들의 많은 종류가 빠른 속도로 처리되고 있다. 이것은 대량생산의 처리가 가능할 수 있게 필요한 가공 기술들의 유용성들로 인해 가능하였다. 일부 식품 접촉 기계는 매우 복잡하고 자동화되어, 효과적인 위생 시설을 위한 특별 방법들이 필요하다.

미생물이 식품들을 오염시키는 것과 어떤 방법들로 인해 그것들이 개입되는지에 대한 우리의 이해도가 높아지더라도, 식품이 부패되고 식품매개 질병의 발생률은 여전히 높다. 이는 효율적인 위생 및 소독을 통해 식품에 대한 미생물의 침투를 관리하기 위한 보다 효과적인 방법의 필요성을 나타낸다(부록 C 참조: HACCP).

31.2 위생의 목표

위생의 주요 목적은 처리의 모든 단계에서 다양한 방법으로부터 식품내 미생물의 침투를 최소화하는 것이다.[1~4] 미생물의 출처와 가공 단계가 식물과 동물 원료의 각 식품과 가공 식품에 의해 달라지기 때문에 미생물이 식품에 오염되는 방법은 달라진다.

적절한 위생은 또한 가공 식품에 원하는 수준으로 미생물의 수치를 줄이는 데 도움을 준다. 이 예는 효과적인 위생을 통해 생산된 원유의 낮은 미생물 수준이 미생물 기준을 충족하는 저온 살균 우유를 생산하기 쉽게 해준다. 또한 적절한 위생은 제대로 처리 및 보관 시 긴 유통기한을 가진 음식을 생산하는 데 도움을 준다. 마지막으로 적절한 위생은 식품매개 질병들의 발생률을 줄일 수 있다.

31.3 고려해야 할 요인들

식품의 미생물 침투를 최소화하기 위해서 식품에 노출되는(식품 접촉 표면) 환경의 미생물학적 질과 식품에 첨가되는 재료들은 미생물학적 품질이 좋아야만 한다. 이런 목표를 달성하기 위해 여러 가지 요인들이 고려되어야 할 필요가 있다. 여기서 전반적으로 논의될 것이다.[1,4]

31.3.1 공장 설계

식품 가공 공장의 초기 설계 단계에서 효율적인 위생 프로그램은 식품의 미생물 오염에 대한 최대 보호를 제공하기 위해 통합되어야만 한다. 이것은 공장의 내부와 외부가 모두 포함된다. 고려해야 할 몇 가지 요소는 특정 평면도, 건축에 사용 승인된 자재, 적절한 조명, 환기, 공기 흐름의 방향, 원료 및 완제품에 대한 가공 분야의 분리, 작동 및 이동을 위한 충분한 공간, 승인된 배관, 물 공급, 하수 처리체계, 폐기물 처리 시설, 배수, 토양 조건들과 주변 환경이다. 규제 기관들은 이런 많은 요구 사항을 위한 설명서를 만들고, 값비싼 수정안들을 피하기 위해 계획의 초기 단계에서 협의를 할 수 있다.

31.3.2 물, 얼음, 염수 그리고 절임 용액의 품질

물은 식품 제조 작업에서 가장 중요한 요소이다. 물은 많은 식품의 원료로 사용되며, 열처리 후 일부 제품에도 사용된다. 이런 물의 미생물학적 품질은, 특히 만약 인스턴트일 경우, 병원균이 없어야 할 뿐만 아니라(식수에서 같이), *Pseudomonas* spp. 같은 부패성 세균(없지 않다면)이 적어야 한다. 이것은 유통기한을 연장을 위해 저온에서 보관하는 식품에 있어서 특별히 중요하다. 냉장비포장 음식들에 사용되던 얼음도 병원성 및 부패성 세균이나 바이러스에 식품을 오염시켜서는 안 된다. 가공 마지막 단계에 있는 닭과 같은 냉장품에 사용되는 물은 장관 병원체에 오염된 하나의 새에서 많은 수의 새에게 교차오염의 원인이 될 수 있다. 마찬가지로, 깃털이 없는 닭에 사용되는 따뜻한 물은 내열성 세균의 원인이 될 수 있다.

햄, 베이컨, 칠면조 햄 그리고 소금에 절인 소 가슴살 같은 생산품에 사용되는 염수와 절임 용액들은 미생물 오염의 원인이 될 수 있다. 이것들을 줄이기 위해서는 염수와 절임 용액들은 신선하게 만들어져야만 하고, 매일 사용되어야 한다. 사용하기 전 염수를 장기간 보관하면 질화 산화물의 형성과 분산을 통해 아질산염의 농도를 줄일 수 있고, 제품의 유통기한을 줄일 수 있다.

31.3.3 공기의 질

무지방 분유의 분무 건조와 같은 일부 식품 가공 작업에는 식품과 직접 접촉하는 많은 양의 공기가 필요하다. 공기는 가열되더라도 공기 중의 먼지에 존재하는 모든 미생물을 죽이지 못하므로 식품의 미생물 오염원이 될 수 있다. 공기 여과와 최소량의 먼지가 있는 건조 공기를 얻기 위한 공기 유입구의 설치는 이런 근원에서 미생물의 오염을 줄이는 데 중요하다.

31.3.4 종사자 교육

가공 공장은 공장 종사자들에게 제품 안전과 안정성을 보장하기 위해 위생 및 개인 위생의 중요성을 가르치는 적극적인 프로그램이 있어야 한다. 프로그램은 어떻게 좋은 위생과 위생 관념을 이루어야 하는지에 대해 가르칠 뿐 아니라 프로그램의 실행을 모니터링해야 한다. 질병과 감염이 있는 종사자들은 제품 가공에서 격리되어야 한다. 고용 종사자에 대한 어느 정도의 장려책은 프로그램을 효율성 있게 만드는 데 도움을 줄 수 있다.[4,5]

31.3.5 장비

식품 가공 장비를 설계할 때 고려해야 할 가장 중요한 미생물학적 기준은 식품을 미생물의 오염에서 보호해야 한다는 것이다. 이것은 달성될 수 있다. 만약 장비가 미생물 은신처인 곳 및 생장하는 가려진 곳 또는 그 장소 혹은 분해에 의해 쉽고 손쉽게 청소될 수 없는 곳을 포함하지 않는다면, 달성될 수 있다. 육류 분쇄기, 다지기 또는 슬라이서 및 여러 종류의 컨베이어 장비와 같은 일부 장치들은 매우 효과적으로 세척 및 살균되지 않아 많은 제품에 오염원이 될 수 있다. 이는 열처리 후 포장하기 전에 장비 표면에 접촉하는 제품에 있어서 특히 중요하다.[1,4]

31.3.6 가공 시설의 청결

청소는 식품 가공 환경과 장비에서 눈에 보이거나 보이지 않는 흙과 먼지를 제거하는 데 사용된다. 토양의 특성은 가공 식품의 종류와 크게 차이가 있지만, 화학적으로는 지질, 단백질, 탄수화물과 일부 광물로 구성되어 있다. 일부 청소에는 물을 사용하지만 청결의 효율을 높이고, 지방 교질입자를 분해하기 위해 물과 함께 열, 화학 약품 또는 세제를 사용한다. 게다가 분사, 문지르기, 또는 난류와 같은 액체 에너지의 일부 형식은 더 나은 청소에 사용된다.

세제의 종류는 다양하고, 필요에 따라 선택된다. 표면에서 흙을 제거하는 세척제의 효과는 유화된 지방, 용해된 단백질, 그리고 지용화되거나 부유된 탄수화물과 광물들의 효율성 등 여러 가지 특성에 따라 달라진다. 게다가, 세제는 부식성이 없고, 안전하며 헹굼이 용이해야 하며 필요한 경우 다른 화학 약품과 상용성이어야 한다. 식품 가공 시설에서 자주 사용되는 세제는 음이온, 양이온 또는 비이온성화가 될 수 있는 합성제품이다. 이 중에 음이온의 세제가 더 많이 사용된다. 음이온 세제의 예는 라우릴 황산나트륨과 다른 알킬 벤진황산륨과 알킬 황산륨을 포함한다. 각 분자에는 소수성 또는 친유성(무극성) 부분과 친수성 또는 무유성(극성) 부분을 가진다. 표면에서 먼지를 제거하는 세제의 기능은 분자의 소수성 부분에 따라 결정된다. 그들은 물에서 밖으로 돌출되는 극성 분자로 형성되는 교질입자로 표면에서 토양의 지질 물질을 분해한다. 교질입자 형성이 시작되는 세제의 농도는 중요한 미셀 농도(CMC)라고 하며, 세제에 따라서 다르다. 세제의 농도는 위의 그 CMC 수준이 사용된다. 일반적으로 이것은 대략 800~900 ppm이지만, 피부 접촉이 일어나지 않는 경우(클린 인 플레이스 또는 CIP 방법이라 불리는) 혹은 대형먼지 청소가 필요한 곳에는 1000~3000 ppm이 될 수 있다.

청소의 빈도는 처리되고 있는 제품과 좋은 위생에 대한 관리의 노력에 따라 달라진다. 미생물학 관점에서, 제품의 사전 미생물학적 평가는 특정 시설에 필요한 청소의 빈도에 대한 지표를 제공할 수 있다. 장비 청소는 장비 분해 후 또는 CIP 처리에 의해 이뤄진다. 효율성과 저렴한 비용으로 인해 CIP 청소가 대중화되었다. 이 체제는 높은 압력으로 세제 용액을 사용한다. 미생물은 일부 세제 용액에서 성장할 수 있으므로 그것들은 가급적이면 신선하게 준비되어야 한다(48시간을 초과하지 않는 것으로).[1]

31.3.7 식품 가공 장비의 위생

효율적인 청소는 식품 접촉 표면에 있는 흙과 함께 일부 미생물들을 제거할 수 있지만, 병원균의 완전한 제거를 보장할 수 없다. 이 목표를 이루기 위해서 식품 접촉 표면은 청소 후 위생 처리된다. 그 방법은 효율적으로 병원체의 미생물들을 파괴할 뿐 아니라 총 미생물의 수도 감소시켜야만 한다. 여러 물리적이고 화학적 방법들이 식품 가공 장비의 위생을 위해 사용된다.

식품 가공 장비의 위생에 사용되는 물리적 살균제에는 온수, 증기, 뜨거운 공기와 자외선 조사가 있다. 자외선 조사는 표면을 소독하는 데 사용되며, 제39장에 설명되어 있다. 온수와 증기, 특히 증기는 영양 세포, 바이러스와 포자를 파괴하는데 적은 비용과 효율적일지라도 오로지 제한된 방법으로만 사용될 수 있다.

화학적 살균제는 물리적 살균제보다 더 자주 사용된다. 살균제의 여러 그룹이 식품 가공 공장에서 사용하도록 승인되었다. 그것들의 항미생물 효율성은 크게 다르다. 화학적 살균제를 선택하는 데 적용되는 이상적인 특성들의 일부는 특수한 필요의 효율성, 무독성, 비부식성, 식품 품질의 무영향, 사용과 씻어내기 용이함, 안정성 및 비용 효율성이다. 항미생물 효율을 위한 중요한 요소는 노출 시간, 온도, 사용 농도, 산도, 미생물의 수와 종류, 표면에 미생물의 부착력, 미생물막 형성과 물의 경도이다. 미생물의 부착력은 따로 논의되었다(제7장). 여기서 항미생물 작용 기작과 식품 가공 공장에서 사용되는 일부 살균제의 장단점은 간단하게 논의될 것이다. 세제 살균제로 만들어진 일부 살균제는 청소와 살균에 모두 사용할 수 있다. 먼저 세제를 사용하여 흙을 제거한 다음 살균제를 사용하여 제거하는 대신 단일 작업으로 사용될 수 있다. 그것들 또한 여기서 설명할 것이다.[4,6]

염소 기반 살균제

살균제로 사용되는 염소 화합물의 일부는 액체 염소, 차아염소산염, 무기 또는 유기 클로라민, 그리고 염소 이산화가 있다. 염소 화합물들은 세균, 효모 및 곰팡이, 포자, 그리고 바이러스의 영양 세포들에 효과적이다. 클로스트리듐성(clostridial) 포자는 바실리 포자보다 염소 화합물에 더 민감하다. 염소 화합물의 항미생물(살균) 작용은 여러 효소와 구조 단백질의 −SH기에 염소의 산화 효과의 결과이다. 또한 막 손상, 단백질 합성의 방해, 핵산과 반응, 그리고 신진 대사의 방해가 제안되었다.

액체 염소와 차아염소산염의 살균 작용은 차아염소산(HOCl)에 의해 생성된다. 아마 세포에 들어가서 단백질의 −SH기와 반응할 것이다. 차아염소산은 산성 산도에서 안정적이고, 따라서 더 효과적이다; 알카리성 산도에서 수소기(H^+)와 하이포아염소산 이온(OCl^-)을 해리시켜 그 항미생물 효율성을 감소시킨다. 또한 유기물질이 있을 시 덜 효과적이다. 클로라민 T와 같은 클로라민(무기 또는 유기)은 천천히 염소를 풀어내지만, 세균 포자와 바이러스에는 덜 활성적이다. 그들은 알카리성 산도에서 영양 세포에 대해 어느 정도까지는 효과적이다. 이산화염소는 알카리성 산도에서, 유기물질이 있으면 더 효과적이다.

염소화합물은 모든 종류의 미생물에 빠른 작용, 적은 비용, 그리고 사용의 용이성을 가진다. 그러나 그것들은 특히 높은 온도와 유기 물질과 함께 있을 시 불안정하고, 금속을 부식시키고, 식품(색, 지질)을 산화시킬 수 있으며, 경수에 덜 활성화된다.

요오드포(Iodophores)

요오드포는 알킬포녹시 폴리글리콜(alkylphenoxy-polyglycol)과 같은 표면 활성화 화합물과 요오드가 결합하여 생성된다. 표면 활성화 화합물 때문에 이것들은 비교적으로 물에 용해된다. 요오드포는 그람양성과 그람음성균, 세균 포자, 바이러스와 균류에 대해 효과적이다. 그들의 살균 속성은 원소 요오드(I_2)와 주요 효소를 포함한 단백질의 −SH기를 산화시키는 하이포아요오드산(hypoiodous acid)에 기인한다. 이것들은 산성 산도와 높은 온도에서 더 효과적이다. 유기물이 있을 시에 이것은 염소가 그렇듯이 빠르게 살균 속성을 잃어버리진 않는다. 그러나 그들의 효율성은 경수에서 감소된다.

그것들은 빠른 작용, 비부식성, 그리고 사용하기 쉬운 용이성, 무자극성과 안정화를 가진다. 그러나 비싸고 포자와 바이러스에 대해서는 차아염소산염보다 덜 효과적이며, 제품의 맛 문제를 유발할 수 있고, 녹말과 반응한다.

제4급 암모늄 화합물

제4급 암모늄 화합물(quanternary ammonium compounds, QACs)은 능력과 함께 청소 속성 때문

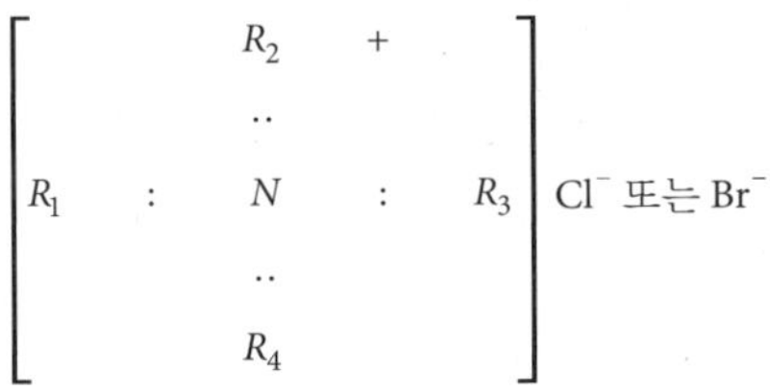

그림 31.1 제4급 암모늄 화합물의 일반적 구조.

에 세제 살균제로 사용될 수 있다. 그러나 주로 살균제로 사용된다. 알킬 할로겐화 또는 벤질 염화물과 3급 아민이 반응되면서 합성된다. 일반적인 구조는 다음과 같다(**그림 31.1**). R1, R2, R3와 R4는 알킬과 다른 기를 나타낸다. 양이온기는 소수성이고, 음이온기는 친수성이다. 제4급 암모늄 화합물은 액체로 사용할 때 높은 농도에서 항미생물제로 작용할 수 있다. 그러나 그들은 제균작용을 하는 상태(낮은 농도)에서 장비 표면에 필름을 형성한다. 많은 그람음성균, 세균 포자, 균류와 바이러스보다 그람양성균에 더 효과적이다. 항미생물 작용은 미생물의 단백질의 변성과 막 기능의 불안정화에 의해 발생한다. 산성의 pH와 높은 온도에서 미생물에 대해 더 효과적이다. 그들의 효과는 유물의 존재 시 크게 감소되지 않는다. 그러나 경수에서는 덜 효과적이다.

제4급 암모늄 화합물은 매우 안정적이고, 비수식성, 무자극성, 무독성이며 잔여의 제균 작용 효과(그러나 장비 사용 전에 헹굴 필요가 있다)와 세척 효과를 보여주기 때문에 살균제로 유리하다. 단점은 비싼 가격, 많은 그람양성, 포자와 바이러스에 낮은 활성도, 음이온 합성 세제와 비호환성, 그리고 장비 표면에 필름 형성 때문에 사용 전 헹굼의 요구 필요성 등이다. *Pseudomonas* spp. 같은 일부 그람음성균은 희석된 제4급 암모늄 화합물 용액에서 성장할 수 있다.

과산화수소(H_2O_2)

과산화수소는 매우 효과적인 살균제이며, 영양 세포들, 포자 그리고 바이러스를 사멸시킨다. 음식에 과산화수소 용액의 사용(우유 및 액체 달걀)은 제17장과 38장에서 설명되었다. 살균제로 이것의 사용은 대략적으로 여기서 설명된다. 미국 식품의약국은 장비의 위생과 식품 및 음료의 살균 처리 포장에 사용되는 용기의 위생에 대한 사용을 승인하였다. 장비와 용기 표면은 30%~50% 용액으로 15분에 살균될 수 있다. 만약 용액의 온도가 화씨 150°F~160°F(섭씨 65.5°C~71.7°C)로 증가한다면 그 처리시간은 단축할 수 있다. 증기 단계에서 과산화수소의 사용은 또한 식품 접촉 표면에 미생물을 사멸하는데 효과적일 수 있다. 유기물질은 과산화수소의 살균 효과를 매우 감소시킨다.

31.3.8 과일과 채소의 오염제거와 위생

최근에 과일과 채소는 상당한 수의 식중독 사고와 질병의 원인이 되고 있다(제24장 참조). 과일과 채소는 일반적으로 생으로 먹거나 최소한으로 가공된다. 즉, 병원체, 포자 또는 독소를 안전한 수준에 이르기까지의 병원체, 포자 또는 독소 저감화를 위한 처리 절차는 없다. 따라서 이러한 제품은 부패 및 병원균 오염에 매우 취약하다.[7,8] FDA는 (i) 시정 전략으로 병원균을 소독하는 것보다 농산물에 병원균이 유입되는 것을 방지하고, (ii) 좋은 농업 및 관리 관행(GAMP)을 채택하는 것을 강조하고 있다. 아울러 (iii) 공급망으로의 병원균 유입 방지, (iv) 물을 통한 오염 최소화, (v) 비료로 동물 분뇨 관리, (v) 근로자의 위생과 위생절차 준수를 농산물 안전성을 개선하기 위한 지침으로 하고 있다.[7] 일반적으로 적절한 세척 및 위생은 유통기한과 제품의 안전성을 높이기 위해 사용된다.[9] 갓 수확된 생산물은 정기적으로 토양, 농약 잔류, 곤충들, 식물 찌꺼기와 미생물을 제거하기 위해 씻는다. 농산물의 소독을 위해 염소, 이산화염소, 브롬, 요오드, 인산 삼 나트륨, 4차 암모늄 화합물, 산, 과산화수소 및 오존이 사용된다. 염소(50~200 ppm), 오존(0.1~2.5 ppm), 이산화염소(0.5~5 ppm), 그리고 80 ppm 이상의 퍼옥시아세틱산(peroxyactic acid)과 같은 살균제는 자주 세척과 오염 제거를 위해 농산물의 사용이 허용된다.[8,10,11] 게다가 식물 오일은 또한 농산물의 표면을 소독하기 위해 다양한 농도로 사용된다.[12] 연구들은 수성 이산화염소, 오존, 그리고 식물 오일로의 알팔파 씨, 상추 그리고 당근의 연속적인 세척은 이런 농산물의 *E. coli* O157의 수치를 여러 배 감소시킨다는 것을 보여줬다.[13,14]

제품의 오염 제거를 위한 기체 형태 혹은 증기 단계에서 화학물질의 응용은 유통기한과 제품의 안전을 개선하는데 그들의 효율성 때문에 많은 주목을 받고 있다. 염소, 요오드포 혹은 과산화수소와 같은 화학적 살균제는 장비의 오염제거를 위해 액체 형태로 널리 사용되고, 위에서 설명되었다. 이 절에서는 과일 및 채소의 오염 제거를 위한 기체 혹은 증기 단계에서 화학 물질의 응용이 설명될 것이다.

31.3.9 염소

염소는 가장 일반적으로 사용되는 살균제이다. 염소는 차아염소산나트륨의 형태로 1~2분의 접촉 시간, pH < 8.0에서 (50~200 ppm)에서 사용된다, 염소처리로 1~3 log CFU/g의 병원균의 저감화를 이룬다.[15] 신선하게 자른 농산물에서 조직의 구성 요소는 항미생물 작용을 하기 전에 염소 작용을 중화시킬 수 있다.

이산화염소 가스(ClO_2)는 염소의 수용성 중성 화합물이며, 산화에 의해 살균된다(위 참조).[8,16] 이산화염소 가스는 염소보다 3.5 배 더 강력한 산화 능력을 가지고 있으며 유기 화합물에 덜 반응한다, 이산화염소 가스는 안정적이지 않으며 아염소산나트륨(sodium chlorite; $2NaClO_2$)과 염소가스(Cl_2)의 반응에 의해 생성되기에 이산화염소 가스와 소금(2NaCl)이 생성된다. 1998년 FDA는 과일과 채소를 세척하는데 물에 최대 5 ppm ClO_2(승인 번호 21 CFR 173.300) 사용을 허용하였다. 10~30분 동안 이산화염소 가스의 사용은 제품의 합격 품질을 유지하면서 피망, 딸기, 사과 및 캔털루프 멜론 등과 같은 다양한 제품의 표면에 있는 대장균 O157:H7, 살모넬라, 그리고 리스테리아 모노사이토제니스의 5 로그 이상의 감소를 일으켰다. 10분 동안 이산화염소 가스의 사용은 아몬드의 살모네랄라균을 4.5 로그 감소시켰다.[17] 그러나 이러한 농산물에 대한 이산화염소 가스의 직접적인 사용은 아직까지는 공식화되지 않았다.

31.3.10 오존

오존은 강력한 산화제로서 자극성 냄새를 가진 무색 기체이다. 이는 주요 세포내 효소를 산화하여 부패성 또는 병원성 미생물들을 죽인다.[18] 오존은 병원균을 사멸하기 위해 식수를 처리하는 데 사용해왔다. 오존은 안정적이지 않으며 빨리 분해되기에 사용을 위해서 사용즉시 생성해야만 한다. 검은 후추, 당근, 양상추, 그리고 블랙베리와 같은 예방 처리된 과일과 채소들의 오존 처리는 *E. coli* O157:H7의 5 로그보다 많은 감소율과 살모넬라, *Penicillium*, 그리고 *Aspergillus* 종들은 3~6 로그보다 많은 수의 감소율을 야기했다. 또한 딸기, 나무딸기, 그리고 포도들의 유통기한은 하루에 몇 시간 동안 2~3 ppm의 오존 사용으로 두 배가 될 수 있다는 것을 보여줬다. 최근에 오존은 염소의 환경 친화적인 대체제로 농산물 산업에서 재사용할 수 있도록 농산물 헹굼물을 소독하는 데 사용되어왔다.

다른 기체들 혹은 과산화수소, 이소티오시안염 기체(allyl isothiocyanate gas), 아세트산 증기와 같은 증기들, 그리고 천연 식물 휘발성물질들은 다양한 수준에서 부패성 및 병원성 미생물들을 감소시키는 데 효과적이라는 것을 보여줬다.

방부제로서의 오존의 사용은 승인되었다. 아세트산과 과산화수소(GRAS)는 목록의 일부이지만, 이것들과 및 기타 식물성 기름 유래 가스/증기를 식품에 사용하는 것에 대한 규정은 없다.

31.3.11 미생물학적 기준, 사양, 그리고 지침서

미생물학적 기준, 특별법, 그리고 지침서는 여러 방법들에 의한 허용 가능한 수준에서 식품 내의 미생물의 수를 유지하는 데 유용하다. 그 중 하나는 식품에 대한 접근을 관리하는 것이다. 식품의 미생물학적 기준은 소비자 안전 및 제품 안정성을 높이기 위해 규제 기관에 의해 설정되고 시행된다. 기준은 식품에서 허용할 수 있는 최대한의 미생물 수준을 결정한다. 적절한 위생과 품질 관리를 통해 이 수준은 일반적으로 도달할 수 있다. 일부 예를 들면 A 등급의 생유의 표준 플레이트 카운트(SPC)의 최대 허용 수준은 100,000/ml; A 등급 살균 우유의 SPC는 20,000/ml, 그리고 콜리폼은 10/ml 이하이다. 그러나 매우 적은 식품들이 미생물학 기준을 가진다. 대신, 많은 식품들과 식품 성분들은 미생물학적 규정을 갖추고 있다. 그 규정은 식품 및 식품 성분의 승인을 위한 허용 가능한 최대 미생물 수준을 나타낸다. 그것은 실현되고, 제품의 판매자와 구매자에 의해 합의되어야 한다. 이것은 규제 기관들에 의해 정해지거나, 시행되지 않는다. 미국의 군은 군대 식량에 대해 외부에서 구매하는 식품의 미생물학적 규정을 가진다. 예를 들어, 말린 통 달걀은 아래 규정을 가진다; 호기성 일반평판 카운트(APC) 25,000/g, 대장균군10/g, 그리고 살모넬라 음성은 25/g. 그 규정들은 좋은 품질의 제품과 함께 미생물학적으로 품질이 낮은 제품의 혼합을 권장한다. 미생물학적 지침서는 일반적으로 허용될 수 있는 미생물 품질을 가진 제품들을 생성하는 것을 돕기 위해 규제 기관에 의해서나 식품 가공업자들에 의해 정해진다. 지침서는 만약 식품 가공 설비가 좋은 청결, 위생, 그리고 처리 절차를 사용하는 경우 달성될 수 있는 수준에서 정해진다. 또한 가공 및 처리하는 동안 오류가 발생한다면, 그것을 발견하는 것을 도와주고, 그래서 시정 방안들을 고안하기 위해 가공업자들에게 경고한다.

31.4 결론

부패와 병원체 미생물들은 다른 경로를 통해 음식에 들어간다. 이상적인 유통기한을 가진 안전한 식품을 생산하는 주요한 목적들의 하나는 다양한 경로를 통해 음식의 미생물의 접근을 최소화하는 것이다. 이것은 적절한 공장 설계, 인력 교육, 효과적으로 살균이 가능한 장비의 설계, 그리고 효율적인 세척과 위생 절차의 확립에 의해 달성될 수 있다. 대다수의 세척과 위생 화학물질들은 상업적으로 사용 가능하다. 그 목표는 특별한 목적에 적합한 제품을 선택하는 데 달려 있다. (규제 기관에 의한) 효과적이고 승인된 절차의 적용은 필요한 미생물학적 기준과 특별성을 만들게 도와준다. 신선한 농산물 관련 식중독 발생이 증가하고 있기 때문에 화학적 살균제가 식인성 질병을 줄이기 위해 이러한 상품을 소독하는 데 사용된다. 제32장은 초기 낮은 수준의 수를 유지하기 위한 음식에서 미생물을 제거하는 데 사용되는 방법들을 설명할 것이다.

학습문제

1. 식품 위생의 목적을 설명하시오.
2. 식품내 미생물의 침투를 감소시키는 데 중요한 다섯 가지 요인을 나열하시오.
3. 어떻게 물, 얼음, 염수, 그리고 절임 용액이 식품에서 미생물 수준에 기여할 수 있는지 설명하시오.
4. 식품 가공 시설에서 청결 세제를 사용하는 목적을 나열하시오. 식품 가공 공장에서 사용하기 위한 이상적인 세척제의 성질을 설명하시오.
5. 식품에 사용하는 살균제의 기능에 대해 설명하시오. 아래 언급되는 살균제들의 강점과 약점을 설명하시오: 뜨거운 물, 증기, 자외선, 차아염소산염, 요오드포, 제4급 암모늄 화합물, 그리고 과산화수소.
6. 미생물학적 표준, 규정, 그리고 지침서에 대해 정의하시오. 어떻게 그것들이 식품에서 승인 가능한 수준으로 미생물의 양을 유지하는 데 도움을 주는지 간략히 설명하시오.

참고문헌

1. Goddard, J.M., Improving the sanitation of food processing surfaces, *Food Technol.*, *65*, 40+, 2011.
2. Nguyen-Viet, H., Zinsstag, J., Schertenleib, R., Zurbrügg, C., Obrist, B., Montangero, A., Tanner, M. et al., Improving environmental sanitation, health, and well-being: A conceptual framework for integral interventions, *EcoHealth*, *6*, 180–191, 2009.
3. Stanga, M. *Sanitation: Cleaning and disinfection in the food industry*, John Wiley & Sons, Inc., 2010.
4. Marriott, N.G. and Gravani, R.B. *Principles of food sanitation,* 5th Ed., Springer, New York, 2006.
5. Egan, M.B., Raats, M.M., Grubb, S.M., Eves, A., Lumbers, M.L., Dean, M.S., and Adams, M.R., A review of food safety and food hygiene training studies in the commercial sector, *Food Control*, *18*, 1180–1190, 2007.
6. Srey, S., Jahid, I.K., and Ha, S.-D., Biofilm formation in food industries: A food safety concern, *Food Control*, *31*, 572–585, 2013.
7. Olaimat, A.N. and Holley, R.A., Factors influencing the microbial safety of fresh produce: A review, *Food Microbiol.*, *32*, 1–19, 2012.
8. Goodburn, C. and Wallace, C.A., The microbiological efficacy of decontamination methodologies for fresh produce: A review, *Food Control*, *32*, 418–427, 2013.
9. Jan Mei, S., Manning, L., Davies, W.P., and Baines, R., Fresh produce-associated outbreaks: A call for HACCP on farms?, *Brit. Food J.*, *114*, 553–597, 2012.
10. Oms-Oliu, G., Rojas-Graü, M.A., González, L.A., Varela, P., Soliva-Fortuny, R., Hernando, M.I.H., Martín-Belloso, O. et al., Recent approaches using chemical treatments to preserve quality of fresh-cut fruit: A review, *Postharvest Biol. Technol.*, *57*, 139–148, 2010.

11. Bhagwat, A.A. *Microbiological safety of fresh-cut produce: Where are we now?*, ASM Press, Washington, DC, 2006.
12. Davidson, P.M., Critzer, F.J., and Taylor, T.M., Naturally occurring antimicrobials for minimally processed foods, *Annu. Rev. Food Sci. Technol.*, *4*, in press, 2013.
13. Singh, N., Singh, R.K., Bhunia, A.K., and Stroshine, R.L., Efficacy of chlorine dioxide, ozone, and thyme essential oil or a sequential washing in killing *Escherichia coli* O157:H7 on lettuce and baby carrots, *LWT-Food Sci. Technol.*, *35*, 720–729, 2002.
14. Singh, N., Singh, R.K., and Bhunia, A.K., Sequential disinfection of *Escherichia coli* O157:H7 inoculated alfalfa seeds before and during sprouting using aqueous chlorine dioxide, ozonated water, and thyme essential oil, *LWT-Food Sci. Technol.*, *36*, 235–243, 2003.
15. Lang, M.M., Harris, L.J., and Beuchat, L.R., Survival and recovery of *Escherichia coli* O157:H7, *Salmonella*, and *Listeria monocytogenes* on lettuce and parsley as affected by method of inoculation, time between inoculation and analysis, and treatment with chlorinated water, *J. Food Prot.*, *67*, 1092–1103, 2004.
16. Gómez-López, V.M., Rajkovic, A., Ragaert, P., Smigic, N., and Devlieghere, F., Chlorine dioxide for minimally processed produce preservation: A review, *Trends Food Sci Technol*, *20*, 17–26, 2009.
17. Pan, Z., Bingol, G., Brandl, M., and McHugh, T., Review of current technologies for reduction of *Salmonella* populations on almonds, *Food Bioprocess Technol*, *5*, 2046–2057, 2012.
18. Perry, J.J. and Yousef, A.E., Decontamination of raw foods using ozone-based sanitization techniques, *Annu. Rev. Food Sci. Technol.*, *2*, 281–298, 2011.

제32장

물리적 제거의 의한 조절

32.1 서론

미생물은 물리적으로 다양한 방법들에 의해 고형 및 액상식품에서 제거될 수 있다. 일반적으로 이러한 방법들은 식품에서 부분적으로 미생물을 제거할 수 있으며, 그렇게 함으로써 미생물의 수준을 줄이고 다른 항미생물 단계가 더 효과적으로 수행되도록 도와준다. 이 방법들은 가공되기 전의 생식품에 주로 이용된다.

32.2 물리적 방법

32.2.1 원심분리

원심분리는 우유, 과일주스, 시럽 같은 액상식품에서 먼지, 백혈구, 이물질 등 바람직하지 않은 부유물을 제거하는 데 이용된다. 이 과정에서 높은 원심력으로 연한 층에 식품이 있게 되고, 보다 무거운 이물질들은 바깥쪽으로 이동하여 가벼운 액상질량에서 분리된다. 이것은 미생물 제거가 아니더라도 포자, 큰 막대세균, 구형 및 사슬형 세균, 효모, 곰팡이 등이 무거운 질량 때문에 제거할 수 있다. 높은 원심력에서는 90%의 미생물 개체가 제거된다. 원심분리를 통하여 식품에서 포자형성세균 같은 내열성 미생물들은 감소하는데, 그렇지 않을 경우 우유의 저온 살균(milk pasteurization) 같은 가벼운 열처리에서 생존하여 저온 살균제품의 미생물 부하를 증가시키게 된다.

32.2.2 여과

여과[1,2]는 소프트드링크, 과일주스, 맥주, 포도주, 생수 같은 액상식품에서 바람직하지 않은 고형물과 미생물이 제거되어 투명한 외관을 갖도록 하는 데 이용된다. 가열법이 단지 최소 수준으로 배제하거나 처리하는 것과는 달리, 여과법은 제품의 천연향, 감귤주스의 비타민 C 같은 열에 약한 영양소들을 보존함으로써 제품 자체의 특성을 그대로 유지해준다. 여과 과정은 보다 좋은 향미와 비타민을 다량 함유한 농축주스를 생산하는 단계에 이용된다. 다양한 형태의 여과 방법들이 이용된다. 이들 방법 중에서 1차 여과에 해당하는 coarse filter는 초기에 큰 성분들을 제거하는 데 이용되고, 그 다음 초여과법(ultrafiltration)으로 이어진다. 초여과법은 필터재질의 공극 크기(0.45~0.7 mm)에 따라 액상제품에서 효모, 곰팡이, 대부분의 세균세포와 포자들을 효과적으로 제거할 수 있다.

공기여과는 우유의 분사건조 같은 몇몇 식품가공 작업 시에 건조를 위해 사용하는 공기 내의 먼지를 제거하는 데 이용된다. 이 과정에서 먼지와 함께 미생물도 제거되어 식품내 미생물 수준을 떨어뜨린다.

32.2.3 트리밍(제거, Trimming)

미생물에 오염될 기회가 더 많은 손상되거나 부패한 과일이나 채소들은 제거하며[3~5], 미생물에 심하게 오염된 부분 또한 같은 방법으로 제거한다. 절임양배추(sauerkraut)에 사용되는 양배추 겉잎의 트리밍은 토양으로부터 유입된 미생물을 줄이는 데 도움을 준다. 같은 이유로 트리밍은 경질치즈, 발효소시지, 빵, 몇몇 저 pH 제품에서 곰팡이의 증식을 제거하는 데 적용된다. 그러나 곰팡이가 미코톡신(mycotoxin)을 생산하는 균이라면 트리밍으로 그 식품에서 독소가 완전히 제거되었다고는 할 수 없다. 트리밍은 가금류나 조류의 배설물 자국, 비정상 증식 및 종양, 사체로부터 오염된 부분을 제거하는 데도 이용된다. 트리밍이 심하게 오염된 부분을 제거하는 방법이긴 하지만 원인 미생물을 완전히 제거한다고 보기는 어렵다. 따라서 소의 사체는 장내병원균이 있는 배설물에 오염된 부분이 있을 수 있다. 트리밍에 의해 눈에 띄는 오염 부분이 제거되었다고 보이지 않는 주변부분의 병원균이 제거되었다고는 할 수 없다. 이 점이 보다 더 안전한 식품을 생산하는 데 있어 주목해야 할 중요한 부분이다.

32.2.4 세척

세척장비와 작업영역은 제31장에서 청소(cleaning)와 위생에서 이미 논의되었다. 여기서는 식품 세척에 대해서만 논의하고자 한다.[6~8] 과일과 채소는 제품의 대사 속도와 미생물의 증식을 줄이는 데 도움이 되는 온도 강하와 흙 제거를 위해 주기적으로 세척한다. 세척은 특히 흙으로 유입되는 미생물 제거와 달걀껍질에 묻은 배설물과 오물을 제거해 주기도 한다. 닭과 칠면조의 처리 과정 동안 사체는 수차례 물에 노출된다. 깃털 제거 과정에서는 뜨거운 물에, 그 다음 내장 제거 과정에서 분사세척과 마지막으로 chilling 탱크에서 찬물에 노출된다. 이러한 처리 과정에서 미생물 부하는 줄어들 것으로 예상되지만, 원치 않는 미생물 특히 장내미생물 등에 감염될 수 있다. 따라서 많은 양의 닭이 탱크에 들어갈 때와 비교해서 나올 때에는 살모넬라균에 감염될 수 있는데, 이는 제36장에서 다루게 된다. 소, 돼지, 양과 같은 가금류의 사체는 털, 토양, 미생물 제거를 위해 세척을 한다. 현재는 손 세척 대신에 고압 자동화 기계세척이 사체로부터 원치 않는 이물질과 미생물을 효과적으로 제거하는 데 이용된다. 고압 외에도 온수, 스팀, 오존수, 염소수, 아세트산, 프로피온산, 젖산, tripolyphosphate, 젖산균이 생성하는 nisin과 pediocin 같은 bacteriocin이 단독 또는 집단으로 존재하는 *Salmonella* spp., *Campylobacter jejuni*, *Escherichia coli* O157:H7, *Listeria monocytogenes* 같은 장내 병원성균의 제거에 미치는 효능이 연구되고 있다. 그 결과는 일관되지 않으며, 일부만이 세균에 대해 살균력이 있다고 보고하고 있다. 그러나 이 연구는 위의 모든 물질들이 사체표면에서 세균감염을 일정 수준으로 줄여주며 두 가지 성분 또는 그 이상의 조합으로 더 좋은 효과가 있음 보여준다.[3,4] 유럽식품안전청(EFSA)은 도체 오염 제거에 대한 지침을 수립했다; (a) 온수, 증기 및 증기 진공 청소기와 같은 물리적 방법의 적용, (b) 유기산, 염소, 산성화된 아염소산 나트륨, 폴리 포스페이트와 같은 화학적 방법, (c) 박테리오파아지 및 박테리오신과 같은 생물학적 방법에 대한 것들이 지침에 포함되어 있다.[9] 물리적, 화학적 병용처리도 제안되고 이는 단일 처리에 비해 더 효과적인 것으로 입증되었다.

조합에 대한 적합성뿐 아니라 농도, 적용의 지속성 등도 결정되어야 한다. 또한 미생물은 시간이 지나면서 사체표면에 바이오필름(biofilm)을 형성할 수 있다(제7장). 바이오필름의 성질은 미생물의 종과 균주에 따라 다양하다. 또한 시간이 지나면서 바이오필름은 더 안정화되고 그 이후에 세척에 의해서 미생물 제거는 어려워진다. 이런 점은 사체 세척의 효과적인 방법을 개발하는 데 고려되어야 한다. 사체표면으로부터 병원균의 제거는 육류와 육가공품의 안전을 보장하기 위한 적합한 중재할 수 있는 전략개발에 중요한 면이 될 것이다(부록 C 참조).

32.3 결론

식품에서 발견되는 미생물은 여러 방법으로 조절될 수 있으며, 그 중 하나가 물리적인 방법으로 제거하는 것이다. 이 장에서는 이 방법들이 다양하게 이루질 수 있음을 알아보았다. 이들 중 일부는 제한된 적용이기는 하나 액상식품에서 이용되고 다른 일부는 고형식품에서 이용된다. 제33장에서는 식품에 존재하는 미생물을 열처리로 사멸하는 방법들에 대해 논의하고자 한다.

학습문제

1. 식품에서 미생물을 제거하는 방법에 대해 나열하고 각 방법의 장점과 단점을 설명하시오.
2. 가시적인 미생물의 증식 또는 미생물 오염에 대한 식품 트리밍(trimming)의 미생물적인 단점 두 가지를 예를 들어 설명하시오.
3. 미생물을 줄이기 위한 동물과 조류의 생고기 세척 시 미생물적인 단점 두 가지를 예를 들어 설명하시오.
4. 익히지 않은 소고기로부터 미생물 제거 시에 검사하는 요소 6가지를 나열하고, 이들의 상대적인 효과에 대해 설명하시오.
5. 유제품 공정에서 우유의 배치(batch)에 세균 포자의 수가 너무 많아 저온 살균 시 SPC 수준이 증가할 수 있다. 바람직한 SPC 수준을 위해 포자 제거에 이용할 수 있는 물리적인 제거공정에 대해 설명하시오.

참고문헌

1. Bennett, A., Drinking water: Pathogen removal from water—technologies and techniques, *Filtration and Separation*, *45*, 14–16, 2008.
2. Koeseoglu, S.S., Lawhon, J.T., and Lusas, E.W., Use of membranes in citrus juice processing, *Food Technol.*, *44*, 90–97, 1990.
3. Corry, J.E.L., James, S.J., Purnell, G., Barbedo-Pinto, C.S., Chochois, Y., Howell, M., and James, C., Surface pasteurisation of chicken carcasses using hot water, *J. Food Eng.*, *79*, 913–919, 2007.
4. Gill, C.O., Effects on the microbiological condition of product of decontaminating treatments routinely applied to carcasses at beef packing plants, *J. Food Prot.*, *72*, 1790–1801, 2009.
5. Dickson, J.S. and Anderson, M.E., Microbiological decontamination of food animal carcasses by washing and sanitizing systems: A review, *J. Food Prot.*, *55*, 133–140, 1992.
6. Martínez-Gonzáles, N.E., Martínez-Chávez, L., Martínez-Cárdenas, C., and Castillo, A., Comparison of different washing treatments for reducing pathogens on orange surfaces and for preventing the transfer of bacterial pathogens to fresh-squeezed orange juice, *J. Food Prot.*, *74*, 1684–1691, 2011.
7. Yoder, S.F., Henning, W.R., Mills, E.W., Doores, S., Ostiguy, N., and Cutter, C.N., Investigation of water washes suitable for very small meat plants to reduce pathogens on beef surfaces, *J. Food Prot. 73*, 907–915, 2010.
8. Franchin, P.R., Battistella, P.M.D., and Vieira, C.R., Evaluation of multi-sequential interventions with water to reduce microbial loading as applied to chicken carcasses during slaughtering: A review, *World's Poul. Sci. J.*, *66*, 203–214, 2010.
9. Hugas, M. and Tsigarida, E., Pros and cons of carcass decontamination: The role of the European Food Safety Authority, *Meat Sci. 78*, 43–52, 2008.

제33장

열에 의한 조절 (열처리 공정)

33.1 서론

동물 또는 식물 특히 씨앗, 구근과 뿌리 식품의 열(불)에 의한 바람직한 맛의 효과는 문명이 발달하기 오래전 우리의 선조들이 자연적인 산불을 통해서 우연히 발견했을 것이다. 그들은 또한 열을 가한 식품이 익히지 않은 식품에 비해 덜 상하고 건강에도 해롭지 않다는 것을 인식했을 것이다. 그 후로, 특히 도기와 오븐의 발명에 따라 열은 맛을 개선하고 유효기간을 증가시키기 위해 식품을 불에 굽고, 끓이고, 농축시키는 데 사용되었다. 그러나 약 1810년경 니콜라스 아뻬르(Nicolas Appert)에 의해 보고된 방법이 알려지고 난 후에야 생선과 같이 부패하기 쉬운 식품의 유효기간을 늘릴 수 있었다. 프랑스어로 아퍼티제이션(appertization)이라고 이름 붙여진 이 방법은 깨끗한 유리 단지에 원하는 식품을 넣고 6시간 이상 끓는물에 넣어서 가열한 후 코르크로 밀봉해서 보관하는 방법으로 이 방법대로 보관하면 오래 보관할 수 있다고 보고했다.[1] 1824년에 그가 만들었던 고기 스튜 중 일부는 1938년에 열었을 때 독성은 없었지만 잠복하고 있는 포자가 발견되었다. 식품이 들어 있는 캔을 가열하는 방법은 1810년 영국에서 Durand에 의해 개발되었고 미국에서 1820년까지 사용되었다. 또한 가열시간을 30분까지 단축할 수 있는 방법은 물에 다양한 염을 첨가하여 끓는점을 212°F(100°C)로 올리도록 개발되었다. 1870년에는 식품의 유효기간을 늘리는 것뿐만 아니라 식품의 본래 성질을 보존하기 위해 상대적으로 단시간 동안 매우 높은 온도에서 통조림에 열을 가할 수 있는 멸균기가 발명되었다.

이러한 모든 발달은 상하기 쉬운 식품이 아퍼티제이션이나 통조림으로 만들어진 이후에는 상하지 않고 식품유래 질병을 일으키지 않는 이유에 대해 명확한 지식 없이 이루어졌다. 와인과 우유의 부패에 미생물이 관여한다는 것은 약 1870년경 루이스 파스퇴르(Louis Pasteur)에 의해 발견되었다. 그는 또한 저온 살균법이 이러한 미생물을 죽이고 다시 오염되지 않는 이상 상하지 않은 상태로 유지된다는 것을 밝혀냈다. 그 후 식품유래 질병에서 미생물의 역할 또한 인식되었다. 뒤이어 캔 식품에 열을 가한 후에도 살아남아서 식품의 부패를 일으킬 수 있고 식품유래 질병을 일으킬 수 있는 내열 미생물(포자)을 분리하고 그들을 파괴할 수 있는 온도와 시간을 결정하는 것에 대한 연구들이 수행되었다.

또한 영양 세포의 제거를 위한 온도와 시간에 대한 상관관계 연구도 진행되었다. 이러한 결과로부터 각각 다른 온도와 시간에서 식품을 가열하는 것으로 미생물(또한 효소와 독소)을 파괴할 수 있는 온도와 시간의 상관관계를 정확하게 예측할 수 있는 수학식이 개발되었다.

33.2 목적

식품을 가열하는 주요 미생물학적 목적은 식품에 존재하는 곰팡이, 효모, 세균, 비루스(박테리오파아지 포함)를 포함하는 미생물과 포자를 파괴하는 것이다. 식품에 존재하는 모든 미생물을 죽이기 위해 매우 강력한 열(멸균)을 처리할 수도 있지만 대부분은 식품을 부패하게 만드는 주요한 미생물과 특정한 병원체를 파괴하기 위해 열처리를 하게 된다. 이것은 식품이 본래 가지고 있는 영양성분을 유지하기 위해 필요하다. 식품에서 살아남아 있는 미생물의 성장을 통제하기 위해 또 다른 통제방법이 열처리 이후에 사용된다.

식품에 열처리를 하는 것은 또한 식품의 질에 악영향을 미치는 효소(미생물과 식품)를 파괴하는데 도움을 준다. 몇몇 미생물들은 또한 식품에서 내열성이 있는 단백질가수분해효소, 리파제 등을 생성한다. 특정한 시간 동안 정해진 온도에서 식품을 가열하는 것은 이러한 효소의 작용을 줄이거나 파괴할 수 있다.[2] 이것은 특히 실내온도에서 장시간 동안 보관하는 식품에서 중요하다.

몇몇 미생물들은 식품에서 독소를 분비할 수 있다. 또한 몇몇 식품은 자연적으로 독소를 가지고 있기도 하다. 만약 독소가 열에 민감하다면 적절한 가열로 그 독소를 파괴할 수 있고 그러한 식품의 소비가 건강에 악영향을 미치지 않을 것이다. 열에 안정적인 미생물 독소와 자연 독소는 심지어 고온처리에도 완벽하게 파괴되지 않는다는 것을 인지하는 것도 중요하다.

식품을 먹기 위해 끓이거나 데우는 것 또한 병원성 미생물과 부패미생물의 성장을 억제하기 위해 사용되기도 한다. 식품을 제공하기 전에 보관하고 있는 동안 식품 안에 있는 많은 미생물의 성장을 통제하기 위해서는 50°C(122°F) 이상 가급적 60°C(140°F)의 온도를 유지하는 것이 중요하다.

마지막으로, 우유와 같은 원료는 발효를 위해 배양균을 첨가하기 전에 원치 않는 미생물(박테리오파아지를 포함하여)을 죽이고 발효용 배양균이 경쟁없이 자랄 수 있도록 가열한다.

33.3 열처리에 의한 불활성화의 기작

열을 가하는 온도와 시간에 따라 미생물 세포와 포자는 열-쇼크 상태가 되거나 치사에 가까운 손상을 받거나 사멸될 수도 있다. 열-쇼크 상태의 세포는 뒤따르는 가열에 약간의 내성을 획득하고 치사에 가까운 손상을 받은 세포와 포자는 치유와 증식할 수 있는 상태는 유지한다. 이것에 관해서는 제10장에서 다루었다.

다양한 연구에서 세균세포는 열 손상으로 인해 투과성을 상실하고 그들이 보통 내성을 가지고 있던 어떠한 물질들에 대해 감수성이 증가한다는 것을 보여주었다. 치사에 가깝게 손상된 세포는 세포막, 세포벽, DNA(가닥파괴), 리보솜 RNA(분해) 그리고 중요한 효소(변성)가 손상된다. 미생물 세포의 사멸은 몇몇 생명과 관계된 기능적, 구조적 구성 물질에 손상을 입었을 때 일어난다. 열처리 후 세균의 포자는 포자 외피로부터 구조적 구성 물질을 상실하고 세포막과 세포벽으로 예정되어 있는 구조를 손상시키며 발아 중 수화를 위해 물을 이용하는 능력을 파괴한다. 따라서 발아하거나 싹틈 또는 포자의 능력을 상실시켜 사멸에 이르게 한다(제10장 참조).

많은 식품을 설익히는 과정에서 미생물 세포를 약 40°C~45°C(104°F~122°F)에 짧은 시간 동안 노출시킴으로써 열-쇼크 단백질(스트레스 단백질)의 생산이 유도될지도 모른다. 이러한 단백질의 존재하에 미생물 세포는 높은 온도에서의 가열에도 비교적 큰 저항을 보일 수 있다(제10장 참조). 저온 살균한 식품에서 미생물 세포의 열에 의한 파괴에서 이러한 현상의 결과는 중요하다.[3,4]

33.4 영향을 미치는 요인들

미생물 세포와 포자를 사멸시키는 데 열의 효과는 식품의 고유한 본질, 미생물의 본질과 가공 과정의 특성과 같은 많은 요인에 의해 영향을 받는다. 이러한 요인들에 대한 이해는 식품에 효과적인 열처리 과정을 개발하고 채택하는 데 중요하다.[1]

33.4.1 식품의 본질

구성(탄수화물, 단백질, 지방 및 용질), 수분활성도(수분), pH 및 항생물질(자연적인 또는 첨가된)은 식품에서 열에 의한 미생물의 파괴에 상당한 영향을 미친다. 일반적으로 탄수화물, 단백질, 지방, 용질은 열에 대해 미생물을 보호해 준다. 고농도의 탄수화물, 지방, 단백질은 미생물의 저항성을 더 높여주는 결과를 보인다. 고체 식품이나 커다란 덩어리가 포함되어 있는 액체 식품에 비해 액체 식품과 액체에 작은 크기의 입자를 포함하고 있는 액체 식품에 존재하는 미생물이 열에 의한 파괴에 더 민감하다. 미생물은 습기가 더 많거나 pH가 더 낮은 식품에서 열에 의한 손상에 더 민감하다. pH가 낮은 식품에서 열처리는 같은 pH에서 인산과 구연산이 존재할 때보다 아세트산, 프로피온산, 그리고 젖산이 존재할 때 미생물에게 더 치명적이다. 열에 의해 불활성화되지 않은 항생물질의 존재에서 미생물은 항생물질의 성질에 따라 다른 비율로 훨씬 빠르게 파괴된다.

33.4.2 미생물의 특성

미생물의 열에 대한 감수성에 영향을 미치는 요인에는 미생물의 종, 균주, 증식의 단계, 열에 노출되었는지 여부가 포함된다. 일반적으로 곰팡이, 효모 및 세균의 세포는 포자보다 더 민감하다. 비루스뿐만 아니라 곰팡이, 효모 및 많은 세균의 세포는 (내열성 세균은 제외하고) 65°C(149°F)에서 10분 안에 파괴된다. 식품에서 중요한 내열성 세균세포는 75°C~80°C(167°F~176°F)에서 5~10분에 파괴된다. 효모와 대부분의 곰팡이 포자들은 65°C~70°C(149°F~158°F)에 몇 분 안에 파괴되지만, 몇몇의 곰팡이 포자들은 90°C(194°F)에서 4~5시간 동안 살아남을 수 있다. 세균의 포자는 열에 대한 감수성이 매우 다양하다. 일반적으로 몇 분 동안 80°C~85°C(176°F~185°F)로 가열하는 것으로는 그들을 죽이지 못한다. 많은 세균의 포자는 100°C(212°F)에서 30분 동안 가열하면 파괴된다. 그러나 100°C에서 24시간 동안 끓여도 죽지 않는 포자를 가지고 있는 세균의 포자도 있다. 모든 포자는 121°C

(249.8°F)에서 15분 동안 가열하면 파괴된다(멸균 온도와 시간). 이 온도 및 시간 미만에서 몇몇 세균의 포자는 살아날 수 있다; 그러나 이것은 초기 포자의 수와 부유 배지의 특성에 달려 있다. 또한 세균 및 포자의 종과 균주에 따라 열에 대한 감수성이 다르다. 이것은 열에 내성이 있는 변종이 아니라 열에 감수성이 있는 세균이나 균주를 이용해서 얻어진 결과를 기준으로 하여 식품에 열처리를 한 경우에 특히 중요하다.

기하급수적으로 증식하는 단계의 세포는 휴지기 세포(정지되는 단계)보다는 열에 더 민감하다. 또한 이전에 낮은 열에 노출된 적이 있는 세포는 스트레스 단백질의 합성 때문에 뒤이어 오는 열처리에 상대적으로 저항성을 갖게 된다.[4] 마지막으로, 식품에 처음 미생물의 수가 많으면 많을수록 주어진 온도에서 미생물의 수를 일정 수준까지 줄이는 데 걸리는 시간은 더 길어진다. 이것은 미생물의 열로 인한 파괴의 비율이 나중에 토론되는 일차 동력학을 따르기 때문이다. 이것은 열처리하기 전에 위생과 미생물의 증식을 통제하는 것을 통해 식품에 존재하는 미생물의 수를 적게 하는 것이 얼마나 중요한지 보여준다.

33.4.3 처리공정의 특성

열에 의하여 식품에 있는 미생물의 사멸을 표현할 때에는 특정한 온도와 그 온도에서 노출된 시간으로 표현하고 이것들은 서로 반비례한다. 다른 요인들이 일정하게 유지된다면 같은 양의 미생물을 사멸시키기 위해서 온도가 높으면 높을수록 짧은 시간이 요구된다. 식품이 전도(분자에서 분자로의 에너지 전달)와 대류(가열된 분자의 이동)에 의해 가열되기 때문에, 액체 식품은 고체 식품보다는 더 급속하게 가열되고, 높은 전도(금속)를 가진 용기가 더 낫다. 더구나, 작은 용기에 있는 식품은 큰 용기에 있는 식품보다 더 급속하게 가열된다. 통조림은 고체 식품의 경우 중앙, 액체 식품의 경우엔 끝부분에 주어진 시간 동안에 정해진 온도까지 도달하지 않는 지점이 있을 수 있다. 최종적으로, 정해진 온도에서 주어진 시간 동안 식품을 가열한다는 것은 식품에 존재하는 모든 입자가 정해진 온도의 (섭씨 71.6°C 또는 화씨 161°F) 열이 가해지고 그 온도에서 정해진 시간 동안 (15초; 우유의 저온 살균에서 사용되는 시간) 계속 유지되어야 한다는 것을 의미한다. 이 시간을 유지 시간이라고 부른다. 우유의 온도가 161°F에 도달할 때까지 걸리는 시간은 이 시간 안에 포함되지 않는다(그러나 매우 높은 온도를 사용하는 상업적인 살균 과정에서는 고려함).

33.5 수학식

미생물 세포 현탁액이 특정한 온도에서 열처리되었을 때, 세포는 일정한 비율로 사멸한다. 이 관측은 주어진 조건 하에서 시간과 온도에 따라 열처리로 인해 미생물 사멸률을 표현할 수 있도록 해준다. 이 표현식은 식품의 열처리 방법을 디자인할 때 도움이 된다.

33.5.1 십진법 감소 시간(*D* 값)

D 값은 1분 동안에 특정한 미생물(세포 또는 포자) 수가 90% 또는 1로그만큼 감소하는 시간이다. 그

것은 $D_T = t$로 표현되며, T는 온도(°C 또는 °F), t는 사용한 미생물이 1로그만큼 감소한 시간(분)을 뜻한다. 따라서 이것은 미생물의 열 감수성 측정이고, 미생물종, 사용한 온도, 그리고 다른 다양한 배지와 배양시간에 따라 변화한다.

그것은 다음 식을 사용해서 결정될 수 있다:

$$D_T = \frac{t}{\log_{10} x - \log_{10} y},$$

x와 y는 각각 온도에 노출시키기 전후의 미생물 수, T는 노출 온도, t는 노출 시간(분)이다. 그것은 또한 특정한 온도에서 노출 시간(분)에 대한 $\log_{10}$ 생존 수에 의해 결정될 수 있다(**그림 33.1**). 이상적으로 이것은 직선 도표이고 미생물 군집의 초기 숫자에 의존적이지 않다. 그것은 식품에서 미생물 군집의 만족할만한 낮은 단계를 얻기 위하여 열처리 매개변수를 디자인하는 데 사용될 수 있는 10 g, 또는 100 g 또는 1,000 g의 제품에서 1개의 세포 또는 포자처럼 살아 있는 미생물의 매우 낮은 수준을 얻기 위한 마이너스 로그값을 추정할 수 있다. 좌표로부터 바람직한 것은 원하는 미생물 수준에 도달하는 것이다. 이것은 특정한 온도에서 더 많은 초기 미생물 숫자를 갖는 식품보다 더 짧은 시간(거의 없는 D)에 더 낮은 초기 미생물 숫자를 갖는 식품을 요구하게 될 것이다. 그것은 또한 특정 온도에 관하여 둘 또는 더 많은 미생물 종 계통의 상대적인 감수성을 결정하기 위하여 사용될 수 있다(그림 33.1).

12*D* 개념은 대부분 병원체 세균인 *Clostridium botulinum*의 열저항성 포자를 제거하기 위한 높은 pH 식품(pH 4.6 이상, 옥수수, 콩, 고기 같은 산도가 낮은 식품)의 열처리 가공에서 사용된다. 그것은 생산품에서 로그 12까지 *Clo. botulinum* 포자의 군집을 감소시키기 위해 주어지는 열처리를 의미한다. 가설적으로 한번에 1억 개의 통조림을 생산하고 각각은 1,000개의 *Clo. botulinum* 포자를 포

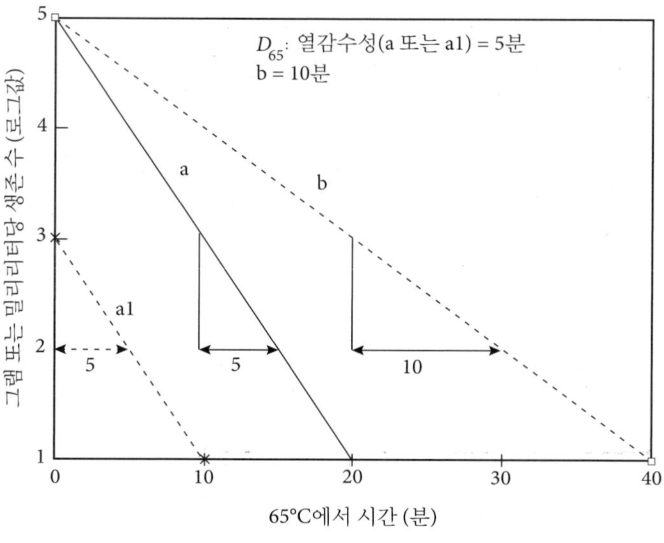

그림 33.1 십진법 감소 시간(*D*)의 그래프. 도표는 또한 65°C에서(a, b) 2가지 다른 열 감수성 세균에 대한 다른 *D* 값과 원하는 생존율(10^1/g 또는 /ml)을 갖는 같은 열 감수성(a, a1) 세균의 양에 따른 군집에서 *D*의 값을 설명한다.

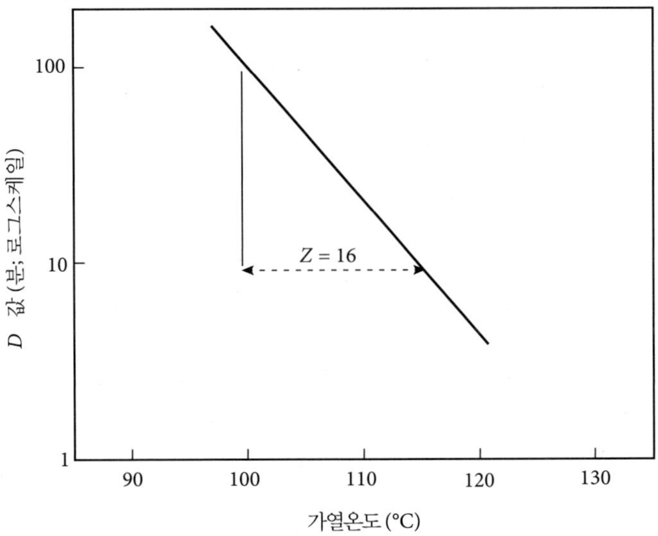

그림 33.2 열처리에 의한 사멸시간 가설 곡선. *D*, 십진법 감소 시간; *Z*, $\log_{10}$ 주기에 통과하는 열처리에 의한 사멸시간곡선에 필요한 섭씨 온도.

함할 경우 적당한 열처리를 한다면 하나의 통조림에 1개의 살아날 수 있는 포자를 포함한다는 결론에 도달한다. 이것은 안전을 위해 사용된 극단적인 가공 조건이다. D121.1°C에서 12*D* 값은 대략 2.8~3분 정도이다.[5]

33.5.2 열처리에 의한 사멸 시간(TDT), *Z* 값과 *F* 값

열처리에 의한 사멸 시간은 특정한 온도에서 포자나 미생물의 특정한 수를 완전히 제거하기 위해 필요한 로그값이다. 그것은 다른 온도에서 미생물의 감수성을 나타낸다. 열처리에 의한 사멸 시간 곡선은 온도에 대한 *D* 값 또는 온도에 대하여 완전히 파괴하기 위한 로그 시간에 의해 구성될 수 있다(**그림 33.2**; TDT 곡선이라 한다). 곡선의 기울기는 *Z* 값이다. *Z* 값은 로그 1에 의해 가로지르는 *D* 값(또는 TDT)을 변화시키기 위하여 필요한 온도(°C 또는 °F)를 나타낸다. 섭씨에서 $Z = 10$의 값은 100°C에서 세균 포자의 *D* 값이 50분일 때, 110°C에서는 5분, 120°C에서는 0.5분을 의미한다. 식품의 열처리 조건의 개발에서 *D* 값과 *Z* 값은 미생물 세포와 포자를 적당히 파괴하기 위해 이용된다. 추가적으로 F는 참고 온도(포자에서 121.1°C와 세포에서 60°C)에서 미생물 세포나 포자의 숫자를 완전하게 파괴하기 위하여 필요한 시간(분)을 표현하기 위하여 사용된다. *Clo. botulinum* Type A를 위한 $F_{121.1°C}$는 0.23분을 찾아내었고, 저산성 통조림 식품의 열처리 가공을 위한 12*D* 값($12 \times 0.23 = 2.78$ 또는 3분)을 계산하기 위하여 이용되었다.

33.6 방법

미생물을 파괴하기 위하여 사용된 식품 가열의 온도와 시간에 대한 방법은 저온 가공하고 고열 가공으로 구분될 수 있다. 저온 열처리 가공은 고온 미생물에는 효과적이지 않지만 주로 열에 민감한 미생물을 파괴하기 위하여 사용된다. 대조적으로, 고온 열처리 가공은 병원성균과 특히 열 저항성으로 식품을 변질시키는 포자를 파괴하기 위하여 이용된다. 방법들(굽기, 끓이기, 불에 굽기, 튀기기 등)은 요리 식품에서 사용한다. 신선한 채소 및 과일에 있는 몇몇 자연적인 효소를 파괴하기 위하여 이용된 데치는 것은 여기서 서술하지 않는다. 열처리로 미생물을 파괴하더라도, 그것은 식품에서 미생물을 파괴하기 위한 것이 아니라 음식을 준비하기 위해서이다.[6]

33.6.1 저온 열처리 가공 또는 저온 살균법

저온 열처리 가공 또는 저온 살균법에 사용된 온도는 100°C(212°F) 이하이다. 저온 살균법의 목적은 병원체의 영양세포와 많은 수(~90%)의 관련된(많은 것이 변질을 일으키는 원인이 될 수 있는) 미생물(효모, 곰팡이, 세균 및 바이러스)을 대부분 파괴하기 위한 것이다. 특정 식품에서 저온 살균법은 또한 몇몇 자연적인 효소(우유에 있는 탈 인산효소)를 파괴한다. 온도와 시간은 식품의 질(우유에서 열에 의한 맛과 같은)을 저하시키지 않으며, 가공이 어렵지 않은(달걀에서 응고 같은) 최소한의 미생물적 목표에 부합하고 식품의 열변성을 극소화하도록 정한다. 사용된 온도에 따라서 변질 세균의 고온세포, 병원성 포자 및 변질세균은 처리를 견딘다. 따라서 추가적인 방법은 저온 살균에서 살아서 증식(저온 살균의 오염물질)하는 것과 자연적인 안전요소를 갖는 생산물(낮은 산성에서 생산된 산성 제품)을 통제하기 위하여 이용될 필요가 있다. 저온 처리 과정으로 생산한 제품에서 미생물 증식의 문제점을 방지하거나 지연시키기 위해서 조합할 수 있을 경우에 냉장, 대기 중 포장 방법의 변경, 보존제 혼합, 수분활성도 감소, 및 다른 기술들이 사용된다. 미생물의 열에 대해 안정한 효소와 독소는 90°C 이상에서 30분 또는 그 이상 가열하지 않는 한 파괴되지 않는다.

우유의 저온 살균법은 오랫동안 사용되었다. 대부분 열 저항성을 갖는 큐열 병원체, *Coxiella burnetii*를 파괴하기 위하여 화씨 145°F(섭씨 62.8°C)에서 30분 또는 화씨 161°F(섭씨 71.7°C)에서 15초간 가열하는 2가지 방법이 이용된다. 방법은 또한 저온에서 장시간(LTLT) 및 고열에서 짧은 시간(HTST)으로 각각 불린다. 앞서 기술한 것과 같이 규칙은 우유의 각 입자를 최소한 145°F(62.8°C)에서 30분, 또는 161°F에서 15초(처리시간) 동안 가열하는 것이 요구된다. 식품에 대한 지정된 온도와 시간은 식품유래 질병에 관련될 수 있기 때문에 식품은 모두 획일하게 가열되지는 않는다. 처리 시간 직후, 우유는 40°F(4.5°C)로 식혀지고, 포장하여 소비할 때까지 유지하게 된다. 저온 처리는 다른 시간과 온도를 사용하여 많은 제품을 가공하기 위하여 사용된다. 예를 들면, 아이스크림 혼합은 180°F(82.3°C)에서 25초 또는 160°F(71.2°C)에서 30분; 액체 달걀은 140°F(60°C)에서 3.5분(*Salmonella* 파괴를 위하여 필요한); 과일주스는 60°C~70°C(140°F~158°F)에서 15분 또는 80~85°C(176°F~185°F)에서 1분; 와인은 82°C~85°C(179.6°F~185°F)에서 1분; 산성 피클(pH 3.7)은 74°C에서 15분; 식초는 65.6°C~71.1°C에서 1분 또는 140°F(60°C)에서 30분(낮은 산성 제품의 가열은 내산성 변질 미생물을 파괴하기 위하여 고안되었다); 게살은 70°C에서 10분; 저온 가공육 제품은 내부온도 60°C~70°C(140°F~158°F)(크기에 따라 제품의 중앙까지 원하는 온도를 도달하기 위하여 2시간을 가열할 수 있다; 가열은 *Clostridium botulinum* Type A 또는 단백질 분해를 일으키지 않는 B 포자를 죽이기 위하여 의도하지 않았다). 서로 다른 식품을 위한 저온 살균법의 시간과 온도는 기관의 관리에 의해 이루어진다.

추가적으로 뜨거운 물(우유에서) 또는 습열(고기 제품)의 사용 이외에 말린 달걀 흰자위 및 말린 야자열매와 같은 몇몇 식품에서 가열 과정은 건조한 열에 의해 저온 살균을 행한다. 그런 조건에서 제품은 5~7일 동안 50°C~70°C(122°F~158°F)에 놓인다.

발효식품 생산에서 원료는 고온 세균을 포함한 손상 미생물과 병원체의 영양세포를 파괴하기 위하여 높은 온도에서 가열된다. 원료 우유는 버터우유, 유산균 우유, 요거트를 생산하기 위하여 발효용 배양균을 추가하기 전에 대략 90°C(194°F)에서 30~60분간 열처리한다. 가열은 낮은 pH에서 우유 단백질이 교질화되는 것을 개선하기 위하여 추가하는 발효용 배양균의 증식을 돕는다.

33.6.2 고온 열처리 가공식품

고온 열처리 가공 과정은 원하는 시간 동안 100°C(212°F) 이상에서 가열한 식품을 포함한다. 가열 온도와 시간은 제품 특성과 파괴하고자 하는 특정 미생물을 대상으로 선택된다. 대부분의 제품은 생산물의 일반적인 보존 조건에서 미생물의 성장을 파괴하기 위하여 상업적인 멸균처리가 주어진다. 낮은 산성 또는 높은 pH(pH > 4.6) 제품은 *Clostridium botulinum* Type A와 B 포자(병원체의 저항하는 포자)를 파괴하기 위해 12*D* 처리를 한다. 그러나 제품에는 고온 손상 세균의 살아날 수 있는 포자를 포함할 수 있다(예: *Bacillus strarothermophilus*, *Bac. coagulans*, *Clo. thermosaccharolyticum* 과 *Desulfotomaculum nigrificans*; 제20장 참조). 제품이 30°C(86°F) 이하에서 저장되는 한, 이 포자는 발아하지 않을 것이다. 제품이 단기간이라도 40°C(104°F) 이상에 방치될 경우 포자는 발아할 것이다. 30°C(86°F) 이하에서 저장은 식품 변질의 원인이 되는 고온성 미생물의 성장과 분열을 방지할 것이다. 특정한 식품의 상업적인 무균을 위해서 요구되는 시간과 온도는 실제적인 포장용기에 접종하는 연구로 결정된다. 일반적으로 *Clo. sporogenes* PA 3679는 *Clo. botulinum* Type A, B(단백질 분해 및 단백질을 분해하지 않는)와 같이 열 저항성 포자를 갖고 비병원성이기 때문에 *Clo. botulinum*을 대신하여 이용된다. 변질을 통제하기 위한 연구로 *Bacillus stearothermophilus*는 대부분 열 저항성 포자를 갖기 때문에 사용된다.

토마토 제품, 과일 제품 및 산성 식품 같은 고산성 또는 낮은 pH(pH ≤ 4.6) 제품은 매우 더 낮은 열처리를 사용한다. *Clo. botulinum* 포자는 낮은 pH에서 발아하거나 증식할 수 없기 때문에 건강 위험에 적은 것에 의의가 있다. 낮은 pH 제품에서 발아하고 증식할 수 있는 포자형성균(*Bac. coagulans*)와 산성 비포자형성균(*Lactobacillus*와 *Leuconostoc* spp.), 효모, 곰팡이는 낮은 pH에서 자랄 수 있고 비교적 열에 민감하다. 이러한 제품은 일반적으로 적당한 시간 동안 대략 100°C(212°F)로 가열한다. 고온 처리 제품은 처음에 포장한 후에 가열을 하든지 아니면 가열한 후에 멸균 처리된 고온의 용기에 포장된다(고온 포장).

상업적인 멸균은 짧은 시간 동안 매우 높은 온도에서 식품을 가열하여 얻어진다. 이 과정은 초고온(UHT) 가공으로 지정된다. 우유는 대략 150°C(302°F)에서 2~3초간 가열하고 상온에서(≤ 30°C) 보존될 수 있으며, 일반적으로 3개월의 유효기간을 갖는다. 그러나 원유에 미생물의 열에 강한 단백질 분해효소나 지방 분해효소가 존재한다면 제품은 변질될 수 있다. 초고온 과정에서 우유는 급속한 온도 증가를 위해 고압 증기를 주입하여 가열된다. 대량으로 열처리를 한 다음 우유는 작은 용기에 포장된다. 미생물의 열에 대해 민감한 독소는 파괴될 것이다. 그러나 열 저항성 독소는 상업적인 멸균 후에도 활성이 남아 있을지도 모른다.

특별한 상황에서 식품은 모든 미생물(세포와 포자)을 파괴하고 멸균을 달성하기 위하여 가열된다. 멸균 식품은 가열된 비멸균 식품에 존재하는 미생물로부터 어떤 합병증을 회피하기 위하여 면역기능이 억제된 개인에게 필요하다.

33.6.3 전자레인지 가열

가정에서 전자레인지에 의하여 식품을 가열하거나 요리하는 것은 개발도상국과 선진국에서 일반적이다.[7,8] 냉동식품은 제품의 크기에 따라 몇 분에서 매우 빠르게 가열하고 녹일 수 있다. 그러나 이 방법은 상업적으로 적용하기 위하여 급속하게 고온을 만드는 방법으로 잘 받아들여지지 않았다.

전자레인지에서 파장은 그들의 극성에 따라 아주 빠르게 바꾼다. 반대로 식품에 있는 물 분자는 파장에 따라서 맞추기 위하여 급속하게 움직인다. 물 분자의 운동은 식품의 온도를 매우 빠르게 상승시키는 마찰열을 생성한다. 파장의 노출 시간과 강도에 따라서 온도는 아주 높을 수 있다. 마이크로파 처리는 미생물에 확실히 치명적이고 고온에 의한 파괴이다. 현재, 전자레인지로 가열한 식품은 병원체로부터 안전하게 여겨질 수 없다. 일반적으로 식품이 전자레인지에서 가열될 때, 그것은 전체적으로 가열되지 않고 일부분은 차갑게 남아 있을 수 있다. 이것은 병원체가 식품에 잠복한 경우에, 가열되지 않은 지점에서 살아날 기회가 있다.

33.7 결론

가열은 문명 이전에 식품을 준비하고 보존하는 데 이용되었다. 식품 변질과 식품유래 질병에서 미생물의 역할을 인지한 후에 정확한 가열 기술은 세균의 포자, 바이러스, 세균, 곰팡이, 그리고 효모의 영양 세포를 파괴하기 위하여 개발되었다. 이들은 저온 살균법, 상업적인 살균 및 초고온 살균을 포함한다. 이 방법에 의한 미생물의 파괴는 특정 시간 동안 특정한 온도에서 식품의 열처리에 의해 달성된다. 고온에 의한 미생물 파괴는 세포와 포자의 구조와 기능적인 불안정을 유도한 결과이다. 더 낮은 가열 온도에서 세포와 포자는 치사량에 가깝게 손상되고 스트레스를 받을 수 있다. 그들이 죽지 않기 때문에, 이러한 두 종류의 현상은 식품에 있는 미생물을 파괴하기 위한 가열법의 발전에 있어서 중요한 관련이 있다. 모든 미생물을 죽이기 위한 극단적인 가열이 항상 사용될 수 없기 때문에 미생물의 성장을 억제하고 식품의 질을 유지하기 위하여 다른 방법들이 이용된다. 그 중 하나는 저온 처리이고 제34장에서 기술한다.

학습문제

1. 1870년 전후에 식품 보존에서 가열 사용에 대한 다른 점을 서술하시오.
2. 식품 가열의 목적과 관련된 미생물학적 목록을 만드시오.

3. 세균과 포자에서 치사량에 가까운 치명적인 열 손상의 기작을 기술하시오. 열쇼크 단백질은 어떻게 저온에서 천천히 가공된 식품에서 이 효과를 바꿀 수 있는가?
4. 식품의 열에 의한 보존 방법을 디자인할 때 고려해야 할 중요한 요소 3가지를 나열하시오. 그리고 요소의 하나가 내포하는 의미를 설명하시오.
5. *D* 값, *Z* 값, *F* 값 그리고 12*D* 가치를 정의하시오. *D*와 *Z* 값으로 어떻게 2개의 미생물종의 열 저항성의 관계를 나타낼 수 있는지 보여주는 가설적인 도면을 그리시오.
6. 식품의 저온 살균법의 목적을 목록으로 만드시오. 이 목적은 어떻게 식품의 상업적인 살균에서 사용된 방법과 다른가? 식품 체계를 이용하여 각각의 처리 방법들을 설명하시오.
7. 전자레인지 가열과 전통적인 가열은 식품 안전을 지키기 위하여 어떻게 다른지 설명하시오.
8. 2명의 공급자에게서 다음과 같이 SPC/ml의 원유를 받았다: (A) SPC/ml 95,000(내열성 세균 15,000/ml)과 (B) SPC/ml 65,000(내열성 세균 25,000/ml). 저온 살균으로 A등급의 우유를 위한 법적인 세균 조사를 위하여 가공업자가 채택하는 *D* 값에 대하여 설명하시오. 모두 A 등급의 우유로 판매될 수 있는지 설명하시오.

참고문헌

1. Featherstone, S., A review of development in and challenges of thermal processing over the past 200 years: A tribute to Nicolas Appert, *Food Res. Int.*, *47*, 156–160, 2012.
2. Huang, K., Tian, H.P., Gai, L., and Wang, J.P., A review of kinetic models for inactivating microorganisms and enzymes by pulsed electric field processing, *J. Food Eng.*, *111*, 191–207, 2012.
3. Wu, V.C.H., A review of microbial injury and recovery methods in food, *Food Microbiol.*, *25*, 735–744, 2008.
4. Wesche, A.M., Gurtler, J.B., Marks, B.P., and Ryser, E.T., Stress, sublethal injury, resuscitation, and virulence of bacterial foodborne pathogens, *J. Food Prot.*, *72*, 1121–1138, 2009.
5. Pflug, I.J., Calculating FT-values for heat preservation of shelf stable low acid canned foods using the straight-line semilogarithmatic model, *J. Food Prot.*, *50*, 608, 1987.
6. Pereira, R.N. and Vicente, A.A., Environmental impact of novel thermal and non-thermal technologies in food processing, *Food Res. Int.*, *43*, 1936–1943, 2010.
7. Vadivambal, R. and Jayas, D.S., Non-uniform temperature distribution during microwave heating of food materials: A review, *Food Bioprocess Technol*, *3*, 161–171, 2010.
8. Venkatesh, M.S. and Raghavan, G.S.V., An overview of microwave processing and dielectric properties of agri-food materials, *Biosys. Eng.*, *88*, 1–18, 2004.

제34장

저온에 의한 조절

34.1 서론

식품저장에서 저온, 특히 냉동법의 효과는 적어도 BC 40,000년 이전 말기 빙하기 시대에 우리 조상들에 의해 인식되어 왔다. 자연냉동 및 해동은 문명의 초기시기인 B.C. 10,000~12,000년부터 식품보존을 위해 이용되어 왔다. 추운지방에서는 고기나 생선 등의 식품을 여전히 자연의 얼음 속에 저장하고 있다. 얼음은 로마시대 부유층에서 식품 온도를 낮추기 위해 사용하였다. A.D. 1,800년까지 얼은 호수의 얼음덩어리를 잘라 저장하면서 고기, 우유, 생선, 가공품의 원료들을 저온 저장하는 데 사용하였다. 1840년까지 암모니아 압축 냉동기의 도움으로 얼음덩어리들이 상업적으로 생산되었으며 식품보존을 위해 온도를 낮추는 데 사용하였다. 1880년 냉장법은 유럽에서 고기나 생선을 다른 나라들로 운반하기 위한 배나 기차에 이용되었다. 1874년 독일에서 린데(Linde)가 처음 가정용 냉장고를 개발하였고, 1890년 이전에 상업적인 생산이 시작되었다. 미국에서는 초기에 가정용 냉장고의 인기가 저조하여 1930년에는 2%~3%의 가정만이 이를 소유하였다. 미국에서 과일과 채소를 얼리는 방법이 개발되면서 1930년대에 상업적으로 이용되었으며, 또한 이 시기에 소매점은 냉동식품을 전시하기 위한 진열대를 이용하기 시작하였다.

1941~1944년 2차 세계대전 동안 미국 소비자는 냉장과 냉동식품의 공정, 운송, 소매유통 및 가정저장에 필요한 기술의 발전에 힘입어 급격히 늘어난 냉장과 냉동식품에 대해 관심을 가지게 되었다. 냉장, 냉동식품의 인기는 그때부터 꾸준히 증가하였고, 1960년대와 1970년대 및 1980년대 초반에는 주로 오랜 유통기간 때문에 냉동식품의 소비가 급격히 증가하였다. 1980년대 중반 이후로 자연과 건강에 대한 소비자들의 관점 때문에 냉장식품에 대한 관심이 증대되었다. 냉장식품의 단점은 비교적 짧은 유통기간으로서 약 1~2주이다. 그러나 최근에 산소 불투과 포장재, 진공포장기, 혁신적인 포장 시스템, $-1°C$ 이하의 저온냉장고와 같은 다양한 기술향상과 음식저장에 허들(hurdle)개념이 도입되면서 많은 냉장식품(제41장)의 유통기간을 60일 혹은 몇몇 제품들의 경우 90일 이상까지 연장하는 데 도움을 주었다. 현재 소비되는 총 식품 중 저온저장 식품이 65% 이상이며 이러한 경향은 향후

꾸준히 늘어날 것으로 보인다. 소비자의 이러한 취향을 맞추기 위해 저지방, 저칼로리, 고섬유질 제품과, 보존제가 소량 또는 첨가되지 않은 많은 신제품들이 개발되고 있다. 오랜 유통기간과 이들 제품의 안전성을 위해 독특한 예방법들이 미생물적인 제어에 도입되고 있는데, 이는 상호 연관된 미생물들의 경쟁력을 잃게 하여 많은 새로운 또는 알려져 있는 병원성의 부패균이 우점하는 데 도움을 주고 있다(제29장). 생산효율을 높이기 위한 생산장비의 새로운 디자인, 집중적인 대량생산, 저장소까지 장거리의 제품운송, 소비자의 제품 취급은 새로운 병원성 부패균의 증식을 촉진시킨다(제21장). 중재할 수 있는 효과적인 전략이 개발되지 않는다면 새로운 병원성 및 부패균의 존재는 장기간 저장되는 냉장식품에서 계속 부각될 것이다.[1]

34.2 목적

식품의 저온저장에서 미생물적인 측면에서의 주목적은 미생물의 증식을 저해하고 줄이는 것이다. 저온은 열에 안정한 단백질분해효소, 지질분해효소 같은 미생물 효소의 촉매작용을 줄이거나 저해하며, 또한 포자의 발아를 저해한다. 저온저장, 특히 냉동법은 미생물 세포에 치명적이며 특수한 조건에서는 90% 이상의 균체가 저온저장 동안 사멸할 수 있다. 그러나 저온에서 미생물의 사멸률은 열처리와 비교할 때 열처리에서의 D 값과 Z 값처럼 예측하기가 쉽지 않다. 또한 포자는 저온에서 사멸하지 않기 때문에, 미생물 사멸을 위해서 식품을 저온저장하지는 않는다. 또한 냉동법은 식품의 생물학적인 공정에 이용되는 스타터 배양액(starter cultures)을 보존하는 데 이용되며, 이는 제14장에서 논의되었다.

34.3 저온 항미생물 작용의 기작

효소반응 같은 대사작용과 미생물의 생장률은 최적 증식온도에서 극대화된다. 온도가 낮아지면 미생물의 작용도 증식과 연관되어 함께 저조해진다. 일반적으로 일정범위 내에서 온도가 10°C(50°F)씩 낮아질 때마다 세대시간(generation time)은 2배가 된다. 따라서 22°C(71.6°F) 식품에서 60분마다 분열하는 균 종은 온도가 12°C(53.6°F)로 낮아지면 세포분열에 약 120분이 걸린다. 더 낮은 온도 범위에서는 세대시간이 2배 이상 될 수도 있다. 예를 들면, 온도가 12°C(53.6°F)에서 2°C(35.6°F)로 낮아지면 그 종은 2°C에서 증식하면서 세대시간은 240분 이상 걸린다. 몇몇 중온성형(mesophilic type)의 저온미생물(psychrotroph)의 유도기와 대수증식기 및 포자의 발아시간은 온도가 0°C 또는 −1°C(33.8°F)까지 낮아짐에 따라 점차 더 길어진다. 이 온도에서 몇몇 중온미생물(mesophile, non-psychrotrophic)과 고온미생물(thermophile)의 비성장세포(nongrowing cell)가 2°C 또는 그 이하에서 장기간 보존되고, 낮은 수분활성도(A_W), 낮은 pH 또는 보존제가 첨가되어 있다면 손상을 입거나 사멸하게 된다. 여러 효소의 촉매작용 비율 또한 주위환경의 온도가 낮아짐에 따라 감소한다.

수분은 식품에 자유수로 존재하거나 수소 분자와 함께 결합수로 존재한다. 식품 시스템에서 온도가 −2°C(28.4°F)까지 낮아지면 식품 내의 자유수는 얼기 시작하여 얼음 결정체를 형성한다(순수한 물은 0°C에서 얼지만 용질과 함께 식품 속에 있는 수분은 0°C 이하에서 언다). 온도가 더 떨어지면 더 많은 얼음 결정체가 되고 잔류 수분의 용질농도는 더 진해지면서 용액에 있는 수분의 빙점은 더 낮아지게 되고, 아울러 A_W도 줄어든다. 온도가 −20°C(−4°F)까지 낮아지면 거의 모든 자유수는 얼게 된다.

식품의 온도가 −2°C(28.4°F) 아래로 낮아지면 미생물 세포 내의 자유수 또한 비슷한 변화가 일어난다. 냉동 속도가 느릴 때 식품에 있는 물 분자가 얼기 시작하면서 미생물 세포 내의 물 분자들이 바깥쪽으로 이동하고 세포 탈수와 내부용질 및 이온농도가 증가된다. 온도가 −20°C 이하로 더 낮아지면 식품의 수분뿐 아니라 미생물 세포 내의 수분도 얼게 된다. 그러나 그 전에 미생물 세포는 세포 내외부에서 이온 농축으로 인한 pH 저하와 용질 농축으로 인한 A_W 저하를 겪게 된다. 이는 미생물 세포 내에 3차원적 구조로 인해 안정성과 기능성을 가지게 하는 고분자의 변성과 불안정화를 야기하여 세포에 손상을 줄 수 있다. 만일 냉동이 급속히 이루어지면 작은 얼음 결정체들이 빠르게 형성되며 세포는 용액에 영향을 받지 않는다. 이는 스타터 배양액(starter culture)과 냉동균체 배양액(frozen stock culture)의 동결보존법에 활용된다.

냉동과 해동을 겪는 미생물 세포는 치명적인 손상뿐 아니라 치사에 가깝게 된다. 세포벽 또는 세포외막, 세포막 또는 세포내막의 다른 성분들이 손상됨을 보여주는 연구들이 있으며, 또한 DNA 가닥의 단절, 리보솜 RNA의 분해, 여러 효소들의 활성 및 비활성에 관한 연구들이 보고되어 있다. 반치명적으로 손상된 세포에서의 구조적, 기능적인 손상은 복구될 수 있으나 치사에 가깝거나 사멸된 세포에서는 돌이킬 수 없게 된다(제10장).[2~4]

34.4 영향요인

식품에서 미생물의 증식과 미생물의 효소활성을 억제하는 데 저온의 효능성은 여러 요인들에 의해 좌우된다. 이러한 요인들은 세 그룹, 즉 우선 무엇보다도 낮은 온도, 식품과 관련된 환경, 그 자체의 미생물로 정리할 수 있다. 이 요인들은 미생물의 증식저해 및 감소뿐 아니라 미생물이 저온저장된 식품에 가할 치명적인 손상 정도에도 큰 영향을 미친다. 이들 요인의 영향과 이들의 상호관계에 대한 이해는 저온에서 특정 식품을 저장하는 효율적이고 예측 가능한 방법을 고안하는 데 있어 중요하다.

34.4.1 가공처리의 특성

여러 유형의 세균, 곰팡이, 효모들은 식품 속 자유수의 동결점(≤−2°C) 이상의 온도에 증식할 수 있다. 그러나 온도가 낮아지면 유도기와 대수증식기가 더 길어진다. 낮은 온도 범위에서는 심지어 1°C 차이도 매우 중요하다. *Pseudomonas fluorescens* 균주는 0.5°C에서는 6.7시간의 세대시간을 갖는데, 0°C에서는 32.2시간이 걸리는 것으로 알려져 있다. 따라서 0.5°C가 낮아지면 세대시간이 4.5배까지 증가한다. 이는 10°C(50°F) 낮아질 때마다 세대시간이 2배가 된다는 이론적인 추론보다 훨씬 더 큰 차이이다. 부패성의 *Bacillus*속과 *Clostridium*속 포자들은 냉장온도인 4.5°C(40°F)에서도 발아할 수 있다. 일부 중온미생물과 고온미생물 세포들은 4.5°C 이하로 떨어지면 치사에 가까운 손상을 입거나 사멸한다.

수분이 거의 다 얼게 되는 온도까지 낮아지면 일부 저온세균, 효모, 곰팡이를 제외한 대부분의 미생물들은 증식을 멈춘다. 반면에 일부 곰팡이의 경우 −10°C(14°F)까지 증식이 서서히 일어난다는 다소 혼동되는 보고도 있다. 온도가 −20°C(−4°F)까지 떨어지면 식품 속에 있는 수분은 완전히 얼게 되며 세포들은 치사에 가깝거나 치명적인 손상을 입는다. 동결비율과 동결 최저온도는 얼음 결정체로 인한 미생물 손상의 정도를 결정하는데, 고체 CO_2의 온도인 −78°C 또는 액체 N_2의 온도인 −196°C에서 급속동결하는 경우보다 −20°C에서 서서히 동결하는 경우가 손상 및 사멸의 정도가 훨씬 더 광범위하다. 치사에 가까운 손상 및 사멸은 초기 저장 7일 동안 매우 크며 점차적으로 느려진다.

저온저장 동안 식품의 온도 변동은 미생물의 증식, 치사에 가까운 손상 및 사멸에 큰 영향을 준다. 이는 저장, 운송, 유통 과정 및 가정에서 손쉽게 일어난다. 4.4°C부터 10°C~12°C까지 식품의 온도 변화는 저온성의 병원성 및 부패균의 급속한 증식을 촉진하나 몇몇 중온성의 부패 및 병원성균은 증식을 시작하고 그들의 포자는 이 온도 범위에서 발아한다. 부패의 측면에서 보면 진공포장, 냉장, 저온 열처리된 육제품이 12°C에서 6~8시간 노출될 경우 유통기한이 8주에서 7~10일로 단축된다. 냉동식품의 온도 변동은 반복되는 냉동과 해동 동안 형성된 큰 얼음 결정체 때문에 손상된 용액의 영향과 기계적 손상으로 미생물의 사멸과 손상을 증가시킨다. 사멸된 미생물 세포는 분해되면서 세포내 효소를 방출하여 단백질분해효소, 지방분해효소 같은 많은 효소들이 식품성분에 작용하여 식품의 품질을 떨어뜨린다(제22장 참조).

식품의 냉각 속도도 병원성, 부패성 미생물의 증식을 효과적으로 억제하는 데 매우 중요하다. 식품의 느린 속도의 냉각은 식품유래 질병의 주요 원인으로 알려져 왔다(제24장). 이는 크고 깊은 용기에 많은 양의 뜨겁거나 따뜻한 식품을 넣고 냉장고에서 냉각할 때, 또는 이들 식품을 냉장고에 너무 많이 넣었을 때 발생한다. 조리하지 않은 닭고기 같은 냉동식품을 해동할 때 급속해동은 미생물, 특히 병원성 미생물의 증식억제에 바람직하다. 만일 식품이 서서히 해동된다면 식품 표면의 온도가 빠르게 상승하여 내부는 여전히 얼어 있는 상태에서도 미생물이 증식한다.

냉장식품은 제한된 유통기간을 가지며 시간이 지남에 따라 미생물이 자라고 식품이 부패하게 된다. 냉동식품에서는 미생물은 포자가 아닌 세포가 서서히 사멸한다. 그러나 장기간 저장한 이후에도 일부는 냉동식품 내에 생존해 있다.

34.4.2 식품의 특성

식품 속의 구성성분, pH, A_W, 보존제 같은 미생물 저해제의 존재는 저온저장 동안 미생물의 증식, 치명적인 손상, 생존능력에 큰 영향을 미친다. 고단백, 고탄수화물, 고지질 및 저이온 등의 높은 고형성분을 함유한 식품과 7.0에 가까운 pH, 높은 A_W 및 미생물 저해요인이 없는 식품은 냉장온도에서는 미생물의 증식과 생존이 촉진되고, 냉동온도에서 손상이 적고 사멸도 줄어든다. 따라서 냉장식품의 유통기간은 이 요인들, 즉 낮은 pH, 낮은 A_W, 적절한 미생물 저해제의 병용과 가능하다면 진공포장 또는 변경된 공기포장(제41장 참조) 중의 한 가지 또는 그 이상을 이용함으로써 증가시킬 수 있다.

포장된 냉동식품에서 특히 저장온도가 변하면 포장 내용물에 얼음이 형성될 수 있다. 해동 시 얼음이 녹아 식품에 흡수되면 그 부분에서의 A_W이 증가하여 해동 후 미생물의 증식을 용이하게 한다.

34.4.3 미생물의 특성

일부 미생물이 −10°C(14°F) 이하에서도 증식하지만 대부분의 많은 중온성 및 고온성 세균의 세포는 동결온도보다 낮은 온도에서 시간이 경과하면 치명적 손상을 입고 사멸하게 된다. −10°C 이하에서 무성생식 세포들은 치명적 손상을 입고 사멸할 수 있다. 일반적으로 그람음성(Gram-negative) 또는 막대모양의 세균들은 그람양성(Gram-positive) 또는 구형의 세균보다 냉동에 악영향을 더 받기 쉽다. 또한 증식의 초기 대수증식기의 세포는 초기 정상기에 있는 세포보다 냉동에 더 민감하다. 미생물의 종과 균주에 따라 냉동 손상에 대한 감수성과 저항성도 크게 다르다. 몇몇 *Clostridium*속 포자의 발아 및 증식은 2°C(35.6°F)에서도 일어나고 몇몇 *Bacillus*속의 포자들은 좀 더 높은 온도에서 일어나는데, 이들 포자는 냉동식품에서도 생존력을 지닌다. 열에 안정하거나 사멸 분해된 세포에서 방출된 미생물 효소들은 −20°C(−4°F) 이상에서 촉매반응을 일으킬 수 있지만 반응 속도가 느릴 경우 식품의 품질을 떨어뜨린다.[4]

34.5 방법

식품의 유통기간을 늘리기 위한 여러 방법 중에서 저온저장법이 있다. 많은 신선한 과일과 채소들은 대사율이 감소하는 10°C~20°C(50°F~68°F) 사이 또는 그 이하에서 저장한다. 이들 식품에 오염되기 쉬운 효모, 곰팡이 및 일부 세균은 이 온도에서 증식할 수 있다. 식품 표면에 생성되는 습기 방지를 위해 상대습도를 낮게 유지하는 것은 미생물들의 증식을 저해하는 데 매우 중요하다. 부패하기 쉬운 제품들은 7°C(44.6°F) 이하의 저온에서 저장하고 종종 다른 보존 방법들과 병용한다. 미생물적인 안정성을 위한 식품의 급속냉각의 중요성은 이미 언급하였다. 식품의 저온저장을 위해 이용되는 방법들과 식품의 안정성에 대해 간단히 논의한다.[5]

34.5.1 냉기

이는 식품들을 얼음 위에 올려놓는 소매점에서 이용되고 있는데, 얼음과 접촉되는 표면온도는 0°C ~1°C(33.8°F)가 된다.[6] 신선한 생선, 해산물, 육류, 자른 과일, 봉투에 든 채소샐러드, 소매점에서 미리 만든 샐러드, 고 pH 저칼로리의 샐러드드레싱, 몇몇 전통식품들은 이런 방법으로 저장되며, 이러한 경향은 증가하는 추세다.

용기크기나 얼음의 녹음으로 인한 저장 중의 온도변화, 저장기간, 소매점의 같은 전시공간에 열어놓은 용기 속의 날생선, 새우, 굴, 생선 샐러드 간의 교차 오염 등이 식품유래 병원성균으로 인한 미생물적인 문제를 일으킬 수 있다.

34.5.2 냉장법

식품 냉장을 위한 온도 규정은 시간이 지남에 따라 변화한다(제21장). 이전에는 7°C가 바람직한 온도로 생각하였으나 기술발전으로 가정용 냉장고의 온도가 4°C~5°C(39.2°F~41°F)로 바뀌었다. 부패하기 쉬운 제품의 이상적인 냉장온도로 4.4°C(40°F) 이하를 적용한다. 상업적인 식품 공정에서는 신선육과 생선 등 부패하기 쉬운 식품의 냉장을 위해 1°C(33.8°F) 이하를 유지하는 것이 좋다. 상업시설에서 최적의 냉장온도는 상대습도와 제품 사이의 적절한 공간 등으로 조절될 수 있다.

생식품과 동식물유래 가공식품 외에 편의식품, 반가공 식품들은 냉장고에 저장한다. 소비자들이 이러한 식품을 선호하여 그 양은 급속하게 증가하고 있으며, 일부 식품들은 유통기간이 60일 또는 그 이상 가질 것으로 예상한다.

긴 유통기간을 기대하는 냉장제품에 대해 이용 가능한 가장 낮은 온도인 −1°C와 더불어 부가적인 보존 방법들이 병용되고 있다. 그러나 비멸균 제품의 경우 초기 미생물 수가 식품 10 g당 세포 또는 포자가 10마리 이하라도 저장조건에 따라 증식과 발아능력이 유해 또는 부패 수준까지 번식할 수 있어 그로 인해 제품의 위생과 안전성이 감소하게 된다. 온도변동 또는 진공누출, 변형된 공기포장, 포장재를 통한 산소투과 같은 다른 요인들도 이들의 증식을 급격히 가속화시킨다. 가공 및 저장 조건은 여러 형태의 병원성의 부패성 미생물이 증식하기에 유리한 환경을 제공할 수 있다. 적절한 제어 방법이 빠르게 이루어지지 않으면 식품의 부패와 폐기물을 증가시킬 것이다.

34.5.3 냉동법

가정용 냉장고의 냉동실에 적용되는 최소온도는 −20°C(−4°F)이며 이는 식품 속 자유수의 대부분이 동결상태가 되는 온도이다. 드라이아이스(−78°C)와 액체질소(−196°C) 또한 냉동법에 이용되는데, 이는 단순히 식품을 낮은 온도에서 냉동시키기 위한 것이 아니고 급속동결을 위해 주로 이용된다. 냉동 후에는 식품의 온도를 −20°C~−30°C(−4°F~−22°F)로 유지시키며, 식품 형태에 따라 수 개월 또는 일 년 이상 저장할 수 있다. 채소, 과일 같은 생식품, 고기, 생선, 가공제품, 편의식품 등이 냉동 저장된다.

미생물들은 −20°C(−4°F)에서 냉동된 식품에서는 증식하지 못하고 미생물 세포들은 냉동저장 동안 사멸한다. 그러나 생존한 미생물은 냉동이 안 된 식품에서 번식할 수 있으며, 사고로 인한 또는 서서히 해동된 식품은 부패성, 병원성 미생물의 생존을 가능케 한다. 포자는 해동 후의 온도와 시간에 따라 발아하고 증식할 수 있다. 사멸한 미생물 세포에서 방출된 효소들은 식품의 품질을 떨어뜨린다.

34.6 결론

식품에서 미생물의 증식은 저장온도와 미생물 형태에 의존하며, 이 두 가지 요인과 특정 요구에 따라서 식품은 상온, 냉장, 냉동상태로 저장된다. 미생물들은 냉동식품에서는 증식하지 못하나 몇몇 미생물은 냉장식품에서 자랄 수 있다. 미생물 세포는 냉장 및 냉동온도에서 증식 저해 외에도 손상되거나 사멸한다. 냉장법이 식품의 품질을 유지시켜 주기 때문에 유통기간을 60일 또는 그 이상 연장시키기 위하여 −1°~5°C(예: 30.2°F~41°F)의 저온이 낮은 A_W, 낮은 pH 등 다른 요소들과 함께 병용되고 있다. A_W의 저하는 저온처럼 식품에서 미생물의 증식을 억제하는 데 이용되며 제35장에서 논의된다.

학습문제

1. 저온저장 식품과 관련 있는 미생물을 나열하고, 이들이 열처리에 의해 저장된 식품과 관련 있는 미생물과는 어떻게 다른 역할을 하는지 설명하시오.
2. 식품의 온도를 10°C, −1°C, −10°C, −20°C로 각각 낮출 때 미생물의 억제 기작에 대해 간단히 설명하시오.
3. 저온에서 식품에 존재하는 미생물을 효과적으로 억제하는 데 필요한 주요인들과, 각각의 중요성에 대해 간단히 설명하시오.
4. 식품의 저온저장에 있어 미생물과 밀접한 관련이 있는 다음 사항들에 대해 설명하시오. (a) 냉장 및 냉동저장 온도의 변화, (b) 따뜻한 식품의 느린 냉각, (c) 냉동식품의 느린 해동.
5. 냉기(chilling), 냉장, 냉동으로 저장되는 식품의 미생물적인 문제점에 대해 간단히 설명하시오.
6. 냉장되어 있는 편의식품의 부패를 일으키는 저온성 병원균을 나열하고, 이러한 문제를 해결하기 위해 이용될 수 있는 방법들을 제시하시오(제41장 참조).

참고문헌

1. Tassou, S.A., Lewis, J.S., Ge, Y.T., Hadawey, A., and Chaer, I., A review of emerging technologies for food refrigeration applications, *Appl. Therm. Eng.*, *30*, 263–276, 2010.
2. Beales, N., Adaptation of microorganisms to cold temperatures, weak acid preservatives, low pH, and osmotic stress: A review, *Comp. Rev. Food Sci. Food Safety*, *3*, 1–20, 2004.
3. Wesche, A.M., Gurtler, J.B., Marks, B.P., and Ryser, E.T., Stress, sublethal injury, resuscitation, and virulence of bacterial foodborne pathogens, *J. Food Prot.*, *72*, 1121–1138, 2009.
4. Ray, B., *Injured Index and Pathogenic Bacteria*, CRC Press, Boca Raton, FL, 1989.
5. Zhou, G.H., Xu, X.L., and Liu, Y., Preservation technologies for fresh meat: A review, *Meat Sci.*, *86*, 119–128, 2010.
6. Kaale, L.D., Eikevik, T.M., Rustad, T., and Kolsaker, K., Superchilling of food: A review, *J. Food Eng.*, *107*, 141–146, 2011.

제35장

수분활성의 저하와 건조에 의한 조절

35.1 서론

말린 씨, 건조곡물, 줄기식물, 건조과일의 부패에 대한 저항력은 농업이 발견되기 이전부터 인간에 의해 인식되었다. 그 결과 이 단순한 건조방법은 경작철에 생산된 것을 비경작철에 이용하도록 대량 식품을 보존하는 방법으로 실용화되었다. 이후에 수분활성도(A_W)의 저하는 건조로 수분을 제거하는 것 외에 소금, 꿀, 전분과 같은 용질을 첨가하여 물과 결합시킴으로써 고기, 생선, 우유 같은 다른 식품들을 저장하기 위해 확대되었다.

이를 계기로 A_W[1]의 저하는 식품저장 및 식품공급의 안정화뿐 아니라 유통 시 안정된 다양한 형태의 식품개발을 위하여 여러 면에서 인류문명을 통해 이용되어 왔다. 염장생선과 고기, 반건조 및 건조발효소시지, 건조생선과 고기, 건조채소와 과일, 당화 농축우유, 분유, 치즈, 빵과 쿠키류, 밀가루, 시리얼, 당밀, 잼, 젤리, 초콜릿, 국수, 크래커, 건조감자, 건조달걀과 설탕절임 등이 여기에 포함된다. 최근에는 동결건조, 부푼(puffed) 건조, 동결농축 및 삼투압에 의한 농축 방법 같은 신기술이 A_W를 낮춘 식품을 만드는 데 일조하고 있다. 아울러 수분과 A_W가 미생물 생장에 미치는 영향과 관련성을 알게 되면서 수분이 조절된 다양한 형태의 편의식품을 생산하는 도구가 되고 있다. 또한 상온에서 비교적 장기간 저장할 수 있는 조리된 육류, 생선 및 유제품을 제조하기 위해 낮은 pH, 진공포장, 저온가열 같은 미생물을 조절하는 다른 요소들과 함께 낮은 A_W를 활용하려는 노력이 진전을 보이고 있다. 이들의 편리성 때문에 이 식품들은 인기를 끌고 있으며 이런 추세는 계속될 것으로 보인다.

35.2 목적

식품에서 A_W을 낮추는 목적은 미생물의 영양세포의 증식저해와 포자의 발아 및 증식을 저해하거나 줄이기 위해서다. 독성 곰팡이 및 세균에 의한 독소생성의 방지는 중요하게 고려해야 할 부분이다. 무포자 형성의 미생물 세포는 열처리 같은 예측 가능한 방법은 아니지만 A_W가 낮은 식품에서는 손상과 사멸을 겪게 된다. 또한 A_W의 저하는 제14장에서 다루었던 식품의 생물학적 공정에 사용하기 위한 스타터 배양(starter-culture) 세균의 생존을 유지하는 데도 이용된다. 이 장에서는 A_W 저하로 미생물의 증식을 억제하여 식품을 저장하는 부분을 논의한다.

35.3 항미생물 작용의 기작

미생물은 영양소 운반, 영양소 대사, 세포 폐기물의 제거에 수분이 필요하다. 식품에서 총 수분은 자유수와 결합수의 형태로 존재하며, 결합수는 친수성의 콜로이드와 모세관의 수분 또는 동결상태에서 얼음 결정체로 존재하는 용질에 결합되어 있으며 생물학적 기능을 위해 이용될 수 없다. 따라서 A_W와 관련 있는 자유수만이 미생물의 증식에 중요하다. 또한 미생물은 팽압 유지를 위하여 세포 내에서 외부환경보다 조금 더 낮은 A_W를 유지하는데, 이는 세포의 증식에 매우 중요하다. 수분이 제거되었거나 또는 쉽게 세포 내로 들어갈 수 없는 용질이나 친수성 콜로이드의 첨가로 자유수가 줄어든 환경이 되면 항상성 유지를 위해 자유수가 세포로부터 외측으로 이동한다. 수분 손실은 삼투압의 충격이나 원형질 분리의 원인이 되고 그 동안 세포 증식이 일어나지 않는다. A_W가 조금 낮아지더라도 수분 손실은 상당히 클 수 있는데, 외부에서 A_W가 0.955에서 0.950으로 0.005의 미세한 감소에도 *Staphylococcos aureus*의 세포내 수분함량이 50% 감소하고, *Salmonella enterica* ser. Typhimurium의 세포 체적이 44% 줄어든다. 따라서 미생물의 종과균주의 최소 증식에 필요한 A_W가 약간 감소해도 이들의 증식이 저해된다. 미생물 세포가 내부 A_W를 줄임으로써 세포내 팽압을 회복하지 않는다면 이들은 휴면이나 사멸할 것이며, 이는 A_W의 미세한 감소에 민감한 미생물에서 자주 일어난다. 그러나 일부 다른 미생물들은 원형질 분리를 극복하고 팽압을 회복하기 위해 내부로 용질을 운반하거나 또는 용질 대사와 같은 매우 효과적인 기작을 발전시켜 왔다. A_W의 큰 감소에 상대적으로 저항력이 있고, 비교적 낮은 A_W에서도 증식하는 미생물들은 이러한 능력을 지니고 있다.[2,3]

35.4 영향요인

35.4.1 공정 과정의 특성

수분활성도(A_W)와 식품에 함유되어 있는 수분의 양(수분의 %)은 다르다. 식품의 A_W는 화학적 또는 생화학적 반응에 이용되는 수분량 또는 총 수분량의 부분을 나타낸다. 순수한 물에서는 이 두 값은 같으나 식품에서의 A_W는 항상 총 수분량보다 작다. 고정된 조건하에서 식품의 수분함량과 A_W 간의 관계는 수착등온선(sorption isotherm)으로부터 결정된다. 그러나 식품에서 수분이 제거(탈착, desorption)되는 중인지 아니면 수분이 첨가(흡착, adsorption)되는 중인지가 정해지는 데 따라 수착등온선은 직선형(single line) 대신에 이력곡선(hysteresis loop)을 형성한다(그림 6.1 참조). 동일한 수분 수준에서는 탈착에 의해 획득되는 A_W 값은 흡착에 의해 획득되는 것보다 더 낮다. A_W를 낮게 하여 미생물의 증식을 억제할 경우 이 점은 매우 중요하다.

A_W를 낮추는 용질의 능력은 각기 다르다. 25°C의 순수한 물에서 A_W를 0.99로 낮추는 데 필요한

NaCl, 설탕, 포도당, 전화당의 양(% w/w)은 각각 1.74 g, 15.45 g, 8.9 g, 4.11 g이고, A_W를 0.92로 낮추는 데는 각각 11.9 g, 54.34 g, 43.72 g, 32.87 g이 필요하다. 이러한 용질들은 미생물 세포 내로 자유로이 들어갈 수 없고 따라서 세포에 대한 저해효과가 상당히 큰 반면, 세포 내로 자유롭게 들어갈 수 있는 글리세롤과 같은 용질들은 동일한 저해효과를 위해 더 많은 양이 필요하다.

줄어든 A_W에서 미생물이 손상되어 사멸될지라도 더 낮은 A_W 값은 덜 해롭다. 15°C(59°F) 제품에서 salmonella균의 90%를 줄이기 위해서 A_W 0.71에서는 27일 걸리나 A_W 0.34에서는 67일이 걸린다.

특정 미생물의 증식을 유지하는 최소 A_W 값에 대한 연구에서 대립되는 데이터가 발생하는데, 이는 A_W 측정에 이용되는 서로 다른 기술들에서 비롯된 것으로 여겨지며 현대적인 전자습도계를 사용함으로써 이러한 문제가 최소화될 것으로 예측된다.[1,3,4]

35.4.2 식품의 특성

미생물 증식을 위한 최소 A_W 값은 생존력의 손상에 미치는 A_W의 영향과 마찬가지로 식품의 특성과 환경에 따라 다양하다. 균질 식품에서 A_W는 주어진 다른 요소들이 바뀌지 않으면 변하지 않은 채로 있을 것이다. 그러나 동일한 포장 내에 있는 다른 종류의 샌드위치나 음식 같은 다른 A_W 값의 재료 또는 불균질 식품에서는 변화가 일어날 것이다. 이는 단지 A_W를 낮게 하여 저장된 품목과 보존제가 들어 있는 높은 A_W의 품목이 함께 저장된 경우 미생물의 증식을 유도할 수 있다. 또한 저장 동안 온도 변화로 생긴 응축수가 식품 일부에 떨어져 이로 인해 이 부분의 안전한 A_W 값을 불안전한 상태로 변화시킬 수 있다.

미생물의 증식을 위한 최소 A_W는 액체배지(broth)에서보다 식품에서 더 높다. *Staphylococcus aureus*의 경우 액체배지에서는 증식을 위한 최소 A_W 값이 0.86이나, 새우 내에서는 A_W 0.89에서 증식하지 못한다. A_W가 감소하면 혐기성균(anaerobic bacteria)은 증식에 더 많은 혐기적 환경을 필요로 할 것이다. *Clostridium perfringens*는 +194 mV의 산화환원 전위(O-R potential)에서 A_W 0.995의 액체배지에서 자라는 반면에, A_W가 0.975로 감소하면 +66 mV의 산화환원 전위가 증식에 요구된다. A_W의 변화없이 배양온도가 최적에서 어느 한 쪽으로 이동할 때 미생물은 증식에 더 많은 시간이 필요하게 된다. A_W 0.975의 액체배지에서 *Clostriduim botulinum* E 균주는 30°C에서 6일, 15°C에서 19일, 7.2°C에서 42일이 증식을 위해 필요하다. *Sta. aureus*의 증식을 위한 최소 A_W는 30°C에서 0.865이나 25°C에서는 0.878로 바뀐다. 감소된 A_W와 저 pH는 미생물 증식을 저해하는 작용을 한다. *Clo. botulinum* B 균주는 pH 5.3까지는 A_W 0.99에서 자라고, pH 6.0까지는 A_W 0.97에서 증식하는데, A_W 0.95에서는 pH 7.0에서도 자라지 않는다. 유사하게 부패균인 *Clo. butyricum*은 pH 3.8까지는 A_W 0.98에서 증식하는데, A_W 0.97에서는 pH 4.5에서 자라지 않는다. 많은 화학적 보존제들은 낮은 A_W에서 미생물 증식의 저해효과를 촉진한다. 저농도의 소르빈산(sorbate), 구연산(citrate), 인산(phosphate)이 존재할 경우 여러 다른 미생물들은 이러한 보존제가 없을 때는 자랐던 최소의 A_W에서 증식하지 못하는 것이 발견되었다.

식품 성분은 동일한 A_W에서 미생물 사멸률에 영향을 미친다. A_W 0.33에서, *Escherichia coli* 균의 수는 아이스크림 분말에서 $\log_{10}$ 2.8로 줄었고, 말린 감자에서 $\log_{10}$ 4.8로 줄었으나, 커피에서는 $\log_{10}$ 6

이상 감소하였다. 동일한 조건하에서 *Enterococcus faecalis*의 사멸률은 훨씬 더 낮았다. 생존 균주들이 낮은 A_W 식품에서 휴면상태에 있다 하더라도 건조식품에 물을 가하자마자 미생물들은 대사와 증식능력을 회복한다. 따라서 수화된 식품은 부패하기 쉬운 식품으로 여겨야 하며 효과적인 제어 방법을 이용하지 않으면 불안전하고 부패하게 된다.[3]

35.4.3 미생물의 특성

미생물들은 증식, 포자형성, 발아에 요구되는 최소 A_W가 크게 다르다(**표 35.1**). 일반적으로 곰팡이

표 35.1 최적 증식온도에서 미생물의 증식을 위한 최소한계 A_W

미생물	수분활성도(A_W)
세균	
Bacillus cereus	0.95
Bacillus stearothermophilus	0.93
Clostridium botulinum Type A	0.95
Clostridium botulinum Type B	0.94
Clostridium botulinum Type E	0.97
Clostridium perfringens	0.95
Escherichia coli	0.95
Salmonella spp.	0.95
Vibrio parahaemolyticus	0.94
Staphylococcus aureus	0.86
Pseudomonas fluorescens	0.97
Lactobacillus viridescens	0.94
효모	
Saccharomyces cerevisiae	0.90
Saccharomyces rouxii	0.62
Debaryomyces hansenii	0.83
곰팡이	
Rhizopus nigricans	0.93
Penicillium chrysogenum	0.79
Penicillium patulum	0.81
Aspergillus flavus	0.78
Aspergillus niger	0.77
Alternaria citri	0.84

와 효모는 세균보다 더 낮은 A_W 값에서도 자랄 수 있다. 병원성의 부패균 중에서 그람음성균(Gram negative)은 증식을 위해 그람양성균(Gram-positive)에 비해 약간 높은 A_W 값이 요구된다. 그러나 *Sta. aureus*는 A_W 0.86에서 자랄 수 있다. 포자를 형성하는 세균에 의한 포자형성은 종과 균주가 자라는 A_W 값에서 이루어지는 반면에 발아는 조금 낮은 A_W 값에서 일어난다. 독소 생성은 *Clo. botulinum*의 경우 증식의 A_W에서 일어나며, *Sta. aureus*의 경우 30°C에서 A_W 0.867, 25°C에서 A_W 0.887로 증식의 최소 A_W보다는 약간 높은 A_W에서 일어난다. 미생물 증식의 최소 A_W는 식품 내 용질의 형태에 따라 다양하다. *Clo. botulinum* E는 NaCl이 용질로 이용될 때 A_W 0.97 이하에서는 증식하지 못하나 글리세롤(glycerol)이 용질일 때는 A_W 0.94에서 증식한다. *Pseudomonas fluorescens*는 NaCl이 있을 경우 최소 A_W 0.957에서 증식하나 글리세롤이 있을 경우 A_W 0.94에서 증식한다. 이는 글리세롤이 세포 내로 자유롭게 들어가기 때문이며 아울러 비투과성의 NaCl, 설탕, 이와 유사한 용질들처럼 삼투압을 일으키지 않기 때문이다. *Clo. botulinum* E 포자는 글리세롤이 있을 때 A_W 0.89에서 발아하기 때문에 글리세롤에서 포자의 발아는 낮은 A_W에서 일어나지만, A_W 0.94 이하에서는 증식하지는 못한다. A_W 값이 낮아짐에 따라 미생물의 생장률 또한 감소하는데, *Sta. aureus*의 생장률은 최적 생장률을 보이는 A_W 0.99에서 보다 A_W 0.90에서는 10% 수준으로 감소한다.

내염성균(halophile), 내삼투성균(osmophile), 내건성균(xerophile) 같은 미생물군은 낮은 A_W 값에서 잘 자란다. 비브리오 같은 내염성 세균은 증식을 위해 다양한 양의 NaCl을 필요로 한다. 내삼투성균, 내건성균, 효모, 곰팡이는 세균과 경쟁하지 않아도 되는 0.85보다 낮은 A_W에서도 자란다.

식품에서 대다수 미생물들의 최적 증식은 A_W 0.98 이상에서 일어난다. A_W 0.98 이상에서 그람음성균은 최적 증식을 위한 요구가 충족되면 더 빠른 생장률을 보이면서 우점하게 된다. A_W 값이 0.97로 떨어지면 Bacilli, Lactobacilli, Micrococci, Clostridia 같은 그람양성균이 우점한다. A_W 0.93 이하에서는 Micrococci, Staphylococci, Enterococci, Pediococci 같은 그람양성균뿐 아니라 효모와 곰팡이가 우점적으로 자란다. A_W가 0.86 이하로 떨어지면 내삼투성 효모, 내건성 곰팡이가 우점한다. 이들은 식품에서 A_W 0.6까지 자랄 수 있으며 A_W 0.6 이하에서 미생물의 증식이 멈춘다.[3,5,6]

35.5 방법

식품의 수분활성도(A_W)는 세 가지 기본원칙 중 한 가지 혹은 그 이상 사용하여 낮출 수 있다. 첫째, 탈수에 의한 수분제거, 둘째, 결정화에 의한 수분제거, 셋째, 용질을 첨가하여 수분과 결합시키는 것이다. 이 방법들과 이들이 미생물에 미치는 영향에 대해 간단히 설명하고자 한다.[4,7]

35.5.1 자연탈수

자연탈수는 태양열에 의해 수분이 제거되는 저비용 방법이다. 특히 따뜻한 지방에서 건포도 같은 몇몇 과일, 채소, 생선, 고기, 우유, 커드뿐 아니라 곡물 건조에 이용되어 왔다. 이 과정은 느리게 진행되는데, 사용되는 조건에 따라 건조하는 동안 효모와 독소유발 곰팡이 외에 부패성의 병원성균도 자랄 수 있게 된다.

35.5.2 기계건조

기계건조는 제어할 수 있는 공정으로서 수초에서 수시간 내에 이루어진다. 사용되는 몇몇 방법으로는, 식품이 수분을 제거하는 뜨거운 공기가 흐르는 터널을 통과하는 터널건조, 내부에서 가열된 롤러 드럼의 표면에 얇은 층을 닿게 하여 액체가 건조되는 롤러건조, 액체를 작은 방울로 분사하여 이것들이 뜨거운 공기와 닿게 되면 바로 건조되는 분무건조 등이 있다. 채소, 과일, 과일주스, 우유, 커피, 차, 육포 등은 기계적인 방법에 의해 건조시키는 식품들이다. 액체는 증발, 역삼투, 동결 농축, 용질 첨가에 의해 건조 전에 부분적으로 농축된다.

온도와 노출시간에 따라 일부 미생물 세포는 건조하는 동안 사멸하지만 몇몇 다른 세포들은 치사에 가까운 손상을 입는다. 또한 저장 중의 조건에 따라 미생물 세포는 초기 단계에서 급속하게 사멸하다가 그 이후 사멸 속도는 느려진다. 일반적으로 포자는 생존하여 건조식품을 보관하는 동안 존속하게 된다.

35.5.3 동결건조

식품의 품질은 자연건조와 기계건조에 비해 동결건조에 의해 가장 영향을 적게 받는다. 그러나 동결건조는 상대적으로 고비용 과정이다. 액체식품과 고체식품에 이용할 수 있으며, 이 과정은 초기에 식품을 낮은 온도에서 급속 동결한 다음 그 식품을 비교적 높은 진공 상태에 노출시킨다. 물 분자는 식품의 모양이나 크기에 영향을 주지 않고 고체상태에서 증기상태로인 승화에 의해 식품에서 제거된다. 이 방법은 동결건조 채소, 과일, 과일주스, 커피, 차, 고기, 생선 같은 몇몇 특별한 제품에 이용되어 왔다.[8] 동결건조는 우주 비행사를 위한, 녹두, 옥수수, 스크램블드에그(**그림 35.1**), 토마토 및 아티초크와 같은 우주식품의 식품 보존에 널리 사용되는 방법이다.[9] 이러한 식품은 섭취 전에 재가수화된다. 미생물 세포들은 동결과 건조의 두 가지 스트레스를 접하게 되며 이로 인해 치사에 가까운 손상이나 생존능력이 저하된다. 저장 시에 특히 고온 저장하면서 산소가 존재하게 되면 세포는 초기에 급격히 사멸하지만 그 후로는 서서히 죽는다. 포자는 이 과정에 의해 영향을 받지 않는다.

35.5.4 포말건조

포말건조는 표면적 증가를 위해 안정된 거품을 만들도록 제품을 강하게 휘저어준 후 따뜻한 공기로 거품을 건조시키는 방법이다. 달걀흰자, 과일퓌레, 토마토 페이스트 같은 액상제품은 이 방법으로 건조한다. 이 자체로는 미생물 세포나 포자에 치명적인 효과는 거의 없으나, 거품내기 이전 과정인 농축, 제품의 pH, A_W 저하 등이 미생물 세포의 치사 및 돌이킬 수 없는 손상을 유발시킨다.

35.5.5 훈제

많은 고기, 생선제품은 요리하는 동안 낮은 열로 가열하면서 동시에 표면에 연기를 침작시켜 훈제한다. 가열 과정은 제품에서 수분을 제거함으로써 A_W를 낮춘다. 건조, 반건조 소시지 같은 많은 저온 처리 고기제품과 훈제생선들은 이런 방법으로 생산된다. 열에 의해 많은 미생물들이 사멸하고, 생존한

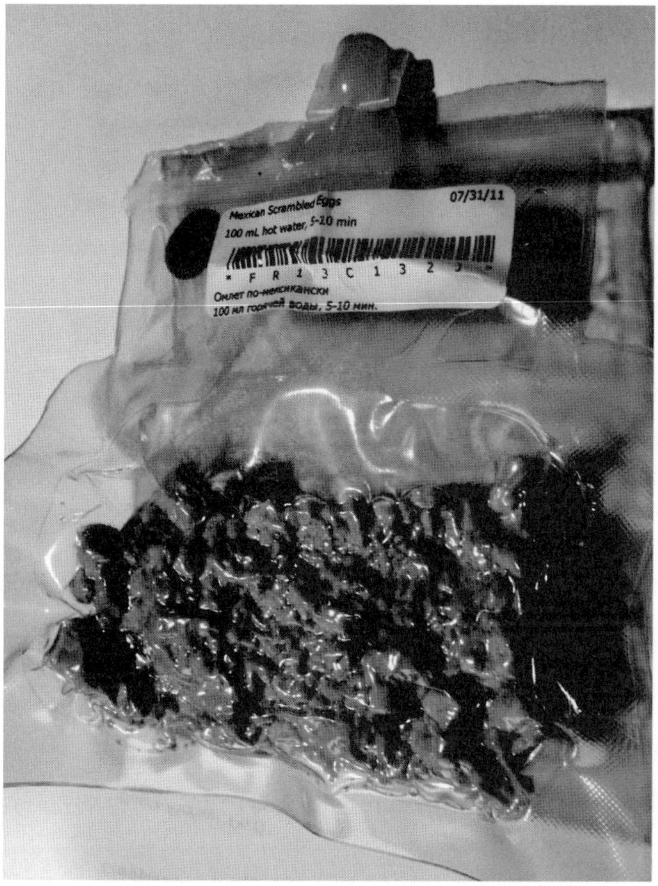

그림 35.1 (컬러 삽입을 보라.) 우주비행사를 위한 동결건조 스크램블드에그. (NASA 제공, Johnson 우주센터, 휴스턴, 텍사스.)

미생물들의 증식은 연기에 들어 있는 다양한 형태의 항미생물물질들과 아울러 낮은 A_W에 의해 억제된다.

35.5.6 중간 수분식품

중간 수분식품(intermediate moisture food, IMF)은 수분함량이 10%~40%이면서 A_W 0.70~0.90의 값을 가진다. 이들은 물을 넣지 않고 먹을 수 있으며 냉장 보관하지 않고 비교적 오랜 기간의 유통 시에 안정하며 미생물적으로도 안전한 것으로 인정되고 있다. 전통적인 IMF에는 살라미(salami), liverwurst, 반건조 및 건조 소시지, 건조과일, 잼, 젤리, 꿀 등이 있다. 그러나 최근에는 pop tarts, Slim Jims, ready to spread frosting, breakfast squares, soft candies, fruit rolls, food sticks, soft granola bars 같은 제품들도 개발되었다. 수분과 결합하는 용질과 친수성 콜로이드를 첨가함으로써 낮은 A_W 값과 비교적 높은 수분을 보유하게 된다. 미생물들은 이들 제품에 생존할 수 있으나, 낮은 A_W 때문에 세균들은 자랄 수 없지만 효모와 곰팡이는 다소 자랄 수 있다. 이들의 증식을 막기 위해 소르빈산(sorbate), 프로피온산(propionate) 같은 특정의 보존제들이 첨가되거나 조사된다.[10,11]

35.6 결론

식품의 A_W는 그 속에 함유되어 있는 자유수의 수준에 직접적으로 비례한다. 미생물의 증식은 약간의 A_W 감소에도 악영향을 받기 때문에, 이는 식품에서 주로 부패균의 증식을 늦추거나 저해하는 데에 이용되고 있다. 이는 자유수를 제거하거나 결합시킴으로써 가능하다. 낮은 A_W에서 미생물 세포는 생존력을 잃을 수 있고 시간이 지나면 손상을 입는다. 그러나 A_W는 단독으로 병원균으로부터 식품의 안전을 확보하는 데 이용될 수 없다. 단독의 방법으로는 식품보존 시 적용에 한계가 있으므로 저온이나 낮은 pH 같은 다른 방법들과 병행한다면 매우 효과적으로 식품의 유통기간을 늘리는데 이용될 수 있다. 낮은 pH가 단독 혹은 다른 방법과 함께 사용될 때 식품에서 미생물 억제에 미치는 영향은 제36장에서 다루게 된다.

학습문제

1. 식품에서 A_W 저하와 관련이 있는 미생물을 나열하시오.
2. A_W 저하에 의해 항미생물효과를 일으키는 기작을 설명하시오.
3. 흡착등온선의 정의 및 이력곡선(hysteresis loop)을 설명하고, 식품에서 이력곡선으로부터 정확한 A_W를 선정하는 데 어떤 문제점이 있는지를 설명하시오.
4. 다양한 용질들이 식품의 A_W 값 저하와 미생물의 증식 억제에 미치는 영향에 대해 설명하시오(NaCl, 설탕 및 글리세롤을 예로서 사용하시오).
5. 식품에서 미생물을 조절하는 내외부 요소와 A_W의 상호관계에 대해 간단히 기술하시오.
6. A_W 값이 0.99에서 0.60으로 떨어질 때 식품에서 어떻게 서로 다른 미생물들이 조절되는지를 설명하고, *Clostridium botulinum*의 증식, 독소 생성, 포자 형성, 발아에 필요한 최소 A_W 값을 설명하시오.
7. 자연건조식품, 동결건조식품, 훈제식품, 탈수식품, IMF의 미생물적인 관련성에 대해 설명하시오.
8. 개발도상국의 지방에서 낮은 pH, 적당한 보존제와 함께 낮은 A_W가 어떻게 상온에서 부패하기 쉬운 식품(예를 활용)의 유통기간을 연장하는데 이용되는지를 간단히 설명하시오(제40장 참조).

참고문헌

1. Grant, W.D., Life at low water activity, *Phil. Trans. R. Soc. Lond. B*, *359*, 1249–1267, 2004.
2. Wijnker, J.J., Koop, G., and Lipman, L.J.A., Antimicrobial properties of salt (NaCl) used for the preservation of natural casings, *Food Microbiol.*, *23*, 657–662, 2006.
3. Sperber, W.H., Influence of water activity on foodborne bacteria: A review, *J. Food Prot.*, *46*, 142–150, 1983.

4. Sagar, V.R. and Suresh Kumar, P., Recent advances in drying and dehydration of fruits and vegetables: A review, *J Food Sci Technol*, *47*, 15–26, 2010.
5. Chirife, J. and María Del Buera, P., Water activity, glass transition and microbial stability in concentrated/semimoist food systems, *J. Food Sci.*, *59*, 921–927, 1994.
6. Slade, L., Levine, H., and Reid, D.S., Beyond water activity: Recent advances based on an alternative approach to the assessment of food quality and safety, *Crit. Rev. Food Sci. Nutr.*, *30*, 115–360, 1991.
7. Lewicki, P.P., Design of hot air drying for better foods, *Trends Food Sci Technol*, *17*, 153–163, 2006.
8. Claussen, I.C., Ustad, T.S., Strommen, I., and Walde, P.M., Atmospheric freeze drying: A review, *Drying Technol.*, *25*, 947–957, 2007.
9. Cooper, M., Douglas, G., and Perchonok, M., Developing the NASA food system for long-duration missions, *J. Food Sci.*, *76*, R40–R48, 2011.
10. Rao, M.S., Chander, R., and Sharma, A., Development of shelf-stable intermediate-moisture meat products using active edible chitosan coating and irradiation, *J. Food Sci.*, *70*, m325–m331, 2005.
11. Erickson, L.E., Recent developments in intermediate moisture foods, *J. Food Prot.*, *45*, 484–491, 1982.

제36장

낮은 pH와 유기산에 의한 조절

36.1 서론

식품이 부족했던 인류 초기에 우리 조상은 식물자원으로부터 몇몇 식품들, 특히 부패에 내성이 있는 과일류를 분간할 수 있었다. 그 후에 과일, 채소, 우유, 생선 및 고기가 생산된 채로의 그대로 보다는 발효식품과 음료제품으로 제공될 경우 유통 시에 훨씬 더 안전하다는 것을 알게 되었다. 이는 저장되어 있지 않으면 많은 식품들이 급속도로 부패하는 특히 적도지방에서 다양한 형태의 발효식품을 개발하는 데 자극이 되었을 것이다.[1]

식품부패에 관여하는 미생물과 식품으로 유래되는 질병을 알게 되었을 때 식품 속 미생물의 사멸 및 증식을 억제하는 방법이 연구되었다. 제한된 pH 범위에서 식품에 존재하는 많은 미생물들이 증식할 수 있지만 그보다 더 낮은 pH 범위에서는 대다수 사멸하는 것이 관찰되었다. 이러한 사실이 알려지면서 많은 유기산(organic acid)이 식품첨가물로 이용되었다. 식품보존제로서의 효과와 더불어 이들은 식품의 품질을 개선시키는 데도 사용되었다. 식품에 첨가할 수 있는 유기산의 양과 형태는 관리기관에 의해 규정된다.

유기산은 식품에서 3가지 방법으로 존재한다. 감귤에 존재하는 시트르산(citric acid), 크렌베리의 벤조산(benzoic acid), 로완베리의 소르빈산(sorbic acid)은 천연의 형태로 존재할 수 있다. 초산(aceticacid), 젖산(lactic acid), 프로피온산(propionic acid) 등은 식품별로 스타터 배양(starter culture) 세균에 의해 각기 다른 발효식품에서 생성된다. 많은 유기산이 식품과 음료에 pH를 낮추기 위해 첨가된다. 보존제로서 식품에 첨가되는 유기산들로는 초산, 프로피온산, 젖산, 구연산(citric acid), 소르빈산, 벤조산, 벤조산의 염류, 파라벤(paraben) 같은 벤조산 유도체들이 있다. 식품의 pH를 낮추고 항미생물 효과를 주는 유기산의 영향을 이 장에서 간단하게 다룬다.

36.2 목적

약 유기산을 이용하는 항미생물 작용의 주요 목적은 식품의 pH를 낮추어 미생물 증식을 억제하는 데 있다. pH가 5.0 아래로 떨어지면 일부 세균들은 손상을 입고 사멸한다. 그러나 낮은 pH에서 사멸률은 열처리의 경우에서처럼 예측할 수가 없다. 따라서 이는 식품의 정상 pH 범위에서 미생물 개체의 예측 가능한 백분율을 파괴하는 목적으로 이용될 수는 없다.[1,2]

36.3 항미생물 작용의 기작

약 유기산의 항미생물 작용은 비해리 분자와 해리이온의 복합작용에 의해 이루어진다.[2,3] 식품 속에 주요 미생물들은 내부 세포질의 pH를 내산성균(acidophiles)의 경우 6.5~7.0까지, 호중성균(neutro-piles)의 경우 7.5~8.0으로 유지하는 경향이 있다. 내부의 pH(pHi)는 철저히 조절되며 외부환경의 pH(pHo)가 1.0단위로 변화할 때마다 0.1 단위로 떨어진다. 영양소 운반이나 에너지 합성 시에는 미생물들은 막을 통해서 염기성의 내부 pH에서 0.5~1.0 단위의 pH 구배(gradient)와 200 mV의 양자 구배를 유지하는데, 이둘은 함께 양자운동력(proton motive force, PMF)을 형성한다.

식품의 pH, 산의 pK, 온도에 준하여 약 유기산이 식품 속의 환경에 첨가될 때 일부 분자는 해리되는 반면, 다른 것은 해리되지 않은 채로 남는다(**표 36.1**). 파라벤을 제외한 대다수의 pH 5~8 식품의 pH에서 유기산 분자는 일반적으로 해리되는데, 그 결과로 식품 속의 환경에서 수소이온[H^+]이 높아져 미생물 세포의 막을 통한 양자구배가 방해를 받게 된다. 이를 극복하기 위하여 세포는 양자펌프를 통하여 양자를 이동하여, 에너지 고갈을 일으키고 내부 pH가 감소하게 된다. 세포표면의 구조, 세포외막 혹은 세포벽, 세포내막 혹은 세포질막, 그리고 원형질 주변의 공간은 수소이온[H^+]에 노출되어 있다. 이것은 고분자의 이온결합에 불리하게 영향을 미치고 3차원 구조와 이와 관련된 기능

표 36.1 pH(수소이온농도)가 약 유기산의 해리이온의 양(%)에 미치는 영향

유기산	pK	pH에서 해리이온의 양(%) 4	5	6
초산(Acetic)	4.8	15.5	65.1	94.9
프로피온산(Propionic)	4.9	12.4	58.3	93.3
젖산(Lactic)	3.8	60.8	93.9	99.3
구연산(Citric)	3.1	81.1	99.6	>99.1
소르빈산(Sorbic)	4.8	18.0	70.0	95.9
벤조산(Benzoic)	4.2	40.7	87.2	98.6
파라벤(Paraben)[a]	8.5	<0.1	0.1	0.3

[a] 파라벤: 벤조산의 에스테르.

을 방해한다. pH 5.0 이하에서는 일부 산의 비해리 분자들이 상당히 많아진다. 구연산을 제외한 친지질성균(lipophilic)에서 이들은 농도구배의 기능에 따라 막을 통해 자유롭게 들어간다. 내부 pH는 산의 pK 값보다 훨씬 높기 때문에 분자는 양자와 음이온을 방출하고 해리된다. 초산과 젖산 같은 일부 음이온은 여러 미생물들에 의해 탄소원으로 대사된다. 만일 이들이 대사되지 않는다면 음이온은 세포 내부로부터 제거된다. 그러나 수소이온[H^+]은 내부 pH를 줄이고 반대로 양자구배에 영향을 주게 된다. 이러한 문제를 극복하기 위해 세포는 확장에너지에 의해 과다한 양자를 밖으로 퍼낸다. 이것은 pH 4.5 또는 그 이하의 낮은 외부 pH에서 세포가 생산할 수 없는 많은 양의 에너지를 소비함을 보여준다. 이 결과로 내부 pH가 떨어지며 반대로 pH 구배에 영향을 미친다. 낮은 pH는 또한 단백질과 같은 세포성분에 작용하고 이온결합을 방해하는 그들의 구조와 기능 통합에 불리한 영향을 미친다.[2~4]

이러한 변화는 영양소 운반과 에너지 생성을 방해하고 결국 미생물의 증식을 저해한다. 그 외에 낮은 pH는 고분자에 가역적 혹은 비가역인 손상을 일으키고 결국 세포에 치사에 가까운 또는 치명적인 손상을 준다. 낮은 pH는 포자막의 Ca^{2+}과 같은 이온을 H^+로 대체시켜 포자막의 이온 환경을 바꿀 수 있으며, 따라서 열처리와 낮은 A_W와 마찬가지로 다른 환경적인 스트레스를 주어 포자를 불안정하게 만든다.

36.4 영향인자

36.4.1 산의 특성

식품에 이용되는 약 유기산은 그들의 pK 차이에 의한 항미생물 효과가 다양하다.[4] 더 높은 pK를 갖는 산은 식품의 pH에서 비해리 분자의 양이 비율적으로 높고 항미생물 작용이 더 크다. 일반적으로 4종류의 산의 항미생물 효과는 유사한 조건하에서 초산, 프로피온산, 젖산, 구연산의 순으로 나타나고 있음을 몇몇 연구에서 보여준다. 이와 유사하게 더 낮은 pH와 높은 농도에서 산은 큰 항미생물력을 갖는다. 산의 물에 대한 용해도 또한 기대하는 효과에 있어 중요하다. 이들 4종류의 산은 물에 잘 녹는 반면에, 벤조산은 50% g, 소르빈산은 0.16% g, 파라벤은 0.02~0.16% g로 물에 잘 녹지 않으며 동일한 농도에서 다른 효과를 갖는다. 많은 연구에서 미생물에 대한 이들 산의 항미생물 효과는 백분율(g/100 ml)을 기준으로 연구되고 있다. 그러나 이들은 분자량이 다르기 때문에 동일 농도에서 다른 분자 수를 가지며 다른 농도의 해리이온뿐 아니라 다른 비해리 분자를 만든다. 이를 비교해 볼 때 산은 몰(mole) 농도를 기준으로 사용하는 것이 더 좋다(제17장 참조).

유기산은 또한 친지질성이 달라서 세포에 들어갈 때 용이하도록 차례로 조절된다. 초산과 프로피온산은 젖산보다 더 친지질성이 있어서 더 효과적인 항미생물 작용을 갖는다. 구연산은 구연산 투과효소(citratepermease)라는 특별한 운송 기작에 의해 막을 통해 운반되며 친지질성의 산보다 덜 효과적이다. 많은 미생물들은 초산, 젖산, 구연산 같은 약산의 음이온을 대사할 수 있다. 이들 산에 소금을 이용하면 pH가 높아져 항미생물 효과를 감소시킬 수도 있다. 일부 산은 초산과 젖산, 프로피온산과 소르빈산 같이 적절히 혼합하여 사용할 때, 또는 벤조산을 nisin과 함께 사용하고, 프로피온산, 초산 또는 젖산을 nisin 또는 pediocin AcH과 함께 사용하고, 프로피온산 또는 벤조산을 CO_2와 함께 사용하는 등 다른 보존제와 병용할 때 상승효과를 보인다.[1,4,5]

36.4.2 식품의 특성

식품의 정상 pH는 감귤주스 3.0의 강산성에서부터 달걀 알부민의 9.0의 알칼리성까지 범위가 매우 다양하다. 초기 pH는 산의 항미생물 효과에 강한 영향을 미칠 수 있다. 산은 높은 pH에서보다는 낮은 pH에서 더 억제 효과가 있다. 또한 식품 성분의 완충작용은 낮은 pH의 효과를 감소시키며, 영양소는 미생물의 치사에 가까운 산에 의한 손상의 회복을 용이하게 할 수 있다.

36.4.3 미생물의 특성

식품에서 주요 미생물들의 증식을 허용하는 최소 한계 pH는 매우 다양하다(**표 36.2**). 일반적으로 그람음성균은 그람양성균보다 낮은 pH에 대해 더 민감하며, 효모와 곰팡이는 가장 덜 민감하다. 발효세균은 호흡세균보다 낮은 pH에 더 저항력이 있는데, 이는 약간 낮은 내부 pH뿐 아니라 외부 pH의 변화에 저항할 수 있기 때문이다. 효모와 곰팡이가 낮은 pH에서 견디는 능력 또한 이러한 요인들 때문이다.[5] 유기산의 항미생물 특성은 열처리, 낮은 A_W, 몇몇 보존제의 존재, 낮은 저장온도에 의해 향상된다.

약산의 저해효과는 높은 미생물 부하에서는 줄어든다. 또한 혼합된 미생물군에서는 어떤 종의 저항성 균주가 젖산과 같은 산을 대사하게 되면 다른 감수성 종의 증식을 허용하는 효과적인 농도를 감소시킬 수 있다. 식품에서 주요한 *Salmonella*균 같은 몇몇 미생물은 동일종의 다른 균보다 더 높은 산 농도 또는 더 낮은 pH에서 증식할 수 있는 유전적인 요소를 지닌 것 같다. 산에 대한 저항성은 이들 균에 의해 단백질, 즉 스트레스 단백질군의 과다한 생산과 관련이 있는 것으로 보인다(제10장 참조).

결국 미생물은 다른 유기산에 대한 그들의 감수성이 서로 다르다. 효소와 곰팡이는 프로피온산과 소르빈산에 특히 민감하며, 세균은 초산에 더 민감하다. 낮은 pH에서 세균 포자는 열에 민감하며 증식의 최소 A_W에서 발아와 증식을 못한다. 또한 포자에 대한 NO_2의 저해효과는 증식의 낮은 pH 범위에서 더 명백히 나타난다.

36.5 산의 이용

36.5.1 초산

초산은 5%~10% 농도의 식초로 또는 피클, 샐러드 드레싱, 소스에 25% 또는 그 이상의 농도로 나트륨과 칼슘염의 형태로 이용된다. 효모와 곰팡이보다는 세균에 더 효과적이며, pH 6.0 이상에서 자라는 세균은 더 저해를 받는다. 비해리산의 저해농도는 *Salmonella*속은 0.02%, *Staphlococcus aureus*는 0.01%, *Bacillus cereus*는 0.02%, *Aspergillus*속은 0.1%, *Saccharomyces*속은 0.5%이다. 초산의 저해작용은 세포막의 전기화학적 구배를 중화시키거나 세포내부의 단백질을 변성시킴으로서 이루어진

표 36.2 미생물의 증식을 허용하는 최소한계 pH

미생물	최소 성장 pH
그람음성균	
Escherichia coli	4.4
Pseudomonas spp.	5.6
Salmonella spp.	4.5
Vibrio spp.	4.8
Serratia spp.	4.4
그람양성균	
Bacillus cereus	4.9
Bacillus stearothermophilus	5.2
Clostridium botulinum	4.6
Clostridium perfringens	5.0
Enterococcus faecalis	4.4
Lactobacillus spp.	3.8
Staphylococcus aureus	4.0
Listeria monocytogenes	4.6
효모	
Candida spp.	1.5~2.3
Saccharomyces spp.	2.1~2.4
Hansenula spp.	2.1
Rhodotorula spp.	1.5
곰팡이	
Aspergillus spp.	1.6
Penicillium spp.	1.6~1.9
Fusarium spp.	1.8

다. 식품에 이용되는 것 외에 세균 수를 줄이기 위해 사체 세척에 1%~2% 농도의 초산 사용이 권장된다.[1,2]

36.5.2 프로피온산(Propionic Acid)

프로피온산은 빵, 제과, 치즈, 잼, 젤리, 토마토 퓌레에 1,000~2,000 ppm (0.1%~0.2%) 농도로 나트륨과 칼슘염의 형태로 이용된다. 식품에 사용하는 농도에서 곰팡이와 세균에 효과적이나 효모에 대해서는 효과적이지 못하다. 곰팡이와 세균에 대한 비해리산의 저해농도는 0.05%이다. 항미생물 작용은 세포질의 산성화뿐 아니라 막의 양자구배의 비안정화를 통해 이루어진다.[2]

36.5.3 젖산(Lactic Acid)

젖산은 탄산음료, 샐러드 드레싱, 절임채소, 저열처리 가공육제품, 소스에 산 또는 2%의 나트륨염과 칼륨염의 형태로 이용된다. 초산, 프로피온산, 벤조산, 소르빈산보다 덜 효과적이지만 구연산보다는 효과적이다. 세균에는 효과적이나 효모와 곰팡이에는 효과적이지 않다. 막의 양자구배의 중성화에 의해 저해효과를 나타낸다. 젖산의 나트륨염은 A_W를 줄이며, 식품 보존제로서 L(+)-lactic acid을 D(−)-lactic acid보다 더 선호한다. 이 또한 미생물 수를 줄이기 위해 1%~2%의 농도로 동물사체를 세척하는 데 권장된다.[2,6]

36.5.4 구연산(Citric Acid)

구연산은 비알코올성 음료, 잼, 젤리, 제과, 치즈, 채소캔, 소스에 1% 또는 그 이상의 농도로 이용된다. 세균뿐 아니라 효모와 곰팡이에 대해 젖산보다 덜 효과적이다. 항세균 효과는 친지질성 산에 대한 기작과는 다른 방법에 의해 이루어지는 것 같다. 항미생물 효과는 부분적으로 2가 양이온을 착화할 수 있는 능력에 기인하는데, 그러나 많은 식품들은 이런 효과를 중성화시키는 충분한 2가 양이온을 가질 수 있다.

36.5.5 소르빈산(Sorbic Acid)

이는 불포화산이며, 산으로 또는 나트륨, 칼륨, 칼슘과 염의 형태로 이용된다. 무알코올 음료, 몇몇 알코올 음료, 가공과일 및 채소, 유제품 디저트, 제과, 마요네즈, 샐러드 드레싱, 버터, 겨자에 이용된다. 사용농도는 500~2,000 ppm(0.05%~0.2%)으로 다양하며 세균보다는 효모와 곰팡이에 더 효과적이다. 세균 중에는 젖산균(유산균, lactic acid bacteria)과 같은 카탈라제 음성(catalase-negative)균이 호기성균, *Sta. aureus*, *Bacillus*속 같은 카탈라제 양성(catalase-positive)균보다 더 저항성이 있다. 또한 호기성균은 혐기성균보다 더 민감하다. 비해리산의 저해농도는 *Pseudomonas*속, *Sta. aureus*, *Esc. coli*, *Serratia*속에 대해서는 0.01%(100 ppm) 이하, *Lactobacillus*속과 *Salmonella*속에 대해서는 0.1%, 대부분의 효모와 곰팡이에 대해서는 0.02% 이하, *Clostridium*속에 대해서는 1.0%이다.

소르빈산의 항미생물 효과는 몇몇 효소의 기능 및 구연산회로(cirtic acid cycle)에 대한 저해작용을 통해 나타나며, 또한 세포벽, 단백질, RNA와 DNA의 합성을 방해한다. 또한 다른 유기산들처럼 막 전위를 방해하며 포자 발아를 저해한다.[2,7]

36.5.6 벤조산(Benzoic Acid)

벤조산은 무알코올 및 알코올 음료, 절임류, 제과, 마요네즈, 샐러드드레싱, 겨자, 코티즈 치즈 같은 많은 저 pH 식품에 500~2,000 ppm(0.05%~0.2%) 농도로 산 또는 나트륨염의 형태로 이용된다. 세균보다는 효모와 곰팡이에 더 효과적이며, 이 효과는 해리 및 비해리산 둘 모두에 의해 발생한다. 비해리산의 저해농도는 세균에 대해 0.01%~0.02%이며, 효모와 곰팡이에 대해 0.05%~0.1%이다. 저해작용은 몇 가지 방법으로 이루어지며, 산화적인 인산화에 필요한 여러 효소의 기능을 저해한다. 다른 산들과 마찬가지로 막 전위를 파괴하며, 그 외에 막 단백질의 기능을 저해한다.[2,8,9]

36.5.7 파라벤(Parabens, Eesters of p-Hydroxybenzoic Acid)

파라벤은 메틸, 에틸, 부틸 또는 프로필 파라벤으로 이용되며, 이들은 매우 광범위한 항미생물 제제들이며 식품, 화장품 및 제약품에 사용된다. 높은 pK 값 때문에 높은 pH에서 그리고 세균, 효모, 곰팡이에 대해 효과적이다. 무알코올 및 알코올 음료, 과일필링, 잼, 젤리, 절임류, 제과, 샐러드 드레싱, 스프레드, 겨자에 100~1,000 ppm(0.01%~0.1%)의 농도로 이용된다. 비해리산의 저해농도는 세균, 효모, 곰팡이에 대해 0.05%~0.1%이고, 프로필과 부틸 파라벤은 다른 것에 비해 더 저해효과가 있다.

파라벤은 몇몇 표적 미생물 세포에 작용함으로써 항미생물 작용을 나타내며, 여러 효소들의 기능을 저해한다. 이들은 막 지질을 분해하고 영양소 운반을 포함한 막의 기능을 방해한다. 또한 단백질, RNA 및 DNA의 합성을 방해하며, 그 외에 다른 약 유기산들처럼 막 전위를 파괴한다. 그러니. 최근 몇 년 동안 마취 효과, 천식, 알레르기 반응 및 피부염으로 인한 생식 독성과 같은 파라벤의 독성 부작용은 심각한 우려를 불러일으켰다.[10,11]

36.6 결론

최소 증식에 필요한 pH보다 낮은 pH는 미생물의 에너지 생산, 효소작용, 영양소의 운반 및 다른 요소들에 영향을 줌으로서 미생물의 증식을 막는다. 증식억제 외에도 미생물 세포는 낮은 pH에 의해 치사에 가까운 손상을 받거나 사멸한다. 다른 방법들과 함께 식품에 준하는 많은 유기산들이 식품에서 미생물 증식을 억제하는 데에 사용된다. 낮은 pH는 식품에서 세균 포자의 발아를 막는 데 이용된다. 많은 그람음성의 병원성균들이 낮은 pH에 매우 민감하더라도 이는 식품을 저장하는 동안 병원성균을 제거하는 데에 이용될 수는 없다. 몇몇 균주가 산에 대한 내성을 가질 수 있다는 사실이 저 pH 식품의 가공과 저장에서 실질적인 문제로서 관심을 자아낸다. 낮은 pH 및 이전에 논의되었던 방법들 외에도 낮은 산화환원 전위는 식품에서 미생물 증식을 억제하는 데 이용되며 이는 제37장에서 다룬다.

학습문제

1. 약 유기산과 낮은 pH의 항미생물 작용에 대한 기작을 설명하고, 그람음성균, 그람양성균, 세균포자, 효모, 곰팡이에 있어 낮은 pH에 대한 민감성의 차이점을 설명하시오.
2. 유기산의 pK 값에 대해 정의하고, 초산과 젖산을 이용할 경우 pH 5와 pH 6에서 항미생물 효

과의 차이점을 설명하시오.

3. 산(acid), 식품, 미생물 등의 요소들이 낮은 pH의 항미생물 효과에 미치는 영향에 대해 간단히 설명하시오.
4. 그람양성균, 그람음성균, 효모, 곰팡이의 증식을 저해하는 데 이용되는 특정 산(acid)을 나열하시오.
5. 초산, 프로피온산, 젖산, 벤조산, 파라벤의 항미생물적인 특성을 설명하시오.
6. 사과주스, 오렌지주스, 발효소시지 등 몇몇 저 pH 식품은 *Esc. coli* O157:H7, *Salmonella* spp., *Listeria monocytogenes*에 의해 발병되는 식품유래 질병과 밀접한 관계가 있는데 그 이유를 설명하고, 이러한 문제점을 줄이는데 이용될 수 있는 방법을 제시하시오.

참고문헌

1. Ray, B. and Sandine, W.E., Acetic, propionic and lactic acid of starter culture bacteria as biopreservatives. In *Food Biopreservatives of Microbial Origin*, Ray, B. and Daeschel, M.A., Eds., CRC Press, Boca Raton, FL, 1992.
2. Theron, M.M. and Lues, J.F.R., Organic acids and meat preservation: A review, *Food Rev. Int.*, *23*, 141–158, 2007.
3. Russell, J.B., Another explanation for the toxicity of fermentation acids at low pH: Anion accumulation versus uncoupling, *J. Appl. Microbiol.*, *73*, 363–370, 1992.
4. Carpenter, C.E. and Broadbent, J.R., External concentration of organic acid anions and pH: Key independent variables for studying how organic acids inhibit growth of bacteria in mildly acidic foods, *J. Food Sci.*, *74*, R12–R15, 2009.
5. Dalié, D.K.D., Deschamps, A.M., and Richard-Forget, F., Lactic acid bacteria: Potential for control of mould growth and mycotoxins: A review, *Food Control*, *21*, 370–380, 2010.
6. Datta, R. and Henry, M., Lactic acid: Recent advances in products, processes and technologies: A review, *J. Chem. Technol. Biotechnol.*, *81*, 1119–1129, 2006.
7. Razavi-Rohani, S.M. and Griffiths, M.W., Antifungal effects of sorbic acid and propionic acid at different pH and NaCl conditions, *J. Food Qual.*, *19*, 109–120, 1999.
8. Schnürer, J. and Magnusson, J., Antifungal lactic acid bacteria as biopreservatives, *Trends Food Sci Technol*, *16*, 70–78, 2005.
9. Lima Tribst, A.A., de Souza Sant'Ana, A., and de Massaguer, P.R., Review: Microbiological quality and safety of fruit juices: Past, present and future perspectives, *Crit. Rev. Microbiol.*, *35*, 310–339, 2009.
10. Soni, M.G., Carabin, I.G., and Burdock, G.A., Safety assessment of esters of p-hydroxybenzoic acid (parabens), *Food Chem. Toxicol.*, *43*, 985–1015, 2005.
11. Castelain, F. and Castelain, M., Parabens: A real hazard or a scare story?, *Eur. J. Dermatol.*, *22*, 723–727, 2012.

제37장

공기환경의 조정에 의한 조절 (또는 감소된 산화환원전위)

37.1 서론

인류는 많은 식품들이 대기에 저장될 경우 품질저하가 일어날 수 있다는 것을 농경과 축산을 하던 초기부터 알고 있었다. B.C. 6,000년까지 공기를 차단하기 위해 구덩이에 식품을 저장하기 시작했고 후에 도자기, 바구니, 큰 용기들을 만들어 내었다. 아직도 곡물, 반건조 식품, 발효제품, 농축시럽, 당밀, 이와 유사한 식품들의 저장은 전 세계의 많은 지역에서 곤충 침입을 막고 곰팡이와 효모의 증식을 막기 위하여 커다란 밀폐된 공기 기밀 용기에 저장한다. 그러나 손상되기 쉬운 신선육, 생선, 과일, 채소, 그 밖의 다른 가공식품을 저장하기 위해 기체 환경을 변화시키는 이러한 방법은 20세기 초에 개발되었다. 1920년대와 1930년대에, 4%~100% 고농도의 CO_2를 사용하면 신선육에서 곰팡이의 증식이 획기적으로 줄고 과일과 채소의 숙성이 지연될 수 있다는 많은 연구들이 발표되었다. 1960년대에는 냉장 소고기육이 CO_2가 풍부한 환경으로 조절된 상태에서 뉴질랜드와 호주에서 다른 나라로 선박으로 운송되었다.

1960년대에 포장에 적합한 플라스틱 재질의 이용이 가능해지고 그에 걸맞은 기술력의 발전으로 변경된 공기에서 다양한 크기의 포장용기에 식품을 저장하는 방법이 개발되었다. 이것은 진공포장을 하거나 한 종류의 가스 또는 혼합가스로 포장용기에 가스를 충진하는 것에 의해 가능해졌다. 저장하는 동안 식품과 미생물의 대사작용 및 포장재를 통해 공기로부터 기체의 투과성에 의해 기체 환경은 변화할 수 있다.[1,2]

최근에는 식품보관을 위해 저장환경을 수정하는 것은 자주 사용되는 방법 중에 하나가 되었다. 필요한 기술의 이용성과 함께 가공처리가 덜 되고 보존제가 첨가되지 않은 신선식품에 대한 소비자의 요구가 환경의 수정에 의해 보존되는 많은 편의식품 및 인스턴트 식품의 경제적인 생산을 도와주고 있다. 이러한 식품의 요구는 향후 증가할 것으로 예상되므로 이들 식품의 보존을 위한 수정된 공기의 활용은 늘어날 것이다.[1~6]

다음의 4가지 기술은 식품의 품질을 보존하고 증가시키기 위해서 사용한다. 혼동을 줄이기 위해

표 37.1 Modified Atmosphere Packaging(MAP)의 장점과 단점

장점	단점
• 생고기, 과일 및 채소와 같은 신선식품의 품질 유지 및 유통기한이 연장됨 • 화학보존료 사용이 예방되기에 제품은 "자연", "건강" 식품으로 인식됨 • 생고기, 과일 및 채소와 같은 신선식품의 품질 유지 및 유통기한. 연장 확장 • 유통비용 감소로 인해 장거리 배송이 가능함	• 각 제품 유형에 적합한 다른 가스공식이 필요함 • 특수하고 값비싼 장비가 필요함 • 온도조절이 필요함 • 다양한 MAP 시스템에 대해 제품 안전을 확립해야 함 • 포장부피 증가는 운송비용 및 소매공간에 부정적인 영향을 끼침 • 소비를 위해 포장을 개봉하거나 손상하면 미사용 제품에 대한 유익한 효과가 없어짐

출처: McMillin, K.W., *Meat Sci.*, *80*, 43–65, 2008; Rodriguez-Aguilera, R. and Oliveira, J., *Food Eng. Rev.*, *1*, 66–83, 2009.

여기에 사용되는 용어는 다음과 같이 정의한다.

1. *Controllded Atmosphere Packaging(CAP).* 이 방법에서는 저장시설의 공기환경이 변경되고 가스의 수준은 계속 감시되고 필요에 따라 조절된다. 작동에 많은 비용이 들고 과일이나 채소의 신선도를 장기간 유지하기 위해 이용된다.
2. *Modified Atmosphere Packaging(MAP).* 이 방법은 CAP와 달리 전체 저장기간 동안 높은 수준의 가스환경 조절이 필요하지 않다. 식품은 가스 차단이 매우 잘되는 포장재에 쌓여 있다. 포장에서 공기를 제거한 다음 특정의 가스 또는 혼합가스로 대체한 후에 밀봉한다.
3. *Active Packaging(AP).* 포장 시스템의 주요 구성 요소는 내용물 또는 환경과 상호 작용하여 제품의 유통기한과 품질을 연장한다. 여기에는 수분 조절, 산소 발생기, 이산화탄소 조절기, 산소 투과성 필름, 산소 제거제, 풍미 향상 또는 냄새 제거 등이 포함된다.
4. *Vacuum Packaging(VP).* 이 방법은 포장으로부터 공기를 제거한 다음 밀봉한다.

MAP와 진공포장은 어떤 경우는 서로 다른 방법으로, 또 어떤 경우는 동일한 방법으로 설명되기도 한다. 이 장에서 MAP는 진공포장법과 가스치환 포장법 두 가지 모두에 사용된다. **표 37.1**에 MAP의 장점과 단점이 요약되어 기술되어 있다.

37.2 목적

MAP의 목적은 식품에서 바람직하지 않은 미생물의 증식을 억제하거나 줄이는 것이다. 또한 그 기술은 신선식품에서 효소작용과 호흡작용을 늦추는 데 도움을 준다. 진공포장이나 100% CO_2, 100% N_2, 또는 CO_2와 N_2의 혼합가스로 치환된 식품에서 곰팡이, 효모, 호기성 세균과 같은 호기성균의 증

식을 막을 수 있다. 그러나 이러한 조건에서도 다른 기술들이 이들의 증식을 억제하는 데 이용되지 않는다면 (편성)혐기성균이나 통성혐기성균은 자랄 수 있다.

37.3 항미생물 작용의 기작

MAP 식품에서 항미생물 작용은 사용된 방법에 따라 산화환원전위(redox potential, Eh)와 CO_2 농도의 변화에 의해 일어난다. 미생물의 종과 식품의 산화 또는 환원상태에 따라 호기성균과 혐기성균은 증식을 위해 필요한 Eh가 다른 반면에, 통성혐기성균은 광범위한 Eh에서 증식한다. 진공포장과 가스치환, 특히 CO_2와 N_2, 또는 이들의 혼합 및 무산소는 호기성균의 증식을 방해하나 통성혐기성균과 혐기성균의 증식은 촉진한다. 그러나 이러한 포장 조건하에서도 조직 내의 산소, 해리산소, 포집산소는 호기성균의 초기 증식을 허용하여 심지어 단백질 분해 미생물에 의해 CO_2를 생산하게 할 수도 있다. 그 외에 단백질이 풍부한 식품 속의 −SH기, 과일과 채소에 들어 있는 아스코르빈산(ascorbic acid)과 환원당과 같은 천연의 환원성분들은 식품의 Eh를 변화시킬 수 있으며 이것은 혐기성균 및 통성혐기성균의 증식을 촉진한다. 따라서 Eh를 변화시키는 것만으로 미생물의 증식을 억제하는 것은 불가능하다. 식품의 효과적인 저장은 환경의 조절 외에도 다른 방법들이 필요하다. 그러나 세대시간이 짧은 많은 호기성 세균의 증식을 억제함으로써 식품의 유통기간은 크게 늘어날 수 있다.

CO_2가 20%~100%의 고농도로 단독 사용되거나 N_2 또는 O_2와 혼합, 또는 이 둘과 혼합하여 사용되면 MAP 식품의 유통기간은 크게 증가한다. 미생물의 유도기와 대수증식기에 CO_2가 증가하는 기작들이 보고되었는데, 이에는 CO_2의 급속한 세포 침투력, 세포 투과성의 변경, 세포 내에서 pH의 저하와 함께 carbonic acid(H_2CO_3)로의 CO_2의 용해도 증가 및 이로 인한 미생물의 생장률 감소 등이 있다. CO_2가 미생물의 증식에 미치는 저해효과는 10% 수준에서 발생하고 농도가 증가하면서 저해효과도 증가한다. 농도가 너무 높으면 통성부패균의 증식을 저해하고 *Clostriduim botulinum*의 증식을 촉진할 수 있다.[1,5]

37.4 영향인자

37.4.1 가공공정의 특성

영향인자들에는 진공의 효율성, 산소에 대한 포장재의 투과성, 가스치환 방법에 사용되는 가스의 구성 성분 등이 있다.[6] 강한 진공은 포집산소와 해리산소를 제외하고 제품에서 산소를 제거함으로써 호기성균의 증식을 효과적으로 억제할 수 있다. 이와 유사하게 저장 동안 산소의 투과성을 상당히 줄이거나 막는 포장필름은 호기성균의 증식을 효과적으로 억제한다. 필름에 미세한 구멍이 생길 경우 진공포장 또는 가스치환 포장의 보존효과에 악영향을 미칠 수 있다. 중합체 필름의 개발은 산소 투과성을 줄이는 데 큰 도움을 주었다. 가스치환에서 신선육의 경우에 CO_2와 N_2는 약간의 산소와 같이 혼합으로 이용된다. N_2는 불활성의 충진제로 이용되고, O_2는 고기의 붉은색인 산화미오글로빈(oxymyoglobin)을 부여하는 데 이용되며, CO_2는 항미생물 효과로 이용한다. 20% 미만의 CO_2는 *Pseudo-*

*monas*속, *Acinetobacter*속, *Morexella*속 같은 호기성균의 증식을 억제하는 것으로 알려져 왔다. 그러나 일반적으로 40%~60%의 CO_2는 더 좋은 결과를 주며, 어떤 경우는 100%의 CO_2가 이용된다.

37.4.2 식품의 특성

해리 및 포집된 산소량, 신진대사에 필요한 탄수화물의 양 및 다른 영양소와 환원성 성분들이 있으면 MAP 식품에서 미생물의 증식에 영향을 준다. 산소의 존재하에서 *Pseudomonas*속 같은 호기성균은 포도당(glucose)과 젖산(lactate)을 이용한다. 그러나 통성혐기성균의 증식은 호기성균의 증식을 저해하지만 (편성)혐기성균의 증식을 촉진시킨다. 또한 환원성 성분들은 혐기성균의 증식을 촉진한다. 식품 속에 존재하는 저해제나 아니면 유산균(젖산균, lactic acid bacteria)에 의해 생성되는 bacteriocin 같은 특정 저해제의 존재, 낮은 A_W, 저 pH은 미생물의 증식능력에 영향을 미치며, 또한 특별한 포장 조건하에서는 증식할 수 없게 된다.

37.4.3 미생물의 특성

호기성균은 진공포장 또는 가스치환 포장제품에 존재하는 산소에 의해 초기에 제한된 증식을 한다. 그러나 통성혐기성균이 증식을 시작하자마자 이 균들의 증식은 멈추게 된다. 통성혐기성균에는 유산균, *Brochothrix thermosphacta*, 일부 *Enterobacteriaceae*, *Corynebacteriaceae* 등이 있다. 유산균의 증식에 적합한 낮은 pH 제품에서는 다른 세균의 증식을 줄이거나 저해할 수 있는데, 이는 유산균이 산을 생성하고 bacterocin 같은 다른 항미생물 물질을 만들기 때문이다. 또한 가스혼합의 구성은 우점종의 유형에 영향을 미치는데, 100% CO_2에서는 유산균, 특히 *Leuconostoc*속과 *Lactobacillus*속이 우점종을 차지하는 반면에, 20%까지의 CO_2 농도에서는 *Pseudomonas*속의 증식이 억제되나 *Enterbacteriaceae*의 증식을 억제시키기 위해서는 60% 이상의 CO_2 농도가 요구된다. 제품의 Eh가 감소하기 시작할 때 *Clostridium*속 같은 혐기성균이 증식을 시작한다. 식품에 환원제가 존재하면 혐기성균의 증식은 유리하게 된다. MAP 냉장식품에서 특히 E유형과 단백질을 분해하지 못하는 B유형의 *Clo. botulinum*이 증식할 수 있다는 점이 주목된다. 또한 비포자형성의 내냉성의 병원성균, 특히 *Listeria monocytogenes*와 *Yersinia enterocolitica* 같은 통성혐기성균은 MAP 식품에서 증식할 수 있다. 게다가 10°C~12°C에서 증식 능력을 지닌 *Samonella*속, *Escherichia coli* O157:H7 균주, *Staphylococcus aureus* 등 일부 중온성의 통성혐기성의 병원성균들은 MAP 식품이 저장되는 동안 온도가 변화된다면 증식할 수 있다. 적합한 보존제, 저 pH, 낮은 A_W 또는 이들의 조합이 이러한 미생물들의 증식을 억제하기 위해 부가적인 장애물로서 이용되어야만 한다.[4,6]

37.5 방법

37.5.1 진공포장

진공포장은 소고기, 돼지고기, 양고기, 닭고기, 칠면조고기 등의 신선육 또는 가공 육제품의 소분 포장시에 주로 이용된다. 이러한 방법으로 포장된 붉은 고기에서는 미오글로빈(myoglobin)이 환원되어 자주색(purple)으로 변하기 때문에 그다지 선호하지 않는다. 이들 제품의 냉장 보관기간은 다양하며 신선육에서는 3~4주까지이고 가공육에서는 8주 또는 그 이상이다. 제품의 수분활성도(A_W)가 낮거나 pH가 낮거나 두 요소를 모두 지니고 있는 경우 위생적인 조건에서 생산된다.

37.5.2 치환가스

가스치환 방법은 유럽에서 많은 냉장식품의 유통기간을 늘리기 위해 벌크포장과 소분포장에 이용한다. 미국에서는 생파스타, 제빵제품, 조리된 가금류 제품, 조리된 달걀제품, 생선, 조리된 생선, 해산물, 샌드위치, 생고기, 채소 같은 제품에 이용한다. 보통은 약간의 산소와 함께 CO_2와 N_2를 혼합한 가스가 붉은 고기의 포장 시에 이용된다. 일반적으로 혼합가스의 조성은 각 제품에 맞게 만들어진다. 생고기에서는 75% CO_2, 15% N_2, 10% O_2의 조성이 일정기간 동안 *Pseudomonas fragi*의 증식을 효과적으로 저해하는 것이 발견되었다. CO_2 단독으로 치환된 제품은 주로 *Leuconostoc*속과 *Lactobacillus*속 같은 유산균에 의해 우점된다. N_2와 CO_2가 함께 사용될 때는 유산균과 더불어 *Bro. thermosphacta*, *Enterobacteriaceae*, 몇몇 곤봉모양의 균(coryneforms)이 발견된다. 약간의 산소가 존재할 경우에는 유산균, *Bro. thermosphacta*, *Enterobacteriaceae*, *Pseudomonas*속이 분리되었다. 제품에 따라서 저장기간은 다른데, 신선제품의 경우는 4주 또는 그 이상이며 가공제품은 8주 또는 그 이상이다.[2,4]

37.6 결론

환경의 산화환원전위(O-R potential)를 감소시키기 위한 수정된 공기의 사용은 식품에서 주로 호기성 미생물의 증식을 억제하기 위한 방법으로 광범위하게 이용되어 왔다. 그러나 통성혐기성균과 (편성)혐기성균은 호기성균과의 경쟁이 없어지기 때문에 특권을 얻을 수 있게 된다. 이들 역시 몇몇 화학적 보존제 같은 다른 방법들과 병용될 경우 산화환원전위가 줄어든 식품에서 억제될 수 있으며, 이는 제38장에서 다루게 된다.

학습문제

1. 식품 저장에서 공기환경의 변화를 위해 이용되는 방법을 기술하시오.
2. 식품에 이용되는 MAP 방법에서 항미생물 작용의 기작에 대해 설명하시오.
3. MAP 식품에서 미생물의 증식을 저해하거나 영향을 미치는 서로 다른 요인들에 대해 설명하시오.
4. 진공포장과 가스치환 식품의 저장 중에 자랄 수 있는 우점종의 미생물을 나열하시오.
5. MAP 식품과 관련이 있는 주요 미생물들은 무엇이며, 이를 어떻게 해결할 수 있는지 설명하시오.
6. *Lis. monocytogenes*는 진공포장의 저열 처리된 냉장육제품의 섭취로 발생되는 식품유래 질병

과 밀접한 관계가 있으며, 이들 제품은 *Leuconostoc*속에 의한 발효가스로 인해 부패된다. 열에 민감한 이 세균들이 적절히 열처리된 포장제품의 부패와 건강악화에 어떤 관련성이 있는지 간단히 설명하고, 이러한 문제점을 줄일 수 있는 방법론을 제시하시오.

참고문헌

1. Church, I.J. and Parsons, A.L., Modified atmosphere packaging technology: A review, *J. Sci. Food Agri.*, *67*, 143–152, 1995.
2. McMillin, K.W., Where is MAP going? A review and future potential of modified atmosphere packaging for meat, *Meat Sci.*, *80*, 43–65, 2008.
3. Artes, F., Gomez, P.A., and Artés-Hernández, F., Modified atmosphere packaging of fruits and vegetables, *Stewart Postharvest Rev.*, *2*, 1–13, 2006.
4. Fletcher, G.C., Advances in vacuum and modified atmosphere packaging of fish and crustaceans. In *Advances in Meat, Poultry and Seafood Packaging*, Kerry, J.P., Ed., Woodhead Publishing, 2012, pp. 261–297.
5. Zhou, G.H., Xu, X.L., and Liu, Y., Preservation technologies for fresh meat: A review, *Meat Sci.*, *86*, 119–128, 2010.
6. Rodriguez-Aguilera, R. and Oliveira, J., Review of design engineering methods and applications of active and modified atmosphere packaging systems, *Food Eng. Rev.*, *1*, 66–83, 2009.

제38장

항미생물 보존제와 박테리오파아지에 의한 제어

38.1 서론

자연적으로 존재하거나 가공 중에 생겨나거나 혹은 합법적으로 첨가된 성분과 같은 많은 화학 성분들은 미생물을 죽이거나 식품 내에서 그들의 증식을 제어할 수 있다. 이런 성분들은 항미생물 억제제나 보존제로 사용된다.[1~3] 달걀 흰자의 라이소자임이나 감귤류의 유기산과 같은 일부 자연적으로 생성되는 보존제는 항미생물 작용에 충분한 양이 존재한다. 유사하게, 요거트 발효 시 생성되는 젖산과 같이 몇몇 항미생물제는 식품가공 중에 원하지 않는 미생물의 증식을 억제하기에 충분한 양이 형성된다. 그러나 우유(13 mg/100 ml)의 라이소자임과 일부 유산균 발효제품의 디아세틸 같이 자연적으로 생성되거나 만들어지는 다른 성분들은 그 양이 충분하지 못하며 항미생물 작용에 필수적이지 않다. 많은 식품첨가물 가운데 몇 가지는 미생물에 대한 식품보존에 사용되고(아질산염, NO_2, 특히 *Clostridium botulinum* 포자의 발아 제어), 반면 다른 것들은 주로 식품의 기능적 특징을 향상시키기 위해 첨가된다(butylhydroxyanisol, BHA, antioxidant 등). 일부 보존제는 기원전 6000년 전부터 사용되었다. 예를 들어, 생선과 육류의 염장 시 굽기와 양조 과정 동안 주위 환경과 기계의 살균을 위해 황을 태워 이산화황 가스를 생산하거나 생선과 육류의 훈연 시 식품에 첨가되는 향신료, 허브, 산, 알코올도 포함된다.

식품의 부패와 식품매개 질병에 있어서 미생물 역학이 발견됨에 따라 1900년대 후반부터 많은 화학물질들이 식품에서 미생물을 제어하기 위해 도입되었다. 화학물질의 인체에 대한 안전성은 식품에 첨가되기 이전에는 검사되지 않았으며, 일부 화학물질이 인체에 유해함이 이후에 확인되었다. 미국 소비자 보호를 위해, 1958년 식품첨가물 법안이 통과되었다(부록 C 참조). 이 법안에 따르면 보존제나 다른 첨가물 사용을 원하는 식품가공은 제조 이전에 권고된 절차에 의해 안전성을 입증해야 한다. 이 법안은 오랫동안 사용된 물질, 안전하다고 확인된 물질, 안전한 것으로 간주되는 물질(GRAS)들에 대해서는 면제를 허락했다.

최근 몇 년간, 오랫동안 다양한 음식에 사용된 보존제들과 첨가제들의 인류건강에 대한 효과가 의심되고 있다. 대부분이 식품기원이 아니고 일반적으로 식품에 존재하지 않는 수준으로 첨가되며 일부는 합성된 것들이다. 체내에서 다른 보존제들 간의 상호효과와 특히 어린이나 노약자들에게 오랜 기간 동안의 소비에서 누적되는 효과, 상호간 그리고 다른 화학물질(예: 약물)들 간의 상호작용은 아직 확인되지 않았다. 건강을 염려하는 많은 소비자들은 식품에 일반적으로 존재하지 않거나 아주 낮은 농도로 식품에 첨가되는 어떤 보존제도 포함하지 않은 식품에 관심을 가지게 되었다. 이것은 결과적으로 식물과 동물에서 자연적으로 가지고 있거나 혹은 발효식품에 사용되는 안전한 식용 미생물이 생산하는 보존제를 찾게 되었다. 이것들은 생보존제로 지정되었고[2] 이 일부는 항상 보존제로 사용되지는 않더라도 오랜 기간 식품에 사용되어오고 있으며 안전함이 확인되었고(such as lactic, acetic, and propionic acids), 다른 것들은 방부제로 직접 사용되지 않는다. 비록 대부분이 알지 못하고 부정적인 효과 없이(젖산 세균의 박테리오신처럼) 식품을 통해 소비되고 있지만, 아마도 식품에 사용되기 전에 안전을 위한 검사와 정기적 승인이 되어왔을 것이다.

38.2 목적

화학적 항미생물제는 원하지 않는 미생물을 죽이거나 그들의 증식을 막거나 지연시키기 위해서 식품에 상대적으로 적게 사용된다. 다른 미생물에 대한 이 항미생물제의 효과는 매우 다르다(광범위한 약효). 일부는 많은 미생물에 대해 효과적이지만, 다른 것들은 곰팡이와 효모 혹은 일부 세균(좁은 영역)에 대해 효과를 나타낸다. 마찬가지로 일부 화합물은 그람양성 또는 그람음성균, 또는 세균 포자, 또는 바이러스에 대해 효과적이다. 미생물을 죽일 수 있는 특정 그룹에 대해 특이적으로 작용하는 능력에 따라서 살균제(모든 종류를 죽임), 살진균제, 항미생물제, 포자 박멸제, 바이러스 박멸제로 지정된다. 미생물의 증식을 억제하거나 지연시키는 것들은 제균 작용으로 분류된다. 그러나 대부분의 항미생물제는 식품에 사용되는 조건 하에서, 오랜 저장 기간 동안 모든 미생물을 완전히 죽이거나 증식을 막을 수 없다. 그것들은 영향을 받을 수 있다.

38.3 영향인자

항미생물 특성, 식품 응용에 대한 적합성 및 규정 요구 사항을 충족할 수 있는 능력을 기반으로 한 여러 가지 요인들이 식품 보존제로 항미생물 요소들의 적합성을 평가를 고려하는 데 필요하다.[1,3,4] 항미생물 특성과 관련해서 유효 미생물의 증식을 제어하는 것보다 죽이는 성질을 더 선호한다. 유사하게 작은 영향력을 갖는 것과 비교해서 광범위한 항미생물력을 갖는 성분이 식품 응용에 더 적합하며 다양한 식품의 주요 미생물에(즉 곰팡이, 효모, 세균 및 바이러스) 대해서 효과적이다. 또한 식물 세포뿐만 아니라 포자에 대해 효과적인 화합물을 선호한다. 마지막으로, 개발된 내성종은 사용하지 않는다. 대부분의 화합물은 이러한 모든 요구사항을 충족하지 않는다. 수차례 억제 효과를 높이기 위해 하나 이상의 화합물 조합이 사용된다. 게다가 식품 환경은 여러 종류의 미생물의 증식을 제한할 수 있다. 이러한 상황에서, 효과적으로 문제의 미생물 증식을 제어할 수 있는 보존제가 단독으로 사용된다.

식품의 제조에 적용하려면, 화합물은 원하는 항미생물적 특성을 가지고 있어야 할 뿐만 아니라 음식의 일반적인 질(질감, 맛, 또는 색상)에 영향을 미치지 않아야 한다. 보존제는 식품 성분과 상호작용하거나 비활성 상태가 되어서는 안 된다. 그것은 식품의 저장 시 pH, A_W, Eh와 저장온도에서 높은 항미생물성을 가지고 있어야 하며 식품의 저장 기간 동안 안정적이어야 한다. 마지막으로, 경제적이며 쉽게 사용할 수 있어야 한다.

규제 요구 사항은 식품 시스템의 항미생물 요소에 대한 기대 효과를 포함한다. 보존제는 낮은 농도에서 효과적이어야 하며 식품의 결함(예: 저하된 품질과 부패)을 감추면 안 된다. 가장 중요한 것은 인간이 섭취 시 안전해야 하며 마지막으로 소비자가 요구할 시 식품에서의 목적을 나타내는 표시가 제시되어야 한다.

38.4 항미생물적 보존제의 예

식품은 세 가지 방법으로 항미생물 화합물을 가질 수 있다. 자연적으로 존재하거나 처리하는 동안 형성이 되거나 혹은 가공 시 첨가물로 추가될 수 있다. 항미생물제는 동물, 식물 또는 미생물 기원 또는 기타 식품등급 화학물질일 수 있다. 이것들은 GRAS(Generally Recognized As Safe)로 등록이 된 것들이나 관리 기관의 승인을 받아야 한다. 이러한 물질들의 일부는 항미생물적 보존제로 특별히 추가되는 반면, 다른 것들은 항미생물적 특성을 가지고 있음에도 불구하고 다른 이유로 추가되며 이런 그룹은 간접적 항미생물 보존제라고 불린다. 이 장에서는 항미생물 효과, 작용 방식, 식품에서 일부 무기물의 사용과 식품에 첨가되는 유기농 항미생물제의 사용이 간단하게 논의되었다. **표 38.1**과 **표**

표 38.1 식품에 사용되는 일부 항미생물성 화학 보존제[a]

아세트알데히드	이산화탄소와 일산화탄소	라우르산	산화프로펠렌
아세트산	디하이드로아세트산	리소자임	프로필몰식자산염
아스코르브산	디아세트산	말산	연기
박테이로신	디아세틸	브롬화메틸	염화나트륨
벤오밀	디에틸카보네이트	모노라우린	소르브산
벤조산	디페닐	나타마이신	향신료
베타프로피오락톤	에틸알코올	아질산염과 질산염	숙신산
BHA, BHT와 TBHQ	에틸포메이트	파라벤	자당
보릭산	EDTA	퍼옥시아세트산	아황산염과 이산화황
카프릭산	산화에틸렌	폴리아세트산	테트라싸이클린
키토산	과산화수소	프로피온산	티아벤다졸
시트르산	젓산	폴리필렌 글리콜	티로신

[a] 모두가 미국에서 허가된 것은 아님. 표 38.2는 미국 FDA에서 승인된 보존제.

표 38.2 식품에 사용가능한 미국 FDA 승인 항미생물성 화학 보존제

화합물	대상미생물	허용된 식품
Acetic acid, acetates, dehydroacetic acid	효모, 세균	구운식품, 양념, 과자, 낙농제품, 지방과 오일, 고기, 소스
Benzoic acid, benzoates	효모, 세균	음료, 과일제품, 마가린
Dimethyl dicarbonate	효모	음료
Lactic acid, lactates	세균	고기, 발효식품
Lactoferrin	세균	고기
Lysozyme	*Clostridium botulinum*, 기타 세균	치즈, 프랑크소시지 케이싱, 조리된 고기와 가금육
Natamycin	곰팡이	치즈
Nisin	*Clostridium botulinum*, 기타 세균	치즈, 프랑크소시지 케이싱, 조리된 고기와 가금육
Nitrite, nitrate	*Clostridium botulinum*	숙성육
Parabens	효모, 곰팡이	음료, 구운식품, 시럽, 건조소시지
Propionic acid, propionates	곰팡이	빵과 낙농제품
Sorbic acid, sorbates	효모, 곰팡이, 세균	대부분의 식품, 음료, 와인
Sulfites	효모, 곰팡이	과일, 과일제품, 감자제품, 와인

출처: Anonymous, *Comp. Rev. Food Sci. Food Safety*, *5*, 71–137, 2006; Weiss, J.et al., *Global Issues in Food Science and Technology*, B.-C. Gustavo, M. Alan, L. David, S.Walter, B. Ken, and Paul, C., Eds., Academic Press, San Diego, pp. 425–479, 2009

38.2는 식품에 사용되는 항미생물 방부제(직접 또는 간접적으로)를 나타내었다.[5,6]

38.5 식품등급 화학제

38.5.1 질산염(Nitrates)과 아질산염(Nitrites)

나트륨($NaNO_2$)과 칼륨 아질산염(KNO_2)은 또는 나트륨($NaNO_3$) 및 칼륨 질산염(KNO_3) 육류에서 보존물질로 사용된다.[7] NaCl과 함께 아질산염, 설탕, 향신료, 아스코르브산염, 그리고 에리소르빈산염을 포함하는 보존 물질은 열 가공 육류, 가금류 및 어류가공품서 *Clo. botulinum*에 의한 증식과 독소 생산을 제어하는 데 사용되는 것이 허가되었다. 질산염과 아질산염은 또한 몇몇 유럽국가에서 *Clo. butyricum*과 *Clo. tyrobutyricum*에 의한 일부 치즈의 가스분출을 제어하는 데 사용된다. 아질산염의 항미생물 작용 기작은 제대로 이해되지 않았지만, 일부 식물 세포의 효소와 발아 중인 포자, 철의 세균

사용 제한 및 막 투과성 방해하여 운반을 제한하는 것과 같은 몇 가지 가설이 나오고 있다. *Clostridial* 종뿐만 아니라, 아질산염은 200 ppm 농도로 *Staphylococcus aureus, Escherichia, Pseudomonas, Enterobacter* spp.(포도상구균, 대장균, 슈도모나스, 그리고 엔테로박터 종들)를 어느 정도까지 억제하지만 *Lactobacillus*와 *Salmonella* serovars는 이 농도의 이산화질소(NO_2)에 저항성을 보인다.

이산화질소의 항미생물 효과는 환원제(예를 들면, 아스코르브산염, 에리소프빈산염 및 시스테인) 및 소르베이트(sorbates)의 존재할 때 낮은 pH(pH 5.0~6.0)에서 향상된다. 현재 미국에서 이산화질소의 규제 한도는 156 ppm이지만, 다른 나라에서는 다양하다. 이 양은 다른 환원제와 이산화질소를 보충하거나 소르베이트에 의해 감소될 수 있다. 이산화질소의 효과는 낮은 Eh에서 수분활성도(A_W)를 줄임으로써도 향상된다. 저장된 육류 제품에서 이산화질소는 가열 과정 동안 미오글로빈과 작용해서 니트로실 헤모크롬(nitrosyl hemochrome)의 붉은 색상을 형성한다. 베이컨에서 아질산염은 니트로소아민(nitrosoamines)과 같은 발암성 화합물의 형성을 유도할 수 있다. 이 때문에 저열가공육류 가공물에서 *Clo. botulinum*를 제어하기 위해 이산화질소의 사용을 줄이거나 다른 보존제를 사용하는 경향이 있다.

38.5.2 이산화황(Sulfur Dioxide, SO_2)와 아황산염(Sulfites, SO_3)

이산화황, 아황산나트륨(Na_2SC_3), 이황화나트륨($NaHSO_3$) 그리고 메타중아황산나트륨($Na_2S_2O_5$)은 부드러운 과일, 과일주스, 레몬주스, 음료, 와인, 소시지, 피클, 신선한 새우에서 미생물(곤충)을 제어하는 데 사용된다.

현재, 미국에서는 비타민 B_1을 파괴하는 이유로 육류에 사용을 허용하지 않는다. 이것들은 박테리아보다 곰팡이와 효모에 대해 더 효과적이며 세균들 중 호기성 그람음성 간상체 균들에게 가장 효과적이다. 항미생물 작용은 해리되지 않은 아황산에 의해 생성되어 빠르게 세포 안으로 들어가서 구조 단백질, 효소, 공동인자뿐만 아니라 다른 세포 구성요소 내의 티올기 그룹과 함께 작용한다. 낮은 pH($\leq$4.5)와 낮은 수분활성도에서 살균제의 효과가 더 확연하게 나타난다. 박테리아에서는 높은 pH($\geq$5.0)가 효과적이지만, 세균의 발육 억제는 낮은 농도에서 그리고 살균는 높은 농도 효과적이다. 식품에 사용할 수 있는 농도는 나라마다 다르다. 미국에서 200~300 ppm이 일반적 항미생물에 허용된다.

이산화황와 아황산염은 갈변을 방지하기 위해 신선하고 말린 과일 및 채소(샐러드)에 사용된다. 그러나 호흡기 문제를 가진 사람들은 아황산염에 의해 심각한 알레르기 반응이 나타날 수 있으니 식품 표시에 아황산염의 존재를 표시해야 할 필요가 있다.

38.5.3 과산화수소(H_2O_2)

과산화수소 역시 미생물 발효 동안 생산이 되며 식품보존제로 사용된다(제17장 참조). 과산화수소 용액(0.05%~0.1%)은 치즈 가공(열 안정 효소를 생산하는 psychrotrophic 그람음성균의 증식을 제어하는)에 사용되는 생유, 저온 살균에 의해 *Salmonella*에 의한 변질이 촉진되는 액상란, 식품의 무균 포장에 사용되는 포장 재료 및 식품 가공 장비에 항미생물 요소로 사용된다. 생유와 액상란에서 과산화수소분해효소(catalase)는 저온 살균 전에 과산화수소를 물과 산소로 가수분해하기 위해 사용된다. 과산화수소는 강한 산화 요소이며 살균작용은 이 속성과 연결되어 있다(제17장 참조).

최근 H_2O_2는 저칼로리 식품에 사용하기 위해 짚에서 변형 식물 섬유 밀가루를 생산하는 데 쓰이며 곡물, 초콜릿, 인스턴트 차, 생선, 소시지 포장, 식품의 표백과 색상 향상, 와인에서 아황산염을 줄이는 데 사용되고 있고, 앞으로 식품에서의 과산화수소 사용은 더 증가할 것이다.

38.5.4 에폭사이드[산화에틸렌(Ethylene Oxide), 프로필렌산화물(Propylene Oxide]

산화에틸렌과 프로필렌 산화물은 곡물, 코코아 가루, 잇몸, 견과류, 말린 과일, 향신료, 그리고 포장 재료에서 미생물(곤충)을 제거하는 훈증제로 사용된다. 이것들은 세포, 포자, 그리고 바이러스에 대해 살균력이 있고 효과적이며 그 중 산화에틸렌이 더 효과적이다. Epoxides은 alkylating agents로 세포 고분자의 다양한 그룹(예: $-SH, -NH_2$ 및 $-OH$), 특히 구조 단백질과 효소와 작용해서 악영향을 미칠 수 있다. 그들은 식품 속의 다른 염화물과 반응을 해서 독성 물질을 형성할 수 있고 처리된 식품에 잔류물로 남아 있을 수 있다. 그것들이 높은 농도로 잔유물이 남아 있을 시 그 물질에 민감한 사람들에게 독성을 나타낼 수 있다.

38.5.5 유기산

아세트산, 피오피온산, 젖산, 구연산, 벤조산 및 소르브산은 제17장과 36장에서 설명되었다. 유기산은 미생물 발효 동안 생산이 된다; 그러나 산업적 규모에서의 다수의 유기산의 생산의 생산을 위해서는 추가적인 최적화가 요구된다.[8]

38.5.6 파라벤

p-hydroxybenzoic 산의 메틸 및 프로필 에스테르는 제36장에서 설명되었다.

38.5.7 디아세틸

디아세틸은 제17장에서 설명되었다.

38.5.8 이산화탄소

이산화탄소는 제37장에서 설명되었다.

38.5.9 Butylated Hyfroxyanisol(BHA), Butylated Hydroxytoluene(BHT), t-ButylHydroquinone(TBHQ)

BHA, BHT, TBHQ는 불포화지방의 산화를 지연시키는 항산화제로 200 ppm 이하의 농도로 주로 사용된다. 게다가 항미생물 특성을 가지고 있어서 간접 항미생물제로 간주될 수 있다. 50~400 ppm의 농도에서 BHA는 많은 그람양성과 그람음성균의 증식을 억제하지만, 일부 종은 저항성을 나타낼 수 있다. 또한 이것들은 곰팡이 및 효모의 증식에 의한 증식과 독소 생산을 효과적으로 방지하지만, 그 중 BHA가 가장 효과가 좋다. 항미생물 작용은 세포막과 효소에 미치는 부정적 효과에 의해 생성된다. 항미생물 효과는 소르베이트가 존재할 때 증가하지만, 높은 지방과 낮은 온도의 식품에서 감소된다.

38.5.10 모노라우린(Glycerol Monolaurate)

모노라우린(monolaurin), 라우르산과 글리세롤의 에스테르는, 식품에서 검사된 다른 라우르산의 종류 중에서 더 효과적인 살균 요소 중 하나이다. 살코기, 닭고기 소시지, 저민 어류와 기타 식품에서 바람직하지 않은 세균, 특히 혐기성인 것에 대한 효과가 관찰되었다. 그 효과는 *Bacillus* spp. 포자의 열 불활성화를 향상시킨다. 지방친화성 화합물의 항미생물 속성은 젖산, 소르베이트, 아스코르브산염과 니신과 함께 향상되지만, 녹말과 단백질성 화합물에 의해 감소될 수 있다. 모노라우린과 함께, 몇몇 항곰팡이 화합물의 진균의 증식을 억제하는 활동이 향상된다. 막의 기능을 불안정하게 하는 능력을 통해 모노라우린의 항미생물 활성이 나타난다. 낮은 농도에서, 영양소의 사용을 방해하여 세균 발육을 억제한다. 그것은 음식의 맛에 영향을 주지 않는 500 ppm까지 사용할 수 있다.

38.5.11 Ethylene-Diamine-Tetraacetate(EDTA)

나트륨 및 EDTA의 칼슘염은 100 ppm으로 식품의 품질에 미치는 부정적 영향을 방지하기 위해 추적 금속 킬레이트 (배위 결합하여 고리 모양을 이루는) 식품에 사용하는 것이 승인되었다. 저용량(5,000 ppm으로)에서 EDTA는 독성 효과가 없게 나타난다. 대부분 흡수되지 않은 채로 GI를 통해 전달된다. 자체적으로, EDTA는 많은 항미생물 효과가 없을 수 있으나, 이가의 양이온을 킬레이트(중심 금속 원자와 배위 결합하여 고리 모양을 이루는)하는 기능 때문에, 그람음성균의 외부 막의 장벽 기능과 어느 정도까지는 그람양성균의 세포벽의 기능을 불안정하게 할 수 있다. 이러한 방법으로, 다른 화학물질의 항미생물 작용, 특히 표면 활성 화합물, 항산화, lysozymes, 그리고 박테리오신과 같은 막활동을 향상시킨다. 또한 EDTA는 *Clo. botulinum*의 포자의 발아와 증식을 억제시킨다. 식품 환경(예: 유제품)에서 이가의 양이온의 존재 시에 EDTA의 효과는 크게 감소된다.

38.6 미생물유래 항미생물제[1~4]

38.6.1 유산균의 박테리오신

식품보존제로서의 식품등급 유산균의 박테리오신은 니신, 페디오신 AcH 및 루데린과 루테린 적용에 대한 참고문헌과 함께 제17장에서 언급된다.

38.6.2 Natamycin

*Streptomyces natalensis*가 생산하는 미세 꺼풀인 나타마이신(natamycin)은 광범위한 항진균제이다. 양친매성이기에 박테리오신보다 물에 대한 용해도가 낮다. 일부 치즈, 소시지, 원료 땅콩 표면에

서 곰팡이 증식과 곰팡이 독소의 형성을 방지하기 위해 담그거나 스프레이로의 사용은 세계보건기구(WHO)의 전문가위원회에 의해 승인되었다. 관례상 500 ppm으로 사용되며, 이 농도는 제품 표면에서 검출 가능하나 안전한 수준이다. 또한 딸기, 크랜베리, 라즈베리와 같은 과일의 곰팡이 성장에도 효과적이다. 나타마이신은 곰팡이 세포막의 에르고스테롤에 결합하여 막 투과성, 필수 이온의 누출 및 세포 용해를 증가시킨다. 세균은 막에 스테롤이 없기 때문에 나타마이신에 효과가 없다.

38.6.3 Tylosin

*Streptomyces*가 생산하는 미세 꺼풀인 Tylosin은 단백질 합성을 억제하며 그람음성균보다 그람양성균에 더 효과적이며 발아된 내생포자의 생장을 억제하는 살균성 항생제이다. 높은 열 저항성 때문에 낮은 산성을 가진 통조림 제품에서 포자균의 증식 제어효과를 확인하기 위해 낮은 농도(1 ppm)에 의한 효과를 연구하고 있다.

38.6.4 Polylysine

Polylysine은 *Streptomyces actinomycetes*에 의해 생산되며 *Listeria monocytogenes*, *Salmonella*, *Escherichia coli* O157:H7 및 곰팡이를 포함한 그람양성균 및 그람음성균을 억제한다. Polylysine은 열 안정성(100°C 100분 또는 120°C 20분)이며 광범위한 pH에서 활성이며 수용성이며 음식 맛에 영향을 미치지 않는다. 일본에서 식품 방부제로 널리 사용된다.

38.7 동물유래 항미생물제[1,3]

38.7.1 키토산

다가 양이온성 고분자인 키토산[poly (β-1,4)-2-amino-2-deoxy-D-glucopyranose]은 갑각류와 절지동물과 같은 갑각류의 껍질에서 키틴을 알칼리 가수분해하여 얻는다. 세균, 효모 및 곰팡이를 억제하고 세포벽 및 세포막 기능을 불안정하게 만든다. 인간의 소비에 안전하다. 유통기한을 개선하기 위해 제품 제형에 직접 적용하고 제품 표면의 미생물 성장을 방지하기 위해 포장 필름에 직접 적용하는 것을 포함하여 식품에 많은 응용 분야가 있다. 물에 대한 용해도가 낮다. 따라서 식품가공 시 사용하기 위해 유기산(아세트산 또는 젖산)에 용해된다. 산성 조건은 키토산을 가수 분해 할 수 있으므로 변형된 수용성 안정 유도체가 개발되었다. 계란의 키토산 코팅은 *Salmonella* Enteritidis, *Esc. coli* 및 *Lis. monocytogenes* 성장을 방지한다. 에센셜 오일 및 니신과 함께 준비된 키토산 기반 식용 포장 필름은 *Lis. monocytogenes* 및 *Esc. coli* O157:H7의 성장으로부터 육류 표면을 보호한다.

38.7.2 Lysozyme

효소 라이소자임(muramidase의 하나)은 계란 흰자와 조개(굴과 조개)와 같은 일부 식품에 대량으로 존재할 뿐만 아니라 우유와 일부 식물 조직에도 적은 양이 존재한다. 사람의 타액과 기타 체액에도 풍부하다. 효소 라이소자임은 그람양성과 그람음성균의 세포벽에 존재하는 peptidoglycan 층(N-acetylmuramic acid와 N-acetyl-glucosamine 사이의 β-1,4 결합)을 가수분해한다. 그람음성균에서 세포벽은 중간층에 위치해 있으며, 라이소자임은 외부막이 화학 물질(예: EDTA)과 물리적 스트레스(예: 동결 또는 가열)로 인해 장벽기능이 불안정해진 경우에만 효과가 있다. 항미생물 효과는 세포의 용해에 의해 나타난다. 라이소자임은 pH 6.0~7.0과 0.01%~0.1%의 농도에서 가장 효과적이다. 그것은 그람양성균을 제어하고 EDTA 및 기타 유사한 화합물과 그람음성균을 제어하는 데 직접 사용될 수 있다. Lysozyme은 원하지 않은 젖산 세균의 증식을 방지하기 위해 와인(sake)에 사용된다. Lysozyme은 참치와 연어제품의 *Lis. monocytogenes*을 제어하기 위해 사용된다.

38.7.3 Lactoferrin

철분결합 당단백질인 락토페린은 우유뿐만 아니라 사람과 동물의 조직과 체액에도 자연적으로 존재한다. 락토페린은 세균과 바이러스 병원체에 대한 광범위한 항미생물 효과가 있다. 또한 락토페린은 인간과 동물의 경우 면역 기능, 장 증식을 조절하고 철분 흡착을 촉진한다. 항미생물 작용은 OM을 손상시키는 그람음성균의 외막과 같은 세균 표면에 대한 결합에 달려 있다. 락토페린은 철분에 대해 강한 친화력을 가지고 있어 세균 대사에 사용할 수 없어 세균 증식을 방지한다. 현재 다양한 육류 제품에 사용하도록 USDA-FSIS의 승인이 되어 있다.

38.7.4 Lactoperoxidase

Lactoperoxidase는 효소(당단백질)이며 원유, 초유, 타액 및 눈물에 자연적으로 존재한다. 락토페록시다제의 항미생물적 활성은 과산화수소(H_2O_2)의 존재하에 우유에 존재하는 티오 시아네이트(SCN−)를 산화시켜 하이포티오시아네이트(OSCN−) 및 하이포티오시안산(HOSCN)을 형성함으로써 매개된다. OSCN− 및 HOSCN은 모두 소고기, 야채 주스, 우유 및 액체 전란과 같은 식품에서 *Staphylococcus aureus*, *Lis. monocytogenes*, *Esc. coli* O157:H7, *Salmonella* 및 *Yersinia enterocolitica*를 포함한 병원균에 대한 항미생물 활성을 가지고 있다.

38.7.5 Ovotransferrin

콘알부민으로도 알려진 Ovotransferrin은 달걀흰자에 존재하는 당단백질로 항미생물 활성도 가지고 있다. Ovotransferrin은 메탈로프로테아제이며 철에 대한 친화력이 강하여 세균이 철을 사용하지 못하도록 한다. 또한 Ovotransferrin은 광범위한 부패 및 병원성균에 대해서도 효과적이다. 계란 알부민은 특정 소비자에게 알레르기를 유발하기 때문에 식품보존제로 널리 사용되는 것이 제한될 수 있다.

38.7.6 Protamine

프로타민은 연어에서 추출한 양이온성 펩타이드다. 프로타민은 그람양성균과 그람음성균 및 곰팡이에 대해 광범위한 스펙트럼을 보인다. 항미생물 활성은 세균의 생육 동안 세균의 음으로 하전된 표면에 대한 프로타민의 강력한 전기 친화력에 의해 야기된다. 프로타민은 *Lis. monocytogenes*, *Clo. botulinum*, *Brochothrix thermosphacta* 및 *Esc. coli*에 매우 우수한 항균활성을 보이는 것으로 밝혀졌다.

38.7.7 Pleurocidin

Pleurocidin은 척추동물과 무척추동물의 점막 및 골수 조직에 존재하는 폴리펩타이드이다. Pleurocidin은 넙치(물고기)의 껍질에서 분리되었으며 *Lis. monocytogenes* 및 *Esc. coli* O157:H7을 포함한 그람양성 및 그람음성균에 대해 광범위한 활성을 가지고 있다. Pleurocidin은 척추동물과 무척추동물의 점막 및 골수 조직에 존재하는 폴리펩타이드이다. 넙치(물고기)의 껍질에서 분리되었으며 *Lis monocytogenes* 및 *Esc coli* O157:H7을 포함한 그람양성 및 그람음성균에 대해 광범위한 활성을 가지고 있다. Pleurocidin은 내열성, 내염성, 무독성이다.

38.7.8 Defensins

Defensins는 상피세포와 면역세포에 의해 생성되는 양이온성 항미생물펩타이드이며 포유류, 곤충 및 조류의 자연 면역을 담당한다. Defensins는 세균, 바이러스 및 곰팡이에 대해 광범위한 항미생물 작용을 가지고 있다. 꿀벌 디펜신은 두 개의 펩타이드인 디펜신 1과 2로 존재한다. Defensin 1은 타액선에서 합성되며 사회적 면역을 담당하고 defensin 2는 혈림프(hemolymph)에 의해 합성되며 개별 면역을 담당한다.[4]

38.8 식물유해 항미생물제

38.8.1 허브와 향신료[4,9,10]

식물성 허브와 향신료를 식품에 첨가하여 풍미와 향을 향상시키며 항미생물 작용을 한다. 항미생물 활성은 주로 식물 에센셜 오일(EO)과 관련이 있다. 식물 에센셜 오일(EO)은 최대 45개의 서로 다른 성분으로 구성된 복잡한 혼합물이며 활성 성분은 구조에 따라 (i) 테르펜, (ii) 테르페노이드, (iii) 페닐프로펜, (iv) 및 기타로 구분된다. 에센셜 오일은 일반적으로 그람음성균보다 그람양성균을 더 억제한다. 그람음성균 외막의 지질다당류(LPS)는 활성 성분이 박테리아와 상호 작용하는 장벽을 생성한다. 에센셜 오일에서 페놀화합물의 항미생물 작용은 농도에 따라 다르다. 저농도에서 페놀은 에너지 생산과 관련된 효소 활동에 영향을 미친며 고농도에서는 단백질 변성을 유발한다. 에센셜 오일은 세포막 투과성을 변경하여 내부에서 거대 분자를 손실하고 전자 수송, 영양소 흡수, 단백질 및 핵산 합성, 효소 활동과 같은 막 기능을 방해한다.

EO의 항균 활성은 잎(세이지, 로즈마리, 바질, 오레가노, 타임, 마조람), 꽃 또는 새싹(정향), 구근(양파, 마늘), 씨앗(육두구, 회향, 파슬리, 포도씨 등), 과일(후추와 카 다몬), 껍질과 표피(계피, 레몬)에서 추출된다. 일부 활성 성분의 예는 계피의 신남 알데히드; 정향, 올 스파이스 및 계피의 유제 놀(2-methoxy-4-allyl phenol); 고수풀에 있는 linalool; 마늘의 알리신; 석회에서 리모넨; 오레가노 및 백리향의 티몰(더 많은 화합물 및 항균 스펙트럼은 **표 38.3** 참조). 그들의 정균 및 진균 특성은 활성제에 따라 다르다. 그것들이 식품의 향료로 사용 시 소량 사용되기 때문에 항미생물 효과가 없을 것이다. 그러나 항미생물 성분인 올레오레진(oleoresins) 또는 에센셜 오일을 사용 시 더 높은 농도로 사용할 수 있다.

마늘, 양파, 생강, 양배추, 방울 양배추, 당근 등의 항미생물적 특성 때문에 천연 보존제로 사용할 수 있다는 관심을 불러일으키고 있다. "천연" 또는 "친환경" 항미생물 화합물을 식용 식물 및 향신료와 같은 식품 보존제로 사용하는 것에 대한 관심이 증가하고 있으며 식품 및 음료에서의 전달 및 효능을 결정하기 위한 추가 연구가 진행 중에 있다.

표 38.3 향신료와 식물추출물에 있는 활성성분의 항미생물 스펙트럼

필수오일의 활성성분	향신료 또는 식물의 공통 이름	항미생물 스펙트럼
Thymol, eugenol	바질, 산미나라, 백리향, 세이보리	*Erwinia*, *Escherichia*, *Klebsiella*, *Listeria*, *Proteus*, *Pseudomonas*, *Salmonella*, *Shigella Staphylococcus*
Cinnamaldehyde, coumarin	계피	*Bacillus*, *Campylobacter*, *Enterobacter*, *Escherichia*, *Listeria*, *Pseudomonas*, *Salmonella*, *Staphylococcus*
Linalool, decanol	고수	*Candida*, *Listeria*
Eugenol	정행나무과	*Campylobacter*, *Enterobacter*, *Escherichia*, *Listeria*, *Salmonella*, *Staphylococcus*
Cumin aldehyde, terpinen	미나리과 본식물	*Bacillus*
Allicin	마늘	*Candida*, *Escherichia*, *Listeria*, *Salmonella*, *Staphylococcus*
Citronellol, limonene, linalool	카피르라임	*Aspergillus*
Geranial	레몬그라스	*Listeria*, *Staphylococcus*
Limonene, *p*-cymene	라임	*Aspergillus*, *Escherichia*, *Salmonella*
Menthol	메탄올	*Escherichia*, *Micrococcus*, *Salmonella*, *Staphylococcus*
Carvacrol	오레가노	*Candida*, *Escherichia*, *Pseudomonas*, *Staphylococcus*
Carnosic acid, carnosol, rosmadial, rosmaric acid	로즈마리	*Candida*, *Saccharomyces*, *Bacillus*, *Escherichia*, *Staphylococcus*

출처: Adapted from Hyldgaard, M. et al., *Front. Microbiol.*, 3, 12, 2012.

38.8.2 나무 훈연

대부분의 가공 육류 제품과 어류는 히코리, 오크, 단풍, 호두와 마호가니 나무와 같은 단단한 나무를 태워 생성된 연기로 가공된다. 대안으로, 단단한 목제 연기의 증류액으로 얻어진 훈연액 역시 제품의 재료와 함께 사용된다. 훈연 육류, 어류와 치즈 등에 사용되는 주요 이유는 제품에 바람직한 풍미, 질감, 색상을 준다는 것이다. 다른 이점은 훈제 제품, 특히 가열 동안 훈연에 노출된 식품의 긴 저장성이다. 훈연은 여러 가지 다른 타입의 화학물질을 함유하고 있으며 그것은 많은 항미생물 속성을 가지고 식품의 표면을 보증한다. 가장 중요한 항미생물 요소는 포름알데히드, 페놀과 크레졸이다. 가열의 온도와 시간에 따라 수분활성도와 농도 훈연은 세균세포에 세균의 발육을 저지하고 살균을 모두 할 수 있다. 훈연이 약간의 항곰팡이 작용을 가지고 있지만 세균 포자의 생존 또는 발아에 대한 부정적 영향은 가지고 있지 않다. 훈연액은 유사한 조건 하에서, 훈연보다 덜 항미생물적이다. 훈연은 또한 벤조피렌 및 디벤즈안트라센과 같은 일부 화학 물질을 포함하고 있다. 대장암을 줄일 수 있는 권장 사항 중 하나는 훈연 처리 식품의 소비를 최소화하는 것이다.

38.9 박테리오파아지[1,11,12]

박테리오파아지는 세균을 감염시키는 바이러스이다(제14장 참조). 그들은 세균에 대해 매우 특이하며 내부에서 증식하여 세균세포를 용해하거나 번식으로 유지된다. 그들은 현재 살아 있는 동물, 육류, 유제품, 해산물 및 신선한 농산물에서 식인성 세균 병원체 및 부패균을 제어하는 데 사용된다. 그들은 지구상에서 가장 풍부한 형태의 생명체(10^{31} 파아지)이다. 이 바이러스는 매우 작으며(20~200 nm) 꼬리, 다면체, 필라멘트, 다형성 등 모양에 따라 분류된다. 대부분의 바이러스는 꼬리가 달린(96%) 바이러스이다. 전형적인 꼬리 박테리오파아지는 머리, 꼬리 및 꼬리 섬유를 가지고 있다(**그림 38.1**). 머리에는 이중 가닥 또는 단일 가닥 DNA 또는 RNA로 구성되고 캡시드 단백질로 보호되는 게놈이 포함되어 있다. 꼬리는 감염 중에 핵산(DNA 또는 RNA)이 숙주로 전달되는 속이 빈 관이다. 박테리오파아지는 한 박테리아 병원체에서 다른 병원체로 독성 유전자를 옮길 수 있다. 꼬리 섬유는 숙주(세균)와 상호 작용하여 특이성을 제공한다. 박테리오파아지는 인간이나 동물을 감염시키지 않는다. 따

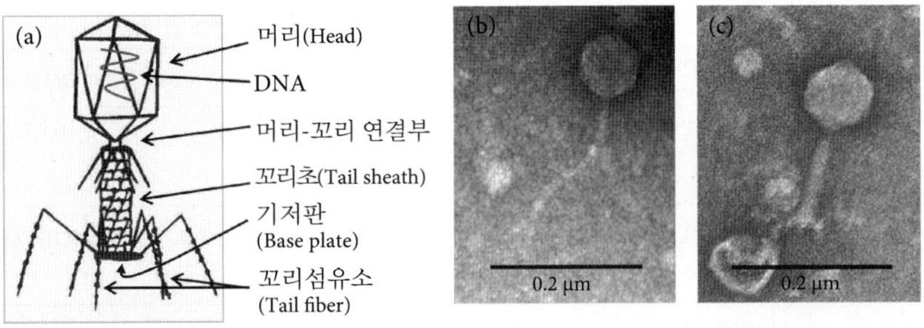

그림 38.1 (컬러 삽입을 보라.) (a) 전형적인 꼬리 박테리오파아지, T4 개략도 및 특별한 대장균의 투과전자현미경 사진(TEM)의 개략도, (b) 시포바이러스(얇은 꼬리), (c) 마이오바이러스(두꺼운 꼬리). (투과전자현미경 사진은 퍼듀대학의 Dr. Paul Ebner 와 Yanying Pan 에 의해 제공됨.)

라서 이들은 세균 감염의 치료, 육류 동물의 병원체 군집화 방지 및 식품 산업에서 사용하기 위한 "생물 방제"로 특히 용해성 박테리오파아지에 적합한 것으로 간주된다. 역사적으로 박테리오파아지는 인간의 다양한 세균성 질병을 제어하는 치료제로 사용되어왔다. 첫째, 인도에서 세균성 이질과 콜레라를 제어하기 위해 파아지를 사용했던 Felix d'Herell이 1919년에 치료 용도로 보고했다. 현재 동유럽 국가, 특히 러시아와 폴란드에서 사용되고 있다. 박테리오파아지는 항생제 내성 세균 균주의 출현으로 인해 현재 매력적인 치료제로 간주되고 있다.

38.10 식품 중 병원성 미생물 제어를 위한 박테리오파아지[11~13]

제14장에서 논의된 바와 같이 박테리오파아지의 수명주기는 (i) 독성 또는 용해성 및 (ii) 온대성 또는 용해성 유형의 두 가지 유형이다. 감염 단계는 초기 부착, 침투(핵산 주입), 잠복기, 성숙, 용해 또는 용원성으로 구성된다(그림 14.3). 부착하는 동안 박테리오파아지 꼬리 섬유는 세균 표면의 특정 수용체와 상호 작용하며 결합은 비가역적이다. 침투 단계에서 바이러스 핵산은 숙주세포에 주입되고 나머지 바이러스 몸체는 남아 있는다. 잠복기에는 DNA가 숙주 게놈으로 통합되고 파아지 게놈의 복제, 바이러스 단백질 전사 및 번역이 발생한다. 성숙 단계에서 새로운 파아지 성분이 조립되고 DNA가 헤드에 포장되고 비리온이 만들어진다. 용해 단계에서 박테리오파아지는 두 가지 용해 효소를 만든다. 세포질 막에 구멍을 형성하는 홀린과 펩티도글리칸(세포벽)을 분해하는 엔도리신을 만든다. 세포가 용해 된 후 모든 성숙된 바이러스가 세균에서 방출된다. 실험실에서 박테리오파아지는 한천 플레이트의 박테리아 세포 잔디에 형성되는 플라크의 수를 기반으로 플라크 형성 단위(PFU)로 계산된다(**그림 38.2**). 전체주기는 1~2시간 동안 지속될 수 있다. Lysogenic 수명주기에서 바이러스 DNA는

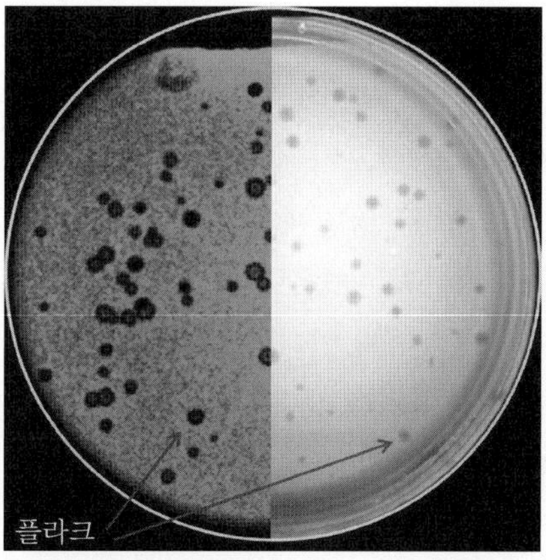

그림 38.2 (컬러 삽입을 보라.) 숙주 세균의 용해를 일으키는 박테리오파아지 매개를 결정하기 위한 플라크 형성 단위(plaque-forming unit, PFU) 분석. S1 용해 파아지에 의해 생물발광 *Pseudomonas fluorescence* 잔디의 용해를 보여주는 플라크. 플레이트의 왼쪽 절반은 생물 발광성 *Pseudomonas* 잔디를 보여주는 광자 계수 카메라로 찍은 것이고 오른쪽 절반은 세포의 명확한 용해를 보여주는 자연광으로 찍은 것이다. (퍼듀대학의 Dr. Bruce Applegate 와 Philip Myer에 의해 사진 제공됨.)

숙주 게놈에 통합되어 바이러스를 생성하거나 세균의 용해 없이 프로파아지(온대파아지)로 유지된다.

식품안전에 박테리오파아지 적용은 (i) 육류 생산 동물의 병원균에 대한 수확 전 제어 및 (ii) 날 또는 가공식품의 수확 후 제어의 두 가지 넓은 영역으로 나뉜다. 수확 전 제어를 위해 박테리오파아지는 가죽이나 깃털에 적용하거나 경구 또는 근육 내로 도입하여 소, 돼지 및 가금류의 병원균 군집화를 방지한다. 파아지 요법의 대상이 된 가장 흔한 병원체는 *Listeria*, *Salmonella*, *Escherichia* 및 *Campylobacter*이다. 수확 후 병원균을 제어하기 위해 파아지가 날고기 또는 가공육(핫도그, 델리 고기)에 적용된다. 훈제 연어, 치즈, 새싹, 상추, 멜론, 사과, 멜론 등과 같은 신선한 농산물 수확 후 제어 대상이었던 식인성 병원균에는 *Lis monocytogenes*, *Salmonella*, *Escherichia coli* O157:H7, *Campylobacter jejuni*, *Cronobacter sakazaki* 및 *Staphylococcus aureus*가 포함된다.

식품 적용을 위해 박테리오파아지를 선택하려면 몇 가지 기준을 충족해야 한다. (i) 강하게 용해되어야 한다. (ii) 숙주 범위가 모든 역학적으로 중요한 균주를 포함해야 하며, (iii) 파아지의 안전성을 철저히 확인하여 독성에 대한 유전자를 가지고 있지 않아야 하며, (iv) 사용하려는 식품 환경에서 안정적이어야 한다. 일반적으로 박테리오파아지는 pH 범위 5~9에서 안정하며 60°C에서 30분 동안 비활성화된다. 따라서 그들은 식품 적용에 유리한 속성으로 간주된다. 몇 가지 박테리오파아지는 식품 산업에 적용하기 위해 FDA의 승인을 받았다. 2006년에 6종의 상업용 박테리오파아지 혼합물(LMP-102)이 즉석편의 육류 및 가금류 제품에서 *Lis. monocytogenes*를 제어하도록 승인되었다. 또 다른 상업용 항리스테리아 파아지 제품인 LISTEXTMP100은 *Lis. monocytogenes*를 제어하기 위해 GRAS 상태를 받았다. 마찬가지로 육류, 소 가죽, 가금류 깃털에서 대장균 O157:H7 및 살모넬라를 방제하는 박테리오파아지는 USDA-FSIS의 규제 승인을 받았다.

식품안전에서 박테리오파아지 사용의 장점은 다음과 같다. (i) 살아 있는 세균세포만 감염, (ii) 상호작용이 숙주에 매우 특이적이다(즉, *E. coli* 특정 파아지는 살모넬라 또는 기타 세균을 감염시키지 않는다), (iii) 숙주 세균과의 상호작용은 비가역적이며, (iv) 인간이나 동물에 명백한 악영향이 없으며, (v) 열처리에 의해 파아지가 비활성화될 수 있다. 단점은 (i) 박테리오파아지가 박테리아 독소나 다른 미생물에 작용하지 않는다. (ii) 대부분의 식품이 고체이기 때문에 표적 병원균이 존재할때 식품 매트릭스 전체에 박테리오파아지의 확산/분포가 제한될 수 있다. (iii) 박테리오파아지가 가공식품 또는 최소가공식품에 존재하는 더 적은 세균 병원체와 접촉 할 수 있도록 식품에 고농도의 상(1×10^8 PFU/ml)을 적용한다. (iv) 박테리오파아지는 숙주로서 살아 있는 세균을 필요로 하며, 대부분의 표적 숙주세포가 죽으면 바람직한 박테리오파아지 역가가 제품에서 장기간 유지되지 않을 수 있다. (v) 좁은 숙주 스펙트럼은 때때로 박테리오파아지를 항균제로 바람직하지 않게 만든다. 이 문제를 극복하기 위해 박테리오파아지 혼합물(박테리오파아지 칵테일)이 사용된다.

38.11 결론

규제 기관의 승인을 받은 많은 화학 화합물은, 식품에서 병원성 및 부패 미생물의 증식을 제어하는 데 사용된다. 또한 그들 중 일부는 사용 농도에서 미생물 세포를 죽일 수 있으며 세균 포자의 발아를 방지한다. 이러한 화합물의 대부분은 다른 방법과 함께 사용할 때 더 효과적이다. 그러나 식품 환경이 효과에 큰 영향을 미칠 수 있다. 그것들은 이전에 설명한 방법처럼(열 제외) 오염된 식품에서 병원균을 제거하는 데 사용되지 않은 수 있다. 그러나 조사는(열 이외의) 식품에 존재하는 미생물을 죽일 수 있도록 특별히 사용되며 제39장에 설명되어 있다. 최근 몇 년 동안 허브와 향신료는 "녹색" 천연 항균제로 간주되기 때문에 식품 방부제로 상당한 관심을 받고 있다.

박테리오파아지는 또한 박테리아 병원체의 천적이다. 박테리오파아지는 박테리아 병원체의 천적이며 최종제품뿐만 아니라 수확 전 육류 동물의 병원균을 제어하기 위해 많은 식중독 병원체를 제어하기 위한 규제 승인을 받았다.

학습문제

1. 서기 1865년 이전과 이후, 1958년 이후, 그리고 1980년대 이후, 항미생물 화학 물질의 사용에 대해 설명하시오.
2. 적어도 다섯 가지 식품 카테고리에서 10가지 식품의 라벨을 읽고 항미생물 작용(직접 또는 간접적)을 갖는 화학 물질을 구별하시오.
3. Bacteriostatic, germicidal, bactericidal, fungicidal, sporicidal, viricidal와 sporostatic 용어를 정의하시오. 각 방부제의 예를 하나씩 제공하시오.
4. 특정 음식에 적합한 화학 방부제를 선택 시 고려해야 하는 방부제의 특징들을 다섯 가지 나열하시오. GRAS-등록된 방부제는 무엇인가?
5. 이산화질소, 아황산염, 박테리오신, 파라벤, 벤조산, 라이소자임, natamycin 및 젖산 방부제의 항미생물 특성과 건강 문제를 논하고, 각각이 사용되는 음식을 두 가지씩 나열하시오.
6. Bacteriocin, 라이소자임, 그리고 EDTA의 항미생물 작용 메커니즘을 나타내시오. 방법을 나타내는 정보에서 함께 사용하는 경우, 그들은 시너지 항미생물 효과를 생성할 수 있다.
7. 용해성 박테리오파아지에 대한 생애주기(life cycle)를 간단히 설명하시오.
8. 식품보존제로 사용되는 박테리오파아지의 장점과 단점은 각각 무엇인가?

참고문헌

1. Davidson, P.M., Critzer, F.J., and Taylor, T.M., Naturally occurring antimicrobials for minimally processed foods, *Annu. Rev. Food Sci. Technol.*, *4*, 163–190, 2013.
2. Ray, B. and Daeschel, M.A., *Biopreservatives of Microbial Origin*, CRC Press, Boca Raton, FL, 1992.
3. Juneja, V.K., Dwivedi, H.P., and Yan, X., Novel natural food antimicrobials, *Annu. Rev. Food Sci. Technol.*, *3*, 381–403, 2012.
4. Tiwari, B.K., Valdramidis, V.P., O'Donnell, C.P., Muthukumarappan, K., Bourke, P., and Cullen, P.J., Application of natural antimicrobials for food preservation, *J. Agri. Food Chem.*, *57*, 5987–6000, 2009.
5. Weiss, J., Gaysinsky, S., Davidson, M., and McClements, J., Nanostructured encapsulation systems: Food antimicrobials, In *Global Issues in Food Science and Technology*, B.-C. Gustavo, M. Alan, L. David, S. Walter, B. Ken, and Paul, C., Eds., Academic Press, San Diego, 2009, pp. 425–479.
6. Anonymous, Antimicrobial resistance: Implications for the food system. An expert report, funded by the IFT Foundation, *Comp. Rev. Food Sci. Food Safety*, *5*, 71–137, 2006.
7. Benedict, R.C., Biochemical basis for nitrite-inhibition of *Clostridium botulinum* in cured meat, *J. Food Prot.*, *43*, 877–891, 1980.

8. Sauer, M., Porro, D., Mattanovich, D., and Branduardi, P., Microbial production of organic acids: Expanding the markets, *Trends Biotechnol.*, *26*, 100–108, 2008.
9. Hyldgaard, M., Mygind, T., and Meyer, R.L., Essential oils in food preservation: Mode of action, synergies, and interactions with food matrix components, *Front. Microbiol.*, *3*, 12, 2012.
10. Singh, N., Singh, R.K., and Bhunia, A.K., Sequential disinfection of *Escherichia coli* O157: H7 inoculated alfalfa seeds before and during sprouting using aqueous chlorine dioxide, ozonated water, and thyme essential oil, *LWT-Food Sci. Technol.*, *36*, 235–243, 2003.
11. Brovko, L.Y., Anany, H., and Griffiths, M.W., Bacteriophages for detection and control of bacterial pathogens in food and food-processing environment, *Adv. Food Nutr. Res.*, *67*, 241–288, 2012.
12. García, P., Martínez, B., Obeso, J.M., and Rodríguez, A., Bacteriophages and their application in food safety, *Lett. Appl. Microbiol.*, *47*, 479–485, 2008.
13. Goodridge, L.D. and Bisha, B., Phage-based biocontrol strategies to reduce foodborne pathogens in foods, *Bacteriophage*, *1*, 130–137, 2011.

제39장

조사에 의한 제어

39.1 서론

39.1.1 조사(방사선)와 방사능

전자기스펙트럼에서 에너지는 파장으로 존재하며 파장이 짧을수록 에너지의 강도가 강해진다. 눈으로 지각되는 가시광선을 중심으로(~400~800 nm) 눈에 보이지 않는 장파장(>800 nm: IR, 라디오 파장, TV, 전자레인지 및 레이더)과 눈에 보이지 않는 단파장(<300 nm: UV선, x-선, β-선, γ-선, cosmic rays)이 존재한다. 장파장과 가시광선, UV선에의 노출은 원자구조에 변화를 주지 않는다. 반면 x-선, β-선, γ-선에의 노출은 원자 외각 껍질로부터 전자를 제거해서 이온쌍을 형성한다(음전하와 양전하). 이온형성이나 이온화는 원자반사능을 만들지 않는다. 방사능의 유도를 위해서 원자의 핵은 중성자와 같은 높은 에너지에 의해 방해되며, x-선, β-선, γ-선은 많은 에너지를 갖지 않는다.

식품보존제로 적용을 위해 x-선, β-선, γ-선이 식품을 뚫고 들어가서 미생물을 죽이는 능력과 식품의질에 대한 연구가 수행되었다. β-선(음극선과 비슷한 실제 전자)은 작은 침투 능력을 가지고 있다. 그들은 금속 캔 내부에 침투할 수 없으며 식품 보존에 비효율적이다. X-선은 좋은 침투 능력을 가지고 있지만, 효과적으로 식품에 초점을 맞출 수 없으며, 이 낮은 효율성 때문에, 식품의 응용 방법에 대해 호의적으로 간주되지 않는다. 반면, γ-선(광자)은 높은 침투 능력을 가지고(~40 cm 두께의) 있으며 식품에 사용하는 데 효과적, 경제적으로 고려될 수 있다. 코발트-60(^{60}Co)과 세슘-137(^{137}Cs)은 γ-선의 좋은 원천으로 고려된다. 인위적으로 방사성 동위원소를 유도하는 ^{60}Co는 핵의학에 사용하기 위해 제작되었다. ^{60}Co의 에너지 수준이 아주 낮아지면 더 이상 의학에 사용할 수 없으며, 식품 조사에 사용된다. ^{137}Cs 보다 ^{60}Co의 쉬운 가용성 때문에, 식품 조사에 더 선호된다. 그러므로 ^{60}Co으로의 식품 조사는 방사능을 나타내지 않는다. 대신 식품과 미생물 세포의 원자(및 분자)들은 이온 쌍과 미생물(감자의 싹이 나는 것을 억제하는 것과 같은 식품 세포)의 증식을 억제하는 다른 구성 요소를 형성한다.[1~3]

39.1.2 식품에서 (방사선) 조사의 사용

미생물을 죽이는 x-선, γ-선, 그리고 β-선의 능력은 그들이 발견된 후, 19세기 후반과 20세기 초반에 곧 알려졌다. 심지어 일부는 초기에 식품에서 미생물을 죽이는 효과를 결정하기 위한 시험이 수행되었다. 그러나 1940년대 후반과 1950년대 초까지도, 식품 보존에서의 사용은 활발히 연구되지 않았다. 한 이유는 방사성 동위원소를 공급할 만큼 많은 경제적 공급이 불가능했으며, 그 기술은 2차 세계대전 중에 발달되었다. 초기 연구는 다른 식품들을 방사능화하지 않고 유통기한을 연장하기 위해 조사할 수 있다는 것을 보여주었지만, 그 과정은 식품의 풍미에 영향을 주었다. 후에 문제는 노출 시간을 줄이고 제품 온도를 낮추는 방법으로 극복되었다. 그 당시, 식품의(방사선) 조사는 무한정 기간 동안 저장 안정성을 제공한다고 생각했다. 미군은 보관 안정, 허용, 안전한 군용 식량이(방사선) 조사에 의해 생성될 수 있는지의 여부를 확인하기 위해 연구를 시작했다. 낮은 용량의 조사에서는 식품이 방사능을 가지지 않지만, 음식에 방사선 분해산물이 축적되는 것을 발견했다. 광범위한 연구는 분해산물이 매우 낮은 농도(3 ppm 이하)로 존재하는 것을 보여주었다. 대부분이 다른 식품에서 자연적으로 존재하고 가열된 식품에서 역시 생산되기 때문에 (방사선) 조사된 식품에만 고유한 것은 아니다. 상당히 오랜 기간 동안의 동물뿐만 아니라 인간을 대상으로 하는 잘 계획된 식습관의 연구에서, 방사선 조사 식품이 어떤 독성 효과 또는 유전자 결함을 일으키지 않음을 보여주었다. 전 세계적으로 실시된 200개 이상의 잘 설계된 연구의 광범위한 검토 후 방사능 음식의 안정함에 대한 WHO 전문가위원회는, 특정 용량 수준(10 kGy)의 식품 (방사선) 조사를 권장하고 있다. 이 수준은 현재 30개국 이상에서 고기, 생선, 채소, 과일, 곡물에 사용 승인이 되고 있다. 많은 국가는 정기적으로 방사능 식품, 특히 일부 채소, 과일, 곡물을 판매하고 있다. 그러나 소비자 저항은 매우 높다. 이것은 주로 (방사선) 조사된 식품 방사능을 가지지 않는다는 것과 방사선 분해 산물이 (방사선) 조사된 식품에 의해서만 생기는 것이 아니라는 정보와 이해의 부족 때문이다. 아마도 권장 이전에 오랜 시간(40년 이상) 동안 안전에 대해 연구된 유일한 식품 보존 방법이며, 이것의 사용은 많은 국가에서 전문 과학자에 의해 안전함이 확인되었다. 다른 이유는 정치와 관련된 것이다. 작지만 발언권을 가진 단체의 로비스트들은 많은 소비자들에게 (방사선) 조사된 식품의 수용을 반대하는 매우 성공적인 캠페인을 벌이고 있다.[4~6] 그 결과, 식품 산업 정관적 상황에 있다.

전문가들 사이에서 식품 (방사선) 조사가 경제적이고 효과적인 식품 보존 방법이라는 것에 대해 논란은 없다. 세계 인구 증가와 식량 생산 감소로 굶주린 사람들이 먹을 수 있게 하기 위해 효과적인 보존 방법을 사용해야 한다. 보는 바와 같이, 그렇지 않으면 사회적 불안이 시작될 수 있다. 정치와 로비는 굶주림을 막을 수는 없지만 식품 보존 방법(방사선 조사 등)은 굶주림을 막을 수 있다.

2005년 전 세계적으로 향신료, 건조야채, 곡물, 과일, 육류 및 생선, 콩나물, 마늘, 버섯, 꿀, 감자 및 기타 식품과 같은 405,000톤의 식품이 방사선 조사로 소독되었다. 아시아 국가에서 상업용 식품조사가 크게 증가하고 있지만 유럽 연합에서는 그 추세가 반대이다.[2,5]

39.2 목적

식품의 조사는 식품미생물의 이온화 파괴 능력 때문에 (방사선) 조사한다. 사용 방법에 따라 완전히 또는 부분적으로 곰팡이, 효모, 세균세포 및 포자, 그리고 바이러스를 파괴할 수 있다. 또한 (방사선) 조사는 식품에서 벌레, 곤충, 유충을 파괴할 수 있다. 그것은 또한 감자, 양파 같은 일부 식품에서 싹이 돋는 것을 방지할 수 있다. 그러나 (방사선) 조사는 식품에서 독소나 원치 않는 효소를 파괴할 수 없으며, 어떤 측면에서 열처리(열 또한 열 안정성 독소와 효소를 파괴하지 않는다)와 다르다. 음식의 온도가 처리 동안 증가하지 않는 점을 고려하면 (방사선) 조사는 차가운 살균 과정이며, 따라서 (방사선)조사된 식품은 품질에 열 손상 효과를 보이지 않는다. 그러나 특히 높은 양으로 사용됐을 때는 지질 산화 및 식품 단백질의 변성을 일으킬 수 있다.[1,7,8]

39.3 항균작용의 메커니즘

대상(음식이나 미생물)이 고에너지 γ-선(10^{-1}~10^{-2} nm)에 노출될 때, 에너지는 수천 개의 원자와 분자에 의해 순식간에 흡수되며 그들로부터 전자를 제거한다. 이것은 양이온, 음이온 쌍을 생성한다. 방출된 전자는 매우 활성화될 수 있으며, 따라서 다른 원자에서 전자를 제거하고 이온으로 변환할 수 있다. 이 전류(동력) 공급 및 이온화는 생물학적 시스템의 정상적인 특성에 부정적인 영향을 줄 수 있다.

이온화 방사선이 미생물에 직접 및 간접 효과를 생산한다. 직접 효과는 DNA로부터 전자의 제거이며, 그것 때문에 DNA가 손상된다. 직접 효과는 세포에 존재하는 물 분자의 이온화를 형성한다. 수소와 수산기 라디칼은 이 과정에서 형성되며 반응성이 매우 높고 산화, 환원, 그리고 DNA를 포함한 다른 분자의 탄소 결합의 붕괴를 야기한다. 연구들은 수산기 라디칼이 당-인산 구조에서 DNA의 단일 및 이중 가닥을 파괴할 수 있음을 보여준다. 또한 라디칼은 thymine에서 dihydroxydihydrothymine으로 염기를 변경할 수 있다. 이러한 손상의 결과는 미생물의 DNA 복제와 재생의 불활성으로 결과적으로 죽음에 이르게 한다.

간접적으로, DNA 손상뿐만 아니라, 이온화 방사선은 막과 다른 구조물에 손상을 주어 치사량에 가까운 영향을 초래한다. 일부 미생물은 DNA 가닥(특히 단일 가닥) 손상과 염기에 대해 회복할 수 있으며, 방사선 저항 미생물로 지정되어 있다.

이온화 방사선에 의한 미생물 죽음은 열처리에서처럼, 열이 용량(강도와 노출 시간)에 의한 것처럼, 미생물 종, 환경 요인에 따라 예측 가능한 비율에서 발생한다. 이것은 D 값(주어진 노출에서 한 종의 인구가 1/10로 감소하는데 걸리는 시간)에서 유래되었다. 결국, 치료의 특정 조건 하에서 바람직한 수준으로 감소하는 데 필요한 시간을 결정하는 데 사용할 수 있다.

미생물이 UV 방사선(~260 nm)에 노출될 때, 에너지가 DNA의 염기에 의해 흡수된다. 염기는 이량체를 형성(예: thymine의 이량체)하는 서로 다른 것과 반응할 수 있으며, DNA 사슬의 손상을 일으키는 원인이 된다. 미생물의 죽음과 부상은 주로 DNA 손상과 연결되어 있다.[1]

39.4 영향인자

39.4.1 공정의 종류

사용할 수 있는 여러 가지 방법 중(x-선, β-선, 그리고 γ-선), γ-선이 식품 보존에 사용하기에 효과적이고 경제적으로 높은 잠재력을 지니고 있다. ^{60}Co는 더 쉽고, 경제적으로 사용할 수 있기 때문에 주로 식품조사에 사용된다. 그것은 ~5.3년의 반감기를 가지고 있다. 그것은 지속 γ-선을 방출하고, 따라서 사용하지 않을 때도 손실될 수 있다. ^{137}Cs도 식품에 사용되지만, 이것은 상대적으로 얻기 어려우며 많은 양을 필요로 한다. 이온화 방사선의 항균 효과는 용량이 늘어남에 따라서 증가된다. 그러나 항균 효과는 산소의 부재(산화 반응의 감소 때문에) 시와 수분활성도가 낮을 때(물 부족 시 자유라디칼 형성의 감소 때문에) 감소된다. 냉동도 역시 작용할 수 있는 물 분자의 감소 때문에 효과가 감소된다.

39.4.2 식품의 특성

γ-선은 약 40 cm의 침투 능력을 가지고 있으며, 종이, 플라스틱, 그리고 캔을 통해 침투할 수 있다. 따라서 식품은 포장, 캔, 바구니, 그리고 봉투 내에서 γ-방사선에 노출될 수 있다. 냉동, 건조, 또는 혐기적으로 포장된 식품은 원하는 정도의 항균 효과를 얻기 위해 높은 양이 필요하다. 반면에 건조, 높은 수압, 높은 온도, 낮은 pH 등과 같은 처리는 식품에서 방사선의 항균 효과를 향상시킬 수 있다. 식품 조성(두께 및 입자 크기) 역시 미생물 수를 감소시키는 조사의 효율성을 결정한다.

39.4.3 미생물의 특성

미생물은 이온화(및 UV) 방사선에 대한 반응이 매우 다양하다. 크기의 차이, 곰팡이는 세균세포보다 더 민감하며, 세균세포는 바이러스(파아지 포함)보다 더 민감하다. 세균 가운데서는 그람음성 세포가 그람양성균에 비해 더욱 민감하며, 간균이 구균보다 더 민감하다. 세균세포의 종과 계통은 방사선 조사에 대한감도가 크게 다르다. 이는 일부 *Salmonella* Typhimurium, *Escherichia coli*, *Enterococcus faecalis*, 그리고 *Staphylococcus aureus*와 같은 식품에 중요한 일부 세균 계통을 포함한다. 포자는 조사에 대해서 꽤 저항성이 있는데 아마도 그들의 수분 함량이 매우 낮기 때문이다. 포자균들 중에 *Clostridium botulinum* Type A와 *Bacillus pumilus*의 포자는 아마도 조사에 가장 저항력이 있다. 일반적으로*Bacillus*의 포자(호기성)는 *Clostridium* 포자(혐기성)보다 덜 민감하다.

(방사선)조사에 의한 미생물 사망률은 열 파괴 곡선과 같은 일차 동역학(즉, 직선 패턴)을 따르며, 따라서 *D* 값(살아 있는 미생물의 90%를 파괴시키는 시간)으로 표현할 수 있다. 따라서 그것은 더 높은 초기 세균 수, 균 내에서 저항성 세포의 상대적인 수, 현재 포자의 수, 연령, 계통의 증식 조건에 의해 영향을 받을 수 있다. 미생물의 독소는 식품에 권장 복용량 수준에서 이온화 방사선에 의해 파괴되지 않는다. (방사선)조사가 인구의 일부 미생물 세포 변이를 야기하기는 하지만, 병원성이 증가할 가능성도 없고 독성을 나타낼 것으로 생각되는 유전자의 유도도 증가하지 않는 것이 이 분야에서 실시된 많은 연구들에서 관찰되었다.

39.5 방법

39.5.1 용량

방사선량은 원래 라드로 지정되어 있으며, 1라드는 1그램의 방사능 조사 물질에 대해 100에르그의 흡수에너지를 부여하는 방사능의 양으로 정의된다. 현재 단위는 그레이(Gy)이며, 1그레이(Gy)는 100라드에 해당된다. 식품 1 kg이 1 J(1줄 = 10^7 에르그)의 에너지를 흡수할 때, 1그레이(Gy)의 용량을 받는다. 국제 보건 및 안전 당국에 따르면, 식품에 (방사선)조사는 10,000그레이(Gy) (10킬로그레이)까지 안전하다고 간주된다.

방사선량에 대한 미생물의 상대적 감도는 그들의 크기와 수분 함량에 따라 나타난다. 곤충 및 다른 미생물에 대한 대략적인 치사량 수준은 다음과 같이 정해져 있다: 곤충, ≤1 kGy, 곰팡이, 효모, 세균세포, 0.5~10 kGy, 세균 포자, 10~50 kGy 및 바이러스, 10~200 kGy. 따라서 10 kGy의 권장 수준에서 식품에 있는 *Clo. botulinum* 포자는 파괴되지 않으나(약 30~60 kGy가 필요하다), 병원성의 세포(및 부패)세균은 파괴된다. 제품은 발아와 포자균의 증식을 제어할 수 있는 다른 장벽을 (낮은 pH, 낮은 수분활성도, 온도 ≤4°C) 가지고 처리되어야 한다. 하지만 일부 포자균(*Clo. laramie*)은 발아할 수 있고 및 4°C 이하에서 증식한다. 현재 낮은 용량(<1 kGy)이 과일, 곡물의 벌레와, 육류와 생선의 기생충, 채소에서 발아를 억제하는 데 사용되고 있다. 보통 조사량(1~10 kGy)은 식품매개 병원균 및 부패성 미생물을 제어해서 냉장 식품의 안전성과 안정성을 확장하는 데 사용된다. 포자를 파괴하는 높은 조사량(>10 kGy)은 매우 적은 양이 사용되는 향신료와 채소 조미료를 제외하고는 식품에 사용되지 않는다.

(방사선)조사 식품은 적절한 예방책이 사용되지 않으며 다양한 경로로부터 병원균이나 부패 미생물에 오염될 수 있다(가열 식품에서 후열 오염과 같은). 또한 식품은 미생물을 비활성화시키기 위해 재방사선 조사를 다시할 수 있다.

39.5.2 구체적인 용어

방사선 부분살균(Radurization)

방사선 살균은 주로 특히 높은 pH와 높은 수분활성도 식품에서, 특히 고기와 생선에서 그람음성의 저온발육생물, 그리고 낮은 pH와 낮은 수분활성도 식품에서 효모와 곰팡이의 부패 박테리아균을 파괴하기 위한 것이다. 조사는 일반적으로 약하게 처리된다(~1 kGy). 중온성균이라 불리는 병원균의 증식을 방지하기 위해 제품을 포장하고 냉각하여야 한다. 저온 병원균 및 저온 그람양성 부패균의 중요성은 인식하지만, 방사선 조사가 효과적이지 않을 수 있다.

방사선 병원성 미생물살균(Radicidation)

이것은 식물을 이용한 식품매개 병원균을 파괴하는 식품의 방사선조사이다. 사용 용량 수준은 약 2.5~5.0 kGy이다. 이 병원성 식물 세균세포와 곰팡이에 대해서는 효과가 있지만, 병원균의 포자는 파괴되지 않는다. 또한 병원균의 일부 방사선 저항 계통은 일부 *Salmonella Typhimurium* strains의 계통이 생존할 수 있다. 방사능에 조사된 제품, 특히 *Clo. botulinum* 포자의 발아와 증식을 방지하기 위해서는 ≤4°C에 저장해야 한다.

방사선 완전살균(Radappertization)

이 방법은 *Clo. botulinum* 포자를 파괴하는 높은 선량(~30 kGy)에서 식품의 방사선조사를 포함하며,

12*D* 열처리에 의한 처리와 유사한 안전성을 얻을 수 있다. 그러나 이것은 식품에 사용하지 않는 것이 좋다.

39.5.3 현재 권장 사항

방사능 조사된 신선한 과일, 채소, 고기, 생선은 37개국에서 승인되었으며, 프랑스, 벨기에, 그리고 네덜란드 등의 국가에서 사용되고 있다. 미국에서 방사선 조사 식품은 군대와 단기간 우주 프로그램에 사용되었다. 1985년 전에, 방사선 조사는 향신료, 밀, 밀가루(곤충을 파괴하는), 그리고 감자(발아를 방지하기 위해)에 대해서 규제 기관에 의해 허용되었다. 그 뒤에, 조사에 대한 권한은 1985년 돼지고기(*Trichinnella*에 대한)에 대해, 1986년에는 신선한 음식(곤충과 애벌레를 파괴를 위해 과일과 채소)에 그리고, 1992년에 가금류 및 가금류 부속물에 대해(병원균, 특히 *Salmonella*를 파괴하기 위해) 승인되었다. 현재 해산물 (병원균과 부패균을 파괴하기 위해), 상추, 시금치는 FDA의 승인을 받았다(**표 39.1** 참조). 또한 미국에서는 우주 프로그램에서 쇠고기 스테이크의 방사선 살균과 군용 냉장 보관

표 39.1 미국에서 승인된 식품조사

연도	제품	용량(kGy)	목적
1964, 1965	감자	0.05-0.15	발아억제
1983	향신료와 건조시즈닝	<30	소독과 오염제거
1985	돼지고기	0.3~1.0	*Trichinella spiralis* 제어
1985,1986	탈수효소	<10	곤충과 미생물 제어
1986	과일과 채소	<1	숙성 연장과 소독
1986	허브, 향신료와 시즈닝	<30	미생물 제어
1990	가감육, 신선육과 냉동육	<3.0	미생물 제어
1995	육, 냉동 및 포장육	>44	NASA(National Aeronautics and Space Administration) 전용 제품의 멸균
1997, 1999	적색육, 냉장육	<4.5	미생물 제어
	적색육, 냉동육	<7.5	
2000	알류	<3.0	*Salmonella enterica* ser. Enteritidis 제어
2000	새싹류	<8.0	씨앗 중 병원균 제어
2005	신선 또는 냉동 연체조개류 및 기타 조개류	<5.5	비브리오와 기타 식중독 병원균 제어
2008	양상추와 시금치	<4.0	식중독 병원균 제어 및 유통기한 연장

출처: Ahn, D.U. 등, *Poult. Sci.*, 92, 534–545, 2013.

그림 39.1 (컬러 삽입을 보라.) 방사능 식품의 표식. 국제 식품 규격, 식품 안전에 관한 국제위원회는 방사능 식품의 포장에 녹색을 넣은 로고를 개발했다. 미국의 방사능 식품은 단어 "방사선으로 처리" 또는 "방사선에 의해 처리됨"과 함께 이 로고로 표시된다.

식품이 연구되고 있다.

현재 방사선 조사된 과일(딸기, 망고, 그리고 파파야)과 가금류는 제한된 양으로 판매되고 있으며, 소비자 반응은 호의적이다. 방사선 조사된 식품은 소비자 정보를 위해서 "방사선으로 처리" 또는 "방사선에 의해 처리됨"이라는 단어와 함께 특정한 표식(**그림 39.1**)을 가진다.

39.5.4 UV 방사선

미생물은 200~280 nm 사이의 UV 빛에 특히 민감하다. 낮은 침투 능력 때문에 음식의 표면(육류, 생선, 빵)뿐만 아니라 공기와 식품의 처리 및 가공 영역의 벽과 선반 및 장비의 미생물을 비활성화하는데 사용된다. 또한 얇은 층에 있어서 물과 시럽과 같은 액체는 UV로 처리되고 있다.

39.6 결론

열과 같은 방사선 조사는 미생물 세포를 죽이고, 예측 속도로 그들의 포자를 파괴하며, 기본적으로 선량수준, 노출 시간 및 미생물 유형에 의존한다. 식품에서 미생물 제어 효과는 20세기의 시작부터 연구되고 있다. 방사선 조사된 식품의 안전이 확인되었지만, 많은 소비자는 그것을 안전하지 않은 것으로 생각한다. 그 결과, 방사선 조사는 제한된 방법으로 식품에 사용된다. 방사능 조사 식품의 안전에 대한 소비자의 적절한 교육을 통해 소비자의 수요가 증가될 것이며 방사선 조사가 날 음식과 가공 식품에서 많은 음식매개 병원체 파괴에 사용될 것으로 기대된다. 최근에는 미생물을 효과적으로 죽이는데 사용할 수 있는 여러 가지 다른 방법이 연구되고 있으며 제40장에 설명되어 있다.

학습문제

1. 방사능 식품이 많은 나라에서 상업적으로 성공하지 못한 이유를 간단히 설명하시오.
2. γ-선과 UV 빛 조사에 의한 항균작용의 메커니즘을 설명하시오.
3. 식품에서 방사선 조사의 효과를 줄이거나 높일 수 있는 요소를 나열하시오.
4. 다른 식품에 있어서 어떤 수준의 γ-조사가 승인되며 목적은 무엇인가? 방사선 조사 식품에서 포자를 처리하는 현황은 어떠한가?
5. 식품 조사와 관련하여 다음의: (a) 방사능 조사 제품, (b) 방사성 제품, (c) 방사선 분해 제품, (d) 방열 제품, (e) 자유 라디칼, (f) radurization, (g) 방사선 조사 살균, 그리고 (H) 방사살균의 중요성을 간단히 설명하시오.
6. 소고기 가공 운용에서, 13.6~22.6 kg(30~50파운드)의 신선한 소고기가 진공 포장되고 효율적으로 병원성균 파괴를 위해 방사선 조사되었다. 소매업에서, 포장을 개봉되었으며 0.4~2.2 kg (1~5파운드)으로 잘랐다. 이중 일부에서 병원균의 포함이 확인되었다. 어떻게 이 오염이 발생할 수 있는지 논하고, 이러한 문제를 극복할 수 있는 방법을 제안하시오.

참고문헌

1. Farkas, J. and Mohácsi-Farkas, C., History and future of food irradiation, *Trends Food Sci. Technol.*, *22*, 121–126, 2011.
2. Kume, T., Furuta, M., Todoriki, S., Uenoyama, N., and Kobayashi, Y., Status of food irradiation in the world, *Rad. Phy. Chem.*, *78*, 222–226, 2009.
3. Smith, J.S. and Pillai, S., Irradiation and food safety, *Food Technol.*, *58*, 48–55, 2004.
4. Behrens, J.H., Barcellos, M.N., Frewer, L.J., Nunes, T.P., and Landgraf, M., Brazilian consumer views on food irradiation, *Innovative Food Sci. Emerg. Technol.*, *10*, 383–389, 2009.
5. Rollin, F., Kennedy, J., and Wills, J., Consumers and new food technologies, *Trends Food Sci. Technol.*, *22*, 99–111, 2011.
6. Stefanova, R., Vasilev, N., and Spassov, S., Irradiation of food, current legislation framework, and detection of irradiated foods, *Food Anal. Methods*, *3*, 225–252, 2010.
7. Arvanitoyannis, I.S., Stratakos, A.C., and Tsarouhas, P., Irradiation applications in vegetables and fruits: A review, *Crit. Rev. Food Sci. Nutr.*, *49*, 427–462, 2009.
8. Polovka, M. and Suhaj, M., The effect of irradiation and heat treatment on composition and antioxidant properties of culinary herbs and spices A review, *Food Rev. Int.*, *26*, 138–161, 2010.
9. Ahn, D.U., Kim, I.S., and Lee, E.J., Irradiation and additive combinations on the pathogen reduction and quality of poultry meat, *Poult. Sci.*, *92*, 534–545, 2013.

제40장

새로운 가공기술에 의한 제어

40.1 서론

현재 사용하고 많은 기존의 식품 보존 방법의 몇 가지 단점이 여기에서 논의될 것이다. 고열 처리는 식품에 안전성과 긴 유통기한을 제공하지만 그 결과 열에 민감한 영양소(예: 티아민, 리보플라빈, 엽산 및 비타민 C)가 손실; 단백질 변성과 질감, 색상, 풍미의 변화, 그리고 공유 결합을 통한 새로운 화합물(예: 리시노알라닌)의 형성을 유도한다. 저온 살균과 같은 저열 가공은 식품의 고열 처리의 단점을 최소화하지만, 냉장 보관에서도 유통기한을 제한시킨다. 건조 및 냉동은 특히 오랜 기간 동안 저장될 때 식품의 영양성분과 수용 질을 감소시키며 모든 식품을 건조 또는 냉동으로 저장할 수 없다. 방사선 조사 식품은 소비자들에게 잘 받아들여지지 않는다. 사용된 화학 방부제의 대부분은 식품기원이 아니며 제한된 효율성을 가지고 있다.

1980년대 이후, 특히 개발도상국의 건강을 염려하는 소비자들은, "엄격하게 생산된" 그리고 "엄격하게 저장된" 식품들이 그들의 건강과 다음 세대의 건강에 악영향을 끼칠 악영향의 가능성에 대해 염려했다. 사람의 생존기간 동안 인체에 주는 누적된 효과와 다른 유형의 식품 보존제간의 상호작용이 제대로 알려지지 않았다는 우려가 있다. 식품에 통합 포함되었던 일부 첨가제의 해로운 영향에 대한 적발은 소비자의 신뢰를 잃게 하였다. 소비자의 철학은 "얼마나 오래 살 수 있습니까?"에서 "어떻게 잘 살 것인가?"로 변경되었으며, 그 결과 소비자의 욕구는 엄격한 처리 또는 엄격한 보존 기술을 받지 않은 영양, 자연, 그리고 최소로 가공된 식품으로 이동하였다. 사회 경제 패턴과 생활방식의 변화 때문에, 많은 소비자는 긴 수명을 가지고 있으며 준비하는데 시간이 아주 짧게 걸리는 음식에 관심을 가지게 되었다.[1]

여러 가지 열 및 비열 처리 및 보존 방법의 적합성은 이러한 음식을 생산하기 위해 연구되고 있다. 이러한 방법 중 일부의 주요 장점, 단점 및 현재 상태가 간단하게 이 장에서 설명된다. 주요 중점들은 그들의 항균 속성으로 지정된다.[2~4]

40.2 가공 방법들의 요약

미생물을 제어할 뿐만 아니라 식품의 새로운 종류를 생산 식품 가공에 관한 새로운 기술 중 일부가 현재 연구되고 있으며, 식품 응용에 있어서 그들의 현재 상태가 간단히 설명되어 있다. 이것은 열 및 비열 조건에서의 가공을 포함하며 세부 사항은 국립식품미생물기준자문위원회(NACMCF)가 편찬한 최근 문서에 요약되어 있다.[5]

40.2.1 마이크로파와 무선 주파수 가공[5~7]

방법은 전자레인지와 무선 주파수에서 전자파에 식품을 노출하는 것을 포함한다. 일반적으로, 915 MHz와 2450 MHz의 마이크로파와 13.6, 27.1, 그리고 40.7 MHz의 무선주파수는 식품 응용에 사용되지만, 무선 주파수에 관한 아주 적은 연구가 실시되고 있다. 두 기술은 유전체와 이온 메커니즘에 의해 내부 열을 생성하기 때문에 그들의 이 극성 본성에 의해 물 분자는 유전체 가열과 관련된다. 식품의 가열은 매우 빠르지만 기존의 가열과 비교했을 때 균일하지 않다. 미생물(세포와 포자)의 파괴는 주로 열에 의한 단백질과 핵산의 변성을 통해 완료된다. 전자레인지는 현재 식품을 요리하고 재가열하는 데 널리 사용되고 있다. 이 방법은 상업적으로 살균 및 소독된 식품을 만들어낼 가능성을 가지고 있다. 그러나 고체 및 반고체 식품의 냉점의 존재 가능성 때문에 이 방법은 안전을 보장할 수 없으며 따라서 현재 FDA에 의해 규제되고 있다(제33장 참조). 현재 많은 연구가 전자레인지의 균일한 가열을 증진시키기 위해 진행되고 있다.

40.2.2 저항 및 유도 가열[5,8]

저항 가열에서 전기 전류를 식품과의 접촉에서 전극을 통해 식품 가열을 위해 전달된다. 반면, 유도 가열에서 전기 코일은 진동하는 전자기장을 만들어 식품 근처에 위치하게 하여 전기 전류를 식품을 가열하는 데 보낸다. 둘 중 저항 가열은 상업적 살균 및 소독된 식품 제조에서의 사용 가능성을 위해 연구되고 있다. 미생물 세포와 포자의 파괴에서 주로 단백질, 핵산, 막 및 열에 의한 다른 필수적 기능 요소를 불안정화시키는 것을 주목적으로 한다. 식품 재료는 내부 에너지 생성에 의해 신속하고 균일하게 가열된다. 이 방법 또한 높은 지방함률을 포함하고 있거나 고체를 포함하는 식품에서 냉점을 만들어 낸다. 기술들은 이러한 발생을 최소화하기 위해 연구되고 있다.

40.2.3 적외선 가열[5,9]

적외선(IR) 가열에서 IR 방사라고도 하는 전자파(파장 0.78~10,000 μm)는 식품 재료에 흡수되는 열에너지를 생성하여 제품의 유통기한을 개선한다. 가열 속도가 빠르고 열효율이 매우 높으며 균일한 가열, 품질손실 감소 및 상당한 에너지 절약을 제공한다. 마이크로파 가열과 IR과의 병용처리는 식품 가공에 효과적인 방법이 되고 있다.

40.2.4 펄스 전기장[10]

펄스 전기장(PEF)은 비열 방법으로 미생물을 비활성화할 수 있는 매우 짧은 시간 동안 식품 안의 두 개의 전극 사이에 존재하는 높은 강도 전기 파동의 응용을 이용하는 방법이다. 이 방법의 다양한 측면이 연구되고 있으며 간단한 정보는 이 장의 펄스 자기장 부분에서 설명되었다. 또한 PEF는 미생물 불활성화를 위한 장애물 접근 방식으로 높은 정수압(HHP) 기술[11] 또는 자외선(UV) 복사와 함께 효과적으로 사용되고 있다.[12]

40.2.5 고압처리[13,14]

고정수압으로 알려진 고압처리(high pressure processing, HPP)는 비열 방법으로 미생물을 비활성화할 수 있는 짧은 기간 동안 물이 채워진 닫힌 공간에서 포장된 식품에 가압을 가하는 것을 말한다. 액체 식품은 직접적으로 가압될 수 있으며 항균 효과뿐만 아니라 다른 많은 식품에 응용된다. 이 방법은 큰 관심을 받았고 이미 여러 식품은 상업적으로 사용되고 있다. 방법의 현재 상황의 정보는 이 장의 수압 처리 부분에서 설명되어 있다.

40.2.6 광펄스 기술[5,15]

이것은 비열 방법으로 식품 표면(보통 투명 포장)의 미생물을 고에너지 광펄스에 의해 비활성화시킨다. 170~2600 nm 파장의 광펄스는 아주 짧은 시간(≤0.01초) 동안 사용된다. 광펄스 기술은 전기 에너지가 오랜 시간 동안 축전기에 저장된 후 항균 효과를 낼 수 있는 짧은 시간 동안에 방출될 수 있도록 개발되었다. 항균 효과는 핵산(특히 UV 범위에서), 단백질, 막 및 다른 세포 구성요소에 대한 작업을 통해 생산된다. 항균 효과는 식품 접촉 표면, 포장 재료, 그리고 치즈, 가공 육류 제품, 베이커리 제품, 수산 제품 등 다양한 식품의 표면에 대해 연구되고 있다. 처리 후에 식품은 지정되어 있는 늘어난 저장 수명 동안 품질을 유지한다.

40.2.7 진동자기장[5,16]

이 비열 방법에서 비닐을 이용한 밀봉 식품은 짧은 시간(≤100 밀리초) 동안 1~100펄스를 받는 동안 진동 자기장(OMF; <500 kHz에서)에 노출이 된다. 제한된 연구는 2~3로그 주기의 미생물 불활성을 보여주었다. 그러나 결과가 일관되지는 않는다. 일부 연구에서는 우유, 요구르트, 오렌지 주스, 그리고 밀가루 반죽을 사용하였다. 항균 효과는 자기장에 노출된 동안 DNA의 손상에 의해 생성된다.

40.2.8 초음파[17,18]

초음파 분쇄에 의한 미생물 세포의 용해는 식품에 미생물을 비활성화하는 초음파의 사용을 기초로 형성된다. 이 방법은 식품에서 고주파 음파의 생성을 통해 구성된다. 초음파의 항균 효과는 세포내 진공현상의 결과로 세포 구조와 기능 요소를 방해한다. 제한된 연구에서 식품에서의 초음파 항균 효과는 다소 낮은 것으로 확인되었다. 그러나 50°C(122°F) 이상의 열을 초음파와 함께 사용하면 향상될 수 있다. 항균 효과뿐만 아니라, 초음파는 다른 식품의 질감, 점도, 두께, 그리고 성분을 결정하는 수단으로 연구된다.

40.2.9 고전압 아크 방전[5,16]

이 방법에서 고전압 전기 에너지는 액체 식품에 존재하는 전극의 간격을 통해 빠른 속도로 아크의 형태로 배출된다. 이 과정은 어느 정도까지 액체의 온도를 높여 줄 뿐만 아니라 전기 유압 충격을 만든다. 항균 효과는 주로 전기 유압 충격에 의한 막 손상 때문에 생성된다. 이 방법의 주요 단점은 전해 제품 및 식품 입자의 분열을 일으키는 것이다. 현재의 문제를 극복하기 위해 향상된 기술을 개발하고 있다.

40.2.10 펄스 X-선[5,19]

^{60}Co(및 ^{137}Cs)을 사용한 식품 γ-선 방사선 조사는 제39장에서 논의되었다. 이 방법의 단점 중 하나는 방사선 핵종은 모든 방향과 모든 시간에 방사선을 방출하기 때문에 비경제적이며 위험하다. 반대로 X-선은 필요할 때만 원하는 선형 방향으로 생성 할 수 있다. 그것은 1895년에 처음으로 인식되었고 곧 의학의 일상적인 진단 도구가 되었다. 매우 짧은 시간에 고에너지를 전달하는 펄스 X-선은 식품의 미생물을 비활성화하기 위해 최근에 연구되고 있다. 장비는 높은 투과력을 가지고 고에너지를 생산할 수 있으며, 균일한 선량에서 변화가 가장 적게 나타난다. 일부 연구에서 방법이 적절하게 사용되었을 때 20°C(68°F)에서 미생물 세포 및 포자를 5~6로그 주기로 파괴할 수 있다는 결과를 얻었다. 미생물 불활성화는 DNA의 손상에서 γ-방사선처럼 나타난다. X-선 조사는 양상추, 시금치, 토마토 및 생 아몬드와 같은 많은 열에 민감한 제품의 안전성과 유통기한을 향상시키는 것으로 나타났다.

40.3 플라즈마 기술[20~22]

Moreau 등은 "플라즈마"는 전류에 의한 가스의 여기(exciation)에 의해 생성되는 중성의 이온화된 가스로 정의하고 있다. 이는 원자, 이온, 자유라디칼, 여기 및 비여기 분자, 광자 및 전자로 구성된다. 자유라디칼 및 이온 종은 그람양성균(*Bacillus*, *Clostridium*, *Staphylococcus*, *Listeria*), 그람음성균(*Escherichia*, *Salmonella*, *Vibrio*), 효모 (*Saccharomyces*) 및 곰팡이(*Aspergillus*)를 포함한 미생물, 식물 세포 또는 내생 포자에 매우 독성이 있다. 플라즈마 생성에 사용되는 조건에 따라 열 플라즈마와 비열 플라즈마 두 가지 유형이 있다. 고온 플라즈마는 주로 자동화 산업, 마이크로 일렉트로닉스와 같은 산업 공정에 사용되며 저온 플라즈마는 식품보존 및 식품접촉 표면의 소독에 사용되며 이는 특히 새로운 식품 가공기법으로 간주되고 있으며 그 관심이 높아지고 있다. 질소, 산소 및 이산화탄소 가스 혼합물의 저온 플라즈마 화학 조성은 O^-, O_2^-, N^+, N_2^+, O^+, O_2^+, NO^+ 및 CO_2^+로 구성되어 미생물 세포 또는 내생포자에 매우 독성이 있다.

40.4 펄스 전기장[5,10,16]

높은 전기장 펄스의 항균 효과는 전기 열 또는 전해 제품으로 인해서가 아니라, 세포막에 손상을 줄 수 있는 능력에 의해 만들어진다. 현탁액 내의 미생물 세포가 고전압 전기장 펄스에 노출되면, 잠재적 차이점이 막의 외부와 내부 사이에서 발생한다. 외부 전기장의 세기가 적당히 높은 경우, 막 관통의 가능성은 1V에 의해 위기 값을 초과하지 않으며, 막에 기공이 형성이 되면 과정을 되돌릴 수 있다. (이 원리는 외부 DNA를 세포 내로 도입하는 전기천공법에 사용된다.) 그러나 아주 높은 외부 전기장의 세기가 적용되면, 막의 가능성이 위기 값을 초과하여 천공 형성을 돌이킬 수 없게 만들어 막 기능의 파괴와 세포의 죽음을 초래한다. 미생물 세포의 파괴를 위해서는 2~20 ms 동안 약 15~25 kV/cm의 전기장 세기가 필요하다. 세균과 곰팡이 포자의 파괴는 높은 전압과 오랜 기간을 필요로 한다.

미생물에 대한 PEF의 치명적인 효과는 식품의 비열 살균 및 상업적 살균에서 큰 관심을 가지게 했다. 가공 동안 현탁액의 온도는 약간 증가하는 모습을 보인다. 그러나 더 큰 미생물 파괴를 얻기 위해서는 현탁액의 온도는 60°C 혹은 그 이상으로 증가될 수 있다. 또한 펄스의 수를 증가시킴으로써 더 큰 미생물을 파괴할 수 있다.

식품의 PEF 가공에서 고전압 펄스(20~80 kV/cm)는 저장 역할을 하는 일련의 축전기에서 짧은 시간에 식품에 있는 2개의 전극 사이에 방전된다. PEF는 전형적으로 감쇠 또는 방형파로 적용할 수 있으며, 방형파가 더 균일하고 치명적으로 보인다. 펄스는 치사율을 강화하기 위해 한 번 또는 그 이상 사용할 수 있다. 높은 온도(≥50°C), 그리고 낮은 pH에서 다른 항균 화합물(예: 박테리오신)의 존재에서 PEF처리는 미생물에 더 치명적이다. Elsterile라는 과정은 액체 식품에서 PEF에 의해 미생물을 파괴시키기 위해 독일에서 개발되었다. 두 개의 탄소 전극을 가진 처리 용기의 액체 식품은 고전압 전기 펄스를 받게 된다. 4로그의 감소는 20 kV/cm에서 20 ms 동안 20펄스의 처리에 의해 우유의 *Lactobacillus brevis*가 감소함을 알 수 있다. 오렌지주스에서 *Saccharomyces cerevisiae*를 4.7 kV/cm에서 20 ms 동안 5펄스로 처리했을 때 비슷한 감소가 확인되었다. 세균세포와 비교했을 때 효모세포의 감소가 증가된 것은 오렌지주스의 낮은 pH와 효모의 세포크기가 크기 때문이다.

미국에서 PEF의 항균 효율성은 유제품, 과일주스, 액상란 제품 등 여러 유동 식품에서 연구되고 있다. 45°C(113°F)에서 50 kV/cm에서 2 ms 동안 PEF 10펄스로 처리한 사과주스는 4°C에서 28일 동안 보존된 질과 비타민이 동일한 현상을 보였다(신선한 주스 21일과 비교). 오렌지주스의 일반 세균수(APCs/ml)는 주변 온도에서 32 kV/cm를 적용하여 3~4로그 주기로 감소되었으며, 제품은 4°C에서 90일의 저장수명을 가진다. *Listeria innocua*의 군집은 탈지우유를 50 kV/cm에서 PEF 처리 시 2.5로그 주기로 감소되었다. 니신의 존재하에서 PEF 처리는 *Listeria* 군집을 3.4로그까지 감소시킨다. 우유에서 *Escherichia coli*와 *Listeria monocytogenes*은 주변 온도에서 3로그 및 2.5로그가 각각 감소되었다. 주변 온도에서 36 kV/cm로 처리된 액상란에서, 일반 세균 수는 2.7로그로 감소되었으며, 제품의 유통기한은 비처리 제품보다 길어졌다. 고형식품의 PEF에 의한 미생물 세포의 불활성화가 연구되고 있다. 그러나 유사한 감소(유동 식품과 같은)를 얻기 위해서는, 훨씬 더 높은 전압이 필요로 한다.

일부 연구는 주변 온도에서의 PEF 처리는 포자에 거의 치명적이지 않다는 결과를 보였다. 그러나 높은 온도(~70°C~80°C 또는 158~176°F)와 낮은 pH, 그리고 EDTA(에틸렌 다이아민 테트라 초산) 및 라이소자임을 함께 처리하면 일부 포자를 불활성화시킬 수 있다. 80°C(176°F) 열 충격과 라이소자임을 함께 사용하고, 60°C(140°F)에서 PEF를 처리하면 *Bacillus subtilis* 계통의 포자가 3~4로그 주기로 감소된다.

이러한 연구는 비열 처리 기술로써, PEF가 유동 식품에서 주로 부패와 병원성 미생물의 식물 세포를 감소시켜서 그것의 유통기한과 안전성을 보장하는 데 사용될 수 있다는 것을 보여준다.

40.5 정수압 처리

40.5.1 역사

미생물 세포는 물이 채워진(또는 적합한 액체로 채워진) 폐쇄된 용기에서 높은 수압(100~800 MPa 혹은 이상)에 노출되면 빠르게 죽는다. Bob Hite는 1890년 최초로 식품을 보존하기 위해 높은 수압으로 미생물 파괴 효과를 연구했다. 그러나 일본에서 식품 보존과 여러 상업 식품의 생산에 높은 수압을 적용하기까지 거의 90년이 걸렸다. 이 기술은 이후, 전 세계적으로 관심을 생성하고 초고수압처리(UHP), 높은 수압 처리(HHP), 또는 단순 정수압 처리(HPP)로 인용되었다. 초기 연구 목적은 산성의 환경에서도 증식할 수 있는 부패 미생물들인 효모, 곰팡이 및 젖산균 및 일부 강력한 병원성균의 영양세포를 파괴하려는 목적으로 과일주스, 잼과 젤리와 같이 높은 산성과 저단백질 과일 제품을 가지고 실시되었다. 일부 산성에 민감한 식물균들과 부패균의 포자와 병원성균에 대해서는 복합적으로 사용할 수 없고 낮은 pH(<4.6) 환경에서는 포자가 발아하고 증식할 수 없기 때문에 실시되지 않았다. 현재 HPP에 대한 관심은 낮은 pH(<4.6)와 높은 pH(≥4.6) 식품 및 고단백 식품이 주 대상이 되고 있다. 현재 다른 식품매개 부패균과 병원성균, 세균 포자, 효모 및 곰팡이의 파괴가 연구되고 있다. 식품매개 병원성 장 관련 바이러스, 원생동물과 기타 기생충뿐만 아니라, 젖산균의 박테리오파아지의 파괴를 연구하는 것 또한 중요하다. HPP가 단독으로 식품의 다른 유형에 있는 모든 중요한 미생물을 파괴할 수 없기 때문에 매개 변수들이 그들의 고유 특성 내에서 유사성에 따라 특정 식품 그룹용으로 개발되고 있다. 가압 시간, 가압 온도, 가압 동안 한 가지 혹은 그 이상의 항미생물제의 존재, pH 및 수분활성도와 같은 다른 매개 변수의 효과도 함께 연구되고 있다. 열 가공에서와 같이 압력 처리에 관한 연구는 직접적으로 식품매개 부패균과 병원성 미생물의 영양세포를 파괴하는 압력 살균과 식품매개 세균 포자를 파괴하는 압력 살균 쪽으로 연구되고 있다. 저온 살균 과정은 비열적으로 될 수 있는 반면, 살균 과정은 열을 이용한다.[현재 megapascal(MPa) 단위가 압력 처리를 표시하는 데 사용되고 있다. 다음과 같은 몇 가지 단위 사이의 관계는 다음과 같다: [1 atm = 1 bar = 14.5 psi = 750 torr = 100 kilopascal(kPa) = 0.1 MPa.][5,13,14,23~25]

40.5.2 방법, 미생물 불활성의 메커니즘 및 장점[5,13,26]

정수압 처리는 물이나 약간의 오일을 포함하는 물에서 포장된 고체 또는 유동 식품 혹은 폐쇄된 강철 용기 내의 포장되지 않은 유동 식품(예: 오렌지주스)에서 폐쇄된 용기 내에 동일한 액체를 이용해 압력을 가하는 것을 말한다(**그림 40.1**). 압력은 폐쇄 용기를 통해(열 전달에 반대로) 순간적으로 그리고 균일하게 전달된다. 일반적으로 압력이 올라가고 내려가는 시간은 매우 짧다(1~5분). 가압은 가압된 재료의부피를 압축하며 (300~700 MPa의 범위 사이에서 10%~15%) 단열 가열로 인한 온도의 상승을 일으킨다(~3°C/100 MPa). 이러한 변화는 일시적이며 감압 동안 그들은 원래의 상태로 돌아간다. 그러나 미생물 불활성화의 영향은 지질 이중층의 위상전이와 이온결합의 고압 파괴, 소수성 상호

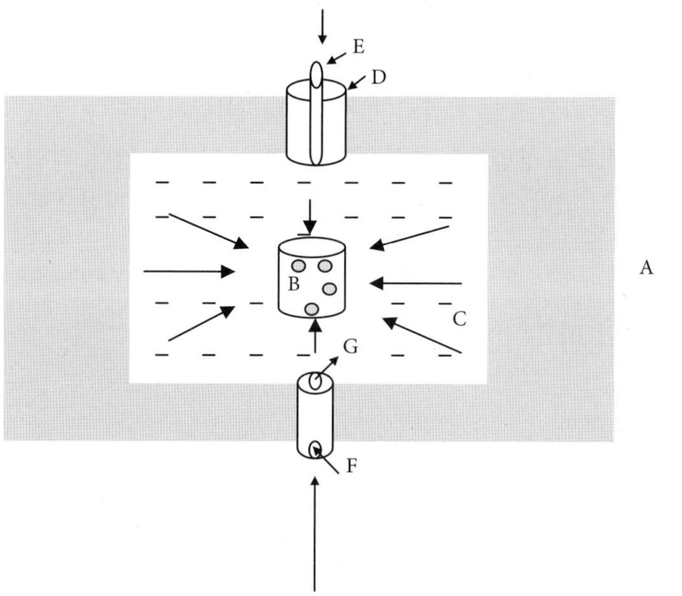

그림 40.1 정수압 용기의 개략도(A). 포장 식품(B) 용기 내부의 상단에서 액체로 들어오며(C) 그리고 상단은 이동식 실린더에 의해 폐쇄된다(D). 개방 밸브가 있어서(E) 가압하기 전에 공기를 제거하고 액체를 추가한다. 용기가 폐쇄되면 추가된 액체는 관을 통해서 나온다(F). 관에는 밸브가 있어서(G) 원하는 압력에 도달하면 밸브를 닫는다. 압력은 가압 시간 동안에 입구 밸브의 끝부분에서 일정하게 유지된다. 입구 밸브(G)가 열리고 초과 액체는 용기 내부의 압력을 대기 압력으로 가져가는 중력에 의해 제거된다. 그런 다음 상단 실린더가 이동되고 포장은 용기에서 제거된다. 용기의 액체는 용기 주위에 가열코일을 설치하여 원하는 온도로 가열할 수 있다(A). 용기 내부의 액체의 온도는 상단 이동 실린더(D)에 열전대를 두어 모니터링할 수 있다. 이 과정은 깨끗하고 효율적이며, 다른 식품 가공 방법에 비해 상대적으로 작은 공간을 필요로 한다.

작용, 그리고 분자의 수소결합(공유결합에 영향 없이)을 일으킨다. 이것은 고분자들을 펼쳐놓는다. 압력이 방출될 때 분자는 다시 수축하지만, 대부분 원래의 배열과 다른 방식으로 배열되어 기존의 성질이 변하게 된다. 부피의 압축(분자들을 더 가깝게 하고) 및 단열 가열(온도와 관련된 작용으로 인한)은 정수압에 대한 분자적 변화를 증가시킨다. 분자들 중에서 대부분의 변화는 단백질의 이차 및 삼차 구조뿐만 아니라 다른 분자들과의 단백질 결합에 발생한다. 미생물 세포의 중요한 구조 및 기능 요소들은 생존의 손실뿐만 아니라 되돌릴 수 없거나 거의 치사량에 가까운 부상을 일으키는 부정적인 영향을 받는다. 세포막의 손상이 세포 사망, 세포벽, DNA, 그리고 RNA의 손상의 주요 원인으로 보여지지만 불활성화뿐만 아니라 몇 가지 효소의 활성화; 그리고 세포의 용해가 보고되었다. 이러한 변화는 압력, 가압 온도 및 가압 시간의 증가에 의해 향상된다. 매우 높은 압력($\geq$700 MPa)에서 세균 포자는 발아 과정과 관련된 효소의 불활성화에 의해 증식하지 못한다. 낮은 압력 범위(~200~300 MPa)에서 포자는 열충격 발아와 유사한 메커니즘에 의해 발아가 유도된다. 일단 발아되면, 증식하는 포자는 식물세포처럼 가압에 민감해진다.

식품의 정수압 처리는 매우 짧은 시간, 적은 에너지와 적은 공간을 필요로 하며, 열처리보다 안전하다. 정수압 처리는 분자의 공유결합에 영향을 주지 않는다. 따라서 비타민, 색상 안료 및 기타 작은 분자들은 부정적인 영향을 받지 않는다. 비록 이것이 기본적으로 하나의 큰 과정이지만 짧은 시간의 요구 때문에 그것은 세 개 혹은 그 이상의 공정을 설치함으로써 지속적으로 수행될 수 있다. 즉 하나가 채워지는 동안 두 번째는 가압 또는 감압되며, 세 번째는 비워지게 된다. 큰 단위 부피를 처리할 수 있는 가용성과 함께 현실적으로 상업적으로 사용될 수 있다. 과정은 압력, 압력의 온도 및 가압 시간 세 개의 매개 변수를 가지고 있다. 가압 동안 적절한 항미생물제를 첨가함으로써 4차원의 독특한 과정을 만들 수 있다.

40.5.3 미생물 세포의 파괴[5,13,14,26]

세균세포

병원균에 대해 보고된 더 많은 연구와 함께, 압력-유도 가능성 손실 및 식품매개 세균세포의 준치사 부상에 대한 많은 연구가 수행되고 있다. 이들 중 일부는 *Salmonella* serovars, *Campylovacter*, *Lis. monocytogenes*, *Staphylococcus aureus*, *Yersinia enterocolitica*, *Vibrio parahaemolyticus*와 *Esc. coli* O157:H7, 그리고 *Pseudomonas* spp., *Serratia liquefaciens*, *Leuconostoc mesenteroides*와 *Lactobacillus sake*같은 부패균들을 포함하고 있다. 정수압의 항균 효과는 다음과 같이 요약될 수 있다.

- 그람음성균은 그람양성균보다 상대적으로 더 민감하고 간균은 구균보다 더 민감하다.
- 종간과 종 계통들은 민감도에 차이가 있다.
- 계통은 열처리에 민감해질 수 있지만 압력 처리에는 저항성을 가질 수 있으며 그 반대일 수도 있다.
- 압력 저항은 높은 일관성, 낮은 수분활성도, 높은 pH, 그리고 현탁액 배지의 높은 지질 성분으로 증가한다.
- 생존 능력 손실은 가장 적은 효과를 갖는 시간에서 압력, 온도 및 시간이 증가할 때, 직접적으로 증가한다.
- 가압도 역시 생존 세포에서 준치사 부상을 유도한다.
- 적합한 항균 요소들은 (물리적, 화학적) 생존 능력 손실을 향상시키는 가압하는 동안 유도될 수 있다.

주어진 가압 매개 변수 조건에서 세균세포의 죽음은 예측할 수 있는 방식으로 발생한다. 열 치료에서처럼 사망률은 특히 300 MPa 이상의 압력과 45°C(113°F) 혹은 그 이상의 가압 온도에서 일차 반응속도론을 따른다. 펩톤 용액에서 8개의 다른 식품매개 세균세포 현탁액의 *D* 값은 345 MPa 가압 및 50°C(122°F)에서 <0.6분으로 확인되었다. 따라서 압력과 온도의 적절한 조합으로, 5~6로그 감소가 5분 안에 달성될 수 있고 가압하는 동안 항균 요소(예: 박테리오신)를 통합하여 1~3로그가 추가로 증가된다.

세균 내생포자

세균 포자는 주변 온도에서 700 MPa 아래의 압력에 매우 강하다. 그러나 70°C(158°F) 이상의 온도에서 700 MPa 이상의 압력은 포자에 해로울 수 있다. 수행된 연구에서 사용할 수 있는 정보는 다음과 같이 일반화할 수 있다.

- 포자 불활성화는 가압 수준(≥700 MPa), 가압 온도(≥70°C) 및 가압 시(≥30분)에 정비례한다.
- 종의 포자와 종의 계통들은 압력 저항에서 크게 다르다.
- 일반적으로 *Bacillus* 포자는 *Clostridium* 포자보다 압력 처리에 덜 저항적이다.
- 휴면하는 세포나 슈퍼휴면 포자는 더 압력에 저항성이 있다.
- 높은 농도의 비이온 용질과 이온 용질, 낮은 수분활성도, 높은 pH에서 저항성이 높아진다.
- 낮은 압력 범위(~300 MPa)에서, 일부 포자는 발아와 증식할 수 있으며 하나 혹은 그 이상의 물리적 및 화학적 항미생물 요소에 의해 제거될 수 있다.

낮은 pH 음식에서는 포자의 불활성화가 필요하지 않지만, 높은 pH 식품에서는 식품매개 *Bacillus* 및 *Clostridium* 포자를 파괴(또는 발아 및 증식을 방지)할 필요가 있다. 대부분의 결과는 800 MPa와 60°C~90°C(140°F~194°F)의 가압 온도에서, 5로그 주기 불활성화를 10분 내에 달성하기는 어렵다는 것을 보여준다. 마찬가지로, 낮은 압력 범위에서 포자의 발아를 유도한 후 가압의 두 번째로 발아된 포자를 죽이는 것은 상업적 무균 식품을 얻기 위한 포자의 예측된 감소를 보장하지 않는다. 음식에 따라 매개 변수들의 조합에 의해 일부 포자를 파괴하고 그 후 적절한 항균 요소로 생존 포자의 증식을 방지하는 것은 필요할 수 있다. 이 방법은 저열 가공 육류 및 기타 식품에 사용된다. 최근 연구는 높은 압력과 높은 온도와 두 번째 재가압의 조합에서 상업적 무균 식품을 생산하는 데 사용할 수 있는 것으로 알려졌다. 이 연구는 뒤에 설명되어 있다.

곰팡이, 효모, 바이러스 및 기생충

초기 연구는 과일주스, 잼 및 젤리가 낮은 pH, 낮은 수분활성도, 높은 삼투 환경 및 냉장 온도에서도 증식하는 능력 때문에, 주변 온도에서 효모 및 곰팡이를 파괴시키는 가압 매개 변수를 개발하기 위해 실시되었다. 일반적으로 대부분의 식품매개 효모 및 곰팡이(자신의 포자 포함) 4~5로그 주기는 주변 온도에서 10분 동안 300~350 MPa의 가압에 의해 달성될 수 있다. 비록 이러한 미생물의 일부 압력 저항성 종과 계통들이 발견되었지만, 40°C(104°F)에서 400 MPa의 처리나 두 번의 가압은 미생물을 제거한다.

식품 제조업에서 식품매개 원생동물과 기생충을 압력 유도로 파괴할 수 있다는 보고가 현재 거의 없다. 마찬가지로, 식품매개 병원성 인간 바이러스 및 젖산세균의 박테리오파아지(및 프리온)의 불활성화에 대한 가압의 효과는 알려져 있지 않다. 현재 의견은 원생동물, 기생충 및 바이러스가 주변 온도에 300~400 MPa의 압력에 의해 파괴될 것이라는 것이다. 그러나 연구에 의해 검증될 필요가 있다.

40.5.4 식품 가공에의 응용[5,13,14,26,27]

정수압은 미생물의 사멸을 포함한 식품 가공의 많은 적용에 연구되고 있는 중이다. 적용은 **표 40.1**에 기술된 새로운 제품 개발, 새로운 가공 기술, 항균 적용의 세 그룹으로 나눌 수 있다. 식품을 보존하기 위한항균 적용은 여기서 간단히 설명되어 있다. 책과 평론은 다른 적용에 대한 정보를 제공할 것이다.

표 40.1 식품에서 고정수압의 몇몇 잠재적 응용

1. 항균제 응용
● 낮은 압력 범위에서 미생물 세포를 파괴하기 위해
● 높은 압력 범위에서 세균 포자를 파괴하기 위해
● 낮은 압력 범위에서 세균 포자를 발아하기 위해
● 냉동되지 않은 식품에서 미생물 성장을 방지하기 위해
2. 새로운 제품 개발
● 자연그대로의 맛을 가진 과일과 채소를 생산하기 위해
● 과일 식품과 노른자위의 색을 향상시키기 위해
● 가열 없이 단백질의 젤라틴을 이용하기 위해
3. 향상된 식품 가공
● 육류를 연하게 하기 위해
● 치즈 숙성을 향상시키기 위해
● 규조류의 배각을 열기 위해
● 바람직하지 않은 식품 효소를 비활성화하기 위해
● 냉동 식품을 빠르게 해동하기 위해
● −20°C에서 식품을 얼지 않게 보관하기 위해
● 알레르겐과 독소를 비활성화하기 위해

항균 적용은 대부분 가압 저온 살균 제품을 생산하기 위해 연구하고 있지만, 제한된 연구만이 현재 상업적으로 살균 제품을 생산하기 위해 실시되고 있다. 가압 저온 살균은 주로 미생물의 영양세포를 사멸시키기 위해 낮은 온도범위(15°C에서 <70°C)에서 식품이 가압(≤700 MPa)되기 때문에 비열적으로 간주된다. 반면 가압 살균은 세균 포자를 죽이기 위한 높은 온도(≥90°C)에서의 가압(≥700 MPa)을 포함한다. 식품의 많은 유형이 현재 가압 저온 살균을 위해 연구되고 있으며, 일부가 현재 상업적으로 생산된다. 이들의 간단한 목록은 **표 40.2**에 포함되어 있다.

표 40.2 식품제품 개발의 현재 상태

● 과일 제품: 주스, 젤리, 잼, 잘린 과일, 과일 요구르트
● 채소 제품: 아보카도 담금, 살사
● 육류 제품: 구운 소고기, 살라미, 소시지, 프랑크푸르터, 푸아그라
● 해산물 제품: 훈제 연어 크림, 굴, 어육
● 기타: 스페인어 쌀, 스파게티, 쌀 와인

표 40.3 접종된 프랑크푸르터에서 가압에 의한 *Lis. monocytogenes*계통의 생존 손실 확인 (높은 수준의 접종)

처리[a]	로그수(Log CFU/g)	로그수 생존력 손실/g
대조군(Control)	7.6	–
PN	6.1	1.5
HP	3.4	4.2
HP + PN	불검출(ND)[b]	7.6

[a] Control, without any treatment; PN, with pediocin and nisin only; HP, only pressurized; HP + PN, pressurized in the presence of PN. b No CFU was detected in 0.4 g sample/package. 가압에 대한 저항성을 가지는 *Lis. monocytogenes* 다섯 계통을 혼합한 세포 현탁액이 핫도그(멸균)에 접종되었다(50 g/package at 7.6 log CFU/g). 일부 그룹에는 pediocin ACH와 nisin의 혼합물에 주사했다(PN; 1:1; 3000 AU/g). 그룹들은 50°C에서 5분 동안 345 MPa으로 가압시켰다. Tryptic soy agar plate 위의 미생물 수가 측정되었다. 각 결과는 4개 실험군의 평균임. Control, 어떤 처리도 없음; PN, pediocin 및 nisin 만 처리; HP, 가압처리만 수행; HP + PN, PN의 존재하에 가압처리.

[b] 0.4 g sample/package 에서는 생존이 관찰되지 않음.

가공 육류 제품 또는 알파파씨앗의 일부 연구 결과를 여기에 발취한다.[28,29] 이러한 연구들의 각각에서 가압에 저항성이 있는 *Lis. monocytogenes*, *Salmonella* serovars 및 *Esc. coli* O157:H7의 다섯 가지 계통의 혼합을 높은(~10^7/g) 그리고 낮은(~10^3/g) 수준의 프랑크푸르트에 접종했으며, 일부는 박테리오신, 페디오신 및 니신의 혼합물과 함께 접종되었다. 그 후 50°C(122°F)에서 5분 동안 345 MPa으로 가압되었다. 높은 수준으로 접종된 것은 가압 직후 그 생존 수가 측정되었다. 낮은 수준으로 접종된 그룹은 4°C에 저장되었고, 간격을 두고 다양한 조건의 실험군들의 생존여부가 세균 수 측정 및 순수분리 기술에 의해 측정되었다. 높은 수준이 접종된 연구의 결과는 박테리오신 혼합물의 존재에 가압을 단독으로 사용한 것보다 더 치명적인 것으로 보인다(**표 40.3**). 낮은 수준을 접종한 연구의 결과는 세균 수를 측정하는 기술을 단독으로 사용했을 때, 아주 낮은 수준의 생존(이론적으로 ~1 CFU/패키지)을 진단할 수 없기 때문에 명맥한 병원균의 부재를 타나낼 수 있음이 확인되었다. 그러나 심지어 아주 작은 생존 수에서도, 저온병원균은 냉장 보관하는 동안에도 검출 수준에 도달할 만큼 번식할 수 있다(**표 40.4**). 반면, 순수분리 기술은 패키지 내의 모든 생존자를 감지하는 데 효과적으로 사용될 수 있다. 따라서 오차가 없을 거라는 기대되는 매우 강력한 병원체에서, 순수분리 기술에 의해 처리 매개변수가 평가되어야 한다. 결과는 또한 적절한 항균제(박테리오신 혼합 등)의 존재에서 가압하는 것이 식품매개 세균을 감소시키는 데 더 효과적임을 보여주었다.

40.6 결론

소비자의 수요를 충족시키기 위해 여러 가지 열 및 비열 기술이 식품의 가공을 위해 연구되고 있다. 이중 플라즈마 기술, PEF 및 HPP, 특히 HPP 기술은 큰 잠재력을 제공하고 있다. 두 기술은 비열 방

표 40.4 접종된 프랑크푸르터에서 가압에 의한 *Lis. monocytogenes*계통의 생존 손실 확인(낮은 수준의 접종)

처리[a]	4°C 저장 후 미생물 수 측정			4°C 저장 후 순수분리 (+/−)		
	1일	7일	14일	1일	7일	14일
Control (2)	3.2	5.6	6.3	2/2	2/2	2/2
BP (3)	ND[b]	0.5	3.6	3/3	3/3	3/3
HP (6)	ND	0.4	0.7	1/6	5/6	6/6
HP + BP (6)	ND	ND	ND	0/6	0/6	0/6

[a] 설명은 표 40.3의 각주를 참조. 괄호 안의 숫자는 실험된 시료의 수를 나타냅니다. 미생물 수 측정은 tryptic soy agar plate 위의 미생물 수, 그리고 순수분리는 moxalactam agar 위에서 수행되었다. 각각의 실험군에는 선택된 농축 배양액이 혼합되었다. 일부는 미생물 수 측정에 사용되었으며 나머지는 37°C에서 1~2일 동안 배양했다. moxalactam agar에 도말하고, 48시간 동안 배양시킨 후, *Listeria* 생존 수 확인을 위해 검은 특징적 콜로니를 조사했다.

[b] 0.4 g sample/package에서는 생존이 관찰되지 않음.

법으로 저온 살균 식품의 생산에 적합하다. 그러나 HPP는 고열과 함께 비교 열 공정에 의해 생산된 식품보다 더 좋은 합격 품질을 갖는 상업적 무균 식품을 생산하는 데 사용될 수 있다. HPP는 또한 새로운 식품과 새로운 가공 기술을 생산하는 데 사용될 수 있다. 다른 매개 변수들은 추가 이점을 제공하기 위해 이러한 많은 기술들과 함께 사용될 수 있다. 이 개념은 허들 효과의 개념으로 제41장에 설명되어 있다.

학습문제

1. 식품 가공 및 보존에 응용되는 현재 연구되는 기술 가운데, 열 처리 가공 두 가지와 비열가공 네 가지를 나열하시오. 이 방법들이 기존에 사용되고 있는 방법들에 비해 어떤 장점을 가지고 있는가?
2. 이 장에 기술된 PEF와 HPP 이외의 다른 네 개의 비열 가공의 항균작용 원리를 간단하게 설명하시오.
3. PEF 기술의 항균작용 메커니즘과 어떻게 이것이 식품의 보존을 향상시키기 위해 사용되는지 간단히 설명하시오.
4. HPP 처리가 식품의 품질에 부정적인 영향을 주지 않는 이유를 설명하시오.
5. 보존 이외의 식품 가공에 HPP가 적용되는 것을 여섯 가지 설명하고 이러한 적용에서 방법의 장점을 설명하시오.
6. 미생물의 영양세포에 대한 HPP의 항균작용의 메커니즘에 대해 설명하시오.
7. 압력 가공 식품에서 준치사 부상 및 식품매개 병원균의 저항성과 관련된 문제에 대해 설명하시오.
8. 식품매개 세균의 포자가 낮고 높은 수압에서 파괴될 수 있는 메커니즘에 대해 설명하시오.

9. 식품의 압력 저온 살균 및 압력 살균을 정의하고 저온 살균 및 열처리에 의한 식품의 상업적 살균의 차이점에 대해 설명하시오.
10. HPP의 미생물 제어에 연구된 네 가지 식품 그룹에서 여덟 가지 식품을 나열하시오.

참고문헌

1. Miller, S.A., Science, law and society: The pursuit of food safety, *J. Nutr.*, *123*, 279–284, 1993.
2. Pereira, R.N. and Vicente, A.A., Environmental impact of novel thermal and non-thermal technologies in food processing, *Food Res. Int.*, *43*, 1936–1943, 2010.
3. Goodburn, C. and Wallace, C.A., The microbiological efficacy of decontamination methodologies for fresh produce: A review, *Food Control*, *32*, 418–427, 2013.
4. Zhou, G.H., Xu, X.L., and Liu, Y., Preservation technologies for fresh meat: A review, *Meat Sci.*, *86*, 119–128, 2010.
5. Anonymous, Requisite scientific parameters for establishing the equivalence of alternative methods of pasteurization—National Advisory Committee on Microbiological Criteria for Foods, *J. Food Prot.*, *69*, 1190–1216, 2006.
6. Marra, F., Zhang, L., and Lyng, J.G., Radio frequency treatment of foods: Review of recent advances, *J. Food Eng.*, *91*, 497–508, 2009.
7. Vadivambal, R. and Jayas, D.S., Non-uniform temperature distribution during microwave heating of food materials: A review, *Food Bioprocess Technol.*, *3*, 161–171, 2010.
8. Knirsch, M.C., Alves dos Santos, C., Martins de Oliveira Soares Vicente, A.A., and Vessoni Penna, T.C., Ohmic heating: A review, *Trends Food Sci. Technol.*, *21*, 436–441, 2010.
9. Krishnamurthy, K., Khurana, H.K., Soojin, J., Irudayaraj, J., and Demirci, A., Infrared heating in food processing: An overview, *Comp. Rev. Food Sci. Food Safety*, *7*, 2–13, 2008.
10. Castro, A.J., Barbosa-CÁNovas, G.V., and Swanson, B.G., Microbial inactivation of foods by pulsed electric fields, *J. Food Process. Preserv.*, *17*, 47–73, 1993.
11. Toepfl, S., Mathys, A., Heinz, V., and Knorr, D., Review: Potential of high hydrostatic pressure and pulsed electric fields for energy efficient and environmentally friendly food processing, *Food Rev. Int.*, *22*, 405–423, 2006.
12. Noci, F., Riener, J., Walkling-Ribeiro, M., Cronin, D.A., Morgan, D.J., and Lyng, J.G., Ultraviolet irradiation and pulsed electric fields (PEF) in a hurdle strategy for the preservation of fresh apple juice, *J. Food Eng.*, *85*, 141–146, 2008.
13. Balasubramaniam, V.M. and Farkas, D., High-pressure food processing, *Food Sci. Technol. Int.*, *14*, 413–418, 2008.
14. Rendueles, E., Omer, M.K., Alvseike, O., Alonso-Calleja, C., Capita, R., and Prieto, M., Microbiological food safety assessment of high hydrostatic pressure processing: A review, *LWT—Food Sci. Technol.*, *44*, 1251–1260, 2011.
15. Oms-Oliu, G., Martín-Belloso, O., and Soliva-Fortuny, R., Pulsed light treatments for food preservation: A review, *Food Bioprocess Technol.*, *3*, 13–23, 2010.
16. Morris, C., Brody, A.L., and Wicker, L., Non-thermal food processing/preservation technologies: A review with packaging implications, *Packaging Technol. Sci.*, *20*, 275–286, 2007.
17. Gera, N. and Doores, S., Kinetics and mechanism of bacterial inactivation by ultrasound waves and sonoprotective effect of milk components, *J. Food Sci.*, *76*, M111–M119, 2011.
18. Alzamora, S., Guerrero, S., Schenk, M., Raffellini, S., and López-Malo, A., Inactivation of microorganisms. In *Ultrasound Technologies for Food and Bioprocessing*, Feng, H., Barbosa-Canovas, G., and Weiss, J., Eds., Springer, New York, 2011, pp. 321–343.
19. Moosekian, S.R., Jeong, S., Marks, B.P., and Ryser, E.T., X-ray irradiation as a microbial intervention strategy for food, *Annu. Rev. Food Sci. Technol.*, *3*, 493–510, 2012.
20. Wan, J., Coventry, J., Swiergon, P., Sanguansri, P., and Versteeg, C., Advances in innovative processing technologies for microbial inactivation and enhancement of food safety: Pulsed electric field and low-temperature plasma, *Trends Food Sci. Technol.*, *20*, 414–424, 2009.
21. Fernández, A. and Thompson, A., The inactivation of *Salmonella* by cold atmospheric plasma treat-

ment, *Food Res. Int.*, *45*, 678–684, 2012.
22. Moreau, M., Orange, N., and Feuilloley, M.G.J., Non-thermal plasma technologies: New tools for bio-decontamination, *Biotechnol. Adv.*, *26*, 610–617, 2008.
23. Considine, K.M., Kelly, A.L., Fitzgerald, G.F., Hill, C., and Sleator, R.D., High-pressure processing: Effects on microbial food safety and food quality, *FEMS Microbiol. Lett.*, *281*, 1–9, 2008.
24. Chawla, R., Patil, G., and Singh, A., High hydrostatic pressure technology in dairy processing: A review, *J. Food Sci. Technol.*, *48*, 260–268, 2011.
25. San Martin, M.F., Barbosa-Canovas, G.V., and Swanson, B.G., Food processing by high hydrostatic pressure, *Crit. Rev. Food Sci. Nutr.*, *42*, 627–645, 2002.
26. Ray, B., High hydrostatic pressure: Microbial destruction and food preservation. In *The Encyclopedia of Environmental Microbiology*, Britton, G., Ed., John Wiley & Sons, New York, 2002.
27. Knorr, D., Reineke, K., Mathys, A., Heinz, V., and Buckow, R., High-pressure-induced effects on bacterial spores, vegetative microorganisms, and enzymes. In *Food Engineering Interfaces*, Aguilera, J.M., Simpson, R., Welti-Chanes, J., Bermudez-Aguirre, D., and Barbosa-Canovas, G., Eds., Springer, New York, 2011, pp. 325–340.
28. Kalchayanand, N., Frethem, C., Dunne, P., Sikes, A., and Ray, B., Hydrostatic pressure and bacteriocin-triggered cell wall lysis of *Leuconostoc mesenteroides*, *Innovative Food Sci. Emerg. Technol.*, *3*, 33–40, 2002.
29. Ariefdjohan, M.W., Nelson, P.E., Singh, R.K., Bhunia, A.K., Balasubramaniam, V.M., and Singh, N., Efficacy of high hydrostatic pressure treatment in reducing *Escherichia coli* O157 and *Listeria monocytogenes* in alfalfa seeds, *J. Food Sci.*, *69*, M117–M120, 2004.

제41장

혼합 방법에 의한 제어 (허들 개념)

41.1 서론

식품에서 미생물을 죽이거나 미생물의 증식을 제어하는 데 많은 요소들은 또한 미생물의 증식과 생존을 가능하게 할 수 있다. 여기에는 온도, 수분활성도(A_W), pH, Eh와 여러 보존제들이 포함되며 최적에서 최소까지 다양한 미생물 증식 범위를 갖는다. 그 인자에 따라 일정 범위 밖에서는 미생물이 증식할 수 없거나 죽는다. 식품보존에 한 가지 방법이 사용될 때는 일반적으로 미생물 증식 범위 밖의 조건이 사용된다. 그 예로 살균식품 생산을 위해 높은 온도로 처리하거나 A_W을 0.6 이하로 건조시킨다. 미생물학적으로 이러한 식품들은 긴 유통기한을 갖고 안전하기는 하나, 그것들의 영양적인 질과 상대적으로 낮은 품질의 상태로 인해 많은 소비자들이 선호하지 않는다. 신선하고, 자연적이며, 건강에 좋고 편리하며 엄격히 가공되거나 보존되지 않은 식품을 선호하는 소비자들에게 더욱 선호되지 않는다. 낮은 염분, 당, 지방, 냉장고나 서늘한 곳 심지어 상온에서 오랜 기간 저장될 수 있으며, 손쉽게 먹거나 전자레인지에 의해 데울 수 있는 식품의 생산에 일반적인 관심이 있다. 미군을 위한 신선식품의 생산에 관심이 있다.

41.2 항균작용의 메커니즘

대부분의 식품은 늘 다른 유형의 부패균을 포함하고 있으며, 일부는 병원균(예: *Staphylococcus aureus* 세포, *Listeria monocytogenes* 및 병원성 방추형 포자)을 가질 수 있는 좋은 기회가 있다. 안전 및 안정성을 위해 병원균 및 부패성 미생물의 증식은 이러한 제품에 대해 기대되는 저장 기간 동안 제어되어야 한다. 이러한 목표를 달성하기 위해 두 개 혹은 그 이상의 항균 요소가 개별적 요소로는 관련 미생물의 일부 증식이 가능하지만, 함께 사용될 때는 아닌 수준으로 함께 사용된다.[1~3] 이 요소나 방법은 약하게(낮은 수준으로) 사용되며, 이러한 처리는 보통 소비자의 기호나 식품의 영양적 질에 영향을 주지 않고 안전하고 안정적으로 저장할 수 있다. 인자들의 조합에 의한 개념 혹은 허들 개념은

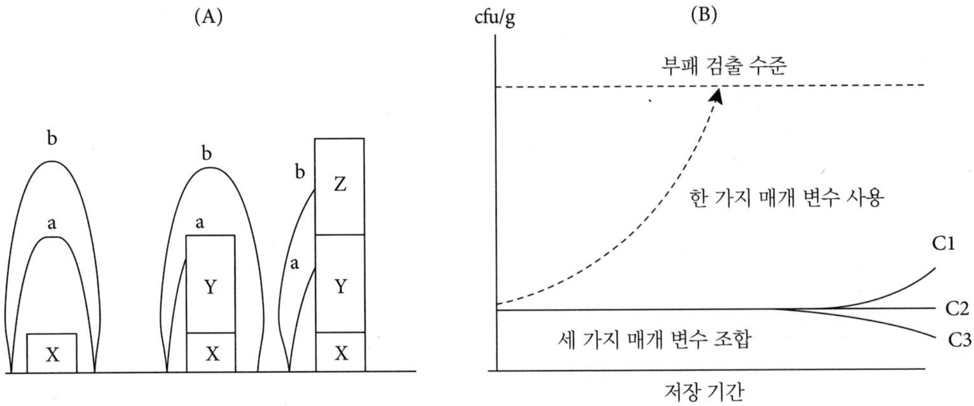

그림 41.1 **(A) 여러 보존 기술의 조합의 개략적인 제시. (X, Y, Z)는 서로 다른 미생물 그룹(A, B)을 제어하기 효과적이다. (B) 여러 매개 변수의 효과적인 조합은 성장 속도를 줄이고(C1), 성장을 방지하거나(C2) 심지어 미생물을 죽일 수 있으며(C3), 이는 한 가지 매개 변수에 의해서는 완성되지 않을 수 있다.**

그림 41.1A에서 설명하였다.

두 종류의 대상 미생물 a와 b는 보존 방법들 X, Y 혹은 Z가 개별적 허들로 사용될 때 증식될 수 있다. 그러나 X와 Y가 함께 사용되면 증식이 저지되고, X, Y 및 Z가 함께 사용되면 두 미생물은 증식을 할 수 없다.

개념은 또 다른 예를 들어 설명할 수 있다(**그림 41.1B**). 식품이 30°C(86°F)나 pH 6.0 혹은 수분활성도 0.99에서 빠르게 증식하고 다소 신속하게 음식을 상하게 할 수 저온 부패균의 여러 종류를 가지고 있다고 가정한다. 만약 요소 중 하나가 감소되어 있는 경우(예: 온도가 5°C로 감소된다면, 다른 두 가지는 그대로 유지), 증식 속도가 약간 감소되지만 제품은 가지고 있던 저장 기간(60일) 전에 부패하게 된다. 그러나 만약 세 가지 매개 변수들이 약간씩 감소한다면 5°C, pH 5.0, 및 수분활성도 0.93과 같이 개별적으로 사용된다면 미생물이 증식하게 된다. 그들은 저장 기간 동안 증식을 멈추거나(C2) 아주 느린 속도로 발생하거나(C1) 혹은 심지어 일부는 사멸에 이를(C3) 수도 있다. 이 조합으로 제품은 예상 저장 수명동안 안정적으로 유지가 된다. 이 실험에서 사용된 세 가지 인자는 각각으로는 미생물의 생육을 효과적으로 제어하지 못하지만 조합하여 사용하면 효과적으로 표적생물의 증식을 저해한다. 만약 여러 개의 인자들이 더 추가된다면, 식품 내의 미생물의 증식은 상당기간 동안 효과적으로 제어될 수 있다.

조합에 사용되는 다른 매개 변수나 요인은 고유 요소(예: 수분활성도, pH, Eh, 자연 억제제), 가공 요소(예: 가열, 건조, 발효, 그리고 방부제) 및 외부 요인(예: 온도 및 호기나 혐기 환경) 등이 포함된다. 경쟁 식물균(예: 젖산 세균)과 비열 가공 방법(제40장)이 매개 변수에 추가될 수 있다. 이러한 요소의 결합에 의한 식품 보존은 오랫동안 사용되어 왔다. 한 가지 예는 잼과 젤리의 보존으로, 높은 열, 낮은 pH(과일의), 낮은 수분활성도(과일 및 추가되는 설탕) 및 혐기성 포장이 미생물의 수를 줄일 뿐만 아니라 생존자의 증식을 줄이기 위해 사용된다. 그러나 가장 큰 문제는 냉장 온도 또는 주변 온도에서 육류, 유제품 및 생선 제품의 장기 보존으로 냉동은 군사 작전, 자연 재해 기간 동안의 구호 활동 혹은 여러 개발도상국의 농촌 지역에서는 냉동식품을 사용할 수 없다는 것이다. 이러한 목표를 달성하기 위해서는 식품에서 대상 미생물을 제어하기 위한 여러 요소를 결합 효과를 연구할 필요가 있다. 이러한 연구 수행에 있어서, 요소들은 또한 함께 사용하면 첨가제, 상승제, 심지어 부정적인(중화) 영향을 미칠 수 있다는 것을 인식해야 한다.

41.3 현재 상태

이러한 측면은 오히려 제한된 방법으로 연구되고 있다. 이러한 연구의 일부 결과는 여기에 간략하게 설명되어 있다.[1~5]

41.3.1 낮은 열처리 공정(Low-Heat Processing)

100°C 이하의 낮은 열은 많은 병원균과 부패균의 포자를 죽일 수 없으며, 열 활성화가 되어 발아 및 증식을 할 수 있다. 그러나 식품의 pH가 4.5로 낮아지거나 NO_2 및 NaCl이 첨가되면 열처리를 받은 포자를 발아할 수 없다.

41.3.2 저온저장

*Clostridium botulinum*은 35°C(95°F), A_W 0.95에서 증식한다. 그러나 20°C(68°F)에서는 A_W가 0.97까지 증가하지 않으면 자랄 수 없다. 마찬가지로 *Lis. monocytogenes*는 25°C(77°F)에서 6.5% NaCl을 포함한 배지에서 3일만에 자랄 수 있지만 14°C(57.2°F)일 때는 조건이 동일했을 때 자라지 않는다.

41.3.3 낮은 pH

*Clo. botulinum*은 pH 7.0, 37°C(98.6°F), A_W 0.94에서 자라며, pH가 5.3으로 낮아지면 A_W가 0.99라도 자랄 수 없다. A *Salmonella*는 pH 5.8, A_W 0.97에서 증식하며 pH 5.0에서는 A_W 0.99가 요구된다. *Clo. botulinum*은 16°C, pH 5.5에서 28일 동안 키웠을 때 독소를 생산하며, pH 5.2 이하의 같은 조건에서는 독소를 생산할 수 없다.

pH를 낮추기 위해 산의 사용에 있어서, 아세트산(acetic), 프로피온산(propionic), 젖산(lactic acids)과 같은 유기산은 염산(HCl)과 인산(phosphoric acid)보다 효과적이다. 또한 아세트산이나 프로피온산은 젖산보다 더 효과적이다. 시트릭산(citric)과 인산은 미생물 기능에 중요한 pH를 낮추고 이가양이온을 안전화시는 작용을 한다.

41.3.4 낮은 수분활성도(A_W)

A_W의 감소가 다른 요소들과 작용하여 미생물의 증식에 어떻게 영향을 미치는지를 보여주는 몇 가지 예들이 있다. *Sta. aureus*는 0.86의 A_W과 높은 pH에서 증식할 수 있다. 그러나 pH 4.6에서는 A_W가

0.93(NaCl 존재 하)이라도 증식할 수 없다. 유사하게 *Sta. aureus*는 12°C, pH 7, A_W 0.93에서는 증식하나, A_W이 0.90까지 낮아지면 동일한 조건에서 증식할 수 없다.

낮은 A_W을 인지하는 것은 중요한데 이는 일부 미생물의 열저항성을 발달시킬 수 있다.

41.3.5 Modified Atmosphere

진공포장(N_2 또는 CO_2) 식품에서 호기성균의 증식은 제한되고 통성혐기성균은 줄어들 수 있다. 그러나 진공포장은 선택적으로 혐기적 변질과 병원균의 증식을 가능하게 한다. 그러므로 낮은 pH, A_W 혹은 보존제 등의 다른 요소들을 적절하게 사용해야 한다.

41.3.6 보존제

NaCl과 BHA(산화 방지제; butylated hydroxyanisole)와 같은 일부 보존제는 흡수된 물질들의 항미생물 활동을 증가시키는 상승작용을 한다. 유기산 또한 높은 농도의 해리되지 않은 분자들에 의해서 낮은 pH에서 효과적이다. 일부 보존제는 높은 pH에 의해 효과적이지 못하며 일부는 저장 동안에 효능을 잃는다. 박테리오신은 식품(날음식)에 존재하는 단백질 분해효소에 의해 파괴된다. 박테리오신의 살균효과는 산, SDS, EDTA와 함께 사용될 때 증가될 수 있다.

41.3.7 정수압 공정(Hydrostatic Pressure Processing, HPP)

초정수압의 항균 효과는 중온열, 약간 낮은 pH, 박테리오신과 키토산을 함께 사용함으로써 증가될 수 있다.[4] 포자는 아주 높은 압력이(~700 MPa) 아니면 파괴시키기 어렵다. 그러나 낮은 압(≥100 MPa)으로 처리하고 나면 포자의 발아가 유도되어 높은 압력, 중온열, 박테리오신이나 다른 항균 요소들에 의해 사멸시킬 수 있다(제40장 참조).

41.4 결론

적은 가열, 낮은 pH, 낮은 A_W, 낮은 온도 그리고 정수압과 같은 많은 제어 방법들은 살아 있는 세포와 포자들에게 치사량에 가까운 스트레스를 유도한다. 세포와 포자들은 하나의 요소에 의해 영향을 입고 다른 요소들에 의해 민감해져서 그들의 존재 하에 사멸된다. 미생물과 포자의 치사량에 가까운 부상과 한 가지 혹은 그 이상의 보존 방법을 가진 미생물과 포자의 증가된 민감성은 복합인 요소에 의해 미생물을 통제하는 방법에 중요한 역할을 할 수 있다.[6]

식품 시스템에 있어서 목적 미생물에 대한 항균 효과를 결정하는 다른 환경에 다른 요소들의 결합은 유익한 효과를 연구하는 데 있어서 중요하다. 허들 개념은 두 개 혹은 그 이상의 방법들이 함께 사용될 때는 심지어 매우 낮은 처리 수준에서도 더욱 효과적이라는 과학적 개념을 기본으로 한다. 그러나 많은 가능성이 존재하기 때문에 실제 연구에 있어서는 모든 부분에 적용하기는 힘들다. 대신에 초기 단계에서 많은 요소들의 사용에 의한 컴퓨터 모의실험이 설계될 수 있다. 제한된 수의 선택 요소들은 산물을 주입함으로써 연구될 수 있으며 이러한 방법들은 현재 연구 개발 중에 있다(부록 A 참조).

학습문제

1. "신선한" 식품의 보존에 요소, 또는 장애물 개념의 조합을 사용하는 원리를 설명하시오.
2. 음식을 보존하기 위해 두 개 이상의 요소를 조합하는 데 있어 어떤 기준을 고려해야 하는가?
3. 식품매개 병원균의 성장을 제어하기 위해 여러 요소들의 조합이 어떻게 사용되는 세 가지 예를 제공하시오.
4. 냉장 온도에서 구운 소고기의 부패와 관련된 *Clostridium laramie*의 포자는 20분 동안 80,000 psi의 UHP 처리에 의해 파괴되지 않는다. 대조적으로, 포자는 10분 동안 20,000 PSI에서 UHP 처리를 받게 한 후 생방부제를 포함하는 박테리오신으로 처리하고 최적의 온도에서 배양했을 때는 어떠한 성장도 관찰되지 않았다. 그러나 박테리오신 없이 가압처리된 시료는 성장한다. 이러한 차이가 생기는 가능성에 대해 설명하시오.
5. 어떻게 미생물 준치사 부상은 장애물 개념에 의해 식품 보존에서 미생물 성장을 제어하는 데 바람직하게 사용될 수 있는가?
6. 가장 가까운 슈퍼마켓에 가서 장애물의 개념을 사용하여 (미생물을 제어하기 위해) 보존되어 있는 여섯 가지 냉장 식품을 선택하시오.

참고문헌

1. Davidson, P.M., Critzer, F.J., and Taylor, T.M., Naturally occurring antimicrobials for minimally processed foods, *Annu. Rev. Food Sci. Technol.*, *4*, 163–190, 2013.
2. Tiwari, B.K., Valdramidis, V.P., O' Donnell, C.P., Muthukumarappan, K., Bourke, P., and Cullen, P.J., Application of natural antimicrobials for food preservation, *J. Agri. Food Chem.*, *57*, 5987–6000, 2009.
3. Zhou, G.H., Xu, X.L., and Liu, Y., Preservation technologies for fresh meat: A review, *Meat Sci.*, *86*, 119–128, 2010.
4. Considine, K.M., Kelly, A.L., Fitzgerald, G.F., Hill, C., and Sleator, R.D., High-pressure processing: Effects on microbial food safety and food quality, *FEMS Microbiol. Lett.*, *281*, 1–9, 2008.
5. Morris, C., Brody, A.L., and Wicker, L., Non-thermal food processing/preservation technologies: A review with packaging implications, *Packaging Technol. Sci.*, *20*, 275–286, 2007.
6. Ray, B., Sublethal injury, bacteriocins and food microbiology, *ASM News*, *59*, 285, 1993.

미생물의 검출과 식품안전

7

이 절에서는 식품매개 질병을 감소시키기 위한 그리고 식품안전을 개선하기 위한 방법과 실무와 관련된 주제를 다루게 될 것이다. 이들 주제는 식품미생물학에서는 상대적으로 새롭거나 실험 교과목에서 또는 고급 식품미생물학에서 강의되는 것들이다. 따라서 이들 주제는 부가적인 학습교재로도 사용될 수 있다.

제42장

전통적, 면역학적, 분자학적, 그리고 바이오센서를 기반으로 한 검출 방법

42.1 서론

식품 안전과 그리고 요즘 대두되고 있는 생물보안(biosecurity) 문제는 고객, 식품 제조업체, 그리고 생산업체 모두에게 중요하다. 식품에 의해 옮겨지는 병원체의 통계를 보면 사례 건수에 있어서 약간의 감소를 보이고는 있지만, 식중독 발생과 제품 리콜은 생산업체에 여전히 엄청난 경제적 부담을 주고 있다. 식품, 식품의 성분, 그리고 식품 접촉 환경에 있는 미생물은 보통 각기 다른 공급원으로부터 각기 다른 무수한 종으로 구성되어 있다. 식품에 들어 있는 총 미생물 수는 모든 단계에서의 위생 수준, 미생물 증식으로 이어지는 남용의 정도, 그리고 미생물을 죽이고 증식을 예방하는 데에 사용되는 처리 방법과 보존 방법에 따라 크게 달라진다. 마찬가지로, 특정 종류나 종의 미생물에 의한 식품의 오염은 이러한 미생물의 존재와 공급원, 그리고 취급과 처리 과정에서 생기는 부실한 위생 때문에 대부분 발생하는 이들 미생물의 식품 침투에 따라 좌우된다. 식품과 그리고 식품 성분에 대한 미생물학적 조사를 통해 고객에 대한 안전성, 정상적인 보관 조건에서의 안정성이나 유통기한, 취급 시에 실행되는 위생 정도를 평가할 수 있다. 뿐만 아니라, 미생물학적 하중과 종류는 식품 및 식품 성분이 허용 기준, 사양 및 가이드라인을 충족하고 있는지 여부를 확인하는 데에 있어서 중요할 수 있다. 원재료에 대한 미생물학적 평가를 통해 미생물학적인 기준, 가이드라인, 또는 제품 사양 부합에 필요할 수 있는 열처리 기준에 대한 중요한 정보를 얻을 수 있다. 마지막으로, 식품과 식품 성분, 그리고 환경에 대한 미생물학적 평가로 식품에 들어 있는 특정 종류의 미생물의 공급원, 그리고 열에 의해 가공된 식품의 경우에는 사후 열처리 오염의 공급원과 특징을 확인하는 데에 도움을 받을 수 있다. 아무리 주의를 하더라도 즉석 섭취 식품에서는 병원균이 발견되는데, 이것이 심각한 문제가 되는 것은 이들 제품이 소비를 하기 전에는 섭취되지 않기 때문이다. 실제로 일부 식품에 의한 발병은 덜 익히거나 또는 최소한의 처리 과정만을 거친 즉석 섭취 육류[핫도그, 다진 고기로 만든 런천 미트(luncheon meat), 살라미

소시지], 유제품(미살균 우유로 만든 연질 치즈, 아이스크림, 버터 등), 또는 최소한으로 가공 처리된 과일(사과즙, 딸기, 라즈베리, 멜론 등), 그리고 채소(새싹, 상추, 시금치 등)를 섭취할 때에 나타난다. 식용 동물 및 가금류는 식품에 의해 전염되는 수많은 병원균이 가장 많이 존재하고 있는 곳이다. 여기에 주로 존재하는 병원균에는 *Salmonella*, *Campylobacter*, *Listeria*, 또는 *Escherichia coli* O157:H7 등이 있다. 보충 사료와 같은 동물 부산물도 다른 동물에게 병원균을 옮길 수 있다[예: *Salmonella*, 광우병(BSE)과 관련이 있는 프리온(Prion) 등]. 처리하지 않은 배설물을 농지에 사용하는 경우에도 토양이나 지하수를 오염시킬 수 있고, 결과적으로 과일과 채소가 오염된다. 해산물도 식품에 의해 옮겨지는 병원균의 또 다른 공급원이 될 수 있으며, 여기에는 *Vibrio* 종, *Listeria monocytogenes*, A형 간염이 포함된다. 이러한 병원균의 감염 기준은 매우 낮다(~10−1000 cells). 전통적 또는 신속 검출 기술 모두 이러한 정도의 낮은 수치를 확인할 수 있지만, 이러한 기술들은 시간이 많이 소요되고 아주 번거롭다. 뿐만 아니라, 식품이나 상수도에 유해한 미생물이나 독소를 인위적으로 폐기하는 작금의 우려를 생각해보면, 고도의 정확성으로 신속하게 결과를 확인한 수 있는 검출 기술의 개발과 기존 기술의 상당한 개선이 필요하다. 현재의 바이오센서(biosensor) 기술은 병원균의 검출에 있어서 몇 가지 괄목할만한 성과를 보여주고 있으며, 몇 가지 기술의 원리와 활용 분야에 대해서는 본 장의 말미에서 살펴볼 것이다.

42.2 현재 사용되는 검출 방법

식품 및 식품 성분의 미생물학적인 평가 또는 검출에 사용되는 방법과 환경은 정량적 그리고 정성적 방법으로 크게 구별된다.[1~4] 정량적 방법은 테스트 소재의 미생물 부하 정도를 직간접적으로 열거하거나 예측할 수 있도록 설계되어 있다. 살균 처리된 액체 또는 고체 상태의 배지에서 증식하는 미생물 균주를 순수 배양함으로써 얻을 수 있다고 하더라도, 현재 사용되는 정량적 방법 중 어느 것도 식품에 들어 있는 "총 세균 수" "총 박테리아 수" 또는 "총 생육 가능한 개체의 수"를 열거하거나 예측하지 못한다는 것을 인식해야 한다. 오히려 이들 각각의 방법은 식품에 정상적으로 존재하는 총 미생물 개체의 특정 그룹을 열거하거나 예측하며, 이것은 실험 조건이나 방법에 따라 우선적으로 성장 또는 증식한다. 여기에는 열거된 식품시료, 온도, 잠복 시간, 그리고 잠복 시의 산소 유무, pH, 열거 및 예측 이전에 진행된 표본 처리 등이 복합적으로 포함된다. 사용되는 정량적 방법의 몇 가지 사례는 다음과 같다. 총 호기성 세균 수 측정(TAPC)[또는 유제품의 경우에는 표준 세균 수 측정(SPC)], 혐기성 세균 수 측정, 저온 세균 수 측정, 내열 세균 수 측정, 대장균군 수 측정, 황색포도당구균 수 측정, 효모 및 곰팡이 수 측정 등이 있다.

여기에 비해, 정량적 방법은 식품의 대표 시료(표본)이나 또는 식품 배치(batch) 표본의 일정 수량에서, 총 미생물 개체수에 특정 미생물 종이 포함되어 있는지 여부를 확인할 수 있도록 설계되어 있다. 이러한 방법들은 식품으로 옮겨지는 특정 병원체, 특히 고객들에게 높은 사망률이 나타날 수 있는 세균의 존재 가능성을 확인하는 데에 사용된다. 즉석 섭취 식품에 들어 있는 *Salmonella*, *Clostridium botulinum*, *Esc. coil* O157:H7, 또 다른 Shiga-toxin producing *Esc. coil* (STEC) 그리고 *Lis. monocytogenes* 등은 이 그룹에 해당한다.

42.3 표준 및 권장 방법

식품의 정량적 그리고 정성적 미생물 검출 방법에 사용될 수 있는 여러 가지 방법과 또한 이들의 각기 다른 변형된 방법들은 관련 논문을 통해 지속적으로 발표되고 있다. 그러나 규제기관에 의해 승인받은 방법을 이용하는 것이 바람직하다. 이러한 것들이 표준 또는 권장 방법이 될 수 있다. 미국의 경우, 우유 및 유제품의 미생물 검사를 위해서는 다양한 규제기관에 의해 표준으로 지정된 방법을 사용해야 한다. 그러나 기타 식품의 경우, 구체적인 미생물학적 방법들이 다양한 규제기관에 의해 권장 또는 승인되었다. 이러한 방법들을 사용하는 것이 바람직하지만, 강제 사항은 아니다. 미국의 규제기관에 의해 승인된 책자에는 다음과 같은 것들이 있다. 유제품 표준 검사 방법(*Standard Methods for the Examination of Dairy Products*), 식수 및 폐수 표준 검사 방법(*Standard Methods for the Examination of Water and Waste Water*), 해수 및 갑각류 표준 조사 방법(*Standard Methods for the Examination of Seawater and Shellfish*), 식품의 미생물 검사에 필요한 방법 개요(*Compendium of Methods for the Microbiological Examination of Food*) (이들 4가지 모두 American Public Health Association, Washington, D.C.에서 발행), 그리고 식품 및 의약 처방의 세균학적 분석 매뉴얼(Bacteriological Analytical Manual of Food and Drug Administration) (FDA에서 제작하고 Association of Official Analytical Chemists, Arlington, VA에서 발행). 뒤의 두 가지 책자에는 권장 방법이 포함되어 있다. 이들 책자 모두 각기 다른 전문가 그룹에 의해 새로운 방법이 구체화되고 또한 이전의 방법을 업데이트하는 작업이 필요할 때에는 수정된다. 기타 다른 나라에서도 표준 및 권장 방법에 대한 유사한 발표 자료들이 있다. WHO의 특정 지부와 UN 식량농업기구(FAO)와 같은 국제 기구, 그리고 국제표준기구(ISO)에서도 이와 유사한 자료들이 발표되고 있다.

식품미생물학 과정에는 반드시 실험실 활용 부문이 포함되어 있다. 식품, 식품의 성분, 그리고 환경에 대한 미생물학적 검사를 위한 이들 한두 가지 책자에서 설명되고 있는 방법들은 실험실에서도 이용할 수 있다. 이를 통해 학생 및 식품미생물에 관심이 있는 사람들은 미국의 규제기관에서 승인된 표준 및 권장 방법을 쉽게 접할 수 있다. 일부 방법에 대해서는 여기에서도 살펴볼 것이다. 이들 방법의 세부 내용은 위에 열거한 책자와 이 장의 말미에 정리되어 있는 참고자료에서 확인할 수 있다.

42.4 미생물 분석에 필요한 샘플링

42.4.1 표본 및 샘플링 계획[4~6]

액체, 고체 또는 반고체 식품의 배치(batch) 또는 로트(lot)의 미생물학적 품질은 전체 중 일부를 테스트함으로써 확인할 수 있다. 이렇게 테스트를 진행한 부분을 표본(시료)이라 하고, 이것은 전체에 대한 진정한 대표 내용이 되어야 한다. 효과적인 표본 작업 계획을 수립하고 실행하는 것이 아주 중요하다. 그렇지 않는 경우, 가장 민감한 테스트 방법을 통해 식품의 미생물학적 품질에 관한 정보를 구할 수 없다. 이것은 *Salmonella*나 *Esc. coli* O157:H7처럼 전염성이 매우 높은 병원체, 또는 *Clostridium botulinum*과 같은 강력한 독소의 경우에는 특히 중요하다. 여기에 더하여, 동일한 표본을 실험실에서 테스트하지만 해당 표본이 다른 방식으로 수집된 경우에는 결과 또한 다르게 나타나며, 이것 때문에 규제기관에서 고객의 안전을 위해 특정 로트를 수용 또는 거부할지 여부를 결정하는 일이 어렵게 된다.

몇 가지 통계적 표본 작업 계획에 대해서는 표준 또는 권장 방법론을 설명하는 책자에서 다루어질 것이며, 이들 중 4가지에 대해서는 여기에서 간략하게 설명한다.[3,4]

1. **단일 특성 계획**: 이 계획에서는 로트에 대한 표본 작업이 한 번 진행되고 또한 관심 대상이 되는 세균에 대한 테스트를 실행한다. 여기에서 나오는 결과는 로트에 대한 거부 또는 수용 여부를 결정하는 데에 활용된다(*Esc. coli* O157:H7의 존재 여부를 기준으로 함). 테스트하는 표본의 크기와 수는 배치(batch) 또는 로트(lot) 크기(N)에 따라 달라진다. n의 결함 단위(C)는 미생물의 종류에 따라 달라진다.
2. **복수 특성 계획**: 우선적으로는 로트 크기(N)를 기초로 하여 표본의 수(n_1)에 대해 테스트한다. 결함 단위(C_1)가 수용 수준을 초과하는 경우에는 두 번째 표본 작업을 진행하고(n_2), 결함 단위(C_2)에 대한 테스트 및 분석 작업을 통해 해당 로트에 대한 수용 또는 거부를 결정한다.
3. **3등급 특성 계획**: 미생물의 정도를 세 등급으로 나눈다. $\leq m$은 수용 가능, $> m$이지만 $\leq M$인 경우는 최저 한계, $> M$은 수용 불가이다. 테스트 표본의 수(n)에서 $> m$과 $\leq M$ 사이에서 허용되는 단위의 수(C_1)는 미생물의 종류로 정의한다.
4. **낮은 오염도 계획**: 이것은 일부 강력한 병원체에 있어서 매우 중요하다. 로트 크기의 영향을 받는 단위에 대한 테스트를 통해 단위 내의 병원체 존재 여부를 확인하여 로트의 수용 또는 거부에 대한 결정을 한다.

42.4.2 표본 작업 절차

표본을 수집하는 사람들은 왜 표본을 수집해야 하는지, 그리고 APC, 대장균, 또는 특정 병원체를 대상으로 하는 것처럼 테스트의 종류가 무엇인지 알아야 한다. 식품에 의한 발병과 제품의 특성(액체, 고체 또는 반고체, 냉동, 대량 또는 단일 단위)에 암시되어 있는 경우에는, 제품에 관한 정보를 갖고 있어야 한다. 표본은 오염을 방지하는 적절한 위생 처리를 진행하고 또한 필요한 경우 충분한 양으로 반복적인 분석이 가능할 수 있도록 무균 처리하여 수집해야 한다. 수집 이후 테스트 전까지, 표본은 미생물의 증식이나 소멸을 피하기 위해서 취급하면 안 된다. 제품이 냉동 상태인 경우에는 분석 전까지 표본을 냉동 상태로 두어야 한다. 그렇지 않는 경우에는 0~4°C에 보관한다. 각각의 표본은 날짜, 시간, 표본 내용 및 실행 예정인 분석의 종류, 그리고 표본을 수집한 사람이 누구인지 확인할 수 있는 라벨을 부착한다. 표본은 미생물 오염, 증식 또는 사멸을 피할 수 있는 적절한 조건에서 실험실로 운반되어야 한다.

표본을 테스트할 실험실에서는 온도 및 시료의 외관, 표본 작업 관련 정보 등을 검토하고, 표본 접수 일자를 기록한다. 좋은 상태에서 일단 접수하게 되면, 표본은 가능한 빨리 테스트해야 한다. 특정 미생물이나 또는 미생물 그룹에 필요한 표본 및 테스트 절차를 위해서는 표준 또는 권장 방법을 이용해야 한다. 사용하지 않은 표본은 결과가 나올 때까지 적절한 조건에서 보관해야 한다. 일부 특별한 경우에는, 표본을 상당 기간 보존해야 한다(예: 법적 소송 문제가 발생하는 경우). 결과는 즉시 그리고 영구적인 방식으로 적절하게 기록되어야 한다.

42.5 식품의 미생물 계수에 필요한 정량적 방법

42.5.1 직접 계수법

현미경을 이용한 집계법

광학현미경 하에서 염색된 세포 또는 위상차현미경 하에서 살아 있는 세포는 모두 집계할 수 있으며, 적절한 현미경을 이용하여 이들 집계 숫자는 밀리미터 또는 그램의 식품 표본당 현미경에 의한 집계 숫자로 표시된다. 그러나 생육이 가능한 세포와 이미 죽은 세포는 이 방법으로 구분할 수는 없다. 뿐만 아니라, 이 방법을 효과적으로 이용하기 위해서는 표본에 미생물이 많이 있어야 한다($\approx 10^6$/ml, g).[4] 미립자로 되어 있는 식품은 미생물학적으로 계수 확인을 위한 테스트를 효과적으로 할 수 없다. 상업적으로 이용할 수 있는 LIVE/DEAD BacLight Gram stain Kit를 이용하면, 형광현미경 하에서 형광 표시를 나타내는 살아 있는 그람양성균 또는 그람음성균을 집계할 수 있다.

비선택적 한천배지(Agar Media)에서의 집락형성단위

연속적으로 희석된 표본(일반적으로 식품 속의 예측 숫자를 기초로 함; 제4장)에서 선택한 희석액을 평판집계(plate count) 한천배지(PCA), 대두 성분을 트립톤으로 처리한 배지(tryptic soy agar), 영양 한천배지(nutrient agar), 뇌-심장 주입액 한천배지(brain-heart infusion agar) 및 기타의 비선택적 배지를 이용하는 주입 또는 표면도말 중에 하나를 선택하여 검사한다. 그러나 일부 세균 그룹의 집락형성단위(CFU) 확인에는 PCA를 권장한다. 집락 형성에 필요한 평판 배양의 온도와 시간은 계수 대상인 미생물 그룹에 따라 달라진다. SPC의 경우에는 32°C에서 48시간, APC의 경우에는 35°C에서 48시간이다. 그리고 저온배양에서 계수할 경우에는 7°C에서 10일 또는 10°C에서 7일이다. 특정한 수정 작업이 수반되는 동일한 절차를 이용하여, 식품 시료에서 호열성(thermophilic) 그룹, 항열성(thermoduric) 그룹, 혐기성균을 확인할 수 있다. 테스트 대상이 되는 특정 그룹의 세균은 식품에서 이들의 상대적 중요성에 따라 달라질 수 있다. 진공 포장된 냉장 식품의 경우, 가장 중요한 세균그룹은 저온세균 그룹, 혐기성균 그룹 및 통성혐기성균 그룹 등이다(제21장 참조).

비선택적 감별배지에서의 집락형성단위

비선택적 배지는 개체 내에서 서로 다른 물질 대사적 또는 생리적 특성을 갖는 특정 미생물 그룹에 의해 만들어지는 집락을 감별할 수 있는 성분이 함유되어 있다. pH 지시약 또는 산화환원 지시약이 배지성분으로 사용된다. 따라서 젖당(lactose)을 젖산으로 전환하는 대사작용을 할 수 있는 세포 집락은, 탄소 공급원으로써 젖당과 브로모크레졸퍼플(bromocresol purple)을 첨가한 한천배지에서 증식하며 젖당을 발효시키지 않는 집락과는 구분된다. 젖당을 발효시키는 집락은 노란색이 되고, 젖당을 발효시키지는 않지만 증식되는 다른 집락은 보라색 바탕의 흰색 집락을 형성한다. 감별 방법 또한 식품 내의 단백질가수분해 세균 그룹, 지질분해 세균 그룹 및 펙틴 용해성(pectinolytic) 미생물 그룹의 계수 등 필요에 따라 특정 배지에 활용 가능하다.

선택적 한천배지에서의 집락형성단위

배지는 항생제, 염분 등과 같은 한 가지 이상의 선택 또는 억제 성분이 첨가될 수 있고, 연속적으로 희석된 표본의 주입 평판(pour plate) 또는 표면 평판(surface plate)으로도 이용될 수 있다. 이러한 성분이 있는 경우, 여기에 내성이 있는 미생물만 자랄 수 있다. 집락 형성 시뮬레이션에 필요한 배양 조건은 연구 대상이 되는 세균에 따라 다르다. pH 5.0의 배지에 있는 내산균, pH 3.5의 배지에 있는 효모, 사이클로세린이 있을 때의 *Clostriolium perfringens*에 대한 계수는, 식품에 있는 특정 미생물 그룹의 선택적 계수에 관한 예이다. 호염성 및 호삼투성 미생물 또한 특정 선택적 절차에 의해 이와 유사한 계수 작업이 가능하다.

선택적 감별 한천배지의 집락형성단위

이 방법의 경우, 배지는 특정 내성이 있는 미생물 그룹이 선택적으로 성장할 수 있도록 하면서 기타의 다른 미생물의 성장을 억제하는 한 가지 이상의 선택 성분이 첨가되어 있다. 선택 성분에 더하여, 특정한 서로 다른 집락을 형성하는 선택적 미생물 그룹에서 각각의 미생물을 배양하기 위한 물질을 이 배지에 첨가할 수 있다. 대장균의 경우에는 보라색-적색 담즙 한천, *Enterococcus*의 경우에는 KF-아자이드(azide) 한천, *Sta. aureus*의 경우에는 V-J 한천 또는 베어드-파커(Baird-Parker) 한천, 그리고 일부 병원체의 계수에 권장되는 배지(예: *Yersinia enterocolitica, Compylobacter jejuni, Salmonella enterica, Lis. monocytogenes, Clo. perfringens, Aeromonas hydrophila*)는 선택적이면서 또한 감별 가능한 한천배지이다. 한 가지 이상의 선택 혼합물이 있기 때문에, 이들은 몇몇 밀접하게 관련이 있는 세균들의 선택적 성장과 집락 형성을 가능하게 한다. 감별성분은 특정한 세균 집락의 특징으로 증식시키는 데 도움을 주어 이들 세균 또는 그룹이 서로 구분되도록 해준다. **그림 42.1**에서는 XLD(xylose lysine deoxycholate) *Salmonella* 분리배지에서 살모넬라균은 흑점을 가진 분홍색 군락을 만들고, 비-살모넬라 균은 하얀색 군락을 만든다. 이러한 선택적인 색을 나타내는 배지의 3가지의 주요 식품유래 병원균의 예는 **표 42.1**에 나와 있다.

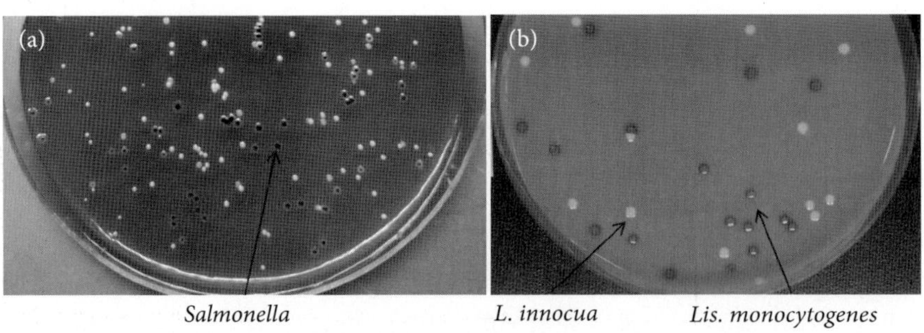

그림 42.1 (컬러 삽입을 보라.) (a) 생닭에서 XLD 배지를 이용하여 *Salmonella*를 분리. 전형적인 살모넬라 군락은 가운데 흑점을 지닌 핑크색 군락으로 나타난다. (b) RAPID′L. mono 배지에서 *Lis. monocytogenes*(병원체)과 *Lis. innocua*(비병원균체)의 분리.

표 42.1 3가지 식품매개 병원균에 대한 항생제 성분을 가진 선택적 한천배지의 예

병원체	선택적 다른 배지	선택적인 시료	억제작용
Salomella enterica	XLD (xylose lysine deoxycholate)	Sodium desoxycholate Sodium thiosul/ph/fate Ferric ammonium citrate	Coliforms, *Enterococcus*, *Shigella*
Esc. coli O157:H7	CT-SMAC (Cefixime and tellurite-sorbitol McConkey agar)	Bile salt Crystal violet Cefixime and tellurite	Gram Positive and other gram negative, CT inhibits nonsorbitol fermentinf *Esc. coli*
Listeria monocytogenes	MOX(modified Oxford medium)	Cefotetan Acriflavin Colistin sulphate Cycloheximide Fosformycin	Gram-negatives, *Enterococcus*, yeast and molds
	PALCAM(Polymyxin acriflavine lithiumchloride ceftazidime aesculin mannitol agar)	Lithium chloride Acriflavin Ceftazidime Polymyxin B	Gram-negatives, *Enterococcus*, yeast and molds

42.5.2 간접 추정

비선택적 액체배지(Broth)

이 방법은 표본의 연속적 희석과 부분 표본(보통 1.0 ml 또는 0.1 ml)이 대두 액체배지와 같은 비선택적 액체배지의 최종 5 ml 또는 10 ml로 옮겨지는 과정으로 구성되어 있다. 뒤를 이어 특정 시간 동안 특정 온도에서 시험관 배양이 진행되며, 이것은 조사 대상인 특정 미생물 그룹에 따라 달라진다. 이후 시험관을 검사하여(액체배지가 혼탁 상태에서) 증식 유무를 확인한다. 증식이 가장 많이 진행된 시험관을 연속적 희석을 이용하여, 그리고 이 시험관에 관심 있는 세균 그룹의 생육 가능한 세포 1~9개가 있다고 가정하면서 밀리미터 또는 그램 표본당 미생물의 수를 추정한다. 그러나 추정된 수는 실제 수와 크게 차이가 날 수 있다. 식품 내의 미생물 추정에는 이 방법이 많이 사용되지 않는다.[4]

선택적 액체배지에서의 최확수법(MPN)

이 방법은 식품에 있는 목적하는 미생물 그룹의 증식을 촉진하는 한 가지 이상의 선택 성분이 있는 액체배지에 연속적으로 희석된 표본의 부분 표본을 접종시키는 것이다. 일반적으로, 각각의 희석액에는 3~5개의 시험관을 사용하며 최소한 3번의 연속적인 희석 과정이 수행된다. 권장 온도 및 시간에서 배양한 이후, 각각의 희석액에 있는 액체배지(시험관)는 증식 유무에 따라 점수를 매긴다. 3번의 연속적인 희석 과정에서 증식을 보여주는 시험관의 숫자를 통해서 특정 미생물 그룹의 생육 가능 세포의 수를 이용 가능한 통계적 계산표를 활용하여 추정할 수 있다. 이 방법도 결과가 다양하게 나타난다. 최확수법(MPN)은 밝은 녹색의 젖당 담즙 액체배지와 E-C 액체배지를 이용해서 식품과 음용수에 존재하는 대장균 및 분변 대장균군을 추정하는 데에 자주 이용된다.[3,4] 자동화된 MPN 분석 시스템(TEMPO®)은 식품 품질 관리를 위해 사용되고 있다.

염료 환원 시험

이 방법은 메틸렌블루(methylene)와 레자주린(resazurin)과 같은 일부 염료가 산화 상태에서 색깔이 나타나지만 환원된 조건에서는 무색을 나타내는 원리에 기초로 한다. 이러한 색깔변화는 미생물의 물질 대사와 증식 때문에 발생한다. 식품에 메틸렌블루를 특정한 농도로 첨가한 후 배양 과정에서의 환원율은 식품 내의 최초 미생물 부하에 직접적으로 비례하는 것으로 추정된다. 그러나 식품의 혼합된 배양균에 있는 미생물 그룹은 물질 대사 및 증식 비율 등 환원시키는 능력이 다르기 때문에, 다른 식품에서 이 방법은 아주 정확하거나 효과적이지 않다. 이 방법은 살균하지 않은 우유의 미생물학적 품질을 확인하는 데에 이용된다.

42.5.3 선택적 배지를 이용한 손상된 미생물 그룹의 계수[7]

선택적 한천배지로 계수 작업을 하는 경우, 배지에 있는 선택 성분에 대한 민감성 때문에 손상된 대장균과 균사체 세포는 죽게 된다(제10장 참조). 이들은 처음에 짧은 기간 동안 비선택적 배지(액체배지 또는 한천배지)에서 손상 부위를 회복시켜 이를 통해 세포가 선택 물질에 대한 내성을 다시 갖도록 한다. 회복 작업 이후, 이들은 선택적 배지에서 배양이 가능하다. 손상된 대장균이 있을 수 있는 식품에서 대장균에 대한 계수 작업을 하는 경우, 희석된 표본은 우선 비선택적 PCA에서 주입 평판 작업을 하고, 25~35°C에서 1~2시간 동안 배양함으로써 세포 복구가 가능하게 된다. 두 배 농도의 violet red bile 담즙 한천을 PCA 한천배지 위에 분주한 후, 35°C에서 24시간 동안 대장균의 선택적 배양을 할 수 있다.

42.5.4 CFU 집계를 위한 희석 방법, 평판 작업, 배양 및 선택과 결과의 보고

위에 명시된 표준 및 권장 방법 등이 기술된 책자에서는 이러한 각 단계에 대해 세부적으로 설명해 놓았다. 이들은 가능한 정확하게 준수되어야 한다. 선택된 희석액의 2회 또는 3회 반복 수행된 한천배지의 평균 CFU는 식품 표본의 ml 또는 g, cm^2 당 특정 미생물 그룹의 집계 보고에 사용되어야 한다. 이러한 결과는 식품의 미생물학적 품질의 설명으로 사용된다.

42.6 식품에서 미생물을 분리하는 정성적 방법

42.6.1 병원체 분리[3,8,9]

이 방법의 주요 목적은 표본이 특정 병원체의 생육 가능한 세포 또는 포자를 함유하고 있는지 여부를 확인하는 데에 있다. *Salmonella*, *Esc. coli* O157:H7, *Lis. monocytogenes*, *Vibrio cholerae*, *Shigella* spp.와 같은 주요 병원체의 경우에는 식품 테스트를 한다. 병원성 대장균, *Yer. enterocolitica*, *Cam.*

*jejuni*와 같은 기타 병원체의 경우, 일반적으로 분리 과정을 이용하지 않는 대신에 계수 방법을 사용한다.

일반적으로 분리 절차에는 몇 가지 단계가 있고, 비선택적 증균 후 선택적 증균 과정 및 선택적 또는 감별 성분을 함유하고 있는 한천배지를 이용한 시험 방법 등이 그것이다. 정석 분석을 통해 목적하는 미생물을 검사하는 과정에서 식품에 오염된 병원체는 개체수가 적으며 또한 손상된 상태로 존재할 경우가 많다. 식품 표본(예: 25 g)을 비선택적 액체배지(225 ml)에서 사전 증균배양을 한 이후에 손상된 세포가 회복되어(기타의 여러 미생물과 함께) 어느 정도 많은 수에 도달되도록 증식할 수 있도록 배양한다. 이후 부분 표본을 사전 증균 배양배지로부터 선택적 증균 배양배지로 옮긴 후에 다시 배양한다. 배양 과정에서 특정 병원체 및 밀접하게 관련이 있는 미생물은 선택적으로 증균되는 한편, 연관이 있는 미생물 상당 부분은 증식하지 못한다. 증균된 소량의 액체배지(약 0.01 ml 정도)를 미리 준비한 선택적 감별 한천배지의 평판 위에 획선 도말하는 것이 일반적이며 이것을 다시 집락이 잘 자랄 수 있도록 특정한 시간 동안 배양한다. 서로 다른 집락의 특성 때문에 특정 병원체가 국한적으로 증식될 수 있다.

이와 같은 방법은 일반적으로 추정 시험으로 간주된다. 확인 작업을 위해서는 생화학적 반응 프로파일, 특정 항체에 대한 혈청학적 반응, 면역크로마토그래피 측면 유동 분석 등의 권장되는 시험법을 통해 또는 다음에 설명할 중합효소연쇄반응(PCR) 등의 시험법이 이용된다. 전통적인 방법을 이용하는 병원체 분리법은 미생물의 종류에 따라서 10~12일 정도 소요된다.

42.7 식품 속의 세균 독소 검출법

Sta. aureus, Clo. botulinum, Bacillus cereas, Vibrio parahaemolyticus 등은 식품에서 증식하는 한편, 독소 생성 능력이 있기 때문에 소비자에게 중독 또는 식중독을 유발할 수 있다. 의심이 가는 식품에 함유되어 있는 독소의 시험에 필요한 구체적인 방법들이 개발되어 왔다.

식품 속에서 *Sta. aureus*를 검출을 위해 권장되는 방법은 식품 100 g에서 우선 독소를 검출하고 이들 독소를 0.2 ml의 멸균수 또는 0.2 M의 염수에서 농축하는 것이다. 농축 추출물에 독소가 있는 경우에는 마이크로 슬라이드 침전 방식을 이용하여 특정 항체에 대한 검사를 한다. 이 방법은 추출물 ml당 0.05 μg 수준의 장내 독소에 대해 민감하게 반응한다(식중독은 *Sta. aureus*의 장내 독소 A가 1.0 μg 정도로 섭취되어도 발생할 수 있다). 방사면역측정법(RIA), 효소결합 면역흡착 분석법(ELISA), 역수동 라텍스 응집반응검사(RPLA)와 같은 방법들도 마이크로 슬라이드 침전 방법에 활용될 수 있다. 바이오센서 기반의 표면 플라즈마 공명(SPR) 센서 및 광섬유 검사 센서 또한 1~20 ng에 정도의 독소를 검출할 수 있다.

Clo. botulinum 오염으로 발생하는 보툴리누스 신경독소를 검출하기 위한 권장 절차는 우선 식품에서 독소를 추출하는 것이다. 단백질가수분해가 되지 않는 독소(B, E)를 활성화시키기 위해서 추출물의 일부를 트립신으로 처리한다. 0.5 ml의 트립신 처리 및 미처리 추출물(proteolytic type A and B) 모두를 생쥐의 복강 내에 주입한다(표본당 생쥐 두 마리). 100°C에서 10분 동안 가열한 추출물을 상술한 것과 동일한 방법으로 생쥐의 복강에 주입한다. 이후 48시간 동안 생쥐들을 관찰하여 보툴리

누스 중독 증상이 생쥐에서 나타나는지, 또는 죽는지를 확인한다. 생쥐에서 나타나는 보툴리누스 중독 증상은 털이 곤두서고, 숨이 가빠지면서, 사지의 힘이 빠지는 과정이 차례로 나타나고, 결국에는 호흡 부전으로 죽게 된다.

일부 기타 종류의 병원성균과 사상균의 독소 시험에 필요한 구체적인 방법들도 개발되어 권장도서에 명시되어 있으며 또한 출판사를 통해서도 구입할 수 있다.

42.8 신속 검출 방법 및 자동화

전통적인 방식의 배양법을 기반으로 하는 시험 방법들은 병원체 검출을 최상의 표준으로 간주되어 왔다. 위에서 설명한 것처럼 식품 내의 생육 가능한 세균세포를 분리하고 계수하는 작업에는 특정 미생물학적 배지가 필요하다. 이것은 사전 증균배양, 선택적 증균배양, 집락 확인을 위한 선택적 평판배양, 생화학적 추정 시험 및 혈청학적 확인시험 등의 다섯 가지 단계로 구성되어 있다. 사전 증균배양 단계는 목표 유기체의 개체수를 늘릴 뿐만 아니라, 가열, 건조, 냉동, 냉각, 보존 등과 같은 식품의 가공, 처리 및 보관 과정에 노출됨으로써 손상된 또는 스트레스를 받는 세균을 회복시켜 주는 아주 중요한 단계이다. 우호적 환경에서 손상된 세균은 식품에서 다시 살아남아 인간에게 질병을 유발한다.

배양 방법은 아주 민감하면서도 상대적으로 비용이 적게 들어가며, 미생물의 수와 특성에 관한 정성적 그리고 정량적 정보를 제공할 수 있다.[8~13] 그러나 이것은 노동 집약적이고, 7~10일 정도로 시간이 많이 소요된다. 이러한 어려움을 극복하기 위해, 각기 다른 종류의 속성 방법들이 개발되어 미생물 부하, 식품 유래 병원체 및 이들의 독소를 검출할 수 있게 되었고, 이들 중 상당 부분은 자동화된 방법이다.[3,8,11] 이들 방법의 일부는 규제기관에 의해 승인되었다. 뿐만 아니라, 속성 방법은 원자재, 즉석 섭취 식품의 병원체 모니터링을 위해, 그리고 제조 과정 관리 확인을 위해 식품 가공처리 공장에서 사용하는 것이 아주 바람직하다. 세균 중심의 일반적 속성 방법은 가공처리 공장에서 사용하고 있는 세척 및 위생 관행을 모니터링하는 데에도 필요하다. 속도가 빠르다는 점 이외에도, 이들 방법은 매우 구체적이고, 민감하며, 상대적으로 정확하고, 덜 노동 집약적이다. 그러나 오염 정도가 낮은 식품 시스템에서의 이들의 효율성에 대해서는 추가적인 검토가 필요하다. 여러 가지 새로운 방법들이 지금도 개발되고 있고, 이들은 기술적인 부분에서만 차이가 난다. 이들 몇몇 방법의 식품 분야에서의 원칙, 절차 및 활용에 대해서 간략하게 설명할 것이다. 정확한 방법과 시험 절차는 상업적 공장에서 제공받을 수 있다.

42.8.1 물질대사 지문법(Metabolic Fingerprinting)[8,10]

세균, 곰팡이 또는 효모들은 각기 생장 및 생존에 필요한 독특한 탄소 또는 질소 요구성을 갖고 있다. 적당한 양의 설탕(탄소 공급원)이나 아미노산(질소 공급원)이 제공되면, 미생물은 물질대사를 하게 되고, 테트라졸리움 염(tetrazolium salt)과 같은 무색의 지시 물질을 독특한 물질대사 지문인 보라색 물질로 전환시켜 산성 또는 이온성 부산물을 만든다. 이 기술을 검출 작업에 이용하기 위해서는 순수 배양과 그리고 그람염색과 같은 생리학적 특성, 산소 요구조건 및 생장 온도 최적 조건 등이 필요하다. 각기 다른 미생물에 대해 간소화된 생화학적 시험키트(API 스트립)를 이용할 수 있다. 한층 진보된 물질대사 지문 시스템의 경우에는, 설탕 또는 아미노산을 포함하는 96-well plate가 이용되며 기질 이용 패턴 분석이 마이크로로그(MicroLog) 시스템(바이오로그사)을 이용하여 미생물 동정을 위한 데이터 베이스 비교를 통해 이루어진다.

42.8.2 병원체 신속검출에 필요한 면역 검사법[12,13]

기존에 개발된 일부 신속 또는 자동화된 방법들은 특정 항원-항체 반응과 응집반응, 발색기질에 의한 색소 형성, 면역층 또는 형광층의 형성에 의존한다. 병원체 진단은 항체에 크게 의존한다. 항체를 기반으로 하는 검사 방법은 간단하고, 번거롭지 않으며, 결과 해석이 용이하다. 이 방법을 통해 완전한 세포, 이들이 분비한 독소, 또는 물질대사 부산물 등을 검출할 수 있다. 그러나 이 방법으로는 살아 있는 세포가 식품 안전의 우려 대상임에도 불구하고 이들 살아 있는 세포와 죽은 세포를 구별할 수 없다. 면역분석을 수반하는 활성 배양 작업으로 이러한 문제를 극복할 수 있다. 하지만 미생물은 산성의 pH, 삼투압 충격(염분), 항균 보존제, 보관 온도, 식품의 열충격 조건 등과 같은 거의 치사될 정도의 손상 또는 충격 조건에 지속적으로 노출되며, 이것으로 인하여 형태가 바뀌고 생리 기능이 영향을 받게 되어 항체를 기반으로 하는 검출 작업 시에 이상 형태의 항원의 발생 등으로 항원-항체 반응 신호가 약해진다.

면역 검사의 성패는 항원 특이적인 항체의 유무에 달려 있다. 보다 중요한 것은 항체의 결합 친화력과 결합 활성에 대한 정보를 특정 용도에 앞서 알고 있어야 한다는 점이다. 두 가지 종류의 항체가 주로 사용되는데, 다클론성 항체와 단클론성 항체가 그것이다. 다클론성 항체(PAb)는 다른 세포기원을 가진 항체 분자로써 동일한 항원에 대한 각기 다른 에피토프(epitope)가 결합할 수 있어 결과적으로 각기 다른 미생물 항원에 대한 일부 교차반응을 보이는 항체 분자들이 포함되어 있다. 이러한 문제를 극복하기 위해서 에피토프 특이적인 합성 펩타이드를 설계함으로써 PAb가 에피트프에 특이적으로 만들어질 수 있다. 펩타이드는 항체 생성을 위해 토끼나 염소와 같은 동물의 면역에 필요한 다량의 운반 단백질에 결합시킨다. 이러한 항체의 품질은 배치(batch)에 따라 다를 수 있고, 이것으로 최종 결과가 영향을 받을 수 있다. 여기에 비해, 단클론성 항체(MAb)는 하이드로마 세포주를 형성하기 위해 암의 일종인 골수종 세포와 융합시켜 사전에 선별한 단일 림프구 클론에 의해 만들어지기 때문에 세포들이 균일하고 항체에 대한 높은 특이성을 가진다. 샌드위치 방식으로 다클론성 항체와 단클론성 항체를 적용하도록 설계된 면역 검사법은 최상의 신호와 특이도가 높은 재생 가능한 데이터를 제공할 수 있다.

항체는 미생물, 효소를 포획하고 농축하는 면역 자성 분리 방법, 또는 형광면역 검사, 그리고 면역 센서와 같은 다양한 검사 방식에 폭넓게 이용되고 있으며, 이들에 대해서는 아래에서 살펴보기로 한다.

면역 자성 분리법[5,11,14]

항체 분자를 입힌 크기가 작은 자성 입자는 면역 자성 분리법(immunomagnetic separation, IMS)이라고 하는 처리 과정을 이용하여 혼합물로부터 목표 병원체를 포획 및 농축하는 데에 이용된다(**그림 42.2**). 이러한 용도에 이용되는 자성 입자는 초상자성을 갖고 있다. 이 초상자성이란 외부 자기장

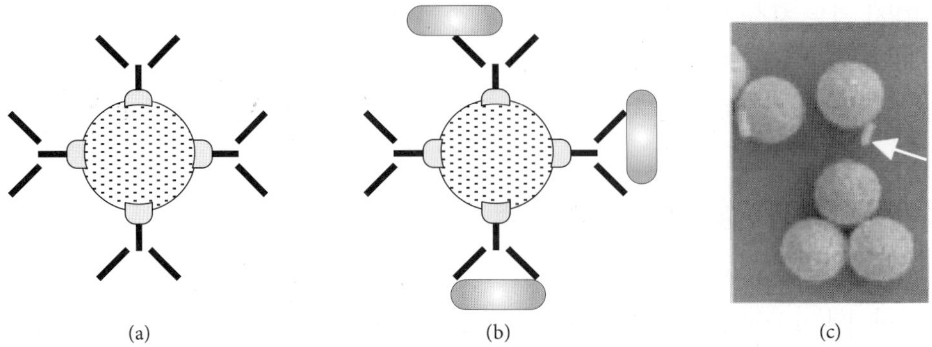

그림 42.2 항체를 이용하여 세균을 포획하는 상자성 미립자(paramagnetic particle). (a) 항체가 코팅된 상자성 미립자, (b) 포획된 세균세포, (d) 포획된 *Listeria* 세포(화살표).

이 있을 때에만 자성이 발생하는 것을 말한다. 가장 일반적인 자성 수송체는 직경이 1~2.8 μm에 이르는 Dynabeads®이다. 이것은 폴리스티렌으로 코팅된 산화철이다. 스트렙타아비딘(streptavidin)으로 코팅된 비드(bead)는 바이오틴이 결합된 2차 항체의 고정화에 이용할 수 있다. 이것은 자성 분리기를 이용하여 현탁액으로부터 쉽게 제거할 수 있다. 남아 있는 것은 자성이 없기 때문에 입자들이 서로 끌어당기지 않게 되고 결과적으로 외부 자기장이 없는 경우에도 균일하게 현탁시킬 수 있다. 면역자성 분리법은 두 단계로 수행된다. 첫 번째는 관심 대상이 되는 미생물이 포함되어 있는 현탁액을 약 30~60분 동안 자성 입자와 혼합하고, 자성체가 들어 있는 시험관을 자성 분리기에 놓은 후에 액체 부분을 따라낸다. 두 번째는 자성 입자를 완충액으로 여러 번 세척하여 오염물질을 제거한 후 핵산을 기반으로 하는 PCR, 면역 검사 또는 바이오센서를 기반으로 하는 검사법을 적용하기 위한 추가적인 테스트를 위해 세포를 모은다.

면역 자성 비드는 직접 또는 간접적으로 면역 자성 분리법을 이용하여 환경 및 식품시료로부터 다양한 미생물을 농축 및 분리하는 데에 활용될 수 있다. 직접적인 방법의 경우, 세균에 특이성을 보이는 항체로 코팅된 자성 입자와 시료액을 혼합한다. 자성 입자가 세균세포와 접촉하게 되면, 이들은 1차 항체를 통해 부착된다. 간접 방식의 경우, 1차 항체를 현탁액에 첨가하여 자성 입자에 부착되도록 한다. 이후 1차 항체에 특이성을 보이는 2차 항체로 코팅된 자성 입자를 첨가하여 1차 항체에 부착되도록 한다. 그리고 자성 농축기를 이용하여 자성 입자-복합 물질을 분리한다. 상업적으로 Pathatrix® 시스템은 목표 병원체를 포획하기 위해 비드가 구획에 보관하며 재활용 유체를 이용하여 효율을 높였다. 면역 자성 분리법은 선택적 agar 배지 플레이트, 면역 형광 검사, PCR, 유동세포 분석기, 병원성 기반 검사 등과 함께 이용되고 있다. IMS 방법은 다양한 식품 매트릭스로부터 *Esc. coli* O157:H7, *Salmonella*, *Listeria* 등을 포획하는 데에 효과적인 것으로 입증되었다. 이 방법의 단점은 목표 대상이 아닌 세균에 대한 특이성이 없는 포획(capture)과, 항체 또는 목표 병원체의 종류에 따라 포획 비율이 10~70% 차이를 보인다는 것이다. 그럼에도 불구하고 병원체를 찾는 강력한 방법이다.

역수동 라텍스 응집법

역수동 라텍스 응집법(reverse passive latex agglutination, RPLA) 방법은 일부 식품에 의해 전염되

는 병원체, 예를 들면 *Sta. aureus, Clo. perfringens, Bac. cereus, Vib. cholerae*, 그리고 병원성 대장균의 독소를 검출하기 위해 개발되었다. 특정 독소의 항체는 미세적정 평판의 구멍에 독소(항원)가 있는 것으로 의심되는 표본 시료와 혼합된 라텍스 입자 위에 고정화된다. 특정 독소가 표본에 있는 경우에는 희석 형태가 바닥에서 나타나고, 특정 독소가 없을 경우에는 원 또는 단추 형태가 나타난다.

효소결합 면역흡착 분석법

효소결합 면역흡착 분석법(enzyme-linked immunosorbent assay, ELISA)은 *Salmonella, Lis. monocytogenes, Esc. coli* O157:517, 그리고 *Campylobacter jejuni* 또는 이들의 독소를 검출하는 데에 가장 흔하게 사용되는 방법 중 하나이다. 1차 항체에 대한 항원(병원체 또는 독소)과의 결합은 효소에 결합된 2차 항체를 이용하여 폴리스티렌 96-well plate를 이용하여 정량적으로 측정된다. 일반적으로 사용되는 효소는 겨자무(horseradish) 과산화효소(peroxidase)수소와 알칼리성 인산가수분해효소(alkaline phosphatase, ALP)이다. *o*-phenyldiamine 및 tetramethyl benzidiner과 같은 기질을 첨가하면, 두 가지 모두 각각 과산화효소 및 *p*-nitrophenyl-phosphate(ALP에 필요한 기질)의 기질이 되고, 분광광도계를 통한 발색 강도를 측정함으로써 양성의 발색반응 및 이들 반응을 정량적으로 확인할 수 있다. 효소 함유량은 기질과의 촉매반응에 대한 발색반응을 비교, 확인함으로써 예측할 수 있고 이것은 항원의 양에 비례한다. ELISA 검사는 세 가지 방식으로 활용되는데, (a) 간접 방식, (b) 샌드위치 방식, (c) 경쟁적 억제 방식이 그것이다(**그림 42.3**). 간접 방식의 경우, 우선 항원은 폴리스티렌 플레이트 위에 고정화되고 1차 항체에 반응하게 된다. 세척 후에 효소가 결합된 2차 항체를 첨가하고 이후 1차 항체와 결합시킨다(2차 항체는 항체 특이적인 반응을 갖는다. 즉, 1차 항체가 생쥐 항체인 경우에는 2차 항체는 생쥐의 항체를 갖는 토끼 또는 염소 또는 양 또는 기타 다른 동물에게 면역성을 유도함으로써 발현된다). 이후 기질 용액을 첨가하면 발색반응이 나타난다. "샌드위치" 방식의 경

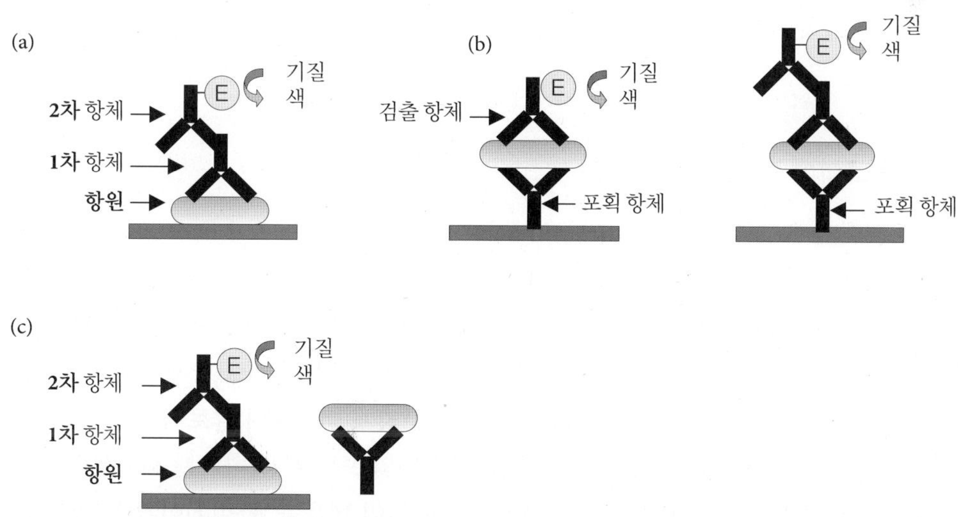

그림 42.3 각기 다른 방식의 효소결합 면역흡착 분석법(enzyme-linked immunosorbent assay, ELISA)의 구성도. (a) 간접 방식 ELISA, (b) 샌드위치 방식 ELISA, (c) 경쟁적 방식 ELISA.

우, ELISA 항체는 평판 위에서 고정화된 상태로 있고 이후 항원을 포획하게 된다. 병원체에 특이적인 반응을 보이는 효소가 결합된 항체를 첨가하면 전형적인 샌드위치 구조가 만들어진다. 항원은 최소한 두 개의 결합 부위가 있으며 양쪽 부위 모두에서 항체와 결합할 수 있다. 경쟁적 억제 방식의 ELISA의 경우, 세균세포 또는 항원은 우선 플레이트 안에서 고정화된다. 별도의 시험관에서 1차 항체가 고정화된 항원이 포함된 플레이트에 첨가된 다양한 세균 희석액과 함께 혼합된다. 이 방법에서는 결합 상태에 있지 않는 항체도 고정화된 항원과 결합한다. 세척 후, 2차 항체-효소가 결합하게 되고 기질이 첨가되면서 발색반응이 일어난다. 반응에 참여하지 않는 시료(background)에 대해 최소한 또는 동등한 반응을 보이는 세포의 희석도가 가장 높은 경우는 양성으로 간주한다. 일반적으로, ELISA 검사의 검출 한계는 ml당 10^6~10^7 사이의 세균이다. 즉석 섭취 식품에서 이렇게 높은 수준의 오염물질이 있는 경우는 없다. 따라서 세포 개체수를 늘리기 위해서는 중간에 증균배양 단계가 필요하다. 현재는 증균한 식품 표본으로부터 식품 유래 병원체를 검사하는 데에 일부 시판되는 ELISA 검사키트를 이용할 수 있다.[3,12]

면역 형광 검사

원칙적으로, 면역 형광 검사(immunofluoroscene assay, IF)는 ELISA 검사와 유사하다. IF의 경우, 유리 슬라이드 위에 또는 96 well plate에서 항원이 있는 복합물질을 형성한 후에 형광물질의 발산에 형광 결합된 검출 항체(병원체의 편모 항원에 대한 항체)가 이용되며, 이것은 형광현미경, 디지털 카메라 또는 분광형광계에 의해 검출된다. 사용되는 형광 표시기는 로다민 B, 형광 이소시아네이트(fluorecein isocyanate), 그리고 형광 이소티오시아네이트(fluorecein isothiocyanate, FITC)가 있다. 형광 항체 기술은 두 가지의 기본적인 방법을 이용하여 실행할 수 있다. 직접적인 방법은 항원을 형광 결합 특정 항체와 결합하는 것이다. 간접적인 방법의 경우, 1차 항체는 형광물질과 결합되지는 않고, 종 특이적인 2차 항체는 형광물질과 결합된다. 간접 방법에서는 결합된 항체가 1차 항체 및 항원 복합물질의 유무를 확인한다. 간접적인 방법을 이용하면 대상이 되는 각 유기체에 필요한 형광 결합 항체를 준비할 필요가 없다.

면역크로마토그래피 측면 유동 분석법

면역크로마토그래피 측면 유동 분석법(immunochromatographic lateral flow assay; "단백뇨 검사"라고도 함)은 ELISA에서처럼 마이크로타이터 플레이트를 이용하는 것이 아니라, 막 위에서 실행하는 "샌드위치" 검사이다(**그림 42.4**). 우선, 포획된 항체는 사전에 정해진 부분에 있는 막 위에 고정된다. 이전에 발색 반응물질과 결합된(콜로이드 금 또는 라텍스 미립자) 검출 항체를 니트로셀룰로스 스트립에 넣는다. 특정 항원(미생물)이 있는 표본을 표본 구멍에 첨가하여 콜로이드 금 또는 라텍스 입자가 결합한 항체와 결합되도록 한다. 이 복합물질은 두 개의 포획 부분(하나는 세균성 병원체에 특이 반응을, 다른 하나는 발색 시약과 결합된 미결합 항체에 특이 반응을 보인다)이 있는 것으로, 모세관 작용에 의해 기공 막을 통해 스트립의 반대쪽으로 흘러간다(컨트롤 라인). 막에 컨트롤 라인이 하나만 있는 경우는 음성 표본이고, 라인이 두 개 있는 경우는 양성 결과를 의미한다. 측면 유동 검사는 5~10

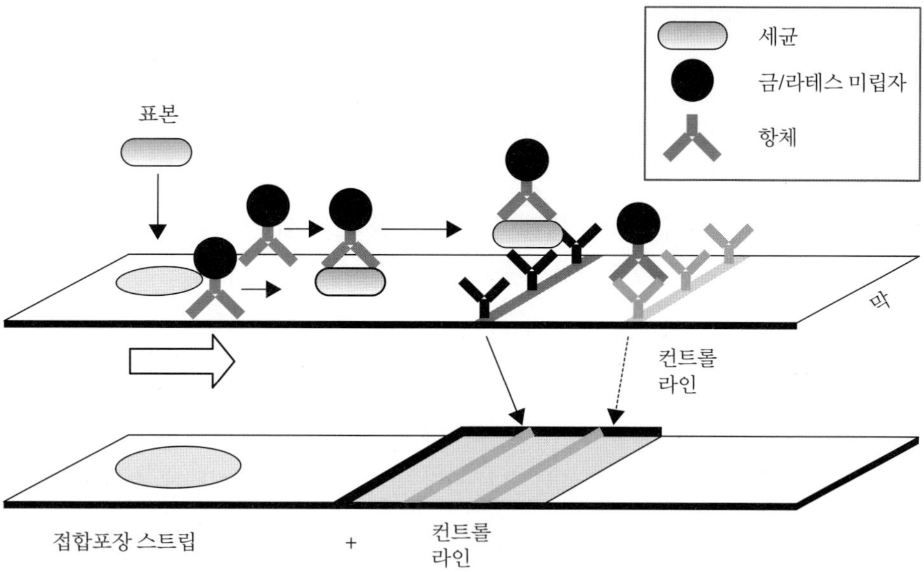

그림 42.4 면역크로마토그래피 측면 유동 분석법.

분 만에 결과를 알 수 있고, 실행하기가 용이하며, 경제적이고, 또한 최초 검사 작업에 적합하다.[12]

유동 세포분석기

유동 세포분석기(flow cytometry)를 이용하면 형태, 핵산 및 표면 항원성과 같은 다수의 기준을 기초로 세포 개체의 신속한 특성의 분석이 가능하다. 세포는 적당한 형광단 표지를 갖게 되고 터널을 통해 차례대로 세포 현탁액이 신속하게 통과되면서 레이저 광선에 의해 검출된다. 광선과 각 세포의 상호작용(빛 산란 또는 형광)에 의해, 개체 내에서 원하는 기준의 분산 형태를 얻을 수 있다. 형광 표지 항체는 유동 세포분석기를 통해 세균을 직접 검출할 수 있다. 식품미생물학에서 활용하는 데에 있어서 한 가지 단점은 살아 있는 세포와 죽은 세포의 구별에는 부적절하다는 점과, 식품 매트릭스에 의해 반응이 방해받는다는 점이다. 리포터 박테리오파아지의 적용은 오직 살아 있는 병원체를 감지함으로써 이러한 문제점을 극복할 수 있다(아래 참조).

42.8.3 병원체 검사를 위한 박테리오파아지[15~17]

제38장에서 논의한 것처럼, 박테리오파아지는 바이러스를 감염시키고, 표적 세균을 죽인다. 그래서 그것은 병원균을 죽이고 세균을 상하게 하는 바이오 컨트롤로 사용되었다. 게다가, 박테리오파아지는 살아있는 병원체만을 탐지하는 능력 때문에 매력적인 도구가 되고 있다. 또 다른 장점은 박테리오파아지로는 증폭 단계가 내장되어 있다는 점이다. 왜냐하면 박테리오파아지는 감염 후 1~2시간 내에 많은 수의 자손 파아지를 생성할 수 있기 때문이다 (그림 14.2). 박테리오파아지는 병원체 검사에 다양한 형태로 적용된다. 표적 병원체에 붙어서 볼 수 있거나, 분광학적 이용, 바이오센서를 이용함으로써 검출할 수 있고 몇몇은 여기 설명되어 있다.

42.8.4 배양 또는 염색 방법

박테리오파아지 현재 박테리아의 파아지 유형을 분석하기 위해 사용되고 있다. 세균을 용출하여 분광학적으로 액체 배양 혼탁도를 측정하거나 세균층의 박테리아의 부유물 또는 구역(군락형성지)을 모니터링하여 결정한다(그림 38.2).

형광표지나 퀀텀닷이 표지되어 있는 박테리오파아지를 분석 샘플에 넣고, 세균과 결합되어 있는 파아지를 유세포분석기 또는 형광현미경을 이용하여 분석한다.

42.8.5 리포터 파아지

이 방법은 파아지는 유전적으로 생물발광(*lux*), 녹색 형광 단백질(*gfp*) 또는 β-갈락토시다아제(*lacZ*)와 같은 "리포터 유전자"를 운반하도록 설계된다. 일단 박테리아가 표적병원체 숙주를 감염시키면, 파아지 유전자는 숙주 게놈에 들어가서 빛, 형광을 띠거나 또는 β-갈락토시다아제의 효소를 형성하고, 이는 광도계, 현광측정계 또는 분광 광도계에 의해 분석할 수 있다. 숙주 박테리아를 감염시킬 수 없는 파아지는 유전자 발현에 필요한 장치를 가지고 있지 않기 때문에 어떠한 신호도 생성하지 않을 것이다. 이러한 방법을 저농도의 *Esc. coli* O157:H7, *Salmonella, Lis. monocytogenes, Straphylococcus aureus, Bacillus anthhracis, Yersinia pestis, and* 그리고 *Mycobacterium tuberculosis*를 분석하기 위해 매우 효과적이다. 검출 민감도는 10^2~10^6 세포/mL로 보고되었고, 대부분의 병원균의 검사 시간은 1~3 시간밖에 되지 않지만, 마이코박테리움 같은 느리게 성장하는 박테리아는 더 오래 걸릴 수 있다.

42.8.6 바이오센서를 이용한 포획과 검사를 위한 파아지

감염 시 숙주 세균 표면에 결합하는 박테리오파아지나 박테리오파아지 꼬리섬유단백질(endolysin)은 세균 병원체를 포획하는 파라메그네틱 비드나 바이오센서를 이용하여 검출한다. 수용체결합단백질(RBPs)이라고도 불리는 꼬리섬유단백질은 식품 부유물로부터 병원체를 포획하기 위해 사용되며 선택적 한천배지판에 도금하거나 PCR을 이용해 검출된다(아래 참조).

RBP는 또한 표면 플라즈몬 공명 센서(SPR), 쿼츠 크리스털 마이크로밸런스(QCM) 등 바이오센서 플랫폼에서 표적 병원체를 포착하기 위한 항체의 대용품으로 사용된다(아래 바이오센서 방법 참조).

42.8.7 생물발광 방법

생물발광 방법(bioluminescence method)은 미생물 부하를 간접적으로 측정하는 것으로 표본 내의 ATP 함량을 측정한다. 생육 가능한 세포만 ATP를 갖고, ATP의 양은 표본의 미생물 부하와 직접적인 관련이 있는 것으로 본다. Mg^{2+} 존재 시 반딧불이의 루시페린-루시페라제(luciferin-luciferase) 시스템을 이용하여 시료 속의 세포 농도가 정량적으로 측정된다. 이 방법으로 식품 속의 약 $10^{2\sim3}$ 정도의 살아 있는 세균 및 그램 또는 밀리미터당 약 10개의 효모세포를 검출할 수 있다. 또한 이것은 장비 표면에 있는 미생물의 개체수를 확인할 때에도 이용할 수 있다. 이 방법은 매우 신속해서, 현재 이것을 활용하는 방법으로 몇몇의 자동화된 시스템이 상업적으로도 이용할 수 있다.

기타의 방법에서는, 발광 세균(예: 비브리오종)으로부터 세균 생체발광(*lux* 유전자)을 암호화하는 유전자를 식품에 있는 일부 병원성균, 지표 세균 및 잡균에 클로닝하면 이들 세균성 루시페라제는 환원된 플라빈 모노뉴클레오티드(flavin mononucleotide, $FMNH_2$)의 산화를 촉진하고, 분자 형태의 O_2에 의해 긴 사슬 지방족 알데히드류가 형성됨으로써 발광을 하게 되는 방법이다. 살아 있는 세포만 빛을 내기 때문에, 복제된 *lux* 유전자를 갖고 있는 균주를 이용하여 식품 및 식품 환경으로부터 세포를 아주 신속하게 사멸시키거나 제거하는 데에 효율적인 방법이다.[18] 이것은 또한 빛을 내지는 못하지만 손상 회복 이후에 빛을 낼 수 있는 손상된 세균을 검출하는 데에도 이용된다. 반응에서 나오는 빛을 측정하는 자동화된 시스템은 현재 상업적으로도 이용할 수 있다.

현재 기타의 여러 가지 신속 검출 방법, 자동화 시스템 및 전통적 방법 등의 소형화를 통해 상업적인 다수의 장비와 장치로 사용되고 있다. 일부는 참고 사항을 통해 한층 상세하게 설명하였다.

42.8.8 핵산을 기반으로 하는 방법

혼성화 방법(Hybridization Method)[19,20]

이 방법에서는, *Salmonella* spp.과 같은 유사 병원체 그룹에 독특하게 나타나는 20~4,000 뉴클레오티드(nucleotide) 염기서열로 구성된 DNA 탐침(probe)을 준비한다. 고유의 서열은 세포의 DNA 또는 rRNA에서, 또는 세균에 의해 만들어지는 독소의 아미노산 서열을 통해 확인할 수 있다. DNA 탐침은 이후 세포 DNA로부터 얻거나 또는 뉴클레오티드의 합성을 통해서 만들 수 있다. 검출을 위해 자기방사법을 이용하는 경우, 잡종 형성 후에 탐침은 ^{32}P의 방사선 동위원소로 표지한다. 비방사성 발색 분석의 경우, 효소(예: 과산화효소)가 특정 단백질(예: 스트렙타아비딘)에 결합되고, 이것이 DNA 탐침에 있는 특정 리간드(예: 비오틴)에 결합되어 발색반응을 나타내도록 하는 데에 사용될 수 있으므로 측정에 도움이 된다.

*Salmonella*와 *Lis. monocytogenes*에 특이적인 반응을 보이는 동위원소 및 비동위원소 DNA 탐침 모두 상업적으로 이용할 수 있고, 규제기관에 의해 사용이 승인되어 있다. 영리를 추구하는 회사들은 각각의 기술에 필요한 단계적 절차와 방법 그리고 상세한 사항을 제공하고 있다. 일반적으로, 여기에는 최초의 사전 증균배양 단계와 그리고 목적 세균의 성장을 촉진하는 증균배양 단계(단지 6시간 정도에 불과할 수도 있음)가 있다. 그리고 세포의 용균, 세포 DNA 또는 rRNA와 DNA 탐침의 혼성화, 탐침이 포함된 혼성화된 DNA 포획, 탐침에 따른(예: 동위원소 또는 비동위원소) 방사성 또는 발색을 측정하는 단계로 이어진다. 이 방법은 전통적 방법에 비해 보다 특이적이며 신속한 특징을 갖는다.

중합효소연쇄반응(Polymerase Chain Reaction, PCR)[21~23]

가장 광범위하게 이용되고 있는 방법이 PCR이다. 병원체에 특이적인 반응을 보이는 유전자(염기서열) 단편(segment)은 특정 프라이머 쌍(약 20개의 염기쌍을 갖는 DNA의 일부 조각)을 이용하여 수백만 배 이상으로 증폭할 수 있다. PCR 단계에는 이중가닥 DNA의 변성, 프라이머 결합, 열에 안정적인 *Taq* 중합효소를 이용한 가닥 신장 및 증폭 과정이 포함된다(**그림 42.5**). 30~35번의 반복되는 PCR 반응 후, 하나의 유전자는 수백만 개로 복제될 수 있고, 이들은 다시 육안 확인을 위해 아가로스

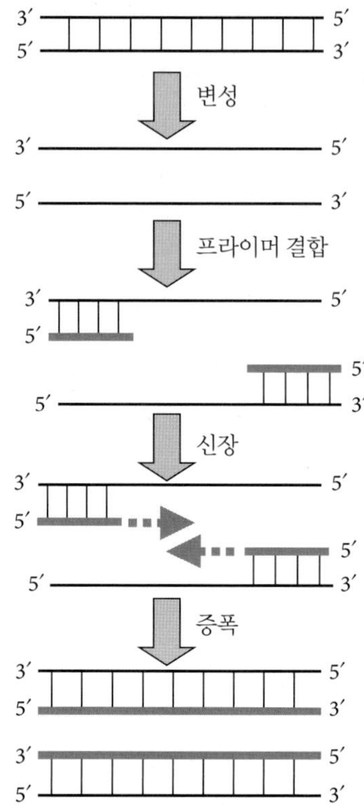

그림 42.5 중합효소연쇄반응 검사(polymerase chain reaction assay).

젤(agarose gel)에서 분리된다. 다중 PCR(multiplex PCR)은 하나의 반응 튜브 내에 있는 복수의 유전자를 검출을 목표로 하여 검사의 특수성을 높이기 위해 개발되었다. 이 방법은 *Lis. monocytogenes, Sal. enterica*, 병원성 대장균, *Compylobacter, Yer. enterocolitica, Sta. aureus, Clo. botulinum, Bac. cereus, Vib.vulnificus*dhk 같은 병원체를 신속히 검출하기 위해 개발되었다.

실시간 정량적 PCR(quantitative PCR, Q-PCR)은 현재 어느 정도 자동화되어 있기 때문에 많이 이용되고 있다. 이러한 시스템에서는 형광염료의 탐침이 목표 DNA와 잡종 형성을 하고, 프라이머가 신장된 후, *Taq* DNA 중합효소의 핵산내부가수분해효소의 작용으로 탐침이 제거되면서 노출되는 형광염료를 내장된 광선 검출기를 통해서 반응의 정량적 특성을 확인할 수 있다(**그림 42.6**). 탐침(~100 bp)은 형광 리포터 염료물질(R)과 발광 염료물질(Q)로 표시되고, 이들의 일반적 군집 현상으로 인하여 형광 작용은 정상적인 조건에서는 소멸된다. 프라이머 신장 과정에서처럼 리포터 분자가 발광 분자로부터 핵산내부가수분해효소 활성에 의해 물리적으로 제거되면 웰에 형광 신호가 나타난다. 이러한 PCR 기반 방법의 중요한 단점 중 하나는 살아 있는 세포와 죽은 세포를 구별하지 못한다는 점이다. 이러한 문제를 극복하기 위해 역전사효소(reverse transcriptase, RT)-PCR 방법이 개발되었고, 여기에서는 살아 있는 세포에서만 나타나는 전령 RNA(mRNA)가 검출 과정에 이용된다. 상보적인 DNA(cDNA)는 역전사효소를 이용하여 mRNA로부터 합성하고, 표준 PCR 방법을 이용하여 검사된다. RT-PCR은 또한 노로바이러스, 로타바이러스, 그리고 식중독을 일으키는 기타의 장내 바이러스와

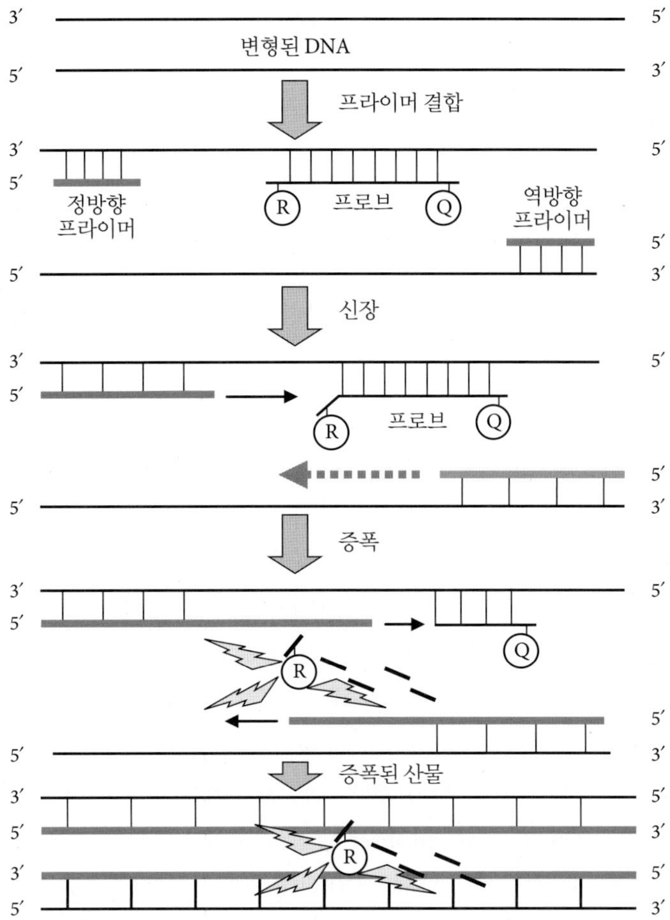

그림 42.6 PCR 증폭 산물의 실시간 검출에 필요한 정량적 PCR 검사. 검침은 Q-PCR 장치의 형광물질 검출기를 이용하여 형광 리포터(R) 염료와 소광(Q) 분자로 표시한다.

같은 RNA 바이러스를 검출하는 데에도 이용된다.

DNA 지문법(DNA Fingerprinting)[6]

DNA 지문 기술 또한 병원체 검출 및 확인에 이용되어 왔다. 일반적으로 유전체(genome) 지문법에는 세포로부터 DNA 분리, 제한효소분해, 적절한 프라이머 또는 탐침을 이용한 단편 증폭 또는 혼성화 형성과 같은 과정이 필요하고, 이것을 완료하기 위해서는 최소 5~7일이 소요된다. 소형 로봇 장치인 자동화된 RiboPrinter® 시스템을 이용하면 이러한 분석작업을 8시간 안에 수행할 수 있다. 이후 DNA의 지문 패턴이 내장된 데이터베이스와 비교하고, 각 세균에 대해 정밀한 확인 작업을 수행한다. 지문 분석 기술에 흔하게 이용되는 기타 기술에는 펄스필드겔전기영동법(pulse-field gel electrophoresis, PFGE), 무작위로 증폭된 DNA의 다형성 분석법(random amplified polymorphic DNA, RAPD), 증폭 단편 길이 다형성 분석법(amplified fragment length polymorphism, AFLP), 제한효소 단편 길이 다형성 분석법(restriction fragment length polymorphism, RFLP), 그리고 rep-PCR,

다좌위 서열 구분법(multilocus sequence typing, MLST) 등이 있다.

42.8.9 전체 게놈 서열[24]

최근 몇 년 동안 DNA 염기서열화 기술의 혁명적인 발전으로 인해 상대적으로 저렴한 비용으로 병원체의 전체 게놈 서열을 매우 빠르게 배열할 수 있게 되었다. 전체 게놈 서열은 병원체의 신속한 식별을 가능하게 하며, 병원체의 기원, 진화, 유전적 다양성, 그리고 바이러스 유전자의 존재와 관련된 정보를 제공한다. 그러나 미생물의 게놈 서열화를 위해서는 서열화 전에 식품 매트릭스에서 순수하게 분리된 배양물을 얻는 것이 필요하다.

42.8.10 마이크로어레이 및 질량 분석[14,25]

단일 검사를 통해서 여러 병원체를 검출하는 것은 제품의 총 미생물학적 안전성/품질을 제공할 수 있는 가능성 및 샘플 분석을 위한 비용을 줄여주기 때문에 매우 바람직하다. DNA 마이크로어레이는 표적 유전자를 대상으로 하는 DNA 탐침을 먼저 마이크로어레이 칩에 처리한 다음 DNA를 포함한 테스트 샘플을 노출시킨다. 샘플에 존재하는 상보적인 DNA는 한 지점에서 프로브와 혼합되며, 결합되지 않았거나 약하게 결합된 DNA는 세척을 통해 제거된다. 그런 다음 혼합물은 형광을 통해 검출하고 정량화한다. DNA 마이크로어레이는 *Lis. monocytogenes*, *Sal. enterica*, *Esc. coli* O157:H7 및 *Cam. jejuni*를 각각 또는 여러 가지로 신선한 고기 샘플로부터 검출하는 데 사용되었다. Flight mass spectrometry (TOFMS)의 matrix-assisted laser 탈착/이온화 시간(MALDI)과 같은 질량 스펙트럼 분석은 단백질 프로파일에 기초한 개별 병원체에 대한 스펙트럼을 생성하고 여러 병원체를 감지하는 데 적용할 수 있다. 또한 이 시스템을 이용하여 분석을 하기 위해 식품 샘플로부터 분리된 배양액이 필요하다.

42.8.11 병원성 분석법(Pathogenicity Assay)[26~28]

생쥐, 기니피그, 집쥐, 토끼와 같은 실험실용 설치류는 식품 유래 병원체의 병원성 연구에 널리 이용된다. 식품시료에 병원성이 있는지 여부를 확인하기 위해, 동물 실험모델을 통해 병원성에 대한 정량적 특성이나 치사 정량에 대해 평가한다. 병염성 확인에 이상적이기는 하지만, 동물 모델은 매우 고가이며 또한 일상적으로 활용하기에는 적합하지 않다. 뿐만 아니라, 윤리적인 이유 때문에 이러한 동물의 이용을 장려하지 않는다. 이에 대한 대안으로, 식품 유래 병원체의 병원성 분석을 위해 동물세포가 일상적으로 이용되고 있다. 병원체 시험에 사용되는 여러 가지 발암성 세포주가 현재 상업적으로 이용할 수 있다. 모든 세포주들이 병원체에 민감한 것은 아니므로, 민감한 반응을 보이는 세포주를 선택해야 한다. 예를 들면, *Lis. monocytogenes*의 병원체 존재 유무는 장세포 유래의 Caco-2, 대식세포 J774, 섬유아세포, 그리고 잡종 림프구 Ped-2E9 세포주를 이용하여 확인할 수 있다. 베로(vero)세포(원숭이 콩팥 세포주)는 시가(Shiga) 독소를 만드는 대장균 배양에 이용되고 있다. 차이니즈 햄스터 난소(CHO) 세포주와 림프구 Ped-2E9 세포는 *Bac. cereus*의 독소 검출에 이용되고 있다.

세포 병원성 효과는 다양한 방법으로 측정된다. 특징적인 막 손상, 세포 용균, 응고, 신장, 액포 형성, 응집, 그리고 표면 분자 손상에 대한 세포의 병원성 효과에 대한 정성적 분석에는 광학현미경과 전자주사현미경이 이용되고 있다. 트립판 블루 배제 시험(trypan blue exclusion test)과 같은 정량적 세포독성 검사는 죽은 세포는 착색되고(청색), 본래 세포의 막이 있는 살아 있는 세포는 착색되지 않는다. 이후 죽은 세포와 살아 있는 세포를 현미경으로 계수하여 세포독성 효과를 확인한다. ALP 방출 검사, 젖산탈수소효소 방출 검사, MTT(3-[4,5-dimethyl thiazoly-2]-2, 5-diphenyltetrazolium bromide) 검사(물질대사 발색시험) 또한 세포독성 확인에 이용된다. 뿐만 아니라 흡착, 침투, 혈소판 형성, 세포 소멸 분석 또한 식품 유래 병원성 미생물의 발병과 관련한 세포 기전을 확인하는 데에 이용된다.

42.9 병원체 검출을 위한 바이오센서[11,13,14,28~31]

바이오센서를 기반으로 하는 검출기는 실시간에 가깝게 자동화 또는 반자동화된 장비를 이용한 병원체의 민감성 검출에서 그 가능성에 대한 연구원들의 상상력을 꾸준하게 매료시키고 있다. 바이오센서를 기반으로 하는 기술은 전통적 방법의 대안으로 식품 유래 병원체 검출을 위한 방법으로 많이 이용되고 있다. 바이오센서는 항원-항체, 효소-기질의 형태로 생물학적 그리고 화학적 복합물질을 검출하는 기기이며, 이것은 전기적, 광학적 또는 중량 변화 신호를 발생시키는 변환기에 매우 밀접하게 연결되어 있다.

바이오센서 검출기에 의한 병원체 검출은 미생물의 4가지의 기본적인 생리적 또는 유전적 특성에 초점을 맞추고 있으며, 기질 활용, 독성 또는 항체에 의한 생리적 또는 구조적 표시에 대한 표현형 발현 분석, 유전적 분석 및 진핵세포성 병원체의 상호작용(세포변성 효과) 등이 그것이다. 현재 상업적으로 이용할 수 있는 여러 가지 속성 방법들은 24~72시간 안에 결과를 얻기 위해 자동화 또는 반자동화된 핵산 기반, 항체 또는 기질 활용 기반의 방법과 함께 전통적인 배양 기반 방법을 활용하고 있다. 흥미로운 것은, 오늘날 상당수의 바이오센서 기반의 방법들은 위의 4가지 방법 중 하나를 이용하거나 또는 이들을 결합해서 개발되고 있다는 점이다. 그러나 항체 기반의 면역센서 방법이 가장 일반적이며 또한 용도가 다양하고 편리하다.

바이오센서를 이용하여 식품 시료로부터 병원체를 검출하는 것은 지방, 단백질, 탄수화물, 미네랄, 각기 다른 산도, 염분 농도 및 색깔로 이루어진 식품의 복잡한 특성 때문에 아주 어려운 일이다. 이러한 복잡한 시스템에서 병원체를 검출하는 데에 나노(nano) 생명공학을 활용하는 것은 무수한 어려움이 따른다. 식품에 들어 있는 목적 미생물의 개체수는 식품 자체에 존재하는 토착 세균과 비교할 때 대개의 경우는 극히 적다는 사실로도 한층 복잡해진다. 따라서 식품으로부터 이렇게 적은 수의 병원체를 직접 검출하기 위해서는 아주 특별할 정도로 합리적인 방법을 이용해야 한다. 바이오센서를 기반으로 하는 각종 방법들이 개발되었고, 현재도 계속 개발되고 있다. 전기화학적 방법(임피던스 및 전류측정), 광학적 방법(빛 산란, 광섬유 및 표면 플라스마 공명), 온도 적정 방법(서미스터 및 초전), 그리고 물질 기반의 방법(압전기 및 표면 탄성) 등이 그것이다. 이들 중 민감성, 장치 이용 가능성, 데이터 해석의 상대적 용이성 때문에 광학센서가 가장 많이 활용되고 있다.

42.9.1 광섬유 바이오센서[32~35]

광섬유 바이오센서(fiber optic biosensor)는 식품 유래 미생물 또는 미생물을 이용한 생화학전의 주요 물질 검출에 이용되는 민감한 광학적 방법이다. 이러한 용도에는 섬유 또는 유리 슬라이드 형태의 폴리스티렌 또는 유리 도파관(glassguide) 등을 이용한다. 이 방법은 빛이 도파관을 통과하면서 도파관 표면에 소멸파의 경계를 만들 때에 생성되는 빛의 내부 전반사(total internal reflection, TIR)를 활용한다. 소멸장 안에 있는 형광 분자는 자극을 받아 빛을 내게 되고, 이 빛은 고차(high order) 모드에서 섬유를 통해 되돌아오고 형광계에 의해 검출된다. 광섬유센서는 샌드위치 면역 검사 구조를 활용하는데, 먼저 병원체에 특이적인 반응을 보이는 포획 항체, 수용체 단백질이나 DNA/RNA aptamer를 도파관 위에 고정시킨다. 그리고 섬유를 포함하고 있는 매니폴드(manifold)에 표본을 주입하고, 목표 분자에 결합되도록 한다. 세척 단계 후, 형광으로 표지된 검출 항체를 첨가하여 항원과 샌드위치 형태가 되도록 한다. 이후 섬유를 광원/검출기에 연결한다(**그림 42.7**). 광선(635 nm)은 도파관을 통과하면서 항원-항체 복합물에 있는 형광 분자를 자극하는 소멸파를 형성시킨다. 일단 자극을 받게 되면, 형광단에서 빛이 나오고, 이 빛의 강도는 검출기에 의해 검출되는 항원의 양과 비례한다. 광섬유 용도로 주로 사용되는 형광단 분자는 Cyanine 5와 Alexa-fluor 647이고, 이들 각각의 자극 및 발광 파장이 중복되지 않아야 형광계로 쉽게 검출할 수 있다. 리서치 인터내셔널사(Research International, Inc)는 RAPTOR라고 하는 반자동 광섬유 기기를 출시하였는데, 이것은 시료 주입구, 미세유체 채널, 레이저 다이오드, 데이터 분석을 위한 컴퓨터 인터페이스가 포함되어 있다. 이 기기는 광섬유 4개가 있는 카드 쿠폰을 사용할 수 있어 따라서 최대 4개의 병원체를 동시에 검출할 수 있다. 뿐만 아니라 양성 결과가 나올 때까지 광섬유를 재사용할 수 있다.

광섬유센서는 *Sta. aureus* 장 독소, *Bacillas antheacis* 포자, *Franciscella tularensis*, *Bacillus globigii* 포자, *Clo. botulinum* 독소, *Yersinia pestis*, *Brucella melitensis*, 백시니아 바이러스 등을 검출하는 데에 유용하게 활용되고 있다. *Lis. monocytogenes*, *Cam. jejuni*, *Salmonella*, *Esc. coli* O157:H7과 같은 식품 유래 병원체는 다른 식품 표본에서 검출된다. 오크라톡신 A, 푸모니신 B, 아플라톡신 B_1,

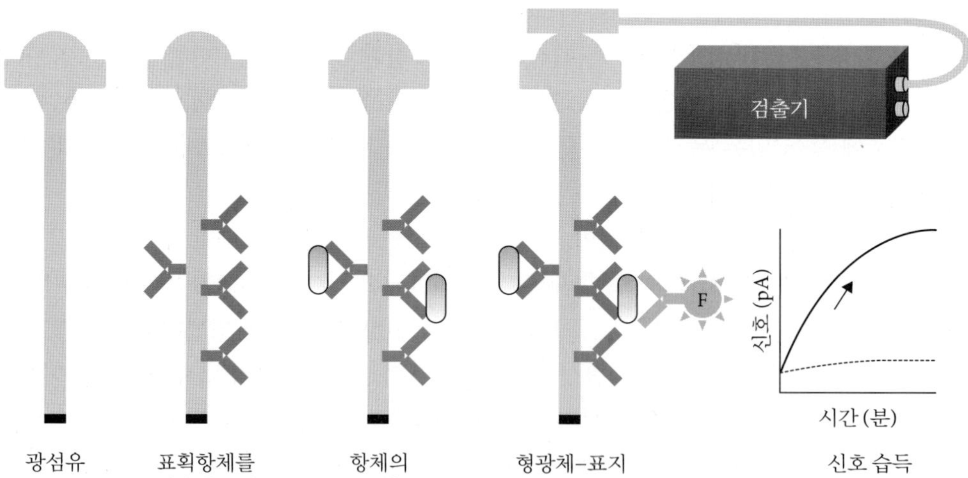

그림 42.7 식품 유래 병원체 검출에 사용되는 광섬유 센서(fiber optic sensor).

디옥시니발레놀와 같은 마이코톡신 또한 복합 방식의 배열형 바이오센서로 검출할 수 있다. 일반적으로 세균세포의 검출 한계는 10^3~10^4 cfu/ml인반면, 독소는 나노그램(0.5~20 ng/ml) 수준에서 검출된다.

42.9.2 표면 플라즈마 공명 센서(Surface Plasmon Resonance Sensor)[29,36]

표면 플라즈마 공명(surface plasmon resonance, SPR) 센서는 형광 태그(tag)를 필요로 하지 않는 상태에서 두 분자의 결합 운동의 양을 정할 수 있는 강력한 도구이다. SPR은 금속 표면에서의 광학적 발광 현상으로, 생체 분자의 상호작용 분석에 이용된다. 이 방법에서, 항체 또는 수용체는 광학적으로 투명한 도파관의 반사 표면에 있는 금(공명층)과 같은 금속의 얇은 표면 위에 고정된다. 감지하는 표면은 높은 인덱스(index)-공명층과 낮은 인덱스-공명층 위 또는 아래에 오도록 한다. 도파관을 통해 빛이 통과할 때에는 도파관 위의 내부 전반사(TIR)가 발생한다. 적외선 또는 근적외선 구역의 특정 도파관에서는, 빛은 높은 인덱스-금속 표면 위에서 플라즈마 또는 전자 구름과 상호작용을 하고, 결과적으로 강력한 빛 흡수력을 가진 공명 효과 발생하게 된다. 이러한 정확한 흡수파장은 투사 각도, 금속, 표면 위에서 고정된 포획 분자의 수, 그리고 주변 소재에 따라 달라진다. 항체와 상호작용을 하는 항원이 있는 경우에는 긴 파장에 대한 공명에 변화가 나타나고, 변화의 양은 결합된 분자의 농도에 비례하게 나타난다(그림 42.7).

SPR 기반 센서의 장점은 다음과 같다. 두 개의 분자 사이에서 발생하는 결합을 실시간 또는 거의 실시간에 가깝게(30분 이하) 확인할 수 있다. 확인 시스템에는 표지가 없으므로 추가적인 시약, 검사 단계 및 시간이 필요하지 않다. 동일한 분석 대상물에 대해서는 센서를 재사용할 수 있다. 이러한 경우, 결합된 분석 대상물은 용액의 pH를 바꾸면 제거된다. 이것은 매우 민감하며 나노그램 범위에 있는 분자를 검출해낼 수 있다. 현재 BIACORE, Spreeta™, SPR 분광기, Optrel GbR, Reichert SR7000 및 IAsys 등의 상업적인 SPR 시스템을 이용할 수 있다.

SPR 기반의 센서는 식품 유래 병원체 및 독소 검출에 이용되고 있다. 대부분의 용도의 경우, 이 시스템을 통한 독소와 관련한 결과가 아주 신뢰할만한 수준인 반면에 전체 세포에 대한 신호는 일정하지 않고, 장치 종류에 따라 전체 세포를 검출하지 못하는 경우도 있다. *Esc. coli* O157:H7, *Salmonella enterica* ser. Typhimurium, *Yer. enterocolitica*, *Lis. monocytogenes* 및 포도상구균의 장내독소와 세포는 SPR에 의해 검출이 가능하다(**그림 42.8**).

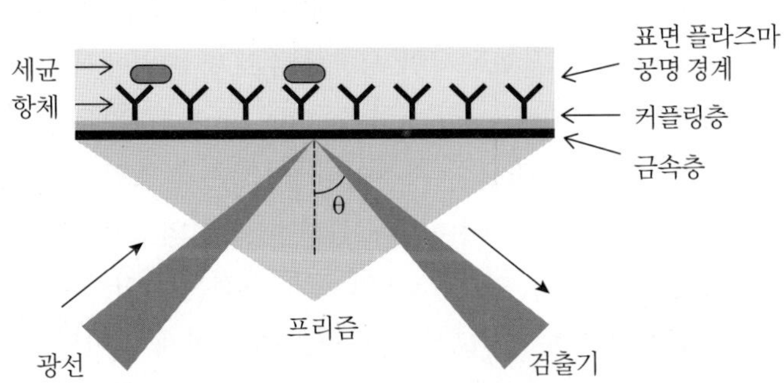

그림 42.8 표면 플라즈마 공명(surface plasmon resonace, SPR) 기반의 병원체 및 독소 검출.

42.9.3 전기화학적 면역 센서[37]

전기화학적 면역 센서(electrochemical immunosensor)는 재래식 항체 기반의 효소면역검사(ELISA)가 확장된 것으로, 항체에 결합된 효소에 의한 기질의 촉매 작용으로 이온 또는 산소 소비, pH 변화를 형성하는 산물을 만들고 이것을 통해 변환기에 전기적 신호가 발생한다. 전위차가 있고, 전기적 활성이 있으며, 또한 전류를 측정할 수 있는 변환기는 이러한 용도에 사용된다. 예를 들어 전류 측정 방법의 경우, 항체와 결합된 ALP는 *p*-nitrtophenyl phosphate를 가수분해하여 페놀을 만드는데, 이것은 전압전류법(voltammetry)으로 검출된다. 다채널 광지시형 전위차 센서(light-addressable potentiometric sensor, LAPS)의 경우, 포획 항체는 우선 목적 세포를 포획하기 위해 막이나 자성 입자에 고정된다. 샌드위치 방식에서는, 형광 표시가 있는 검출 항체가 목적 세포와 반응하도록 한다. 그리고 우레아제(urease) 효소가 결합되어 있는 항형광성 항체를 첨가한다. 우레아제가 있으면 암모니아(NH_3)가 만들어지고, 이것은 전압의 변화를 기록하는 pH에 민감한 절연체로 코팅된 n-타입의 실리콘 칩 위에 있는 용액의 pH에 변화를 준다. 이러한 센서는 매우 민감하고, 30~90분 안에 *Salmonella* 및 *Esc. coli* O157:H7의 검출에 이용되고 있다.

42.9.4 압전 바이오센서[38]

압전 바이오센서[piezoelectric(PZ) biosensor]는 석영 크리스탈 표면의 중량 변화를 감지한다. 병원체에 대한 특이적인 포획을 위해 항체가 이용되고, 이것으로 크리스탈의 중량이 증가하게 되면 진동 전기장이 기기 전체에 영향을 주면서 공명 주파수에 변화가 생긴다. 주파수 변동은 크리스탈 분석기로 측정된다. 압전 바이오센서는 *Salmonella* Typhimurium, *Salmonella* Paratyphi, *Lis. monocytogenes, Bac. cereus* 및 *Esc. coli* O157:H7, 비브리오균, *Campyobacter jejuni* 포도상구균의 장내독소 및 세포 검출에 이용되고 있다.

42.9.5 임피던스 기반의 바이오칩 센서(Impedance-Based Biochip Sensor)[39~41]

임피던스 미생물학의 개념은 1세기 이상 존재해 왔다. 그러나 대중적 관심은 70년대 중반에서야 높아졌다. 임피던스는 비활성 기질의 미생물적 물질대사의 영향으로 배지의 전도성이 전기적 전하를 갖는 이온 복합물질과 산성 부산물(예: 아미노산, 젖산 및 아세트산)로 변하는 것에 기초를 두고 있다. 이것 때문에 전기적 임피던스(교류 흐름에 대한 저항)와 배지의 전도성에 변화가 생긴다. 이러한 두 가지 기준을 측정하는 방법을 통해, 특정 온도에서의 시간 함수로써 배지에서 세균이 성장하는 것을 모니터링할 수 있다. 임피던스 감지 시간(impedance detection time, IDT)은 식품 내의 최초 미생물이 ml당 10^6마리 이상으로 도달하는 데에 필요한 시간이다. 이것은 최초의 미생물 부하에 반비례한다. IDT가 높을수록 최초 부하가 낮다는 것을 의미한다. IDT와 곡선의 기울기를 통해 최초 부하 및 미생물 개체의 생성 시간을 계산할 수 있다. 이 시스템의 주요 장점은 살아 있는 세포만을 검출할 수 있다는 것이며, 이것은 식품안전에서 아주 중요한 관심 사항이다. 현재 임피던스 장비들은 밀리미터당 10^5~10^7의 세균을 검출할 수 있다. Bactometer®(bioMérieux), Malthus AT 분석기(Malthus Instruments), BacTrac™, 그리고 m-Trac 미생물 성장 분석기(SyLab)와 같은 몇몇의 상업적으로 이용 가능한 시스템들이 병원체 모니터링과 식품의 품질확인을 위한 목적으로 이용되고 있다. 우유의 세균 오염은 품질평가를 위해 Bactometer를 이용하여 분석되고 있다. 임피던스 기반의 검사는 식품 표본에서 *Listeria*, *Compylobacter*, *Esc. coli*, *Staphylococcus* 및 *Salmonella*를 검출하고 계수 작업을 하는 데에 널리 이용되고 있다. 임피던스 방법은 미국공정법분석화학자협회(Association of Official Analytical Chemists Intl., AOAC)에서 초기 조치 방법으로 승인되었다. 하지만 이 방법은 민감성이 부족하고, 결과를 얻는 데에 시간이 많이 소요된다(24~48시간).

민감성을 개선하기 위해, "바이오칩"이라고 하는 반도체 실리콘칩과 같은 미세 가공된 전자기기가 개발되어 있다. 이러한 생물학 기반의 미세전기-기계적 시스템(biology-based microelectrical-mechanical system, Bio-MEMS)의 경우, 세포를 전기영동적으로 챔버 내부에 나노리터 단위로 위치해 둠으로써 세균에 의한 신속한 기질 전환을 통해, 임피던스를 이용하여 세균 증식에 대한 신속하고 민감한 검출 작업에 도움을 주는 전기적 전하를 갖는 산물을 검출에 이용한다. *Lis. monocytogenes*는 단지 2시간 동안의 배양 과정으로 챔버에서 1 ml당 2 $\times$ 10^7세포 미만으로 검출이 가능하다. 검출 챔버 안에서 고정화된 병원체에 특이적인 항체는 이러한 검사에 높은 특이성을 제공한다. 세균은 PCR을 이용하여 microfluidic 칩을 이용하여 검출한다.

42.9.6 푸리에 변환 적외선 분광법[29,42]과 라만[43] 분광법

푸리에 변환 적외선 분광법(Fourier Transform Infrared Spectroscopy, FTIR)과 라만(Raman) 분광법은 세포벽과 세포질의 분자 구성을 기초로 하는 세균 스펙트럼 스캔 작업을 통해 발생한다. 기본적으로 적외선 분광법은 적외선 공급원, 시료 및 감지기로 구성되어 있다. 적외선이 시료를 통해 감지기로 흡수되거나 전송되면, "스캔' 또는 "지문" 프로파일이 만들어진다. 스펙트럼 스캔 라이브러리는 다른 세균종과 균주를 통해서 만들어지는데, 이것은 향후 세균종들의 비교에 이용된다. 이 방법에는 스펙트럼 수집을 위해 증식 매체로부터 적외선이 반사되는 표면까지 세포가 이동해야 한다. 이것은 비파괴적인 신속 방법이며, 이후의 확인 방법은 이용 가능한 스펙트럼 라이브러리에 따라 달라진다. FTIR은 일부 식품유래 병원체의 분류나 확인에 이용되고 있다. 즉, *Yersinia*, *Staphylococcus*, *Salmonella*, *Listeria*, *Klebsiella*, *Escherichia*, *Enterobacter*, *Citrobacter* 등이 그것이다.

라만 분광학도 라벨이 없는 검출 시스템이며, 다이오드 레이저(785 nm)를 사용하여 미생물 세포와 상호작용하면 비탄성 산란으로 알려진 라만 산란을 발생시킨다. 전형적으로 라만 신호는 매우 약하다. 표면 강화 라만 분광학(SERS)은 표적 미생물이나 독소 분자에 특별히 결합하기 위해 금이나 은 나노 입자로 접합된 생체 인식 분자를 사용하여 신호를 증폭시킨다. 라만법은 *Bacillus anthracis*, *Yersinia pestis*, *Burkholderia mallei*, *Francisella tularensis*, *Brucella abortus*, *Lis. monocytogenes*, *Esc. coli* O157:H7, and *Salmonella*을 검출할 때 사용된다.

42.9.7 빛 산란[28,44,45]

빛 산란(light scattering) 기술은 빛의 굴절률, 크기, 형태 및 성분을 기초로 하여 시료를 구별하는 기술이다. 빛 산란은 수십 년 전부터 활용되었고, 반도체 칩(웨이퍼)의 결함을 감지하는 용도로 반도체

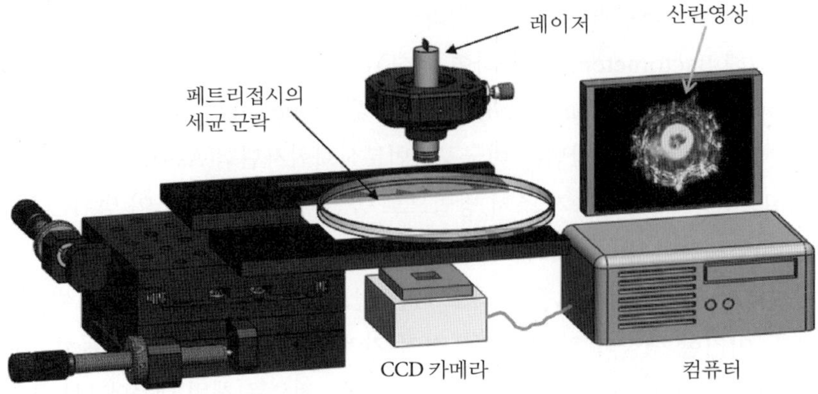

그림 42.9　세균 군락 확인에 사용되는 빛 산란 시스템(light scatterometer).

업계에서 수년 동안 이용되어 왔다. 극성이 있는 단색광의 공급원으로부터 나오는 빛이 시료(예를 들면, 세균 시료) 위에서 발광하게 되고, 이후 흩어지는 빛은 세균 확인 및 검출에 활용할 수 있는 독특한 신호 형태로 나타나게 된다(**그림 42.9**). 그러나 증식 단계, 증식 매체, 증식 온도, 통기, 그리고 현탁 매체(질)에 대한 최종 희석 작업 등은 재생력에 영향을 줄 수 있다. 현탁 상태에 있는 단일 세포를 검출하는 데에 있어서 빛 산란 시스템의 역할에 대한 다수의 연구보고가 있기는 하지만, 성공 사례는 극히 제한적이다.

최근에는 고체 한천판에 자라고 있는 세균 군락을 감지하고 식별하기 위해 다이오드 레이저(635 nm)를 이용한 새로운 탄성 광산란 시스템인 BARDOT(광학적 산란 기술을 이용한 BATER Rapid Detection이 만들어졌다. BARDOT는 다양한 박테리아 속, 종, 심지어 세로바에 대한 고유한 산란 이미지를 생성한다. 이 방법은 비침습적이고 빠른 방법으로 세균 군집 식별에 1분도 걸리지 않는다. 이 시스템에서는 레이저가 세균 군집 중심을 비추면 디지털 카메라에 포착된 독특하고 재현 가능한 산란 패턴을 생성한다(그림 42.9). 산란 이미지는 이미지 라이브러리에 저장되며 이미지 분석 소프트웨어는 테스트 유기체를 식별할 수 있게 한다. 또한 BARDOT의 다재다능한 판별력은 다양한 미생물에 대한 다양한 선택적인 고체 한천배지를 사용할 수 있기 때문에 가능하다. BARDOT는 음식에서 음식으로 운반되는 병원체 *Lis. monocytogenes*, *Salmonella enterica*, *Vibrio* spp., *Bacillus* spp, *Esc. coli*의 검출과 식별에 사용되고 있다. 또한 BARDOT는 생산물이나 식품에서 박테리아 군락분석에 유용하고, 식품 가공 중에 위생이나 위생 관행에 대한 효과를 평가하는 데 유용한 도구이다.

42.9.8 세포 기반의 센서[11,27,28,46,47]

세포를 기반으로 하는 센서(cell-based sensor)는 원핵세포(세균) 또는 진핵세포(포유류 세포)와 같은 세포가 특정 조건에서 상호작용을 하는 동안 특정한 신호를 방출하는 변환기와 같은 역할을 수행한다(**그림 42.10**). 이 시스템은 분석 대상이 있는 경우 수 초에서 수 분 사이에 신호를 보낸다. 세포 기반의 검사는 *Lis. monocytogenes*과 *Esc. coli*이 있는 임상, 환경적 또는 식품 표본에서 병원균의 존재

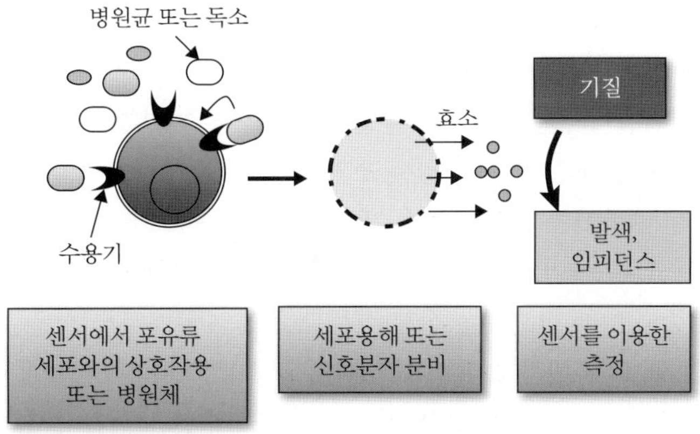

그림 42.10 포유류 세포 기반 센서의 도식. (Adapted from Bhunia, A.K., *The Science of Homeland Security*, Amass, S.F., Bhunia, A.K., Chaturvedi, A.R., Dolk, D.R., Peeta, S., and Atallah, M.J., Eds., Purdue University Press, West Lafayette, IN, 2006; pp. 109–149.)

와 같이 환경적 도전 또는 "외부"에 대한 노출의 결과로 포유동물 세포의 "정상적인" 생리적 기능이 교란된 것을 이용한 것이다. 일부 세포 기반 검사는 또한 물속의 용존 산소와 제초제와 같은 생리 물질을 검출하기 위해 남조류와 같은 세포의 대사반응을 활용하기도 한다.

새로운 B세포 기반의 센서는 세포질성 에쿼린(cytosolic aequorin), 칼슘에 민감한 생물발광 단백질 등이 병원체에 특이 반응을 보이는 표면 항체를 발현시키기 위해서 유전공학적으로 이용되고 있다. 병원체가 표면 항체와 결합하게 되면 특정 생물발광 신호를 보내는데, 이것은 *Esc. coli* O157:H7, *Bac. anthracis* 포자, *Yersinia pestis*과 같은 극히 적은 수의 병원성균의 검출을 가능하게 한다. "리포솜(liposome)"이라고 하는 인공 세포는 내부의 형광 표시가 있는 리포터 분자를 운반하는 특이적인 수용체가 있는 지질 이중막으로 구성되어 있어서 기공을 형성하는 독소 검출에 민감한 센서 역할을 할 수 있다. 독소가 우선 수용체와 결합하여 막을 파괴시키고 형광 리포터 물질은 용출시키면 이것이 분광 형광계로 검출된다. 리포솜은 세포 배양 시설이 없는 상태에서도 최대 5개월 동안 일반적인 주위 환경에서 보관할 수 있고, 30분 안에 나노그램 정도의 독소를 검출할 수 있다. 뿐만 아니라 이 시스템은 세포 배양 시설을 필요로 하지 않는다. 포유류 세포를 기반으로 하는 바이오칩 또한 알레르기 유발 항원 및 바이러스 검출에도 활용되고 있다. 예를 들면, 배양된 호염기 비만세포주(RBL-2H3)는 알레르기 유발 항원과 상호작용을 하여 형광물질과 결합하는 히스타민을 방출하는데, 이것은 현미경에 부착된 광전자증배관(photomultiplier tube)을 통해서 측정할 수 있다.

42.10 결론

식품의 품질과 안전성을 모니터링하기 위해 미생물 배양 방법은 필수적이다. 분자 방법의 발전은 식품의 병원체 검출과 식별에 도움이 되었다. 그러나 이러한 방법은 미생물이 완제품의 저장 수명 또는 발효 미생물을 평가하는 부패를 분석하는 데 여전히 뒤처져 있다. 바이오센서를 기반으로 하는 방법은 아직 초기 발전 단계에 있지만, 이들 중 일부는 신속하며 민감한 것으로 입증되고 있으며 현장에서의 병원체 검사 작업에 필요한 자동화된 휴대용 기기로도 제작될 수도 있는 장점이 있다. 실제로, 이러한 기술은 칩 위의 실험실이라는 개념으로 현실화되고 있다. 대부분의 용도에서, 바이오센서 기기는 수 시간 내에 신속하게 결과를 얻을 수 있는 초기 조치 검사 도구로써 이용될 수 있다. 위에서 설명한 대부분의 바이오센서 플랫폼 기술은 순수 세균 배양이나 독소 테스트를 통해 그 개념이 입증되고 있다. 그러나 선택된 일부 바이오센서만 신뢰성, 민감성 및 교차반응성에 대해 실제 식품 시료를 이용하여 철저하게 검증되었다. 향후에는 실제 식품과 환경 시료로부터 식품 유래 병원체를 검출할 수 있는 많은 센서들의 활용 및 개선에 대한 노력을 기울여야 할 것이다. 우리는 어쩌면 식품 안전 또는 식품의 생물 안전을 위한 일상적인 활용에 있어서 아직도 수년은 뒤떨어져 있을지도 모른다. 바이오센서 기술 또한 악성 암, 심혈관계 질환, 당뇨병 등의 조기 진단을 위해 인체를 연구하는 데에 필요한 생물의학적 용도로써 강력한 도구가 되고 있다. 우리가 이렇게 흥미로운 과학과 기술 분야를 받아들임에 따라, 이것은 언젠가 우리 인간 삶의 한 부분이 될 것이며 또한 우리의 생활 양식에도 큰 변화를 가져다줄 것이다.

학습문제

1. 육류 및 가금류에서 식인성 박테리아 세포를 분리하기 위한 일반적인 방법을 작성해보시오.
2. *Salmonella*와 *Esc. coli* O157:H7의 분리에 어떤 선택적 농축액과 선택적 및 차동 한천배지가 사용되는가?
3. 식품 매트리스에서 박테리아를 분리하는 데 사용되는 다양한 방법에 대해 논의해보시오.
4. 어떤 상황에서 MPN 방법은 사용되는가?
5. 바이오센서의 기본원리는 무엇이며, 이 기술의 장점과 단점은 무엇인가?
6. 광섬유 바이오센서와 표면 플라즈몬 공명 바이오센서의 기본 작동원리에 대해 논의해보시오.
7. 세포 기반 센서는 어떻게 작동하며, 이 센서에서 어떤 생리적 특성이 검출되는가?

참고문헌

1. Fung, D.Y.C., Rapid methods and automation in food microbiology: A review, *Food Rev. Int.*, *10*, 357–375, 1994.
2. Vasavada, P.C., Rapid methods and automation in dairy microbiology, *J. Dairy Sci.*, *76*, 3101–3113, 1993.
3. FDA, *Bacteriological Analytical Manual Online*, 8th ed. AOAC International, Arlington, VA. [http://www.fda.gov/Food/ScienceResearch/LaboratoryMethods/BacteriologicalAnalyticalManualBAM/default.htm], 2001.
4. Downes, F.P. and Ito, K., *Compendium of Methods for the Microbiological Examination of Foods,* 4th Ed., American Public Health Association, 2001.
5. Brehm-Stecher, B., Young, C., Jaykus, L.-A., and Tortorello, M.L., Sample preparation: The forgotten beginning *J. Food Protect.*, *72*, 1774–1789, 2009.
6. Dwivedi, H.P. and Jaykus, L.-A., Detection of pathogens in foods: The current state-of-the-art and future directions, *Crit. Rev. Microbiol.*, *37*, 40–63, 2011.
7. Wu, V.C.H., A review of microbial injury and recovery methods in food, *Food Microbiol.*, *25*, 735–744,

2008.

8. Gracias, K.S. and McKillip, J.L., A review of conventional detection and enumeration methods for pathogenic bacteria in food, *Can. J. Microbiol.*, *50*, 883–890, 2004.
9. Maciorowski, K.G., Herrera, P., Jones, F.T., Pillai, S.D., and Ricke, S.C., Cultural and immunological detection methods for *Salmonella* spp. in animal feeds: A review, *Vet. Res. Com.*, *30*, 127–137, 2006.
10. Bhunia, A.K., Detection of significant bacterial pathogens and toxins of interest in homeland security. In *The Science of Homeland Security*, Amass, S.F., Bhunia, A.K., Chaturvedi, A.R., Dolk, D.R., Peeta, S., and Atallah, M.J., Eds., Purdue University Press, West Lafayette, IN, 2006; pp. 109–149.
11. Bhunia, A.K., Biosensors and bio-based methods for the separation and detection of foodborne pathogens, *Adv. Food Nutr. Res.*, *54*, 1–44, 2008.
12. Banada, P.P. and Bhunia, A.K., Antibodies and immunoassays for detection of bacterial pathogens. In *Principles of Bacterial Detection: Biosensors, Recognition Receptors and Microsystems*, Zourob, M., Elwary, S., and Turner, A., Eds., Cambridge University, Manchester, 2008, pp. 567–602.
13. Byrne, B., Stack, E., Gilmartin, N., and Kennedy, R.O., Antibody-based sensors: Principles, problems and potential for detection of pathogens and associated toxins, *Sensors*, *9*, 4407–4445, 2009.
14. Gehring, A. and Tu, S.I., High-throughput biosensors for multiplexed food-borne pathogen detection, *Annu. Rev. Anal. Chem.*, *4*, 151–172, 2011.
15. Singh, A., Arutyunov, D., Szymanski, C.M., and Evoy, S., Bacteriophage based probes for pathogen detection, *Analyst*, *137*, 3405–3421, 2012.
16. Brovko, L.Y., Anany, H., and Griffiths, M.W., Bacteriophages for detection and control of bacterial pathogens in food and food-processing environment, *Adv. Food Nutr. Res.*, *67*, 241–288, 2012.
17. Hagens, S. and Loessner, M., Application of bacteriophages for detection and control of foodborne pathogens, *Appl. Microbiol. Biotechnol.*, *76*, 513–519, 2007.
18. Kim, S., Schuler, B., Terekhov, A., Auer, J., Mauer, L.J., Perry, L., and Applegate, B., A bioluminescence-based assay for enumeration of lytic bacteriophage, *J. Microbiol. Methods*, *79*, 18–22, 2009.
19. Fratamico, P. and Bayles, D.O., Molecular approaches for detection, identification, and analysis of foodborne pathogens. In *Foodborne Pathogens: Microbiology and Molecular Biology*, Fratamico, P., Bhunia, A.K., and Smith, J.L., Eds., Caister Academic Press, Norfolk, 2005; pp. 1–13.
20. Pagotto, F., Corneau, N., Scherf, C., Leopold, P., Clark, C.G., and Farber, J.M., Molecular typing and differentiation of foodborne bacterial pathogens. In *Foodborne Pathogen: Microbiology and Molecular Biology*, Fratamico, P., Bhunia, A.K., and Smith, J.L., Eds., Caister Academic, Norfolk, 2005, pp. 51–75.
21. Foley, S.L., Lynne, A.M., and Nayak, R., Molecular typing methodologies for microbial source tracking and epidemiological investigations of Gram-negative bacterial foodborne pathogens, *Infect. Gene. Evol.*, *9*, 430–440, 2009.
22. Fukushima, H., Kawase, J., Etoh, Y., Sugama, K., Yashiro, S., Iida, N., and Yamaguchi, K., Simultaneous screening of 24 target genes of foodborne pathogens in 35 foodborne outbreaks using multiplex real-time SYBR green PCR analysis, *Int. J. Microbiol.*, 18, 2010.
23. Postollec, F., Falentin, H., Pavan, S., Combrisson, J., and Sohier, D., Recent advances in quantitative PCR (qPCR) applications in food microbiology, *Food Microbiol.*, *28*, 848–861, 2011.
24. Parla, J., Kramer, M., and McCombie, W.R., High-throughput sequencing. In *Microbial Forensics* (Second Edition), Bruce, B., Steven, E.S., Roger, G.B., Paul, S.K., and Morse, S.A., Eds., Academic Press, San Diego, 2011, pp. 461–478.
25. Sauer, S. and Kliem, M., Mass spectrometry tools for the classification and identification of bacteria, *Nat. Rev. Microbiol.*, *8*, 74–82, 2010.
26. Bhunia, A.K. and Wampler, J.L., Animal and cell culture models for foodborne bacterial pathogens. In *Foodborne Pathogens: Microbiology and Molecular Biology*, Fratamico, P., Bhunia, A.K., and Smith, J.L., Eds., Caister Academic Press, Norfolk, UK, 2005, pp. 15–32.
27. Banerjee, P. and Bhunia, A.K., Mammalian cell-based biosensors for pathogens and toxins, *Trends Biotechnol.*, *27*, 179–188, 2009.
28. Bhunia, A.K., Rapid pathogen screening tools for food safety, *Food Technol.*, *65*, 38–43, 2011.
29. Bhunia, A.K., Nanduri, V., Bae, E., and Hirleman, E.D., Biosensors, foodborne pathogen detection. In *Encyclopedia of Industrial Biotechnology*, Flickinger, M.C., Ed., John Wiley & Sons, Inc., Hoboken, 2010.
30. Velusamy, V., Arshak, K., Korostynska, O., Oliwa, K., and Adley, C., An overview of foodborne pathogen detection: In the perspective of biosensors, *Biotechnol. Adv.*, *28*, 232–254, 2010.

31. Goodridge, L., Fratamico, P., Christensen, L., Hoorfar, J., Griffiths, M., Carter, M., O'Kennedy, R. et al. Strengths and shortcomings of advanced detection technologies. In *Rapid Detection, Characterization, and Enumeration of Foodborne Pathogens*, Hoorfar, J., Ed., ASM Press, Washington, DC, 2011, pp. 15–45.
32. Lim, D.V., Simpson, J.M., Kearns, E.A., and Kramer, M.F., Current and developing technologies for monitoring agents of bioterrorism and biowarfare, *Clin. Microbiol. Rev.*, *18*, 583–607, 2005.
33. Mendonca, M., Conrad, N., Conceicao, F., Moreira, A., da Silva, W., Aleixo, J., and Bhunia, A., Highly specific fiber optic immunosensor coupled with immunomagnetic separation for detection of low levels of *Listeria monocytogenes* and *L. ivanovii*, *BMC Microbiol.*, *12*, 275, 2012.
34. Ligler, F.S., Sapsford, K.E., Golden, J.P., Shriver-Lake, L.C., Taitt, C.R., Dyer, M.A., Myatt, C.J. et al. The array biosensor: Portable, automated systems, *Anal. Sci.*, *23*, 5–10, 2007.
35. Ohk, S.-H. and Bhunia, A.K., Multiplex fiber optic biosensor for detection of *Listeria monocytogenes*, *Escherichia coli* O157:H7 and *Salmonella enterica* from ready-to-eat meat samples, *Food Microbiol.*, *33*, 166–171, 2013.
36. Taylor, A.D., Ladd, J., Yu, Q., Chen, S., Homola, J., and Jiang, S., Quantitative and simultaneous detection of four foodborne bacterial pathogens with a multi-channel SPR sensor, *Biosens. Bioelectron.*, *22*, 752–758, 2006.
37. Privett, B.J., Shin, J.H., and Schoenfisch, M.H., Electrochemical sensors, *Anal. Chem.*, *82*, 4723–4741, 2010.
38. Vashist, S.K. and Vashist, P., Recent advances in quartz crystal microbalance-based sensors, *J. Sensors*, 2011.
39. Yang, L. and Bashir, R., Electrical/electrochemical impedance for rapid detection of foodborne pathogenic bacteria, *Biotechnol. Adv.*, *26*, 135–150, 2008.
40. Koo, O.K., Liu, Y., Shuaib, S., Bhattacharya, S., Ladisch, M.R., Bashir, R., and Bhunia, A.K., Targeted capture of pathogenic bacteria using a mammalian cell receptor coupled with dielectrophoresis on a biochip, *Anal. Chem.*, *81*, 3094–3101, 2009.
41. Bhattacharya, S., Salamat, S., Morisette, D., Banada, P., Akin, D., Liu, Y.-S., Bashir, R. et al., PCR-based detection in a micro-fabricated platform, *Lab. Chip.*, *8*, 1130–1136, 2008.
42. Berthomieu, C. and Hienerwadel, R., Fourier transform infrared (FTIR) spectroscopy, *Photosynth. Res.*, *101*, 157–170, 2009.
43. Irudayaraj, J., Pathogen sensors, *Sensors*, *9*, 8610–8612, 2009.
44. Banada, P.P., Huff, K., Bae, E., Rajwa, B., Aroonnual, A., Bayraktar, B., Bhunia, A.K. et al., Label-free detection of multiple bacterial pathogens using light-scattering sensor, *Biosens. Bioelectron.*, *24*, 1685–1692, 2009.
45. Bae, E., Aroonnual, A., Bhunia, A.K., and Hirleman, E.D., On the sensitivity of forward scattering patterns from bacterial colonies to media composition, *J. Biophoton.*, *4*, 236–243, 2011.
46. Banerjee, P., Franz, B., and Bhunia, A., Mammalian cell-based sensor system. In *Whole Cell Sensing Systems I*, Belkin, S. and Gu, M.B., Eds., Springer, 2010, pp. 21–55.
47. Fritzsche, M. and Mandenius, C.-F., Fluorescent cell-based sensing approaches for toxicity testing, *Anal. Bioanal. Chem.*, *398*, 181–191, 2010.

부록 A: 식품 내에서의 미생물 성장 예측모델

A.1 중요성

해마다 기존에 있는 100,000개 이상의 식료품에 더하여 12,000개 이상의 새로운 식료품이 미국 소비자들에게 소개된다. 이들 식료품의 일부는 생산 이후의 보관 및 취급 과정에서 미생물이 증식할 수 있는 가능성 때문에 유통기한에 분명한 제한이 있다. 이들 제품 상당수에서 발생하는 최초의 미생물은 부패 미생물과 병원성 미생물이 포함될 수 있다. 이들 제품의 안정성과 안전을 보장하기 위해서는 생산 시기에서부터 소비시기에 이르기까지 미생물의 증식을 예방하는 적절한 관리 조치를 실행하는 것이 중요하다.[1,2]

매년 판매되는 신제품 수천 가지 중 일부는 건강에 유익하고, 천연 성분이 있으며, 지방이 적고, 염분도 적으며, 맛도 있는 편리한 식품으로 독성이 있는 방부제를 함유하고 있지 않고 지나친 가공처리를 하지 않았으며 유통기한이 길고 안전한 제품을 찾는 소비자들을 만족시키기 위해 철저한 품질관리 하에서 생산된다. 바람직한 안전성, 안정성 및 품질로 인정될 수 있는 이러한 새로운 종류의 식품(신세대 냉동식품)을 생산하기 위해서는 각기 다른 처리 및 보관 조건에서의 각기 다른 성분과 농도, 식품미생물 증식과 파괴와 관련된 각기 다른 수분활성도, pH, 기타 내적 및 외적 요인 등과 함께 여러 가지 변수들을 확인해야 한다.

식료품의 안전과 안정성 확보를 위해 전통적으로 이용되는 방법만 통해 각 제품에 오염된 미생물에 대해 연구하는 것은 거의 불가능하다. 그러나 컴퓨터의 도움으로 미생물 증식에 대한 몇 가지 변수가 함께 만나면서 발생하는 영향을 확인하기 위한 수학적 모델을 개발할 수 있다. 정확성이 떨어질 수는 있지만 이러한 방법들은 직접적인 정보를 아주 신속하게 획득하기에 효과적이고 덜 중요한 가능성의 많은 부분을 배제시키는 데에 도움을 줄 수 있으며 또한 한층 효과적인 방법을 선택할 수 있도록 도와준다. 이들 정보는 경험적 그리고 경제적인 가능성이 있는 적절한 전통적 연구를 진행하는 데에 활용할 수 있다.

A.2 전통적 방법

식품에 존재하고 있는 미생물을 목표 대상을 통해 이들의 증식이나 독소 생성, 또는 이들 모두에 대한 관리 변수들의 영향을 확인하기 위해 몇 가지 방법이 이용되고 있다. 여기서는 이러한 방법 세 가지에 대해 간략하게 설명하고자 한다.[3,4]

A.2.1 도전 연구

이 방법에서는 판매 조건하에서 안정성이나 안전성 또는 이들 두 가지 모두가 소실되는 주요 원인으로 예측되는 미생물을 식품에 우선 투입하는 것이다. 실제적인 수의 미생물 세포 또는 포자를 접종원으로 이용한다. 이후 제품을 정상적인 보관조건하에서 보관하고 미생물의 수와 독소 생성에 필요한 보관기간에 대해 검토한다.

목표 미생물에 대한 효과적인 관리 수단을 확인하기 위해서는 무수한 변수들에 대한 연구가 필요하다. 여기에는 사용 성분, 내재적 그리고 외재적 요소, 남용 가능성 등이 포함된다. 결과적으로 이러한 연구는 상당히 복잡하고 많은 시간이 소요되며 비용 또한 많이 필요하다.

A.2.2 보관 연구

정상 제품은 적절한 보관 조건에서 보관하고 사전에 정한 간격으로 표본 검사를 하여 제품에 정상적으로 있을 수 있고 또한 보관 조건에서 증식할 수 있는 부패 미생물과 병원성 미생물의 정도를 확인한다. 여기에서 나온 결과는 권장 보관 조건에서의 예상 유통 기간과 안전성을 추정하는 데에 활용할 수 있다. 그러나 짧은 시간 동안이라도 제품에 맞는 온도를 잘못 적용하는 경우에는 이러한 연구를 통해 얻을 수 있는 정보가 없다. 뿐만 아니라, 우연히라도 테스트 중인 표본에 정상적으로 있을 것으로 예측되는 부패 미생물과 병원성 미생물이 있는 경우에는 연구결과에 어떠한 실질적인 가치를 제공하지 못한다.

A.2.3 가속 유통기간 연구

비교적 유통기간이 길 것으로 예측되는 제품의 경우 가속시험을 통해 보관 안정성에 대한 정보를 구할 수 있다. 제품들은 전체적으로 높은 온도에 방치하여 미생물의 성장 속도를 빠르게 하고 부패 정도를 가속화한다. 그러나 식품에는 각기 다른 온도에서 최적 증식이 다르게 나타나는 미생물상이 정상적으로 섞여 있고 특정 조건에서 최적 상태로 증식하는 이들 중의 일부 종에 의해 식품의 부패가 발생되는 것이 일반적이다. 이러한 연구를 설계하는 데에 있어서 결과의 신뢰성을 확보하기 위해서는 연구 대상 미생물의 증식에 영향을 주지 않을 정도에서만 온도를 올려야 한다.

A.3 예측 미생물학

실험용 배지의 각기 다른 pH, 수분활성도, 온도 및 방부제 농도에서의 미생물 증식에 대한 연구를 통해 입수한 데이터를 이용하여 식품 내의 병원성 및 부패 미생물의 증식을 예측하기 위한 몇 가지 수학적 모델이 개발되었다. 적절하게 컴퓨터를 이용할 수 있게 됨으로써 다원적인 데이터에 대한 신속한 분석에 도움을 줄 수 있다. 역학을 기초로 하는 두 가지 모델에 대해 살펴보기로 한다. 특히 이 모델로부터 유도기와 기하급수적인 지수기와 지연기의 미생물의 증식 속도에 대한 배양 변수에 미치는 영향이 무엇인지 알 수 있다.[1~4]

A.3.1 제곱근 모델(Square Root Medel)

이것은 증식 속도와 온도의 제곱근 사이의 선형 관계에 기초를 두고 있고, 다음과 같이 표현된다. $\sqrt{r} = b(T - T_{\min})$으로, 여기에서 r은 증식 속도, b는 회귀선의 경사, T는 식품의 온도, $T_{\min}$은 이론적 최저 증식 온도를 의미한다. 이 모델은 증식 속도에 미치는 온도, pH, 수분활성도(A_w)의 영향을 포함하도록 확대 활용되고 있다.

$$\sqrt{r} = \mathrm{b}\sqrt{[\mathrm{A_W} - \mathrm{A_{W\ min}}](\mathrm{pH} - \mathrm{pH_{min}})(T - T_{\min})}$$

여기에서 A_w와 pH는 물의 작용과 식품의 pH, 그리고 $A_{w_{min}}$, pH_{min}, $T_{\min}$은 증식에 필요한 수분활성도, pH 및 온도의 최소 또는 하향 한계를 의미한다.

일반적으로 한두 가지 기준이 적용될 때에는 이 모델이 상당히 효과적이다. 그러나 pH, 유기산, 수분활성도, 방부제, 염분 등과 같은 다양한 기준이 적용될 때에는 미생물의 증식 관리를 위해 여러 가지를 결합하여 이용한다.

A.3.2 S자 모델(Gompertz: USDA Model)

이 모델은 여러 가지 관리 기준이 있는 식품 환경에서의 미생물 증식을 예측하기 위해 미국 농무부(USDA)에 의해 개발되었다. 이 모델은 다양한 온도, pH, 수분활성도, NaCl 및 $NaNO_2$ 농도 및 호기 또는 혐기 상태에서 *Lis. monocytogenes*, *Staphylococcus aureus*, *Salmonella* spp., *shigella flexneri*, *Esc. coli* O157:H7과 *Aeromonas hydrophila*의 성장 속도를 확인하기 위해 실험 배지에서 테스트하게 된다. 성장 곡선은 곰퍼츠(Gompertz) 함수와 함께 비선형 회귀 분석을 이용하여 통계적으로 고정되고 이후 결과를 분석하여 이 모델이 개발되었다. 이를 통해 유도 시간, 최대 증식 속도 상수, 숫자와 시간 데이터 대비 비선형 회귀로부터의 직접적인 최대 미생물 부하 등을 알 수 있다. 이들 4가지 변수를 이용하면, 다음과 같은 비대칭성 S자 방정식을 도출할 수 있다.

$$N = \mathrm{A} + C\exp\,(-\exp[-B(T - M)])$$

여기에서 N은 시간 t에서 ml당 $\log_{10}$ CFU, A는 최초 $\log_{10}$ CFU/ml, C는 시간 t와 초기시간 사이에서의 $\log_{10}$ CFU/ml 차이이고, exp는 지수적 증식 속도, B는 M에서의 상대적 증식 속도, M은 증식 속도가 최대인 시간을 의미한다. 이 방법은 단순하면서도 전체적으로 효과성이 좋기 때문에 널리 이용되고 있다.

A.4 결론

예측 미생물학은 여러 가지 장점이 많기 때문에 이에 대한 관심이 증가되고 있다. 특히 중요한 점은 간단한 연구와 복잡한 연구에 필요한 컴퓨터 분석 정보를 신속하게 이용할 수 있다는 것이다. 컴퓨터를 이용한 정보를 통해서 미생물의 증식과 생존에 대한 각기 다른 내재적 그리고 외재적 요소 사이의 상호 작용과 변수 변경의 중요성을 매우 신속하게 확인할 수 있다. 그러나 현재의 모델은 실험 배지를 이용하여 설계되었다. 따라서 각기 다른 식품 체계에서의 이들의 효과성은 정확하게 알려져 있지 않다. 제한적인 연구 결과를 보면, 어떤 식품 체계(예: 햄 샐러드)에서는 예측 모델 작업과 실제 실험을 통해 입수된 *Listeria* spp.와 *Salmonella* spp.의 증식 반응이 긍정적인 반면, 이 모델을 이용하여 예측한 *Sta. aureus*의 증식 속도는 실제 실험에서 입수한 것보다는 늦게 나타났다. 따라서 현재로써는 예측 데이터 적용에 주의가 필요하다. 모델 데이터는 대다수의 변수 제거를 위해 많은 수의 변수를 이용하는 최초의 연구에 이용될 수 있다. 실험 데이터는 제한된 수의 변수를 이용하여 실제 제품의 연구를 통해 얻을 수 있다. 이렇게 하면 시간과 비용을 줄일 수 있고 연구 또한 한층 더 효과적으로 관리할 수 있다.

참고문헌

1. Whiting, R.C. and Buchanan, R.L., Microbial modeling: Scientific status summary, *Food Technol.*, *48*, 6, 113, 1994.
2. Buchanan, R.L., Predictive food microbiology, *Trends Food Sci. Technol.*, *4*, 6, 1993.
3. Smittle, R.B. and Flowers, R.S., *Scope, Silliker Laboratories Technical Bulletin*, Chicago Heights, IL, January 1994, p. 1.
4. Labuza, T.P., Fu, B., and Taoukis, P.S., Prediction of shelf life and safety of minimally processed CAP/MAP chilled foods: A review, *J. Food Prot.*, 55, 741, 1992.

부록 B: 식품의 미생물 안전성을 모니터링하는 미국 내의 규제기관

B.1 식품 안전 규정

미국의 연간 식품 판매 규모는 4,000억 달러 이상이다. 식품이 소비자에게 전달되지 전에 약 25,000개 이상의 처리업체, 35,000개 이상의 도매업체, 250,000개 이상의 소매업체, 500,000개 이상의 식사 시설, 그리고 수백만 가정에서 처리 및 취급된다. 여기에 식품 유래 질병을 유발할 수 있는 각종 병원체, 식용 동물과 조류, 식품 생산 환경, 그리고 식품을 취급하는 사람들에게 이들 병원체가 자연스럽게 존재할 수 있다는 사실을 고려해 보면 식품 유래 병원체가 식품에 존재해 있을 가능성이 매우 높다는 것은 명백해진다. 그러나 해마다 보고되는 식품 유래 질병의 발병과 해당 사례는 비교적 낮은 편이다. 이에 대한 주요 이유는 미국 내의 엄격한 식품 안전 법규 때문이다.[1,2]

1906년 이전에는 미국에 식품 관련 법규가 없었고 안전하지 않은 식품 판매가 매우 보편적이었다. 1906년, 연방정부에서는 식품 위생과 약품에 관한 법률과 육류 검사법을 통과시켰고 미국 농무부(USDA)에 법률과 관련된 감독 권한을 부여했다. 이들 법규에 따라 각 주 사이에서 거래되는 비위생적이고 안전하지 않은 식품과 육류는 불법적인 일이 되었다. 육류 검사법으로 도살 및 육가공 업체에 대한 검사가 필요하게 되었다. 그러나 해당 물질이 안전하지 않은 수준으로 식품에 첨가되었다는 것을 미국 농무부가 입증해야 했기 때문에 이들 법규는 매우 효과적이지 않았다. 1938년 연방정부는 식품, 의약품, 화장품(FD&C)법을 통과시키면서 식품의약국(FDA)에 이 법에 대한 법규 집행 권한을 주었다. 이 법은 각 주에서 거래되는 안전하지 않고 부패한 식품 및 이들 식품 성분의 제조와 출하는 물론, 수출입을 금지하는 것이다. 이 법은 깨끗하고 청결하면서도 안전한 식품과 위생적인 환경에서 생산된 식품의 판매만을 허용하고 있다. 이 법에 따라 *Clostridium botulinum*, *Salmonella* spp.과 같은 특정 병원체가 오염된 식품은 비위생적인 제품으로 간주되고 이들 제품 판매는 불법이 된다. (현재는 즉석 섭취 식품에 들어 있는 *Esc. coli* O157:H7, *Lis. monocytogenes*와 같은 기타의 식품 유래 질병 가능성이 있는 몇 가지 병원체에도 동일한 기준이 적용되고 있다.)

1959년에는 연방 가금류제품 검사법이 통과되었다. 이 법으로 각 주 사이에서 제품을 운반, 유통 및 처리되는 가금류 처리시설에 대한 검사가 필요하게 되었다.

위생육류법(1965)과 위생가금류법(1968)이 통과되면서 주 사이에서 이루어지는 거래에 대해서도 처리 시설 검사가 필요하게 되었다. 주 사이의 거래에 종사하고 있는 가공업체가 연방 검사관에 의해 검사를 받는 것처럼 이러한 시설은 주 검사관에 의해 검사를 받아야 했다. 연방 차원에서 육류, 가금류, 달걀 및 우유에 대한 검사는 미국 농무부 산하 식품안전검사국(FSIS)에서 담당하고 있다.[1,2]

2011년에는 식품안전 노력을 더욱 강화하기 위해 식품안전현대화법(Food Safety Modernization Act, FSMA)가 제정되었다.[3,4] 이 법의 주요 강조사항은 (i) 예방통제계획, (ii) 의무 생산물 안전기준: 과학기반 식품안전접근법, (iii) 고위험제품에 대한 의무검사, (iv) 제품추적, (v) 수행기준, (vi) 제3자 인증, (vii) 고위험식품에 대한 인증, (viii) 검사권한 증가 (ix) 식품과 관련된 병원균 오염 및 사망에 대한 증거를 샘플에 보여주는 경우 의무 회수 권한, (x) 해당 식품 생산자의 등록 정지를 포함한다.

B.2 관련 기관

B.2.1 연방 기관

미국의 경우, 몇몇 연방 기관들이 식품의 원산지, 성분, 품질, 수량, 안전성, 라벨 표시, 포장 및 판매에 대한 모니터링 및 규제 업무를 위임 받고 있다. 여기서는 식품의 미생물학적 안전성에 직접적으로 연관되어 있고, 이와 관련한 식품의약국과 농무부의 책임 부문에 대해서 설명하고자 한다.[2] 다른 기관들은 식품의 미생물학적 안전성과 직접적으로 관련되어 있지 않은 분야를 담당한다. 이들 중 일부는 다음과 같다.

1. 알코올담배총기국(ATF). 포도주를 제외한 모든 알코올 음료의 생산 및 라벨 표시와 관련한 법을 집행한다.
2. 법무부. 식품법을 위반하는 경우 해당 제품을 압류하고 형사 절차를 밟는다.
3. 국방부. DOD는 생물 테러를 목적으로 식품 내 병원균 또는 독소를 의도적으로 투여하려는 시도가 있을 때 관여한다.
4. 환경보호국(EPA). 식품과 음용수(병에 들어 있지 않은 물)의 수질 기준의 안전성과 농약 잔류 허용치 수준을 결정한다.
5. 연방상무국(FTC). 식품 광고 절차가 적절한지 규제한다.
6. 미국수산청(NMFS). 해산물의 품질, 서식지 보호 및 수산 양식 제품(미생물학적 품질이 아닌 제품)에 대해 관리한다.
7. 미국식품의약국(FDA). 현재 FDA는 보건사회복지부의 연방보건위생국의 한 부분이다. 이곳은 연방 FD&C법의 집행 권한을 위임 받고 있다. 이러한 측면에서 FDA는 주 사이에서 거래되는 모든 식품(신선육, 가금류 및 달걀은 제외)의 안전성과 위생 상태를 확인한다. 또한 모든 수출입 식품의 위생 정도를 감독한다(신선육, 가금류 및 달걀은 제외). FDA는 항공기, 열차 및 버스에서 제공되는 식품의 안전성과 위생 상태에 대해서도 감독한다. 그리고 식품 오염을 확인하는 과정의 개선 및 예방을 위한 연구도 진행하고 있다. 규제적 테스트 절차, 사양, 기준을 개

발하고, 식품 처리 및 위생 상태와 처리 시설에 대한 법규를 집행한다. FDA에서는 일반세균 수 측정(APC)에 필요한 사양, 각종 식품에 들어 있는 대장균군, 대장균, 응고효소에 양성 반응을 보이는 *Staphylococcus aureus*, 병원체 및 곰팡이 독에 대한 구체적인 미생물학적 기준을 정한다. FDA 검사관들은 처리업체가 법규를 위반하거나 식품 안전성이 위협을 받지 않는 한, 2~3년에 한 번씩 처리 시설에 대한 검사를 실시한다. 또한 FDA는 처리업체들이 효과적인 위생 프로그램을 개발할 수 있도록 도움을 주고, 해당 공장을 검사할 수 있도록 주 규제기관에 하청 업무를 부여한다. 미국에 식품을 수출하고자 하는 해외 국가에 대해서 FDA는 미국 규정에 따라 식품 품질을 개선하는 데에 도움을 줄 수 있도록 검사관을 파견한다. 위반 사항이 있는 경우 해당 기관은 위반 당사국에 정식 위반 통지를 하고 해당 문제를 시정하는 데에 필요한 기간을 명시한다(보통 10일). 위반하는 경우 FDA는 해당 내용의 심각성에 따라 법무부를 통해 법적 조치를 취할 수 있고 제품 압수, 제품 파기 및 위반자에 대한 형사 기소가 포함된다. 또한 여기에는 미국 생산 제품은 물론 수입 제품도 포함된다. 식품의 미생물학적 품질과 안전성에 더하여 FDA는 식품 성분, 영양학적 품질, 식품 첨가제, 식품 라벨 표시 및 농약 잔류 정도(다른 물질과 함께 있는 정도)에 대해 테스트한다. FDA는 안전성과 기타 품질 확인을 위해 몇몇 식품에 대한 테스트를 위해 장바구니 조사도 실시한다.

8. **미국농무부(USDA).** 위생육류법과 위생가금류법에 의거하여 농무부의 FSIS는 주 사이에서 거래되거나 수입되는 식용 동물과 조류의 도살 시설을 검사하고 위생적이고 안전한 육류, 가금류, 달걀 및 달걀을 이용한 제품에 대해서도 검사한다. 식품안전검사국(FSIS)에서는 이들 제품 일부에 대한 미생물학적 사양, 특히 병원체 수준을 정하고, 식품 안전과 품질에 대한 연구를 진행한다. 섭취 품질을 기준으로 하여 농무부에서는 미국 내 생산 또는 수입되는 채소, 과일, 우유 및 유제품, 그리고 육류 및 달걀을 이용한 제품에 대해서도 등급을 매긴다.
9. **미국질병통제예방센터(CDC).** CDC는 보건위생국의 산하 기관이다. 식품 유래 질병이 발생하는 경우 이 기관에서는 발병 원인 물질은 물론 발병에 이르기까지의 경로에 대해서도 조사한다.
10. **미군(US Army).** 미군 병력에 의해 소비되는 식품(배급 식품)의 위생 상태와 안전성은 국방부가 책임지고 있다. 나틱(Natick) 미육군연구소의 미생물학 분과에서는 외부 공급업체로부터 조달되는 각종 식품에 대한 일반 세균 수, 대장균군, 대장균, 병원체 및 기타 미생물 그룹에 대한 필요 미생물학적 사양을 정해 놓았다.

B.2.2 주정부기관 및 지방정부기관

농무부와 보건위생국 산하 일부 기관은 주 안에서 판매되는 식품의 안전성에 책임을 진다. 이들은 연방정부기관과 협조하여 주 안에서 생산되고 판매되는 식품의 위생 상태와 안전성을 확인한다. 주 검사관들은 식당, 소매 식품점, 낙농업체, 곡물업체 및 처리시설에 대해 정기적인 검사를 실시한다. 일부 주에서는 주의 수역에서 잡은 어류와 조개류의 품질 검사에 대한 권한도 갖고 있다. 이들 기관은 주 안에서 판매되는 불법 식료품에 대한 거래를 중지시킬 수도 있다. 필요한 경우, 연방기관에서는 주기관의 규제에 필요한 가이드라인을 제공한다.

B.2.3 국제기구

유엔 식량농업기구와 세계보건기구의 합동 식품표준위원회(FAO/WHO)는 여러 국가들과 협조하면서 수출입되는 식품의 생산, 가공 및 보관에 대한 국제표준 개발에 도움을 주고 있다. 국제식품 규격위원회(Codex Alimentarius, CA)는 여러 국가들이 함께 설립한 국제식품규제기구이다. 이곳에서는 모든 국가들이 식품을 손쉽게 수출입할 수 있도록 하는 통일된 식품표준 개발에 도움을 주고 있다.

참고문헌

1. Anonymous, New bacteria in the news: A special symposium, *Food Technol.*, *40,* 8, 16, 1986.
2. Anonymous, *A legislative history of the Federal Food, Drug, and Cosmetic Act*, U.S. Government Printing Office, Washington, DC, 1979.
3. Taylor, M.R., Will the Food Safety Modernization Act help prevent outbreaks of foodborne illness?, *New England J. Med.*, *365*, e18, 2011.
4. Woodlee, J.W., How the FDA Food Safety Modernization Act responds to terrorism threats: A Primer, *Biosec. Bioterr. Biodef. Strategy Pract. Sci.*, *10*, 258–262, 2012.

부록 C: 위해요소 중점관리 기준(HACCP)

C.1 서론

식품의 미생물학적 안전성, 보관의 안정성 그리고 위생 상태 점검에 대한 전통적인 방법은 몇몇 병원체(예: *Salmonella*)의 존재 여부, 제품 그램 또는 ml당 특정 병원체(예: *Staphylococcus aureus*, *Vibrio parahaemolyticus*), 각기 다른 미생물 그룹(예: 일반 세균, 저온세균, 내열세균, 효모 및 곰팡이), 지표 세균(예: 대장균군 및 장구균)의 수와 정도에 대해 최종 제품의 대표 시료(또는 표본)를 테스트하는 것이다. 이러한 최종 제품에 대한 테스트의 주요 단점은 이들이 제품의 안전성, 안정성 및 위생 상태에 대해 100%에 가까운 확신을 주지 못한다는 점이다. 이러한 측면은 특히 잠복 가능성이 높은 병원성균이 관련될 때에는 매우 중요하다. 규제기관에서 권장하는 표본 준비 및 테스트 방법에 따라 제품 배치(batch)의 표본을 분석하는 방법으로는 최종 제품의 테스트되지 않은 부분에 병원체가 없다는 거의 100%에 가까울 정도의 높은 수준의 확신을 주는 것이 어렵다(제42장). 우주 비행을 하고 있는 우주비행사나 중요한 임무를 수행하고 있는 군 병력이 섭취하는 식품과 같은 특정 환경의 경우에는 식품 안전성에 대한 100%에 가까운 확신이 필요하다.

위해요소 중점관리 기준(HACCP)은 우주 프로그램에서 이용하기 위한 것으로 고도의 안전성이 보장되는 식품을 생산하기 위해 필스버리 회사(Pillsbury Company), 미 우주항공국(NASA), 미육군 나탁(Natick) 연구소에 의해서 공동으로 개발되었다. 여기에는 두 가지 요소가 있다. 즉, (i) 특정 종류의 식품(병원체가 식품에 있을 것으로 예상되는 식품) 생산 및 처리와 관련한 위해요소(HA) 확인 및 분석, (ii) 중점 관리 기준(CCP; 소비자에게 위험이 미치지 않도록 적절한 관리 조치가 실행될 필요가 있는 식품 처리 과정)의 확인이 그것이다. 이것은 안전성을 보장하면서 최종 제품 테스트보다 한층 더 우수한 접근 방법이다.

1971년 이 기준이 도입된 이래로 HACCP는 특정 필요에 따라 몇 가지 변동 사항이 있었다. 1980년, 국립과학원에서는 미국의 식품 업계가 보다 안전한 식품을 생산하기 위해서 HACCP 원칙을 활용해야 하고 규제기관은 특정 처리 작업에 적합한 프로그램을 개발하는 데에 도움을 줄 수 있다는 주장을 펼쳤다. 현재 USDA의 식품안전검사국(FSIS)에서는 제품 생산을 위한 도살 및 죽은 동물의 처리 작업 시에 육류 및 가금류 검사 프로그램에서 HACCP 활용을 권장하고 있다. 식품의약국(FDA) 또한 자신들이 규제하고 있는 각종 제품에 이용할 수 있는 HACCP 프로그램을 개발하고 있다. 국제적으로도 HACCP는 캐나다, 호주, 뉴질랜드 및 일부 유럽 국가에서 이용되고 있다.

식품 안전 프로그램을 개발하기 위해서는 HACCP 개념이 범용적으로 활용될 수 있도록 해야 한다. 이것은 식품 유래 병원체와 관련된 문제는 물론 식품의 국제 교역과 관련한 문제의 발생을 낮추는 데에 도움을 주기 때문이다.[1~4]

C.2 국립식품미생물기준자문위원회(NACMCF)의 HACCP 원칙

원래의 HACCP 시스템에 몇 가지 변화가 있었다. 국립식품미생물기준자문위원회(NACMCF)는 HACCP에 필요한 자료를 개발했다.[1~3] 식품 생산 및 가공처리 부문에서 이 시스템을 실행함으로써 제품 안전성이 확보될 것으로 예상된다. HACCP의 원칙은 범용적이기는 하지만 각각의 제품에 대한 별도의 HACCP 프로그램을 개발할 필요가 있다. 이 시스템을 간략하게 소개하면 다음과 같다.

C.2.1 HACCP의 7가지 원칙

HACCP에는 다음과 같은 7가지 원칙이 있다.

1. 식품 성분 및 재배되는 원료에서부터 소비 직전의 최종 제품에 이르기까지 모든 단계와 연관되는 위험 사항을 확인하기 위한 위해요소 분석 작업을 실시한다.
2. 이러한 위해요소 관리를 위한 집중 관리 기준을 확인한다.
3. 각각의 집중 관리 기준에서 위해요소 관리를 위한 조건을 실행한다.
4. 각 기준에 대한 관리 사항 모니터링을 위한 효과적인 절차를 실행한다.
5. 기준에 변동 사항이 발생하는 경우에는 시정 조치를 실행한다.
6. HACCP 프로그램 활동에 필요한 효과적인 자료기록 시스템을 실행한다.
7. 프로그램이 효과적으로 운용되는지 확인하는 데에 필요한 절차를 실행한다.

C.2.2 기본 원칙에 대한 간략한 설명

원칙 1

병원성 미생물과 이들의 독소로 인하여 특정 식품이나 성분에 위해요소가 있을 가능성에 대해 확인한다. 이것은 두 부문으로 진행한다. 즉, (i) 특정 식품을 6개의 항목으로 등급을 매기고, (ii) 위해 항목 등급을 기준으로 하여 각 위험 항목을 부여한다.

6개의 위해 항목에 대한 등급은 다음과 같은 식품 평가 후의 내용을 기초로 한다. (i) 미생물학적으로 민감한 성분이 포함되어 있는가, (ii) 처리 방법에는 병원체를 파괴하는 데에 효과적인 단계가 있는가, (iii) 처리 방법에는 병원체나 이들의 독소 성분이 있는 제품의 오염 부분을 사후 처리하는 단계가 있는가, (iv) 제품 소비가 해로울 수 있는 것으로 향후 취급 과정(운송, 소매점 진열, 소비자의 취급 및 준비)에서 제품을 잘못 다룰 가능성이 있는가, (v) 소비하기 전에 포장 작업 이후 제품에 효과적인 열처리를 하는가?

식품의 위해 특성은 다음 사항을 기초로 한다.

위해요소 A. 고위험 소비자(유아, 노인, 환자 및 면역 기능이 약화된 사람)에 의해 소비되는 비위생적 식품.

위해요소 B. 미생물 위해요소 측면에서 "민감한 성분"이 포함된 제품.

위해요소 C. 해로운 미생물을 파괴하는 단계가 없는 가공 처리 과정.

위해요소 D. 포장 작업 전의 처리 과정 후에 다시 오염되는 제품.

위해요소 E. 섭취되는 경우 제품이 해로울 수 있는 것으로 소비 전에 남용 가능성이 있는 제품.

위해요소 F. 소비하기 전 포장 작업 후에 마지막 열처리 과정이 없는 제품.

각각의 위해요소에 대해 플러스(+) 기호를 이용하여 A~F의 위해요소 등급에 따라 등급을 매긴다. 위험 카테고리는 (+) 수로 결정한다.

카테고리 VI. 고위험 소비자들이 섭취하는 비위생적 식품에 적용되는 특별 항목.

카테고리 V. 위해 특성이 5가지 있는 식품: B, C, D, E 및 F.

카테고리 IV. B~F에서 4가지 위해 특성이 있는 식품.

카테고리 III. B~F에서 3가지 위해 특성이 있는 식품.

카테고리 II. B~F에서 2가지 위해 특성이 있는 식품.

카테고리 I. B~F에서 1가지 위해 특성이 있는 식품.

카테고리 O. 위해 특성이 없는 식품.

원칙 2

식품 생산 시스템의 미생물학적 위해요소 관리를 위해서는 CCP를 확인하는 것이 필요하다. CCP는 위해요소 예방을 위해 효과적인 관리를 해야 하는 특정 식품 시스템의 기준 또는 절차를 말한다. 재배, 수확에서부터 최종 소비까지 식품 생산 과정의 모든 위해요소는 안전성 확보를 위해 설정된 기준에 의해 반드시 관리를 해야 한다. CCP에는 열처리, 냉각, 소독, 성분 관리(pH, 수분활성도, 방부제), 재오염 및 교차 오염 예방, 종업원 위생상태, 환경 위생상태 등이 포함된다. 한 가지 이상의 CCP를 실제로 활용하게 되면 제품 내에 존재하는 위해한 미생물을 죽이거나 또는 이들의 성장 및 독소 형성을 예방할 수 있다.

원칙 3

각각의 확인된 CCP에서 미생물학적 위해요소를 관리하기 위해서는 한계 기준(온도, 시간, 수분활성도, pH, 방부제 및 일부 경우에는 향, 구조 및 외형)을 정할 필요가 있다. 한 가지 이상의 한계 기준이 각각의 CCP에 필요할 수도 있다. 위해요소가 관리되기 위해서는 이들 모두가 필요하다.

원칙 4

특정 식품의 생산에 사용되는 CCP는 위해요소 관리에 있어서 시스템이 효과적인지 여부를 반드시 모니터해야 한다. 이러한 모니터링 작업은 지속적이어야 하고, 특히 제품의 열처리(온도 및 시간)의 경우에 그러하다. 처리 조건에 대해 지속적인 모니터링 작업을 할 수 없는 경우에는 확실하게 간격을 두고 실행해야 한다. 식품 생산 간격은 잠재적 위해요소를 관리할 수 있도록 통계적 기준을 바탕으로 개발되어야 한다. 대부분의 온라인 모니터링은 신속한 화학적 물리적 방법에 의해 실행된다. 일반적으로 미생물학적 방법들은 테스트 시간이 많이 소요되어 효과적이지 못하다. 그러나 생물발광 방법과 같은 현재 사용되는 일부 방법은 특정 조건에서는 효과적일 수 있다. 모든 모니터링 결과는 반드시 기록해야 하고 모니터링 담당자는 물론 회사 책임자가 서명해야 한다.

원칙 5

식품 생산 작업에서 모니터링 시스템으로 확인된 현재의 HACCP 프로그램에 변동이 발생하는 경우에는 효과적인 시정 조치를 취해서 제품 안전성을 확보해야 한다. 시정 조치를 통해 CCP 변동으로 인한 잠재적 위해요소 관리가 효과적이 되도록 해야 한다. 각각의 항목에 대한 구체적인 시정 조치 및 변동 사항은 HACCP 프로그램에 기록해야 하고 프로그램 실행 전에 규제기관의 승인을 받아야 한다. 또한 새로운 프로그램에 의해 생산되는 제품은 적절한 테스트를 통해 안전성이 확인될 때까지는 보류 상태에 있어야 한다.

원칙 6

특정 식품의 생산을 의해 개발된 HACCP 프로그램 관련 자료는 공장 내부에 보관되어야 한다. 뿐만 아니라 CCP 모니터링 및 변동 그리고 시정 절차에 대한 자료도 해당 시설에 보관되어 있어야 한다. 필요한 경우 이들 자료는 규제기관에서 열람할 수 있도록 해야 한다.

원칙 7

특정 식품의 생산 시스템을 위해 개발된 HACCP 시스템이 소비자의 안전이 확보될 수 있도록 효과적으로 작동되는지 확인할 수 있는 입증 시스템이 구축되어야 한다. 식품 생산업체 및 규제기관 모두는 운용 중인 HACCP가 효과적인지 확인할 수 있어야 한다. 확인 방법에는 HACCP에 명시된 물리적, 화학적, 감각적 그리고 미생물학적 기준에 대한 표본 테스트 과정이 포함된다. 국립식품미생물기준자문위원회(NACMCF)는 HACCP에 필요한 가이드라인을 채택한 바 있다. 여기에서 7개 원칙의 문구 내용에 대한 합의가 있었고 해당 의미는 변동 사항 없이 그대로 유지되었다. 또한 위해요소, 입증, 유효성과 같은 용어에 대해 구체적으로 정의하였고 선행 조건, 훈련, 실행, 유지 관리 부분도 포함시켰으며 HACCP 프로그램의 활용에 대한 구체적인 설명도 포함되어 있다.[5]

C.3 결론

생물학적 위해 항목의 경우 HACCP 시스템의 중요한 목적은 즉석 섭취가 가능한 식품에 병원성 미생물이나 이들의 독소가 없다는 100%에 가까울 정도로 높은 수준의 확신을 제공하는 데에 있다. 그러나 식품 내의 부패 미생물을 관리할 수 있도록 설계하기 위해서는 동일한 원칙을 적용할 수 있으며 특히 유통 기간이 늘어날 것으로 예상되는 식품의 경우가 그러하다. 현재는 진공 포장, 개선된 진공 포장 방식의 미처리 또는 저온 처리된 식료품의 생산이 증가하고 있고 이들 중 많은 식료품들은 저지방에 pH가 높은 반면 또한 일부는 냉장 온도에서 50일 이상 유통 기간이 늘어난 것도 있다. 이들 제품의 상당수에서는 새로운 형태의 미생물에 의한 부패가 발생하고 있고 일부는 지금까지 알려진 바가 없는 종에 의해 부패하는 경우도 있다(제20장). 비록 제한적인 연구를 통해, 그러한 부패의 발생률이 증가하고 있다는 증거가 있다. 식품 업계에서 병원체뿐만 아니라 부패 미생물 관리를 위해서 HACCP를 채택하는 것이 상업적으로도 많은 도움이 될 것이다. 미생물학적 문제를 전체적으로 관리하는 것을 고려하는 것도 합리적인 일이며 여기에는 병원체 및 부패 미생물 모두가 포함된다(즉, 총 미생물적 품질 평가, TQM). 단지 병원체 한 가지만 또는 부패 미생물 한 가지만 관리하는 방법을 개발할 수는 없다. ISO 9000 계열의 표준을 이용하여 HACCP 시스템을 보완할 수 있고 효과적인 처리 관리 및 처리 확인 시스템을 개발할 수 있다. 마지막으로 HACCP은 상업적으로 생산될 수 없는 식품에 대한 병원성 및 부패 미생물의 효과적인 제어를 위한 식품 보존의 장애물 개념과 결합될 수 있다(제41장).[7] 수많은 종류의 식품을 제조하는 국가의 경우에도 식품 안전 문제가 무엇보다 중요하지만 특히 부패로 인하여 많은 식품이 버려지는 개발도상국에서는 식품부패 문제도 이에 못지않게 중요하다. 이들 국가의 경우 식품부패 문제를 줄이기 위한 HACCP 개념은 식량 이용 증가에 있어서 특히 중요할 수 있다.

참고문헌

1. Pierson, M.D. and Corlett, D.A., Jr., Ed., *HACCP Principles and Applications*, Van Nostrand Reinhold, New York, 1992.
2. Sperber, W.H., The modern HACCP System, *Food Technol.*, *45*, 6, 116, 1991.
3. Sofos, J.N., HACCP, *Meat Focus Int.*, *5*, 217, 1993.
4. Rossvoll, E.H., Ueland, O., Hagtvedt, T., Jacobsen, E., Lavik, R., and Langsrud, S., Application of hazard analysis and critical control point methodology and risk-based grading to consumer food safety surveys, *J. Food Prot.*, *75*, 1673–1690, 2012.
5. Anonymous, Hazard analysis and critical control point principles and application guidelines, *J. Food Prot.*, *61*, 726, 1998.
6. Golomski, W.A., ISO 9000: The global perspective, *Food Technol.*, *48*, 2, 57, 1994.
7. Leistner, L.E.E., Linkage of hurdle technology with HACCP. In *Proceedings of the 45th Annual Reciprocal Meat Conference*, June 14–17, Colorado State University, Ft. Collins, American Meat Science Association and National Live Stock and Meat Board, Chicago, 1992, p. 1.

찾아보기

한글 찾아보기

ㄱ

ㄴ

ㅂ

ㅅ

ㅈ

ㅊ

ㅋ

영문 찾아보기

A

B

C